作 者 简 介

周益春，西安电子科技大学和湘潭大学，教授，博士，博士生导师，"国家杰出青年科学基金"(2005 年)和"国家级教学名师"(2006 年)获得者。

杨丽，西安电子科技大学，教授，博士，博士生导师，"中组部'万人计划'青年拔尖人才"(2016 年)、"教育部青年长江学者"(2017 年)。

朱旺，湘潭大学，副教授，博士，博士生导师，湖南省优秀青年科学基金获得者(2019 年)。

热障涂层破坏理论与评价技术

周益春 杨 丽 朱 旺 著

科学出版社

北 京

内 容 简 介

热障涂层是先进航空发动机涡轮叶片等高温部件的关键热防护材料，涂层剥落是巨大的瓶颈，极其复杂的微结构、服役环境与失效行为，给涂层剥落分析的力学理论、实验方法与试验平台带来诸多挑战。本书围绕热力化耦合理论、性能表征与考核评估阐述了热障涂层破坏理论与评估技术。本书分为三篇，共 15 章。第一篇即第 1～6 章介绍热障涂层破坏理论，第二篇即第 7～12 章介绍热障涂层表征技术，第三篇即第 13～15 章介绍热障涂层评价技术。该书是作者及其团队的系列研究成果，也包括国际国内最新研究成果的评述。

本书不仅适用于热障涂层及相关领域的科研人员，同时也适用于热障涂层研究领域工程技术人员，还适合于材料、力学、机械、检测等领域的博士、硕士研究生及高年级本科生参考。

图书在版编目(CIP)数据

热障涂层破坏理论与评价技术/周益春，杨丽，朱旺著. —北京：科学出版社，2021.3

　ISBN 978-7-03-068280-2

Ⅰ. ①热… Ⅱ. ①周…②杨…③朱 Ⅲ. ①热障-涂层-材料-破坏机理 Ⅳ. ①TB43

中国版本图书馆 CIP 数据核字(2021)第 040108 号

责任编辑：刘凤娟 赵 颖 / 责任校对：杨 然
责任印制：吴兆东 / 封面设计：无极书装

科学出版社 出版
北京东黄城根北街 16 号
邮政编码：100717
http://www.sciencep.com

北京建宏印刷有限公司 印刷
科学出版社发行 各地新华书店经销
*

2021 年 3 月第 一 版　开本：720×1000 1/16
2021 年 9 月第二次印刷　印张：50 1/2
字数：992 000

定价：399.00 元
(如有印装质量问题，我社负责调换)

序

　　航空发动机是飞机的"心脏"，国之重器，是国家核心竞争力的重要标志之一，承温、承载最为苛刻的高压涡轮叶片，是发动机最核心的部件，也是制约发动机发展的短板。在单晶、气膜冷却发展潜力有限的情况下，热障涂层被认为是显著提高发动机服役温度最切实可行的办法之一，被世界各国的重大推进技术计划列为核心技术。然而，极端环境下热障涂层的过早剥落又是世界性难题，在我国尤为突出，迫切需要建立剥落机制分析的理论模型、表征方法与评价技术。高压涡轮叶片热障涂层极其复杂的几何结构、微观结构与失效形式也给破坏理论与评价技术的发展提出了巨大挑战。

　　该书针对热障涂层剥落的巨大挑战，从力学角度围绕热力化耦合基础理论、性能表征、性能评价三个方面阐述了热障涂层破坏理论与评价技术，且注重"科学"(基础理论)与"工程"(工程应用)的结合，注重"理论-方法-装置"的研究主线。在破坏理论方面，本书介绍了热力化耦合本构关系的基础理论与构建框架，同时详细介绍了热障涂层界面氧化、CMAS腐蚀热力化耦合失效的具体模型、氧化与腐蚀的规律机制，为从事热障涂层及相关领域热力化耦合理论的学习及科研人员提供理论基础，同时也为热障涂层工艺与应用的相关技术人员了解氧化、腐蚀机制提供科学依据。在性能表征与评价技术方面，强调从"理论模型-测试方法-试验装置"的系统层次进行介绍、分析和总结，科研人员可以以此进行新的思考和研究，应用技术人员也可以直接应用这些技术开展热障涂层的表征与评价工作。总之，本书是既适用于热障涂层及相关领域失效分析的科研人员，同时也适用于热障涂层研究领域的工程技术人员。

　　该书第一作者周益春教授是"国家自然科学基金杰出青年科学基金"和"国家级教学名师"获得者；第二作者杨丽教授是"教育部青年长江学者"和"中组部'万人计划'青年拔尖人才"；第三作者朱旺副教授是"湖南省自然科学优秀青年基金"获得者和湖南省优秀博士论文获得者。周益春教授从1999年开始带领团队，在2项国家自然科学基金重大项目、1项国家自然科学基金杰出青年科学基金项目、1项国家自然科学基金重点项目、1项装置发展部"十三五"装置预研领域基金重点项目、2项国防技术基础科研项目以及中国航空发动机集团相关单位委托的多个项目的长期资助下，二十余年致力于热障涂层破坏理论与评价技术方面的研究。因此，该书凝结了周益春教授及其团队的系列创新成果。该书的出版将有利于我国热障涂层的安全应用与发展，也将为我国建成航空强国做出重要贡献。

为此，我乐于为该书作序并向读者推荐。

刘大响

2020 年 11 月 16 日

目　　录

第一篇　热障涂层破坏理论

第二篇　热障涂层表征技术

第三篇 热障涂层评价技术

绪　　论

航空发动机是飞机的"心脏"，国之重器，是国家核心竞争力的重要标志之一。三代、四代航空发动机涡轮前进口温度均超过高温金属材料的熔点。一代材料，一代装置，作为提升燃气涡轮发动机服役温度最切实可行的技术，热障涂层已成为航空发动机、燃气轮机高压涡轮叶片等热端部件必不可少的热防护材料，极大程度上决定了发动机的性能与发展水平。世界各航空强国均在重大推进计划中把热障涂层列为核心关键技术，我国也已经把热障涂层列为两机迫切需求的关键技术。

服役在发动机涡轮叶片等热端部件的热障涂层，长时间处于近马赫数、2000K燃气的冲击，1万～5万转/分旋转离心力，疲劳、蠕变、CMAS腐蚀、颗粒冲蚀、氧化等并伴随化学反应的极端环境下。极端恶劣环境致使涂层以多种复杂的机制剥落失效，这给破坏理论的研究带来许多新的挑战。例如，热障涂层界面氧化失效问题中的氧化反应、热失配与生长应力、高温等会彼此影响，氧化过程及其诱导的涂层剥落既是一个典型的热力化耦合物理非线性问题，同时又是一个应变可高达10%的几何非线性问题。又如，高温下热障涂层的高温熔融物(钙镁铝硅氧化物，简称CMAS)腐蚀，其渗透规律、性能演变规律、热力化耦合机制，都是热障涂层表现出的新的破坏现象，迄今人们对这一现象的力学本质还认识不足。

涡轮叶片几何形状复杂(含缺陷、多层体系的热障涂层微结构)，且服役时涂层和界面的成分、微结构及性能都会演变，且物理和几何都是非线性的特性给力学性能表征、数值模拟技术都带来了新的问题。此外，高温是热障涂层不可避免的服役环境，如何实现高温下涂层性能的表征，如何准确描述高温复杂环境的载荷条件，都是热障涂层破坏分析需要考虑的问题。

性能评价与服役寿命预测是热障涂层应用部门最迫切的需求，服役寿命与材料、服役环境参数的关联则是热障涂层生产部门最直接的依据，也是破坏机制研究的最终目标，更是这一领域最为棘手的前沿科学难题。此外，模拟考核装置能提供最可信、直接的实验依据，是热障涂层破坏机制分析、评价技术研究领域的热点与重点，也是各国封锁点。

因此，热障涂层剥落破坏的理论、数值计算方法、力学性能表征、性能与服役寿命评价，以及试车前的模拟考核装置，都是热障涂层破坏机制与性能评价研究需要研究的内容。

0.1 热障涂层及其制备方法

0.1.1 热障涂层材料与结构

为了满足燃气涡轮发动机服役温度日益发展的需求，1953 年美国国家航空航天局(National Aeronautics and Space Administration，NASA)提出了热障涂层的概念[1-3]。热障涂层的热防护原理是利用陶瓷材料具有耐高温、热稳定、热传导率低、抗腐蚀性能好等特点，将陶瓷与金属基体以涂层的方式相结合，使得高温金属基体材料与高温燃气相隔绝来降低金属热端部件表面的温度，同时增强热端部件抗高温氧化和耐热腐蚀的能力[4, 5]。热障涂层在航空发动机、燃气轮机涡轮叶片等热端部件得到了很好的应用[1-8]。

典型的热障涂层结构为双层模型[9]。涡轮叶片热障涂层几何形状与涂层结构如图 0.1 所示，叶片基体一般是镍基高温合金(定向凝固铸造合金或单晶合金)，热障涂层包含一个金属黏结层和隔热陶瓷层。陶瓷层的厚度一般为 90～300μm，目前广泛应用的材料为 7～8wt.% Y_2O_3 稳定的 ZrO_2 陶瓷，简称 7YSZ 涂层。金属黏结层的厚度一般为 50～150μm，目前广泛应用的材料为 MCrAlYX(M = Ni 和/或 Co, X = Hf, Ta, Si 等)或者扩散型的 Pt/Ni-Al 涂层。黏结层可以有效改善基体与陶瓷层热、物理、力学性能之间的不匹配性，同时生成的氧化膜能提高基体合金的抗氧化和耐腐蚀性能。此外，制备和服役过程中，黏结层中的金属元素与涂层及外界的氧会扩散至黏结层/陶瓷层界面处，发生氧化反应生成热生长氧化物(thermally growth oxide，TGO)，其主要成分是α-Al_2O_3，厚度一般在 10μm 范围以内[3, 10]。

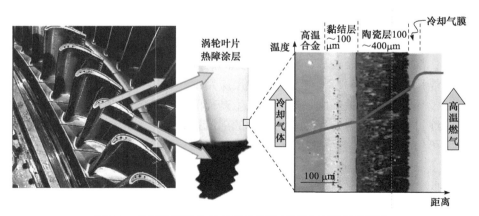

图 0.1 热障涂层涡轮叶片及热障涂层系统的横截面图[3]

YSZ 涂层因为相变、易腐蚀而无法在 1200℃ 以上的环境下安全服役[11,12]。为此，一系列新型的热障涂层材料体系相继得以研发。主要包括三个方面。

(1) 稀土氧化物掺杂。通过在 YSZ 中增加耐更高温度的稀土金属氧化物来降低涂层热导率、提升其承温能力，这些稀土元素主要包括 Hf、Ce、Sc、Gd、Nd、Yb 和 La 等[9, 12, 13]。如 ZrO_2-$(YNdGd)_2O_3$ 和 ZrO_2-$(YNdYb)_2O_3$ 稀土金属氧化物掺杂的热障涂层，其导热性降低了 50%～66%，并表现出优异的抗腐蚀能力。

(2) 新材料。如 $A_2B_2O_7$ 型化合物(A 为稀土元素，B 为 Zr、Hf、Ce 等元素)、$LnMAl_{11}O_{19}$ 或 $LnTi_2Al_9O_{19}$ 磁铅型化合物(Ln 可为 La、Gd、SM、Yb，M 可为 Mg、Mn、Zn、Cr、Sm 等)、稀土铝酸盐(RE_3AlO_{12})、钙钛矿(如 $SrZrO_3$)等具有高熔点、低热导率、高热膨胀系数的新型材料[9, 14, 15]。如 $La_2Zr_2O_7$ 热障涂层表现出高熔点、低导热系数和优异的烧结性能等特点[16, 17]。Shen 等也提出钽系列涂层，如 ZrO_2-$YTaO_4$、ZrO_2-$YbTaO_4$、Y-Ta-Zr-O 等，不仅具有极高的相变温度、低的热传导系数，可以满足 1400℃ 以上服役温度的需求，同时表现出很高的断裂韧性[17-20]。本书作者从铁弹增韧机制出发，提出的 $A_6B_2O_{17}$(A = Hf 或 Zr，B = Ta 或 Y)新型热障涂层具备了高熔点、高隔热、高断裂韧性的特点[21]。

但目前这些涂层体系都还没有得到实际应用，其中最大的一个缺陷就是涂层断裂韧性低，热震性能较 YSZ 差。此外，在 YSZ 表面喷涂 CMAS 难以润湿的膜(如 Pd、Pt、$ZrSiO_4$ 和 SiOC 等)[22]能减小 CMAS 渗透，但不能完全隔离 CMAS；在 YSZ 中添加 Al、Ti 或某些稀土元素，能与 CMAS 结晶从而有效抑制它的侵蚀[23]，但同时也降低了隔热与力学性能。

(3) 新结构。通过双(多)层、功能梯度、复合涂层来设计新型热障涂层结构[14, 15, 24, 25]。例如，我国设计的 $La_2(Zr_{0.7}Ce_{0.3})_2O_7$/YSZ 双涂层体系，就利用了 $La_2(Zr_{0.7}Ce_{0.3})_2O_7$ 抗 CMAS 以及 YSZ 高隔热的优点[17, 26]。功能梯度热障涂层是将黏结层材料和陶瓷层混合，实现成分和结构的连续梯度变化，消除涂层与黏结层这两种材料的界面，从而得到功能随组成渐变且不易剥落的非均质材料，如图 0.2 所示。为了减少制备的难度，往往做成黏结层与陶瓷层成分按固定比例逐步变化的梯度层。复合涂层是为了适应高温、热应力、腐蚀、氧化等多种复杂环境，按照不同功能制备的多层涂层体系[27]。如图 0.3 所示的代表性热障涂层复合涂层结构，包括抗腐蚀的表面涂层、隔热层、抗腐蚀/氧化层、热应力控制层、扩散障层等。与功能梯度热障涂层相似，因为制备工艺的困难以及各种涂层界面性能的调控机制不清晰，复合涂层的实际应用还非常少。

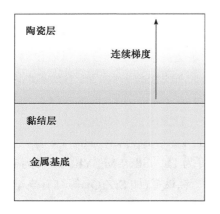

图 0.2　功能梯度热障涂层

图 0.3　复合涂层结构

0.1.2　热障涂层制备方法

自从 20 世纪 50 年代 NASA 提出热障涂层的概念之后，热障涂层的制备技术日新月异。从最开始的火焰喷涂技术，到目前多种方法制备，如高速火焰喷涂(high velocity oxygen fuel，HVOF)、爆炸喷涂、离子镀、磁控溅射、激光熔覆、电弧蒸镀、离子束辅助沉积(ion beam assisted deposition，IBAD)、化学气相沉积(chemical vapor deposition，CVD)、等离子喷涂(plasma spraying，PS)和电子束物理气相沉积(electron beam-physical vapor deposition，EB-PVD)等[28-33]。可以制备出各种不同种类和用途的热障涂层，使涂层能够更广泛地应用到各类热防护领域。当前最主要和应用最广的热障涂层制备方法是 PS 和 EB-PVD。涂层的制备工艺直接影响其微观组织结构、各种使用性能及可靠性，对涂层的质量产生直接的影响。

1. 等离子喷涂技术

等离子喷涂技术是采用直流电驱动的等离子电弧作为热源，将金属或陶瓷粉末通过等离子弧加热到熔融或半熔融状态，随着焰流高速喷射并沉积到经过喷砂等预处理的工件表面上，形成附着牢固的面层[28]，工作原理如图 0.4 所示。等离子弧具有高温(中心温度约 2×10^4K)和高速(粉末喷射速度约 1 马赫)的特点，且等离子弧稳定、可控。等离子喷涂主要有两种：大气等离子喷涂(atmospheric plasma spraying，APS)和真空(低压)等离子喷涂(vacuum plasma spraying，VPS)。APS 主要用来制备陶瓷层，VPS 用来制备黏结层。

如图 0.5(a)所示，当熔化或半熔化的颗粒撞击在基体上时，颗粒在基体表面铺展、凝固，形成薄片，使得涂层呈层状结构。采用等离子喷涂制备的热障涂层，组织分层状，薄片有柱状晶或等轴晶结构，其中的晶粒尺寸在 $50 \sim 200$nm 之间[29]，

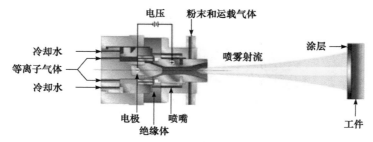

图 0.4　大气等离子喷涂原理示意图

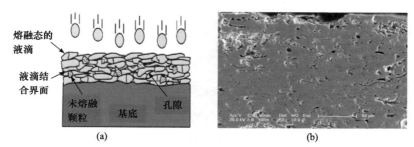

图 0.5　APS涂层沉积示意图(a)和典型等离子制备涂层微观结构(b)

孔隙率较大,在层与层之间有很多孔洞等缺陷。因此,涂层的热导率较低,隔热性能比较好,常用于燃气轮机以及航空发动机燃烧室、导向叶片等静止高温部件[7,9]。

但是,等离子制备的涂层中含有大量未融化的原材料、杂质和孔洞等,这些缺陷在涂层使用过程中会导致硫化、盐腐蚀形成裂纹源,使涂层与基体结合性能降低、抗热震性能变差,甚至引起剥落,使涂层失效[3]。此外,涂层表面粗糙度高,抗热冲击性能差,难以满足发动机旋转工作叶片的苛刻要求。受陶瓷层中的气孔、夹杂等因素的影响,PS涂层热循环性能不如EB-PVD热障涂层[3]。在使用低纯度燃料时或者在腐蚀环境下,腐蚀性气体和腐蚀熔盐将通过涂层中的孔穴而侵蚀涂层,加速涂层失效。

2. EB-PVD技术

EB-PVD技术是20世纪80年代由美国、英国、德国和苏联等国发展起来的新型热障涂层制备技术,它的工作原理是在较高真空室中,利用聚焦的高能电子束加热靶材,使之快速熔化并蒸发汽化,蒸发的源材料形成云状物,运动到工件表面并沉积形成涂层,工艺示意图如图0.6所示,工件通常进行加热,以提高涂层和工件的结合力。

EB-PVD制备的热障涂层是柱状晶的结构,如图0.7所示。相比于PS的多孔层状涂层,这种柱状晶的结构能够承受较高应变,涂层抗热震性能好;涂层表面光洁度高、不堵塞叶片的冷却气体通道,有利于保持叶片的空气动力学性能;涂

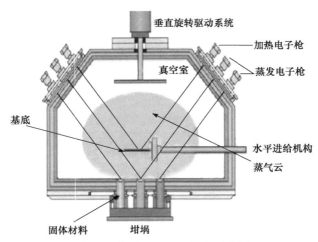

图 0.6　典型 EB-PVD 设备示意图

层更致密，抗氧化和热腐蚀性能更好；界面光滑，结合力强。但也存在一定的不足，首先其沉积速率较低，涂层柱状晶的结构使其热导率较高。当涂层材料成分相对复杂时，控制材料的成分就比较困难。此外，高能电子束设备及大尺寸真空室运行成本也相对较高。因此，在恶劣环境下工作的热端部件，如发动机动叶片的热障涂层均采用 EB-PVD 技术制备。EB-PVD 技术也代表了未来更高性能热障涂层制备技术的发展方向，发动机强国都在竞相开展该技术的研究，但在核心技术尤其是装置方面对他国尤其对我国是封锁的。

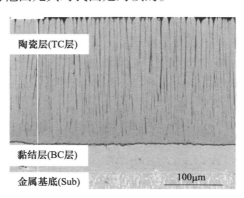

图 0.7　EB-PVD 热障涂层微观结构

3. 等离子喷涂-物理气相沉积技术

等离子喷涂-物理气相沉积(plasma spray physical vapor deposition，PS-PVD)是最近发展起来的一种制备涂层的新方法。在低压喷涂室内，PS-PVD 采用大功率等离子喷枪(最高可达 200kW)产生等离子火焰，火焰长度和直径可以分别达到 2m 和 0.2~0.4m[34]，在等离子火焰方向的不同部位，涂层材料的蒸发状态不一样，形成的涂层结构也不一样。材料粉末在等离子火焰中迅速熔化并部分蒸发，形成的蒸汽沉积在等离子火焰上方的基体表面形成涂层，涂层具有类似于 PVD 柱状晶结构；没有蒸发的熔融液滴喷涂在等离子火焰前方的基体表面形成涂层，涂层具有 PS 的特征结构即层状结构。因此，PS-PVD 综合了 PVD 和 PS 的特点[35]，即如图 0.8 所示的 PVD 涂层的柱状晶结构和 PS 涂层的层状结构。PS-PVD 技术综合了 PS 和 EB-PVD 的优点，在表面温度 1250℃/基体温度 1050℃的火焰热循环条件下，PS-PVD 制备的 YSZ 涂层热循环寿命可以达到大气等离子喷涂涂层的2 倍以上[36]。目前该技术还处于研究阶段，用 PS-PVD 技术制备的热障涂层也还没有得到实际应用。

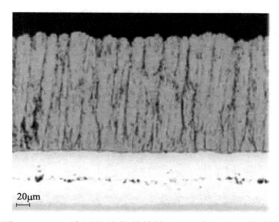

图 0.8　PVD 涂层的柱状晶结构和 PS 涂层的层状结构

此外，还发展了浆料喷涂(suspension plasma spraying，SPS)[37]、射频等离子辅助物理气相沉积(radio frequency plasma-assisted physical vapor deposition，RFP-APVD)[38]、火焰辅助物理气相沉积(flame-assisted physical vapor deposition，FPVD)[39]、高速氧燃气喷涂(high velocity oxyfuel spraying，HVOF)[40]等多种热障涂层制备新技术。但目前实际生产中应用于制备热障涂层的方法还只有 PS 和 EB-PVD 两类，其他方法都还处于理论研究或实验室研究阶段，他们制备的涂层综合性能、制备效率与成熟度都还不如 PS 和 EB-PVD。

0.2　热障涂层剥落失效及其主要因素

0.2.1　热障涂层服役环境

应用有热障涂层的热端部件，服役环境极为苛刻。以航空发动机涡轮叶片热障涂层为例，其典型的服役环境包括以下几种。

(1) 长时间高温。应用有热障涂层的航空发动机燃烧室、涡轮叶片等高温部件，需长时间暴露于燃烧室的燃气中。燃烧室的释热率与1000MW的超临界机组锅炉作比较，锅炉单位体积的释热率为75kW/(m³·atm)，航空发动机主燃烧室100000kW/(m³·atm)，单位体积下释热率高出1000倍[41]。推重比为10的发动机，涡轮前燃气进口温度已达到1700℃，当推重比提升至15时，涡轮前进口温度将提升至2000℃[41]。更重要的是，热障涂层需要在这一温度下长时间地服役上千甚至上万小时。

(2) 高压比。发动机进气道入口处气体压力约1atm*，在经过长约1m的高压压气机、燃烧室、涡轮构成的燃气发生器(也称为发动机的核心机)传输与燃烧后，出口处压力可达到40～50atm，超过两个三峡大坝的蓄水压力[41]。因此，热障涂层也面临极高压力的载荷作用。

(3) 高转速。应用于发动机工作叶片上的热障涂层，需随着涡轮以每分钟2～5万转的速度高速旋转，产生巨大的离心力载荷。与此同时，超音速的高温燃气与高速旋转的叶片相互作用，在叶片热障涂层表面产生热斑、湍流、尾迹等效应，也是热障涂层需面临的服役载荷。

(4) 复杂介质。作用在热障涂层表面的高温燃气，氧含量高，且常含有腐蚀气体、杂质颗粒以及含有腐蚀性的固体介质。这些颗粒与介质，可以是来源于燃油的杂质，可以是外界空气中的杂质颗粒，也可以是发动机内部产生的残骸[42]。这些固体和气体介质与涂层作用，会产生氧化、腐蚀、冲蚀等复杂失效形式，是涂层剥落的主要因素。

(5) 复杂应力。热障涂层的陶瓷层、黏结层、氧化层与基体等各层之间的热物理力学性能相差巨大，高温下服役时会因为各层热膨胀系数不匹配产生热失配应力，界面处因为氧化层生长而产生热生长应力，腐蚀时因为新的化学反应也会产生应力场，涂层的相变、烧结等效应也会诱发涂层应力场的改变。因此，复杂应力是热障涂层服役的载荷环境，同时也是热障涂层服役环境下产生的结果。

0.2.2　热障涂层剥落失效及其主要因素

在上述热、力、化等多种载荷的综合作用下，热障涂层会产生涂层内裂纹、孔洞、界面裂纹等多种失效形式，并最终以涂层剥落的方式发生失效。涂层剥落不仅使得基体合金暴露在高温燃气中，同时剥落的涂层会随高温燃气在发动机部件运动，甚至与涡轮叶片碰撞，构成发动机的致命威胁，同时也是制约热障涂层应用与发展的巨大瓶颈。为此，人们针对涂层剥落失效的形式与机制开展了一系列研

---

* 1atm=1.01325×10⁵Pa。

究,并逐渐认识到界面氧化、冲蚀与 CMAS 腐蚀是造成涂层剥落的三大关键因素。

(1) 界面氧化。热障涂层在高温服役环境中,空气中的氧分子和陶瓷层的氧原子会扩散至陶瓷层与黏结层的界面,与黏结层扩散而来的金属元素发生反应生成氧化层(TGO)[3, 10]。由于 Al 的扩散活性最强,会最先反应生成成分为 Al_2O_3 的致密 TGO,如图 0.9 所示。致密的 TGO 可以有效减缓黏结层其他金属元素的扩散,抑制黏结层的氧化,这是有利的一面。TGO 的生长也会带来生长与热失配应力,诱导裂纹在 TGO/黏结层界面(Ⅰ)、TGO/陶瓷层界面(Ⅱ)、陶瓷层(Ⅲ)以及 TGO 内(Ⅳ)等位置生长、扩展,并最终导致涂层剥落,这又是非常不利的一面。更危险的是,当 Al 元素不足或是 TGO 生长不致密,黏结层中的 Ni、Cr 等其他金属元素也会扩散、氧化,生成疏松的混合氧化物[3, 10],极易导致裂纹萌生与扩展。由于高温是热障涂层不可避免的服役环境,因此高温氧化也被认为是诱导涂层剥落的第一关键因素。

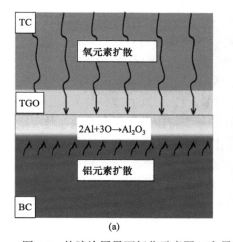
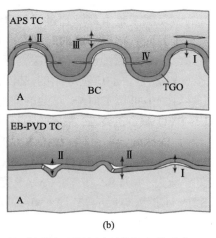

图 0.9　热障涂层界面氧化示意图(a)和界面氧化诱导两种涂层剥落的失效形式(b)

(2) 高温冲蚀。热障涂层服役时将不可避免地受到发动机燃烧室中硬质颗粒气流的反复撞击,从而出现了如图 0.10 所示的涂层厚度变薄、裂纹形成甚至剥落的现象,即发生冲蚀破坏[43-47]。这些硬质颗粒的来源主要有两类:一类是在发动机内产生,或者是在燃烧过程中形成的碳颗粒,又或者是由于发动机燃烧室内壁、涡轮叶片等被冲蚀形成的粒子;另一类是来自被吸入燃气轮机的外界物体,如沙粒、灰尘、铝等金属粒子。也有文献将第一类粒子作用的热障涂层失效叫冲蚀,将第二类粒子作用的失效叫做外界物体撞击损伤,但更多的研究将这两类损伤都统一叫做冲蚀,而将不同性质的颗粒带来的损伤差异看成不同的失效机理。随着雾霾、沙尘等环境的进一步复杂化,热障涂层冲蚀失效的现象与机制也变得越来越复杂。因此,越来越多的研究将冲蚀列为继界面氧化后第二个影响热障涂层剥落失效的关键因素[48]。

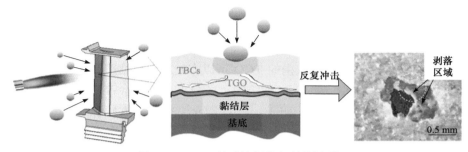

图 0.10   TBCs 的冲蚀损伤与剥落[15, 48]

(3) CMAS 腐蚀。CMAS 腐蚀是随着服役温度进一步增加(1250℃以上)，沙尘、火山灰等钙镁铝硅氧化物(简称 CMAS)会熔融并沿涂层内的孔隙渗透，诱导涂层发生成分、结构、性能的变化最终导致剥落失效[11, 22, 49-51]。目前在役、在研发动机的服役温度基本都已超过了 CMAS 的熔点，而 CMAS 渗透整个陶瓷层的时间远小于界面氧化层形成的时间[49]，且渗透速度会随着服役温度的增加急剧增大。因此，CMAS 腐蚀已成为涂层剥落最危险、且无法回避的因素。氧化钇稳定的氧化锆(YSZ)是目前广泛应用的热障涂层 TBCs 材料，热导率低、抗热震性好、热稳定性好，但抵抗 CMAS 腐蚀的能力较差。1250℃时 CMAS 一分钟内就可以穿透 EB-PVD 制备的 YSZ 涂层[49, 50]，并进一步侵蚀黏结层和金属基体[51]。如图 0.11 所示，Drexler 等[52]认为 CMAS 从热化学角度腐蚀 YSZ 时会同时发生：①渗透，CMAS 润湿 YSZ 并通过孔隙渗透涂层；②Y 流失，YSZ 晶粒溶解在 CMAS 中导致 Y 流失；③YSZ 剥离，CMAS 穿透 YSZ 晶界，将剥离的 YSZ 晶粒散布在 CMAS 中；④扩散与反应，Y 往 CMAS 扩散，同时 Si、Ca 和 Mg 等元素也从 CMAS 扩散到 YSZ 晶粒中，发生化学反应。这些除消耗陶瓷层外，因稳定剂氧化钇的流失还会加速氧化锆由四方相到单斜相的转变，引起约 5%的体积膨胀[53, 54]。此外，

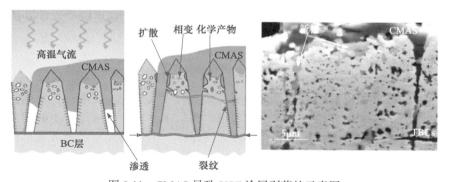

图 0.11   CMAS 导致 YSZ 涂层剥落的示意图

孔隙中的 CMAS 会减小涂层的应变容限[55, 56]，且微观结构与生成的化学反应产物也会引起物理、力学性能的变化[57]，最终导致涂层剥落。如何提高 YSZ 热障涂层的抗 CMAS 能力成为这一领域的迫切要求。

(4) 烧结。热障涂层在高温下服役时，陶瓷层还会发生烧结。对于 APS 方法制备的陶瓷层，高温下烧结时陶瓷层晶粒长大、孔隙降低、微裂纹减少等，同时引起涂层热传导系数的增加。用 EB-PVD 方法制备的涂层，烧结导致柱状晶之间的间距变小、柱状晶的羽毛状结构变弱、甚至消失，从而降低了涂层的隔热性能与应变容限[58-60]。陶瓷层的烧结一般会引起平面压应力，于是在涂层系统中产生垂直于界面的裂纹。

(5) 相变。陶瓷层的相变也是热障涂层失效的重要原因之一[61, 62]。ZrO_2 陶瓷在不同的温度下存在正方相、立方相、单斜相等晶型，而热障涂层的热循环过程一般包括了升温、保温、降温三个阶段，温度的跨度较大。在热障涂层的服役过程中，随着温度的不断改变，ZrO_2 陶瓷会发生相变。而单斜相向四方相转变温度刚好落在燃气涡轮机使用温度范围内，这种相变一般都会引起材料体积变化，会增加涂层内的应力，从而促使涂层的剥落、失效。

(6) 黏结层与基体互扩散。由于黏结层与基体合金间的成分和浓度差异较大，热障涂层在高于 1350K 的温度下服役时，黏结层通常会与基体发生严重的界面元素互扩散现象[63-66]。这种界面元素互扩散主要由 Cr、Ni 从基体向黏结层的外扩散以及 Al、Cr、Co 元素从黏结层向基体的内扩散构成，且伴随大量扩散孔洞和有害相的形成，从而导致基体力学性能的降低。尤其值得注意的是，互扩散使黏结层中的 Al 元素大量丧失，这必将导致陶瓷层/黏结层界面热生长氧化物中 Al_2O_3 纯度的降低，从而促进富 Ni 的混合氧化物形成，导致涂层抗氧化性能的下降。随着高温合金的单晶化以及热障涂层服役温度的增加，黏结层与基体互扩散会导致单晶基体失去单一方向晶体的特性，因为晶格取向、微观组织与成分的变化，力学性能急剧下降甚至完全丧失单晶的性能，是单晶基体热障涂层迫切需要关注的问题。

0.3　热障涂层失效对固体力学的需求与挑战

0.3.1　热障涂层失效对固体力学的需求

自 1953 年提出热障涂层的概念以来，经过半个多世纪的快速发展，人们已掌握了 YSZ 热障涂层的材料配方，并在此基础上发展了一系列新型的热障涂层材料；掌握了 APS 与 EB-PVD 两种成熟的制备工艺，在此基础上也发展了一系列新型制备技术。美英法等发动机强国实现了热障涂层技术在军机、民机以及燃机等多种发动机上的广泛应用。我国也实现了热障涂层技术在航空发动机上的批产应用，验证了热障涂层技术的隔热效果，并将其列为两机专项不可缺少的隔热防护技术。然而，在长时间高温、高压、高转速以及各种机械载荷与介质作用下，涂层以氧化、腐蚀、冲蚀等形式发生剥落失效，严重制约了涂层的应用与发展。研究热障涂层破坏机制分析的理论、实验方法与测试技术，对其服役性能、使用寿命以及安全使用进行分析、评价与预测，并建立性能与材料成分、制备工艺参数之间的关联，是解决涂层剥落失效的有效途径与必然要求。因此，要实现热障涂层的安全应用与可持续发展，迫切需要发展涂层剥落分析的破坏理论、测试方法与评价技术。

固体力学是研究可变形固体在外界因素作用下所产生的位移、运动、应力、应变和破坏的一门学科。固体力学萌芽于公元前两千多年，那时中国和世界其他文明古国就开始建造有力学思想的建筑物、简单的车船和狩猎工具等。中国在隋朝年间(公元 581~618 年)建造的赵州石拱桥，已蕴含了近代杆、板、壳体设计的一些基本思想。18 世纪，大型机器、大型桥梁和大型厂房等工业技术的发展，推动了固体力学的快速发展。至今，固体力学已发展并产生若干个次级分支学科，如材料力学、弹性力学、塑性力学、断裂力学、结构力学、复合材料力学、岩石力学、计算材料力学、实验固体力学……。他们的研究思路、基本假设和研究方法不尽相同，在研究对象方面各有侧重，但又不能截然分开。

作为由可变形的基体与各层涂层体系组成的热障涂层，剥落失效是各种服役环境即载荷作用下涂层体系内的变形、应力场、应变场以及微结构与损伤演变的结果。因此，热障涂层剥落失效分析对固体力学各分支学科的需求主要涉及以下方面。

(1) 材料力学。材料力学是固体力学中最早发展起来的一个分支，它研究材料在外力作用下的力学性能、变形状态和破坏规律，为工程设计中选用材料和选择构件尺寸提供依据，但研究的对象主要是一维的杆件以及简单的板壳，是固体力学其他分支学科的启蒙与奠基。

(2) 弹性力学。又称弹性理论，主要研究弹性物体(三维)在外力作用下的应力场、应变场以及有关规律。弹性力学首先假设所研究的物体是理想的弹性体，即物体承受外力后发生变形，并且其内部各点的应力和应变之间是一一对应的，外力除去后，物体恢复到原有形态，而不遗留任何痕迹。弹性力学研究的最基本思想是假想把物体分割为无数个微元体，考虑这些微元体的受力平衡和微元体间的变形协调。此外，还要考虑物体变形过程中应力和应变间的函数关系。

(3) 塑性力学。又称塑性理论，主要研究固体受力后处于塑性变形状态时，塑性变形与外力的关系，以及物体中的应力场、应变场以及有关规律。物体受到足够大外力的作用后，它的一部或全部变形会超出弹性范围而进入塑性状态，外力卸除后，变形的一部分或全部并不消失，物体不能完全恢复到原有的形态。一般地说，在原来物体形状突变的地方、集中力作用点附近、裂纹尖端附近，都容易产生塑性变形。塑性力学的研究方法同弹性力学一样，也从进行微元体的分析入手。在物体受力后，往往是一部分处于弹性状态，一部分处于塑性状态，因此需要研究物体中弹塑性并存的情况。

(4) 断裂力学。又称断裂理论，研究工程结构裂纹尖端的应力场和应变场，并由此分析裂纹扩展的条件和规律，它是固体力学最新发展起来的一个分支。许多固体涂层(如本书研究的热障涂层)及界面处含有大量的裂纹、微孔、晶界、位错、夹杂物等缺陷，这些缺陷在热载荷、机械载荷、腐蚀性介质、交变载荷等作用下，发展成为宏观裂纹。所以，断裂理论也可以说是裂纹理论，它所提出的断裂韧度和裂纹扩展速率等，都是预测裂纹的临界尺寸和估算构件寿命的重要指标，在工程结构上得到了广泛应用。研究裂纹扩展规律，建立断裂判据，控制和防止断裂破坏是研究断裂力学的目的。

(5) 实验固体力学。研究固体力学参数测试的科学，又称实验应力分析。基本的思路是采用电测方法、光弹性法、现代光声磁法等先进的实验方法，同时建立或应用力学、物理与数学模型，表征材料的力学性能、损伤参数等，为破坏机制的分析提供参数和依据。

(6) 计算固体力学。其采用离散化的数值方法，并以电子计算机为工具，求解固体力学中各类问题的学科。基本方法是在已建立的物理模型和数学模型的基础上，采用一定的离散化的数值方法，用有限个未知量去近似待求的连续函数，从而将微分方程问题转化为线性代数方程问题，并利用计算机求解。

上述分支学科的理论为热障涂层服役环境下的位移、运动、应力、应变和破坏的分析提供了思路、基础理论、实验方法与计算工具。此外，复合材料力学的发展也给热障涂层多孔、含裂纹及晶界问题的处理提供了启示，结构力学等新型分支学科的发展也为热障涂层稳定性与断裂分析提供了参考。

0.3.2　热障涂层失效对固体力学的挑战

尽管固体力学为热障涂层破坏机制的研究提供了理论体系与研究手段，但热障涂层极其复杂的服役环境、几何形状、微结构及其演变规律也给固体力学提出了巨大的挑战。

(1) 热力化耦合理论。服役环境下热障涂层的剥落失效是一个典型的热力化耦合过程。以高温氧化与高温腐蚀为例，对剥落起作用的有：①化学场。氧、CMAS和热障涂层体系的各种元素反应生成新的化合物(如 TGO、硅酸锆、尖晶石)，而它们取决于体系的化学势、浓度等化学场的参量。②温度场。界面氧化、CMAS腐蚀都在高温下进行，与温度场有直接的关系。③应力场。热障涂层各层热膨胀系数的不匹配、服役过程中的机械载荷决定了界面氧化、冲蚀、CMAS 腐蚀均在有应力场的作用下发生。④化学场、温度场、应力场的相互促进。化学反应中新的化学产物形成时会影响体系的温度场，同时约束体系以及新材料加剧的热失配将改变体系的应力场；温度场极大的影响化学反应，如元素扩散、渗透深度、反应速度以及热失配应力；应力场则极大地影响氧或化学反应元素的扩散[67,68]。⑤裂纹也是热力化耦合多场作用下的扩展过程，当有微缺陷存在时，氧的扩散、化学反应、应力场会在缺陷处产生明显的聚集、集中[69]，然后进一步促进裂纹的扩展。因此，热力化耦合是热障涂层微观损伤、裂纹形成与扩展的本质机制，我们用示意图 0.12 描述热力化的耦合问题。化学载荷、机械载荷和热载荷对应的热力化耦合问题，我们可以取三个常用的变量化学反应程度、应变和温度作为广义变形，各个物理场的功共轭量分别为化学势、应力和熵。在热力化多场作用下，他们之间是相互影响的。以热载荷为例，广义变形-温度不仅通过热容得到功共轭量——熵，同时温度还会导致热膨胀应变和影响化学反应程度，除此之外，化学反应会吸收热量或者释放热量，塑性变形会导致变形热量即熵的改变。目前的固体力学理论在于处理单一的机械载荷或热载荷问题或者热力耦合问题，如何考虑热、力、化及其耦合的固体力学理论或模型，分析热障涂层氧化、腐蚀时微结构演变的演变规律与裂纹扩展机制，是热障涂层给固体力学理论提出的一大挑战。

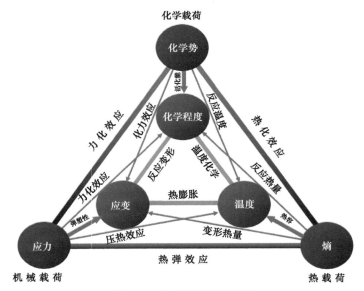

图 0.12　热力化的耦合问题

(2) 跨尺度理论。热障涂层的破坏过程在时间、空间上是一个典型的跨尺度问题。从时间尺度上，以氧化为例，热障涂层在高温环境的几秒内甚至在制备过程中就会发生氧化，而氧化造成热障涂层的剥落需要经历几百甚至上万个小时。而且，涂层的微观结构、性能以及损伤都是实时演化的。因此，热障涂层的破坏过程是一个典型的时间跨尺度问题。从空间尺度上看，氧化、相变、腐蚀的微观机制会在原子尺度下发生，再到宏观结构上，TGO 层只有几个微米，基底材料几个毫米，且具有复杂的界面效应。因此，热障涂层是一个典型的空间跨尺度问题，需要跨尺度的物理、力学分析模型以及实验方法对其破坏机制及关键因素如应力场、界面断裂能、微观结构演化、晶体结构等进行分析。然而，目前的固体力学理论均建立在连续介质的宏观尺度，量子力学等物理模型则关注于原子分子层级的微观力学问题，如何建立原子分子尺度与连续介质宏观尺度的跨尺度模型，分析热障涂层时间、空间跨尺度的剥落机制，是热障涂层给固体力学提出的巨大挑战。

(3) 数值计算方法。应用有热障涂层技术的涡轮叶片等热端部件，如图 0.1 所示，具有复杂的翘曲结构；多层结构的热障涂层体系，不仅尺度从几个微米跨度到毫米，同时是多孔、多裂纹、多晶界的涂层，且各层结合的界面形貌复杂。如何建立复杂几何形状、跨尺度、复杂微结构的数值几何模型，是热障涂层破坏过程数值模拟的难点。热障涂层界面氧化、腐蚀、冲蚀的过程伴随着氧化层、腐蚀产物生长的过程，或是涂层被冲蚀剥落的过程，数值仿真过程中如何考虑生长或剥离过程，是热障涂层破坏过程数值仿真的又一难点。更重要的是，考虑热力化耦合的本构关系与破坏理论都是物理非线性问题；而且氧化与腐蚀发生时局部应变可达到 10%[70,71]，这又是一个几何非线性问题。现有的商业有限元软件大多用来计算和分析线性问题，对耦合非线性问题还涉及甚少。因此，实现物理与几何非线性问题的数值求解，也是热障涂层破坏过程数值仿真的难点。

(4) 性能与失效表征。力学性能与失效(微结构演变)是薄膜涂层领域的两大关键力学问题，也是评价热障涂层抗剥落性能、理解涂层剥落过程的关键依据。多层结构、界面形貌复杂且微结构随着服役环境演变的热障涂层体系，给力学性能与失效的表征带来了许多新的挑战：①薄膜涂层体系的性能表征。对于块体材料的力学性能，发展了比较成熟的力学测试方法，如材料杨氏模量、屈服强度、拉伸强度、应力应变关系等性能的拉伸法；断裂韧性的三点弯曲等系列测试方法；残余应力的 X 射线、拉曼等测试方法。但对薄膜涂层体系，这些方法是否适用？适用的条件是什么？适用时该用什么模型来表征涂层本身的力学性能？如何克服尺度效应、基底效应？如何发展新的、有效的方法来表征涂层尤其是表征界面力学性能，是热障涂层、也是薄膜涂层研究领域的热点与难点问题。②高温等复杂服役环境下信号的检测。热障涂层是处于长时间的高温、冲蚀、CMAS 腐蚀等复杂的服役环境下，因此高温力学性能表征，高温下各种检测方法尤其是接触式检测方法及其高温下信号的检测都是巨大的挑战。此外，高温下的测试还带来温度漂移、传感器自身变形等多种效应，如何克服这些效应得到真实的测试信号，这些挑战既是热障涂层领域的巨大难点，也是实验力学面临的巨大难点。③损伤模式识别与定量分析。热障涂层发生剥落失效前，会发生界面氧化、涂层腐蚀、烧结、涂层表面裂纹、界面裂纹等多种失效形式或是微结构的演变，检测并识别出这些失效形式并对失效程度进行定量评价，是分析涂层剥落机理的直接依据，同时也是实验力学的巨大挑战。

(5) 试验装置。要综合考虑热障涂层复杂的几何结构，复杂的热、力、化等多种载荷的耦合作用，理解热障涂层过早剥落的机理与影响因素，依靠常规的如拉伸、弯曲、热力疲劳、热冲击等传统力学实验方法是行不通的。早在 20 世纪 70 年代，美国 NASA 就将热障涂层在相当高热流密度的 J-75 涡轮发动机上进行了试车，验证了热障涂层的隔热效果，并以此为依据调整了陶瓷层各成分的配方[72]。事实上，在实际的发动机上试车需耗费巨大的人力和物力。因此，如果我们能发展热障涂层的试验模拟技术，对其复杂的服役环境进行模拟，对其失效过程进行实时或原位的无损检测，则能为正确地理解其剥落机制、预测其寿命提供有力的依据。因此，热障涂层试验模拟装置也一直是这一研究领域的热点，但同时高温、冲蚀、CMAS 腐蚀各种复杂环境的模拟，尤其是高速旋转离心力及其与高温燃气交互作用的等效加载是巨大难点。尽管美国 NASA、荷兰的 NLR、德国的国家能源研究中心、加拿大国家研究委员会(National Research Council，NRC)航空研究中心等研究机构都开展了大量的工作，研制了可以模拟热障涂层高温、冲蚀的试验装置[73-77]，但目前关于高速旋转工作状态的装置还非常匮乏，且对我国封锁。因此，研制我国热障涂层的试验模拟装置，是热障涂层破坏机制研究不可缺少的研究内容，也是挑战。

(6) 破坏预测。材料破坏的预测一直是工程应用的老大难问题，在航空发动机、燃气轮机等要求具有超高可靠性装置的应用背景下对热障涂层破坏时间的预测更是超难的课题，但又是不得不面对的难题，因此热障涂层破坏的预测是工程界和学术界高度关注的重大课题。如果能比较准确地预测涂层的服役寿命，并建立其服役寿命与服役环境、材料参数之间的关联，可以为其安全应用、优化设计提供科学依据。但遗憾的是，热障涂层破坏的预测至今进展缓慢。这是因为破坏问题是固体力学研究的重要方向，比如，材料力学针对一维构件在拉伸、压缩、弯曲等简单载荷作用下，建立了强度、刚度、稳定性准则，用以指导工程应用和设计；弹塑性力学则建立了三维材料尤其是金属材料的强度理论。断裂力学的裂纹、应力强度因子及其临界值理论的提出，为材料破坏的预测提出了理论依据。然而，热障涂层服役载荷极其复杂，是热、力、化多场耦合作用的结果，微结构复杂的热障涂层失效不是单纯的裂纹扩展，伴随微结构的演变及其与应力应变场的交互作用。无论是失效形式，还是诱发失效的机制，都是错综复杂的，基于传统单一强度准则、裂纹扩展准则或稳定性准则，又或是基于单一损伤参数的失效准则，都难以准确对其破坏形式与时间进行预测。

0.4　内容概述

　　本书针对热障涂层剥落失效对固体力学的迫切需求与诸多挑战，基于作者近二十年的研究积累，融入国内外同仁在这一领域的研究成果，从基础理论、性能表征、性能评价三个方面阐述热障涂层破坏理论与评价技术。为满足科研人员和应用技术人员的不同需求，本书注重"科学"(基础理论)与"工程"(工程应用)的结合，并注重"理论—方法—装置"的研究主线。如在第一篇的破坏理论方面，本书介绍了热力化耦合本构关系的基础理论与构建框架，同时详细介绍了热障涂层界面氧化、CMAS 腐蚀热力化耦合失效的具体模型、氧化与腐蚀规律和机制，为从事热障涂层及相关领域热力化耦合理论的学习与科研提供基础，同时也为热障涂层工艺与应用的相关技术人员了解氧化、腐蚀机制提供科学依据。在第二篇性能表征与第三篇评价技术方面，本书针对热障涂层对固体力学现有表征方法与试验装置提出的挑战，强调从"理论模型—测试方法—试验装置"的系统层次进行介绍、分析和总结，科研人员可以以此进行新的思考和研究，应用技术人员也可以直接应用这些技术开展热障涂层的表征与评价工作。总之，本书不仅适用于热障涂层及相关领域的科研人员，同时也适用于热障涂层研究领域的工程技术人员，还适用于材料、力学、机械、检测等领域的博士、硕士研究生及高年级本科生。

　　本书分为三篇，共 15 章。第一篇即第 1～6 章，介绍热障涂层的破坏理论，其中第 1 章和第 2 章分别介绍热力化耦合的理论框架和非线性有限元理论，第 3～6 章分别介绍热障涂层界面氧化、CMAS 腐蚀、冲蚀热力化耦合的破坏理论与机制。第二篇即第 7～12 章，介绍热障涂层性能与损伤的表征技术，第 7～9 章凝练热障涂层基本力学性能、断裂韧性、残余应力的各种先进表征方法，第 10～12 章介绍裂纹、界面氧化、应力应变场等关键损伤参量的无损实时表征方法，第三篇即第 13～15 章，介绍热障涂层性能评价技术，包括隔热与强度综合效果的评价、可靠性与服役寿命的评价以及模拟考核方法与试验平台方面的进展。作者希望通过系统的理论、方法以及试验平台及相关测试技术等研究成果的详细介绍，帮助读者对热障涂层的剥落失效及研究方法有一个较为全面的认识，同时可以以此为基础开展相关研究工作，促进热障涂层在我国航空发动机和燃气轮机(简称"两机")上的安全应用与可持续发展。

该书是在 100 余位硕士和博士研究生参与下二十余年致力于热障涂层破坏理论与评价技术方面研究的系统成果，是在 2 项国家自然科学基金重大项目、1 项国家自然科学基金杰出青年科学基金项目、1 项国家自然科学基金重点项目、1 项装置发展部"十三五"装置预研领域基金重点项目、2 项国防技术基础科研项目以及多项中国航空发动机集团相关单位委托项目的长期资助下的成果。不仅如此，也融入了国内外同行在这一研究领域的最新成果与进展，所涉及之处作者都提供了详尽的参考文献。作者期待该书的出版对我国热障涂层的安全应用与发展有所帮助。

特别感谢中国工程院院士、第十届全国人大常务委员会委员刘大响先生为本书作序。

参 考 文 献

[1] Miller R A. Thermal barrier coatings for aircraft engines: history and directions[J]. Journal of Thermal Spray Technology, 1997, 6(1): 35.

[2] Miller R A. Current status of thermal barrier coatings—an overview[J]. Surface and Coatings Technology, 1987, 30(1): 1-11.

[3] Padture N P, Gell M, Jordan E H. Thermal barrier coatings for gas-turbine engine applications[J]. Science, 2002, 296(5566): 280-284.

[4] Zhu D M, Miller R A. Thermal and Environmental Barrier Coatings for Advanced Propulsion Engine Systems[R]. NASA Technical Memorandum, 2004: 213129.

[5] 曹学强. 热障涂层材料[M]. 北京: 科学出版社, 2007.

[6] Clarke D R, Oechsner M, Padture N P. Thermal-barrier coatings for more efficient gas-turbine engines[J]. MRS Bulletin, 2012, 37(10): 891-898.

[7] 王铁军, 范学领. 热障涂层强度理论与检测技术[M]. 西安: 西安交通大学出版社, 2007.

[8] Miller R A. Thermal barrier coatings for aircraft engines: history and directions[J]. Journal of Thermal Spray Technology, 1997, 6(1): 35.

[9] 曹学强. 热障涂层新材料和新结构[M]. 北京: 科学出版社, 2015.

[10] Rabiei A, Evans A G. Failure mechanisms associated with the thermally grown oxide in plasma-sprayed thermal barrier coatings[J]. Acta Materialia, 2000, 48(15): 3963-3976.

[11] Levi C G, Hutchinson J W, Vidal-Sétif M H, et al. Environmental degradation of thermal-barrier coatings by molten deposits[J]. MRS Bull, 2012, 37(10): 932-941.

[12] Darolia R. Thermal barrier coatings technology: critical review, progress update, remaining challenges and prospects[J]. International Materials Reviews, 2013, 58(6): 315-348.

[13] 薛召露, 郭洪波, 宫声凯, 等. 新型热障涂层陶瓷隔热层材料[J]. 航空材料学报, 2018, 38(02): 10-20.

[14] Vaßen R, Jarligo M O, Steinke T, et al. Overview on advanced thermal barrier coatings[J]. Surface and Coatings Technology, 2010, 205(4): 938-942.

[15] Ma W, Mack D E, Vaßen R, et al. Perovskite-type strontium zirconate as a new material for

thermal barrier coatings[J]. Journal of the American Ceramic Society, 2008, 91(8): 2630-2635.

[16] 郭洪波, 宫声凯, 徐惠彬. 新型高温/超高温热障涂层及制备技术研究进展[J]. 航空学报, 2014, 35(10): 2722-2732.

[17] 牟仁德, 许振华, 贺世美, 等. La$_2$(Zr$_{0.7}$Ce$_{0.3}$)$_2$O$_7$-新型高温热障涂层[J]. 材料工程, 2009(07): 67-71+78.

[18] Shen Y, Leckie R M, Levi C G, et al. Low thermal conductivity without oxygen vacancies in equimolar YO$_{1.5}$+TaO$_{2.5}$-and YbO$_{1.5}$+TaO$_{2.5}$-stabilized tetragonal zirconia ceramics[J]. Acta Materialia, 2010, 58(13): 4424-4431.

[19] Shian S, Sarin P, Gurak M, et al. The tetragonal-monoclinic, ferroelastic transformation in yttrium tantalate and effect of zirconia alloying[J]. Acta Materialia, 2014, 69: 196-202.

[20] Macauley C A, Fernandez A N, Levi C G. Phase equilibria in the ZrO$_2$-YO$_{1.5}$-TaO$_{2.5}$ system at 1500℃[J]. Journal of the European Ceramic Society, 2017, 37(15): 4888-4901.

[21] Tan Z Y, Yang Z H, Zhu W, et al. Mechanical properties and calcium-magne sium-alumino-silicate(CMAS) corrosion behavior of a promising Hf$_6$Ta$_2$O$_{17}$ ceramic for thermal barrier coatings[J]. Ceramics International, 2020, 46(16): 25242-25248.

[22] Rai A K, Bhattacharya R S, Wolfe D E, et al. CMAS-resistant thermal barrier coatings(TBCs)[J]. International Journal of Applied Ceramic Technology, 2010, 7(5): 662-674.

[23] Aygun A, Vasiliev A L, Padture N P, et al. Novel thermal barrier coatings that are resistant to high-temperature attack by glassy deposits[J]. Acta Materialia, 2007, 55(20): 6734-6745.

[24] Cao X Q, Vassen R, Tietz F, et al. New double-ceramic-layer thermal barrier coatings based on zirconia-rare earth composite oxides[J]. Journal of the European Ceramic Society, 2006, 26(3): 247-251.

[25] Xu H, Guo H, Liu F, et al. Development of gradient thermal barrier coatings and their hot-fatigue behavior[J]. Surface and Coatings Technology, 2000, 130(1): 133-139.

[26] Zhou X, Zou B, He L, et al. Hot corrosion behaviour of La$_2$(Zr$_{0.7}$Ce$_{0.3}$)$_2$O$_7$ thermal barrier coating ceramics exposed to molten calcium magnesium aluminosilicate at different temperatures[J]. Corrosion Science, 2015, 100: 566-578.

[27] Takahashi M. Thermal barrier coatings design for gas turbines[J]. Proceedings of ITSC'95, Kobe, 1995: 83-88.

[28] 吴子健. 热喷涂技术与应用[M]. 北京: 机械工业出版社, 2005.

[29] Khan A N, Lu J. Manipulation of air plasma spraying parameters for the production of ceramic coatings[J]. Journal of Materials Processing Technology, 2009, 209(5): 2508-2514.

[30] Lima R S, Kucuk A, Berndt C C. Bimodal distribution of mechanical properties on plasma sprayed nanostructured partially stabilized zirconia[J]. Materials Science and Engineering: A, 2002, 327(2): 224-232.

[31] Sommer E, Terry S G, Sigle W, et al. Metallic precipitate formation during alumina growth in a FeCrAl-based thermal barrier coating model system[J]. Materials Science Forum, 2001, 369: 671-678.

[32] Wada K, Yamaguchi N, Matsubara H. Effect of substrate rotation on texture evolution in ZrO$_2$-4 mol.% Y$_2$O$_3$ layers fabricated by EB-PVD[J]. Surface and Coatings Technology, 2005, 191(2-3):

367-374.

[33] Garcia J R V, Goto T. Thermal barrier coatings produced by chemical vapor deposition[J]. Science and Technology of Advanced Materials, 2003, 4(4): 397-402.

[34] Refke A, Hawley D, Doesburg J, et al. LPPS thin film technology for the application of TBCs systems[C]. International Thermal Spray Conference. Basel, DVS-Verlag, Düsseldorf, 2005: 438-443.

[35] Li C, Guo H, Gao L, et al. Microstructures of yttria-stabilized zirconia coatings by plasma spray-physical vapor deposition[J]. Journal of Thermal Spray Technology, 2015, 24(3): 534-541.

[36] Rezanka S, Mauer G, Vaßen R. Improved thermal cycling durability of thermal barrier coatings manufactured by PS-PVD[J]. Journal of Thermal Spray Technology, 2014, 23(1-2): 182-189.

[37] Curry N, VanEvery K, Snyder T, et al. Thermal conductivity analysis and lifetime testing of suspension plasma-sprayed thermal barrier coatings[J]. Coatings, 2014, 4(3): 630-650.

[38] James A S, Matthews A. Developments in RF plasma-assisted physical vapour deposition partially yttria-stabilized zirconia thermal barrier coatings[J]. Surface and Coatings Technology, 1990, 43: 436-445.

[39] Choy K L , Vyas J D. Processing and structural characterisation of Y_2O_3 - ZrO_2 films deposited using flame assisted vapour deposition technique[J]. Key Engineering Materials, 1999, 161-163: 653-656.

[40] 谢冬柏, 王福会. 热障涂层研究的历史与现状[J]. 材料导报, 2002, 3: 7-10.

[41] 刘大响. 航空发动机对热障涂层的迫切需求[C]. 第 124 期国家自然科学基金双清论坛, 2014.

[42] Wu R T, Osawa M, Yokokawa T, et al. Degradation mechanisms of an advanced jet engine service-retired TBCs component[J]. Journal of Solid Mechanics and Materials Engineering, 2010, 4(2): 119-130.

[43] Wellman R G, Nicholls J R. A review of the erosion of thermal barrier coatings[J]. Journal of Physics D: Applied Physics, 2007, 40(16): R293.

[44] Fleck N A, Zisis T. The erosion of EB-PVD thermal barrier coatings: the competition between mechanisms[J]. Wear, 2010, 268(11-12): 1214-1224.

[45] Evans A G, Fleck N A, Faulhaber S, et al. Scaling laws governing the erosion and impact resistance of thermal barrier coatings[J]. Wear, 2006, 260(7-8): 886-894.

[46] Chen X, He M Y, Spitsberg I, et al. Mechanisms governing the high temperature erosion of thermal barrier coatings[J]. Wear, 2004, 256(7-8): 735-746.

[47] Wellman R G, Deakin M J, Nicholls J R. The effect of TBCs morphology on the erosion rate of EB-PVD TBCs[J]. Wear, 2005, 258(1-4): 349-356.

[48] 杨丽, 周益春, 齐莎莎. 热障涂层的冲蚀破坏机理研究进展[J]. 力学进展, 2012, 42(6): 704-721.

[49] Zhao H, Levi C G, Wadley H N G. Molten silicate interactions with thermal barrier coatings[J]. Surface and Coatings Technology, 2014, 251: 74-86.

[50] Yin B, Liu Z, Yang L, et al. Factors influencing the penetration depth of molten volcanic ash in thermal barrier coatings: theoretical calculation and experimental testing[J]. Results in Physics, 2019, 13: 102169.

[51] Mohan P, Yao B, Patterson T, et al. Electrophoretically deposited alumina as protective overlay for thermal barrier coatings against CMAS degradation[J]. Surface and Coatings Technology, 2009, 204(6-7): 797-801.

[52] Drexler J M, Shinoda K, Ortiz A L, et al. Air-plasma-sprayed thermal barrier coatings that are resistant to high-temperature attack by glassy deposits[J]. Acta Materialia, 2010, 58(20): 6835-6844.

[53] Li W, Zhao H, Zhong X, et al. Air plasma-sprayed yttria and yttria-stabilized zirconia thermal barrier coatings subjected to calcium-magnesium-alumino-silicate(CMAS)[J]. Journal of Thermal Spray Technology, 2014, 23(6): 975-983.

[54] Xu G N, Yang L, Zhou Y C, et al. A chemo-thermo-mechanically constitutive theory for thermal barrier coatings under CMAS infiltration and corrosion[J]. Journal of the Mechanics and Physics of Solids, 2019, 133: 103710.

[55] Vidal-Setif M H, Chellah N, Rio C, et al. Calcium-magnesium-alumino-silicate(CMAS) degradation of EB-PVD thermal barrier coatings: characterization of CMAS damage on ex-service high pressure blade TBCs[J]. Surface and Coatings Technology, 2012, 208: 39-45.

[56] Xia J, Yang L, Wu R T, et al. On the resistance of rare earth oxide-doped YSZ to high temperature volcanic ash attack[J]. Surface and Coatings Technology, 2016, 307: 534-541.

[57] Xia J, Yang L, Wu R T, et al. Degradation mechanisms of air plasma sprayed free-standing yttria-stabilized zirconia thermal barrier coatings exposed to volcanic ash[J]. Applied Surface Science, 2019, 481: 860-871.

[58] Wu Y, Luo H, Cai C, et al. Comparison of CMAS corrosion and sintering induced microstructural characteristics of APS thermal barrier coatings[J]. Journal of Materials Science & Technology, 2019, 35(3): 440-447.

[59] Zhao X, Wang X, Xiao P. Sintering and failure behaviour of EB-PVD thermal barrier coating after isothermal treatment[J]. Surface and Coatings Technology, 2006, 200(20-21): 5946-5955.

[60] Renteria A F, Saruhan B. Effect of ageing on microstructure changes in EB-PVD manufactured standard PYSZ top coat of thermal barrier coatings[J]. Journal of the European Ceramic Society, 2006, 26(12): 2249-2255.

[61] Guo S, Kagawa Y. Isothermal and cycle properties of EB-PVD yttria-partially-stabilized zirconia thermal barrier coatings at 1150 and 1300℃[J]. Ceramics International, 2007, 33(3): 373-378.

[62] Cutler R A, Reynolds J R, Jones A. Sintering and characterization of polycrystalline monoclinic, tetragonal, and cubic zirconia[J]. Journal of the American Ceramic Society, 1992, 75(8): 2173-2183.

[63] Müller J, Neuschütz D. Efficiency of α-alumina as diffusion barrier between bond coat and bulk material of gas turbine blades[J]. Vacuum, 2003, 71(1-2): 247-251.

[64] Liang T, Guo H, Peng H, et al. Precipitation phases in the nickel-based superalloy DZ 125 with YSZ/CoCrAlY thermal barrier coating[J]. Journal of Alloys and Compounds, 2011, 509(34): 8542-8548.

[65] Renusch D, Schorr M, Schütze M. The role that bond coat depletion of aluminum has on the

lifetime of APS-TBCs under oxidizing conditions[J]. Materials and Corrosion, 2008, 59(7): 547-555.

[66] Hesnawi A, Li H, Zhou Z, et al. Isothermal oxidation behaviour of EB-PVD MCrAlY bond coat[J]. Vacuum, 2007, 81(8): 947-952.

[67] Yang F, Fang D N, Liu B. A theoretical model and phase field simulation on the evolution of interface roughness in the oxidation process[J]. Modelling and Simulation in Materials Science and Engineering, 2011, 20(1): 015001.

[68] Shen Q, Li S Z, Yang L, et al. Coupled mechanical-oxidation modeling during oxidation of thermal barrier coatings[J]. Computational Materials Science, 2018, 154: 538-546.

[69] Yang F, Liu B, Fang D. Interplay between fracture and diffusion behaviors: modeling and phase field computation[J]. Computational Materials Science, 2011, 50(9): 2554-2560.

[70] Shen Q, Yang L, Zhou Y C, et al. Models for predicting TGO growth to rough interface in TBCs[J]. Surface and Coatings Technology, 2017, 325: 219-228.

[71] Shen Q, Yang L, Zhou Y C, et al. Effects of growth stress in finite-deformation thermally grown oxide on failure mechanism of thermal barrier coatings[J]. Mechanics of Materials, 2017, 114: 228-242.

[72] 周益春, 刘奇星, 杨丽, 等. 热障涂层的破坏机理与寿命预测[J].固体力学学报, 2010, 31(05): 504-531.

[73] Robinson R C. NASA GRC's High Pressure Burner Rig Facility and Materials Test Capabilities[R]. Dynacs Engineering Company, Inc., Cleveland, Ohio, 1999, Report No. NASA/CR—1999-209411.

[74] Zhu D M, Miller R A, Kuczmarski M A. Development and Life Prediction of Erosion Resistant Turbine Low Conductivity Thermal Barrier Coatings[R]. NASA Glenn Research Center, Cleveland, OH, 2010, Report No. NASA/TM—2010-215669.

[75] Vaßen R, Kagawa Y, Subramanian R, et al. Testing and evaluation of thermal-barrier coatings[J]. MRS Bulletin, 2012, 37(10): 911.

[76] Wanhill R J H, Mom A J A, Hersbach H J C, et al. NLR experience with high velocity burnerrig testing 1979–1989[J]. High Temperature Technology, 1989, 7(4): 202-211.

[77] Bruce R W. Development of 1232℃(2250F)erosion and impact tests for thermal barrier coatings[J]. Tribology Transactions, 1998, 41(4): 399-410.

第一篇 热障涂层破坏理论

第1章　热障涂层热力化耦合的基本理论框架

　　航空发动机内严峻苛刻的服役环境将导致涂层出现复杂的热力化耦合的失效问题。为深入理解热障涂层在各种失效模式下的失效机理，本章首先引出连续介质力学的有关概念和基本假设，然后基于小变形和大变形理论分别构建了热力化耦合理论框架。本章分为三部分：第一部分是连续介质力学的简单介绍；第二部分介绍了小变形理论下应力和应变度量、平衡方程及本构方程，定义描述热扩散、物质渗透和化学反应过程的场变量，从热力学定律出发推导出热力耦合和热力化耦合的本构方程、各场变量的控制方程；第三部分引出变形梯度、速度梯度等概念后介绍了大变形应力应变度量、质量守恒方程和力平衡方程，基于热力学定律，分别构建热力耦合和热力化耦合的能量函数并推导了各场变量的控制方程。

1.1　连续介质力学

　　力学是自然科学的七大基础科学之一，与八大应用基础学科紧密相联。宇宙之大、基本粒子之小，力无处不在。固体力学学科和材料学科都在现代工业中扮演了重要的角色。随着科学技术的发展，固体力学学科和材料学科的交叉越来越明显。固体力学创建了一系列重要的概念和方法，如连续介质、应力、应变、分叉、断裂韧性、有限元法等，这些辉煌成就不但造就了近现代土木建筑工业、机械制造工业和航空航天工业，而且为广泛的自然科学如非线性科学、固体地球物理学、材料科学与工程等提供了范例或基本理论基础。

　　自然界各种物体的尺寸小至分子、原子和电子，大至宇宙，覆盖了从纳米到光年这样一个十分广阔的范围，而人们关心的"材料"基本上可以按四个层次来划分：①埃及小于埃的尺度，即物理微观；②几十分之一纳米到几十纳米的尺度，即纳观；③从亚微米到丝米之间的尺度，即细观；④毫米以上，即宏观。与宏观相对应，也可以将从埃到丝米之间的尺度统称为微观。它又分为细观、纳观和物理微观三个逐级变小的层次。从物理模型上来看，物理微观模型考虑复杂的电子-量子效应，一般用量子力学来研究该尺度范围内材料的基本性质；在纳观范围内可把物质模拟为原子作用势下结合为一体的粒子阵，一般用统计力学和分子动力学来研究该尺度范围内材料的基本性质；在细观尺度上采用具有内禀微结构的连续介质单元，一般用以牛顿力学为基础的连续介质力学来研究该尺度范围内材料的基本性质，如表 1.1 所示[1]。

表 1.1　物质在不同尺度下的表现行为和研究方法

尺度	研究内容	研究方法
物理微观(埃及小于埃)	电子-量子效应	量子力学
纳观(几十分之一纳米到几十纳米)	原子作用势下结合为一体的粒子阵	统计力学和分子动力学
细观(亚微米到丝米)	连续介质单元	连续介质力学
宏观(毫米以上)	连续介质单元	连续介质力学

　　连续介质力学[2-4](continuum mechanics)是研究连续介质宏观力学性状的分支学科，处理包括固体和流体在内的所谓"连续介质"宏观性质的力学。宏观力学性状是指在三维欧氏空间和均匀流逝时间下受牛顿力学支配的物质性状。连续介质力学对物质的结构不作任何假设。它与物质结构理论并不矛盾，而是相辅相成的。物质结构理论研究特殊结构的物质性状，而连续介质力学则研究具有不同结构的许多物质的共同性状。连续介质力学的主要目的在于建立各种物质的力学模型和把各种物质的本构关系用数学形式确定下来，并在给定的初始条件和边界条件下求出问题的解。它通常包括下述基本内容：①变形几何学，研究连续介质变形的几何性质，确定变形所引起物体各部分空间位置和方向的变化以及各邻近点相互距离的变化，这里包括诸如构形、变形梯度、应变张量、变形的基本定理、极分解定理等重要概念。②运动学，主要研究连续介质力学中各种量的时间率，这里包括诸如速度梯度、变形速率、旋转速率等重要概念。③基本方程，根据适用于所有物质的守恒定律建立的方程，如连续性方程、运动方程、能量方程、熵不等式等。④本构方程，为确定物体在外部因素作用下的响应，还须知道描述构成物体的物质属性所特有的本构方程，才能在数学上得到封闭的方程组，并在一定的初始条件和边界条件下把问题解决。因此，无论就物理或数学而言，刻画物质性质的本构关系是必不可少的。⑤特殊理论，如弹性理论、黏性流体理论、塑性理论、黏弹性理论、热弹性固体理论、热黏性流体理论等。⑥问题的求解。

　　连续介质力学的最基本假设是"连续介质假设"：认为真实流体或固体所占有的空间可以近似地看作连续地无空隙地充满着"质点"。质点所具有的宏观物理量(如质量、速度、压力、温度等)满足一切应该遵循的物理定律，如质量守恒定律、牛顿运动定律、能量守恒定律、热力学定律以及扩散、热传导等菲克(Fick)定律。这一假设忽略物质的具体微观结构(对固体和液体微观结构研究属于凝聚态物理学的范畴)，而用一组偏微分方程来表达宏观物理量(如质量、数度、压力等)。所谓质点指的是微观上充分大、宏观上充分小的分子团(也叫微团)。一方面，分子团的尺度和分子运动的尺度相比应足够大，使得分子团中包含大量的分子，对分子团进行统计平均后能得到确定的值；另一方面又要求分子团的尺度和所研究问题的特征尺度相比要充分小，使得一个分子团的平均物理量可看成是均匀不变的，因而可以把分子团近似地看成是几何上的一个点。对于进行统计平均的时间，还要求它是微观充分长、宏观充分短的。即进行统计平均的时间应选得足够长，微观的性质，例如分子间的碰撞已进行了许多次，在这段时间内进行统计平均能够得到确定的数值。另外，进行统计平均的宏观时间也应选得比所研究问题的特征时间小得多，以致我们可以把进行平均的时间看成是一个瞬间。

固体不受外力时，具有确定的形状。固体包括不可变形的刚体和可变形的固体。刚体力学属于动力学与控制工作的研究范畴，连续介质力学中的固体力学则研究可变形固体在应力、应变等外界因素作用下的变化规律，主要包括弹性和塑性问题。弹性：应力作用后，可恢复到原来的形状。塑性：应力作用后，不能恢复到原来的形状，发生永久形变。

热障涂层厚度一般在几百微米或毫米以上，即其尺度处于细观或宏观。因此，本书不讨论物理微观和纳观意义下热障涂层材料的性质，用以牛顿力学为基础的连续介质力学来研究该尺度范围内材料的基本性质。为在细观上对热障涂层进行研究，我们做如下基本假设：①假定涂层材料是连续的，②假定物体是完全均匀的，③假定物体是各向同性的。当应用小变形理论来研究涂层变形或受力状态时，我们还需增加一个假设，假定位移和形变是微小的。也就是说假定物体受力以后，整个物体所有各点的位移都远远小于物体原来的尺寸。

1.2　基于小变形的热力化耦合理论框架

1.2.1　基于小变形的应变与应力度量[5, 6]

1. 应变度量

在载荷作用下，物体内各质点的位置将发生变化，即发生位移。如果物体各点发生位移后仍保持各点间初始状态的相对位置，则称这种位移为刚体位移。如果物体各点发生位移后各点间初始状态的相对位置发生变化，则物体同时也产生了形状的变化，称该物体发生了变形，包括体积改变和形状畸变。应变分析研究的是受力物体的变形情况，也就是应变状态，而不讨论物体的刚性位移。

物体内任意一点的位移可以用其 x, y, z 方向的位移分量 u, v, w 表示。因而只要确定了物体各点的位移，物体的变形状态就确定了。因物体各点的位移一般是

不同的，故位移分量 u,v,w 应为坐标的函数，即

$$u = u(x, y, z), \quad v = v(x, y, z), \quad w = w(x, y, z) \tag{1.1}$$

为了描述物体内任意一点 P 处材料的变形情况，过点 P 沿坐标轴方向取三个互相垂直的微线段 PA、PB、PC，其长度分别为 dx 、dy 、dz ，如图 1.1 所示。当物体在外力作用下发生变形后，过点 P 的这三个微线段的长度和它们之间的夹角将发生改变。这些微线段相对长度的改变称为点 P 的正应变，用 ε 表示。微线段 PA、PB、PC 沿坐标轴 x，y，z 方向的正应变分别用 $\varepsilon_x, \varepsilon_y, \varepsilon_z$ 表示，并规定应变以伸长为正，缩短为负。微线段间夹角的改变量称为点 P 的剪应变，用 γ 表示。沿坐标轴 x 与 y 方向的微线段 PA 与 PB 间夹角的改变量用 γ_{xy} 表示；同样，沿坐标轴 y 与 z 方向的微线段 PB 与 PC 间夹角的改变量用 γ_{yz} 表示；沿坐标轴 z 与 x 方向的微线段 PC 与 PA 间夹角的改变量用 γ_{zx} 表示。规定剪应变以微线段间夹角减少为正，增大为负。

　　为了描述变形的程度，我们用笛卡儿坐标系来阐述，如图 1.2 中变形前的几何状态用 B 表示，变形后的几何状态用 B' 表示，为了叙述的方便，我们将变形前后的几何状态分别称为构形 B 和构形 B'。在变形前的任意线元 $\overrightarrow{PQ}$，其端点 $P(a_1, a_2, a_3)$ 及 $Q(a_1 + da_1, a_2 + da_2, a_3 + da_3)$ 的矢径分别为

$$\overrightarrow{OP} = \boldsymbol{a} = a_i \boldsymbol{e}_i \quad \overrightarrow{OQ} = \boldsymbol{a} + d\boldsymbol{a} = (a_i + da_i)\boldsymbol{e}_i \tag{1.2}$$

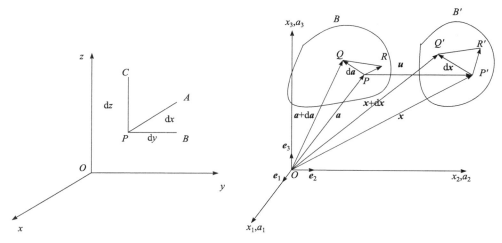

　　　　图 1.1　应变的描述　　　　　　　　图 1.2　构形 B 和 B'

本书我们用张量描述所有物理量，上式中的下标 i 表示从 1 到 3 求和，即 $(a_i + da_i)\boldsymbol{e}_i = \sum_{i=1}^{3}(a_i + da_i)\boldsymbol{e}_i$，而按照爱因斯坦的求和法则其求和号一律省去。另

外，张量和矢量都用黑体表示。因而线元 $\overrightarrow{PQ}$ 表示为

$$\overrightarrow{PQ} = \overrightarrow{OQ} - \overrightarrow{OP} = \mathrm{d}\boldsymbol{a} = \mathrm{d}a_i\boldsymbol{e}_i \tag{1.3}$$

变形后，P'、Q' 两点分别位移至 P' 和 Q'，相应矢径为

$$\overrightarrow{OP'} = \boldsymbol{x} = x_i\boldsymbol{e}_i\quad \overrightarrow{OQ'} = \boldsymbol{x} + \mathrm{d}\boldsymbol{x} = (x_i + \mathrm{d}x_i)\boldsymbol{e}_i \tag{1.4}$$

这里 $\boldsymbol{x}$ 应该是 a_i 的函数，即 $x_m = x_m(a_i)$。因而变形后的线元可以表示为

$$\overrightarrow{P'Q'} = \overrightarrow{OQ'} - \overrightarrow{OP'} = \mathrm{d}\boldsymbol{x} = \mathrm{d}x_i\boldsymbol{e}_i = \mathrm{d}x_1\boldsymbol{e}_1 + \mathrm{d}x_2\boldsymbol{e}_2 + \mathrm{d}x_3\boldsymbol{e}_3 \tag{1.5}$$

变形前后，线元 $\overrightarrow{PQ}$ 和 $\overrightarrow{P'Q'}$ 的长度平方分别为

$$\mathrm{d}s_0^2 = \mathrm{d}\boldsymbol{a} \cdot \mathrm{d}\boldsymbol{a} = \mathrm{d}a_i\mathrm{d}a_i = \delta_{ij}\mathrm{d}a_i\mathrm{d}a_j = \mathrm{d}a_1^2 + \mathrm{d}a_2^2 + \mathrm{d}a_3^2 \tag{1.6}$$

$$\mathrm{d}s^2 = \mathrm{d}\boldsymbol{x} \cdot \mathrm{d}\boldsymbol{x} = \mathrm{d}x_m\mathrm{d}x_m = \mathrm{d}x_1^2 + \mathrm{d}x_2^3 + \mathrm{d}x_3^2 \tag{1.7}$$

由于 $\boldsymbol{x}$ 是 a_i 的函数，即 $x_m = x_m(a_i)$，则

$$\mathrm{d}x_m = \frac{\partial x_m}{\partial a_i}\mathrm{d}a_i = \frac{\partial x_m}{\partial a_1}\mathrm{d}a_1 + \frac{\partial x_m}{\partial a_2}\mathrm{d}a_2 + \frac{\partial x_m}{\partial a_3}\mathrm{d}a_3 \tag{1.8}$$

代入式(1.7)有

$$\mathrm{d}s^2 = \frac{\partial x_m}{\partial a_i}\frac{\partial x_m}{\partial a_j}\mathrm{d}a_i\mathrm{d}a_j \tag{1.9}$$

由上式减去式(1.6)可得到变形后线元长度平方的变化为

$$\mathrm{d}s^2 - \mathrm{d}s_0^2 = 2E_{ij}\mathrm{d}a_i\mathrm{d}a_j \tag{1.10}$$

其中

$$E_{ij} = \frac{1}{2}\left(\frac{\partial x_m}{\partial a_i}\frac{\partial x_m}{\partial a_j} - \delta_{ij}\right) \tag{1.11}$$

由图 1.2 显然可以看出，$x_m(a_i) = a_m + u_m(a_i)$，求导得

$$\frac{\partial x_m}{\partial a_i} = \delta_{mi} + \frac{\partial u_m}{\partial a_i} \tag{1.12}$$

对于小变形情况，这时位移分量的一阶导数远小于 1，即

$$\left|\frac{\partial u_i}{\partial a_j}\right| \ll 1, \qquad \left|\frac{\partial u_j}{\partial x_j}\right| \ll 1 \tag{1.13}$$

略去高阶小量后

$$\frac{\partial u_i}{\partial a_j} = \frac{\partial u_i}{\partial x_k}\frac{\partial x_k}{\partial a_j} = \frac{\partial u_i}{\partial x_k}\left(\delta_{kj} + \frac{\partial u_k}{\partial a_j}\right) \approx \frac{\partial u_i}{\partial x_k}\delta_{kj} = \frac{\partial u_i}{\partial x_j} \tag{1.14}$$

上式推导过程中用到了式(1.12)。因而在描述物体小变形时，对坐标 a_i 和 x_i 可以不加区别。因此，在小变形情况下，式(1.11)简化为

$$E_{ij} \approx \varepsilon_{ij} = \frac{1}{2}\left(\frac{\partial u_i}{\partial x_j} + \frac{\partial u_j}{\partial x_i}\right) \tag{1.15}$$

这里 ε_{ij} 称为柯西(Cauchy)应变张量或小应变张量分量。ε 是二阶对称张量，只有六个独立分量。在笛卡儿坐标系中，其常用形式为

$$\varepsilon_{11} = \frac{\partial u_1}{\partial x_1}, \quad \varepsilon_{12} = \varepsilon_{21} = \frac{1}{2}\left(\frac{\partial u_1}{\partial x_2} + \frac{\partial u_2}{\partial x_1}\right)$$

$$\varepsilon_{22} = \frac{\partial u_2}{\partial x_2}, \quad \varepsilon_{23} = \varepsilon_{32} = \frac{1}{2}\left(\frac{\partial u_2}{\partial x_3} + \frac{\partial u_3}{\partial x_2}\right) \tag{1.16}$$

$$\varepsilon_{33} = \frac{\partial u_3}{\partial x_3}, \quad \varepsilon_{31} = \varepsilon_{13} = \frac{1}{2}\left(\frac{\partial u_3}{\partial x_1} + \frac{\partial u_1}{\partial x_3}\right)$$

这是一组线性微分方程，称为应变位移公式或几何方程。根据式(1.16)，可以从位移公式求导得应变分量，或由应变分量积分得位移分量。

现用应变张量 ε 确定变形前后线元长度的变化和线元间夹角的改变。首先分析长度变化。变形前，线元 $\overrightarrow{PQ}$ 方向的单位矢量为

$$\boldsymbol{v} = \frac{\mathrm{d}\boldsymbol{a}}{\mathrm{d}s_0} = \frac{\mathrm{d}a_i}{\mathrm{d}s_0}\boldsymbol{e}_i = v_i\boldsymbol{e}_i \tag{1.17}$$

其中，$v_i = \dfrac{\mathrm{d}a_i}{\mathrm{d}s_0}$ 为线元 $\overrightarrow{PQ}$ 的方向余弦。引进定义 $\lambda_v = \dfrac{\mathrm{d}s}{\mathrm{d}s_0}$ 表示变形前后线元的长度变化，称为长度比。则由式(1.10)、式(1.15)和式(1.17)可得

$$\lambda_v = \frac{\mathrm{d}s}{\mathrm{d}s_0} = \left(1 + 2\varepsilon_{ij}v_iv_j\right)^{1/2} \approx 1 + \varepsilon_{ij}v_iv_j \tag{1.18}$$

通常定义 v 方向线元的工程正应变 ε_v 为变形前后线元长度的相对变化，即

$$\varepsilon_v = \frac{\mathrm{d}s - \mathrm{d}s_0}{\mathrm{d}s_0} = \lambda_v - 1 \tag{1.19}$$

将式(1.18)代入后有

$$\varepsilon_v = \varepsilon_{ij}v_iv_j \tag{1.20}$$

其展开式为

$$\varepsilon_v = \varepsilon_{11}v_1v_1 + \varepsilon_{22}v_2v_2 + \varepsilon_{33}v_3v_3 + 2\varepsilon_{12}v_1v_2 + 2\varepsilon_{23}v_2v_3 + 2\varepsilon_{31}v_3v_1 \qquad (1.21)$$

当取 $\boldsymbol{v}$ 分别为 $\boldsymbol{e}_i$（$i = 1,2,3$）时，由式(1.21)得

$$\varepsilon_x = \varepsilon_{11}, \quad \varepsilon_y = \varepsilon_{22}, \quad \varepsilon_z = \varepsilon_{33} \qquad (1.22)$$

所以，应变张量 ε_{ij} 的三个对角分量分别等于坐标轴方向三个线元的工程正应变。以伸长为正，缩短为负。

现在讨论线元的方向。变形后，线元 $\overrightarrow{P'Q'}$ 方向的单位矢量为

$$\boldsymbol{v}' = \frac{\mathrm{d}\boldsymbol{x}}{\mathrm{d}s} = \frac{\mathrm{d}x_i}{\mathrm{d}s}\boldsymbol{e}_i = v_i'\boldsymbol{e}_i \qquad (1.23)$$

其中方向余弦

$$v_i = \frac{\mathrm{d}x_i}{\mathrm{d}s} = \frac{\partial x_i}{\partial a_j}\frac{\mathrm{d}a_j}{\mathrm{d}s_0}\frac{\mathrm{d}s_0}{\mathrm{d}s} = \frac{\partial x_i}{\partial a_j}v_j\frac{1}{\lambda_v} \qquad (1.24)$$

利用式(1.12)，任意线元变形后的方向余弦可用位移表示成

$$v_i' = \left(\delta_{ji} + \frac{\partial u_i}{\partial a_j}\right)v_j\frac{1}{\lambda_v} \qquad (1.25)$$

利用式(1.18)和式(1.20)，忽略二阶小量后可得

$$\frac{1}{\lambda_v} = \frac{1}{1 + \varepsilon_v} \approx 1 - \varepsilon_v \qquad (1.26)$$

将上式代入式(1.24)，忽略二阶小量，得到变形后线元的方向余弦为

$$v_i' = v_i + \frac{\partial u_i}{\partial a_j}v_j - v_i\varepsilon_v \qquad (1.27)$$

根据上式，可由位移梯度分量 $\dfrac{\partial u_i}{\partial a_j}$ 和线元正应变 ε_v 计算线元变形后的方向余弦。

例如，考虑变形前与坐标轴 a_1 平行的线元，其单位矢量和方向余弦为

$$\boldsymbol{v} = \boldsymbol{e}_1 \quad \text{或者} \quad v_1 = 1, \quad v_2 = v_3 = 0 \qquad (1.28)$$

将上式代入式(1.20)有

$$\varepsilon_v = \varepsilon_{ij}v_iv_j = \varepsilon_{11} \qquad (1.29)$$

由式(1.27)，变形后的方向余弦为

$$v_1' = 1 + \frac{\partial u_1}{\partial a_1} - \varepsilon_{11} \approx 1, \quad v_2' = \frac{\partial u_2}{\partial a_1}, \quad v_3' = \frac{\partial u_3}{\partial a_1} \qquad (1.30)$$

这三个分量的平方和并不严格等于 1，但在小变形情况下相差仅为二阶小量，这是允许的。因此，变形后的单位矢量为

$$e_1' = e_1 + \frac{\partial u_2}{\partial a_1} e_2 + \frac{\partial u_3}{\partial a_1} e_3 \tag{1.31}$$

设 e_1' 与 e_2 间的夹角为 $\frac{\pi}{2} - \theta_2$，则

$$\cos\left(\frac{\pi}{2} - \theta_2\right) = e_1' \cdot e_2 = \frac{\partial u_2}{\partial a_1} \tag{1.32}$$

当 θ_2 很小时

$$\cos\left(\frac{\pi}{2} - \theta_2\right) = \sin\theta_2 \approx \theta_2 \approx \frac{\partial u_2}{\partial a_1} \tag{1.33}$$

同理

$$\cos\left(\frac{\pi}{2} - \theta_3\right) = e_1' \cdot e_3 = \frac{\partial u_3}{\partial a_1} \approx \theta_3 \tag{1.34}$$

式(1.33)和式(1.34)说明，变形前与 a_2 和 a_3 轴垂直的线元，变形后分别向 a_2 和 a_3 轴旋转了 $\frac{\partial u_2}{\partial a_1}$ 和 $\frac{\partial u_3}{\partial a_1}$ 角。同理，沿 a_2 和 a_3 轴的线元变形后也将发生转动，其转角大小及方向如图 1.3 所示。该图直观地表达了沿坐标轴方向的三个线元在变形后的转动情况。

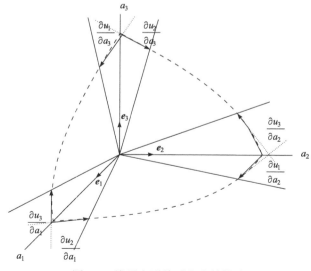

图 1.3　线元变形前后发生的转动

最后讨论线元间的角度变化。考虑图 1.2 中变形前的两个任意线元 $\overrightarrow{PQ}$ 和 $\overrightarrow{PR}$，其单位矢量分别为 $\boldsymbol{v}$ 和 $\boldsymbol{t}$，方向余弦分别为 v_i 和 t_i。$\overrightarrow{PQ}$ 和 $\overrightarrow{PR}$ 的夹角余弦为

$$\cos(\boldsymbol{v},\boldsymbol{t}) = \boldsymbol{v} \cdot \boldsymbol{t} = v_i t_i \tag{1.35}$$

变形后，两线元变为 $\overrightarrow{P'Q'}$ 和 $\overrightarrow{P'R'}$，其单位矢量分别为 $\boldsymbol{v}'$ 和 $\boldsymbol{t}'$，方向余弦分别为 v_i' 和 t_i'。利用式(1.30)，$\overrightarrow{P'Q'}$ 和 $\overrightarrow{P'R'}$ 的夹角余弦为

$$\cos(\boldsymbol{v}',\boldsymbol{t}') = \boldsymbol{v}' \cdot \boldsymbol{t}' = v_i' t_i' = \left(\delta_{mn} + \frac{\partial u_n}{\partial a_m} + \frac{\partial u_m}{\partial a_n} + \frac{\partial u_i}{\partial a_m}\frac{\partial u_i}{\partial a_n} \right) v_m t_n \frac{1}{\lambda_v} \frac{1}{\lambda_t} \tag{1.36}$$

利用式(1.11)和式(1.15)，上式可化为

$$\cos(\boldsymbol{v}',\boldsymbol{t}') = \left(v_m t_m + 2\varepsilon_{mn} v_m t_n \right) \frac{1}{\lambda_v \lambda_t} \tag{1.37}$$

由此式可求得线元变形后的夹角变化。将式(1.26)和式(1.15)代入式(1.37)，略去二阶小量后，式(1.37)简化为

$$\boldsymbol{v}' \cdot \boldsymbol{t}' = \cos(\boldsymbol{v}',\boldsymbol{t}') = \left(1 - \varepsilon_v - \varepsilon_t\right)\boldsymbol{v} \cdot \boldsymbol{t} + 2v_i \varepsilon_{ij} t_j \tag{1.38}$$

若变形前线元 $\overrightarrow{PQ}$ 和 $\overrightarrow{PR}$ 相互垂直，则 $\boldsymbol{v} \cdot \boldsymbol{t} = 0$，并令 θ 为变形后线元间直角的减小量，则由上式可得

$$\theta \approx \cos\left(\frac{\pi}{2} - \theta\right) = \cos(\boldsymbol{v}',\boldsymbol{t}') = 2\varepsilon_{ij} v_i t_j = 2\varepsilon_{vt} \tag{1.39}$$

通常定义两正交线元间的直角减小量为工程剪应变 γ_{vt}，即

$$\gamma_{vt} = 2\varepsilon_{vt} = 2\varepsilon_{ij} v_i t_j \tag{1.40}$$

若 $\boldsymbol{v}, \boldsymbol{t}$ 为坐标轴方向的单位矢量，例如 $v_i = 1, t_j = 1 (i \neq j)$，其余的方向余弦均为零，则由上式得

$$\gamma_{ij} = 2\varepsilon_{ij}, \quad i \neq j \tag{1.41}$$

由于 $\boldsymbol{v}$ 与 $\boldsymbol{t}$ 的夹角和 $\boldsymbol{t}$ 与 $\boldsymbol{v}$ 的夹角是一回事，所以有

$$\varepsilon_{ij} = \varepsilon_{ji} \tag{1.42}$$

即应变张量是对称张量，它们只有六个独立的分量。根据线性代数理论，这六个对称应变分量的矩阵可以对角化，对角化的三个本征值称为主应变，从大到小分别称为第一主应变 ε_1、第二主应变 ε_2 和第三主应变 ε_3。

由上面的讨论可以看到，应变张量的六个分量 ε_{ij} 的几何意义是：当指标 $i = j$ 时，ε_{ij} 表示沿坐标轴 i 方向线元的正应变，以伸长为正，缩短为负；当指标 $i \neq j$ 时，ε_{ij} 的两倍表示坐标轴 i 与 j 方向两个正交线元间的剪应变，以锐化(直角减小)

为正，钝化(直角增加)为负。

由式(1.20)、式(1.23)；式(1.37)、式(1.39)；式(1.40)、式(1.41)可见，应变张量 ε 给出了物体变形状态的全部信息。

2. 应力度量

作用于物体的外载荷可以分为体积力和表面力，它们分别称为体力和面力。体力是分布在物体体积内的力，如重力、磁力及运动物体的惯性力等。体力的特点就是它与物体的质量成正比。物体内各点受力的情况一般是不相同的。为了描述物体在某一点 P 所受的体力，在这一点取物体的一小部分，它包含着 P 点而它的体积为 ΔV，如图 1.4(a)所示。

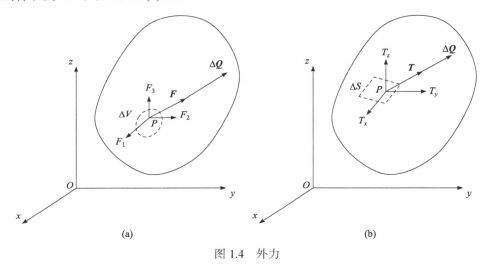

图 1.4 外力

设作用于 ΔV 的体力为 ΔQ，则体力的平均集度为 $\Delta Q / \Delta V$。如果把所取的那一小部分物体不断减小，即 ΔV 不断减小，则 ΔQ 和 $\Delta Q / \Delta V$ 都将不断改变(包括方向和大小)，而且作用点也不断改变。现在，命 ΔV 无限减小到趋近于 P 点，假定体力为连续分布，则 $\Delta Q / \Delta V$ 将趋近于一定的极限 f，即

$$\lim_{\Delta V \to 0} \frac{\Delta Q}{\Delta V} = f \tag{1.43}$$

这个极限矢量 $f = f_i e_i$ 就是该物体在 P 点所受体力的集度。因为 ΔV 是标量，所以 f 的方向就是 ΔQ 的极限方向。矢量 f 在坐标轴 x、y 和 z 上的投影 f_1、f_2 和 f_3 称为该物体在 P 点的体力分量，以沿坐标轴正方向为正，沿坐标轴负方向为负。它们的量纲为[力][长度]$^{-3}$。

面力是分布在物体表面上的力，如流体压力和接触力。物体在其表面上各点

受面力的情况一般也是不相同的。为了表明该物体在其表面上某一点 P 所受的面力，在这一点取该物体表面的一小部分，它包含着 P 点而它的面积为 ΔS ，如图 1.4(b)所示。设作用于 ΔS 的面力为 ΔQ ，则面力的平均集度为 $\Delta Q / \Delta S$ 。与上相似，命 ΔS 无限减小而趋近 P 点，假定面力为连续分布，则 $\Delta Q / \Delta S$ 将趋近于一定的极限 t ，即

$$\lim_{\Delta S \to 0} \frac{\Delta Q}{\Delta S} = t \tag{1.44}$$

这个极限矢量 $t = t_i e_i$ 就是该物体在 P 点所受面力的集度。因为 ΔS 是标量，所以 t 的方向就是 ΔQ 的极限方向。矢量 t 在坐标轴 x、y 和 z 上的投影 t_x、t_y 和 t_z 称为该物体在 P 点的面力分量，以沿坐标轴正方向为正，沿坐标轴负方向为负。它们的量纲为[力][长度]$^{-2}$。

　　在外力作用下物体发生变形，变形改变了分子间距，在物体内形成一个附加的内力场。当这个内力场足以和外力相平衡时，变形不再继续，物体达到稳定平衡状态。现在讨论这个由外载引起的附加内力场。

　　为了精确描述内力场，Cauchy 引进了应力的重要概念。考虑图 1.5 中处于平衡状态的物体 B。用一个假想的闭合曲面 S 把物体分成内、外两部分，简称内域和外域。P 是曲面 S 上的任意点，以 P 为形心在 S 上取出一个面积为 ΔS 的面元。ν 是 P 点处沿内域外向法线的单位矢量(沿外域外法线的单位矢量为 $-\nu$)。ΔF 为外域通过面元 ΔS 对内域的作用力之合力，一般说与法向矢量 ν 不同向。假设当面元

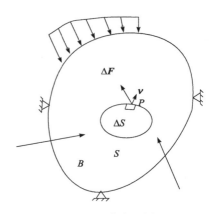

图 1.5　应力矢量

趋于 P 点，$\Delta S \to 0$ 时，比值 $\Delta F / \Delta S$ 的极限存在，且面元上作用力的合力矩与 ΔS 的比值趋于零，则可定义

$$\boldsymbol{\sigma}_\nu = \lim_{\Delta S \to 0} \frac{\Delta F}{\Delta S} \tag{1.45}$$

是外域作用在内域为 P 点处法线为 ν 的面元上的应力矢量，也可以说内域在 P 点处法线为 ν 的面元受到外域作用的应力矢量。若取式中的 ΔS 为变形前面元的初始面积，则上式给出的是工程应力，或称名义应力，常用于小变形情况。对于大变形问题，应取 ΔS 为变形后面元的实际面积，这样的应力是真实应力，简称真应力。本节只讨论小变形情况，即认为变形前后物体的形状变化比较少。对于大变形情形见 1.3 节或者可参考有关教材[7-10]。

　　比较式(1.44)和式(1.45)可见，应力矢量和面力矢量的数学定义和物理量纲都

相同，二者的区别仅在于：应力是作用在物体内截面上的未知内力，而面力是作用在物体外表面上的已知外力。当内截面无限趋近于外表面时，应力也趋近于外加面力的值。矢量 $\boldsymbol{\sigma}_\nu$ 的大小和方向不仅和 P 点的位置有关，而且和面元法线方向 $\boldsymbol{\nu}$ 有关。作用在同一点不同法向面元上的应力矢量各不相同，如图 1.6(a)所示。反之，不同曲面上的面元，只要通过同一点且法向方向相同，则应力矢量也相同，如图 1.6(b)所示。因此，应力矢量 $\boldsymbol{\sigma}_\nu$ 是位置 $\boldsymbol{r}$ 和过点 P 的某一个面的位向 $\boldsymbol{\nu}$ 的函数，即

$$\boldsymbol{\sigma}_\nu = \boldsymbol{\sigma}_\nu(\boldsymbol{r}, \boldsymbol{\nu}) \tag{1.46}$$

显然，只要知道了过点 P 的任意位向的截面上的应力矢量，就能够确定点 P 的应力状态。而过点 P 的不同位向的截面有无限多个，要逐个加以考虑是不可能的。那么，怎样才能确定一点的应力状态呢？

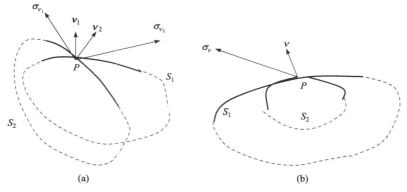

图 1.6　应力矢量与法向 $\boldsymbol{\nu}$ 的依赖关系

3. 力平衡方程

按道理说，对应力的描述用式(1.46)就可以了。如果只有式(1.46)显然是不方便的，即"过点 P 的不同位向的截面有无限多个，要逐个加以考虑是不可能的"。如上文所阐述的我们最好借助于一个坐标系(如笛卡儿坐标系)来讨论物体内任意一点 P 的应力状态。在笛卡儿坐标系中，用六个平行于坐标面的截面(简称正截面)在 P 点的邻域内取出一个正六面体元，如图 1.7 所示。其中，外法线与坐标轴 $x_i\,(i=1,2,3)$ 同向的三个面元称为正面，记为 $\mathrm{d}S_i$，它们的单位法线矢量为 $\boldsymbol{\nu}_i = \boldsymbol{e}_i$，$\boldsymbol{e}_i$ 是沿坐标轴的单位矢量。另三个外法线与坐标轴反向的面元称为负面，它们的法线单位矢量为 $-\boldsymbol{e}_i$。把作用在正面 $\mathrm{d}S_i$ 上的应力矢量 $\boldsymbol{\sigma}_{(i)}\,(i=1,2,3)$ 沿坐标轴正向分解得

$$\boldsymbol{\sigma}_{(1)} = \sigma_{11}\boldsymbol{e}_1 + \sigma_{12}\boldsymbol{e}_2 + \sigma_{13}\boldsymbol{e}_3 = \sigma_{1j}\boldsymbol{e}_j$$

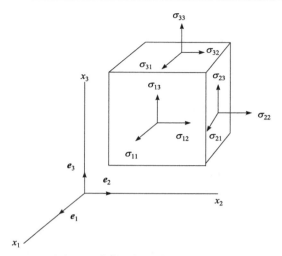

图 1.7　直角坐标系中的应力分量

$$\boldsymbol{\sigma}_{(2)} = \sigma_{21}\boldsymbol{e}_1 + \sigma_{22}\boldsymbol{e}_2 + \sigma_{23}\boldsymbol{e}_3 = \sigma_{2j}\boldsymbol{e}_j \tag{1.47}$$

$$\boldsymbol{\sigma}_{(3)} = \sigma_{31}\boldsymbol{e}_1 + \sigma_{32}\boldsymbol{e}_2 + \sigma_{33}\boldsymbol{e}_3 = \sigma_{3j}\boldsymbol{e}_j$$

即

$$\boldsymbol{\sigma}_{(i)} = \sigma_{ij}\boldsymbol{e}_j \tag{1.48}$$

上式中共出现了九个应力分量，它们可以用矩阵表示为

$$(\sigma_{ij}) = \begin{pmatrix} \sigma_{11} & \sigma_{12} & \sigma_{13} \\ \sigma_{21} & \sigma_{22} & \sigma_{23} \\ \sigma_{31} & \sigma_{32} & \sigma_{33} \end{pmatrix} \tag{1.49}$$

其中，第一个指标 i 表示面元的法线方向，称面元指标；第二指标 j 表示应力的分解方向，称方向指标。当 $i = j$ 时，应力分量垂直于面元，称为正应力；当 $i \neq j$ 时，应力分量作用在面元平面内，称为剪应力。在笛卡儿坐标系中九个应力分量记为

$$(\sigma_{ij}) = \begin{pmatrix} \sigma_x & \tau_{xy} & \tau_{xz} \\ \tau_{yx} & \sigma_y & \tau_{yz} \\ \tau_{zx} & \tau_{zy} & \sigma_z \end{pmatrix} \tag{1.50}$$

弹性理论规定：作用在负面上的应力矢量 $\boldsymbol{\sigma}_{(-i)}$ $(i = 1, 2, 3)$ 应沿坐标轴反向分解，当微元向其形心收缩成一点时，负面应力和正面应力大小相等方向相反，即

$$\boldsymbol{\sigma}_{(-i)} = -\boldsymbol{\sigma}_{(i)} = \sigma_{ij}(-\boldsymbol{e}_j) \tag{1.51}$$

式中，九个应力分量 σ_{ij} 的正向规定是：正面上与坐标轴同向为正；负面上与坐标轴反向为正。这个规定正确地反映了作用与反作用原理和"受拉为正、受压为负"

的传统观念，数学处理也比较统一。但应注意，剪应力正向和材料力学规定不同。过 P 点任意斜面上的应力都可用 σ_{ij} 来表示，所以，一点的应力状态用一个量即标量无法描述，用三个量即矢量也无法描述，必须要用九个量，即九个应力分量 σ_{ij} 才能全面描述。根据张量的概念[5]，我们可以用二阶张量 $\boldsymbol{\sigma} = \sigma_{ij}\boldsymbol{e}_i\boldsymbol{e}_j$ 来描述一点的应力状态。读者特别注意不要将式(1.45)或者式(1.46)一个法向方向为 $\boldsymbol{\nu}$ 的斜面上的应力矢量与应力二阶张量 $\boldsymbol{\sigma} = \sigma_{ij}\boldsymbol{e}_i\boldsymbol{e}_j$ 混淆。

　　小变形情况下本节只关心外载荷作用下材料内部的效果即变形状态，因此材料受到外载荷作用时整个物体应该处于平衡状态。现在讨论单元体的静力平衡问题。在所取的单元体上，除了各个面上的应力分量外，同时还有体力 $\boldsymbol{f}$。讨论单元体的静力平衡问题，就是要得到单元体沿三个坐标轴方向的力的平衡条件和对三个坐标轴力矩的平衡条件。

　　选笛卡儿坐标作参考坐标，在任意点 P 的邻域内取出边长为 $\mathrm{d}x_1, \mathrm{d}x_2, \mathrm{d}x_3$ 的无限小正六面体(图 1.8)，简称微元。体力 $f_i\,(i=1,2,3)$ 作用在微元体的形心 C 处。设 σ_{ij} 为三个负面形心处的应力分量，正面形心处的应力分量相对于负面有一增量，按泰勒(Taylor)级数展开并略去高阶小量后可化为负面应力及其一阶导数的表达式。例如，负面正应力 σ_{11} 到相距 $\mathrm{d}x_1$ 的正面上变为 $\sigma_{11} + \dfrac{\partial \sigma_{11}}{\partial x_1}\mathrm{d}x_1 + \cdots$。因此，这个微元体的受力状态如图 1.8 所示，微元体沿 x_1 方向的力的平衡条件为

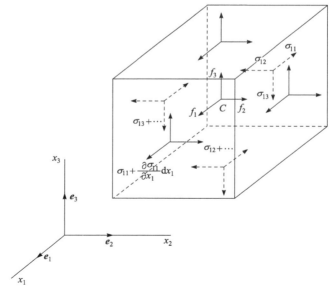

图 1.8　力的平衡条件

$$\left(\sigma_{11} + \frac{\partial \sigma_{11}}{\partial x_1}dx_1\right)dx_2dx_3 - \sigma_{11}dx_2dx_3 + \left(\sigma_{21} + \frac{\partial \sigma_{21}}{\partial x_2}dx_2\right)dx_3dx_1 - \sigma_{21}dx_3dx_1$$

$$+ \left(\sigma_{31} + \frac{\partial \sigma_{31}}{\partial x_3}dx_3\right)dx_1dx_2 - \sigma_{31}dx_1dx_2 + f_1dx_1dx_2dx_3 = 0 \tag{1.52}$$

并项后除以微元面积，取微元趋近于点 (x_1, x_2, x_3) 时的极限得

$$\frac{\partial \sigma_{11}}{\partial x_1} + \frac{\partial \sigma_{21}}{\partial x_2} + \frac{\partial \sigma_{31}}{\partial x_3} + f_1 = 0 \tag{1.53}$$

同理，沿 x_2 和 x_3 方向的力平衡条件为

$$\frac{\partial \sigma_{12}}{\partial x_1} + \frac{\partial \sigma_{22}}{\partial x_2} + \frac{\partial \sigma_{32}}{\partial x_3} + f_2 = 0 \tag{1.54}$$

$$\frac{\partial \sigma_{13}}{\partial x_1} + \frac{\partial \sigma_{23}}{\partial x_2} + \frac{\partial \sigma_{33}}{\partial x_3} + f_3 = 0 \tag{1.55}$$

用指标符号可以将上述三个方程式缩写成

$$\sigma_{ji,j} + f_i = 0, \quad \nabla \cdot \boldsymbol{\sigma} + \boldsymbol{f} = \boldsymbol{0} \tag{1.56}$$

上式称为平衡微分方程，简称平衡方程，它给出了应力分量一阶导数和体力分量之间应满足的关系式。平衡方程的常用形式是

$$\frac{\partial \sigma_x}{\partial x} + \frac{\partial \tau_{yx}}{\partial y} + \frac{\partial \tau_{zx}}{\partial z} + f_x = 0$$

$$\frac{\partial \tau_{xy}}{\partial x} + \frac{\partial \sigma_y}{\partial y} + \frac{\partial \tau_{zy}}{\partial z} + f_y = 0 \tag{1.57}$$

$$\frac{\partial \tau_{xz}}{\partial x} + \frac{\partial \tau_{yz}}{\partial y} + \frac{\partial \sigma_z}{\partial z} + f_z = 0$$

下面考虑微元体的力矩平衡。对通过形心 C，沿 x_3 方向的轴取矩。作用线通过点 C 或方向与该轴平行的应力和体力分量对该轴的合力矩为零，于是力矩平衡方程为

$$\left(\sigma_{12} + \frac{\partial \sigma_{12}}{\partial x_1}dx_1\right)dx_2dx_3 \cdot \frac{dx_1}{2} + \sigma_{12}dx_2dx_3 \cdot \frac{dx_1}{2}$$

$$- \left(\sigma_{21} + \frac{\partial \sigma_{21}}{\partial x_2}dx_2\right)dx_1dx_3 \cdot \frac{dx_2}{2} - \sigma_{21}dx_1dx_3 \cdot \frac{dx_2}{2} = 0 \tag{1.58}$$

忽略高阶项后只剩两项

$$\sigma_{12}dx_2dx_3 \cdot dx_1 - \sigma_{21}dx_3dx_1 \cdot dx_2 = 0 \tag{1.59}$$

由此得

$$\sigma_{12} = \sigma_{21} \tag{1.60}$$

同理，对沿 x_1 和 x_2 方向的形心轴取合力矩为零得

$$\sigma_{23} = \sigma_{32}, \quad \sigma_{31} = \sigma_{13} \tag{1.61}$$

或合写成

$$\sigma_{ij} = \sigma_{ji} \tag{1.62}$$

这就是剪应力互等定理，或称应力张量的对称性。

　　由式(1.49)或者式(1.50)我们得到，任意一点的应力状态需要九个应力分量才能完整地描述。但由式(1.62)的对称性知道，九个应力分量中只有六个是独立的。因此，描述一点的应力状态需要六个应力分量。同应变张量一样，应力张量也是对称张量，它们只有六个独立的分量。根据线性代数理论，这六个对称应力分量的矩阵可以对角化，对角化的三个本征值称为主应力，从大到小分别称为第一主应变 σ_1、第二主应变 σ_2 和第三主应变 σ_3，三个主应力的平面称为主平面，主平面的法向方向称为主方向，很容易证明这三个主方向是互相垂直的。有兴趣的读者可以参考有关教材自行证明。

1.2.2　基于小变形的应力应变本构关系[5, 6]

　　我们首先假设材料是各向同性的，即材料沿各个方向的性质是一样的。现在讨论各向同性的弹性体在线弹性条件下任意一点的应力分量与应变分量之间的关系。取一个微小正六面体，它的六个面均平行于坐标轴，若在 x 轴方向加正应力 σ_{xx}，则它在 x 轴方向正应变为

$$\varepsilon_{xx} = \frac{\sigma_{xx}}{E} \tag{1.63}$$

式中，E 为材料的弹性模量，特别注意我们在式(1.11)和式(1.15)中用 E_{ij} 表示应变的分量。

　　在拉伸过程中，随着试件沿拉伸方向的不断伸长，试件的横截面积将不断减小；而在压缩过程中，随着试件沿压缩轴方向的不断缩短，试件的横截面积将不断增大。这种侧面面积减少或者增大的程度显然与单向拉伸或者单向压缩的程度有关，在变形很小即线弹性阶段我们假设这种关系是线性关系。也就是说，在轴向拉(或者压)应变为 ε_{xx} 时，y 方向和 z 方向的压缩(或者拉伸)程度应该相同，这样试件的侧面应变 ε_{yy} 和 ε_{zz} 为

$$\varepsilon_{yy} = \varepsilon_{zz} = -\nu\varepsilon_{xx} = -\nu\frac{\sigma_{xx}}{E} \tag{1.64}$$

式中，用 ν 来表示线性关系的比例，称为横向变形系数，又称为泊松(Poisson)比。

同理，若只在 y 轴方向加正应力 σ_{yy}，则有

$$\varepsilon_{yy} = \frac{\sigma_{yy}}{E} \quad \varepsilon_{zz} = \varepsilon_{xx} = -\nu \frac{\sigma_{yy}}{E} \tag{1.65}$$

若只在 z 轴方向加正应力 σ_{zz}，则有

$$\varepsilon_{zz} = \frac{\sigma_{zz}}{E} \quad \varepsilon_{xx} = \varepsilon_{yy} = -\nu \frac{\sigma_{zz}}{E} \tag{1.66}$$

在线弹性条件下，可应用叠加原理。如果在三个坐标轴方向同时加上三个正应力 $\sigma_{xx}, \sigma_{yy}, \sigma_{zz}$，其所产生的总应变是这三个应力中每一个单独施加时所产生的应变的线性叠加，即

$$\varepsilon_{xx} = \frac{1}{E}\Big[\sigma_{xx} - \nu\big(\sigma_{yy} + \sigma_{zz}\big)\Big]$$
$$\varepsilon_{yy} = \frac{1}{E}\Big[\sigma_{yy} - \nu\big(\sigma_{xx} + \sigma_{zz}\big)\Big] \tag{1.67}$$
$$\varepsilon_{zz} = \frac{1}{E}\Big[\sigma_{zz} - \nu\big(\sigma_{xx} + \sigma_{yy}\big)\Big]$$

在纯剪切的应力状态，剪应力 τ_{xy} 与剪应变 γ_{xy} 呈线性关系，由拉伸的胡克定律可以推导出来：

$$\tau_{xy} = G\gamma_{xy} \tag{1.68}$$

其中，$G = \dfrac{E}{2(1+\nu)}$ 为剪切模量。事实上，在纯剪切的应力状态，如图 1.9 所示的边长为 $\sqrt{2}a$ 的正方形 $ABCD$ 变形为平行四边形 $A'B'C'D'$，其主应力为：$\sigma_1 = \tau$，$\sigma_2 = 0, \sigma_3 = -\tau$。由式(1.67)可知，图 1.9 所示的水平对角线的相对伸长为

$$\varepsilon_1 = \frac{1}{E}(\sigma_1 - \nu\sigma_3) = \frac{1+\nu}{E}\tau \tag{1.69}$$

竖直对角线相对缩短为

$$\varepsilon_3 = \frac{1}{E}(\sigma_3 - \nu\sigma_1) = -\frac{1+\nu}{E}\tau \tag{1.70}$$

在三角形 $A'OB'$ 里

$$OB' = a(1 + \varepsilon_1)，\quad OA' = a(1 + \varepsilon_3) \tag{1.71}$$

所以

$$A'B' = \sqrt{a^2(1 + \varepsilon_1)^2 + (1 + \varepsilon_3)^2 a^2} = a\sqrt{2(1 + \varepsilon_1 + \varepsilon_3 + \cdots)} \tag{1.72}$$

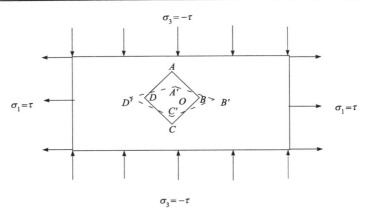

图 1.9　纯剪切应力状态引起的变形

而由 $\varepsilon_1 + \varepsilon_3 = 0$ 有

$$A'B' = \sqrt{2}a = AB \tag{1.73}$$

如果直角的改变量为 γ ，则

$$\angle OA'B' = \frac{\pi}{4} + \frac{\gamma}{2}, \quad \tan\left(\frac{\pi}{4} + \frac{\gamma}{2}\right) = \frac{OB'}{OA'} = \frac{a(1+\varepsilon_1)}{a(1+\varepsilon_3)} \tag{1.74}$$

而

$$\tan\left(\frac{\pi}{4} + \frac{\gamma}{2}\right) = \frac{1 + \dfrac{\gamma}{2}}{1 - \dfrac{\gamma}{2}} \approx 1 + \gamma, \quad \frac{1+\varepsilon_1}{1+\varepsilon_3} \approx 1 + \varepsilon_1 - \varepsilon_3 \tag{1.75}$$

所以

$$\gamma = \frac{2(1+\nu)}{E}\tau \tag{1.76}$$

此即为式(1.68)。类似地有

$$\varepsilon_{xy} = \frac{1}{2G}\sigma_{xy}, \quad \varepsilon_{yz} = \frac{1}{2G}\sigma_{yz}, \quad \varepsilon_{zx} = \frac{1}{2G}\sigma_{zx} \tag{1.77}$$

将式(1.67)和式(1.77)写成统一形式为

$$\varepsilon_{ij} = \frac{1+\nu}{E}\sigma_{ij} - \frac{\nu}{E}\delta_{ij}\Theta \quad 或者 \quad \boldsymbol{\varepsilon} = \frac{1+\nu}{E}\boldsymbol{\sigma} - \frac{\nu}{E}\Theta\boldsymbol{I} \tag{1.78}$$

其中，$\Theta = \sigma_{xx} + \sigma_{yy} + \sigma_{zz} = \sigma_{kk}$ 为第一应力不变量，$\boldsymbol{I}$ 是单位张量。式(1.78)称为各向同性弹性体的胡克定律。把式(1.67)中的三式相加，得

$$e = \frac{1-2\nu}{E}\Theta \tag{1.79}$$

其中，$e = \varepsilon_{xx} + \varepsilon_{yy} + \varepsilon_{zz} = \varepsilon_{ii}$ 为体积应变，式(1.79)可以写成

$$\sigma_m = Ke \tag{1.80}$$

式中，$K = \dfrac{E}{3(1-2\nu)}$ 称为体积弹性模量，$\sigma_m = \dfrac{1}{3}\sigma_{kk}$ 是平均应力。式(1.80)表明，体积应变与平均正应力成正比。这就是各向同性弹性材料的体积胡克定律。应力偏量张量 $\boldsymbol{S}$ 和应变偏量张量 $\boldsymbol{\varepsilon}'$ 间的关系为

$$\boldsymbol{S} = 2G\boldsymbol{\varepsilon}' \quad \text{或者} \quad S_{ij} = 2G\varepsilon_{ij}' \tag{1.81}$$

如果令 $\lambda = \dfrac{E\nu}{(1+\nu)(1-2\nu)}$，$\mu = \dfrac{E}{2(1+\nu)} = G$，则式(1.78)可写成

$$\boldsymbol{\sigma} = \lambda e\boldsymbol{I} + 2\mu\boldsymbol{\varepsilon} \quad \text{或者} \quad \sigma_{ij} = \lambda e\delta_{ij} + 2\mu\varepsilon_{ij} \tag{1.82}$$

在上述各向同性体的弹性关系中出现了 E, ν, G, λ, K 五个弹性常数，其中独立的只有两个，通常取 E, ν 或 λ, G 或 K, G。对于给定的工程材料，可以用单向拉伸实验来测定 E 和 ν；用薄壁筒扭转试验来测定 G；用静水压试验来测定 K。作为理想化的极限情况，若设 $\nu = 1/2$，则体积模量 $K = \infty$，称为不可压缩材料，相应的剪切模量为 $G = E/3$。在塑性力学中，经常采用不可压缩假设。至今尚未发现负泊松比的材料，ν 的实际测量值都在 $0 < \nu < 1/2$ 的范围内。金属材料泊松比的取值对应力、应变等的影响不是很大，因此对金属材料 ν 常取值为 0.3 左右。

许多工程构件，例如水坝、隧道、厚壁圆筒、滚柱以及承受面内载荷的薄板等，都可以简化为二维平面问题，即平面应力问题和平面应变问题。

在平面应力问题中，研究的对象是薄板一类的弹性体。设有一等厚度薄板，板的厚度 h 远小于板的其他两个方向的尺寸，板的侧面受平行于板面且不沿厚度方向变化的面力，而且体力也平行于板面且不沿厚度变化，现取板的 $z = 0$ 的中面为 xOy 面，以垂直于中面的直线为 z 轴。由于板的 $z = \pm\dfrac{h}{2}$ 的两个表面为自由表面，其上没有外力作用，因而有 $\sigma_z = \sigma_{zy} = \sigma_{zx} = 0$。这样，平面应力状态的应力应变关系为

$$\varepsilon_x = \frac{1}{E}\left(\sigma_x - \nu\sigma_y\right), \quad \varepsilon_y = \frac{1}{E}\left(\sigma_y - \nu\sigma_x\right), \quad \varepsilon_z = -\frac{\nu}{E}\left(\sigma_x + \sigma_y\right)$$

$$\varepsilon_{xy} = \frac{1}{2G}, \quad \sigma_{xy} = \frac{1+\nu}{E}\sigma_{xy}, \quad \varepsilon_{yz} = \varepsilon_{xz} = 0 \tag{1.83}$$

在平面应变问题中，设有一个等截面的长柱体，柱体的轴线与 z 轴平行，柱体的轴向尺寸远大于其另外两个方向的尺寸。柱体的侧面承受着垂直于 z 轴且沿 z 方向不变的面力，若柱体为无限长，或虽是有限长但其轴向两端有刚性约束，

即柱体的轴向位移受到限制，这样柱体的任何一个截面均可看作对称面，因而柱体内各点都只能沿 x 和 y 方向移动，而不能沿 z 方向移动，即位移分量 u 和 v 与坐标 z 无关，它们只是 x 和 y 的函数，而位移分量 w 为零。因此，应变为

$$\varepsilon_x = \frac{\partial u}{\partial x}, \quad \varepsilon_y = \frac{\partial v}{\partial y}, \quad \varepsilon_{xy} = \frac{1}{2}\left(\frac{\partial v}{\partial x} + \frac{\partial u}{\partial y}\right), \quad \varepsilon_z = \varepsilon_{yz} = \varepsilon_{zx} = 0 \tag{1.84}$$

由 $\varepsilon_z = 0$，有 $\sigma_z = \nu(\sigma_x + \sigma_y)$。这样，由式(1.78)得到平面应变状态的应力应变关系为

$$\varepsilon_x = \frac{1}{E}\left[(1-\nu^2)\sigma_x - \nu(1+\nu)\sigma_y\right], \quad \varepsilon_y = \frac{1}{E}\left[(1-\nu^2)\sigma_y - \nu(1+\nu)\sigma_x\right], \quad \varepsilon_{xy} = \frac{1}{2G}\sigma_{xy} \tag{1.85}$$

现引入符号

$$E' = \frac{E}{1-\nu^2}, \quad \nu' = \frac{\nu}{1-\nu}$$

则平面应变状态的本构方程可写为

$$\varepsilon_x = \frac{1}{E'}(\sigma_x - \nu'\sigma_y), \quad \varepsilon_y = \frac{1}{E'}(\sigma_y - \nu'\sigma_x), \quad \varepsilon_{xy} = \frac{1}{2G}\sigma_{xy} \tag{1.86}$$

因此，平面问题的本构关系可以统一写成式(1.86)，其中

$$E' = \begin{cases} E, & \text{平面应力} \\ \dfrac{E}{1-\nu^2}, & \text{平面应变} \end{cases}$$

$$\nu' = \begin{cases} \nu, & \text{平面应力} \\ \dfrac{\nu}{1-\nu}, & \text{平面应变} \end{cases}$$

这样，这两类平面问题在数学处理上是一样的。

1.2.3 基于小变形的热力耦合本构理论[11]

在不考虑温度情况下弹性固体的状态，即其变形状态，可由应变张量 $\boldsymbol{\varepsilon}$ 完全确定，但在热弹性问题中为了确定它的状态，还需要增加一个新的物理量即温度。就是说，应变张量 $\boldsymbol{\varepsilon}$ 和温度 T 构成弹性固体完备的状态量集，其他任何依赖于状态的量均可表示为状态变量 $\boldsymbol{\varepsilon}$ 和 T 的函数。此外，无论弹性固体实际发生的状态变化是否为可逆变化，在其任意两个始末状态之间总存在可逆过程，因此可以避免涉及不可逆过程热力学[12,13]。

假定在物体中任取一部分，其体积为 Ω，表面积为 Γ，表面外法线的方向为

ν。物体所受的表面力矢量为 $\boldsymbol{t} = \boldsymbol{\sigma} \cdot \boldsymbol{\nu}$。以 $\boldsymbol{f}$ 表示单位体积的体力矢量，$\dot{\boldsymbol{u}}$ 表示速度，则外力所做功率为

$$\dot{A} = \int_{\Gamma} \boldsymbol{t} \cdot \dot{\boldsymbol{u}} \mathrm{d}\Gamma + \int_{\Omega} \boldsymbol{f} \cdot \dot{\boldsymbol{u}} \mathrm{d}\Omega = \int_{\Gamma} \sigma_{ij} \nu_j \dot{u}_i \mathrm{d}\Gamma + \int_{\Omega} f_i \dot{u}_i \mathrm{d}\Omega \tag{1.87}$$

利用 Gauss 公式将上式中的面积分化为体积分，得

$$\dot{A} = \int_{\Omega} \left(\sigma_{ij,j} \dot{u}_i + \sigma_{ij} \dot{u}_{i,j} \right) \mathrm{d}\Omega + \int_{\Omega} f_i \dot{u}_i \mathrm{d}\Omega \tag{1.88}$$

以 r_m 表示单位质量的热生成率，$\boldsymbol{q}$ 为热流密度矢量，则物体中的热能增加率为

$$\dot{Q} = -\int_{\Gamma} \boldsymbol{q} \cdot \boldsymbol{n} \mathrm{d}\Gamma + \int_{\Omega} \rho r_m \mathrm{d}\Omega = -\int_{\Omega} q_{i,i} \mathrm{d}\Omega + \int_{\Omega} \rho r_m \mathrm{d}\Omega \tag{1.89}$$

上式右边第一项为由边界传入物体的热量，第二项为物体内热源产生的热量，ρ 为物体的密度。系统的动能为

$$K = \int_{\Omega} \frac{1}{2} \rho \dot{\boldsymbol{u}} \cdot \dot{\boldsymbol{u}} \mathrm{d}\Omega \tag{1.90}$$

以 e 表示单位质量的内能，则总能量的变化率为

$$\dot{K} + \dot{E} = \frac{\mathrm{d}}{\mathrm{d}t} \int_{\Omega} \frac{1}{2} \rho \dot{\boldsymbol{u}} \cdot \dot{\boldsymbol{u}} \mathrm{d}\Omega + \int_{\Omega} \rho \dot{e} \mathrm{d}\Omega = \int_{\Omega} (\dot{u}_i \ddot{u}_i + \dot{e}) \rho \mathrm{d}\Omega \tag{1.91}$$

特别注意，我们在这里用 K 表示动能，与 1.2.2 节中的式(1.80)的体模量不同；这里用 E 表示内能，与 1.2.1 节中式(1.11)、式(1.15)的应变分量和 1.2.2 节的杨氏模量不一样。

按照热力学第一定律，总能量变化率等于外力功率与热量增加率之和，故由式(1.88)、式(1.89)和式(1.91)得

$$\int_{\Omega} \rho (\dot{u}_i \ddot{u}_i + \dot{e}) \mathrm{d}\Omega = \int_{\Omega} (\sigma_{ij,j} \dot{u}_i + \sigma_{ij} \dot{u}_{i,j} + f_i \dot{u}_i) \mathrm{d}\Omega - \int_{\Omega} q_{i,i} \mathrm{d}\Omega + \int_{\Omega} \rho r_m \mathrm{d}\Omega \tag{1.92}$$

利用运动方程

$$\sigma_{ij,j} + f_i = \rho \ddot{u}_i \tag{1.93}$$

上式可简化为

$$\int_{\Omega} \rho (\dot{e} - r_m) \mathrm{d}\Omega = \int_{\Omega} \sigma_{ij} \dot{u}_{i,j} \mathrm{d}\Omega - \int_{\Omega} q_{i,i} \mathrm{d}\Omega = \int_{\Omega} \sigma_{ij} \dot{\varepsilon}_{ij} \mathrm{d}\Omega - \int_{\Omega} q_{i,i} \mathrm{d}\Omega \tag{1.94}$$

上式中用到 $\dot{u}_{i,j} = \dot{\varepsilon}_{ij}$，而且对物体中的任意部分 Ω 均成立，因而有

$$\rho (\dot{e} - r_m) = -\boldsymbol{q} \cdot \nabla + \boldsymbol{\sigma} : \dot{\boldsymbol{\varepsilon}}, \quad \rho (\dot{e} - r_m) = \sigma_{ij} \dot{\varepsilon}_{ij} - q_{i,i} \tag{1.95}$$

这就是可变形连续体中热力学第一定律的微分形式。

用 T 表示绝对温度，s_m 表示单位质量的熵密度，即

$$S = \int_\Omega \rho s_m \mathrm{d}\Omega \tag{1.96}$$

而热力学第二定律有

$$T\dot{S} = T\dot{S}_e + T\dot{S}_i \geqslant \dot{Q} \tag{1.97}$$

上式 $\dot{S}_e$ 为外界对系统的供熵率(entropy supply)，又称熵流，$\dot{S}[0,1]$ 为系统内部的产熵(entropy production)，又称熵生成率，$\dot{Q}$ 为系统从外界吸收的热量率，这样有

$$\dot{S} \geqslant -\int_\Gamma \frac{1}{T}\boldsymbol{q}\cdot\mathrm{d}\boldsymbol{\Gamma} + \int_\Omega \frac{1}{T}\rho r_m \mathrm{d}\Omega \tag{1.98}$$

式中，$\boldsymbol{q}/T$ 称为熵流，γ/T 称为熵源。式(1.98)称为熵不等式，或 Clausius-Duhem 不等式，也称为积分形式的热力学第二定律。对于塑性变形等不可逆过程，式(1.98)中取 ">" 号；而对于弹性变形等可逆过程，则取 "="。式(1.98)右端表明 Ω 域从邻域或从外域吸收热量的结果是使其总熵增加，熵的实际增加超过式(1.98)右端这一增加量的部分是不可逆的，即式(1.97)中的熵的生成率 $\dot{S}_i$，则由式(1.97)和式(1.98)有

$$\dot{S} = \int_\Omega \dot{s}_m \rho \mathrm{d}\Omega = -\int_\Gamma \frac{1}{T}\boldsymbol{q}\cdot\mathrm{d}\boldsymbol{\Gamma} + \int_\Omega \frac{1}{T}\rho r_m \mathrm{d}\Omega + \dot{S}_i \tag{1.99}$$

且 $\dot{S} \geqslant 0$，若以 κ_m 表示每单位质量的熵生成率，则

$$\dot{S}_i = \int_\Omega \rho \kappa_m \mathrm{d}\Omega, \quad \kappa_m \geqslant 0 \tag{1.100}$$

式(1.99)称为积分形式的熵平衡方程(或熵平衡率)。将式(1.99)的第一个积分化为体积分，则可得热力学第二定律的微分形式

$$\rho T \dot{s}_m = \rho r_m - q_{i,i} + \frac{q_i}{T}T_{,i} + \rho T \kappa_m \tag{1.101}$$

即

$$T\kappa_m = T\kappa_{th} + T\kappa_{int} \geqslant 0 \tag{1.102}$$

其中

$$T\kappa_{th} = -\frac{q_i}{\rho T}T_{,i}, \quad T\kappa_{int} = T\dot{s}_m - \left(r_m - \frac{1}{\rho}q_{i,i}\right) \tag{1.103}$$

式(1.102)表明熵生成率 κ_m 可分成两部分，一部分 κ_{th} 是由热传导所产生的熵生成率，另一部分 κ_{int} 是由于熵增率 $\dot{s}_m$ 超过每单位质量从邻域及从外部吸收的热引起的熵增率所产生的。κ_{int} 称为内禀(intrinsic)熵生成率。热力学第二定律要求 κ_{th} 与

κ_{int} 之和 $\kappa_{\text{m}} \geqslant 0$，但是人们通常都更强地假设 κ_{th} 与 κ_{int} 分别都 $\geqslant 0$，即

$$T\kappa_{\text{th}} \geqslant 0, \quad T\kappa_{\text{int}} \geqslant 0 \qquad (1.104)$$

$T\kappa$、$T\kappa_{\text{th}}$ 与 $T\kappa_{\text{int}}$ 分别称为单位质量的总耗散率、热耗散率与内禀耗散率。由式(1.103)有，$T\kappa_{\text{th}} \geqslant 0$ 的意义是热流矢量 $\boldsymbol{q}$ 必与温度梯度 $T_{,i}$ 成钝角。对于热学性质各向同性的材料，按 Fourier 热传导定律

$$\boldsymbol{q} = -k\nabla T \qquad (1.105)$$

k 为热传导系数，上式表明热流矢量 q_i 与温度梯度 $T_{,i}$ 成正比，而方向相反。

利用微分形式热力学第一定律式(1.95)，可将式(1.103)的第二式改写为

$$T\kappa_{\text{int}} = T\dot{s}_m - \left(\dot{e} - \frac{1}{\rho}\boldsymbol{\sigma} : \dot{\boldsymbol{\varepsilon}} \right) \qquad (1.106)$$

式中，右端 $(\cdots)$ 表示每单位质量内能增加率超加每单位质量变形功率的部分，它正是式(1.103)的第二式右端 $(\cdots)$ 所表示的每单位质量吸收热的率。

如果我们为了方便，不以熵 s_m 为自变量，而采用温度 T 为自变量，可以不采用内能 e 为热力学函数，而采用每单位质量的 Hemholtz 自由能量 ψ 为热力学函数，其定义为

$$\psi = e - Ts_m \qquad (1.107)$$

因此

$$\dot{\psi} + s_m\dot{T} = \dot{e} - T\dot{s}_m \qquad (1.108)$$

式(1.106)可改写为

$$T\kappa_{\text{int}} = -s_m\dot{T} - \left(\dot{\psi} - \frac{1}{\rho}\boldsymbol{\sigma} : \dot{\boldsymbol{\varepsilon}} \right) \qquad (1.109)$$

由于温度 T 及应变 $\boldsymbol{\varepsilon}$ 发生变化时，变形体的状态发生变化，并且只有存在温度梯度 T 时才有热流发生，因此，一般说 Hemholtz 自由能 ψ 应是 T、$\boldsymbol{\varepsilon}$ 与 ∇T 的函数。另一方面，当变形体发生变形时，可能会出现塑性应变 $\boldsymbol{\varepsilon}^{\text{p}}$、内部发生损伤等微观结构发生变化，这样有关状态量如应力 $\boldsymbol{\sigma}$、内能 e、熵 s_m 和 Hemholtz 自由能 ψ 还应该是内变量 ξ 的函数。实验发现，在等温过程中，非弹性应变对自由能的影响可以忽略[14,15]，因此在经典的塑性力学中，认为状态量(如应力 $\boldsymbol{\sigma}$、内能 e、熵 s_m 和 Hemholtz 自由能 ψ)对应变 $\boldsymbol{\varepsilon}$ 和塑性应变 $\boldsymbol{\varepsilon}^{\text{p}}$ 的依赖关系是通过依赖它们之间的差，即弹性应变 $\boldsymbol{\varepsilon}^{\text{e}} = \boldsymbol{\varepsilon} - \boldsymbol{\varepsilon}^{\text{p}}$ 而得到的，故

$$\boldsymbol{\sigma} = \boldsymbol{\sigma}\left(\boldsymbol{\varepsilon}^e, \xi, T, \nabla T\right), \quad e = e\left(\boldsymbol{\varepsilon}^e, \xi, T, \nabla T\right)$$

$$s_m = s_m\left(\boldsymbol{\varepsilon}^e, \xi, T, \nabla T\right), \quad \psi = \psi\left(\boldsymbol{\varepsilon}^e, \xi, T, \nabla T\right) \qquad (1.110)$$

这样，我们有

$$\dot{\psi} = \frac{\partial \psi}{\partial \boldsymbol{\varepsilon}^{\mathrm{e}}} : \dot{\boldsymbol{\varepsilon}}^{\mathrm{e}} + \frac{\partial \psi}{\partial T} \dot{T} + \frac{\partial \psi}{\partial \nabla T} \cdot \nabla \dot{T} + \frac{\partial \psi}{\partial \xi} \dot{\xi} \tag{1.111}$$

将式(1.108)代入热力学第一定律式(1.95)，消去 $\dot{e}$ 后，再利用式(1.111)可得

$$\left(\rho \frac{\partial \psi}{\partial \boldsymbol{\varepsilon}^{\mathrm{e}}} - \boldsymbol{\sigma} \right) : \dot{\boldsymbol{\varepsilon}}^{\mathrm{e}} + \rho \left(\frac{\partial \psi}{\partial T} + s_m \right) \dot{T} + \rho \frac{\partial \psi}{\partial \nabla T} \cdot \nabla \dot{T} + \rho \left(T \dot{s}_m - r_m \right)$$

$$+ \nabla \cdot \boldsymbol{q} - \rho \frac{\partial \psi}{\partial \dot{\boldsymbol{\varepsilon}}^{\mathrm{e}}} : \dot{\boldsymbol{\varepsilon}}^{\mathrm{p}} + \rho \frac{\partial \psi}{\partial \xi} \dot{\xi} = 0 \tag{1.112}$$

上式应对任意的 $\dot{\boldsymbol{\varepsilon}}^{\mathrm{e}}$，$\dot{T}$，$\nabla \dot{T}$ 均成立，故得到

$$\boldsymbol{\sigma} = \rho \frac{\partial \psi}{\partial \boldsymbol{\varepsilon}^{\mathrm{e}}} \tag{1.113}$$

$$s_m = -\frac{\partial \psi}{\partial T} \tag{1.114}$$

$$\frac{\partial \psi}{\partial \nabla T} = \mathbf{0} \tag{1.115}$$

$$\rho \left(T \dot{s}_m - r_m \right) + \nabla \cdot \boldsymbol{q} + \rho \frac{\partial \psi}{\partial \xi} \dot{\xi} - \rho \frac{\partial \psi}{\partial \boldsymbol{\varepsilon}^{\mathrm{e}}} : \dot{\boldsymbol{\varepsilon}}^{\mathrm{p}} = 0 \tag{1.116}$$

式(1.113)就是变形体的本构关系。式(1.114)是熵密度的表达式，式(1.115)表示 Hemholtz 自由能 ψ 与温度梯度 ∇T 无关，仅为 $\boldsymbol{\varepsilon}$ 与 T 的函数，式(1.116)是热传导方程。将式(1.113)、式(1.114)代入式(1.116)，消去 s_m 后可得

$$\nabla \cdot \boldsymbol{q} = \rho r_m + \rho T \left(\frac{\partial^2 \psi}{\partial \boldsymbol{\varepsilon}^{\mathrm{e}} \partial T} : \dot{\boldsymbol{\varepsilon}}^{\mathrm{e}} + \frac{\partial^2 T}{\partial T^2} \dot{T} \right) + \rho \left(T \frac{\partial^2 \psi}{\partial \xi \partial T} - \frac{\partial \psi}{\partial \xi} \right) \dot{\xi} + \boldsymbol{\sigma} : \dot{\boldsymbol{\varepsilon}}^{\mathrm{p}} \tag{1.117}$$

其中，含 $\dot{\boldsymbol{\varepsilon}}$ 的项反映了物体变形对温度场的影响，所以称式(1.117)为考虑热力耦合效应的热传导方程。

在小变形和小温变情况下，式(1.113)可简化成线性热弹性本构方程。设参考状态下物体的初始温度为 T_0，初应变和初应力均为零，实际状态下物体的温度和应变分别为 T 和 $\boldsymbol{\varepsilon}$ (在弹性状态下，为方便起见省略上标 "e"，而用 $\boldsymbol{\varepsilon}$ 表示弹性应变 $\boldsymbol{\varepsilon}^{\mathrm{e}}$)，温度变化为

$$\theta = T - T_0 \tag{1.118}$$

无量纲化后得

$$\theta' = \frac{\theta}{T_0} = \frac{T - T_0}{T_0} \tag{1.119}$$

对小温变情况 $|\theta'| \ll 1$。

对小应变情况 $|\boldsymbol{\varepsilon}| \ll 1$，密度 ρ 与 $\boldsymbol{\varepsilon}$ 无关，式(1.113)可以写成

$$\boldsymbol{\sigma} = \frac{\partial(\rho\psi)}{\partial\boldsymbol{\varepsilon}} \tag{1.120}$$

将单位体积自由能 $\rho\psi$ 在参考状态附近展开成对 $\boldsymbol{\varepsilon}$ 与 θ' 的级数，略去高阶项后得到

$$\rho\psi = \rho\psi_0 + D_{ij}\varepsilon_{ij} + b'\theta' + \frac{1}{2}C_{ijkl}\varepsilon_{ij}\varepsilon_{kl} + b'_{ij}\varepsilon_{ij}\theta' + \frac{1}{2}d'\theta'^2 \tag{1.121}$$

其中，ψ_0 为参考状态的自由能，可令其为零。对均质材料，系数 $D_{ij}, b', C_{ijkl}, b'_{ij}$ 及 d' 均与坐标 x_i 无关。将式(1.121)代入式(1.120)，令 $b'_{ij} = T_0 b_{ij}$ 有

$$\sigma_{ij} = D_{ij} + C_{ijkl}\varepsilon_{kl} + b_{ij}\theta \tag{1.122}$$

假设参考状态($\varepsilon_{kl} = 0, \theta = 0$)时初应力为零，故 $D_{ij} = 0$，由此得线性热弹性材料的本构关系为

$$\sigma_{ij} = C_{ijkl}\varepsilon_{kl} + b_{ij}\theta, \quad \boldsymbol{\sigma} = \boldsymbol{C} : \boldsymbol{\varepsilon} + \boldsymbol{b}\theta \tag{1.123}$$

如果具有初始应力即具有残余应力的情况下 $D_{ij} \neq 0$，它就是残余应力。对于等温弹性问题($\theta = 0$)，上式简化为广义胡克定律。对于各向异性的一般情况，四阶弹性张量 C_{ijkl} 有 21 个独立分量，对各向同性材料则简化为

$$\sigma_{ij} = C_{ijkl}\varepsilon_{kl} = 2G\varepsilon_{ij} + \lambda(\mathrm{tr}\boldsymbol{\varepsilon})\delta_{ij}, \quad \boldsymbol{\sigma} = 2G\boldsymbol{\varepsilon} + \lambda(\mathrm{tr}\boldsymbol{\varepsilon})\boldsymbol{I} \tag{1.124}$$

其中，只含两个独立弹性常数 G 和 λ。

对于全约束($\varepsilon_{kl} = 0$)热弹性问题，式(1.123)简化为

$$\sigma_{ij} = b_{ij}\theta \tag{1.125}$$

由于温度 θ 为标量，故上式要求 b_{ij} 和 σ_{ij} 一样是二阶对称张量，称为热模量，对各向异性的一般情况有六个独立的热模量。我们知道，二阶对称张量有三个主方向和相应的三个主分量，对于各向同性材料，热模量的值与方向无关，所以 b_{ij} 应是三个主分量互等的球形张量，可记为

$$b_{ij} = \beta\delta_{ij}, \quad \boldsymbol{b} = \beta\boldsymbol{I} \tag{1.126}$$

将式(1.124)和式(1.126)代入式(1.123)得到以应变表示应力的各向同性热弹性材料的本构关系为

$$\sigma_{ij} = 2G\varepsilon_{ij} + \lambda(\mathrm{tr}\boldsymbol{\varepsilon})\delta_{ij} + \beta\theta\delta_{ij}, \quad \boldsymbol{\sigma} = 2G\boldsymbol{\varepsilon} + \lambda(\mathrm{tr}\boldsymbol{\varepsilon})\boldsymbol{I} + \beta\theta\boldsymbol{I} \tag{1.127}$$

也可以得到用应力表示应变的各向同性热弹性本构关系为

$$\varepsilon_{ij} = \frac{1}{2G}\left(\sigma_{ij} - \frac{\lambda}{2G + 3\lambda}\sigma_{kk}\delta_{ij}\right) + \alpha\theta\delta_{ij} \tag{1.128}$$

$$\boldsymbol{\varepsilon} = \frac{1}{2G}\left[\boldsymbol{\sigma} - \frac{\lambda}{2G+3\lambda}(\mathrm{tr}\boldsymbol{\sigma})\boldsymbol{I}\right] + \alpha\theta\boldsymbol{I} \tag{1.129}$$

其中

$$\alpha = -\frac{1-2\nu}{E}\beta \quad 或 \quad \beta = -\frac{E}{1-2\nu}\alpha \tag{1.130}$$

由式(1.129)可见，α 的物理意义为无应力 $(\sigma_{ij}=0)$ 时温度升高/℃所引起的正应变，即线膨胀系数。我们把用应力表示应变的式(1.128)或者式(1.129)称为本构关系，而把应变表示应力的式(1.127)称为逆本构关系，理由是在小变形下应变是可以叠加的，而应力是不能叠加的。

在直角坐标系中式(1.127)的展开式为

$$\sigma_x = 2G\varepsilon_x + \lambda\varepsilon_\nu - \frac{\alpha E\theta}{1-2\nu}, \quad \tau_{yz} = G\gamma_{yz}$$

$$\sigma_y = 2G\varepsilon_y + \lambda\varepsilon_\nu - \frac{\alpha E\theta}{1-2\nu}, \quad \tau_{xz} = G\gamma_{xz} \tag{1.131}$$

$$\sigma_z = 2G\varepsilon_z + \lambda\varepsilon_\nu - \frac{\alpha E\theta}{1-2\nu}, \quad \tau_{xy} = G\gamma_{xy}$$

其中，$\varepsilon_\nu = \varepsilon_x + \varepsilon_y + \varepsilon_z$ 为体积应变。式(1.129)的展开式为

$$\varepsilon_x = \frac{1}{E}\left[\sigma_x - \nu\left(\sigma_y + \sigma_z\right)\right] + \alpha\theta, \quad \gamma_{yz} = \frac{1}{G}\tau_{yz}$$

$$\varepsilon_y = \frac{1}{E}\left[\sigma_y - \nu\left(\sigma_z + \sigma_x\right)\right] + \alpha\theta, \quad \gamma_{xz} = \frac{1}{G}\tau_{xz} \tag{1.132}$$

$$\varepsilon_z = \frac{1}{E}\left[\sigma_z - \nu\left(\sigma_x + \sigma_y\right)\right] + \alpha\theta, \quad \gamma_{xy} = \frac{1}{G}\tau_{xy}$$

将式(1.121)代入式(1.117)，注意到 $\dot{\xi}=0, \dot{\boldsymbol{\varepsilon}}^{\mathrm{p}}=0$，并令 $d' = T_0^2 d$，可得到线性热弹性体中的热传导方程为

$$\nabla \cdot \boldsymbol{q} = T_0\left(\boldsymbol{b} : \dot{\boldsymbol{\varepsilon}} + \mathrm{d}\dot{T}\right) + \rho r_m \tag{1.133}$$

由 $|\theta'| \ll 1$，上式中用 T_0 近似代替了 T。将式(1.105)和式(1.126)代入上式，并利用式(1.130)可得

$$(-T_0 d)\dot{T} - (kT_{,i})_{,i} = \rho r_m - \frac{E\alpha}{1-2\nu}T_0\dot{\varepsilon}_{kk} \tag{1.134}$$

上式也可写成

$$\rho C_\nu \frac{\partial T}{\partial t} = (kT_{,i})_{,i} + \rho r_m - \frac{E\alpha}{1-2\nu}T_0\dot{\varepsilon}_{kk} \tag{1.135}$$

这里 C_ν 就是无应变时的比热，或者称为等容比热，对于固体来说，等压比热 C_p 与

等容比热相差较小，我们在下面的分析中对它们不做区别。由此可见，对各向同性材料，纯剪切变形不产生热效应，只有体积变化($\dot{\varepsilon}_{kk} \neq 0$)才导致应变场与温度场的耦合关系。耦合项 $-\dfrac{E\alpha}{1-2\nu}T_0\dot{\varepsilon}_{kk}$ 可看作是热源 ρr_m 的附加量，压缩时($\dot{\varepsilon}_{kk} < 0$)放出热量，膨胀时($\dot{\varepsilon}_{kk} > 0$)吸收热量。

在考虑热固耦合效应的热弹性一般理论中，需要联立求解热传导方程(含应变率附加项的热传导方程(1.134))和热应力问题(平衡方程、几何方程及含温度附加项的热弹性本构关系(1.129))才能确定弹性体内的温度、位移和应力，因而难度较大。许多工程实际问题可以简化为缓慢加载的弹性力学静力问题，即 $\dot{\varepsilon}_{kk} = 0$，因而热传导方程中的应变附加项可以忽略，于是退化为仅考虑温度对弹性变形影响的非耦合热弹性问题或称热应力问题。

1.2.4　基于小变形的热力化耦合本构理论[16]

1. 渗透与化学反应场的控制方程

在描述物质扩散迁移时，常用菲克定律进行描述。菲克第一定律指在单位时间内通过垂直于扩散方向的单位截面积的扩散物质流量(称为扩散通量 j)与该截面处的化学势 μ 的梯度成反比，其表达式如下：

$$j = -m\nabla\mu \tag{1.136}$$

式中，m 表示扩散物的迁移率，μ 表示与物质浓度有关的化学势。物质扩散或渗透进行的动力均来源于系统内能的下降，负号表示物质总是从化学势较高的地方迁移到化学势较低的地方，即化学势梯度的反方向。假设化学势 μ 与物质浓度 c 成正比，即物质浓度越高，则储存的势能越大，

$$\mu = k_\mu c \tag{1.137}$$

式中，k_μ 代表比例常数。将式(1.137)代入式(1.136)有

$$j = -m\nabla k_\mu c \tag{1.138}$$

如果 k_μ 与空间坐标无关，即物体各处 k_μ 的值相同，则可将 k_μ 提出到梯度符号 ∇ 外，即

$$j = -mk_\mu\nabla c \tag{1.139}$$

式(1.138)表示物质扩散始终从浓度高的地方向浓度低的地方迁移。对比式(1.139)和式(1.105)可以看出，控制热传导和物质扩散方程的形式相似，流量的方向均是从场变量值高的地方向场变量值低的地方流动。

对于一固定体积大小的物体，单位时间其内物质浓度 c 的变化等于单位时间

从物体边界流进和流出物质量的差值[17]减去单位时间物体内化学反应消耗的物质量，即

$$\int_{\Omega} \dot{c} \, d\Omega = -\int_{\Gamma} \boldsymbol{n} \cdot \boldsymbol{j} \, d\Gamma - \int_{\Omega} N \, d\Omega \tag{1.140}$$

上式称为浓度守恒方程，其中 $\boldsymbol{n}$ 表示物体边界面的外法线方向，负号表示物质从物体外向物体内扩散的方向与物体表面的外法线方向相反。式(1.140)中最后一项表示化学反应导致的消耗项，N 表示单位时间化学反应消耗物质浓度的量。通过格林公式将面积分转化为体积分，考虑浓度守恒方程对物体内任一体积大小的区域都成立，可去掉积分符号，得

$$\dot{c} = -\nabla \cdot \boldsymbol{j} - N \tag{1.141}$$

将式(1.139)代入式(1.141)，可得浓度场的控制方程如下：

$$\dot{c} = k_\mu \nabla \cdot (m \nabla c) - N \tag{1.142}$$

如果迁移率 m 与空间坐标无关，则可将其提到梯度符号外，得

$$\dot{c} = k_\mu m \nabla^2 c - N \tag{1.143}$$

将 $k_\mu m$ 记作物质扩散系数 D，式(1.143)即为常见的扩散方程。

对于化学反应，两个基本问题需要考虑：一是反应的方向和限度，二是反应的速率。前者属于化学热力学的范畴，后者属于化学动力学的范畴。如氢气与氧气合成水，此反应的摩尔吉布斯自由能为 -237.2kJ/mol，反应趋势大，但常温下几年也察觉不到水生成的痕迹，这是因为在该条件下的反应速率太慢了。常温下，热障涂层的黏结层几乎不会与大气中的氧气发生反应，但在高温下黏结层发生氧化生成 TGO 层。反应速率与反应物浓度的二次方(或两种反应物浓度的乘积)成正比的反应称为二级反应。如热障涂层中黏结层的氧化反应可表示如下[18]

$$\dot{n} = k_n (1 - n) \cdot c \tag{1.144}$$

n 是生成物的体积分数，表示化学反应程度(这里指 TGO 的体积分数)。特别注意，我们这里用 n 表示生成物的体积分数，而在表示任意域 Ω 的外法线方向用黑体 $\boldsymbol{n}$ 表示。式(1.144)中 n 上方加一点表示对时间求导，$1-n$ 表示未被氧化黏结层的体积分数，k_n 表示反应速率常数，c 表示氧气浓度。相较于浓度，温度对化学反应速率的影响更为显著，一般说来，反应速率常数随温度的升高很快增大。关于速率常数与反应温度之间的关系，阿伦尼乌斯(Arrhenius)等总结了大量的实验数据，提出了以下经验公式：

$$k_n = A_p \exp\left[-E_a / (RT)\right] \tag{1.145}$$

式中，E_a 称为活化能，一般可将它看作与温度无关的常数，其单位为 J/mol；R 表示理想气体常数，一般取值为 8.314J/(mol·K)。式(1.140)中消耗项与反应生成

物的量 n 有如下关系：

$$N = M \frac{\partial n}{\partial t} \tag{1.146}$$

我们假设是界面的氧化，则式中 M 就表示氧在 Al_2O_3 中的摩尔浓度。将式(1.146)代入式(1.143)得

$$\dot{c} = k_\mu m \nabla^2 c - M \frac{\partial n}{\partial t} \tag{1.147}$$

2. 能量守恒方程与本构方程

忽略系统内动能对总能量的影响，考虑系统内能的变化来源于外力做功、从外界接收的热能和从边界渗入的物质量，任意 Ω 域内的内能的变化率可表示如下[19]：

$$\int_\Omega \dot{e}_v \mathrm{d}\Omega = \int_\Omega (\boldsymbol{\sigma} \cdot \boldsymbol{n}) \cdot \boldsymbol{v} \mathrm{d}\Omega + \int_\Omega \boldsymbol{f} \cdot \boldsymbol{v} \mathrm{d}\Omega - \int_\Gamma \boldsymbol{q} \cdot \boldsymbol{n} \mathrm{d}\Gamma + \int_\Omega r_v \mathrm{d}\Omega - \int_\Gamma \mu \boldsymbol{j} \cdot \boldsymbol{n} \mathrm{d}\Gamma \tag{1.148}$$

式中，e_v 代表每单位体积材料的内能，r_v 代表每单位体积材料从热源接收的热能。右边第一项表示 Ω 域表面受到的面力功率，第二项表示体力功率，第三项和第四项分别表示热流和热源引起的系统内能变化率，最后一项表示外界物质通过边界扩散或渗透进入 Ω 域引起的内能变化率。由于 Ω 域是任意的，可将式(1.148)写成局部形式：

$$\dot{e}_v = (\nabla \cdot \boldsymbol{\sigma}) \cdot \boldsymbol{v} + \boldsymbol{\sigma} : \nabla \boldsymbol{v} + \boldsymbol{f}_v \cdot \boldsymbol{v} - \nabla \cdot \boldsymbol{q} + r_v - \nabla \mu \cdot \boldsymbol{j} - \mu \nabla \cdot \boldsymbol{j} \tag{1.149}$$

将应力平衡方程(1.56)和浓度守恒方程(1.141)代入上式可得

$$\dot{e}_v = \boldsymbol{\sigma} : \dot{\boldsymbol{\varepsilon}} - \nabla \cdot \boldsymbol{q} + r_v - \nabla \mu \cdot \boldsymbol{j} + \mu \dot{c} \tag{1.150}$$

引入热力学第二定律，表达如下：

$$\int_\Omega \dot{s}_v \mathrm{d}\Omega \geqslant - \int_\Gamma (\boldsymbol{q} \cdot \boldsymbol{n} / T) \mathrm{d}\Gamma + \int_\Omega (r_v / T) \mathrm{d}\Omega \tag{1.151}$$

s_v 代表每单位体积的熵，右边两项分别代表热流和热源引起熵的变化率。通过格林公式将式(1.151)中的面积分改为体积分并去掉积分符号后得

$$\dot{s}_v \geqslant -\nabla \cdot (\boldsymbol{q} / T) + r_v / T \tag{1.152}$$

引进每单位体积的熵生成率，将式(1.152)改写为

$$\dot{s}_v = -\nabla \cdot (\boldsymbol{q} / T) + r_v / T + \kappa_v = (\boldsymbol{q} \cdot \nabla T) / T^2 + (-\nabla \cdot \boldsymbol{q} + r_v) / T + \kappa_v \tag{1.153}$$

式中，κ_v 代表每单位体积材料的熵生成率。将式(1.150)代入式(1.153)有

$$\dot{s}_v = (\boldsymbol{q} \cdot \nabla T) / T^2 + (\dot{e}_v - \boldsymbol{\sigma} : \dot{\boldsymbol{\varepsilon}} - \mu \dot{c} + \nabla \mu \cdot \boldsymbol{j}) / T + \kappa_v \tag{1.154}$$

内能替换为 Hemholtz 自由能式(1.107)，这样有

$$T\kappa_{\mathrm{v}} = -\dot\psi - \dot{T}s_{\mathrm{v}} + \boldsymbol{\sigma}:\dot{\boldsymbol{\varepsilon}} + \mu\dot{c} - (\boldsymbol{q}\cdot\nabla T)/T - \nabla\mu\cdot\boldsymbol{j} \geqslant 0 \tag{1.155}$$

定义 Hemholtz 自由能为温度 T、浓度 c、弹性应变 $\boldsymbol{\varepsilon}^{\mathrm{e}}$、内变量 ξ 和反应程度 n 的函数

$$\psi = \psi\left(T, \boldsymbol{\varepsilon}^{\mathrm{e}}, c, \xi, n\right) \tag{1.156}$$

将上式对时间 t 求导得

$$\dot\psi = (\partial\psi/\partial T)\dot{T} + \left(\partial\psi/\partial\boldsymbol{\varepsilon}^{\mathrm{e}}\right):\dot{\boldsymbol{\varepsilon}}^{\mathrm{e}} + (\partial\psi/\partial c)\dot{c} + (\partial\psi/\partial n)\dot{n} + (\partial\psi/\partial\xi)\dot{\xi} \tag{1.157}$$

应变可分解为

$$\boldsymbol{\varepsilon} = \boldsymbol{\varepsilon}^{\mathrm{e}} + \boldsymbol{\varepsilon}_T(T) + \boldsymbol{\varepsilon}_{\mathrm{diff}}(c) + \boldsymbol{\varepsilon}_{\mathrm{chem}}(n) + \boldsymbol{\varepsilon}_\xi(\xi) \tag{1.158}$$

式中，$\boldsymbol{\varepsilon}_T(T)$ 表示热应变，$\boldsymbol{\varepsilon}_{\mathrm{diff}}(c)$ 为物质扩散引起的应变，$\boldsymbol{\varepsilon}_{\mathrm{chem}}(n)$ 为化学反应引起的应变，$\boldsymbol{\varepsilon}_\xi(\xi)$ 为其余内变量(如相变)引起的应变。将式(1.157)和式(1.158)代入式(1.155)，整理得

$$\left(\boldsymbol{\sigma} - \partial\psi/\partial\boldsymbol{\varepsilon}^{\mathrm{e}}\right):\dot{\boldsymbol{\varepsilon}}^{\mathrm{e}} + \left(\boldsymbol{\sigma}:(\partial\boldsymbol{\varepsilon}_\xi/\partial\xi) - \partial\psi/\partial\xi\right)\dot{\xi} + \left(\boldsymbol{\sigma}:(\partial\boldsymbol{\varepsilon}_T/\partial T) - \partial\psi/\partial T - s_{\mathrm{v}}\right)\dot{T}$$

$$+ \left(\boldsymbol{\sigma}:(\partial\boldsymbol{\varepsilon}_{\mathrm{diff}}/\partial c) - \partial\psi/\partial c + \mu\right)\dot{c} + \left(\boldsymbol{\sigma}:(\partial\boldsymbol{\varepsilon}_{\mathrm{chem}}/\partial n) - \partial\psi/\partial n\right)\dot{n}$$

$$- (\boldsymbol{q}\cdot\nabla T)/T - \nabla\mu\cdot\boldsymbol{j} = \kappa_{\mathrm{v}}T \geqslant 0 \tag{1.159}$$

式中，$\boldsymbol{\varepsilon}^{\mathrm{e}}$，$T$，$c$ 在取值范围内可任意取值，所以前三项 $\dot{\boldsymbol{\varepsilon}}^{\mathrm{e}}$，$\dot{T}$，$\dot{c}$ 的系数需为零。可得应力与应变，熵与温度，化学势与浓度对应三个广义本构关系分别表示如下：

$$\boldsymbol{\sigma} = \partial\psi/\partial\boldsymbol{\varepsilon}^{\mathrm{e}} \tag{1.160}$$

$$s_{\mathrm{v}} = \boldsymbol{\sigma}:(\partial\boldsymbol{\varepsilon}_T/\partial T) - \partial\psi/\partial T \tag{1.161}$$

$$\mu = -\boldsymbol{\sigma}:(\partial\boldsymbol{\varepsilon}_{\mathrm{diff}}/\partial c) + \partial\psi/\partial c \tag{1.162}$$

将上述三式代入式(1.159)可得

$$\kappa_{\mathrm{v}}T = -(\boldsymbol{q}\cdot\nabla T)/T - \nabla\mu\cdot\boldsymbol{j} + \left(\boldsymbol{\sigma}:(\partial\boldsymbol{\varepsilon}_{\mathrm{chem}}/\partial n) - \partial\psi/\partial n\right)\dot{n}$$

$$+ \left(\boldsymbol{\sigma}:(\partial\varepsilon_\xi/\partial\xi) - \partial\psi/\partial\xi\right)\dot{\xi} \tag{1.163}$$

上式是系统总耗散率的表达式，我们将上式等号右边的四部分，从左至右，分别定义为热耗散率、渗透或扩散耗散率、化学反应耗散率和不可恢复的其余物理过程(如塑性变形)引起的耗散率，表示如下：

$$T\kappa_{\mathrm{chem}} = \left(\boldsymbol{\sigma}:(\partial\boldsymbol{\varepsilon}_{\mathrm{chem}}/\partial n) - \partial\psi/\partial n\right)\dot{n} \tag{1.164}$$

$$T\kappa_T = -(\boldsymbol{q}\cdot\nabla T)/T \tag{1.165}$$

$$T\kappa_{\mathrm{diff}} = -\nabla\mu\cdot\boldsymbol{j} \tag{1.166}$$

$$T\kappa_\xi = \left(\boldsymbol{\sigma} : (\partial \boldsymbol{\varepsilon}_\xi / \partial \xi) - \partial \psi / \partial \xi \right) \dot{\xi} \tag{1.167}$$

如果化学反应、热量流动和物质扩散过程也是不可逆的，则 $T\kappa_{\text{chem}} \geqslant 0$，$T\kappa_T \geqslant 0$，$T\kappa_{\text{diff}} \geqslant 0$。略去温度场与其他场变量间的耦合关系，将式(1.105)代入式(1.165)得

$$T\kappa_T = \left(k_q \nabla T \cdot \nabla T \right) / T \geqslant 0 \tag{1.168}$$

略去浓度场与其他场变量间的耦合关系，将式(1.137)和式(1.39)代入式(1.166)得

$$T\kappa_{\text{diff}} = m k_\mu^2 \nabla c \cdot \nabla c \geqslant 0 \tag{1.169}$$

从式(1.168)和式(1.169)可以看出，热量流动和物质扩散引起的耗散率均是非负的，即这两个过程是不可逆的。

如果考虑化学反应过程也是不可逆的，常用的假设是式(1.164)中 $\dot{n}$ 与它的系数部分呈正比例关系

$$\dot{n} = k_{\text{chem}} \left(\boldsymbol{\sigma} : (\partial \boldsymbol{\varepsilon}_{\text{chem}} / \partial n) - \partial \psi / \partial n \right) \tag{1.170}$$

式中，k_{chem} 为比例系数，为正值。将式(1.170)代入式(1.164)，我们有

$$T\kappa_{\text{chem}} = k_{\text{chem}} \left(\boldsymbol{\sigma} : (\partial \boldsymbol{\varepsilon}_{\text{chem}} / \partial n) - \partial \psi / \partial n \right)^2 \geqslant 0 \tag{1.171}$$

将自由能函数 ψ 对自变量温度 T、浓度 c、弹性应变 $\boldsymbol{\varepsilon}^{\text{e}}$、内变量 ξ 和反应程度 n 级数展开至二阶，构建自由能表达式如下[20]：

$$\begin{aligned}
\psi =\ & \psi_0 + \sigma_m^0 \varepsilon + s_{ij}^0 e_{ij} + \mu^0 c - s^0 T - A^0 n - \varGamma^0 \xi + \frac{1}{2} K \varepsilon^2 + \varepsilon R (c - c_0) \\
& - 3\alpha K \varepsilon (T - T_0) - 3K\varepsilon\beta(n - n_0) - \varepsilon\zeta(\xi - \xi_0) + G e_{ij} e_{ij} + \frac{1}{2} O (c - c_0)^2 \\
& + (T - T_0) \nu_0 (c - c_0) - \zeta^n (c - c_0)(n - n_0) + \zeta^\mu (\xi - \xi^0)(c - c_0) \\
& - \frac{1}{2} C \frac{(T - T_0)^2}{T_0} - \frac{T - T_0}{T_0} L_n (n - n_0) - \frac{T - T_0}{T_0} \zeta^T (\xi - \xi^0) - \frac{1}{2} \alpha_n (n - n_0)^2 \\
& - \zeta^A (\xi - \xi^0)(n - n_0) - \frac{1}{2} \pi^0 (\xi - \xi_0)^2
\end{aligned} \tag{1.172}$$

其中

$$\sigma_m = \frac{1}{3} \sigma_{kk}, \quad s_{ij} = \sigma_{ij} - \sigma_m \delta_{ij}, \quad \varepsilon = \varepsilon_{kk}, \quad e_{ij} = \varepsilon_{ij} - \frac{1}{3} \varepsilon \delta_{ij} \tag{1.173}$$

式(1.172)中 K 和 G 为体积模量和剪切模量。σ_m^0 和 s_{ij}^0 分别为残余球形应力张量和残余应力偏量张量。μ^0、s^0、A^0、$\varGamma^0$、R、ζ、O、ν_0、ζ^n、ζ^μ、C、L_n、ζ^T、α_n、ζ^A、π^0 为比例常数。3α 和 3β 分别表示热膨胀系数和化学膨胀系数。

将式(1.172)代入式(1.160)可得本构关系为

$$\boldsymbol{\sigma} = \sigma_{\mathrm{m}}^0 \boldsymbol{I} + \boldsymbol{s}^0 + K\varepsilon\boldsymbol{I} + 2Ge + R(c - c_0)\boldsymbol{I}$$
$$- 3\alpha K(T - T_0)\boldsymbol{I} - 3\beta K(n - n_0)\boldsymbol{I} - \zeta(\xi - \xi_0)\boldsymbol{I} \tag{1.174}$$

将式(1.172)代入式(1.162)，可得

$$\mu = \mu_0 + \varepsilon R + O(c - c_0) + \nu_0(T - T_0) - \zeta^n(n - n_0) + \zeta^\mu(\xi - \xi_0) \tag{1.175}$$

将上式代入式(1.136)，再代入式(1.141)，得浓度控制方程具体表达式如下：

$$\dot{c} = m\nabla^2\left(\varepsilon R + O(c - c_0) + \nu_0(T - T_0) - \zeta^n(n - n_0) + \zeta^\mu(\xi - \xi_0)\right) - M\frac{\partial n}{\partial t} \tag{1.176}$$

如果略去其余场变量对浓度 c 演变的影响，仅保留 $O(c - c_0)$ 一项(这里的 O 是一个系数，不是通常的高阶项)，则可得到式(1.143)。

练习题：请推导反应场 n 的控制方程表达式。

将式(1.107)代入式(1.150)，并结合式(1.161)和式(1.162)，可得温度场 T 的控制方程表达如下：

$$\frac{\partial\psi}{\partial n}\dot{n} + \frac{\partial\psi}{\partial\xi}\dot{\xi} + \dot{T}\boldsymbol{\sigma} : \frac{\partial\boldsymbol{\varepsilon}_T}{\partial T} + T\left[\begin{array}{c} \dfrac{\mathrm{d}\left(\boldsymbol{\sigma} : \dfrac{\partial\boldsymbol{\varepsilon}_T}{\partial T}\right)}{\mathrm{d}t} - \dfrac{\partial^2\psi}{\partial T^2}\dot{T} - \dfrac{\partial^2\psi}{\partial T\partial c}\dot{c} - \\[4mm] \dfrac{\partial^2\psi}{\partial T\partial n}\dot{n} - \dfrac{\partial^2\psi}{\partial T\partial\xi}\dot{\xi} - \dfrac{\partial^2\psi}{\partial T\partial\boldsymbol{\varepsilon}^e} : \boldsymbol{\varepsilon}^e \end{array}\right]$$
$$= \boldsymbol{\sigma} : \left(\dot{\boldsymbol{\varepsilon}} - \dot{\boldsymbol{\varepsilon}}^e\right) + k\nabla^2 T + r_v + m\left(\nabla\left(\begin{array}{c} -\boldsymbol{\sigma} : \dfrac{\partial\boldsymbol{\varepsilon}_{\mathrm{diff}}}{\partial c} + \\[4mm] \dfrac{\partial\psi}{\partial c} \end{array}\right)\right)^2 - \dot{c}\boldsymbol{\sigma} : \frac{\partial\boldsymbol{\varepsilon}_{\mathrm{diff}}}{\partial c} \tag{1.177}$$

练习题：请详细推导式(1.177)。

1.3　基于大变形的热力化耦合理论框架

1.3.1　运动学描述[9]

在热障涂层界面氧化或者 CMAS(calcium-magnesium-alumino-silicates)腐蚀时应变可以达到8%~10%，这时的小变形理论就不适用了。需要用大变形理论，也称为几何非线性理论。在描述物体运动和变形时，首先需要一个构型作为各种物理量的参考,通常称之为参考构型,在参考构型中材料点的位置矢量用 $\boldsymbol{X}$ 表示，变量 $\boldsymbol{X}_A$ 表示材料坐标；其次还需要描述任一时刻 t 的物质点位置，称为当时构型，

在 t 时刻物质点 X 的位置矢量用 x 表示，变量 x_i 表示空间坐标。

物体的运动就可以描述为 $x = \chi(X, t)$，函数 $\chi(X, t)$ 将参考构型映射到 t 时刻的当时构型。则材料点的位移可表示为

$$u = \chi(X, t) - \chi(X, 0) = x - X \tag{1.178}$$

在大变形理论中，关于变形特征的一个重要物理量是变形梯度，其定义为

$$F = \frac{\partial x}{\partial X} \tag{1.179}$$

在弹塑性大变形分析中通常将变形梯度进行分解，同样在热力化多场耦合情况下的变形通过三个不同的构型进行描述：参考构型、中间构型和当时构型。三个构型下相应的位置坐标可表示为 X、$\bar{X}$ 和 x，则变形梯度 F、弹性变形梯度 F^e 和非弹性变形梯度 F^i 可分别表示为

$$F = \frac{\partial x}{\partial X}, \quad F^e = \frac{\partial x}{\partial \bar{X}}, \quad F^i = \frac{\partial \bar{X}}{\partial X} \tag{1.180}$$

根据复合函数求导法则可以得到变形梯度 F 的分解式为

$$F = F^e \cdot F^i \tag{1.181}$$

这样的变形梯度分解实际上在弹塑性大变形分析中早已得到广泛的应用，同时在最近被广泛用来分析多场耦合的大变形。例如，Nguyen 等[21]将变形梯度分解为弹性变形梯度和非弹性变形梯度，研究了软物质的大变形热力化耦合。Yadegari 等[22]将变形梯度分解为弹性变形梯度、热变形梯度、塑性变形梯度和相变变形梯度。

变形前体元 $d\Omega_0$ 和变形后体元 $d\Omega$ 的体积比 J 可用变形梯度的行列式表示为

$$\begin{aligned}
J &= \frac{d\Omega}{d\Omega_0} = \det F = \det(F^e \cdot F^i) \\
&= \det F^e \cdot \det F^i = J^e \cdot J^i
\end{aligned} \tag{1.182}$$

式中，J^e 和 J^i 分别表示弹性变形梯度和非弹性变形梯度的雅可比行列式，J^e 是由于发生弹性变形导致体元发生体积变化，J^i 是由于非弹性变形造成的体积变化。体积比的物质导数在连续介质力学的平衡方程中经常用到，其表达式可写为

$$\begin{aligned}
\dot{J} &= \frac{\partial J}{\partial F_{iA}} \frac{dF_{iA}}{dt} = \frac{\partial J}{\partial F_{iA}} \frac{\partial}{\partial t}\left(\frac{\partial x_i}{\partial X_A}\right) \\
&= \frac{\partial J}{\partial F_{iA}} \frac{\partial v_i}{\partial X_A} = J \frac{\partial X_A}{\partial x_i} \frac{\partial v_i}{\partial X_A} \\
&= J \frac{\partial v_i}{\partial x_i} = J \operatorname{div} v
\end{aligned} \tag{1.183}$$

这里用到关系式 $\dfrac{\partial J}{\partial F_{iA}} = J\dfrac{\partial X_A}{\partial x_i}$，请读者运用行列式的理论作为练习题证明该关系式，可以参考文献[9]的 165 页和 166 页。根据物体的运动方程可求得速度 v 和速度梯度 l，分别表示为

$$v = \dot{\boldsymbol{\chi}}(\boldsymbol{X}, t) \tag{1.184}$$

$$l = \operatorname{grad} v = \dot{\boldsymbol{F}} \cdot \boldsymbol{F}^{-1} \tag{1.185}$$

将变形梯度的分解式(1.181)代入上式便得到速度梯度的分解式，其表达式如下：

$$
\begin{aligned}
l &= \dot{\boldsymbol{F}} \cdot \boldsymbol{F}^{-1} \\
&= (\dot{\boldsymbol{F}}^{\mathrm{e}} \cdot \boldsymbol{F}^{\mathrm{i}} + \boldsymbol{F}^{\mathrm{e}} \cdot \dot{\boldsymbol{F}}^{\mathrm{i}}) \cdot (\boldsymbol{F}^{\mathrm{i}-1} \cdot \boldsymbol{F}^{\mathrm{e}-1}) \\
&= \dot{\boldsymbol{F}}^{\mathrm{e}} \cdot \boldsymbol{F}^{\mathrm{e}-1} + \boldsymbol{F}^{\mathrm{e}} \cdot \dot{\boldsymbol{F}}^{\mathrm{i}} \cdot \boldsymbol{F}^{\mathrm{i}-1} \cdot \boldsymbol{F}^{\mathrm{e}-1} \\
&= l^{\mathrm{e}} + \boldsymbol{F}^{\mathrm{e}} \cdot \bar{\boldsymbol{L}}^{\mathrm{i}} \cdot \boldsymbol{F}^{\mathrm{e}-1}
\end{aligned} \tag{1.186}
$$

其中，$\bar{\boldsymbol{L}}^{\mathrm{i}}$ 表示中间构型下的非弹性速度梯度，上式可以理解为速度梯度可分解为弹性和非弹性两部分，其中 l^{e} 和 l^{i} 表示弹性速度梯度和非弹性速度梯度，它们的表达式分别为

$$l^{\mathrm{e}} = \dot{\boldsymbol{F}}^{\mathrm{e}} \cdot \boldsymbol{F}^{\mathrm{e}-1} \quad l^{\mathrm{i}} = \boldsymbol{F}^{\mathrm{e}} \cdot \bar{\boldsymbol{L}}^{\mathrm{i}} \cdot \boldsymbol{F}^{\mathrm{e}-1} \tag{1.187}$$

因此式(1.186)可理解为速度梯度分解为弹性和非弹性两部分：

$$l = l^{\mathrm{e}} + l^{\mathrm{i}} \tag{1.188}$$

对速度梯度进行加法分解，可分解为对称部分和反对称部分，其中对称部分称为变形率或应变率，通常用 d 表示；反对称部分称为旋率，通常用 w 表示。那么根据式(1.188)可以得到相应的弹性变形率、非弹性变形率、弹性旋率和非弹性旋率，其表达式分别为

$$
\begin{aligned}
d^{\mathrm{e}} &= \frac{1}{2}(l^{\mathrm{e}} + l^{\mathrm{eT}}), \quad d^{\mathrm{i}} = \frac{1}{2}(l^{\mathrm{i}} + l^{\mathrm{iT}}) \\
w^{\mathrm{e}} &= \frac{1}{2}(l^{\mathrm{e}} - l^{\mathrm{eT}}), \quad w^{\mathrm{i}} = \frac{1}{2}(l^{\mathrm{i}} - l^{\mathrm{iT}})
\end{aligned} \tag{1.189}
$$

于是，变形率和旋率也可以分解为弹性和非弹性两部分：

$$d = d^{\mathrm{e}} + d^{\mathrm{i}}, \quad w = w^{\mathrm{e}} + w^{\mathrm{i}} \tag{1.190}$$

本节主要给出热力化多场耦合理论的变形描述，通过将变形梯度分解为弹性变形梯度和非弹性变形梯度两部分，定义了弹性速度梯度和非弹性速度梯度，最后将变形率分解为弹性变形率和非弹性变形率，关于这方面的理论知识有兴趣的读者可参考黄克智和黄永刚的《高等固体力学》(上册)[9]、Gurtin 等的 *The Mechanics and Thermodynamics of Continua*[23]以及 Reddy 教授的 *An Introduction to Continuum Mechanics*[24]等连续介质力学专著。

1.3.2　应力应变度量

为了度量物体中各点的变形，需根据需要选取适当的状态量，适用于度量变形的量有多种，包括变形张量和应变张量两类。

变形张量主要包括右 Cauchy-Green 变形张量 C，也称为 Green 变形张量；Cauchy 变形张量 c；左 Cauchy-Green 变形张量 B，也称为 Finger 变形张量；Piola 变形张量 C^{-1}；他们的定义分别为

$$C = F^{\mathrm{T}} \cdot F \tag{1.191}$$

$$c = F^{-\mathrm{T}} \cdot F^{-1} \tag{1.192}$$

$$B = F \cdot F^{\mathrm{T}} \tag{1.193}$$

$$C^{-1} = F^{-1} \cdot F^{-\mathrm{T}} \tag{1.194}$$

这里的 Cauchy 变形张量 c 与 1.2.4 节的物质浓度 c 是不一样的。

应变张量主要包括 Green 应变张量 E，Almansi 应变张量 e，Hill 应变张量 $\tilde{E}$ 和 Seth 应变张量 $E^{(n)}$。它们的定义分别为

$$E = \frac{1}{2}(C - I) \tag{1.195}$$

$$e = \frac{1}{2}(i - c) \tag{1.196}$$

$$\tilde{E} = f(\lambda_{(i)}) N_i N_i \tag{1.197}$$

$$E^{(n)} = \frac{1}{2n}(C^n - I) \quad (n \neq 0) \tag{1.198}$$

式中，I 为参考构型下的单位张量，i 为当时构型下的单位张量，在本书中这两个单位张量不加区别，都用 I 表示。$\lambda_{(i)} = \sqrt{C_{(i)}}$ 为主长度比，$f(\lambda_{(i)})$ 是 $\lambda_{(i)}$ 的单调、单值、连续、可微函数，可以定义新的应变张量。对于 Seth 应变度量，当 n 取不同值时，形成不同的 Seth 应变。这里的 Green 应变张量 E 和前面的杨氏模量 E、内能 E 是不一样的，Almansi 应变张量 e 和前面的单位质量的内能 e 是不一样的。

以上变形张量和应变张量都是用变形梯度张量及其逆张量表示的，在实际应用中，他们经常用位移梯度表示。位移梯度和变形梯度的关系可以表示为

$$F = \frac{\partial x}{\partial X} = \frac{\partial u}{\partial X} + I \tag{1.199}$$

那么 Green 应变张量 E，Almansi 应变张量 e 的位移表达式为

$$E = \frac{1}{2}(u\nabla_X + \nabla_X u + \nabla_X u \cdot u\nabla_X) \tag{1.200}$$

$$e = \frac{1}{2}(u\nabla_x + \nabla_x u + \nabla_x u \cdot u\nabla_x) \tag{1.201}$$

式中，∇_X 和 ∇_x 分别表示参考构型和当时构型的梯度算子，也称为 Hamilton 算子。

应力表示单位面积上的力，它是材料承载能力的度量，所有的材料设计必须满足在承载能力范围内使用，因此准确预测材料的应力状态对材料设计至关重要。在大变形理论中，可以定义多种应力度量，它们有的在参考构型中定义，有的在当时构型中定义。常用的有 Cauchy 应力张量 σ，第一类 Piola-Kirchhoff 应力张量 P，第二类 Piola-Kirchhoff 应力张量 T，这里的 T 和温度 T 是不一样的。熟悉各种应力张量的定义以及它们之间的相互转化关系，有助于我们在特定力学问题中熟练选择适用的应力张量。例如，在许多情况下，采用参考构型的平衡方程要比当时的构型方便，这时就需要采用第一类 Piola-Kirchhoff 应力张量来建立平衡方程。

在小变形假设下，我们通常采用 Cauchy 应力度量物体的应力状态。在大变形情况，用 Cauchy 应力表示当时构型的应力状态，度量每变形单位面积上的力。假设一连续体在受到变形 $\chi(X,t)$ 后由未变形状态变为变形状态。在当时构型下，力可以表示为

$$\mathrm{d}f = \sigma \cdot \mathrm{d}a \tag{1.202}$$

其中，σ 表示当时构型下的 Cauchy 应力张量，$\mathrm{d}a$ 表示当时构型下的面元，相应的参考构型的面元为 $\mathrm{d}A$，则力可以表示为

$$\mathrm{d}f = P \cdot \mathrm{d}A \tag{1.203}$$

式中，P 表示第一类 Piola-Kirchhoff 应力张量。要建立第一类 Piola-Kirchhoff 应力张量与 Cauchy 应力张量的关系，必须知道参考构型下的面元和当时构型下面元的关系，根据 Nanson 公式得知它们之间有如下关系：

$$\mathrm{d}a = JF^{-\mathrm{T}} \cdot \mathrm{d}A \tag{1.204}$$

将上式代入式(1.202)并联立式(1.203)，可得

$$P \cdot \mathrm{d}A = \sigma \cdot \mathrm{d}a = \sigma \cdot JF^{-\mathrm{T}} \cdot \mathrm{d}A \tag{1.205}$$

那么，第一类 Piola-Kirchhoff 应力张量与 Cauchy 应力张量的关系可写为

$$P = J\sigma \cdot F^{-\mathrm{T}} \tag{1.206}$$

从上式可以看出第一类 Piola-Kirchhoff 应力张量实际上与变形梯度一样是一个两点张量。

类似线元之间的关系，参考构型下面元 d$\boldsymbol{A}$ 上的力 d$\boldsymbol{F}$ 与当时构型下面元 d$\boldsymbol{a}$ 上的力 d$\boldsymbol{f}$ 有如下关系：

$$\mathrm{d}\boldsymbol{F} = \boldsymbol{F}^{-1} \cdot \mathrm{d}\boldsymbol{f} \tag{1.207}$$

参考构型下的力可用第二类 Piola-Kirchhoff 应力张量表示为

$$\mathrm{d}\boldsymbol{F} = \boldsymbol{T} \cdot \mathrm{d}\boldsymbol{A} \tag{1.208}$$

则结合式(1.203)、式(1.206)和式(1.207)，可得第一类 Piola-Kirchhoff 应力张量与第二类 Piola-Kirchhoff 应力张量的关系：

$$\boldsymbol{T} = \boldsymbol{F}^{-1} \cdot \boldsymbol{P} \tag{1.209}$$

结合式(1.206)和式(1.209)可得第二类 Piola-Kirchhoff 应力张量与 Cauchy 应力张量的关系：

$$\boldsymbol{T} = J\boldsymbol{F}^{-1} \cdot \boldsymbol{\sigma} \cdot \boldsymbol{F}^{-\mathrm{T}} \tag{1.210}$$

大变形理论中，应力度量可采用不同的应力描述，它们之间可以相互转化，在实际应用中，根据实际问题可灵活选择方便的应力度量。

1.3.3　质量守恒方程与力平衡方程

1. 质量守恒方程

材料域 Ω 的质量 $m(\Omega)$ 为

$$m(\Omega) = \int_{\Omega} \rho(\boldsymbol{X}, t) \mathrm{d}\Omega \tag{1.211}$$

其中，$\rho(\boldsymbol{X}, t)$ 为密度。质量守恒要求任意材料域的质量为常数，因此没有材料从材料域边界穿过，并且不考虑质量到能量的转化。根据质量守恒原理，$m(\Omega)$ 的材料时间导数为零，即

$$\frac{\mathrm{D}m(\Omega)}{\mathrm{D}t} = \frac{\mathrm{D}}{\mathrm{D}t} \int_{\Omega} \rho(\boldsymbol{X}, t) \mathrm{d}\Omega = 0 \tag{1.212}$$

对上式应用 Reynold 转化定理，得到

$$\int_{\Omega} \left(\frac{\mathrm{D}\rho}{\mathrm{D}t} + \rho \mathrm{div}(\boldsymbol{v}) \right) \mathrm{d}\Omega = 0 \tag{1.213}$$

由于上式对任意的子域都成立，可以得

$$\frac{\mathrm{D}\rho}{\mathrm{D}t} + \rho \mathrm{div}(\boldsymbol{v}) = 0 \tag{1.214}$$

上式就是当时构型下的质量守恒方程。对于参考构型下的质量守恒方程，可将式(1.212)对时间积分，从而得到一个密度的代数方程：

$$\int_{\Omega} \rho \mathrm{d}\Omega = \int_{\Omega_0} \rho_0 \mathrm{d}\Omega_0 = 常数 \tag{1.215}$$

将上式左边的积分转化到参考域，得

$$\int_{\Omega_0} (\rho J - \rho_0) \mathrm{d}\Omega_0 = 0 \tag{1.216}$$

由于上式对任意的子域都成立，可以得

$$\rho(\boldsymbol{X},t) J(\boldsymbol{X},t) = \rho_0(\boldsymbol{X}) \tag{1.217}$$

上式就是参考构型下的质量守恒方程。

2. 力平衡方程

力平衡方程可由线动量守恒得到，并且不同构型下的平衡方程是不同的，这里分别建立当时构型和参考构型的力平衡方程。线动量守恒可描述为物体线动量的时间导数等于施加在物体上的外力，则当时构型的线动量守恒方程可表示为

$$\frac{\mathrm{D}\boldsymbol{p}}{\mathrm{D}t} = \boldsymbol{F} \tag{1.218}$$

式中，$\boldsymbol{p}$ 表示物体的动量，它是质量和速度的乘积，可写为

$$\boldsymbol{p}(t) = \int_{\Omega} \rho \boldsymbol{v}(\boldsymbol{x},t) \mathrm{d}\Omega \tag{1.219}$$

$\boldsymbol{F}$ 表示外力，在当时构型下的表达式为

$$\boldsymbol{F}(t) = \int_{\Omega} \rho \boldsymbol{f}(\boldsymbol{x},t) \mathrm{d}\Omega + \int_{\Gamma} \boldsymbol{t}(\boldsymbol{x},t) \mathrm{d}\Gamma \tag{1.220}$$

上式右边第一项表示体力，第二项表示表面力，为了不和第二类 Piola-Kirchhoff 应力张量 $\boldsymbol{T}$ 混淆，我们这里 $\boldsymbol{t}(\boldsymbol{x},t)$ 表示面力。将式(1.219)和式(1.220)代入式(1.218)得

$$\frac{\mathrm{D}}{\mathrm{D}t} \int_{\Omega} \rho \boldsymbol{v}(\boldsymbol{x},t) \mathrm{d}\Omega = \int_{\Omega} \rho \boldsymbol{f}(\boldsymbol{x},t) \mathrm{d}\Omega + \int_{\Gamma} \boldsymbol{t}(\boldsymbol{x},t) \mathrm{d}\Gamma \tag{1.221}$$

利用 Reynold 转换定理上式左边可写成：

$$\int_{\Omega} \left(\frac{\mathrm{D}}{\mathrm{D}t}(\rho\boldsymbol{v}) + \mathrm{div}(\boldsymbol{v})\rho\boldsymbol{v} \right) \mathrm{d}\Omega = \int_{\Omega} \left[\rho \frac{\mathrm{D}}{\mathrm{D}t}\boldsymbol{v} + \boldsymbol{v}\left(\frac{\mathrm{D}\rho}{\mathrm{D}t} + \rho\,\mathrm{div}(\boldsymbol{v}) \right) \right] \mathrm{d}\Omega \tag{1.222}$$

利用 Cauchy 关系和 Gauss 定理，式(1.221)右边第二项可表示为

$$\int_{\Gamma} \boldsymbol{t}(\boldsymbol{x},t) \mathrm{d}\Gamma = \int_{\Gamma} \boldsymbol{n} \cdot \boldsymbol{\sigma} \mathrm{d}\Gamma = \int_{\Omega} \mathrm{div}\,\boldsymbol{\sigma} \mathrm{d}\Omega \tag{1.223}$$

其中，$\boldsymbol{\sigma}$ 为 Cauchy 应力。结合质量守恒方程，可得

$$\int_{\Omega} (\mathrm{div}\,\boldsymbol{\sigma} + \rho\boldsymbol{f} - \rho\dot{\boldsymbol{v}}) \mathrm{d}\Omega = \boldsymbol{0} \tag{1.224}$$

上式对任意区域都成立，所以可以得到当时构型下的力平衡方程：

$$\text{div}\,\boldsymbol{\sigma} + \rho\boldsymbol{f} = \rho\dot{\boldsymbol{v}} \tag{1.225}$$

其中，$\dot{\boldsymbol{v}}$ 表示速度的物质导数。在我们所关注的热障涂层不考虑冲击波效应的情况下载荷施加是缓慢的，所以惯性力是可以忽略不计的。这样力平衡方程可以写为

$$\text{div}\,\boldsymbol{\sigma} + \rho\boldsymbol{f} = \boldsymbol{0} \tag{1.226}$$

在大变形分析中常常用到参考构型下的物理量，并且在求解平衡方程时采用参考构型描述更方便，所以下面给出参考构型下力平衡方程的推导。同样基于线动量守恒：

$$\frac{\text{D}\boldsymbol{p}}{\text{D}t} = \boldsymbol{F} \tag{1.227}$$

式中，$\boldsymbol{p}$ 表示物体的动量，它是质量和速度的乘积，可写为

$$\boldsymbol{p}(t) = \int_{\Omega_0} \rho_0 \boldsymbol{v}(\boldsymbol{X},t)\text{d}\Omega_0 \tag{1.228}$$

$\boldsymbol{F}$ 表示外力，在参考构型下的表达式为

$$\boldsymbol{F}(t) = \int_{\Omega_0} \rho_0 \boldsymbol{f}(\boldsymbol{X},t)\text{d}\Omega_0 + \int_{\Gamma_0} \boldsymbol{t}_0(\boldsymbol{X},t)\text{d}\Gamma_0 \tag{1.229}$$

上式右边分别表示体力和表面力，由于在参考构型界面氧化或者 CMAS 腐蚀等热力化耦合行为并未发生，所以这里外力不包含质量变化所导致的力。将式(1.228)和式(1.229)代入式(1.227)得

$$\frac{\text{d}}{\text{d}t}\int_{\Omega_0} \rho_0 \boldsymbol{v}(\boldsymbol{X},t)\text{d}\Omega_0 = \int_{\Omega_0} \rho_0 \boldsymbol{f}(\boldsymbol{X},t)\text{d}\Omega_0 + \int_{\Gamma_0} \boldsymbol{t}_0(\boldsymbol{X},t)\text{d}\Gamma_0 \tag{1.230}$$

上式左边可以将物质导数移入积分内，得到

$$\frac{\text{d}}{\text{d}t}\int_{\Omega_0} \rho_0 \boldsymbol{v}(\boldsymbol{X},t)\text{d}\Omega_0 = \int_{\Omega_0} \rho_0 \frac{\partial \boldsymbol{v}(\boldsymbol{X},t)}{\partial t}\text{d}\Omega_0 \tag{1.231}$$

利用 Cauchy 关系和 Gauss 定理，式(1.230)右边第二项可表示为

$$\int_{\Gamma_0} \boldsymbol{t}_0(\boldsymbol{X},t)\text{d}\Gamma_0 = \int_{\Gamma_0} \boldsymbol{P}\cdot\boldsymbol{N}\text{d}\Gamma_0 = \int_{\Omega_0} \text{div}\boldsymbol{P}^{\text{T}}\text{d}\Omega_0 \tag{1.232}$$

其中，$\boldsymbol{P}$ 为第一类 Piola-Kirchhoff 应力，$\boldsymbol{N}$ 表示参考构型下域 Ω_0 的外法线方向。将式(1.231)和式(1.232)代入式(1.230)，得到参考构型下的力平衡方程：

$$\int_{\Omega_0}\left(\text{div}\boldsymbol{P}^{\text{T}} + \rho_0\boldsymbol{f} - \rho_0\frac{\partial \boldsymbol{v}(\boldsymbol{X},t)}{\partial t}\right)\text{d}\Omega_0 = \boldsymbol{0} \tag{1.233}$$

上式对任意区域都成立，所以可以得到参考构型下的力平衡方程：

$$\text{div} \boldsymbol{P}^{\text{T}} + \rho_0 \boldsymbol{f} = \rho_0 \frac{\partial \boldsymbol{v}(\boldsymbol{X}, t)}{\partial t} \tag{1.234}$$

忽略惯性力，参考构型下的力平衡方程可以写为

$$\text{div} \boldsymbol{P}^{\text{T}} + \rho_0 \boldsymbol{f} = \boldsymbol{0} \tag{1.235}$$

由于第一类 Piola-Kirchhoff 应力不是对称张量，所以通常用第二类 Piola-Kirchhoff 应力表示参考构型的力平衡方程。通过第一类 Piola-Kirchhoff 应力与第二类 Piola-Kirchhoff 应力的转化关系式(1.209) $\boldsymbol{P} = \boldsymbol{F} \cdot \boldsymbol{T}$，力平衡方程可写为

$$\text{div}(\boldsymbol{T} \cdot \boldsymbol{F}^{\text{T}}) + \rho_0 \boldsymbol{f} = \boldsymbol{0} \tag{1.236}$$

用位置矢量 $\boldsymbol{x}$ 叉乘线动量原理的每一项，得到积分型角动量守恒方程：

$$\frac{\text{D}}{\text{D}t} \int_{\Omega} \rho \boldsymbol{x} \times \boldsymbol{v} \text{d}\Omega = \int_{\Omega} \rho \boldsymbol{x} \times \boldsymbol{f} \text{d}\Omega + \int_{\Gamma} \boldsymbol{x} \times \boldsymbol{t} \text{d}\Gamma \tag{1.237}$$

为了便于推导，将上式写成如下笛卡儿坐标系下的分量形式：

$$\frac{\text{D}}{\text{D}t} \int_{\Omega} \rho e_{ijk} x_i v_j \text{d}\Omega = \int_{\Gamma} e_{ijk} x_i t_j \text{d}\Gamma + \int_{\Omega} \rho e_{ijk} x_i f_j \text{d}\Omega \tag{1.238}$$

其中，e_{ijk} 表示置换符号。上式左边的物质导数可以通过 Reynold 转换定理写为

$$\int_{\Omega} \left[\rho e_{ijk} \frac{\text{D}}{\text{D}t}(x_i v_j) + e_{ijk} x_i v_j \left(\frac{\text{D}\rho}{\text{D}t} + \rho v_{i,i} \right) \right] \text{d}\Omega$$

$$= \int_{\Omega} e_{ijk}(x_i \sigma_{pj})_{,p} \text{d}\Omega + \int_{\Omega} \rho e_{ijk} x_i f_j \text{d}\Omega + \int_{\Omega} \rho \gamma e_{ijk} x_i v_j \text{d}\Omega \tag{1.239}$$

根据参考构型的质量守恒，上式可化简为

$$\int_{\Omega} \rho e_{ijk} \left(v_i v_j + x_i \frac{\text{D}v_j}{\text{D}t} \right) \text{d}\Omega = \int_{\Omega} e_{ijk}(x_i \sigma_{pj})_{,p} \text{d}\Omega + \int_{\Omega} \rho e_{ijk} x_i f_j \text{d}\Omega$$

$$= \int_{\Omega} e_{ijk}(x_i \sigma_{pj,p} + \delta_{ip} \sigma_{pj} + \rho x_i f_j) \text{d}\Omega \tag{1.240}$$

由于 $e_{ijk} v_i v_j = 0$，所以上式可进一步化简为

$$\int_{\Omega} e_{ijk} \left[x_i \left(\sigma_{pj,p} + \rho f_j - \frac{\text{D}v_j}{\text{D}t} \right) + \sigma_{ij} \right] \text{d}\Omega = 0 \tag{1.241}$$

式中包含力平衡方程，其方程在任意区域都成立，所以

$$e_{ijk} \sigma_{ij} = 0 \tag{1.242}$$

满足上述关系就需要 Cauchy 应力为对称张量，即

$$\boldsymbol{\sigma} = \boldsymbol{\sigma}^{\text{T}} \tag{1.243}$$

参考构型下的角动量守恒，我们不采用当时构型的推导方式，而是根据大变形应力度量以及它们之间的相互转化关系，直接将当时构型的角动量守恒转化为参考构型下的描述。我们知道第二类 Piola-Kirchhoff 应力也是对称张量，即 $\boldsymbol{T} = \boldsymbol{T}^{\mathrm{T}}$。

根据第一类 Piola-Kirchhoff 应力 $\boldsymbol{P}$ 和第二类 Piola-Kirchhoff 应力 $\boldsymbol{T}$ 的关系 $\boldsymbol{T} = \boldsymbol{F}^{-1} \cdot \boldsymbol{P}$，得

$$\boldsymbol{P} \cdot \boldsymbol{F}^{\mathrm{T}} = \boldsymbol{F} \cdot \boldsymbol{P}^{\mathrm{T}} \tag{1.244}$$

1.3.4　基于大变形的热力耦合本构理论[18,25,26]

1. 热力耦合本构方程

当时构型中任意 Ω 域的热力学第一定律可表示为

$$\dot{E} = -\int_{\Gamma} \boldsymbol{h} \cdot \mathrm{d}\Gamma + \int_{\Omega} r_m \rho \mathrm{d}\Omega + \int_{\Omega} \boldsymbol{\sigma} : \boldsymbol{d} \mathrm{d}\Omega \tag{1.245}$$

式中，$\boldsymbol{h}$ 代表单位时间通过单位面积的热流，r_m 表示单位时间内单位质量材料从外界吸收的热量，$\boldsymbol{d}$ 表示当时构型下的变形率，它与 Green 应变张量之间的关系为

$$\dot{\boldsymbol{E}} = \boldsymbol{F}^{\mathrm{T}} \cdot \boldsymbol{d} \cdot \boldsymbol{F} \tag{1.246}$$

式(1.245)中第一项表示每单位时间经过表面 Γ 流入 Ω 域的热量，第二项为每单位时间从外部加给 Ω 域的热量，第三项表示 Ω 域的变形功率。利用 Green 定理，将式(1.245)右端第一项沿 Γ 的面积分转换为 Ω 域的体积分，并考虑到 Ω 域为任意域，可得

$$\rho \dot{e} = -\boldsymbol{h} \cdot \nabla + \rho r_m + \boldsymbol{\sigma} : \boldsymbol{d} \tag{1.247}$$

上式称为微分形式的热力学第一定律。

以 s_m 表示每单位质量的熵，则 Ω 域的总熵为

$$S = \int_{\Omega} \rho s_m \mathrm{d}v \tag{1.248}$$

以 T 表示温度(绝对温度 $T > 0$)，则由热力学第二定律，必有

$$\dot{S} \geqslant -\int_{\Gamma} \frac{1}{T} \boldsymbol{h} \cdot \mathrm{d}\Gamma + \int_{\Omega} \frac{1}{T} r_m \rho \mathrm{d}\Omega \tag{1.249}$$

上式称为熵不等式，其中 $\frac{1}{T} \boldsymbol{h}$ 称为熵流，$\frac{1}{T} r_m$ 称为熵源。对于不可逆过程，式(1.249)中取 ">" 号；对于可逆过程，则取 "=" 号。上式右端表明 Ω 域从邻域或从外部吸收热量的结果是使其总熵增加。熵的增加超过式(1.249)右端这一增加量的部分是不可逆的，称为总熵的生成率。定义 Ω 域的熵生成率 $\dot{S}_i$ 为式(1.249)两端之差，即由下式定义的 $\dot{S}_i$ 为

$$\dot{S} = \int_{\Omega} \rho \dot{s}_m \mathrm{d}\Omega = -\int_{\Gamma} \frac{1}{T} \boldsymbol{h} \cdot \mathrm{d}\boldsymbol{\Gamma} + \int_{\Omega} \frac{1}{T} r_m \rho \mathrm{d}\Omega + \dot{S}_i, \quad \dot{S}_i \geqslant 0 \qquad (1.250)$$

式中，若以 κ_m 表示每单位质量的熵生成率，则

$$\dot{S}_i = \int_{\Omega} \rho \kappa_m \mathrm{d}\Omega, \quad \kappa_m \geqslant 0 \qquad (1.251)$$

式(1.250)称为积分形式的熵平衡方程。利用 Green 定理，将式(1.250)中右端第一项沿 Ω 域表面 Γ 的面积分化为沿 Ω 域的体积积分，可得

$$\rho \dot{s}_m = -\frac{1}{T} \boldsymbol{h} \cdot \nabla + \rho \left(\frac{1}{T} r_m + \kappa_m \right) \qquad (1.252)$$

上式称为微分形式的熵平衡方程。利用张量分析公式

$$\left(\frac{1}{T} \boldsymbol{h} \right) \cdot \nabla = \frac{1}{T} (\boldsymbol{h} \cdot \nabla) + \left(\frac{1}{T} \nabla \right) \cdot \boldsymbol{h} \qquad (1.253)$$

化简式(1.252)右端第一项，可将式(1.252)化为

$$T \dot{s}_m = -\frac{1}{\rho} \boldsymbol{h} \cdot \nabla + \frac{1}{\rho T} (T \nabla) \cdot \boldsymbol{h} + r_m + T \kappa_m \qquad (1.254)$$

$$T \kappa_m = T \kappa_{\mathrm{th}} + T \kappa_{\mathrm{int}} \geqslant 0 \qquad (1.255)$$

其中

$$T \kappa_{\mathrm{th}} = -\frac{1}{\rho T} (T \nabla) \cdot \boldsymbol{h} \qquad (1.256)$$

$$T \kappa_{\mathrm{int}} = T \dot{s}_m - \left[-\frac{1}{\rho} \boldsymbol{h} \cdot \nabla + r_m \right] \qquad (1.257)$$

式(1.255)表明熵生成率 κ_m 可分为两部分，一部分 κ_{th} 是由热传导所产生的熵生成率；另一部分 κ_{int} 是由于熵生成率 $\dot{s}_m$ 超过每单位质量从邻域及从外部吸收的热的率所产生的。κ_{int} 称为内禀熵生成率。热力学第二定律要求 κ_{th} 与 κ_{int} 之和 $\kappa_m \geqslant 0$，但人们通常都更强地假设 κ_{th} 与 κ_{int} 分别都 $\geqslant 0$：

$$\kappa_{\mathrm{th}} \geqslant 0 \qquad (1.258)$$

$$\kappa_{\mathrm{int}} \geqslant 0 \qquad (1.259)$$

$T \kappa_m$、$T \kappa_{\mathrm{th}}$ 和 $T \kappa_{\mathrm{int}}$ 各称为每单位质量的总耗散率、热耗散率与内禀耗散率。利用微分形式的热力学第一定律式(1.247)，可将式(1.257)改写为

$$T \kappa_{\mathrm{int}} = T \dot{s}_m - \left[-\frac{1}{\rho} (\boldsymbol{\sigma} : \boldsymbol{d}) + \dot{e} \right] \qquad (1.260)$$

式中，右端中括号里的部分表示每单位质量内能增加率超过每单位质量变形功率

的部分。如果我们为了方便，不以熵 s_m 为自变量，而采用温度 T 为自变量，可以不采用内能 e 为热力学函数，而采用每单位质量的 Hemholtz 自由能 ψ 为热力学函数(1.107)，式(1.260)可改写为

$$T\kappa_{\text{int}} = -s_m\dot{T} - \left[\dot{\psi} - \frac{1}{\rho}\boldsymbol{\sigma}:\boldsymbol{d}\right] \tag{1.261}$$

2. 热力耦合能量函数构建与控制方程的推导

变形功率 w 定义为

$$w = J\boldsymbol{\sigma}:\boldsymbol{d} \tag{1.262}$$

结合式(1.210)和式(1.246)可得

$$w = \left(\boldsymbol{F}\cdot\boldsymbol{T}\cdot\boldsymbol{F}^{\text{T}}\right):\boldsymbol{d} = \boldsymbol{T}:\left(\boldsymbol{F}^{\text{T}}\cdot\boldsymbol{d}\cdot\boldsymbol{F}\right) = \boldsymbol{T}:\dot{\boldsymbol{E}} \tag{1.263}$$

所谓弹性就是指材料每单位质量的耗散率 $T\kappa_m$ 的两部分中只有热耗散率 $T\kappa_{\text{th}}$ 为正或零，而内熵耗散率 $T\kappa_{\text{int}}$ (即式(1.261))恒为零：

$$\rho T\kappa_{\text{int}} = -s_m\rho\dot{T} - \left[\rho\dot{\psi} - \frac{1}{J}\boldsymbol{T}:\dot{\boldsymbol{E}}\right] = 0 \tag{1.264}$$

结合式(1.217)，上式乘以 ρ_0/ρ 可得

$$\rho_0\dot{\psi} = -\rho_0 s_m\dot{T} + \boldsymbol{T}:\dot{\boldsymbol{E}} \tag{1.265}$$

上式就是参考构型下的 Hemholtz 自由能的变化率。我们也可以将 ψ 看作是状态变量 Green 应变张量 $\boldsymbol{E}$ 与温度 T 的函数，$\psi(\boldsymbol{E},T)$，ψ 的变化率为

$$\dot{\psi} = \frac{\partial\psi}{\partial\boldsymbol{E}}:\dot{\boldsymbol{E}} + \frac{\partial\psi}{\partial T}\dot{T} \tag{1.266}$$

将式(1.265)与式(1.266)比较得

$$\boldsymbol{T} = \rho_0\frac{\partial\psi}{\partial\boldsymbol{E}} \tag{1.267}$$

$$s_m = -\frac{\partial\psi}{\partial T} \tag{1.268}$$

假设材料为各向同性，因此 Hemholtz 自由能只通过 $\boldsymbol{E}$ 的三个不变量而依赖于 $\boldsymbol{E}$。对于 Green 应变张量 $\boldsymbol{E}$，这里取以下的三个不变量，并简写为 I_1，I_2 和 I_3：

$$I_1 = I_1(\boldsymbol{E}) = \text{tr}\boldsymbol{E}$$

$$I_2 = I_2(\boldsymbol{E}') = \frac{1}{2}\text{tr}(\boldsymbol{E}'\cdot\boldsymbol{E}') = \frac{1}{2}\text{tr}(\boldsymbol{E}'^2) \tag{1.269}$$

$$I_3 = I_3(\boldsymbol{E}') = \frac{1}{3}\text{tr}(\boldsymbol{E}'\cdot\boldsymbol{E}'\cdot\boldsymbol{E}') = \frac{1}{3}\text{tr}(\boldsymbol{E}'^3)$$

式中，$E' = E - (\text{tr}E)/3$ 表示 E 的偏量。易证 I_1、I_2 和 I_3 对自变量 E 的导数为(以右上角一撇 "$'$" 表示偏量)

$$\frac{\partial I_1}{\partial E} = I, \quad \frac{\partial I_2}{\partial E} = I, \quad \frac{\partial I_3}{\partial E} = \overline{I} : \left(E' \cdot E' \right) \tag{1.270}$$

这里 I 是单位张量，$\overline{I}$ 为特殊等同张量，由于是在参考构型下，我们用 A, B, C, D 表示其分量的下标。所以单位张量 I 的分量是 $I_{AB} = \delta_{AB}$，特殊等同张量 $\overline{I}$ 的分量为 $\overline{I}_{ABCD} = \frac{1}{2}(\delta_{AC}\delta_{BD} + \delta_{BC}\delta_{AD})$。设在参考构型下的温度 $T = T_0$，把 Hemholtz 自由能 $\psi(E, T)$ 在参考构型附近进行 Taylor 展开，并只取到二次项，则

$$\rho_0 \psi(E, T) = -\rho_0 s_0 (T - T_0) - \frac{1}{2T_0}\rho_0 c_{v0}(T - T_0)^2 - p_0 I_1$$
$$- \alpha K I_1 (T - T_0) + \frac{1}{2}K I_1^2 + 2G I_2 \tag{1.271}$$

式中，ρ_0 为参考构型每单位体积的质量密度。上式右端表达式有 6 项，每一项都含一个待定常数，即 s_0，c_{v0}，p_0，α，K 和 G。p_0 表示参考状态的三向均压，如参考状态无初应力，则 $p_0 = 0$，$\alpha/3$ 为对温度的线膨胀系数，K 为体积模量，G 为剪切模量，c_{v0} 为参考状态下的比定容热容。

将式(1.271)中 $\psi(E, \theta)$ 代入本构关系式(1.267)和式(1.268)，并利用式(1.270)，得

$$T = -p_0 I + K\left[I_1(E) - \alpha(T - T_0) \right]I + 2G E' \tag{1.272}$$

$$s_m = s_0 + c_{v0}\frac{1}{T}(T - T_0) + \frac{1}{\rho_0}K\alpha I_1(E) \tag{1.273}$$

特别注意黑体 T 是第二类 Piola-Kirchhoff 应力张量，不是黑体的 T 是温度。容易求式(1.272)之逆。取式(1.272)两端之迹与偏量，各得

$$I_1(T) = -3p_0 + 3K\left[I_1(E) - \alpha(T - T_0) \right] \tag{1.274}$$

$$T' = 2G E' \tag{1.275}$$

利用上两式，可求出式(1.273)以 T 和 T 为自变量的表示：

$$E = \frac{1}{3}\alpha(T - T_0)I + \frac{1}{9K}\left(I_1(E) + 3p_0 \right)I + \frac{1}{2G}T' \tag{1.276}$$

$$s_m = s_0 + \left(c_{v0}\frac{1}{T_0} + \frac{1}{\rho_0}K\alpha^2 \right)(T - T_0) + \frac{1}{3\rho_0}\alpha\left[I_1(T) + 3p_0 \right] \tag{1.277}$$

将式(1.107)代入式(1.247)，并结合式(1.267)和式(1.268)可得，温度场 T 的控制方程表达如下：

$$\rho\left(\frac{\partial \psi}{\partial \boldsymbol{E}}:\ \dot{\boldsymbol{E}}-T\left(\frac{\partial^2 \psi}{\partial T^2}\dot{T}+\frac{\partial^2 \psi}{\partial T \partial \boldsymbol{E}}:\dot{\boldsymbol{E}}\right)\right)=k\left(\nabla T\right)^2+\rho r_m+\boldsymbol{\sigma}:\boldsymbol{d} \qquad (1.278)$$

1.3.5　基于大变形的热力化耦合本构理论

1. 热力化耦合本构方程

考虑总能量的变化率等于外力做的功、热能、化学能的功率总和。根据热力学第一定律，能量守恒原理可以表示为

$$\frac{\mathrm{D}}{\mathrm{D}t}(K_{\mathrm{kin}}+E)=W+Q+C \qquad (1.279)$$

其中，K_{kin} 表示动能，E 表示内能，W 表示外力的功率，Q 表示热源和热流提供的功率，C 表示化学反应提供的功率。

各部分能量可以采用参考构型描述，同时也可以采用当时构型描述，我们这里着重介绍参考构型下的守恒方程描述。动能主要是物体宏观运动所产生的能量，在参考构型下，动能 K_{kin} 可表示为

$$K_{\mathrm{kin}}=\frac{1}{2}\int_{\Omega_0}\rho_0 \boldsymbol{v}\cdot \boldsymbol{v}\,\mathrm{d}\Omega_0 \qquad (1.280)$$

式中，$\boldsymbol{v}$ 表示当时构型下的速度，即物质导数。内能在参考构型下可表示为

$$E=\int_{\Omega_0}\rho_0 e\,\mathrm{d}\Omega_0 \qquad (1.281)$$

其中，e 表示每单位质量的能量。

在域内由每单位体积的体积力 $\boldsymbol{f}$ 和表面上每单位面积的表面力 $\boldsymbol{t}_0$ 所做的功率可表示为

$$W=\int_{\Gamma_0}\boldsymbol{t}_0\cdot \boldsymbol{v}\,\mathrm{d}\Gamma_0+\int_{\Omega_0}\rho_0 \boldsymbol{f}\cdot \boldsymbol{v}\,\mathrm{d}\Omega_0 \qquad (1.282)$$

利用 Cauchy 关系和 Gauss 定理，将上式的面力边界积分转为体积分，可得

$$\begin{aligned}
W&=\int_{\Gamma_0}\boldsymbol{t}_0\cdot \boldsymbol{v}\,\mathrm{d}\Gamma_0+\int_{\Omega_0}\rho_0 \boldsymbol{f}\cdot \boldsymbol{v}\,\mathrm{d}\Omega_0\\
&=\int_{\Gamma_0}(\boldsymbol{N}\cdot \boldsymbol{P}^{\mathrm{T}})\cdot \boldsymbol{v}\,\mathrm{d}\Gamma_0+\int_{\Omega_0}\rho_0 \boldsymbol{f}\cdot \boldsymbol{v}\,\mathrm{d}\Omega_0\\
&=\int_{\Omega_0}[\nabla\cdot(\boldsymbol{P}^{\mathrm{T}}\cdot \boldsymbol{v})+\rho \boldsymbol{f}\cdot \boldsymbol{v}]\,\mathrm{d}\Omega_0\\
&=\int_{\Omega_0}[(\nabla\cdot \boldsymbol{P}^{\mathrm{T}}+\rho \boldsymbol{f})\cdot \boldsymbol{v}+\boldsymbol{P}^{\mathrm{T}}:\nabla \boldsymbol{v}]\,\mathrm{d}\Omega_0\\
&=\int_{\Omega_0}\left[\rho_0\frac{\mathrm{D}\boldsymbol{v}}{\mathrm{D}t}\cdot \boldsymbol{v}+\boldsymbol{P}^{\mathrm{T}}:\nabla \boldsymbol{v}\right]\mathrm{d}\Omega_0 \qquad (1.283)
\end{aligned}$$

特别注意,这里的 ∇ 是参考构型下的算符。式中 $\boldsymbol{P}$ 为第一类 Piola-Kirchhoff 应力。

由热源和热流提供的功率可表示为

$$Q = \int_{\Omega_0} \rho_0 r_m \mathrm{d}\Omega_0 - \int_{\Gamma_0} \boldsymbol{q} \cdot \boldsymbol{N} \mathrm{d}\Gamma_0 = \int_{\Omega_0} (\rho_0 r_m - \nabla \cdot \boldsymbol{q}) \mathrm{d}\Omega_0 \tag{1.284}$$

其中,r_m 表示每单位质量的热源,$\boldsymbol{q}$ 表示每单位面积的热流。

化学扩散所产生的功率可参考热流的功率,其表达式为

$$C = -\int_{\Gamma_0} \mu \boldsymbol{j} \cdot \boldsymbol{N} \mathrm{d}\Gamma_0 \tag{1.285}$$

其中,$\boldsymbol{j}$ 表示渗透物质浓度的扩散流。

将式(1.280)~式(1.285)代入式(1.279),得到能量守恒的积分表述为

$$\frac{\mathrm{D}}{\mathrm{D}t} \int_{\Omega_0} \rho_0 \left(\frac{1}{2} \boldsymbol{v} \cdot \boldsymbol{v} + e \right) \mathrm{d}\Omega_0$$

$$= \frac{1}{2} \frac{\mathrm{D}}{\mathrm{D}t} \int_{\Omega_0} \rho_0 \boldsymbol{v} \cdot \boldsymbol{v} \mathrm{d}\Omega_0 + \int_{\Omega_0} (\boldsymbol{P}^{\mathrm{T}} : \dot{\boldsymbol{F}}) \mathrm{d}\Omega_0$$

$$+ \int_{\Omega_0} (-\nabla \cdot \boldsymbol{q} + \rho_0 \kappa) \mathrm{d}\Omega_0 - \int_{\Omega_0} (\mu \nabla \cdot \boldsymbol{j} + \boldsymbol{j} \cdot \nabla \mu) \mathrm{d}\Omega_0 \tag{1.286}$$

利用 Reynold 定理和 Gauss 定理化简并整理得能量守恒的微分型方程:

$$\rho_0 \dot{e} = \boldsymbol{P}^{\mathrm{T}} : \dot{\boldsymbol{F}} - \mu \mathrm{div} \boldsymbol{j} - \boldsymbol{j} \cdot \nabla \mu - \mathrm{div} \boldsymbol{q} + r_m \rho_0 \tag{1.287}$$

根据热力学第二定律,以 η 表示每单位体积的熵,则总熵可以表示为

$$S = \int_{\Omega_0} s_m \rho_0 \mathrm{d}\Omega_0 \tag{1.288}$$

那么,热力学第二定律可写成如下表达式:

$$\frac{\mathrm{D}}{\mathrm{D}t} \int_{\Omega_0} \rho_0 s_m \mathrm{d}\Omega_0 \geqslant -\int_{\Gamma_0} \frac{\boldsymbol{q} \cdot \boldsymbol{N}}{T} \mathrm{d}\Gamma_0 + \int_{\Omega_0} \frac{r_m}{T} \rho_0 \mathrm{d}\Omega_0 \tag{1.289}$$

右边第一项为熵流,第二项为熵源。上式是积分型的热力学第二定律,同时也称为熵不等式或 Clausius-Duhem 不等式。通过积分变化,可得到热力学第二定律的局部不等式:

$$\rho_0 \dot{s}_m \geqslant \frac{r_m \rho}{T} - \nabla \cdot \left(\frac{\boldsymbol{q}}{T} \right) = \frac{1}{T} (r_m \rho_0 - \nabla \cdot \boldsymbol{q}) + \frac{1}{T^2} \boldsymbol{q} \cdot \nabla T \tag{1.290}$$

根据能量守恒方程(1.287),上式右边可写成如下形式:

$$\frac{r_m \rho_0}{T} - \nabla \cdot \left(\frac{\boldsymbol{q}}{T} \right) = \frac{1}{T} (r_m \rho_0 - \nabla \cdot \boldsymbol{q}) + \frac{1}{T^2} \boldsymbol{q} \cdot \nabla T$$

$$= \frac{1}{T} \left(\rho_0 \dot{e} - \boldsymbol{P}^{\mathrm{T}} : \dot{\boldsymbol{F}} + \mu \nabla \cdot \boldsymbol{j} + \boldsymbol{j} \cdot \nabla \mu + \frac{1}{T} \boldsymbol{q} \cdot \nabla T \right) \tag{1.291}$$

结合式(1.290)和式(1.291)，熵不等式可以写成：

$$\rho_0 \dot{s}_m \geqslant \frac{1}{T}(\rho_0 \dot{e} - \boldsymbol{P}^{\mathrm{T}} : \dot{\boldsymbol{F}} + \mu \nabla \cdot \boldsymbol{j} + \boldsymbol{j} \cdot \nabla \mu + \frac{1}{T} \boldsymbol{q} \cdot \nabla T) \tag{1.292}$$

最终熵不等式可写为

$$\rho_0 (\dot{e} - T \dot{s}_m) - \boldsymbol{P}^{\mathrm{T}} : \dot{\boldsymbol{F}} + \mu \nabla \cdot \boldsymbol{j} + \boldsymbol{j} \cdot \nabla \mu + \frac{1}{T} \boldsymbol{q} \cdot \nabla T \leqslant 0 \tag{1.293}$$

基于式(1.107)和式(1.108)，上面熵不等式为

$$\rho_0 (\dot{\psi} - s_m \dot{T}) - \boldsymbol{P}^{\mathrm{T}} : \dot{\boldsymbol{F}} + \mu \nabla \cdot \boldsymbol{j} + \boldsymbol{j} \cdot \nabla \mu + \frac{1}{T} \boldsymbol{q} \cdot \nabla T \leqslant 0 \tag{1.294}$$

上式中第二项表示变形功率，我们知道在变形功率上应力与变形率或应变率是共轭的，也称为功共轭。不同的应力描述要对应相应的应变描述。例如，第一类 Piola-Kirchhoff 应力与变形梯度率是共轭的；第二类 Piola-Kirchhoff 应力与 Green 应变率是共轭的；Cauchy 应力与变形率是共轭的。因此，变形功率可以写成应力与对应的共轭应变(变形)率之间的双点积。假设 w^{int} 为参考构型每单位体积的变形功率，则可表示为

$$w = J\boldsymbol{\sigma} : \boldsymbol{d} = \boldsymbol{P} : \dot{\boldsymbol{F}} = \boldsymbol{T} : \dot{\boldsymbol{E}} \tag{1.295}$$

将变形梯度分解式(1.180)代入上式变形功率中，可得到

$$\begin{aligned} \boldsymbol{P} : \dot{\boldsymbol{F}} &= \boldsymbol{P} : (\dot{\boldsymbol{F}}^{\mathrm{e}} \cdot \boldsymbol{F}^{\mathrm{i}} + \boldsymbol{F}^{\mathrm{e}} \cdot \dot{\boldsymbol{F}}^{\mathrm{i}}) \\ &= (\boldsymbol{P} \cdot \boldsymbol{F}^{\mathrm{iT}}) : \dot{\boldsymbol{F}}^{\mathrm{e}} + (\boldsymbol{F}^{\mathrm{eT}} \cdot \boldsymbol{P}) : \dot{\boldsymbol{F}}^{\mathrm{i}} \\ &= (J\boldsymbol{\sigma} \cdot \boldsymbol{F}^{\mathrm{e-T}}) : \dot{\boldsymbol{F}}^{\mathrm{e}} + (\boldsymbol{F}^{\mathrm{eT}} \cdot J\boldsymbol{\sigma} \cdot \boldsymbol{F}^{\mathrm{e-T}} \cdot \boldsymbol{F}^{\mathrm{i-T}}) : \dot{\boldsymbol{F}}^{\mathrm{i}} \\ &= (JF^{\mathrm{e-1}} \cdot \boldsymbol{\sigma} \cdot \boldsymbol{F}^{\mathrm{e-T}}) : \boldsymbol{F}^{\mathrm{eT}} \dot{\boldsymbol{F}}^{\mathrm{e}} + (\boldsymbol{F}^{\mathrm{eT}} \cdot J\boldsymbol{\sigma} \cdot \boldsymbol{F}^{\mathrm{e-T}} \cdot \boldsymbol{F}^{\mathrm{i-T}}) : \dot{\boldsymbol{F}}^{\mathrm{i}} \\ &= \boldsymbol{T} : \dot{\boldsymbol{E}}^{\mathrm{e}} + (\boldsymbol{C}^{\mathrm{e}} \cdot \boldsymbol{T}) : (\dot{\boldsymbol{F}}^{\mathrm{i}} \cdot \boldsymbol{F}^{\mathrm{i-1}}) \\ &= \boldsymbol{T} : \dot{\boldsymbol{E}}^{\mathrm{e}} + \boldsymbol{M}^{\mathrm{e}} : \boldsymbol{L}^{\mathrm{i}} \end{aligned} \tag{1.296}$$

上标 T 代表张量转置运算，上标负号代表张量的逆运算。其中，这里的 $\boldsymbol{E}^{\mathrm{e}}$ 是卸载构型中的弹性应变率 $\boldsymbol{T}$ 表示第二类 Piola-Kirchhoff 应力，$\boldsymbol{M}^{\mathrm{e}}$ 表示 Mandel 应力，常常应用于塑性大变形分析中。它们的表达式分别为

$$\boldsymbol{T} = JF^{\mathrm{e-1}} \cdot \boldsymbol{\sigma} \cdot \boldsymbol{F}^{\mathrm{e-T}} \quad \boldsymbol{M}^{\mathrm{e}} = \boldsymbol{C}^{\mathrm{e}} \cdot \boldsymbol{S} = JF^{\mathrm{eT}} \cdot \boldsymbol{\sigma} \cdot \boldsymbol{F}^{\mathrm{e-T}} \tag{1.297}$$

由式(1.296)可以看出，由于变形梯度的分解，变形功率可以分解为两部分：一部分为弹性变形功率，另一部分为非弹性变形导致的变形功率。

假定热力学函数 Helmholtz 自由能是弹性应变张量、温度和渗入物质浓度的函数。因此 Helmholtz 自由能可以表达为如下函数：

$$\psi = \hat{\psi}(\boldsymbol{E}^{\mathrm{e}}, T, c) \tag{1.298}$$

式中，$\boldsymbol{E}^{e}$ 表示卸载构型中的弹性应变张量，T 表示温度，c 表示渗透物质浓度。这里认为只有渗入物质，没有化学反应，所以式(1.141)变为 $\dot{c} = -\nabla \cdot \boldsymbol{j}$，其中 ∇ 是参考构型下的算符。

根据式(1.298)，Helmholtz 自由能与 Green 应变张量、温度和渗透物质浓度的关系可以写成：

$$\dot{\psi} = \frac{\partial \hat{\psi}}{\partial \boldsymbol{E}^{e}} : \dot{\boldsymbol{E}}^{e} + \frac{\partial \hat{\psi}}{\partial T} \dot{T} + \frac{\partial \hat{\psi}}{\partial c} \dot{c} \tag{1.299}$$

将上式和式(1.296)代入熵不等式(1.294)，整理得到

$$\rho_0 \left(\frac{\partial \hat{\psi}}{\partial \boldsymbol{E}^{e}} : \dot{\boldsymbol{E}}^{e} + \frac{\partial \hat{\psi}}{\partial \theta} \dot{\theta} + \frac{\partial \hat{\psi}}{\partial c} \dot{c} + s_m \dot{\theta} \right) - \boldsymbol{T} : \dot{\boldsymbol{E}}^{e} - \boldsymbol{M}^{e} : \boldsymbol{L}^{g} + \mu \dot{c} + \boldsymbol{j} \cdot \nabla \mu + \frac{1}{T} \boldsymbol{q} \cdot \nabla T \leqslant 0 \tag{1.300}$$

通过合并同类项，上式可转化为

$$\left(\rho_0 \frac{\partial \hat{\psi}}{\partial \boldsymbol{E}^{e}} - \boldsymbol{T} \right) : \dot{\boldsymbol{E}}^{e} + \rho_0 \left(\frac{\partial \hat{\psi}}{\partial \theta} + s_m \right) \dot{\theta} + \left(\rho_0 \frac{\partial \hat{\psi}}{\partial c} + \mu \right) \dot{c} - \boldsymbol{M}^{e} : \boldsymbol{L}^{g} + \boldsymbol{j} \cdot \nabla \mu + \frac{1}{T} \boldsymbol{q} \cdot \nabla T \leqslant 0 \tag{1.301}$$

熵不等式对于所有的变量如弹性应变张量、温度和渗透物质浓度取任何值都成立，所以它们前面的系数必须为零，由此可以得到热力化耦合的本构关系，即

$$\begin{cases} \boldsymbol{T} = \rho_0 \dfrac{\partial \hat{\psi}}{\partial \boldsymbol{E}^{e}} \\[2mm] s_m = -\dfrac{\partial \hat{\psi}}{\partial T} \\[2mm] \mu = \rho_0 \dfrac{\partial \hat{\psi}}{\partial c} \end{cases} \tag{1.302}$$

我们上面的讨论都是基于 Hemholtz 自由能的变换，事实上根据问题的方便可以有多种变换，这种变换称为 Legendre 变换，我们将其总结列在表 1.2 中。

表 1.2 　参考构型下热力化耦合本构关系的 Legendre 变换

热力学函数	名称	自变量	关系	本构关系(响应函数)
e	每单位质量的内能	$\boldsymbol{E}, s_m, c$	$\rho_0 \dot{e}(\boldsymbol{E}, s_m, c) = \rho_0 T \dot{s}_m + \boldsymbol{T} : \dot{\boldsymbol{E}} + \mu \dot{c}$	$\boldsymbol{T} = \rho_0 \left(\dfrac{\partial e}{\partial \boldsymbol{E}} \right)_{s_m, c}$ $T = \left(\dfrac{\partial e}{\partial s_m} \right)_{\boldsymbol{E}, c}$ $\mu = \rho_0 \left(\dfrac{\partial e}{\partial c} \right)_{\boldsymbol{E}, s_m}$

续表

热力学函数	名称	自变量	关系	本构关系(响应函数)
ψ	每单位质量的 Hemholtz 自由能	$\boldsymbol{E}, T, c$	$\psi(\boldsymbol{E}, T, c) = e(\boldsymbol{E}, s_m, c) - Ts_m$ $\rho_0 \dot{\psi}(\boldsymbol{E}, T, c) = -\rho_0 s_m \dot{T} + \boldsymbol{T} : \dot{\boldsymbol{E}} + \mu \dot{c}$	$\boldsymbol{T} = \rho_0 \left(\dfrac{\partial \psi}{\partial \boldsymbol{E}} \right)_{T,c}$ $s_m = -\left(\dfrac{\partial \psi}{\partial T} \right)_{\boldsymbol{E},c}$ $\mu = \rho_0 \left(\dfrac{\partial \psi}{\partial c} \right)_{\boldsymbol{E},T}$
ψ_G	每单位质量的 Gibbs 自由能	$\boldsymbol{T}, T, c$	$\psi_G(\boldsymbol{T}, T, c) = \psi(\boldsymbol{E}, T, c) - \dfrac{1}{\rho_0} \boldsymbol{T} : \boldsymbol{E}$ $\rho_0 \dot{\psi}_G(\boldsymbol{T}, T, c) = -\rho_0 s_m \dot{T} - \boldsymbol{E} : \dot{\boldsymbol{T}} + \mu \dot{c}$	$\boldsymbol{E} = -\rho_0 \left(\dfrac{\partial \psi_G}{\partial \boldsymbol{T}} \right)_{T,c}$ $s_m = -\left(\dfrac{\partial \psi_G}{\partial T} \right)_{\boldsymbol{T},c}$ $\mu = \rho_0 \left(\dfrac{\partial \psi_G}{\partial c} \right)_{\boldsymbol{T},T}$
ψ_H	每单位质量的焓	$\boldsymbol{T}, s_m, c$	$\psi_H(\boldsymbol{T}, s_m) = e(\boldsymbol{E}, s_m) - \dfrac{1}{\rho_0} \boldsymbol{T} : \boldsymbol{E}$ $\rho_0 \dot{\psi}_H(\boldsymbol{T}, s_m) = \rho_0 T \dot{s}_m - \dot{\boldsymbol{T}} : \boldsymbol{E} + \mu \dot{c}$	$\boldsymbol{E} = -\rho_0 \left(\dfrac{\partial \psi_H}{\partial \boldsymbol{T}} \right)_{s_m,c}$ $T = \left(\dfrac{\partial \psi_H}{\partial s_m} \right)_{\boldsymbol{T},c}$ $\mu = \rho_0 \left(\dfrac{\partial \psi_H}{\partial c} \right)_{\boldsymbol{T},s_m}$

练习题：请列出当时构型下的热力化本构关系的 Legendre 变换。

2. 热力化耦合自由能的构建及控制方程的推导

考虑化学反应消耗对渗透物质浓度的影响，在化学反应过程中，渗透物质浓度遵守守恒定律。物体内某一区域的渗透物质浓度的变化率等于通过界面进入该区域的渗透物质通量减去发生反应所消耗的渗透物质的量，所以在参考构型中渗透物质浓度的守恒方程可写成：

$$\int_{\Omega_0} \frac{\partial c(\boldsymbol{X}, t)}{\partial t} \mathrm{d}\Omega_0 = -\int_{\Gamma_0} \boldsymbol{j} \cdot \mathrm{d}\Gamma_0 - \int_{\Omega_0} N \mathrm{d}\Omega_0 \tag{1.303}$$

式中，c 表示渗透物质浓度，$\boldsymbol{j}$ 表示每单位参考面积的氧通量，N 表示发生氧化反应所消耗的氧浓度。通过 Gauss 积分变换，上式可转化为

$$\int_{\Omega_0} \frac{\partial c}{\partial t} \mathrm{d}\Omega_0 = -\int_{\Omega_0} (\mathrm{div}\,\boldsymbol{j} + N) \mathrm{d}\Omega_0 \tag{1.304}$$

对于参考构型下任意区域上式都成立，所以可得到

$$\frac{\partial c}{\partial t} + \mathrm{div}\,\boldsymbol{j} = -N \tag{1.305}$$

上式和式(1.141)看起来是完全一样的。事实上，式(1.141)是小变形情况下，式(1.141)表明物质坐标和 Euler 坐标是一样的，不加区别的。但上式是在参考构型下，也就是在初始状态的物质坐标下。类似于式(1.136)，渗透物质浓度的扩散通量满足菲克扩散第一定律：

$$\boldsymbol{j} = -m\nabla\mu \tag{1.306}$$

与式(1.136)不同的是这里的 ∇ 是参考构型下的算符。化学势需要通过本构关系建立其与浓度之间的关系。

考虑热量流动、变形和物质渗透三个过程，构建自由能的表达式分解如下[15]

$$\hat{\psi} = \psi^{\mathrm{e}}\left(\boldsymbol{E}^{\mathrm{e}}\right) + \psi^{\mathrm{e}\theta}\left(\boldsymbol{E}^{\mathrm{e}},\theta\right) + \psi^{\mathrm{diff}}\left(\theta,c\right) \tag{1.307}$$

式中，$\psi^{\mathrm{e}}\left(\boldsymbol{E}^{\mathrm{e}}\right)$ 代表弹性应变能，$\psi^{\mathrm{e}\theta}\left(\boldsymbol{E}^{\mathrm{e}},\theta\right)$ 代表温度 θ 和弹性应变 $\boldsymbol{E}^{\mathrm{e}}$ 间耦合作用对自由能的贡献，$\psi^{\mathrm{diff}}\left(\theta,c\right)$ 表示受温度影响的扩散能。

构建各向同性弹性应变能表达式如下：

$$\psi^{\mathrm{e}}\left(\boldsymbol{E}^{\mathrm{e}}\right) = G\left|\boldsymbol{E}^{\mathrm{e}}\right|^{2} + \frac{1}{2}\left(K - \frac{2}{3}G\right)\left(\mathrm{tr}\boldsymbol{E}^{\mathrm{e}}\right)^{2} \tag{1.308}$$

式中，G 代表剪切模量，K 表示体积模量。

构建 $\psi^{\mathrm{e}\theta}\left(\boldsymbol{E}^{\mathrm{e}},T\right)$ 的表达式如下：

$$\psi^{\mathrm{e}\theta}\left(\boldsymbol{E}^{\mathrm{e}},T\right) = -(T-T_{0})3K\alpha\mathrm{tr}\boldsymbol{E}^{\mathrm{e}} + c_{R}\left(T-T_{0}\right) - c_{R}T\ln\left(\frac{T}{T_{0}}\right) \tag{1.309}$$

式中，α 代表热膨胀系数，T_{0} 代表参考温度，c_{R} 代表材料的比热。

构建 $\psi^{\mathrm{diff}}\left(T,c\right)$ 的表达式如下：

$$\psi^{\mathrm{diff}}\left(T,c\right) = \mu_{0}c + RTc\left(\ln\frac{c}{c_{0}} - 1\right) \tag{1.310}$$

μ_{0} 表示参考化学势，R 表示普适气体常数，c_{0} 的引进是为了量纲的一致，可以任意取一个浓度的参考值。

将式(1.308)～式(1.310)代入式(1.307)，得自由能函数表达式如下：

$$\hat{\psi} = G\left|\boldsymbol{E}^{\mathrm{e}}\right|^{2} + \frac{1}{2}\left(K - \frac{2}{3}G\right)\left(\mathrm{tr}\boldsymbol{E}^{\mathrm{e}}\right)^{2} - (T-T_{0})3K\alpha\mathrm{tr}\boldsymbol{E}^{\mathrm{e}} + c_{R}\left(T-T_{0}\right)$$

$$- c_{R}T\ln\left(\frac{T}{T_{0}}\right) + \mu_{0}c + RTc\left(\ln\frac{c}{c_{0}} - 1\right) \tag{1.311}$$

将上式代入式(1.302)，得应力应变本构关系如下：

$$T = 2G\boldsymbol{E}^{e} + K\left(\mathrm{tr}\boldsymbol{E}^{e}\right)\boldsymbol{I} - 3K\alpha\left(T - T_{0}\right)\boldsymbol{I} \tag{1.312}$$

熵 s_m 的控制方程表达如下：

$$s_{m} = c_{R}\ln\left(\frac{T}{T_{0}}\right) + 3K\alpha\mathrm{tr}\boldsymbol{E}^{e} - Rc_{R}\left(\ln c_{R} - 1\right) \tag{1.313}$$

渗透势 μ 的控制方程表达如下：

$$\mu = \mu_{0} + RT\ln\frac{c}{c_{0}} \tag{1.314}$$

将上式代入式(1.306)再代入到式(1.305)，得浓度 c 的控制方程为

$$\dot{c} = R\mathrm{div}\left[m\ln\frac{c}{c_{0}}\nabla T + \frac{T}{c}\nabla c\right] - N \tag{1.315}$$

将式(1.107)代入式(1.287)，并结合式(1.302)，可推得温度场 T 的控制方程表达如下：

$$\rho_{0}\left(\frac{\partial\hat{\psi}}{\partial\boldsymbol{E}^{e}}:\dot{\boldsymbol{E}}^{e} + \frac{\partial\hat{\psi}}{\partial c}\dot{c} - T\left(\frac{\partial^{2}\hat{\psi}}{\partial T^{2}}\dot{T} + \frac{\partial^{2}\hat{\psi}}{\partial T\partial\boldsymbol{E}^{e}}:\dot{\boldsymbol{E}}^{e} + \frac{\partial^{2}\hat{\psi}}{\partial T\partial c}\dot{c}\right)\right)$$
$$= \boldsymbol{P}^{\mathrm{T}}:\boldsymbol{F} + m\rho_{0}^{2}\frac{\partial\hat{\psi}}{\partial c}\nabla^{2}\left(\frac{\partial\hat{\psi}}{\partial c}\right) + m\rho_{0}\left(\nabla\frac{\partial\hat{\psi}}{\partial c}\right)^{2} + k\nabla^{2}T + r_{m}\rho_{0} \tag{1.316}$$

练习题：详细推导式(1.316)。

现在构建热力化全耦合的理论框架。在式(1.296)中的 $\boldsymbol{L}^{i}$ 可以分解为对称部分 $\boldsymbol{D}^{i}$ 和反对称部分 $\boldsymbol{W}^{i}$：

$$\boldsymbol{L}^{i} = \boldsymbol{D}^{i} + \boldsymbol{W}^{i}, \quad \boldsymbol{D}^{i} = \frac{1}{2}\left(\boldsymbol{L}^{i} + \boldsymbol{L}^{iT}\right), \quad \boldsymbol{W}^{i} = \frac{1}{2}\left(\boldsymbol{L}^{i} - \boldsymbol{L}^{iT}\right) \tag{1.317}$$

对称部分 $\boldsymbol{D}^{i}$ 称为非弹性变形率或者非弹性应变率，反对称部分 $\boldsymbol{W}^{i}$ 称为非弹性旋率或者非弹性物质旋率。

假设式(1.305)的渗入物消耗部分 N 是用于化学反应，其与反应程度 n 呈线性关系：

$$N = M\dot{n} \tag{1.318}$$

这里 M 是材料参数。假设材料 α 发生化学反应生成材料 β，在反应过程中是混合物 γ，这样反应开始的初始条件是 $n=0$，全部为材料 α；完全反应后 $n=1$，为材料 β；反应过程中 $0\leqslant n\leqslant 1$，是混合物 γ。为简单起见假设非弹性变形率与它们的物质量呈线性关系：

$$\boldsymbol{D}^{i} = \boldsymbol{D}^{i\gamma} + (1-n)\boldsymbol{D}^{i\alpha} + n\boldsymbol{D}^{i\beta} \tag{1.319}$$

假设材料 α 和 β 的非常弹性变形率不引起体积的变化，即

$$\text{tr}\boldsymbol{D}^{\text{i}\alpha} = 0, \quad \text{tr}\boldsymbol{D}^{\text{i}\beta} = 0 \tag{1.320}$$

反对称部分即旋率 $\boldsymbol{W}^{\text{i}} = \mathbf{0}$ 。 $\boldsymbol{D}^{\text{i}\gamma}$ 与反应程度的速率呈线性关系：

$$\boldsymbol{D}^{\text{i}\gamma} = \dot{n}\boldsymbol{S} \tag{1.321}$$

这里，$\boldsymbol{S}$ 表示非弹性变形率的方向。

假定热力学函数 Helmholtz 自由能是弹性应变张量、温度、渗入物质浓度、化学反应程度和内变量的函数。因此 Helmholtz 自由能可以表达为如下函数：

$$\psi = \hat{\psi}(\boldsymbol{E}^{\text{e}}, T, c, n, \boldsymbol{\kappa}_{\delta}) \tag{1.322}$$

这里，内变量用 $\boldsymbol{\kappa}_{\delta}$ 表示，下标 δ 取 α 和 β，取 α 的占比为 $1-n$，取 β 的占比为 n。这样，Helmholtz 自由能的变化率可以写成：

$$\dot{\psi} = \frac{\partial \hat{\psi}}{\partial \boldsymbol{E}^{\text{e}}} : \dot{\boldsymbol{E}}^{\text{e}} + \frac{\partial \hat{\psi}}{\partial T}\dot{T} + \frac{\partial \hat{\psi}}{\partial c}\dot{c} + \frac{\partial \hat{\psi}}{\partial n}\dot{n} + (1-n)\frac{\partial \hat{\psi}}{\partial \boldsymbol{\kappa}_{\alpha}} \cdot \dot{\boldsymbol{\kappa}}_{\alpha} + n\frac{\partial \hat{\psi}}{\partial \boldsymbol{\kappa}_{\beta}} \cdot \dot{\boldsymbol{\kappa}}_{\beta} \tag{1.323}$$

将上式和式(1.296)代入熵不等式(1.294)，整理得到

$$\rho_0\left[\frac{\partial \hat{\psi}}{\partial \boldsymbol{E}^{\text{e}}} : \dot{\boldsymbol{E}}^{\text{e}} + \frac{\partial \hat{\psi}}{\partial \theta}\dot{\theta} + \frac{\partial \hat{\psi}}{\partial c}\dot{c} + \frac{\partial \hat{\psi}}{\partial n}\dot{n} + (1-n)\frac{\partial \hat{\psi}}{\partial \boldsymbol{\kappa}_{\alpha}} \cdot \dot{\boldsymbol{\kappa}}_{\alpha} + n\frac{\partial \hat{\psi}}{\partial \boldsymbol{\kappa}_{\beta}} \cdot \dot{\boldsymbol{\kappa}}_{\beta} + s_m\dot{\theta}\right]$$

$$-\boldsymbol{T} : \dot{\boldsymbol{E}}^{\text{e}} - \boldsymbol{M}^{\text{e}} : \left[\dot{n}\text{S} + (1-n)\boldsymbol{D}^{\text{i}\alpha} + n\boldsymbol{D}^{\text{i}\beta}\right] - \mu\dot{c} - M\mu\dot{n} + \boldsymbol{j} \cdot \nabla\mu + \frac{1}{T}\boldsymbol{q} \cdot \nabla T \leqslant 0 \tag{1.324}$$

通过合并同类项，上式可转化为

$$\left(\rho_0\frac{\partial \hat{\psi}}{\partial \boldsymbol{E}^{\text{e}}} - \boldsymbol{T}\right) : \dot{\boldsymbol{E}}^{\text{e}} + \rho_0\left(\frac{\partial \hat{\psi}}{\partial \theta} + s_m\right)\dot{\theta} + \left(\rho_0\frac{\partial \hat{\psi}}{\partial c} - \mu\right)\dot{c} - \left(\boldsymbol{M}^{\text{e}} : \boldsymbol{S} - \frac{\partial \hat{\psi}}{\partial n} + M\right)\dot{n}$$

$$+ \boldsymbol{j} \cdot \nabla\mu + \frac{1}{T}\boldsymbol{q} \cdot \nabla T - \boldsymbol{M}^{\text{e}} : \left[(1-n)\boldsymbol{D}^{\text{i}\alpha} + n\boldsymbol{D}^{\text{i}\beta}\right] + (1-n)\frac{\partial \hat{\psi}}{\partial \boldsymbol{\kappa}_{\alpha}} \cdot \dot{\boldsymbol{\kappa}}_{\alpha} + n\frac{\partial \hat{\psi}}{\partial \boldsymbol{\kappa}_{\alpha}} \cdot \dot{\boldsymbol{\kappa}}_{\alpha} \leqslant 0$$

$$\tag{1.325}$$

熵不等式对于所有的变量如弹性应变张量、温度和渗透物质浓度取任何值都成立，所以它们前面的系数必须为零，由此可以得到热力化耦合的本构关系，即

$$\begin{cases} \boldsymbol{T} = \rho_0\dfrac{\partial \hat{\psi}}{\partial \boldsymbol{E}^{\text{e}}} \\[3mm] s_m = -\dfrac{\partial \hat{\psi}}{\partial T} \\[3mm] \mu = \rho_0\dfrac{\partial \hat{\psi}}{\partial c} \end{cases} \tag{1.326}$$

这样，熵不等式(1.325)成为

$$-\left(\boldsymbol{M}^{\mathrm{e}}:\boldsymbol{S}-\frac{\partial\hat{\psi}}{\partial n}+M\mu\right)\dot{n}+\boldsymbol{j}\cdot\nabla\mu+\frac{1}{T}\boldsymbol{q}\cdot\nabla T-\boldsymbol{M}^{\mathrm{e}}:\left[(1-n)\boldsymbol{D}^{\mathrm{i}\alpha}+n\boldsymbol{D}^{\mathrm{i}\beta}\right]$$

$$+(1-n)\frac{\partial\hat{\psi}}{\partial\boldsymbol{\kappa}_{\alpha}}\cdot\dot{\boldsymbol{\kappa}}_{\alpha}+n\frac{\partial\hat{\psi}}{\partial\boldsymbol{\kappa}_{\alpha}}\cdot\dot{\boldsymbol{\kappa}}_{\alpha}\leqslant 0 \tag{1.327}$$

上式的耗散可以分别表示为

$$\phi^{n}=-\left(\boldsymbol{M}^{\mathrm{e}}:\boldsymbol{S}-\frac{\partial\hat{\psi}}{\partial n}+M\mu\right)\dot{n}\leqslant 0,\quad \phi^{c}=\boldsymbol{j}\cdot\nabla\mu\leqslant 0,\quad \phi=\frac{1}{T}\boldsymbol{q}\cdot\nabla T\leqslant 0 \tag{1.328}$$

$$\phi^{\mathrm{Def}}=-\boldsymbol{M}^{\mathrm{e}}:\left[(1-n)\boldsymbol{D}^{\mathrm{i}\alpha}+n\boldsymbol{D}^{\mathrm{i}\beta}\right]+(1-n)\frac{\partial\hat{\psi}}{\partial\boldsymbol{\kappa}_{\alpha}}\cdot\dot{\boldsymbol{\kappa}}_{\alpha}+n\frac{\partial\hat{\psi}}{\partial\boldsymbol{\kappa}_{\alpha}}\cdot\dot{\boldsymbol{\kappa}}_{\alpha}\leqslant 0 \tag{1.329}$$

如果 Helmholtz 自由能展开为二次项，式(1.326)和式(1.328)可以得到渗入物质浓度和化学反应程度的演化方程为

$$\begin{cases} \dot{c}=mN\nabla^{2}c-m\zeta\nabla^{2}n-M\dot{n} \\ \dot{n}=(1-n)\left[k_{1}(MN+\zeta)(c-c^{0})+k_{1}(a-M\zeta)n+k_{1}\alpha^{n}\mathrm{tr}\boldsymbol{M}^{\mathrm{e}}+k_{1}(A^{0}+M\mu^{0})\right] \end{cases} \tag{1.330}$$

上式及相关符合的含义在这里就不详细说明和进行详细的推导了，有兴趣的读者可以作为练习题自行推导，也可以参考本书的第 3 章。

　　上述热力化耦合可以用于分析界面氧化即 TGO 的分析，这时 c 表示氧的浓度，n 表示界面氧化的程度，α 表示过渡层，β 表示完全氧化的 TGO，内变量 $\boldsymbol{\kappa}_{\alpha}$ 和 $\boldsymbol{\kappa}_{\beta}$ 分别表示过渡层和 TGO 的蠕变、塑性变形、损伤等。本书的第 3 章基于上述理论考虑几何非线性(即大变形理论)对 TGO 的生长及其应力场进行了分析，但只考虑了弹性问题；第 4 章基于上述理论框架考虑物理非线性问题(即非线性本构关系)对 TGO 的生长及其应力场进行了分析，但只考虑了小变形问题。

　　上述热力化耦合理论也可以用于分析 CMAS 腐蚀问题，这时 c 表示 CMAS 的浓度，n 表示 CMAS 和陶瓷层发生化学反应的程度，如钇元素(Y)流失的程度，α 表示钇元素没有任何流失的 YSZ 陶瓷层，β 表示钇元素完全流失的 YSZ 陶瓷层，内变量 $\boldsymbol{\kappa}_{\alpha}$ 和 $\boldsymbol{\kappa}_{\beta}$ 分别表示他们的蠕变、塑性变形、损伤等。上述热力化耦合理论也可以用于分析 CMAS 腐蚀造成陶瓷层的相变问题，这时 c 还是表示 CMAS 的浓度，n 表示陶瓷层的晶粒从四方相到单斜相的转变程度，α 表示四方相 YSZ 陶瓷涂层，β 表示单斜相的 YSZ 陶瓷涂层，内变量 $\boldsymbol{\kappa}_{\alpha}$ 和 $\boldsymbol{\kappa}_{\beta}$ 分别表示他们的蠕变、塑性变形、损伤等。第 5 章基于上述理论分析了 CMAS 腐蚀下，陶瓷涂层的钇元素(Y)流失问题和陶瓷层相变问题的应力应变场。

　　因此，上述热力化耦合理论反映了本书绪论中图 0.12 阐述的各物理量之间的耦合关联性，将氧化、腐蚀、相变等统一描述为化学反应程度 n，定义了考虑化学反应的非弹性变形梯度 $\boldsymbol{F}^{\mathrm{i}}$、反应耗散等，提出了同时考虑反应大变形、耗散、

内变量 κ_δ、反应程度与反应源浓度 c 相互作用的热力化全耦合理论。该理论严格从热力学定律出发，实现了热力化耦合的完整力学表征，解决了传统力学理论在处理热障涂层多模式失效且伴随着新物质生长、微结构演化及多物理因素耦合的理论瓶颈问题。

不仅如此，上述热力化耦合理论完全可以用于金属、陶瓷等各种材料在各种环境下的腐蚀问题。如钢铁在海水环境下的腐蚀问题，c 表示腐蚀源在钢铁表面及其渗入内部处的浓度，n 表示发生化学反应的程度，α 和 β 分别表示未发生腐蚀的钢铁和完全腐蚀后的产物，κ_α 和 κ_β 分别表示他们的蠕变、塑性变形、损伤等。

1.4　总结与展望

热障涂层在高温服役过程中，不可避免地会遇到腐蚀、氧化、冲蚀等失效问题。这些失效问题常常伴随着热量传递、化学反应和应力应变演变两者或三者同时进行，它们之间相互影响，即是一个力热化耦合的物理过程。为了从理论上对多场耦合失效问题进行解释分析，本章分别从小变形理论和大变形理论出发，引进应变、应力度量等概念，并介绍了相应的应力应变本构关系，质量守恒方程和力平衡方程。基于热力学定律，构建热力化耦合的能量函数并推导了各场变量的控制方程，总结见表 1.3，并结合定解条件(即初始条件和边界条件)就可以解决具体问题，为本书中后几章讨论热障涂层的各种失效问题提供理论支持。例如，第 3 章我们考虑几何非线性用大变形弹性理论的热力化耦合本构关系详细研究热障涂层高温界面氧化问题；第 4 章我们考虑物理非线性即本构关系是非线性的，但几何是线性的即小变形理论下，热障涂层高温界面氧化问题的应力应变场、界面的生长等，同时假设高温氧化时的裂纹扩展问题是一个内变量演变过程，从而详细研究裂纹的扩展规律；第 5 章我们假设几何线性的即小变形理论热力化耦合本构关系详细研究高温 CMAS 腐蚀热障涂层时，CMAS 的渗入问题及其引起的应力应变场、涂层的相结构的变化程度等。

表 1.3　热力化控制方程

小变形理论	
几何方程	$E_{ij} \approx \varepsilon_{ij} = \dfrac{1}{2}\left(\dfrac{\partial u_i}{\partial x_j} + \dfrac{\partial u_j}{\partial x_i}\right)$
平衡方程	$\sigma_{ji,j} + f_i = 0, \quad \nabla \cdot \boldsymbol{\sigma} + \boldsymbol{f} = \boldsymbol{0}$
本构方程	$\varepsilon_{ij} = \dfrac{1+\nu}{E}\sigma_{ij} - \dfrac{\nu}{E}\delta_{ij}\Theta$

小变形理论	
热弹性本构方程	$\boldsymbol{\varepsilon} = \dfrac{1}{2G}\left[\boldsymbol{\sigma} - \dfrac{\lambda}{2G+3\lambda}(\mathrm{tr}\boldsymbol{\sigma})\boldsymbol{I}\right] + \alpha\theta\boldsymbol{I}$ $\rho C_v \dfrac{\partial T}{\partial t} = \left(kT_{,i}\right)_{,i} + \rho r_m - \dfrac{E\alpha}{1-2v}T_0\dot{\varepsilon}_{kk}$
热力化耦合的本构方程、能量守恒方程及化学反应演化方程	$\boldsymbol{\sigma} = \sigma_m^0\boldsymbol{I} + \boldsymbol{s}^0 + K\varepsilon\boldsymbol{I} + 2Ge + R(c-c_0)\boldsymbol{I} - 3\alpha K(T-T_0)\boldsymbol{I}$ $\quad - 3\beta K(n-n_0)\boldsymbol{I} - \zeta(\xi-\xi_0)\boldsymbol{I}$ $\dfrac{\partial\psi}{\partial n}\dot{n} + \dfrac{\partial\psi}{\partial\xi}\dot{\xi} + \dot{T}\boldsymbol{\sigma} : \dfrac{\partial\boldsymbol{\varepsilon}_T}{\partial T} + T\left[\begin{array}{l}\dfrac{\mathrm{d}\left(\boldsymbol{\sigma}:\dfrac{\partial\boldsymbol{\varepsilon}_T}{\partial T}\right)}{\mathrm{d}t} - \dfrac{\partial^2\psi}{\partial T^2}\dot{T} - \dfrac{\partial^2\psi}{\partial T\partial c}\dot{c} - \\ \dfrac{\partial^2\psi}{\partial T\partial n}\dot{n} - \dfrac{\partial^2\psi}{\partial T\partial\xi}\dot{\xi} - \dfrac{\partial^2\psi}{\partial T\partial\boldsymbol{\varepsilon}^e}:\boldsymbol{\varepsilon}^e\end{array}\right]$ $= \boldsymbol{\sigma}:(\dot{\varepsilon}-\dot{\varepsilon}^e) + k\nabla^2 T + r_v + m\left(\nabla\left(\begin{array}{l}-\boldsymbol{\sigma}:\dfrac{\partial\boldsymbol{\varepsilon}_{\mathrm{diff}}}{\partial c} + \\ \dfrac{\partial\psi}{\partial c}\end{array}\right)\right)^2 - \dot{c}\boldsymbol{\sigma}:\dfrac{\partial\boldsymbol{\varepsilon}_{\mathrm{diff}}}{\partial c}$ $\dot{c} = m\nabla^2\left(\begin{array}{l}\varepsilon R + O(c-c_0) + v_0(T-T_0) - \zeta^n(n-n_0) + \\ \zeta^\mu(\xi-\xi_0)\end{array}\right) - M\dfrac{\partial n}{\partial t}$ $\dot{n} = k_{\mathrm{chem}}\left(\boldsymbol{\sigma}:(\partial\boldsymbol{\varepsilon}_{\mathrm{chem}}/\partial n) - \partial\psi/\partial n\right)$
大变形理论	
几何方程	$\boldsymbol{E} = \dfrac{1}{2}(\boldsymbol{u}\nabla_X + \nabla_X\boldsymbol{u} + \nabla_X\boldsymbol{u}\cdot\boldsymbol{u}\nabla_X)$
平衡方程	$\mathrm{div}\,\boldsymbol{\sigma} + \rho\boldsymbol{f} = \rho\dot{\boldsymbol{v}}$
质量守恒方程	$\dfrac{\mathrm{D}\rho}{\mathrm{D}t} + \rho\,\mathrm{div}\,\boldsymbol{v} = 0$
热力耦合本构方程	$\boldsymbol{T} = -p_0\boldsymbol{I} + K\left[I_1(\boldsymbol{E}) - \alpha(T-T_0)\right]\boldsymbol{I} + 2G\boldsymbol{E}'$ $\rho\left(\dfrac{\partial\psi}{\partial\boldsymbol{E}}:\dot{\boldsymbol{E}} - T\left(\dfrac{\partial^2\psi}{\partial T^2}\dot{T} + \dfrac{\partial^2\psi}{\partial T\partial\boldsymbol{E}}:\dot{\boldsymbol{E}}\right)\right) = k(\nabla T)^2 + \rho r_m + \boldsymbol{\sigma}:\boldsymbol{d}$
热力化耦合的本构方程	$\boldsymbol{T} = 2G\boldsymbol{E}^e + K(\mathrm{tr}\boldsymbol{E}^e)\boldsymbol{I} - 3K\alpha(T-T_0)\boldsymbol{I}$ $\rho_0\left(\begin{array}{l}\dfrac{\partial\hat{\psi}}{\partial\boldsymbol{E}^e}:\dot{\boldsymbol{E}}^e + \dfrac{\partial\hat{\psi}}{\partial c}\dot{c} - \\ T\left(\begin{array}{l}\dfrac{\partial^2\hat{\psi}}{\partial T^2}\dot{T} + \dfrac{\partial^2\hat{\psi}}{\partial T\partial\boldsymbol{E}^e}:\dot{\boldsymbol{E}}^e + \\ \dfrac{\partial^2\hat{\psi}}{\partial T\partial c}\dot{c}\end{array}\right)\end{array}\right) = \boldsymbol{P}^{\mathrm{T}}:\boldsymbol{F} + m\rho_0^2\dfrac{\partial\hat{\psi}}{\partial c}\nabla^2\left(\dfrac{\partial\hat{\psi}}{\partial c}\right)$ $\qquad\qquad\qquad\qquad + m\rho_0\left(\nabla\dfrac{\partial\hat{\psi}}{\partial c}\right)^2 + k\nabla^2 T + r_m\rho_0$ $\dot{c} = R\,\mathrm{div}\left[m\ln\dfrac{c}{c_0}\nabla T + \dfrac{T}{c}\nabla c\right] - N$ $\dot{n} = k_n(1-n)\cdot c$

该章的内容虽然是为热障涂层而构造的，实际上对其他材料都是适应的，其基本的思路适用于各种金属、陶瓷等的腐蚀行为的研究，但也有一定的局限性，就是我们在考虑弹性问题时，热力学函数的展开式都是假设自变量变化不大，展开到二次项；在全耦合理论中我们都是在卸载构型上分析，事实上完全可以在当时构型或者参考构型下分析；金属材料在腐蚀时带电离子建立的电场可能起到很重要的作用，我们这里都还没有考虑；热力化耦合的程度如何很大程度上取决于相关耦合参数的大小，在这里还没有分析耦合参数的大小。总之，热力化耦合理论是最近几年才发展起来的，应该说这是一个全新的领域，许多新奇的现象、理论基础、实验方法等都有待开掘，许多国家重大需求中遇到的热力化耦合的科学问题期待更多的优秀学者去解决。

参 考 文 献

[1] 杨卫. 宏微观断裂力学[M]. 北京: 国防工业出版社, 1995.

[2] Truesdell C. The Elements of Continuum Mechanics[M]. New York: Springer-Verlag, 1966.

[3] Oden J T. Finite Elements of Nonlinear Continua[M]. New York: McGraw-Hill, 1972.

[4] 德冈辰雄. 理论连续介质力学入门[M]. 赵镇, 苗天德, 程昌钧, 译. 北京: 科学出版社, 1982.

[5] 周益春. 材料固体力学(上)[M]. 北京: 科学出版社, 2005.

[6] Zhou Y C, Yang L, Huang Y L. Micro-and Macromechanical Properties of Materials[M]. New York: CRC Press, Taylor & Francis Group, 2014.

[7] 黄克智. 非线性连续介质力学[M]. 北京: 科学出版社, 1989.

[8] 郭仲衡. 非线性弹性理论[M]. 北京: 科学出版社, 1980.

[9] 黄克智, 黄永刚. 高等固体力学(上册)[M]. 北京: 清华大学出版社, 2013.

[10] 黄克智, 薛明德, 陆万明. 张量分析[M]. 北京: 清华大学出版社, 1986.

[11] 周益春. 材料固体力学(下)[M]. 北京: 科学出版社, 2005.

[12] 陆明万, 罗学福. 弹性理论基础[M]. 北京: 清华大学出版社, 1990.

[13] 杜庆华, 余寿文, 姚振汉. 弹性理论[M]. 北京: 科学出版社, 1986.

[14] Allen D H. Thermomechanical coupling in inelastic soilds[J]. Applied Mechanics Reviews, 1991, 44(8): 373-381.

[15] Rosakis P, Rosakis A J, Ravichandran G, et al. A thermodynamic internal variable model for the partition of plastic work into heat and stored energy in metals[J]. Journal of The Mechanics and Physics of Solids, 2000, 48: 581-607.

[16] Xu G N, Yang L, Zhou Y C, et al. A chemo-thermo-mechanically constitutive theory for thermalbarrier coatings under CMAS infiltration and corrosion[J]. Journal of the Mechanics and Physics of Solids, 2019, 133: 103710.

[17] Hille T S, Turteltaub S, Suiker A S J. Oxide growth and damage evolution in thermal barrier coatings[J]. Engineering Fracture Mechanics, 2011, 78(10): 2139-2152.

[18] Shen Q, Li S Z, Yang L, et al. Coupled mechanical-oxidation modeling during oxidation of thermal barrier coatings[J]. Computational Materials Science, 2018, 154: 538-546.

[19] Loeffel K, Anand L. A chemo-thermo-mechanically coupled theory for elastic-viscoplastic deformation, diffusion, and volumetric swelling due to a chemical reaction[J]. International Journal of Plasticity, 2011, 27(9): 1409-1431.

[20] Zhang X, Zhong Z. A coupled theory for chemically active and deformable solids with mass diffusion and heat conduction[J]. Journal of The Mechanics and Physics of Solids, 2017, 107: 49-75.

[21] Nguyen T A, Lejeunes S, Eyheramendy D, et al. A thermodynamical framework for the thermo-chemo-mechanical couplings in soft materials at finite strain[J]. Mechanics of Materials, 2016, 95: 158-171.

[22] Yadegari S, Turteltaub S, Suiker A S J. Coupled thermomechanical analysis of transformation-induced plasticity in multiphase steels[J]. Mechanics of Materials, 2012, 53: 1-14.

[23] Gurtin M E, Fried E, Anand L. The Mechanics and Thermodynamics of Continua[M]. New York: Cambridge University Press, 2010.

[24] Reddy J N. An Introduction to Continuum Mechanics[M]. New York: Cambridge University Press, 2013.

[25] Shen Q, Yang L, Zhou Y C, et al. Effects of growth stress in finite-deformation thermally grown oxideon failure mechanism of thermal barrier coatings[J]. Mechanics of Materials, 2017, 114: 228-242.

[26] Shen Q, Yang L, Zhou Y C, et al. Models for predicting TGO growth to rough interface in TBCs[J]. Surface & Coatings Technology, 2017, 325: 219-228.

第 2 章　涡轮叶片热障涂层非线性有限元

第 1 章介绍了热障涂层热力化耦合的基本理论框架，基于这些理论，我们可以研究热障涂层失效机理。然而，当研究对象为涡轮叶片热障涂层时，直接得到复杂涡轮叶片结构热障涂层服役过程的温度场、位移场、应力场的解析解是不可能的。这主要是因为涡轮叶片热障涂层结构具有高度复杂性，冲蚀、腐蚀、相变等问题是非线性的，而基于试验研究热障涂层失效问题往往试验成本大、消耗时间长。因此，数值模拟就成为解决复杂问题的重要技术手段。

随着计算机技术的发展，有限元法已经成为科研和工业领域必不可少的工具之一，对现代工业产品的研发提供了巨大的帮助。近年来随着数值模拟技术的不断成熟，非线性有限元分析已经作为现今解决众多复杂问题的有效手段之一而被广泛使用。人们越来越多地应用非线性有限元的方法代替原型试验。例如，在军事领域，利用 LS-DYNA 和 ABAQUS 这些强大的非线性动力学软件模拟子弹打靶、爆炸和射流等试验过程，为新型武器的研制提供了强有力的支持。在机械和电子产品领域，通过电子产品的跌落仿真分析，可以检测产品的力学性能，预测失效，为产品的设计和优化提供指导。在汽车设计领域，对初期设计概念和最终设计细节的评估，碰撞的仿真代替了整车的试验，如布置判定气囊释放的加速计、内部缓冲装置以及选择材料和满足碰撞准则的构建。

基于非线性有限元研究热障涂层问题必须理解非线性有限元分析的基本概念。很多商用软件中有限元程序基本上是个黑匣子，若不理解有限元和问题的内涵，分析者往往面对复杂的问题束手无策。因此，本章从有限元分析原理、有限元建模与网格划分三个方面介绍非线性有限元的数值模拟方法，以便于读者能更好地了解有限元方法和解决自己的问题。

2.1　有限元分析原理

有限元法的基本思想是将连续的求解区域离散为一组有限个且按一定方式相互连接在一起的单元组合体。由于单元能按不同的连接方式进行组合，且单元本身又可以有不同形状，因此可以模型化几何形状复杂的求解域。有限元法是利用在每一个单元内假设的近似函数分片地表示全求解域上待求的未知函数。单元内的近似函数由未知函数或其导数在单元的各个节点的数值和其插值函数来表达。

这样，未知函数或其导数在各个节点上的数值就成为新的未知量，从而使一个连续的无限自由度问题变成离散的有限自由度问题。这些未知量一经解出，就可以通过插值函数计算出各个单元内场函数的近似值，从而得到整个求解域上的近似解。

有限单元的求解连续介质力学问题的思路是：根据虚功原理，利用变分法将整个结构的平衡微分方程、几何方程和物理方程建立在结构离散化的各个单元上，从而得到各个单元的应力、应变及位移，进而求出结构内部应力、应变等。有限元法的理论基础是泛函变分原理[1]。

2.1.1　泛函变分原理

对于研究的区域为 Ω 的某些物理问题，一般可以建立泛函积分方程，设

$$J(u) = \int_{\Omega} F(u) \mathrm{d}\Omega \tag{2.1}$$

式中，u 是一族函数，$F(u)$ 为已知函数，称 $J(u)$ 为 u 的泛函，即函数的函数。下面的讨论中以笛卡儿坐标系为例进行分析，所以 $u = u(x, y, z)$。当 u 变化时，有

$$\tilde{u} = u + \delta u \tag{2.2}$$

则泛函为

$$J(\tilde{u}) = J(u + \delta u) \tag{2.3}$$

如果 $J(u)$ 满足高阶可微条件，则上式可展开为

$$J(\tilde{u}) = J(u) + \delta J(u) + \frac{1}{2}\delta^2 J(u) + \cdots$$

$$= J(u) + \frac{\mathrm{d}J}{\mathrm{d}u}\delta u + \frac{1}{2}\frac{\mathrm{d}^2 J}{\mathrm{d}u^2}\delta^2 u + \cdots \tag{2.4}$$

通常，称 δJ 为 $J(u)$ 的变分，且有

$$\delta J = \frac{\mathrm{d}J}{\mathrm{d}u}\delta u \tag{2.5}$$

现在构造某一泛函

$$J(u) = \int_{\Omega} \left\{ \frac{1}{2}\left[p(x,y,z)\left[\left(\frac{\partial u}{\partial x}\right)^2 + \left(\frac{\partial u}{\partial y}\right)^2 + \left(\frac{\partial u}{\partial z}\right)^2 \right] \right] - f(x,y,z)u \right\} \mathrm{d}V$$

$$+ \int_{\Gamma} \left\{ \frac{1}{2}\gamma(x,y,z)u^2 - q(x,y,z)u \right\} \mathrm{d}S \tag{2.6}$$

Γ 表示区域为 Ω 的边界。泛函 $J(u)$ 存在的条件是 $u(x, y, z)$ 分段光滑且 $\dfrac{\partial u}{\partial x}, \dfrac{\partial u}{\partial y}, \dfrac{\partial u}{\partial z}$

存在。则该函数的变分为

$$\delta J(u) = \int_{\Omega} \left\{ \left[p(x,y,z) \left(\frac{\partial u}{\partial x} \frac{\partial(\delta u)}{\partial x} + \frac{\partial u}{\partial y} \frac{\partial(\delta u)}{\partial y} + \frac{\partial u}{\partial z} \frac{\partial(\delta u)}{\partial z} \right) \right] - f(x,y,z)\delta u \right\} \mathrm{d}V$$
$$+ \int_{\Gamma} \left[\gamma(x,y,z)u - q(x,y,z) \right] \delta u \mathrm{d}S \tag{2.7}$$

运用高斯–格林(Gauss-Green)积分公式，则

$$\delta J(u) = \int_{\Gamma} \left[p(x,y,z) \frac{\partial u}{\partial n} + \gamma(x,y,z)u - q(x,y,z) \right] \delta u \mathrm{d}S$$
$$- \int_{\Omega} \left\{ \left[\frac{\partial}{\partial x} \left(p(x,y,z) \frac{\partial u}{\partial x} \right) + \frac{\partial}{\partial y} \left(p(x,y,z) \frac{\partial u}{\partial y} \right) + \frac{\partial}{\partial z} \left(p(x,y,z) \frac{\partial u}{\partial z} \right) \right] + f(x,y,z) \right\} \delta u \mathrm{d}V$$

$$\tag{2.8}$$

如果 $J(u)$ 在 $u^*(x,y,z)$ 上存在极值，则

$$\delta J(u^*) = 0 \tag{2.9}$$

由于 δu 的任意性，结合式(2.8)，上式成立的条件为

$$\begin{cases} \frac{\partial}{\partial x} \left(p(x,y,z) \frac{\partial u}{\partial x} \right) + \frac{\partial}{\partial y} \left(p(x,y,z) \frac{\partial u}{\partial y} \right) + \frac{\partial}{\partial z} \left(p(x,y,z) \frac{\partial u}{\partial z} \right) + f(x,y,z) = 0, & (x,y,z) \in \Omega \\ p(x,y,z) \frac{\partial u(x,y,z)}{\partial n} + \gamma(x,y,z)u(x,y,z) - q(x,y,z) = 0, & (x,y,z) \in \Gamma \end{cases}$$

$$\tag{2.10}$$

这里 n 是边界 Γ 的外法线方向，其中第一个式子为微分控制方程，第二个式子为边界条件。由此可见，泛函 $J(u)$ 的极值解就是式(2.10)物理问题的解，这样，求解微分边值问题的解就可以转化为求积分泛函的极值。值得指出的是，泛函积分方程中已经包含了第二类、第三类边界条件，即式(2.10)中的第二个式子，也称自然边界条件，求解时必须另外加入第一类边界条件，即强制边界条件。这里请读者好好体会为什么求 $J(u)$ 在 $u^*(x, y, z)$ 上的极值? 其根本的物理思想是自然界中某个物理状态都是基于最小作用原理和能量最低原理的。

为了求解泛函极小值问题，Ritz 法是常用的近似方法。设泛函 $J(u)$ 所依赖的函数 u 有如下形式：

$$u(x,y,z) = \sum_{i=1}^{n} a_i \phi_i(x,y,z) \tag{2.11}$$

其中，ϕ_i 是一组满足边界条件的线性独立函数，称为基函数，a_i 为待定系数，而上式为试函数，将上式代入泛函表达式(2.6)，则泛函变为参数 a_i 的函数：

$$J(u) = J(a_1, a_2, \cdots, a_n) \tag{2.12}$$

于是利用式(2.9)，则参数 a_i 满足方程组：

$$\frac{\partial J}{\partial a_i} = 0, \quad i = 1, 2, \cdots, n \tag{2.13}$$

上式即是 n 个线性代数方程组，由此可以解出 n 个 a_i 的值，再将 a_i 代入式(2.11)，则得到式(2.10)所述的微分方程边界值近似解。Ritz 法只是试探函数中的一个最优解，求解精度取决于所选的试函数。一般来说，试函数范围大，待定系数多，解的精度就好。通常，试函数采用多项式函数，便于进行微分和积分运算。

应用 Ritz 法求解微分方程，需要找到与微分方程相对应的泛函，即对一个具体的物理问题如何构造类似式(2.6)的泛函是非常不容易的。在热障涂层失效问题的研究中，往往包含热、力、化等多种因素的相互耦合，控制方程往往是非线性的，如第 3 章详细介绍的几何非线性和第 4 章的物理非线性。我们很难找到热障热、力、化耦合复杂非线性问题的泛函，也就是说很难用 Ritz 法得到近似解。

对于难以找到或者不存在泛函的微分方程边值问题，则常用加权余量法求解。先取微分方程(2.10)的近似解为

$$u(x, y, z) = \sum_{j=1}^{n} a_j \phi_j(x, y, z) \tag{2.14}$$

其中，a_j 为待定系数，$\phi_j(x, y, z)$ 为满足边界条件的完备函数列的基函数。近似解式(2.14)满足边界条件，但不一定满足微分方程，将近似解代入微分方程后，会有余量：

$$R(x, y, z) = \frac{\partial}{\partial x}\left(p(x, y, z) \frac{\partial u}{\partial x} \right) + \frac{\partial}{\partial y}\left(p(x, y, z) \frac{\partial u}{\partial y} \right) + \frac{\partial}{\partial z}\left(p(x, y, z) \frac{\partial u}{\partial z} \right) + f(x, y, z) \neq 0$$

$$\tag{2.15}$$

如果 $u(x, y, z)$ 是精确解，则余量应恒等于零。事实上绝大部分问题得到精确解是非常困难的，所以我们将条件放宽为余量在求解区域的加权积分等于零，这样可以得到近似解，

$$\int_{\Omega} \left\{ \left[\frac{\partial}{\partial x}\left(p(x, y, z) \frac{\partial u}{\partial x} \right) + \frac{\partial}{\partial y}\left(p(x, y, z) \frac{\partial u}{\partial y} \right) + \frac{\partial}{\partial z}\left((p(x, y, z) \frac{\partial u}{\partial z} \right) \right] + f(x, y, z) \right\}$$
$$\times w_i(x, y, z) \mathrm{d}V = 0 \tag{2.16}$$

其中，$w_i(x, y, z)$ 是权函数。当选定 n 个权函数，并将式(2.14)代入式(2.16)时，可以形成 n 个 a_j 为未知量的代数方程组，由此可以解出 n 个 a_j 的值，将解得的 a_j 代入式(2.14)得到微分方程的近似解。请读者好好体会 Ritz 法和 Galerkin 法的差

异，而且可以发现求解一个真实的物理状态在无法得到精确解的情况下，就求最能逼近真实情况的近似解。结合上面求泛函极值的分析和式(2.9)Galerkin 法的特征，我们可以总结出有限元法的两点思想：一是有限元的理论基础是泛函变分原理，而泛函变分原理的精髓又是基于最小作用原理和能量最低原理的，所以有限元的精髓来自于自然规律；二是有限元法是近似解，即获得的解不满足描述具体物理问题的微分方程，而是带权函数和微分方程在一定的区域内的积分为零，也就是说解决一个具体问题不能追求完美。

加权余量法中，权函数的选取与所求的近似解精度关系很大。根据权函数的选取不同分为配置法、最小二乘法、矩法和 Galerkin 法。其中 Galerkin 法是选取权函数为基函数，$w_i(x, y, z) = \phi_i(x, y, z)$，因为具有较高精度而广泛使用。

Ritz 法和 Galerkin 法尽管出现得比较早，然而在复杂的实际问题中基函数选取并不容易。特别是对于涡轮叶片热障涂层具有复杂边界形状的求解区域，找到满足自然边界条件并可以吸收到 Galerkin 加权积分式中的满足足够光滑性质的基函数实在太难了。随着计算机的发展，通过将求解区域划分为有限多个子区域，进一步将 Galerkin 法应用到子区域中，用比较简单的基函数来逼近微分方程解函数，求得每个单元的解的近似分布。这种方法就是有限元法，它在固体力学和结构力学上被广泛应用。

2.1.2　Eulerian 格式的弱形式

在进行有限元分析时，选择合适的网格描述是重要的，在固体力学中 Lagrangian 网格是应用最普遍的，其吸引力在于它们能够很容易地处理复杂边界条件和跟踪材料点，因此能够精确地描述依赖于历史的材料。在 Lagrangian 有限元的发展中，一般采用两种方法。

(1) 以 Lagrangian 度量形式表述应力和应变的公式，导数和积分运算采用相应的 Lagrangian 坐标 X，成为完全的 Lagrangian 格式。这种方法常用于解决固体的大变形问题，当然也可以适用于大变形。

(2) 以 Eulerian 度量形式表述应力和应变的公式，导数和积分运算采用相应的 Eulerian 坐标 x，成为完全的 Eulerian 格式。这种方法常用于解决固体的小变形问题，当然也可以适用于大变形。

Eulerian 格式和 Lagrangian 格式完全是等价的，通过变形梯度的两种变换格式完全可以互相转换。

由 2.1.1 节可知,基于有限元求解动量方程,需要先得到动量方程的离散形式,这些方程需要先被转化为变分形式,也常常称为弱形式；对应地,动量方程和力边界条件称为强形式[2]。

首先定义变分函数和试函数空间。变分函数的空间定义为

$$\delta v_j(\boldsymbol{X}) \in u_0, \quad u_0 = \left\{ \delta v_j \middle| \delta v_j \in C^0(\boldsymbol{X}), \delta v_j = 0 在 \varGamma_{v_i} 上 \right\} \tag{2.17}$$

这里 C^0 函数表示导数是分段可导的，对于一维函数不连续发生在某些点上，二维函数不连续发生在线段上，三维函数不连续出现在表面上。其中，$\boldsymbol{X}$ 是拉格朗日坐标下的材料坐标，v_j 是速度，即位移 u_j 的时间导数。强形式的动量方程，包括动量方程、面力边界条件和内部连续性条件，它们分别是

$$\frac{\partial \sigma_{ji}}{\partial x_j} + \rho b_i = \rho \dot{v}_i, \quad 在 \varOmega 内 \tag{2.18}$$

$$n_j \sigma_{ji} = \overline{t}_i, \quad 在 \varGamma_{t_i} 内 \tag{2.19}$$

$$n_j \sigma_{ji} = \overline{t}_i, \quad 在 \varGamma_{\text{int}} 内 \tag{2.20}$$

这里，$\varGamma_{\text{int}}$ 是在物体中所有应力不连续表面的集合，即材料界面上对于静态问题内部连续性条件 $[[\boldsymbol{n} \cdot \boldsymbol{\sigma}]] = \boldsymbol{0}$，或者写成分量形式为 $[[n_i \sigma_{ij}]] = n_i^A \sigma_{ij}^B + n_i^B \sigma_{ij}^B = 0$。$\overline{t}_i$ 是面力，b_i 是单位密度体力，ρ 是密度。我们取变分函数 δv_i 和动量方程的乘积，并在当前构型上积分：

$$\int_{\varOmega} \delta v_i \left(\frac{\partial \sigma_{ji}}{\partial x_j} + \rho b_i - \rho \dot{v}_i \right) \mathrm{d}\varOmega = 0 \tag{2.21}$$

由于是小变形理论，当时构型和参考构型是一样的，所以积分区域都用 $\varOmega$ 表示，其边界为 $\varGamma$。上式的第一项可以应用微积分基本原理展开，得到

$$\int_{\varOmega} \delta v_i \frac{\partial \sigma_{ji}}{\partial x_j} \mathrm{d}\varOmega = \int_{\varOmega} \left[\frac{\partial}{\partial x_j}(\delta v_i \sigma_{ji}) - \frac{\partial(\delta v_i)}{\partial x_j} \sigma_{ji} \right] \mathrm{d}\varOmega \tag{2.22}$$

我们假设不连续发生在有限组表面 $\varGamma_{\text{int}}$ 上，则根据 Gauss 定理有

$$\int_{\varOmega} \left[\frac{\partial}{\partial x_j}(\delta v_i \sigma_{ji}) \right] \mathrm{d}\varOmega = \int_{\varGamma_{\text{int}}} \delta v_i [[n_j \sigma_{ji}]] \mathrm{d}\varGamma + \int_{\varGamma} \delta v_i n_j \sigma_{ji} \mathrm{d}\varGamma \tag{2.23}$$

根据面力连续条件(2.20)，上式右边第一个积分为零。第二个积分我们应用式(2.19)，由于变分函数在整个面力边界条件上积分为零，则式(2.23)变为

$$\int_{\varOmega} \left[\frac{\partial}{\partial x_j}(\delta v_i \sigma_{ji}) \right] \mathrm{d}\varOmega = \sum_{i=1}^{n_{\text{SD}}} \int_{\varGamma_{t_i}} \delta v_i \overline{t}_i \mathrm{d}\varGamma \tag{2.24}$$

这里 n_{SD} 表示边界数。将上式代入式(2.22)中，根据分部积分我们得到

$$\int_{\varOmega} \delta v_i \frac{\partial \sigma_{ji}}{\partial x_j} \mathrm{d}\varOmega = \sum_{i=1}^{n_{\text{SD}}} \int_{\varGamma_{t_i}} \delta v_i \overline{t}_i \mathrm{d}\varGamma - \int_{\varOmega} \frac{\partial(\delta v_i)}{\partial x_j} \sigma_{ji} \mathrm{d}\varOmega \tag{2.25}$$

进一步将上式代入式(2.21)，我们得到

$$\int_\Omega \frac{\partial(\delta v_i)}{\partial x_j}\sigma_{ji}\mathrm{d}\Omega - \int_\Omega \delta v_i\rho b_i\mathrm{d}\Omega - \sum_{i=1}^{n_{\mathrm{SD}}}\int_{\Gamma_{t_i}}\delta v_i\bar{t}_i\mathrm{d}\Gamma + \int_\Omega \delta v_i\rho\dot{v}_i\mathrm{d}\Omega = 0 \tag{2.26}$$

上式就是关于动量方程、面力边界条件、内部连续性条件的弱形式，可以发现，弱形式的每一项都是一个虚功率。其中第一项积分内为每单位体积内部虚功的变化率或内部虚功率，则总的内部虚功率 δp^{int}：

$$\delta p^{\mathrm{int}} = \int_\Omega \delta D_{ij}\sigma_{ji}\mathrm{d}\Omega = \int_\Omega \frac{\partial(\delta v_i)}{\partial x_j}\sigma_{ji}\mathrm{d}\Omega = \int_\Omega \delta \boldsymbol{D} : \boldsymbol{\sigma}\mathrm{d}\Omega \tag{2.27}$$

式中，$\boldsymbol{D}$ 是变形率。第二项和第三项是物体外力和指定的面力产生的功率，因此，定义为外部虚功率 δp^{ext}：

$$\delta p^{\mathrm{ext}} = \int_\Omega \delta v_i\rho b_i\mathrm{d}\Omega + \sum_{i=1}^{n_{\mathrm{SD}}}\int_{\Gamma_{t_i}}\delta v_i\bar{t}_i\mathrm{d}\Gamma = \int_\Omega \delta \boldsymbol{v}\cdot\rho\boldsymbol{b}\mathrm{d}\Omega + \sum_{i=1}^{n_{\mathrm{SD}}}\int_{\Gamma_{t_i}}\delta v_i\boldsymbol{e}_j\cdot\bar{t}\mathrm{d}\Gamma \tag{2.28}$$

最后一项是惯性力产生的功率，因此，定义为惯性虚功率(或者称为动力虚功率)：

$$\delta p^{\mathrm{kin}} = \int_\Omega \delta v_i\rho\dot{v}_i\mathrm{d}\Omega \tag{2.29}$$

将式(2.27)～式(2.29)代入式(2.26)，则

$$\delta p = \delta p^{\mathrm{int}} - \delta p^{\mathrm{ext}} + \delta p^{\mathrm{kin}} = 0, \quad \forall \delta v_i \in u_0 \tag{2.30}$$

这就是动量方程的弱形式。可以看出，在外力作用下处于平衡状态下的物体，经受微小虚速度 δv_i 时，外力所做的外部虚功率等于 δv_i 引起的物理内部虚功率与惯性虚功率之和。因此，也称为虚功率原理。

2.1.3　Eulerian 格式的有限元离散

通过对变分项和试函数应用有限元插值，由弱形式得到有限元模型的离散方程。本节将动量方程的弱形式转化为离散有限元方程。将当前区域 Ω 划分为单元域 Ω_{e}，所有单元域的联合构成了整个域，$\Omega = \underset{\mathrm{e}}{\mathrm{U}}\,\Omega_{\mathrm{e}}$。将当前构形中的节点坐标用 x_{iI} 表示，$I=1\sim n_N$，这里下标表示节点值。在有限元方法中，$\boldsymbol{x}(\boldsymbol{X},t)$ 近似地表达为

$$x_i(\boldsymbol{X},t) = N_I(\boldsymbol{X})x_{iI}(t) \quad \text{或} \quad \boldsymbol{x}(\boldsymbol{X},t) = N_I(\boldsymbol{X})\boldsymbol{x}_I(t) \tag{2.31}$$

这里 $N_I(\boldsymbol{X})$ 是插值函数或形函数，一旦单元类型和节点被确定，形函数也随之确定。$\boldsymbol{x}_I$ 是节点 I 的位置矢量。在一个节点具有初始位置 $\boldsymbol{X}_I$ 时写出式(2.31)，我们有

$$\boldsymbol{x}(\boldsymbol{X}_J,t) = \boldsymbol{x}_I(t)N_I(\boldsymbol{X}_J) = \boldsymbol{x}_I(t)\delta_{IJ} = \boldsymbol{x}_J(t) \tag{2.32}$$

当前位置和原始位置之差是位移，则位移场：

$$u_i(\boldsymbol{X},t) = x_i(\boldsymbol{X},t) - X_i = u_{iI}(t)N_I(\boldsymbol{X}) \quad \text{或} \quad \boldsymbol{u}(\boldsymbol{X},t) = \boldsymbol{u}_I(t)N_I(\boldsymbol{X}) \tag{2.33}$$

速度是位移的材料时间导数：

$$v_i(\boldsymbol{X},t) = \frac{\partial u_i(\boldsymbol{X},t)}{\partial t} = \dot{u}_{iI}(t)N_I(\boldsymbol{X}) = v_{iI}(t)N_I(\boldsymbol{X}) \quad \text{或} \quad \boldsymbol{v}(\boldsymbol{X},t) = \dot{\boldsymbol{u}}_I(t)N_I(\boldsymbol{X}) \tag{2.34}$$

变分函数或变量不是时间的函数，因此我们将变分函数近似为

$$\delta v_i(\boldsymbol{X}) = \delta v_{iI}(t)N_I(\boldsymbol{X}) \quad \text{或} \quad \delta \boldsymbol{v}(\boldsymbol{X}) = \delta \boldsymbol{u}_I(t)N_I(\boldsymbol{X}) \tag{2.35}$$

式中，δv_{iI} 是虚拟节点速度。作为构造离散有限元方程的第一步，我们将变分函数代入到虚功率原理中，得到

$$\delta v_{iI}\int_\Omega \frac{\partial N_I(\boldsymbol{X})}{\partial x_j}\sigma_{ji}\mathrm{d}\Omega - \delta v_{iI}\int_\Omega N_I(\boldsymbol{X})\rho b_i\mathrm{d}\Omega - \sum_{i=1}^{n_{\mathrm{SD}}}\delta v_{iI}\int_{\Gamma_{t_i}}N_I(\boldsymbol{X})\overline{t_i}\mathrm{d}\Gamma$$

$$+\delta v_{iI}\int_\Omega N_I(\boldsymbol{X})\rho\dot{v}_i\mathrm{d}\Omega = 0 \tag{2.36}$$

在上式中，应力为试速度和试位移的函数。由变分的定义，在任何指定速度的地方，虚速度必须为零，即在 Γ_{v_i} 上，$\delta v_i = 0$。所以只有不在 Γ_{v_i} 上的节点的虚节点速度才是任意的。利用除 Γ_{v_i} 以外的节点上虚节点速度的任意性，则动量方程的弱形式可以表示为

$$\int_\Omega \frac{\partial N_I(\boldsymbol{X})}{\partial x_j}\sigma_{ji}\mathrm{d}\Omega - \int_\Omega N_I(\boldsymbol{X})\rho b_i\mathrm{d}\Omega - \sum_{i=1}^{n_{\mathrm{SD}}}\int_{\Gamma_{t_i}}N_I(\boldsymbol{X})\overline{t_i}\mathrm{d}\Gamma - \int_\Omega N_I(\boldsymbol{X})\rho\dot{v}_i\mathrm{d}\Omega = 0,$$

$$\forall (I,i) \notin \Gamma_{v_i} \tag{2.37}$$

同样，对应于虚功率方程中的每一项，我们定义节点力，这些节点力可以在大多数有限元软件如 ANSYS、ABQUS 内部程序中找到。内部虚功率为

$$\delta p^{\mathrm{int}} = \delta v_{iI}f_{iI}^{\mathrm{int}} = \int_\Omega \frac{\partial(\delta v_i)}{\partial x_j}\sigma_{ji}\mathrm{d}\Omega = \delta v_{iI}\int_\Omega \frac{\partial N_i}{\partial x_j}\sigma_{ji}\mathrm{d}\Omega \tag{2.38}$$

从上式可以看出，内部节点力可以表示为

$$f_{iI}^{\mathrm{int}} = \int_\Omega \frac{\partial N_i}{\partial x_j}\sigma_{ji}\mathrm{d}\Omega \tag{2.39}$$

这些节点力代表着物体的应力。这些表达式既可以应用于整体网格，也可以应用于任意单元或单元集。类似地，以外部虚功率的形式定义外部节点力：

$$\delta p^{\mathrm{ext}} = \delta v_{iI}f_{iI}^{\mathrm{ext}} = \int_\Omega \delta v_i\rho b_i\mathrm{d}\Omega + \sum_{i=1}^{n_{\mathrm{SD}}}\int_{\Gamma_{t_i}}\delta v_i\overline{t_i}\mathrm{d}\Gamma = \delta v_{iI}\int_\Omega N_i\rho b_i\mathrm{d}\Omega + \sum_{i=1}^{n_{\mathrm{SD}}}\delta v_{iI}\int_{\Gamma_{t_i}}N_i\overline{t_i}\mathrm{d}\Gamma$$

$$\tag{2.40}$$

所以外部节点力为

$$f_{iI}^{\text{ext}} = \int_{\Omega} N_I \rho b_i \mathrm{d}\Omega + \sum_{i=1}^{n_{\text{SD}}} \int_{\Gamma_{t_i}} N_I \overline{t}_i \mathrm{d}\Gamma \tag{2.41}$$

外部节点力对应于外部施加的载荷。同样，惯性力定义为

$$\delta p^{\text{kin}} = \delta v_{iI} f_{iI}^{\text{kin}} = \int_{\Omega} \delta v_i \rho \dot{v}_i \mathrm{d}\Omega = \delta v_{iI} \int_{\Omega} N_I \rho \dot{v}_i \mathrm{d}\Omega = \delta v_{iI} \int_{\Omega} N_I N_J \rho \dot{v}_{iJ} \mathrm{d}\Omega \tag{2.42}$$

这里用到 $\dot{v}_i(\boldsymbol{X},t) = \dot{v}_{iJ}(t)N_J(\boldsymbol{X})$。所以，惯性力定义为

$$f_{iI}^{\text{kin}} = \int_{\Omega} \rho N_I N_J \mathrm{d}\Omega \dot{v}_{jJ}(t) \tag{2.43}$$

定义质量矩阵为

$$M_{ijIJ} = \delta_{ij} \int_{\Omega} \rho N_I N_J \mathrm{d}\Omega \tag{2.44}$$

根据式(2.40)和式(2.41)，惯性力可表示为

$$f_{iI}^{\text{kin}} = M_{ijIJ} \dot{v}_{jJ}(t) \tag{2.45}$$

有了内部节点力、外部节点力和惯性节点力的表达式，我们可以简洁地写出弱形式(2.36)的离散表达式为

$$\delta v_{iI}(f_{iI}^{\text{int}} - f_{iI}^{\text{ext}} + M_{ijIJ}\dot{v}_{jJ}) = 0, \quad \forall \delta v_{iI} \notin \Gamma_{v_i} \tag{2.46}$$

由于 δv 是任意的，并表示为矩阵，得到

$$\boldsymbol{M}\boldsymbol{a} + \boldsymbol{f}^{\text{int}} = \boldsymbol{f}^{\text{ext}} \tag{2.47}$$

上式即为离散动量方程。它对时间是二次的，由于它们没有时间上的离散，所以也称为半离散动量方程。可以发现，式(2.47)的离散动量方程是关于节点速度的常微分方程组。如果加速度为零，则上式称为离散的平衡方程，是关于应力和节点位移的非线性代数方程组。

通常建立有限元是采用以母单元坐标 $\boldsymbol{\xi}$ 的形式表示形函数，我们常常称为单元坐标：

$$x_i(\boldsymbol{\xi},t) = x_{iI}(t)N_I(\boldsymbol{\xi}) \quad \text{或者} \quad \boldsymbol{x}(\boldsymbol{\xi},t) = \boldsymbol{x}_I(t)N_I(\boldsymbol{\xi}) \tag{2.48}$$

对于运动 $\boldsymbol{x}(\boldsymbol{\xi},t)$ 的有限元近似，是将一个单元的母域映射到单元的当前域上。母单元域到当前域映射的条件除了不允许不连续外，还要满足以下条件：① $\boldsymbol{x}(\boldsymbol{\xi},t)$ 必须一一对应；② $\boldsymbol{x}(\boldsymbol{\xi},t)$ 在空间中至少为 C^0；③单元雅可比行列式必须为正，即

$$J_{\xi} = \det(\boldsymbol{x}_{,\xi}) > 0 \tag{2.49}$$

这些条件可以保证 $\boldsymbol{x}(\boldsymbol{\xi},t)$ 是可逆的。

有限元计算中最重要的是节点力的计算。我们以内部节点力为例阐述计算程序

(1)　$f^{\text{int}} = 0$ 。

(2)　对于所有积分点(在母单元上)$\boldsymbol{\xi}_Q$ ：

(i)　对所有的 I，计算矩阵 $[B_{Ij}] = \left[\dfrac{\partial N_I(\boldsymbol{\xi}_Q)}{\partial x_j}\right]$ ；

(ii)　计算矩阵 $\boldsymbol{L} = [L_{ij}] = [v_{il} B_{Ij}] = \boldsymbol{v}_I \boldsymbol{B}_I^{\text{T}}$ ；

(iii)　计算矩阵 $\boldsymbol{D} = \dfrac{1}{2}\left(\boldsymbol{L}^{\text{T}} + \boldsymbol{L}\right)$ ；

(iv)　计算变形梯度 $\boldsymbol{F}$ 和应变张量 $\boldsymbol{E}$ ；

(v)　根据本构方程计算 Cauchy 应力 $\boldsymbol{\sigma}$ 或者第二 P-K(Piola-Kirchhoff)应力 $\boldsymbol{S} = J\boldsymbol{F}^{-1}\boldsymbol{\sigma}\boldsymbol{F}^{-\text{T}}, J = \det(\boldsymbol{F})$ ；

(vi)　如果得到 $\boldsymbol{S}$ ，则通过 $\boldsymbol{\sigma} = J^{-1}\boldsymbol{F}\boldsymbol{S}\boldsymbol{F}^{\text{T}}$ 计算 $\boldsymbol{\sigma}$ ；

(vii)　对于所有节点 I，计算 $f_I^{\text{int}} + \boldsymbol{B}_I^{\text{T}}\boldsymbol{\sigma}J_\xi\bar{w}_Q \longrightarrow f_I^{\text{int}}$ ，这里 $\bar{w}_Q$ 为母单元上积分的权重，即母单元上的积分 $\displaystyle\int_{-1}^{1} f(\xi)\mathrm{d}\xi = \sum_{Q=1}^{n_Q} \bar{w}_Q f(\xi_Q)$ ，这里，n_Q 表示母单元节点数，有兴趣的读者请参考有关积分的数值方法。

结束循环。这里黑体表示矩阵，上标 T 表示转置。

2.1.4　Lagrangian 格式弱形式

Lagrangian 格式是在参考构型下，非常适合几何非线性或者是大变形的情况。热障涂层失效过程中，如氧化、冲蚀等过程涂层内产生了比较大的变形，此时小变形假设在热障涂层应力场分析中不一定合适了。近年来，我们提出了基于大变形假设的热障涂层理论模型(详见第 3 章)，并验证对于热障涂层某些问题运用大变形能得到更加接近实际的结果。为了进行大变形理论框架下的有限元分析，需要建立大变形下动量方程的有限元离散方程，首先我们定义变分函数和试函数空间。变分函数的空间定义为

$$\delta\boldsymbol{u}(\boldsymbol{X}) \in u_0, \quad \boldsymbol{u}(\boldsymbol{X},t) \in u \tag{2.50}$$

其中，u 是运动学的容许位移的空间，u_0 是具有在位移边界上为零的附加条件的相同空间，$\boldsymbol{X}$ 是拉格朗日坐标下的材料坐标，$\boldsymbol{u}$ 是位移。参考构型下的力平衡方程在第 1 章已经介绍，进一步我们取变分函数和动量方程的乘积，并在初始构型上积分得

$$\int_{\Omega_0} \delta u_i \left(\frac{\partial P_{ji}}{\partial X_j} + \rho_0 b_i - \rho_0 \ddot{u}_i\right)\mathrm{d}\Omega_0 = 0 \tag{2.51}$$

Ω_0 是参考构型的积分区域。上式中 $\boldsymbol{P}$ 是第 1 章介绍的第一类 P-K 应力。由于上式中存在 P-K 应力的导数,这个弱形式要求试位移具有 C^1 连续性,这里一个 C^1 函数是连续可导的,它的一阶导数存在并且处处连续。为了消去 P-K 名义应力的导数,应用导数乘积公式,得到

$$\int_{\Omega_0} \delta u_i \frac{\partial P_{ji}}{\partial X_j} \mathrm{d}\Omega_0 = \int_{\Omega_0} \left[\frac{\partial}{\partial X_j}\left(\delta u_i P_{ji} \right) - \frac{\partial(\delta u_i)}{\partial X_j} P_{ji} \right] \mathrm{d}\Omega_0 \tag{2.52}$$

则根据 Gauss 定理有

$$\int_{\Omega_0} \frac{\partial}{\partial X_j}(\delta u_i P_{ji}) \mathrm{d}\Omega_0 = \int_{\Gamma_{\mathrm{int}}^0} \delta u_i [[n_j^0 P_{ji}]] \mathrm{d}\Gamma_0 + \int_{\Gamma_0} \delta u_i n_j^0 P_{ji} \mathrm{d}\Gamma_0 \tag{2.53}$$

这里,Γ_0 是参考构型 Ω_0 的边界。根据面力连续条件 $[[\boldsymbol{n}^0 \cdot \boldsymbol{P}]] = \boldsymbol{0}$,或者写成分量形式为 $[[n_j^0 P_{ji}]] = n_j^{0A} P_{ji}^B + n_j^{0B} P_{ji}^B = 0$,这里 $\boldsymbol{n}^0$ 是内部界面 Γ_{int}^0 的外法线方向。这样,上式右边第一个积分为零。因为在 $\Gamma_{u_i}^0$ 上 $\delta u_i = 0$,且 $\Gamma_{t_i}^0 = \Gamma^0 - \Gamma_{u_i}^0$,于是上式右边第二项简化到面力边界上,因此

$$\int_{\Omega_0} \frac{\partial}{\partial X_j}(\delta u_i P_{ji}) \mathrm{d}\Omega_0 = \int_{\Gamma_0} \delta u_i n_j^0 P_{ji} \mathrm{d}\Gamma_0 = \sum_{i=1}^{n_{\mathrm{SD}}} \int_{\Gamma_{t_i}^0} \delta u_i \overline{t}_i^0 \mathrm{d}\Gamma_0 \tag{2.54}$$

由于对于变形梯度 F_{ij} 有

$$\delta F_{ij} = \delta\left(\frac{\partial u_i}{\partial X_j} \right) = \frac{\partial(\delta u_i)}{\partial X_j} \tag{2.55}$$

进一步,我们得到

$$\int_{\Omega_0} (\delta F_{ij} P_{ji} - \delta u_i \rho_0 b_i + \delta u_i \rho_0 \ddot{u}_i) \mathrm{d}\Omega_0 - \sum_{i=1}^{n_{\mathrm{SD}}} \int_{\Gamma_{\mathrm{int}}^0} \delta u_i \overline{t}_i^0 \mathrm{d}\Gamma_0 = 0 \tag{2.56}$$

或者

$$\int_{\Omega_0} (\delta \boldsymbol{F} : \boldsymbol{P} - \rho_0 \delta \boldsymbol{u} \cdot \boldsymbol{b} + \rho_0 \delta \boldsymbol{u} \cdot \ddot{\boldsymbol{u}}) \mathrm{d}\Omega_0 - \sum_{i=1}^{n_{\mathrm{SD}}} \int_{\Gamma_{\mathrm{int}}^0} \delta(\boldsymbol{u} \cdot \boldsymbol{e}_i)(\boldsymbol{e}_i \cdot \overline{\boldsymbol{t}}_i^0) \mathrm{d}\Gamma_0 = 0 \tag{2.57}$$

上式就是大变形的关于动量方程、面力边界条件、内部连续性条件的弱形式。可以发现,弱形式的每一项都是一个虚功。每单位体积内部虚功、外部虚功和惯性虚功分别为

$$\delta w^{\mathrm{int}} = \int_{\Omega_0} \delta \boldsymbol{F}^{\mathrm{T}} : \boldsymbol{P} \mathrm{d}\Omega_0 \tag{2.58}$$

$$\delta w^{\mathrm{ext}} = \int_{\Omega_0} (\rho_0 \delta \boldsymbol{u} \cdot \boldsymbol{b}) \mathrm{d}\Omega_0 + \sum_{i=1}^{n_{\mathrm{SD}}} \int_{\Gamma_{\mathrm{int}}^0} \delta(\boldsymbol{u} \cdot \boldsymbol{e}_i)(\boldsymbol{e}_i \cdot \overline{\boldsymbol{t}}_i^0) \mathrm{d}\Gamma_0 \tag{2.59}$$

$$\delta w^{\mathrm{kin}} = \int_{\Omega_0} (\rho_0 \delta \boldsymbol{u} \cdot \ddot{\boldsymbol{u}}) \mathrm{d}\Omega_0 \tag{2.60}$$

式(2.57)即是虚功原理:

$$\delta w^{\mathrm{int}} + \delta w^{\mathrm{kin}} - \delta w^{\mathrm{ext}} = 0 \tag{2.61}$$

2.1.5　Lagrangian 格式有限元离散

如同小变形弱形式,形函数是初始坐标的函数,试位移场为

$$u_i(\boldsymbol{X},t) = u_{iI}(t) N_I(\boldsymbol{X}) \quad 或 \quad \boldsymbol{u}(X,t) = \boldsymbol{u}_I(t) N_I(\boldsymbol{X}) \tag{2.62}$$

由于变分函数或者变量不是时间的函数,因此

$$\delta u_i(\boldsymbol{X},t) = \delta u_{iI}(t) N_I(\boldsymbol{X}) \quad 或 \quad \delta \boldsymbol{u}(X,t) = \delta \boldsymbol{u}_I(t) N_I(\boldsymbol{X}) \tag{2.63}$$

速度是位移的材料时间导数:

$$\dot{u}_i(\boldsymbol{X},t) = \dot{u}_{iI}(t) N_I(\boldsymbol{X}) \tag{2.64}$$

相应的加速度为

$$\ddot{u}_i(\boldsymbol{X},t) = \ddot{u}_{iI}(t) N_I(\boldsymbol{X}) \tag{2.65}$$

则变形梯度为

$$F_{ij} = \frac{\partial x_i}{\partial X_j} = \frac{\partial N_I}{\partial X_j} x_{iI} \tag{2.66}$$

$$\delta F_{ij} = \frac{\partial N_I}{\partial X_j} \delta x_{iI} = \frac{\partial N_I}{\partial X_j} \delta u_{iI} \tag{2.67}$$

这里用到 $\delta x_{iI} = \delta(X_{iI} + u_{iI}) = \delta u_{iI}$ 。有时为了方便将式(2.66)和式(2.67)分别写为

$$F_{ij} = B_{jI}^0 x_{iI}, \quad B_{jI}^0 = \frac{\partial N_I}{\partial X_j}, \quad \boldsymbol{F} = \boldsymbol{x} \boldsymbol{B}_0^{\mathrm{T}} \tag{2.68}$$

$$\delta F_{ij} = \frac{\partial N_I}{\partial X_j} \delta x_{iI} = \frac{\partial N_I}{\partial X_j} \delta u_{iI}, \quad \delta \boldsymbol{F} = \delta \boldsymbol{u} \boldsymbol{B}_0^{\mathrm{T}} \tag{2.69}$$

这里黑体表示矩阵,上标 T 表示转置。由上式可以将内部节点力定义为内部虚功的形式:

$$\delta w^{\mathrm{int}} = \delta u_{iI} f_{iI}^{\mathrm{int}} = \int_{\Omega_0} \delta F_{ij} P_{ji} \mathrm{d}\Omega_0 = \delta u_{iI} \int_{\Omega_0} \frac{\partial N_I}{\partial X_j} P_{ji} \mathrm{d}\Omega_0 \tag{2.70}$$

上式中最后一步用到了式(2.69)。然后这里根据 δu_{iI} 的任意性得到内部节点力为

$$f_{iI}^{\mathrm{int}} = \int_{\Omega_0} \frac{\partial N_I}{\partial X_j} P_{ji} \mathrm{d}\Omega_0 = \int_{\Omega_0} B_{jI}^0 P_{ji} \mathrm{d}\Omega_0 \quad 或 \quad \boldsymbol{f}^{\mathrm{int,T}} = \int_{\Omega_0} \boldsymbol{B}_0^{\mathrm{T}} \boldsymbol{P} \mathrm{d}\Omega_0 \tag{2.71}$$

上式和 Eulerian 格式描述的式(2.39)是一致的，有兴趣的读者可以自行证明。将外部节点力定义为内部虚功的形式：

$$\delta w^{\mathrm{ext}} = \delta u_{iI} f_{iI}^{\mathrm{ext}} = \int_{\Omega_0} (\delta u_i \rho_0 b_i) \mathrm{d}\Omega_0 + \int_{\Gamma_{t_i}^0} \delta u_i \overline{t}_i^{\,0} \mathrm{d}\Gamma_0$$

$$= \delta u_{iI} \left[\int_{\Omega_0} (N_I \rho_0 b_i) \mathrm{d}\Omega_0 + \int_{\Gamma_{t_i}^0} N_I \overline{t}_i^{\,0} \mathrm{d}\Gamma_0 \right] \tag{2.72}$$

由此得到

$$f_{iI}^{\mathrm{ext}} = \int_{\Omega_0} (N_I \rho_0 b_i) \mathrm{d}\Omega_0 + \int_{\Gamma_{t_i}^0} N_I \overline{t}_i^{\,0} \mathrm{d}\Gamma_0 \tag{2.73}$$

同样上式和 Eulerian 格式描述的式(2.41)是一致的，由式(2.60)定义节点力等价于惯性力得到

$$\delta w^{\mathrm{kin}} = \delta u_{iI} f_{iI}^{\mathrm{kin}} = \int_{\Omega_0} (\delta u_i \rho_0 \ddot{u}_i) \mathrm{d}\Omega_0 = \delta u_{iI} \int_{\Omega_0} (\rho_0 N_I N_J) \mathrm{d}\Omega_0 \ddot{u}_{iJ} = \delta u_{iI} M_{ijIJ} \ddot{u}_{jJ} \tag{2.74}$$

由于上式 δu_{iI} 的任意性，得到

$$M_{ijIJ} = \delta_{ij} \int_{\Omega_0} (\rho_0 N_I N_J) \mathrm{d}\Omega_0 \tag{2.75}$$

上式和 Eulerian 格式描述的式(2.44)是一致的。将上面的表达式代入弱形式(2.61)，有

$$\delta u_{iI} (f_{iI}^{\mathrm{int}} - f_{iI}^{\mathrm{ext}} + M_{ijIJ} \ddot{u}_{jJ}) = 0, \quad \forall I, i \notin \Gamma_{u_i} \tag{2.76}$$

由于上式适用于所有不受位移边界条件限制的节点位移分量的任意值，所以有

$$M_{ijIJ} \ddot{u}_{jJ} + f_{iI}^{\mathrm{int}} = f_{iI}^{\mathrm{ext}}, \quad \forall I, i \notin \Gamma_{u_i} \tag{2.77}$$

类似于 Eulerian 格式，我们这里也以内部节点力为例阐述计算程序。

(1) $\boldsymbol{f}^{\mathrm{int}} = \boldsymbol{0}$。

(2) 对于所有积分点(在母单元上)$\boldsymbol{\xi}_Q$：

    (i) 对所有的 I，计算矩阵 $[B_{Ij}^0] = \left[\dfrac{\partial N_I(\boldsymbol{\xi}_Q)}{\partial X_j} \right]$；

    (ii) 计算矩阵 $\boldsymbol{H} = \boldsymbol{B}_I^0 \boldsymbol{u}_I, [H_{ij}] = \left[\dfrac{\partial N_I}{\partial X_j} u_{iI} \right]$；

    (iii) 计算矩阵 $\boldsymbol{F} = \boldsymbol{I} + \boldsymbol{H}, J = \det(\boldsymbol{F})$，$\boldsymbol{I}$ 是单位矩阵；

    (iv) 计算应变张量 $\boldsymbol{E} = \dfrac{1}{2} (\boldsymbol{H} + \boldsymbol{H}^{\mathrm{T}} + \boldsymbol{H}^{\mathrm{T}} \boldsymbol{H})$；

    (v) 如果需要，计算 $\dot{\boldsymbol{E}} = \dfrac{\Delta \boldsymbol{E}}{\Delta t}, \dot{\boldsymbol{F}} = \dfrac{\Delta \boldsymbol{F}}{\Delta t}, \boldsymbol{D} = \mathrm{sym}(\dot{\boldsymbol{F}} \boldsymbol{F}^{-1})$；

    (vi) 根据本构方程计算 Cauchy 应力 $\boldsymbol{\sigma}$ 或者第二 P-K 应力 $\boldsymbol{S} = JF^{-1} \cdot \boldsymbol{\sigma} \cdot$

$\boldsymbol{F}^{-\mathrm{T}}$，$J = \det(\boldsymbol{F})$；

(vii) 计算 $\boldsymbol{P} = \boldsymbol{S}\boldsymbol{F}^{\mathrm{T}}$ 或者 $\boldsymbol{P} = J\boldsymbol{F}^{-1}\boldsymbol{\sigma}$；

(viii) 对于所有节点 I，计算 $\boldsymbol{f}_I^{\mathrm{int}} + \boldsymbol{B}_I^{0\mathrm{T}}\boldsymbol{P}J_\xi^0\overline{w}_Q \rightarrow \boldsymbol{f}_I^{\mathrm{int}}$，这里 $\overline{w}_Q$ 也是母单元上积分的权重，$J_\xi^0 = \det(\boldsymbol{X}_{,\xi}) > 0$。

结束循环。这里黑体表示矩阵，上标 T 表示转置。

2.1.6　自适应网格弱形式

在有限元中常常采用的是 Lagrangian 网格，单元会随着材料一起变形，然而真实形貌有限元模型(如 TGO 的生长、CMAS 的渗透等)，其网格区域材料变形较大，会发生比较严重的扭曲，从而降低这些单元的近似精度，造成模型计算的不收敛。为了消除网格过度变形而造成的计算不收敛问题，在网格变形区域利用 Eulerian 网格在大变形中的优势，采用 Lagrangian 和 Eulerian 网格相结合的方法，即任意拉格朗日-欧拉(arbitrary Lagrangian Eulerian，ALE)网格方法，也称自适应算法，从而可以有效解决这个问题。

在 ALE 格式中，网格和材料都发生了运动，材料的运动描述为

$$\boldsymbol{x} = \boldsymbol{\varphi}(\boldsymbol{X},t) \tag{2.78}$$

式中，$\boldsymbol{X}$ 是材料坐标，函数 $\boldsymbol{\varphi}$ 将物体初始构型映射到当前构型。我们考虑另一个参考域 $\hat{\Omega}$，这个域称为参考域或者 ALE 域。由 $\boldsymbol{\chi}$ 表示质点位置的初始值，因此

$$\boldsymbol{\chi} = \boldsymbol{\varphi}(\boldsymbol{X},0) \tag{2.79}$$

坐标 $\boldsymbol{\chi}$ 称为参考或者 ALE 坐标。这样网格的运动描述为

$$\boldsymbol{x} = \hat{\boldsymbol{\varphi}}(\boldsymbol{\chi},t) \tag{2.80}$$

通过函数的复合，我们可以将 ALE 坐标与材料坐标联系起来：

$$\boldsymbol{\chi} = \hat{\boldsymbol{\varphi}}^{-1}(\boldsymbol{x},t) = \hat{\boldsymbol{\varphi}}^{-1}(\boldsymbol{\varphi}(\boldsymbol{X},t),t) = \boldsymbol{\psi}(\boldsymbol{X},t) \tag{2.81}$$

上式建立起来材料坐标和 ALE 坐标之间的关系，而且这个关系是时间的函数，考虑一个函数 $f(\boldsymbol{\chi},t)$，可以得到

$$\frac{\mathrm{D}f(\boldsymbol{\chi},t)}{\mathrm{D}t} \equiv \dot{f}(\boldsymbol{\chi},t) = \frac{\partial f(\boldsymbol{\chi},t)}{\partial t} + \frac{\partial f(\boldsymbol{\chi},t)}{\partial \chi_i}\frac{\partial \psi_i(\boldsymbol{X},t)}{\partial t} = f_{,t[\chi]} + \frac{\partial f}{\partial \chi_i}\frac{\partial \chi_i}{\partial t} \tag{2.82}$$

我们现在定义参考质点速度 w_i 为

$$w_i = \frac{\partial \psi_i(\boldsymbol{X},t)}{\partial t} = \left.\frac{\partial \chi_i}{\partial t}\right|_{[\boldsymbol{X}]} \tag{2.83}$$

由此，物质时间导数或者全导数的表达式为

$$\frac{\mathrm{D}f(\boldsymbol{\chi},t)}{\mathrm{D}t} \equiv f_{,t[\chi]} + \frac{\partial f}{\partial \chi_i} w_i \tag{2.84}$$

这样物质速度为

$$v_j = \frac{\partial \varphi_j(\boldsymbol{X},t)}{\partial t} = \frac{\partial \hat{\varphi}_j(\boldsymbol{\chi},t)}{\partial t} + \frac{\partial \hat{\varphi}_j(\boldsymbol{\chi},t)}{\partial \chi_i}\frac{\partial \psi_i(\boldsymbol{X},t)}{\partial t} = \hat{v}_j + \frac{\partial x_j}{\partial \chi_i} w_i \tag{2.85}$$

这里网格速度 $\hat{v}_j$ 为

$$\hat{v}_j = \left.\frac{\partial \hat{\varphi}_j(\boldsymbol{\chi},t)}{\partial t}\right|_{[\chi]} \tag{2.86}$$

现在我们定义对流速度 c 作为物质速度和网格速度之间的差

$$c_i = v_i - \hat{v}_i = \frac{\partial x_i}{\partial \chi_j}\frac{\partial \chi_j}{\partial t} = \frac{\partial x_i}{\partial \chi_j} w_j \tag{2.87}$$

所以

$$\left.\frac{\partial f}{\partial \chi_i}\right|_t = \left.\frac{\partial f}{\partial x_j}\right|_t \left.\frac{\partial x_j}{\partial \chi_i}\right|_t, \quad \frac{\mathrm{D}f}{\mathrm{D}t} = f_{,t[\chi]} + \left.\frac{\partial f}{\partial x_j}\frac{\partial x_j}{\partial \chi_i}\frac{\partial \chi_i}{\partial t}\right|_{[X]} = f_{,t[\chi]} + f_{,j}\frac{\partial x_j}{\partial \chi_i} w_i = f_{,t[\chi]} + f_j c_j$$

$$\tag{2.88}$$

或者写为

$$\frac{\mathrm{D}f}{\mathrm{D}t} = f_{,t[\chi]} + \boldsymbol{c}\cdot\mathrm{grad}f = f_{,t[\chi]} + \boldsymbol{c}\cdot\nabla f \tag{2.89}$$

我们定义所有的非独立变量为单元坐标的函数。划分 ALE 域为单元，对于单元 e，ALE 坐标为

$$\boldsymbol{\chi}(\boldsymbol{\xi}^e) = \boldsymbol{\varphi}^e(\boldsymbol{\xi}^e) = \boldsymbol{\chi}_I N_I(\boldsymbol{\xi}^e) \tag{2.90}$$

式中，$\boldsymbol{\xi}^e$ 是单元 e 的坐标。网格运动为

$$\boldsymbol{x}(\boldsymbol{\xi}^e) = \hat{\boldsymbol{\varphi}}^h(\boldsymbol{\chi}(\boldsymbol{\xi}^e),t) = \boldsymbol{x}_I(t)N_I(\boldsymbol{\xi}^e) \tag{2.91}$$

网格速度

$$\hat{\boldsymbol{v}} = \frac{\partial \hat{\boldsymbol{\varphi}}^h(\boldsymbol{\chi}(\boldsymbol{\xi}^e),t)}{\partial t} = \dot{\boldsymbol{x}}_I(t)N_I(\boldsymbol{\xi}^e) = \hat{\boldsymbol{v}}_I(t)N_I(\boldsymbol{\xi}^e) \tag{2.92}$$

在 ALE 格式中密度也是一个非独立变量。密度被近似为

$$\rho(\boldsymbol{\xi}^e,t) = \rho_I(t)N_I^\rho(\boldsymbol{\xi}^e) \tag{2.93}$$

其中，$N_I^\rho(\boldsymbol{\xi}^e)$ 是密度的形函数，它可能不同于网格运动的形函数。

速度的材料时间导数由式(2.89)得到为

$$\dot{v} = \frac{\mathrm{D}v}{\mathrm{D}t} = v_{,t[\chi]} + c \cdot \mathrm{grad}v = v_{,t[\chi]} + c \cdot \nabla v \tag{2.94}$$

通过插值得到材料速度为

$$v(\chi(\xi),t) = v_I(t)N_I(\xi) \tag{2.95}$$

应用类似的插值得到传递速度

$$c(\chi(\xi),t) = c_I(t)N_I(\xi) = \big(v_I(t) - \hat{v}_I(t)\big)N_I(\xi) \tag{2.96}$$

这样，得到材料时间导数的插值为

$$\dot{v} = \frac{\mathrm{d}v_I(t)}{\mathrm{d}t}N_I(\xi) + c(\xi,t) \cdot \nabla N_I(\xi)v_I(t) \tag{2.97}$$

同样，得到密度的时间导数为

$$\dot{\rho} = \frac{\mathrm{d}\rho_I(t)}{\mathrm{d}t}N_I^\rho(\xi) + c(\xi,t) \cdot \nabla N_I^\rho(\xi)\rho_I(t) \tag{2.98}$$

现在分析弱形式和有限元矩阵方程，先看连续性方程的弱形式。我们设一个解答为 $\rho \in C^0$，在 Eulerian 描述中即当前构型下连续方程为

$$\dot{\rho} + \rho v_{j,j} = 0 \tag{2.99}$$

应用 ALE 形式(2.89)后，上式变成

$$\rho_{,t[\chi]} + \rho_{,j}c_j + \rho v_{j,j} = 0, \quad \rho_{,t[\chi]} + c \cdot \nabla\rho + \rho\nabla \cdot v = 0 \tag{2.100}$$

用变分函数 $\delta\tilde{\rho} \in C^0$ 乘以上式获得连续性方程的弱形式为

$$\int_\Omega \delta\tilde{\rho}\rho_{,t[\chi]}\mathrm{d}\Omega + \int_\Omega \delta\tilde{\rho}\rho_{,j}c_j\mathrm{d}\Omega + \int_\Omega \delta\tilde{\rho}\rho v_{j,j}\mathrm{d}\Omega = 0 \tag{2.101}$$

Eulerian 描述中的动量方程变为

$$\rho\dot{v}_i = \sigma_{ji,j} + \rho b_i \tag{2.102}$$

应用式(2.89)后，上面动量方程变为

$$\rho\big\{v_{i,t[\chi]} + c_j v_{i,j}\big\} = \sigma_{ji,j} + \rho b_i \quad \text{或者} \quad \rho\big[v_{,t[\chi]} + c \cdot \mathrm{grad}v\big] = \mathrm{div}(\sigma) + \rho b \tag{2.103}$$

进一步，通过变分函数 $\delta\tilde{v}_i \in u_0$，这里 u_0 的定义同式(2.17)。这样，我们得到如下的弱形式：

$$\int_\Omega \delta\tilde{v}_i\rho\dot{v}_i\mathrm{d}\Omega = \int_\Omega \delta\tilde{v}_i\rho v_{i,t[\chi]}\mathrm{d}\Omega + \int_\Omega \delta\tilde{v}_i\rho c_j v_{i,j}\mathrm{d}\Omega = \int_\Omega \delta\tilde{v}_i\sigma_{ij,j}\mathrm{d}\Omega + \int_\Omega \delta\tilde{v}_i\rho b_i\mathrm{d}\Omega$$

$$= -\int_\Omega \delta\tilde{v}_{i,j}\sigma_{ij}\mathrm{d}\Omega + \int_\Omega \delta\tilde{v}_i\rho b_i\mathrm{d}\Omega + \int_{\Gamma_t} \delta\tilde{v}_i\overline{t_i}\mathrm{d}\Gamma \tag{2.104}$$

这里我们直接写出有限元矩阵方程，有兴趣的读者可以自行证明。连续性方程是

$$M^\rho \frac{\mathrm{d}\boldsymbol{\rho}}{\mathrm{d}t} + L^\rho \boldsymbol{\rho} + K^\rho \boldsymbol{\rho} = 0 \tag{2.105}$$

其中，M^ρ、L^ρ 和 K^ρ 分别为容量矩阵、转换矩阵和散度矩阵，

$$M^\rho = [M^\rho_{IJ}] = \int_\Omega \bar{N}^\rho_I N^\rho_J \mathrm{d}\Omega, \quad L^\rho = [L^\rho_{IJ}] = \int_\Omega \bar{N}^\rho_I c_i N^\rho_{J,i} \mathrm{d}\Omega,$$

$$K^\rho = [K^\rho_{IJ}] = \int_\Omega \bar{N}^\rho_I v_{i,i} N^\rho_J \mathrm{d}\Omega \tag{2.106}$$

$$\boldsymbol{\rho} = [\rho_J], \quad \frac{\mathrm{d}\boldsymbol{\rho}}{\mathrm{d}t} = \left[\frac{\mathrm{d}\rho_J}{\mathrm{d}t}\right] \tag{2.107}$$

这里 $\bar{N}_I = N_I + \tau c_j N_{I,j}$，$\tau$ 是数值不稳定引进的一个时间参数。

动量方程的离散格式

$$M \frac{\mathrm{d}\boldsymbol{v}}{\mathrm{d}t} + L\boldsymbol{v} + \boldsymbol{f}^{\mathrm{int}} = \boldsymbol{f}^{\mathrm{ext}} \tag{2.108}$$

其中，M 和 L 分别是广义质量和传递矩阵，对应于在参考构型描述下的速度；而 $\boldsymbol{f}^{\mathrm{int}}$ 和 $\boldsymbol{f}^{\mathrm{ext}}$ 分别是内力和外力向量，

$$M = I[M_{IJ}] = \left(\int_\Omega \rho \bar{N}_I N_J \mathrm{d}\Omega\right) I \tag{2.109}$$

$$L = I[L_{IJ}] = \left(\int_\Omega \rho \bar{N}_I c_i N_{J,i} \mathrm{d}\Omega\right) I \tag{2.110}$$

$$\boldsymbol{f}^{\mathrm{int}} = [f^{\mathrm{int}}_{iI}] = \int_\Omega \bar{N}_{I,j} \sigma_{ij} \mathrm{d}\Omega \tag{2.111}$$

$$\boldsymbol{f}^{\mathrm{ext}} = [f^{\mathrm{ext}}_{iI}] = \int_\Omega (\bar{N}_I \rho b_i) \mathrm{d}\Omega + \int_{\Gamma_{t_i}} \bar{N}_I \bar{t}_i \mathrm{d}\Gamma \tag{2.112}$$

$$\boldsymbol{v} = [v_J], \quad \frac{\mathrm{d}\boldsymbol{v}}{\mathrm{d}t} = \left[\frac{\mathrm{d}v_J}{\mathrm{d}t}\right] \tag{2.113}$$

2.1.7　初始条件和边界条件

为了进行有限元求解，还需要给出位移和速度的初始条件，初始条件可以用节点初始值表示，这里以一维情况为例进行阐述。其初始条件为

$$u_i(0) = u_0(X_I) \tag{2.114}$$

$$\dot{u}_i(0) = \dot{u}_0(X_I) \tag{2.115}$$

因此，对于初始状态处于静止和未变形物体的初始条件为

$$u_I(0) = 0 \quad \text{和} \quad \dot{u}_I(0) = 0, \quad \forall I \tag{2.116}$$

对于更复杂的初始条件，节点位移和速度可以通过初始数据的最小二乘拟合

得到。采用有限元插值函数和初始数据之间的差值平方最小化，令

$$M = \frac{1}{2} \int_{X_a}^{X_b} \left[\sum_I u_I(0) N_I(X) - u_0(X) \right]^2 \rho_0 A_0 \mathrm{d}X \tag{2.117}$$

这里 A_0 是一维杆的截面积。为了找到上式的最小值，令它对应于初始节点位移的导数为零：

$$0 = \frac{\partial M}{\partial u_K(0)} = \int_{X_a}^{X_b} N_K(X) \left[\sum_I u_I(0) N_I(X) - u_0(X) \right]^2 \rho_0 A_0 \mathrm{d}X \tag{2.118}$$

应用质量矩阵，上式能够写成

$$\boldsymbol{M}\boldsymbol{u}(0) = \boldsymbol{g} \tag{2.119}$$

其中，$g_K = \int_{X_a}^{X_b} N_K(X) u_0(X) \rho_0 A_0 \mathrm{d}X$。类似地，可以得到其他初始条件的最小二乘拟合。边界条件常常包括自然边界条件和强制边界条件，其中自然边界条件已包含在弱形式中，强制边界条件为位移边界，可以定义边界节点位移为

$$u_i(X_I, t) = \bar{U}_i(X_I, t), \quad \text{在} \ \Gamma_{u_i} \ \text{上} \tag{2.120}$$

其中，$\bar{U}_i$ 是边界位移。在有限元软件如 ABQUS、ANSYS 和 COMSOL 等中，将这些离散控制方程和边界条件用程序语言写入，结合离散网格并输入材料参数则可以进行有限元分析，求解得出分析问题的数值结果。

2.2　涡轮叶片热障涂层有限元建模

2.2.1　涡轮叶片几何特征

为满足现代航空发动机对高推重比的追求，涡轮前进口温度不断提高。在涡轮前进口温度不断提高的情况下，要保证涡轮叶片在高温燃气环境下安全可靠的工作，采用复杂的冷却结构和热障涂层技术已成为涡轮叶片的发展趋势。涡轮叶片的结构形式逐渐由实心叶片发展到具有复杂内腔、气膜冷却孔及扰流柱等复杂结构的气冷叶片。无论是导叶还是动叶，其叶片表面都是空间曲面，这是由涡轮叶片的高推力的叶形设计和提高能量转化效率等性能要求所决定的。叶身是涡轮叶片的主体部分，位于叶栅流动通道内，其几何特性包括叶身外形和叶身内形两方面。叶身外形是由若干组经气动计算后在不同流道高度上相互平行的截面曲线拟合成的空间自由曲面。叶身内形是由若干叶形截面曲线按一定的规律积叠而成的空间曲面，其内部设置有纵向肋(隔板)、扰流柱、冲击衬套等冷却结构，形成弯曲蛇形的内流冷却内腔。在叶身壁面上还分布有与叶片内腔相通的气膜孔，冷

却气流由腔内流入叶片外部，在叶身外壁面形成冷却气流层，阻隔高温燃气和涡轮叶片之间的直接传热。此外，为强化换热从叶片内壁面吸取热量，叶身内形结构中还通过冲击冷却、扰流强化换热的方式进行冷却。叶片典型结构如图 2.1 所示。总结可以得出涡轮叶片结构的几何特征[3]如下。

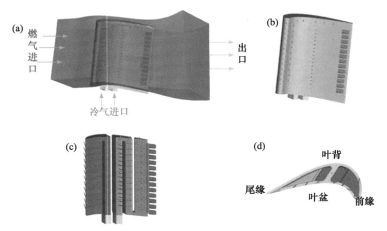

图 2.1　涡轮叶片热障涂层的几何结构
(a) 整体；(b) 叶片热障涂层；(c) 冷却通道；(d) 中截面

(1) 叶身：包括叶身外表面和内表面。叶身外表面由叶背型面(叶身吸力面，外凸)、叶盆型面(叶身压力面，内凹)、前缘型面和尾缘型面构成。内表面由内形的叶背型面(与外形叶背对应)、叶盆型面(与外形叶盆对应)、前缘型面(与外形前缘对应)和尾缘型面(与外形尾缘对应)构成。

(2) 缘板和榫头：榫头是叶片和盘连接部件，常为两齿树型榫头，缘板在榫头和叶身之间，由曲面构成。

(3) 气膜孔：叶身内部冷却气从叶身内部流入外部主流区的流通通道。通常为一组具有一定角度的圆形孔的阵列。

(4) 隔板(纵向肋)：通常为矩形拉伸体结构，位于叶身内部，将内部冷却通道分隔成多个串联或并联的腔体。

(5) 扰流柱：通常为一组柱状体结构，位于叶身内部起扰流换热作用。

(6) 尾缘：排出热交换后的气体，同时对叶片尾部进行冷却，通常为沿叶高方向与叶身内形光滑连接的长条状实体阵列。

(7) 冲击衬套：叶身内部起冲击冷却作用的等截面实体，通常与叶身内形的距离为一定值，其构造方法与叶身内形的构造方法类似。

(8) 热障涂层：叶片表面涂覆的一层几百微米的低热导率的陶瓷涂层，其作用是隔热。

2.2.2　涡轮叶片参数化建模

在进行有限元分析前，需要根据叶片的数据建立叶片的三维模型。在涡轮叶片热障涂层有限元分析和结构优化设计时，叶片造型或特征参数需要不断调整。但是反复的人工修改和建模加大了人员的工作量和复杂度，因此人们提出了参数化建模的设计方法。随着设计精度和复杂度的不断提高，在冷却叶片的设计上出现了自动设计手段，极大地提高了带热障涂层叶片结构的设计精度和速度。

目前的商业软件如 Solidworks、UG、ProE 等都具有相应的参数化建模模块，许多学者采用自主编程或结合UGICATIA的二次开发功能在涡轮冷却叶片的参数化设计方面做了大量的工作。文献[4, 5]采用自主研发的叶形参数化设计软件进行叶形设计，并能对叶栅的几何参数实现再次修改，使得叶片满足要求。文献[6]基于数学解析和特征造型技术相结合的方法，利用 Solidworks 提供的 API 系统作为二次开发接口，实现了多腔回流式涡轮冷却叶片的自动建模。文献[7]在分析涡轮叶片几何特征及其气动性能和结构强度的影响因素上，确定了叶片截面形状的控制参数，开发了一种基于 CATIA 的航空涡轮叶片建模方法。文献[8]结合 UG 的二次开发模块 API 以及自主编写 VC 程序实现计算模型的自动读取、参数改变、新模型生成及输出。文献[9]在使用 MATLAB 处理叶型数据的基础上，利用 UG 做相应的二次开发做出叶身的冷却结构，实现涡轮叶片的快速建模。文献[10, 11, 12]在分析 UG 几何实体及拓扑关系的基础上研究了涡轮叶栅、叶身型面和涡轮通道的造型过程，开发了基于 UG 的涡轮几何造型系统，实现基于 UG 的涡轮叶片参数化造型。由于 MATLAB 与 UG 是科研人员常用的工具，这里以哈尔滨工业大学[9]的研究为例，简介冷却结构叶片参数化设计的过程。

1. 叶片外形及冷却通道的参数化设计

涡轮叶片的叶身外形是形状复杂的空间曲面，经气动计算得到多个叶高截面上的叶片型线，按照一定的规律积叠而成。叶身的主要作用是当气流流经叶片时，将气体的部分内能转化为动能，并改变气流方向。为了保证叶片的工作温度，叶片表面设有与内部相通的气膜孔，冷气从气膜孔流出，在叶片表面形成气膜冷却。本节的参数化设计所采用的参考叶片为某燃气轮机的一级导叶。

叶身外形的参数化造型过程可以分为两个步骤：生成叶身截面线和生成叶片实体。目前，根据相关气动参数得到叶片型线的软件很多，如哈尔滨工业大学的 NUMECA 等，根据叶形数据在 UG 中的成型。叶形设计软件一般都能导出不同截面处压力面和吸力面的坐标点，在传统做法中，工作人员先将不同截面的叶形坐标点导入 UG 中形成叶片型线，利用蒙皮做出压力面和吸力面，再缝合各个面形成叶片外形，需要进行多步重复性的操作。为减少工作量，编写了 MATLAB 程序，将同一截面压力侧和吸力侧的坐标数据放在一起，按逆时针或顺时针重新构建了叶形数据，利用 UG OPEN API 编写程序，读取处理过的离散点，通过非均匀有理 B 样条曲线法形成叶片型线，再通过 UF_MODL_create_thru_ curves1 函数直接形成叶片实体。在应用时，只需输入截面个数并调用 MATLAB 程序，即可完成数据处理，再在 UG 中调用编写好的程序即可完成叶片的建立，这样就将人工操作全部变为由程序完成，加快了设计速度。处理后的数据格式与生成的叶片实例如图 2.2 所示。

图 2.2　输出数据格式与生成的叶片实例

　　为了进行冷却，涡轮叶片通常做成中空的叶片内腔型线，可以基于 MATLAB 程序按照壁厚从叶片外型线沿空间法线偏置得到。考虑到强度等因素，叶片并不都是等壁厚，在程序中，用户可以根据自己需求设定不同叶高的叶片厚度，由于叶片尾缘厚度较小，当叶片厚度达到一定值之后，会使叶片内型线相互交叉，如图 2.3(a)所示，在数据处理时对尾缘进行了倒角，根据输入的内腔尾缘直径，可以在尾缘处直接形成圆弧，如图 2.3(b)所示。由叶片外型数据，输入不同叶片高度的壁厚和尾缘直径，即可得到叶片各截面内型线的坐标数据，叶片内型的造型方法和外型的类似，为了便于之后的修剪，这里将内型做的超出叶片的上下端壁，完成的结构如图 2.4 所示。

　　叶片内部通常做成多个腔室，中间用隔板隔开，隔板的定位方式有很多，有关文献中通过叶片弦长对隔板定位，参数包括隔板在弦向的位置 L、与弦向的夹角 α 和隔板的壁厚 d 等，如图 2.5(a)所示。考虑到有的隔板并不是直的，这里采用隔板中心线在叶片各截面型线上的无量纲比例 L_1/L_p 和 L_2/L_s 来确定隔板的位置，如图 2.5(b)所示，利用隔板在各截面的位置参数，即可得到其中心截面的数据，再根据厚度向两侧插值就能得到隔板表面的数据点。在 UG 中调用隔板程序画出隔板之后，和叶片内型、叶片实体做相应的布尔运算，局部位置进行倒角即可得到完整的导向叶片内腔，如图 2.6 所示。

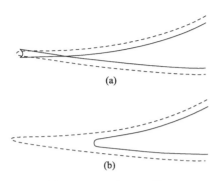

图 2.3　叶片内型尾缘

图 2.4　叶片内型

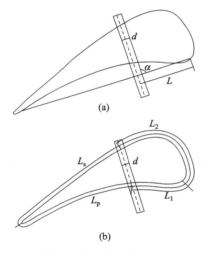

图 2.5　隔板的定位参数

图 2.6　导向叶片内腔

　　涡轮动叶存在较大的离心力，考虑到强度问题，较少采用冲击冷却，冷气通道常常做成相互折转的蛇形通道，这也可以看成是由多个隔板分割而成，只是在折转位置处隔板的高度不同，对于动叶，隔板的定位参数又添加了两个，即隔板在上、下缩短的距离 h_1、h_2，其他操作和静叶的一样，最后得到的蛇形通道和添加的定位参数如图 2.7 所示。上述叶片内腔和隔板的参数化设计都是以叶片外型线为基础的，所以可以把数据处理程序整合到一起，调用 MATLAB 程序同时生成叶片外型、内形和隔板的数据。

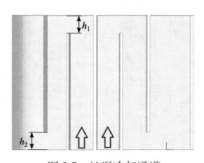

图 2.7　蛇形冷却通道

2. 扰流冷却结构的参数化设计

在叶片内腔中，为了强化冷却效果，经常添加一些扰流结构，增加换热面积，强化流体的扰动，最常用的扰流结构就是扰流肋，通常采用矩形截面，也有圆形截面的。在叶片中，特别是动叶的蛇形通道，两侧布满了肋片，如果按传统的几何画法，操作步骤繁琐，工作量大，非常有必要进行参数化设计。矩形肋的基本参数包括肋高 h、肋宽 b、肋间距 S 和肋夹角 α，如图 2.8(a) 所示，仅靠这些参数还不能在叶片上对扰流肋进行完全定位，还需要知道肋的初始高度 S_0 和肋在叶片弦向所处的位置 x，有的扰流肋并不是贯通整个冷却通道，而是比冷却通道短一些，这就需要增加一个肋的长度参数 l，本节对扰流肋所采用的表达参数如图 2.8(b) 所示。

涡轮叶片内部冷却通道形状复杂，扰流肋的造型比在平面上的难度增加，扰流肋参数化设计的难点在于在空间曲面上的定位。扰流肋设计所需的文件为叶片内形截面型线的数据点，在叶片内腔参数化中已经得到，如果想在其他曲面上添加肋片，也可以提取相关曲面的数据进行操作。对于肋片的弦向位置 x，采用前面的隔板定位的方法，用扰流肋中心线占叶片型线的百分比来确定，也可以手动输入坐标。在叶片中的扰流肋通常是直肋，即肋片的侧面在同一平面上，这个平面也是扰流肋各参数的基准，由于叶片是空间扭曲的，没有确定的底平面，采用叶根截面线的前缘点、尾缘点和中心点确定的平面作为底平面，沿此平面法向向上 S_0 距离，就可以得到第一个肋片侧面中心点的坐标，再依次平移肋间距 S_0 和肋宽 b 就可以得到所有肋侧面型线的基准点。根据叶片倾斜角计算出肋型线方向，从而可以得到肋侧面的型线数据，示意图如图 2.9 所示，以上操作都是通过MATLAB 编程实现的。

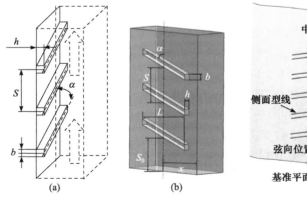

图 2.8　扰流肋的参数化表达　　　　图 2.9　肋侧面型线

肋的基本位置确定之后，在曲面上将其画出时，需要使肋的高度保持一致，在传统做法中常用的方法是先把肋做成大一些的矩形平板，将叶片内形面向内偏置肋高度距离得到新的曲面，再对肋平板进行修剪，基于这一思想编写二次开发程序来完成参数化建立扰流肋。首先将叶片内形面向两侧偏置，得到肋顶面所在的曲面，利用 UF_CURVE create line 函数画出肋的侧面型线，分别向肋的顶部和底部曲面投影得到肋的四条边界线，提取边界线的顶点组成肋的截面型线，之后通过 UF_MODL_create_sweep 函数沿边界线扫掠出肋的几何结构，扰流肋示意图如图 2.10 所示。

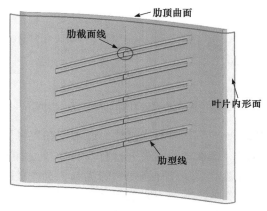

图 2.10　扰流肋示意图

除了平行扰流肋之外，在很多地方还会用到其他形式的肋片，如 V 形肋和间断肋等，V 形肋的参数表达和直肋类似，只是倾斜角变成了 V 形的夹角。间断肋可以看成是由多排平行肋组成，只是每排肋的位置和初始肋高度不同，V 形肋和间断肋的参数表达如图 2.11 所示。

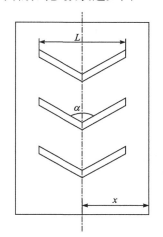
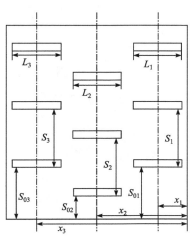

图 2.11　V 形肋和间断肋的参数表达

扰流肋参数化建模过程中，各种肋的设计思想都是一样的，需要用到肋所在曲面的数据点，根据肋片的设计参数，先用 MATLAB 处理数据得到肋型线的空间位置，再在 UG 中调用程序扫掠成型，可以一次性做出一整排肋，随意改变肋间距、肋高、肋个数等参数，大大提高了设计和修改效率，图 2.12 为用该设计方法在静叶内腔和动叶蛇形通道中做出的肋片示意图。

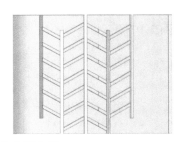

图 2.12　扰流肋在静叶和动叶中的应用实例

扰流结构除肋片之外，还有圆形扰流柱，通常用在尾缘劈缝中，加强流体的扰动同时增大换热面积，对较薄的尾缘进行有效的冷却，由于圆柱肋同时连接叶片的吸力面侧和压力面侧，所以具有强度大的优点。扰流柱的排列方式包括顺排和交叉排列，为了增强换热效果，一般采用交叉排列的方式，扰流肋的设计参数如图 2.13 所示，包括径向肋间距 S_y、弦向肋间距 S_x、第一排扰流柱弦向初始位置 x、第一个扰流柱距底平面距离 S_0、圆柱直径 d 和肋高度 h，圆形扰流柱的参数化设计与扰流肋的有所不同，但和圆形气膜孔类似，详细方法见圆形气膜孔的参数化设计。叶片尾缘中还会经常用到矩阵肋设计参数，如图 2.14 所示，两侧的平行肋相互交叉，形成网状的折转通道，冷气在其中流动时强化了扰动，提高了换热系数。通过分析矩阵式扰流肋(简称矩阵肋)的结构发现，它可以看成是由两排平行扰流肋叠加而成，所以它也可以通过前面的扰流肋参数化设计方法做出。

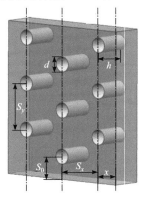

图 2.13　扰流肋设计参数

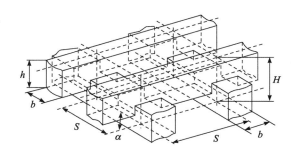

图 2.14　矩阵肋设计参数

3. 气膜冷却结构的参数化设计

气膜冷却在现代高温涡轮叶片中应用十分广泛,它属于外部冷却方式,冷气从气膜孔流出,在叶片表面形成一层冷却气膜,阻隔了高温燃气对叶片表面的加热。全气膜冷却的涡轮叶片表面布满了气膜孔,数量繁多,为了提高气膜的覆盖效果,气膜孔通常具有一定的角度,有的沿弦向倾斜,有的沿径向倾斜,在一些特殊位置还布置有复合角度的气膜孔。气膜孔的形状也各式各样,除圆形气膜孔外,还有梯形、扇形和扩张型孔等,建模过程十分复杂。对于气膜孔的参数化设计,首先要确定出气膜孔的位置,根据气膜孔的复合角度确定气膜孔的轴线,之后再根据孔的截面形状做出气膜孔。

以气膜孔轴线与叶片表面的交点作为气膜孔的位置基准点,基准点坐标通过其在叶片表面的百分比位置确定,如图 2.15 所示。首先确定气膜孔位于吸力面还是压力面,用一排气膜孔连线与叶根叶顶型线的交点确定出气膜孔连线的位置,交点的位置由该点占型线的百分比 S_{12}/S_2(弦向位置 1)和 S_{11}/S_1(弦向位置 2)确定,再根据气膜孔排的起始和终止位置在气膜孔连线上的百分比 L_1/L(向位置 1)和 L_2/L(向位置 2)确定出第一个和最后一个气膜孔,最后根据气膜孔的个数对连线进行分割即可以得到所有气膜孔中心的坐标点。

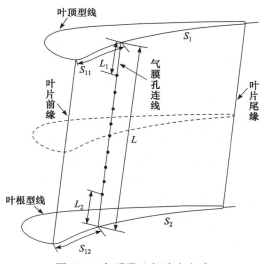

图 2.15 气膜孔坐标确定方式

气膜孔的基准点坐标确定之后,再确定该气膜孔的轴线方向,首先需要在此处建立贴体坐标系,根据叶片型线求出叶片表面在该点的法向向量,以该点为坐标系原点,法向向量和气膜孔连线的方向为 y 轴和 z 轴建立坐标系,此时 x 轴和 z 轴即代表了叶片的弦向和径向,如图 2.16(a)所示。根据气膜孔的弦向角 α 和径向

角 β 即可得到轴线的向量，直接利用 α 和 β 求解时比较麻烦，这里引入另一个角度 γ，它们的关系如图 2.16(b)所示，这样利用 α 和 γ 可以较方便地得到轴向向量，它们之间的换算关系为

$$\gamma = \arctan\sqrt{(\cos^2\alpha - 1)\cos^2\beta/(\cos^2\beta - 1)} \tag{2.121}$$

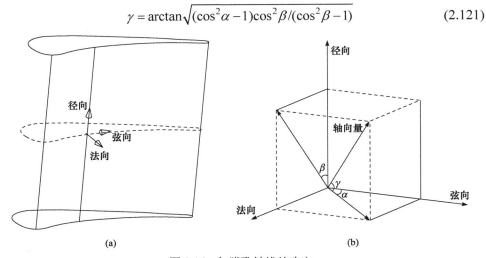

图 2.16　气膜孔轴线的确定

以上气膜孔坐标和轴线方向都通过 MATLAB 编写的程序获得，只需要叶片截面型线的数据，输入气膜孔的个数、角度等参数就可以得到一排气膜孔准确的中心坐标和轴线方向。接下来就是根据气膜孔的形状参数进行实体造型，对于圆形气膜孔，除了直径 d 之外，为了避免气膜孔打到其他壁面上，还添加了气膜孔长度 L 作为控制参数。有些文献中利用引导线的方法在建模软件中画出气膜孔，即通过气膜孔中心点和轴线向量做出一段气膜孔的轴线，把轴线首尾相连形成一条引导线，导入 UG 后沿折线画出圆柱，再跟叶片进行布尔运算即可得到气膜孔，其方法如图 2.17 所示。这种方法能一次性做出一排气膜孔，但是需要手工进行扫掠，还会出现操作不成功的现象，而且不能应用于梯形孔或变截面孔，这里利用 UG 二次开发中的 UF_MODL_create_cyl1 函数实现圆形气膜孔的成型，只需调用程序就能做出整排气膜孔的圆柱体，操作十分方便，图 2.18 为具有倾角的圆形气膜孔实例。

为了提高冷却效率，气膜孔的形状多种多样，其中扩张型孔应用比较多，小的进口截面控制了冷气的流量，扩张的出口能够加大气膜的覆盖范围。目前应用比较广泛的还有梯形孔、变截面孔等，因为孔的形状不同，所以参数化设计的方法也有所区别。首先是气膜孔的方向，圆柱形气膜孔是圆周对称的，只需知道轴向方向就可以确定，而扩张型和梯形孔等还需要孔的扩张方向才能定位，以叶片的径向和气膜孔的轴向确定扩张型气膜孔具体方位，这两个方向的向量从 MATLAB

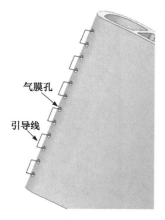

图 2.17　引导线生成气膜孔

图 2.18　圆形气膜孔实例

中处理数据获得。梯形气膜孔为等截面孔，做起来相对方便一些，其截面的控制参数如图 2.19 所示，以气膜孔中心线为基准，参数包括长边长 L_1、短边长 L_2、长边到中心的距离 d_1 和短边到中心的距离 d_2。扩张型孔的定位比较复杂，因为叶片表面为空间曲面，孔和表面的交线形状不规则，难以直接控制，这里通过控制垂直于轴线的截面形状来操作，包括三个截面，截面的位置参数如图 2.20 所示，以孔中心点(孔轴线与叶片外表面交点)为基准，沿轴线分别移动 D_1、D_2 和 D_3 距离得到扩张型孔的转折和前后平面的位置，每个截面的形状控制参数和梯形孔一样，最后根据孔的截面线数据用 UF_MODL_create_thru_curves 函数即可得到气膜孔的实体，变截面气膜孔的设计方法和梯形孔的类似，只是截面的形状有所变化。

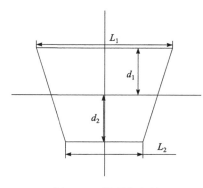

图 2.19　梯形孔参数

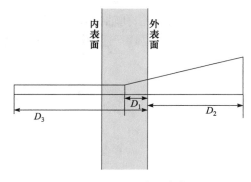

图 2.20　截面位置参数

全覆盖涡轮叶片上通常布置多排气膜孔，这里将程序做了相关改进，可以将多排相同类型的气膜孔同时做出。程序需要的文件为叶形的截面型线，气膜孔位置输入参数格式如图 2.21 所示，然后调用 MATLAB 程序计算出每个气膜孔的坐标位置和轴线向量，在 UG 中调用不同形状气膜孔的程序即可快速完成实体造型，整个过程仅需几分钟就可完成，具有较高的设计效率，图 2.22 为在涡轮静叶上做出不同形式气膜孔的实例。

叶片截面型线个数	气膜孔总列数
压力面/吸力面	第一列气膜孔个数
弦向位置1	弦向位置2
径向位置1	径向位置2
弦向夹角	径向夹角
压力面/吸力面	第二列气膜孔个数
⋮	⋮
压力面/吸力面	第三列气膜孔个数
⋮	

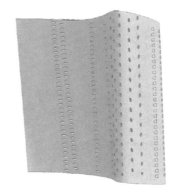

图 2.21　气膜孔位置输入参数格式　　　　图 2.22　气膜孔生成实例

　　冲击冷却主要布置在静叶内腔中，冷气通过小孔形成射流冲击叶片内壁面，叶片中冲击套筒的位置和大小主要由两个参数来确定，冲击距离 d 和冲击套筒的厚度 e，如图 2.23(a)所示，一般情况下，冲击套筒的冲击距离和厚度都是均匀的。叶片中冲击套筒和冲击板的数量较少，控制参数简单，如果利用编程来完成参数化设计会耗费大量的时间和精力，所以它的参数化直接在建模软件中完成，只需通过叶片内表面做简单的偏置即可得到冲击套筒的形状。在套筒上的冲击孔多为圆形，排列的方式为顺排或者叉排，位置的布置还要考虑对气膜冷却的影响。冲击孔的基本控制参数如图 2.23(b)所示，其中包括冲击孔直径 d、横向间距 c_x 和纵向间距 c_y 等，冲击孔轴线方向都是垂直于叶片内壁面的。通过分析冲击孔的结构可以看出，它和圆形气膜孔类似，且轴线方向更易于控制。

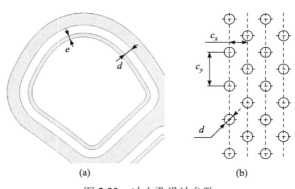

(a)　　　　　　　　　　　　　(b)

图 2.23　冲击孔设计参数

2.3　涡轮叶片网格划分

为了进行有限元分析，需要将构建的涡轮叶片几何模型离散为有限个单元，即有限元网格。根据网格的单元拓扑是否有规律可以将有限元网格分为结构网格和非结构网格。结构网格按一定规则对网格的节点进行编号，根据节点编号可以确定节点相邻关系等网格拓扑信息。而非结构网格中所包含的每个内部节点的单元数目是不确定的，没有结构网格节点的结构性限制，只需指定边界上的网格分布便可在边界之间自动生成网格，无需进行网格分区且不需要在子分区之间传递信息，因而能较好地处理边界，其生成方法的自动性及自适应计算的能力都较高，受到研究者的青睐[12, 13]。但是非结构网格在满足相同计算的情况下，对于同一个长方体空间需要划分为 5 个四面体，因此它产生的网格数量要比结构网格大很多，比如，在高雷诺数边界层或者气膜孔等小尺度结构模拟计算时，要求在垂直于边界层的方向上有足够的网格分辨率，这使得非结构网格数量急剧增加，同时流场计算迭代的时间也增加，对计算机有较大的内存要求。与非结构网格相比，结构网格的存储和访问代价都较小，具有很好的正交性和贴边性及数值计算精度。然而对于冷却叶片这种复杂的几何，现有的技术无法支持结构化网格的完全自动产生，这是由于结构网格的特征所导致的。本节将介绍非结构化网格的生成原理和方法以及结构化网格的分区策略和方法。

2.3.1　非结构化网格划分

目前对于非结构网格的生成算法是插点/连元算法，通常以区域边界为输入，逐步在区域内部增加新的网格节点或创建新的单元，直至区域被完全网格化，如四/八叉树法、前沿推进算法和 Delaunay 三角化[14]。

1. 四/八叉树法

1980 年，由 Shephard 和他领导的研究组最早将四/八叉树法引入到网格生成领域，利用该方法生成三角形/四面体单元[15, 16]。以二维情况为例，从一个覆盖问题域的长方形包围盒为起点，沿着轴向递归地四分包围盒，每一次分解后的方格都称为四分区(quadrant)。最后，剔除落在区域外面的四分区，并对和问题域边界相交的四分区进行特别处理，就可以得到覆盖问题域的初始四叉树。Bachmann 等[17]对早期的修改四叉树进行了改进，在四叉树数据结构中，对物体内的拓扑实体进行更明确的表示，从而去掉几何体拓扑复杂性的限制。Yiu 等[18]及 Greaves 和 Borthwick[19]详细地介绍了四叉树生成方法、单元编码系统以及数据处理方法。相应地，将四叉树推广到三维，可以得到八叉树。

为将分解后的四/八叉树用于数值模拟，还需要进行一些处理。为保证单元尺寸的光滑过渡，相邻的四/八分区深度不应超过 1，此外，在区域内部，相邻四/八分区的层级不超过 1。为精确地离散区域边界，边界附近的单元尺寸通常需要根据区域边界的几何特征进行加密，以减少几何表征误差。四/八叉树法的主要优点在于可以非常方便地实现有广泛用途的集合运算(例如可以求两个物体的并、交、差等运算)，而这些是其他网格方法比较难以处理或者需要耗费许多计算资源的地方。不仅如此，这种方法的有序性及分层性对显示精度和速度的平衡、隐线和隐面的消除等带来了很大的方便，特别有用。

2. 前沿推进法

前沿推进法就是从模型的边界开始生成网格，并不断向区域内部推进。前沿指的是区分已网格化区域和未网格化区域的网格边(二维情形)或网格面(三维情形)。通过构建一个前沿边的集合，初始前沿边集合为边界的网格边或网格面，随着新单元的逐个生成，并不断更新该前沿边集合，前沿推进法有时也称波前法。当该前沿边集合为空时，问题区域的网格生成过程就完成了。经典的前沿推进法是递归执行的，每个递归过程包括 3 步：①从当前边界或约束中找寻合适的前沿；②在区域内部插入新节点或直接连接已有节点，与前沿构成 1 个新单元；③更新前沿。确定新单元时，通常需考虑新单元及移去新单元后剩余区域的几何质量。

前沿推进法通常生成的网格质量较好，其对几何边界有较强的适应能力。但其在最后封闭区域时存在可靠性问题，当最后剩余的非网格化区域比较小时，常规的前沿推进法通常无法获取该区域的网格。二维情况下，可以采用一个可靠的多边形三角化策略实现剩余区域的封闭。三维情况下，其可能需要添加一些额外点才能成功封闭剩余区域。经典的前沿推进法除了平面或曲面三角形和实体四面体网格生成外，前沿推进思想还适用于平面或曲面的四边形网格生成[20,21]、实体六面体网格生成以及黏性边界层网格生成[22-24]等。

3. Delaunay 网格生成方法

Delaunay 法是 1850 年 Dirichlet 提出的一种利用已知点集将平面划分为凸多边形的理论，即 Voronoi 图[25]。基于这个基础，Delaunay 的三角化于 1934 年被提出[26]，但直到 20 世纪 70 年代末和 80 年代初，Delaunay 三角化才被引入网格生成领域，其基本原理如下。

给定欧氏空间 E^d 中互不重合的 n 个点组成的点集 $P=\{p_1, p_2, \cdots, p_n\}$，对每个 $p_i \in P$ 附近总存在一块连续的空间 $V(p_i)$，满足

$$V(p_i) = \left\{ x: |p_i - x| \leqslant |p_i - x|, \forall j \neq i \right\} \tag{2.122}$$

其中，称 $V(p_i)$ 为点 p_i 的 Voronoi 元(Voronoi cell)，所有点的 Voronoi 元共同组成了点集 P 的 Voronoi 图。将 Voronoi 图中存在相邻关系的点连接在一起，便可得到 Voronoi 图的对偶图，即 Delaunay 三角化(Delaunay triangulation)，记为 T，如图 2.24 所示。Voronoi 图中 $d+1$ 个具有相邻关系的点构成一个单纯(simplex)形体 t，t 的外接球是指过 t 的所有顶点的一个超球(hypersphere)。三维情形下，由于 t 为四面体，故也可称 T 为 Delaunay 四面体化(Delaunay tetrahedralization)。为简化起见，如无特别指出，仍称三维及更高维情形下的 T 为 Delaunay 三角化。二维点集的 Delaunay 三角化结果还具有"最大-最小角"特性，即所有三角化结果中，Delaunay 三角化的三角形最小内角最大。尽管"最大-最小角"特性并不适用于三维问题，但对应一个分布合理的三维点集，其 Delaunay 三角化所包含的四面体单元通常也具备很好的几何形态，能满足数值模拟的需要。Delaunay 法的优点是数学原则强、生成效率高、不易引起网格空间穿透、数据结构相对简单；缺点是复杂度太高，为了要保证边界的一致性和物面的完整性需要在物面处进行布点控制，以避免物面穿透。

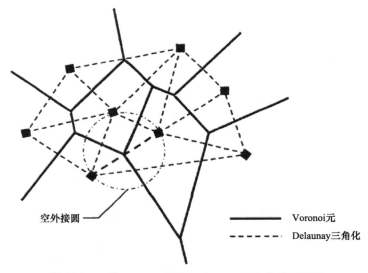

图 2.24 二维 Voronoi 图和 Delaunay 三角化的对偶图

为了进行涡轮叶片热障涂层隔热效果和服役环境下的热应力有限元分析，我们建立了如图 2.25 所示的某一在流体通道中有导向叶片的几何模型。该导向叶片内部由前向冷却腔和后向冷却腔组成，外部涂覆有一层 300μm 的热障涂层。叶片上有 14 排气膜孔，由尾缘孔(H_{14})和气膜孔组成，共 13 排(H_1～H_{13})。

运用网格划分软件 ICEM，基于八叉树网格法生成导向叶片的非结构化四面体网格。其基本步骤如下：

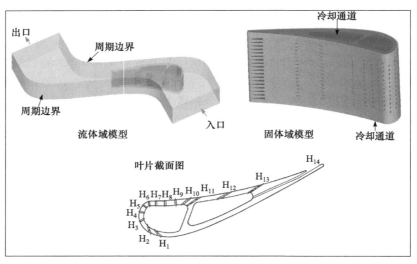

图 2.25　涡轮叶片模型

(1) 导入导向叶片几何模型，并对几何模型进行修补，使得几何的点、线、面连接并封闭；

(2) 将叶片几何模型根据几何特性命名为各个面网格 Part，设置体网格并命名；

(3) 根据有限元计算的精度需求和几何特征，设置不同 Part 网格尺寸和密度，对气膜孔、尾缘等位置设置网格加密；

(4) ICEM 软件根据设置网格参数基于八叉树法自动生成网格，对网格质量进行检查，如果不合格，调节参数重新进行网格划分，待网格质量满足求解要求后进行平滑处理，导出求解器识别格式。

如图 2.26 为生成的网格。该网格单元总数量为 921 万，可以发现，在叶片表面和流体域界面上生成有棱柱形边界层网格，这样能更准确地捕捉边界层流动和

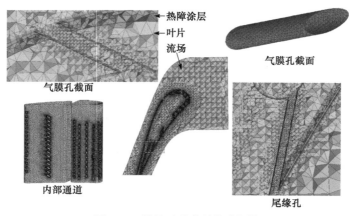

图 2.26　涡轮叶片非结构化网格

换热状态，提高计算的准确度。在距离叶片较远的主流区域网格尺寸较为稀疏，在叶片附近区域，特别是气膜孔和叶片表面边界层附近等气流变化剧烈的位置局部加密了网格，对每排气膜孔进一步加密。可以发现网格完整体现了该叶片复杂的几何特征，包括内部冷却通道、尾缘孔、气膜孔、热障涂层等细节，满足有限元分析的要求。

2.3.2　涡轮叶片结构化网格

结构网格的生成算法是基于参数化和映射技术的算法，它将物理空间不规则区域的网格生成问题通过映射函数转换为参数空间规则区域的网格生成问题，映射函数的确定主要有两类途径：一是通过代数插值，二是通过求解偏微分方程(PDE)[27]。结构化网格生成基本过程包括首先将形体边界的参数方程映射到计算区域，形成规则的计算边界，然后在规则的计算边界内生成结构化网格，最后将计算区域内的网格反向映射到物理区域。因此网格生成的最终目的是采用某种数学方法实现物理区域到计算区域的坐标转换，即

$$\xi = \xi(x, y), \quad \eta = \eta(x, y) \tag{2.123}$$

这种转换的数学实现均是在单连通区域进行的，相对复杂的多连通网格可以看成是较简单的单连通网格的组合。目前较成熟的单连通区域网格生成方法主要有代数法和微分方程法两类。

(1) 代数法。

利用已知的物理空间区域边界值，通过一些代数关系式，采用中间插值或坐标变换的方式把物理空间的不规则区域网格转换成计算空间上矩形区域网格的方法称为代数网格方法。插值计算是代数法的核心，不同的插值算法将产出性质各不相同的代数网格，简单的有直接拉线方法、各种坐标变换方法、规范边界的双边界方法等。但上述的几种方法适应性较差，相对而言，通用性较强、生成网格性质较好的方法是通过一定的插值基函数构造插值公式的代数网格生成方法。其中较有代表性的是无限插值法，该方法适应性强，速度快，是目前成熟有效的代数网格生成方法。

(2) 微分方程法。

微分方程法是网格生成中的另一类经典方法。这类方法利用微分方程的解析性质，如调和函数的光顺性、变换中的正交不变性等，进行物理空间到计算空间的坐标转换，所生成的网格较代数网格光滑、合理、通用性强。微分方程法根据所采用方程的不同，分为椭圆型方程方法、双曲型方程方法、抛物化方法等，其中椭圆型方程方法在实际工作中应用最广泛。

对于复杂的几何模型，在结构化网格生成过程中，通常是先创建分区来体现几何模型，再通过建立映射关系来搭建几何模型和分区之间的桥梁，最终在分区

中生成结构化网格。因此在分析几何模型的基础上，创建合理的分区拓扑结构是生成结构化网格最为基础和重要的环节。根据分区的排列方式，可以将计算域的拓扑结构分为并列模式和嵌套模式两大类。

(1) 并列模式。

并列模式是指由多个拓扑六面体相互堆积而成的拓扑结构，在拓扑的三个方向中，每个六面体在单方向上最多有两个面与相邻的体共用，每个方向上六面体的排列个数可以是任意的。如图 2.27(a)所示，多个拓扑六面体可沿一个方向排列，相邻两个六面体之间共用一个连接面。或者如图 2.27(b)所示，多个六面体可沿三个方向排列，每个六面体在每个方向上最多有两个面与相邻六面体共用。该模式将几何模型的拓扑结构以添加的方式从无到有一步步地构建出符合模型的六面体拓扑结构。

(2) 嵌套模式。

嵌套模式是在一个大的拓扑六面体内放置一个小的六面体，将两个六面体结构的八个顶点分别对应相连，如图 2.28 所示。在此结构中又可以在小六面体中再放置一个小的六面体，依次类推，因此嵌套模式的拓扑结构中最少含有 5 个拓扑六面体。嵌套模式在实际应用中很广泛，变化也很多。该模式从整体上把握拓扑结构，通过多次嵌套最终获得几何模型的拓扑结构。

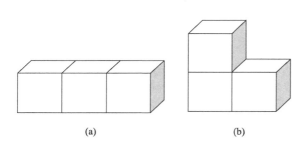

(a)　　　　　　　　(b)

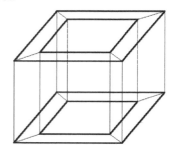

图 2.27　结构网格的生成并列模式　　　　图 2.28　嵌套模式

在结构化网格划分过程中，最常见的应用为 O 型切分。对于几何模型为圆柱或圆孔等形状时，采用 O 型切分可以避免分区内的网格在曲线或曲面上网格聚集度小、网格歪斜，从而提高网格质量，同时还可以在曲面附近生成理想的边界层网格，如图 2.29 所示。

另一种常见的分区方式为 Y 型分区，Y 型分区主要针对横截面为三角形的几何模型，其分区策略如图 2.30 所示，对于 Y 型分区，也可以采用嵌套模式进行分区，如图 2.31 所示，从图中可以看出，采用嵌套模式后，分区中网格较倾斜的网格从模型的边界处移动到模型的中部，而模型边界处的网格则有了很大的改善。

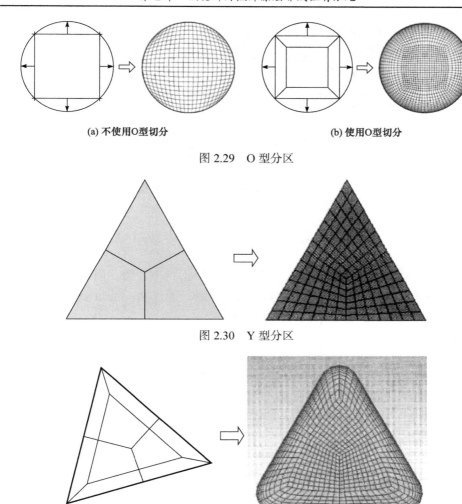

(a) 不使用O型切分　　　　　　　　(b) 使用O型切分

图 2.29　O 型分区

图 2.30　Y 型分区

图 2.31　嵌套模式 Y 型分区

在结构化网格划分过程中,结合并列模式和嵌套模式灵活地运用 O 型切分和 Y 型切分能够为几何体的分区工作提供思路,在实际应用中重点是建立几何体和分区之间的拓扑关系,而并非实际的几何体。

基于以上的结构化网格思想,导向叶片几何模型可以运用 ICEM 划分结构化网格(图 2.32),其主要步骤如下:

(1) 导入导向叶片几何模型,并对几何模型进行修补,使得点线面连接、封闭;

(2) 将叶片几何模型根据几何特性命名为各个面网格 Part,并对体网格命名;

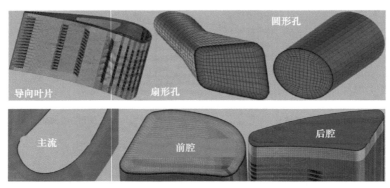

图 2.32　结构化网格[28]

(3) 生成块(block)，并根据导向叶片的几何形状，运用 O 型切分、并列、嵌套等进行分块，删除多余的块；

(4) 将叶片几何各个部分的点、线、面与 block 的点、线、面建立关联；

(5) 设置各个 block 边线的节点数和分布规律，通过 Pre-mesh 观察网格情况，调节网格参数直到得到质量满足要求的网格；

(6) 生成真正网格并导出求解器网格格式文件。

如图 2.32 为一带有冷却通道和多排气膜孔的涡轮导向叶片运用 ICEM 的分块划分的计算网格。其中对流场和叶片运用 O 型切分，将气膜孔和内冷却腔分别建立网格再嵌套。可以发现生成的网格均匀有序，完整地体现了该叶片外形、气膜孔以及内冷却腔的几何特征，并在流体固体界面上划分了边界层，提高了数值模拟的计算精度，网格质量非常好。

2.4　图像有限元建模

热障涂层系统是一种多层结构的系统，通常由基底(substrate)、黏结层(bond coat，BC)、氧化层(TGO)以及顶部陶瓷层(top coat，TC)组成。在进行热障涂层有限元分析时，涂层多层、微观结构对真实反映热障涂层服役过程中的应力、失效有重要的影响。常用的热障涂层由大气等离子喷涂(APS)和电子束物理气相沉积(EB-PVD)两种制备工艺制备。APS 制备的涂层微观结构呈层状结构，如图 2.33(a)所示，黏结强度高，层间孔隙率较大使得涂层的热膨胀系数和热导率降低，起到更好的隔热作用。EB-PVD 制备[29]的涂层呈现典型的柱状晶结构，如图 2.33(b)所示。柱状晶与柱状晶之间存在一定间隙，可以增加涂层的应变容限，具有良好的抗热冲击性。另外，热障涂层在服役过程中，一直处于高温环境，外界的氧会通过 TC 的间隙或孔洞往里扩散，并在 BC 层和 TC 层之间与合金元素发生反应，生成一种高温氧化物，称之为 TGO，随着服役时间的增加，TGO 会不断的增厚。如图 2.34 所示，为热障涂层 TGO 形貌演化。由于 TGO 的材料参数与 TC 层、BC 层差异较大，在降温过程中，会产生较大的热应力。在 TGO 生长长厚的过程中，受反应速率、蠕变的影响，TGO 形貌会发生变化，呈褶皱状或波浪状，这种不规则的 TGO 形貌会导致应力集中，并进一步导致裂纹的萌生与扩展。

图 2.33　热障涂层微观结构图

(a) APS 涂层[30]；(b) EB-PVD 涂层[31]

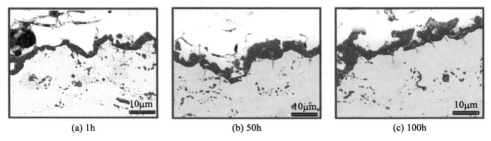

(a) 1h　　　　　　　　(b) 50h　　　　　　　　(c) 100h

图 2.34　APS 热障涂层 TGO 随氧化时间的变化规律[32]

2.4.1　图像有限元方法

热障涂层微观结构和界面形貌对于描述界面破坏的机理及其演化至关重要。为了建立真实热障涂层形貌的热障涂层几何模型，我们提出了使用图像处理工具 Photoshop、CorelDraw 结合建模软件 UG 和 ABAQUS/COMSOL 来建模。该方法依赖于 TBCs 截面的 SEM 显微图像。通过多个软件之间的文件格式的兼容性，有效、快速地将 SEM 图片转化为能为有限元软件使用的几何模型图。大致流程是选取一张热障涂层清晰的 SEM 图片，然后借用 Photoshop、CorelDraw、UG 等软件来提取轮廓，进行矢量化，最终导入有限元软件 ABAQUS/COMSOL 中建立几何模型。其详细的操作步骤如下所述。

(1) 在 Photoshop 软件中得到二值化轮廓图，具体操作如下：

(i) 选取一张轮廓清晰的热障涂层 SEM 图片,保存为.jpg 格式,导入到 Photoshop 软件中;

(ii) 对 SEM 图片进行灰度处理,增加黑白对比度,然后将灰度进行阈值分割,保留黑色区域,得到阈值分割图;

(iii) 对阈值分割图进行腐蚀处理、去除杂质点、保留区域,得到形貌图;

(iv) 提取 TGO 形貌图的轮廓,得到二值化的轮廓图,输出为.jpg 格式或者.png 格式。

Photoshop 处理 SEM 图片原理: SEM 图片作为数字图像,在软件中以二维像素点构成。假设二维坐标系中, x 方向有 n 个像素点, y 方向有 m 个像素点,那么可以构成一个二维像素点矩阵 $\boldsymbol{F}$,矩阵的元素为 $f(i,j)$, $\boldsymbol{F}$ 可以表述为

$$\boldsymbol{F} = \begin{bmatrix} f(0,0) & f(0,1) & \cdots & f(0,n-1) \\ f(1,0) & f(1,1) & \cdots & f(1,n-1) \\ \vdots & \vdots & & \vdots \\ f(m-1,0) & f(m-1,1) & \cdots & f(m-1,n-1) \end{bmatrix} \tag{2.124}$$

这个二维矩阵包括了整张 SEM 灰度值信息。然后,进行阈值分割,即取一特定灰度值 H,令像素点矩阵 $\boldsymbol{F}$ 中灰度值大于 H 的值为 0(0 表示白色),小于 H 的值为 1(1 表示黑色),用公式表述为

$$f(i,j) = \begin{cases} 0, & (f(i,j) \leqslant H) \\ 1, & (f(i,j) \geqslant H) \end{cases} \quad (0 \leqslant i \leqslant m-1, 0 \leqslant j \leqslant n-1) \tag{2.125}$$

运用式(2.124)和式(2.125)得到阈值分割后的形貌图,再进行腐蚀处理,去除杂质,提取轮廓即可得到轮廓图。

(2) 在 CorelDraw 中将二值化的轮廓图进行矢量化处理,转化为矢量图,保存并导出为.dwg 格式或者.dxf 格式。

在 CorelDraw 中将二值化图转化为矢量图是完成几何建模的关键性步骤,位图与矢量图的区别在于:位图是由二维或三维像素点构成的图像,会因放大或缩小导致图像失真;而矢量图是由一连串计算机命令符号记录的图像,所保存的是几何形状,不会因其放大或缩小导致图像失真,矢量图是进行几何建模的基础[33]。要通过数字图像建成能为 CAD 软件或 CAE 软件所用的几何模型,必须对其进行矢量化,矢量化的基本原理如图 2.35 所示,假设在一幅图中取我们关心的

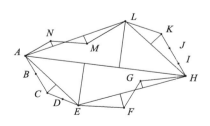

图 2.35　位图转化为矢量图示意图

若干个点，首先找到距离最远的两个点 A 与 H，将之相连，则整个图形被 AH 线段分为两部分，在这两部分中分别找出与线段 AH 垂直距离最远的点。下面以图 2.35 中上半部分为例进行说明，距离最远的点为 L，判断其与 AH 的距离是否小于某一特定值 t，如果大于 t，则又将上半部分分为两小块，分别连接 AL 和 HL，再分别找出各部分与 AL 和 LH 距离最远的点 M 与 K，判断其两点距离线段的距离是否小于 t，若是小于 t，则连接其他点，由计算机记录相对位置，则会生成一条线段，以此类推将其他部分线段也相继生成出来，则整个图像将会连成一个封闭的整体 HIJ···EFG[34]。

(3) 在 UG 中，按照 SEM 图片的标尺，将矢量化的轮廓图缩放至与原始图片一样大小，并进行几何清理，即得到原形的轮廓矢量图，保存并导出为.stp 格式或者.CATPart 格式。

(4) 在 ABAQUS/COMSOL 中建立 TBCs 真实几何模型。

2.4.2 二维 TGO 界面模型建立方法

为了从图像中获得粗略的界面轮廓，可以使用傅里叶级数。然后考虑整体轮廓的 28μm 长区域，其平均粗糙度 $R_l = 1.052$。在此，所讨论的区域被假定为周期性的，并且代表全体的 TGO 层。接下来，让我们简要介绍一下 YSZ/BC 界面，离散界面函数表示为 $P(x)$，利用傅里叶拟合的界面函数为 $P^*(x)$，其中 x 是沿氧化物界面的位置。为了简化定义氧化物平均轮廓的傅里叶级数，仅前 N 个空间频率。对于 $k = 1 \sim N$ 的情况，k/w 取为定值，其中 w 是分析轮廓的宽度。因此，TGO 均值轮廓由 $(2 \times N)$ 傅里叶级数振幅参数 (a_k, b_k) 计算。可以得到

$$P_N^*(x) = \frac{a_0}{2} + \sum_{k=1}^{N} \left[a_k \cos\left(k\frac{2\pi x}{w} \right) + b_k \sin\left(k\frac{2\pi x}{w} \right) \right] \approx P^*(x) \tag{2.126}$$

通过比较所测量的平均氧化物分布和使用不同数量项 N 的傅里叶变换来测试粗糙界面模型的质量。从图 2.36 可以看出，当 $N = 16$ 时，与图像处理分析获得的氧化物平均轮廓符合良好。

图 2.37(a)中所示的氧化物的几何形状，是这里要考虑的长 28μm 的界面域。为了建立界面区域的有限元网格，建立初始未变形有限元网格，如图 2.37(b)所示。然后对整个氧化层进行傅里叶分解，根据方程(2.127)沿面外 z 方向置换每个节点。为了保持网格的平整度和上下表面的平整度，氧化层外的所有节点也沿 z 方向进行位移，尽管是由线性函数调制的，但仍导致模型 TBCs 区域的上下位移为零。用于满足这些准则的方程组为

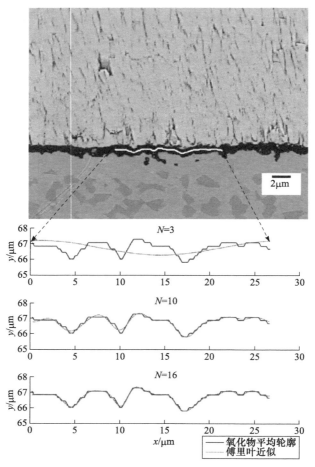

图 2.36　图像处理分析获得的氧化物平均轮廓(实线)与其具有不同项数的傅里叶近似之间的比
较($N = 3$、10 和 16)(虚线)

$$\begin{cases} Z(x) = P_N^*(x) \cdot f(z), & \text{这里} f(z) = \dfrac{z - z_3}{z_2 - z_3}, \text{对于} z_2 < z \leqslant z_3 \\[2mm] Z(x) = P_N^*(x), & \text{对于} z_1 < z \leqslant z_2 \\[2mm] Z(x) = P_N^*(x) \cdot g(z), & \text{这里} g(z) = \dfrac{z}{z_1}, \text{对于} 0 < z \leqslant z_1 \end{cases} \tag{2.127}$$

其中，Z 是新节点相对于老节点 z 方向的面外偏离位移，z_i $(i = 1,2,3)$ 表示界面位置。对于不同层 $z_1 = h_{BC}$，$z_2 = h_{BC} + h_{TGO}$ 和 $z_3 = h_{BC} + h_{TGO} + h_{YSZ}$，其中 h_i $(i = BC,$ TGO,YSZ) 是每个 TBCs 层的平均厚度。坐标原点在图 2.37(a)左下角选择。最终的变形网格与期望的 TGO 形态一致，如图 2.37、图 2.38 所示。

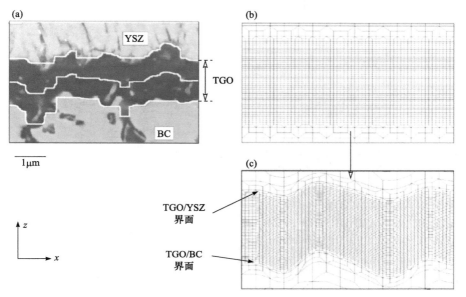

图 2.37　典型 EB-PVD TBCs 界面细节(a)、初始未变形有限元网格(b)和与(a)对应已经变形的有限元网格(c)

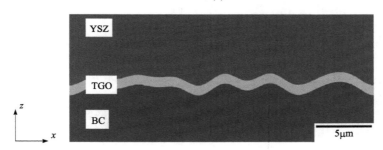

图 2.38　通过傅里叶表示获得的 TBCs 系统的 2D 模型
陶瓷层为红色，TGO 为黄色，黏结层为蓝色

2.4.3　多孔陶瓷层建模方法

基于图像法还可以完成 APS-TBCs 的多孔有限元结构。取某型号 TBCs (8mol%-YSZ)截面真实微观结构 SEM 结果如图 2.39(a)所示，采用 Photoshop 对 SEM 结果进行灰度处理、降噪处理后，使用 Solidworks 中 AUTOCAD 模块对 Photoshop 处理后的图像进行界面追踪，得出涂层微结构的草图模型，最后将草图模型导入 COMSOL 进行实体化，如图 2.39(b)所示，与有限元网格划分如图 2.39(c)所示。

基于图像法可以完成 EB-PVD 的 TBCs 的柱状有限元结构。如图 2.40(a)是一张 SEM 原图，图 2.40(b)是对应的灰度值分布，横坐标表示的是各个像素点的灰度值(0 到 255 个级别)，纵坐标表示的是图片中像素点对应灰度值出现的次数或概

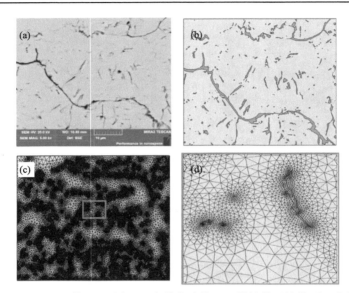

图 2.39　PS-TBCs 5000 倍 SEM 图(a)、实体化建模(b)、微结构网格模型(c)和局部网格(d)

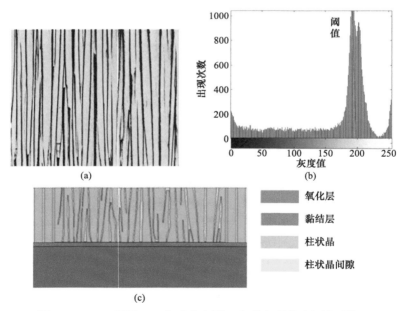

图 2.40　SEM 原图(a)、灰度直方图(b)和真实形貌几何模型[7](c)

率。成分不同，那么成分所对应的像素点灰度值也不同。柱状晶材料的对应像素点的灰度级主要集中在较小的区域内，而柱状晶间隙的像素点的灰度级主要集中在比较大的区域。得出 EB-PVD 涂层微结构的草图模型。

2.4.4　三维 TGO 界面模型建立方法

对于感兴趣的 TBCs 系统，无法直接对实际的 YSZ/BC 接口形态进行 3D 测量。因此，假设 2D 傅里叶分析也适合于再现 3D 中的粗糙度轮廓。在根据图 2.41 正交于涂层表面的另一个平面内 y 方向上，建立了一个新的傅里叶级数 $R^*(y)$。其中 $R^*(y)$ 的 $\left(k\dfrac{2\pi}{w}\right)$ 和 $k=1\sim N$ 与 $P^*(x)$ 一致，每个项的振幅参数 (c_k,d_k) 为任意值，以得到与实际 TBCs 系统中通常观察到的一致的复杂 3D 表面形态。

$$Q(x,y)=P_N^*(x)R_N^*(y)=P_N^*(x)\left\{\frac{c_0}{2}+\sum_N^k\left[c_k\cos\left(k\frac{2\pi y}{w}\right)+d_k\sin\left(k\frac{2\pi y}{w}\right)\right]\right\} \quad (2.128)$$

其中，$P_N^*(x)$ 和 $R_N^*(y)$ 分别为 $P^*(x)$ 和 $R^*(y)$ 的傅里叶级数的前 N 项。因此，3D 网格内每个点的 Z 坐标位置由以下方程组控制：

$$\begin{cases} Z(x,y)=Q(x,y)\cdot f(z), & \text{这里} f(z)=\dfrac{z-z_3}{z_2-z_3}, \text{对于} z_2<z\leqslant z_3 \\[2mm] Z(x,y)=Q(x,y), & \text{对于} z_1<z\leqslant z_2 \\[2mm] Z(x,y)=Q(x,y)\cdot g(z), & \text{这里} g(z)=\dfrac{z}{z_1}, \text{对于} 0<z\leqslant z_1 \end{cases} \quad (2.129)$$

所得的氧化物层的 3D 模型在图 2.41 中给出。与没有陶瓷外涂层的实际涂层相比，最终的 3D 模型非常逼真。然而，应牢记的是，由于氧化物的边界条件不同，已知氧化的 TC/TGO 界面的粗糙度与 BC/TGO 界面的粗糙度完全不同。

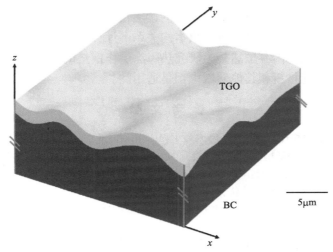

图 2.41　使用 $N=16$ 的傅里叶级数表示获得的 TBCs 模型的 3D 视图细节
图中 TGO 显示为黄色，黏结层 BC 显示为蓝色。为了可视化的方便，去除了顶部陶瓷层

2.5　总结与展望

　　有限元方法是 20 世纪最伟大的贡献之一, 为众多工程的设计、科学问题的解决发挥了巨大的作用。航空发动机称为现代工业之花, 其结构十分复杂, 毫无疑问离开有限元方法, 航空发动机的研制是完全不可能的。涡轮叶片热障涂层是航空发动机中最核心的内容之一, 其失效问题具有几何复杂性和热力化耦合的物理非线性, 非线性有限元方法是研究热障涂层失效问题的重要技术。

　　本章从有限元的理论基础出发介绍了泛函变分原理, 而泛函变分原理的精髓又是基于最小作用原理和能量最低原理的, 所以有限元的精髓是来自于自然规律; 有限元法另外一个核心思想是近似解, 即获得的解不满足描述具体物理问题的微分方程, 而是带权函数和微分方程在一定区域内的积分为零。在建立了有限元的理论基础后详细地从 Eulerian 格式、Lagrangian 格式、自适应网格格式三个方面介绍了弱形式和矩阵方程, 这些介绍虽然篇幅较短但物理思想的逻辑是严密的, 每步的数学推导都是非常严谨的。有限元法最后都归并到线性代数方程, 只要把代数方程解出来, 所有的物理量就知道了。同时还简单地介绍了涡轮叶片的几何特征及其复杂涡轮叶片蛇形通道、肋片、气膜孔等结构的参数化建模方法, 涡轮叶片有限元网格的生成, 图像有限元等。由于热障涂层是多层结构, 各层的厚度差异非常大, 基底金属材料的厚度达到几毫米, 但 TGO 的厚度只有几微米, 不仅如此, 各层的几何、物理力学性能是变化的, 服役环境也是非常恶劣的, 所以这些耦合程度很高的问题给涡轮叶片热障涂层的网格生长带来了巨大的困难, 我们对此都进行了一定的研究, 有兴趣的读者可以参考有关文献[35-40]和专利[34]。另外, 在介绍有限元方法时没有介绍本构关系、计算方法, 有兴趣的读者可以参考有关专著。该章的内容虽然是为研究热障涂层作铺垫的, 但实际上这章是基础研究工作, 对其他材料和其他领域也都是适用的。

参 考 文 献

[1] 杨咸启, 李晓玲. 现代有限元理论技术与工程应用[M]. 北京: 航空航天大学出版社, 2007.

[2] 彼莱奇科. 连续体和结构的非线性有限元[M]. 北京: 清华大学出版社, 2002.

[3] 岳孟赫. 复合冷却涡轮叶片结构化网格参数化方法研究[D]. 南京: 南京航空航天大学, 2018.

[4] 周正贵. 高亚声速压气机叶片优化设计[J]. 推进技术, 2004, (1): 58-61.

[5] 刘龙龙, 周正贵, 邱名. 超音叶栅激波结构研究及叶型优化设计[J]. 推进技术, 2013, 34(8): 1050-1055.

[6] 虞跨海, 李立州, 岳珠峰. 基于解析及特征造型的涡轮冷却叶片参数化设计[J]. 推进技术, 2007, 28(6): 637-640.

[7] 刘诗汉, 马虎. 航空涡轮叶片叶身造型参数化设计[J]. 兵工自动化, 2015, (4): 56-59.

[8] 韩绪军. 涡轮叶片冷却结构参数化及带肋通道优化设计[D]. 哈尔滨: 哈尔滨工业大学, 2011.

[9] 史振. 燃气涡轮叶片复合冷却结构参数化设计与数值研究[D]. 哈尔滨: 哈尔滨工业大学, 2015.

[10] 李杰. 涡轮导向叶片参数化特征造型方法研究[D]. 成都: 电子科技大学, 2009.

[11] 宋洪勇. 基于 UG 涡轮 CFD 网格预处理的研究[D]. 南京: 南京航空航天大学, 2007.

[12] Dyedov V, Einstein D R, Jiao X, et al. Variational generation of prismatic boundary-layer meshes for biomedical computing[J]. International Journal for Numerical Methods in Engineering, 2009, 79(8): 907.

[13] Sharov D, Luo H, Baum J D, et al. Unstructured Navier-Stokes grid generation at corners and ridges[J]. International Journal for Numerical Methods in Fluids, 2013, 43(6-7): 717.

[14] 赵大伟. 面向大规模数值模拟的并行非结构网格生成方法研究[D]. 浙江: 浙江大学, 2016.

[15] Yerry M A, Shephard M S. Automatic three-dimensional mesh generation by the modified-octree technique[J]. International Journal for Numerical Methods in Engineering, 1984, 20(11): 1965-1990.

[16] Shephard M S, Georges M K. Automatic three-dimensional mesh generation by the modified-octree technique[J]. International Journal for Numerical Methods in Engineering, 1991, 32(4): 709-749.

[17] Bachmann P L, Wittchen S L, Shephard M S. et al. Robust geometrically based automatic two-dimension mesh generation[J]. International Journal for Numeric Methods in Engineering, 1987, 24: 1043-1078.

[18] Yiu K F, Greaves A M, Cruz S, et al. Quadtree grid generation: information handling, boundary fitting and CFD applications[J]. Computers & Fluids, 1996, 25(8): 759-769.

[19] Greaves A M, Borthwick A G. Hierarchical tree-based finite element mesh generation[J]. International Journal for Numerical Methods in Engineering, 1999, 45: 447-471.

[20] Blacker T D, Stephenson M B. Paving: a new approach to automated quadrilateral mesh generation[J]. International Journal for Numerical Methods in Engineering, 1991, 32: 811-847.

[21] Cass I L, Benzley S E, Meyers R J, et al. Generalized 3-D paving: an automated quadrilateral surface mesh generation algorithm[J]. International Journal for Numerical Methods in Engineering, 1996, 39: 1475-1489.

[22] Owen S J, Saigal S, Morph H. An indirect approach to advancing front hex meshing[J]. International Journal for Numerical Methods in Engineering, 2000, 49(1-2): 289-312.

[23] Kallinderis Y, Ward S. Prismatic grid generation for three-dimensional complex geometries[J]. AIAA Journal, 1993, 31(10): 1850-1856.

[24] Sharov D, Nakahashi K. Hybrid prismatic/tetrahedral grid generation for viscous flow applications[J]. AIAA Journal, 1998, 36(2): 157-162.

[25] Voronoi G. Nouvelles applications des paramètres continus à la théorie des formes quadratiques. Deuxième mémoire. recherches sur les parallélloèdres primitifs[J]. Journal Fur Die Rne Und Angewandte Mathematik, 1908, 134(134): 198-287.

[26] Delaunay B. Sur la sphre vide[J]. Lzvestia Akademii Nauk SSSR, 1934, 7: 793-800.

[27] 岳孟赫. 复合冷却涡轮叶片结构化网格参数化方法研究[D]. 南京: 南京航空航天大学,

2018.

[28] Prapamonthon P, Xu H, Yang W, et al. Numerical study of the effects of thermal barrier coating and turbulence intensity on cooling performances of a nozzle guide vane[J]. Energies, 2017, 10(3): 1-16.

[29] Hass D D, Parrish P A, Wadley H N G. Electron beam directed vapor deposition of thermal barrier coatings[J]. Journal of Vacuum Science & Technology, 1998, 16(6): 3396-3401.

[30] Dong H, Yang G J, Li C X, et al. Effect of TGO thickness on thermal cyclic lifetime and failure mode of plasma-sprayed TBCs[J]. Journal of the American Ceramic Society, 2014, 97(4): 1226-1232.

[31] Evans A G, Clarke D R, Levi C G. The influence of oxides on the performance of advanced gas turbines[J]. Journal of the European Ceramic Society, 2008, 28(7): 1405-1419.

[32] Ma K, Schoenung J M. Isothermal oxidation behavior of cryomilled NiCrAlY bond coat: homogeneity and growth rate of TGO[J]. Surface and Coatings Technology, 2011, 205(21-22): 5178-5185.

[33] 杨丽, 董杰, 周益春, 等. 一种基于材料真实微观组织结构的有限元建模方法[P]. 中国, CN201410279062.0. 2014-9-24.

[34] Yang L, Li H L, Zhou Y C, et al. Erosion failure mechanism of EB-PVD thermal barrier coatings with real morphology[J]. Wear, 2017, 392: 99-108.

[35] Zhu W, Zhang Z B, Yang L, et al. Spallation of thermal barrier coatings with real thermally grown oxide morphology under thermal stress[J]. Materials & Design, 2018, 146: 180-193.

[36] 董杰. 考虑真实微观结构 APS-TBCs 冲蚀失效的有限元模拟[D]. 湘潭: 湘潭大学, 2015.

[37] 李辉林. 真实微观结构 EB-PVD 热障涂层冲蚀失效的有限元模拟[D]. 湘潭: 湘潭大学, 2016.

[38] 张治彪. 基于真实 TGO 界面形貌的热障涂层热应力及界面失效有限元分析[D]. 湘潭: 湘潭大学, 2016.

[39] 申强. 热障涂层界面氧化的大变形热力化耦合生长与破坏的理论研究[D]. 湘潭: 湘潭大学, 2018.

[40] 金雨佳. 基于单颗粒冲蚀的 EB-PVD 热障涂层失效机制的有限元分析[D]. 湘潭: 湘潭大学, 2018.

第 3 章 热障涂层界面氧化的几何非线性理论

热障涂层剥落是发动机安全服役所面临的巨大瓶颈问题，也是极具挑战的科学难题，界面氧化是导致热障涂层剥落失效的第一大关键因素。在高温服役环境中，由于热障涂层界面氧化导致的 TGO 生长和应力演化是诱发涂层剥落失效的主要原因。因此，预测热障涂层 TGO 生长和应力分布的演化规律对正确理解热障涂层界面氧化失效至关重要。而热障涂层界面氧化是一个复杂的热力化多场耦合现象，同时在 TGO 生长过程中伴随着大变形的产生即是几何非线性的，因此，热障涂层界面氧化的本质是一个大变形或者几何非线性热力化耦合问题。为了加深理解热障涂层内 TGO 生长破坏机理，本章建立了热障涂层界面氧化的大变形热力化耦合生长的理论模型，并采用有限元模拟了热障涂层界面氧化的 TGO 形貌和应力的演化规律。

本章分为三部分内容：第一部分介绍了界面氧化、应力演化和随后剥落失效规律；第二部分将多场耦合的氧化问题解耦，分别给出氧气渗透、TGO 生长和大变形应力应变演化的控制方程，并建立有限元模型对渗透场、化学场和应力应变场进行预测；第三部分，基于大变形理论，从热力学定律出发推导互相耦合的热、力、化三个场的控制方程，并结合解析模型和有限元模型结果对 TGO 生长及应力分布进行预测。

3.1 界面氧化现象及失效

3.1.1 界面氧化特征及规律

热障涂层在高温服役环境中，空气中的氧分子和 TC 层的氧原子不可避免地扩散到 TC/BC 界面，与 BC 层的 Al 发生反应生成 Al_2O_3。一层致密 TGO 的生成可以有效减缓 BC 层的氧化，提高涂层的抗氧化性能，但随着 TGO 的不断增厚，涂层内应力增大，涂层容易出现裂纹。由此可见，TGO 在热障涂层的应用中是一把"双刃剑"。合理应用可以有效提高涂层的使用寿命，相反可能导致涂层寿命远低于预期目标。因此，正确理解热障涂层界面氧化机理就显得尤为重要，相关学者对此做了大量的研究。

界面氧化实验研究主要是通过将热障涂层样品放入高温炉或热循环炉，设定氧化温度，氧化不同时间，然后通过 SEM 表征或者称重法，得到涂层的氧化规律。图 3.1[1]和图 3.2[2]分别是 EB-PVD 和 APS 热障涂层界面氧化的 SEM 微观结构图。从图中可以看出，随着循环次数或等温氧化时间的增加，TGO 厚度明显增加。一般认为 TGO 的生长呈抛物线规律，但 Chen 等[3]在研究 MCrAlY(M 为 Ni 或 Ni 和 Co)黏结层的热障涂层高温氧化时发现，TGO 的生长呈三段式模式：首先 TGO 快速生长，该阶段生长曲线呈近似抛物线；接着 TGO 呈线性增长模式；最后 TGO 加速生长，TGO 厚度剧烈增加。研究表明，对于 MCrAlY 黏结层，TGO 都会呈现这样的三阶段式生长模式，而不是按照抛物线规律生长。主要原因是随着氧化时间的增加，Al 元素不断减少，黏结层的其他金属元素发生氧化，生成氧化铬、尖晶石和氧化镍的层状结构或簇状结构，而这些氧化物不具有抗氧化保护性，所以一旦 Al 元素消耗殆尽，TGO 厚度就会急剧增加。而对于 NiAl 或 PtAl 黏结层，TGO 的生长相对稳定，符合抛物线规律。为了更深入了解热障涂层的界面氧化机理，Poza 等用 TEM 分析了热障涂层在 950℃和 1050℃不同温度下氧化不同时间的 TGO 微观结构，得出在 950℃时 TGO 的主要成分是 $\alpha\text{-Al}_2\text{O}_3$，在 1050℃时 TGO 内含有其他尖晶石氧化物。热障涂层界面氧化的实验研究让我们清楚地掌握了界面氧化现象，是进一步分析其机理的基础。

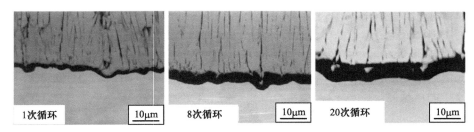

图 3.1　EB-PVD 热障涂层 TGO 随氧化时间的变化规律[1]。

每次热循环 60min，5min 加热到 1121℃时保温 45min，空冷 10min

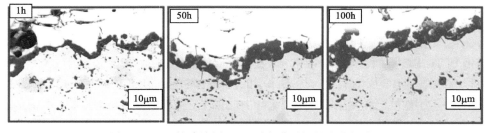

图 3.2　APS 热障涂层 TGO 随氧化时间的变化规律[2]

　　界面氧化理论分析主要是通过从高温氧化的本质出发，用数学语言来描述这一过程，建立几何模型，求解数学方程，得到解析表达式，预测 TGO 的生长规律。界面氧化的本质是氧元素和铝元素的扩散反应，这一现象可用扩散反应方程来描述，再结合边界条件和初始条件，通过数学方法即可得到界面氧化的理论模型。Martena 等基于 Wagner 高温氧化理论，建立了 TGO 等温氧化和热循环氧化的理论模型，其结果与实验吻合较好[4]。Yuan 等在界面氧化实验的基础上提出了氧化-扩散模型，该模型不仅考虑了黏结层表面的氧化，还考虑了黏结层和基底的互扩散，有效地预测了涂层内各元素的扩散及分布[5]。Osorio 等建立了 TGO 生长的一维扩散反应模型，并用非对称的径向基函数法和有限差分法对其求解，得到的 TGO 生长规律与实验结果一致[6]。热障涂层界面氧化实际上不仅与时间有关，还与温度有密切关系。如图 3.3 所示，随温度升高，TGO 厚度明显增加，而且随着氧化时间增加，TGO 的厚度差距越大[7]。

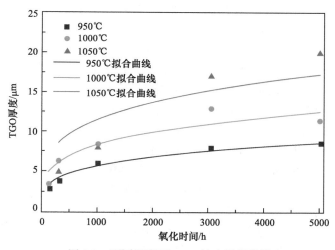

图 3.3　不同温度下 TGO 的生长规律[7]

在综合考虑了温度和时间的情况下，Beck 等[7]给出如下的理论公式：

$$h = k_p t^n \qquad (3.1)$$

其中，h 表示 TGO 厚度，t 表示氧化时间，n 表示氧化指数，k_p 表示与温度相关的氧化系数，可表示为

$$k_p = k_0 \exp\left(-\frac{Q}{RT}\right) \qquad (3.2)$$

在理论研究的基础上发展有限元方法模拟热障涂层界面氧化不仅可以节省大量的财力、物力，还可以有效预测 TGO 的厚度和形貌。Freborg 等通过单元替代法模拟 TGO 的生长，即在氧化过程中，随时间变化，BC 层的单元逐步转变为 TGO 单元[8]。根据经典的 Wagner 高温氧化理论，将 TGO 厚度的变化和时间的关系通过

子程序写入有限元程序，进而模拟 TGO 的生长。这一方法得到了学者们的广泛使用，热障涂层领域著名学者 Evans 等[9]、Bäker 等[10]、Busso 等[11]、Ranjbar-Far 等[12]都曾采用它来模拟 TGO 的生长。2011 年 Hille 等从热障涂层界面氧化的本质出发，通过引入 TGO 体积分数变量结合扩散反应方程成功地再现了 TGO 的生长过程[13]。Gupta 等在 Hille 的基础上，模拟了真实界面形貌的 TGO 生长规律[14]。

3.1.2　界面氧化诱导的应力场

应力是造成涂层内裂纹萌生和扩展的最主要因素，因此得到涂层内确切的应力分布是分析热障涂层界面氧化失效的基础。热障涂层界面氧化过程中，涂层内的应力主要有两方面的来源：一是热障涂层各层材料热膨胀系数、弹性模量等材料参数的不匹配，导致涂层在降温过程中产生热失配应力；二是 TGO 的生长过程中伴随着较大的体积变形，在界面处涂层的约束作用下产生生长应力。在这两方面应力的综合作用下，导致涂层失效。相关学者投入大量时间通过实验方法、理论模型和有限元计算分析涂层内的应力，期望得到涂层内准确的应力信息，为涂层的失效机理和寿命预测提供可靠的基础。下面从实验表征、理论模型和有限元模拟三方面分析近年来在热障涂层应力演化方面所取得的成就。

应力演化的实验表征目前主要有 X 射线衍射法和光激发荧光压电光谱(PLPS)法两种。X 射线衍射法主要利用 X 射线衍射峰在应力作用下漂移来测量应力。当存在压应力时，晶面间距变小，衍射峰向高角度偏移，反之，当存在拉应力时，晶面间的距离被拉大，导致衍射峰位向低角度偏移。通过测量样品衍射峰的偏移情况求得涂层内应力。Tanaka 等[15]采用 X 射线衍射法研究了陶瓷层内热应力的分布，研究表明陶瓷层主要为压应力，并且随厚度增加应力值增加，当离涂层表面超过 40μm 时，应力值在–220MPa 左右趋于稳定。由于 X 射线穿透陶瓷层能力有限，所以该方法在研究 TGO 内应力状态时并不可靠。TGO 的应力演化表征主要采用 PLPS 法，该方法主要是根据 TGO 层中 Cr^{3+} 在透过陶瓷层的激光源照射下所发射出的荧光光谱特征峰的偏移来确定 TGO 层中的残余应力。Christensen 等采用 PLPS 法成功表征了热障涂层在高温氧化过程中 TGO 内的应力演化[16]。在 Clarke 的基础上，Schlichting 等采用该方法分析了陶瓷层厚度对 TGO 内应力的影响[17]；Wen 等分析了不同温度下 TGO 内应力的演化规律[18]；Wang 等将该方法应用于实际涡轮叶片热障涂层应力的检测，得到了不同区域 TGO 内应力的演化规律，发现应力随叶片曲率变化明显[19]。目前，PLPS 技术已相当成熟，是热障涂层应力表征方面不可或缺的手段，但在应用于大面积且曲率比较大的叶片方面还有待研究，详细情况见第 12 章。

应力演化的理论模型对于工程应用有着重要的指导作用，通过简单的理论模型预测涂层内的应力状态，分析涂层可能的失效位置，反馈于制备工艺，进而提高涂层的服役寿命。Martena 等通过简单的平板模型，求出了涂层内热失配应力随 TGO 厚度的分布规律，随厚度增加 BC 层的拉应力不断增大，TGO 内的压应力不断减小[4]。Evans 等采用圆环模型分别得到了涂层内的热失配应力和生长应力的解析解[20]。结果表明：TGO 内的环向热失配应力为压应力，TC/TGO 界面处径向热失配应力为拉应力，TC 层内的径向热失配应力随着 TGO 厚度的增加由压应力变为拉应力，图 3.4 表示在粗糙的 TGO/BC 界面的热失配应力的分布，可以看出在波峰处为拉应力，在波谷处为压应力；而 TC 层的径向生长应力为压应力，环向生长应力为拉应力，TGO 内径向生长应力为压应力，环向生长应力为拉应力，而且随 TGO 厚度增加环向生长应力是增加的。

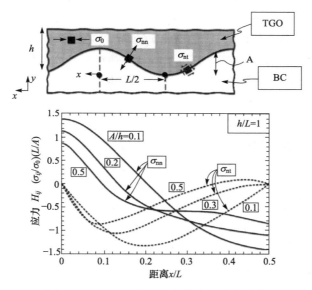

图 3.4　TGO/BC 界面处的热失配应力分布

H_{ij} 代表无量纲化后的应力分量，σ_0 代表平面情况下的热失配应力，σ_{nn} 代表垂直于界面方向的拉应力，σ_{nt} 代表平行于界面的剪应力。其中 A 为界面的幅值，L 为波长，h 为 TGO 厚度

Hsueh 等[21]通过建立简单的同心圆模型，采用内凹(concave)和外凸(convex)两种模型分析了涂层凸凹界面处的应力状态，随着 TGO 厚度增加，在 TC 层的波谷区域(内凹模型)，呈拉应力；在 BC 层的波峰区域(外凸模型)，呈拉应力。Sun 等[22]通过球状模型研究了涂层界面粗糙度、TGO 蠕变、TGO 生长对涂层内生长应力的影响，发现生长应力的产生初期由 TGO 生长决定，后期蠕变对应力演化起主导作用。接着他们又研究了 TGO 的各向异性生长对涂层应力分布的影响[23]，结果表明当 TGO 环向生长应变较大时，TGO/BC 和 TGO/TC 界面处的径向应力为拉应力，当 TGO 径向生长应变为主导时，TGO/BC 和 TGO/TC 界面处的径向应力

为压应力。应力演化的理论模型都是基于简单几何模型，借助于本构方程、平衡方程及边界条件，得到涂层内的应力分布。然而对于热障涂层复杂的几何结构，必须要借助于有限元方法。

热障涂层界面氧化应力演化的影响因素众多，包括 TGO 生长、界面形貌、TGO 厚度、高温蠕变、材料参数等，仅仅依靠简单的理论模型无法同时考虑所有因素，所以国内外学者通常借助有限元来分析涂层内的应力状态。在模拟涂层的应力分布时，一般用正弦函数或半圆来代替涂层粗糙的界面。Ranjbar-Far 等[12] 分别建立了半圆和正弦界面形貌的有限元模型，研究了 TGO 生长、各层材料的高温蠕变以及 BC 层的塑性变形等因素对涂层内应力分布的影响。图 3.5 为不同界面粗糙度下 σ_{22} 的分布，当幅值从 5μm 增加到 25μm 时，最大拉应力从 87 MPa 增加到 290MPa，最大压应力从–93MPa 增加到–350MPa。Yang 等[24]建立了三维涡轮叶片热障涂层有限元模型，分析了叶片在热循环状态下的应力分布，预测了涂层剥落位置。Zhu 等[25]在此基础上进一步考虑了 TGO 形貌对真实叶片应力分布的影响，得出在 TGO/BC 界面波峰处为拉应力，波谷处为压应力，且随着粗糙度的增加，应力明显增大。随着图像处理技术的发展，在有限元建模中可将涂层的 SEM 照片转化为几何模型，这一技术对研究涂层内真实应力状态有重要意义。Gupta 等[14]通过该技术成功将涂层真实界面形貌导入有限元模型中，分析了热障涂层的 TGO 生长和生长应力分布，其结果如图 3.6 所示，TGO/TC 界面处存在较大的应力。此外，Nayebpashaee 等[26]也采用该方法研究了不同氧化物对涂层内应力的影响。Wang 等综述了有限元在热障涂层领域的应用，Bäker 和 Seiler[27]提出了有限元在热障涂层应用中的问题和发展方向，这些研究工作对热障涂层应力演化的有限元模拟具有重要的指导意义。

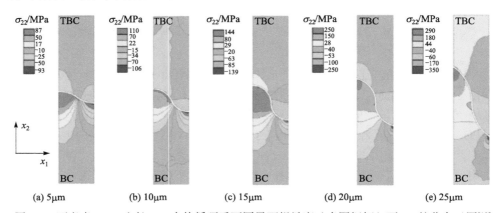

图 3.5　不考虑 TGO 生长，一个热循环后不同界面粗糙度（半圆振幅）下 σ_{22} 的分布云图[12]

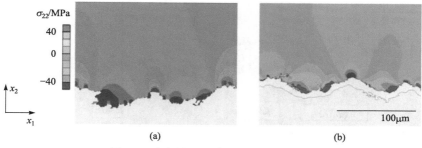

图 3.6　真实界面形貌的 σ_{22} 分布云图[14]

3.1.3　界面氧化诱导涂层的剥落

界面氧化作为热障涂层失效的第一大因素，历来受到国内外学者们的青睐，许多国内外学者对界面氧化失效机理做了大量研究。由于 APS 和 EB-PVD 热障涂层的制造工艺不同，TGO 的形貌有所区别，在其失效机理方面也存在一定差异，相关学者就这两种热障涂层的界面氧化失效分别做了相关研究，并得到两种涂层的失效机理。

APS 热障涂层主要存在四种失效模式[28]，如图 3.7(a)所示。失效模式Ⅰ：冷却时 BC 层的波峰处于拉应力状态，随着 TGO 增厚，拉应力进一步增加，导致裂纹在 TGO/BC 界面的波峰处萌生并扩展；失效模式Ⅱ：TC 层、TGO 层之间热膨胀系数、弹性模量不匹配，在 TC 层的波峰处产生拉应力，导致 TGO/TC 界面处形成裂纹；失效模式Ⅲ：在靠近波峰的陶瓷层中，当拉应力大于陶瓷层的开裂强度时，产生裂纹；失效模式Ⅳ：当 TGO/BC 波峰处的界面裂纹尖端的应力大于 TGO 的临界应力时，裂纹会在 TGO 层扩展，并贯穿 TGO 层，扩展到 TC 层。

相比于 APS 热障涂层，EB-PVD 热障涂层呈柱状晶结构，应变容限较大，裂纹不易在陶瓷层中扩展，一般出现在 TC/TGO 界面或 BC/TGO 界面，如图 3.7(b)所示。失效模式Ⅰ：类似于 APS 热障涂层失效模式Ⅰ，都是因为波峰处 BC 层在冷却后受到的拉应力随着 TGO 厚度的增加而增加，当达到一定程度时，裂纹开始萌生并沿 TGO/BC 界面扩展；失效模式Ⅱ：TGO 的不规则生长，造成界面局部严重氧化，同时产生很大的应力，导致裂纹扩展；失效模式Ⅲ：EB-PVD 热障涂层界面相对平滑，TGO 中的压应力引起热障涂层往 BC 层发生屈曲破坏。

如图 3.7 所示，不管是 APS 热障涂层，还是 EB-PVD 热障涂层，它们的失效位置都处于 TGO 的邻近区域，所以造成热障涂层界面氧化失效的关键因素就是 TGO 的生长及其生长过程中涂层内的应力演化。因此掌握 TGO 生长规律和涂层内应力演化是正确理解热障涂层界面氧化失效的基础。

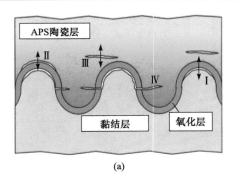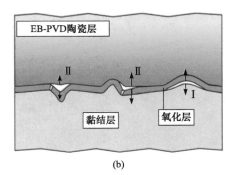

图 3.7　热障涂层失效模式示意图

(a)APS 热障涂层；(b)EB-PVD 热障涂层

3.2　基于扩散反应的 TGO 生长模型

3.2.1　控制方程

1. TGO 生长的控制方程

热障涂层界面氧化过程如图 3.8(a)所示，在高温环境中，大气中的氧通过 TC 层扩散到 TC/BC 界面，与 BC 层的 Al 发生反应生成 Al_2O_3。由于氧在 TGO 的扩散速率远大于 Al 的扩散速率，所以一般认为反应发生在 TGO/BC 界面，并且只在高温环境中发生，即在热循环过程中，只有保温阶段发生高温氧化反应。Hille 等[13]从扩散反应方程出发，建立了 TGO 的生长模型。假设 TGO 的生长是 BC 层不断被氧化的过程，如图 3.8(b)所示。通过引入一个变量 n 来表示 TGO 的体积分数，而表示 TGO 的生长过程。当 $n = 1$ 时，表示这一区域完全由 TGO 组成；当 $n = 0$ 时，表示这一区域完全由 BC 层组成；当 $0 < n < 1$ 时，表示由 TGO 和 BC 层混合组成。那么 BC 层的体积分数就可表示为 $1 - n$，即在 TGO 和 BC 层的任何区域它们必须满足总的体积分数为 1。这一方法与相场法中采用序参量来描述材料微观结构演化的思想类似，有学者用相场法研究了材料的演化反应。

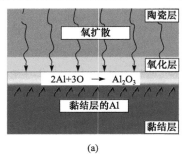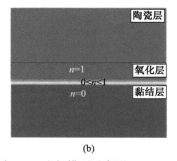

图 3.8　界面氧化过程示意图(a)和 TGO 生长模型示意图(b)

TGO 的形成由氧元素和 Al 元素的有效反应控制，氧浓度 c 的分布由以下扩散反应方程控制[13]：

$$\frac{\partial c}{\partial t} - \nabla \cdot (D\nabla c) = -S \tag{3.3}$$

式中，D 代表氧元素的扩散系数，S 表示由于发生反应造成氧浓度的消耗，通常称为反应项。在高温反应过程，Al 元素从黏结层向界面扩散，这个扩散过程也有类似于式(3.3)的扩散反应方程，但考虑到 TGO 的生长主要由氧元素决定，这里忽略了 Al 的扩散。反应项可以用反应模型表示，假设 TGO 的形成与氧和 Al 的浓度成正比，其中 Al 的浓度与 BC 层的体积分数 $1-n$ 相当，那么 TGO 的反应可表示为

$$\frac{\partial n}{\partial t} = \zeta(1-n)c \tag{3.4}$$

其中，ζ 表示 TGO 的反应速率常数。反应项与 TGO 的形成有如下关系：

$$S = M\frac{\partial n}{\partial t} \tag{3.5}$$

式中，M 表示氧在 Al_2O_3 中的摩尔浓度。结合式(3.3)～式(3.5)得到 TGO 生长过程中氧浓度 c 和 TGO 体积分数 n 的控制方程：

$$\begin{cases} \frac{\partial c}{\partial t} - \nabla \cdot (D\nabla c) = -M\zeta(1-n)c \\ \frac{\partial n}{\partial t} = \zeta(1-n)c \end{cases} \tag{3.6}$$

扩散反应方程的边界条件需定义边界处的浓度或通量。由于氧在 TC 层的扩散速率远大于在 TGO 的扩散速率，所以 TGO 的形成忽略了氧浓度 c 的边界条件，直接在 TGO 的表面给出。由于在制备过程中热障涂层发生氧化，所以初始时需定义一层很薄的 TGO，即给定 TGO 体积分数 n 为 1。TGO 生长模型涉及的性能参数见表 3.1。

表 3.1 TGO 生长模型的性能参数[13]

	BC	TGO
氧扩散系数/($m^2 \cdot s^{-1}$)	2.0×10^{-14}	2.0×10^{-14}
氧反应速率/($m^3 \cdot mol^{-1} \cdot s^{-1}$)		1.0×10^{-5}
氧摩尔浓度/($mol \cdot m^{-3}$)		1.11×10^{-5}

2. 大变形应力演化的控制方程

热障涂层界面氧化伴随着大变形的产生。在大变形分析中，首先要定义变形

梯度来描述物质的变形状态。设热障涂层氧化前的状态为参考构型,氧化后为当时构型。X 为参考构型下任一点的位置坐标,x 为当时构型下该物质点的位置坐标,则变形梯度 F 可定义为

$$F = \frac{\partial x}{\partial X} = F^e \cdot G \tag{3.7}$$

式中,F^e 表示弹性变形梯度,G 表示生长变形梯度。变形梯度的分解是假设存在一个中间构型,在这一阶段,TGO 可以无拘束的生长,即这一构型处于无应力状态。这一思想借鉴学者研究生物组织细胞生长的大变形分析方法[29]。这样的变形梯度分解实际上在弹塑性大变形分析中早已得到应用,最近也被广泛用来分析多场耦合的大变形。例如,Guyen 等[30]将变形梯度分解为弹性变形梯度和非弹性变形梯度,研究了软物质的大变形热力化耦合。Yadegari 等[31]将变形梯度分解为弹性变形梯度、热变形梯度、塑性变形梯度和相变变形梯度,研究了多相钢的多场耦合问题。

物质的变形可以用 Green-Lagrange 应变张量 E 表示,应变张量 E 与变形梯度 F 的关系为

$$\begin{aligned} E &= \frac{1}{2}(F^T \cdot F - I) = \frac{1}{2}[(I + \nabla_0 u) \cdot (I + \nabla_0 u)^T - I] \\ &= \frac{1}{2}[(\nabla_0 u) + (\nabla_0 u)^T + (\nabla_0 u) \cdot (\nabla_0 u)^T] \end{aligned} \tag{3.8}$$

式中,F^T 为变形梯度 F 的转置,I 为二阶单位张量,u 为物质的位移,∇_0 为参考构型下的梯度算子。

在二维情况下,Green-Lagrange 应变张量 E 的分量形式为

$$\begin{aligned} E_{11} &= \frac{\partial u_1}{\partial X_1} + \frac{1}{2}\left[\left(\frac{\partial u_1}{\partial X_1}\right)^2 + \left(\frac{\partial u_2}{\partial X_1}\right)^2\right] \\ E_{22} &= \frac{\partial u_2}{\partial X_2} + \frac{1}{2}\left[\left(\frac{\partial u_1}{\partial X_2}\right)^2 + \left(\frac{\partial u_2}{\partial X_2}\right)^2\right] \\ E_{12} &= E_{21} = \frac{1}{2}\left[\frac{\partial u_1}{\partial X_2} + \frac{\partial u_2}{\partial X_1} + \frac{\partial u_1}{\partial X_1}\frac{\partial u_1}{\partial X_2} + \frac{\partial u_2}{\partial X_1}\frac{\partial u_2}{\partial X_2}\right] \end{aligned} \tag{3.9}$$

在不考虑体力和惯性力的情况下,大变形的力平衡方程可写为

$$\text{div}\, P = 0 \tag{3.10}$$

式中,P 表示第一类 P-K 应力,div 表示参考构型下的散度算子。第一类 P-K 应力可以通过变形梯度转化为第二类 P-K 应力,它们之间的关系可用下式表示:

$$P = T \cdot F^{\mathrm{T}} \tag{3.11}$$

因此，力平衡方程(3.10)可转化为由第二类 P-K 应力和变形梯度表示的平衡方程：

$$\mathrm{div}\, T \cdot F^{\mathrm{T}} = 0 \tag{3.12}$$

在热障涂层界面氧化过程中，TGO 内的第二类 P-K 应力和弹性 Green-Lagrange 应变张量 E^{e} 之间的关系由本构关系确定。从热力学第一定律和第二定律出发，得到 TGO 的本构关系：

$$T = \frac{\partial \psi}{\partial E^{\mathrm{e}}} \tag{3.13}$$

其中，ψ 表示系统总的 Helmholtz 自由能。

金属高温氧化反应方程是

$$M + O_2 \longrightarrow M_a O_b \tag{3.14}$$

金属氧化过程中晶体的结构发生了变化，从而会引起物体内部产生变形，变形的程度用变形后与变形前的体积比 $J = \det(F)$ 表示，这里称为 Pilling-Bedworth ratio(PBR)，即

$$J_{\mathrm{PB}} = \frac{V_{M_a O_b}}{a V_M} = \frac{M_{M_a O_b} \rho_M}{a \rho_{M_a O_b} M_M} \tag{3.15}$$

参考 Cui 等建立的锂离子电池大变形力化耦合的本构关系[32]，将自由能形式改写为式(3.16)，其中氧化诱发的生长应变用式(3.15)的 PBR 定义，弹性应变能采用超弹性模型，而 Cui 等采用的是次弹性模型。

$$\psi = J_G \left[\frac{1}{2} \mu (I^{\mathrm{e}} - 3) + \lambda (\ln J^{\mathrm{e}})^2 - \mu \ln J^{\mathrm{e}} \right] \tag{3.16}$$

式中，μ, λ 是拉梅常量，I^{e} 为弹性 Green-Lagrange 应变张量 E^{e} 的第一不变量，J^{e} 表示弹性变形梯度张量的雅可比行列式 $J^{\mathrm{e}} = \det(F^{\mathrm{e}})$，$J_G$ 表示生长变形梯度张量的雅可比行列式 $J_G = \det(G)$，在氧化反应过程中，BC 层逐渐发生氧化反应转化为 TGO，在建立的 TGO 生长模型中，当 n 的值介于 0 与 1 之间时，表示在 BC 层和 TGO 之间有一层混合区，所以拉梅常量 μ 和 λ 分别表示为

$$\begin{aligned} \mu &= n \cdot \mu_{\mathrm{TGO}} + (1-n) \cdot \mu_{\mathrm{BC}} \\ \lambda &= n \cdot \lambda_{\mathrm{TGO}} + (1-n) \cdot \lambda_{\mathrm{BC}} \end{aligned} \tag{3.17}$$

式中，μ_{TGO} 和 λ_{TGO} 是 TGO 的拉梅常量，μ_{BC} 和 λ_{BC} 是 BC 层的拉梅常量。

生长变形梯度张量的雅可比行列式 J_G 由 PBR 得到，这里为了方便计算，表示为下式：

$$J_G = \left[1 + \beta(c - c_0)\right]^3 \tag{3.18}$$

式中，c 为氧的浓度，c_0 表示参考浓度，β 是一个常数。在这一章主要考虑了氧气扩散导致的 TBCs 的膨胀变形。在之后的研究以及与实验的对比发现：相对于 TGO 的生长变形，氧气扩散导致 TBCs 的膨胀变形是很小的，或者说不是 TBCs 氧化失效的主要原因，在第 4 章会详细研究 TGO 生长变形对 TBCs 的影响。

结合式(3.13)和式(3.16)，可以得到热障涂层界面氧化过程中涂层内第二类 P-K 应力的表达式：

$$\boldsymbol{T} = J_G \left[\mu \boldsymbol{I} + \left(\lambda \ln J^e - \mu \right) \boldsymbol{C}^{e-1} \right] \tag{3.19}$$

其中，$\boldsymbol{I}$ 表示单位张量，$\boldsymbol{C}^{e-1}$ 为弹性变形张量，可表示为

$$\boldsymbol{C}^{e-1} = \boldsymbol{F}^{e-1} \cdot \boldsymbol{F}^{eT-1} \tag{3.20}$$

式中，$\boldsymbol{F}^{e-1}$ 为弹性变形梯度张量的逆，$\boldsymbol{F}^{eT-1}$ 为弹性变形梯度张量转置的逆。

前面一部分主要介绍了基于大变形理论的热障涂层界面氧化的应力场的控制方程、本构关系推导过程。下面简单分析小变形情况下应力场的控制方程和本构关系。TGO 生长导致的生长应变表示为 ε^{ox}，那么总的应变 ε 可以表示为弹性应变 ε^{el} 和生长应变 ε^{ox} 的叠加，如下式：

$$\varepsilon = \varepsilon^{el} + \varepsilon^{ox} \tag{3.21}$$

为了对比，同时分析了小变形情况下的应力场控制方程和本构关系。这方面工作，国内外学者进行了大量研究，这里只做简单的介绍，具体推导过程可参考 Zhou 等的工作[33,34]。热障涂层界面氧化是一个长时间缓慢的过程，可以看成准静态，所以可以不考虑惯性力。在忽略体力的情况下，小变形的力平衡方程为

$$\mathrm{div}\boldsymbol{\sigma} = 0 \tag{3.22}$$

小变形情况下，涂层内的本构关系为

$$\boldsymbol{\sigma} = \boldsymbol{C} : (\varepsilon - \varepsilon^{ox}) = \boldsymbol{C} : \left[\varepsilon - \beta(c - c_0)\boldsymbol{I} \right] \tag{3.23}$$

式中，$\boldsymbol{C}$ 为弹性刚度张量。

式(3.12)和式(3.19)构成了大变形情况下的力平衡方程和本构方程，式(3.22)和式(3.23)构成了小变形情况下的力平衡方程和本构关系。给定边界条件后，就可以分别求得大变形和小变形情况下的应力分布。

3.2.2　有限元模拟

1. TGO 生长诱发大变形的有限元模拟

对于热障涂层界面这一实际问题，求解这些方程几乎不可能。在这里我们采用有限元手段分析 TGO 的生长和涂层内应力的演化。目前 COMSOL 有限元软件由于其对用户的开放性，研究者可以将自己的理论通过编写相应的弱形式写入软件中，求解复杂的理论方程，详细的理论基础参考第 2 章，这里直接把结果写出来。

引入试函数将 TGO 生长模型和大变形应力场的强形式控制方程转化为弱形式，其中在 TGO 生长模型中的主要变量有氧浓度 c，TGO 体积分数 n，它们相应的试函数分别表示为 δc 和 δn，应力场的主要变量为位移 $\boldsymbol{u}$，其他的变量可由位移求得，位移的试函数为 δu_i。在考虑大变形的情况下，将式(3.6)通过积分变化转化为对应的弱形式

$$\int_{\Omega}\left(\delta c\frac{\partial c}{\partial t}+D\frac{\partial c}{\partial x}\frac{\partial \delta c}{\partial x}+D\frac{\partial c}{\partial y}\frac{\partial \delta c}{\partial y}+\delta c M\zeta(1-n)c\right)\mathrm{d}\Omega=0 \tag{3.24}$$

$$\int_{\Omega}\left(\delta n\frac{\partial n}{\partial t}-\delta n\zeta(1-n)c\right)\mathrm{d}\Omega=0 \tag{3.25}$$

将式(3.12)通过积分变化转化为对应的弱形式

$$\int_{\Omega}\nabla\cdot\left(\boldsymbol{F}^{\mathrm{T}}\cdot\boldsymbol{T}\right)\cdot\delta\boldsymbol{u}\mathrm{d}\Omega=\int_{\Omega}\left[-\delta\nabla u\cdot\left(\boldsymbol{F}^{\mathrm{T}}\cdot\boldsymbol{T}\right)+\nabla\cdot\left(\boldsymbol{F}^{\mathrm{T}}\cdot\boldsymbol{T}\cdot\delta u\right)\right]\mathrm{d}\Omega$$

$$=\int_{\Omega}\left[-(\delta\nabla u+\nabla u\cdot\delta\nabla u)\cdot\boldsymbol{T}\right]\mathrm{d}\Omega+\int_{\Gamma}\boldsymbol{n}\cdot\left(\boldsymbol{F}^{\mathrm{T}}\cdot\boldsymbol{T}\cdot\delta u\right)\mathrm{d}\Gamma=0 \tag{3.26a}$$

考虑边界上无外力作用可略去上式中的第二项，得

$$\int_{\Omega}\left[-(\delta\nabla u+\nabla u\cdot\delta\nabla u)\cdot\boldsymbol{T}\right]\mathrm{d}\Omega=0 \tag{3.26b}$$

在考虑小变形情况下，将式(3.22)转化为弱形式

$$\int_{\Omega}\delta\varepsilon_{ij}\sigma_{ij}\mathrm{d}\Omega=0 \tag{3.27}$$

这样，大变形的弱形式为式(3.24)、式(3.25)和式(3.26)，小变形为式(3.24)、式(3.25)和式(3.27)。将弱形式写入 COMSOL 有限元软件数学方程模块的弱形式模块，定义要求解的变量氧浓度 c，TGO 体积分数 n，以及二维情况下的位移分量 u、v。建立热障涂层界面氧化的几何模型，给定氧化过程中的边界条件，在 COMSOL 中完成求解，得到 TGO 的生长和涂层内应力的演化。

热障涂层的氧化界面一般是凸凹不平的，采用常规的正弦界面形貌建立几何模型，其示意图如图 3.9(a)所示。为了简化计算，几何模型没考虑基底，因为氧

化反应主要发生在 TGO/BC 界面层，基底对其影响极小。几何模型包括 200μm
厚的 TC 层、100μm 厚的 BC 层和 1μm 厚的 TGO 层，其中 TGO 正弦界面的幅值
为 15μm，波长为 60μm。图 3.9(b)为有限元模型的网格划分，有限元单元为三角
形平面应变单元。在 TGO 生长的关键区域做了网格加密处理来保证求解的精度，
尤其是正弦界面的波峰和波谷等关键部位。同时在模拟氧化过程时采用了自适应
网格。自适应网格有效解决了 TGO 生长过程中伴随较大的应变导致网格畸变造
成求解不收敛的问题。关于网格划分详细的情况参考第 2 章。

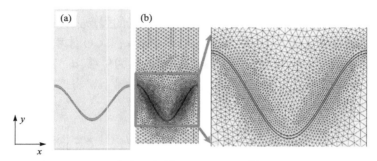

图 3.9　TGO 生长的几何模型(a)和有限元模型的网格划分(b)

有限元模型的边界条件包括 TGO 生长模型的边界条件和应力场的边界条件。
建立的几何模型为一个周期，在模型的两个边界采用周期性边界条件，即 $u(x = 0, y)$
$= u(x = 60, y)$；模型的底端 y 方向位移固定，即 $v = 0$；左边界为对称边界；模型表
面自由；TGO 层的 n 为 1，BC 层的 n 为 0；氧浓度在模型底端为 0，即 $c(x, y = 0)$
$= 0$，在 TGO 表面为 1.55 mol/m³，$c(x, y = 300) = 1.55$mol/m³；初始的氧浓度为 0。
设定氧化温度为 1000℃，氧化时间为 1000h，表 3.2 为 1000℃时热障涂层各层材
料的力学性能参数。

表 3.2　1000℃热障涂层各层材料的力学性能参数[25]

	BC	TGO	TC
杨氏模量/GPa	110	320	22
泊松比	0.33	0.25	0.12

2. TGO 形貌的演化规律

图 3.10 表示 TGO 形貌随时间演化的云图，图中红色代表 TGO，即 $n = 1$；
蓝色表示 BC 层，此时 $n = 0$；介于红蓝之间的一层表示为混合层，n 的取值介

于 0 与 1 之间。从图中可以看出，随着氧化时间的增加，TGO 厚度不断增加，但在波峰处和波谷处 TGO 厚度的增厚程度不同。氧化 10h、100h、500h、1000h 时 TGO 在波峰处的厚度为 1.3μm、2.3μm、7.0μm、11.2μm，而波谷处分别为 1.2μm、1.9μm、4.8μm、7.0μm。可见 TGO 在波峰处的生长速率要明显高于波谷处，导致波峰处的 TGO 厚度大于波谷处。TGO 的不均匀生长加剧了涂层的粗糙度，造成涂层内应力的增加。Hsueh 等[33,35]研究热障涂层界面氧化时，通过实验发现涂层波峰处的厚度要比波谷处的厚度大一些，这与有限模拟结果吻合。可见建立 TGO 生长模型可以得到更加真实的热障涂层界面氧化规律，这是基于抛物线模型所不能实现的。

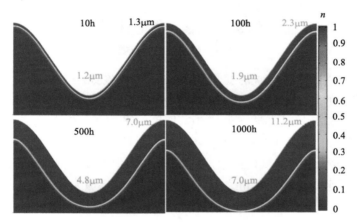

图 3.10　TGO 的生长规律

TGO 的生长主要由氧浓度的扩散决定，图 3.11 给出了热障涂层界面处 TGO 生长演化过程中氧浓度的分布规律。浓度的最大值为 1.55mol/m³，主要集中在 TGO 上表面，即图中的红色；最小值为 0，图中显示为蓝色区域。随着氧化反应的进行，氧不断向 BC 层扩散同时与 BC 层的 Al 发生反应，可以发现只有氧扩散到的区域才可能发生界面氧化，即才会出现 TGO。而氧的扩散在不同位置是明显不同的，即波峰处氧的扩散速率要高于在波峰处，这就造成 TGO 在波峰处生长速率要高于波谷处。导致波峰处与波谷处扩散速率不同的主要原因是界面的曲率，Hsueh 等[35]建立了不同曲率下界面氧化的理论模型，发现曲率越大，氧化速率越快。因为在尖锐的波峰处，氧浓度富集，平面的氧浓度次之，而波谷处的氧浓度最少，所以导致氧在波峰处的扩散快于波谷处，进而导致波峰处的 TGO 厚度大于波谷处。

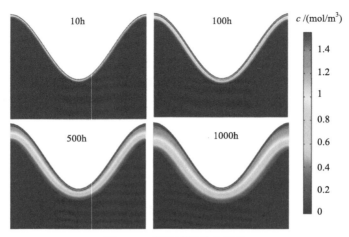

图 3.11　氧浓度的分布规律

由 n 等于 1 的区域位置的变化得到的 TGO 厚度如图 3.12 所示。图中黑色曲线表示波峰处的 TGO 厚度随氧化时间的变化规律，红色表示波谷处的 TGO 厚度曲线，蓝色是波峰处和波谷处 TGO 厚度的平均值，散点是文献中的实验结果[7,36,37]。从图中发现 TGO 的生长不管是在波峰处还是在波谷处都呈近似抛物线规律，这主要由于界面氧化遵循扩散方程。从图中可以更直观地发现氧化 1000h 波峰处的厚度比波谷处大 4μm 左右，这个厚度差异是惊人的，这极可能造成涂层的剥落失效。

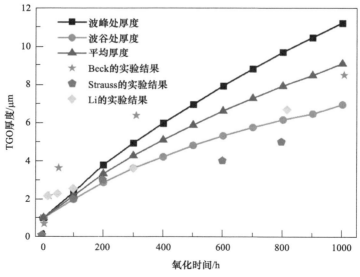

图 3.12　TGO 厚度随时间变化规律

3. 涂层内应力场的演化规律

热障涂层界面氧化诱发涂层内产生较大的生长应力，一般认为 y 方向的应力是导致裂纹萌生和扩展的主要原因。因此，下面主要分析 y 方向应力的分布及演化规律，并且着重考虑大变形情况下的应力分布，为了便于比较，大变形情况下分析当时构型下的应力状态，即 Cauchy 应力。基于大变形理论的 BC 层和 TGO 内 y 方向的 Cauchy 应力 σ_{yy} 分布云图如图 3.13 所示，云图中红色表示拉应力，蓝色表示压应力。从图中发现拉应力位于波峰处，而压应力位于波峰和波谷之间的中间区域。由于界面曲率的改变，BC 层和 TGO 内 y 方向的 Cauchy 应力从波峰到波谷由拉应力转变为压应力。随着 TGO 厚度增加，BC 层和 TGO 内最大拉应力从 409MPa 增加到 1178 MPa，而最大压应力从 –4.0MPa 减小到 –2.9 GPa。Sun 等[22]发现了同样的应力转变规律。从图中还可以发现，最大压应力出现的位置总是处于中间区域，而最大拉应力的位置在氧化初期位于波峰处，随着氧化时间的增加，不断向中间区域移动，这可能是由于 TGO 的不均匀生长造成的。TC 层 y 方向 Cauchy 应力 σ_{yy} 云图如图 3.14 所示，图中红色区域位于波谷处，蓝色区域位于波峰处，表示在 TC 层的波谷处 y 方向 Cauchy 应力为拉应力，在波峰处为压应力。随着氧化时间的增加，最大拉应力从 50.9MPa 增加到 174 MPa，而最大压应力从 –139MPa 增加到 –383MPa。Al-Athel 等[38]采用大变形理论研究了 TGO 各向异性的生长过程中涂层内的应力分布，发现 TC 层内的最大拉应力和最大压应力分别为 58MPa 和 –235MPa。

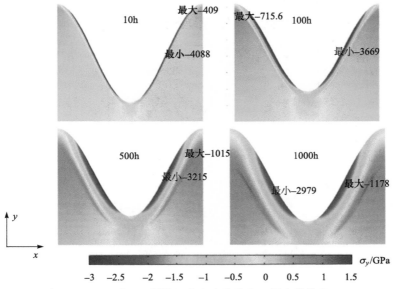

图 3.13　TGO 和 BC 层的 y 方向应力分布，图上单位为 MPa

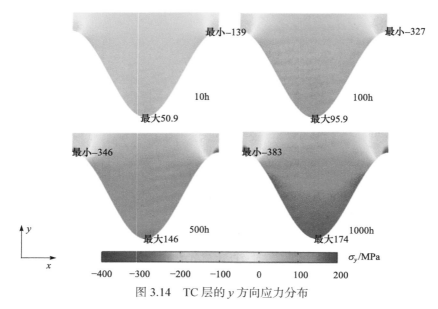

图 3.14　TC 层的 y 方向应力分布

由于小变形情况下的应力分布规律与大变形情况相同,只是应力的大小有区别,所以对小变形的应力分布云图不做重复描述。TGO 面内应力随时间变化规律如图 3.15 所示,红色表示大变形模拟结果,蓝色为实验结果,粉色表示小变形模拟结果。不管是介于小变形假设还是介于大变形理论,应力曲线都是先随氧化时间增大,然后趋于平缓,应力变化趋势与 Jordan 等[39]的实验结果相同。同时发现基于大变形理论的应力结果与实验结果基本吻合,而基于小变形假设的应力值比实验结果大 1GPa 左右,可见基于大变形理论的应力分析更为准确。

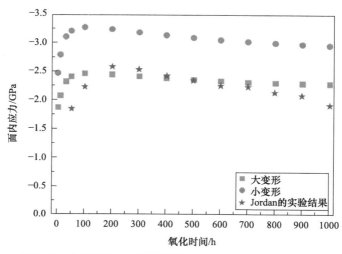

图 3.15　大变形与小变形情况下 TGO 面内应力与实验对比

4. 界面粗糙度对 TGO 形貌和应力演化的影响

在过去几十年中,热障涂层领域学者不断认识到界面粗糙度严重影响涂层内的应力演化和 TGO 的生长程度。为了研究界面粗糙度对 TGO 生长和涂层内应力演化的影响,建立了不同界面粗糙度的几何模型,其中正弦曲线的幅值取 5μm、10μm 和 15μm,波长取 40μm、60μm 和 80μm,幅值和波长的不同组合得到 9 种几何模型,分别计算这 9 种模型的 TGO 生长和应力演化。

图 3.16 为热障涂层界面氧化 1000h 后 TGO 形貌随界面粗糙的演化规律,图中左下方的界面粗糙度最大,右上方的界面粗糙度最小。从图中可以发现 TGO 的不均匀生长程度随界面粗糙度增加而越来越明显。在界面幅值为 5μm 的情况下,随着波长从 40μm 增加到 80μm,波峰处 TGO 厚度从 10μm 降到 8.5μm;而波谷处的 TGO 厚度只发生了微小变化,从 7.2μm 增加到 7.8μm。同样对于正弦波长为 40μm,波谷处 TGO 厚度随着幅值增加反而减小,由 7.2μm 减小到 6.5μm,而波峰处 TGO 厚度从 10.0μm 变为 17.8μm。可见界面粗糙度对波峰处的 TGO 生长的影响要明显于波谷处,即面越粗糙,TGO 的不均匀生长越明显,越容易导致涂层应力集中和损伤,直到裂纹的萌生和扩展,最终导致涂层的剥落。但是界面粗糙度是保证涂层界面结合性能的关键因素,因此寻找最优的界面粗糙度是提高涂层寿命的关键。

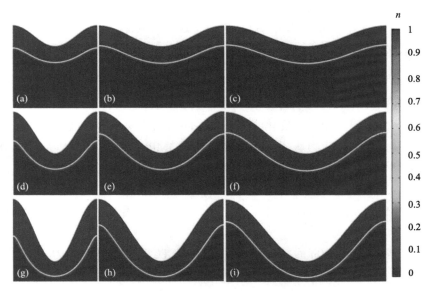

图 3.16 TGO 形貌随界面粗糙的演化规律

(a)幅值为 5μm,波长为 40μm;(b)幅值为 5μm,波长为 60μm;(c)幅值为 5μm,波长为 80μm;(d)幅值为 10μm,波长为 40μm;(e)幅值为 10μm,波长为 60μm;(f)幅值为 10μm,波长为 80μm;(g)幅值为 15μm,波长为 40μm;(h)幅值为 15μm,波长为 60μm;(i)幅值为 15μm,波长为 80μm

TGO 厚度随界面粗糙度和氧化时间的变化规律见图 3.17,其中图 3.17(a)表示波峰处的 TGO 厚度,图 3.17(b)为波谷处的 TGO 厚度。从 TGO 的生长曲线发现,波峰处的 TGO 厚度随界面粗糙度增加而增加,波谷处的 TGO 厚度随界面粗糙度增加而减小。同时还可以发现波谷处的 TGO 生长曲线近似抛物线,而波峰处 TGO 曲线随着界面粗糙度增加变化较大,在粗糙度较低时,TGO 生长曲线仍可近似为抛物线,但当粗糙度较大时,TGO 生长曲线近似为线性关系,这种生长对涂层的危害极大,很容易导致涂层的剥落。

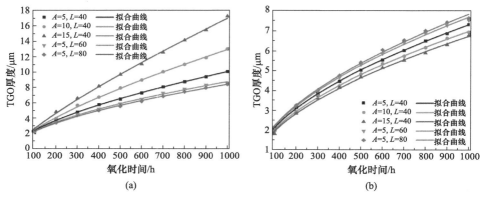

图 3.17　TGO 厚度随界面粗糙度和氧化时间的变化规律
(a) 波峰处;(b) 波谷处。A 代表幅值,L 代表波长

热障涂层氧化 1000h 后,基于大变形理论的 TGO 和 BC 层内 y 方向应力 σ_{yy} 随界面粗糙度分布规律如图 3.18 所示,图中红色和蓝色分别代表拉应力和压应力。可以发现在波峰和波谷的中间区域受到压应力,而拉应力位于 TGO/BC 界面的波峰处,且应力随界面粗糙度变化明显。当界面的幅值为 5μm,波幅从 40μm 增加到 80μm 时,最大拉应力从 480MPa 增加到 753MPa,最大压应力从 –713MPa 增加到 –1673MPa;同样,当界面波长为 40μm,幅值从 5μm 增加到 15μm 时,TGO 和 BC 层内最大拉应力从 753MPa 增加到 1475MPa,最大压应力从 –1673MPa 增加到 –3111MPa。随界面粗糙度的增加,最大拉应力位置从 TGO/BC 界面波峰处逐渐移到波峰附近。

热障涂层氧化 1000h 后,基于大变形理论的 TC 层内 y 方向应力 σ_{yy} 随界面粗糙度分布规律如图 3.19 所示,图中红色和蓝色分别代表拉应力和压应力。可以发现在波峰处为压应力,而拉应力位于 TGO/BC 界面的波谷处,且应力随界面粗糙度变化明显。当界面的幅值为 5μm,波长从 40μm 增加到 80μm 时,最大拉应力从 105MPa 增加到 225MPa,最大压应力从 –138MPa 增加到 –286MPa;同样,当

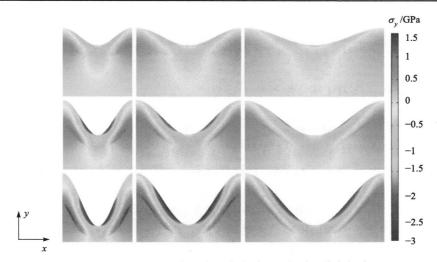

图 3.18　TGO 和 BC 层 y 方向应力随界面粗糙的分布规律

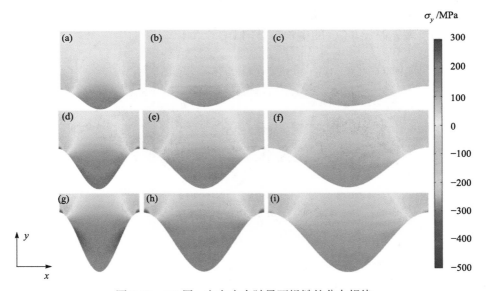

图 3.19　TC 层 y 方向应力随界面粗糙的分布规律

(a)幅值为 5μm，波长为 40μm；(b)幅值为 5μm，波长为 60μm；(c)幅值为 5μm，波长为 80μm；(d)幅值为 10μm，波长为 40μm；(e)幅值为 10μm，波长为 60μm；(f)幅值为 10μm，波长为 80μm；(g)幅值为 15μm，波长为 40μm；(h)幅值为 15μm，波长为 60μm；(i)幅值为 15μm，波长为 80μm

界面波长为 40μm，幅值从 5μm 增加到 15μm 时，TGO 和 BC 层内最大拉应力从 225MPa 增加到 281MPa，最大压应力从 −286MPa 增加到 −467MPa。

3.3　热障涂层界面氧化的热力化耦合解析模型

3.3.1　界面氧化热力化耦合生长解析模型

1. 大变形情况下的应力分析

本节基于大变形理论建立简单的圆筒模型求解涂层内的应力场。热障涂层氧化界面通常是凸凹不平的，为了描述这种凸凹不平，我们把粗糙界面简化为规则的曲线，进而解析求解涂层内的应力分布。在有限元模拟中采用正弦曲线或半圆来表示界面粗糙度，但在理论模型中采用同心圆或同心球来分析涂层内的应力状态。

本节采用简单的圆筒模型分析热障涂层界面氧化的大变形应力场分布。模型示意图如图 3.20 所示，其中图 3.20(a)表示外凸模型，主要表示界面处波峰位置，从内到外依次表示 BC 层、TGO 层、TC 层；图 3.20(b)表示内凹模型，主要代表界面处波谷位置，从内到外依次表示 TC 层、TGO 层、BC 层。不管是外凸模型还是内凹模型，假设 TGO 的生长都是向 BC 层生长。

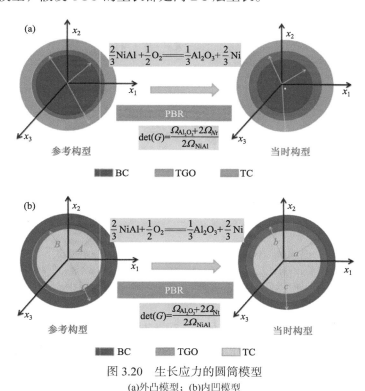

图 3.20　生长应力的圆筒模型
(a)外凸模型；(b)内凹模型

　　将热障涂层未发生氧化的状态定义为参考构型,TGO 生长后的状态定义为当时构型。未氧化前每一层的半径分别为 A、B、C,氧化后每一层的半径分别变为 a、b、c,在柱坐标体系下,假设沿长度即轴向方向未发生变形,即变形梯度长度方向的分量为 1。因此变形梯度 $\boldsymbol{F}$ 可以表示为

$$\boldsymbol{F} = \mathrm{diag}\left(\frac{\partial r}{\partial R}, \frac{r}{R}, 1\right) \tag{3.28}$$

式中,r 和 R 分别表示当时构型和参考构型的半径。

　　生长变形主要是 TGO 生长诱发的体积变形导致的,因此变形梯度可表示为

$$\boldsymbol{F}^{\mathrm{g}} = \mathrm{diag}(g_1, g_2, 1) \tag{3.29}$$

其中,g_1 和 g_2 分别表示生长变形梯度的径向和环向分量。

　　弹性变形梯度可写成

$$\boldsymbol{F}^{\mathrm{e}} = \mathrm{diag}(\alpha^{-1}, \alpha, 1) \tag{3.30}$$

其中,α 表示环向方向的弹性变形梯度分量,这里为了便于后面计算,假设了弹性不可压。基于这一假设,可以得到下面的关系:

$$\frac{\partial r}{\partial R} \cdot \frac{r}{R} = g_1 \cdot g_2 \tag{3.31}$$

对上式积分并假设 $r(b) = B$,可以得到外凸模型在当时构型的半径 a 的变化为

$$\alpha^2 = g_1 g_2 A^2 - (g_1 g_2 - 1) B^2 \tag{3.32}$$

环向方向的弹性变形梯度分量满足下列关系:

$$\frac{r}{R} = g_2 \cdot \alpha \tag{3.33}$$

　　我们采用各向同性的 Neo-Hookean 本构模型来描述 TGO 内的应力应变关系,参照式(3.16),自由能函数可以写成

$$\psi = J_{\mathrm{G}}\left[\frac{1}{2}\mu(I^{\mathrm{e}} - 3) + \frac{\lambda}{2}(\ln J^{\mathrm{e}})^2 - \mu \ln J^{\mathrm{e}}\right] \tag{3.34}$$

式中,J_{G} 表示生长梯度的雅可比行列式,J^{e} 表示弹性变形梯度的雅可比行列式,I^{e} 表示 Green 应变张量的第一不变量,μ 和 λ 为拉梅常量。

　　径向和环向的 Cauchy 应力分量可写为

$$\sigma_{\theta\theta} = \mu(\alpha^2 - 1), \quad \sigma_{rr} = \mu(\alpha^{-2} - 1) \tag{3.35}$$

柱坐标系下的力平衡方程可以表示为

$$\frac{\partial \sigma_{rr}}{\partial r} + \frac{\sigma_{rr} - \sigma_{\theta\theta}}{r} = 0 \tag{3.36}$$

将式(3.35)代入式(3.36)，并将对变量 r 的求导转化为对 α 的求导，则式(3.36)可写成

$$\frac{\mathrm{d}\sigma_{rr}}{\mathrm{d}\alpha} = -\frac{\mu(1+\alpha^2)}{\alpha^3} \tag{3.37}$$

对上式积分就得到外凸模型的径向应力表达式：

$$\sigma_{rr} = \frac{\mu}{2}\left[\left(\frac{1}{\alpha^2} - \frac{1}{\alpha_A^2}\right) + \ln\frac{\alpha^2}{\alpha_A^2}\right] + \sigma_{rr}\big|_{\alpha(A)} \tag{3.38}$$

根据式(3.35)，可以得到环向应力的表达式：

$$\sigma_{\theta\theta} = \sigma_{rr} + \mu(\alpha^2 - \alpha^{-2}) \tag{3.39}$$

式中，α 表示弹性伸长量，α_A 表示半径 A 的伸长量，$\sigma_{rr}\big|_{\alpha(A)}$ 由边界条件决定。基于 Hsueh 的工作[21]，当 TGO 厚度不同时，界面上的径向热失配应力不同，根据热失配应力确定边界条件，不同 TGO 厚度，其取值不同，可表示为

$$\sigma_{rr}\big|_{\alpha=\alpha_A} = 983\mathrm{MPa}, \qquad h_{\mathrm{TGO}} = 10\mu\mathrm{m}$$
$$\sigma_{rr}\big|_{\alpha=\alpha_A} = 700\mathrm{MPa}, \qquad h_{\mathrm{TGO}} = 5\mu\mathrm{m}$$
$$\sigma_{rr}\big|_{\alpha=\alpha_A} = 370\mathrm{MPa}, \qquad h_{\mathrm{TGO}} = 1\mu\mathrm{m} \tag{3.40}$$

因此，外凸模型中 TC 层的应力表达式可写为

$$\sigma_{rr} = \frac{(C^2 - R^2)B^2}{(C^2 - B^2)R^2} \cdot \sigma_{rr}^B, \quad \sigma_{\theta\theta} = -\frac{(C^2 + R^2)B^2}{(C^2 - B^2)R^2} \cdot \sigma_{rr}^B \tag{3.41}$$

式中，σ_{rr}^B 表示 TGO/TC 层界面的径向应力，B 和 C 表示 TGO 和 TC 层的半径。

对于内凹模型，推导步骤与外凸模型相同，这里不再重复，经过推导 TGO 内的应力分量可以表示为

$$\sigma_{rr} = -\frac{\mu}{2}\left[\left(\frac{1}{\alpha^2} - \frac{1}{\alpha_B^2}\right) + \ln\frac{\alpha^2}{\alpha_B^2}\right] + \sigma_{rr}\big|_{\alpha(B)} \tag{3.42}$$

$$\sigma_{\theta\theta} = \sigma_{rr} + \mu(\alpha^2 - \alpha^{-2}) \tag{3.43}$$

式中，$\sigma_{rr}\big|_{\alpha(B)}$ 由以下边界条件决定：

$$\sigma_{rr}\big|_{\alpha=\alpha_B} = -1007\,\mathrm{MPa}, \qquad h_{\mathrm{TGO}} = 10\,\mu\mathrm{m}$$
$$\sigma_{rr}\big|_{\alpha=\alpha_B} = -896\,\mathrm{MPa}, \qquad h_{\mathrm{TGO}} = 5\,\mu\mathrm{m}$$
$$\sigma_{rr}\big|_{\alpha=\alpha_B} = -506\,\mathrm{MPa}, \qquad h_{\mathrm{TGO}} = 1\,\mu\mathrm{m}$$

同样地，内凹模型的 BC 层应力分布可由弹性理论求得，其表达式为

$$\sigma_{rr} = \frac{(C^2 - R^2)B^2}{(C^2 - B^2)R^2} \cdot \sigma_{rr}^B, \quad \sigma_{\theta\theta} = -\frac{(C^2 + R^2)B^2}{(C^2 - B^2)R^2} \cdot \sigma_{rr}^B \tag{3.44}$$

式中，σ_{rr}^B 表示 TGO/BC 层界面处的应力，B 和 C 表示内凹模型中 TGO 和 BC 层的半径。

练习题：推导出式(3.42)～式(3.43)。

2. 小变形情况下的应力分析

为了便于比较大变形和小变形的差别，我们采用小变形假设求解涂层内的应力分布。在采用小变形分析 TGO 生长诱发的应力状态时，仍基于大变形应力分析的几何模型，即图 3.20。因此可以进一步近似简化为平面应变问题。在柱坐标体系下，径向应变分量和环向应变分量可分别表示为

$$\varepsilon_r^e = \frac{\partial u_r}{\partial R} - \varepsilon_r^g, \quad \varepsilon_\theta^e = \frac{u_r}{R} - \varepsilon_\theta^g \tag{3.45}$$

式中，u_r 表示径向方向的位移，径向和环向的生长应变分量可表示为

$$\varepsilon_r^g = g_1 - 1, \quad \varepsilon_\theta^g = g_2 - 1 \tag{3.46}$$

式中，g_1 和 g_2 分别表示生长变形梯度张量的径向分量和环向分量。

基于平面应变假设，则应力应变之间的关系可写成

$$\sigma_{rr} = \frac{2\mu}{1-\nu}(\varepsilon_r^e + \nu\varepsilon_\theta^e), \quad \sigma_{\theta\theta} = \frac{2\mu}{1-\nu}(\varepsilon_\theta^e + \nu\varepsilon_r^e) \tag{3.47}$$

其中，μ 和 ν 表示剪切模量和泊松比。

柱坐标体系下的力平衡方程可以写成

$$\frac{\partial \sigma_{rr}}{\partial r} + \frac{\sigma_{rr} - \sigma_{\theta\theta}}{R} = 0 \tag{3.48}$$

将式(3.45)～式(3.47)合并，得到的应力表达式代入式(3.48)，力平衡方程就可以写成由位移表示的平衡方程：

$$\frac{d^2 u_r}{dR^2} + \frac{1}{R}\frac{du_r}{dR} - \frac{u_r}{R^2} = (1+\nu)\frac{d(g_1-1)}{dR} \tag{3.49}$$

对上式积分就得到涂层内的位移表达式：

$$u_r = C_1 R + \frac{C_2}{R} + (1+\nu)\frac{1}{R}\int_a^R (g_1-1)RdR \tag{3.50}$$

式中，积分下限 a 表示外凸模型的 BC 层半径。我们主要是研究大变形情况下的应力状态，因此在小变形分析时，只推导了外凸模型，对于内凹模型推导方法，

与外凸模型相同，这里不做详细描述。式中的常数由边界条件决定。不仅 TGO 生长产生应力，而且 TGO 层与各层材料间的热失配又将引诱残余热应力。基于 Hsueh 等[21]的热障涂层残余应力的理论模型，给定不同厚度 TGO，通过应力边界条件设定引入残余热应力，分别表示如下：

$$\sigma_{rr}\big|_{R=a} = 983\text{MPa}, \quad \sigma_{rr}\big|_{R=b} = -400\text{MPa}, \quad h_{\text{TGO}} = 10\mu\text{m}$$
$$\sigma_{rr}\big|_{R=a} = 700\text{MPa}, \quad \sigma_{rr}\big|_{R=b} = -200\text{MPa}, \quad h_{\text{TGO}} = 5\mu\text{m} \tag{3.51}$$
$$\sigma_{rr}\big|_{R=a} = 370\text{MPa}, \quad \sigma_{rr}\big|_{R=b} = -50\text{MPa}, \quad h_{\text{TGO}} = 1\mu\text{m}$$

根据边界条件可求出此时的位移，但实际发生大变形，以小变形的理论求出位移，再对应变更新，即增加二阶项（也可以取更高阶），再根据本构关系得到应力，其具体表达式为

$$\begin{cases} \varepsilon_r^{\text{e}} = \dfrac{\partial u_r}{\partial R} - \varepsilon_r^{\text{g}} + \dfrac{1}{2}\left(\dfrac{\partial u_r}{\partial R}\right)^2 - \dfrac{1}{2}(\varepsilon_r^{\text{g}})^2 \\[3mm] \varepsilon_\theta^{\text{e}} = \dfrac{u_r}{R} - \varepsilon_\theta^{\text{g}} + \dfrac{1}{2}\left(\dfrac{u_r}{R}\right)^2 - \dfrac{1}{2}(\varepsilon_\theta^{\text{g}})^2 \end{cases} \tag{3.52}$$

根据应力的本构关系，可以得到应力分量的表达式为

$$\begin{cases} \sigma_{rr} = \dfrac{2(\mu - \lambda\ln(J^{\text{e}}))}{1-\nu}(\varepsilon_r^{\text{e}} + \nu\varepsilon_\theta^{\text{e}}) \\[3mm] \sigma_{\theta\theta} = \dfrac{2(\mu - \lambda\ln(J^{\text{e}}))}{1-\nu}(\varepsilon_\theta^{\text{e}} + \nu\varepsilon_r^{\text{e}}) \end{cases} \tag{3.53}$$

对于小变形情况，弹性变形梯度的雅可比行列式等于$(\varepsilon_r^{\text{e}}+1)(\varepsilon_\theta^{\text{e}}+1)$。因此，基于小变形假设，可以得到下列表达式：

$$\ln J^{\text{e}} \approx \varepsilon_r^{\text{e}} + \varepsilon_\theta^{\text{e}} + \varepsilon_r^{\text{e}} \cdot \varepsilon_\theta^{\text{e}} \tag{3.54}$$

将上式代入式(3.53)得到 TGO 内应力分量的表达式：

$$\sigma_{rr} = \dfrac{2(\mu - \lambda(\varepsilon_r^{\text{e}} + \varepsilon_\theta^{\text{e}} + \varepsilon_r^{\text{e}} \cdot \varepsilon_\theta^{\text{e}}))}{1-\nu}(\varepsilon_r^{\text{e}} + \nu\varepsilon_\theta^{\text{e}}) \tag{3.55}$$

$$\sigma_{\theta\theta} = \dfrac{2(\mu - \lambda(\varepsilon_r^{\text{e}} + \varepsilon_\theta^{\text{e}} + \varepsilon_r^{\text{e}} \cdot \varepsilon_\theta^{\text{e}}))}{1-\nu}(\varepsilon_\theta^{\text{e}} + \nu\varepsilon_r^{\text{e}}) \tag{3.56}$$

对于 TC 层和 BC 层的应力求解与大变形情况相同。

3. 涂层内应力分布规律

1000℃下各层的材料参数见表 3.2。模型中半径 A 和 C 分别为 10μm 和 60μm，

半径 B 选取不同的值代表不同的 TGO 厚度。一般认为垂直界面方向的应力是导致涂层失效的主要原因，因此这里只分析径向方向的应力分布。

图 3.21(a)和(b)分别表示基于大变形理论的外凸模型和内凹模型的应力分布。如图 3.21(a)所示，外凸模型中，从 TGO/BC 界面到 TGO/TC 界面，径向应力从拉应力转变为压应力；然而内凹模型中，从 TGO/BC 界面到 TGO/TC 界面，涂层内的径向应力由压应力转变为拉应力，如图 3.21(b)所示。根据模型的应力分布，发现涂层内的最大拉应力位于 TGO/TC 界面的波谷处和 TGO/BC 界面的波峰处，意味着这些位置是裂纹可能萌生的位置，也是涂层容易失效的位置，这与 3.2.2 节采用有限元模拟的结果非常一致。同时从图中还可以发现，最大拉应力和最大压应力都随 TGO 厚度增加而增加，当 TGO 厚度分别为 1μm、5μm 和 10μm 时，最大拉应力的值分别为 370MPa、700MPa 和 983MPa，最大压应力的值分别为 506MPa、896MPa 和 1007MPa。

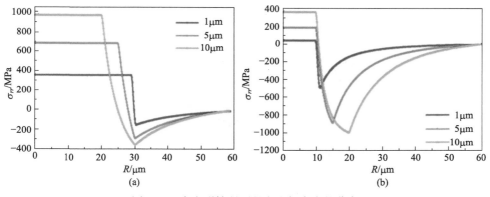

图 3.21 大变形情况下径向生长应力的分布
(a) 外凸模型；(b) 内凹模型

小变形情况下径向生长应力的分布如图 3.22 所示，其中(a)和(b)分别表示外凸模型和内凹模型的应力分布。从图中可以看出，对于外凸模型，大变形和小变形的应力分布规律相同，不同的只是应力值的大小；而对于内凹模型，小变形和大变形的分布规律相同，但随 TGO 厚度增加应力的变化不同，TGO/TC 界面的应力随 TGO 厚度增加而减小，并有可能诱发拉应力变为压应力。与大变形应力分布相同，涂层内的最大拉应力位于 TGO/TC 界面的波谷处和 TGO/BC 界面的波峰处，这些位置是涂层可能剥落的危险区域。Busso 和 Qian 通过实验发现裂纹通常在 TC/TGO 界面的波谷处和 TGO/BC 界面的波峰处萌生[40]。

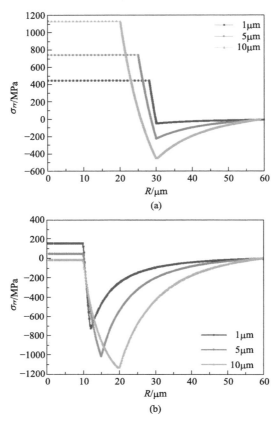

图 3.22　小变形情况下径向生长应力的分布
(a)外凸模型；(b)内凹模型

选择不同的内圆半径，可以近似表示不同的界面粗糙度，半径越大表示界面越光滑。图 3.23 表示大变形情况下，外凸模型中 TGO/BC 界面的径向生长应力随界面粗糙度的变化规律。从图中可以发现，TGO/BC 界面的径向生长应力随着内圆半径的增加明显减小，即随界面粗糙度的减小，应力值减小，同时应力随 TGO 厚度增加而增加。这就意味着越粗糙的界面和越厚的 TGO 导致 TGO/BC 界面的径向应力越大。图 3.24 表示内凹模型中 TGO/TC 界面的径向生长应力随界面粗糙度的变化规律。从图中可以看出，界面粗糙度对 TGO/TC 界面的径向应力影响较小，主要是 TGO 厚度导致应力分布明显不同。

4. TGO 生长的解析解

界面粗糙度一直是热障涂层界面失效所关注的重点，因为粗糙的界面可造成局部应力集中，竟而导致涂层剥落失效；同时较高应力水平可能导致 TGO 的加速生长。Tang 和 Schoenung 采用球体模型分析了热失配应力对 TGO 加速生长的影响[41]，然而在他们的模型中并没有考虑生长应力的影响。Tolpygo 和 Clarke[42] 通过实验研究了 TGO 形貌演化和涂层内残余应力的关系发现，如果涂层内的应力变化不明显，则 TGO 形貌也不随氧化时间变化。如果涂层内的应力急剧下降，表明 TGO 出现起皱或涂层内有裂纹产生。此外，Saillard 等[43]通过研究氧化层和金属基底双层结构的界面氧化规律，发现应力是诱发界面粗糙的主要原因。这些研究表明应力可能导致氧化层局部失稳生长。

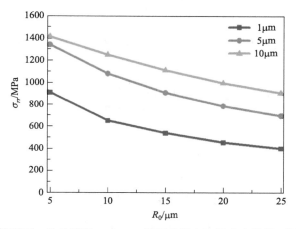

图 3.23　大变形情况下，外凸模型 TGO/BC 界面的径向生长应力随界面粗糙度的变化规律

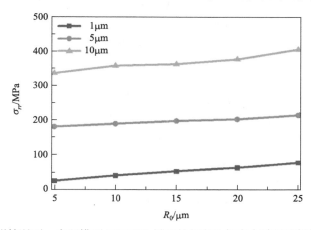

图 3.24　大变形情况下，内凹模型 TGO/TC 界面的径向生长应力随界面粗糙度的变化规律

基于 TGO 生长和涂层内生长应力的关系，建立蠕变模型分析 TGO 形貌随粗糙度的演化规律。在前面的圆筒模型中，假设初始厚度为 h_0 的 TGO 为黏弹性材料，同时假设为平面应变问题。不考虑黏性，TGO 内的应力可以表示为

$$\begin{cases} \sigma_r = m - n/r^2 \\ \sigma_\theta = m + n/r^2 \\ u_r = 1/2G[(1-2\nu)mr + n/r] \end{cases} \tag{3.57}$$

式中，G 表示剪切模量，ν 表示泊松比，常数 m 和 n 由下面的边界条件决定：

$$\begin{cases} \sigma_r \mid_{r=a} = p \\ \sigma_r \mid_{r=a+h_0} = q \end{cases} \tag{3.58}$$

那么 TGO/BC 和 TGO/TC 界面的位移可以表示为

$$\begin{cases} u_a = \dfrac{1}{2G}\left[(1-2\nu)a\dfrac{p(2ah_0+h_0^2)+(q-p)(a+h_0)^2}{2ah_0+h_0^2} + \dfrac{a(q-p)(a+h_0)^2}{2ah_0+h_0^2}\right] \\ u_{a+h_0} = \dfrac{1}{2G}\left[(1-2\nu)(a+h_0)\dfrac{p(2ah_0+h_0^2)+(q-p)(a+h_0)^2}{2ah_0+h_0^2} + \dfrac{a^2(q-p)(a+h_0)}{2ah_0+h_0^2}\right] \end{cases}$$

$$\tag{3.59}$$

于是，TGO 厚度的改变可以用下式表示：

$$\Delta u = u_{a+h_0} - u_a \tag{3.60}$$

将式(3.59)代入上式，得 TGO 厚度变化的最终表达式：

$$\Delta u = \frac{h_0}{2G}\left[(1-2\nu)\frac{p(2ah_0+h_0^2)+(q-p)(a+h_0)^2}{2ah_0+h_0^2} - \frac{a(q-p)(a+h_0)}{2ah_0+h_0^2}\right] \tag{3.61}$$

因为 TGO 层看成是黏弹性材料，TGO 厚度在应力的作用下随时间变化。根据相似理论(similarity theory)[44]，可以用相空间的变量 s 经过拉普拉斯(Laplace)变化得到相空间的位移表达式：

$$\bar{u}_a(t) = \frac{1}{2\bar{G}}\left[1 - 2\bar{\nu}(s)a\frac{\bar{p}(s)(2ah_0+h_0^2)+(\bar{q}(s)-\bar{p}(s))(a+h_0)^2}{2ah_0+h_0^2}\right.$$
$$\left. + \frac{a(\bar{q}(s)-\bar{p}(s))(a+h_0)^2}{2ah_0+h_0^2}\right] \tag{3.62}$$

$$\bar{u}_{a+h_0}(t) = \frac{1}{2\bar{G}}\left[1 - 2\bar{\nu}(s)(a+h_0)\frac{\bar{p}(s)(2ah_0+h_0^2)+(\bar{q}(s)-\bar{p}(s))(a+h_0)^2}{2ah_0+h_0^2}\right.$$
$$\left. + \frac{a(\bar{q}(s)-\bar{p}(s))(a+h_0)^2}{2ah_0+h_0^2}\right] \tag{3.63}$$

式中，相空间的变量可以表示为[45]

$$\begin{cases} \overline{p}(s) = p/s, \quad \overline{q}(s) = q/s \\[2mm] 1 - 2\overline{v} = \dfrac{3\overline{P}''\overline{Q}'}{2\overline{P}'\overline{Q}'' + \overline{P}''\overline{Q}'} \\[3mm] \dfrac{1 - 2\overline{v}}{2\overline{G}(s)} = \dfrac{3\overline{P}''\overline{P}'}{2\overline{P}'\overline{Q}'' + \overline{P}''\overline{Q}'} \\[3mm] \overline{P}' = 1 + \dfrac{\eta_1}{\eta_2}s, \quad \overline{Q}' = \eta_1 s, \quad \overline{P}'' = 1, \quad \overline{Q}'' = 2K = \dfrac{2E}{3(1-2v)} \end{cases} \tag{3.64}$$

其中，η_1 和 η_2 表示 TGO 的黏弹性性能常数。

TGO 的位移可以通过 Laplace 逆变换得到，那么 TGO 厚度就可以表示为

$$h(t) = h_0 + \Delta u(t) \tag{3.65}$$

最后我们得到无量纲的 TGO 厚度表达式：

$$\frac{h}{h_0} = 1 + \frac{\Delta u}{h_0} = 1 - \frac{1}{1-k_a}\frac{1}{1+k_n}\left\{ \sqrt{k_a}(k_q - k_p)(1+k_n)^2 \frac{t}{t_f} - 3(k_q - k_a k_p)(1 - e^{-t/t_f}) \right\} \tag{3.66}$$

其中 $\alpha, K, k_a, k_n, k_q, k_p$ 和 t_f 可分别表示为

$$\alpha = \frac{h_0}{a}, \quad K = \frac{E}{3(1-2v)}, \quad k_a = \frac{\alpha^2}{(1+\alpha)^2}, \quad k_n = \frac{4K}{\eta_2},$$

$$k_q = \frac{q}{4K}, \quad k_p = \frac{p}{4K}, \quad t_f = \frac{\eta_1}{\eta_2}\left(1 + \frac{1}{k_n}\right) \tag{3.67}$$

式(3.67)中，第一式是 TGO 初始厚度与模型半径比值，第二式是体积模量，第三式是无量纲参数，第四式是体积模量与黏弹性性能常数的比值，第五式和第六式是边界应力与体积模量的比值，最后一式是黏弹性参数的比值。

5. TGO 氧化规律

我们在 3.2.2 节得到了有限元数值分析的不同界面粗糙度的 TGO 形貌演化规律，见图 3.16。从图中发现波峰处的 TGO 生长速率较快，且粗糙度越大，TGO 生长越快。而波谷处的 TGO 随粗糙度变化较小。用以下公式拟合不同粗糙度下的 TGO 生长曲线：

$$h = a_1 \cdot t^{b_1} \tag{3.68}$$

式中，h 表示 TGO 厚度，t 表示氧化时间，a_1 和 b_1 表示拟合参数，具体的数值如表 3.3 所列。从 TGO 的生长曲线发现，波峰处的 TGO 厚度随界面粗糙度增加而增加，波谷处的 TGO 厚度随界面粗糙度增加而减小。同时还发现波峰处的 TGO 生长曲线随粗糙度增加由抛物线向直线转变，而波谷处的 TGO 厚度曲线一直呈

抛物线规律。采用正弦曲线表示涂层内的界面粗糙度，那么界面的曲率可以根据以下曲率公式计算：

$$\kappa = \frac{|y''|}{(1+y'^2)^{\frac{3}{2}}} \tag{3.69}$$

其中，y' 表示正弦曲线的一阶导数，y'' 表示正弦曲线的二阶导数。

表 3.3　不同粗糙度的 TGO 初始厚度　　　　　　　　　（单位：μm）

位置	幅值和波长分别为 5μm 和 60μm	幅值和波长分别为 5μm 和 40μm	幅值和波长分别为 15μm 和 40μm
波峰	2.31	2.39	2.56
波谷	2.12	2.07	1.81

那么 TGO 生长蠕变模型的曲率半径就可以通过式(3.69)求得，并且有限元模型的波峰对应外凸模型，而波谷对应内凹模型。对于外凸和内凹模型，它们之间可以用 TGO/BC 和 TGO/TC 界面处的应力区分。初始的 TGO 厚度 h_0 对于不同粗糙度取值不同，具体的值见表 3.3。根据 3.2.2 节的有限元结果，不同粗糙度的波峰处，q 取值从 -57.7MPa 到 -383MPa 变化，p 的取值在 205MPa 到 940MPa 之间变化。而波谷处 p 的取值从 42.3MPa 变化到 130 MPa，q 的取值从 -213MPa 到 -950MPa 变化。所以 TGO 蠕变模型即式(3.58)和式(3.67)的参数可以通过涂层内的应力近似表示，对于外凸模型，k_p 和 k_q 分别为 -0.0001 和 0.0003，对于内凹模型，k_p 和 k_q 分别为 -0.0003 和 0.0001。

TGO 厚度可由式(3.66)计算得到，图 3.25 表示外凸模型波峰处 TGO 厚度随粗糙度的生长曲线，图 3.26 表示内凹模型波谷处 TGO 厚度随粗糙度的生长曲线。从图中发现 TGO 厚度随氧化时间增加而增加，并且与时间是呈线性关系，这主要是由于采用了无量纲量即以初始厚度作为生成厚度的无量纲量来描述 TGO 的生长厚度的变化，这里的初始厚度值列入表 3.3 中。可以看出 3.2.2 节的有限元结果与本节提出的 TGO 生长蠕变模型预测结果基本吻合，其次从 TGO 波峰和波谷处的生长曲线可以发现曲率半径对 TGO 生长影响明显，也就是说界面粗糙度是影响 TGO 形貌演化的一个重要因素。小的界面半径（h_0/a），即粗糙度较大的界面，导致 TGO 厚度较厚。经过喷砂与抛光处理可以有效降低界面局部的粗糙度，从而增加涂层的服役寿命。Ni 等[46]发现这些工艺可以有效改善涂层的抗氧化性能，相比未处理的原始样品，经过上述工艺处理后的样品，TGO 生长速率大幅度下降。然而对于大部分 TGO 的生长模型都没有考虑粗糙度的影响。TGO 生长蠕变模型定量描述了粗糙度对 TGO 生长的影响。对比波峰(图 3.25)和波谷(图 3.26)的 TGO 生长曲线，发现在相同曲率半径下，波峰处的 TGO 厚度要远大于波谷处的 TGO 厚度，这就导致 TGO 的不均匀生长，或者局部失稳生长。TGO 局部的加速生长可能导致局部出现应力集中的现象，进而导致涂层内出现裂纹，加速涂层的剥落失效。

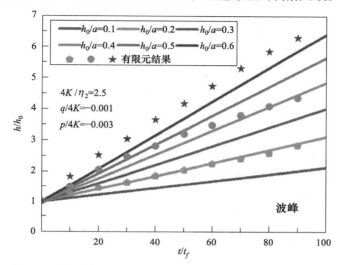

图 3.25 外凸模型波峰处 TGO 厚度随界面粗糙度的生长规律

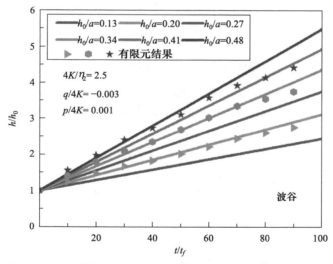

图 3.26 内凹模型波谷处 TGO 厚度随界面粗糙度的生长规律

3.3.2 界面氧化热力化耦合生长本构关系

1. 界面氧化热力化耦合的运动描述

假设涂层整体的变形梯度可分解为弹性变形梯度和生长变形梯度，这里仍采用这一假设。于是整个变形的描述可以参考三个不同的构型，分别为：参考构型、中间构型和当时构型。三个构型下相应的位置坐标可表示为 $\boldsymbol{X}$、$\overline{\boldsymbol{X}}$ 和 $\boldsymbol{x}$，则变形梯度 $\boldsymbol{F}$、弹性变形梯度 $\boldsymbol{F}^{\text{e}}$ 和生长变形梯度 $\boldsymbol{F}^{\text{g}}$ 可分别表示为

$$F = \frac{\partial \boldsymbol{x}}{\partial \boldsymbol{X}}, \quad F^{\text{e}} = \frac{\partial \boldsymbol{x}}{\partial \overline{\boldsymbol{X}}}, \quad F^{\text{g}} = \frac{\partial \overline{\boldsymbol{X}}}{\partial \boldsymbol{X}} \tag{3.70}$$

根据复合函数求导法则可以得到前两章假设的变形梯度 $\boldsymbol{F}$ 的分解式：

$$\boldsymbol{F} = \boldsymbol{F}^{\text{e}} \cdot \boldsymbol{F}^{\text{g}} \tag{3.71}$$

变形梯度的分解是假设存在一个中间构型，在这一阶段 TGO 可以无拘束的生长，即这一构型处于无应力状态。这一思想借鉴学者研究生物组织细胞生长的大变形分析方法[29]。这样的变形梯度分解实际上在弹塑性大变形分析中早已得到应用，只是最近被广泛用来分析多场耦合的大变形。例如，Guyen 等[30]将变形梯度分解为弹性变形梯度和非弹性变形梯度，研究了软物质的大变形热力化耦合。Yadegari等[31]将变形梯度分解为弹性变形梯度、热变形梯度、塑性变形梯度和相变变形梯度，研究了多相钢的多场耦合问题。

变形前体元 $\text{d}\varOmega_0$ 和变形后体元 $\text{d}\varOmega$ 的体积比 J 可用变形梯度的行列式表示为

$$J = \frac{\text{d}\varOmega}{\text{d}\varOmega_0} = \det \boldsymbol{F} = \det(\boldsymbol{F}^{\text{e}} \cdot \boldsymbol{F}^{\text{g}})$$
$$= \det \boldsymbol{F}^{\text{e}} \cdot \det \boldsymbol{F}^{\text{g}} = J^{\text{e}} \cdot J^{\text{g}} \tag{3.72}$$

式中，J^{e} 和 J^{g} 分别表示弹性变形梯度和生长变形梯度的雅可比行列式，J^{e} 是由于发生弹性变形导致体元发生体积变化，J^{g} 是由于 TGO 生长造成的体积膨胀。体积比的物质导数在连续介质力学的平衡方程中经常用到，其表达式可写为

$$\dot{J} = \frac{\partial J}{\partial F_{iA}} \frac{\text{d}F_{iA}}{\text{d}t} = \frac{\partial J}{\partial F_{iA}} \frac{\partial}{\partial t}\left(\frac{\partial x_i}{\partial X_A}\right)$$
$$= \frac{\partial J}{\partial F_{iA}} \frac{\partial v_i}{\partial X_A} = J \frac{\partial X_A}{\partial x_i} \frac{\partial v_i}{\partial X_A}$$
$$= J \frac{\partial v_i}{\partial x_i} = J \text{div} \boldsymbol{v} \tag{3.73}$$

同一质点 $\boldsymbol{X}$ 在不同时刻 t 将占据不同的位置 $\boldsymbol{x}$，物体的运动方程可表示为

$$\boldsymbol{x} = \chi(\boldsymbol{X}, t) \tag{3.74}$$

则速度 $\boldsymbol{v}$ 和速度梯度 $\boldsymbol{l}$ 可分别定义为

$$\boldsymbol{v} = \dot{\chi}(\boldsymbol{X}, t) \tag{3.75}$$

$$l = \mathrm{grad}\boldsymbol{v} = \dot{\boldsymbol{F}} \cdot \boldsymbol{F}^{-1} \tag{3.76}$$

将变形梯度的分解式(3.71)代入式(3.76)式便可得到速度梯度的分解式，其表达式如下：

$$\begin{aligned} \boldsymbol{l} &= \dot{\boldsymbol{F}} \cdot \boldsymbol{F}^{-1} \\ &= (\dot{\boldsymbol{F}}^{\mathrm{e}} \cdot \boldsymbol{F}^{\mathrm{g}} + \boldsymbol{F}^{\mathrm{e}} \cdot \dot{\boldsymbol{F}}^{\mathrm{g}}) \cdot (\boldsymbol{F}^{\mathrm{g-1}} \cdot \boldsymbol{F}^{\mathrm{e-1}}) \\ &= \dot{\boldsymbol{F}}^{\mathrm{e}} \cdot \boldsymbol{F}^{\mathrm{e-1}} + \boldsymbol{F}^{\mathrm{e}} \cdot \dot{\boldsymbol{F}}^{\mathrm{g}} \cdot \boldsymbol{F}^{\mathrm{g-1}} \cdot \boldsymbol{F}^{\mathrm{e-1}} \\ &= \boldsymbol{l}^{\mathrm{e}} + \boldsymbol{F}^{\mathrm{e}} \cdot \overline{\boldsymbol{L}}^{\mathrm{g}} \cdot \boldsymbol{F}^{\mathrm{e-1}} \end{aligned} \tag{3.77}$$

其中，$\overline{\boldsymbol{L}}^{\mathrm{g}}$ 表示中间构型下的生长速度梯度，上式可以理解为速度梯度可分解为弹性和氧化生长两部分，其中 $\boldsymbol{l}^{\mathrm{e}}$ 和 $\boldsymbol{l}^{\mathrm{g}}$ 表示弹性速度梯度和生长速度梯度，它们的表达式分别为

$$\boldsymbol{l}^{\mathrm{e}} = \dot{\boldsymbol{F}}^{\mathrm{e}} \cdot \boldsymbol{F}^{\mathrm{e-1}}, \qquad \boldsymbol{l}^{\mathrm{g}} = \boldsymbol{F}^{\mathrm{e}} \cdot \overline{\boldsymbol{L}}^{\mathrm{g}} \cdot \boldsymbol{F}^{\mathrm{e-1}} \tag{3.78}$$

因此式(3.77)可理解为速度梯度分解为弹性和生长两部分：

$$\boldsymbol{l} = \boldsymbol{l}^{\mathrm{e}} + \boldsymbol{l}^{\mathrm{g}} \tag{3.79}$$

对速度梯度进行加法分解，可分解为对称部分和反对称部分，其中对称部分称为变形率或应变率，通常用 $\boldsymbol{d}$ 表示；反对称部分称为旋率，通常用 $\boldsymbol{w}$ 表示。那么根据式(3.78)可以得到相应的弹性变形率、生长变形率、弹性旋率和生长旋率，其表达式分别为

$$\begin{aligned} \boldsymbol{d}^{\mathrm{e}} &= \frac{1}{2}(\boldsymbol{l}^{\mathrm{e}} + \boldsymbol{l}^{\mathrm{eT}}), \quad \boldsymbol{d}^{\mathrm{g}} = \frac{1}{2}(\boldsymbol{l}^{\mathrm{g}} + \boldsymbol{l}^{\mathrm{gT}}) \\ \boldsymbol{w}^{\mathrm{e}} &= \frac{1}{2}(\boldsymbol{l}^{\mathrm{e}} - \boldsymbol{l}^{\mathrm{eT}}), \quad \boldsymbol{w}^{\mathrm{g}} = \frac{1}{2}(\boldsymbol{l}^{\mathrm{g}} - \boldsymbol{l}^{\mathrm{gT}}) \end{aligned} \tag{3.80}$$

于是，变形率和旋率也可以分解为弹性和生长两部分：

$$\boldsymbol{d} = \boldsymbol{d}^{\mathrm{e}} + \boldsymbol{d}^{\mathrm{g}}, \qquad \boldsymbol{w} = \boldsymbol{w}^{\mathrm{e}} + \boldsymbol{w}^{\mathrm{g}} \tag{3.81}$$

弹性变形梯度可作如下右极分解：

$$\boldsymbol{F}^{\mathrm{e}} = \boldsymbol{R}^{\mathrm{e}} \cdot \boldsymbol{U}^{\mathrm{e}} \tag{3.82}$$

其中，$\boldsymbol{U}^{\mathrm{e}}$ 为右伸长张量，$\boldsymbol{R}^{\mathrm{e}}$ 为正交张量。则弹性 Green 变形张量 $\boldsymbol{C}^{\mathrm{e}}$ 可表示为

$$\boldsymbol{C}^{\mathrm{e}} = \boldsymbol{F}^{\mathrm{eT}} \cdot \boldsymbol{F}^{\mathrm{e}} = \boldsymbol{U}^2 \tag{3.83}$$

由弹性 Green 变形张量可定义弹性 Green 应变张量 $\boldsymbol{E}^{\mathrm{e}}$ 为

$$\boldsymbol{E}^{\mathrm{e}} = \frac{1}{2}(\boldsymbol{C}^{\mathrm{e}} - \boldsymbol{I}) = \frac{1}{2}(\boldsymbol{F}^{\mathrm{eT}} \cdot \boldsymbol{F}^{\mathrm{e}} - \boldsymbol{I}) \tag{3.84}$$

对上式求物质导数得到弹性 Green 应变张量 $\boldsymbol{E}^{\mathrm{e}}$ 的物质导数 $\dot{\boldsymbol{E}}^{\mathrm{e}}$，其表达式可写为

$$
\begin{aligned}
\dot{\boldsymbol{E}}^{\mathrm{e}} &= \frac{1}{2}\dot{\boldsymbol{C}}^{\mathrm{e}} \\
&= \frac{1}{2}(\dot{\boldsymbol{F}}^{\mathrm{eT}}\cdot\boldsymbol{F}^{\mathrm{e}} + \boldsymbol{F}^{\mathrm{eT}}\cdot\dot{\boldsymbol{F}}^{\mathrm{e}}) \\
&= \frac{1}{2}(\boldsymbol{F}^{\mathrm{eT}}\cdot\boldsymbol{l}^{\mathrm{eT}}\cdot\boldsymbol{F}^{\mathrm{e}} + \boldsymbol{F}^{\mathrm{eT}}\cdot\boldsymbol{l}^{\mathrm{e}}\cdot\boldsymbol{F}^{\mathrm{e}}) \\
&= \boldsymbol{F}^{\mathrm{eT}}\cdot\boldsymbol{d}^{\mathrm{e}}\cdot\boldsymbol{F}^{\mathrm{e}}
\end{aligned}
\tag{3.85}
$$

上式建立了 Green 应变张量物质导数与弹性应变率之间的关系。

　　本节主要给出了热障涂层界面氧化热力化多场耦合理论的变形描述，通过将变形梯度分解为弹性变形梯度和生长变形梯度两部分，定义了弹性速度梯度和生长速度梯度，最终将变形率分解为弹性变形率和生长变形率，关于这方面的理论知识有兴趣的读者可参考黄克智和黄永刚的《高等固体力学》[47]、Gurtin 等的 *The Mechanics and Thermodynamics of Continua* [48]以及 Reddy 教授的 *Introduction to Continuum Mechanics*[49]等连续介质力学专著。

　　2. 界面氧化多场耦合的质量守恒定律

　　质量守恒是连续介质力学里最基本的方程之一。热障涂层界面氧化导致体积膨胀，造成质量的变化。假设氧化前体元 $\mathrm{d}\Omega_0$ 的质量为

$$
\mathrm{d}M_0 = \rho_0(\boldsymbol{X},t)\mathrm{d}\Omega_0
\tag{3.86}
$$

其中，$\rho_0(\boldsymbol{X},t)$ 为参考构型下的密度，那么整个体积 Ω_0 的质量 M_0 可表示为

$$
M_0 = \int_{\Omega_0}\rho_0(\boldsymbol{X},t)\mathrm{d}\Omega_0
\tag{3.87}
$$

　　假设氧化后体元 $\mathrm{d}\Omega$ 的质量为

$$
\mathrm{d}M = \rho(\boldsymbol{x},t)\mathrm{d}\Omega
\tag{3.88}
$$

其中，$\rho(\boldsymbol{x},t)$ 为参考构型下的密度，那么整个体积 Ω 的质量 M 可表示为

$$
M = \int_{\Omega}\rho(\boldsymbol{x},t)\mathrm{d}\Omega
\tag{3.89}
$$

　　假设热障涂层界面氧化只在参考构型到中间构型这一阶段发生，氧化期间只导致体积发生变化，而氧化物的密度保持不变，那么中间构型下的质量和当时构型下的质量必然相等，则中间构型下体元 $\bar{\Omega}$ 的质量 M 可表示为

$$
\mathrm{d}M = \rho_0(\boldsymbol{X},t)\mathrm{d}\bar{\Omega}
\tag{3.90}
$$

　　氧化前后的体积比 J_{G} 可用生长变形梯度的雅可比行列式表示，结合式(3.86)和式(3.90)得到 J_{G} 与微元质量之间的关系：

$$J_G = \det \boldsymbol{F}^{\mathrm{g}} = \frac{\mathrm{d}\overline{\Omega}}{\mathrm{d}\Omega_0} = \frac{\mathrm{d}M}{\mathrm{d}M_0} \tag{3.91}$$

氧化前后的质量变化可写为当时构型的质量和参考构型的质量差，所以质量守恒的积分形式为

$$\int_{\Omega} \rho(\boldsymbol{x},t)\mathrm{d}\Omega - \int_{\Omega_0} \rho_0(\boldsymbol{X},t)\mathrm{d}\Omega_0 = M - M_0 \tag{3.92}$$

由于 $\mathrm{d}\Omega = J\mathrm{d}\Omega_0$ ，则参考构型下的微分型质量守恒方程为

$$\dot{\rho} + \rho \operatorname{div} \boldsymbol{v} = \gamma \rho \tag{3.93}$$

其中， γ 表示界面氧化导致的质量变化率。参考构型下的质量守恒方程可写为

$$\frac{\mathrm{D}(\rho J)}{\mathrm{D}t} = \gamma J \rho \tag{3.94}$$

由于中间构型下的质量和当时构型下的质量相等，即

$$\mathrm{d}M = \rho_0(\boldsymbol{X})\mathrm{d}\overline{\Omega} = \rho(\boldsymbol{x},t)\mathrm{d}\Omega \tag{3.95}$$

根据参考构型、中间构型和当时构型三个构型之间的体积比，可以将上式转化为

$$\rho_0(\boldsymbol{X})J_G\mathrm{d}\Omega_0 = \rho(\boldsymbol{x},t)J\mathrm{d}\Omega_0 \tag{3.96}$$

式中， J_G 为生长变形梯度的雅可比行列式。式(3.96)可简化为

$$\rho_0(\boldsymbol{X}) = \rho(\boldsymbol{x},t)J_{F^{\mathrm{e}}} \tag{3.97}$$

其中， $J_{F^{\mathrm{e}}}$ 为弹性变形梯度的雅可比行列式。对式(3.97)求物质导数，得

$$\dot{\rho} = -\rho \frac{\dot{J}_{F^{\mathrm{e}}}}{J_{F^{\mathrm{e}}}} \tag{3.98}$$

将式(3.98)代入式(3.97)，并利用雅可比行列式与其物质导数的关系式(3.73)，得

$$\frac{\dot{J}}{J} - \frac{\dot{J}_{F^{\mathrm{e}}}}{J_{F^{\mathrm{e}}}} = \gamma \tag{3.99}$$

上式可进一步简化为生长变形梯度的行列式和生长率之间的关系，即

$$\frac{\dot{J}_G}{J_G} = \gamma \tag{3.100}$$

对于各向同性生长，假设生长变形梯度为如下形式：

$$\boldsymbol{F}^{\mathrm{g}} = \begin{pmatrix} g & 0 & 0 \\ 0 & g & 0 \\ 0 & 0 & g \end{pmatrix} \tag{3.101}$$

式中，g 表示沿三个方向的伸长比，所以伸长比和生长率的关系为

$$\frac{3\dot{g}}{g} = \gamma \tag{3.102}$$

本节建立了热障涂层界面氧化的质量守恒方程，需要注意的是与传统连续介质力学的质量守恒不同的是界面氧化导致整体质量不断增加，需要考虑 TGO 的生长，所以守恒方程如式(3.93)和式(3.94)；同时建立了生长变形梯度与生长率之间的关联，为描述界面氧化变形奠定基础。

3. 界面氧化多场耦合的控制方程

力平衡方程可由线动量守恒得到，并且不同构型下的平衡方程有所区别，这里分别建立当时构型和参考构型的力平衡方程。线动量守恒可描述为物体线动量的时间导数等于施加在物体上的外力，则当时构型的线动量守恒方程可表示为

$$\frac{D\boldsymbol{p}}{Dt} = \boldsymbol{b} \tag{3.103}$$

式中，$\boldsymbol{p}$ 表示物体的动量，它是质量和速度的乘积，可写为

$$\boldsymbol{p}(t) = \int_{\Omega} \rho \boldsymbol{v}(\boldsymbol{x}, t) d\Omega \tag{3.104}$$

在界面氧化过程中，$\boldsymbol{b}$ 表示外力，其表达式为

$$\boldsymbol{b}(t) = \int_{\Omega} \rho \boldsymbol{f}(\boldsymbol{x}, t) d\Omega + \int_{\Gamma} \boldsymbol{t}(\boldsymbol{x}, t) d\Gamma + \int_{\Omega} \gamma \rho \boldsymbol{v} d\Omega \tag{3.105}$$

上式右边第一项表示体力，第二项表示表面力，第三项表示界面氧化质量变化所引起的外力。将式(3.104)和式(3.105)代入式(3.103)得

$$\frac{D}{Dt} \int_{\Omega} \rho \boldsymbol{v}(\boldsymbol{x}, t) d\Omega = \int_{\Omega} \rho \boldsymbol{f}(\boldsymbol{x}, t) d\Omega + \int_{\Gamma} \boldsymbol{t}(\boldsymbol{x}, t) d\Gamma + \int_{\Omega} \gamma \rho \boldsymbol{v} d\Omega \tag{3.106}$$

利用 Reynold 转换定理上式左边可写成：

$$\int_{\Omega} \left[\frac{D}{Dt}(\rho \boldsymbol{v}) + \mathrm{div}(\boldsymbol{v}) \rho \boldsymbol{v} \right] d\Omega = \int_{\Omega} \left\{ \rho \frac{D}{Dt} \boldsymbol{v} + \boldsymbol{v} \left[\frac{D\rho}{Dt} + \rho \, \mathrm{div}(\boldsymbol{v}) \right] \right\} d\Omega \tag{3.107}$$

利用 Cauchy 关系和 Gauss 定理，等式(3.105)右边第二项可表示为

$$\int_{\Gamma} \boldsymbol{t}(\boldsymbol{x}, t) d\Gamma = \int_{\Gamma} \boldsymbol{n} \cdot \boldsymbol{\sigma} d\Gamma = \int_{\Omega} \mathrm{div} \, \boldsymbol{\sigma} d\Omega \tag{3.108}$$

其中，$\boldsymbol{\sigma}$ 为 Cauchy 应力。结合质量守恒方程(3.93)可得

$$\int_{\Omega} (\mathrm{div} \, \boldsymbol{\sigma} + \rho \boldsymbol{f} - \rho \dot{\boldsymbol{v}}) d\Omega = 0 \tag{3.109}$$

上式对任意区域都成立，所以可以得到当时构型下的力平衡方程：

$$\text{div}\,\boldsymbol{\sigma} + \rho\boldsymbol{f} = \rho\dot{\boldsymbol{v}} \tag{3.110}$$

其中，$\dot{\boldsymbol{v}}$ 表示速度的物质导数，通常情况下载荷施加缓慢，惯性力可以忽略不计，所以力平衡方程可以写为

$$\text{div}\,\boldsymbol{\sigma} + \rho\boldsymbol{f} = \boldsymbol{0} \tag{3.111}$$

在大变形分析中常常用到参考构型下的物理量，并且在求解平衡方程时采用参考构型描述更方便，所以下面给出参考构型下力平衡方程的推导。同样基于线动量守恒

$$\frac{\text{D}\boldsymbol{p}}{\text{D}t} = \boldsymbol{b} \tag{3.112}$$

式中，$\boldsymbol{p}$ 表示物体的动量，它是质量和速度的乘积，可写为

$$\boldsymbol{p}(t) = \int_{\Omega_0} \rho_0 \boldsymbol{v}(\boldsymbol{X},t)\text{d}\Omega_0 \tag{3.113}$$

在界面氧化过程中，$\boldsymbol{b}$ 表示外力，其表达式为

$$\boldsymbol{b}(t) = \int_{\Omega_0} \rho_0 \boldsymbol{f}(\boldsymbol{X},t)\text{d}\Omega_0 + \int_{\Gamma_0} \boldsymbol{t}_0(\boldsymbol{X},t)\text{d}\Gamma_0 \tag{3.114}$$

上式右边分别表示体力和表面力，由于参考构型界面氧化并未发生，所以这里外力不包含质量变化所导致的力。将式(3.113)和式(3.114)代入式(3.112)得

$$\frac{\text{D}}{\text{D}t}\int_{\Omega_0} \rho_0 \boldsymbol{v}(\boldsymbol{X},t)\text{d}\Omega_0 = \int_{\Omega_0} \rho_0 \boldsymbol{f}(\boldsymbol{X},t)\text{d}\Omega_0 + \int_{\Gamma_0} \boldsymbol{t}_0(\boldsymbol{X},t)\text{d}\Gamma_0 \tag{3.115}$$

上式左边可以将物质导数移入积分内，得到

$$\frac{\text{D}}{\text{D}t}\int_{\Omega_0} \rho_0 \boldsymbol{v}(\boldsymbol{X},t)\text{d}\Omega_0 = \int_{\Omega_0} \rho_0 \frac{\partial \boldsymbol{v}(\boldsymbol{X},t)}{\partial t}\text{d}\Omega_0 \tag{3.116}$$

利用 Cauchy 关系和 Gauss 定理，等式(3.114)右边第二项可表示为

$$\int_{\Gamma_0} \boldsymbol{t}_0(\boldsymbol{X},t)\text{d}\Gamma_0 = \int_{\Gamma_0} \boldsymbol{P}\cdot\boldsymbol{N}\text{d}\Gamma_0 = \int_{\Omega_0} \text{div}\,\boldsymbol{P}^{\text{T}}\text{d}\Omega_0 \tag{3.117}$$

其中，$\boldsymbol{P}$ 为第一类 Piola-Kirchhoff 应力。将式(3.116)和式(3.117)代入式(3.115)，得到参考构型下的力平衡方程：

$$\int_{\Omega_0}\left[\text{div}\,\boldsymbol{P}^{\text{T}} + \rho_0\boldsymbol{f} - \rho_0\frac{\partial \boldsymbol{v}(\boldsymbol{X},t)}{\partial t}\right]\text{d}\Omega_0 = \boldsymbol{0} \tag{3.118}$$

上式对任意区域都成立，所以可以得到参考构型下的力平衡方程：

$$\text{div}\,\boldsymbol{P}^{\text{T}} + \rho_0\boldsymbol{f} = \rho_0\frac{\partial \boldsymbol{v}(\boldsymbol{X},t)}{\partial t} \tag{3.119}$$

忽略惯性力，参考构型下的力平衡方程可以写为

$$\text{div}\boldsymbol{P}^{\text{T}} + \rho_0 \boldsymbol{f} = \boldsymbol{0} \tag{3.120}$$

由于第一类 Piola-Kirchhoff 应力不是对称张量，所以通常用第二类 Piola-Kirchhoff 应力表示参考构型的力平衡方程。通过第一类 Piola-Kirchhoff 应力与第二类 Piola-Kirchhoff 应力的转化关系 $\boldsymbol{P} = \boldsymbol{F} \cdot \boldsymbol{T}$，力平衡方程可写为

$$\text{div}(\boldsymbol{T} \cdot \boldsymbol{F}^{\text{T}}) + \rho_0 \boldsymbol{f} = \boldsymbol{0} \tag{3.121}$$

用位置矢量 $\boldsymbol{x}$ 叉乘线动量原理式(3.106)的每一项，得到积分型角动量守恒方程：

$$\frac{\text{D}}{\text{D}t} \int_{\Omega} \rho \boldsymbol{x} \times \boldsymbol{v} \text{d}\Omega = \int_{\Omega} \rho \boldsymbol{x} \times \boldsymbol{f} \text{d}\Omega + \int_{\Gamma} \boldsymbol{x} \times \boldsymbol{t} \text{d}\Gamma + \int_{\Omega} \rho \gamma \boldsymbol{x} \times \boldsymbol{v} \text{d}\Omega \tag{3.122}$$

为了便于推导，将上式写成如下分量形式：

$$\frac{\text{D}}{\text{D}t} \int_{\Omega} \rho e_{ijk} x_i v_j \text{d}\Omega = \int_{\Gamma} e_{ijk} x_i t_j \text{d}\Gamma + \int_{\Omega} \rho e_{ijk} x_i f_j \text{d}\Omega + \int_{\Omega} \rho \gamma e_{ijk} x_i v_j \text{d}\Omega \tag{3.123}$$

其中，e_{ijk} 表示置换符号。上式左边的物质导数可以通过 Reynold 转换定理写为

$$\int_{\Omega} \left[\rho e_{ijk} \frac{\text{D}}{\text{D}t}(x_i v_j) + e_{ijk} x_i v_j \left(\frac{\text{D}\rho}{\text{D}t} + \rho v_{i,i} \right) \right] \text{d}\Omega$$

$$= \int_{\Omega} e_{ijk} (x_i \sigma_{pj})_{,p} \text{d}\Omega + \int_{\Omega} \rho e_{ijk} x_i f_j \text{d}\Omega + \int_{\Omega} \rho \gamma e_{ijk} x_i v_j \text{d}\Omega \tag{3.124}$$

根据参考构型的质量守恒，上式可化简为

$$\int_{\Omega} \rho e_{ijk} \left(v_i v_j + x_i \frac{\text{D}v_j}{\text{D}t} \right) \text{d}\Omega = \int_{\Omega} e_{ijk} (x_i \sigma_{pj})_{,p} \text{d}\Omega + \int_{\Omega} \rho e_{ijk} x_i f_j \text{d}\Omega$$

$$= \int_{\Omega} e_{ijk} (x_i \sigma_{pj,p} + \delta_{ip} \sigma_{pj} + \rho x_i f_j) \text{d}\Omega \tag{3.125}$$

由于 $e_{ijk} v_i v_j = 0$，所以式(3.125)可进一步化简为

$$\int_{\Omega} e_{ijk} \left[x_i \left(\sigma_{pj,p} + \rho f_j - \frac{\text{D}v_j}{\text{D}t} \right) + \sigma_{ij} \right] \text{d}\Omega = 0 \tag{3.126}$$

式中，包含力平衡方程，其方程在任意区域都成立，所以

$$e_{ijk} \sigma_{ij} = 0 \tag{3.127}$$

满足上述关系就需要 Cauchy 应力为对称张量，即

$$\boldsymbol{\sigma} = \boldsymbol{\sigma}^{\text{T}} \tag{3.128}$$

根据第一类 Piola-Kirchhoff 应力 $\boldsymbol{P}$ 和第二类 Piola-Kirchhoff 应力 $\boldsymbol{T}$ 的关系 $\boldsymbol{T} = \boldsymbol{F}^{-1} \cdot \boldsymbol{P}$，得

$$\boldsymbol{P} \cdot \boldsymbol{F}^{\text{T}} = \boldsymbol{F} \cdot \boldsymbol{P}^{\text{T}} \tag{3.129}$$

热障涂层界面氧化主要是大气中的氧通过 TC 层扩散到 TC/BC 界面，与 BC 层的 Al 发生反应生成 Al_2O_3。在氧化过程中，氧浓度遵守守恒定律，即氧浓度的变化率等于通过界面进入的氧通量减去发生反应所消耗的氧，所以以氧浓度的守恒方程可写成

$$\int_{\Omega_0} \frac{\partial c(\boldsymbol{X},t)}{\partial t} \mathrm{d}\Omega_0 = -\int_{\Gamma_0} j \mathrm{d}\Gamma_0 - \int_{\Omega_0} S \mathrm{d}\Omega_0 \tag{3.130}$$

式中，c 表示氧浓度，j 表示每单位参考面积的氧通量，S 表示发生氧化反应所消耗的氧浓度。通过 Gauss 积分变换，上式可转化为

$$\int_{\Omega_0} \frac{\partial c}{\partial t} \mathrm{d}\Omega_0 = -\int_{\Omega_0} (\mathrm{div}\boldsymbol{j} + S) \mathrm{d}\Omega_0 \tag{3.131}$$

对于参考构型下任意区域上式都成立，所以可得到

$$\frac{\partial c}{\partial t} + \mathrm{div}\boldsymbol{j} = -S \tag{3.132}$$

氧浓度的扩散通量满足菲克扩散第一定律：

$$\boldsymbol{j} = -mc\nabla\mu \tag{3.133}$$

式中，m 为氧的迁移率，μ 为氧的化学势，与氧浓度成共轭关系。化学势需要通过本构关系建立其与浓度之间的关系，在下一部分将基于能量守恒具体推导化学场中浓度和化学势的关系。

通过引入一个变量 n 来表示 TGO 的体积分数，进而表示 TGO 的生长过程。当 $n = 1$ 时，表示这一区域完全由 TGO 组成；当 $n = 0$ 时，表示这一区域完全由 BC 组成；当 $0 < n < 1$ 时，表示由 TGO 和 BC 混合组成。那么 BC 的体积分数就可表示为 $1-n$，即在 TGO 和 BC 的任何区域他们必须满足总的体积分数为 1。结合式(3.4)和式(3.5)得到热障涂层界面氧化热、力、化多场耦合化学场的控制方程，即 TGO 热力化耦合的氧浓度和 TGO 生长模型为

$$\begin{cases} \dfrac{\partial c}{\partial t} - \mathrm{div}(mc\nabla\mu) = -M\zeta(1-n)c \\ \dfrac{\partial n}{\partial t} = \zeta(1-n)c \end{cases} \tag{3.134}$$

4. 界面氧化热力化多场耦合的本构关系

能量守恒是所有物理过程必须遵守的定律，热障涂层界面氧化过程总能量也势必保持守恒。根据热力学第一定律，即总能量的变化率等于外力做的功、热能、化学能等其他能量的变化率总和。所以，热障涂层界面氧化的能量守恒原理可以表示为

$$\frac{\mathrm{D}}{\mathrm{D}t}(K+U) = W+Q+C \tag{3.135}$$

其中，K 表示动能，U 表示内能，W 表示外力的功率，Q 表示热源和热流提供的功率，C 表示化学反应提供的功率。

各部分能量可以采用参考构型描述，同时也可以采用当时构型描述，这里着重介绍参考构型下的守恒方程。动能主要是物体宏观运动所产生的能量，在参考构型下，动能 K 可表示为

$$K = \frac{1}{2}\int_{\Omega_0} \rho_0 \boldsymbol{v} \cdot \boldsymbol{v} \mathrm{d}\Omega_0 \tag{3.136}$$

式中，$\boldsymbol{v}$ 表示参考构型下的速度。

内能主要包含微观的分子运动和应变能等其他形式的能量，在参考构型下可表示为

$$U = \int_{\Omega_0} \rho_0 e \mathrm{d}\Omega_0 \tag{3.137}$$

其中，e 表示每单位质量的内能。

在域内，每单位体积的体积力 $\boldsymbol{f}$ 和表面上每单位面积的表面力 $\boldsymbol{t}_0$ 所做的功率可表示为

$$W = \int_{\Gamma_0} \boldsymbol{t}_0 \cdot \boldsymbol{v} \mathrm{d}\Gamma_0 + \int_{\Omega_0} \rho_0 \boldsymbol{f} \cdot \boldsymbol{v} \mathrm{d}\Omega_0 + \int_{\Omega_0} \rho_0 \gamma \left(e + \frac{1}{2} \boldsymbol{v} \cdot \boldsymbol{v}\right) \mathrm{d}\Omega_0 \tag{3.138}$$

其中，上式的右边第三项表示由界面氧化导致的能量增加，包括内能和动能两部分。

利用 Cauchy 关系和 Gauss 定理，将上式的面力边界积分转为体积分，可得

$$\begin{aligned}
W &= \int_{\Gamma_0} \boldsymbol{t}_0 \cdot \boldsymbol{v} \mathrm{d}\Gamma_0 + \int_{\Omega_0} \rho_0 \boldsymbol{f} \cdot \boldsymbol{v} \mathrm{d}\Omega_0 + \int_{\Omega_0} \rho_0 \gamma (e + \frac{1}{2} \boldsymbol{v} \cdot \boldsymbol{v}) \mathrm{d}\Omega_0 \\
&= \int_{\Gamma_0} (\boldsymbol{N} \cdot \boldsymbol{P}^{\mathrm{T}}) \cdot \boldsymbol{v} \mathrm{d}\Gamma_0 + \int_{\Omega_0} \rho_0 \boldsymbol{f} \cdot \boldsymbol{v} \mathrm{d}\Omega_0 + \int_{\Omega_0} \rho_0 \gamma (e + \frac{1}{2} \boldsymbol{v} \cdot \boldsymbol{v}) \mathrm{d}\Omega_0 \\
&= \int_{\Omega_0} [\nabla \cdot (\boldsymbol{P}^{\mathrm{T}} \cdot \boldsymbol{v}) + \rho \boldsymbol{f} \cdot \boldsymbol{v}] \mathrm{d}\Omega_0 + \int_{\Omega_0} \rho_0 \gamma (e + \frac{1}{2} \boldsymbol{v} \cdot \boldsymbol{v}) \mathrm{d}\Omega_0 \\
&= \int_{\Omega_0} \left[(\nabla \cdot \boldsymbol{P}^{\mathrm{T}} + \rho \boldsymbol{f}) \cdot \boldsymbol{v} + \boldsymbol{P}^{\mathrm{T}} : \nabla \boldsymbol{v} + \rho_0 \gamma (e + \frac{1}{2} \boldsymbol{v} \cdot \boldsymbol{v}) \right] \mathrm{d}\Omega_0 \\
&= \int_{\Omega_0} \left[\rho_0 \frac{\mathrm{D}\boldsymbol{v}}{\mathrm{D}t} \cdot \boldsymbol{v} + \boldsymbol{P}^{\mathrm{T}} : \nabla \boldsymbol{v} + \rho_0 \gamma (e + \frac{1}{2} \boldsymbol{v} \cdot \boldsymbol{v}) \right] \mathrm{d}\Omega_0
\end{aligned} \tag{3.139}$$

式中，$\boldsymbol{P}$ 为第一类 Piola-Kirchhoff 应力。

有热源和热流提供的功率可表示为

$$Q = \int_{\Omega_0} \rho_0 r_m \mathrm{d}\Omega_0 - \int_{\Gamma_0} \boldsymbol{q} \cdot \boldsymbol{N} \mathrm{d}\Gamma_0 = \int_{\Omega_0} (\rho_0 r_m - \nabla \cdot \boldsymbol{q}) \mathrm{d}\Omega_0 \tag{3.140}$$

其中，r_m 表示每单位质量的热源，$\boldsymbol{q}$ 表示每单位面积的热流。

化学扩散所产生的功率可参考热流的功率，其表达式为

$$C = -\int_{\Gamma_0} \mu \boldsymbol{j} \cdot \boldsymbol{N} \mathrm{d}\Gamma_0 \tag{3.141}$$

其中，$\boldsymbol{j}$ 表示氧浓度的扩散流。

将式(3.136)～式(3.141)代入式(3.135)，得到热障涂层界面氧化能量守恒的积分表述：

$$\begin{aligned}
&\frac{\mathrm{D}}{\mathrm{D}t} \int_{\Omega_0} \rho_0 \left(\frac{1}{2} \boldsymbol{v} \cdot \boldsymbol{v} + e \right) \mathrm{d}\Omega_0 \\
&= \frac{1}{2} \frac{\mathrm{D}}{\mathrm{D}t} \int_{\Omega_0} \rho_0 \boldsymbol{v} \cdot \boldsymbol{v} \mathrm{d}\Omega_0 + \int_{\Omega_0} (\boldsymbol{P}^{\mathrm{T}} : \dot{\boldsymbol{F}}) \mathrm{d}\Omega_0 + \int_{\Omega_0} \rho_0 \gamma \left(e + \frac{1}{2} \boldsymbol{v} \cdot \boldsymbol{v} \right) \mathrm{d}\Omega_0 \\
&\quad + \int_{\Omega_0} (-\nabla \cdot \boldsymbol{q} + \rho_0 r_m) \mathrm{d}\Omega_0 - \int_{\Omega_0} (\mu \nabla \cdot \boldsymbol{j} + \boldsymbol{j} \cdot \nabla \mu) \mathrm{d}\Omega_0
\end{aligned} \tag{3.142}$$

利用 Reynold 定理和 Gauss 定理化简并整理得能量守恒的微分型方程：

$$\rho_0 \dot{e} = \boldsymbol{P} : \dot{\boldsymbol{F}} - \mu \operatorname{div} \boldsymbol{j} - \boldsymbol{j} \cdot \nabla \mu - \operatorname{div} \boldsymbol{q} + r_m \rho_0 \tag{3.143}$$

热障涂层界面氧化同时需要满足熵增原理，即热力学第二定律。以 η 表示每单位体积的熵，则总熵可以表示为

$$H = \int_{\Omega_0} s_m \rho_0 \mathrm{d}\Omega_0 \tag{3.144}$$

那么，热力学第二定律可写成如下表达式：

$$\frac{\mathrm{D}}{\mathrm{D}t} \int_{\Omega_0} \rho_0 s_m \mathrm{d}\Omega_0 \geqslant -\int_{\Gamma_0} \frac{\boldsymbol{q} \cdot \boldsymbol{N}}{\theta} \mathrm{d}\Gamma_0 + \int_{\Omega_0} \frac{r_m}{\theta} \rho_0 \mathrm{d}\Omega_0 \tag{3.145}$$

式中，θ 表示温度，右边第一项为熵流，第二项为熵源。上式是积分型的热力学第二定律，同时也称为熵不等式或 Clausius-Duhem 不等式。通过积分变化，可得到热力学第二定律的局部不等式：

$$\rho_0 \dot{s}_m \geqslant \frac{r_m \rho}{\theta} - \nabla \cdot \left(\frac{\boldsymbol{q}}{\theta} \right) = \frac{1}{\theta} (r_m \rho_0 - \nabla \cdot \boldsymbol{q}) + \frac{1}{\theta^2} \boldsymbol{q} \cdot \nabla \theta \tag{3.146}$$

根据能量守恒方程(3.135)，上式右边可写成如下形式：

$$\begin{aligned}
\frac{r_m \rho_0}{\theta} - \nabla \cdot \left(\frac{\boldsymbol{q}}{\theta} \right) &= \frac{1}{\theta} (r_m \rho_0 - \nabla \cdot \boldsymbol{q}) + \frac{1}{\theta^2} \boldsymbol{q} \cdot \nabla \theta \\
&= \frac{1}{\theta} \left(\rho_0 \dot{e} - \boldsymbol{P} : \dot{\boldsymbol{F}} + \mu \nabla \cdot \boldsymbol{j} + \boldsymbol{j} \cdot \nabla \mu + \frac{1}{\theta} \boldsymbol{q} \cdot \nabla \theta \right)
\end{aligned} \tag{3.147}$$

结合式(3.146)和式(3.147)，熵不等式可以写成：

$$\rho_0 \dot{s}_m \geqslant \frac{1}{\theta}(\rho_0 \dot{e} - \boldsymbol{P} : \dot{\boldsymbol{F}} + \mu \nabla \cdot \boldsymbol{j} + \boldsymbol{j} \cdot \nabla \mu + \frac{1}{\theta} \boldsymbol{q} \cdot \nabla \theta) \tag{3.148}$$

最终热障涂层界面氧化的熵不等式可写为

$$\rho_0(\dot{e} - \theta \dot{s}_m) - \boldsymbol{P} : \dot{\boldsymbol{F}} + \mu \nabla \cdot \boldsymbol{j} + \boldsymbol{j} \cdot \nabla \mu + \frac{1}{\theta} \boldsymbol{q} \cdot \nabla \theta \leqslant 0 \tag{3.149}$$

为了方便，引入 Helmholtz 自由能作为热力学函数，它与内能、熵和温度的关系可以用下面式子表示：

$$\psi = e - \theta s_m \tag{3.150}$$

其中，ψ 表示每单位质量的 Helmholtz 自由能。

对式(3.150)求导，可得到 Helmholtz 自由能与内能之间率形式的关系：

$$\dot{\psi} = \dot{e} - \dot{\theta} s_m - \theta \dot{s}_m \tag{3.151}$$

将上式代入热障涂层界面氧化的熵不等式(3.149)，可得

$$\rho_0(\dot{\psi} - s_m \dot{\theta}) - \boldsymbol{P} : \dot{\boldsymbol{F}} + \mu \nabla \cdot \boldsymbol{j} + \boldsymbol{j} \cdot \nabla \mu + \frac{1}{\theta} \boldsymbol{q} \cdot \nabla \theta \leqslant 0 \tag{3.152}$$

式中，第二项表示变形功率，我们知道在变形功率上应力与变形率或应变率是共轭的，也称为功共轭。不同的应力描述要对应相应的应变描述。例如，第一类 Piola-Kirchhoff 应力与变形梯度率是共轭的；第二类 Piola-Kirchhoff 应力与 Green 应变率是共轭的；Cauchy 应力与变形率是共轭的。因此，变形功率可以写成应力与对应的共轭应变(变形)率之间的双点积。假设 w 为参考构型每单位体积的变形功率，则可表示为

$$w = J\boldsymbol{\sigma} : \boldsymbol{d} = \boldsymbol{P} : \dot{\boldsymbol{F}} = \boldsymbol{T} : \dot{\boldsymbol{E}} \tag{3.153}$$

在热障涂层界面氧化热力化多场耦合中，各种应力量和应变率量同样存在这种共轭关系。式(3.152)的第二项表示变形功率，但在前面描述界面氧化的变形是将整体变形梯度分解为弹性变形梯度和生长变形梯度，这里的变形功率具体是什么形式，代表什么含义，需要对其进一步分析，因为它对后面的本构关系起着关键作用。将式(3.71)代入变形功率式(3.153)中，可得到

$$
\begin{aligned}
\boldsymbol{P} &: \dot{\boldsymbol{F}} \\
&= \boldsymbol{P} : (\dot{\boldsymbol{F}}^e \cdot \boldsymbol{F}^g + \boldsymbol{F}^e \cdot \dot{\boldsymbol{F}}^g) \\
&= (\boldsymbol{P} \cdot \boldsymbol{F}^{gT}) : \dot{\boldsymbol{F}}^e + (\boldsymbol{F}^{eT} \cdot \boldsymbol{P}) : \dot{\boldsymbol{F}}^g \\
&= (J\boldsymbol{\sigma} \cdot \boldsymbol{F}^{e-T}) : \dot{\boldsymbol{F}}^e + (\boldsymbol{F}^{eT} \cdot J\boldsymbol{\sigma} \cdot \boldsymbol{F}^{e-T} \cdot \boldsymbol{F}^{g-T}) : \dot{\boldsymbol{F}}^g \\
&= (J\boldsymbol{F}^{e-1} \cdot \boldsymbol{\sigma} \cdot \boldsymbol{F}^{e-T}) : \boldsymbol{F}^{eT} \cdot \dot{\boldsymbol{F}}^e + (\boldsymbol{F}^{eT} \cdot J\boldsymbol{\sigma} \cdot \boldsymbol{F}^{e-T} \cdot \boldsymbol{F}^{g-T}) : \dot{\boldsymbol{F}}^g \\
&= \boldsymbol{T} : \dot{\boldsymbol{E}}^e + (\boldsymbol{C}^e \cdot \boldsymbol{T}) : (\dot{\boldsymbol{F}}^g \cdot \boldsymbol{F}^{g-1}) \\
&= \boldsymbol{T} : \dot{\boldsymbol{E}}^e + \boldsymbol{M}^e : \boldsymbol{L}^g
\end{aligned}
\tag{3.154}
$$

其中，$\boldsymbol{T}$ 表示第二类 Piola-Kirchhoff 应力，$\boldsymbol{M}^e$ 表示 Mandel 应力，常常应用于塑性大变形分析中。它们的表达式分别为

$$\boldsymbol{T} = J\boldsymbol{F}^{e-1} \cdot \boldsymbol{\sigma} \cdot \boldsymbol{F}^{e-T} \quad \boldsymbol{M}^e = \boldsymbol{C}^e \cdot \boldsymbol{S} = J\boldsymbol{F}^{eT} \cdot \boldsymbol{\sigma} \cdot \boldsymbol{F}^{e-T} \tag{3.155}$$

由式(3.154)可以看出：由于变形梯度的分解，变形功率可以分解为两部分，一部分为弹性变形功率，另一部分为界面氧化导致的变形功率。

在热障涂层界面氧化过程中，热力学函数 Helmholtz 自由能是卸载构形中的弹性应变张量、温度和氧浓度的函数。因此 Helmholtz 自由能可以表达为如下自变量的函数：

$$\psi = \hat{\psi}(\boldsymbol{E}^e, \theta, c) \tag{3.156}$$

其中，$\boldsymbol{E}^e$ 表示卸载构形中的弹性应变张量，θ 表示温度，c 表示氧浓度。根据式(3.156)，Helmholtz 自由能与卸载构形中的弹性应变张量、温度和氧浓度的关系可以写成：

$$\dot{\psi} = \frac{\partial \hat{\psi}}{\partial \boldsymbol{E}^e} : \dot{\boldsymbol{E}}^e + \frac{\partial \hat{\psi}}{\partial \theta}\dot{\theta} + \frac{\partial \hat{\psi}}{\partial c}\dot{c} \tag{3.157}$$

将式(3.157)和式(3.154)代入熵不等式(3.152)，并用到式(3.132)，整理得到

$$\rho_0\left(\frac{\partial \hat{\psi}}{\partial \boldsymbol{E}^e} : \dot{\boldsymbol{E}}^e + \frac{\partial \hat{\psi}}{\partial \theta}\dot{\theta} + \frac{\partial \hat{\psi}}{\partial c}\dot{c} + s_m\dot{\theta}\right) - \boldsymbol{T} : \dot{\boldsymbol{E}}^e - \boldsymbol{M}^e : \boldsymbol{L}^g - \mu\dot{c} - \mu S + \boldsymbol{j} \cdot \nabla\mu + \frac{1}{\theta}\boldsymbol{q} \cdot \nabla\theta \leqslant 0 \tag{3.158}$$

通过合并同类项，上式可转化为

$$\left(\rho_0\frac{\partial \hat{\psi}}{\partial \boldsymbol{E}^e} - \boldsymbol{T}\right) : \dot{\boldsymbol{E}}^e + \rho_0\left(\frac{\partial \hat{\psi}}{\partial \theta} + s_m\right)\dot{\theta} + \left(\rho_0\frac{\partial \hat{\psi}}{\partial c} - \mu\right)\dot{c} - \mu S$$

$$-\boldsymbol{M}^e : \boldsymbol{L}^g + \boldsymbol{j} \cdot \nabla\mu + \frac{1}{\theta}\boldsymbol{q} \cdot \nabla\theta \leqslant 0 \tag{3.159}$$

熵不等式对于所有的自变量 Green 应变张量、温度和氧浓度取任何值都成立，所以它们前面的系数必须为零，由此可以得到热障涂层界面氧化热力化耦合的本构关系，即

$$\begin{cases} \boldsymbol{T} = \rho_0\dfrac{\partial \hat{\psi}}{\partial \boldsymbol{E}^e} \\[3mm] s_m = -\dfrac{\partial \hat{\psi}}{\partial \theta} \\[3mm] \mu = \rho_0\dfrac{\partial \hat{\psi}}{\partial c} \end{cases} \tag{3.160}$$

因此，式(3.159)中只剩后三项来表示熵增不等式，实际上这三项在界面氧化

过程中分别表示力所导致的能量耗散，化学反应导致的耗散，以及热传导所导致的熵增，那么热障涂层界面氧化的熵不等式可以简化为

$$M^e : L^g - j \cdot \nabla \mu - \frac{1}{\theta} q \cdot \nabla \theta + \mu S \geqslant 0 \tag{3.161}$$

根据界面氧化的热力化耦合本构关系，Helmholtz 自由能的率可写成：

$$\dot{\psi} = \frac{1}{\rho_0} T : \dot{E}^e - s_m \dot{\theta} + \frac{1}{\rho_0} \mu \dot{c} \tag{3.162}$$

通过内能与 Helmholtz 自由能之间的关系，能量守恒方程可表示为

$$\rho_0 \dot{e} = \rho_0 \theta \dot{s}_m + T : \dot{E}^e + \mu \dot{c}$$

$$= P : \dot{F} - \mu \mathrm{div} j - j \cdot \nabla \mu - \mathrm{div} q + r_m \rho_0 + \frac{1}{\theta} \cdot \nabla \theta \tag{3.163}$$

将变形功率化简，并结合本构关系，上式可写成：

$$\rho_0 \theta \dot{s}_m = M^e : L^g - \mu \mathrm{div} j - j \cdot \nabla \mu - \mathrm{div} q + r_m \rho_0 + \frac{1}{\theta} \cdot \nabla \theta \tag{3.164}$$

温度场的本构关系可以用内能与比热表示，也可以用熵和 Helmholtz 自由能表示，于是，比热 C 可表示为

$$C = \frac{\partial e}{\partial \theta} = \frac{\partial \hat{\psi}}{\partial \theta} + s_m + \theta \frac{\partial s_m}{\partial \theta} = -\theta \frac{\partial^2 \hat{\psi}}{\partial \theta^2} \tag{3.165}$$

根据本构关系式(3.160)，可将上式表示为

$$\theta \dot{s}_m = -\theta \frac{\partial T}{\partial \theta} : C^e + C \dot{\theta} - \theta \frac{\partial \mu}{\partial \theta} \dot{c} \tag{3.166}$$

将上式中包含比热的项移到方程的一边得到温度场的控制方程：

$$C \dot{\theta} = \theta \dot{s}_m + \theta \frac{\partial T}{\partial \theta} : C^e + \theta \frac{\partial \mu}{\partial \theta} \dot{c} \tag{3.167}$$

其中，T 是前面提到的第二类 Piola-Kirchhoff 应力，C^e 表示卸载构形上的 Green 变形张量。上式中第一项表示热传导和热源所导致的温度变化，第二项表示应力所导致的温度变化，第三项表示化学势对温度变化造成的影响。

将式(3.164)代入式(3.167)，则得到温度场控制方程，式子中可以明显看出各个场对温度场的耦合作用，包括应力场对温度的影响，化学场对温度的影响。温度场的最终控制方程可表示为

$$\rho_0 C \dot{\theta} = M^e : L^g - \mu \nabla \cdot j - j \cdot \nabla \mu - \mathrm{div} q + \frac{1}{\theta} q \cdot \nabla \theta + r_m \rho_0 + \rho_0 \theta \frac{\partial T}{\partial \theta} : C^e + \rho_0 \theta \frac{\partial \mu}{\partial \theta} \dot{c} \tag{3.168}$$

本节主要通过能量守恒原理和熵增原理建立了热障涂层界面氧化热力化耦合的能量守恒方程和熵不等式，在此基础上得出了热障涂层界面氧化热力化多场耦

合的本构关系，同时给出了温度场的控制方程。

热障涂层界面氧化热力化耦合的 Helmholtz 自由能主要包含热弹性应变能和物质扩散导致的化学能，其具体形式可参考 Loeffel 和 Anand 建立的热障涂层界面氧化热力化多场耦合大变形理论的自由能形式[50]，但需要说明的是这里的热弹性应变能采用超弹性模型，其表达式可写为

$$\hat{\psi} = J_{G}\left[\frac{1}{2}G(I^{e}-3)+\lambda(\ln J^{e})^{2}-G\ln J^{e}-3K\alpha(\theta-\theta_{0})\mathrm{tr}(\boldsymbol{E}^{e})+C(\theta-\theta_{0})\right]$$
$$+ \mu_{0}c + R\theta c(\ln c - 1) \tag{3.169}$$

式中，G 和 λ 为拉梅常量，I^{e} 为弹性 Green 应变张量 $\boldsymbol{E}^{e}$ 的第一不变量，K 为体积模量，α 表示热膨胀系数，C 表示比热，R 表示通用气体常数，J^{e} 表示弹性变形梯度张量的雅可比行列式，J_{G} 表示生长变形梯度张量的雅可比行列式。

将 Helmholtz 自由能的具体形式(3.169)代入界面氧化的热力化耦合本构关系式(3.16)中，得到界面氧化本构关系的具体表达式：

$$\begin{cases} \boldsymbol{T} = J_{G}\left[G\mathbf{1}+\left(\lambda\ln J^{e}-G\right)-3K\alpha(\theta-\theta_{0})\mathbf{1}\right] \\ s_{m} = J_{G}[3K\alpha(\mathrm{tr}\boldsymbol{E}^{e})-C]-Rc(\ln c-1) \\ \mu = \mu_{0}+R\theta\ln c-\frac{1}{3}\beta\mathrm{tr}\boldsymbol{T}+\frac{1}{3}\beta C(\theta-\theta_{0}) \end{cases} \tag{3.170}$$

通过上式可以看出热障涂层界面氧化过程中各个场的变量相互耦合，化学场、温度场对应力场有影响，同时应力场又影响化学场和温度场，总之各个场变量都是相互耦合的。

假设不考虑温度场对化学势的贡献，则化学场的本构关系可写为

$$\mu = \mu_{0}+R\theta\ln c-\frac{1}{3}\beta\mathrm{tr}\boldsymbol{T} \tag{3.171}$$

将上式代入前面介绍的 TGO 生长模型(3.134) 中，得到热障涂层界面氧化热力化耦合生长的理论模型，即

$$\begin{cases} \dfrac{\partial c}{\partial t}+\nabla\cdot\left(-D_{0}\nabla c+\dfrac{\beta c}{R\theta}\nabla T_{m}\right)=-M\zeta(1-n)c \\ \dfrac{\partial n}{\partial t}=\zeta(1-n)c \end{cases} \tag{3.172}$$

求解热障涂层界面氧化热力化多场耦合问题需给定各个场的初始条件和边界条件，在应力场的分析中需给定位移边界条件和表面力边界条件；在化学场的分析中需给定浓度边界条件和扩散通量边界条件及初始条件；在温度场的分析中需给定温度边界条件和热流边界条件。这些边界条件可以描述为

$$
\begin{cases}
\chi = \check{\chi}, & \text{在边界}\,\Gamma_1 \\
\boldsymbol{T} \cdot \boldsymbol{N} = \boldsymbol{t}_0, & \text{在边界}\,\Gamma_2 \\
c = \check{c}, & \text{在边界}\,\Gamma_c \\
-D(\nabla\mu) \cdot \boldsymbol{N} = \check{j}, & \text{在边界}\,\Gamma_j \\
\theta = \check{\theta}, & \text{在边界}\,\Gamma_\theta \\
-r_m(\nabla\theta) \cdot \boldsymbol{N} = \check{q}, & \text{在边界}\,\Gamma_q
\end{cases}
\tag{3.173}
$$

界面氧化热力化多场耦合的初始条件为

$$
\boldsymbol{\chi}(\boldsymbol{X},0) = \boldsymbol{\chi}_0(\boldsymbol{X})c(\boldsymbol{X},0) = c_0(\boldsymbol{X})\theta(\boldsymbol{X},0) = \theta_0(\boldsymbol{X})n(\boldsymbol{X},0) = n_0(\boldsymbol{X})
\tag{3.174}
$$

3.3.3 界面氧化热力化耦合生长规律与机制分析

热障涂层界面氧化热力化耦合理论框架，包括各个物理场控制方程、本构方程以及边界条件，对于复杂的非线性耦合方程，只能借助有限元方法求解。有限元求解实际上是将物理场控制方程的强形式转化为弱形式，并利用有限单元离散，最终转化为求解线性方程组。在 COMSOL 有限元软件中，只要给出物理场的弱形式就可以求解耦合问题。引入试函数将热障涂层界面氧化热力化耦合的强形式(3.172)和式(3.12)转化为弱形式，其中 TGO 耦合生长的主要变量有氧浓度 c，TGO 体积分数 n，他们相应的试函数表示为 δc 和 δn，应力场的主要变量为位移 $\boldsymbol{u}$，其他的变量可由位移求得，位移的试函数为 $\delta\mu_i$。

$$
\begin{cases}
\displaystyle\int_\Omega \left(\delta c\frac{\partial c}{\partial t} + D\frac{\partial c}{\partial x}\frac{\partial\delta c}{\partial x} + D\frac{\partial c}{\partial y}\frac{\partial\delta c}{\partial y} - \delta c\frac{D\beta c}{R\theta}\nabla T_m + \delta cM\zeta(1-n)c \right)\mathrm{d}\Omega = 0 \\[2mm]
\displaystyle\int_\Omega (\delta n\frac{\partial n}{\partial t} - \delta n\zeta(1-n)c)\mathrm{d}\Omega = 0 \\[2mm]
\displaystyle\int_\Omega \left[-(\delta\nabla\boldsymbol{u} + \nabla\boldsymbol{u}\cdot\delta\nabla\boldsymbol{u})\cdot\boldsymbol{T} \right]\mathrm{d}\Omega = 0
\end{cases}
\tag{3.175}
$$

将上面的弱形式写入 COMSOL 有限元软件数学方程模块，定义物理场的主要变量氧浓度 c，TGO 体积分数 n，以及二维情况下的位移分量 u、v。建立热障涂层界面氧化热、力、化多场耦合的几何模型，给定氧化过程中的边界条件，在 COMSOL 中完成求解，得到 TGO 的耦合生长和涂层内应力的演化。我们考虑的界面氧化为等温氧化，即氧化温度为定值，因此温度对应力和氧浓度的扩散可以忽略。

1. 基于多场耦合的 TGO 形貌演化

为了便于分析，将热障涂层界面氧化的热力化耦合生长模型中的应力梯度前的系数称为耦合因子，用 κ 表示。分别取不同的值研究应力对 TGO 生长的影响。图 3.27 表示考虑热力化耦合的 TGO 生长云图，其中耦合因子为 2e–24，图中红色代表 TGO，此时 $n=1$；蓝色表示 BC 层，此时 $n=0$；介于红蓝之间表示一层混合层，此时 n 的取值介于 0 于 1 之间。从图中可以看出，随着氧化时间的增加，TGO 厚度不断增加，但在波峰处和波谷处 TGO 厚度的增厚程度不同。分别氧化 10h、100h、500h、1000h 时，波峰处的 TGO 厚度为 1.2μm、2.8μm、7.5μm、10.5μm，而波谷处的 TGO 厚度为 1.1μm、1.7μm、4.5μm、6.8μm。由此可见 TGO 在波峰处的生长速率要明显高于波谷处，导致波峰处的 TGO 厚度大于波谷处。TGO 的不均匀生长加剧涂层的粗糙度，造成涂层内应力的增加。Tang 等[41]研究热障涂层界面氧化时，通过实验发现涂层会出现局部加速生长，且涂层波峰处的厚度要比波谷处的厚度大一些，这与有限元模拟结果吻合。可见建立 TGO 耦合生长理论可以得到更加真实的热障涂层界面氧化规律，而基于抛物线模型得到的 TGO 厚度是均匀生长的。

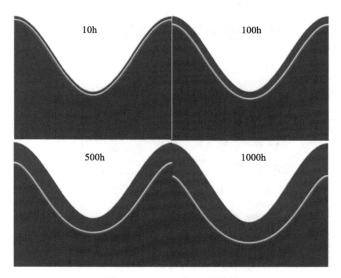

图 3.27　TGO 的生长规律

为了研究系统应力对 TGO 生长的影响，模拟了不同耦合因子时 TGO 的生长规律。图 3.28 为氧化 1000h 后不同耦合因子的 TGO 形貌云图，图中耦合因子分别取 0、2e–24、5e–23 和 8e–23，当耦合因子取 0 表示不考虑耦合，即应力不影响 TGO 的生长，耦合因子越大，应力对 TGO 生长的影响越大。从图中发现应力对 TGO 生长有明显的抑制作用，即随着耦合因子逐渐增大，TGO 厚度不断减小。当耦合因子为 8e–23 时，TGO 波峰处的厚度为 5.9μm，波谷处的厚度 4.2μm，这与不考虑耦合相比 TGO 厚度减少了近一半,可见涂层内的应力极大地抑制了 TGO 的生长。同时发现随着耦合因子的增加, TGO 的不均匀生长程度有所缓和。TGO 厚度随耦合因子和氧化时间的生长规律见图 3.29,其中图 3.29 (a)表示波谷处的 TGO 厚度,图 3.29 (b)为波峰处的 TGO 厚度。从 TGO 的生长曲线发现,波峰处和波谷处的 TGO 厚度都随耦合因子的增大而减小。同时发现波谷处的 TGO 生长曲线近似抛物线,而波峰处的 TGO 生长曲线随着耦合因子的增加近似呈线性关系,但生长速率较慢。因此可以得出涂层内的应力对 TGO 生长有明显的抑制作用,可以缓和 TGO 的不均匀生长,降低涂层内的应力水平。

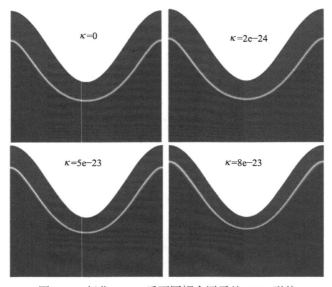

图 3.28　氧化 1000h 后不同耦合因子的 TGO 形貌

　　TGO 的生长主要由扩散反应方程决定,而应力对 TGO 生长的影响主要体现在对氧浓度扩散的抑制。图 3.30 给出了热障涂层界面氧化过程中氧浓度随耦合因子的分布规律。其中氧浓度的最大值为 1.55 mol/m^3,主要集中在 TGO 上表面,最小值为 0,图中显示为蓝色区域。随着氧化反应的进行,氧不断向 BC 层扩散同时与 BC 层的 Al 发生反应,与图 3.28 对比,可发现氧扩散到的区域才可能发生界面氧化,保证 TGO 的生长。而氧的扩散在不同位置是明显不同的,即波峰处氧的扩散速率要高于波谷处氧的扩散速率,这就造成 TGO 在波峰处的生长速率要高于波谷处。导致波峰处与波谷处扩散速率不同的主要原因是界面的曲率,Yang 等[51]建立了不同曲率下界面氧化的理论模型,发现曲率越大,氧化速率越快。因为在尖锐的波峰处,氧浓度富集,平面的氧浓度次之,而波谷处的氧浓度最少,

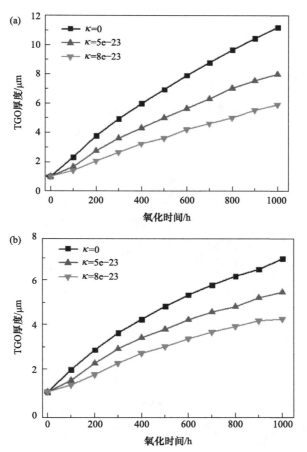

图 3.29　不同耦合因子时波峰处和波谷处的 TGO 生长曲线

(a) 波峰处；(b) 波谷处

所以导致氧在波峰处的扩散快于波谷处，进而导致波峰处的 TGO 大于波谷处。随着耦合因子增加，氧扩散越来越慢，可见应力对 TGO 生长的影响实质上是影响了涂层内氧浓度的分布，应力梯度越大，对氧浓度的扩散抑制作用越明显。实际上学者分析了应力对扩散的影响[32]，得出应力对扩散不仅有抑制作用，有时也可能起到促进作用，这主要取决于涂层内处于何种应力状态，如果是拉应力则促进浓度的扩散，如果是压应力则抑制浓度的扩散。

2. 基于多场耦合的应力分布

图 3.31 表示 TGO 和 BC 层中 Mises 应力随耦合因子的分布规律。如图所示，从 TC/TGO 界面到 TGO/BC 界面，Mises 应力逐渐减小，且波谷处的应力要大于波峰处的应力，而且 Mises 应力主要产生于 TGO 生长的区域和邻近 TGO 的黏结

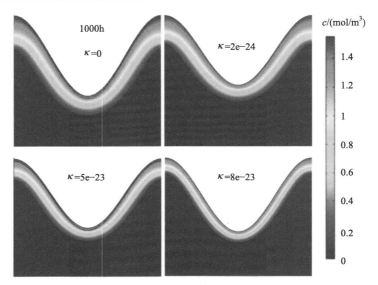

图 3.30　氧化 1000h 后不同耦合因子的氧浓度分布

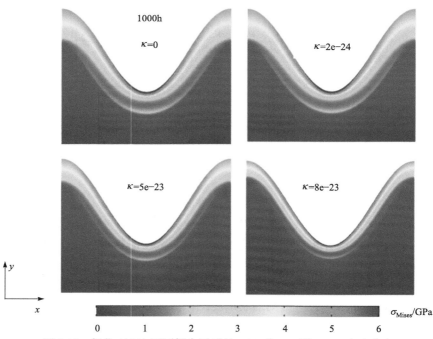

图 3.31　氧化 1000h 不同耦合因子的 TGO 和 BC 层 Mises 应力分布

层，至于远离 TGO 的区域处于无应力状态，这主要是应力的产生是 TGO 生长导致的，而远离 TGO 的区域并没有发生氧化反应。同时可以发现耦合因子的大小对应力分布影响明显，随着耦合因子增大，TGO 和 BC 层的应力整体分布规律是相同的,但应力分布的区域明显减小,这主要是应力影响 TGO 的生长,导致 TGO 生长诱发应力的区域减小。通过对比不同耦合因子的应力云图还发现应力值随耦合因子的增加而减小,当耦合因子分别取 0、2e–24、5e–23、8e–23 时,TGO 和 BC 层内最大的 Mises 应力分别为 6GPa、5.3GPa、5.0GPa、4.8GPa。可见考虑热力化耦合可以缓和涂层内的应力分布,而且减小涂层内应力分布区域,比不考虑耦合时的应力预测更适合反应涂层内的真实应力状态。

通过界面氧化的热力化多场耦合生长模型,我们发现影响 TGO 生长和氧浓度分布的主要为涂层内的平均应力,图 3.32 表示氧化 1000h 后,TGO 和 BC 层内平均应力随耦合因子的分布规律。图中红色区域表示拉应力,深蓝色区域表示压应力,可见 TGO 主要处于拉应力状态,且随着耦合因子增大,应力分布区域不断减小,同时最大应力出现于波谷处的 TGO 表面。从 TGO 表面到 BC 层,平均应力由拉应力逐渐转变为压应力,而在 TGO/BC 层界面压应力达到最大值。TGO 的生长主要发生在 TGO/BC 层界面处,而且氧化界面随着 TGO 的生长不断移动,从图中发现在热障涂层发生界面氧化的区域主要受到压应力,而压应力可以抑制氧浓度的扩散,竟而抑制 TGO 的生长,所以随着耦合因子增大,应力分布区域也减少。由于 TGO 生长受到抑制,涂层内的应力值也相应减小,当耦合因子取 0、2e–24、5e–23、8e–23 时,TGO 和 BC 层内最大的平均应力分别为 5GPa、4.5 GPa、4.2 GPa、3.8GPa。

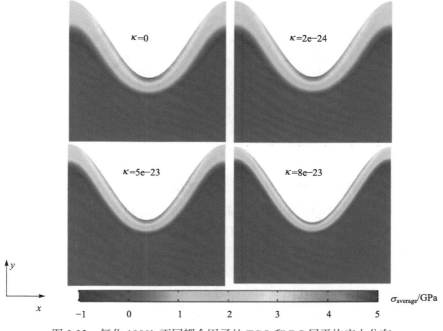

图 3.32　氧化 1000h 不同耦合因子的 TGO 和 BC 层平均应力分布

　　TGO 表面的 x 方向位移如图 3.33 所示。可以明显看出，x 方向位移沿着中心线呈反对称分布，即在中心线左边 x 方向位移为正，中心线右边为负。这表示波峰和波谷随着界面的氧化在不断靠近，这也许可以解释涂层的屈曲失稳现象。热障涂层在界面氧化过程中，TGO 表面会出现褶皱，且随着氧化时间的增加褶皱内产生裂纹导致涂层失效。从位移的分布规律可以发现随着两个峰不断靠近，极可能诱发 TGO 出现褶皱。氧化 1000h 后，随着耦合的增加，x 方向位移不断减小，当耦合因子分别取 0、5e-23、8e-23 时，x 方向位移最大位移分别为 0.11μm、0.85μm、0.65μm，同时发生最大位移的位置随耦合因子增大不断远离对称中心，可以减小诱发褶皱或屈曲的可能性。Clarke 通过 SEM 观察金属合金氧化后的表面，发现了明显的起皱现象，随着氧化时间的增加，起皱越严重[52]。本节主要偏重于理论分析和有限元模拟，相应的耦合实验表征将在今后的研究中不断完善。

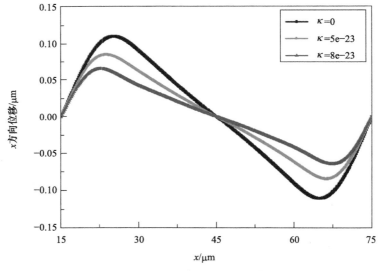

图 3.33　TGO 表面的 x 方向位移

　　热障涂层界面氧化诱发涂层内产生较大的生长应力，一般认为 y 方向的应力是导致裂纹萌生和扩展的主要原因。因此，下面主要分析 y 方向应力的分布及演化规律，图 3.34 表示氧化 1000h 后，TGO 和 BC 层中 y 方向应力 Cauchy 应力随耦合因子的分布规律。应力云图中红色表示拉应力，蓝色表示压应力，颜色越深表示应力值越大。虽然耦合因子不同，即 TGO 生长对应力的影响程度不同，但它们的分布仍有共同点。从四副图可以看出拉应力位于波峰处，而压应力位于波峰和波谷之间的中间区域。由于界面曲率的改变，BC 层和 TGO 内 y 方向 Cauchy

应力从波峰到波谷由拉应力转变为压应力。涂层内大部分区域为拉应力状态。虽然分布规律相同，但随着耦合因子的增加，应力值减小，尤其是拉应力减小更明显。当耦合因子分别取 0、5e–23、8e–23 时，TGO 和 BC 层内 y 方向 Cauchy 应力最大拉应力分别为 1178MPa、1050MPa、936MPa、850MPa。同时还可以发现随着耦合因子的增大，受拉应力和压应力的区域都减小，这主要是由 TGO 厚度减小造成的。结果表明考虑耦合时的应力要小于不考虑耦合时的结果，这对失效机理以及寿命预测影响极大，但我们的理论还需要实验进一步验证。

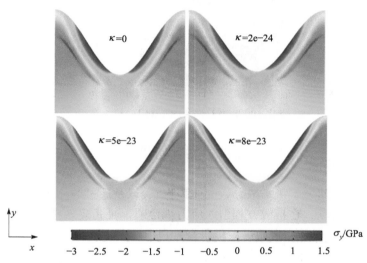

图 3.34　氧化 1000h 不同耦合因子的 TGO 和 BC 层 y 方向应力分布

图 3.35 表示氧化 1000h 后，TC 层中 y 方向应力(Cauchy 应力)随耦合因子的分布规律。应力云图中红色表示拉应力，蓝色表示压应力，颜色越深表示应力值越大。从四副图可以看出，TC 层内的应力分布与 TGO 和 BC 层的应力分布差别较大。TC 层内拉应力位于波谷处，而压应力位于波峰处，TC 层内受拉应力的区域要远大于受压应力的区域。随着耦合因子的增加，TC 层 Cauchy 应力的应力值都减小。当耦合因子分别取 0、5e–23、8e–23 时，TGO 和 BC 层内 y 方向 Cauchy 应力最大拉应力分别为 200MPa、185MPa、120MPa、93MPa，而最大压应力分别为–400MPa、–360MPa、–296 MPa、–226MPa。Al-Athel 等[38]采用大变形理论研究了 TGO 各项异性的生长过程中涂层内的应力分布，发现 TC 层内的最大拉应力和最大压应力分别为 58MPa 和–235MPa，这一结果与当耦合因子为 8e–23 时的模拟结果基本吻合。

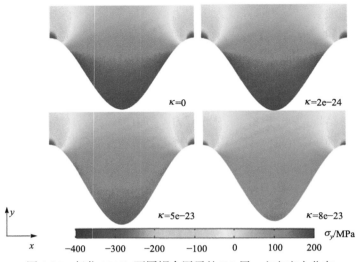

图 3.35　氧化 1000h 不同耦合因子的 TC 层 y 方向应力分布

3.4　总结与展望

　　这一章主要研究了氧扩散导致的体积膨胀，以及通过 Helmholz 自由能引入氧气和应力的耦合项，在扩散方程引入应力耦合项，研究应力对扩散过程的影响，实现力-化耦合。但是在之后进一步研究过程中发现，这些与实验并不完全符合，主要是因为 TBCs 界面氧化时 TGO 生长膨胀应力才是界面应力的主要部分，TGO 生长膨胀应力才是界面失效的主要原因，因此通过 Helmholz 自由能引入氧气和应力的耦合项，考虑氧扩散导致的体积膨胀以及应力对扩散过程的影响是不准确的和不符合实验的。在第 4 章，我们会通过 Helmholz 自由能引入化学反应程度和应力的耦合系数，考虑 TGO 生长应力和应力对化学反应的影响，实现力-化耦合，并且结合实验，确定耦合系数。

参 考 文 献

[1] Sridharan S, Xie L D, Jordan E H, et al. Damage evolution in an electron beam physical vapor deposited thermal barrier coating as a function of cycle temperature and time[J]. Materials Science and Engineering: A, 2005, 393(1-2): 51-62.

[2] Ma K, Schoenung J M. Isothermal oxidation behavior of cryomilledNiCrAlY bond coat: homogeneity and growth rate of TGO[J]. Surface and Coatings Technology, 2011, 205(21-22): 5178-5185.

[3] Chen W R, Wu X, Marple B R, et al. The growth and influence of thermally grown oxide in a thermal barrier coating[J]. Surface and Coatings Technology, 2006, 201(3-4): 1074-1079.

[4] Martena M, Botto D, Fino P, et al. Modelling of TBC system failure: stress distribution as a

function of TGO thickness and thermal expansion mismatch[J]. Engineering Failure Analysis, 2006, 13(3): 409-426.

[5] Yuan K, Eriksson R, Peng R L, et al. Modeling of microstructural evolution and lifetime prediction of MCrAlY coatings on nickel based superalloys during high temperature oxidation[J]. Surface and Coatings Technology, 2013, 232: 204-215.

[6] Osorio J D, Giraldo J, Hernandez J C , et al. Diffusion-reaction of aluminum and oxygen in thermally grown Al_2O_3 oxide layers[J]. Heat and Mass Transfer, 2013, 50(4): 483-492.

[7] Beck T, Herzog R, Trunova O, et al. Damage mechanisms and lifetime behavior of plasma-sprayed thermal barrier coating systems for gas turbines — Part II: Modeling[J]. Surface and Coatings Technology, 2008, 202(24): 5901-5908.

[8] Freborg A M, Ferguson B L , Brindley W J, et al. Modeling oxidation induced stresses in thermal barrier coatings[J]. Materials Science and Engineering: A, 1998, 245(2): 182-190.

[9] Karlsson A M, Evans A G. A numerical model for the cyclic instability of thermally grown oxides in thermal barrier systems[J]. Acta Materialia, 2001, 49(10): 1793-1804.

[10] Rösler J, Bäker M,Volgmann M. Stress state and failure mechanisms of thermal barrier coatings: role of creep in thermally grown oxide. Acta Materialia, 2001, 49(18): 3659-3670.

[11] Busso, E P, Qian Z Q, Taylor M P , Evans H E et al. The influence of bondcoat and topcoat mechanical properties on stress development in thermal barrier coating systems[J]. Acta Materialia, 2009, 57(8): 2349-2361.

[12] Ranjbar-Far, M, Absi J, Mariaux G, Dubois F et al. Simulation of the effect of material properties and interface roughness on the stress distribution in thermal barrier coatings using finite element method[J]. Materials & Design, 2010, 31(2): 772-781.

[13] Hille T S, Turteltaub S, Suiker A S J. Oxide growth and damage evolution in thermal barrier coatings[J]. Engineering Fracture Mechanics, 2011, 78(10):2139-2152.

[14] Gupta, M, Eriksson R, Sand U, et al. A diffusion-based oxide layer growth model using real interface roughness in thermal barrier coatings for lifetime assessment[J]. Surface and Coatings Technology, 2015, 271: 181-191.

[15] Tanaka, M, Kitazawa R, Tomimatsu T, et al. Residual stress measurement of an EB-PVD Y_2O_3-ZrO_2 thermal barrier coating by micro-Raman spectroscopy[J]. Surface and Coatings Technology, 2009, 204(5): 657-660.

[16] Christensen R J, Lipkin DM, Clarke DR, et al. Nondestructive evaluation of the oxidation stresses through thermal barrier coatings using Cr^{3+} piezospectroscopy[J]. Applied Physics Letters, 1996. 69(24): 3754-3756.

[17] Schlichting K W, Vaidyanathan K, Sohn Y H, et al. Application of Cr^{3+} photoluminescence piezo-spectroscopy to plasma-sprayed thermal barrier coatings for residual stress measurement[J]. Materials Science and Engineering: A, 2000, 291(1-2): 68-77.

[18] Wen M, Jordan E H, Gell M. Evolution of photo-stimulated luminescence of EB-PVD/(Ni, Pt)Al thermal barrier coatings[J]. Materials Science and Engineering: A, 2005, 398(1-2): 99-107.

[19] Wang X, Lee G, Atkinson A. Investigation of TBCs on turbine blades by photoluminescence piezospectroscopy[J]. Acta Materialia, 2009, 57(1): 182-195.

[20] Evans A G, He M Y, Hutchinson J W. Mechanics-based scaling laws for the durability of thermal barrier coatings[J]. Progress in Materials Science, 2001, 46(3-4): 249-271.

[21] Hsueh C H, Fuller E R. Analytical modeling of oxide thickness effects on residual stresses in thermal barrier coatings[J]. Scripta Materialia, 2000, 42(8): 781-787.

[22] Sun Y, L, Li J G, Zhang W X, et al. Local stress evolution in thermal barrier coating system during isothermal growth of irregular oxide layer[J]. Surface and Coatings Technology, 2013, 216: 237-250.

[23] Sun Y L, Zhang W X, Li J G, et al. Local stress around cap-like portions of anisotropically and nonuniformly grown oxide layer in thermal barrier coating system[J]. Journal of Materials Science, 2013, 48(17): 5962-5982.

[24] Yang L, Liu Q X, Zhou Y C, et al. Finite Element simulation on thermal fatigue of a turbine blade with thermal barrier coatings[J]. Journal of Materials Science & Technology, 2014, 30(4): 371-380.

[25] Zhu W, Cai M, Yang L, et al. The effect of morphology of thermally grown oxide on the stress field in a turbine blade with thermal barrier coatings[J]. Surface and Coatings Technology, 2015, 276: 160-167.

[26] Nayebpashaee N, Seyedein S H, Aboutalebi M R, et al. Finite element simulation of residual stress and failure mechanism in plasma sprayed thermal barrier coatings using actual microstructure as the representative volume[J]. Surface and Coatings Technology, 2016, 291: 103-114.

[27] Bäker M, Seiler P. A guide to finite element simulations of thermal barrier coatings[J]. Journal of Thermal Spray Technology, 2017, 26(6): 1146-1160.

[28] Padture N P, Gell M, Jordan E H. Thermal barrier coatings for gas-turbine engine applications[J]. Science, 2002, 296(5566): 280-284.

[29] Ben Amar M, Goriely A. Growth and instability in elastic tissues[J]. Journal of the Mechanics and Physics of Solids, 2005, 53(10): 2284-2319.

[30] Guyen T A, Lejeunes S, Eyheramendy D, et al. A thermodynamical framework for the thermo-chemo-mechanical couplings in soft materials at finite strain[J]. Mechanics of Materials, 2016, 95: 158-171.

[31] Yadegari S, Turteltaub S, Suiker A S J. Coupled thermomechanical analysis of transformation-induced plasticity in multiphase steels[J]. Mechanics of Materials, 2012, 53: 1-14.

[32] Cui Z , Gao F , Qu J . A finite deformation stress-dependent chemical potential and its applications to lithium ion batteries[J]. Journal of the Mechanics & Physics of Solids, 2012, 60(7):1280-1295.

[33] Zhou H, Cherkaoui M. A finite element analysis of the reactive element effect in oxidation of chromia-forming alloys[J]. Philosophical Magazine, 2010, 90(25): 3401-3420.

[34] Zhou H, Qu J, Cherkaoui M. Finite element analysis of oxidation induced metal depletion at oxide–metal interface[J]. Computational Materials Science, 2010. 48(4): 842-847.

[35] Hsueh C H, Fuller E R. Residual stresses in thermal barrier coatings: effects of interface asperity curvature/height and oxide thickness[J]. Materials Science and Engineering: A, 2000, 283(1-2): 46-55.

[36] Li C C, Wang T, Liu X J, et al. Evolution of mechanical properties of thermal barrier coatings subjected to thermal exposure by instrumented indentation testing[J]. Ceramics International, 2016, 42(8): 10242-10250.

[37] Strauss D, Müller G, Schumacher G, et al. Oxide scale growth on MCrAlY bond coatings after pulsed electron beam treatment and depositionofEB-PVDTBC[J]. Surface and Coatings Technology, 2001, 135(2-3): 196-201.

[38] Al-Athel K, Loeffel K, Liu H W, et al. Modeling decohesion of a top-coat from a thermally-growing oxide in a thermal barrier coating[J]. Surface and Coatings Technology, 2013, 222: 68-78.

[39] Sridharan S, Xie L D, Jordan E H, et al. Stress variation with thermal cycling in the thermally grown oxide of an EB-PVD thermal barrier coating[J]. Surface and Coatings Technology, 2004, 179(2-3): 286-296.

[40] Busso E P, Qian Z Q. A mechanistic study of microcracking in transversely isotropic ceramic-metal systems[J]. Acta Materialia, 2006, 54(2): 325-338.

[41] Tang F, Schoenung J M. Local accumulation of thermally grown oxide in plasma-sprayed thermal barrier coatings with rough top-coat/bond-coat interfaces[J]. Scripta Materialia, 2005, 52(9): 905-909.

[42] Tolpygo V K, Clarke D R. Morphological evolution of thermal barrier coatings induced by cyclic oxidation[J]. Surface and Coatings Technology, 2003, 163-164(0): 81-86.

[43] Saillard A, Cherkaoui M, Kadiri H E. Stress-induced roughness development during oxide scale growth on a metallic alloy for SOFC interconnects[J]. Modelling and Simulation in Materials Science and Engineering, 2011, 19(1): 015009.

[44] Sorbjan, Zbigniew. Similarity Theory[M]. Wiley StatsRef: Statistics Reference Online, 2014.

[45] Lockett F J. Nonlinear Viscoelastic Solids[M]. New York: Academic Press, 1972.

[46] Ni L Y, Wu Z L, Zhou C G. Effects of surface modification on isothermal oxidation behavior of HVOF-sprayed NiCrAlY coatings[J]. Progress in Natural Science: Materials International, 2011, 21(2): 173-179.

[47] 黄克智, 黄永刚. 高等固体力学（上册）[M]. 北京: 清华大学出版社, 2013.

[48] Gurtin M E, Fried E, Anand L. The Mechanics and Thermodynamics of Continua[M]. New York: Cambridge University Press, 2010.

[49] Reddy J N. An Introduction to Continuum Mechanics[M]. New York: Cambridge University Press, 2013.

[50] Loeffel K, Anand L. A chemo-thermo-mechanically coupled theory for elastic–viscoplastic deformation, diffusion, and volumetric swelling due to a chemical reaction[J]. International Journal of Plasticity, 2011, 27(9): 1409-1431.

[51] Yang F, Fang D N, Liu B. A theoretical model and phase field simulation on the evolution of interface roughness in the oxidation process[J]. Modelling and Simulation in Materials Science and Engineering, 2012, 20(1): 015001.

[52] Clarke D R. Stress generation during high-temperature oxidation of metallic alloys[J]. Current Opinion in Solid State and Materials Science, 2002, 6(3): 237-244.

第4章 热障涂层界面氧化物理非线性的耦合生长与破坏

在制备和使用 TBCs 的过程中，TC 和 BC 之间形成了一层薄薄的热生长氧化物(TGO)，其主要成分为α-Al$_2$O$_3$[1,2]。一方面，TGO 层由于其致密的结构可以保护 BC 免受进一步的氧化；另一方面，热暴露期间 TGO 的过度和不均匀生长会在 TGO 附近产生巨大的应力[3-6]。实验表明 TGO 氧化动力学一般服从抛物线规律[2,7]，还有学者[8]发现 TGO 分三阶段生长：第一阶段服从抛物线定律；第二阶段近似为线性增长；第三阶段加速增长。还有研究表明，外部拉伸载荷可以加速 TBCs 的氧化反应速率[9]。因此 TBCs 氧化过程不仅仅取决于氧气扩散，还受到应力(应变)、温度等其他场的影响，是一个物理非线性问题。随着 TGO 的增长引起体积变化和热膨胀失配，在 TGO 附近会产生大量的残余应力[10-12]。许多实验表明，粗糙的 TGO 几何形状会导致 TC/TGO 界面和 TGO/BC 界面处形成裂纹，裂纹连接起伏的峰，最终导致 TBCs 失效[13-18]。

本章主要阐述物理非线性界面氧化导致的复杂界面建模、热力学一致的耦合理论构建和耦合失效机理。

4.1 热障涂层界面氧化的物理非线性热力化耦合生长模型

4.1.1 模型框架

我们通过热力学定律得到热障涂层界面氧化的物理非线性热力化耦合生长模型。由于化学反应的过程比机械变形过程慢得多，因此可以忽略惯性影响。力平衡方程为

$$\nabla \cdot \boldsymbol{\sigma} + \boldsymbol{f} = \boldsymbol{0} \tag{4.1}$$

用 $\hat{c}$ 表示氧气的绝对浓度 (每单位体积的分子数)，$\boldsymbol{j}$ 表示氧气的扩散通量矢量(单位时间单位面积通过氧气的分子数)，氧的质量守恒方程可以写成

$$\dot{c} = -\nabla \cdot \boldsymbol{j} - N \tag{4.2}$$

其中，$\dot{c} = \mathrm{d}c/\mathrm{d}t$ 表示绝对氧浓度变化速度。

用 Ω 表示 TBCs 内部的任意开放域，使用 $\boldsymbol{n}$ 表示垂直于其边界 $\partial\Omega$ 的向外单

位矢量。在任意开放域中，我们使用热力学第一定律获得以下形式的内部能量平衡方程[19,20]

$$\frac{\mathrm{d}}{\mathrm{d}t}\int_{\Omega}e\mathrm{d}V=\int_{\Omega}\boldsymbol{f}\cdot\boldsymbol{v}\mathrm{d}V+\int_{\partial\Omega}\boldsymbol{t}\cdot\boldsymbol{v}\mathrm{d}A+\int_{\Omega}r\mathrm{d}V-\int_{\partial\Omega}\boldsymbol{q}\cdot\boldsymbol{n}\mathrm{d}A-\int_{\partial\Omega}\mu\boldsymbol{j}\cdot\boldsymbol{n}\mathrm{d}A \quad (4.3)$$

结合方程(4.1)、(4.2)、(4.3)和散度原理得到

$$\dot{e}=\boldsymbol{\sigma}:\dot{\boldsymbol{\varepsilon}}+r-\nabla\cdot\boldsymbol{q}+\mu\dot{c}+\mu N-\boldsymbol{j}\cdot\nabla\mu \quad (4.4)$$

结合第 1 章的方程(1.107)、(1.153)得到

$$\theta\gamma=\boldsymbol{\sigma}:\dot{\boldsymbol{\varepsilon}}-\dot{\psi}-\eta\dot{\theta}+\mu\dot{c}+\mu N-\boldsymbol{j}\cdot\nabla\mu-\frac{\boldsymbol{q}}{\theta}\cdot\nabla\theta\geqslant0 \quad (4.5)$$

结合第 1 章式(1.146)得到

$$\theta\gamma=\boldsymbol{\sigma}:\dot{\boldsymbol{\varepsilon}}-\dot{\psi}-\eta\dot{\theta}+\mu\dot{c}+\mu M\dot{n}-\boldsymbol{j}\cdot\nabla\mu-\frac{\boldsymbol{q}}{\theta}\cdot\nabla\theta\geqslant0 \quad (4.6)$$

我们将应变分解为

$$\boldsymbol{\varepsilon}=\underbrace{\boldsymbol{\varepsilon}^{\mathrm{e}}+\boldsymbol{\varepsilon}^{\theta}+\boldsymbol{\varepsilon}^{\mathrm{n}}}_{\boldsymbol{\varepsilon}^{\mathrm{E}}}+\underbrace{\boldsymbol{\varepsilon}^{\mathrm{vp}}}_{\boldsymbol{\varepsilon}^{\mathrm{IE}}} \quad (4.7)$$

其中，$\boldsymbol{\varepsilon}^{\mathrm{e}}$ 是弹性应变；$\boldsymbol{\varepsilon}^{\mathrm{n}}$ 是 TGO 生长应变；$\boldsymbol{\varepsilon}^{\theta}$ 是热膨胀应变；$\boldsymbol{\varepsilon}^{\mathrm{vp}}$ 是黏塑性导致的应变；$\boldsymbol{\varepsilon}^{\mathrm{E}}=\boldsymbol{\varepsilon}^{\mathrm{e}}+\boldsymbol{\varepsilon}^{\theta}+\boldsymbol{\varepsilon}^{\mathrm{n}}$ 是广义弹性应变；$\boldsymbol{\varepsilon}^{\mathrm{IE}}=\boldsymbol{\varepsilon}^{\mathrm{vp}}$ 是非弹性应变。

Helmholtz 自由能密度可以视为这些状态变量的函数：

$$\psi=\psi\left(\varepsilon_{ij}^{\mathrm{E}},\hat{c},n,\theta,\kappa_{\beta}\right) \quad (4.8)$$

其中，κ_{β} 是黏塑性的内变量。把式(4.8)代入到耗散不等式(4.6)得到

$$\theta\gamma=\left(\sigma_{ij}-\frac{\partial\psi}{\partial\varepsilon_{ij}^{E}}\right)\dot{\varepsilon}_{ij}-\left(\eta+\frac{\partial\psi}{\partial\theta}\right)\dot{\theta}+\left(\mu-\frac{\partial\psi}{\partial\hat{c}}\right)\dot{\hat{c}}+\left(\mu M-\frac{\partial\psi}{\partial n}\right)\dot{n}$$

$$-\boldsymbol{j}\cdot\nabla\mu-\frac{\boldsymbol{q}}{\theta}\cdot\nabla\theta+\frac{\partial\psi}{\partial\varepsilon_{ij}^{E}}\dot{\varepsilon}_{ij}^{\mathrm{vp}}-\frac{\partial\psi}{\partial\kappa_{\beta}}\dot{\kappa}_{\beta}\geqslant0 \quad (4.9)$$

对于应变张量，温度和绝对氧浓度具有任何值，因此它们前面的系数必须为零。我们可以获得本构关系如下：

$$\sigma_{ij}=\frac{\partial\psi}{\partial\varepsilon_{ij}^{\mathrm{E}}},\quad\eta=-\frac{\partial\psi}{\partial\theta},\quad\mu=\frac{\partial\psi}{\partial\hat{c}} \quad (4.10)$$

引入热力化耦合的 Helmholtz 自由能[20,21]：

$$\psi\left(\boldsymbol{\varepsilon}^{E}, \hat{c}, n, \theta, \kappa_{\beta}\right) = \psi^{0} + \boldsymbol{\sigma}^{0} : \boldsymbol{\varepsilon} + \frac{1}{2}\Lambda\left(\varepsilon_{kk}^{E}\right)^{2} + \varUpsilon\boldsymbol{\varepsilon}^{E} : \boldsymbol{\varepsilon}^{E} + \mu^{0}\hat{c} + \frac{1}{2}U\left(\hat{c} - \hat{c}^{0}\right)^{2}$$
$$- A^{0}n - \frac{1}{2}a\left(n - n^{0}\right)^{2} + \rho C\left(\theta - \theta \ln\frac{\theta}{\theta^{*}}\right)$$
$$- 3K\alpha^{\theta}\left(\theta - \theta^{0}\right)\varepsilon_{kk}^{E} - 3K\alpha^{n}\left(n - n^{0}\right)\varepsilon_{kk}^{E}$$
$$- \zeta\left(\hat{c} - \hat{c}^{0}\right)\left(n - n^{0}\right) + \psi^{vp}\left(\kappa_{\beta}\right)$$

$$(4.11)$$

其中，上标"0"表示初始状态；Λ 和 $\varUpsilon$ 并表示 Lamé 常数；K 是材料的体积模量；μ^{0} 是初始化学势；U 是扩散能的二次系数；A^{0} 是化学反应能量项系数；a 是化学反应能量的二次系数；ρ 是密度；C 是比热容；θ^{*} 是任意恒定温度；α^{θ} 是热膨胀系数；α^{n} 是化学反应和应变的耦合系数；ζ 是化学反应和扩散的耦合系数；$\psi^{vp}\left(\kappa_{\beta}\right)$ 是与 κ_{β} 有关的 Helmholtz 自由能部分。

将 Helmholtz 自由能函数插入本构关系中，我们得到各向同性的本构关系如下：

$$\begin{cases} \boldsymbol{\sigma} - \boldsymbol{\sigma}^{0} = \Lambda\varepsilon_{kk}^{E}\boldsymbol{I} + 2\varUpsilon\boldsymbol{\varepsilon}^{E} - 3K\alpha^{n}\left(n - n^{0}\right)\boldsymbol{I} - 3K\alpha^{\theta}\left(\theta - \theta^{0}\right)\boldsymbol{I} \\ \mu - \mu^{0} = U\left(\hat{c} - \hat{c}^{0}\right) - \zeta\left(n - n^{0}\right) \\ \eta = \rho C \ln\frac{\theta}{\theta^{*}} + 3K\alpha^{\theta}\varepsilon_{kk}^{E} \end{cases} \quad (4.12)$$

假设 TGO 的初始体积分数（n^{0}）和初始应力（$\boldsymbol{\sigma}^{0}$）为零，我们得到

$$\begin{cases} \boldsymbol{\sigma} = \Lambda\varepsilon_{kk}^{E}\boldsymbol{I} + 2\varUpsilon\boldsymbol{\varepsilon}^{E} - 3K\alpha^{n}n\boldsymbol{I} - 3K\alpha^{\theta}\left(\theta - \theta^{0}\right)\boldsymbol{I} \\ \mu - \mu^{0} = U\left(\hat{c} - \hat{c}^{0}\right) - \zeta n \\ \eta = \rho C \ln\frac{\theta}{\theta^{*}} + 3K\alpha^{\theta}\varepsilon_{kk}^{E} \end{cases} \quad (4.13)$$

我们同时可以得到

$$\boldsymbol{\varepsilon}^{E} = \frac{1}{2\varUpsilon}\left(\boldsymbol{\sigma} - \frac{\Lambda}{2\varUpsilon + 3\Lambda}\sigma_{kk}\boldsymbol{I}\right) + \alpha^{n}n\boldsymbol{I} + \alpha^{\theta}\left(\theta - \theta^{0}\right)\boldsymbol{I} = \boldsymbol{\varepsilon}^{e} + \boldsymbol{\varepsilon}^{n} + \boldsymbol{\varepsilon}^{\theta} \quad (4.14)$$

其中

$$\boldsymbol{\varepsilon}^{e} = \frac{1}{2\varUpsilon}\left(\boldsymbol{\sigma} - \frac{\Lambda}{2\varUpsilon + 3\Lambda}\sigma_{kk}\boldsymbol{I}\right), \quad \boldsymbol{\varepsilon}^{n} = \alpha^{n}n\boldsymbol{I}, \quad \boldsymbol{\varepsilon}^{\theta} = \alpha^{\theta}\left(\theta - \theta^{0}\right)\boldsymbol{I} \quad (4.15)$$

耗散不等式可写为

$$\phi^{\mathrm{vp}} + \phi^{\mathrm{c}} + \phi^{\mathrm{n}} + \phi^{\theta} \geqslant 0 \tag{4.16}$$

我们假设这四个耗散机制是独立的，所以每个耗散都是正定的，即

$$\phi^{\mathrm{vp}} \geqslant 0, \quad \phi^{\mathrm{c}} \geqslant 0, \quad \phi^{\mathrm{n}} \geqslant 0, \quad \phi^{\theta} \geqslant 0 \tag{4.17}$$

黏塑性的耗散势能可表示为

$$\phi^{\mathrm{vp}} = \frac{\partial \psi}{\partial \varepsilon_{ij}^{\mathrm{E}}} \dot{\varepsilon}_{ij}^{\mathrm{vp}} - \frac{\partial \psi}{\partial \kappa_{\beta}} \dot{\kappa}_{\beta} = \sigma_{ij} \dot{\varepsilon}_{ij}^{\mathrm{vp}} - K_{\beta} \dot{\kappa}_{\beta} \geqslant 0 \tag{4.18}$$

其中，$K_{\beta} = \partial \psi / \partial \kappa_{\beta}$ 表示共轭力。根据最大耗散的假设，在屈服准则 $f\left(\sigma_{ij}, K_{\beta}, \dot{\varepsilon}_{ij}^{\mathrm{vp}}, \dot{\kappa}_{\beta}\right)$ 的约束下，黏塑性耗散势取最大值。使用拉格朗日乘子 λ^{vp} 来限制黏塑性耗散势能，我们可以得到

$$\Pi^{\mathrm{vp}} = \sigma_{ij} \dot{\varepsilon}_{ij}^{\mathrm{vp}} - K_{\beta} \dot{\kappa}_{\beta} - \lambda^{\mathrm{vp}} f\left(\sigma_{ij}, K_{\beta}, \dot{\varepsilon}_{ij}^{\mathrm{vp}}, \dot{\kappa}_{\beta}\right) \geqslant 0 \tag{4.19}$$

上述公式的最大值的条件：

$$\frac{\partial \Pi^{\mathrm{vp}}}{\partial \sigma_{ij}} = 0, \quad \frac{\partial \Pi^{\mathrm{vp}}}{\partial K_{\beta}} = 0 \tag{4.20}$$

即

$$\dot{\varepsilon}_{ij}^{\mathrm{vp}} = \lambda^{\mathrm{vp}} \frac{\partial f}{\partial \sigma_{ij}}, \quad \dot{\kappa}_{\beta} = -\lambda^{\mathrm{vp}} \frac{\partial f}{\partial K_{\beta}} \tag{4.21}$$

以及以下的加载/卸载准则：

$$\begin{cases} \lambda^{\mathrm{vp}} \geqslant 0, f = 0, & \text{对于黏塑性情况} \\ \lambda^{\mathrm{vp}} = 0, f < 0, & \text{对于弹性情况} \end{cases}, \quad \lambda^{\mathrm{vp}} f = 0 \tag{4.22}$$

　　在与速率无关的可塑性理论中，拉格朗日乘子与材料无关。但是对于速率相关的黏塑性理论，拉格朗日乘子 λ^{vp} 由黏塑性理论中本构方程定义。在 Perzyna 黏塑性理论中，λ^{vp} 形式为 $\lambda^{\mathrm{vp}} = \langle F(f) \rangle / \tau$，其中 $F(f)$ 为屈服准则的函数；$\langle \cdot \rangle$ 表示 Macaulay 括号，即 $\langle x \rangle = (x + |x|) / 2$；$\tau$ 是弛豫时间。我们可以得到

$$\dot{\varepsilon}_{ij}^{\mathrm{vp}} = \frac{\langle F(f) \rangle}{\tau} \frac{\partial f}{\partial \sigma_{ij}}, \quad \dot{\kappa}_{\beta} = -\frac{\langle F(f) \rangle}{\tau} \frac{\partial f}{\partial K_{\beta}} \tag{4.23}$$

由于 TBCs 的黏塑性变形满足 Norton 蠕变，我们选择[22]

$$f = \sigma_{\mathrm{eff}}, \quad \kappa_{\beta} = 0 \quad \text{和} \quad F(f) = \Gamma \sigma_{\mathrm{eff}}^{\lambda}, \quad K_{\beta} = 0 \tag{4.24}$$

其中，$\sigma_{\text{eff}} = \sqrt{3/2 s_{ij} s_{ij}}$ 表示有效塑性应变；$s_{ij} = \sigma_{ij} - \delta_{ij}\sigma_{kk}/3$ 表示偏应力；Γ 和 λ 是一个正的系数并且 $\lambda \geqslant 1$。我们可以得到

$$\dot{\varepsilon}_{ij}^{\text{vp}} = B\left(\sigma_{\text{eff}}\right)^{\lambda} n_{ij}^{D}, \quad \text{其中} B = \frac{\Gamma}{\tau}, n_{ij}^{D} = \frac{3s_{ij}}{2\sigma_{\text{eff}}} \tag{4.25}$$

接下来，可以将扩散的耗散势能写为

$$\phi^{\text{c}} = -\boldsymbol{j} \cdot \nabla \mu \geqslant 0 \tag{4.26}$$

要使两个矢量的点积大于零，只能是他们间的夹角为锐角，而且根据各向同性菲克定律即化学势梯度不是很大的情况下他们呈线性关系[23]，这样我们得到以下关系：

$$\boldsymbol{j} = -m\nabla\mu \tag{4.27}$$

其中，m 是一个正的常数。结合式(4.2)，式(4.13)和式(4.27)和第 1 章的式(1.146)，我们得到如下的氧扩散方程：

$$\dot{c} = mU\nabla^2\hat{c} - m\zeta\nabla^2 n - M\dot{n} \tag{4.28}$$

然后，可以将氧化反应的耗散势能写为

$$\phi^{\text{n}} = \left(\mu M - \frac{\partial \psi}{\partial n}\right)\dot{n} \geqslant 0 \tag{4.29}$$

为了使不等式(4.29)始终满足，我们也假设 $\dot{n}$ 和 $\left(\mu M - \dfrac{\partial \psi}{\partial n}\right)$ 呈线性关系，式中 $\left(\mu M - \dfrac{\partial \psi}{\partial n}\right)$ 可以理解为氧化反应的驱动力。这样我们有

$$\dot{n} = k_0\left(\mu M - \frac{\partial \psi}{\partial n}\right) \tag{4.30}$$

其中，k_0 是正参数。结合式(4.11)，式(4.13)和式(4.30)，可以得到氧化反应方程为

$$\dot{n} = k_0\left[\left(MU + \zeta\right)\left(\hat{c} - \hat{c}^0\right) + \left(a - M\zeta\right)n + 3K\alpha^{\text{n}}\varepsilon_{kk}^{\text{E}} + A^0 + M\mu^0\right] \tag{4.31}$$

由于 $0 \leqslant n \leqslant 1$，并且当 $n = 1$ 时 $\dot{n} = 0$。我们引入 $k_0 = (1-n)k_1$ 来限制 n 的增长，其中，k_1 是一个正的常数。我们可以得到

$$\dot{n} = (1-n)\left[k_1\left(MU + \zeta\right)\left(\hat{c} - \hat{c}^0\right) + k_1\left(a - M\zeta\right)n + 3k_1K\alpha^{\text{n}}\varepsilon_{kk}^{\text{E}} + k_1\left(A^0 + M\mu^0\right)\right] \tag{4.32}$$

假设远离界面的氧浓度等于参考氧浓度 $\hat{c} = \hat{c}_R$，体积应变等于 BC 中的参考

应变 $\varepsilon_{kk}^{E} = \varepsilon_R$。由于远离界面的 BC 不仅氧化速率为零而且没有氧化即 $\dot{n}=0, n=0$，这样方程 (4.32) 需要满足以下条件：

$$\left[k_1\left(MU+\zeta\right)\left(\hat{c}_R-\hat{c}^0\right)+3k_1K\alpha^{n}\varepsilon_R+k_1\left(A^0+M\mu^0\right)\right]=0 \tag{4.33}$$

重写方程(4.32)得到

$$\dot{n}=\left(1-n\right)\left[k_1\left(MU+\zeta\right)\left(\hat{c}-\hat{c}_R\right)+k_1\left(a-M\zeta\right)n+3k_1K\alpha^{n}\left(\varepsilon_{kk}^{E}-\varepsilon_R\right)\right] \tag{4.34}$$

定义相对氧气浓度 $c=\hat{c}-\hat{c}_R$，这里 $\hat{c}_R$ 还表示氧化反应可以发生的临界氧浓度。耦合的氧扩散方程和 TGO 生长方程可写为

$$\begin{cases} \dot{c}=D\nabla^2 c-D^*\nabla^2 n-M\dot{n} \\ \dot{n}=\left(1-n\right)\left(Gc+G^*n+\varsigma\left(\varepsilon_{kk}^{E}-\varepsilon_R\right)\right) \end{cases} \tag{4.35}$$

其中，$D=mU>0$ 为氧扩散系数；$D^*=m\zeta>0$ 表示氧化的梯度对氧气浓度 $c=\hat{c}-\hat{c}_R$ 变化的影响，即 TGO 生长或者界面氧化的均匀性对氧气浓度变化的影响系数，如果 TGO 生长非常均匀或者是线性的，即 $\nabla^2 n=0$，则该部分的耦合影响就为零，我们把 D^* 称为扩散化学系数；M 为氧气吸收项；$G=k_1\left(MU+\zeta\right)>0$ 是化学反应系数，即氧的浓度对 TGO 生长程度的影响；$G^*=k_1\left(a-M\zeta\right)$ 表示化学反应本身对反应程度的影响系数，也可以理解为化学反应自相互作用系数；$\varsigma=3k_1K\alpha^{n}>0$ 是体应变对化学反应的影响系数，这就是我们通常说的力化耦合，我们称为力化耦合系数，当然这里只考虑各向同性材料，所以就只有体应变的贡献，如果读者遇到各向异性材料完全可以仿照上述思路进行分析。

当 $D^*=0$ mol$(m\cdot s)^{-1}$，$G^*=0$ s^{-1}，$\varsigma=0$ s^{-1}，即 $\zeta=0$ Pa$\cdot$m$^3\cdot$mol^{-1}，$a=M\zeta$，$k_1\to 0$ Pa$^{-1}\cdot$s^{-1}，$U\to\infty$ Pa$\cdot$m$^4\cdot$mol^{-2}，$m\to 0$ mol$/($N$\cdot$s$\cdot$m$)$，$D=mU$，$G=k_1MU$ 时,耦合的氧扩散方程和 TGO 生长方程退化为解耦形式与第 3 章式(3.4)一致，如下所示：

$$\begin{cases} \dot{c}=D\nabla^2 c-M\dot{n} \\ \dot{n}=G\left(1-n\right)c \end{cases} \tag{4.36}$$

进一步，热的耗散势能可以写成

$$\phi^{\theta}=-\frac{q}{\theta}\cdot\nabla\theta\geqslant 0 \tag{4.37}$$

类似于式(4.26)的分析我们可以得到各向同性傅里叶热传导定律为

$$\boldsymbol{q} = -k_q \nabla \theta \tag{4.38}$$

假设导热系数 k_q 为常数，结合式(1.107)和式(4.4)可以得到

$$\dot{\psi} + \dot{\theta}\eta + \theta\dot{\eta} = \boldsymbol{\sigma} : \dot{\boldsymbol{\varepsilon}} + r - \nabla \cdot \boldsymbol{q} + \mu\dot{c} + \mu N - \boldsymbol{j} \cdot \nabla\mu \tag{4.39}$$

利用等式(4.8)、(4.10)和(4.13)，我们得到

$$\dot{\psi} = \boldsymbol{\sigma} : \dot{\boldsymbol{\varepsilon}} - \boldsymbol{\sigma} : \dot{\boldsymbol{\varepsilon}}^{\mathrm{vp}} + \mu\dot{c} - \eta\dot{\theta} + \frac{\partial\psi}{\partial n}\dot{n}, \quad \eta = \rho C\frac{\dot{\theta}}{\theta} + 3K\alpha^{\theta}\dot{\varepsilon}_{kk}^{\mathrm{E}} \tag{4.40}$$

结合式(4.38)～式(4.40)，我们可以得到如下的热传导方程：

$$\rho C\dot{\theta} = k_q \nabla^2 \theta + r + Q \tag{4.41}$$

其中，$Q = \boldsymbol{\sigma} : \dot{\boldsymbol{\varepsilon}}^{\mathrm{vp}} + \mu N - \boldsymbol{j} \cdot \nabla\mu - 3K\alpha^{\theta}\theta\dot{\varepsilon}_{kk}^{\mathrm{E}} - \dfrac{\partial\psi}{\partial n}\dot{n}$。由于界面氧化即 TGO 是非常薄的一层，TGO 的生长是在高达 900～1000℃下才进行的，化学反应对温度的影响很少即 $r = 0$，而且是一个很长时间即几十到上千小时的生长过程，所以无论是温升率还是温度梯度都可以忽略不计，这样这里的温度是一个常数，基于此进一步由式(4.41)得到 $Q = 0$，即 Q 的影响可以忽略不计。式(4.41)可以简化为

$$\rho C\dot{\theta} = k_q \nabla^2 \theta + r \tag{4.42}$$

这里之所以继续保留这个方程，是给其他领域的读者做参考。位移和应力边界条件可以写成

$$\boldsymbol{\sigma} \cdot \boldsymbol{n} = \boldsymbol{t}, \quad \boldsymbol{u} = \bar{\boldsymbol{u}} \tag{4.43}$$

其中，$\bar{\boldsymbol{u}}$ 是边界上的位移。扩散场的边界条件为

$$c = \bar{c}, \quad \boldsymbol{j} \cdot \boldsymbol{n} = \bar{j} \tag{4.44}$$

其中，$\bar{c}$ 是边界上的相对氧气浓度；$\bar{j}$ 表示边界上氧气的扩散通量。温度场的边界条件是

$$\theta = \bar{\theta}, \quad \boldsymbol{q} \cdot \boldsymbol{n} = \bar{q} \tag{4.45}$$

其中，$\bar{\theta}$ 是边界上的热力学温度；$\bar{q}$ 表示边界上的热通量。每个场的初始条件取为

$$\boldsymbol{u}(\boldsymbol{x},0) = \boldsymbol{u}^0(\boldsymbol{x}), \quad c(\boldsymbol{x},0) = c^0(\boldsymbol{x}), \quad n(\boldsymbol{x},0) = n^0(\boldsymbol{x}), \quad \theta(\boldsymbol{x},0) = \theta^0(\boldsymbol{x}) \tag{4.46}$$

其中，$\boldsymbol{u}^0(\boldsymbol{x})$，$c^0(\boldsymbol{x})$，$n^0(\boldsymbol{x})$ 和 $\theta^0(\boldsymbol{x})$ 分别表示初始位移、初始氧浓度、初始 TGO 体积分数和初始热力学温度。

4.1.2　数值实施

如图 4.1 所示，我们建立了具有余弦界面形态的 TBCs 二维几何模型。该几何模型包括 200μm TC 层、$A_0 = 100$μm BC 层和厚度为 Th μm 的 TGO 层，这里 TGO 层厚度 Th 是演变的，而且在初始条件下 TGO 厚度 (Th) 设置为零，TBCs 的宽度为 $x_0 = 40$μm。在制备陶瓷层 TC 时往往对过渡层 BC 进行毛化，即 TC 层表面太光滑的话界面结合不好，但也不能太粗，太粗的话会引起 TGO 的局部化，在第 3 章详细讨论了 BC 层粗糙度对 TGO 生长的影响。这里重点分析物理非线性对 TGO 的生长及其应力场、热力化耦合和裂纹扩展等，所以我们假设 TGO 上边界的几何形貌为余弦函数 $y = A\cos(2\pi x/x_0) + A_0$，余弦函数的振幅 A 就表示 BC 的粗糙程度，坐标系见图 4.1。为零聚焦 TGO 生长及其应力场，我们在研究 TGO 的生长、应力应变场时不考虑热力化耦合，即是解耦的，所以取 A 为常数值 10 μm。为了聚焦热力化耦合，我们在研究热力化耦合问题时不考虑粗糙度的影响即取 A 为零。这样我们就能将几何对 TGO 生长的影响和热力化耦合的影响区分开来，有助于我们理解和分析热力化耦合的影响。

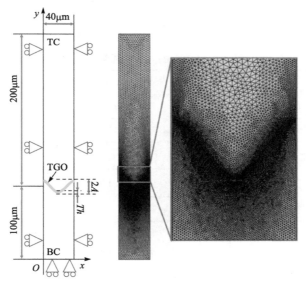

图 4.1　TBCs 几何模型和网格的示意图

表 4.1 列出了 TBCs 的力学性能参数，这里我们用式(4.25)的 $\dot{\varepsilon}_{ij}^{vp} = B\left(\sigma_{eff}\right)^{\lambda} n_{ij}^{D}$ 表示蠕变，其中，λ 和 B 表示蠕变参数。在以下讨论中，下标表示变量的对应层，即 TC 表示陶瓷层，TGO 表示氧化层，BC 表示过渡层。不同层中的应变张量可以写成

$$\boldsymbol{\varepsilon}_{TC} = \boldsymbol{\varepsilon}_{TC}^{e} + \boldsymbol{\varepsilon}_{TC}^{\theta} + \boldsymbol{\varepsilon}_{TC}^{vp}$$

$$\boldsymbol{\varepsilon}_{TGO} = \boldsymbol{\varepsilon}_{TGO}^{e} + \boldsymbol{\varepsilon}_{TGO}^{\theta} + \boldsymbol{\varepsilon}_{TGO}^{n} + \boldsymbol{\varepsilon}_{TGO}^{vp} \qquad (4.47)$$

$$\boldsymbol{\varepsilon}_{BC} = \boldsymbol{\varepsilon}_{BC}^{e} + \boldsymbol{\varepsilon}_{BC}^{\theta} + \boldsymbol{\varepsilon}_{BC}^{vp}$$

TC/TGO 界面满足边界牵引连续性条件，如下所示：

$$\boldsymbol{n}_{TC/TGO} \cdot \boldsymbol{\sigma}_{TC} = \boldsymbol{n}_{TC/TGO} \cdot \boldsymbol{\sigma}_{TGO} \qquad (4.48)$$

其中，$\boldsymbol{n}_{TC/TGO}$ 是垂直于 TC/TGO 界面的向外单位向量。我们根据 Voigt[24]的假设对于 TGO/BC 混合区域模型，即

$$\boldsymbol{\varepsilon} = \boldsymbol{\varepsilon}_{TGO} = \boldsymbol{\varepsilon}_{BC}, \quad \boldsymbol{\sigma} = n\boldsymbol{\sigma}_{TGO} + (1-n)\boldsymbol{\sigma}_{BC} \qquad (4.49)$$

由于 TBCs 的厚度远小于基底的厚度，因此假设 TBCs 不影响基底的变形，TBCs 的变形与基底的变形是一致的[25]。我们使用广义平面应变假设。TBCs 的底部 y 方向位移和左侧 x 方向位移固定，即 $v(x,y)\big|_{y=0\mu m} = 0\mu m$ 和 $u(x,y)\big|_{x=0\mu m} = 0\mu m$。TBCs 的 x 方向右位移固定为 $u(x,y)\big|_{x=40\mu m} = \alpha_s^{\theta}(\theta - \theta^0)40\mu m$，其中，$\alpha_s^{\theta}$ 为基体的热膨胀系数。基底 z 方向变形通过广义平面应变条件作用于 TBCs 系统，即 $\varepsilon_{zz} = \alpha_s^{\theta}(\theta - \theta^0)$。顶部的自由，即 $\boldsymbol{\sigma} \cdot \boldsymbol{n} = \boldsymbol{0}$。考虑 TBCs 的恒温氧化过程，我们将 TBCs 的氧化温度设为 $\theta = 1000℃$，参考温度设为室温 $\theta^0 = 25℃$。

表 4.1　TBCs 的力学性能参数[25-29]

	TC	TGO	BC	基底
杨氏模量 E/GPa	22	320	110	—
泊松比 ν	0.12	0.25	0.33	—
热膨胀系数 α^n /K^{-1}	12.2×10^{-6}	8.0×10^{-6}	17.6×10^{-6}	16.0×10^{-6}
蠕变参数 B/(s^{-1}·MPa$^{-\lambda}$)	1.8×10^{-12}	3.5×10^{-12}	2.2×10^{-16}	—
蠕变参数 λ	1	1	3	—

由于 TC 是一种多孔材料，TC 的扩散速率比 TGO 和 BC 的扩散速率高几个数量级[30]，并且 TC 中不会发生氧化反应。因此，TC 对氧气是透明的[31,32]。TC/TGO 界面的相对氧浓度设置为 1.55mol/m^3[25]，而 BC 的初始相对氧浓度为 0mol/m^3。同时，为了简化模型，假定 TGO 和 BC 的氧扩散系数相等（$D^{BC} \approx D^{TGO}$）[33]。TGO 生长的具体参数如表 4.2 所示。此外，TGO 在 TGO 和 BC 层中的初始体积分数分别为 1 和 0。最后，将控制方程分别输入 COMSOL 的 PDE(偏微分方程)模块，利用 COMSOL Multiphysics5.4 程序包求解耦合的控制方程。

表 4.2　TGO 生长参数[25]

参数	值
BC 氧气扩散系数	$D_0^{\mathrm{BC}} = 7.0\times10^{-14}\ \mathrm{m^2\cdot s^{-1}}$
TGO 氧气扩散系数	$D_0^{\mathrm{TGO}} = 7.0\times10^{-14}\ \mathrm{m^2\cdot s^{-1}}$
TC 氧气扩散系数	$D_0^{\mathrm{TC}} \to \infty\ \mathrm{m^2\cdot s^{-1}}$
氧化反应常数	$G = 2\times10^{-5}\ \mathrm{m^3\cdot mol^{-1}\cdot s^{-1}}$
吸收的氧的摩尔数与所形成的 TGO 体积的比率	$M = 1.11\times10^{5}\ \mathrm{mol\cdot m^{-3}}$
化学反应应力耦合系数	$\alpha_n = 9\times10^{-3}$

4.1.3　结果和讨论

我们首先讨论 TGO 的生长，TGO 引起的应力应变场，这个时候不考虑耦合问题，即方程是解耦的，但考虑到了 BC 层的粗糙度，即取 A 为 $10\,\mu\mathrm{m}$，其结果为图 4.2～图 4.4。基于 TBCs 氧化模型计算得到的相对氧的浓度和 TGO 体积分数 n 的演变规律如图 4.2 所示。随着氧化时间的增加，氧的扩散面积增大。波峰中的氧扩散面积大于波谷中的氧扩散面积。同时，随着氧气的扩散，氧化区域变得更宽。氧扩散区的波峰也大于波谷。从图 4.2 可以看出，在解耦的 TBCs 氧化模型中，TGO 的生长仅与氧有关。我们将 $n = 0.5$ 定义为 TGO/BC 界面。图 4.3 显示了波峰和波谷处 TGO 厚度随氧化时间的变化关系。氧化 500h 后，波峰处 TGO 厚度为 $2.04\,\mu\mathrm{m}$，波谷处 TGO 厚度为 $1.72\mu\mathrm{m}$。

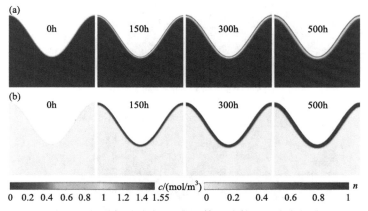

图 4.2　相对氧的浓度和 TGO 体积分数 n 的演变规律

(a)相对氧的浓度；(b)TGO 体积分数 n

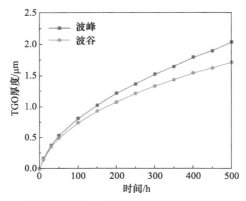

图 4.3　波峰和波谷处 TGO 厚度随氧化时间的变化关系

　　波峰和波谷之间的 TGO 厚度差异对应于实验中 TGO 的不均匀生长。氧气扩散不均匀和应力分布不均匀等各种因素可能会导致生长不均匀。平均应力 ($\sigma_m = (\sigma_{xx} + \sigma_{yy} + \sigma_{zz}) / 3$)和体积应变($\varepsilon_{kk} = \varepsilon_{xx} + \varepsilon_{yy} + \varepsilon_{zz}$)如图 4.4 所示,TC 中的平均应力为正。在 TGO 和 BC 中,平均压力为负,即都是压应力。由于蠕变即式(4.25)$\dot{\varepsilon}_{ij}^{\mathrm{vp}} = B(\sigma_{\mathrm{eff}})^{\lambda} n_{ij}^{D}$ 的影响,平均应力的绝对值随时间的增加而减小。在所有域中,体积应变均为正,即处于膨胀的状态。由于蠕变的影响,TC 中的体积应变随时间的增加而减小,而 TGO 和 BC 中的体积应变都随时间的增加而增大。

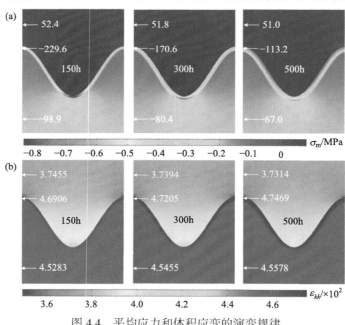

图 4.4　平均应力和体积应变的演变规律

(a)平均应力;(b)体积应变

其次，我们讨论热力化耦合的影响。为了专注于"耦合"，我们不考虑 BC 层的粗糙度，所以我们将 BC 层几何形貌表达式函数 $y = A\cos(2\pi x/x_0) + A_0$（$x_0 = 40\mu m$，$A_0 = 100\mu m$）中的幅值 A 选择为零，其结果为图 4.5～图 4.10。现在讨论式(4.35)中氧化对扩散的影响系数即 $\nabla^2 n$ 项的系数 D^* 的影响，即正相关性。如图 4.5(a)所示，随着 D^* 的增加，TGO 的生长速度变快，我们将 n=0.5 定义为 TGO/BC 界面。从图 4.5(b)和(c)可以看出，在 D^* 的影响下，TGO/BC 界面附近的相对氧浓度变化缓慢，并且 TGO/BC 界面附近的 TGO 体积分数也变化的更加缓慢。

从方程组(4.35)的第一个方程可以看出，$\nabla^2 n$ 和 $\dot{n}$ 在纯 TGO 处即完全氧化时为零，因为 $n = 1$ 是常数。因此式(4.35)的第一个方程中 $D^*\nabla^2 n - M\dot{n}$ 的项为零，即在 TGO 内部氧化反应对扩散方程是没有贡献的，所以 TGO 内部是一个纯氧气扩散过程。受到 TGO 扩散系数的影响，界面处 $\nabla^2 n$ 的存在使得氧浓度 c 变少，进一步造成 $\dot{n}$ 变少。因此，D^* 可以表示为界面对氧化反应的氧吸收过程的阻碍作用的

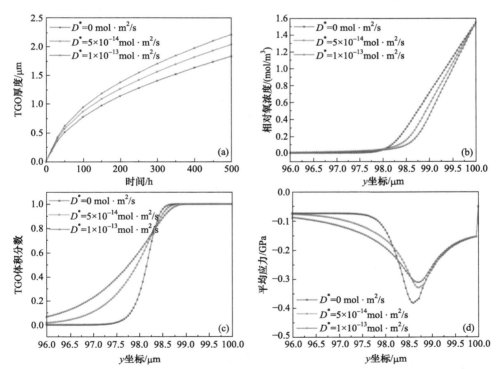

图 4.5　扩散化学系数(y=100 为 TC/TGO 界面)的影响

(a) TGO 厚度与氧化时间；(b) 500h 相对氧浓度与 y 坐标值；(c) 500h TGO 的体积分数与 y 坐标值；(d) 500h 的平均应力与 y 坐标值

系数。因为 $D^*\nabla^2 n$ 阻碍了氧气的吸收，所以氧气可以扩散到更远的区域，从而导致完全氧化的面积减小，而不完全氧化的面积增大。我们可以看到，不完全氧化面积的增加将降低图 4.5(d)中 TGO 中的最大平均应力。

现在讨论化学反应自相互作用系数 G^* 的影响，如图 4.6 所示，当 G^* 为正值时，TGO 的生长速率加快；当 G^* 为负时，TGO 的生长速率变慢。从方程组(4.35)的第二个方程也可以看出，$G^* > 0$ 会加速 TGO 在界面处的生长，减少不完全氧化区；$G^* < 0$ 会减慢 TGO 在界面处的生长速率，不完全氧化区增加。$\dot{n}$ 的变化进一步导致氧浓度的变化。

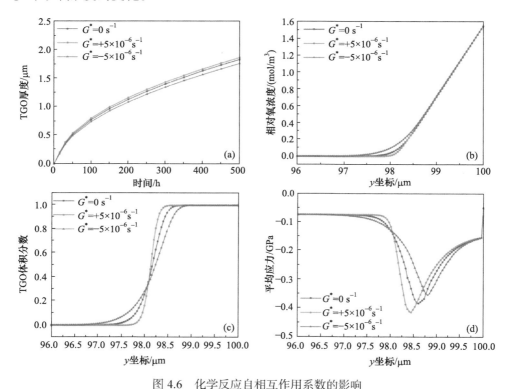

图 4.6　化学反应自相互作用系数的影响

(a) TGO 厚度与氧化时间；(b) 500h 相对氧浓度与 y 坐标值；(c) 500h TGO 的体积分数与 y 坐标值；(d) 500h 的平均应力与 y 坐标值

现在讨论力-化耦合系数 $\varsigma > 0\ \mathrm{s}^{-1}$ 对氧化程度的影响。由于蠕变会导致应变应力随着时间改变，为了更清楚地讨论式(4.35)中各项的贡献。我们先讨论没有蠕变的情况，选择远离界面的体积应变方式作为参考应变，即 $\varepsilon_R = 0.044779$。如图 4.7 所示，随着应变和力-化耦合系数 ς 的增加，界面处的 TGO 氧化将加速。

这主要是因为新形成的 TGO 的体积膨胀加快了不完全氧化区中的氧化反应速率。我们还可以发现，如果不考虑蠕变，则最大平均应力与不完全氧化区的宽度无关。

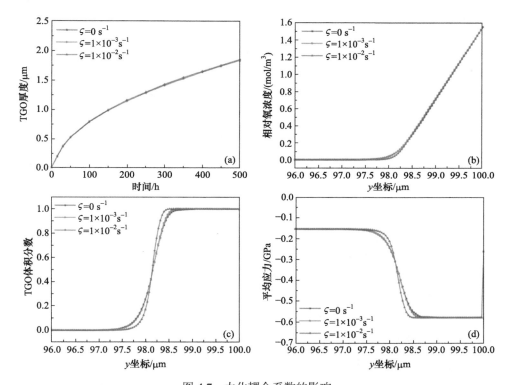

图 4.7　力化耦合系数的影响

(a) TGO 厚度与氧化时间；(b) 500h 相对氧浓度与 y 坐标值；(c) 500h TGO 的体积分数与 y 坐标值；(d) 500h 的平均应力与 y 坐标值

　　前面分析表明 $G^* < 0$ 会减慢 TGO 在界面处的生长速度。我们设想通过调节 G^* 来消除不完全氧化区对界面的影响，这样我们就能用一个力-化耦合系数来表示外力对 TGO 生长的去影响，这样有利于我们用实验测量力-化耦合系数的大小，只需要测量一个系数，就可以知道应力对 TGO 生长的影响。我们选择 $G^* = -0.000266$，在图 4.8 中去除界面影响后，应变耦合情况中的 TGO 生长厚度随着时间的变化与解耦合情况一致。

　　现在讨论外部载荷对 TGO 生长的影响。这里的外载荷由图 4.9 的右边的位移边界条件描述，所以我们 TBC 的右边界条件改为 $u(x,y)\big|_{x=40\mu m} = \alpha_s^\theta (\theta - \theta^0)40\mu m + u^*$，其中，$u^*$ 是由外部载荷引起的位移。我们选取力-化耦合系数为 $\varsigma = 1 \times 10^{-2} s^{-1}$，选

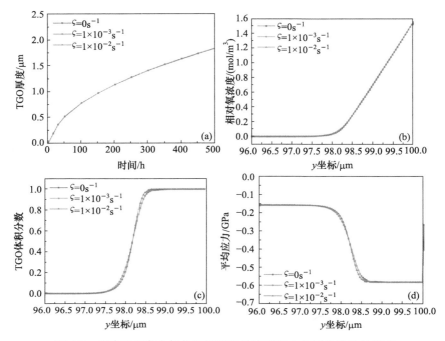

图 4.8　消除了不完全氧化区影响后的应变和力化耦合系数的影响

(a) TGO 厚度与氧化时间；(b) 500h 相对氧浓度与 y 坐标值；(c) 500h TGO 的体积分数与 y 坐标值；(d) 500h 的平均应力与 y 坐标值

取化学反应自相互作用系数为 $G^* = -0.000266$。如图 4.9 所示，拉伸载荷($u^* > 0$)促进 TGO 生长，降低氧化反应所需的相对氧浓度，缩小不完全氧化区。相反，压缩载荷($u^* < 0$)抑制 TGO 的生长，同时，压缩载荷会增加氧化反应所需的相对氧浓度，使 TGO/BC 混合层变得非常宽，压缩时开始氧化反应的区域超过了拉伸载荷和无载荷的情况，但是完全氧化的区域小于拉伸载荷和无载荷的情况。外加载荷越高，对氧化反应的影响越明显。一些第一性原理的计算也表明[34,35]，拉应力/应变可以加速氧化反应的程度。拉伸体积应变促进化学反应的现象可以解释如下：当材料处于拉伸体积应变时，可以理解为材料的原子距离增大。因此，其他原子更有可能进入材料，与材料中的原子结合，发生化学反应。相反，当材料处于压缩体积应变时，材料原子密度更大，很难与其他原子结合进行化学反应。

现在讨论蠕变对氧化反应的影响。我们选取力-化耦合系数 $\varsigma = 4 \times 10^{-2}\ \mathrm{s}^{-1}$，选取化学反应自相互作用系数为 $G^* = -0.000266$。如图 4.10 所示，蠕变会加速 TBCs 的氧化反应。TBCs 的蠕变会增加系统的广义弹性应变，导致能够进行氧化反应的相对氧浓度降低，从而加快氧化反应速度。随着时间的增加，蠕变引起的相对氧

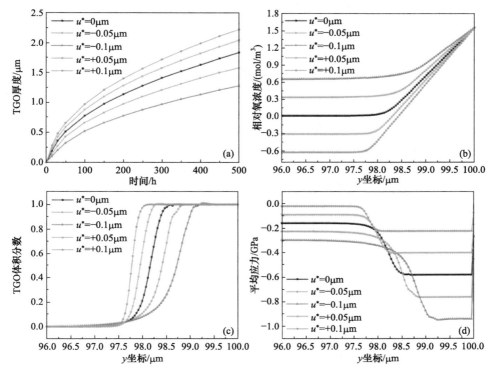

图 4.9　外加载荷的影响

(a) TGO 厚度与氧化时间；(b) 500h 相对氧浓度与 y 坐标值；(c) 500h TGO 的体积分数与 y 坐标值；(d) 500h 的平均应力与 y 坐标值。

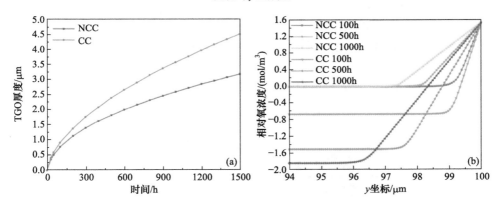

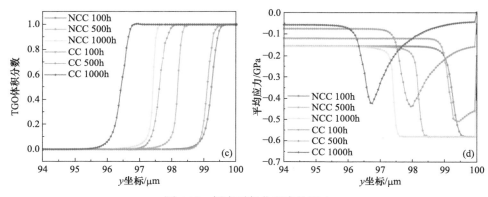

图 4.10　蠕变对氧化反应的影响

图中 NCC 表示不考虑蠕变影响，CC 表示考虑蠕变影响：(a) TGO 厚度与氧化时间；(b) 500h 相对氧浓度与 y 坐标值；(c) 500h TGO 的体积分数与 y 坐标值；(d) 500h 的平均应力与 y 坐标值

浓度降低的程度越来越明显，氧化反应的促进作用也越来越明显。同时，氧化速率随着 TGO 的增大而降低。随着时间的增加，扩散作用会导致氧化物生长变慢，而蠕变随着时间增加导致氧化物生长变快，两者共同作用下，在一定时期内，TGO 也会呈现类似的线性增长。

4.1.4　界面氧化耦合解析模型

为了获得 TBCs 氧化生长的解析模型，增加三个假设：

(1) 氧化反应速度远远大于扩散速度，即没有 TGO/BC 混合层，因此，从 TGO 层到 BC 层的突变替换了先前模型的连续转换；

(2) 氧浓度在 TGO 层中线性分布；

(3) 为了简化模型，忽略了蠕变的影响；

我们假设 TC/TGO 界面的氧浓度为 $\hat{c}_I$，BC 界面的氧浓度为 $\hat{c}_R$（氧化反应的临界氧浓度）。一维氧浓度分布可简化为图 4.11。

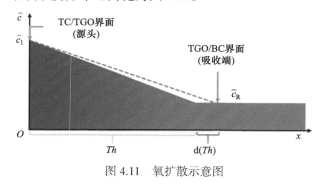

图 4.11　氧扩散示意图

对于非耦合的 TBCs 氧化模型。式(4.36)的第二式可以写成为

$$\dot{n} = G(\hat{c} - \hat{c}_R) \tag{4.50}$$

方程(4.36)的第一式可以写成为

$$\frac{\mathrm{d}}{\mathrm{d}t}\int_{\Omega}\hat{c}\,\mathrm{d}V = \int_{\Omega}D\nabla^2\hat{c}\,\mathrm{d}V - \int_{\Omega}M\dot{n}\,\mathrm{d}V \tag{4.51}$$

使用散度公式可得

$$\mathrm{d}\int_{\Omega}\hat{c}\,\mathrm{d}V = \int_{\partial\Omega}D\nabla\hat{c}\cdot\mathrm{d}\boldsymbol{A}\,\mathrm{d}t - \int_{\Omega}M\mathrm{d}n\,\mathrm{d}V \tag{4.52}$$

对于 TGO 生长的微元 $\mathrm{d}(Th)$

$$\frac{\hat{c}_I - \hat{c}_R}{2\big(Th+\mathrm{d}(Th)\big)}\mathrm{d}(Th)\mathrm{d}S\mathrm{d}(Th) = D\frac{\hat{c}_I - \hat{c}_R}{Th}\mathrm{d}S\mathrm{d}t - M(1-0)\mathrm{d}S\mathrm{d}(Th) \tag{4.53}$$

其中，$\mathrm{d}S$ 是 TGO/BC 界面的区域。上式的第一项表示微元氧气的增加；第二项表示从微元的左边界扩散到微元的氧气；第三项代表被氧化反应吸收的氧气。得到以下公式

$$MTh\mathrm{d}(Th) = D(\hat{c}_I - \hat{c}_R)\mathrm{d}t \tag{4.54}$$

结合初始条件 $Th(t = 0) = 0$ 积分得到

$$Th = \sqrt{\frac{D\Delta\hat{c}}{M}t} \tag{4.55}$$

其中，$\Delta\hat{c} = \hat{c}_I - \hat{c}_R$ 表示氧气的改变量。上式在氧气扩散过程中被氧化反应吸收的氧气量比在 TGO 中扩散的氧气量大得多。因此，扩散过程可以简化为固定氧气释放源和移动氧气吸收源。几乎所有的氧气都从释放源扩散到吸收源。释放源和吸收源之间的化学势恒定，并且氧浓度在它们之间线性分布。这也证明了假设(2)的正确性。这个简单的模型解释了为什么 TGO 氧化动力学符合抛物线定律，也就是符合通常的抛物线方程的情况。

对于耦合的 TBCs 氧化模型方程 (4.35) 可以写为

$$\begin{cases} \dot{\hat{c}} = D\nabla^2\hat{c} - M\dot{n} \\ \dot{n} = (1-n)\Big(G(\hat{c} - \hat{c}_R) + \varsigma\big(\varepsilon_{kk}^{\mathrm{E}} - \varepsilon_R\big)\Big) \end{cases} \tag{4.56}$$

我们引入 $\hat{c}_* = \hat{c}_R - \dfrac{\varsigma}{G}\big(\varepsilon_{kk}^{\mathrm{E}} - \varepsilon_R\big)$，并且把式 (4.56) 的第二个方程写成

$$\dot{n} = G(\hat{c} - \hat{c}_*) \tag{4.57}$$

对比方程(4.50)和(4.57)，氧化反应发生的条件改为

$$\hat{c} = \hat{c}_* = \hat{c}_R - \frac{\varsigma}{G}\big(\varepsilon_{kk}^{\mathrm{E}} - \varepsilon_R\big) \tag{4.58}$$

其中，$\dfrac{\varsigma}{G}\big(\varepsilon_{kk}^{\mathrm{E}} - \varepsilon_R\big)$ 表示外部负载对氧化反应的影响。同样我们可以得到

$$Th = \sqrt{\frac{D\left(\Delta\hat{c} + \frac{\varsigma}{G}\left(\varepsilon_{kk}^{E} - \varepsilon_{R}\right)\right)}{M}t} \tag{4.59}$$

还应注意的是，当压缩载荷较大时，此模型不适用，因为氧化反应速度不能满足远大于扩散反应速度的要求。

4.1.5　与实验结果的对比

为了分析上述模型的正确性，我们设计了在外载作用下的界面氧化实验，分别采用哑铃形(规长 20mm，肩半径 26mm，规径和螺纹截面 8mm 和 15mm)和圆柱形(半径 3mm，长 2mm)镍基高温合金 K465 分别作为高温拉伸蠕变试验和高温压缩蠕变实验基体，如图 4.12 所示，利用等离子喷涂把 YSZ 涂层沉积在 NiCrAlY 的过渡层上。

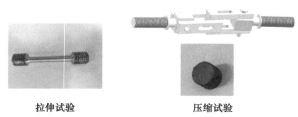

拉伸试验　　　　　　　　　　压缩试验

图 4.12　试样示意图

图 4.13 是 TBCs 氧化 100h 的 SEM 图像，(a)和(c)分别是无外载荷和 100MPa 拉伸载荷的结果。图 4.14 是 TBCs 氧化 300h 和 400h 的 SEM 照片，其中(a)和(b)分别是无外载荷和 100MPa 拉伸载荷氧化 300h 的结果，而(c)和(d)是无外载荷和 100MPa 拉伸载荷氧化 400h 的结果。从 SEM 照片可以明显看出，不同氧化时间的外部载荷为 100MPa 时的 TGO 要比没有外部载荷时的 TGO 厚。

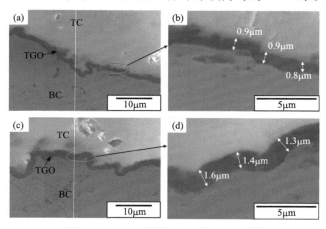

图 4.13　TBCs 氧化 100h 的 SEM 照片

(a) 无外载荷；(b) 是(a)的局部放大的照片；(c) 外载荷是 100MPa 的拉伸载荷；(d) 是(c)的局部放大的照片

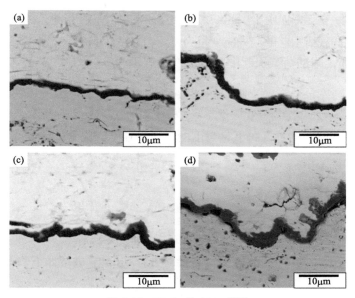

图 4.14　TBCs 的 SEM 照片

(a) 氧化 300h，无外载荷；(b) 氧化 300h，外载荷是 100MPa 的拉伸载荷；(c) 氧化 400h，无外载荷；(d) 氧化
400h，外载荷是 100 MPa 的拉伸载荷

为了比较试验、有限元数值解和简单理论模型的结果，我们忽略蠕变的影响。选择参数 $D^{\mathrm{TGO}} = D^{\mathrm{BC}} = 7 \times 10^{-14} \ \mathrm{m}^2 \cdot \mathrm{s}^{-1}$，$\varsigma = 0.036 \ \mathrm{s}^{-1}$，$G^* = -0.000266$ 和 $\varepsilon_R = 0.044779$。数值模拟结果与实验结果的对比如图 4.15 所示，从图可以看出数值模拟结果与实验结果吻合较好。

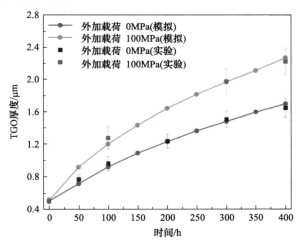

图 4.15　数值模拟结果与实验结果的比较：TGO 厚度与氧化时间

现在将简单模型的解析解与实验结果进行比较。假设拉伸只在拉伸方向 (x 方向)

产生额外应变，在 z 方向由于层间约束方向产生的额外应变很小，可以忽略不计。因此，由外部拉伸载荷引起的额外应变量为 $\varepsilon_{\text{ext}} = 100\,\text{MPa}/E_{\text{substrate}} = 1.25 \times 10^{-3}$。根据应变叠加原理，施加荷载引起的额外应变可表示为

$$\varepsilon_{xx}^{*} = \varepsilon_{\text{ext}}, \quad \varepsilon_{yy}^{*} \neq 0, \quad \varepsilon_{zz}^{*} = 0 \tag{4.60}$$

式中，ε_{xx}^{*} 为 BC 中 ε_{xx} 的额外应变；ε_{yy}^{*} 为 BC 中 ε_{yy} 的额外应变；ε_{zz}^{*} 是 BC 中 ε_{zz} 的额外应变。TBCs 在 y 方向上是自由的，所以在 y 方向上的应力为零，即

$$\sigma_{yy}^{*} = \Lambda_{\text{BC}}\left(\varepsilon_{xx}^{*} + \varepsilon_{yy}^{*} + \varepsilon_{zz}^{*}\right) + 2\varUpsilon_{\text{BC}}\varepsilon_{yy}^{*} = 0 \rightarrow \varepsilon_{yy}^{*} = -\frac{\Lambda_{\text{BC}}}{\Lambda_{\text{BC}} + 2\varUpsilon_{\text{BC}}}\varepsilon_{\text{ext}} \tag{4.61}$$

因此，我们得到

$$\varepsilon_{kk}^{\text{E}} - \varepsilon_{R} = \varepsilon_{xx}^{*} + \varepsilon_{yy}^{*} + \varepsilon_{zz}^{*} = \frac{2\varUpsilon_{\text{BC}}}{\Lambda_{\text{BC}} + 2\varUpsilon_{\text{BC}}}\varepsilon_{\text{ext}} \tag{4.62}$$

那么，由于初始 TGO 厚度的原因，需要对方程 (4.59) 进行如下修改：

$$Th^{2} - Th_{0}^{2} = \frac{D\left(\Delta\hat{c} + \dfrac{\varsigma}{G}\left(\varepsilon_{kk}^{\text{E}} - \varepsilon_{R}\right)\right)}{M}t \tag{4.63}$$

其中，Th_{0} 为 TGO 初始厚度，在这里 $Th_{0} = 0.5\,\mu\text{m}$，$\Delta\hat{c} = 1.55\,\text{mol/m}^{3}$。此外，由于它在这里被完全氧化，我们需要取稍大的扩散系数($D = 1.3 \times 10^{-13}\,\text{m}^{2} \cdot \text{s}^{-1}$)。理论模型结果与实验结果比较如图 4.16 所示。可以发现当 $\varsigma = 0.036\,\text{s}^{-1}$ 时，理论与实验略有不同；而当 $\varsigma = 0.042\,\text{s}^{-1}$ 时，理论与实验结果是非常一致的。由于该理论模型

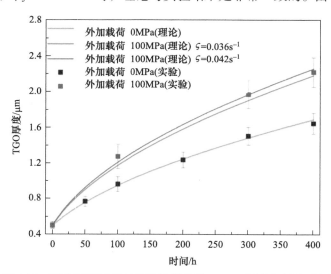

图 4.16　理论模型结果与实验结果比较：TGO 厚度与氧化时间

忽略了氧化时间,因此忽略了拉伸加载所导致的氧化反应所需时间的缩短。同时也由于理论模型忽略了氧化时间,这意味着忽略了不完全氧化区的影响。因此,在使用方程(4.59)分析应力对 TBC 氧化反应的影响时,力-化耦合系数的值需要高于方程(4.35)的相应值。

图 4.17(a)和(c)分别是无外载荷和 50MPa 压缩载荷的 TBCs 氧化 100h 的 SEM 照片。图 4.18 为外部压缩载荷为 100MPa 时 TBCs 在 100h 氧化后的 SEM 照片。当 TBCs 在 50MPa 或者 100MPa 的外部压缩载荷作用下界面氧化时,界面氧化处出现大量不完全氧化区,BC 中出现大范围氧化区。在外部压缩载荷为 100MPa 时 BC 的氧化区比外部压缩载荷为 50 MPa 时更显著。

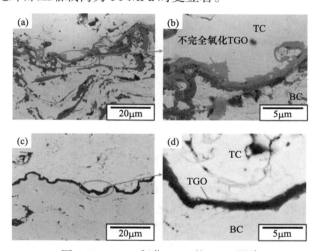

图 4.17　TBCs 氧化 100h 的 SEM 照片

(a) 无外载荷; (b) 是(a)的局部放大的照片; (c) 外载荷是 50 MPa 的压缩载荷;

(d) 是(c)的局部放大的照片

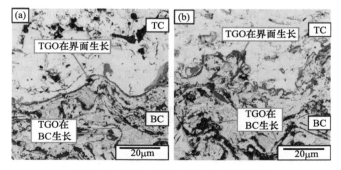

图 4.18　TBCs 氧化 100h 的 SEM 照片

(a)和(b)都为在 100MPa 外部压缩载荷下

与此同时,在无外部载荷和外部拉伸载荷的情况下,没有出现 BC 层整体氧化的类似现象。可以根据图 4.19 解释这些现象。外部压缩载荷将导致氧化反应速率降低，这将导致 TGO/BC 界面中大面积的不完全氧化，并使界面处的氧气无法完全耗尽。氧气会扩散到 BC 中。当外部压缩载荷较大时，BC 中的氧气浓度将很大。在缺陷和裂纹附近，它不能承受压应力。因此，缺陷和裂纹附近的广义弹性应变高于其他区域，这将导致缺陷和裂纹附近的氧化反应。结果，在 BC 中出现了大量的氧化区域甚至出现 BC 层的整体氧化现象。

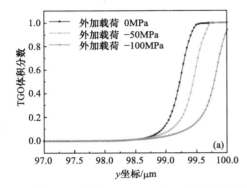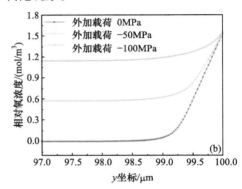

图 4.19　氧化 100hTGO 与 y 坐标值的体积分数(a)和氧化 100h 相对氧浓度与 y 坐标值的体积分数(b)

从以上的数值模拟、简单理论模型和实验结果都发现力-化耦合是非常明显的，不仅氧化的程度相差很大，而且氧化的模式完全不同。我们知道，BC 整体氧化将导致热障涂层迅速剥落，也就是热障涂层的寿命极短，热障涂层一当剥落其金属基底迅速暴露在高温下，而对于稍微先进一点的发动机其涡轮前进口温度都超过了金属基底材料的熔点。所以热障涂层的剥落将造成涡轮叶片迅速断裂，从而造成发动机的爆炸等灾难性事故。非常明显的是：力-化耦合的结果进一步说明有的科研人员或者工程技术人员用简单试样在高温炉进行的高温氧化实验是完全无法反映处于非常复杂应力状态的实际涡轮叶片界面氧化问题的。因此，为了反映实际的界面氧化情况需要进行大量的试验模拟，这些试验模拟要能够尽量接近实际的工作状态，航空发动机涡轮叶片热障涂层的试验模拟装置见本书的第 15 章。

4.2　内聚力模型和相场模型一体化的界面氧化失效理论

4.2.1　内聚力模型和相场模型一体化的模型框架

这一节我们将介绍内聚力模型(CZM)和相场模型一体化的模型框架[35]。在这里我们先介绍相场断裂模型，根据 Griffith 的断裂理论，脆性断裂应变能和断裂能之和视为定值。"总"伪势能可定义为

$$W = \int_{\Omega / \Gamma} w_{\text{bulk}} \mathrm{d}V + \int_{\Gamma} g_{\text{c}} \mathrm{d}\Gamma \tag{4.64}$$

其中，W 是"总"伪势能；w_{bulk} 表示每单位体积考虑退化的弹性能；g_{c} 是裂纹能量释放率；Ω 表示域；Γ 是裂纹面；Ω / Γ 表示差集，即 Ω 去除 Γ。

如图 4.20(a) 所示，TBCs 界面氧化常发生两种类型的失效：一部分是界面失效，如 TC/TGO 界面裂纹 (TGO/BC 界面是 TGO 和 BC 混合层，没有明确的界面，考虑为体裂纹)；另一部分是块体材料中的脆性破坏 (TBCs 的界面破坏是在冷却期间，而不是在高温期间，所以我们认为是脆性破坏)，如 TC、BC 和 TGO 中的裂纹。因此，必须包括两种失效机制模型来正确理解 TBCs 的氧化失效过程。通过采用相场方法对块体材料脆性破坏进行描述，采用内聚力模型对界面破坏进行描述。为了将脆性断裂相场法与内聚力模型进行耦合，我们将临界能量释放率分解为两部分：在图 4.20(b) 中的一部分是体材料，即体材料临界能量释放率是通过相场模型描述其破坏过程；另一部分是界面，即界面临界能量释放率是通过内聚力模型描述其破坏过程。我们将式(4.64)改写为

$$W = \int_{\Omega \backslash \Gamma} w_{\text{bulk}} \mathrm{d}V + \int_{\Gamma^{\text{b}}} \bar{g}_{\text{c}}^{\text{b}} \mathrm{d}\Gamma + \int_{\Gamma^{\text{i}}} \bar{g}_{\text{c}}^{\text{i}} \mathrm{d}\Gamma \tag{4.65}$$

其中，Γ^{b} 表示体裂纹的裂纹面；Γ^{i} 为界面裂纹的裂纹面。这样，我们采用相场模型对块体材料即体裂纹面 Γ^{b} 的破坏进行描述，采用内聚力模型对界面裂纹即裂纹面 Γ^{i} 的破坏进行描述。通过式(4.65)建立了内聚力模型和相场模型一体化的界面氧化失效理论框架。

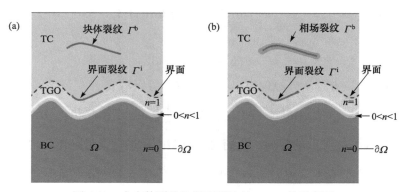

图 4.20　含有体裂纹和界面裂纹的 TBCs 的示意图

(a)域内的离散裂纹；(b)通过相场连续的描述在域中的裂纹

4.2.2 相场模型简介

现在讨论体裂纹面 Γ^{b} 的相场模型。Miehe 等[36]引入了一个场变量 d(可以理解为损伤参数) 来描述材料的破坏状态，它可以通过连续裂纹描述离散的裂纹，

这样相场方法模拟裂纹过程可以避免裂纹尖端附近的应力场奇异。当 $d=0$ 时,表示材料为受到损伤,$d=1$ 则表示彻底破坏。图 4.21(a) 在无限长杆 $x=0$ 处有一个尖锐的裂纹。如图 4.21(b) 所示,这种离散的裂纹可以描述为

$$d(x)=\begin{cases}1, & x=0 \\ 0, & x\neq 0\end{cases} \tag{4.66}$$

该离散裂纹也可以用图 4.21(c) 所示的指数函数 $\exp[-|x|/l]$ 近似,该指数函数由一个全局连续裂纹场变量描述,其中 l 是控制连续裂纹宽度的参数。扩散裂纹的范围随着场长尺度参数 l 的增大而增大,当 $l\to 0$ 时,连续裂纹转变为离散裂纹。

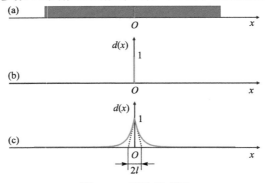

图 4.21　裂纹示意图
(a) 被裂纹截断的一维棒材;(b) 离散裂纹;(c) 连续裂纹

在 $d(0)=1$ 和 $d(\pm\infty)=1$ 的 Dirichlet 型边界条件下,$\exp[-|x|/l]$ 是如下方程的解:

$$d(x)-l^2 d''(x)=0 \tag{4.67}$$

式(4.67)可由欧拉方程变分原理得出。欧拉方程可以写成

$$d=\arg\{\inf_{d\in W}I(d)\}, \quad I(d)=\frac{1}{2}\int_{\Omega}\left\{d^2+l^2 d'^2\right\}\mathrm{d}V \tag{4.68}$$

为了消除裂纹长度参数的影响,我们对裂纹表面积进行无量纲化,得到

$$\Gamma^{\mathrm{b}}(d)=\frac{1}{l}I(d)=\frac{1}{2l}\int_{\Omega}\left\{d^2+l^2 d'^2\right\}\mathrm{d}V=\int_{\Omega}\gamma(d,d')\mathrm{d}V \tag{4.69}$$

式中,$\gamma(d,d')$ 为裂纹表面能量密度。如果裂纹由一维杆扩展到二维的板材或者三维的体材料,则可将式(4.67)改写为

$$\begin{cases}d(\boldsymbol{x},t)-l^2\Delta d(\boldsymbol{x},t)=0, & \text{在 }\Omega \\ d(\boldsymbol{x},t)=1, & \text{在 }\Gamma^{\mathrm{b}} \\ \nabla d(\boldsymbol{x},t)\cdot\boldsymbol{n}=0, & \text{在 }\partial\Omega\end{cases} \tag{4.70}$$

式(4.70)写成

$$\gamma(d,\nabla d) = \frac{1}{2l}(d^2 + l^2 |\nabla d|^2) \tag{4.71}$$

式(4.65)可以表示为这些变量的函数:

$$W = \int_{\Omega \backslash \Gamma} w_{\text{bulk}}\left(\boldsymbol{\varepsilon}^{\text{e}}, d\right) \mathrm{d}V + \int_{\Gamma^{\text{b}}} \bar{g}_{\text{c}}^{\text{b}}(\boldsymbol{u}, d) \mathrm{d}\Gamma + \int_{\Gamma^{\text{i}}} \bar{g}_{\text{c}}^{\text{i}}(\boldsymbol{\delta}, \boldsymbol{\alpha}, d) \mathrm{d}\Gamma \tag{4.72}$$

其中，$\boldsymbol{\delta}$ 是界面处不连续的位移向量，$\boldsymbol{\alpha}$ 是界面处最大不连续的位移向量。我们先只分析块体材料中的裂纹扩展，等式 (4.72) 简化为

$$W_{\text{b}} = \int_{\Omega \backslash \Gamma} w_{\text{bulk}}\left(\boldsymbol{\varepsilon}^{\text{e}}, d\right) \mathrm{d}V + \int_{\Gamma^{\text{b}}} \bar{g}_{\text{c}}^{\text{b}}(\boldsymbol{u}, d) \mathrm{d}\Gamma \tag{4.73}$$

其中，$w_{\text{bulk}}\left(\boldsymbol{\varepsilon}^{\text{e}}, d\right)$ 可以写成

$$w_{\text{bulk}}\left(\boldsymbol{\varepsilon}^{\text{e}}, d\right) = [g(d) + \kappa]\tilde{\psi}\left(\boldsymbol{\varepsilon}^{\text{e}}\right) \tag{4.74}$$

$$\tilde{\psi}\left(\boldsymbol{\varepsilon}^{\text{e}}\right) = \frac{1}{2}\lambda\left(\varepsilon_{kk}^{\text{e}}\right)^2 + \mu\boldsymbol{\varepsilon}^{\text{e}} : \boldsymbol{\varepsilon}^{\text{e}} \tag{4.75}$$

式中，$g(d)$ 为裂纹演化引起的弹性能的退化程度；$\tilde{\psi}\left(\boldsymbol{\varepsilon}^{\text{e}}\right)$ 为有效弹性能；$\boldsymbol{\varepsilon}^{\text{e}}$ 为弹性应变张量；λ 和 μ 是 Lamé 常数，这是学术界的习惯用法，但需要特别注意不要和学术界习惯性表示的化学势 μ 相混淆。小的正参数 $\kappa \approx 0$ 是为了避免方程奇异。单调递减函数 $g(d)$ 应满足以下条件:

$$g(0) = 1, \quad g(1) = 0, \quad g'(1) = 0 \tag{4.76}$$

前两个条件分别对应于完好情况和完全破裂情况。最后一种条件保证了在完全破碎时，裂纹驱动力等于零。具有上述属性的一个简单函数是

$$g(d) = (1-d)^2 \tag{4.77}$$

因此本构关系的形式为

$$\boldsymbol{\sigma} = \left[\left(1-d\right)^2 + \kappa\right]\tilde{\boldsymbol{\sigma}}, \quad \tilde{\boldsymbol{\sigma}} = \lambda\varepsilon_{kk}^{\text{e}}\boldsymbol{I} + 2\mu\boldsymbol{\varepsilon}^{\text{e}} \tag{4.78}$$

其中，$\boldsymbol{\sigma}$ 是考虑损伤的真实 Cauchy 应力；$\tilde{\boldsymbol{\sigma}}$ 表示等效应力。式(4.73)的最后一项可以写成

$$\int_{\Gamma^{\text{b}}} \bar{g}_{\text{c}}^{\text{b}}(\boldsymbol{u}, d)\mathrm{d}\Gamma = \int_{\Omega} \bar{g}_{\text{c}}^{\text{b}}\gamma(d, \nabla d)\mathrm{d}V = \int_{\Omega} \frac{\bar{g}_{\text{c}}^{\text{b}}}{2l}\left(d^2 + l^2 |\nabla d|^2\right)\mathrm{d}V \tag{4.79}$$

其中，$\bar{g}_{\text{c}}^{\text{b}}$ 需要满足与尺度有关的能量准则 $\bar{g}_{\text{c}}^{\text{b}} = 256\sigma_{\text{c}}^2 l/27E$ [37]。l 受临界断裂应力和杨氏模量 E 的控制。把式(4.74)、式(4.75)和式(4.79)代入式(4.73)并对 d 求变分，而且根据变分原理得到

$$\delta W_{b} = \left\{ \frac{\overline{g}_{c}^{b}}{l}[d - l^{2}\Delta d] - 2(1-d)\tilde{\psi} \right\}\delta d$$

$$(4.80)$$

$$\Rightarrow \frac{\overline{g}_{c}^{b}}{l}[d - l^{2}\Delta d] - 2(1-d)\tilde{\psi} = 0$$

为了避免裂纹闭合，必须使得裂纹驱动力保持为历史最大值，即

$$[d - l^{2}\Delta d] = (1-d)\tilde{H}(\boldsymbol{x},t), \quad \tilde{H} = \max_{s \in [0,t]} \frac{2\tilde{\psi}\left(\boldsymbol{\varepsilon}^{e}(\boldsymbol{x},s)\right)}{\overline{g}_{c}^{b}/l}$$

$$(4.81)$$

式中，$\tilde{H}$ 为裂纹驱动力；$\boldsymbol{x}$ 为位置矢量。该驱动力对于拉伸应变和压缩应变没有差别。但在实际物理条件下，压缩应变是不可能引起裂纹的。只有拉伸应变和剪切才会导致裂纹。因此，我们需要区分拉伸应变和压缩应变。Miehe 等[38]提出了以下方程来解决上述问题：

$$\tilde{H} = \max_{s \in [0,t]} \zeta \left\langle \sum_{a=1}^{3} \left(\frac{\langle \tilde{\sigma}_{a}(\boldsymbol{x},s) \rangle}{\sigma_{c}} \right)^{2} - 1 \right\rangle$$

$$(4.82)$$

式中，$\zeta > 0$ 是施加二次驱动力函数的斜率的材料参数，$\tilde{\sigma}_{a}$ 为有效 Cauchy 主应力的材料参数，σ_{c} 为临界断裂应力。如图 4.22 所示，随着应变增大，块体材料逐渐失效。同时，式(4.82)相比式(4.81)保持了未断裂区线弹性特性，同时式(4.82)还能避免纯压缩情况下出现裂纹。

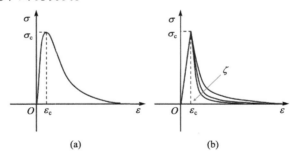

图 4.22　均匀性试验不同驱动力定性特征示意图
(a)采用式(4.81)的能量判据；(b)采用式(4.82)的最大主应力的能量准则

4.2.3　相场裂纹相互作用的内聚力模型简介

现在讨论界面裂纹面 $\varGamma^{i}$ 的内聚力模型。在二维情况下，界面上的矢量可以分为两部分：一部分是法向的，另一部分是切向的，对应的是 I 型和 II 型断裂。对于双线性分离规律的内聚力模型，每种断裂模式都有三个独立的参数。分别为界面刚度 k、临界裂纹张开位移 δ_{c} 和界面强度临界能量释放率 $\overline{g}_{c}^{i}$。考虑了相场裂纹对界面的"软化"效应。根据 Paggi 和 Reinoso[39]的公式，临界裂纹张开位移与损

伤(d)为线性关系，也就是说$\delta_{\mathrm{c}}(d)=(1-d)\delta_{\mathrm{c}}^0+d\delta_{\mathrm{c}}^1$，其中在接下来的讨论中上标 0 表示 $d=0$ 情况和上标 1 表示 $d=1$ 的情况，即$\delta_{\mathrm{c}}^0=\delta_{\mathrm{c}}(d=0)$和$\delta_{\mathrm{c}}^1=\delta_{\mathrm{c}}(d=1)$。此外，不同模式的界面临界能量释放率($\bar{g}_{\mathrm{Ic}}^{\mathrm{i}}$和$\bar{g}_{\mathrm{IIc}}^{\mathrm{i}}$)在体裂纹$(d)$的影响下不改变。我们假设的临界分离位移($\delta_0$)和临界裂纹张开位移($\delta_{\mathrm{c}}$)的比在体裂纹的影响下不改变，即$\delta_0(d)/\delta_{\mathrm{c}}(d)=\delta_0^0/\delta_{\mathrm{c}}^0$。界面位移($\delta_0$)可根据模式 I 和模式 II 分为法向分量和切向分量，即$\boldsymbol{\delta}=[\delta_n,\delta_t]$。如图 4.23 所示，模式 I 和模式 II 的双线性牵引分离法则可以表示为

$$\sigma=\begin{cases}k_n\delta_n, & \delta_n<\delta_{n0}\\[2mm]\dfrac{\delta_{nc}-\delta_n}{\delta_{nc}-\delta_{n0}}\sigma_0, & \delta_{n0}\leqslant\delta_n\leqslant\delta_{nc}\\[2mm]0, & \delta_n>\delta_{nc}\end{cases}\qquad\tau=\begin{cases}k_t\delta_t, & \delta_t<\delta_{t0}\\[2mm]\dfrac{\delta_{tc}-\delta_t}{\delta_{tc}-\delta_{t0}}\tau_0, & \delta_{t0}\leqslant\delta_t\leqslant\delta_{tc}\\[2mm]0, & \delta_t>\delta_{tc}\end{cases}\qquad(4.83)$$

式中，σ和τ分别为模式 I 和模式 II 的牵引力；第一个下标 n 和 t 分别表示法向分量和切向分量；第二下标 0 和 c 分别代表损伤起始点和断裂点。模式 I 和模式 II 的临界分离强度(σ_0和τ_0)分别对应于模式 I 和模式 II 的临界分离位移(δ_{n0}和δ_{t0})。此外，我们还可以定义界面破坏(id)，对于δ_{n0}和δ_{t0}点$id=0$，对于δ_{nc}和δ_{tc}点$id=1$。

对于$\delta_n<0$情况，不出现界面裂纹[40]，块体损伤对压缩性能没有影响：

$$\sigma=k_n^0\delta_n\qquad(4.84)$$

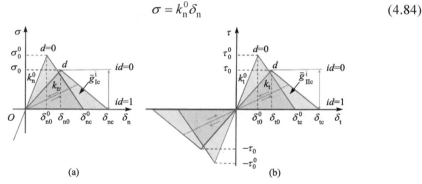

图 4.23　相场耦合的双线性分离-牵引内聚力模型示意图

(a) I 型分离-牵引规律；(b) II 型分离方式-牵引规律

由于假设界面强度临界能量释放率在体损伤(d)的影响下不改变，界面刚度($\boldsymbol{k}=[k_n,\ k_t]$)受以下条件控制：

$$\begin{cases}\bar{g}_{\mathrm{Ic}}^{\mathrm{i}}=\dfrac{1}{2}k_n\delta_{n0}(d)\delta_{nc}(d)=\dfrac{1}{2}k_n^0\delta_{n0}^0\delta_{nc}^0\\[3mm]\bar{g}_{\mathrm{IIc}}^{\mathrm{i}}=\dfrac{1}{2}k_t\delta_{t0}(d)\delta_{tc}(d)=\dfrac{1}{2}k_t^0\delta_{t0}^0\delta_{tc}^0\end{cases}\qquad(4.85)$$

$\delta_0(d)$ 和 $\delta_c(d)$ 需要满足假设 $\delta_0(d)/\delta_c(d)=\delta_0^0/\delta_c^0$ ，k_n 和 k_t 可以表述为

$$k_n(d)=k_n^0\left(\frac{\delta_{nc}^0}{(1-d)\delta_{nc}^0+d\delta_{nc}^1}\right)^2, \quad k_t(d)=k_t^0\left(\frac{\delta_{tc}^0}{(1-d)\delta_{tc}^0+d\delta_{tc}^1}\right)^2 \tag{4.86}$$

此外，我们还可以写出模式Ⅰ和模式Ⅱ的能量释放率表达式：

$$\overline{g}_I^i(\delta_n,d)=\begin{cases}\dfrac{1}{2}k_n\delta_n^2, & \delta_n<\delta_{n0}\\[2mm]\overline{g}_{Ic}^i-\dfrac{1}{2}\dfrac{(\delta_{nc}-\delta_n)^2}{\delta_{nc}-\delta_{n0}}\sigma_0, & \delta_{n0}\leqslant\delta_n\leqslant\delta_{nc}\\[2mm]\overline{g}_{Ic}^i, & \delta_n>\delta_{nc}\end{cases}$$

$$\tag{4.87}$$

$$\overline{g}_{II}^i(\delta_t,d)=\begin{cases}\dfrac{1}{2}k_t\delta_t^2, & \delta_t<\delta_{t0}\\[2mm]\overline{g}_{IIc}^i-\dfrac{1}{2}\dfrac{(\delta_{tc}-\delta_t)^2}{\delta_{tc}-\delta_{t0}}\tau_0, & \delta_{t0}\leqslant\delta_t\leqslant\delta_{tc}\\[2mm]\overline{g}_{IIc}^i, & \delta_t>\delta_{tc}\end{cases}$$

其中，g_I^i 是模式Ⅰ的能量释放率；g_{II}^i 是模式Ⅱ的能量释放率。

在混合荷载作用下，采用二次应力准则控制损伤的萌生[41]

$$\left(\frac{\langle\sigma\rangle}{\sigma_0}\right)^2+\left(\frac{\tau}{\tau_0}\right)^2=1 \tag{4.88}$$

最后，裂纹扩展采用 B-K 准则[42]

$$\overline{g}_{Ic}^i+\left(\overline{g}_{IIc}^i-\overline{g}_{Ic}^i\right)\left(\frac{\overline{g}_{II}^i}{\overline{g}_I^i+\overline{g}_{II}^i}\right)^{\eta}=\overline{g}_{Ic}^i+\overline{g}_{IIc}^i \tag{4.89}$$

其中，η 是 B-K 系数。

界面氧化导致 TBCs 失效，TGO 氧化生长产生的应力是主要原因，涂层与基体热失配引起的应力只是很小的一部分[10]。因此我们忽略了高温下的温度应力、热扩散过程和黏塑性变形。从式(4.6)可以得到

$$\theta\gamma=\boldsymbol{\sigma}:\dot{\boldsymbol{\varepsilon}}-\dot{\psi}+\mu\dot{c}+\mu M\dot{n}-\boldsymbol{j}\cdot\nabla\mu\geqslant 0 \tag{4.90}$$

在这里 Helmholtz 自由能密度可以看作是这些状态变量的函数：

$$\psi=\psi(\boldsymbol{\varepsilon},d,c,n) \tag{4.91}$$

将 Helmholtz 自由能密度式(4.91)代入耗散不等式(4.90)，得到

$$\theta\gamma = \left(\sigma_{ij} - \frac{\partial\psi}{\partial\varepsilon_{ij}}\right)\dot{\varepsilon}_{ij} + \left(\mu - \frac{\partial\psi}{\partial c}\right)\dot{c} - \frac{\partial\psi}{\partial d}\dot{d} + \left(\mu M - \frac{\partial\psi}{\partial n}\right)\dot{n} - \boldsymbol{j}\cdot\nabla\mu \geqslant 0 \quad (4.92)$$

由局部耗散假设，可以得到本构方程如下：

$$\sigma_{ij} = \frac{\partial\psi}{\partial\varepsilon_{ij}}, \quad \mu = \frac{\partial\psi}{\partial c} \tag{4.93}$$

Helmholtz 自由能密度可以写成

$$\psi = \psi\left(\boldsymbol{\varepsilon},d,c,n\right) = \psi\left(\boldsymbol{\varepsilon}^{e}\left(\boldsymbol{\varepsilon},n\right),d,c\right) = \left[\left(1-d\right)^2 + \kappa\right]\tilde{\psi}\left(\boldsymbol{\varepsilon}^{e}\right) + \psi_{c}\left(c\right) \tag{4.94}$$

这里总应变分解为 $\boldsymbol{\varepsilon} = \boldsymbol{\varepsilon}^{e} + \boldsymbol{\varepsilon}^{n}, \boldsymbol{\varepsilon}^{n} = \alpha_{n} n I$，其中，$\boldsymbol{\varepsilon}^{n}$ 是 TGO 生长膨胀应变；α_{n} 是膨胀系数；化学部分对 Helmholtz 自由能密度的贡献为 $\psi_{c}\left(c\right) = \frac{1}{2}Uc^2$，$U$ 是 c 的比例常数。把式(4.94)代入式(4.93)得到

$$\boldsymbol{\sigma} = \left[\left(1-d\right)^2 + \kappa\right]\left(\lambda\varepsilon_{kk}I + 2\mu\varepsilon - 3K\alpha_{n} nI\right), \quad \mu = Nc \tag{4.95}$$

其中，K 是体积模量。这里，裂纹扩展过程中表面能的增加被认为是一个完整的耗散过程，可以表示为

$$-\frac{\partial\psi}{\partial d}\dot{d} = \left(1-d\right)\tilde{\psi}\left(\boldsymbol{\varepsilon}^{e}\right)\dot{d} \geqslant 0 \tag{4.96}$$

为了使耗散不等式 (4.92) 总是大于零，我们假设

$$\begin{cases} \boldsymbol{j}_d = -m\nabla\mu \\ \dot{n} = k_0\left(\mu M - \dfrac{\partial\psi}{\partial n}\right) \end{cases} \tag{4.97}$$

其中，m，k_0 均是正的参数。结合式(4.2)、式(4.94)、式(4.95)和式(4.97)，我们得到氧气扩散方程和 TGO 生长控制方程：

$$\begin{cases} \dot{c} = mU\nabla^2 c - M\dot{n} \\ \dot{n} = k_0\left\{MUc + 3\left[\left(1-d\right)^2 + \kappa\right]K\alpha_{n}\varepsilon_{kk}^{e}\right\} \end{cases} \tag{4.98}$$

与式(4.31)一样处理，引入 $k_0 = \left(1-n\right)k_1$ 来限制 n 的增长，其中，k_1 是一个正的常数。我们可以得到

$$\begin{cases} \dot{c} = mU\nabla^2 c - M\dot{n} \\ \dot{n} = k_1\left(1-n\right)\left\{MNc + 3\left[\left(1-d\right)^2 + \kappa\right]K\alpha_{n}\varepsilon_{kk}^{e}\right\} \end{cases} \tag{4.99}$$

忽略应变项，做变量代换得到

$$\begin{cases} \dot{c} = D\nabla^2 c - M\dot{n} \\ \dot{n} = G(1-n)c \end{cases} \tag{4.100}$$

其中，$D = mU$ 是氧扩散系数；$G = k_1 MU$ 是化学反应系数。

最后，还需要给出边界和初始条件来完善理论。位移场和相场的边界条件可以写成

$$\boldsymbol{\sigma} \cdot \boldsymbol{n} = \boldsymbol{t}, \quad \boldsymbol{u} = \overline{\boldsymbol{u}}, \quad \nabla \cdot \boldsymbol{d} = 0 \tag{4.101}$$

扩散场的边界条件为

$$c = \overline{c}, \quad \boldsymbol{j}_d \cdot \boldsymbol{n} = \overline{j}_d \tag{4.102}$$

其中，$\overline{c}$ 是边界上的相对氧气浓度；$\overline{j}_d$ 表示边界上氧气的扩散通量矢量。每个场的初始条件取为

$$\boldsymbol{u}(\boldsymbol{x},0) = \boldsymbol{u}^0(\boldsymbol{x}), \quad c(\boldsymbol{x},0) = c^0(\boldsymbol{x}), \quad n(\boldsymbol{x},0) = n^0(\boldsymbol{x}), \quad d(\boldsymbol{x},0) = d^0(\boldsymbol{x}) \tag{4.103}$$

$d^0(\boldsymbol{x})$ 表示初始相场裂纹场。

4.2.4　数值实施

如图 4.24 所示，我们建立了具有余弦界面形态的 TBCs 二维几何模型。为了简化计算，我们不考虑基底。由于氧化反应发生在 TGO/BC 层界面处，所以基底对 TBCs 的影响可以忽略不计。几何模型包括 200μm TC 层和 100μm BC 层。系统的宽度为 40μm。

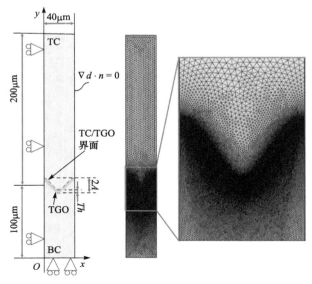

图 4.24　TBC 裂纹扩展模型边界条件和网格的示意图

我们将 TGO 厚度定义为 Th，在初始条件下 Th 为零。TGO 上边界的几何形貌为余弦函数 $y = A\cos(2\pi x/x_0) + A_0$（$x_0 = 40\mu m$，$A_0 = 100\mu m$），余弦函数的振幅 A 是 $10\mu m$。在可能出现裂纹的区域(TGO 和 TGO 相邻区域)，网格边界的最大尺寸为 $l/2$，$2l$ 是图 4.21 定义的裂纹的宽度。这个模型的网格数是 99912。我们在 TC/TGO 界面使用结合相场的内聚力模型，在 TC、TGO 和 BC 层使用相场模型。

TBCs 的力学性能如表 4.1 所示。在 TGO/BC 混合层中，我们同样使用 Voigt 的假设，即 $\boldsymbol{\varepsilon} = \boldsymbol{\varepsilon}_{TGO} = \boldsymbol{\varepsilon}_{BC}$ 和 $\boldsymbol{\sigma} = n\boldsymbol{\sigma}_{TGO} + (1-n)\boldsymbol{\sigma}_{BC}$，其中下标表示变量对应的层。由于不考虑热膨胀，我们对系统采用平面应变假设。TBCs 的底部 y 方向位移和左侧 x 方向位移如图 4.24 所示，即 $v(x,y)\big|_{y=0} = 0$，$u(x,y)\big|_{x=0} = 0$。左右两边采用周期边界条件，即 $\boldsymbol{u}(x,y)\big|_{x=0} = \boldsymbol{u}(x,y)\big|_{x=60\mu m}$。顶部的边界应力为零，即 $\boldsymbol{\sigma} \cdot \boldsymbol{n} = 0$。

由于 TC 是一种多孔材料，TC 的扩散速率比 TGO 和 BC 的扩散速率高几个数量级，并且 TC 中不会发生氧化反应。因此，TC 对氧气是透明的。TC/TGO 界面的氧浓度设置为 $1.55\,mol/m^3$，而 BC 的初始氧浓度为 $0\,mol/m^3$。同时，为了简化模型，假定 TGO 和 BC 的氧扩散系数相等（$D^{BC} \approx D^{TGO}$）。TGO 生长的具体参数如表 4.3 所示。此外，TGO 在 TGO 和 BC 层中的初始体积分数分别为 1 和 0。

表 4.3　TGO 生长参数[24]

参数	值
BC 氧气扩散系数	$D_0^{BC} = 2.0 \times 10^{-13}\,m^2 \cdot s^{-1}$
TGO 氧气扩散系数	$D_0^{TGO} = 2.0 \times 10^{-13}\,m^2 \cdot s^{-1}$
TC 氧气扩散系数	$D_0^{TC} \to \infty\,m^2 \cdot s^{-1}$
氧化反应常数	$G = 1 \times 10^{-4}\,m^3 \cdot mol^{-1} \cdot s^{-1}$
吸收的氧的摩尔数与所形成的 TGO 体积的比率	$M = 1.11 \times 10^5\,mol \cdot m^{-3}$
化学反应应力耦合系数	$\alpha_n = 3 \times 10^{-3}$

表 4.4 中显示了 TBCs 裂纹扩展材料参数。由于陶瓷是脆性材料，因此在 TC 层中 $\zeta^{TC} = 0.5$ 取较大的脆性断裂值。对于塑料 BC 层，$\zeta^{BC} = 0.1$ 取较小的值。

$\zeta^{TGO}=0.2$ 的值在 TGO 层的 TC 层与 BC 层之间。在 TGO/BC 混合层中，所有参数服从线性分布，即 $P=nP_{TGO}+(1-n)P_{BC}$，其中，P 是 TGO/BC 混合层中的参数，P_{TGO} 和 P_{BC} 分别是 TGO 层和 BC 层中的参数。最后，利用 COMSOL Multiphysics 5.4 固体力学和 PDE 模块求解控制方程。

表 4.4　TBCs 裂纹扩展材料参数[10-12]

参数		值
TC 层的材料参数	相场裂纹宽度参数	$l^{TC}=0.2\ \mu m$
	临界断裂应力	$\sigma_c^{TC}=300\ MPa$
	二次驱动力函数的斜率	$\zeta^{TC}=0.5$
TGO 层的材料参数	相场裂纹宽度参数	$l^{TGO}=0.2\ \mu m$
	临界断裂应力	$\sigma_c^{TGO}=600\ MPa$
	二次驱动力函数的斜率	$\zeta^{TGO}=0.2$
BC 层的材料参数	相场裂纹宽度参数	$l^{BC}=0.2\ \mu m$
	临界断裂应力	$\sigma_c^{BC}=700\ MPa$
	二次驱动力函数的斜率	$\zeta^{BC}=0.1$
TC/TGO 界面材料参数	初始刚度	$k_n^0=k_t^0=1\times10^{18}\ N/m^3$
	模型 I 和模型 II 的分离强度的初始值	$\sigma_0^0=\tau_0^0=150\ MPa$
	模型 I 界面临界能量释放率	$G_{Ic}^i=30\ N/m$
	模型 II 界面临界能量释放率	$G_{IIc}^i=100\ N/m$
	模型 I 和模型 II 的分离强度的初始值和最终值的比值	$\sigma_0^0/\sigma_0^1=\tau_0^0/\tau_0^1=2$

4.2.5　结果和讨论

如图 4.25 所示，粉线是 TGO/BC 界面（$n=0.5$），黑线是 TC/TGO 界面，当线变为白色时，TC/TGO 界面完全断开。相场裂纹扩展时材料从蓝色变为红色。首先，BC 波峰拉伸应力会造成材料损伤。当波峰的 TGO 增长到 3.2μm 时，在 375h，BC 层附近的 TGO/BC 混合区中首次出现了体裂纹。随着 TGO 的增长，第一个体裂纹沿 TGO/BC 界面向下传播，TC/TGO 界面在 500h 内开始损坏。当波峰的 TGO 增长到 3.85μm 时，TC/TGO 界面的波谷在 530h 开始裂纹萌生。界面裂纹沿 TC/TGO 界面向上传播。当 TGO/BC 界面在体裂纹下方生长时，体裂纹在 610h 开始传播到 TGO 中。然后，第一条体裂纹在 860h 稳定，不再扩展。当波峰的 TGO 增长到 6.5μm 时，TGO/BC 界面在 1215h 出现了第二条体裂纹。最后，二条体裂纹在 1465h 稳定。从图 4.25 中可以看出，第二个裂纹在 TGO/BC 界面处的 TGO 厚度约为第一个裂纹的厚度的两倍，并且 TGO/BC 界面裂纹最终将在 TGO 内部扩展。

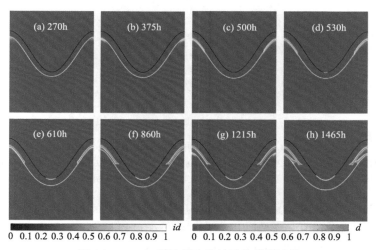

图 4.25　TBCs 裂纹萌生和扩展的模拟结果

(a) 在 270h 的 BC 波峰处出现明显损伤；(b) 在 375h，在 BC 层附近的 TGO/BC 混合区中首次出现体裂纹；(c) TC/TGO 界面波谷处在 500h 出现明显损伤；(d) TC/TGO 界面波谷处在 530h 出现裂纹；(e) 第一条体裂纹在 610h 向 TGO 内部扩展；(f) 第一条体裂纹在 860h 稳定；(g) 在 1215h 第二条体裂纹萌生；(h) 第二条体裂纹在 1465h 稳定

　　为了研究裂纹扩展规律，我们分析了氧化过程中 TBCs 的应力分布。假定考虑了损伤的主应力得到满足 $\sigma_1 \geqslant \sigma_2 \geqslant \sigma_3$。如图 4.26 所示，可以看出 σ_1 集中的地方是裂纹萌生和扩展的地方，而裂纹的萌生和扩展主要由 σ_{yy} 来驱动。σ_{yy} 集中在 TC/TGO 界面的波谷和 BC 层附近的 TGO/BC 混合层的波峰中。因此，裂纹出现在这两个界面上。当 TGO/BC 界面扩展到块体裂纹的下端时，新的 TGO 在相场裂纹的下端生长。TGO 这部分的体积膨胀将导致整体裂纹上方的 TGO 被迫承受向上的力。结果，导致 TGO 的上部分被剥离，裂纹扩展到 TGO 中。

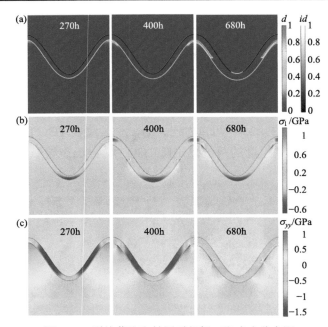

图 4.26 裂纹萌生和扩展时相场 d 和应力分布图

三列分别表示裂纹萌生前、体裂纹扩展、体裂纹向 TGO 和 TC/TGO 界面裂纹扩展：(a) 裂纹相场 d；(b) 第一主应力；(c) σ_{yy} (对于后面两排图上黑线为 TC/TGO 界面，下黑线为(b)、(c)中 TGO/BC 界面)

图 4.27 和图 4.28 分别是我们进行的 EB-PVD TBCs 和 APS TBCs 典型 TGO 裂纹扩展的横截面 SEM 实验结果照片，这里的试样与在 4.1.5 节中介绍的一样，无外加载荷。我们可以发现 APS TBCs 和 EB-PVD TBCs 均在 TGO/BC 界面峰波峰出现裂纹，TGO/BC 界面裂纹扩展到 TGO，TC/TGO 界面波谷出现裂纹。结果表明，TGO 生长应力是两种 TBCs 界面破坏的主要原因。

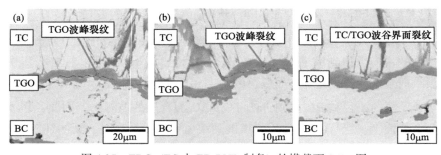

图 4.27 TBCs (TC 由 EB-PVD 制备) 的横截面 SEM 图

(a) 和 (b) 裂纹在 TGO 和 TGO/BC 混合层的波峰处扩展；(c) 裂纹在 TC/TGO 界面波谷中扩展

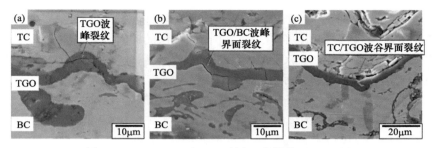

图 4.28　TBCs (TC 由 APS 制备) 的横截面 SEM 图

(a) 裂纹在 TGO 峰处扩展；(b) 裂纹在 TGO/BC 混合层峰值处扩展 (在裂纹上界面的 TGO 中可以看到一部分浅色 BC 层)；(c) 裂纹在 TC/TGO 界面谷中扩展

同时，TC/TGO 界面波谷处、TGO/BC 界面波峰处以及 TGO/BC 界面裂纹向 TGO 扩展的情况较为常见，如图 4.29 所示。大量研究者[11,15,18,43-45]在实验中观察到了这些裂纹。根据我们的模型，TGO 波峰中的裂纹并不是直接在 TGO 中产生的。它是 TGO/BC 界面波峰的裂纹，被新的 TGO 包裹，成为 TGO 波峰的内部裂纹。特别是在图 4.29(c) 中，TGO 波峰的裂纹形貌与 TGO/BC 界面波峰的裂纹形貌完全一致。

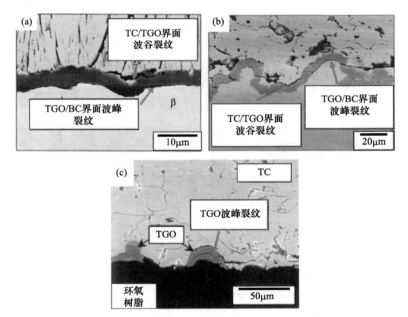

图 4.29　Mumm 等[43](a)、Rabiei 和 Evans[11](b) 和 Schlichting 等[15](c) 获得了 TBCs 的截面 SEM 图

图 4.30 显示了随着 TGO 的增长，相场变量的变化。TGO/BC 界面和相场变量表现出准周期模式。当应力达到 0.672GPa 时，会产生界面裂纹。因为相场裂纹具有

一定的宽度，所以界面变量与 TGO 的厚度不是完全周期性的，并且第一个裂纹将对 BC 层造成损坏，该过程可以解释如下。由于 TC 层的杨氏模量比 TGO 层和 BC 层小，因此大部分应力集中在 TGO/BC 界面的波峰处。因此，可以将 TC/TGO 的峰值视为无压力。当 TGO/BC 界面的第一个裂纹稳定时，TGO/BC 界面的应力集中就会释放。对于新增长的 TGO，第一个裂纹可以等同于 TC/TGO 界面。因此，随着 TGO 的生长，它会再次经历应力集中并导致出现第二个 TGO/BC 界面裂纹。此外，由于第一个裂纹比 TC/TGO 界面短，所以第二个裂纹将更早地传播到 TGO 中。可以得出结论，TGO/BC 裂纹的萌生和扩展是由 TGO 的厚度决定的，等距的裂纹将随着 TGO 的生长而萌生。如图 4.31 所示，在实验中，较厚的 TGO 波峰经常出现等距裂纹。同时，较厚的 TGO 波谷只有一个裂纹(TC/TGO 界面裂纹)。这进一步表明，TGO 峰值处的内部裂纹是 TGO/BC 界面裂纹在 TGO 生长过程中形成的。

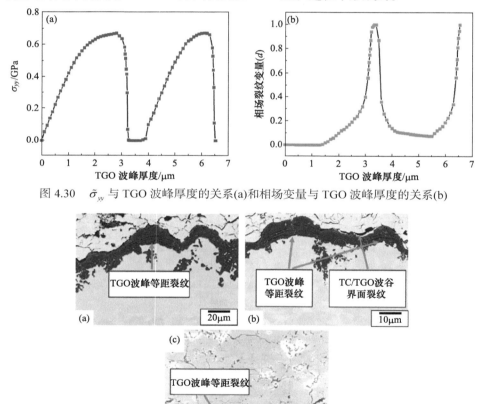

图 4.30　$\tilde{\sigma}_{yy}$ 与 TGO 波峰厚度的关系(a)和相场变量与 TGO 波峰厚度的关系(b)

图 4.31　Schlichting 等[15](a)和 Beck 等[45](b)在 TBCs 截面 SEM 中观察到 TGO 峰的等距裂纹(c)

裂纹扩展长度与 TGO 峰值厚度之间的关系如图 4.32 所示。TGO/BC 界面处的裂纹将随着 TGO 峰值厚度的增长而稳定,而 TC/TGO 界面处的裂纹将随着 TGO 峰值厚度的增长而继续增长。另外, 当在 TGO/BC 界面处第二次裂纹萌生时, TC/TGO 界面处的裂纹扩展速度加快。TGO/BC 界面裂纹对 TC/TGO 界面裂纹的影响将在下一部分中讨论。

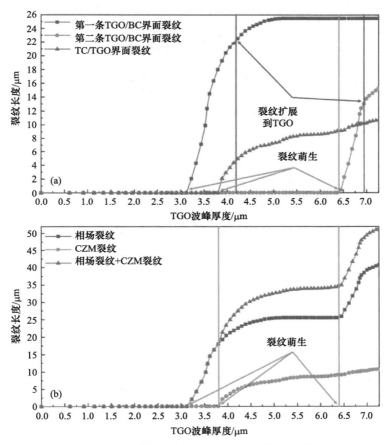

图 4.32　裂纹扩展长度与 TGO 波峰厚度之间的关系

(a) 三个裂纹的长度与 TGO 波峰厚度之间的关系; (b) 不同模型的裂纹长度和 TGO 波峰厚度之间的关系

为了研究 TGO/BC 界面裂纹对 TC/TGO 界面裂纹的影响, 去掉了相场模型, 仅在 TC/TGO 界面使用内聚力模型。

如图 4.33 所示, 忽略体裂纹与考虑体裂纹相比, 裂纹在 TC/TGO 界面处开始出现得较晚, 并且传播裂纹的长度最终更长。图 4.34 中绘制了两种情况下 TC/TGO 界面裂纹长度随 TGO 峰值厚度的增长情况。考虑到体裂纹时, TC/TGO 界面裂纹的萌生时间为 TGO 峰值厚度 3.85 μm。当忽略整体裂纹时, TC/TGO 界面裂纹以

5.1μm 的 TGO 峰值厚度开始。TGO/BC 界面裂纹从峰值传播到波谷，而 BC 层的峰值不再承受 TGO 层的拉应力，导致 TC/TGO 界面承受更大的拉应力。因此，当发生 TGO/BC 界面裂纹时，TC/TGO 界面更容易出现裂纹。随着 TGO 的增长，TC/TGO 界面裂纹从波谷向波峰扩展。TGO 中的裂纹释放了 TGO 中的部分压力。由于驱动力较小，TC/TGO 界面处的裂纹扩展较慢。总而言之，TGO/TC 界面裂纹促进了 TC/TGO 界面裂纹的萌生，但抑制了 TC/TGO 界面裂纹的扩展。

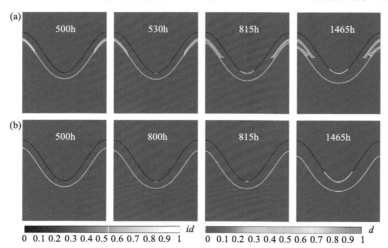

图 4.33　比较有(a) 和没有(b) 块体裂纹的 TC/TGO 界面裂纹增长模拟

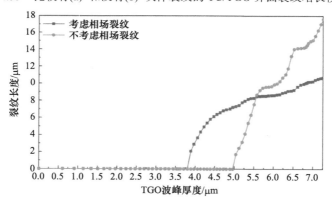

图 4.34　TC/TGO 界面裂纹长度与 TGO 波峰厚度之间的关系

　　在本节中，我们将模式 I 和模式 II 的临界分离强度的初始值更改为 $\sigma_0^0 = \tau_0^0 = 100\ \mathrm{MPa}$。因此，在图 4.35(a) 中，TC/TGO 界面在 TGO/BC 界面裂纹萌生前出现裂纹。图 4.35(b) 为不考虑 TC/TGO 界面裂纹的相场裂纹扩展路径。图 4.36 显示了 TC/TGO 界面是否有裂纹时对 TGO/BC 界面裂纹扩展的影响。可以看出，TC/TGO 界面出现裂纹时对 TGO/BC 界面裂纹的生长有轻微的促进作用。

当 TC/TGO 界面出现裂纹时，更多的拉应力集中在 TGO/BC 界面。TC 层的杨氏模量远小于 BC 层，TC 层中的应力远小于 BC 层。因此，当 TC/TGO 界面出现裂纹时，TGO 界面对裂纹扩展的促进作用非常弱。

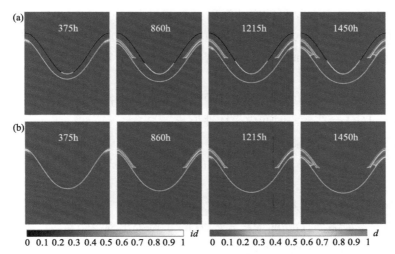

图 4.35　比较有(a)和没有(b) TC/TGO 界面裂纹情况下体裂纹生长模拟的比较

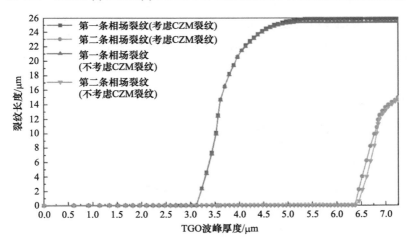

图 4.36　体裂纹扩展长度与 TGO 波峰厚度之间的关系

4.3　总结与展望

4.3.1　总结

本章主要阐述了基于热力学定律的热障涂层的物理非线性耦合的氧化生长模

型和失效模型。

对于生长模型主要结论如下：

(1) 外部拉伸载荷会促进氧化反应，使 TGO 增长更快。外部压缩载荷会导致界面的不完全氧化和黏结层的内部氧化。

(2) 耦合动力学认为外部拉伸载荷会降低氧化反应所需的临界氧浓度，促进氧化反应的发生。外部压缩载荷会增加氧化反应所需的临界氧浓度，抑制氧化反应。

(3) 蠕变会导致 BC 的应变增加，导致氧化反应速率加快。在蠕变和扩散的共同作用下，TGO 会在一段时间内呈线性增长。

对于失效模型主要结论如下：

(1) TBCs 的氧化在 TC/TGO 界面的波谷和 TGO/BC 界面的波峰有开裂的趋势。

(2) 随着 TGO 的增大，新生成的 TGO 将 TGO/BC 界面波峰处的裂纹转变为 TGO 内裂纹。最终，TGO 的增长导致 TGO 波峰处出现等距裂纹，在 TGO 波谷的 TC/TGO 界面处只出现一条裂纹。

(3) 耦合动力学研究表明 TC/TGO 界面裂纹与 TGO/BC 界面裂纹相互促进。其中 TGO/BC 界面裂纹促进了 TGO/BC 界面裂纹的萌生，但也抑制了 TGO/BC 界面裂纹的扩展。TC/TGO 界面裂纹对 TGO/BC 界面裂纹的萌生和扩展有很弱的促进作用。

4.3.2 展望

未来研究主要有以下几个方面：

(1) 可以建立考虑多种因素(冲蚀失效、CMAS 腐蚀失效等)的物理非线性热障涂层耦合失效问题。

(2) 建立更多实验方法确定耦合系数，以及确定外界条件对耦合系数的影响规律。

(3) 建立新型热障涂层失效机理的物理非线性耦合理论。

参 考 文 献

[1] Fox A C, Clyne T W. Oxygen transport by gas permeation through the zirconia layer in plasma sprayed thermal barrier coatings[J]. Surface and Coatings Technology, 2004, 184(2-3): 311-321.

[2] Evans A G, Mumm D, Hutchinson J, et al. Mechanisms controlling the durability of thermal barrier coatings[J]. Progress in Materials Science, 2001, 46(5): 505-553.

[3] Busso E P, Qian Z Q. A mechanistic study of microcracking in transversely isotropic ceramic-metal

systems[J]. Acta Mater, 2006, 54(2): 325-338.

[4] Busso E P, Qian Z Q, Taylor M P, et al. The influence of bondcoat and topcoat mechanical properties on stress development in thermal barrier coating systems[J]. Acta Mater, 2009, 57(8): 2349-2361.

[5] Busso E P, Evans H E, Qian Z Q, et al. Effects of breakaway oxidation on local stresses in thermal barrier coatings[J]. Acta Mater, 2010, 58(4): 1242-1251.

[6] Loeffel K, Anand L. A chemo-thermo-mechanically coupled theory for elastic–viscoplastic deformation, diffusion, and volumetric swelling due to a chemical reaction[J]. International Journal of Plasticity, 2011, 27(9): 1409-1431.

[7] Ma K, Schoenung J M. Isothermal oxidation behavior of cryomilled NiCrAlY bond coat: homogeneity and growth rate of TGO[J]. Surface and Coatings Technology, 2011, 205(21-22): 5178-5185.

[8] Chen W R, Wu X, Marple B R, et al. The growth and influence of thermally grown oxide in a thermal barrier coating[J]. Surface and Coatings Technology, 2006, 201(3-4): 1074-1079.

[9] Seo D, Ogawa K, Nakao Y, et al. Influence of high-temperature creep stress on growth of thermally grown oxide in thermal barrier coatings[J]. Surface and Coatings Technology, 2009, 203(14): 1979-1983.

[10] Chen Y, Zhao X, Dang Y, et al. Characterization and understanding of residual stresses in a NiCoCrAlY bond coat for thermal barrier coating application[J]. Acta Materialia, 2015, 94: 1-14.

[11] Rabiei A, Evans A. Failure mechanisms associated with the thermally grown oxide in plasma-sprayed thermal barrier coatings[J]. Acta Materialia, 2000, 48(15): 3963-3976.

[12] Xu T, Faulhaber S, Mercer C, et al. Observations and analyses of failure mechanisms in thermal barrier systems with two phase bond coats based on NiCoCrAlY[J]. Acta Materialia, 2004, 52(6): 1439-1450.

[13] Rabiei A, Evans A G. Failure mechanisms associated with the thermally grown oxide in plasma-sprayed thermal barrier coatings[J]. Acta Mater, 2000, 48(15): 3963-3976.

[14] Singheiser L, Steinbrech R, Quadakkers W, et al. Failure aspects of thermal barrier coatings[J]. Materials at High Temperatures, 2001, 18(4): 249-259.

[15] Schlichting K W, Padture N P, Jordan E H, et al. Failure modes in plasma-sprayed thermal barrier coatings[J]. Materials Science and Engineering: A, 2003, 342(1-2): 120-130.

[16] Evans A G, He, M Y, Hutchinson J W. Mechanics-based scaling laws for the durability of thermal barrier coatings[J]. Prog Mater Sci, 2001, 46(3-4): 249-271.

[17] Evans A G, Mumm D R, Hutchinson J W, et al. Mechanisms controlling the durability of thermal barrier coatings[J]. Prog Mater Sci, 2001, 46(5): 505-553.

[18] Padture N P, Gell M, Jordan E H. Thermal barrier coatings for gas-turbine engine applications[J]. Science, 2002, 296(5566): 280-284.

[19] Xu G N, Yang L, Zhou Y C, et al. A chemo-thermo-mechanically constitutive theory for thermal barrier coatings under CMAS infiltration and corrosion[J]. Journal of the Mechanics and Physics of Solids, 2019, 133: 103710.

[20] Zhang X, Zhong Z. A coupled theory for chemically active and deformable solids with mass diffusion and heat conduction[J]. Journal of the Mechanics and Physics of Solids, 2017, 107: 49-75.

[21] Ottosen N, Ristinmaa M. The Mechanics of Constitutive Modeling[M]. Oxford : Elsevier Ltd. , 2005.

[22] Ristinmaa M, Ottosen N S. Consequences of dynamic yield surface in viscoplasticity[J]. International Journal of Solids and Structures, 2000, 37(33): 4601-4622.

[23] Voigt W. The relation between the two elastic moduli of isotropic materials[J]. Annalen der Physik, 1889, 33: 573.

[24] W J. a. O. P. Voigt, Vol. The relation between the two elastic moduli of isotropic materials[J]. 1889, 33: 573.

[25] Hille T S, Turteltaub S, Suiker A S J. Oxide growth and damage evolution in thermal barrier coatings[J]. Engineering Fracture Mechanics, 2011, 78(10): 2139-2152.

[26] Bäker M. Finite element simulation of interface cracks in thermal barrier coatings[J]. Computational Materials Science, 2012, 64: 79-83.

[27] Yang L, Liu Q X, Zhou Y C, et al. Finite element simulation on thermal fatigue of a turbine blade with thermal barrier coatings[J]. Journal of Materials Science & Technology, 2014, 30(4): 371-380.

[28] Zhu W, Zhang Z B, Yang L, et al. Spallation of thermal barrier coatings with real thermally grown oxide morphology under thermal stress[J]. Materials & Ddesign, 2018, 146: 180-193.

[29] Rösler J, Bäker M, Aufzug K. A parametric study of the stress state of thermal barrier coatings part I: creep relaxation[J]. Acta Materialia, 2004, 52(16): 4809-4817.

[30] Siry C W, Wanzek H, Dau C P. Aspects of TBC service experience in aero engines[J]. Materialwissenschaft und Werkstofftechnik: Materials Science and Engineering Technology, 2001, 32(8): 650-653.

[31] Pint B, Wright I, Lee W, et al. Substrate and bond coat compositions: factors affecting alumina scale adhesion[J]. Materials Science and Engineering: A, 1998, 245(2): 201-211.

[32] Brindley W J, Miller R A. TBCs for better engine efficiency[J]. Advanced Materials & Processes, 1989, 136(2): 29-33.

[33] Rösler J, Bäker M, Volgmann M. Stress state and failure mechanisms of thermal barrier coatings: role of creep in thermally grown oxide[J]. Acta Materialia, 2001, 49(18): 3659-3670.

[34] Kageshima H, Shiraishi K. Relation between oxide growth direction and stress on silicon surfaces and at silicon-oxide/silicon interfaces[J]. Surface Science, 1999, 438(1): 102-106.

[35] Yata M. External stress-induced chemical reactivity of O_2 on Si(001)[J]. Physical Review B - Condensed Matter and Materials Physics, 2010, 81(20): 205402.

[36] Miehe C, Welschinger F, Hofacker M. Thermodynamically consistent phase-field models of fracture: variational principles and multi-field FE implementations[J]. International Journal for Numerical Methods in Engineering, 2010, 83(10): 1273-1311.

[37] Zhang X, Vignes C, Sloan S W, et al. Numerical evaluation of the phase-field model for brittle fracture with emphasis on the length scale[J]. Computational Mechanics, 2017, 59(5): 737-752.

[38] Miehe C, Schänzel L M, Ulmer H. Phase field modeling of fracture in multiphysics problems. Part I. Balance of crack surface and failure criteria for brittle crack propagation in thermo-elastic solids[J]. Computer Methods in Applied Mechanics and Engineering, 2015, 294: 449-485.

[39] Paggi M, Reinoso J. Revisiting the problem of a crack impinging on an interface: a modeling framework for the interaction between the phase field approach for brittle fracture and the interface cohesive zone model[J]. Computer Methods in Applied Mechanics and Engineering, 2017, 321: 145-172.

[40] Camanho P P, Davila C G, De Moura M. Numerical simulation of mixed-mode progressive delamination in composite materials[J]. Journal of Composite Materials, 2003, 37(16): 1415-1438.

[41] Cui W, Wisnom M, Jones M. A comparison of failure criteria to predict delamination of unidirectional glass/epoxy specimens waisted through the thickness[J]. Composites, 1992, 23(3): 158-166.

[42] Benzeggagh M L, Kenane M. Measurement of mixed-mode delamination fracture toughness of unidirectional glass/epoxy composites with mixed-mode bending apparatus[J]. Composites Science and Technology, 1996, 56(4): 439-449.

[43] Mumm D, Evans A, Spitsberg I. Characterization of a cyclic displacement instability for a thermally grown oxide in a thermal barrier system[J]. Acta Materialia, 2001, 49(12): 2329-2340.

[44] Echsler H, Shemet V, Schütze M, et al. Cracking in and around the thermally grown oxide in thermal barrier coatings: a comparison of isothermal and cyclic oxidation[J]. Journal of Materials Science, 2006, 41(4): 1047-1058.

[45] Trunova O, Beck T, Herzog R, et al. Damage mechanisms and lifetime behavior of plasma sprayed thermal barrier coating systems for gas turbines—Part I: experiments[J]. Surface and Coatings Technology, 2008, 202(20): 5027-5032.

第 5 章　热障涂层 CMAS 腐蚀的热力化耦合理论

雾霾天气，火山爆发等增加了大气中的沙尘含量，海洋环境的酸、碱等腐蚀颗粒，燃油不纯也携带有一些杂质。在航空发动机工作过程中，这些灰尘、腐蚀颗粒、杂质等对发动机叶片构成威胁的是 $CaO_2\text{-}MgO_2\text{-}Al_2O_3\text{-}SiO_2$ 等氧化物(简称为 CMAS)，这些氧化物颗粒从进气内涵道进入发动机，经过压气机及燃烧室高温加热后变为熔融体吸附在热障涂层表面。当发动机内温度超过 CMAS 的熔点时，CMAS 开始熔化润湿涂层表面。如图 5.1 所示，在毛细管力[1,2]的作用下熔融的 CMAS 沿着涂层的孔隙和裂纹渗透入陶瓷层内部[3,4]，形成一层致密层。进一步，存留在孔隙中的 CMAS 逐步溶解涂层晶粒。Ca, Mg, Al, Si 元素从 CMAS 扩散进入 YSZ 晶粒内，同时 YSZ 晶粒内的 Zr 和 Y 元素从涂层晶粒扩散进 CMAS 熔融物。由于元素 Y 在 CMAS 中的溶解度远大于 Zr 元素[5,6]，导致 YSZ 晶粒中的 Y 元素含量低于溶解之前，即陶瓷涂层晶粒中的 Y 元素流失[6,7]。随着温度下降，流失 Y 元素的 YSZ 晶粒发生 t 相(稳定的四方相)到 m 相(单斜相)的转变[6,7]。本章从实验和理论两个方面对热障涂层中发生的高温 CMAS 渗透、涂层成分和涂层微结构变化造成的变形，以及涂层相结构演变等进行了系统的分析。理论模型包括三部分：建立了一个描述 CMAS 渗入深度与其关键影响因素之间关联的模型；建立了高温 CMAS 腐蚀热障涂层的解耦与耦合的热力化本构理论；基于相场方法建立了涂层在降温过程中相变的热力化本构理论。

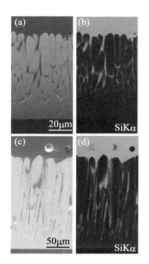

图 5.1　CMAS 渗透 EB-PVD
TBCs 的 SEM 图和 Si 元素面扫图
图中 Si 表示 Si 元素，Kα表示 X 射线管
发生出的 K 系射线

5.1　熔融 CMAS 的渗透及其关键影响因素的关联分析

5.1.1　EB-PVD 热障涂层熔融 CMAS 渗入深度的理论模型

2005 年，美国的 Mercer 等[8]发现 CMAS 的侵入会造成涂层破坏的临界渗透深度，即当 CMAS 渗入深度超过某一临界深度后，涂层会产生裂纹并发生分层现

象。该结论表明，CMAS 的渗入深度对 TBCs 的腐蚀失效起着至关重要的作用。对于 EB-PVD 涂层，熔融 CMAS 在毛细管力作用下通过柱状晶之间的间隙渗入到涂层内部，同时通过柱状晶上的孔洞渗透到柱状晶体中[9]。此外，相关文献研究表明[10-12]，服役温度、CMAS 的涂覆量以及渗入时间是影响 CMAS 渗透的重要环境因素。然而这些研究仅定性地描述了 CMAS 渗入过程，缺乏理论模型定量描述其渗入深度与影响因素之间的关系。Aygun 等[13]提出，熔融 CMAS 的渗入行为可以通过以下方程来描述：

$$t \approx \left[\frac{K_t}{8D_c} \left(\frac{1-\omega}{\omega} \right)^2 L^2 \right] \frac{\mu}{\sigma} \tag{5.1}$$

其中，t 是 CMAS 渗入的时间，K_t 和 D_c 分别是 TBCs 中孔隙的曲率和直径，ω 是 TBCs 中 CMAS 流过的有效孔隙率，L 是渗入深度，μ 是 CMAS 的黏度，σ 是表面张力。然而，这个方程缺乏严格的理论基础，不能很好地描述 CMAS 过程，也不能很好地预测 TBCs 中 CMAS 的渗入深度。

基于此，我们提出了一个描述 CMAS 渗入深度及其关键影响因素之间关联的模型，包括服役温度、CMAS 涂覆量、渗入时间、涂层表面粗糙度等，并通过数值模拟和实验的比较分析验证了模型的合理性；讨论了 TBCs 的微结构与接触角之间的关系，以及如何借此调控 CMAS 渗入深度；本节的目的是系统地阐述影响 CMAS 渗入深度的因素，预测 TBCs 的失效部位，并提出缓解 CMAS 腐蚀的途径。

1. 不考虑迂曲度的一维解析模型

我们假设 CMAS 覆盖在陶瓷涂层(YSZ 层)表面，如图 5.2 所示。由于熔融的 CMAS 是黏性流体，而 EB-PVD 制备的 TBCs 是柱状晶，柱状晶之间的孔隙刚好是熔融 CMAS 的通道。CMAS 的渗入涂层的过程可以类比为在不饱和多孔介质中水的渗透过程[14]。我们对于该体系做出了如下的几何以及与水力特性有关的假设：①TBCs 中的孔隙是均匀的且不可压缩的；②孔隙的性质在垂直涂层方向是各向同性的；③熔融的 CMAS 是连续的且不可压缩的；④TBCs 中的温度是恒定的。此外，根据相关文献[15]表明，当 CMAS 与 TBCs 发生反应时，在 CMAS 和陶瓷层界面处易形成 $ZrSiO_4$，且在陶瓷层和 TGO 界面易形成 $CaAl_2Si_2O_8$。化学方程式是

$$SiO_2 + ZrO_2 = ZrSiO_4 \tag{5.2}$$

$$CaO + Al_2O_3 + 2SiO_2 = CaAl_2Si_2O_8 \tag{5.3}$$

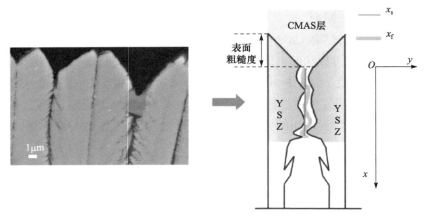

图 5.2　基于陶瓷涂层真实微观结构的渗流数值模拟的几何模型示意图

如果我们只关注熔融 CMAS 早期的渗入过程的话，熔融 CMAS 到达陶瓷层和 TGO 界面之前与 TGO 发生反应的量就比较少。因此，式(5.3)的化学反应可忽略不计；另一方面，由于 CMAS 量少，渗入时间短，式(5.2)的化学反应不明显，因此在该模型中忽略了化学反应。

根据质量守恒定律，渗入 TBCs 的熔融 CMAS 质量等于从 CMAS 层流出的质量。因此，在熔融 CMAS 渗入过程中保持 CMAS 的质量是不可变的，如下面的方程[16]所示：

$$
\begin{aligned}
\frac{\mathrm{d}m}{\mathrm{d}t} &= \frac{\mathrm{d}}{\mathrm{d}t}\int_{V} \rho\varphi S_{\mathrm{CMAS}}\mathrm{d}V \\
&= \int_{V}\left[\frac{\partial(\rho\varphi S_{\mathrm{CMAS}})}{\partial t} + \nabla\cdot(\rho\varphi S_{\mathrm{CMAS}}\boldsymbol{v})\right]\mathrm{d}V \\
&= \int_{V}\left[\frac{\partial c}{\partial t} + \rho\varphi\nabla\cdot(S_{\mathrm{CMAS}}\boldsymbol{v})\right]\mathrm{d}V \\
&= 0
\end{aligned} \tag{5.4}
$$

其中，m、V 和 ρ 分别是熔融 CMAS 的质量、体积和密度，φ 是有效孔隙率，S_{CMAS} 是 CMAS 的饱和度，用于描述孔隙中 CMAS 的体积分数，c 是 TBCs 中 CMAS 的浓度，且 $c = \rho\varphi S_{\mathrm{CMAS}}$，$\boldsymbol{v}$ 是 CMAS 的速度矢量。由于质量守恒定律在任意体积内是成立的，因此可以得到下列演化方程：

$$
\frac{\partial c}{\partial t} + \rho\varphi\nabla\cdot(S_{\mathrm{CMAS}}\boldsymbol{v}) = 0 \tag{5.5}
$$

在体积为 V_{fluid} 的区域内，CMAS 的平均速度 $\boldsymbol{u}$ 可通过体积平均法[17]求得

$$\boldsymbol{u} = \langle S_{CMAS}\boldsymbol{v} \rangle$$

$$= \frac{1}{V_{fluid}} \int_{V_{fluid}} S_{CMAS}\boldsymbol{v}\mathrm{d}V \tag{5.6}$$

$\langle\ \rangle$ 表示 V_{fluid} 流体域内求平均。此方法越过了微尺度上的结构紊乱。这样，式(5.5)可表示为

$$\frac{\partial c}{\partial t} + \rho\varphi\nabla\cdot\boldsymbol{u} = 0 \tag{5.7}$$

为了简化这一问题，我们假设熔融 CMAS 是黏性不可压缩的流体，柱状晶之间的孔隙是圆柱形毛细管通道，这样可以把多孔柱状晶中熔融 CMAS 的渗入看作为圆柱形毛细管流[16]。因此，可以用 Hagen-Poiseuille 定律描述 CMAS 渗入时 x 轴方向的局部速度[16,18]，示意图及坐标系如图 5.2 所示。

Navier-Stokes 是流体动力学中一个重要的基本方程，该方程可描述为

$$\rho\frac{\mathrm{d}\boldsymbol{v}}{\mathrm{d}t} = \rho\left[\frac{\partial\boldsymbol{v}}{\partial t} + (\boldsymbol{v}\cdot\nabla)\boldsymbol{v}\right]$$

$$= -\nabla p + \mu\nabla^2\boldsymbol{v} + \rho\boldsymbol{f} \tag{5.8}$$

式中，$\boldsymbol{f}$ 为体积力，相比于毛细管力，体积力可忽略不计。把熔融 CMAS 看作为不可压缩的黏性牛顿流体，且整个流动过程是圆管中的稳定层流。基于此，泊肃叶流体的速度与时间无关，故上式可表述为

$$-\nabla p + \mu\nabla^2\boldsymbol{v} = \boldsymbol{0} \tag{5.9}$$

由于熔融 CMAS 的渗入可以简化为圆柱形毛细管流，所以用柱坐标系对这种毛细管流进行描述。如上所述，整个流动过程被认为是圆管中的稳定层流，因此速度分量和压力梯度可由下式描述：

$$\begin{cases} v_x = v(r) \\ v_r = 0 \\ v_\varphi = 0 \end{cases} \tag{5.10}$$

$$\frac{\mathrm{d}p}{\mathrm{d}x} = 常数 , \quad \frac{\partial p}{\partial r} = \frac{\partial p}{\partial \varphi} = 0 \tag{5.11}$$

式中，x, r 和 φ 分别为柱坐标的坐标轴。由此，Navier-Stokes 方程可简写为

$$\frac{1}{r}\frac{\mathrm{d}}{\mathrm{d}r}\left(r\frac{\mathrm{d}v}{\mathrm{d}r}\right) = \frac{\mathrm{d}p}{\mu\mathrm{d}x} \tag{5.12}$$

由于熔融 CMAS 是牛顿黏性流体，因此在边界处流体的速度为 0。此外，速度不会是无限大的，因此边界条件可表述为

$$\begin{aligned} v_{r=R} &= 0 \\ v_{r=0} &< \infty \end{aligned} \tag{5.13}$$

由此可知：

$$v(r) = \frac{r^2 - R^2}{4\mu}\cdot\frac{\mathrm{d}p}{\mathrm{d}x} \tag{5.14}$$

其中，R 是孔隙的半径，r 是某点处与中心轴之间的距离，μ 是由温度控制的黏度因子；p 是毛细管力，与 p 相比较熔融 CMAS 重力的影响可以忽略。由于泊肃叶流的饱和度为 1，流体域内的平均体积速度 u_x 可由下式获得

$$u_x = \frac{\mathrm{d}x}{\mathrm{d}t} = \frac{1}{A}\int_A 1\cdot v(r)\mathrm{d}A = \frac{1}{\pi R^2}\int_0^{2\pi}\int_0^R v(r)\cdot r\mathrm{d}r\mathrm{d}\theta = -\frac{R^2}{8\mu}\cdot\frac{\mathrm{d}p}{\mathrm{d}x} \tag{5.15}$$

其中，A 是圆柱形毛细管的截面积，注意到这里 θ 与第一章提到的 θ 以及后文中(5.63)中提到的 θ 的区别，在这里 θ 是由表面粗糙度控制的柱状晶之间的 CMAS 的表观接触角。

在垂直方向上各向同性假设的基础上，将式(5.15)代入式(5.7)的一维形式可得一维的控制方程。假设 $\mathrm{d}p/\mathrm{d}c$ 是常数，可以推导出：

$$\frac{\partial c}{\partial t} = \left(\frac{\rho\varphi R^2}{8\mu}\cdot\frac{\mathrm{d}p}{\mathrm{d}c}\right)\frac{\partial^2 c}{\partial x^2} \tag{5.16}$$

其中，$\mathrm{d}p/\mathrm{d}c$ 用来描述 TBCs 中 CMAS 浓度和毛细管力的关系，可以简化为线性关系：

$$\frac{\mathrm{d}p}{\mathrm{d}c} = \frac{\lambda R\cos\theta}{\rho\varphi\mathrm{d}S_{\mathrm{CMAS}}} = \frac{2\sigma\cos\theta}{\rho\varphi R}\cdot\lambda \tag{5.17}$$

其中，σ 是熔融 CMAS 在 TBCs 表面的表面张力，注意到这里 λ 与第一章提到的 λ 以及后文中(5.81)中提到的 λ 的区别，在这里 λ 是饱和(S)-压力(P)曲线的近似斜率[19,20]。由此，柱状晶间隙或多孔介质中的一维控制方程可以表述为

$$\frac{\partial c}{\partial t} = \left(\frac{\lambda R\sigma\cos\theta}{4\mu}\right)\cdot\frac{\partial^2 c}{\partial x^2} \tag{5.18}$$

2. 考虑迂曲度的一维解析模型

如之前所述,EB-PVD 法制备的 TBCs,其柱状晶具有微纳米级的二级微结构[21],致使涂层侧面呈羽毛状,具有分形特征。多孔介质中迂曲的毛细管的分形特征已被广泛研究[22,23]。由于 CMAS 入渗路径沿柱状晶的分形界面,假定实际渗入长度(x_f)和渗透深度(x_s)(图 5.2)满足分形理论导出的方程。则有

$$x_f = \varepsilon_c^{1-d} x_s^d \tag{5.19}$$

其中,ε_c 是孔隙大小,d 是分形维数[17]。令陶瓷层的厚度为 l,则迂曲度(τ)可表示为

$$\tau = \frac{x_f}{x_s} = \frac{\varepsilon_c^{1-d} l^d}{l} = \varepsilon_c^{1-d} l^{d-1} \tag{5.20}$$

值得注意的是式(5.15)中的速率是流体在单位时间内流过的实际距离。因此,迂曲的毛细管中 CMAS 的渗入速度仅为式(5.15)中速率的 $1/\tau$,该速度可表示为

$$u_x = \frac{dx_s}{dt} = \frac{dx_f}{\tau dt} = -\frac{R^2}{8\mu\tau} \cdot \frac{dp}{dx_f} = -\frac{R^2}{8\mu\tau^2} \cdot \frac{dp}{dx_s} \tag{5.21}$$

由于毛细管是迂曲的,式(5.18)中的实际渗入长度 x 不能描述 CMAS 入渗的坐标,因此,式(5.18)应改写为

$$\frac{\partial c}{\partial t} = \left(\frac{\lambda R\sigma\cos\theta}{4\mu}\right) \cdot \frac{\partial^2 c}{\partial x_f^2} = \left(\frac{\lambda R\sigma\cos\theta}{4\mu}\right) \cdot \frac{\partial^2 c}{\tau^2 \partial x^2} = \left(\frac{\lambda R\sigma\cos\theta}{4\mu\varepsilon_c^{2-2d} l^{2d-2}}\right) \cdot \frac{\partial^2 c}{\partial x^2} = D \cdot \frac{\partial^2 c}{\partial x^2} \tag{5.22}$$

其中,x 是渗入深度 x_s。由于假定 TBCs 中的裂纹和孔隙是均匀的且是各向同性的,因此水动力扩散系数 D 也是各向同性的。

接下来推导一维模型的解析解。由于初始时刻 TBCs 中 CMAS 浓度为零,涂层表面 CMAS 量随着渗透程度的增加是逐渐减少的,则式(5.22)的初始条件及边界条件可定义为

$$\begin{aligned}&初始条件:c(x,0) = 0\\&边界条件:c(x=0,t) = \varphi(t)\\&\qquad\qquad c(x=l,t) = 0\end{aligned} \tag{5.23}$$

其中,$\varphi(t)$ 为边界上的值,是时间的函数,由于 CMAS 涂覆量是一个定值,因此可定义:

$$\int_0^l c(x,t)dx + \varphi(t) \cdot \frac{M}{\rho} = M \tag{5.24}$$

其中，M 是涂层表面单位面积上 CMAS 的质量。积分部分表示单位面积 CMAS 渗入到涂层的质量，$\dfrac{\varphi(t) \cdot M}{\rho}$ 表示单位面积上仍然保留在涂层表面上的 CMAS 质量(图 5.2)。在式(5.23)所述区域内进行 Laplace 变换[24]，则有

$$s \cdot \overline{c} = D \cdot \frac{\mathrm{d}^2 \overline{c}}{\mathrm{d}x^2}$$

$$\overline{c}(x=0) = \overline{\varphi}(s)$$

$$c_x(x=l) = 0 \qquad (5.25)$$

式中，$\overline{c}$ 为 c 的 Laplace 变换，可通过下式描述：

$$\overline{c}(x,s) = \int_0^\infty c(x,t) \cdot \exp(-st)\mathrm{d}t \qquad (5.26)$$

类似地，在式(5.23)区域内进行 Laplace 变换，则有

$$\int_0^l \overline{c}(x,s)\mathrm{d}x + \overline{\varphi}(s) \cdot \frac{M}{\rho} = \frac{M}{s} \qquad (5.27)$$

式(5.25)中第一个式子为二阶常微分方程，其通解可描述为

$$\overline{c}(x,s) = c_1 \cdot \exp\left(\sqrt{\frac{s}{D}} x\right) + c_2 \cdot \exp\left(-\sqrt{\frac{s}{D}} x\right) \qquad (5.28)$$

式中，c_1 和 c_2 为定值。二者的关系可通过式(5.25)后面两个边界条件获得

$$c_2 = c_1 \cdot \exp\left(2\sqrt{\frac{s}{D} \cdot l}\right) = \frac{\overline{\varphi}(s)}{1 + \exp\left(2\sqrt{\frac{s}{D} \cdot l}\right)} \qquad (5.29)$$

由此，Laplace 变换空间的解可描述为

$$\overline{c} = \frac{\overline{\varphi}(s)}{1 + \exp\left(2\sqrt{\frac{s}{D} \cdot l}\right)}\left[\exp\left(\sqrt{\frac{s}{D}} \cdot x\right) + \exp\left(\sqrt{\frac{s}{D}} \cdot (2l - x)\right)\right] \qquad (5.30)$$

然而，上式中的 $\overline{\varphi}(s)$ 是一个待定函数，基于式(5.27)以及式(5.30)有

$$\overline{\varphi}(s) = \frac{\dfrac{M}{s}}{\dfrac{M}{\rho} + \sqrt{\dfrac{D}{s}} \dfrac{\exp\left(\sqrt{\dfrac{s}{D}} \cdot l\right) - \exp\left(-\sqrt{\dfrac{s}{D}} \cdot l\right)}{\exp\left(2\sqrt{\dfrac{s}{D} \cdot l}\right) + \exp\left(-\sqrt{\dfrac{s}{D}} \cdot l\right)}} \qquad (5.31)$$

由于这是 Laplace 空间的解析解，因此式(5.31)需进行逆变换。式(5.31)比较复杂，无法直接进行逆变换，通过 Taylor 级数展开后有

$$\bar{\varphi}(s) = \frac{\dfrac{M}{s}}{\dfrac{M}{\rho} + \sqrt{\dfrac{D}{s}} \cdot \dfrac{\exp\left(\sqrt{\dfrac{s}{D}} \cdot l\right) - \exp\left(-\sqrt{\dfrac{s}{D}} \cdot l\right)}{\exp\left(2\sqrt{\dfrac{s}{D}} \cdot l\right) + \exp\left(-\sqrt{\dfrac{s}{D}} \cdot l\right)}} \approx \frac{\dfrac{M}{s}}{\dfrac{M}{\rho} + \dfrac{l}{1 + \dfrac{l}{\dfrac{s}{D} \cdot l^2}}} \tag{5.32}$$

$$\frac{M}{1 + \exp\left(-2l\sqrt{\dfrac{s}{D}}\right)} = \sum_{n=0}^{\infty}(-1)^n \exp\left(-2nl\sqrt{\dfrac{s}{D}}\right) \tag{5.33}$$

$$\bar{c} = \frac{M}{\dfrac{M}{\rho} + \dfrac{l}{1 + \dfrac{s}{D} \cdot l^2}} \cdot \frac{1}{s}\sum_{n=0}^{\infty}(-1)^n \left\{ \exp\left[x - 2l(n+1)\right]\sqrt{\dfrac{s}{D}} + \exp\left[-x - 2nl\right]\sqrt{\dfrac{s}{D}} \right\} \tag{5.34}$$

通过卷积变换，$\bar{c}$ 的 Laplace 逆变换可写为

$$c = L^{-1}\left[\frac{M}{\dfrac{Ml^2}{\rho D}} \cdot \frac{\left(1 + \dfrac{l^2}{D} \cdot s\right)}{s + \dfrac{\dfrac{M}{\rho} + l}{\left(\dfrac{Ml^2}{\rho D}\right)}} \right] \cdot L^{-1}\left\{ \frac{1}{s}\sum_{n=0}^{\infty}\left[\exp\left[x - 2l(n+1)\right]\sqrt{\dfrac{s}{D}} + \exp[-x - 2nl]\sqrt{\dfrac{s}{D}} \right] \right\} \tag{5.35}$$

这样一维理论模型的解析解可写为

$$c(x,t) = \rho \cdot \sum_{n=0}^{\infty}(-1)^n \left\{ \mathrm{erfc}\frac{\left[2l(n+1) - x\right]}{2\sqrt{Dt}} + \mathrm{erfc}\frac{\left[2nl + x\right]}{2\sqrt{Dt}} \right\}$$
$$- \frac{\rho^2 D}{Ml}\exp(-kt)\int_0^t\left\{ \exp(k\tau) \cdot \sum_{n=0}^{\infty}(-1)^n\left[\mathrm{erfc}\frac{\left[2l(n+1) - x\right]}{2\sqrt{D\tau}} + \mathrm{erfc}\frac{\left[2nl + x\right]}{2\sqrt{D\tau}} \right] \right\}\mathrm{d}\tau \tag{5.36}$$

其中，erfc 表示互补误差函数。k 的展开式为 $D(M + \rho l) / Ml^2$，为一固定值。由此可知 CMAS 的渗入过程遵循高斯扩散过程。这样渗入涂层内的 CMAS 浓度 $c(x,t)$ 与 CMAS 涂覆量 M、扩散系数 D 之间的演化关系由上式可以解析得到。这里扩散系数 D 与黏性系数有关，而黏性系数与温度有关，因此，渗入涂层内的 CMAS 浓度 $c(x,t)$ 与温度密切相关。

3. CMAS 渗入的数值模拟

为了验证上述模型的正确性我们对 TBCs 中的 CMAS 渗入程度进行数值模拟，CMAS 在柱状晶间隙以及柱状晶孔洞上的渗入可将式(5.22)扩充到二维形式，即

$$\frac{\partial c}{\partial t} = D\left(\frac{\partial^2 c}{\partial x^2} + \frac{\partial^2 c}{\partial y^2}\right)$$

$$D = \frac{\lambda R \sigma \cos\theta}{4\mu\tau^2} = \frac{\lambda R \sigma \cos\theta}{4\mu\varepsilon_c^{2-2d} l^{2d-2}}$$

$$(5.37)$$

数值模拟的边界条件和初始条件分别为

$$\text{边界条件：} \quad \boldsymbol{n} \cdot \nabla c = 0, \quad \text{在所有外边界} \tag{5.38}$$

$$\text{初始条件：} \quad c = \rho, \qquad \text{在 CMAS 层内}$$

$$c = 0, \qquad \text{在间隙与涂层内} \tag{5.39}$$

为了更好地模拟实际的渗入过程，CMAS 层扩散系数(D_1)设置为 0.01m²/s，以确保 CMAS 层浓度均匀。YSZ 和孔隙层扩散系数如表 5.1[13]所示，其中 CMAS 的表面张力 σ 可由下式[25]进行计算：

$$\sigma = 271.2 + 3.34[\text{CaO}] + 1.96[\text{MgO}] + 3.47[\text{Al}_2\text{O}_3] + 2.68[\text{FeO}] + 2.92[\text{MnO}] + k$$

$$(5.40)$$

其中，σ 是 CMAS 的表面张力，单位为 mN/m；271.2 是表面张力参数，单位为 m·N/m；方括号前面的数值分别为每摩尔对应成分的表面张力，单位为 m·N/(m·mol)；方括号内的参数是各组成成分浓度的摩尔百分比，k 是与 CMAS 成分相关的一个参数，单位为 m·N/m。一般来说，流体的流动性主要取决于其黏度 μ，黏度与温度的关系可由如下式表示[25,26]：

$$\mu = A_e \exp\left(\frac{E_B}{k_B T}\right) \tag{5.41}$$

其中，A_e 是与火山灰组成有关的参数，E_B 是活化能，k_B 是玻尔兹曼常量，T 是 Kelvin 温度。当温度在玻璃转变点和熔点之间时，升高温度能显著降低熔融火山灰的黏度，从而促进其在 TBCs 中的渗透。从式(5.22)和式(5.41)中可以看出，渗

入深度与温度呈指数关系增长。ρ、裂纹半径(R_c)、孔隙半径(R_P)及 $\cos\theta$ 可以通过实验获得。孔隙大小 ε_c、孔隙和 YSZ 的分形维数(d_c 及 d_Y)可由涂层的微结构获得，ε_c 设置为 $0.1\mu m$。

表 5.1　数值模拟分析参数表

参数/单位	数值	参数/单位	数值
$\sigma^{[25]}$/(N/m)	0.4	R_c/μm	0.46
ρ_{CMAS}/(kg/m³)	2630	R_p/μm	0.05
φ	0.15	$\cos\theta$	0.17
$\mu_{1100℃}$/(Pa·s)$^{[25]}$	68	ε_c/μm	0.1
$\mu_{1150℃}$/(Pa·s)$^{[25]}$	31	d_c	1.2
$\mu_{1200℃}$/(Pa·s)$^{[25]}$	15	d_Y	1.6
D_l/(m²/s)	0.01	λ/Pa^{-1}	6.5×10^{-4}
D_{YSZ}/(m²/s)	1.7×10^{-14}	τ/μm	4.43
l/μm	170		

5.1.2　EB-PVD 热障涂层中熔融 CMAS 渗入深度及影响因素实验

基于以上模型，我们进行了一系列不同服役环境下 CMAS 渗入热障涂层实验。本节实验所用 CMAS 选用日本樱岛火山灰(volcanic ash，简称 VA，本实验所用为 2009 年喷发的火山灰)[27]；所选用的热障涂层基底主要成分为镍基高温合金，厚度约为 3.2mm；陶瓷层选用 7YSZ 成分的样品。与 APS 制备的 YSZ 涂层相比，EB-PVD 沉积的陶瓷涂层具有柱间间隙结构，CMAS 更容易渗透，从而造成涂层容易失效。5.1.3 节的实验结果将表明 EB-PVD 的 TBCs 陶瓷层的厚度约为 170μm，柱状晶宽度约为 10μm，陶瓷层孔隙率约为 17%。我们通过电感耦合等离子体原子发射光谱法(ICP-AES)测得火山灰的化学组分，列于表 5.2 中[27,30]，由表可知其主要成分为 Si、Al、Ca、Mg、Fe、Ti、Na、K、MnP、Ta 元素的氧化物。

可知火山灰成分相较于实验室制备的 CMAS 来说更为复杂；将火山灰粉末用研钵进行研磨，得到与实际火山灰粒径大小相似的均匀颗粒，用 NETZSCH-44 型差示扫描量热仪(DSC)测定火山灰的熔点，测试温度为室温至 1300℃，升温速率为 10℃/min，CMAS 升温过程的 DSC 曲线如图 5.3 所示。由图可知，火山灰的熔融范围为 1065～1282℃，峰值约为 1190℃，即在约 1065℃时火山灰开始熔融，约 1282℃时火山灰熔融完成。相较于实验室制备的 CMAS(熔点约为 1230℃)[28,29]，

表 5.2　火山灰的化学组成[27]

元素	Si	Al	Fe	Ca	Mg	K	Ti	Na	Mn	P	Ta	O
含量/%	35.44	10.27	9.46	6.39	4.02	1.99	0.94	0.57	0.22	0.19	0.03	Bal.

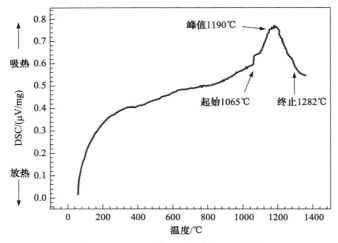

图 5.3　CMAS 升温过程的 DSC 曲线

火山灰融点更低。将陶瓷层表面分别用不同型号的 SiC 磨料纸研磨，以获得不同的表面粗糙度(R_a)，通过显微观察，测得 R_a 分别为 3.9μm、5.6μm、9.9μm、13.7μm。将混有火山灰的无水乙醇溶液(混合比例为 1mg VA/0.01ml 的无水乙醇)均匀地喷洒在涂层表面，使得表面获得 1～5 mg/cm² 的火山灰涂覆量。

CMAS 腐蚀实验参数是：温度(1100～1250℃)、时间(0.5～4h)、火山灰涂覆量(1～5mg/cm²)以及涂层表面粗糙度(3.9～13.7μm)，其中选择低于火山灰熔点温度的目的是找出导致火山灰渗透的临界温度。将火山灰均匀涂覆在涂层表面，并用 MSFT-1520P 电阻炉控制温度；加热和冷却速率均为 10℃/min。将获得的 TBCs 截面样品通过不同型号 SiC 砂纸进行研磨，并用金刚石研磨膏进行抛光。利用 JSM-7500F 场发射扫描电子显微镜(FE-SEM)研究熔融态火山灰在 TBCs 中的渗入行为，并利用能量色散谱仪(EDS)进行元素分布表征。由于 Si 元素是火山灰中含量最高的元素，且不存在于 TBCs 的陶瓷层中，因此通常通过 Si 元素的分布来表征火山灰的渗入深度。为了获得较为准确的渗入深度，每个样品选取 5 个区域进行能谱分析，并且所选区域的火山灰渗入深度尽可能的均匀。另外，考虑仪器误差原因，一般认为当元素含量达到 2%时，确定存在该元素。这里定义的渗入深度为 Si 渗入的最深深度减去火山灰层的厚度。

5.1.3　EB-PVD 热障涂层 CMAS 渗入深度及影响因素

1. 温度与渗入深度的关联

在图 5.4 中给出了在不同温度下火山灰在 TBCs 涂层中渗入浓度(渗入时间 2h)分布的数值模拟图[27]，涂覆量和表面粗糙度分别为 3mg/cm² 和 13.7μm。在 1100℃时，因为火山灰在这个温度下刚刚开始熔融，涂层表面火山灰的浓度很高，然而在柱状晶体的间隙中仍然存在一些火山灰，这表明一旦火山灰开始熔融，就能快速的渗透到 TBCs 中；当温度上升到 1150℃和 1200℃时，火山灰的流动性大大增加，从而易于在 YSZ 区间内的渗透。因此，样品表面的火山灰浓度低于 1100℃时涂层表面火山灰浓度。

图 5.5(a)和(b)分别为 1100℃和 1200℃下火山灰渗入 4h 后涂层的 SEM 截面照片，其涂覆量和涂层表面粗糙度分别为 3mg/cm² 和 13.7μm，图 5.4(c)和(d)分别为对应 Si 元素的分布[27]。由图可知，由于火山灰刚刚开始熔融，1100℃下火山灰在涂层表面有大量的沉积，然而通过图 5.5(c)所示，在 1100℃下火山灰仍然能通过柱状晶之间较大的孔隙渗入到涂层内部。其渗入深度约为 40.1μm；当温度升高到 1200℃时，试样表面的火山灰含量降低，其穿透深度增加到 99.9μm，如图 5.5(d)所示的相应 Si 元素面分布图所示。

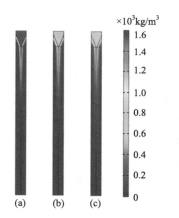

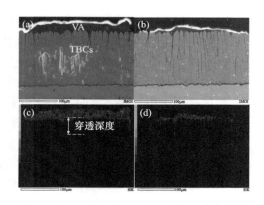

图 5.4　1100℃(a)、1150℃(b)和 1200℃(c)下
火山灰渗入浓度分布数值模拟图
渗入时间为 2 h，涂覆量为 3 mg/cm²，涂层表面粗糙
度为 13.7μm

图 5.5　1100℃(a)和 1200℃(b)下火山灰侵蚀
TBCs 的 SEM 截面图
渗入时间为 4h，样品的涂覆量和粗糙度分别为 3mg/cm²
和 13.7μm；(c)，(d)分别为(a)，(b)的 Si 元素分布

图 5.6 所示为不同时间内火山灰渗入深度随温度变化的实验结果与计算结果(包括数值解和解析解)对比[27]。图中误差表示为实验结果的均方差。结果表明实验结果与数值模拟及解析解有较好的相符性。除此以外，在 1100℃下火山灰分别

渗入 1h、2h 和 4h 后其渗入深度差异较小，但这种差异随着温度的升高而增大。通过实验数据表明，在 1250℃下，火山灰几乎在 2h 内渗透到涂层底部，当渗入时间增加到 4h 时，由于 TGO 层的阻挡，火山灰的渗入深度仍为 170μm 左右。

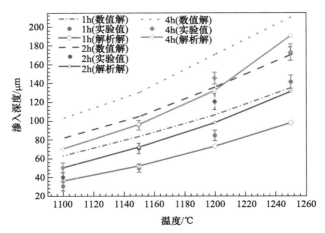

图 5.6　不同时间内火山灰渗入深度随温度变化的实验结果与计算结果(包括数值解和解析解)对比
其中涂覆量为 3mg/cm², 涂层表面粗糙度均为 13.7μm

2. 涂覆量与渗入深度的关联

图 5.7 所示为在不同涂覆量下火山灰在 TBCs 渗入 2h 后浓度分布的数值模拟结果。渗入温度为 1150℃，试样的表面粗糙度均为 13.7μm。当火山灰涂覆量为 1mg/cm² 时，火山灰全部渗透到 TBCs 中，且表层浓度较小，渗入深度较小，而火山灰含量增加至 3mg/cm² 时，火山灰没有全部渗入，而是有部分残留在涂层表面，形成一层火山灰层，此时渗入深度有较为明显的增加；当涂层量进一步增加至 5mg/cm² 时，火山灰层厚度及浓度都有所增加，渗入深度增加量不明显。

图 5.8(a)和(b)分别为涂覆量为 1mg/cm² 和 3mg/cm² 时火山灰入渗 8h 后涂层的 SEM 截面图像，其渗入温度为 1150℃，涂层表面粗糙度为 13.7μm，图 5.5(c)和(d)分别为对应的 Si 元素分布。由图 5.8(c)和(d)可知当火山灰涂覆量为 1 mg/cm² 时，其渗入深度为 64.4μm，当涂覆量增加到 3mg/cm² 时，火山灰渗入深度迅速增加到 113.4μm。因此，涂覆量可以认为是影响火山灰渗入的一个非常重要的因素。

图 5.9 所示为不同温度下火山灰渗入深度随涂覆量变化的实验结果与计算结果(包括数值解和解析解)对比。图中误差表示为实验结果的均方差。由图可知其计算结果与实验结果吻合较好。值得注意的是，相比于 1150℃时，1200℃曲线斜率更大，表明在较高温度时增加涂覆量对火山灰渗入深度的影响更为明显。另外，当涂覆量增加到 4～5mg/cm² 时，火山灰渗入速率相对减缓，表明涂层内部火山

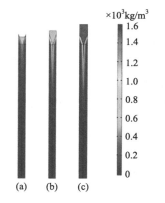

图 5.7　1mg/cm²(a)、3mg/cm²(b)和 5mg/cm²(c)涂覆量时火山灰渗入浓度分布数值模拟图

渗入时间为 2h，温度为 1150℃，涂层表面粗糙度为 13.7μm

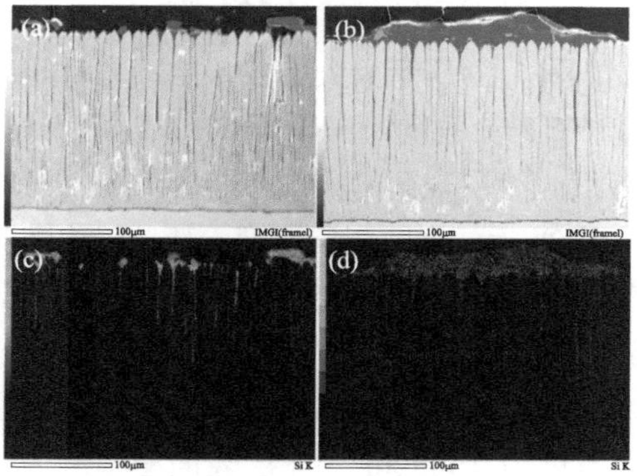

图 5.8　涂覆量为 1mg/cm²(a)和 3mg/cm²(b)时，火山灰侵蚀 TBCs 的 SEM 截面图像

渗入时间为 8h，渗入温度为 1150℃，表面粗糙度为 13.7μm；(c)，(d)分别为(a)，(b)的 Si 元素分布图

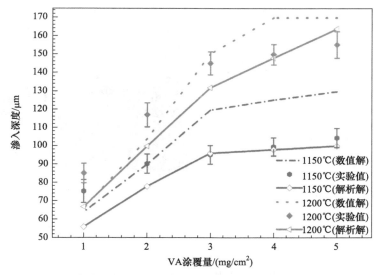

图 5.9　火山灰渗入深度随 VA 涂覆量变化的理论数据与实验数据对比

渗入时间为 4h，涂层表面粗糙度为 13.7μm

灰接近饱和状态。火山灰在涂层内可通过饱和度来描述火山灰在单位体积涂层内的最大容纳量，可用式(5.17)中的 λ 表示，一般说来，饱和度被认为是一个恒定值。当 VA 涂覆量较少时，含量与 λ 之差较大，此时涂覆量对渗入深度影响较大；当 VA 涂覆量较多时，含量与 λ 之差较小，此时涂覆量对渗入深度影响较小。

3. 时间与渗入深度的关联

图 5.10 所示为火山灰入渗不同时间后浓度分布的数值模拟结果，所选温度为 1150℃，涂覆量为 3mg/cm²，试样的表面粗糙度为 13.7μm。由图可以发现，渗入 1h 后，涂层表面的火山灰层的浓度仍然较高，约为 $1.6 \times 10^6 kg/m^3$。当渗入时间延长至 2h 后，火山灰层厚度不变，但浓度明显减小，渗入深度有小幅度的增加。当渗入时间进一步增加至 3h，涂层表面火山灰层的浓度进一步减小，但火山灰在涂层内的渗入深度增加不明显。

图 5.11 为 1250℃下火山灰入渗不同时间后涂层的 SEM 截面形貌图，其中涂覆量为 1mg/cm²，涂层表面粗糙度为 13.7μm。图 5.11(a)所示为渗入 1h 后的 SEM 图，由图可知，当火山灰渗入 1h 后，其渗入深度约为涂层厚度的三分之二 (图 5.11(c)所示)，当火山灰渗入 2h 后，火山灰充满所有大孔隙，且涂层出现裂纹 (图 5.11(d)和(b))。

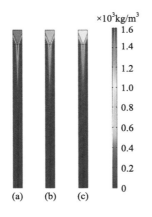

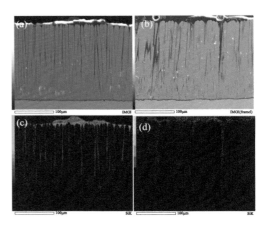

图 5.10　1150℃下火山灰入渗(a)1 h;(b)2h;
(c)3 h 后浓度分布的数值模拟图
涂覆量为 3mg/cm²，涂层表面粗糙度为 13.7μm

图 5.11　1250℃下火山灰分别渗入(a) 0.5h 和
(b) 2h 后涂层的 SEM 截面形貌图
涂覆量为 1 mg/cm²，表面粗糙度为 13.7μm; (c), (d)分别
为(a), (b)的 Si 元素分布图

图 5.12 所示为不同温度下火山灰渗入深度随时间变化的实验结果与计算结果 (包括数值解和解析解)对比。图中误差表示为实验结果的均方差。由图可知，在时间较短的时候，火山灰能快速的渗入到涂层内部，随着时间的延长，渗入速率逐渐减缓。由图可知，火山灰渗入深度随时间的变化符合抛物线规律。根据式(5.1)，火山灰的渗入深度与时间的平方根成正比，这与图 5.12 相符。将实验结果与计算结果(包括数值和解析解)对比，发现相较于 1250℃的高温状态，曲线在 1150℃时

三者的误差相对较小。

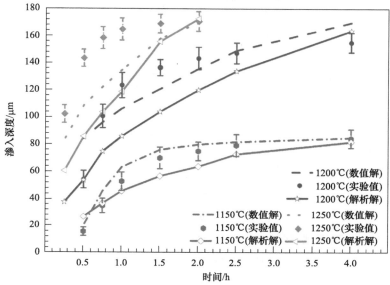

图 5.12　不同时间内火山灰渗入深度随温度变化的实验结果与计算结果

(包括数值解和解析解)对比

涂覆量为 5 mg/cm²，涂层表面粗糙度为 13.7μm

4. 粗糙度与渗入深度的关联

图 5.13 所示为不同温度下火山灰渗入深度随表面粗糙度变化的实验结果与计算结果(包括数值解和解析解)对比。由图可知，在 1100℃下，随着表面粗糙度的增加，渗入深度没有明显的变化。当温度上升至 1150℃及 1250℃时，随着粗糙度的增加，渗入速度有些许增加。相关文献表示[31]，涂层表面粗糙度主要是影响火山灰的流动性，进而影响其渗入深度。一般来说[31]，阻碍火山灰渗入的主要因素是陶瓷层表面的表面能，它是随着表面粗糙度的增加而增大的。当表面粗糙度较小时，其表面能低，熔融火山灰容易铺展在涂层表面，因此在涂层表面的单位面积上火山灰含量较少，导致其在涂层内的渗透深度较小；当增加表面粗糙度时，增大了表面能，从而使火山灰几乎不在涂层表面上扩展，此时火山灰在涂层表面单位面积上的含量相对较高，导致其在 YSZ 层中的渗入深度较大。另外，由于在低温下火山灰并没有完全熔融，其扩散阻力主要是黏度，而不是陶瓷涂层的表面能。因此，在这种条件下，表面粗糙度对火山灰渗入影响不大。

由式(5.22)所示，CMAS 渗入深度也与其在柱状晶间隙的接触角大小有关。

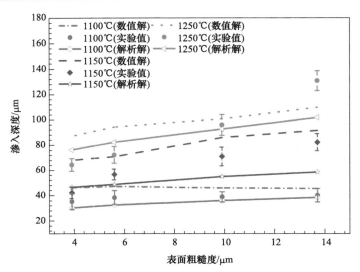

图 5.13　不同温度下火山灰渗入深度随表面粗糙度变化的实验结果与计算结果
(包括数值解和解析解)对比

涂覆量为 3mg/cm²，渗入时间为 0.5h

接触角越大，渗透深度越慢。而接触角与粗糙度有关，因此我们可以通过研究接触角与表面粗糙度的关联，进一步通过调控粗糙度的方法来改变接触角的大小，进而调控 CMAS 的渗入深度。

5. 服役环境影响因素的综合评价

如上所述，我们分析了温度、涂覆量、时间和表面粗糙度对火山灰渗入深度的影响，将这四个因素进行归一化，以评价其对渗入深度的影响程度。图 5.14 所示分别为各影响因素的相对增长率与火山灰渗入深度的相对变化率间的关系规律。x 分别为各影响因素的相对变化速率，则有[32]

$$x = \frac{x_i - x_0}{x_0} \times 100\%　　　　　　(5.42)$$

其中，x_i 和 x_0 分别表示某一影响因素的即时数值和初始数值。火山灰渗入深度的变化可由下式表示：

$$y = \frac{y(x_i) - y(x_0)}{y(x_0)} \times 100\%　　　　　　(5.43)$$

其中，$y(x_0)$ 和 $y(x_i)$ 分别为 x_0 和 x_i 时火山灰的渗入深度。由图 5.14(a)所示，温度是影响火山灰入渗的最重要的因素，其次是 VA 涂覆量和时间(图 5.13(b)和(c))，而表面粗糙度(图 5.13(d))对渗入深度影响较小。此外，当涂覆量小于 $3mg/cm^2$ 时，涂覆量对渗入深度影响较大，当涂覆量大于 $3mg/cm^2$ 时，对渗入深度影响相对较小。对比实验结果可知，当温度增加 4.5%时会导致渗入深度增加 76.8%，而当粗糙度增加 251.3%时，渗入深度只增加 70.94%。通过对影响因素的综合对比可以发现，理论结果与实验数据吻合较好。其中温度影响最大，表面粗糙度影响最小。

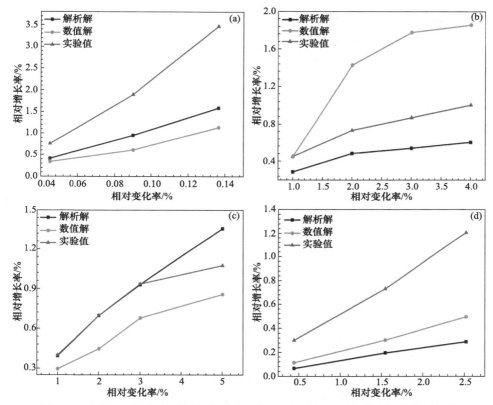

图 5.14　各影响因素的相对增长率与火山灰渗入深度的相对变化率间的关系规律
(a)温度；(b)涂覆量；(c)时间；(d)表面粗糙度

值得注意的是，在本章的模型中没有考虑 VA 与涂层之间的化学反应。为了简化模型，提出了一些合理的假设，这些都可能给模型带来误差。首先，模型中假设孔隙是均匀的，而实际情况中 TC 层底部间隙比顶部间隙要小得多；其次，在实际的渗入过程中，涂层会溶解在火山灰内，并以谷粒状重新析出，这会改变柱状晶的形貌，扩宽火山灰的流动区域[33]；再次，$ZrSiO_4$ 以及其他生成物的作用会导致火山灰黏度增加；另外，由于火山灰渗入深度难以做到高温状态下实时检测，实验所测得的渗入深度包括了升温和降温阶段的渗入(尽管这部分的影响较小), 而模型中只考虑了保温阶段。以上这些因素都会对火山灰的渗入深度产生影响, 导致理论结果和实验结果之间的误差。

5.1.4 APS 热障涂层中 CMAS 熔融物的渗透

1. CMAS 浓度的定义与控制方程

为了对 APS 热障涂层中 CMAS 渗透的过程进行定量描述, 定义 CMAS 熔融物中金属元素的浓度为 c_i(i=1, 2, 3, 4 分别代表 Ca, Mg, Al, Si 元素)。根据式(1.29), 各元素浓度的守恒方程表示如下:

$$\dot{c}_i = -\nabla \cdot \boldsymbol{j}_i \tag{5.44}$$

CMAS 的密度可表示如下:

$$\rho_{CMAS}\left(c_i\right) = M_{CaO} \cdot c_1 + M_{MgO} \cdot c_2 + M_{Al_2O_3} \cdot c_3 / 2 + M_{SiO_2} \cdot c_4 = \sum_{i=1}^{4} M_i c_i \tag{5.45}$$

根据菲克第二定律, 假设式(5.44)中, 元素 i 的扩散通量 $\boldsymbol{j}_i$ 与浓度的梯度 ∇c_i 的反方向一致, 而且呈线性关系

$$\boldsymbol{j}_i = -D_j \nabla c_i \quad (i{=}j) \tag{5.46}$$

将上式代入式(5.44)得

$$\dot{c}_i = D_j \nabla^2 c_i \quad (i{=}j) \tag{5.47}$$

2. CMAS 浓度的实验表征

采用 APS 技术制备热障涂层。热障涂层厚度为 200μm, 横截面尺寸为 1cm×0.5cm。将准备好的热障涂层放在盐酸中浸泡 48h, 将 NiCoCrAlY 黏结层反应除去, 得到去掉基底的裸陶瓷层。在实验室中制备 CMAS 粉末, CMAS 粉末中 CaO、MgO、Al$_2$O$_3$ 与 SiO$_2$ 的摩尔百分比为 35:10:7:48。将混合好的粉末在玛瑙研钵中研磨, 直至粉末粒径达到 20~30μm。将研磨好的 CMAS 粉末放入干锅并在保温炉中进行烧结, 烧结温度为 1500℃。烧结完将 CMAS 块体取出, 再次研磨至粉末颗粒直径达到 20~30μm, 得到需要的 CMAS 粉末。

准备四份热障涂层样品, 其中三份样品用于测量不同腐蚀时间下陶瓷层内 CMAS 浓度的分布, 一份样品用于观测记录 CMAS 腐蚀涂层过程中隆起变形的演变。将准备好的 CMAS 粉末涂覆在热障涂层表面, 涂覆量为 20mg/cm²。将四份样品编号为 1、2、3、4。1、2 和 3 号样品被放进保温炉中分别保温 2min、15min 和 60min。之后随炉冷却降至常温用能谱仪对陶瓷层内不同深度区域的 CMAS 量

进行测量。把 4 号样品放在高温炉中保温 300min，同时用录像机对涂层的侧面形貌进行实时记录拍摄。

如图 5.15 所示，通过扫描电子显微镜对经 2min CMAS 腐蚀的涂层侧面形貌进行拍摄。由上至下选择不同深度的区域，通过能谱法在每个区域对 CMAS 中各元素的量进行测量。将区域中各元素的原子百分比记为 $C_{Ca}\%$、$C_{Mg}\%$、$C_{Al}\%$、$C_{Si}\%$、$C_Y\%$ 和 $C_{Zr}\%$。考虑到 CMAS 腐蚀过程中涂层中的 Zr 元素相对于 Y 元素更难溶于 CMAS 熔融物中，假定各区域的 Zr 元素的量恒定不变。将 YSZ 涂层的质量密度记做 ρ_{YSZ}，YSZ 的成分为 ZrO_2 8 wt.% Y_2O_3。将 CaO、MgO、Al_2O_3、SiO_2、ZrO_2 和 Y_2O_3 的摩尔质量记做 M_{CaO}、M_{MgO}、$M_{Al_2O_3}$、M_{SiO_2}、M_{ZrO_2} 和 $M_{Y_2O_3}$。CMAS 的密度可表示如下：

$$\rho_{CMAS} = 0.92\rho_{YSZ}\left(\begin{array}{c}C_{Ca}\%\cdot M_{CaO} + C_{Mg}\%\cdot M_{MgO}\\ +0.5\cdot C_{Al}\%\cdot M_{Al_2O_3} + C_{Si}\%\cdot M_{SiO_2}\end{array}\right)\Big/\left(M_{ZrO_2}\cdot C_{Zr}\%\right) \quad (5.48)$$

注意到上式中计算得到的 CMAS 密度是图 5.15 矩形框中 CMAS 密度的平均值。

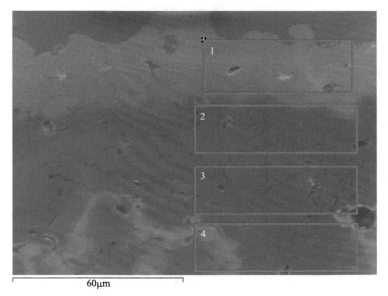

图 5.15　经高温 CMAS 腐蚀 2min 后涂层的微观形貌

3. CMAS 浓度的演变规律

利用有限元方法求解 CMAS 浓度的控制方程时，需首先对微分方程转换为积分方程的弱形式。CMAS 中各元素浓度控制方程的弱形式表示如下：

$$\int_{\Omega}\left(\delta c_j \cdot \dot{c}_i + D_j \delta \nabla c_l \cdot \nabla c_i\right)\mathrm{d}V - \int_{\Gamma}\left(D_j \delta c_l \boldsymbol{n} \cdot \nabla c_i\right)\mathrm{d}a = 0 \quad (i = j = l)$$

$$\boldsymbol{n} \cdot \nabla c_i = 0 \tag{5.49}$$

式中，δc_j 代表场变量 c_j 的试函数；$\boldsymbol{n} \cdot \nabla c_i = 0$ 表示在研究系统边界处无扩散源。图 5.16 所示模型的尺寸为 $0.5\mathrm{cm} \times 1\mathrm{cm} \times 200\mu\mathrm{m}$，通过 8000 个六面体域单元进行离散化。CMAS 在腐蚀过程中，靠近陶瓷表面处涂层的孔隙被完全填充。

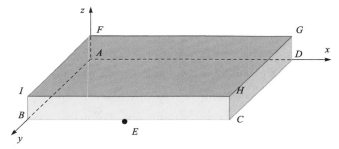

图 5.16　高温 CMAS 腐蚀热障涂层的有限元模型

不带基底的裸陶瓷层。表面红色区域表示 CMAS 涂覆区域，黄色区域表示陶瓷层

初始时刻涂层内无 CMAS。在 CMAS 渗透过程中，将靠近陶瓷表面处（IFHG 面）的 CMAS 浓度记做 $\overline{c}_i^0$，考虑到 CMAS 中 CaO, MgO, Al$_2$O$_3$, SiO$_2$ 的摩尔百分数为 $35 : 10 : 7 : 48$，可推得 $\overline{c}_i^0$ 的表达式如下：

$$\begin{aligned}
\overline{c}_1^0 &= 35\rho_{\mathrm{CMAS}} \cdot f_{i0} / \left(35 \cdot M_{\mathrm{CaO}} + 10 \cdot M_{\mathrm{MgO}} + 7 \cdot M_{\mathrm{Al_2O_3}} + 48 \cdot M_{\mathrm{SiO_2}}\right) \\
\overline{c}_2^0 &= 10\rho_{\mathrm{CMAS}} \cdot f_{i0} / \left(35 \cdot M_{\mathrm{CaO}} + 10 \cdot M_{\mathrm{MgO}} + 7 \cdot M_{\mathrm{Al_2O_3}} + 48 \cdot M_{\mathrm{SiO_2}}\right) \\
\overline{c}_3^0 &= 14\rho_{\mathrm{CMAS}} \cdot f_{i0} / \left(35 \cdot M_{\mathrm{CaO}} + 10 \cdot M_{\mathrm{MgO}} + 7 \cdot M_{\mathrm{Al_2O_3}} + 48 \cdot M_{\mathrm{SiO_2}}\right) \\
\overline{c}_4^0 &= 48\rho_{\mathrm{CMAS}} \cdot f_{i0} / \left(35 \cdot M_{\mathrm{CaO}} + 10 \cdot M_{\mathrm{MgO}} + 7 \cdot M_{\mathrm{Al_2O_3}} + 48 \cdot M_{\mathrm{SiO_2}}\right)
\end{aligned} \tag{5.50}$$

其中，f_{i0} 代表涂层的孔隙率。当温度升至 CMAS 熔融物的熔点，短时间内陶瓷层内靠近表面处的涂层孔隙便被完全填充。由此，对应于图 5.16 中的红色涂覆区域，我们定义 CMAS 中各元素浓度的狄利克雷边界条件如下：

$$c_i = \overline{c}_i^0 \tag{5.51}$$

在仿真过程中系统温度保持在 $1250^\circ\mathrm{C}$ 不变。数值计算过程所应用的模型参数见表 5.3。

表 5.3　高温阶段模型中使用的仿真参数

参数	数值
渗透时间 (t)	360min
高温阶段系统温度 (θ_h)	1250℃
CMAS 的迁移率 (m)[37]	$2 \times 10^{-31} \mathrm{s} \cdot \mathrm{mol}^2/(\mathrm{kg} \cdot \mathrm{m}^3)$
CMAS 的扩散系数 (D)[37]	$8.84 \times 10^{-13} \mathrm{m}^2/\mathrm{s}$
CMAS 的腐蚀膨胀系数 (β)[7,39]	0.135
CMAS 的质量密度 (ρ_{CMAS})[36]	$2.63\mathrm{g/cm}^3$
YSZ 的密度[38]	$6\mathrm{g/cm}^3$
涂层的体积模量 (K)[35]	23.81GPa
涂层的剪切模量 (G)[35]	16.39GPa
涂层的热膨胀系数 (α)[34]	$11 \times 10^{-6}[1/\mathrm{K}]$
涂层的孔隙率 (f_{i0})	0.21
化学反应速率常数 (ζ)[37]	$1.914 \times 10^{-8}[\mathrm{m}^3/(\mathrm{s} \cdot \mathrm{kg})]$

　　涂层内渗透深度方向 CMAS 的密度分布随腐蚀时间的演变规律见图 5.17。由图可知，涂层内 CMAS 的总量随时间增加不断增大。涂层顶部孔隙被完全填充，考虑到涂层孔隙在腐蚀过程中无变化，因此涂层顶部区域的 CMAS 密度的值随腐蚀时间延长几乎无变化。随着 CMAS 向涂层内部继续渗透，涂层内部孔隙从完全空的状态向逐渐填充的状态过渡。因此同一时刻，涂层内 CMAS 密度的分布呈靠近表面量多远离表面量少的规律分布。实验结果和仿真结果趋于一致。

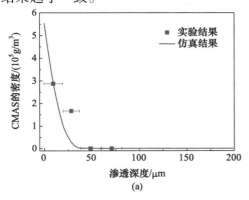

(a)

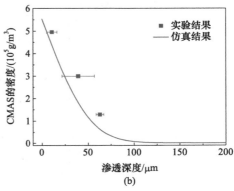

(b)

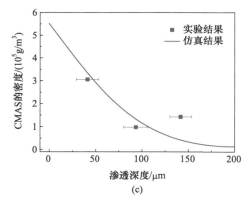

(c)

图 5.17　不同时刻(a)2min；(b)15min；(c)60min CMAS 在渗透方向的密度分布
实线代表模拟结果，点代表实验测量结果，横向误差棒表示图 5.15 中矩形在渗透方向的尺寸

5.2　受腐蚀涂层的微结构演变、变形与成分流失

5.2.1　涂层微观结构演变与变形

1. 热障涂层的微结构演变

为了比较 YSZ 涂层腐蚀前后截面微观形貌的变化，分别用环氧树脂将原始
APS 涂层样品、腐蚀后涂层样品的截面进行冷镶嵌，再对镶嵌好的样品表面进行
金相处理。金相处理主要包括磨光和抛光两个过程。磨光和抛光过程均在 Buehler
Vector 自动磨光机上进行，磨光程序为分别用 45μm，15μm，6μm 粒径的金刚石
磨盘将样品表面打磨平整，再分别用 7μm，2.5μm，0.5μm 粒度的金刚石金相抛
光剂进行表面抛光，接下来用 0.05μm 的 Al_2O_3 研磨膏进行抛光，最后用水抛光。
由于陶瓷涂层材料导电性能较差，在进行扫描电镜测试前需在待观测的样品表面
真空电镀一层导电薄层，以获得清晰的照片。选用型号为 Qunanta FEG 250 的场
发射环境扫描电子显微镜(field emission environment scanning electron microscope，
FESEM)进行测试。

图 5.18(a)～(d)为原始 APS-YSZ 样品截面微观形貌，其中(a)图为 APS 涂层的
整体形貌，涂层厚度均匀，涂层厚度约 300μm，陶瓷层与 BC 层结合良好，涂层中
有很多微裂纹与微孔洞；从(b)图中能看到涂层中存在较大的孔洞；从图(c)中能看
到 APS 涂层特有的层状结构，微裂纹清晰可见；图(d)中显示板条状结构，晶粒的
大小在 5～10μm，且板条状中间有很多微裂纹。

图 5.19(a)～(d)为 1150℃-8h 热处理后厚涂层的截面微观形貌，从图(a)可以看到
涂层表面有大概 60～70μm 厚的残留火山灰层；从图(b)能明显看到火山灰沿涂层的
孔隙与微裂纹渗透进涂层内部，导致顶部涂层变得致密；与原始涂层样品的层状结

构相比，火山灰导致涂层原有的层状结构被破坏，层状结构之间的微裂纹被火山灰填充，呈现出球状晶粒(图 5.19(c)与(d))。

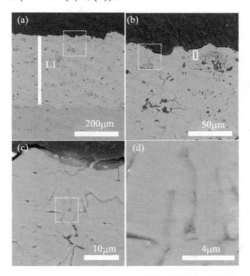

图 5.18　原始 APS-YSZ 样品截面微观形貌

(b) 图为(a)图中虚线框处的放大结构；(c) 图为(b)图中虚线框处的放大结构；(d) 图为(c)图中虚线框处的放大结构

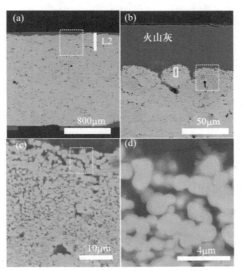

图 5.19　表面涂覆 20mg/cm² 火山灰经 1150℃-8h 热处理后截面微观形貌

(b) 图为(a)图中虚线框处的放大结构；(c) 图为(b)图中虚线框处的放大结构；(d) 图为(c)图中虚线框处的放大结构

　　图 5.20(a)～(d)为 1250℃-8h 热处理后截面微观形貌，从图(a)涂层的整体形貌看，火山灰几乎穿透了整个涂层厚度，涂层表面依然有残留的火山灰存在，但是，

相比于 1150℃腐蚀时涂层表面残留的火山灰厚度有所降低，表明更多的火山灰渗透进入了涂层内部；从图(b)和(c)局部放大后形貌看，涂层原有的板条状结构完全消失，孔洞和微裂纹被火山灰填充，表明腐蚀温度越高，腐蚀破坏作用越明显；从图(d)可以观察到涂层的烧结更加严重，涂层微观结构严重退化。

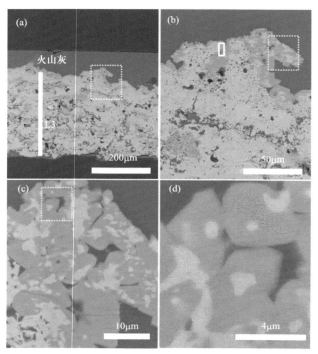

图 5.20　表面涂覆 20mg/cm² 火山灰经 1250℃ -8 h 热处理后截面微观形貌

(b) 图为(a)图中虚线框处的放大结构；(c) 图为(b)图中虚线框处的放大结构；(d) 图为(c)图中虚线框处的放大结构

APS 涂层受 CMAS 腐蚀后，从片层状结构变为球状晶粒结构。为了描述 CMAS 腐蚀涂层过程中涂层腐蚀程度的演变规律，我们定义涂层中 CMAS 腐蚀区域的体积分数为 n，n 的取值范围为 $0\sim1$。$n=0$ 表示涂层结构完好，$n=1$ 表示涂层完全被腐蚀，即呈球状结构。假定 n 的变化率与反应物 CMAS 的密度 ρ_{CMAS} 和未被溶解的涂层体积分数 $1-n-f_{i0}$ 成正比，其表达式如下：

$$\dot{n}=\zeta(1-n-f_{i0})\rho_{CMAS} \tag{5.52}$$

式中，ζ 表示化学反应速率常数。写出式(5.52)的弱形式，表示如下：

$$\int_{\Omega}\left(\delta n\cdot\dot{n}-\delta n\cdot\zeta(1-n-f_{i0})\rho_{CMAS}\right)\mathrm{d}V=0 \tag{5.53}$$

式中，δn 代表 n 的试函数。联合上式与式(5.49)，应用 5.1.4 节中的有限元模型，对 CMAS 渗透与涂层腐蚀过程进行有限元模拟。初始时刻涂层内 n 取值为 0。

图 5.21 是腐蚀程度 n 在渗透深度方向的分布,其中(a)是不同腐蚀时间下 n 在 CMAS 渗透深度方向的分布,(b)为腐蚀 60min 后涂层侧面的腐蚀形貌。由于 CMAS 熔融物在靠近表面处量多,远离表面处量少,涂层材料越接近表面腐蚀球化现象越严重。图 5.21(a)为在渗透深度方向,腐蚀程度 n 随腐蚀时间的演变规律。从图中我们可以看出,靠近表面处,n 的取值大,远离表面处 n 的取值小。有限元模拟结果与实验结果一致。

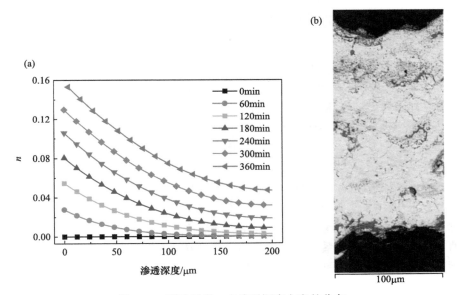

图 5.21　腐蚀程度 n 在渗透深度方向的分布

(a) 不同腐蚀时间在 CMAS 渗透方向腐蚀反应程度的分布; (b) 腐蚀 60min 后涂层侧面的腐蚀形貌

2. 涂层的腐蚀膨胀变形

渗入涂层孔隙中的 CMAS 逐步溶解腐蚀涂层材料,YSZ 晶粒晶界分离导致涂层的膨胀变形发生。

为了描述涂层在 CMAS 腐蚀过程中的膨胀变形现象,我们将涂层在渗透腐蚀过程中产生的总应变分解为两部分:

$$\boldsymbol{\varepsilon} = \left(\boldsymbol{\sigma} - \boldsymbol{I}\lambda\mathrm{tr}\boldsymbol{\sigma} / \left(2G + 3\lambda\right)\right) / 2G + \beta n\boldsymbol{I} = \boldsymbol{\varepsilon}_{\mathrm{e}} + \boldsymbol{\varepsilon}_{\mathrm{n}}\left(n\right) \tag{5.54}$$

式中, $\boldsymbol{\varepsilon}_{\mathrm{e}}$ 代表弹性应变, $\boldsymbol{\varepsilon}_{\mathrm{n}}\left(n\right)$ 代表涂层腐蚀溶解引起的应变, $\boldsymbol{I}$ 是二阶单位张量, λ 和 G 分别表示涂层的拉梅常量和剪切模量, β 代表 CMAS 渗入和腐蚀时的膨胀系数。假定腐蚀应变与腐蚀反应程度 n 成正比,我们有

$$\boldsymbol{\varepsilon}_{\mathrm{n}}\left(n\right) = \beta n\boldsymbol{I} \tag{5.55}$$

由式(5.54)变换得到由应力张量表示为

$$\boldsymbol{\sigma} = \boldsymbol{I}\sigma_0/3 + \lambda\boldsymbol{I}\mathrm{tr}\varepsilon + 2G\varepsilon - 3K\beta n\boldsymbol{I} = \boldsymbol{\sigma}_\mathrm{e} + \boldsymbol{\sigma}_\mathrm{n} \tag{5.56}$$

式中，$\boldsymbol{\sigma}_\mathrm{e}$ 代表弹性应力部分，$\boldsymbol{\sigma}_\mathrm{n} = -3K\beta n\boldsymbol{I}$ 代表腐蚀膨胀引起的压应力部分，K 代表涂层的体积模量。

忽略体力 $\boldsymbol{f}$，力平衡方程表示如下：

$$\nabla \cdot \boldsymbol{\sigma} = 0 \tag{5.57}$$

上式的弱形式表示如下：

$$-\int_V \nabla\delta\boldsymbol{u}:\boldsymbol{\sigma}\mathrm{d}V - \int_\Omega \big(\delta\boldsymbol{u} \cdot (\boldsymbol{n} \cdot \boldsymbol{\sigma})\big)\mathrm{d}\Omega = 0 \tag{5.58}$$

$$\boldsymbol{n} \cdot \boldsymbol{\sigma} = 0 \tag{5.59}$$

式中，$\delta\boldsymbol{u}$ 表示位移场的试函数。式(5.59)表示边界处无外力作用。联合式(5.49)、式(5.53)、式(5.58)和式(5.59)，结合 5.1.4 节和本节中 CMAS 渗透和涂层腐蚀的边界条件和初始条件，通过 5.1.4 节中的有限元模型实现 CMAS 渗透、涂层腐蚀和应力应变演化的数值模拟。考虑初始时刻，涂层内位移分量等于零。位移边界条件包括：图 5.15 中点 A，B，C，D 处在 z 方向位移为零，A，B 两点在 x 方向位移为零，A，D 两点在 y 方向位移为零。假设涂层材料是各向同性，在仿真过程中系统温度保持在 1250℃不变。数值计算过程所应用的模型参数见表 5.3。

图 5.22 展示了去除基底的 4 号裸陶瓷层样品在腐蚀过程中的侧面形貌演变。从图中我们可以看出，随着腐蚀时间增加涂层不断向上隆起。考虑到腐蚀应变 ε_n 的值与 n 的值成正比关系，因此涂层内体应变在渗透方向呈靠近表面处值大远离表面值小的分布趋势，即与 n 的分布趋势相同。从图 5.22 可以看出，实验结果和模拟结果趋于一致。

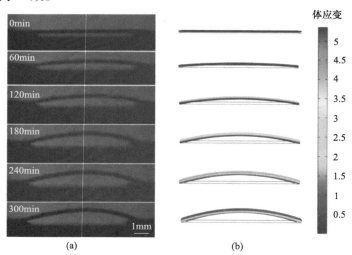

图 5.22　不同腐蚀时刻体应变的空间分布与涂层变形形貌
（a）实验录像；（b）模拟结果

　　我们进一步建立带基底陶瓷层的局部腐蚀有限元模型，如图 5.23 所示。图 5.23
所示模型的尺寸为 1cm×1cm×200μm，通过 69812 个域单元离散化。腐蚀过程中，
靠近陶瓷表面中心处的红色区域的涂层孔隙被 CMAS 完全填充。考虑涂层基底对
涂层束缚的影响，$ABCD$ 面上位移始终固定为零。假设涂层材料是各向同性的，在
数值计算时假设系统温度保持在 1250℃不变。数值计算所应用的模型参数见表 5.3。

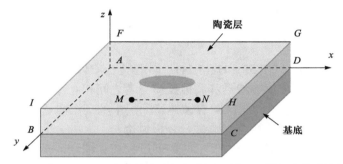

图 5.23　高温 CMAS 腐蚀热障涂层的有限元模型，带基底的陶瓷层

圆形的 CMAS 涂覆区域位于六面体涂层表面的中心。蓝色区域表示基底。虚线位于陶瓷层和基底的界面处，平行
于 x 轴，在 xy 面上其中心与涂覆区域中心重合

　　经过 300min 的高温腐蚀，CMAS 从圆形的局部涂覆区域表面沿着孔隙渗透
至涂层底部，同时与涂覆区域以下的涂层发生溶解腐蚀现象。涂层在溶解的过程
中伴随着腐蚀膨胀变形产生，而未被腐蚀的涂层区域无变形，因此导致涂覆区域
的涂层中产生极高的面内压应力，诱使涂层发生屈曲变形。如图 5.24 所示，涂层
内在面外方向产生拉应力。涂层界面处出现面外应力集中，在腐蚀过程中将促使
涂层从基地剥落，见图 5.25。

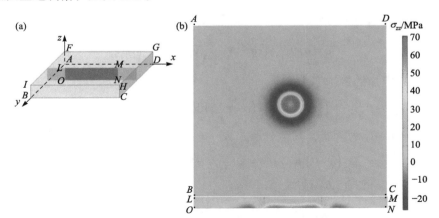

图 5.24　腐蚀 300min，涂层内面外应力(z 方向)分布图

涂层底部界面处应力分布（(b)的上图）；穿过缺陷中心截面上的应力分布（(b)的下图）

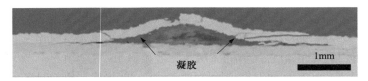

图 5.25　1250℃ CMAS 腐蚀 4h 条件下 APS 热障涂层的 SEM 图[4]

5.2.2　CMAS 渗透与腐蚀热障涂层的热力化耦合理论

1. 理论模型的构建

前述的式(5.47)、式(5.52)和式(5.54)共同组成了 CMAS 腐蚀热障涂层的解耦理论模型，即未考虑变形、渗透和腐蚀反应三者之间相互作用的影响。接下来我们将从热力学定律出发为 CMAS 腐蚀热障涂层中的高温渗透腐蚀阶段构建热力化耦合理论，并对热力化耦合影响进行分析讨论。

高温腐蚀阶段，考虑系统内发生的物理过程相互耦合，这些过程包括 CMAS 渗透、热障涂层溶解和腐蚀区域膨胀变形。任意 V 域内的内能 E 可表示如下：

$$\dot{E} = \int_V \dot{e}\mathrm{d}V = \int_\Omega (\boldsymbol{\sigma}\cdot\boldsymbol{n})\cdot\boldsymbol{v}\mathrm{d}\Omega + \int_V \boldsymbol{f}\cdot\boldsymbol{v}\mathrm{d}V - \int_\Omega \boldsymbol{q}\cdot\boldsymbol{n}\mathrm{d}\Omega + \int_V r\mathrm{d}V - \int_\Omega \sum_{i=1}^4 \mu_i \boldsymbol{j}_i\cdot\boldsymbol{n}\mathrm{d}\Omega$$

$$(5.60)$$

式中，μ_i 和 $\boldsymbol{j}_i$ 分别代表元素 i 的渗透化学势和扩散通量，r 代表单位时间内每单位体积材料从外界吸收的热量，$\boldsymbol{q}$ 代表单位时间内 V 域材料从边界 Ω 吸收的热量，即热流量。上式的微分方程形式如下：

$$\dot{e} = (\nabla\cdot\boldsymbol{\sigma})\cdot\boldsymbol{v} + \boldsymbol{\sigma}:\nabla\boldsymbol{v} + \boldsymbol{f}\cdot\boldsymbol{v} - \nabla\cdot\boldsymbol{q} + r - \sum_{i=1}^4 \nabla\mu_i\cdot\boldsymbol{j}_i - \sum_{i=1}^4 \mu_i\nabla\cdot\boldsymbol{j}_i \qquad (5.61)$$

将浓度守恒方程(5.44)和力平衡方程(5.57)代入上式有

$$\dot{e} = \boldsymbol{\sigma}:\dot{\boldsymbol{\varepsilon}} - \nabla\cdot\boldsymbol{q} + r - \sum_{i=1}^4 \nabla\mu_i\cdot\boldsymbol{j}_i + \sum_{i=1}^4 \mu_i\dot{c}_i \qquad (5.62)$$

热力学第二定律的熵增率为

$$\int_\Omega \dot{s}\mathrm{d}V \geqslant -\int_\Gamma (\boldsymbol{q}\cdot\boldsymbol{n}/\theta)\mathrm{d}a + \int_\Omega (r/\theta)\mathrm{d}V \qquad (5.63)$$

如果将式(5.63)化为等式，其微分形式为

$$\dot{s} = -\nabla\cdot(\boldsymbol{q}/\theta) + r/\theta + \gamma = (\boldsymbol{q}\cdot\nabla\theta)/\theta^2 + (-\nabla\cdot\boldsymbol{q} + r)/\theta + \gamma \qquad (5.64)$$

通过式(5.62)，将式(5.64)改写为

$$\dot{s} = (\boldsymbol{q}\cdot\nabla\theta)/\theta^2 + \left(\dot{e} - \boldsymbol{\sigma}:\dot{\boldsymbol{\varepsilon}} - \sum_{i=1}^4 \mu_i\dot{c}_i + \sum_{i=1}^4 \nabla\mu_i\cdot\boldsymbol{j}_i\right)/\theta + \gamma \qquad (5.65)$$

引入 Helmholtz 自由能

$$\psi = e - \theta s \tag{5.66}$$

通过式(5.66)可以将式(5.65)改写如下：

$$\theta\gamma = -\dot{\psi} - \dot{\theta}s + \boldsymbol{\sigma} : \dot{\boldsymbol{\varepsilon}} + \sum_{i=1}^{4} \mu_i \dot{c}_i - (\boldsymbol{q} \cdot \nabla\theta)/\theta - \sum_{i=1}^{4} \nabla\mu_i \cdot \boldsymbol{j}_i \geqslant 0 \tag{5.67}$$

假定 Helmholtz 自由能函数 ψ 是温度 θ 、弹性应变 ε_e、CMAS 中元素 i 的摩尔浓度 c_i 和腐蚀区域体积分数 n 的函数

$$\psi = \psi(\theta, \varepsilon_e, c_i, n) \tag{5.68}$$

上式对时间求导得

$$\dot{\psi} = (\partial\psi/\partial\theta)\dot{\theta} + (\partial\psi/\partial\varepsilon_e) : \dot{\varepsilon}_e + \sum_{i=1}^{4} (\partial\psi/\partial c_i)\dot{c}_i + (\partial\psi/\partial n)\dot{n} \tag{5.69}$$

总应变由三部分叠加为

$$\boldsymbol{\varepsilon} = \boldsymbol{\varepsilon}_e + \boldsymbol{\varepsilon}_n(n) + \boldsymbol{\varepsilon}_\theta(\theta) \tag{5.70}$$

式中，ε_e 代表弹性应变，$\varepsilon_n(n)$ 代表涂层腐蚀溶解引起的变形，$\varepsilon_\theta(\theta)$ 代表温度变化引起的变形。将式(5.70)和式(5.69)代入式(5.67)得

$$(\boldsymbol{\sigma} - \partial\psi/\partial\varepsilon_e) : \dot{\varepsilon}_e + (\boldsymbol{\sigma} : (\partial\varepsilon_\theta/\partial\theta) - \partial\psi/\partial\theta - s)\dot{\theta} + \sum_{i=1}^{4}(\mu_i - \partial\psi/\partial c_i)\dot{c}_i$$

$$+ (\boldsymbol{\sigma} : (\partial\varepsilon_n/\partial n) - \partial\psi/\partial n)\dot{n} - (\boldsymbol{q} \cdot \nabla\theta)/\theta - \sum_{i=1}^{4} \nabla\mu_i \cdot \boldsymbol{j}_i = \gamma\theta \geqslant 0 \tag{5.71}$$

定义化学反应耗散率、热耗散率和渗透耗散率分别为

$$\theta\gamma_n = (\boldsymbol{\sigma} : (\partial\varepsilon_n/\partial n) - \partial\psi/\partial n)\dot{n} \tag{5.72}$$

$$\theta\gamma_\theta = -(\boldsymbol{q} \cdot \nabla\theta)/\theta \tag{5.73}$$

$$\theta\gamma_c = -\sum_{i=1}^{4} \nabla\mu_i \cdot \boldsymbol{j}_i \tag{5.74}$$

式(5.71)中 ε_e，θ，c_i 在取值范围内可任意取值，为了使式(5.71)始终保持非负，式(5.71)的前三项 $\dot{\varepsilon}_e$，$\dot{\theta}$，$\dot{c}_i$ 的系数必须为零，可得熵与温度，应力与应变，元素 i 的化学势与浓度对应三个广义本构关系如下：

$$s = \boldsymbol{\sigma} : (\partial\varepsilon_\theta/\partial\theta) - \partial\psi/\partial\theta \tag{5.75}$$

$$\boldsymbol{\sigma} = \partial\psi/\partial\varepsilon_e \tag{5.76}$$

$$\mu_i = \partial\psi/\partial c_i \tag{5.77}$$

将式(5.75)～式(5.77)代入式(5.71)得

$$\gamma\theta = -(\boldsymbol{q}\cdot\nabla\theta)/\theta - \sum_{i=1}^{4}\nabla\mu_i\cdot\boldsymbol{j}_i + \left(\boldsymbol{\sigma}{:}(\partial\boldsymbol{\varepsilon}_n/\partial n) - \partial\psi/\partial n\right)\dot{n}$$

$$= \theta\gamma_\theta + \theta\gamma_c + \theta\gamma_n \tag{5.78}$$

假定腐蚀溶解区域的体积分数 n 与反应物 CMAS 的密度 ρ_{CMAS} 和未被溶解的涂层体积分数 $1-n-f_{i0}$ 是线性关系，其表达式如下：

$$\dot{n} = \zeta(1-n-f_{i0})\rho_{CMAS} + A_0 \tag{5.79}$$

式中，ζ 表示化学反应速率常数，其值大小由单独的腐蚀反应所决定；A_0 表示其他场变量对涂层溶解的影响；n 也可称作涂层的腐蚀溶解程度。

定义涂层的参考状态如下：

$$\boldsymbol{\varepsilon} = \boldsymbol{0}, \quad \boldsymbol{\sigma} = \boldsymbol{0}, \quad c_i = 0, \quad \theta = \theta_h, \quad n = 0 \tag{5.80}$$

在此状态，CMAS 渗透未发生，涂层未受 CMAS 溶解腐蚀。为了得到式(5.79)，将自由能函数 ψ 在参考状态附近对自变量 θ、$\boldsymbol{\varepsilon}$、c_i 和 n 级数展开至二阶

$$\psi = \sum_{i=1}^{4}\mu_{0i}c_i + (\sigma_0\mathrm{tr}\boldsymbol{\varepsilon})/3 + \lambda(\mathrm{tr}\boldsymbol{\varepsilon})^2/2 + G\boldsymbol{\varepsilon}{:}\boldsymbol{\varepsilon} + \sum_{i=1}^{4}\varsigma_i c_i^2/2$$

$$- 3K\beta n\mathrm{tr}\boldsymbol{\varepsilon} - 2A_1(1-f_{i0})\rho_{CMAS}n + A_1\rho_{CMAS}n^2 \tag{5.81}$$

ς_i、β 和 A_1 是常数。式(5.81)中前两部分是自由能函数对 $\boldsymbol{\varepsilon}$ 和 c_i 的一阶展开式，代表 CMAS 未渗透前涂层内 CMAS 量和应变对自由能的贡献。由式(5.80)可知，前两部分的值为零。式(5.81)中第三项和第四项代表弹性应变能。第五项是元素 i 浓度的二次项，代表 CMAS 渗透的主要驱动力。考虑涂层溶解同时伴随体积膨胀，引入第六项即应变和 n 的耦合项。为了得到式(5.79)我们引入最后两项，即 CMAS 密度 ρ_{CMAS} 与 n 的耦合项和 n 的二次项。

将式(5.81)代入式(5.76)得

$$\boldsymbol{\sigma} = \partial\psi/\partial\boldsymbol{\varepsilon}_e = \lambda\boldsymbol{I}\mathrm{tr}\boldsymbol{\varepsilon} + 2G\boldsymbol{\varepsilon} - 3K\beta n\boldsymbol{I} = \boldsymbol{\sigma}_e + \boldsymbol{\sigma}_n \tag{5.82}$$

我们将上式前两部分之和记为弹性应力 $\boldsymbol{\sigma}_e$，第三部分记做涂层溶解膨胀引起的应力 $\boldsymbol{\sigma}_n$。

如果腐蚀过程中系统是恒温的，我们有

$$\theta\gamma_\theta = -(\boldsymbol{q}\cdot\nabla\theta)/\theta = 0 \tag{5.83}$$

由于涂层在 CMAS 熔融物中的溶解过程和 CMAS 从涂层表面的渗透过程均是不可逆的，因此化学反应耗散率和渗透耗散率始终非负，即 $\theta\gamma_n \geqslant 0$，$-\sum_{i=1}^{4}\nabla\mu_i\cdot\boldsymbol{j}_i \geqslant 0$。假设式(5.72)中 $\dot{n}$ 与它的系数部分呈正比例关系，结合式(5.82)和式(5.81)，我们有

$$\dot{n} = \zeta(1-n-f_{i0})\rho_{CMAS} + 3\beta K\zeta\mathrm{tr}\boldsymbol{\varepsilon}/(2A_1) \tag{5.84}$$

比较式(5.84)和式(5.79)我们有，$A_0 = 3\beta K\zeta\mathrm{tr}\varepsilon/(2A_1)$。因此，$A_0$ 代表应变场对涂层溶解即化学反应的影响，简称其为应变耦合项。

根据菲克第二定律，假设式(5.74)中元素 i 的扩散通量 j_i 的方向与扩散化学势的梯度 $\nabla\mu_i$ 相反，并呈线性关系

$$j_i = -m_j\nabla\mu_i \quad (i = j) \tag{5.85}$$

式中，m_j 代表元素 j_i 的迁移率。

结合式(5.85)、式(5.81)、式(5.77)和式(5.44)，我们有

$$\dot{c}_i = D_j\nabla^2 c_i - 2m_j A_1(\partial\rho_{\mathrm{CMAS}}/\partial c_i)(1 - n - f_{i0})\nabla^2 n \quad (i = j) \tag{5.86}$$

式中，第二部分 $2m_j A_1(\partial\rho_{\mathrm{CMAS}}/\partial c_i)(1 - n - f_{i0})\nabla^2 n$ 代表化学场 n 对 CMAS 在涂层内渗透的影响，简称为化学耦合项；$D_j = \varsigma_i m_j$ $(i=j)$ 代表元素 j 的扩散系数。

2. 耦合的讨论

有限元方法求解高温阶段各场变量的控制方程时需要将微分方程转换为积分方程的弱形式。CMAS 中各元素浓度控制方程的弱形式表示如下：

$$\int_V \left(\delta c_j \cdot \dot{c}_i + m_j\delta\nabla c_i \cdot \nabla(\partial\psi/\partial c_i)\right)\mathrm{d}V - \int_\Omega \left(m_j\delta c_i \boldsymbol{n} \cdot \nabla(\partial\psi/\partial c_i)\right)\mathrm{d}\Omega = 0 \tag{5.87}$$

$$\partial\psi/\partial c_i = \mu_{0i} + \varsigma_p c_i + A_1 n\left(n - 2(1 - f_{i0})\right)\partial\rho_{\mathrm{CMAS}}/\partial c_i \quad (i = j = p = l) \tag{5.88}$$

$$\boldsymbol{n} \cdot \nabla(\mu_i) = \boldsymbol{n} \cdot \nabla(\partial\psi/\partial c_i) = 0 \tag{5.89}$$

式中，δc_j 代表场变量 c_j 的试函数。式(5.89)表示在研究系统边界处无扩散源。涂层腐蚀溶解程度 n 控制方程的弱形式表示如下：

$$\int_V \left(\delta n \cdot \dot{n} - \delta n \cdot \zeta(1 - n - f_{i0})\rho_{\mathrm{CMAS}} - \delta n \cdot 3\beta K\zeta\mathrm{tr}\varepsilon/(2A_1)\right)\mathrm{d}V = 0 \tag{5.90}$$

式中，δn 代表 n 的试函数。忽略体力 $\boldsymbol{f}$，力平衡方程的弱形式表示如下：

$$-\int_V \nabla\delta\boldsymbol{u}{:}\boldsymbol{\sigma}\mathrm{d}V - \int_\Omega \left(\delta\boldsymbol{u} \cdot (\boldsymbol{n} \cdot \boldsymbol{\sigma})\right)\mathrm{d}\Omega = 0 \tag{5.91}$$

$$\boldsymbol{n} \cdot \boldsymbol{\sigma} = 0 \tag{5.92}$$

式中，$\delta\boldsymbol{u}$ 代表场变量位移 $\boldsymbol{u}$ 的试函数。式(5.92)表示在研究系统边界处无外力作用。依然沿用 5.1.4 节中的有限元模型。CMAS 渗透的初始条件和边界条件同 5.1.4 节，腐蚀反应程度 n 和位移的初始条件和边界条件同 5.2.1 节。在数值计算过程中系统温度保持在 1250℃不变，数值计算过程所应用的模型参数见表 5.3。

接下来通过考虑耦合项的式(5.84)和式(5.86)与去除耦合影响的式(5.47)和式

(5.52)所得场变量演化结果做对比，讨论控制方程中应变耦合项 $3\beta K\zeta \mathrm{tr}\varepsilon/(2A_1)$ 与化学耦合项 $2m_jA_1\left(\partial \rho_{CMAS}/\partial c_i\right)\left(1-n-f_{i0}\right)\nabla^2 n$ 分别对化学场、应变场和 CMAS 浓度场的影响。图 5.26 展示了控制方程中耦合部分对涂层内场变量演化的影响。由图 5.26(a)可知，去除式(5.84)中的应变耦合部分所得红色线结果与式(5.84)所得黑色线结果重合，即应变耦合部分对 CMAS 渗透过程几乎无影响。对比图 5.26(b)中黑色线和红色线可看出，在相同渗透深度，去除式(5.84)中的应变耦合部分所得红色线结果要低于式(5.84)所得黑色线结果，因此应变耦合部分促进腐蚀反应。由于应变耦合部分是式(5.84)中的第二部分，它直接影响腐蚀反应程度 n 的演变，因此相较于应变耦合部分对渗透场的影响，它对化学场的影响更大。对比图 5.26(c)中黑色线和红色线可以看出，由于应变耦合部分促进腐蚀反应，而腐蚀应变与腐蚀反应程度呈正比关系，进而增大了涂层的膨胀变形。由图 5.26(a)可知，相同渗透深度，去除式(5.86)中化学耦合项的蓝色线结果要高于式(5.86)的黑色线结果，因此化学耦合部分抑制 CMAS 渗透，进而导致涂层腐蚀溶解程度和膨胀变形下降。

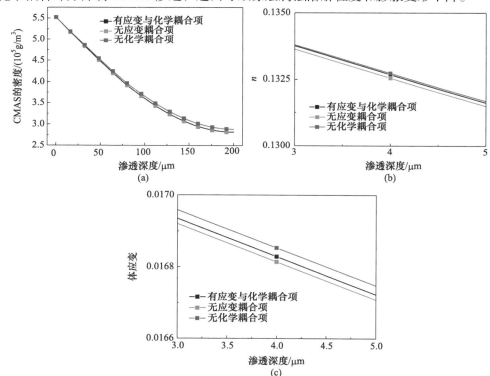

图 5.26　控制方程中耦合部分对涂层内场变量演化的影响

(a) CMAS 密度；(b) 涂层的腐蚀溶解程度；(c) 体应变

应变耦合项 $3\beta K\zeta \mathrm{tr}\varepsilon/(2A_1)$ 中 $\mathrm{tr}\varepsilon$ 的系数为 $3\beta K\zeta/(2A_1)$，其中 β、K 和 ζ 均为定值。化学耦合项 $2m_j A_1(\partial\rho_{\mathrm{CMAS}}/\partial c_i)(1-n-f_{i0})\nabla^2 n$ 中 $(1-n-f_{i0})\nabla^2 n$ 的系数为 $2m_j A_1(\partial\rho_{\mathrm{CMAS}}/\partial c_i)$，其中 m_j 和 $\partial\rho_{\mathrm{CMAS}}/\partial c_i$ 为定值。当前唯有参数 A_1 未知，A_1 的值同时影响应变耦合项和化学耦合项，我们定义其为耦合参数。图 5.26(a)～(c) 展示了耦合参数 A_1 对渗透场、化学场和变形场的影响。由于 A_1 的值与化学耦合项 $2m_j A_1(\partial\rho_{\mathrm{CMAS}}/\partial c_i)(1-n-f_{i0})\nabla^2 n$ 成正比，与应变耦合项 $3\beta K\zeta \mathrm{tr}\varepsilon/(2A_1)$ 成反比。因此增大 A_1 的值将放大化学耦合场的影响，减小应变耦合影响。由上段讨论可知，化学耦合项抑制 CMAS 渗透，应变耦合项促进腐蚀反应。因此，如图 5.27 所示，在相同渗透深度下，增大 A_1 的值，CMAS 的密度值、腐蚀反应程度与体应变值均下降。

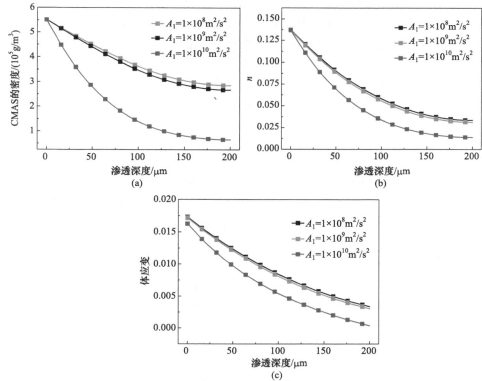

图 5.27　控制方程中耦合参数 A_1 对涂层内场变量演化的影响
(a) CMAS 密度；(b) 涂层的腐蚀溶解程度；(c) 体应变

从图 5.26(a)～(c) 可看出，当耦合系数 A_1 取值在 $1\times 10^8 \mathrm{m}^2/\mathrm{s}^2$～$1\times 10^9 \mathrm{m}^2/\mathrm{s}^2$ 时，CMAS 密度、腐蚀反应程度和体应变的值变化不大。因此当耦合系数在此范围内取值时，模型将做出较好的预测。

5.2.3 CMAS 腐蚀热障涂层 Y 元素分布规律的定量表征

纯的 ZrO_2 在从高温降至 1180℃时发生四方相到单斜相的相转变，在转变的过程中伴随着 4%左右的体积变化，导致涂层内部出现巨大的相变应力，最终引发涂层的失效。7%～8%Y_2O_3 的掺杂有效地解决了这一问题。然而此前人们对于陶瓷层的研究，大多把研究重点放在其热物理及热力学特性的改变，例如，Kakuda 等研究了 CMAS 侵蚀前后陶瓷层热导率的改变，发现玻璃态的 CMAS 的填充会导致涂层热导率的升高[40]。Cai 等探究了热循环条件下，填充 CMAS 的椭圆孔隙附近应力的演变规律[41]。Chen 从力学角度分析了 CMAS 侵蚀后陶瓷层失效的两种机制：单一柱状晶的开裂以及整个涂层的剥落[34]。以上热物理和热力学分析结果虽有一定的说服力，但是并没有关注于陶瓷层微结构在腐蚀过程中的演变规律。Krämer 等从微结构出发，研究发现 CMAS 的高温腐蚀会导致新相的生成，但也并未给出具有说服力的证据及其新相生成的机理和定量条件[42]。

在 EB-PVD 热障涂层中，CMAS 腐蚀对于热障涂层的严重破坏性不仅体现在陶瓷层结构的变化，更重要的是由于柱状晶陶瓷层的开放性结构使得熔融的 CMAS 能够快速的渗透到陶瓷层与基底的界面处，极大的降低陶瓷层的应变容限和界面结合力，最终导致涂层的整体剥落或者从边缘开始的部分剥落等[43-45]。由于 TEM 截面样品的制备较为困难，而 SEM、XRD 等表征手段又难以对界面处进行详细的表征，因此热障涂层的界面性能尚未得到深入的研究。

在很多文献中已经提到，在 CMAS 高温腐蚀热障涂层的过程中随着温度的升高，CMAS 渗入陶瓷层，陶瓷中的 Y_2O_3 溶于 CMAS，失去了稳定剂 Y_2O_3 的 ZrO_2 会发生相变，由 t 相转变为 m 相，相变会产生体积变化（4%左右）。与此同时，Y^{3+} 会在熔融 CMAS 中流失进 CMAS 层中。CMAS 渗入进陶瓷层的过程中，陶瓷层中的 Ca，Mg，Al，Si 元素含量明显增多，但 Y 元素含量却有所减少，同时发现 CMAS 层中的 Y 元素含量有所增加，这就说明在 CMAS 高温腐蚀热障涂层的过程中陶瓷层中的 Y 元素也会向 CMAS 层中流失，这里我们对 Y 元素向 CMAS 层中的流失量与腐蚀时间及温度的规律进行相关实验分析。

1. 实验方案

准备好若干块切割好的 1cm×1cm 的涂层样品，在每块样品上均匀涂覆 10mg 的 CMAS 粉末，在 1250℃（1200℃、1150℃）下分别保温不同时间，将烧结后的样品镶样，电子探针观察检测 CMAS 层以及陶瓷层中各元素含量变化并探究其变化规律，对得到的图片和数据进行对比与分析。

首先，将样品沿着 CMAS 的渗透方向在 CMAS 与陶瓷层界面上方 5μm 的位置向陶瓷层方向做线扫，测量 Y 元素含量沿 CMAS 渗透深度的变化规律。如图 5.28 所示。

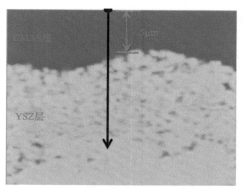

图 5.28　测量 Y 元素含量沿 CMAS 渗透深度的变化规律的线扫示意图

　　其次，再进行打点测量 Y 元素含量，分别在 CMAS 与陶瓷层界面上方、下方 5μm 的水平位置取三个不同区域，每个区域连续打五个点测量 Y 元素的含量，取其平均值，避免产生较大误差，如图 5.29 所示。

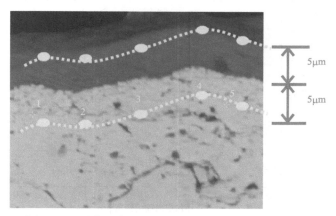

图 5.29　测量 CMAS 层中与陶瓷层中 Y 元素含量变化规律的打点测量示意图

2. 腐蚀时间下 Y 元素含量沿渗透方向的变化规律

　　将实验测得的各元素含量数据进行求平均处理后绘制成曲线图，如图 5.30 所示。其中坐标原点为陶瓷层与 CMAS 层界面上方 5μm 处的元素含量。从实验数据结果绘制出的元素含量变化曲线图可以看出，在 CMAS 腐蚀热障涂层的过程中，Ca，Mg，Al，Si 元素逐渐渗入陶瓷层中，在 CMAS 的渗透方向 Ca，Mg，Al，Si 元素含量呈递减的趋势，Y 元素含量呈逐渐增加的趋势，直到最后 Y 元素含量趋于平稳不变。同时，可以从图中得出不同腐蚀温度下的 CMAS 的渗透深度，如图 5.30(a)所示，从 $x=5\mu m$ 的位置到 Y 元素含量基本不变的位置即为 CMAS 渗透区域，因此可以从图中得出，在相同的腐蚀温度下，CMAS 的渗透深度随着腐蚀时间的增加而逐渐变大。

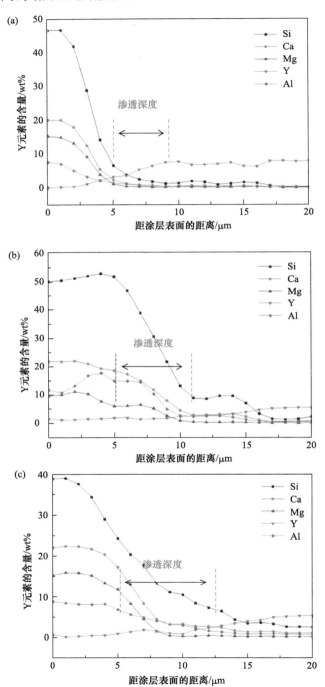

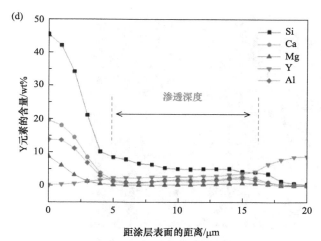

图 5.30　不同腐蚀时间下 Y 元素含量沿渗透方向的变化规律

(a) 1200℃，0.5h；(b) 1200℃，1h；(c) 1200℃，2h；(d) 1200℃，4h

存留在孔隙中的 CMAS 逐步溶解涂层晶粒。Ca, Mg, Al, Si 元素从 CMAS 扩散进入 YSZ 晶粒内，同时 YSZ 晶粒内的 Zr 和 Y 元素从涂层晶粒扩散进 CMAS 熔融物。Zr 元素在 CMAS 中的溶解度远大于 Y 元素，从熔融物中析出的 YSZ 晶粒中的 Y 元素含量低于溶解之前，导致降温后析出的涂层晶粒中的 Y 元素流失[3,4]。发现 CMAS 量越大，涂层中 Y 元素流失的越多。靠近表面处 CMAS 量多，远离表面处 CMAS 量少，因此导致腐蚀后涂层中的 Y 元素靠近表面处量少，远离表面处量多的分布。

假定流失的 Y 元素浓度与 CMAS 的密度呈正比，腐蚀后涂层中 Y 元素的浓度表达式如下：

$$c_Y = c_{Y0} - k_Y \rho_{CMAS} \tag{5.93}$$

其中，k_Y 为一比例系数，c_{Y0} 表示原始涂层中 Y 元素的浓度。其中 $c_{lost} = k_Y \rho_{CMAS}$ 代表流失进 CMAS 中的 Y 元素浓度。

3. 陶瓷层和 CMAS 层中 Y 元素随腐蚀时间的变化规律

在上一部分(即本节 2.中)的实验结果中，我们得到 Y 元素在 CMAS 高温腐蚀热障涂层的过程中沿着 CMAS 的渗透深度方向逐渐变大，那么在 CMAS 层中，YSZ 层被腐蚀区域与未被腐蚀区域元素含量随温度时间的变化规律将在本节中进行重点分析和研究。

如图 5.31 所示是电子探针下观察 CMAS 高温腐蚀热障涂层后各元素含量的分布，图 5.32 是图 5.31 中椭圆区域的局部放大图。在电子探针下观察到的各元素含量分布图中可以看到，CMAS 层中有少量的 Y 元素出现，因此可以证明，在 CMAS 高温腐蚀热障涂层的过程中陶瓷层中的 Y 元素会向陶瓷层中流失。

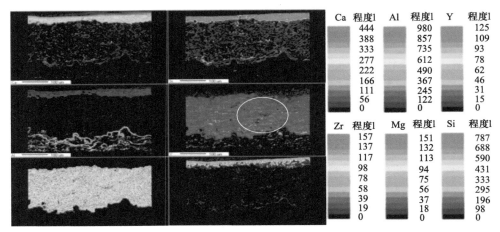

图 5.31　电子探针下观察 CMAS 高温腐蚀热障涂层后各元素含量的分布

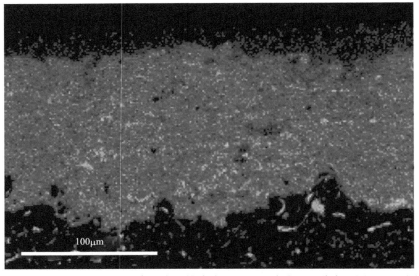

图 5.32　电子探针下观察 CMAS 高温腐蚀热障涂层后 Y 元素含量的分布（图 5.31 红圈的局部放大图）

　　用电子探针在涂层渗透方向三个不同深度的区域进行元素检测。这三个区域包括，CMAS 层(CMAS 与陶瓷层界面上方 5μm)，YSZ 层的被腐蚀区域(CMAS 与陶瓷层界面下方 5μm)和 YSZ 层的未被腐蚀区域(陶瓷层底部区域)。表 5.4 给出三个不同区域处 Y 元素的含量数据。从表中数据可看出，CMAS 层中 Y 元素的含量随着腐蚀时间的增加逐渐变大，4 h 时 CMAS 层中的 Y 元素含量增长到 1.7 wt.%。同时，YSZ 层中被 CMAS 腐蚀到的区域中的 Y 元素含量随着腐蚀时间的增加逐渐变小，1h 时由 4.5 wt.%降低到 3.9 wt.%，4h 时由 3.9 wt.%降低到 3.4

wt.%。YSZ 层中未被 CMAS 腐蚀到的区域中的 Y 元素含量基本保持不变。

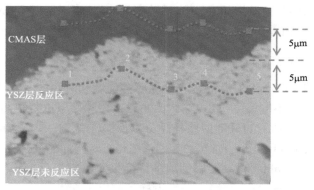

图 5.33 电子探针下测量各区域的 Y 元素含量示意图

表 5.4 1200℃下 CMAS 高温腐蚀热障涂层 CMAS 层和陶瓷层中 Y 元素的含量

	时间/h			
	0.5	1	2	4
CMAS 块 Y 元素含量 /wt.%	1.0	1.1	1.4	1.7
YSZ 块反应区 Y 元素含量/wt.%	4.5	3.9	3.6	3.4
YSZ 块未反应区 Y 元素含量/wt.%	7.0	6.9	7.0	7.0

将各层的 Y 元素含量值的变化趋势绘制成曲线图如图 5.34 所示，YSZ 层 Y 元素含量逐渐降低，CMAS 层中 Y 元素含量逐渐增高，更充分地说明 CMAS 高温腐蚀 TBC 过程中，YSZ 层中的 Y 会向 CMAS 层中流失。

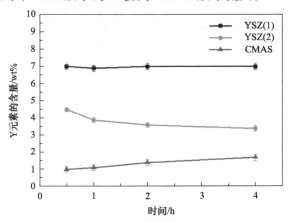

图 5.34 电子探针下测量各区域的 Y 元素含量变化趋势

随着温度的升高，CMAS 渗入陶瓷层，陶瓷中的 Y_2O_3 溶于 CMAS，失去了稳定剂 Y_2O_3 的 ZrO_2 会发生相变，由 t 相转变为 m 相，相变会产生体积变化（4wt.%左右），使陶瓷层内部产生拉应力，进而导致涂层的剥落失效[46-48]。

4. CMAS 层 Y 元素随腐蚀温度的变化规律

现在对 CMAS 层中的 Y 元素含量随腐蚀温度和时间的变化规律进行分析与研究。分别在三个不同温度 1150℃，1200℃，1250℃下进行热障涂层的 CMAS 高温腐蚀实验。其中在 1150℃时将样品分别保温 1h，2h，4h，8h，在 1200℃时将样品分别保温 0.5 h，1 h，1.5 h，2 h，在 1250℃时将样品分别保温 2min，5min，30min，60min，90min。将高温腐蚀后的样品恢复到室温后镶样，磨样抛光后，进行电子探针的检测。将三个腐蚀温度下样品在电子探针下 CMAS 与陶瓷层界面上方 5μm 的位置（图 5.35）分别测量出的 Y 元素含量，三组实验结果数据制成表格如表 5.5。

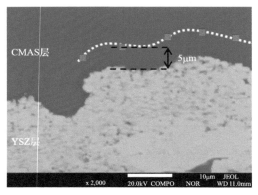

图 5.35　电子探针下测量 CMAS 块中测量 Y 元素含量位置的示意图

表 5.5　1200℃下 CMAS 高温腐蚀热障涂层 CMAS 层不同时间 Y 元素的含量(单位：wt%)

温度/℃	时间/min							
	2	5	30	60	90	120	240	480
1150	—	—	—	0.35	—	0.62	0.86	0.94
1200	—	—	1.04	1.16	1.37	1.68	—	—
1250	1.61	1.80	1.88	2.38	3.35	—	—	—

从表 5.5 中可以直观地看出，在相同温度下 CMAS 高温腐蚀热障涂层 CMAS 层中的 Y 元素含量随着腐蚀时间的增加而逐渐增多；由于 1150℃未达到 CMAS 的熔点，CMAS 的渗进陶瓷层中的量较少，因此 Y 元素的流失量也相对较低，在腐蚀 60min 时，CMAS 层中的 Y 元素含量达到 0.35 wt.%，在腐蚀 480min 时，

CMAS 层中的 Y 元素含量达到 0.94 wt.%；在 1200℃条件下，保温 30min 时 CMAS 层中 Y 元素的流失量已经达到 1.04 wt.%，120min 时达到 1.68 wt.%；1250℃的条件下，由于温度已经高于 CMAS 的熔点，CMAS 熔融并迅速进入陶瓷层，Y 元素的流失量明显增加，在腐蚀 2 min 时已经达到 1.61 wt.%，90 min 时高达 3.35 wt.%，出在相同的腐蚀时间下，随着温度的升高，Y 元素流失量也是逐渐增大的。例如，60 min 时，在 1150℃条件下，CMAS 层中的 Y 元素含量达到 0.35 wt.%，在 1200℃条件下，CMAS 层中的 Y 元素含量达到 1.16 wt.%，1250℃时达到了 2.38 wt.%。

　　将数据绘制成曲线如图 5.36 所示，从图中我们可以更直观地看出不同温度、时间下 Y 元素的含量变化规律。从图 5.36(b)可以看出，温度的改变对 Y 元素含量的变化量的影响更大，因此，可以得出结论，腐蚀温度相对于时间对 CMAS 高温腐蚀热障涂层 Y 元素的流失量的影响更为显著。随着腐蚀温度的升高，Y 元素的渗透量会明显发生变化。

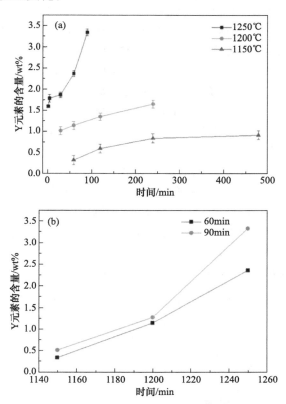

图 5.36　电子探针下测量 CMAS 层中 Y 元素含量随温度、时间的变化规律

(a) 时间；(b) 温度

5.3　CMAS 腐蚀涂层过程中相结构表征与相场理论

5.3.1　涂层相结构演变的 XRD 表征

　　为了分析火山灰腐蚀对涂层表面相结构的影响，分别取未腐蚀的原始样品和腐蚀后圆片样品进行表面 XRD(X 射线衍射)检测，扫描速度 5°/min，扫描角度 10°～90°，步长 0.02°。

　　图 5.37 为原始 APS-YSZ 样品与腐蚀后样品表面的 XRD 结果，原始 7YSZ 样品表面主要为 t'-ZrO_2，与 Y_2O_3-ZrO_2 相图[49]进行对比，发现检测结果与相图相符。这里特别说明 t 相和 t'相的区别，t'-ZrO_2 是亚稳四方相，t 相是稳定的四方相。 t 相和 t'-ZrO_2 相在拉曼光谱下无法区分，它们的峰几乎是重合的。在 XRD 检测下，它们的峰也不容易区分。t'-ZrO_2 亚稳四方相是 7YSZ 陶瓷涂层独有的相，这个相使得 7YSZ 陶瓷涂层具有铁弹性，从而断裂韧性很高，正是因为这个相才使得众多的陶瓷涂层中只有 7YSZ 陶瓷涂层得到很好的应用。经标准 XRD 物相鉴定程序处理，发现表面涂覆火山灰后涂层表面主要组成相为 $ZrSiO_4$，也发现有 m-ZrO_2 存在，同时也有未反应或相变的 t'-ZrO_2。对比原始样品与 1150℃-8h 腐蚀后的 XRD 图谱，发现腐蚀后主要反应生成了四方相的 $ZrSiO_4$，表明火山灰与 YSZ 起了化学反应，火山灰的加入能明显改变涂层的化学组成，对涂层有很强的腐蚀破坏作用。同时，在反应生成物中也发现了有明显的 m-ZrO_2 存在，正是由于火山灰腐蚀后 Y 元素向火山灰中扩散，导致部分 t'-ZrO_2 失去稳定剂转变为 m-ZrO_2，而在 t 相向 m 相转变的过程中会有 4%～5%的体积变化[50]，这会导致在涂层内部产生应力引起涂层失效。图 5.37 中 1250℃-8h 腐蚀后 XRD 结果表明，随着腐蚀温度升高，$ZrSiO_4$ 与 m-ZrO_2 的峰强度较 1150℃-8h 时更大，意味着腐蚀温度越高化学反应越强烈，同时 t'-ZrO_2 向 m-ZrO_2 转变也越多，通过 Rietveld 精修对 XRD 数据分析发现 1150℃-8 h 腐蚀后 t-ZrO_2、$ZrSiO_4$ 和 m-ZrO_2 含量分别为 49.9wt.%、33.7wt.%和 16.4wt.%，而

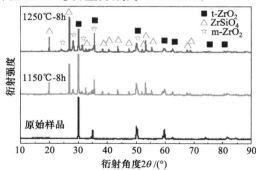

图 5.37　原始 APS-YSZ 样品与腐蚀后样品表面的 XRD 结果

1250°C-8h 腐蚀后三者的含量分别为 29.1wt.%、38.2wt.%和 32.7wt.%，ZrSiO$_4$ 和 m-ZrO$_2$ 随着腐蚀温度的提高都有增加，说明腐蚀温度越高火山灰对 YSZ 的腐蚀破坏作用越大，此结论与文献描述结果一致[51]。

5.3.2   涂层微观结构演变的透射电镜表征

透射电镜是材料微观结构分析和微观形貌观测的重要工具，是材料研究方法中的重要手段。为了进一步的研究热障涂层样品腐蚀前后的微观形貌和结构，分别对原始热障涂层样品、腐蚀后样品进行 TEM 测试。由于透射电镜是利用电子束穿过样品后的透射束和衍射束进行工作的，要求样品必须很薄，一般在 50～100nm[52]。传统的机械减薄与离子减薄的技术相结合的 TEM(透射电子显微镜)制备技术过程复杂繁琐，对样品损伤大，且往往是随机切片，要找到特定区域位置比较困难[52]。因此，采用聚焦离子束(focused ion beam，FIB)技术直接在需要观测的区域提取透射样品的薄区，FIB 制备 TEM 样品的过程简单，对样品损伤小，能直接在感兴趣的区域提取样品。为进一步分析涂层腐蚀的微观机理，用 FIB(GAIA3 TESCAN)分别在原始涂层、1150°C-8 h 腐蚀样品和 1250°C-8h 腐蚀样品表面提取透射电镜样品，并用透射电镜(Titan G2 60-300 FEI)观测微区的形貌，采用标准程序来标定选区电子衍射花样。

图 5.38 所示为由 FIB 切取的原始 APS-YSZ 样品 TEM 图像。从图 5.38 (a)中看到涂层呈微米量级的板条状形貌，板条之间有微裂纹。图(b)中能谱表示 S1 处的主要成分为 Zr 与 O 元素，经标准鉴定程序标定图(c)中选区电子衍射图 (SAEDP)为 t-ZrO$_2$，晶带轴指数为[0$\bar{1}$1]。图(d)为 S1 区域的高分辨像，测量两条纹间距为 0.29nm，与 t-ZrO$_2$ (011)方向的晶面间距一致。图(e)为图(a)中白色实线

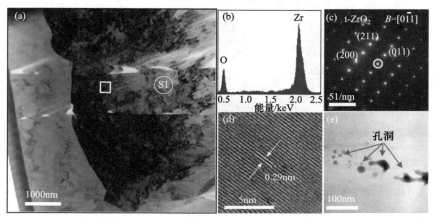

图 5.38   (a)由 FIB 切取的原始 APS-YSZ 样品 TEM 图像;(b) 图为(a)图中标示 S1 处的能谱图; (c)S1 区域电子选区衍射花样; (d) S1 区域高分辨图; (e) 图(a)中白色实线框处放大的 STEM 像

框处放大的 STEM 像，可以看到存在纳米级尺寸的孔洞，前述板条状结构间的微裂纹与孔洞是导致 APS 涂层热层率低的原因。TEM 结果与前述 XRD 测试结果、Raman 光谱测试结果以及文献报道[53]的原始 YSZ 涂层中主要为 t-ZrO$_2$ 相一致。

图 5.39(a)是利用 FIB 切取 1150℃-8 h 火山灰腐蚀后样品顶部反应区的 STEM 图像，与原始样品中晶粒呈板条状形貌不同，1150℃腐蚀后样品主要呈球状晶粒，与图 5.19(c)扫描电镜结果相一致。图 5.39(b)与图(c)是 S2 区域的能谱与 SAEDP，能谱显示其主要成分为 Si、Al、Mg、Fe(Cu 元素来自 TEM 样品支撑铜环)，这些元素与火山灰成分一致，且 SAEDP 显示为非晶态的晕环，综合判定该区域物相为渗透进涂层中残留的玻璃态火山灰。结合图 5.39(d) S3 区域能谱图与图 5.39(e) S3 区域 SAEDP 得出 S3 区域为 t-ZrO$_2$，晶带轴指数为[10$\bar{1}$]，此区域为未被火山灰破坏的 YSZ。采用类似的分析方法，结合能谱图与 SAEDP 判定得出 S4 区域为 m-ZrO$_2$。图 5.39(h) 所示 S5 区域能谱图主要元素为 Zr 与 Si，其中 Zr 元素来自于 YSZ，而 Si 元素来自火山灰，结合图 5.39(i) 电子选区衍射花样判定 S5 区域为 ZrSiO$_4$。从火山灰腐蚀反应区 TEM 结果可知火山灰渗透进涂层后与 YSZ 反应生成 ZrSiO$_4$，并伴随有 t-ZrO$_2$ 向 m-ZrO$_2$ 转变，这与 XRD 和 Raman 的观测结果相一致。

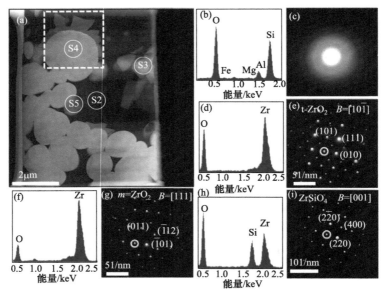

图 5.39　(a)由 FIB 切取的经 1150℃ -8 h 火山灰腐蚀后样品的 STEM 图像；(b) 图为(a)图中标示 S2 处的能谱图；(c)S2 区域电子选区衍射花样；(d) S3 区域能谱图；(e) S3 区域电子选区衍射花样；(f) S4 区域能谱图；(g) S4 区域电子选区衍射花样；(h) S5 区域能谱图；(i) S5 区域电子选区衍射花样

5.3.3　降温过程受腐蚀涂层的热力化耦合相变理论

从 5.3.2 节中受腐蚀的 YSZ 涂层的 SEM 表征和 TEM 表征可以看出，流失 Y 元素的涂层材料将发生四方相到单斜相的相变过程。为了研究相变的机理，我们从热力学定律出发，基于相场方法建立降温过程中腐蚀涂层的相变热力化耦合理论。

假设系统在降温过程中 CMAS 渗透和涂层腐蚀溶解化学反应过程停止，即 c_i 和 n 仅为随空间变化的场变量。降温后，在溶解区域（$n = 1$），流失 Y 元素的 YSZ 陶瓷晶粒在低于平衡温度的条件下发生四方相到单斜相的转变。基于相场方法描述 CMAS 腐蚀导致涂层的降温相变过程。定义相变序参量 η，$\eta = 0$ 代表四方相，$\eta = 1$ 代表单斜相。序参量 η 决定了被溶解区域是否发生相变，我们用 $\eta \cdot n$ 代表单斜相的体积分数。接下来从热力学定律出发推导相场的金兹堡-朗道方程。

引入任意 V 域的能量守恒方程：

$$\int_V \dot{e} \mathrm{d}V = \int_\Omega (\boldsymbol{\sigma} \cdot \boldsymbol{n}) \cdot \boldsymbol{v} \mathrm{d}\Omega + \int_V \boldsymbol{f} \cdot \boldsymbol{v} \mathrm{d}V - \int_\Omega \boldsymbol{q} \cdot \boldsymbol{n} \mathrm{d}\Omega + \int_V r \mathrm{d}V \tag{5.94}$$

将式(5.94)写成微分方程形式

$$\dot{e} = (\nabla \cdot \boldsymbol{\sigma}) \cdot \boldsymbol{v} + \boldsymbol{\sigma} : \nabla \boldsymbol{v} + \boldsymbol{f} \cdot \boldsymbol{v} - \nabla \cdot \boldsymbol{q} + r \tag{5.95}$$

将力平衡方程代入上式得

$$\dot{e} = \boldsymbol{\sigma} : \nabla \boldsymbol{v} - \nabla \cdot \boldsymbol{q} + r = \boldsymbol{\sigma} : \dot{\boldsymbol{\varepsilon}} - \nabla \cdot \boldsymbol{q} + r \tag{5.96}$$

热力学第二定律的熵增率可以表示为

$$\theta \dot{s} - \dot{e} - \frac{1}{\theta} \boldsymbol{q} \cdot \nabla \theta + \boldsymbol{\sigma} : \dot{\boldsymbol{\varepsilon}} = \gamma \theta \tag{5.97}$$

将内能 e 替换为 Helmholtz 自由能 ψ

$$-\dot{\psi} - \dot{\theta} s - \frac{1}{\theta} \boldsymbol{q} \cdot \nabla \theta + \boldsymbol{\sigma} : \dot{\boldsymbol{\varepsilon}} = \gamma \theta \tag{5.98}$$

假定 Helmholtz 自由能 ψ 是温度 θ、弹性应变 ε_e 和相变序参量 η 的函数

$$\psi = \psi(\theta, \varepsilon_e, \eta) \tag{5.99}$$

式(5.99)对时间求导得

$$\dot{\psi} = \frac{\partial \psi}{\partial \theta} \dot{\theta} + \frac{\partial \psi}{\partial \varepsilon_e} : \dot{\varepsilon}_e + \frac{\partial \psi}{\partial \eta} \dot{\eta} \tag{5.100}$$

将总应变分解如下：

$$\boldsymbol{\varepsilon} = \boldsymbol{\varepsilon}_e + \overline{\boldsymbol{\varepsilon}} + \boldsymbol{\varepsilon}_t(\eta) \tag{5.101}$$

$\bar{\varepsilon}$ 代表高温残余应变，$\varepsilon_t(\eta)$ 代表相变应变。假定相变应变表达式如下：

$$\varepsilon_t(\eta) = O\left(3\eta^2 - 2\eta^3\right)\boldsymbol{I} \tag{5.102}$$

将式(5.100)和式(5.101)代入式(5.98)

$$-\left(\frac{\partial \psi}{\partial \theta}\dot{\theta} + \frac{\partial \psi}{\partial \varepsilon_e}:\dot{\varepsilon}_e + \frac{\partial \psi}{\partial \eta}\dot{\eta}\right) - \dot{\theta}s + \boldsymbol{\sigma}:\left[\dot{\varepsilon}_e + \dot{\varepsilon}_t(\eta)\right] - \frac{1}{\theta}\boldsymbol{q}\cdot\nabla\theta = \gamma\theta \tag{5.103}$$

进一步可化简为

$$\left(\boldsymbol{\sigma} - \frac{\partial \psi}{\partial \varepsilon_e}\right):\dot{\varepsilon}_e + \left(-\frac{\partial \psi}{\partial \theta} - s\right)\dot{\theta} + \left(\boldsymbol{\sigma}:\frac{\partial \varepsilon_t}{\partial \eta} - \frac{\partial \psi}{\partial \eta}\right)\dot{\eta} - \frac{1}{\theta}\boldsymbol{q}\cdot\nabla\theta = \gamma\theta \tag{5.104}$$

式中，$\varepsilon_e, \theta, \eta$ 在取值范围内可任意取值，为了使式(5.104)始终保持非负，式(5.104)的前三项 $\dot{\varepsilon}_e, \dot{\theta}, \eta$ 的系数必须为零，可得熵与温度和应力与应变的广义本构关系如下：

$$s = -\frac{\partial \psi}{\partial \theta} \tag{5.105}$$

$$\boldsymbol{\sigma} = \frac{\partial \psi}{\partial \varepsilon_e} \tag{5.106}$$

将式(5.105)和式(5.106)代入式(5.104)得

$$\gamma\theta = \left(\boldsymbol{\sigma}:\frac{\partial \varepsilon_t}{\partial \eta} - \frac{\partial \psi}{\partial \eta}\right)\dot{\eta} - \frac{1}{\theta}\boldsymbol{q}\cdot\nabla\theta \tag{5.107}$$

定义热耗散率和相变耗散率表达式如下：

$$\theta\gamma_\theta = -(\boldsymbol{q}\cdot\nabla\theta)/\theta \tag{5.108}$$

$$\theta\gamma_\eta = \left(\boldsymbol{\sigma}:\frac{\partial \varepsilon_t}{\partial \eta} - \frac{\partial \psi}{\partial \eta}\right)\dot{\eta} = F_\eta\dot{\eta} \tag{5.109}$$

考虑热量流动和相变都是不可逆的过程，因此式(5.108)和式(5.109)均是非负的。式(5.109)中 $F_\eta = \boldsymbol{\sigma}:\dfrac{\partial \varepsilon_t}{\partial \eta} - \dfrac{\partial \psi}{\partial \eta}$ 代表相变驱动力。假设式(5.109)中 $\dot{\eta}$ 与它的系数部分 F_η 呈正比例关系，我们有

$$\dot{\eta} = LF_\eta = L\left(\boldsymbol{\sigma}:\frac{\partial \varepsilon_t}{\partial \eta} - \frac{\partial \psi}{\partial \eta}\right) \tag{5.110}$$

式(5.110)即相变序参量的演变方程，即金兹堡-朗道方程。构建 Helmholtz 自由能

函数表达式如下:

$$\psi = \frac{1}{2}\lambda(\mathrm{tr}\varepsilon)^2 + G\varepsilon : \varepsilon - 2G\overline{\varepsilon} : \varepsilon - \lambda\mathrm{tr}\overline{\varepsilon}\mathrm{tr}\varepsilon - 3K\varepsilon_t(\eta):\varepsilon$$
$$+ \frac{1}{2}\beta'(\nabla\eta)^2 + z(\theta - \theta_c)(3\eta^2 - 2\eta^3) \tag{5.111}$$

这里 θ_c 代表 YSZ 四方相和单斜相间的平衡温度,z 是比例常数,β' 是梯度能部分的系数。上式前两项代表弹性应变能,第三项和第四项代表高温腐蚀过程中残余应变与总应变的耦合项,第五项代表相变应变和总应变的耦合项,第六项代表相变序参量的梯度能,最后一项代表单斜相和四方相中的体自由能部分。

定义剪切模量和体积模量的表达式如下:

$$G = \left(G_{01} + (G_1 - G_{01})(3\eta^2 - 2\eta^3)\right)(1-n) + G_{02}n \tag{5.112}$$

$$K = \left(K_{01} + (K_1 - K_{01})(3\eta^2 - 2\eta^3)\right)(1-n) + K_{02}n \tag{5.113}$$

式中,下标 02 代表涂层的 CMAS 溶解区域,下标 01 代表原始涂层四方相,下标 1 代表单斜相。

将式(5.111)代入式(5.106)得

$$\boldsymbol{\sigma} = \frac{\partial\psi}{\partial\boldsymbol{\varepsilon}_e} = \boldsymbol{\sigma}_0 + \boldsymbol{I}\lambda\mathrm{tr}\varepsilon + 2G\varepsilon - 2G\overline{\varepsilon} - \boldsymbol{I}\lambda\mathrm{tr}\overline{\varepsilon} - 3K\varepsilon_t(\eta) \tag{5.114}$$

上式是逆本构关系,求式(5.114)的逆,可得到本构关系为

$$\varepsilon = \frac{1}{2G}\left((\boldsymbol{\sigma} - \boldsymbol{\sigma}_0) - \frac{\lambda}{2G+3\lambda}\boldsymbol{I}\mathrm{tr}(\boldsymbol{\sigma} - \boldsymbol{\sigma}_0)\right) + \overline{\varepsilon} + \varepsilon_t(\eta) \tag{5.115}$$

将式(5.111)和式(5.114)代入式(5.110),略去高阶应变项得

$$\dot{\eta} = L\left((3K_0 O\mathrm{tr}\varepsilon - z(\theta - \theta_c))(6\eta - 6\eta^2) + \beta'\nabla^2\eta\right) \tag{5.116}$$

式(5.116)即为控制相变序参量演变的金兹堡-朗道方程。

如图 5.40 所示,四方相到单斜相的亚稳平衡曲线由 T_0 表示。在这里我们用二次函数将此亚稳平衡曲线进行拟合

$$\theta_c = \theta_{c1}c_Y^2 + \theta_{c2} \tag{5.117}$$

c_Y 代表涂层中残留 Y 元素的浓度。

将式(5.93)代入到式(5.117)中,再代入到式(5.116)中得

$$\dot{\eta} = L\left(\left(3K_0 O\mathrm{tr}\varepsilon - z\left(\theta - \left(\theta_{c1}(c_{Y0} - k_Y\rho_{CMAS})^2 + \theta_{c2}\right)\right)\right)(6\eta - 6\eta^2) + \beta'\nabla^2\eta\right) \tag{5.118}$$

从式(5.118)可以看出,序参量的演化与降温过程系统的温度和涂层内 CMAS 的渗透量有关。

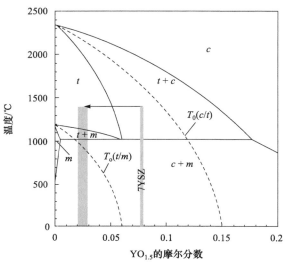

图 5.40　YSZ 的部分相图[3]

接下来我们通过有限元方法求解相变过程中各场变量的演化方程。仿真过程被分为两个阶段，高温腐蚀阶段和降温相变阶段。高温腐蚀过程中，系统温度为恒定值 $\theta_h = 1250℃$，需要计算的场变量包括 CMAS 浓度 c_i，腐蚀反应程度 n 和稳定剂 Y 元素的浓度 c_Y。CMAS 渗透和腐蚀反应程度控制方程的弱形式见式(5.87)和式(5.90)，Y 元素的控制方程见式(5.93)。降温过程中，需要计算的场变量包括应变场、应力场和相变场。平衡方程的弱形式见式(5.91)。相场序参量控制方程的弱形式表示如下：

$$\delta\eta \cdot \dot{\eta} \text{-} L \cdot \delta\eta\left(3K_0 O\text{tr}\varepsilon - z\left(\theta - \left(\theta_{c1}\left(c_{Y0} - k_Y\rho_{CMAS}\right)^2 + \theta_{c2}\right)\right)\right)\left(6\eta - 6\eta^2\right)$$
$$+\beta'L\delta\nabla\eta\cdot\nabla\eta = 0 \tag{5.119}$$

式中，$\delta\eta$ 代表序参量 η 的试函数。图 5.41 所示模型尺寸为 $50\mu m \times 200\mu m$。

高温腐蚀阶段，CMAS 浓度的边界条件同式(5.51)。初始时刻，涂层内 CMAS浓度和腐蚀反应程度均为零。降温相变阶段，涂层内 CMAS 浓度和腐蚀反应程度在涂层内的空间分布保持与高温腐蚀阶段结束时相同。假定系统温度与时间 t 呈线性关系。

$$\theta = \theta_h - k_m \cdot t \tag{5.120}$$

降温阶段初始时刻，涂层内序参量和位移等于零。边界条件为在 AB 边 $\eta = 1$，在 DC 边位移固定为零。

如图 5.41(b)所示，10000 个域单元和 500 个边界单元被用于离散有限元模型。

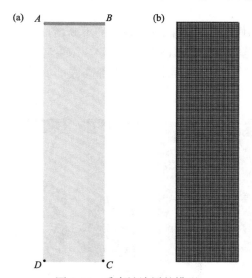

图 5.41　受腐蚀涂层的模型

(a) 红色的实线表示 CMAS 的渗透源，灰白色部分表示涂层；(b) 涂层的网格划分

模型中高温阶段的模型参数见表 5.3。降温阶段的模型参数见表 5.6.

表 5.6　降温阶段模型中使用的仿真参数

参数	数值
YSZ 的质量密度	6 g/cm³
四方相的体积模量[35]	23.81GPa
四方相的剪切模量[35]	16.39GPa
单斜相的体积模量[35]	187.95GPa
单斜相的剪切模量[35]	94.85GPa
原始涂层中 Y 元素的摩尔分数(c_{Y0})	0.08
θ_{c_1}[6]	−256167K
θ_{c_2}[6]	1211.52K
比例系数(O)[35]	0.01
z	5.697×10^5J/(K·m³)
动力学系数(L)[54]	2m³/(J·s)
梯度能系数 (β)[55]	2.5×10^{-9}J/m
k_Y	1.057×10^{-5} 1/s
系统温度的冷却速度（k_m）	0.1K/s

渗入涂层内的 CMAS 逐步溶解腐蚀陶瓷层，同时被溶解涂层中稳定剂 Y 元素将会流失进 CMAS 中。图 5.42 为在不同腐蚀时间下，析出涂层中流失 Y 元素的摩尔分数分布。由图可知，随着腐蚀时间的不断增加，涂层内向 CMAS 中流失的 Y 元素的量越来越多。根据式(5.93)，CMAS 浓度越大，涂层中流失的 Y 元素浓度越高。因此，流失的 Y 元素浓度呈顶部高底部低的分布趋势，即与 CMAS 浓度分布相同。

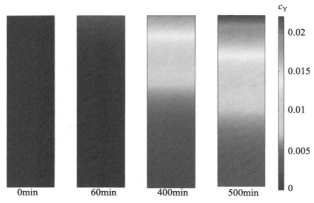

图 5.42　不同腐蚀时间，析出涂层中流失 Y 元素的摩尔分数分布

图 5.43 为腐蚀 600min 后，常温下相变序参量图(a)和单斜相体积分数的分布图(b)。图 5.43(a)中，发生相变的区域为红色，未相变区域为蓝色，两个区域间为一个平直的过度区域，即相边界。考虑到相变序参量 η 决定了被溶解区域是否发生相变，且涂层的腐蚀溶解程度 n 呈靠近涂层表面值大远离表面值小的分布，因此单斜相的体积分数 $\eta \cdot n$ 呈靠近涂层表面大，远离表面值小的分布，如图 5.43(b)所示。

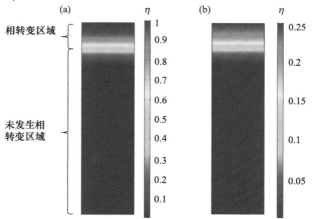

图 5.43　腐蚀 600min 后，室温下单斜相的分布
(a) 单斜相序参量的分布；(b) 陶瓷涂层中单斜相体积分数的分布

流失 Y 元素的涂层材料在降温过程中发生四方相到单斜相的分布。图 5.44 为腐蚀 600min 后，不同冷却时间下，单斜相体积分数的分布。由图可知，400℃时单斜相开始从涂层表面向涂层内部扩展。随着系统温度下降，涂层内单斜相的量不断增加。对于某一冷却温度，单斜相呈靠近涂层表面处量大，远离表面处量少的分布。

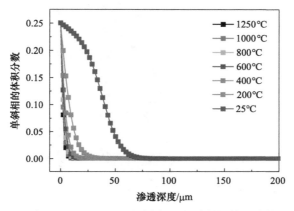

图 5.44　腐蚀 600min 后，不同冷却时刻单斜相体积分数的分布

涂层在发生四方相到单斜相的转变过程中产生体积膨胀。如图 5.45 所示，涂层体应变随时间的演化规律与单斜相体积分数的演变规律相同。对于某一冷却温度，体应变在渗透深度方向呈梯度分布。随着系统温度不断下降，相转变区域（即图 5.43 中的红色区域部分）内体应变值不断增大，但在非相变区域（$\eta = 0$），涂层内体应变的值为零。降温过程中相变伴随着局部变形，进而导致相变区域涂层产生了应力集中现象。图 5.46 为腐蚀 600min 后，室温下，应力分量 σ_{yy} 在涂层内的分布。在相变区域与非相变区域的界面处产生了面外方向的拉应力。当拉应力足够大时，将促使涂层分层现象的产生。

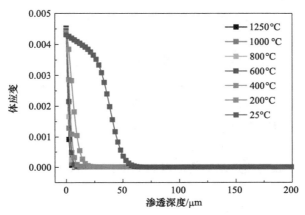

图 5.45　腐蚀 600min 后，不同冷却时刻体应变的分布

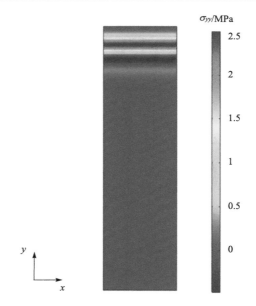

图 5.46　腐蚀 600min 后，室温下，应力分量 σ_{yy} 在涂层内的分布

5.4　总结与展望

　　本章结合实验表征方法和理论模型对 CMAS 腐蚀热障涂层的热力化耦合失效问题开展了研究。理论模型方面，将 CMAS 腐蚀过程分成两个阶段，即高温腐蚀阶段和降温相变阶段。高温阶段，从热力学定律出发，结合力平衡方程和 CMAS 浓度的守恒方程，建立了渗透、化学反应与非弹性相互耦合影响的 CMAS 腐蚀模型。降温相变阶段，基于相场方法，定义序参量描述受腐蚀涂层在降温过程中四方相到单斜相的相转变过程中微结构的演变。结合高温下 Y 元素流失的影响，从热力学定律出发推导出金兹堡-朗道方程。实验方面，利用 SEM、TEM、XRD、Raman 光谱等手段表征了涂层腐蚀的相结构、微观结构演化规律，验证了理论模型的正确性。

　　探究热力化耦合失效过程中的关键问题是各场变量在演化过程中如何相互影响。本章在高温阶段，着重讨论了控制方程中化学耦合项和应变耦合项对场变量演化的影响，提出关键耦合参数 A_1，并讨论了该参数如何通过耦合项影响各场变量的演化，但该参数仍然是未知的，以后的工作中将设计一个简单实验来确定这个耦合参数。

参 考 文 献

[1] Richards L A. Capillary conduction of liquids through porous mediums[J]. Physics,1931, 1: 318-333.

[2] Pasandideh-Fard M, Qiao Y M, Chandra S, et al. Capillary effects during droplet impact on a solid surface[J]. Physics of Fluids, 1996, 8: 650-659.

[3] Drexler J M, Shinoda K, Ortiz A L, et al. Air-plasma-sprayed thermal barrier coatings that are resistant to high-temperature attack by glassy deposits[J]. Acta Materialia, 2010,58: 6835-6844.

[4] Vidal-Setif M H, Rio C, Boivin D, et al. Microstructural characterization of the interaction between 8YPSZ (EB-PVD) thermal barrier coatings and a synthetic CAS[J]. Surface and Coatings Technology, 2014, 239: 41-48.

[5] Krause A R, Garces H F, Dwivedi G, et al. Calcia-magnesia-alumino-silicate (CMAS)-induced degradation and failure of air plasma sprayed yttria-stabilized zirconia thermal barriercoatings[J]. Acta Materialia, 2016, 105: 355-366.

[6] Garces H F, Senturk B S, Padture N P. In situ Raman spectroscopy studies of high-temperature degradation of thermal barrier coatings by molten silicate deposits[J]. Scripta Materialia,2014, 76: 29-32.

[7] Shan X, Zou Z, Gu L, et al. Buckling failure in air-plasma sprayed thermal barrier coatings induced by molten silicate attack[J]. Scripta Materialia, 2016, 113: 71-74.

[8] Mercer C, Faulhaber S, Evans A G, et al. A delamination mechanism for thermal barrier coatings subject to calcium–magnesium–alumino-silicate (CMAS) infiltration [J]. Acta Materialia, 2005, 53(4): 1029-1039.

[9] Vasiliev A L, Padture N P. Coatings of metastable ceramics deposited by solution-precursor plasma spray: II. Ternary $ZrO_2–Y_2O_3–Al_2O_3$ system [J]. Acta Materialia, 2006, 54(18): 4921-4928.

[10] Wellman R, Whitman G, Nicholls J R. CMAS corrosion of EB PVD TBCs: identifying the minimum level to initiate damage [J]. International Journal of Refractory Metals and Hard Materials, 2010, 28(1): 124-132.

[11] Lee K I, Wu L T, Wu R T, et al. Mechanisms and mitigation of volcanic ash attack on yttria stablized zirconia thermal barrier coatings [J]. Surface and Coatings Technology, 2014, 260: 68-72.

[12] Washburn E W. The dynamics of capillary flow [J]. Physical Review, 1921, 17(3): 273-283.

[13] Aygun A, Vasiliev A L,Padture N P, et al. Novel thermal barrier coatings that are resistant to high-temperature attack by glassy deposits[J]. Acta Materialia, 2007, 55: 6734-6745.

[14] Majumdar A. Role of fractal geometry in the study of thermal phenomena [J]. Annual Review of Heat Transfer, 1992, 4: 51-110.

[15] Cai C, Chang S, Zhou Y, et al. Microstructure characteristics of EB-PVD YSZ thermal barrier coatings corroded by molten volcanic ash [J]. Surface and Coatings Technology, 2016, 286: 49-56.

[16] Cai J, Perfect E, Cheng C L, et al. Generalized modeling of spontaneous imbibition based on Hagen-Poiseuille flow in tortuous capillaries with variably shaped apertures [J]. Langmuir the Acs Journal of Surfaces and Colloids, 2014, 30(18): 5142-51.

[17] Lucas R. Ueber das zeitgesetz des kapillaren aufstiegs von flüssigkeiten [J]. Kolloid-Zeitschrift, 1918, 23(1): 15-22.

[18] Fredlund D G, Xing A. Equations for the soil-water characteristic curve [J]. Canadian Geotechnical Journal, 1994, 31(4): 521-532.

[19] Sampath S, Schulz U, Jarligo M O, et al. Processing science of advanced thermal-barrier systems [J]. MRS Bulletin, 2012, 37(10): 903-910.

[20] Cai J, Yu B. A discussion of the effect of tortuosity on the capillary imbibition in porous media [J]. Transport in Porous Media, 2011, 89(2): 251-263.

[21] Luo L, Yu B, Cai J, et al. Numerical simulation of tortuosity for fluid flow in two-dimensional pore fractal models of porous media [J]. Fractals-complex Geometry Patterns and Scaling in Nature and Society, 2014, 22(4): 1450015.

[22] Khan Y, Vázquez-Leal H, Faraz N. An auxiliary parameter method using Adomian polynomials and Laplace transformation for nonlinear differential equations [J]. Applied Mathematical Modelling, 2013, 37(5): 2702-2708.

[23] Dyke P P G. An Introduction to Laplace Transforms and Fourier Series [M]. London: Springer, 2001.

[24] Wang N, Li C, Yang L, et al. Experimental testing and FEM calculation of impedance spectra of thermal barrier coatings: effect of measuring conditions [J]. Corrosion Science, 2016, 107: 155-171.

[25] Kulkarni A, Vaidya A, Goland A, et al. Processing effects on porosity-property correlations in plasma sprayed yttria-stabilized zirconia coatings [J]. Materials Science and Engineering: A, 2003, 359(1-2): 100-111.

[26] 杨广跃, 杨辉, 郭兴忠, 等. CaO/MgO 质量比对 CaO-MgO-Al₂O₃-SiO₂ 微晶玻璃析晶行为的影响[J]. 硅酸盐学报, 2010, 38(11): 2045-2049.

[27] Yin B B, Liu Z Y, Yang L, et al. Factors influencing the penetration depth of molten volcanic ash in thermal barrier coatings: theoretical calculation and experimental testing[J]. Results in Physics, 2019, 13: 102169.

[28] Kim J, Dunn M G, Baran A J. Deposition of volcanic materials in the hot sections of two gas turbine engines[J]. Journal of Engineering for Gas Turbines and Power, 1993, 115(3): 641-651.

[29] 聂晓旭. CMAS 组分改变对 EBPVD-热障涂层微观组织结构的影响 [D]. 湘潭: 湘潭大学, 2014.

[30] Lee K I, Wu L T, Wu R T, et al. Mechanisms and mitigation of volcanic ash attack on yttria stablized zirconia thermal barrier coatings[J]. Surface and Coatings Technology, 2014, 260:68-72.

[31] 臧红霞. 接触角的测量方法与发展[J]. 福建分析测试, 2006, 15(2): 47-48.

[32] Cao L, Hu H H, Gao D. Design and fabrication of micro-textures for inducing a superhydrophobic behavior on hydrophilic materials [J]. Langmuir the Acs Journal of Surfaces and Colloids, 2007, 23(8): 4310-4314.

[33] Liu J, Feng X, Wang G, et al. Mechanisms of superhydrophobicity on hydrophilic substrates [J]. Journal of Physics Condensed Matter, 2007, 19(35): 1431-1435.

[34] Chen X. Calcium–magnesium–alumina–silicate (CMAS) delamination mechanisms in EB-PVD thermal barrier coatings[J]. Surface & Coatings Technology, 2006, 200(11): 3418-3427.

[35] Abubakar A A, Akhtar S S, Arif A F M. Phase field modeling of V_2O_5 hot corrosion kinetics in thermal barrier coatings[J]. Comput. Mater. Sci, 2015, 99: 105-116.

[36] Wiesner V L, Bansal N P. Mechanical and thermal properties of calcium–magnesium aluminosilicate (CMAS) glass [J]. J. Eur. Ceram. Soc., 2015, 35 (10): 2907-2914.

[37] Bak T, Nowotny J, Prince K, et al. Grain boundary diffusion of magnesium in Zirconia[J]. Journal of the American Ceramic Society, 2002, 85: 2244-2250.

[38] Chiodelli G, Magistris A, Scagliotti M, et al. Electrical properties of plasma-sprayed yttria-stabilized zirconia films[J]. Journal of Materials Science, 1988, 23: 1159-1163.

[39] Ulm F J, Torrenti J M, Adenot F. Chemo-poro-plasticity of calcium leaching in concrete[J]. Journal of Engineering Mechanics, 1999, 125: 1200-1211.

[40] Kakuda T R, Levi C G, Bennett T D. The thermal behavior of CMAS-infiltrated thermal barrier coatings[J]. Surface and Coatings Technology, 2015, 272: 350-356.

[41] Cai Z, Hong H, Peng D, et al. Stress evolution in ceramic top coat of air plasma-sprayed thermal barrier coatings due to CMAS penetration under thermal cycle loading[J]. Surface and Coatings Technology, 2019, 381: 125146.

[42] Krämer S, Yang J, Levi C G, et al. Thermochemical interaction of thermal barrier coatings with molten CaO-MgO-Al_2O_3-SiO_2 (CMAS) deposits [J]. Journal of the American Ceramic Society, 2006, 89 (10): 3167-3175.

[43] Poirier D R, Geiger G H. Transport Phenomena in Materials Processing [M]. Minerals, Metals & Materials Society, 1994.

[44] Bai Y, Han Z H, Li H Q, et al. Structure–property differences between supersonic and conventional atmospheric plasma sprayed zirconia thermal barrier coatings[J]. Surface and Coatings Technology, 2011, 205(13): 3833-3839.

[45] Zhao X, Wang X, Xiao P. Sintering and failure behaviour of EB-PVD thermal barrier coating after isothermal treatment[J]. Surface and Coatings Technology, 2006, 200(20): 5946-5955.

[46] Poza P, Go´mez-Garcı´a J, Mu´ne C J. TEM analysis of the microstructure of thermal barrier coatings after isothermal oxidation [J]. Acta Materialia, 2012, 60(20): 7197-7206.

[47] Yu Q, Rauf A, Wang N, et al. Thermal properties of plasma-sprayed thermal barrier coating with bimodal structure [J]. Ceram. Int., 2011, 37: 1093-1099.

[48] Wellman R, Nicholls J. A review of the erosion of thermal barrier coatings[J]. Journal of Physics D: Applied Physics, 2007, 40(16): 293-305.

[49] Scott H G. Phase relationships in the zirconia-yttria system[J]. Journal of Materials Science, 1975, 10(9):1527-1535.

[50] Cutler R A, Reynolds J R, Jones A. Sintering and characterization of polycrystalline monoclinic, tetragonal, and cubic zirconia[J]. Journal of the American Ceramic Society, 2010, 75(8): 2173-2183.

[51] Chen X, Wang R, Yao N, et al. Foreign object damage in a thermal barrier system: mechanisms and simulations[J]. Materials Science and Engineering: A, 2003, 352(1-2): 221-231.

[52] 朱和国. 材料科学研究与测试方法[M]. 南京：东南大学出版社, 2008.

[53] Chang H L, Cai C Y, Wang Y, et al. Calcium-rich CMAS corrosion induced microstructure development of thermal barrier coatings[J]. Surface and Coatings Technology, 2017, 324: 577-584.

[54] Mamivand M, Zaeem M A, El Kadiri H . Phase field modeling of stress-induced tetragonal-to-monoclinic transformation in zirconia and its effect on transformation toughening[J]. Acta Materialia, 2014, 64:208-219.

[55] Mamivand M, Zaeem M A, El Kadiri H. Effect of variant strain accommodation on the three-dimensional microstructure formation during martensitic transformation: application to zirconia[J]. Acta Materialia,2015, 87: 45-55.

第6章 热障涂层的冲蚀失效机理

热障涂层的冲蚀失效，是指在带硬质颗粒高温气流的反复撞击下涂层出现减薄、裂纹以及剥落的现象，曾被认为是涂层剥落的第二关键因素。但是，当燃气温度过高时，这些粒子会熔融形成 CMAS 腐蚀。在发动机燃气温度越来越高的情况下，CMAS 腐蚀逐渐成为热障涂层剥落的最危险因素。然而，我国是多风沙、多雾霾的国家，飞机起飞或是低空飞行时冲蚀失效现象依然不容忽视。

本章以 YSZ 热障涂层材料以及 APS 和 EB-PVD 两种工艺为主体，结合稀土掺杂、镧系等新型热障涂层材料，PS-PVD、激光熔融等新型及改进工艺等来认识热障涂层的冲蚀失效现象，并介绍热障涂层冲蚀失效的实验、数值模拟与理论研究方法，从而认识热障涂层冲蚀失效的机理。

6.1 热障涂层的冲蚀失效现象

热障涂层冲蚀失效的认识一般通过特殊的风洞装置、气体喷枪装置或是工业燃烧装置，在某一温度下将某一种或多种硬质颗粒以一定的角度、速度喷至热障涂层的陶瓷表面，观察陶瓷层的破坏形式，分析影响其冲蚀性能的因素。

6.1.1 热障涂层失效现象

如图 6.1 所示，热障涂层的冲蚀失效是指在带硬质颗粒的气流反复作用下，处于作用区域的陶瓷层先变密实进而发生厚度变薄、裂纹形成甚至涂层剥落的现象。这里的硬质颗粒来源主要有两类：一类是在发动机内产生，或者是在燃烧过程中形成的碳颗粒，又或者是由于发动机燃烧内壁、涡轮叶片等被冲蚀形成的粒子；

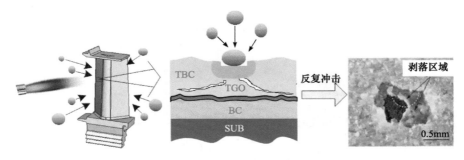

图 6.1 热障涂层的冲蚀损伤与剥落[1]

另一类是来自被吸入燃气轮机的外界物体，如沙粒、灰尘、铝等金属粒子。也有文献将第一类粒子作用的热障涂层失效叫做冲蚀，将第二类粒子作用的失效叫做外界物体撞击损伤[2-7]。但更多的研究将这两类损伤都统一叫做冲蚀，而将不同性质的颗粒带来的损伤差异看成不同的失效机理[8-11]。

6.1.2　热障涂层冲蚀率

通常，将陶瓷层质量的减少量 Δw_{TBC} 与参与冲蚀的粒子质量 w_P 之比定义为热障涂层的冲蚀速率 w_e：

$$w_e = \Delta w_{TBC} / w_P$$

它决定于撞击粒子和陶瓷层两者的性质，主要的影响因素有粒子的质量(尺寸、密度)、速度、角度；陶瓷层的物理、力学性能参数如密度、弹性模量、强度、硬度、断裂韧性等，此外，与冲蚀时热障涂层以及撞击颗粒的温度有关[2-7]。

6.1.3　各种涂层冲蚀性能的比较

采用 EB-PVD[4-7, 12-14]和 APS[1, 14-22]工艺制备的 YSZ 热障涂层，是目前广泛应用的热障涂层体系，也是热障涂层冲蚀失效研究的主要对象。研究表明 EB-PVD 热障涂层因为柱状晶结构带来了更大的应变容限，其冲蚀性能也优于 APS 热障涂层[1,2]。但随着 YSZ 承温能力不足、抗 CMAS 腐蚀能力不足，稀土改性的 YSZ 涂层、镧系涂层、钽系涂层、功能梯度涂层等多种新型热障涂层材料，含表面裂纹的 APS 热障涂层[23](图 6.2(a))、兼具等离子与物理气相沉积微结构优势的 PS-PVD 热障涂层(图 6.2(b))[24-25]等新型工艺相继出现，其冲蚀性能也得到相应的关注。

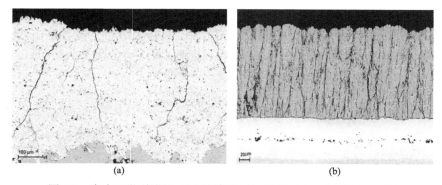

(a)　　　　　　　　　　　　　　　(b)

图 6.2　含表面微裂纹的 APS 热障涂层(a)和 PS-PVD 热障涂层(b)[16]

Cernuschi 等[15]、Nicholls 等[2]、Steinberg 等[26]、Shin 等[27]、Tian 等[28]以 YSZ 涂层为例，比较了制备工艺、冲蚀颗粒的状态(速度、角度)、冲蚀温度对冲蚀性

能的影响，结果如图 6.3 所示。从图 6.3(a)、(b)可以看出，在冲蚀角度、速度和温度都相同的情况下，热障涂层冲蚀性能的优劣按照制备工艺来排序依次是 EB-PVD、含垂直裂纹的 APS、PS-PVD、APS；而且，APS 热障涂层是 EB-PVD 热障涂层冲蚀速率的十倍，甚至更多。

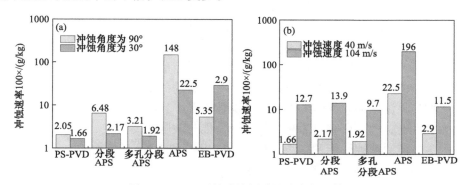

图 6.3　700℃下热障涂层冲蚀速率的比较

(a) 冲蚀速度都为 40 m/s 但冲蚀角度不同；(b) 冲蚀角度都为 30°但冲蚀速度不同[16]

Cernuschi 等[29]采用相同的等离子喷涂工艺，比较了 YSZ、铝改性 YSZ/YSZ 双层热障涂层(YAG)、钆锆/YSZ 双层热障涂层(Gd)等新型热障涂层材料的冲蚀性能，结果如图 6.4 所示。可以看出，在冲蚀角度、速度等环境相同的情况下，铝改性 YSZ/YSZ 双层热障涂层、钆锆/YSZ 双层热障涂层等具有抗 CMAS 性能的新型热障涂层，在冲蚀性能方面反而比 YSZ 差。这一结果在 Steinberg 等的研究中也被证实[30]。图 6.4 可以看出，抗冲蚀性能最优的是具有多条垂直裂纹的 APS。这也在一定程度上说明，含有垂直裂纹的 APS 热障涂层具有较好的应用前景。

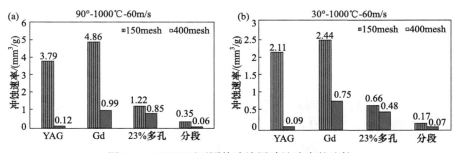

图 6.4　1000℃下不同热障涂层冲蚀速率的比较

(a) 冲蚀角度 90°；(b) 冲蚀角度 30° [29]

6.1.4　热障涂层冲蚀性能的一般规律

对于各种热障涂层，冲蚀速率随着冲蚀角度(粒子运动方向与陶瓷表面的夹角)和粒子速度的增大而增大,如图 6.3(a)和(b)所示。其中冲蚀速率 w_e 与粒子冲蚀角度 φ 和粒子速度 v 之间满足以下经验公式[15]:

$$w_e \propto \left(v \sin \varphi \right)^n \tag{6.1}$$

其中,n 为常数,对于块体二氧化锆陶瓷,其值约为 3,对于图 6.3(a)和(b)中五种热障涂层,n 值最小的是 EB-PVD,为 1.4,最大的是 APS,为 2.3[15]。研究表明温度对热障涂层冲蚀速率没有太大的影响,说明冲蚀温度没有改变冲蚀破坏的机理。也有研究发现热障涂层速率随着温度的增加而呈现出少量的减小,可能与高温下陶瓷层的烧结或非弹性变形能力增大有一定的关系[4]。

影响热障涂层冲蚀性能的力学性能参数很多,其中硬度往往能反映出材料的综合力学性能,因而研究热障涂层的冲蚀性能与硬度的关系在一定程度上能说明材料力学性能对冲蚀性能的影响。Cernuschi 等[15]和 Janos 等[20]发现,APS 热障涂层的冲蚀速率 w_e 与陶瓷层的显微维氏硬度 H_t 之间的关系可以拟合为

$$w_e = aH_t^b + c \tag{6.2}$$

式中,a、b、c 是与实验条件有关的常数。一般来说,硬度越大,涂层抗冲蚀性能越优异,故 a 一般为负数。

Hassani 等[31]、Chen 等[32]、Wellman 等[5]也认为热障涂层的冲蚀性能与涂层硬度、弹性模量或者二者的关系相关,从而可以将冲蚀速率 w_e 描述为 H、E、H/E、或 H^3/E^2 的函数,即

$$w_e = f\left(H, E, H/E, H^3/E^2 \right) \tag{6.3}$$

具体的函数关系可以根据实验数据拟合而得。

Algenaid 等[33]最近通过悬浮等离子喷涂热障涂层孔隙等微结构的调控,分析了其冲蚀性能与涂层力学性能的关联,实验发现用涂层的断裂韧性来评价抗冲蚀性能时,相对于硬度、弹性模量更为准确,即

$$w_e = aK_{IC} + c \tag{6.4}$$

其中,K_{IC} 为涂层的断裂韧性,a、b、c 是与实验条件有关的常数。由于断裂韧性是表示承受广义载荷的能力,既考虑了承受机械载荷的能力,又考虑了缺陷的影响,故用断裂韧性来评估抗冲蚀性能更为合理。

热障涂层冲蚀性能与涡轮叶片几何形状和涂层微结构有关,如叶片形状方面有叶片曲面结构,EB-PVD 热障涂层方面有柱状晶大小、间距,APS 热障涂层方面有孔隙率,这些因素对热障涂层的冲蚀性能都有比较大的影响。Nicholls 等[1, 2, 12]的研究表明,几何形状为凸面结构的陶瓷层其冲蚀速率要远大于几何形状为凹面结构陶瓷层的冲蚀速率。当 EB-PVD 的柱状晶与被冲蚀的陶瓷层表面夹角大

于 70°时，其抗冲蚀性能较好；夹角在 30°～70°之间时，冲蚀速率会随夹角的减小直线上升；夹角在 50°时，同样的冲蚀条件下 EB-PVD 热障涂层的冲蚀速率大于 APS 热障涂层的冲蚀速率；夹角 30°时的冲蚀速率大约是夹角 70°时的 10 倍；而当夹角小于 7.5°时，冲蚀速率能达到 6000g/kg，这里的 "g/kg" 表示每千克的冲蚀粉末可冲蚀掉的涂层克数，后面出现这样的单位类同。而且，EB-PVD 柱状晶的直径与热障涂层的冲蚀性能有很大的关系，直径越大，其冲蚀速率越大，而且冲蚀的失效形式在很大程度上决定于冲蚀粒子的直径 D 与柱状晶的直径 d 之比，即 D/d 的值[1, 6, 12]。为保证 EB-PVD 陶瓷层在使用过程中具有好的冲蚀性能，应保证柱状晶与被冲蚀的陶瓷层表面夹角位于 75°～90°之间；柱状晶的直径要尽可能的小；而要提高 APS 热障涂层的冲蚀性能，应尽可能地减少陶瓷层中的孔洞和裂纹，适当地预制垂直于界面的裂纹[1,15,18-21]。

6.2　典型热障涂层的冲蚀失效模式

各种热障涂层制备工艺不同，微观结构也不同，从而其冲蚀失效形式也不同，本节主要介绍 EB-PVD、APS 以及 PS-PVD 热障涂层的冲蚀失效形式与影响因素。

6.2.1　EB-PVD 热障涂层的冲蚀失效模式

对于柱状晶结构的 EB-PVD 热障涂层，冲蚀颗粒与陶瓷层的碰撞可看成颗粒与单个或多个柱状晶的作用，其失效形式由颗粒大小(质量)、速度、D/d 值、碰撞角度以及柱状晶屈服强度来决定，且失效模式与 D/d 的值密切相关。根据 Nicholls、Wellman 等的研究结果，可以将 EB-PVD 热障涂层的冲蚀失效模式总结为涂层密实冲蚀模式、涂层压缩损伤冲蚀模式和外来粒子损伤冲蚀模式三种[1, 2, 4-8, 12, 13]。

(1) 模式Ⅰ：涂层密实冲蚀模式。这一失效模式一般在 D/d 的值小于 2 的情况下发生，当小尺寸、低速度的颗粒撞击在陶瓷层表面时，颗粒只与一个或很少几个柱状晶作用，陶瓷层仅在近表面不超过 20μm 的范围内发生涂层变密，形成密实层，如图 6.5(a)所示。此时，陶瓷层仍然保持完整的柱状晶结构，在密实层(塑性层)与没有变形的陶瓷层(弹性层)之间也可能有少量的层间裂纹形成，如图 6.5(b)所示。这种失效模式在低温和高温下都可能发生，但高温下所产生的密实层的厚度并没有因为陶瓷层的"软化"而增大。在这一模式下，热障涂层的冲蚀性能与陶瓷层的杨氏模量、硬度以及断裂韧性有关，由于这些参数都是随温度的变化而变化的。因此，在这一模式下热障涂层的冲蚀速率会随着温度的变化而变化。

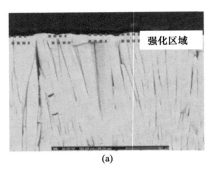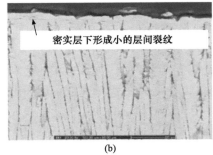

(a)　　　　　　　　　　　　　(b)

图 6.5　EB-PVD 热障涂层的冲蚀失效模式 I

(a) 形成密实层；(b) 密实层下形成小的层间裂纹[1]

(2) 模式 II：涂层压缩损伤冲蚀模式。这是介于涂层密实冲蚀模式与外来粒子损伤冲蚀模式之间的一种失效模式，一般 D/d 的值在 2～12 之间的情况下发生，当较大尺寸的粒子以较大的速度撞击在陶瓷层的表面时，被撞击的区域发生了少量的涂层剥离或是产生密实区，但陶瓷层内没有产生任何的裂纹，也没有在整个陶瓷层中产生整体的塑性变形，如图 6.6 所示。与模式 I 相比，冲蚀都是以相互独立的方式发生在单个或多个柱状晶中，但比模式 I 中参与的柱状晶单元要多。所以，尽管碰撞时吸收的能量要大，但因为参与的单元多反而没有在密实层和变形量很少的陶瓷层的界面处形成裂纹，也没有模式 III 中的剪切带和裂纹形成。因此，发生这一失效模式的条件是每一个柱状晶单元所受到的瞬时应力必须小于自身的断裂强度，此时的密实变形完全来自于陶瓷层中的孔洞。这是颗粒反复的冲撞作用而产生的疲劳。这种失效模式在常温和高温下都可能发生。

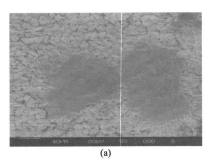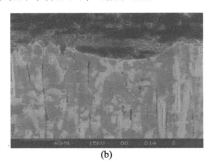

(a)　　　　　　　　　　　　　(b)

图 6.6　EB-PVD 热障涂层的冲蚀失效模式 II

(a) 表面形貌；(b) 截面图[1]

(3) 模式 III：外来粒子损伤冲蚀模式。当 D/d 的值大于 12 时，大尺寸、高速度的颗粒会撞击在陶瓷层表面，陶瓷层发生较大的变形，而且变形范围也很大，其变形可以延伸至过渡层或是基底。这时，柱状晶单元甚至发生弯曲、断裂，多个柱状晶单元的断裂并彼此连接，形成宏观裂纹，如图 6.7(a)所示。一般情况下，裂纹首先在碰撞区产生，然后向外扩展。由于每个柱状晶单元断裂的位置不在同一水平线上，因而，裂纹在扩展时并不与热障涂层的界面平行，而是形成一条能"拐弯"的裂纹带，称为"拐弯带"(kink band)，如图 6.7(b)所示[4, 11]。这种失效模式在常温和高温下都可能发生，但在相同载荷下温度越高陶瓷涂层的变形越大，因而在温度较高时粒子冲蚀后留下的凹坑尺寸要比常温时大，如图 6.7(c)所示。在高温下，还可能发生另一类冲蚀破坏形式，如图 6.7(d)所示，涂层整体没有发生较大的变形，虽然柱状晶单元屈曲了却没有形成明显的裂纹。这一破坏形式只发生在温度 800℃以上的冲蚀情况，常温下基本不出现[12]。

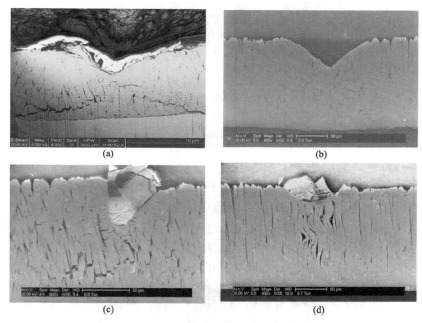

图 6.7　EB-PVD 热障涂层的冲蚀失效模式Ⅲ

(a) 1200℃下的损伤；(b) 800℃下的损伤；(c) 常温下的损伤；(d) 800℃下的损伤[3, 12]

6.2.2　APS 热障涂层的冲蚀失效模式[1, 15, 21]

APS 热障涂层是典型的层状结构，整个陶瓷层可以看成是一层一层的条状单元叠加而成，在喷涂和冷却的过程中陶瓷层会形成体积达到 10%～15% 的孔洞，为了增加 ZrO_2 的稳定性而加入的 Y_2O_3 则会使得涂层中形成很多与界面平行的微裂纹。孔洞和裂纹的存在使得 APS 陶瓷层的弹性模量较小，从而其受载能力较低。与 EB-PVD 热障涂层相比 APS 陶瓷层的冲蚀性能要差。颗粒与陶瓷层的碰撞是颗粒与这一区域的单个或多个层状单元作用，如图 6.8 所示，冲蚀失效模式表现为层状单元的边界处形成裂纹并扩展，陶瓷层沿着这些边界成块、成片的剥落，而没有像 EB-PVD 热障涂层那样出现明显的密实层。对于 APS 热障涂层，冲蚀性能与陶瓷层中孔洞、裂纹的分布有很大的关系，陶瓷层内孔洞、平行裂纹的增多为层状单元的剥落提供了更多的起始源，因而涂层更容易剥落；相反，陶瓷层比较致密时，即孔洞、裂纹较少时，涂层表现出较好的冲蚀性能。

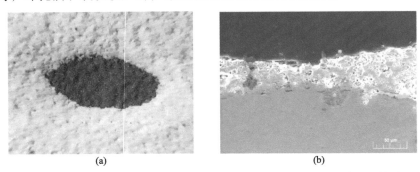

(a)   (b)

图 6.8   APS 热障涂层在铝粒子以 30°的角度、140m/s 的速度冲蚀的结果

(a) 冲蚀区域的光学照片；(b) 冲蚀区域的 SEM 截面图 [15]

6.2.3   PS-PVD 热障涂层的冲蚀失效模式[15, 26-28, 34-35]

    PS-PVD 热障涂层是兼具 APS 多孔片层状以及 EB-PVD 多间隙的双层结构，如图 6.2 所示，在两种结构的共同存在下可以形成 19%～29%的孔隙率，且有大量的层状裂纹、垂直于界面的间隙。间隙的存在，减小了冲蚀颗粒对所作用区域以外的涂层损伤，因而 PS-PVD 表现出比 APS、甚至比 EB-PVD 更优异的抗冲蚀性能。如图 6.9 所示，PS-PVD 热障涂层冲蚀时会形成涂层剥落严重区 R1、受冲蚀影响区域 R2 及未损伤区 R3。其中，R1 损伤区涂层表现出明显的层状裂纹并

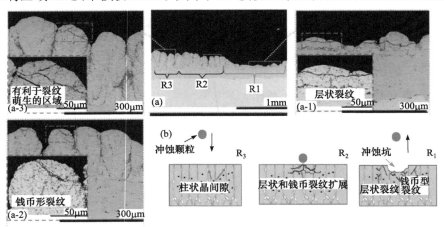

图 6.9   PS-PVD 热障涂层的冲蚀失效模式

(a) 三个损伤区；(b) 失效模式示意图[35]

导致涂层逐层剥落；R2 区形成钱币形裂纹并伴随着涂层的部分剥落，此时剥落方向往往是倾斜的；R3 区尽管没有明显的冲蚀变形，但也出现裂纹倾向形成区，构成易裂纹、易剥落的倾向地带。一般来说，如图 6.9(b)所示，裂纹在冲蚀颗粒的直接作用区域 R1 的孔隙、微裂纹等薄弱处形成，并在粒子的反复冲蚀下扩展。当裂纹扩展至临近的间隙处时，裂纹扩展停止。当 R1 区更多的裂纹形成、扩展，并彼此连接后使得该区域的涂层剥落。同时，通过应力传递在临近区域 R2 形成钱币形裂纹。此时，PS-PVD 热障涂层的冲蚀性能与陶瓷层中间隙分布、孔隙率、晶粒子尺寸有关，孔隙越小、晶粒越细时，在孔隙一定的情况下孔隙分布越均匀，涂层的冲蚀性能越好。

6.2.4 热障涂层的 CMAS 冲蚀失效

CMAS(calcium-magnesium-alumina-silicates)即钙镁铝硅氧化物的混合粒子，当热障涂层表面温度低于其熔点时，CMAS 便是引起涂层冲蚀失效的粒子；当温度高于熔点(如 1240°C 以上)时，CMAS 冲蚀颗粒会熔化。实际上是伴随着冲蚀和 CMAS 腐蚀的两个过程，冲蚀的过程依然会引起涂层的剥落，如图 6.10(d)所示。同时熔融的 CMAS 极易在陶瓷层中的孔洞和裂纹处扩散，在随后的冷却过程中，形成如图 6.10(a)～(c)所示的三斜结构的玻璃相，即钙长石 $CaAl_2Si_2O_8$[2,16, 17, 36]。Drexler 等[17]已经证明发动机在冰岛 Eyjafjallajökull 火山产生的火山灰(简称 Eyjafjallajökull 火山灰)冲蚀下，可以发生熔融的 CMAS 冲蚀。在熔融的 CMAS 作用下，陶瓷层不会形成明显的密实区，也不会发生明显的剥落，如图 6.10(a)、(b)所示。但这些三斜结构玻璃相钙长石的形成极大降低了热障涂层的应变容限，即降低了热障涂层抵抗变形的能力[16, 17, 36]。更重要的是，CMAS 的热膨胀系数要明显的低于陶瓷涂层，因而孔洞和裂纹处渗透有 CMAS 的陶瓷层在冷却时会产生额外的压应力，这一压应力累积到足够大时会在渗透有 CMAS 的陶瓷层与下面的陶瓷层的界面处形成裂纹，并导致涂层发生剥落。

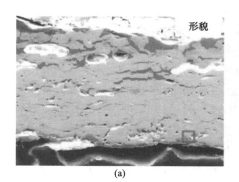
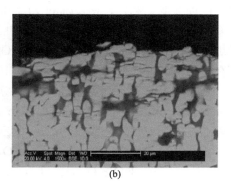

(a)　　　　　　　　　　　　　　　　　(b)

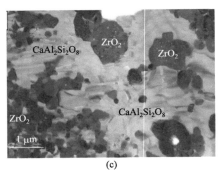
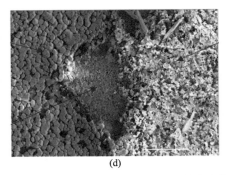

图 6.10　1200℃ 下被 Eyjafjallajökull 火山灰冲蚀 24h 后的 APS[16, 17](a)、CMAS 冲蚀后的
EB-PVD[1]热障涂层截面扫描电镜照片(b)、(a)中红色区域的高清 TEM 明场相[16](c)和 CMAS 冲
蚀区域的表面形貌[37](d)

6.2.5　影响热障涂层冲蚀性能的因素

上面讨论了不同工艺热障涂层冲蚀速率与失效模式的差异，得出对于
EB-PVD 热障涂层，其冲蚀性能与 D/d 的值有很大的关系，而 APS 热障涂层的冲
蚀性能则主要决定于陶瓷层的孔隙率以及层状单元之间的结合力，PS-PVD 热障
涂层的冲蚀性能与晶粒、间隙等微结构有关，此外冲蚀性能还与涂层成分等有关。
这一小节将简单介绍其他影响热障涂层冲蚀性能的重要因素，包括陶瓷层的材料
成分、高温老化、高温 CMAS 腐蚀等。

1. 陶瓷层材料成分的影响

为了提高热障涂层的隔热能力以及相的稳定性，国内外针对热障涂层的材料
进行了广泛的研究，发现在 YSZ 陶瓷层中，加入少量的稀土氧化物[2,5,8,14](如
Gd_2O_3、Dy_2O_3、Yb_2O_3)，或是加入少量的 Hf 元素[5]，可以有效降低 EB-PVD 热
障涂层的热传导系数。然而目前任何能降低涂层热传导系数的掺杂都降低了陶瓷
层的冲蚀性能。例如，在传统的 ZrO_2-8wt.%Y_2O_3 陶瓷层中掺入 2mol%的 Dy_2O_3
或 Gd_2O_3，热障涂层的冲蚀速率约增加了一倍，加入 4mol%的 Gd_2O_3 其冲蚀速率
增加了 20 倍[2]；又例如，在传统的 ZrO_2-8wt.%Y_2O_3 陶瓷层加入少量的 Hf 元素，
其在室温下的冲蚀速率由传统 YSZ 的 10.92 g/kg 增大至 16.51g/kg[5]。一般情况下，
制备态的 EB-PVD 热障涂层主要由亚稳态四方相(简称 t′相)组成，在热循环条件
下亚稳态四方相(t′)有向单斜相(简称 m 相)转变的趋势。除此之外陶瓷层相结构也
可以通过掺杂或是工艺参数的改进而变化。Zhu 比较了传统 t′相 ZrO_2-7wt%Y_2O_3
和 c 相的 ZrO_2-4mol%Y_2O_3-3mol%Gd_2O_3-3mol% Yb_2O_3、c 相的 ZrO_2-4mol%Y_2O_3-
3mol%Gd_2O_3-3mol%Yb_2O_3-TiO_2-Ta_2O_5、c 相 的 ZrO_2-4mol%Y_2O_3-4mol%Gd_2O_3-
4mol%Yb_2O_3 以及锆酸盐 $Zr_2Gd_2O_7$ 涂层在高温(1000℃ 以上)、粒子高速撞击下

(170m/s 以上)冲蚀性能的差异。结果表明，无论是掺杂后的立方相陶瓷层还是
$Zr_2Gd_2O_7$ 涂层，其冲蚀性能都比亚稳态四方相的 ZrO_2-7wt%Y_2O_3 陶瓷层要差[14]。
尽管如此，少量掺杂后 EB-PVD 热障涂层的冲蚀性能还是要优于 APS 热障涂层，
而且 Hf 掺杂能提高热障涂层在较高温度即实际服役环境下的冲蚀性能[5]。
Ramanujam 等也指出在陶瓷层中掺杂少量的韧性金属相如 CoNiCrAlY 合金，能提
高 APS 热障涂层的冲蚀性能[21]。这些结果表明，掺杂有可能得到隔热、冲蚀综合
性能理想的热障涂层材料。

2. 高温老化的影响

热障涂层在高温下服役时，会发生烧结、相变、氧化等老化现象，他们对冲
蚀性能的影响是冲蚀机理研究的一个重要方面。对于 EB-PVD 热障涂层，高温老
化如烧结会使得各个柱状晶之间的间距变小，甚至相互连接，从而两个或多个柱
状晶会连接形成一个柱状晶，使得柱状晶的尺寸比未老化的尺寸要大，从而导致
更高的冲蚀速率[2, 13]。例如，EB-PVD 热障涂层在 1100℃下分别老化 30h 和 100h
后，在常温下的冲蚀速率分别增加了 2.6g/kg 和 9.76g/kg 左右；而在 1500℃下老
化 24h 后，在常温下的冲蚀速率增加了 3 倍[13]。这是因为在老化前，柱状晶之间
的间隙可以看成是自由面，单个柱状晶的断裂即微裂纹不容易扩展到临近的柱状
晶单元去，而因为老化使得柱状晶之间相互连接后，柱状晶尺寸的增大使得因为
断裂而形成的微裂纹尺寸增大，同时也因为间隙的减小而使得微裂纹更容易向临
近的柱状晶中扩展，从而导致大面积的涂层剥落。对于 APS 热障涂层则相反，高
温老化会减小陶瓷层中的孔洞和微裂纹，提高层状结构中层与层之间的结合力，
从而提高热障涂层的冲蚀性能。例如，APS 热障涂层分别在 1260℃、1371℃和
1482℃下老化 16h 后，其冲蚀速率相对于未老化的热障涂层分别下降了约 53.6%、
64.3%和 69.5%[20]。显然，高温老化对两种典型热障涂层的影响完全不一样，它
降低了 EB-PVD 热障涂层的冲蚀性能，却提高了 APS 热障涂层的冲蚀性能。

3. 高温 CMAS 腐蚀的影响

随着 CMAS 腐蚀环境因素的日趋严峻性，热障涂层同时受 CMAS 腐蚀和冲
蚀的现象将不可避免，但热障涂层受 CMAS 腐蚀后其冲蚀性能的演变规律的研究
还不多。最近，Steinberg 等[26]利用悬浮等离子工艺在 EB-PVD 涂层表面制备了一
层铝牺牲层，并研究了这种涂层受 CMAS 腐蚀后冲蚀性能的演变，他将制备有牺
牲层的 EB-PVD 涂层分别按照制备态(as-coated)、1250℃高温老化 30min(aged)含
Si 量较多的 CMAS(C1)1250℃腐蚀 30min、Si 含量较少的 CMAS(C1)1250℃腐蚀
30min 以及冰岛火山灰(IVA)1250℃腐蚀 30min 四种条件进行比较，发现仅仅高温
老化的热障涂层其冲蚀性能下降，相反被 Si 含量低的 CMAS 或是冰岛火山灰腐

蚀的热障涂层冲蚀性能反而提升了，但 Si 含量较多的 CMAS 腐蚀后冲蚀性能也下降，室温下以 90°角冲蚀时四种热障涂层的冲蚀率分别是 $2.57\text{mm}^3/\text{g}$、$3.67\text{mm}^3/\text{g}$、$4.36\text{mm}^3/\text{g}$、$1.25\text{mm}^3/\text{g}$ 和 $1.65\text{mm}^3/\text{g}$。这可能与 CMAS 渗透后涂层的硬度与模量的增加有关。

6.3　热障涂层冲蚀参数关联的数值模拟

实验研究发现了各种热障涂层冲蚀失效的模式，找出了影响热障涂层冲蚀性能的各种因素，但是各种错综复杂的因素之间存在什么联系、对冲蚀性能影响的重要程度很难通过实验来确定，而将各种因素都全面考虑去建立冲蚀失效的理论模型也十分困难，因而在热障涂层冲蚀失效机理的研究中，量纲分析结合数值模拟来确定其经验关系是重要的手段。主要采用有限元方法(finite element method, FEM) [1, 4, 8-10, 12, 13, 37-40]或是蒙特卡罗(Monte Carlo)方法[41, 42]来模拟热障涂层的冲蚀过程，寻找影响热障涂层冲蚀性能的关键因素，验证实验以及理论分析的结果。下面以有限元为例简述热障涂层冲蚀的数值模拟过程及主要结果。

6.3.1　量纲分析理论

量纲的概念最早起源于 1822 年，Fourier[43]把这个几何学的概念应用到物理学的范畴。他认为，如果某一参量换了单位，不仅该参量的量值会发生变化，与该参量相关的所有量的量值都会随之改变。Bukingham[44]在 1914 年提出可以用几个无量纲幂次的量(称之为Π)来描述每一个物理规律，这就形成了普遍应用的数值模拟计算所应遵循的基本规则。直到 1922 年，Bridgman[45]把 Bukingham 提出的观点称之为"Π定理"理论。量纲分析的核心思想就是"Π定理"。任何一个物理规律总可以用一定的函数关系来表示。对于某一类物理问题，设一有量纲量 a 是一些相互独立的有量纲量 a_1, a_2, $\cdots$, a_n 的函数，即

$$a = f\left(a_1,\ a_2,\ \cdots,\ a_k,\ a_{k+1},\ \cdots,\ a_n\right) \tag{6.5}$$

在自变量中可以找出具有独立量纲的基本量纲量。设在有量纲量 a_1, a_2, $\cdots$, a_n 中，前 k 个自变量($k \leqslant n$)的量纲是相互独立的。量纲的独立性意味着自变量中任何一个量的量纲不能通过其他自变量的量纲以任意方式组合而得到。如果我们把 a_1, a_2, $\cdots$, a_k 这 k 个具有量纲独立性的量当作基本量，并将它们的量纲用如下的方式进行表示[46, 47]：

$$[a_1] = A_1,\quad [a_2] = A_2,\quad \cdots,\quad [a_k] = A_k$$

那么其余量的量纲形式可表示为

$$[a] = A_1^{m_1} A_2^{m_2} \cdots A_k^{m_k}$$

$$[a_{k+1}] = A_1^{p_1} A_2^{p_2} \cdots A_k^{p_k}$$

$$\vdots$$

$$[a_n] = A_1^{q_1} A_2^{q_2} \cdots A_k^{q_k}$$

如果我们把式(6.5)中的前 k 个基本量纲量 a_1, a_2, $\cdots$, a_k 的量度单位分别扩大为原来的 a_1, a_2, $\cdots$, a_k 倍，那么函数 f 的前 k 个自变量 a_1, a_2, $\cdots$, a_k 都变为常数 1，剩下的 $n-k$ 个参数 a_{k+1}, $\cdots$, a_n 的数值可以表示为[46, 47]

$$\Pi = \frac{a}{a_1^{m_1} a_2^{m_2} \cdots a_k^{m_k}}$$

$$\Pi_1 = \frac{a_{k+1}}{a_1^{p_1} a_2^{p_2} \cdots a_k^{p_k}}$$

$$\vdots$$

$$\Pi_{n-k} = \frac{a_n}{a_1^{q_1} a_2^{q_2} \cdots a_k^{q_k}}$$

可以看出，$\Pi, \Pi_1, \cdots, \Pi_{n-k}$ 的值与原来选取的量度单位制无关，因为它们相对于量度单位 A_1, A_2, $\cdots$, A_k 是没有量纲的。我们还发现，$\Pi, \Pi_1, \cdots, \Pi_{n-k}$ 的值与基本量纲量 a_1, a_2, $\cdots$, a_k 的 k 个量度单位的选取无关。我们把这 $n-k$ 个参数称为无量纲化参数。

因此，关系式(6.5)可以表示为如下形式：

$$\Pi = f\left(1,\ 1,\ \cdots,\ \Pi_1,\ \cdots,\ \Pi_{n-k}\right) \tag{6.6}$$

其中，$\Pi_1, \Pi_2, \cdots, \Pi_{n-k}$ 分别对应 a_{k+1}, a_{k+2}, $\cdots$, a_n 的量值。在函数 f 的所有变量中，前面的 k 个变量均为 1，这些都是不变的常数。只有后面的 $n-k$ 个 $\Pi_1, \Pi_2, \cdots, \Pi_{n-k}$ 才是对函数 f 起作用的无量纲变量。因此函数关系式(6.6)可以写为

$$\Pi = f\left(\Pi_1,\ \Pi_2,\ \cdots,\ \Pi_{n-k}\right) \tag{6.7}$$

可见，n 个有量纲量 a_1, a_2, $\cdots$, a_n 之间与量度单位制的选择无关，可以转化为由 $n+1$ 个有量纲量组合而成的 $n+1-k$ 个无量纲量 Π, Π_1, $\cdots$, Π_{n-k} 之间的关系，这就是著名的 Π 定理[46, 47]。Π 定理为多物理参量的关联与分析提供了一种有效的方法和手段。

6.3.2　热障涂层冲蚀的量纲分析

热障涂层的冲蚀过程实质上是粒子与陶瓷层表面的撞击过程，这个过程可

以看成是一个动态的压痕过程。热障涂层因为冲蚀而形成的各种损伤示意图如图 6.11 所示，决定损伤程度的参数可以分为三类。①冲蚀粒子的参数：包括粒子的密度 ρ_P、粒子的直径 D(把粒子简化为球)、粒子的初始速度 v_0、粒子的动能 $U = \frac{1}{2}mv_0^2 = \frac{\pi}{12}\rho_P D^3 v_0^2$。②热障涂层的参数：陶瓷层的密度 ρ_{TBC}、初始孔隙率 f_0、厚度 h_{TBC}、杨氏模量 E_{TBC}、陶瓷层因为孔洞、裂纹等缺陷的存在使得冲蚀时形成密实、凹坑所对应的临界应力或临界应变；学术界通常借用金属材料的"屈服"这一概念来描述，即称为陶瓷层的屈服强度 σ_{TBC}^Y 和屈服应变 ε_{TBC}^Y [4, 8, 9, 11]，这里 $\varepsilon_{TBC}^Y = \sigma_{TBC}^Y / E$、泊松比 ν_{TBC}。过渡层的厚度 h_{BC}、杨氏模量 E_{BC}、屈服应变 ε_{BC}^Y、密度 ρ_{BC}、泊松比 ν_{BC} 等。假设冲蚀所作用的范围只限于陶瓷层，此时，过渡层和基底的影响将可以忽略不计。③表征损伤的参数：与时间 t 和位置 r 有关的量包括压痕深度 $\delta(r,t)$、陶瓷层表面压痕的宽度 $w(t)$、密实区的半径 $R(t)$、应力状态 $\sigma_{ij}(r,t)$，粒子的瞬时速度 $v(t)$。与时间无关的残余量，如压痕堆积处的残余深度 δ_P^R、残余的压痕深度 δ^R、陶瓷层表面压痕宽度 w^R、粒子的回弹速度 v^R、冲蚀完成后热障涂层的应力 $\sigma_{ij}(r)$。如果陶瓷层内出现裂纹，则有裂纹长度。

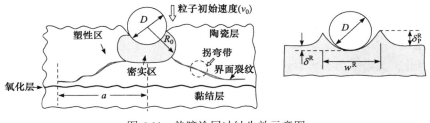

图 6.11　热障涂层冲蚀失效示意图

冲蚀过程中，涂层内应力场 $\sigma_{ij}(r,t)$、压痕深度 $\delta(r,t)$、粒子速度 $v(t)$ 等损伤参数应该是粒子参数和热障涂层参数的函数。因此，可以建立他们的函数关系：

$$\sigma_{ij}(r,t) = A\left(\rho_P, m, D, v_0, \rho_{TBC}, f_0, h_{TBC}, \sigma_{TBC}^Y, \varepsilon_{TBC}^Y, \nu_{TBC}, t, r\right)$$
$$\delta(t) = B\left(\rho_P, m, D, v_0, \rho_{TBC}, f_0, h_{TBC}, \sigma_{TBC}^Y, \varepsilon_{TBC}^Y, \nu_{TBC}, t, r\right) \tag{6.8}$$

可以看出，损伤参量 $\sigma_{ij}(r,t)$、$\delta(r,t)$ 是 12 个自变量的函数，建立其关系非常困难。为此，可以利用量纲分析来进行简化，择三个基本量纲作为量度单位：质量单位 M、长度单位 L 和时间单位 T，用基本度量单位的组合可以推导出热障涂层冲蚀过程中有关参量的量纲，如表 6.1 所示。

表 6.1 热障涂层冲蚀过程中相关参量的量纲

参量	符号	量纲
粒子密度	ρ_P	ML^{-3}
粒子直径	R_P	L
粒子质量	m_P	M
粒子初速度	v_0	LT^{-1}
陶瓷层密度	ρ_{TBC}	ML^{-3}
陶瓷层屈服强度	σ_{TBC}^{Y}	$L^{-1}MT^{-2}$
陶瓷层弹性模量	E_{TBC}	$L^{-1}MT^{-2}$
陶瓷层厚度	H_{TBC}	L
孔隙率	f_0	1
应力	σ	$L^{-1}MT^{-2}$
能量	U	L^2MT^{-2}

为了分析方便，选取粒子的密度 ρ_P、粒子直径 D、陶瓷层屈服强度 σ_{TBC}^{Y}、时间 t 为基本量量纲，通过表 6.1 的量纲，可以对冲蚀过程中的各类参数进行了量纲分析。

例题 6.1 推导冲蚀过程中无量纲的时间 $\bar{t}$。

解 根据材料中弹性波传播速度 $v = \sqrt{E/\rho}$，$t = L/v$，则

$$[t] = [L][E]^{-0.5}[\rho]^{0.5}$$

其中，$[L] = [D]$，$[E] = [\sigma_{TBC}^{Y}]$，$[\rho] = [\rho_P]$。故有

$$[t] = [D][\sigma_{TBC}^{Y}]^{-0.5}[\rho_P]^{0.5}$$

所以

$$\bar{t} = t/[t] = \frac{t\sqrt{\sigma_{TBC}^{Y}/\rho_P}}{D}$$

例题 6.2 推导冲蚀过程中无量纲的能量 Ω。

解 根据外力做功：$[W] = [F][L] = [\sigma][L]^3$

粒子能量：$[U] = [W]$

故有

$$\Omega = \frac{U}{\sigma_{TBC}^{Y} D^3}$$

按照上述的量纲分析方法，结合例题 6.1 和例题 6.2 的锻炼，读者可自行开展其他参量的量纲分析。得到无量纲的几何量：$\bar{R}(t) = \frac{R(t)}{D}$，$\bar{\delta}(t) = \frac{\delta(t)}{D}$，$\bar{\delta}_P^R = \frac{\delta_P^R}{D}$，

$\bar{\delta}^R = \frac{\delta^R}{D}$，$\bar{w}(t) = \frac{w(t)}{D}$。时间：$\bar{t} = \frac{t\sqrt{\sigma_{TBC}^{Y}/\rho_P}}{D}$。速度：$\bar{v}(t) = \frac{v(t)}{v_0}$。以及：

$\Omega = \frac{U}{\sigma_{TBC}^{Y} D^3}$，$\frac{\sigma_{ij}(r,t)}{\sigma_{TBC}^{Y}}$，$f_0$，$\frac{\rho_P}{\rho_{TBC}}$，$\frac{D}{h_{TBC}}$。显然，无量纲的应力状态 $\frac{\sigma_{ij}(r,t)}{\sigma_{TBC}^{Y}}$、压痕深

度 $\bar{\delta}(t)$、压痕堆积高度 $\bar{\delta}_P(t)$、压痕宽度 $\bar{w}(t)$、速度 $\bar{v}(t)$ 均是 $\frac{r}{D}$、$\frac{t\sqrt{\sigma_{TBC}^{Y}}}{D}$、$f_0$、

$\frac{U}{\sigma_{TBC}^{Y} D^3}$、$\frac{D}{h_{TBC}}$、$\varepsilon_{TBC}^{Y}$、$\frac{\rho_P}{\rho_{TBC}}$ 的函数。例如：

$$\frac{\sigma_{ij}(r,t)}{\sigma_{TBC}^{Y}} = F_{ij}\left[\frac{r}{D}, \frac{t\sqrt{\sigma_{TBC}^{Y}}}{D}, f_0, \frac{U}{\sigma_{TBC}^{Y} D^3}, \frac{D}{h_{TBC}}, \varepsilon_{TBC}^{Y}, \frac{\rho_P}{\rho_{TBC}}\right]$$

$$\bar{\delta}(t) = h\left[\frac{r}{D}, \frac{t\sqrt{\sigma_{TBC}^{Y}}}{D}, f_0, \frac{U}{\sigma_{TBC}^{Y} D^3}, \frac{D}{h_{TBC}}, \varepsilon_{TBC}^{Y}, \frac{\rho_P}{\rho_{TBC}}\right]$$

(6.9)

对于特定的热障涂层体系，f_0 和 $\frac{D}{h_{TBC}}$ 是已经确定的参数。

为了分析其他五个参数对热障涂层冲蚀性能的影响，并确定损伤参量的函数形式，可以采用有限元方法对热障涂层的冲蚀过程进行了详细的分析[4, 7, 9, 37-39]。下面以 EB-PVD 涂层为例阐述主要的方法和结论。

6.3.3　冲蚀参数关联的数值模拟分析

1. 几何模型、基本方程与边界条件

热障涂层冲蚀过程的动态模拟通过 ABAQUS 完成，其有限元分析模型如图 6.12 所示，其密度为 ρ_{TBC}，厚度为 h_{TBC} 的陶瓷层可看

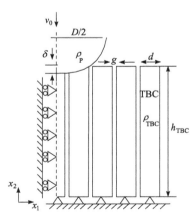

图 6.12　EB-PVD 热障涂层冲蚀的有限元分析模型

成轴对称结构，由直径为 d，间隙为 g 的柱状晶单元(圆柱)构成，碰撞时相邻圆柱间的摩擦系数可以设置为 0 或者某一常数。密度为 ρ_P，直径为 D，初始速度为 v_0 的球状粒子碰撞至陶瓷层的圆柱单元，使其变形，然后反弹。

在粒子的冲蚀(动态压痕)下，陶瓷层因为孔隙等缺陷的存在，会发生密实从而产生不可恢复的变形。此时，冲蚀颗粒相对于陶瓷层而言，可简化为刚体；陶瓷层可看成理想的弹塑性材料，其弹性变形阶段的本构方程为

$$\varepsilon_{ij} = \frac{1 + \nu_{\text{TBC}}}{E_{\text{TBC}}}\sigma_{ij} - \frac{\nu_{\text{TBC}}}{E_{\text{TBC}}}\delta_{ij}\sigma_{kk} \tag{6.10}$$

采用 Mises 屈服准则：

$$\left(\sigma_1^2 - \sigma_2^2\right)^2 + \left(\sigma_2^2 - \sigma_3^2\right)^2 + \left(\sigma_1^2 - \sigma_3^2\right)^2 = 2\left(\sigma_{\text{TBC}}^{\text{Y}}\right)^2 \tag{6.11}$$

其中，σ_1、σ_2、σ_3 为主应力。实际模拟过程中，可忽略涂层宽度的影响即看成平面应变状态。此外，由于冲蚀时粒子的速度可以达到 300 m/s，导致陶瓷层内应变率 $\dot{\varepsilon}$ 很大，当应变率 $\dot{\varepsilon}$ 超过 $10^3 \sim 10^4\text{s}^{-1}$ 范围时，需要考虑应变率对应力的影响，陈曦[38]引入了幂函数形式的应变强化模型，即

$$\dot{\varepsilon} = \dot{\varepsilon}_{\text{r}}\left(\frac{\sigma^{\text{Y}}(\dot{\varepsilon})}{\sigma^{\text{Y}}(0)} - 1\right)^n \tag{6.12}$$

式中，$\sigma^{\text{Y}}(\dot{\varepsilon})$ 是随应变率而变化的屈服强度，$\sigma^{\text{Y}}(0)$ 是 $\dot{\varepsilon} = 0$ 时的屈服强度，$\dot{\varepsilon}_{\text{r}}$，$n$ 是材料常数，对热障涂层取 $\dot{\varepsilon}_{\text{r}} = 2 \times 10^4\text{ s}^{-1}$，$n$=3。

在陶瓷层的对称轴处 x_1 方向的位移为零，即 $u_1\big|_{x_1=0,t} = 0$，在陶瓷层底部位移边界条件为 $u_2\big|_{x_2=0,t} = 0$，$u_1\big|_{x_2=0,t} = 0$。材料参数详见表 6.2[11, 17, 36, 37]。

表 6.2　热障涂层冲蚀的各层材料参数

涂层	E/GPa	ν	密度 ρ/(kg/m³)	屈服强度 σ^{Y}/MPa	切线模量 E_{T}/GPa
YSZ	200	0.25	3610	600	—
Foam	0.5	0.1	295	—	—
TGO	320	0.25	4000	—	—
BC	110	0.33	7380	200	5

2. 冲蚀参数之间的关联分析

图 6.13 给出了有限元模拟的结果，发现采用无量纲的时间 $t\sqrt{\sigma_{\text{TBC}}^{\text{Y}}/\rho_{\text{P}}}/D$ 后，

无量纲的压痕深度 $\delta(t)/D$ 、速度 $v(t)/v_0$ 随时间的变化曲线与参数 $\varepsilon_{\text{TBC}}^{\text{Y}}$, $\dfrac{\rho_{\text{P}}}{\rho_{\text{TBC}}}$ 无

关。这说明 $\delta(t)/D$ 、$v(t)/v_0$ 随时间的变化关系完全取决于粒子的无量纲动能 Ω 。

从图 6.13(b)可以看出，在 $\Omega=0.2$ 时，粒子的速度 $v(t)/v_0$ 在 $t\sqrt{\sigma_{\text{TBC}}^{\text{Y}}/\rho_{\text{P}}}/D \cong 0.5$

时接近于 0，说明此时粒子已经达到了它能穿透的最大深度，而后速度 $v(t)/v_0$ 变

为负值，说明此时粒子发生反弹，在 $t\sqrt{\sigma_{\text{TBC}}^{\text{Y}}/\rho_{\text{P}}}/D \cong 0.6$ 时，粒子从撞击体中分

离。由于压痕深度 $\delta(t)/D$ 、速度 $v(t)/v_0$ 均与 $\varepsilon_{\text{TBC}}^{\text{Y}}$, $\dfrac{\rho_{\text{P}}}{\rho_{\text{TBC}}}$ 无关，而他们又是决定

陶瓷层应力场 $\dfrac{\sigma_{ij}(r,t)}{\sigma_{\text{TBC}}^{\text{Y}}}$ 以及其他几何量如压痕堆积高度 $\overline{\delta}_p(t)$ 、压痕宽度 $\overline{w}(t)$ 的基

本量，因而可以得出这些量都与 $\varepsilon_{\text{TBC}}^{\text{Y}}$, $\dfrac{\rho_{\text{P}}}{\rho_{\text{TBC}}}$ 无关的结论。从而，可以将这些量的

函数方程简化为 $\dfrac{r}{D}, \dfrac{t\sqrt{\sigma_{\text{TBC}}^{\text{Y}}}}{D}, \dfrac{U}{\sigma_{\text{TBC}}^{\text{Y}}D^3}$ 的函数，而与时间无关的残余量则是

$\dfrac{r}{D}, \dfrac{U}{\sigma_{\text{TBC}}^{\text{Y}}D^3}$ 或 $\dfrac{U}{\sigma_{\text{TBC}}^{\text{Y}}D^3}$ 的函数。例如：

$$\frac{\sigma_{ij}(r,t)}{\sigma_{\text{TBC}}^{y}} = F_{ij}\left[\frac{r}{D}, \frac{t\sqrt{\sigma_{\text{TBC}}^{\text{Y}}}}{D}, \frac{U}{\sigma_{\text{TBC}}^{\text{Y}}D^3}\right] \tag{6.13}$$

$$\frac{\sigma_{ij}^{\text{R}}(r)}{\sigma_{\text{TBC}}^{\text{Y}}} = F_{ij}^{\text{R}}\left[\frac{r}{D}, \frac{U}{\sigma_{\text{TBC}}^{\text{Y}}D^3}\right] \tag{6.14}$$

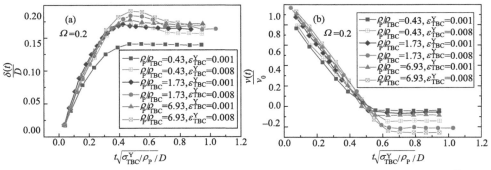

图 6.13　(a) 无量纲的压痕深度变化 $\delta(t)/D$ ；(b) 无量纲的粒子速度变化 $\delta(t)/D$ 与 $\varepsilon_{\text{TBC}}^{\text{Y}}$ 和

$\rho_{\text{P}}/\rho_{\text{TBC}}$ 的变化关系，除了 $\varepsilon_{\text{TBC}}^{\text{Y}}$ 和 $\rho_{\text{P}}/\rho_{\text{TBC}}$ 很小外，均与 $\varepsilon_{\text{TBC}}^{\text{Y}}$ 和 $\rho_{\text{P}}/\rho_{\text{TBC}}$ 无关[39]

为此，可以改变粒子的动能 Ω 的值，拟合出 δ^{R}/D 、$\delta_{\text{P}}^{\text{R}}/D$ 等表征冲蚀损伤

的几何量随 Ω 变化的函数。注意，在模拟 δ^R/D、δ_P^R/D 的关键影响因素时，固定了陶瓷层的厚度 h_{TBC} 和孔隙率 f_0，所以此时这些量虽然与 ε_{TBC}^Y 和 ρ_P/ρ_{TBC} 无关，但他们与 h_{TBC} 和 f_0 是有关的。在 $h_{TBC}=100\mu m$，$f_0=0.1$ 时，陈曦[4]得出如下结论。

(1) 粒子和陶瓷层发生冲蚀的撞击中，如果陶瓷层的变形较大而形成密实区，就会出现明显的凹坑，或者称为压痕，此时无量纲的碰撞能量可以表示成：

$$\Omega = \frac{U}{\sigma_{TBC}^Y D^3} = \frac{\pi}{12}\left[\frac{\rho_P}{\sigma_{TBC}^Y(0)}\right]v_0^2$$

式中，$\sigma_{TBC}^Y(0)$ 表示应变率 $\dot{\varepsilon}=0$ 时的陶瓷层屈服强度。此时，压痕的残余深度 δ^R、压痕堆积处的残余深度 δ_P^R、陶瓷层表面压痕宽度 w^R、粒子的回弹速度 v^R 与 Ω 的关系可以分别表示成[4, 39]：

$$\frac{\delta^R}{D} = 0.38\sqrt{\Omega}\left(0.1+0.84\sqrt{\Omega}\right) \tag{6.15}$$

$$\overline{\delta}_P^R = \frac{\delta_P^R}{D} = 0.011\sqrt{\Omega}\left(1+3.1\sqrt{\Omega}+27\Omega\right) \tag{6.16}$$

$$\overline{w}^R = \frac{w^R}{D} = 2\sqrt{\overline{\delta}^R+\overline{\delta}_P^R-\left(\overline{\delta}^R+\overline{\delta}_P^R\right)^2} \quad \left(\text{当}\,\overline{\delta}^R+\overline{\delta}_p^R < \frac{D}{2}\right)$$
$$= D \quad \left(\overline{\delta}^R+\overline{\delta}_p^R > \frac{D}{2}\right) \tag{6.17}$$

$$\frac{v^R}{v} \approx -58\varepsilon_{TBC}^Y\left(1-2.1\sqrt{\frac{v_0}{v_{TBC}}}-17\varepsilon_{TBC}^Y\right) \quad \left(v_{TBC}=\sqrt{E_{TBC}/\rho_{TBC}}\right) \tag{6.18}$$

陶瓷层形成密实区的厚度与 δ^R 的关系可以表示成[4]：

$$h_D = 4\sqrt{\delta^R D} = 2.4D\sqrt{\sqrt{\Omega}\left(0.1+0.84\sqrt{\Omega}\right)} \tag{6.19}$$

(2) 如果粒子冲蚀速度较低，陶瓷层变形量很小，不形成明显的残余凹坑。此时粒子对陶瓷层的作用时间(或者称为载荷压痕持续时间)t_0 可表示为[4, 10]

$$\frac{t_0 v_0}{D} = 2.54\left(\frac{\rho_P v_0^2}{E_{TBC}}\right)^{2/5} \tag{6.20}$$

粒子的冲击压痕深度为

$$\frac{\delta^R}{D} = 0.86\left(\frac{\rho_P v_0^2}{E_{TBC}}\right)^{2/5} \tag{6.21}$$

此时，陶瓷层内的应力状态可以用下列形式表示：

$$\frac{\sigma_{ij}(t,r,z)}{\left(\rho_{\mathrm{P}}v_0^2\right)^{1/5}E_{\mathrm{TBC}}^{4/5}} = f_{ij}\left(\frac{tv_0}{D},\frac{r}{D},\frac{z}{D}\right) \tag{6.22}$$

其中，应力函数 f_{ij} 也可以通过数值模拟的方式确定。

6.4　考虑微结构影响的冲蚀失效行为分析

对 EB-PVD 热障涂层而言，其柱状晶结构简化为柱子和间隙的均匀体，是否准确？尤其是中间的间隙，是通过枝晶与柱状晶连接在一起，故此时将间隙简化为完全不受力的孔洞是否合适？此外，柱状晶本身就存在孔隙，因此可以压缩而变得密实，而简化模型并没有考虑柱状晶本身的孔隙及其对力学性能的影响，是否准确？为解决这些疑问，本书作者提出了基于真实微观结构热障涂层的有限元建模方法(详细方法见第 2 章)，分别引入多孔介质的 Gurson 和泡沫屈服模型来描述柱状晶和孔隙的屈服，研究了 EB-PVD 热障涂层的冲蚀行为与特征。

6.4.1　真实微结构 EB-PVD 热障涂层的数值模型

从热障涂层扫描电镜给出的实际微观结构，来构建考虑微结构影响的热障涂层有限元几何模型的方法，即图像有限元，已在第 2 章予以了详细阐述，此处不再重述，直接给出图 6.14 所示的几何模型。涂层中蓝色代表柱状晶、黄色代表间隙。为比较真实结构与简化结构的差异，这里也同时建立了简化模型。冲蚀过程中，粒子冲撞产生的弹性波还将影响接触区的临近区域，而扫描电镜受分辨率和拍摄尺度的限制，此时真实微结构涂层在 x 方向的长度约为 370μm，其他区域沿用简化结构替代，其柱状晶和间隙的尺寸分别是 12μm 和 3μm，粒子的直径为 100μm。假设：①柱状晶、TGO 和过渡层都是各向同性材料；②所有涂层都彼此结合完好，没有界面裂纹；③不考虑陶瓷层的相变、烧结等效应；④拐弯带是主要的冲蚀失效模式。并假设热障涂层处于平面应变状态。边界条件与 6.2.2 节相同，此处不再重述。

Baither 等[48]测试了 EB-PVD 热障涂层在 1000°C 下柱状晶的屈服强度 $\sigma_{\mathrm{TBC}}^{\mathrm{Y}}$ 为 600MPa，间隙结构的屈服应力 $\sigma_{\mathrm{Foam}}^{\mathrm{Y}}$ 为 20MPa。球形冲蚀粒子的密度为 3900kg·m^{-3}，其模量与强度要远远高于涂层，故简化为刚体。过渡层、TGO 层等其他材料参数参见表 6.2[49]。

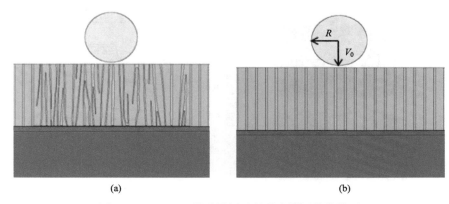

图 6.14　EB-PVD 热障涂层冲蚀的有限元简化模型

(a) 真实微观结构；(b) 简化结构

6.4.2　考虑微结构的屈服条件

如图 6.15(a)所示，热障涂层的柱状晶是含有孔隙的材料，这也是其高温冲蚀时发生塑性变形、形成拐弯带的主要原因。Evans 等[50]利用等静压实验测试了高温环境下应力应变曲线，如图 6.15(b)所示，当应力超过一定值后，会发生明显的屈服现象，屈服后应力应变硬化现象不明显，接近于理想的弹塑性。因此，可将高温冲蚀的 EB-PVD 陶瓷层简化为理想弹塑性材料。

Tvergaard[51]于 1981 年在 Gurson 的基础上提出了多孔介质的屈服模型，也称为 GTN 模型：

$$F = \left(\frac{\sigma_{\mathrm{e}}}{\sigma^{\mathrm{Y}}}\right)^2 + 2q_1 f \cosh\left(q_2 \frac{3P}{\sigma_{\mathrm{TBC}}^{\mathrm{Y}}}\right) - q_3 f^2 - 1 = 0 \tag{6.23}$$

这一屈服条件已于 2012 年由 Crowell 写入商业有限元软件 ABAQUS 中，可很方便地实现数值求解。式中，$\sigma_{\mathrm{TBC}}^{\mathrm{Y}}$ 为柱状晶的屈服强度，$\sigma_{\mathrm{e}} = \sqrt{(3/2)\boldsymbol{S}:\boldsymbol{S}}$ 为 Mises 等效应力，$\boldsymbol{S}$ 为 Cauchy 应力偏量，$P = -1/3\boldsymbol{\sigma}:\boldsymbol{I}$ 为静水压力，f 为柱状晶的孔隙率，取为 0.1，参数 $q_1 = q_2 = q_3 = 1$。

柱状晶之间的间隙，往往是通过羽毛状枝晶将其与柱状晶连接的，类似于泡沫材料。为此，可利用低密度的泡沫材料的屈服条件[52]来描述间隙受冲蚀而出现的屈服：

$$F = \sqrt{(\sigma_{\mathrm{e}})^2 + \alpha^2 P^2} - \alpha P_{\mathrm{c}} = 0 \tag{6.24}$$

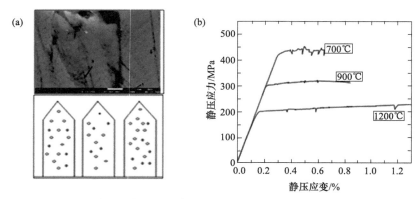

图 6.15 多孔柱状晶及示意图(a)和 YSZ 等静压应力应变曲线(b)

式中，P_c 为静水压缩屈服强度，$\alpha = 3k / \sqrt{9 - k^2}$ 为椭圆屈服面的形状因子，$k = 1$，表示静水拉伸屈服强度与压缩屈服强度的比值。

6.4.3 冲蚀过程中各种参数的关联分析

图 6.16(a)给出了不同粒子能量下压痕深度与时间的演变关系，可以看出，尽管真实微观结构和简化结构的几何形貌不同，但是两者的无量纲压入深度随时间的变化很类似，最大的无量纲压入深度也很接近。这是因为柱状晶材料采用的都是理想弹塑性模型，当粒子与涂层碰撞时，碰撞区域附近的材料都瞬时达到了屈服状态。图 6.16(b)还对比了真实微观结构和简化结构最大的无量纲压入深度随无量纲粒子能(0～0.32)的变化，此处 $\bar{\delta}_{max} = \delta_{max} / H_{TBC}$。由图可知最大压入深度随无量纲的动能的变化也是相似的，粒子的能量越大，最大压入深度也越大，并且当粒子的动能一定时，真实微观结构和简化结构的最大压入深度非常接近。以无量纲的动能为自变量，无量纲最大压入深度为变量，拟合得到了真实模型和简单模型的拟合公式，如图 6.16 所示，简化结构为

$$\bar{\delta}_{max} \approx 0.32\sqrt{\Omega} + 0.35\left(\sqrt{\Omega}\right)^2 \tag{6.25}$$

真实微观结构为

$$\bar{\delta}_{max} \approx 0.32\sqrt{\Omega} + 0.29\left(\sqrt{\Omega}\right)^2 \tag{6.26}$$

式(6.25)和式(6.26)中的系数，反映了压入深度与粒子动能的依赖程度，与热障涂层的材料参数有关。由于真实微结构的热障涂层其屈服强度、杨氏模量、密度以及涂层厚度都与简化结构相同，最大压入深度与粒子动能的拟合

关系及系数都非常接近。而比例系数的微小差异可认为来源于两种结构参数的差异。如在 6.1 节所述,弹性模量在一定程度上可以反映涂层的抗冲蚀性能,不同结构其等效弹性模量不同,从而表现出不同的压入深度。以低密度的间隙为例,由于其弹性模量相比于柱状晶而言低得多,可引入涂层整体的等效弹性模量[49]:

$$E_{eq} = E_{eq0} \exp(-Bp) \tag{6.27}$$

其中, E_{eq0} 为柱状晶无间隙的弹性模量, B 是大于零的常数, p 是间隙面积与柱状晶面积的比值,真实结构和简化结构的 p 分别为 0.241 和 0.25。可以看出,二者弹性模量的微小差异,也使得在最大压入深度表现出微小的差异。

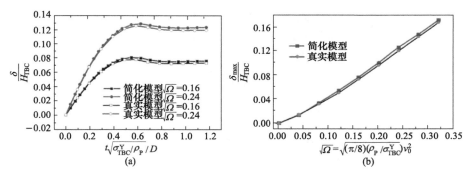

图 6.16 两种结构的压入深度与时间的关系(a)和最大压入深度与粒子能量的关系(b)

真实微结构和简单结构中粒子无量纲速度 $v(t)/v_0$ 随无量纲时间的变化如图 6.17(a)所示,此时粒子动能为 0.16,可以看出粒子速度不断下降并在压入时间为 0.59 时达到 0,同时反弹。由于陶瓷层为理想的弹塑性材料,压痕变形区的应力应等于涂层屈服强度,故接触压力可描述为

$$F_q = C\pi a^2 \sigma_{TBC}^Y \tag{6.28}$$

其中,塑性约束常数 C 依赖于压入深度,对热障涂层而言一般在 1~2 之间[50]; a 为接触半径,可表述为

$$a = \sqrt{R^2 - (R-\delta)^2} = \sqrt{2R\delta - \delta^2} \tag{6.29}$$

其中, $R = D/2$ 为粒子半径。显然,在涂层屈服强度和压入深度都接近的情况下,真实微结构和简化结构的接触半径和压力都相同。根据牛顿第二定律,粒子的速度与压力之间的关系为

$$F_q \Delta t = m \Delta v \tag{6.30}$$

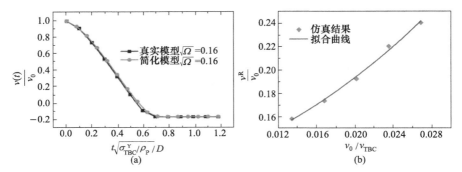

图 6.17　粒子速度与冲蚀时间的关系(a)和残余速度与初始速度之间的关系(b)

　　由于接触压力 F_q 和粒子质量都相同，故真实微结构和简化结构的粒子速度也相同，如图 6.17 所示。基于此，可以看出，冲蚀过程中由于真实微结构与简化结构的材料参数、几何结构基本相似，冲蚀后粒子、涂层的变形行为基本相同。为此，图 6.17 给出了粒子残余速度与粒子初始速度之间的关系，拟合得到

$$v^R / v_0 \approx 0.092 \exp\left(50 v_0 / \sqrt{E_{TBC} / \rho_{TBC}}\right) + 0.012 \tag{6.31}$$

6.4.4　典型冲蚀失效模式的分析

　　拐弯带及其裂纹是 EB-PVD 热障涂层显著而又危险的失效模式，已经在服役的发动机涡轮叶片热障涂层中得以发现，如图 6.18 所示。拐弯带是指柱状晶沿压应力较大的致密化区方向弯曲的现象。由于脆性 YSZ 柱状晶的应变容限低，拐弯带形成时会伴随着裂纹的形成、扩展与传递，不仅导致柱状晶的断裂，甚至导致涂层内的宏观裂纹与涂层剥落。同时，图 6.18(b)也说明，拐弯带仅在塑性区周围产生，并且仅在柱状晶压入深度超过一定范围之后才开始生长。因此，研究拐弯带演化的特征、形成条件如临界的粒子速度、能量与影响因素是理解热障涂层冲蚀失效机理的关键。

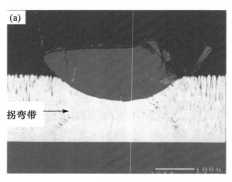
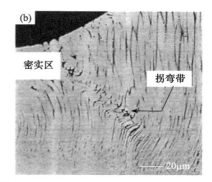

图 6.18　EB-PVD 涂层的冲蚀拐弯带及微裂纹[53]

图 6.19 给出了热障涂层冲蚀压入过程中产生拐弯带的过程，此时两种结构的冲蚀粒子速度都设置为 150m/s，冲蚀角度为 90°。可以看出拐弯带的形成确实存在一个临界的无量纲压入深度，真实微结构和简化结构的临界值分别为 0.047 和 0.053。达到这一临界值后，拐弯带随着粒子压入深度的增加而加剧，并在压入深度达到最大值时达到最大。

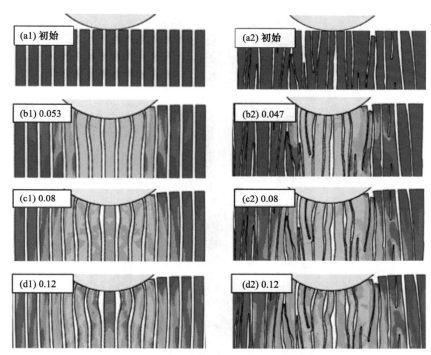

图 6.19　热障涂层冲蚀压入过程中产生拐弯带的过程

图中(a1)到(d1)指数值模拟时构造的简化几何结构，(a2)到(d2)指实际涂层的真实微观结构，图中的数值是无量纲压入深度

冲蚀粒子能量对拐弯带的影响如图 6.20 所示，可以看出无论是真实微结构还是简化结构，拐弯带都随着能量的增加而更严重。图中也显示，粒子能量较低时不形成拐弯带，如能量为 0.128 时简化结构基本没有拐弯带形成，真实微结构表现出拐弯带形成的趋势，在粒子无量纲能量稍微增加如 0.132 时，拐弯带十分明显，故可以将 0.128 看成实际微结构涂层拐弯带形成的粒子能量阈值。

从图 6.19 和图 6.20 可以看出，拐弯带的形成基本按照撞击区域而对称，与图 6.18 的实验结果吻合。同时，也有结果指出拐弯带与柱状晶宽度有关，柱子越细越容易形成。如在粒子动能为 0.16 时，图 6.20 中尽管拐弯带已形成，但较宽的柱子还没有弯曲，直到能量达到 0.28，这些宽柱子才弯曲。在 Vaughn 和 Hutchinsons 的

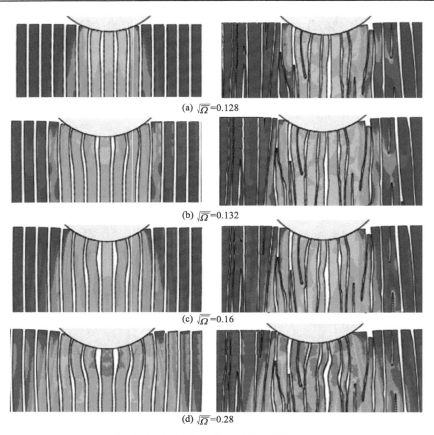

图 6.20　冲蚀粒子能量对拐弯带的影响

实验结果中也发现了这一现象。图中还可以看到，真实微观结构中拐弯带尽管呈对称趋势，但源于柱子宽度、间隙等微结构特征的不一致，而呈现出局部无规则性。因此，简化结构在拐弯带的模拟上会与实验结果存在差异。

　　热障涂层拐弯带的形成是局部塑性变形带来的柱子间约束的突然释放。基于 Hutchinson's 柱的塑性分叉模型[54]，Wei 等[55]提出了一个微屈曲桥联的拐弯带模型，如图 6.21 所示，模型特征与热障涂层柱状晶拐弯带的结构特征类似。压入深度 δ 与柱状晶拐弯带角度 θ 的关系为

$$\frac{\delta}{2h_f} = 2s\sin\theta + 2w(1-\cos\theta) + 2w\varepsilon_{\text{TBC}}^{fc} \tag{6.32}$$

其中

$$s = S/h_f = 2\sqrt{1 + 2w\lambda\tan\theta + w^2\tan^2\theta}\cos\left(\psi - \frac{2}{3}\pi\right) - w\tan\theta \tag{6.33}$$

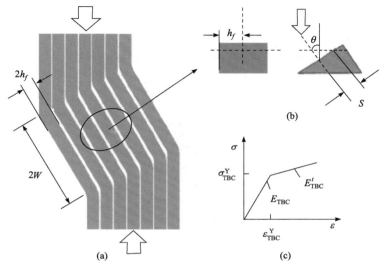

图 6.21　热障涂层拐弯带模型

(a) 拐弯带结构；(b)Hutchinson's 塑性分叉模型[54]；(c) 线性强化弹塑性应力应变关系[55]

$$\psi = \frac{1}{3}\arccos\left\{ \frac{-\left| \dfrac{\omega\hat{\sigma}_{\mathrm{TBC}}^{fc}}{2\cos\theta} - (1+w\tan\theta)^3 - (\lambda-1)(1+3w^2\tan^2\theta) \right|}{\left(1+2w\lambda\tan\theta + w^2\tan^2\theta\right)^{3/2}} \right\} \tag{6.34}$$

$$\hat{\sigma}_{\mathrm{TBC}}^{fc} = \frac{\sigma_{\mathrm{TBC}}^{fc}}{E_f} \ , \quad \sigma_{\mathrm{TBC}}^{fc} = E_{\mathrm{TBC}}\varepsilon_{\mathrm{TBC}}^{\mathrm{Y}} + E_{\mathrm{TBC}}^{t}\left(\varepsilon_{\mathrm{TBC}}^{fc} - \varepsilon_{\mathrm{TBC}}^{\mathrm{Y}}\right) \ , \quad \varepsilon_{\mathrm{TBC}}^{\mathrm{Y}} = \frac{\sigma_{\mathrm{TBC}}^{\mathrm{Y}}}{E_{\mathrm{TBC}}} \ , \quad r = \frac{E_{\mathrm{TBC}}^{t}}{E_{\mathrm{TBC}}} \ ,$$

$$\lambda = \frac{1+r}{1-r}, \omega = \frac{12w^2}{1-r}, w = \frac{W}{h_f} \ 。$$

如图 6.21 所示，W 和 h_f 分别是拐弯带和柱状晶的半宽，$\varepsilon_{\mathrm{TBC}}^{\mathrm{Y}}$ 和 $\varepsilon_{\mathrm{TBC}}^{fc}$ 分别是柱状晶的屈服应变和拐弯带形成临界应变。

将式(6.26)代入式(6.32)，可得到形成拐弯带的临界粒子能量与拐弯带角度 θ 之间的关系：

$$0.32\sqrt{\overline{\Omega}} + 0.29\left(\sqrt{\overline{\Omega}}\right)^2 - \frac{4h_f}{H_{\mathrm{TBC}}}\left[s\sin\theta + w(1-\cos\theta) + w\varepsilon_{\mathrm{TBC}}^{fc}\right] = 0 \tag{6.35}$$

从有限元模拟的结果中，获得拐弯带半宽 W 为 18μm、柱状晶半宽 h_f 为 4μm、拐弯带形成的临界应变 $\varepsilon_{\mathrm{TBC}}^{fc}$ 为 0.5%，并取涂层屈服强度 $\sigma_{\mathrm{TBC}}^{\mathrm{Y}}$ 为 600MPa、杨氏模量 E_{TBC} 为 200GPa、线性强化模量 E_{TBC}^{t} 为 50GPa。代入可得到，如图 6.22 所示，当拐弯带角度 θ 变化范围为 16°～20°时，形成拐弯带的临界能量为 0.11～0.13，

这一结论与数值模拟的结果一致，如图 6.20 所示，当粒子能量低于 0.128 时，拐弯带并没有形成。

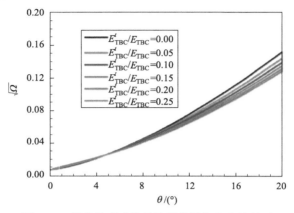

图 6.22   拐弯带形成临界粒子能量与角度的关系

EB-PVD 冲蚀实验观察到的拐弯带以及临近界面处的裂纹，与冲蚀过程中拉应力 σ_{22} 紧密相关。图 6.23 给出了真实微观结构涂层在粒子动能为 0.32 时应力随时间的演化图。粒子压入初期($t = 4\text{ns}$)，冲击区域的正下方产生压应力，这些压应力会随着柱状晶往下传播，并在碰撞区域附近的柱状晶边缘出现拉应力，如图 6.23(a)($t = 4\text{ns}$)所示，Ⓐ点最大 σ_{22} 达到了 136MPa。随着粒子继续向下压入即图 6.23(b)($t = 24\text{ns}$)，压应力继续传播，柱状晶边缘的最大拉应力会向着远离碰撞区域往外传播，如图 6.23(b)($t = 24\text{ns}$)中Ⓑ点所示拉应力最大值增大到 409MPa。这些应力将可能产生如图 6.5(b)所示的密实层下的层间裂纹。涂层内大面积受到压缩应力，致使柱子出现弯曲，即拐弯带，并在局部产生拉应力，致使在拐弯带内形成裂纹。随着粒子压入深度达到最大值，如图 6.23(c)($t=80\text{ns}$)，拐弯带也压入至极限同时粒子开始反弹，与此同时开始在拐弯带内产生反弹拉应力，如Ⓒ点的最大拉应力达到 500MPa，这一位置往往是拐弯带裂纹的起源点。当压应力传播到陶瓷层/过渡层界面($t=110\text{ns}$)时，粒子接触区的涂层内应力均转化为拉应力，最大值Ⓓ点达到 735MPa，这些拉应力将导致拐弯带裂纹的形成。

为比较真实微观结构和简化结构的差异，简单结构热障涂层冲蚀过程中的应力场也进行了数值计算。他们的应力演变规律是相似的，冲蚀初期在冲蚀区域的临近区产生最大拉应力，压入过程中在冲蚀区产生压缩应力，而在粒子反弹后产生拉应力。但因为真实微观结构不规则的结构以及缺陷，使得涂层应力场比简化结构要大。图 6.24 给出了两种结构在相同粒子速度、半径、材料参数下最大拉应

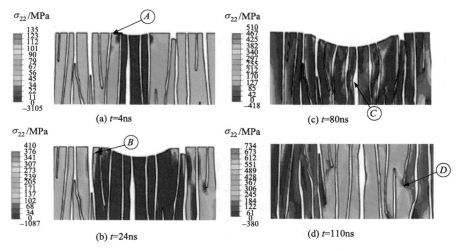

图 6.23　真实微观结构涂层在粒子动能为 0.32 时应力随时间的演化图

力随冲蚀时间的演化关系。而在冲蚀初期，简化结构最大拉应力的位置和大小与真实微观结构模型的最大拉应力基本一致，当粒子反弹后，最大拉应力虽然都出现在黏结层界面附近，但是真实微观结构的最大拉应力要大于简化模型。当碰撞粒子的无量纲动能为 0.32 时，简化结构粒子反弹后涂层内的最大拉应力约为 600MPa，但真实微结构为 735MPa。图 6.25 给出了冲蚀过程结束后涂层最大残余应力与粒子能量之间的关系，显然残余应力随着粒子能量的增加而增加，且都在真实微观结构中保持较大的值。因此，真实微观结构的热障涂层实际上比简化模型更容易被冲蚀。

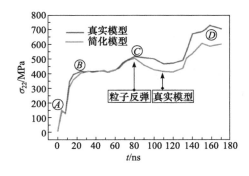

图 6.24　两种结构最大拉应力随冲蚀时间的
　　　　　演化

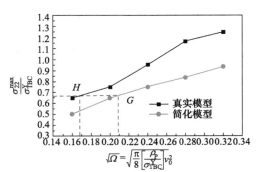

图 6.25　最大残余应力与粒子能量的关系

　　由图 6.5 所给出的 EB-PVD 热障涂层冲蚀实验结果可知，虽然没有发生拐弯带以及涂层大面积的塑性变形，但在涂层近表面处还是因为拉应力产生了少量的表面裂纹。冲蚀过程的应力场分析结果，如图 6.23(b) 中的 Ⓑ 点，其拉应力已达到 410MPa(图 6.24)，假设此处有一条 2μm 的微观裂纹，则其应力强度因子 $K = 1.122\sigma\sqrt{\pi a} = 1.12\,\text{MPa}\sqrt{m}$ [56]，已超过了涂层的断裂韧性 $1\text{MPa}\sqrt{m}$ [56]。随着压入深度的进一步增加，如形成拐弯带，拉应力将使得拐弯带附近产生裂纹，其应力强度因子 $K = 1.28\text{MPa}\sqrt{m}$。当冲蚀粒子开始反弹时，被冲蚀粒子作用的涂层区域有相当大一部分的拉应力已超过 400MPa，导致能穿透柱状晶的 I 型裂纹形成与扩展，从而形成大尺度的裂纹，如图 6.7(d) 所示。

显然，热障涂层冲蚀过程中粒子反弹后所形成的大尺度裂纹是危险的，其驱动力本质上还是决定于涂层参数与粒子能量。图 6.25 可以非常好地帮助我们分析产生裂纹的临界粒子能量。对表面裂纹而言，其产生的临界拉应力满足：

$$K_{\text{IC}} - 1.122\sigma_c\sqrt{\pi a} = 0 \tag{6.36}$$

当 K_{IC} 取 $1\text{MPa}\sqrt{m}$ 时，临界拉应力约为 366 MPa (对应于无量纲的应力值为 0.61)，如图 6.25 所示，相应的临界粒子能量对实际微结构约为 0.16(H 点)，简化结构约为 0.195(G 点)。当粒子能量超过这一临界值时，如 $\sqrt{\Omega}$ 大于 0.32，真实微观结构和简化结构涂层的表面裂纹应力强度因子分别达到 $2.06\text{MPa}\sqrt{m}$ 和 $1.56\text{MPa}\sqrt{m}$，均超过了涂层 I 型裂纹的断裂韧性，从而产生裂纹。此外，通过这些数据也可发现，真实微结构比简化模型更容易产生冲蚀失效。

6.5 热障涂层冲蚀失效机理与抗力指标

热障涂层冲蚀失效机理的理论分析是指建立局部破坏模型，对热障涂层冲蚀失效的准则以及关键的影响因素给出理论的解析解，对实验现象以及数值模拟的结果给出合理的解释，并以此为依据指导热障涂层制备工艺的优化设计。为此，陈曦、Fleck 等以及本书作者针对 EB-PVD 热障涂层冲蚀的失效理论模型进行了充分的探讨[1, 3, 8-11, 12, 13, 37-40]。由于 EB-PVD 和 APS 这两种热障涂层具有明显不同的失效形式，冲蚀理论分析模型也存在很大的差异，本节将分别展开论述。

6.5.1 EB-PVD 热障涂层的冲蚀抗力指标

陈曦和 Fleck 等总结了 Nicholls 等的实验结果，根据 EB-PVD 的冲蚀失效形式，归纳了 EB-PVD 热障涂层的三种失效机制[4, 8, 11]，分别如下。

机制 I：无明显的残余变形，也称为动弹性区(图 6.26(a))。发生在粒子的尺寸和动能都非常小的情况下，此时陶瓷层中还没有形成明显的密实区，粒子与陶瓷层的作用完全是弹性的，在陶瓷层的浅表面区，与冲蚀粒子相近的局部柱状单元受到拉应力作用，这有可能导致这一区域的柱状单元断裂，较多的柱状单元断裂就会形成横向裂纹，如图 6.26(a)所示。

机制Ⅱ：密实变形区，也称为准静态弹性压痕。这种情况发生在冲蚀粒子的尺寸和动能都是中等程度的情况下，此时陶瓷层的变形较大，会形成明显的密实层，而且密实层也可能与下面的陶瓷层之间发生分层，如图 6.26(b)和图 6.5 所示，对应于冲蚀失效的模式Ⅰ，即涂层密实冲蚀模式。

机制Ⅲ：明显的残余凹坑，也称为准静态塑性压痕。发生在粒子速度和尺寸都很大的情况下，此时，陶瓷层中形成明显的密实层及残余凹坑，产生明显的分层裂纹，并形成可见的拐弯带，如图 6.26(c)和图 6.7 所示，这一模式对应冲蚀失效模式Ⅲ，即外来粒子损伤模式。

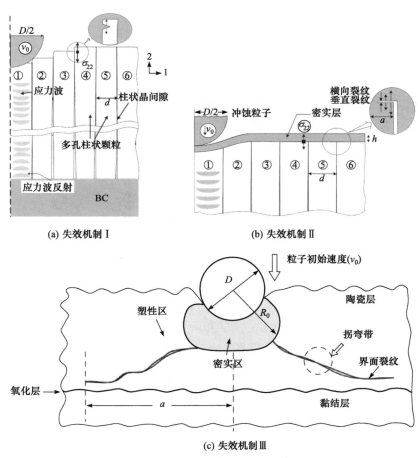

(a) 失效机制Ⅰ　　　　　　　　　　(b) 失效机制Ⅱ

(c) 失效机制Ⅲ

图 6.26　EB-PVD 的三种失效机制示意图

(a) 动弹性区；(b) 准静态弹性压痕；(c) 准静态塑性压痕[10]

陈曦以有限元数值模拟的结果为基础,总结出导致热障涂层冲蚀失效的应力、变形主要是无量纲的粒子动能 Ω、时间 $t\sqrt{\sigma_{\text{TBC}}^{\text{Y}}/\rho_{\text{P}}}\,/\,D$ 以及位置 $r\,/\,D$ 的函数,特定位置的残余量只是粒子动能 Ω 的函数,具体的应力函数形式则可以通过数值模拟的结果得到。基于此,建立了上述三种失效机制的失效准则[10]。

对于失效机制 I,粒子和陶瓷层的作用主要是弹性的能量交换,此时粒子的响应时间、粒子的冲击压痕深度以及应力形式已分别由式(6.20)~式(6.22)给出。此时,陶瓷层中形成的裂纹主要是在单个柱状晶单元中的横向裂纹(裂纹方向垂直于柱状单元的轴线),如图 6.26(a)所示,诱发横向裂纹扩展的应力 σ_{22},使得裂纹扩展模式为 I 型裂纹。根据有限元模拟的结果,可以确定碰撞过程中无量纲的 σ_{22} 的变化幅值及其平均值, $\Delta\Sigma=\Delta\sigma_{22}\,/\!\left(\left(\rho_{\text{P}}v_0^2\right)^{1/5}E_{\text{TBC}}^{4/5}\right)$, $\bar{\Sigma}=\bar{\sigma}_{22}\,/\!\left(\left(\rho_{\text{P}}v_0^2\right)^{1/5}E_{\text{TBC}}^{4/5}\right)$。

在 σ_{22} 作用下,裂纹扩展的应力强度因子及能量释放率可以表示为

$$K_{\text{I}}\approx\sqrt{\pi a_0}\left[\Delta\sigma_{22}+\bar{\sigma}_{22}\right],\quad G\approx\frac{\pi a_0}{E_{\text{TBC}}}\left[\Delta\sigma_{22}+\bar{\sigma}_{22}\right]^2 \tag{6.37}$$

单个柱状晶单元能发生分离的判断标准是能量释放率等于陶瓷层的断裂韧性,即 $G=\Gamma_{\text{TBC}}$,而此时,裂纹的长度与柱状晶单元的直径相当,故可以用 d 来表示,这一失效机制下,以式(6.37)为基础,可以建立裂纹扩展的标准为

$$\pi\left[\bar{\Sigma}+\Delta\Sigma\right]^2\geqslant\frac{\Gamma_{\text{TBC}}}{\left(\rho_{\text{P}}v_0^2\right)^{2/5}E_{\text{TBC}}^{3/5}d} \tag{6.38}$$

其中, ρ_{P}、v_0 决定于冲蚀粒子即外部条件。则可以定义:在这一失效机制下,热障涂层抵抗冲蚀失效的抗力指标为 $\Xi_{\text{I}}=\Gamma_{\text{TBC}}\,/\,E_{\text{TBC}}^{3/5}d$。显然 Ξ_{I} 越大,冲蚀速率越低,相应的热障涂层冲蚀性能越好。

对于失效机制 II,此时冲蚀已经在陶瓷层中产生了密实层,陶瓷层柱状结构单元之间的间隙可以看成是垂直裂纹,如图 6.26(b)中右上角的插图所示,在 σ_{22} 的作用下垂直裂纹会向强度较弱即密实层和陶瓷层的界面处拐弯。这一过程中,由于有横向裂纹和间隙垂直裂纹的存在, σ_{22} 将导致裂纹同时发生张开(I 型)和错动(II 型)扩展,根据有限元模拟的结果,应力强度因子的值可以表示为

$$\frac{K_{\text{I}}}{\Delta\sigma_{22}\sqrt{a}}=1.76-\frac{2.24a}{d},\quad\frac{K_{\text{II}}}{\Delta\sigma_{22}\sqrt{a}}=0.20-\frac{0.17a}{d} \tag{6.39}$$

假如界面裂纹不扩展,这时 $K_{\text{I}}\to0$,由式(6.39)有 $a\,/\,d=0.75$。如果裂纹只在单个柱状晶单元中扩展,则可以等效为简单的拉应力模型,此时有 $K_{\text{I}}\,/\,\bar{\sigma}_{22}\sqrt{a}=1.76$,而要使得密实层和下面的陶瓷层完全分离,只有在 $a\,/\,d\to1$ 的

情况下才可以。根据有限元的结果 $\sigma_{22} \sim 1/h_D$ 得出这一失效机制下热障涂层抵抗冲蚀失效的抗力指标为 $\Xi_2 = \Gamma_{TBC} / E_{TBC}^{3/5} d\sigma_{TBC}^Y$。显然 Ξ_2 越大，冲蚀速率越低，相应的热障涂层冲蚀性能越好。

对于失效机制III，冲蚀在陶瓷层中产生了较大的变形，也形成了明显的残余凹坑，如图 6.26(c)所示。研究证明，这一情况下，拐弯带(kink band)会形成界面裂纹(delamination)，界面裂纹的形成与冲蚀后陶瓷层的残余应力有很大的关系。要形成界面裂纹必须满足[42]：

$$\Delta_{th} = \frac{\sigma_{TBC}^Y \left(\delta_{max} D\right)^{1/4}}{\sqrt{E_{TBC}\Gamma_{TBC}}} \tag{6.40}$$

形成大尺度的裂纹时，$\Delta_{th} \geqslant 0.3 \times 10^{-2}$。以此推算出热障涂层在 1150°C 下能发生这一失效的前提是残余凹坑深度 $\delta_{max} \geqslant 25 \mu m$，这一结果与图 6.5(a)和图 6.6(b)的实验结果一致。当密实层或是凹坑深度小于 20μm 时，如图 6.5(a)和图 6.6(b)中，没有形成大范围的裂纹。

如图 6.26(c)所示的准静态塑性压痕区足够大临近 TGO 层时，拐弯带会延伸至 TGO 处并在陶瓷层与 TGO 层的界面处形成界面裂纹，界面裂纹的扩展满足[3]：

$$\frac{a_{delam}}{h_{TBC}} = \left[\frac{\left(\sigma_{TBC}^Y\right)^2 h_{TBC}}{E_{TBC}\Gamma_{TBC}}\right]\left[\frac{\sigma_{TBC}^Y}{E_{TBC}}\right]^\alpha \left[\frac{\rho_P v_0^2}{\sigma_{TBC}^Y}\right]^\beta \tag{6.41}$$

其中，$\alpha = 1$，$\beta = 1/4$。这一结论说明在这一失效机制下，决定热障涂层冲蚀性能的指标为 $\Xi_3 = \Gamma_{TBC} E_{TBC}^2 / \left(\sigma_{TBC}^Y\right)^3$。这一指标说明：当界面裂纹形成后，较低的热障涂层屈服强度和较高的断裂韧性将会使得热障涂层具备较好的抵抗冲蚀剥落的能力。

6.5.2 APS 热障涂层的冲蚀抗力指标

由于 APS 热障涂层的冲蚀失效主要表现为层状单元的剥离，因而其冲蚀性能主要决定于层状单元的厚度和各单元层之间的结合情况。基于此，李长久提出了评价 APS 热障涂层冲蚀性能的简单模型[22]。模型中，将 APS 热障涂层的冲蚀速率 R_c 定义为

$$R_c = C \frac{h_l}{\lambda} \tag{6.42}$$

式中，h_l 为单元层的厚度，λ 为单元层之间的黏结比，C 是与冲蚀实验条件相关的常数。

假设冲蚀粒子的总能量中使得单元层剥离的比例为 K_e，则 N_p 个撞击粒子使得单元层发生界面剥离的总能量为

$$E_n = \frac{1}{2} K_e N_p m v_0^2 \tag{6.43}$$

式中，m 和 v_0 分别为粒子的质量和速度。

假设陶瓷层由理想的颗粒连接而成的层状单元组成，每一层的厚度为 h_l，每一个颗粒与下面陶瓷层的接触表面积为 S_0，根据能量守恒定则，如果 N_p 个撞击粒子的作用使得陶瓷层的单元层中有 N_c 个颗粒发生了分离，则有

$$E_N = 2\lambda \gamma_c N_c S_0 \tag{6.44}$$

式中，γ_c 为层状单元的表面能。

根据式(6.43)和式(6.44)可以得到，可以得到

$$\frac{N_p m}{N_c} = \frac{4\lambda \gamma_c S_0}{K_e v_0^2} \tag{6.45}$$

实验结果发现由于冲蚀涂层失去的质量 W_c 与冲蚀粒子的总质量 W_p 成正比，而

$$N_c = \frac{W_c}{S_0 h_l \rho_{TBC}}, \quad N_p = \frac{W_a}{m} \tag{6.46}$$

如果定义冲蚀阻力为 $A_c = W_a \rho_{TBC} / W_c$，结合式(6.46)代入式(6.45)得到

$$A_c = \frac{2\gamma_c \lambda}{E_{eff} h_l} \tag{6.47}$$

其中，$E_{eff} = 0.5 k_e v^2$ 为单位质量粒子中用来剥离涂层的有效能量，$2\gamma_c \lambda$ 为陶瓷层的断裂韧性。可见，APS 热障涂层的冲蚀性能决定于陶瓷层的断裂韧性、粒子的动能以及层状单元的厚度。

6.6 热障涂层的冲蚀失效机制图

由于影响热障涂层的参数极多，冲蚀损伤与粒子、涂层参数的关系很难通过理论分析而得到，大多都是基于数值模拟并结合实验得到的经验关系，而且不同环境、各种涂层、各种模式下经验关系也不同，难以指导实际应用。建立破坏机制图，明确各种服役环境下热障涂层冲蚀的条件与模式、为其失效机理的理解与安全应用提供参考。为此，人们尝试从理论、数值模拟的结果去建立热障涂层冲蚀失效机制图。下面以 EB-PVD 为例，来介绍热障涂层冲蚀失效机制图的主要思路和结果。

6.6.1　从理论角度建立破坏机制图

Fleck 等针对 EB-PVD 的三种冲蚀失效机制，给出各种机制形成条件的解析解，并以此为基础建立其失效机制图[8]。

首先，还需要定义其他的无量纲参量，分别是：$\bar{b} = b / R$（b 为凹坑表面接触半径，R 为粒子的半径），载荷 $\bar{P} = P / \left(E_{TBC} R^2\right)$，压力 $\bar{p}_{av} = P / \left(\pi b^2 E_{TBC}\right)$，速度 $\bar{v} = v\sqrt{\rho_P / E_{TBC}}$，$\bar{\delta} = \delta / h_{TBC}$。其中，无量纲的粒子速度在前面已描述，可以通过 $\bar{v} = v\sqrt{\rho_P} / \left(\sqrt{\rho_{TBC}} c\right)$ 导出，$c = \sqrt{E_{TBC} / \rho_{TBC}}$ 为陶瓷层的声速。

对于失效机制 I，即动弹性区，粒子与陶瓷层发生弹性碰撞，可以认为是弹性波在陶瓷层中的传播。如图 6.12 所示，压痕的几何关系有

$$b^2 = 2R\delta \tag{6.48}$$

弹性波在陶瓷层中的柱状结构单元中以 $c = \sqrt{E_{TBC} / \rho_{TBC}}$ 的速度传播时，将产生声压 $p_{ed} = \rho_{TBC} cv = v\sqrt{E_{TBC}\rho_{TBC}}$，其中 v 为粒子的瞬时速度。显然，产生的最大压力为 $p_{max} = v_0\sqrt{E_{TBC}\rho_{TBC}}$，$v_0$ 为粒子的初始速度。瞬时的接触压力可以表示为

$$P_{ed} = \pi b^2 p_{ed} = 2\pi R\delta v\sqrt{E_{TBC}\rho_{TBC}} \tag{6.49}$$

或者，采用无量纲形式的压力，

$$\bar{P}_{ed} = \frac{P_{ed}}{R^2 E_{TBC}} = 2\pi\sqrt{\frac{\rho_{TBC}}{\rho_P}}\frac{h_{TBC}}{R}\bar{v}\bar{\delta} \tag{6.50}$$

应用牛顿第二定律可以求出：

$$\Delta\bar{v}_{ed} = -\frac{3}{4}\sqrt{\frac{\rho_{TBC}}{\rho_p}}\left(\frac{h_{TBC}}{R}\right)^2\left[\Delta\bar{\delta}^2\right] \tag{6.51}$$

这一关系式给出了粒子速度与粒子的冲击压痕深度之间的关系，当粒子的速度 $v = 0$ 时，得到最大的冲击压痕深度，可表示为

$$\Delta\bar{\delta}_{ed,max}^2 = \frac{4}{3}\sqrt{\frac{\rho_P}{\rho_{TBC}}}\left(\frac{R}{h_{TBC}}\right)^2\bar{v}_0 \tag{6.52}$$

当这一弹性波传播至热障涂层的界面处时，会发生反射，则弹性波在陶瓷层中传播的最大持续时间为

$$t_{ed,end} = \frac{2h_{TBC}}{c} \tag{6.53}$$

对于失效机制 II，即准静态弹性压痕，陶瓷层的每个柱状晶单元发生弹性变形，如图 6.11 所示，距离中心的 r 处在 x_2 方向的位移可表示为

$$u = \delta - \frac{r^2}{D} \tag{6.54}$$

则有接触载荷，

$$\left. \begin{array}{l} P_{es} = \int_0^b 2\pi r p_{es}(r)\,dr \\ p_{es}(r) = E_{TBC}\dfrac{u}{h_{TBC}} \end{array} \right\} \Rightarrow P_{es} = \frac{2\pi E_{TBC}}{h_{TBC}}\left[\frac{\delta b^2}{2} - \frac{b^4}{4D}\right]$$

将几何关系式(6.44)代入上式，可以得到接触载荷及其无量纲形式分别为

$$P_{es} = \frac{\pi E_{TBC} R \delta^2}{h_{TBC}}, \quad \overline{P}_{es} = \pi\left(\frac{h_{TBC}}{R}\right)\overline{\delta}^2 \tag{6.55}$$

而平均应力及其无量纲形式分别为

$$p_{es} = \frac{E_{TBC}\delta}{2h_{TBC}}, \quad \overline{P}_{es} = \frac{p_{es}}{E_{TBC}} = \left(\frac{E_{TBC}\delta}{2h_{TBC}}\right) / E_{TBC} = \frac{1}{2}\overline{\delta} \tag{6.56}$$

应用牛顿第二定律得到

$$\Delta\left(\overline{v}_{es}^2\right) = -\frac{1}{2}\left(\frac{h_{TBC}}{R}\right)^2 \Delta\left(\overline{\delta}\right)^3 \tag{6.57}$$

上式给出了在准静态弹性压痕机制下，粒子的冲击压痕深度与粒子瞬时速度之间的关系，当粒子的速度 $v = 0$ 时，可求出准静态弹性压痕机制下粒子的最大冲击压痕深度：

$$\overline{\delta}_{es,max}^3 = 2\overline{v}_0^2\left(\frac{R}{h_{TBC}}\right)^2 \tag{6.58}$$

对于失效机制Ⅲ，即准静态塑性压痕，柱状晶单元发生了较大的变形，平均接触应力与陶瓷层屈服强度之间满足经验关系：

$$p_{ps} = C\sigma_{TBC}^Y \tag{6.59}$$

其中，C 是与压头形状以及屈服应变有关的常数，对于球形压头压在理想的刚塑性材料表面时，$C = 3$。Fleck 证明，对于理想的弹塑性热障涂层而言，C 在 $1\sim 2$ 之间[8]，则压痕深度为 δ 时，接触载荷及其无量纲形式可以表示成为

$$P_{ps} = C\sigma_{TBC}^Y \pi b^2, \quad \overline{P}_{ps} = \frac{P_{ps}}{R^2 E_{TBC}} = 2\pi C\varepsilon_{TBC}^Y\left(\frac{h_{TBC}}{R}\right)\overline{\delta} \tag{6.60}$$

运用牛顿第二定律，$\int P_{ps}\,dt = \int ma\,dt$，可以得到

$$\Delta\left(\overline{v}_{ps}^2\right) = -\frac{3}{2}C\varepsilon_{TBC}^Y\left(\frac{h_{TBC}}{R}\right)^2 \Delta\left(\overline{\delta}\right)^2 \tag{6.61}$$

同样的分析可以得到粒子的最大冲击压痕深度：

$$\bar{\delta}_{\text{ps,max}}^2 = \frac{2}{3}\frac{1}{C\varepsilon_{\text{TBC}}^{\text{Y}}}\left(\frac{R}{h_{\text{TBC}}}\right)^2\left(\bar{v}_0^2\right) \tag{6.62}$$

至此，我们可以看出，每一种失效机制下，粒子的速度与粒子冲击压痕深度之间的关系可以通过式(6.51)，式(6.57)和式(6.61)确定，而粒子的最大冲击压痕深度与粒子的初速度之间的关系可以通过式(6.52)，式(6.58)和式(6.62)确定。为检验上述解析表达式的正确性，Fleck 借助有限元模拟对冲蚀过程中热障涂层的应力、速度进行了分析计算，结果表明两者吻合得非常好，至此验证了理论解析表达式的准确性。基于此，Fleck 建立了热障涂层在不同的冲蚀粒子直径 D，以 $(\bar{\delta},\bar{v})$ 为参数确定的失效机制图，如图 6.27 所示。这里，$\bar{v}=v\sqrt{\rho_{\text{P}}/E_{\text{TBC}}}$，$\bar{\delta}=\delta/h_{\text{TBC}}$。对这一失效机制图进行如下概括。

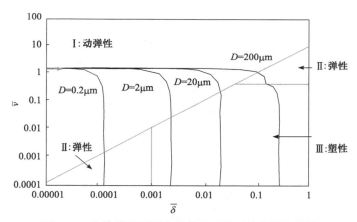

图 6.27　热障涂层不同直径粒子冲蚀下的失效机制图

(1) 失效机制 I 即动弹性区，$\bar{v}=\bar{v}_{\text{ed}}$，其与 $\bar{\delta}$ 的关系由式(6.51)给定；失效机制 II 即准静态弹性区；$\bar{v}=\bar{v}_{\text{es}}$；其与 $\bar{\delta}$ 的关系由式(6.57)给定；失效机制 III 即准静态塑性区；$\bar{v}=\bar{v}_{\text{ps}}$；其与 $\bar{\delta}$ 的关系由式(6.61)给定，取 $C=2$。

(2) 各种失效机制的边界值：失效机制 I，$t_{\text{ed,end}}=\dfrac{2h_{\text{TBC}}}{c}$，显然这一时间是非常小的，因而，由式(6.53)给出的粒子速度的减小量相比位移的变化来说很小，于是可以近似地认为在这一过程中，粒子的速度与位移成正比，即 $\delta=vt$，这样可以得到，$\bar{\delta}=2\bar{v}\sqrt{\rho_{\text{TBC}}/\rho_{\text{p}}}$，如图 6.27 中紫色的直线所示。对于失效机制 II，准静态弹性压痕区将止于应变达到陶瓷层的屈服应变值，即 $\bar{\delta}_{\text{es/ps}}=\delta/h_{\text{TBC}}=\varepsilon_{\text{TBC}}^{\text{Y}}$，如图 6.27 中红色的直线所示。如果粒子速度非常大，使得应变率非常高的情况下，

如达到 $\dot{\varepsilon}_c = v / h_{\text{TBC}} = 10^{-6} s^{-1}$，应该考虑应变率的影响，此时将出现失效机制 II 和 III 的另一类分界线，即 $\overline{v} = \dot{\varepsilon}_c h_{\text{TBC}} \sqrt{\rho_p / E_{\text{TBC}}}$，如图 6.27 中蓝色的直线所示。

6.6.2　从数值模拟出发建立某一失效模式的破坏机制图

从理论所建立的如图 6.27 所示的冲蚀失效机制图，分析了各种失效模式与粒子初始速度、粒子直径以及压入深度之间的关系。显然，失效模式 II 相对失效模式 I 和 II 而言要严重得多，由前面的分析可知，这一失效模式除了与粒子速度、直径有关外，还与粒子冲蚀角度、涂层微观结构(如柱状晶尺寸、间隙大小)，以及涂层性能参数(如模量、屈服强度)等多种因素有关，从理论上建立各种影响参数与冲蚀性能的关联是极为困难的，但数值计算却能很方便地预测出涂层是否冲蚀失效。现在以冲蚀失效模式 III 为例，介绍破坏机制图的分析方法[57]。

1. 基本模型与方程

数值模拟的基本结构如图 6.28 所示，EB-PVD 制备的 8YSZ 热障涂层包括 $100\mu m$ 的陶瓷层、$100\mu m$ 的过渡层以及 $100\mu m$ 的基底材料，涂层长度为 0.98mm，柱状晶和间隙的宽度分别为 $6\mu m$ 和 $2\mu m$。粒子的直径为 $100\mu m$(分析时将变化)。并假设陶瓷层、过渡层以及基底都是各向同性的材料，各层之间结合完好，且不考虑 TGO、涂层相变等其他因素。

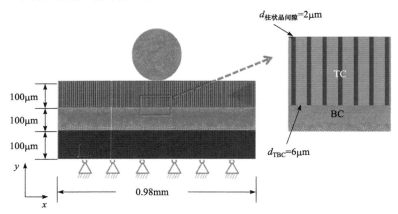

图 6.28　数值模拟中的 EB-PVD 热障涂层几何模型、边界条件与网格分布

有限元网格与边界条件如图 6.28 所示，网格采用的是四节点平面应变减缩积分单元(CPE4R)，总网格数为 101508。为了避免网格因过度变形导致的计算不收敛问题，在碰撞区域采用自适应算法(arbitrary lagrangian eulerian，ALE)。模型的边界条件定义为基底底部 x 与 y 方向的位移($u = 0$，$v = 0$)。

柱状晶和间隙的屈服准则分别选择的是如前所述的多孔介质和低密度泡沫材料的屈服准则。对于柱状晶，屈服条件为

$$F = (\frac{\sigma_e}{\sigma^Y})^2 + 2q_1 f \cosh\left(q_2 \frac{3p}{2\sigma^Y}\right) - (q_3 f^2 + 1) = 0 \tag{6.23}$$

式中，σ^Y_{TBC} 为柱状晶的屈服强度，$\sigma_e = \sqrt{(3/2)\boldsymbol{S}:\boldsymbol{S}}$ 为 Mises 等效应力，$\boldsymbol{S}$ 为 Cauchy 应力偏量，$P = -1/3\boldsymbol{\sigma}:\boldsymbol{I}$ 为静水压力，f 为柱状晶的孔隙率，取为 0.1。参数 $q_1 = q_2 = q_3 = 1$。

对于柱状晶之间的间隙，屈服条件为

$$F = \sqrt{(\sigma_e)^2 + \alpha^2 P^2} - \alpha P_c = 0 \tag{6.24}$$

式中，P_c 为静水压缩屈服强度，$\alpha = 3k/\sqrt{9-k^2}$ 为椭圆屈服面的形状因子，$k=1$，表示静水拉伸屈服强度与压缩屈服强度的比值。

为了分析粒子、涂层微结构、涂层性能对冲蚀失效的影响，考虑以下三种参数的变化：①粒子参数。粒子半径范围为 25～125μm，粒子速度 50～200m/s，粒子冲蚀角度 30°～90°；②涂层微结构参数。柱状晶尺寸 2～20μm，间隙 1～4μm；③涂层性能。柱状晶杨氏模量 22～200GPa，柱状晶屈服强度为 400～600MPa。

如只考虑模式Ⅲ，前面根据陈曦的理论分析已建立这一机制下裂纹形成的准则，可作为发生冲蚀模式Ⅲ的失效准则，即

$$\Delta_{th} = \frac{\sigma^Y_{TBC}(2\delta_{max}R)^{1/4}}{\sqrt{E_{TBC}\Gamma_{TBC}}} \tag{6.63}$$

其中，δ_{max} 是冲蚀颗粒的最大压入深度，Γ_{TBC} 是陶瓷层的断裂韧性，R 是冲蚀颗粒的半径。一般认为当 $\Delta_{th} \geqslant 3 \times 10^{-3}$ 时，塑性裂纹开始形成，即失效模式Ⅲ出现。从式中可以发现，当冲蚀颗粒和涂层的属性确定时，粒子的半径，涂层的屈服强度、杨氏模量、断裂韧性都为定值，那么裂纹是否会生成将只与涂层的最大压入深度有关。建立冲蚀失效机制图时，如不特意分析涂层性能参数的影响，都设定 $\sigma^Y_{TBC} = 400\text{MPa}$，$E_{TBC} = 200\text{ GPa}$，$\Gamma_{TBC} = 50\text{J/m}^2$[28]。

2. 热障涂层冲蚀失效的破坏机制图

图 6.29 给出了不同粒子半径和速度条件在以某一角度进行冲蚀的破坏机制图。黑色曲线是用于区分柱状晶是否会产生裂纹的边界，由式(6.63)得到。这里柱状晶和间隙的宽度分别为 6μm 和 2μm。图中绿色的部分表示不会形成裂纹，即认为涂层安全，黄色的部分表示可能会形成裂纹，即视为涂层危险。当冲击颗粒的速度为 100m/s 时，随着颗粒半径从 25μm 增加到 100μm，压痕深度从 6.14μm 增加到 20.52μm。因此，当速度一定时，压痕深度与被冲蚀颗粒的半径正相关。也

就是说，粒子的半径越大，裂纹形成的可能性就越大。同样，当撞击颗粒半径为 50μm，颗粒撞击速度从 50m/s 增加到 200m/s 时，压痕深度从 4.58μm 增加到 16.51μm。当冲蚀颗粒具有相同的半径时，颗粒速度越大，其所具有的最大压痕深度越大，产生裂纹的可能性也越大。当冲蚀速度为 100m/s 时，会导致涂层的临界粒子半径大约为 58μm。对比图 6.24 中 60° 和 30° 角度的冲蚀，在垂直入射情况下，当冲击粒子的速度为 50m/s 时，裂纹形成的临界半径约为 85μm，入射角度为 60° 时的临界半径约为 95μm，入射角度为 30° 时的临界半径约为 125μm。通过对比可以发现，冲蚀粒子的入射角度对于涂层失效会有一定影响，粒子的入射角度越大，涂层失效的可能性越大，与实验结果非常吻合。

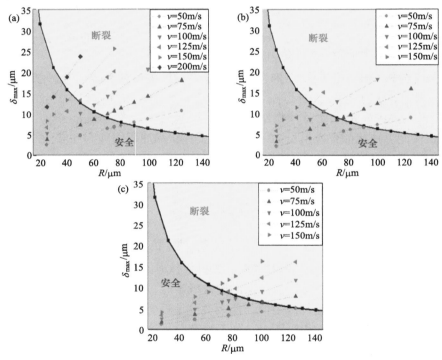

图 6.29　不同粒子半径和速度下的破坏机制图

(a) $\theta = 90°$；(b) $\theta = 60°$；(c) $\theta = 30°$

　　Fleck 等[58]和 Wellman 等[2]实验发现柱状晶热障涂层的冲蚀率不仅与外界条件有关，还与柱状晶结构如柱子宽度、间隙宽度有关。为此，我们分析了不同柱状晶宽度和间隙宽度条件下的冲蚀行为，如图 6.30 所示。此时，粒子冲击速度为 100m/s，粒子半径为 50μm。比较粒子半径为 6μm，10μm 和 20μm 时的结果，比较图中的每一个点，可以发现柱间晶体的宽度越小，压痕的最大深度越大，涂层会产生裂纹的可能性越大，但这三组数据中压痕的最大深度在相同的速度和半径条件下比较接近。比较 1μm，2μm 和 4μm 的柱间间隙宽度的结果，与柱状晶宽度类似，尽管每组数据中柱状晶体间隙的宽度越小，压痕的最大深度越大，涂层会产生裂纹的可能性越大，但这三组数据中压痕的最大深度在相同的速度和半径条件下比较接近。因此，可以得出结论，相比于粒子参数，涂层微结构(柱状晶和间隙宽度)对冲蚀失效行为尤其是模式Ⅲ的影响相对较弱。

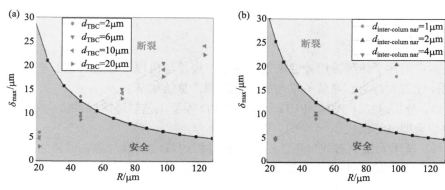

图 6.30　不同柱状晶宽度(a)和不同柱状晶间隙(b)下的冲蚀破坏机制图

图 6.31 为不同柱状晶杨氏模量和屈服强度的涂层冲蚀破坏机制图。此时，粒子半径在 25～150μm 之间，入射速度为 100m/s，角度为 90°，柱状晶宽度为 6μm，间隙宽度为 2μm。可以看出，柱状晶的杨氏模量对失效阈值的影响基本可以忽略(图 6.26(a))，但压痕深度随着杨氏模量的减小而增大。涂层屈服强度对冲蚀失效行为的影响与杨氏模量基本相似，屈服强度越小，涂层的最大深度越大。但相比于杨氏模量，屈服强度对失效阈值的影响要大，而且屈服强度越小，越容易发生冲蚀失效。这一结论与陈曦的研究结论相似。这一结果也说明，当冲蚀温度越高时，由于温度越高屈服强度越小，故越容易形成拐弯带裂纹。

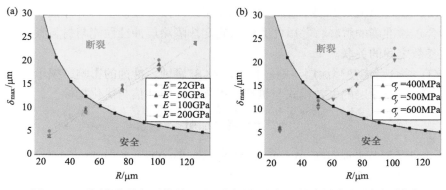

图 6.31　不同柱状晶杨氏模量(a)和不同屈服强度(b)的涂层冲蚀破坏机制图

综上分析，冲蚀粒子的速度越大，半径越大，入射角度越大，涂层越容易产生裂纹；柱状晶的宽度越小，晶间间隙的宽度越小，涂层的最大压入深度越大，越容易产生裂纹。较小杨氏模量和屈服强度的涂层也会更容易开裂。

6.7　总结与展望

6.7.1　总结

本章阐述了热障涂层冲蚀失效的现象、规律与机理，重点阐述了基于数值模拟的冲蚀失效行为、参数关联与失效机制图，总结如下。

(1) 分析总结了 APS、PVD 及 APS-PVD 等新工艺热障涂层冲蚀失效的现象、规律与典型破坏模式。

(2) 基于无量纲参数分析，结合冲蚀过程的数值模拟，建立了冲蚀粒子参数（载荷）、热障涂层性能、失效行为之间的关联。并进一步分析了真实微观结构对热障涂层冲蚀失效行为的影响。

(3) 建立了热障涂层失效抗力指标的理论分析，结合数值模拟、实验，揭示了热障涂层冲蚀失效的机理，并构筑了冲蚀破坏机制图，为热障涂层工艺优化与应用提供了依据。

6.7.2　展望

未来研究主要有以下几个方面。

(1) 开展高温燃气热冲击、高速旋转等关键环境下，热障涂层冲蚀失效过程的实验研究，尤其是发展冲蚀损伤的实时、原位检测方法，对涂层的厚度、裂纹形成与扩展的时间、位置及破坏的程度进行准确的评估与预测。

(2) 建立热障涂层特别是 APS 热障涂层的冲蚀失效模型，对冲蚀实验的结果进行合理、准确的解释，并以此为依据确定热障涂层冲蚀性能与材料参数、制备工艺参数之间的关联。

(3) 综合考虑热障涂层界面氧化、CMAS 腐蚀、冲蚀的影响，揭示多模式、多参数下热障涂层的失效模式与机理，提炼出性能评估与优化指标。

参 考 文 献

[1] Nicholls J R, Wellman R G. A comparison between the erosion behavior of thermal spray and electron beam physical vapor deposition thermal barrier coatings[J]. Wear, 1999, 233-235: 352-361.

[2] Wellman R G, Nicholls J R. A review of the erosion of thermal barrier coatings[J]. Journal of

Physics D: Applied Physics, 2007, 40: 293-305.

[3] 周益春, 刘奇星, 杨丽, 等. 热障涂层的破坏机理与寿命预测[J]. 固体力学学报, 2010, 31(5): 504-531.

[4] Chen X, Wang R, Yao N, et al. Foreign object damage in a thermal barrier system: mechanisms and simulations[J]. Materials Science and Engineering A, 2003, 352: 221-231.

[5] Wellman R G, Nicholls J R, Murphy K. Effect of microstructure and temperature on the erosion rates and mechanisms of modified EB PVD TBCs[J]. Wear, 2009, 267:1927-1934.

[6] Wellman R G, Nicholls J R. Erosion, corrosion and erosion-corrosion of EB PVD thermal barrier coatings[J]. Tribology International, 2008, 41: 657-662.

[7] Steenbakker R J L, Wellman R G, Nicholls J R. Erosion of gadolinia doped EB PVD TBCs[J]. Surface and Coatings Technology, 2006, 201: 2140-2146.

[8] Fleck N A, Zisis T H. The erosion of EB PVD thermal barrier coatings: the competition between mechanisms[J]. Wear, 2010, 268: 1214-1224.

[9] Zisis T H, Fleck N A. The elastic-plastic indentation response of a columnar thermal barrier coating[J]. Wear, 2010, 268: 443-454.

[10] Evans A G, Fleck N A, Faulheber S, et al. Scaling laws governing the erosion and impact resistance of thermal barrier coatings[J]. Wear, 2006, 260: 886-894.

[11] Chen X, He M Y, Spitsberg I, et al. Mechanisms governing the high temperature erosion of thermal barrier coatings[J]. Wear, 2004, 256: 735-746.

[12] Wellman R G, Deaakin M J, Nicholls J R. The effect of TBC morphology on the erosion rate of EB PVD TBCs[J]. Wear, 2005, 258: 349-356.

[13] Wellman R G, Nicholls J R. On the effect of ageing on the erosion of EB PVD TBCs[J]. Surface and Coatings Technology, 2004, 177-178: 80-88.

[14] Zhu D M, Miller R A, Kuczmarski M A. Development and life prediction of erosion resistant turbine low conductivity thermal barrier coatings[J]. NASA/TM, 2010: 215669.

[15] Cernuschi F, Lorenzonia L, Capelli S, et al. Solid particle erosion of thermal spray and physical vapour deposition thermal barrier coatings[J]. Wear, 2011, 271: 2909-2918.

[16] Drexler J M, Aygun A, Li D S, et al. Thermal-gradient testing of thermal barrier coatings under simultaneous attack by molten glassy deposits and its mitigation[J]. Surface and Coatings Technology, 2010, 204: 2683-2688.

[17] Drexler J M, Gledhill A D, Shinoda K, et al. Jet engine coatings for resisting volcanic ash damage[J]. Advanced Materials, 2011, 23: 2419-2424.

[18] Mishra S B, Prakash S, Chandra K. Studies on erosion behavior of plasma sprayed coatings on a Ni-based superalloy[J]. Wear, 2006, 260: 422-432.

[19] Westergård R, Axén N, Wiklund U, et al. An evaluation of plasma sprayed ceramic coatings by erosion, abrasion and bend testing[J]. Wear, 2000, 246: 12-19.

[20] Janos B Z, Lugscheider E, Remer P. Effect of thermal aging on the erosion resistance of air plasma sprayed zirconia thermal barrier coating[J]. Surface and Coatings Technology, 1999, 113: 278-285.

[21] Ramanujam R, Nakamura T. Erosion mechanisms of thermally sprayed coatings with multiple

phases[J]. Surface and Coatings Technology, 2009, 204: 42-53.

[22] Li C J, Yang G J, Ohmori A. Relationship between particle erosion and lamellar microstructure for plasma-sprayed alumina coatings[J]. Wear, 2006, 260: 1166-1172.

[23] Guo H B, Vaßen R, Stöver D. Atmospheric plasma sprayed thick thermal barrier coatings with high segmentation crack density[J]. Surface and Coatings Technology, 2004, 186: 353-363

[24] Ambühl P, Meyer P. Thermal coating technology in controlled atmospheres (ChamProTM)// Lugscheider E, Kammer P A. Proceedings of the ITSC, DVS-Verlag, Düsseldorf, Germany, 1999: 291-292.

[25] Rezanka S, Mack D E, Mauer G, et al. Investigation of the resistance of open-column-structured PS-PVD TBCs to erosive and high-temperature corrosive attack[J]. Surface & Coatings Technology, 2017, 324: 222-235.

[26] Steinberg L, Mikulla C, Naraparaju R, et al. Erosion resistance of CMAS infiltrated sacrificial suspension sprayed alumina top layer on EB-PVD 7YSZ coatings[J]. Wear, 2019, 438-439: 203064.

[27] Shin D Y, Hamed A. Influence of micro-structure on erosion resistance of plasma sprayed 7YSZ thermal barrier coating under gas turbine operating conditions[J]. Wear, 2018, 396-397: 34-47.

[28] Tian H L, Wang C L, Guo M Q, et al. Erosion resistance and toughening mechanism of AlBO and BNw whiskers modified thermal barrier coatings[J]. Ceramics International, 2020, 46: 4573-4580.

[29] Cernuschi F, Guardamagna C, Capelli S, et al. Solid particle erosion of standard and advanced thermal barrier coatings[J]. Wear, 2016, 348-349 : 43-51.

[30] Steinberg L, Naraparaju R, Heckert M, et al. Erosion behavior of EB-PVD 7YSZ coatings under corrosion/erosion regime: effect of TBC microstructure and the CMAS chemistry[J]. Journal of the European Ceramic Society, 2018, 38: 5101-5112.

[31] Hassani S, Bielawski M, Beres W, et al. Predictive tools for the design of erosion resistant coatings[J]. Surface & Coatings Technology, 2008, 203: 204-210.

[32] Chen J, Beake B D, Wellman R G, et al. An investigation into the correlation between nano-impact resistance and erosion performance of EB-PVD thermal barrier coatings on thermal ageing[J]. Surface & Coatings Technology, 2012, 206: 4992-4998.

[33] Algenaid W, Ganvir A, Calinas R F, et al. Influence of microstructure on the erosion behaviour of suspension plasma sprayed thermal barrier coatings. Surface & Coatings Technology, 2019, 375: 86-99.

[34] Satyapal M, Céline R, Nicholas C, et al. Understanding the effect of material composition and microstructural design on the erosion behavior of plasma sprayed thermal barrier coatings[J]. Applied Surface Science, 2019, 488: 170-184.

[35] Schmitt M P, Harder B J, Wolfe D E. Process-structure-property relations for the erosion durability of plasma spray-physical vapor deposition (PS-PVD) thermal barrier coatings[J]. Surface & Coatings Technology, 2016, 297: 11-18.

[36] Mercer C, Faulhaber S, Evans A G, et al. A delamination mechanism for thermal barrier coatings

subjected to calcium-magnesium-alumino-silicate (CMAS) infiltration[J]. Acta Materialia, 2005, 53: 1029-1039.

[37] Xie X Y, Guo H B, Gong S K, et al, Lanthanum–titanium–aluminum oxide: a novel thermal barrier coating material for applications at 1300°C[J]. Journal of the European Ceramic Society, 2011, 31: 1677-1683.

[38] Chen X. Calcium-magnesium-alumina-silicate (CMAS) delamination mechanism in EB PVD thermal barrier coating[J]. Surface and Coatings Technology, 2006, 200: 3418-3427.

[39] Chen X, Hutchinson J W, Evans A G. Simulation of the high temperature impression of thermal barrier coatings with columnar microstructure[J]. Acta Materialia, 2004, 52: 565-571.

[40] Chen X, Hutchinson J W. Particle impact on metal substrates with application to foreign object damage to aircraft engines[J]. Journal of the Mechanics and Physics of Solids, 2002, 50: 2269-2690.

[41] Wellman R G, Nicholls J R. A monte carlo model for predicting the erosion rate of EB PVD TBCs[J]. Wear, 2004, 256: 889-899.

[42] Nicholls J R, Stephenson D J. Monte carlo modeling of erosion processes[J]. Wear, 1995, 186-187: 64-77.

[43] Fourier J B J. Analytic Theory of Heat[M]. New York: Cambridge University Press, 1955.

[44] Bukingham E. On physically similar systems: illutrations of the use dimensional analysis[J]. Physical Review, 1914, 4: 345-376.

[45] Bridgman P W . Dimensional Analysis[M]. New Haven: Yale University Press, 1922.

[46] 黄勇力. 用纳米压痕法表征薄膜的应力-应变关系[D]. 湘潭: 湘潭大学, 2006.

[47] 马增胜. 纳米压痕法表征金属薄膜材料的力学性能[D]. 湘潭: 湘潭大学, 2011.

[48] Baither D, Bartsch M, Baufeld B, et al. Ferroelastic and plastic deformation of t′-Zirconia single crystals[J]. Journal of the American Ceramic Society, 2004, 84(8):1755-1762.

[49] Yang L, Li H L, Zhou Y C, et al. Erosion failure mechanism of EB-PVD thermal barrier coatings with real morphology[J]. Wear, 2017, 392-393: 99-108.

[50] Evans A G, Mumm D R, Hutchinson J W, et al. Mechanisms controlling the durability of thermal barrier coatings[J]. Progress in Materials Science, 2001, 46(5):505-553.

[51] Tvergaard V. Influence of voids on shear band instabilities under plane strain conditions[J]. International Journal of Fracture, 1981, 17(4):389-407.

[52] Deshpande V S, Fleck N A. Isotropic constitutive models for metallic foams[J]. Journal of the Mechanics & Physics of Solids, 2000, 48(6-7):1253-1283.

[53] Fleck N A, Zisis T. The erosion of EB-PVD thermal barrier coatings: the competition between mechanisms[J]. Wear, 2010, 268(11):1214-1224.

[54] Hutchinson J. Post-bifurcation behavior in the plastic range[J]. J. Mech. Phys. Solids, 1973, 21: 163-190.

[55] Wei Y G, Yang W, Huang K Z, Theoretical and experimental researches of postmicrobuckling for fiber-reinforced composites[J]. Sci. China Ser. A-Math. Phys. Astron. Technol. Sci., 1994, 37: 1077-1087.

[56] Mao W G, Dai C Y, Yang L, et al. Interfacial fracture characteristic and crack propagation of

thermal barrier coatings under tensile conditions at elevated temperatures[J], Int. J. Fract, 2008, 151: 107-120.

[57] Zhu W, Jin Y J, Yang L, et al. Fracture mechanism maps for thermal barrier coatings subjected to single foreign object impact[J]. Wear, 2018, 414-415: 303-309.

[58] Wang M, Fleck N A, Evans A G. Elastodynamic erosion of thermal barrier coatings[J]. Journal of the American Ceramic Society, 2011, 94: 160-167.

第二篇　热障涂层表征技术

第7章 热障涂层基本力学性能及其表征

在服役过程中，航空发动机涡轮叶片上的热障涂层表面与界面会出现裂纹的萌生与扩展，最终导致热障涂层的剥落。热障涂层的剥落使得金属基体迅速暴露在高温燃气中，叶片迅速断裂，严重时将造成发动机爆炸。影响热障涂层剥落的因素众多，这些因素会直接或间接地促使热障涂层内产生应力，然而在诸多因素中，最关键的还是涡轮叶片热障涂层的力学性能，它的性能好坏直接影响到热障涂层的寿命。因此，表征涡轮叶片热障涂层的力学性能至关重要。

热障涂层的基本力学性能内容众多，包括硬度、弹性模量、泊松比、断裂韧性、残余应力、蠕变、疲劳等。由于断裂韧性、残余应力等已经分别在各章单独讨论，这里主要讨论陶瓷涂层的杨氏模量的表征、纳米压痕硬度、涂层高温蠕变性能的表征等。

弹性模量又称杨氏模量，它是衡量材料产生弹性变形难易程度的主要指标。其数值越大，发生一定弹性变形所需要的应力也越大。也就是说，材料刚度越大，在一定应力作用下，发生弹性变形越小。弹性模量是材料本构关系中的核心参数，热障涂层是一脆性材料，很薄一层而且带有大量孔隙，加上力学性能存在分散性，尤其对于 EB-PVD 涂层是由一系列的柱状晶组成。因此，如果要比较准确地表征出热障涂层的弹性模量还是非常困难的。

蠕变，是在应力作用下，固体材料发生缓慢且永久的变形。当材料长时间处于高温或者在熔点附近时，蠕变会更加剧烈。其改变的速率会根据温度的升高而不断加剧。当发动机叶片长期处于高温状态时不仅金属材料会发生较大的蠕变，陶瓷也会发生一定的蠕变。因此，深入理解和表征热障涂层的蠕变变形行为是至关重要的。

本章共分为三个部分：第一部分主要阐述 EB-PVD 热障涂层的宏观弹性模量及其表征方法；第二部分主要论述热障涂层力学性能的微结构与时空相关性；第三部分主要阐述热障涂层的蠕变性能的表征方法和蠕变行为对界面应力的影响。

7.1 EB-PVD 热障涂层弹性行为的原位测量

EB-PVD 涂层主要用在涡轮叶片的最热端部件，主要是保护定向或者单晶镍基金属叶片，EB-PVD 涂层柱状组织结构如本书绪论中的图 0.7 所示，因此 EB-PVD 涂层是各向异性的，而面内杨氏模量对涂层的寿命影响更大。由于这种特殊结构，直接测量面内杨氏模量是十分困难的，如果将涂层从基体上去除再进行测量又会导致涂层碎裂。这里介绍一种基于数字图像相关(digital image correlation, DIC)法的微弯曲测量面内杨氏模量的方法[1-3]，而且为了表述方便不特别突出的就表示为面内杨氏模量。

7.1.1　基于数字图像相关技术的微弯曲试验

数字图像相关法(DIC 法，详细介绍见第 12 章)可以比较精确的测量表面的变形，通过测量变形和外加载荷由本构关系间接获得 EB-PVD 热障涂层的杨氏模量。Eberl 等[1-3]巧妙地设计了一个微弯曲试验的方法，图 7.1 是一个金属圆盘，实际上就是基底材料，在圆盘圆周的侧面喷涂过渡层，再在过渡层上沉积 EB-PVD 陶瓷层，各样品尺寸参数如表 7.1 所列。也就是说圆盘的径向方向就相当于我们经常说的涂层的厚度方向，柱状晶的方向沿着径向方向。定义径向方向或者是厚度方向的杨氏模量为面外杨氏模量，环向方向的杨氏模量为面内杨氏模量。在图 7.1 的 A，B，C，D 四个位置用电火花的方法把圆盘打出四个近似为梯形的洞，这四个洞用于加机械载荷。这样，用于测量弹性模量的试样样品就做好了。

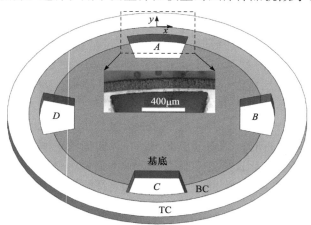

图 7.1　用于测量弹性模量的样品及其制作方法

圆盘是金属基底，在圆周向先后喷涂过渡层和沉积 EB-PVD 陶瓷层，分别在 A、B、C、D 四个位置用电火花的方法把圆盘各打出近似为梯形的洞，这个梯形洞用于加机械载荷

表 7.1　微弯曲实验的样品参数和测得的杨氏模量值以及有限元模拟得到的杨氏模量值

样品编号	宽/μm	h_{na}/μm	h_{TBC}/μm	h_{BC}/μm	E_{BC}/GPa	公式(7.1)得到的 E_{TBC}/GPa	仿真得到的 E_{TBC}/GPa
a1	550	120	110	50	155	16	20
a2	550	107	110	40	155	25	30
b1	400	145	150	40	155	15	15~20

现在介绍如何加载。如图 7.2 所示，棕色部分圆盘就是图 7.1 的试样，分别用加载销对梯形孔 A、B、C、D 进行加载，图中显示的是只对 B 孔加载，加载方向是白色箭头方向。这实际上就是 8.5 节详细讨论的鼓包加载的方法。

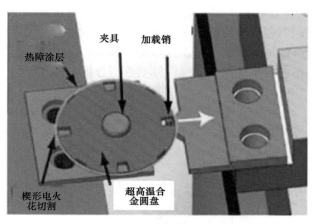

图 7.2　用于测量弹性模量的试样加载方法

现在介绍如何测量变形。在沿着涂层厚度方向的机械载荷的作用下涂层会沿着厚度方向或者是圆盘的径向方向凸出来，在凸的过程中应用 DIC 对变形进行精细的测量。在图 7.2 的棕色圆盘的表面制作散斑，尤其是在四个孔的附近的散斑是测量区，如图 7.3 所示。再通过照相把散斑的变化过程测量出来。这里栅格尺寸为 1μm，散斑区大小为 400μm×290μm。只要把变形的信息测量出来，同时把加载的载荷测量出来后根据数值模拟就可以获得 EB-PVD 陶瓷层的杨氏模量。

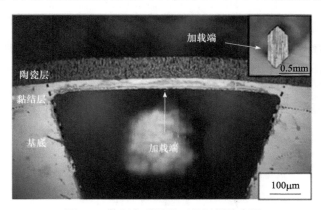

图 7.3　散斑变形测量区的局部放大图

用有限元的方法对加载过程进行数值模拟，其有限元网格如图 7.4(a)所示。假设黏结层是各向同性的弹性塑性本构关系，杨氏模量 E =155GPa，屈服强度

750MPa，应变硬化指数 $n = 0.2$ [4]。假设 EB-PVD 陶瓷涂层的面内杨氏模量 E_p 10～50MPa，面外杨氏模量 $E = 160\,GPa$。通过取不同的面内杨氏模量得到的数值结果和实验结果进行比较，如果误差比较小就认为所取的杨氏模量是实验结果。但杨氏模量 10～50MPa 这个范围太大，而且考虑到弹塑性本构关系是个非线性问题，非线性问题的有限元计算的误差可能比较大。因此，仅仅依靠数值模拟与实验结果共同比较获取的杨氏模量的误差可能比较大。这样，我们需要对杨氏模量进行预估，预估的方法是用简单的理论模型进行分析。

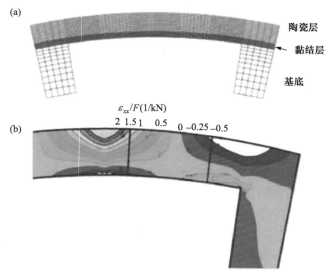

图 7.4　有限元网格划分(a)和应变云图等高线(b)

其中应变是单位载荷的应变，即 ε_{xx} / F (1/kN)，x 是环向方向，见图 7.1

我们分析图 7.4 发现完全可以把这个图简化为多层结构的梁，Suo 和 Hutchinson 早在 1990 年对这个问题就提出了一个非常好的理论模型，其示意图见本书的第 8 章的图 8.14。假设陶瓷涂层 TC 和过渡层 BC 的厚度分别为 h_{TBC} 和 h_{BC}，其杨氏模量分别为 E_{TBC} 和 E_{BC}，在弯矩作用下的中性轴的位置 h_0 由下式表示[2,5]

$$\frac{h_0}{h_{BC}} = \frac{1 + \dfrac{2E_{TBC}h_{TBC}}{E_1 h_1} + \dfrac{E_{TBC}h_{TBC}^2}{E_1 h_1^2}}{2\left(1 + \dfrac{E_{TBC}h_{TBC}}{E_{BC}h_{BC}}\right)} \tag{7.1}$$

在 Eberl 等[2]的实验中，陶瓷涂层 TC 和过渡层 BC 的厚度分别为 $h_{TBC} \sim 110\mu m$ 和 $h_{BC} \sim 50\mu m$，过渡层的杨氏模量 $E_{BC} \sim 155GPa$[4]，而中性轴的位置由 DIC 测量

的应变为 0 处的位置得到，具体见下面的分析，这样预估出陶瓷涂层的杨氏模量为 $E_{TBC} \sim 20 \pm 10 GPa$。

有限元计算的环向方向应变 ε_{xx} 云图(这里应变是单位载荷的应变即 ε_{xx}/F (1/kN))的结果如图 7.4(b)所示，这里红色区是中心对称处，这也是最大的拉应变处，x 是环向方向。明显地可以看到，应变集中在载荷线附近，并且在其附近应变变化比较大，即应变梯度比较大。同样，在支撑端的末端(肩部)附近应变比较大而且应变梯度也比较大。

7.1.2 实验和数值模拟结果分析

先分析应变的测量结果，根据有限元计算的初步结果(图 7.4(b))发现在中心区和支撑端的附近应变比较大，所以重点分析这两个区的应变测量结果。如图 7.5(a)所示中心区的 AA' 和 BB' 是沿涂层厚度方向，A 和 B 是涂层的顶部处，A' 和 B' 是过渡层的底部处；如图 7.5(b)所示支撑端的附近区的 CC' 和 DD' 是沿涂层厚度方向，C 和 D 是涂层的顶部处，C' 和 D' 是过渡层的底部处。

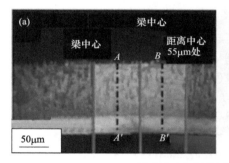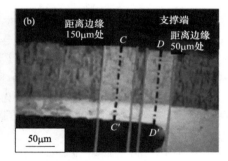

图 7.5　中心区(a)和支撑端的附近(b)

在机械载荷作用下的变形由 DIC 测量，测量出的沿 x 方向即径向方向的正应变(ε_{xx})与 y 方向位置即 AA' 和 CC' 的变化关系如图 7.6 所示，其中图 7.6(a)是靠近微弯曲的中心区的应变 ε_{xx}，图 7.6(b)是靠近支撑端肩部区的应变 ε_{xx}，图 7.6(c)是被载荷归一化后即 ε_{xx}/F 在中心区和靠近支撑端肩部区的变化关系。从实验测量结果看定性比较发现中心区基本上可以用梁的理论进行分析，在陶瓷层内是拉应变，过渡层内是压应变，而且拉应变随载荷的变化而变化比较大，但在过渡层内的压应变随载荷的变化而变化不大。在靠近支撑端肩部区陶瓷层内的应变随载荷的变化而变化也较大，在过渡层内的压应变随载荷的变化而变化也不大。但从图 7.6(c)发现，被载荷归一化后这些应变与载荷的关系就不密切了，这说明应变与载荷是线性关系，涂层的变形还是处于弹性状态。

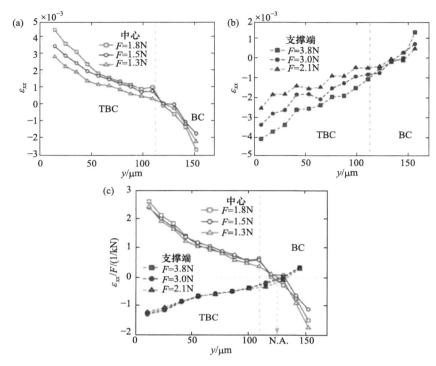

图 7.6　不同载荷下沿 x 方向即径向的正应变(ε_{xx})与 y 即厚度方向位置即 AA' 和 CC' 的变化关系

(a)靠近微弯曲的中心区的应变 ε_{xx}；(b)靠近支撑端肩部区的应变 ε_{xx}；(c)被载荷归一化后即 ε_{xx}/F 在中心区和支撑端肩部区的变化关系

　　由于样品肩部的弹性应变(图 7.5(b))比中心截面的拉伸应变小，难以测量。且当载荷超过一个临界值时，陶瓷涂层 TBCs 中会形成垂直于载荷方向的裂纹，随着载荷的增加裂纹会贯穿于黏结层和陶瓷层，而裂纹的位置在样品正应变最大的位置。图 7.7 是在顶部中心处即图 7.5 的 A 处由 DIC 测得的应变 ε_{xx} 与施加荷载的关系，图中出现的应变骤增现象说明这个时候产生了裂纹，这样可以得到 TBCs 涂层断裂的临界应变为 $(3.5\sim5)\times10^{-3}$，通过对加载过程中采集的原位图像的仔细观察可以识别出裂纹萌生的确切载荷，并确定该试样的临界载荷为 2.0N。

　　图 7.8 是图 7.5 中实验测得的归一化应变 ε_{xx}/F 与取不同杨氏模量时有限元计算得到的归一化应变 ε_{xx}/F 的比较，图 7.8(a)是在微弯曲试样中心处的归一化应变，图 7.8(b)是在试样肩部处的归一化应变。从图 7.8(a)和(b)看出陶瓷涂层杨氏模量为 20GPa 和 50GPa 时数值模拟的结果和实验结果比较一致，所以仅仅依赖整体应变测量和数值模拟结果的比较还是无法确定陶瓷涂层的杨氏模量。为了得到可信的结果必须对问题进行简化，也就是说影响因素尽量越少越好。分析涂层

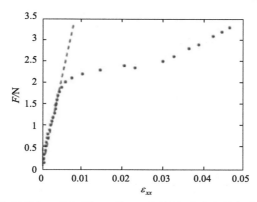

图 7.7　在顶部中心处即图 7.5 的 A 处测得的应变与施加荷载的关系

应变的骤增说明产生了裂纹

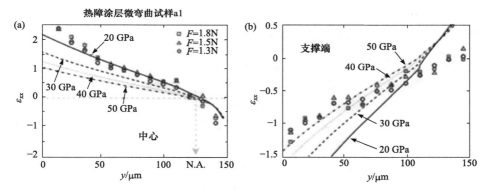

图 7.8　图 7.5 中实验测得的归一化应变 ε_{xx}/F 与取不同杨氏模量时有限元计算得到的归一化应变 ε_{xx}/F 的比较

(a) 在微弯曲试样中心处的归一化应变；(b) 在试样肩部处的归一化应变

的受力状况发现只有图 7.5 的 AA' 附近的应力分布比较单一，所以现在把眼光聚焦到 AA' 的陶瓷层内的应力分布情况，图 7.9 是同一样品不同截面的实验数据与用一系列 TBCs 模量的有限元计算结果和实验结果的比较，由这个图的比较分析发现陶瓷涂层杨氏模量为 30GPa 时陶瓷涂层内应变计算结果和实验测量的应变结果非常一致。按照这个方法确定不同样品的杨氏模量是不同的，但都在 10～30GPa 范围内，表 7.1 列出了不同样品的具体结果，这些结果既包括简单梁理论确定的杨氏模量的结果、中性轴位置的结果，也包括中心区应变的数值模拟和实验测量进行比较确定杨氏模量的结果。

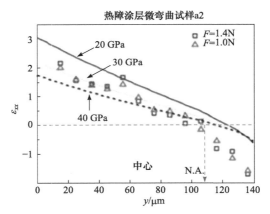

图 7.9　同一样品不同截面的实验数据与用一系列平面内 TBCs 模量的有限元计算结果和实验结果的比较

7.1.3　影响弹性模量测量精度的因素

从数学的角度分析可知，上述微弯曲法表征陶瓷涂层杨氏模量实际上是一个反问题，反问题往往存在是否唯一的问题。所以这种微弯曲法的可信度到底有多高呢？将图 7.6 中给出的实验数据与图 7.8 所示的微弯曲的一系列有限元模拟结果进行比较。当对比的数据是样品中间附近的数据时，发现 TBCs 的杨氏模量约为 20 GPa，与中性轴位置预测的模量值(见表 7.1)相当。当对比的数据是样品肩部附近的数据时，陶瓷涂层的杨氏模量为 50 GPa，这一数值远高于在试样中心的测量值。由于测量肩部应变时，样品中间在拉应力的作用下产生了裂纹，与此裂纹相关的应变局部变化可能没有在有限元模拟中得到适当的捕捉。

图 7.10 给出了某一个样品的实验数据，该样品的热障涂层稍厚，但是制备参数与前者完全相同。与之前样品一样，三种不同载荷的数据的归一化曲线会合并为一条共同的曲线。该样品的中性轴距离样品表面 145μm，并采用弯曲梁理论即等式(7.1)基于中性轴位置确定得到的 TBCs 杨氏模量为 15 GPa。而通过有限元分析表明，该试样的 TBCs 杨氏模量在 15~20 GPa 之间。

但 EB-PVD 涂层具有柱状晶组织，由此可以观察到在基片附近最细小的晶粒，以及随着柱体生长而变粗的晶粒。这种显微结构的变化可能会导致 TBCs 的杨氏模量差异性比较大。Eberl 做了个数值实验[1,2]，假设在过渡层附近的 TBCs 杨氏模量为 50GPa，而陶瓷层顶部的杨氏模量为 10GPa，计算出的应变值和实验测量的应变值居然惊人的一致。这个模拟结果与假设杨氏模量为 20 GPa 时得到的结果也几乎相同，如图 7.10 所示。这个简单的数值实验说明，微弯曲实验不能区分这两种情况。因此还必须借助其他方法确定 TBCs 的杨氏模量，最简单的就是采用纳米压痕法测量杨氏模量的变化。沿着图 7.5 的 AA' 路线使用 Berkovich 压头做压痕实验，压痕深度为 1μm，纳米压痕法表征杨氏模量的方法见原始文献[6]和本书作者专著[7]，由卸载数据得到的杨氏模量的结果如图 7.11 所示，涂层的杨氏模量基本上都是 25 GPa，且在整个 TBCs 上无没有明显的变化。

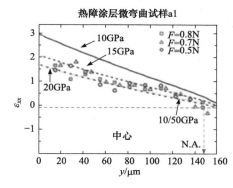

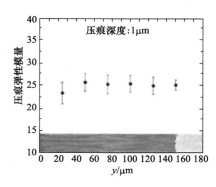

图 7.10　不同样品的实验数据与有限元模拟　　图 7.11　纳米压痕法测量的 TBCs 杨氏模量
　　　　　 结果的对比

7.2　热障涂层力学性能的微结构与时空相关性

　　材料的性能是由微观结构所决定的，建立材料微观结构与宏观性能的关联是学术界、工业界梦寐以求的追求。为了建立这种关联就十分需要发展理论和方法表征这种关联。热障涂层(TBCs)不仅是一种多层结构，各层性能相差巨大，而且其性能是随着服役时间而变化的。因此，发展热障涂层力学性能的微结构与时空相关性表征理论、方法和实验设备不仅十分必要，而且是个难题。这节重点介绍基于高速纳米压痕映射技术(high speed nanoindentation mapping technique)和反摺积(或者称为反卷积，deconvolution)理论的表征方法[8]。高速纳米压痕映射技术是通过大量的纳米压痕测试映射出各层的力学性能特性分布[9,10]，从而建立微观结构与力学性能的相关性。进一步将实验数据进行反卷积[11]得到各微观相(如 TGO 层的 β-NiAl、γ′-Ni₃Al 等相)的分布，并生成力学性能随热循环进行的演变图，从而分析不同热循环次数的失效机制。因此，高速纳米压痕映射技术对于微观结构的有限元建模、力学性能的时空演变规律研究及预测 TBCs 寿命数据模型的研发[12]都具有重要意义。

7.2.1　高速纳米压痕映射技术表征微结构与时空相关性原理

　　高速纳米压痕映射是研究多相材料局部力学性能的表征技术，采用先进的电子技术和新颖的机械设计，提高了压痕测试的速度(每个压痕约 1s)，短时间内可在特定区域进行大量压痕测试, 从而进行材料特性的空间映射。试验中每个压痕点均可提供材料力学性能的局部信息,如图 7.12 所示为高速纳米压痕映射原理图[12]。图 7.12(a)维氏压痕的压头比较大,把微观结构的相 1 或者相 2 这样一些信息掩盖了, 得到的是平均场信息,但图 7.12(b)的纳米压痕就不仅可以分辨出微观结构的相 1 或者相 2 的信息,而且对相 1 或者相 2 的宏观力学性能进行表征。这种微米级或者纳米级高度局部化力学性能的庞大数据库一方面可用来研究微观结构及其相应的力学性能(例如硬度和弹性模量)之间的联系;另一方面,可通过大量实验数据进行高级统计数据分析,从而将结果信息精准化。已经有些关于黏合剂等材料[9, 10]的高速纳米压痕映射技术的优秀成果,但在热障涂层系统上进行映射研究时会遇到一些特殊的困难,如涂层局部损伤问题、涂层多层结构的交互影响问题、界面问题等。因此,利用高速纳米压痕映射技术来表征热障涂层力学性能更加困难[13]。

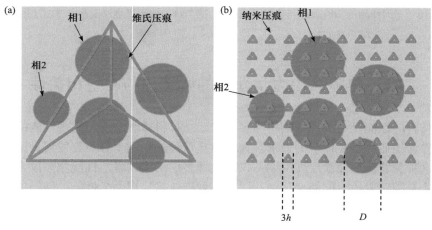

图 7.12　高速纳米压痕映射原理图
(a) 大压头完全无法提取局部信息; (b) 纳米压痕可以提取局部信息

高速纳米压痕技术用于热障涂层性能和微观结构的关联研究需要解决两个关键问题:第一,在较短的时间范围内快速进行大量压痕测试;第二,对大量的实验数据进行快速分析,并可进行反卷积分析定量获得材料的微观信息, 数据反卷积可用不同的方式执行。例如, 文献[12]假设数据遵循多峰高斯分布,并通过拟合其概率分布函数进行了数据反卷积的模拟。文献[14]使用了累积分布进行拟合,用以解决拟合概率分布函数局限性的问题。最近, 文献[15]通过期望值最大化进行了高斯混合反卷积技术分析。尽管这些技术对各微观相的特性分布进行了定量分析, 但它们具有两个主要缺点:其一,要假设数据具有一定的分布(高斯,洛伦兹等);其二, 会丢失部分空间信息。同样, 大多数研究对 TBCs 局部力学性能映射仅限于平均效应[16]，不包括任何严格的统计处理。Vignesh 等[8]发展的高速纳米压痕映射技术和反卷积方法可以对 TBCs 在经过不同热循环次数之后的黏结层，陶瓷涂层及其界面区域的不同位置进行映射，将所得的特性分布图与微观结构图进行比较并建立两者的相关性。在不丢失位置信息的基础上，为了获得组成相的性质，可以采取基于 K-均值聚类算法的新方法对材料进行反卷积映射。在热循环过程中，可以根据 TBCs 系统的微观结构演变图以及由此产生的力学性能分布图全面了解涂层的失效机制。

7.2.2　高速纳米压痕映射和反卷积技术

纳米压痕测试中，所有测试均使用金刚石玻氏压头 (E=1141 GPa；ν=0.07)。使用高速映射技术进行映射，实验过程包括表面接近、表面检测、加载、卸载和放置样品以进行下一次压痕，这样测试每个压痕样品点花费不到一秒钟的时间。在大面积(通常为 1000μm²)上高速地进行数千个压痕实验，而且可以很快地获取具有高分辨率的力学性能分布图，这就是高速纳米压痕映射技术。在热循环前后的黏结层，陶瓷涂层和黏结层-陶瓷涂层界面区域上绘制了不同尺寸的图(通常包含超过 10000 个凹痕)，通过熔融石英样品进行面积函数校准并校正载荷的相关性，使用标准的 Oliver&Pharr 方法计算每个压痕的硬度和弹性模量[6]。根据文献[17]的最新工作，选择压痕载荷以确保最小的压痕间距与压痕深度之比为10。压痕的最大深度在很大程度上取决于深度较小的较低信噪比与深度较深(或压痕间距)的较低图像分辨率。为了捕获 TBCs 各种特征的固有特性，Vignesh 等[8]进行了简单实验和数据是否可信的实验研究，以确定最佳的最大压痕深度。因此，所有测试的最大载荷为 2 mN，压痕之间的间距为 1μm(即至少为深度的 10倍)。通过 212500 个压痕实验绘制出原始样品和热循环样品的力学性能分布图，在微米级尺度上获得结构与性能的相关性。

现在介绍微观结构相的分布图的获取。使用扫描电子显微镜对纳米压痕图进行观测，用背散射电子技术对陶瓷涂层、黏结层和黏结层/陶瓷涂层界面处的相进行能量谱分析，以确定相的组成，并使用光学显微镜对涂层的相的分布进行成像。

上面介绍了通过纳米压痕技术获取高速高分辨率进而获取力学性能分布图和基于 SEM、背散射电子技术获取的微观结构相的分布图。如果能够把这两者之间的关联结合起来就可以通过快速纳米压痕映射技术获取涂层微观结构的信息。如何获得这个关联就需要利用现代数学工具，卷积理论就是这个工具。现在简单介绍卷积理论的基本思想。卷积(又名褶积，convolution)和反卷积(又名反褶积，

deconvolution)是一种积分变换的数学方法,在许多方面得到了广泛应用。用卷积解决检测中的问题早就取得了很好的成果,但反卷积进展缓慢。直到最近Schroeter、Hollaender 和 Gringarten 等解决了其计算方法上的稳定性问题才使得反卷积方法引起工程和学术界的广泛注意。有专家认为反卷积的应用是检测领域发展史上的又一次重大飞跃。随着测试新工具和新技术的发展和应用以及与其他专业研究成果的更紧密结合,卷积和反卷积理论在检测领域的作用和重要性必将越来越大。卷积是分析数学中一种重要的运算,设 $f(x)$ 和 $g(x)$ 是 R1(一维实数域)上的两个可积函数,作积分:

$$\int_{-\infty}^{\infty} f(\tau)g(x-\tau)\mathrm{d}\tau \tag{7.2}$$

可以证明,关于几乎所有的实数 x ,上述积分是存在的。这样,随着 x 的不同取值,这个积分就定义了一个新函数 $h(x)$,称为函数 f 与 g 的卷积,记为

$$h(x) = (f * g)(x) \tag{7.3}$$

容易验证,

$$(f * g)(x) = (g * f)(x) \tag{7.4}$$

并且 $h(x) = (f * g)(x)$ 仍为可积函数。这就是说,把卷积代替乘法,L1(R1)空间是一个代数,甚至是巴拿赫代数。卷积与傅里叶变换有着密切的关系。利用这一点性质,即两函数的傅里叶变换的乘积等于它们卷积后的傅里叶变换,能使傅里叶分析中的许多问题的处理得到简化。由卷积得到的函数 $h(x) = (f * g)(x)$ 一般要比 f 和 g 都光滑。特别当 g 为具有紧致集的光滑函数, f 为局部可积时,它们的卷积 $h(x) = (f * g)(x)$ 也是光滑函数。利用这一性质,对于任意的可积函数 f ,都可以简单地构造出一列逼近于 f 的光滑函数列 f_S ,这种方法称为函数的光滑化或正则化。卷积的概念还可以推广到数列、测度以及广义函数上去。

　　用一个仪器来观测和记录一个物理现象和过程时,所得到的观测和记录不仅仅反映物理现象和过程,还反映仪器的特性,仪器的非理想特性会使得到的观测和记录失真,这种失真可以用数学的卷积表示[11]

$$Y(t) = S\left\{\int_{-\infty}^{\infty} H(t;\tau)X(\tau)\mathrm{d}\tau\right\} + \xi(t) \tag{7.5}$$

这里 $X(\tau)$ 是真实的物理量, $Y(t)$ 是测量得到的数据, $H(t;\tau)$ 表示观测仪器在 τ 时刻的脉冲响应, $S\{\bullet\}$ 表示记录介质或传感原件的非线性, $\xi(t)$ 表示噪声。反卷积是一种技术方法,依据观测 $Y(t)$ 和关于噪声统计特性的知识估计原来的物理量

$X(t)$。在当前的工作中，数据反卷积技术是从多相样本的空间特性图确定各个相的分布图。为此，使用了 K-均值聚类算法，其与其他地方描述的算法相似[18]，聚类方法也可以见本书的第 10 章。K-均值的主要功能是将"n"个观察结果划分为"k"个簇。K-均值是一种迭代优化技术，它通过将聚类中心的位置移动到一个新点来随机初始化 k 个聚类中心，并在每次迭代中都使聚类内距离的平方和最小化。当不再减小聚内距离时，该迭代过程收敛，从而将数据分为预定数量的簇。数据合并到的簇数必须通过先验知识确定映射区域中存在的相数，也可以通过不同簇数迭代运行算法并使误差最小化来选择最佳参数。当算法以这样一种方式对数据进行分区时，同一群集中的数据点比其他群集中的数据点更相似，因此，可以预期每个群集在空间图中代表一个不同的相位或特征。聚类后，每个聚类中数据点的平均值和标准偏差可以用作定量测量相应相的性质。这种反卷积的方法已应用于黏结层、陶瓷涂层和黏结层-陶瓷涂层界面区域获取的所有空间特性图，以获得各个相或特征的分布图(β-NiAl，γ/γ'-Ni，YSZ，TGO)。值得注意的是，与高斯反卷积的方法不同的是该方法保留了各个组成相的空间信息，这对于研究局部力学性能的演化非常有意义[8]。

7.2.3　黏结层和陶瓷涂层快速纳米压痕力学性能表征

现在介绍基于快速纳米压痕映射技术和反卷积理论的表征方法对 NiCoCrAlY 黏结层和 YSZ 涂层的热障涂层进行研究[8]。黏结层和陶瓷层均使用大气等离子喷涂设备进行沉积，基底是镍基合金(C263)，其样品大小为 10mm×10 mm×5mm。为了提高涂层的附着力，在涂层沉积之前对基体进行喷砂处理，随后将黏结层覆盖在粗糙的基底上。使用的原料粉末是 47.05Ni-23Co-17Cr-12.5Al-0.45Y(wt%)，粒径范围为 22~45μm，然后将含 7 wt% Y_2O_3 的 YSZ 粒径范围为 10~45μm。其中黏结层和涂层的平均厚度分别为 105μm 和 175μm。

为了分析力学性能的演变对涂层进行热循环，热循环条件为 20min 内样品加热到 1100℃，在 1100℃下保温 40min，然后在 10min 内冷却至 300℃。使用热循环炉自动完成热循环所需的循环次数，分别在 5、10、50 和 100(次)循环后取出样品，并进行力学性能和微观结构表征。

为了防止切割过程给样品带来潜在的损坏，热循环的样品最初使用环氧树脂进行冷镶，然后使用砂轮切割机将样品切割并暴露样品的横截面，使用电木粉将横截面固定，以进行进一步的抛光操作，横截面依次采用#1000、#2000 和#4000 的 SiC 砂纸抛光。最后在 60mm 硅胶溶液中对样品进行振动抛光 2h，获得平整的抛光表面。

图 7.13 显示了 TBCs 的横截面的显微结构、硬度和弹性模量图。该图显示在

50μm×150μm 的区域内进行了 7500 个点压痕。通过映射得到各层之间以及各层内的硬度和弹性模量的变化,反映出合适的压痕间距足以捕获关键的微结构特征。这也证明了该技术能够处理特性和形貌的突然变化,而这些变化是在跨层、跨界面和涂层压痕位置进行映射所绘制的。在 7.2.4 节中,将详细分析每层中的空间特性变化及其随着热循环的演变情况。

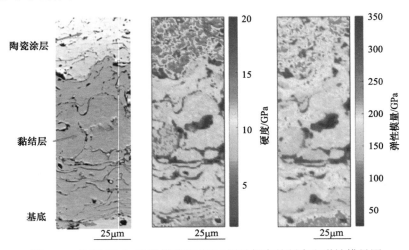

图 7.13　涂覆 TBCs 后的横截面 SEM 图及相应的硬度和弹性模量图

　　热循环过程中黏结层的微观结构、硬度和弹性模量如图 7.14 所示,可以看出涂层界面非常明显(图 7.14(a)),这是等离子喷涂涂层的典型特征。黏结层热循环前的硬度高于热循环后的硬度。相反,弹性模量显示出相反的效果。硬度和弹性模量随热循环次数增加的差异可以归因于 SEM 图中观察到的微观结构变化。

　　如图 7.14(b)所示,样品经过 5 次热循环后,可以观察到两相微观结构。较深的灰色阴影对应 β-NiAl 相,较浅的阴影对应 γ/γ'-Ni 基体。通过 EDS 测定的铝含量结果得以证实,这与 Hemker 等的观察相似[4]。β-NiAl 区域相对较大,并且相互连接。对 5 次热循环后样品的显微组织和硬度图进行比较,结果显示出两者具有极强的相关性,已精确捕获了两相的特性变化和形态。β-NiAl 相比 γ/γ'-Ni 相要坚硬,而弹性模量却呈现相反的趋势。相比 FCC 的 γ/γ'-Ni 相,β-NiAl 中存在类似 BCC 晶体结构可以提高材料的硬度。5 次热循环前后的微观结构的结果表明,裂纹边界已明显愈合。仔细观察 5 次热循环后的硬度图像,可以观察到一些硬度非常高的区域或斑点。这些斑点的 EDS 分析表明,它们很可能是黏结层的内部氧化生成的富 Al 氧化物。10 次热循环后的样品结果如图 7.14(c)所示。将其微观结构与 5 次热循环后的样品进行比较后发现,β-NiAl 的

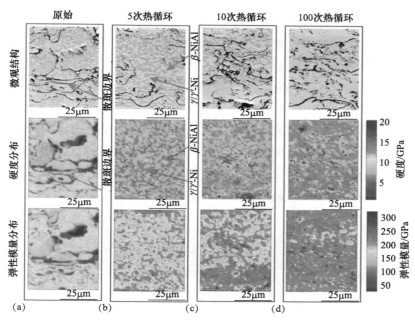

图 7.14　NiCoCrAlY 黏结涂层在原始样品(a)和 5 次(b)、10 次(c)、100 次(d)热循环后的截面
SEM 图以及相应的硬度和弹性模量图

相对占比分数降低了。硬度图还显示高硬度区域的面积分数增加，表明氧化物的
面积分数随热循环次数增加而增加。随着热循环次数不断增加直至 100 次循环
(图 7.14(d))，β-NiAl 相几乎被耗尽，并且氧化物的比例进一步增加。有趣的是，
硬度图还显示氧化物优先在飞溅边界处发现。50 次热循环后的特性分布图与 100 次
热循环后的分布图相似，因此此处未展示。总之，黏结层的硬度图和弹性模量图
一定程度上显示出与微观结构的极强的相关性，并且在微米级尺度上能精确地捕
捉微观结构的变化。

　　黏结层/陶瓷涂层界面是 TBCs 最关键的区域之一，会直接影响 TBCs 的热循
环寿命，在此区域可以观测到微观结构及其相应的力学性能变化。考虑到生成的
TGO 厚度通常是微米数量级的，且生成位置在黏结层和陶瓷涂层之间，没有可靠
的局部力学性能测量方法，而微米尺度上进行的高速映射技术可以精确测量 TGO
的力学性能。热循环前后的黏结层/陶瓷涂层界面周围的微观结构、硬度和弹性模
量图如图 7.15 所示，界面呈等离子喷涂的典型起伏特征。将热循环前后样品的微
观结构进行比较后，可以发现 TGO(界面处的暗区)的生成是从第 5 次热循环开始
的，并且 TGO 的厚度随热循环次数增加而增加。相应的硬度和弹性模量图显示了
相似的趋势，其中 TGO 可以通过界面处较高的硬度和弹性模量区域来识别。有趣

的是，从这些图测得的 TGO 厚度显示出抛物线形生长趋势，这在过去的微观结构研究中已有体现[19]。除了观测到随着热循环次数的增加，TGO 的逐步生长外，还可以从硬度图和微观结构中清楚地观察到在黏结层一侧起着铝源作用的 β-NiAl 相的耗尽。TGO 的增长而引起的弹性模量差异是应力热失配的主要驱动力之一。图 7.15 显示，样品进行 100 次热循环后，界面正上方的陶瓷涂层产生微裂纹，裂纹区域的硬度和弹性模量降低。总之，高速映射技术可用于测量涂层界面处的局部力学性能，特别是 TBCs 的黏结层/陶瓷涂层界面的力学性能检测，在有限元模拟分析中，可以简易测量经受热循环后的 TBCs 不同层的局部弹性。

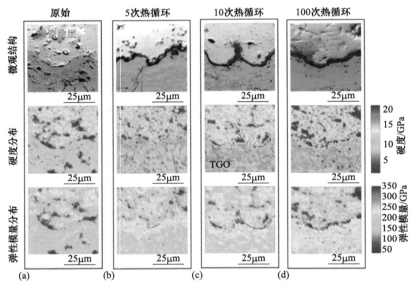

图 7.15　黏结层/陶瓷涂层界面的原始样品(a)和 5 次(b)、10 次(c)、100 次(d)热循环后的截面 SEM 图以及相应的硬度和弹性模量图

图 7.16 显示了经过热循环实验的陶瓷涂层的微观形貌、硬度和弹性模量的演变情况。从微观结构中可以明显看出涂层是疏松多孔的，这可能会对高速映射检测带来困难。然而，分布图表明，映射技术在反映孔隙引起的大变形和特性变化上有着实施的可行性。在所有样品的微观结构和性能之间可以得到极强的相关性，比如多孔区域显示出较低的硬度和弹性模量。在本工作研究的热循环温度和时间范围内，陶瓷涂层的硬度和弹性模量随热循环次数的增加而保持稳定。沉积涂层产生的孔隙与抛光样品产生的孔隙存在混淆现象，因此，通过显微照片进行孔的体积分数图量化并不容易。

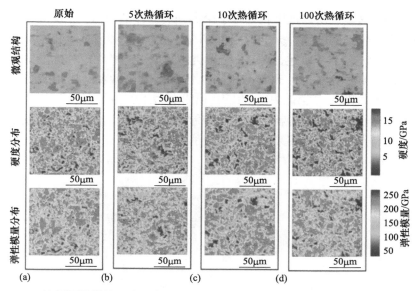

图 7.16 YSZ 涂层原始样品(a)和 5 次(b)、10 次(c)、100 次(d)热循环后的截面 SEM 图及相应的硬度和弹性模量图

7.2.4 基于反卷积法表征热障涂层微观结构相分布

从图 7.16 可以非常明显地发现微观结构和力学性能特性分布图之间的相关性，但这只是定性的，还不是定量分析的结果。为了通过力学性能的大量数据确定 TBCs 中各个层的相结构必须对高速映射数据进行反卷积分析。传统方法通常需要假设数据遵循高斯或洛伦兹分布的曲线拟合，与此不同的是，Vignesh 等[8]使用的聚类算法不需要任何假设，并且可以保留有关反卷积后的数据，从而可以实现从力学特性分布图中重建相的分布图。而且，聚类算法的曲线拟合过程中，不需要任何初始预估值或者具有一定输出范围期望值。关于反卷积方法在 7.2.2 节进行了非常简单的介绍，有兴趣应用反卷积理论进行反卷积分析的读者还需要研读有关专著或者教材[11]。图 7.17 是 5 次热循环后黏结层的微观结构和硬度图，其中图 7.17 (a)是微观结构图，图 7.17(b)是硬度图。我们可以很清楚地看到他们之间的一一对应关系。实际上图 7.17(a)是微观结构图就只有三个相分别对应 β -NiAl、γ/γ′ -Ni 和内部氧化生成的氧化物(TGO)的相，而图 7.17(b)也是三个颜色即蓝色、浅黄色和红色。根据大块材料的硬度知道图 17.7(b)的红色就是 TGO 的硬度，浅黄色就是 β -NiAl 的硬度，蓝色就是 γ/γ′ -Ni 的硬度。详细比较第 10 章关于不同频率声发射对应于不同的裂纹模式发现,这里的硬度和微观相的关系是完全一样的，而且这里还简单些，不需要进行小波变换了，也就是说 7.2.2 节介绍的反卷积实际上是不需要用的，只需要聚类分析就行了。第 10 章 10.2.3 节的聚类分析方法完全

可以移植用到这里，所以这里就省略了聚类分析的详细介绍。根据硬度数据将图
7.17(b)分为三个不同的簇，分别对应β-NiAl，γ/γ'-Ni 和内部氧化生成的氧化物
(TGO)的相。如 7.2.2 节所述，假定每个聚类中数据点的平均值和标准偏差代表相
应相的平均值和标准偏差。聚类分析图 7.17(b)得到的微观结构相图如图 7.17(c)
所示。微观结构(图 7.17(a))和相应的反卷积图(图 7.17(c))的比较表明，微观结构和
反卷积图中显示的微观结构特征的大小和形状基本一致。从反卷积图获取簇中数
据点的数量与点总数的比率来估计不同相的面积分数。

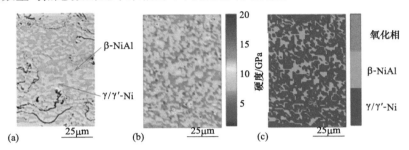

图 7.17　5 次热循环后黏结层的微观结构图(a)、硬度图(b)和反卷积后的相图(c)

　　对经历不同热循环次数的黏结层采用了类似的反卷积操作，其反卷积图如
图 7.18 所示。不同的热循环状态下的反卷积图非常清楚地显示了微观结构的演
变，处于原始涂层状态的时候，主相为β-NiAl 相，由于铝的消耗，经过 100 次热
循环后，主相为γ/γ'-Ni 相。如图 7.19 所示，氧化相的比例会随着热循环次数增加
而增加。尽管这些结果也可以从硬度图中得到，但反卷积技术除了可视化外，还
可以得到定量分析的结果。

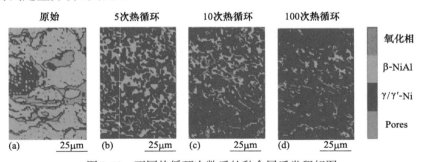

图 7.18　不同热循环次数后的黏合层反卷积相图

　　由反卷积确定的黏结层和陶瓷涂层(包括 TGO)中各相的硬度和弹性模量如
图 7.20 所示。正如预期，γ/γ'-Ni 相是硬度最小的相，其次，β-NiAl 相在 50 次热
循环时，硬度和弹性模量都会降低，此后保持稳定，这是由于β-NiAl 随热循环
的转变而引起的镍富集，从而降低硬度。同样，随着热循环次数的增加，分布在

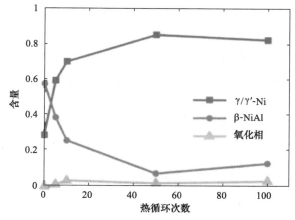

图 7.19　不同热循环次数后由反卷积确定的各个相的含量的演变关系

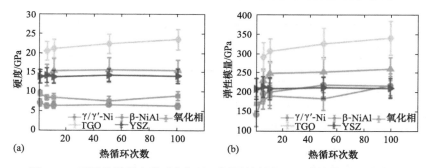

图 7.20　不同热循环次数后各相及不同层的硬度(a)和弹性模量(b)演变图

γ/γ'-Ni 相中的纳米 Ni_3Al 沉淀物会粗化[4]。有趣的是，这些作用不会导致硬度有任何明显变化。在此工作中测试的热循环温度和时间范围内，YSZ 的硬度随着热循环次数的增加而保持稳定[20]，TGO 的硬度随着热循环次数的增加而略有增加。然而，与标准偏差相比，平均值的增加并不明显。

与硬度的结果相反，过渡层中各相的弹性模量(图 7.20(b))在 5 次循环的情况下比原始状态增加了，此后没有太大变化。尽管 YSZ 的弹性模量在热循环中保持恒定(与硬度一样)，但 TGO 的弹性模量随热循环次数的增加而增加。这可能是由于氧化物的成分变化所致，尤其是 Al 含量的变化。另外，开始相对较小的 TGO 尺寸，测量硬度时压头可能同时压到了 TGO 和周围的过渡层或涂层，从而造成测量误差，因此 TGO 的特性可以视为表观特性，而不是固有特性。这样确定的各相的硬度和弹性模量也与基于少量的压痕测试的文献[21]中报道的值大体一致。表 7.2 总结了由高速纳米压痕映射和反卷积确定的各个相的硬度和弹性模量与常规纳米压痕测试获得的值进行比较，发现不同的热循环次数下的各层实验结果，与映射结果保持一致。这个系统在预期的实验分散范围内存在一些差异，原因可能是常规测试并非专门针对特定功能的测试。这些结果验证了高速测绘技术在 TBCs 复杂材料系统上测量的准确性。

表 7.2 硬度(H)和弹性模量(E)值由高速纳米压痕和常规纳米压痕确定 （单位：GPa）

样品条件			原始	5 次热循环	10 次热循环	50 次热循环	100 次热循环
高速纳米压痕	γ/γ'-Ni	H	7.2±0.9	6.4±0.7	6.5±0.8	6.7±0.4	6.4±0.8
		E	141.2±30.6	195.0±25.6	199.7±34.2	218.0±19.4	215.8±24.4
	β-NiAl	H	9.6±0.7	8.5±0.7	8.5±1.0	7.7±1.2	9.0±1.1
		E	169.6±18.5	178.8±22.9	190.1±32.7	183.5±30.7	216.9±30.3
	内部氧化相	H	—	14.2±2.8	15.4±3.1	15.6±3.2	15.5±2.7
		E	—	195.0±25.6	199.7±34.2	218.0±19.4	215.8±24.4
	TGO	H	—	20.5±2.4	21.2±2.3	22.4±2.5	23.5±2.6
		E	—	290.4±36.6	305.7±30.9	325.1±39.8	339.6±43.9
	YSZ	H	13.9±1.8	14.3±1.9	13.8±1.7	14.3±1.6	14.1±1.9
		E	207.7±26.5	212.8±26.4	208.4±28.5	211.1±27.4	209.6±25.3
常规纳米压痕	BC	H	9.9±1.0	7.4±0.4	8.3±0.9	7.7±0.6	7.5±0.4
		E	165.9±18.7	218.5±19.3	200.8±25.6	213.1±34.4	222.7±27.9
	TC	H	14.4±3.6	13.1±4.7	15.6±2.6	15.9±2.1	16.5±2.6
		E	206.9±38.1	193.0±47.6	207.4±32.7	227.9±32.5	230.9±14.7

7.3 热障涂层的蠕变性能

热障涂层长期处于高温下，蠕变变形是其失效的重要机制之一，蠕变速率常常随着温度升高而加剧。蠕变速率与材料性质、加载时间、加载温度和加载结构的应力相关，且取决于加载时间和持续时间。

7.3.1 EB-PVD 热障涂层材料的高温蠕变特性

压痕法测蠕变与传统的蠕变表征法(拉伸，压缩)相比，压痕法需要的待测样品尺寸更小，且仅需要一个平整的待测表面，并需要确保该表面与压头垂直。而与传统的维氏压痕和纳米压痕相比，这里使用的压痕法适用的温度更高，更适合用于热障涂层的蠕变性能表征，其原理如图 7.21 所示[22]。

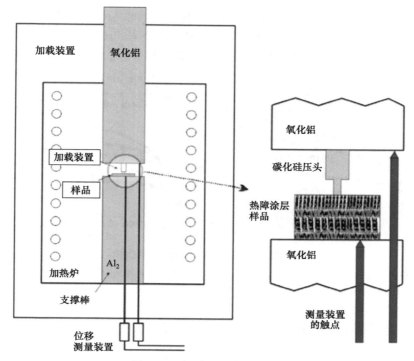

图 7.21 高温压痕装置示意图

压痕实验的高温炉为大气气氛，采用直径为 2mm 的扁平圆柱压头用于压痕蠕变测试。压头和样品的支架用整块的碳化硅制成，位移传感器连接至电脑，用来测量压头压入的深度，精度 1μm。由于碳化硅的抗蠕变性远高于 EB-PVD 沉积层，所以测量得到的蠕变值仅来自 EB-PVD 沉积层。实验中，首先将样品在空气炉中加热至 1100～1300℃，然后分别选用 30MPa、50MPa 和 70MPa 作为压入载荷，实验中载荷保持不变，实验结束后，加载从样品上移开，让样品在高温炉内随炉冷却。

实验时只对 YSZ 陶瓷涂层进行压痕，这样就不会有基底的影响。这里介绍 Jana 等用 EB-PVD 制备的 YSZ 陶瓷涂层的工作[22]。由于没有基底的影响，裸涂层蠕变压痕实验的理论模型是建立压痕压力和应变率之间的关联[22]：

$$\sigma = \frac{p}{k_1}, \quad p = \frac{4F_i}{\pi d^2}, \quad \dot{\varepsilon} = \frac{v_i}{k_2 d} \tag{7.6}$$

式中，v_i 代表压痕时位移速率，单位 μm/s；$\dot{\varepsilon}$ 代表应变率，单位 s^{-1}；d 代表压痕压头的直径，单位 μm；F_i 代表压头载荷，单位 N；p 代表压头压强，单位 MPa；k_1，k_2 代表材料特定常数。

压痕深度与时间的关系曲线如图 7.22 所示，其中图 7.22(a)是在相同温度即

1300℃下不同压痕载荷、不同压痕位移速率的压痕深度与时间的关系，图 7.22(b)
是在相同载荷 50MPa 下不同温度、不同压痕位移速率的压痕深度与时间的关系。
结果表明，在 1100~1200℃的温度范围内，蠕变压痕变形比较小，只有在 1250℃
及以上的温度才会发生明显的蠕变变形，且应变速率随着温度的升高而增长。

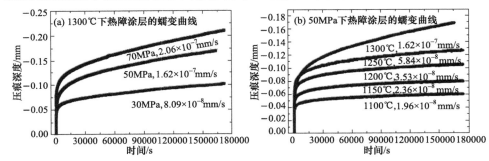

图 7.22　压痕深度与时间的关系曲线

(a)1300℃下，载荷和位移速率分别为 30MPa、8.09×10^{-8}mm/s，50MPa、1.62×10^{-7}mm/s，70MPa、

2.06×10^{-7}mm/s；(b)载荷为 50MPa，温度和位移速率分别为 1100℃、1.96×10^{-8}mm/s，1150℃、

2.36×10^{-8}mm/s，1200℃、3.53×10^{-8}mm/s，1250℃、5.84×10^{-8}mm/s，1300℃、1.62×10^{-7}mm/s

多晶陶瓷的蠕变应变率与载荷和温度的关系可以表示为[22]

$$\dot{\varepsilon} \sim \sigma^{n} \exp\left(-\frac{Q_{c}}{RT}\right) \tag{7.7}$$

其中，n 是应力指数，Q_{c} 是蠕变热激活能，R 是气体常数，T 是温度。由图 7.22
的实验结果和式(7.7)可以得到应力指数 n 和蠕变激活能 Q_{c}。图 7.23 是蠕变应变率
与应力和温度的关系，其中图 7.23(a)是在不同温度下蠕变应变率与应力的关系，
图 7.23(b)在不同载荷下蠕变应变率与 $1/RT$ 的关系。由图 7.23(a)得到应力指数 n
为 0.05~1.12，蠕变激活能 Q_{c} 为 215~329kJ/mol。

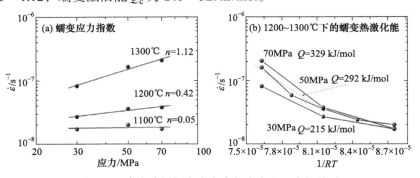

图 7.23　陶瓷涂层蠕变应变率与应力和温度的关系

(a) 在不同温度下蠕变应变率与应力的关系；(b)在不同载荷下蠕变应变率与 $1/RT$ 的关系，其中 R 是气体常数，T
是温度

7.3.2　TGO 在拉应力作用下的蠕变行为

　　TGO 的蠕变特性也是影响涂层寿命的重要内容之一, Kang 等设计了如图 7.24 所示的表征 TGO 蠕变的实验方法[23,24]。通过机械天平将载荷的精度控制在 ± 10 μN，载荷加载路径由一个空气轴承支承，其也是给样品降温的介质，并使用直流电源通过不锈钢夹具将样品加热，尔后通过最高端的红外激光位置传感器测量位移。下面的夹具通过连接的散热片和风扇进行风冷降温，同时还通过红外高温计监测温度，以确保称重传感器不会过热。TGO 的厚度是由分析两个温度传感器监测到的不同温度进行实时测量的，该方法被称为发射率差异法(emissivity difference method, EDM)[25]。

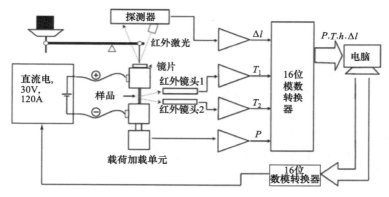

图 7.24　实验装置示意图

　　TGO 是在 FeCrAlY 上热生长的单相 α - Al_2O_3，FeCrAlY 是厚度为 $50\sim1000\mu m$ 商业高温合金薄带，其成分如表 7.3 所列。样品 1 和样品 2 的主要区别在于 Y 和 Ti 的浓度不同：第一批样品成分有 510ppm(parts per million)的 Ti 和 560ppm 的 Y，而第二批样品成分有 800ppm 的 Ti 和 280ppm 的 Y。将试样切割成横向尺寸为 5mm×50mm 的带状样品。为了消除残余应力，将样品在 1100℃真空下退火 24h，然后将样品表面打磨并抛光至 1μm 的粗糙度。在测试之前，每个样品都需使用丙酮进行清洗，并保证其尺寸和重量的测量精度分别为 ± 10μm 和 ± 10μg。

表 7.3　两类样品的成分

	Fe/%	Cr/%	Al/%	Mn/ppm	Si/ppm	Zr/ppm	Ti/ppm	Y/ppm
样品 1	73.3	21.4	5.1	1450	440	800	510	560
样品 2	72.9	21.7	5.3	1560	560	720	800	280

　　因为 TGO 是长在 FeCrAlY 金属基底上非常薄(厚度只有几个微米)的一层，

不可能像测量陶瓷涂层蠕变图 7.21 那样去除基底单独测量 TGO 的蠕变特性，必须是一起做拉伸实验。这样，为了获取 TGO 的蠕变特性就需要单独知道 TGO 的应变和应力，通过建立应变率和应力、温度的关系才能获得 TGO 的蠕变特性。这样就先对基底进行蠕变实验，一是为单独获取 TGO 的应变和应力的数据提供基础数据，二是研制实验方法和设备的精度。将 FeCrAlY 基底样品在氩气中加热至 1200℃，施加载荷并测量位移，从而确定 FeCrAlY 基底的蠕变性能，在此实验过程中形成的 TGO 的厚度不到 0.3μm，这么薄的 TGO 对 FeCrAlY 基底的应力完全没有影响，也就是说这么薄的 TGO 对基底的蠕变性没有影响。所以以最小厚度 h_{TGO} 小于 0.3μm，这个时候由于 TGO 厚度很少认为蠕变拉伸实验的结果就是基底的蠕变实验结果。金属基底稳定的蠕变率 $\dot{\varepsilon}_{ss}$ 可以表示为

$$\frac{\dot{\varepsilon}_{ss}}{\dot{\varepsilon}_0} = \left(\frac{\sigma}{\sigma_0}\right)^n \tag{7.8}$$

式中，$\dot{\varepsilon}_0$ 代表参考应变率，$\dot{\varepsilon}_0 = 10^{-6}\ \text{s}^{-1}$；$\sigma_0$ 代表参考应力，第一批样品 $\sigma_0 = 0.55\ \text{MPa}$，第二批样品 $\sigma_0 = 1.85\ \text{MPa}$。由实验数据根据式(7.8)得到第一批样品应力指数 $n = 2$，第二批样品应力指数 $n = 4$。在温度高于 1200℃时，TGO 就明显会生长，这时的蠕变拉伸实验既包括基底也包括 TGO 的变形，在基底和 TGO 的界面完好的情况下他们的应变和应变率都相同，由于在这么高的温度下假设基底完全软化，基本上不能承受载荷，这样 TGO 内的应力为

$$\sigma_{TGO} = \frac{P}{2h_{TGO}w} \tag{7.9}$$

这里 P 是拉伸载荷，w 是试样的宽度，分母的 2 表示金属两面都氧化为 TGO。TGO 蠕变性能的测量步骤如下：①在最小载荷($P_{min} \approx 0.1\ \text{N}$)下，样品在 1200℃的空气中被预氧化直到 TGO 达到预定的厚度，$h_{TGO} = 1\mu\text{m}$；②施加固定载荷 P，并测量蠕变位移；③经过一定的时间后，当蠕变达到稳态蠕变速率时，将载荷减小到 $P_{min} \approx 0.1\ \text{N}$，并继续进行氧化，且在 TGO 生长期间，持续地监测位移；④当 $h_{TGO} = 2\mu\text{m}$ 时，将施加载荷改为 $2P$ 并确定新的蠕变速率；⑤重复步骤③；⑥当新的 TGO 厚度 $h_{TGO} = 3\mu\text{m}$ 时，将施加载荷改为 $3P$ 并确定新的蠕变速率；⑦重复步骤③；⑧当 $h_{TGO} = 4\mu\text{m}$ 时，将施加载荷改为 $4P$ 并确定新的蠕变速率；⑨经过一段时间，当蠕变达到稳态蠕变速率后，实验结束。

实验的载荷、位移、TGO 厚度与时间的关系如图 7.25 所示，TGO 蠕变实验是在 $h_{TGO} = 1\ \mu\text{m}, 2\ \mu\text{m}, 3\ \mu\text{m}, 4\ \mu\text{m}$ 四个不同的 TGO 厚度下进行的。

图 7.26 给出了合金在四种不同 TGO 厚度时 TGO 中蠕变应变率与应力的关系，这些数据是从图 7.25 中的载荷-位移中数据获得的。图 7.26(a)对于不同基底

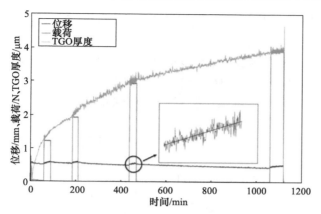

图 7.25 在蠕变测试期间载荷、位移、TGO 厚度与时间的关系

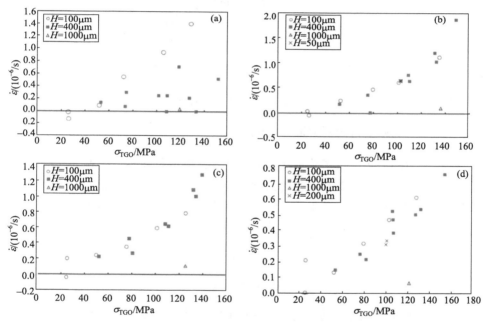

图 7.26 在四个不同的 TGO 厚度阶段时的应变率与应力的关系

图中的 H 是表示金属基底的厚度，为 $50\sim1000\mu m$，(a) $h_{TGO}=1\ \mu m$，(b) $h_{TGO}=2\ \mu m$，(c) $h_{TGO}=3\mu m$，
(d) $h_{TGO}=4\mu m$

厚度的数据比较分散，图 7.26(b)～(d)对于不同基底厚度的数据是比较集中的，且在应力 σ_{TGO} 低于 200MPa 时，TGO 没有出现裂纹迹象，在较高的应力下 TGO 表面会出现许多垂直于加载方向的裂纹，并且在发生少量蠕变应变后，位移会加速。

TGO 多晶陶瓷的蠕变应变率与载荷和温度的关系也可以由式(7.7)表示，由

图 7.26 的实验结果和式(7.7)可以得到应力指数 n 和蠕变激活能 Q_c。图 7.27 是蠕变应变率与应力和温度的关系,其中图 7.27(a)是在不同温度下蠕变应变率与应力的关系,图 7.27(b)在不同载荷下蠕变应变率与 $1/RT$ 的关系。由图 7.27(a)得到应力指数 n 为 1.5~2.0,较厚的 TGO 蠕变较慢,且 Y 含量越高,蠕变速率越慢。结合 Cho 等[26]的工作比较表明蠕变激活能 Q_c 为 685kJ/mol。

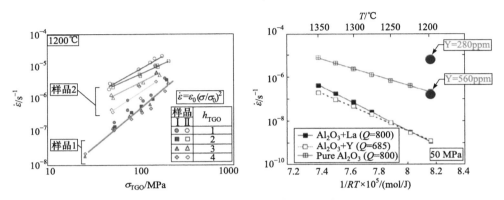

图 7.27　TGO 蠕变应变率与应力和温度的关系

(a) 在不同温度下蠕变应变率与应力的关系;(b) 在不同载荷下蠕变应变率与 $1/RT$,其中 R 是气体常数,T 是温度

7.3.3　热障涂层蠕变行为对界面应力的影响

界面应力的演化导致了热障涂层的损伤和 TBCs 的剥落,影响界面应力的最主要因素还是 TC、TGO 和 BC 的力学性能。这里基于有限元数值方法分析蠕变对界面应力的影响[27]。假设 TGO 和 BC 既有蠕变变形,也有塑性变形,简写为蠕变+塑性组合。这样 TGO 和 BC 的总应变分别表示为

$$\boldsymbol{\varepsilon}_{TGO} = \boldsymbol{\varepsilon}_{TGO}^{th} + \boldsymbol{\varepsilon}_{TGO}^{e} + \boldsymbol{\varepsilon}_{TGO}^{p} + \boldsymbol{\varepsilon}_{TGO}^{c} + \boldsymbol{\varepsilon}_{TGO}^{g} \tag{7.10}$$

$$\boldsymbol{\varepsilon}_{BC} = \boldsymbol{\varepsilon}_{BC}^{th} + \boldsymbol{\varepsilon}_{BC}^{e} + \boldsymbol{\varepsilon}_{BC}^{p} + \boldsymbol{\varepsilon}_{BC}^{c} \tag{7.11}$$

式中,下标 TGO 和 BC 分别表示 TGO 和 BC 材料;$\boldsymbol{\varepsilon}^{th}$,$\boldsymbol{\varepsilon}^{e}$,$\boldsymbol{\varepsilon}^{p}$,$\boldsymbol{\varepsilon}^{c}$ 分别代表热应变、弹性应变、塑性应变、蠕变应变;$\boldsymbol{\varepsilon}_{TGO}^{g}$ 是 TGO 的生长应变,表示为

$$\boldsymbol{\varepsilon}_{TGO}^{g} = \varepsilon_v^g \boldsymbol{I} \tag{7.12}$$

式中,生长应变在第 3 章的式(3.15)进行了描述,$\varepsilon_v^g = 0.08$,$\boldsymbol{I}$ 是单位张量。在 1100℃下氧化 300h 后,拉伸应力 σ_{22} 的应力云图如图 7.28 所示。在这里,TGO 和 BC 分别假定为弹性(图 7.28(a))、理想弹塑性(图 7.28(b))和蠕变+塑性(图 7.28(c))模型。

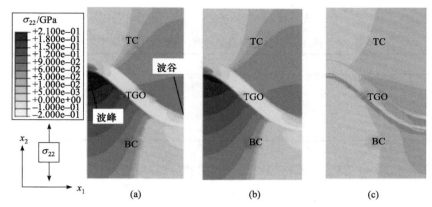

图 7.28　1100℃下氧化 300h 后的应力 σ_{22} 云图

(a) TGO 和 BC 为弹性；(b) TGO 和 BC 为理想弹塑性；(c) TGO 和 BC 为蠕变+塑性

　　拉伸应力 σ_{22} 在 TC 波谷和 BC 波峰点的演化曲线分别如图 7.29(a)和(b)所示。当 TGO 和 BC 为弹性和理想弹塑性模型时，氧化引起的相当大的压缩生长应力主要集中在 TGO 内，并导致 TGO 层产生面外位移。这种面外位移会导致 TC 波谷和 BC 波峰受到拉应力作用，因此较大的拉应力随氧化时间的增长而累积增加。

　　当 TGO 和 BC 是蠕变+塑性变形时，较大的蠕变变形会迅速松弛生长应力，这会减少平面外的位移，从而抑制 TC 波谷和 BC 波峰处拉应力的累积。这意味着 TGO 和 BC 的蠕变变形会显著影响氧化过程中的界面应力。但是，TGO 和 BC 的蠕变性能预计会因不同的粒径或组分比例而有所不同。例如，由于颗粒大小或组分比例的变化，蠕变应变率的范围可能跨越几个数量级[28,29]。为了反映蠕变速率的差异，采用表 7.4 中列出的三种蠕变参数，蠕变模型为

$$\dot{\varepsilon} = A\sigma^n \exp\left(-\frac{Q_c}{RT}\right) \tag{7.13}$$

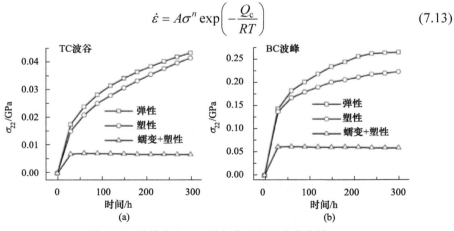

图 7.29　拉伸应力 σ_{22} 随氧化时间的变化曲线

(a) TC 的波谷位置；(b) BC 的波峰位置

表 7.4 中的参数大小虽然未从实际实验数据中得出，但仍保持在合理范围内。

表 7.4　快速蠕变、中等速度蠕变、缓慢蠕变的蠕变参数

	$A/(MPa^{-1}×s^{-1})$	n	$Q_c/(J/mol)$
低速蠕变	10^{-6}	1	162800
中速蠕变	10^{-4}	1	162800
高速蠕变	10^{-3}	1	162800

假定 TGO 是具有三种蠕变参数的同时蠕变和塑性变形模型，而 BC 是理想弹塑性模型。在 TC 波谷和 BC 波峰处，拉伸应力 σ_{22} 的演化如图 7.30 所示。从图可以看出蠕变对应力的影响还是比较明显的。

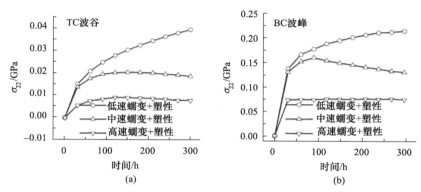

图 7.30　在三种蠕变速率的 TGO 蠕变-塑性模型假设下应力 σ_{22} 的演化
(a) TC 的波谷位置；(b) BC 波峰位置

7.4　总结与展望

7.4.1　总结

热障涂层力学性能既是评价涂层优劣又是提高涂层质量的关键指标。但由于涂层是薄薄的一层，其性能表征完全不同于块体材料；同时热障涂层的力学性能是随着服役时间而发生变化的；由于热障涂层工作于高温、高速旋转、CMAS 腐蚀等恶劣环境下，所以研究和分析高温力学性能是一大难题。这章首先介绍了热障涂层杨氏模量的微弯曲表征方法，热障涂层的时空演变和微观结构关联的方法，涂层和 TGO 的高温蠕变性能。微弯曲表征杨氏模量的方法包括微弯曲的巧妙设计，DIC 的原位高精度表征，有限元数值模拟，弯曲梁理论等，同时还运用纳米压痕的方法验证该方法的可信性。运用微弯曲法表征了 EB-PVD 热障涂层的杨氏模量，其值在 15～25 GPa 之间。其次，详细介绍了热障涂层力学性能的微结构与时空相关性。用等离子喷涂法制备了 NiCoCrAlY 黏结层和 YSZ 陶瓷涂层，对不同热循环次数的热障涂层材料进行了高速纳米压痕映射，映射得到了热障涂层材料各层及其界面的力学性能演变的规律。结果表明，微米尺度的微观结构与局部力学性能之间存在着极强的相关性。为了得到各层相结构的力学性能，通过 K-均值聚类算法对相成分的信息数据进行反卷积分析以确定相结构的分布，从而分析各层中不同相及其局部力学性能在热循环试验中的演变规律。最后，介绍了涂层高温蠕变的表征方法及其涂层蠕变对界面应力的影响。设计了高温压痕的方法表征陶瓷涂层的蠕变特性，包括表征模型，应变率的测量，得到陶瓷涂层蠕变应力指数 n 为 0.05～1.12，蠕变激活能 Q_c 为 215～329kJ/mol。设计了高温拉伸过渡层氧化 TGO 表征 TGO 的蠕变性能的方法，得到 TGO 蠕变应力指数 n 为 1.5～2.0，蠕变激活能 Q_c 为 685kJ/mol，而且较厚的 TGO 蠕变较慢，Y 含量越高，蠕变速率越慢。基于陶瓷涂层和 TGO 的蠕变数值分析了界面的应力，发现蠕变的影响还是非常大的。

7.4.2 展望

在过去的 30 年内国际国内对热障涂层力学性能的研究取得了巨大的成就，包括理论、装置等，为航空发动机、热汽轮机的发展做出了巨大的贡献，但热障涂层力学性能的研究无论从工程应用，还是从前沿科学研究方面都应得到学术界和工业界的高度重视和持续关注，尤其是随着航空发动机、燃气轮机的发展，涂层将面临着越来越高的服役温度，越来越恶劣的环境，涂层力学性能的研究面临的挑战越来越严峻，具体包括表征的理论模型，热力化环境的耦合和解耦的实现，表征设备的研制，宏微观力学性能信息的获取，疲劳性能，蠕变与疲劳的交互作用，力学性能的微结构与时空相关性，YSZ 铁弹性[30]，新型涂层如 $Hf_6Ta_2O_{17}$[31] 等，这些挑战非常值得科研工作者为之努力！

参 考 文 献

[1] Eberl C, Gianola D S, Wang X, et al. A method for in situ measurement of the elastic behavior of a columnar thermal barrier coating[J]. Acta Materialia, 2011, 59: 3612-3620.

[2] Eberl C, Gianola D S, Hemker K H. Mechanical characterization of coatings using microbeam bending and digital image correlation techniques[J]. Exp. Mech., 2010,50: 85-97.

[3] He M Y, Hutchinson J W, Evans A G. A stretch/bend method for in situ measurement of the delamination toughness of coatings and films attached to substrates[J]. J. Appl. Mech., 2011, 78: 011009-1-011009-5.

[4] Hemker K J, Mendis B G, Eberl C. Characterizing the microstructure and mechanical behavior of a two-phase NiCoCrAlY bond coat for thermal barrier systems[J]. Mater. Sci. Eng. A, 2008, 483: 727-730.

[5] Suo Z, Hutchinson J W. Interface crack between two elastic layers[J]. International Journal of Fractures, 1990, 43: 1-18.

[6] Oliver W C, Pharr G M. An improved technique for determining hardness and elasticmodulus using load and displacement sensing indentation experiments[J]. J. Mater. Res., 1992, 7: 1564-1583.

[7] Zhou Y C, Yang L, Huang Y L. Micro-and Macromechanical Properties of Materials[M]. CRC Press, Taylor & Francis Group, 2013.

[8] Vignesh B, Oliver W C, Kumar G S, et al. Critical assessment of high speed nanoindentation mapping technique and data deconvolution on thermal barrier coatings[J]. Materials & Design, 2019, 181: 108084.

[9] Sebastiani M, Moscatelli R, Ridi F, et al. High-esolution high speed nanoindentation mapping of cement pastes: unravelling the effect of microstructure on the mechanical properties of hydrated phases[J]. Mater. Des., 2016, 97: 372-380.

[10] Brown L, Allison P G , Sanchez F. Use of nanoindentation phase characterization and homogenization to estimate the elastic modulus of heterogeneously decalcified cement pastes[J]. Mater. Des., 2018, 142: 308-318.

[11] 邹谋炎. 反卷积和信号复原[M]. 北京: 国防工业出版社，2001.

[12] Constantinides G, Chandran K S R, Ulm F J, et al. Grid indentation analysis of composite microstructure and mechanics: principles and validation[J]. Materials Science and Engineering A, Structural Materials: Properties, Microstructure and Processing, 2006, 430: 189-202.

[13] Bolelli G, Righi M G, Mughal M Z, et al. Damage progression in thermal barrier coating systems during thermal cycling: a nano-mechanical assessment[J]. Mater. Des., 2019, 166: 107615.

[14] Ulm F J, Vandamme M, Bobko C, et al. Statistical indentation techniques for hydrated nanocomposites: concrete, bone, and shale[J]. Journal of the American Ceramic Society, 2010, 90(9): 2677-2692.

[15] Veytskin Y B, Tammina V K, Bobko C P, et al. Micromechanical characterization of shales through nanoindentation and energy dispersive x-ray spectrometry[J]. Geomechanics for Energy & the Environment, 2017, 9: 21-35.

[16] Nath S, I Manna, Majumdar J D. Nanomechanical behavior of yttria stabilized zirconia (YSZ) based thermal barrier coating[J]. Ceramics International, 2015, 41: 5247-5256.

[17] Phani P S, Oliver W C. A critical assessment of the effect of indentation spacing on the measurement of hardness and modulus using instrumented indentation testing[J]. Materials and Design, 2019, 164: 107563.

[18] Hartigan J A, Wong M A. A K-means clustering algorithm[J]. Applied Statistics, 1979, 28: 100-108.

[19] Yun J, Wee S , Park S, et al. Method for predicting thermal fatigue life of thermal barrier coatings using TGO interface stress[J]. International Journal of Precision Engineering and Manufacturing, 2020, 21: 1677-1685.

[20] Jamali H,Mozafarinia R, Shoja-Razavi R, et al. Comparison of hot corrosion behaviors of plasma-sprayed nanostructured and conventional YSZ thermal barrier coatings exposure to molten vanadium pentoxide and sodium sulfate[J]. Journal of the European Ceramic Society, 2014, 34: 485-492.

[21] Deng S J, Wang P, He Y D, et al. Surface microstructure and high temperature oxidation resistance of thermal sprayed NiCoCrAlY bond-coat modified by cathode plasma electrolysis[J]. Journal of Materials Science & Technology, 2017, 33: 1055-1060.

[22] Jana V, Dorčáková F, Dusza J, et al. Indentation creep of free-standing EB-PVD thermal barrier coatings[J]. Journal of the European Ceramic Society, 2008, 28: 241-246.

[23] Kang K J, Mercer C. Creep properties of a thermally grown alumina[J]. Materials Science and Engineering A, 2008, 478: 154-162.

[24] Sharma S K, Ko G D, Kang K J. High temperature creep and tensile properties of alumina formed on Fecralloy foils doped with yttrium[J]. Journal of the European Ceramic Society, 2009, 29: 355-362.

[25] Lee S S, Sun S K, Kang K J. In-situ measurement of the thickness of aluminum oxide scales at high temperature[J]. Oxidation of Metals, 2005, 63: 73-85.

[26] Cho J, Harmer M P, Chan H M, et al. Effect of yttrium and lanthanum on the tensile creep behavior of aluminum oxide[J]. J. Am. Ceram. Soc., 1997, 80(4): 1013-1017.

[27] Lin C, Li Y M. Interface stress evolution considering the combined creep-plastic behavior in thermal barrier coatings[J]. Materials and Design, 2016, 89: 245-254.

[28] Pan D, Chen M W, Wright P K, et al. Evolution of a diffusion aluminide bond coat for thermal barrier coatings during thermal cycling[J]. Acta Mater, 2003, 51: 2205-2217.

[29] Taylor M P, Evans H E, Busso E P, et al. Creep properties of a Pt-aluminide coating[J] Acta. Mater., 2006, 54: 3241-3252.

[30] Li J B, Yang L, Zhou Y C, et al. Preparation of epitaxial yttria-stabilized zirconia with non-quilibrium t' phase and ferroelectric domain by pulsed laser deposition[J]. Applied Surface Science, 2021, 537: 147790.

[31] Tan Z Y, Yang Z H, Zhu W, et al. Mechanical properties and calcium-magnesium-alumino-silicate (CMAS) corrosion behavior of a promising $Hf_6Ta_2O_{17}$ ceramic for thermal barrier coatings[J]. Ceramics International, 2020, 46: 25242-25248.

第8章 热障涂层断裂韧性的表征

断裂是所有工程材料在设计和使用过程中都必须重视的问题。根据不同材料的实验结果，断裂大致可以分为三种类型：脆性断裂、准脆性断裂和延性断裂。对于陶瓷材料而言，最本质的力学特性是本身固有的脆性，它们的断裂过程基本属于脆性断裂。热障涂层涂覆在航空发动机涡轮叶片表面，以降低叶片表面温度从而提高发动机的热效率，但实际应用过程中，热应力使涂层发生脆性断裂，影响整个部件的正常工作。20世纪20年代初，Griffith[1]提出了经典的脆性断裂理论，在此基础之上经过几十年的发展，世界各国的陶瓷材料力学工作者初步建立了一套应用于陶瓷材料的断裂力学理论。Griffith的工作指出，断裂强度并不是材料的特征常数，而是依赖于材料中存在的缺陷或裂纹的尺寸、形状及位置等几何特征。随着断裂力学的发展，另一个更为有效的参数——断裂韧性，被用来描述材料抵抗裂纹失稳扩展或断裂的能力。

本章主要介绍热障涂层表面和界面断裂韧性的表征方法，主要包括表面断裂韧性的表征、界面断裂韧性的常规测试方法、表界面断裂韧性的压痕、屈曲、鼓包等新型表征方法，以及热障涂层高温断裂韧性的表征方法。

8.1 热障涂层表面断裂韧性的表征

8.1.1 断裂韧性的定义

根据Irwin[2]的理论，断裂韧性K_{IC}表示的是I型裂纹系统所能承受的外加应力场强度的极限值。当外加应力场强度K_{I}在数值上达到或超过了材料的断裂韧性K_{IC}时，裂纹将发生扩展。Irwin考虑的是各向同性均匀连续材料中的裂纹系统，对于确定几何形状的裂纹系统，Irwin所定义的断裂韧性K_{IC}应该是一个材料常数。为了从实验上获得具体的断裂韧性值，美国材料与测试学会制定了一个测试标准ASTME-24[3]，从实验上对断裂韧性做出了一个权威性的定义，即断裂韧性是"在平面应变条件下裂纹扩展的阻力"，"在加载速率较低及塑性区修正可以忽略的I型加载条件下，平面应变断裂韧性记为K_{IC}，是采用E-399方法规定的可操作的实验技术测得的结果，相当于裂纹一开始扩展时所遭到的阻力……"。目前国内外已出现了一些测试陶瓷材料断裂韧性的技术[4]：一是不同几何构件的测试方法，如单边切口梁法(SENB)、双扭法(DT)、双悬臂梁法(OCB)、山形切口法(CHV)和压痕法(ID)等；二是探索理想尖裂纹的制备方法，其中有桥式压痕法(BI)、楔形压入法(PW)及烧结前制裂法(MBS)等。本节主要运用单边切口梁法研究热障陶瓷涂层的表面断裂韧性。

8.1.2　不带基底热障涂层表面断裂韧性的单边切口梁法表征

单边切口梁法与金属中三点弯曲试样测 K_{IC} 方法相似，不同之处是该方法以单边切口代替了预制裂纹，通过三点弯曲或四点弯曲的方法测试材料的断裂韧性，如图 8.1 所示。目前，研究学者就单边切口梁缺口的宽度和深度对断裂韧性的影响进行了一系列报道[5,6]。下面将介绍单边切口梁法测试纯陶瓷的断裂韧性[7,8]。在加载过程中，载荷随着时间的增加而增加，达到最高点时陶瓷涂层断裂，载荷达到最高时的点为陶瓷涂层的断裂点，断裂韧性可以通过下面公式进行计算[9]：

$$K_{IC} = Y \frac{3Fl}{2Bw^2} \sqrt{a} \tag{8.1}$$

其中，F 为加载载荷，l 为跨距，B 为样品的宽度，w 为样品厚度，a 为缺口的高度，Y 为无量纲的系数[10]，与 a/w 及加载速率有关，在 $0 \leqslant a/w \leqslant 0.6$ 范围内，可用 a/w 的多项式(8.2)表示：

$$Y = A_0 + A_1 \frac{a}{w} + A_2 \left(\frac{a}{w}\right)^2 + A_3 \left(\frac{a}{w}\right)^3 + A_4 \left(\frac{a}{w}\right)^4 \tag{8.2}$$

式(8.2)中系数 $A_i (i=1,2,3,4)$ 的值列于表 8.1 中。

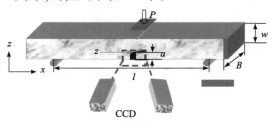

图 8.1　热障涂层纯陶瓷单边切口梁法测试示意图

表 8.1　系数 A_i 的数值

	A_0	A_1	A_2	A_3	A_4
三点弯曲 $l/w=8$	1.96	−2.75	13.66	−23.98	25.22
三点弯曲 $l/w=4$	1.93	−3.07	14.53	−25.11	25.8

热障涂层样品的具体制备过程如下：首先对一大块铝基体进行表面处理，以去除油垢、表面应力、尖角和毛刺等。其次将 8wt.%Y2O3-ZrO2 粉末喷涂在铝基体的表

面，厚度约为 4mm。通过切割得到所需规格的实验样品(2mm×4mm×20mm)，利用氢氧化钾去除铝基体，其化学反应方程式为：$2Al+2KOH+2H_2O\Longrightarrow 2KAlO_2+3H_2\uparrow$，接着对样品进行抛光，最后用精密金刚石线性切割机对样品进行缺口制备，缺口的高度为整个样品高度的 0.4 倍，宽度为 250μm 左右。具体流程如图 8.2 所示。热循环的次数分为 0 次、50 次、100 次、150 次、200 次和 300 次。图 8.3 为最终得到的样品图。

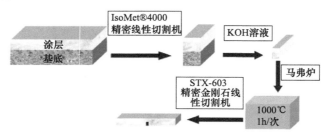

图 8.2　热障涂层纯陶瓷涂层制备流程图

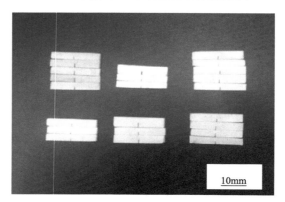

图 8.3　去除基体和制备缺口后的纯陶瓷图片

　　在进行单边切口梁法测试前，首先通过人工在纯陶瓷涂层表面喷涂一层黑色的亚光漆，制作散斑斑点。通过 CCD 图像采集系统，实时记录不同时间下被测物体表面在加载前后相邻两个阶段的像素点的位值变化，进而得到不同状态下被测表面的应变场变化。本实验通过弯曲测试完成，仪器型号为 WDTI-5，弯曲测试的速率为 0.01mm/min。在弯曲过程中，CCD 摄像机实时采集被测缺口上方应变的变化，通过观察缺口处应变的变化，来判断陶瓷涂层出现开裂的时间和断裂时的应变，通过测试区域如图 8.1 所示，具体 DIC 测量应变的详情见第 12 章。在进行弯曲测试前，首先用 10mm×8mm 标定板进行标定，将误差控制在 0.05%范围内，采集的速率为 1 张/秒。在实验过程中，要避免震动、噪声、光线等因素对测试结果带来的影响。

图 8.4 是通过万能拉伸机测试得到的弯曲载荷与时间的关系。如图所示，随着弯曲载荷的增大，当达到陶瓷的抗弯强度时，即达到曲线的最高点时，涂层完全开裂，此后随着时间的延长，加载的载荷逐渐减小。图中所有红色的点(图中的

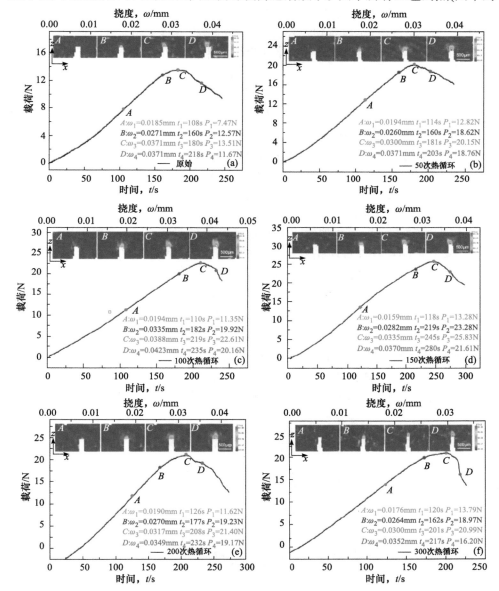

图 8.4　不同热循环次数下陶瓷涂层三点弯曲载荷-时间-挠度曲线

(a) 原始样品；(b) 经历 50 次热循环的样品；(c) 经历 100 次热循环的样品；(d) 经历 150 次热循环的样品；(e) 经历 200 次热循环的样品；(f) 经历 300 次热循环的样品

C 点)代表的数据表示拉伸机测试时陶瓷断裂对应的数值。对原始状态下的纯陶瓷样品来说，当挠度 $\omega_1 = 0.0185\text{mm}$ 时，对应的载荷为 $P_1 = 7.74\text{N}$ 时，涂层处于弹性阶段。从 A 点的云图可以看出，陶瓷整体和缺口处的应变相对均匀。随着弯曲载荷的进一步增大，当挠度 $\omega_2 = 0.0271\text{mm}$，载荷 $P_2 = 12.57\text{N}$ 时，此时的应变进一步增大，从云图 C 点可以看到陶瓷的缺口处的应变发生了明显的局域化现象，说明涂层可能发生了开裂，而且裂纹的扩展方向主要是沿着缺口处垂直向上。当挠度 $\omega_3 = 0.0317\text{mm}$，对应的载荷为 $P_3 = 13.51\text{N}$ 时，载荷-时间曲线斜率明显低于原来阶段的斜率，陶瓷已经发生了完全断裂，且载荷迅速开始下降。当挠度 $\omega_4 = 0.0371\text{mm}$，载荷 $P_4 = 11.67\text{N}$ 时，从 D 点对应的云图可以看到，缺口上方的应变云图更加不均匀，此时的应变已经远远大于在最大载荷时涂层脆性断裂时的应变，说明裂纹已向上扩展。不同热循环次数下，陶瓷完全破坏时的载荷，从原始状态下的 13.51N 增加到 150 次热循环次数下的 25.83N，随着热循环次数的继续增加，断裂载荷下降到 20.99N。纯陶瓷涂层完全断裂时所经历的时间分别是 180s，181s，219s，245s，208s，201s。

  不同热循环次数下，纯陶瓷涂层的断裂韧性如图 8.5 所示。随着热循环的增加，纯陶瓷的断裂韧性呈现先增大后逐渐减小的趋势。在前期的热处理过程中，陶瓷涂层的断裂韧性从 $(1.12 \pm 0.12)\text{MPa·m}^{1/2}$ 变化到 $(2.45 \pm 0.2)\text{MPa·m}^{1/2}$。随着热循环次数的增加，断裂韧性减小到 $(1.84 \pm 0.05)\text{MPa·m}^{1/2}$。前期断裂韧性的增加主要原因是陶瓷涂层发生了烧结，陶瓷变得更加致密。后期断裂韧性逐渐减小的原因可能是陶瓷涂层内部出现了微裂纹和气孔，使得陶瓷的性能降低。陶瓷性能变差的原因有两方面：一是在烧结过程中，陶瓷涂层变得致密，降低了涂层的应变容限；二是在冷/热冲击下，陶瓷内部存在温度梯度场，产生了热应力，促使一些裂纹得到扩展或者陶瓷内部产生应力集中。从图 8.6 可以看出，陶瓷层内部出

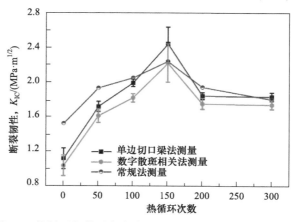

图 8.5 热循环条件下陶瓷涂层断裂韧性的演变关系图

现了裂纹和气孔，且这些裂纹主要是穿晶裂纹，在热循环条件下使裂纹不断扩展和相连。Choi 等[11]用三点弯曲法得到了在 100 次热循环之前，断裂韧性值从 1.15MPa·m$^{1/2}$ 变化到 2.38MPa·m$^{1/2}$，这与单边切口梁法测得的结果一致。

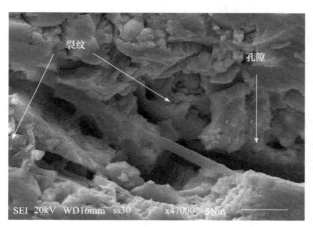

图 8.6　300 次热循环条件下陶瓷涂层断口的 SEM 图

借助数字图像相关法实时监测缺口区域的应变场，利用应变拐点的分析，得到涂层发生断裂时的应变所需要的时间。然后将数字图像相关法测试得到的时间，代入到图 8.4 所示的三点弯曲载荷-时间-挠度的曲线中，得到不同热循环次数时陶瓷发生断裂时间分别为 160s、160s、182s、219s、177s 和 162s，所对应的载荷分别为 12.57N、18.62N、19.92N、23.28N、19.23N 和 18.97N。可以看出发生断裂的时间要早于拉伸机测试得到的时间，这是因为拉伸机是用来衡量样品整体的承载能力，DIC 用来表征样品局部的开裂情况。在加载过程中，陶瓷涂层缺口处虽然出现了裂纹，但还是有足够的能力抵抗其断裂。随着加载载荷的逐渐增大，陶瓷裂纹进一步垂直向上扩展，当达到涂层破坏所需的最大载荷时，此时陶瓷完全失去抵抗能力，从而发生断裂。从图 8.4 所示的应变云图可以看出，在不同的热循环次数下，在发生断裂之前，即在图中 A 点时，陶瓷的缺口处的应变跟其他处没有出现较大变化，这说明在弯曲过程中陶瓷还处于弹性阶段。当载荷逐渐增大且载荷达到 B 点时，陶瓷缺口应变云图处出现了变化，此时的应变值也已经比原来有所增大，这有可能是陶瓷缺口出现了裂纹，通过应变与时间的关系曲线，也能证明此时已经发生了断裂，当载荷进一步增大，直到 C 点时，这时已经达到了纯陶瓷完全破坏时所达到的断裂载荷，此时的应变已经变得更大，裂纹已经向上扩展。通过图 8.4 我们还可以看到，陶瓷发生断裂时的时间和挠度随着热循环次数的增加而增加，然后逐渐减小。在不同热循环次数下，断裂载荷的增加说明了陶瓷抵抗断裂的能力得到了提高，断裂韧性的值从(1.04±0.12)MPa·m$^{1/2}$ 提高到

(2.23 ± 0.22)MPa·m$^{1/2}$，然后下降到(1.75 ± 0.05)MPa·m$^{1/2}$。

8.1.3 热障涂层表面断裂韧性的三点弯曲-声发射结合法表征

1. 热障涂层表面断裂韧性表征的理论模型

热障涂层体系内陶瓷层的破坏类型主要包括：沿表面向里扩展的表面垂直裂纹，陶瓷层内部缺陷以及表面垂直裂纹引起的内部横向裂纹。图 8.7 是弯曲载荷下热障涂层系统的结构示意图，其中当陶瓷层开裂时，涂层内的 x 方向上的应力状态，可以认为是 x 方向上载荷产生拉应力 σ_{xx} 和残余应力 σ_{xx}^{r} 共同作用的结果。涂层内残余应力可以通过多种测试手段来获得，如压痕法、拉曼光谱、X 射线衍射法等。热障涂层体系中黏结层弹性性能与基底接近，可以将其与基底看作一层。因此，本章将热障涂层体系看作陶瓷层和基底的双层体系，即三点弯曲载荷下热障涂层系统可以看作双层组合梁模型，由于弯曲的平面假设成立，横截面上正应变沿 y 轴仍为线性分布，即 $\varepsilon=y/\rho$，其中涂层内 x 方向正应力大小 σ_{M} 根据胡克定律得

$$\sigma_{M}=E_{c}y/\rho \tag{8.3}$$

其中，E_{c} 为陶瓷层弹性模量，y 为涂层距离复合梁中性轴的距离，ρ 为曲率半径。曲率求解示意图见图 8.8，直线 AB 为加载前中性轴的位置，曲线 AB 为加载后中性轴的形状，我们将弯曲后热障涂层中性轴的形状近似为圆弧，即可得

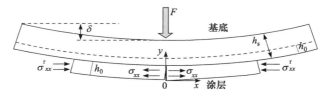

图 8.7　热障涂层三点弯曲的复合梁弯曲模型

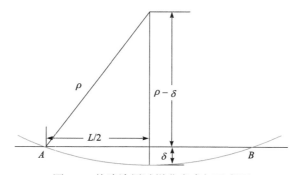

图 8.8　热障涂层试样曲率求解示意图

$$\rho=[(L/2)^2 + \delta^2)]/2\delta \tag{8.4}$$

$$y = h_0 + h_c \tag{8.5}$$

其中，h_0 为陶瓷层/黏结层界面到中性轴的距离，由静力平衡条件可推得，其表达式为[12]

$$h_0 = \left(E_s h_s^2 - E_c h_c^2\right)/\left(2E_s h_s + 2E_c h_c\right) \tag{8.6}$$

E_c、E_s 分别为陶瓷层和基底的弹性模量，δ 为弯曲挠度，h_c、h_s 分别为陶瓷层和基底的厚度。

在热障涂层三点弯曲载荷作用下，涂层断裂产生裂纹面与 σ_{xx} 应力方向垂直，扩展方向与应力方向垂直，属于 I 型裂纹，根据 Griffith 脆断准则 $K_I = K_{IC}$，以及线弹性断裂力学理论，断裂韧性表达式可列为

$$K_{IC} = \sigma\sqrt{\pi a_0}Y_I \tag{8.7}$$

其中，a_0 为临界裂纹长度，涂层断裂临界应力 σ 包括弯曲产生的正应力和残余应力，即

$$\sigma = \sigma_r + \sigma_M \tag{8.8}$$

其中，σ_r 和 σ_M 分别为涂层内残余应力和弯曲载荷作用下涂层内 x 方向的正应力。在三点弯曲实验过程中，通过测量涂层临界载荷阈值，如涂层开裂临界挠度 δ 和临界裂纹长度 a_0，就可以计算出陶瓷层的断裂韧性。

2. 热障涂层表面断裂韧性的表征

实验所需试样为 APS-TBCs，且对其中部分样品进行高温氧化 300h。制备过程如下。

(1) 试样的制备与处理。①基底的处理。选用厚度为 2mm 的 GH3030 型镍基高温合金作为基底材料，用仪器型号为 IsoMet®4000 线切割机将合金平板切割成 80mm×9mm×2mm 的尺寸。在喷涂涂层之前，基底需要依次经过清洗、表面软化、喷砂或高压水流粗化、基体的低应力处理；表面粗化是必备步骤，它使基底表面出现凹凸、便于熔融颗粒在基底上铺展、凝结收缩时与基底产生"钩合"作用，增强涂层的结合力。②黏结层喷涂。采用真空等离子喷涂法将 NiCrAlY 粉末喷涂在基底表面，喷涂厚度约为 150μm。为确保黏结层成分与基底材料充分扩散，在喷涂完成之后，将其置于真空 1000℃环境下保温 2h。③陶瓷层喷涂。采用大气等离子喷涂法将 8wt.%Y$_2$O$_3$-ZrO$_2$ 粉末喷涂于黏结层表面，喷涂厚度约为 400μm。具体喷涂参数见表 8.2。

(2) 试样的高温氧化。将部分制备好的热障涂层试样放入高温炉内，并加热至 1000℃，恒温保持 300 h 后，关闭高温电阻炉，样品随炉冷却到室温。

表 8.2　　APS 热障涂层喷涂工艺参数

粉末	电流/A	电压/V	进料速度/(g/min)	喷涂距离/mm	载气流速/min⁻¹
NiCrAlY	450	40～50	10	150～200	5.0
8YSZ	450	40～50	5	100～120	4.5

（3）试样的金相处理。在对热障涂层截面进行散斑标记前，先对热障涂层侧面进行金相处理。通过对表面进行打磨，减少毛刺、基底氧化物对声发射信号及传感器与样品的耦合的影响。其具体过程为：首先使用 800#、1000#的砂纸打磨，去除高温氧化前后样品各面的毛刺、氧化物等；然后使用 1500#的细砂纸打磨，直至表面光滑；最后利用 1000#、3000#金相砂纸对试样截面进行打磨。图 8.9 为试样尺寸示意图。

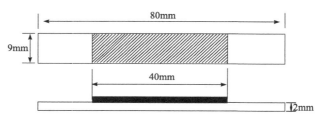

图 8.9　热障涂层样品尺寸示意图

（4）散斑标记制作。在金相处理后的热障涂层截面上，先均匀的喷一层白色亚光漆，再轻轻地喷一层黑色哑光漆，制成随机分布的人工散斑场。

研究[13]表明，弯曲载荷下，裂纹首先在陶瓷层表面萌生，并沿载荷方向扩展形成表面垂直裂纹；随载荷的增加，裂纹数量逐渐增加直至饱和，同时裂纹也不断向陶瓷层/黏结层界面或黏结层/基底界面扩展；最后，界面裂纹在陶瓷层/黏结层界面或黏结层/基底界面萌生、扩展。因此，实验过程需要对表面裂纹起始点这一临界阈值进行准确的测试，利用表面裂纹起始点阈值估算氧化前后热障涂层表面断裂韧性。

实验用到的万能材料试验机型号为 RG2000-10，采用速度加载方式，加载速度为 0.2mm/min。声发射仪是美国物理声学公司开发的 PCI-2 数据采集系统，实验中为实现对指定区域内的信号采集，使用两个传感器对声发射信号进行区域采集。实验前用铅笔芯法测试出材料中波速为(5630±732)m/s；传感器的响应频率为 70～400kHz；声发射门槛值设为 38dB，采样频率为 2MHz，定时参数设置分别为：PDT50μs、HDT200μs、HLT300μs。数字图像相关法(DIC)采用德国 GOM 公司研发的 ARAMIS 数字图像处理系统[14,15]，最大测试精度为 0.01%。图像的采集频率设置为 1 张/2s。实验采用白光采集,首先进行光线强弱调整,以便得到清晰的散斑图像。实验测试之前需要对系统进行标定,确定两个摄像机的参数。标定完成之后,仪器能准确测试应变的范围为 $10×8$～$100×75mm^2$。本实验中可将 DIC 测试应变的误差控制在 0.05%范围内,DIC 测试应变的原理及过程详情见第 12 章。热障涂层试样陶瓷面朝下,其正应力为拉应力,如图 8.10 所示。

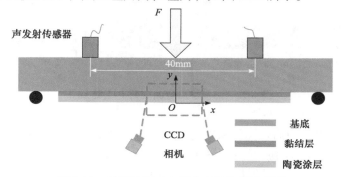

图 8.10　热障涂层三点弯曲实验装置示意图

弯曲载荷下热障涂层破坏的过程分为两个阶段:当涂层内应变值超过涂层断裂破坏阈值时,表面垂直裂纹萌生,并随应变增加不断扩展、增殖;当界面应变超过界面断裂破坏阈值时,界面裂纹开始萌生,随后扩展、连接,这一结果与文献[16]报道结果一致。图 8.11 为氧化前后热障涂层弯曲破坏后的截面图。通过实验,我们还能观察到,氧化试样陶瓷层内只有一条表面垂直裂纹。图 8.12(a)是未氧化热障涂层试样弯曲载荷作用下 300 s 时,试样截面沿拉应力方向(x 方向)上的应变云图,在陶瓷涂层上沿 x 轴方向上分布着几个应变集中区域,其应变值在 0.7%左右。图 8.12(b)是氧化 300h 后热障涂层试样弯曲载荷作用下 550s 时,试样截面沿垂直方向(y 方向)上的界面应变云图,在图中只出现一个应变集中区,其应变值在 3.0%左右,界面裂纹由这一区域向涂层与基底界面两端扩展。

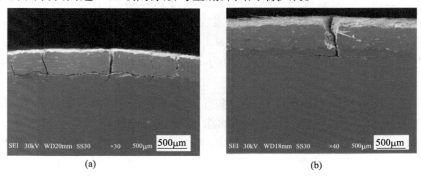

(a)　　　　　　　　　　　　　　(b)

图 8.11　热障涂层弯曲破坏后的截面的 SEM 图
(a) 未氧化试样; (b) 氧化 300h 试样

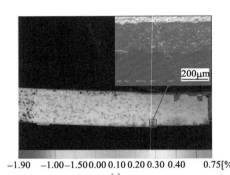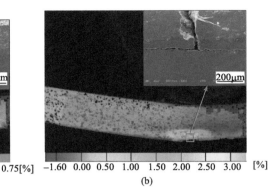

−1.90 −1.00 −1.50 0.00 0.10 0.20 0.30 0.40   0.75[%]　　−1.60 0.00 0.50 1.00 1.50 2.00 2.50 3.00 [%]

(a)　　　　　　　　　　　　　　　　　　　(b)

图 8.12　热障涂层弯曲载荷下应变云图

(a)未氧化试样涂层内应变 ε_{xx}；(b)氧化 300 h 试样界面应变 ε_{yy}

　　图 8.13 是氧化前后热障涂层在弯曲载荷作用下，载荷、声发射事件数、陶瓷层应变集中点沿 x 方向应变值、界面应变集中点沿 y 方向应变值随时间变化的曲线。裂纹的萌生、扩展过程都会产生大量声发射信号，因此裂纹萌生时声发射事件计数率出现大幅度改变。涂层内应变集中点沿 x 方向的应变 ε_{xx} 在涂层内表面垂直裂纹萌生时，应变率增大，出现一个明显的拐点[17]。界面上应变集中点沿 y 方向的应变 ε_{yy} 在界面裂纹萌生时，应变率也会增大，也出现一个明显的拐点[17]。图 8.13(a)未氧化试样在 200s 左右时，声发射事件累积计数率增大，陶瓷层应变 ε_{xx} 也急剧增大，出现一个明显的转折。此时对应涂层应变值约为 0.5%，对应载荷为 300N，对应挠度为 0.667mm，如图 8.13(a)中 A 点所示。通过与截面 SEM 图像观察对比发现，陶瓷层在这一载荷下产生了一条表面裂纹。陶瓷层表面裂纹出现后，随着载荷、挠度的增加裂纹数量增加直至饱和，之后界面裂纹开始萌生。如图 8.13(a)中 B 点(720s 左右)，声发射计数率发生改变，界面应变率增加，通过此时的界面 SEM 图像观察对比发现，在陶瓷层/黏结层界面产生了裂纹。此时对应界面应变值约为 0.27%；对应载荷为 460N，对应挠度为 2.4mm。图 8.13(b)中对氧化热障涂层试样使用相似的分析方法，A 是表面垂直裂纹临界起始点，此时对应涂层应变值约为 0.75%，对应载荷为 180N，对应挠度为 0.833mm。B 是界面裂纹临界起始点，此时对应界面应变值约为 0.71%，对应载荷为 142N，对应挠度为 1.166mm。

　　根据上述得到的未氧化试样表面垂直裂纹萌生临界阈值，载荷 P 为 300N，挠度 δ 为 0.667mm，最后计算得到的涂层表面断裂韧性和能量释放率分别为 1.005 MPa·m$^{1/2}$ 和 20.2J·m^{-2}。计算过程中，陶瓷、金属基底杨氏模量分别为 49GPa、220GPa[18]。Choi[19]应用单边 V 型梁法得到室温下等离子喷涂的 ZrO$_2$-8%Y$_2$O$_3$ 的热障涂层表面断裂韧性为(0.95±0.09)MPa·m$^{1/2}$。Yamazaki 等[20]用四点弯曲法得到未热处理的等离子喷涂热障涂层陶瓷层的临界能量释放率为 25J·m^{-2}。陈强[18]

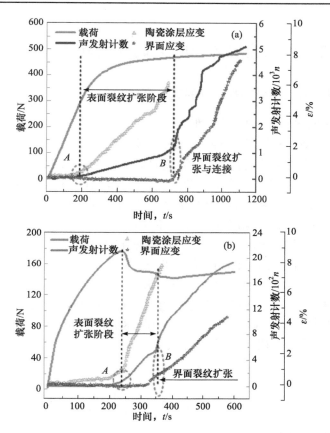

图 8.13　热障涂层弯曲载荷下，载荷、声发射计数、涂层应变以及界面应变随时间变化曲线
(a) 未氧化试样；(b) 氧化 300 h 试样

应用 LEM 模型的压痕法测试得到的热障涂层的表面断裂韧性为 0.52MPa·m$^{1/2}$。可以看出，本章得到的表面断裂韧性的结果与上述文献结果一致。

氧化后热障涂层陶瓷层表面裂纹萌生的临界载荷 P 为 180N，挠度 δ 为 0.833mm，最后计算得到的涂层表面断裂韧性和能量释放率分别为 3.531MPa·m$^{1/2}$ 和 83.120J·m^{-2}。计算过程中，陶瓷层弹性模量为 150GPa[21]，陶瓷内残余应力为 −200MPa[22]。Yamazaki 等[20]用四点弯曲法得到氧化 2000h 的等离子喷涂热障涂层陶瓷层的临界能量释放率为 75J·m^{-2}。陈强[18]利用压痕实验求得 1000℃下热循环 100 次后的热障涂层的表面断裂韧性为 3.06MPa·m$^{1/2}$。可以看出，氧化后热障涂层表面断裂韧性的结果与上述文献结果一致。

8.2　热障涂层界面断裂韧性的常规表征方法

8.2.1　热障涂层界面断裂韧性表征的理论模型

研究[23]表明热障涂层的耐用性受一系列的裂纹成核、扩展和连结事件所控制，界面裂纹的成核、扩展和连结的累积，最终导致涂层大面积的脱黏甚至剥落。因此，相对表面垂直裂纹而言，界面裂纹的出现对热障涂层的使用安全危害更大。毛卫国[13]开展了大量的三点弯曲实验研究，研究表明，热障涂层在弯曲载荷作用下有两种破坏模式：在第 I 类破坏模式中，表面垂直裂纹直接延伸到黏结层/基底界面，随后界面裂纹在黏结层/基底界面迅速扩展；在第 II 类破坏模式中，表面垂直裂纹扩展到陶瓷层/黏结层界面后，界面裂纹在陶瓷层/黏结层界面层萌生、扩展。

界面断裂韧性是涂层界面力学性能中一项重要的指标。Suo 等[24]和 Hutchinson 等[25]对涂层界面力学性能做了大量研究工作，并发展了一种求解双层体系界面开裂能量释放率和界面断裂韧性的 Suo-Hutchinson 模型。涂层基底体系在载荷作用下的界面开裂行为可以等效为图 8.14(a)和(b)两种平衡状态的复合叠加。图 8.14(a)中体系的平衡方程可表示为

$$P_1 - P_2 - P_3 = 0 \tag{8.9}$$

$$M_1 - M_2 + P_1\left(\frac{h}{2} + H - \delta\right) + P_2\left(\delta - \frac{H}{2}\right) - M_3 = 0 \tag{8.10}$$

其中，M 和 P 分别为单位宽度上的弯矩和载荷，h 和 H 分别为涂层和基底厚度，δ 是基底自由面到体系中性轴之间的距离。式(8.9)和式(8.10)中的 6 个载荷参数中 P_2 和 M_2 是独立载荷参数。叠加后控制裂纹尖端奇异性的参数仅有两个，P 和 M。

$$P = P_1 - C_1 P_3 - C_2 \frac{M_3}{h} \tag{8.11}$$

$$M = M_1 - C_3 M_3 \tag{8.12}$$

$C_i(i = 1, 2, 3)$ 是无量纲参数，其表达式见式(8.15)。

最后求解出的界面能量释放率和界面应力强度因子表达式为

$$G = \frac{c_1}{16}\left[\frac{P^2}{Ah} + \frac{M^2}{Ih^3} + 2\frac{PM}{\sqrt{AI}h^2}\sin\gamma\right] \tag{8.13}$$

$$K = \sqrt{\frac{p^2}{2}\left[\frac{P^2}{Ah} + \frac{M^2}{Ih^3} + 2\frac{PM}{\sqrt{AI}h^2}\sin\gamma\right]} \tag{8.14}$$

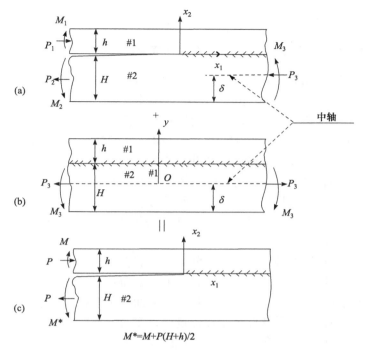

图 8.14　Suo-Hutchinson 分析模型与边界载荷

其中，式(8.15)～式(8.21)为相关参数表达式

$$C_1 = \frac{\Sigma}{A_0}, \quad C_2 = \frac{\Sigma}{I_0}\left(\frac{1}{\eta} - \Delta + \frac{1}{2}\right), \quad C_3 = \frac{\Sigma}{12 I_0} \tag{8.15}$$

$$A_0 = \frac{1}{\eta} + \Sigma, \quad I_0 = \frac{1}{3}\left\{\Sigma\left[3\left(\Delta - \frac{1}{\eta}\right)^2 - 3\left(\Delta - \frac{1}{\eta}\right) + 1\right] + 3\frac{\Delta}{\eta}\left(\Delta - \frac{1}{\eta}\right) + \frac{1}{\eta^3}\right\} \tag{8.16}$$

$$\Delta = \frac{1 + 2\Sigma\eta + \Sigma\eta^2}{2\eta(1 + \Sigma\eta)}, \quad \Sigma = \frac{1 + \alpha}{1 - \alpha}, \quad \eta = \frac{h}{H} \tag{8.17}$$

$$\alpha = \frac{\Gamma(\kappa_2 + 1) - (\kappa_1 + 1)}{\Gamma(\kappa_2 + 1) + (\kappa_1 + 1)}, \quad \beta = \frac{\Gamma(\kappa_2 - 1) - (\kappa_1 - 1)}{\Gamma(\kappa_2 + 1) + (\kappa_1 + 1)}, \quad \delta = \frac{1 + 2\Sigma\eta + \Sigma\eta^2}{2\eta(1 + \Sigma\eta)}h \tag{8.18}$$

$$c_1 = \frac{\kappa_1 + 1}{\mu_1}, \quad \kappa = \frac{3 - \nu}{1 + \nu}, \quad \mu = \frac{E}{2(1 + \nu)} \tag{8.19}$$

$$p = \sqrt{\frac{1 - \alpha}{1 - \beta^2}}, \quad A = \frac{1}{1 + \Sigma(4\eta + 6\eta^2 + 3\eta^3)}, \quad I = \frac{1}{12(1 + \Sigma\eta^3)} \tag{8.20}$$

$$\sin\gamma = 6\Sigma\eta^2(1 + \eta)\sqrt{AI} \tag{8.21}$$

三点弯曲中界面开裂行为可以认为由以下等效弯矩和等效载荷所产生：涂层内载

荷 P_1 和弯矩 M_1；基底上的载荷 P_3 和弯矩 M_3。

8.2.2　热障涂层界面断裂韧性的三点弯曲法表征

实验所用试样几何尺寸和制备所采用的材料、工艺、步骤与 8.1.3 节相同，散斑标记方法和过程与 8.1.3 节相同。在 8.1.3 节中，我们已经获得了界面裂纹萌生的临界阈值。根据两类试样界面裂纹萌生临界载荷大小，分别选择四个载荷。未氧化试样选择载荷分别为：470N、475N、480N 和 485N。氧化试样选择载荷分别为：144N、146N、148N 和 150N。弯曲完成后，通过扫描电镜得到试样每个载荷下的界面裂纹半长度 a。实验过程中，用声发射仪记录每个试样的声发射信号，用于定量分析试样界面损伤。实验所用到的万能材料试验机加载方式和加载速率与 8.1.3 节完全相同，声发射采集装置设置也与第 2 章完全相同。实验装置示意图见 8.1.3 节中图 8.10。

热障涂层三点弯曲破坏模式与拉伸载荷下的破坏模式具有一个共同的特点，二者都是在陶瓷层内产生垂直拉应力方向上的表面垂直裂纹，再在涂层界面沿剪应力方向出现界面裂纹[26]。出现这种现象与弯曲、拉伸载荷下涂层内部的应力状态有密切的关系，无论是弯曲还是拉伸过程，涂层内都存在拉应力，涂层界面存在剪应力。受涂层喷涂工艺、各层材料性能以及各层内部应力状态的影响，涂层界面裂纹会在不同位置萌生、扩展。研究表明[13]热障涂层界面弯曲有两种模式。破坏模式 I：表面垂直裂纹扩展到黏结层/基底界面，界面裂纹在黏结层/基底界面迅速萌生、扩展，其他表面微裂纹由于应力场减弱而没有足够的能量扩展；破坏模式 II：表面微裂纹扩展成宏观裂纹达到陶瓷层/黏结层界面，界面裂纹在陶瓷层/黏结层界面萌生、扩展，在这一过程中少数裂纹越过陶瓷层/黏结层界面刺入黏结层内。

未氧化热障涂层三点弯曲实验结果显示，试样表面垂直裂纹延伸到陶瓷层/黏结层界面后，沿三个方向扩展：一是表面裂纹继续扩展到黏结层，二是裂纹改变方向沿陶瓷层/黏结层界面向两边扩展，三是连接形成界面裂纹，如图 8.15(a)所示，这

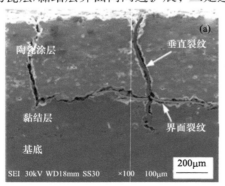
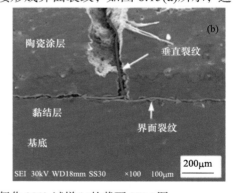

图 8.15　弯曲破坏后未氧化试样(a)和氧化 300h 试样(b)的截面 SEM 图

种破坏模式属于前述指出的破坏模式 II。氧化热障涂层三点弯曲实验结果显示，表面垂直裂纹延伸到陶瓷层/黏结层界面后并没有沿该界面处扩展，而是穿透黏结层延伸到黏结层/基底界面，并在黏结层/基底界面向两个方向上扩展、延伸，如图 8.15(b)所示，这种破坏模式属于前述指出的破坏模式 I。实验还发现，氧化后的试样弯曲载荷下只产生一条表面垂直裂纹。图 8.15 为弯曲后的未氧化试样(a)和氧化 300h 试样(b)的 SEM 图。

在 8.1.3 节实验中,应用声发射技术和数字散斑相关法对热障涂层弯曲载荷下界面裂纹萌生的临界阈值做了细致研究，并获得了氧化前后热障涂层试样界面裂纹萌生临界载荷，大小分别为 460N 和 142N。图 8.16 是弯曲载荷下涂层界面裂纹分析模型与等效边界载荷，σ_r 为涂层内的残余应力，l 为跨距，a 是界面裂纹半长度，$P(t)$ 为载荷大小，其随时间变化而变化，M 和 M_3 分别为涂层和基底上的弯矩，Q 为剪力。弯曲载荷下产生的界面裂纹半长度 a 远小于试样跨距长度 l，我们可以认为在界面裂纹长度范围上弯矩 M_3 只随载荷 P 变化而与跨距无关。因此，弯矩 M_3 是 $P(t)$ 的函数，并且我们假设剪力 Q 为 0。最后，在三点弯曲实验中，可以认为界面应力强度因子由以下等效弯矩和等效载荷所产生[24]：

$$M_1 = 0, \quad M_3 = -\frac{P(t)}{4b}l, \quad P_1 = \sigma_r h, \quad P_3 = 0 \tag{8.22}$$

将式(8.22)代入式(8.11)和式(8.12)中，最后将所求得的 P、M 代入式(8.14)中估算出界面断裂韧性。计算中所用到的热障涂层各层材料的其他参数选自文献[18]。将未氧化试样陶瓷层残余应力根据第 2 章应用压痕方法测定为–57MPa，氧化后试样陶瓷层残余应力为–200MPa[22]；未氧化试样临界载荷 $P(t) = 460\text{N}$，氧化试样临界载荷 $P(t) = 142\text{N}$；试样宽度 $b = 9\text{mm}$。

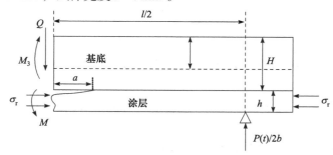

图 8.16　适用于三点弯曲界面裂纹的分析模型和等效边界载荷

未氧化试样界面裂纹临界载荷为 460N，断裂韧性为 2.13MPa·m$^{1/2}$，能量释放率为 51.82J·m^{-2}。Zhou 等[27]利用鼓包法测试，测得热障涂层的界面断裂韧性为 0.52～0.61MPa·m$^{1/2}$，Choi 等[28]应用四点弯曲法，测得热障涂层界面断裂韧性为 (1.15±0.07)MPa·m$^{1/2}$。吴多锦[17]用三点弯曲法，测得未氧化陶瓷层/黏结层界面的临界能量释放率为 64.5～91.2J·m^{-2}。

氧化 300h 试样界面裂纹临界载荷为 142N，断裂韧性为 2.39MPa·m$^{1/2}$，能量释放率为 27.24 J·m^{-2}，毛卫国[13]用三点弯曲方法，测得氧化后黏结层/基底界面断裂韧性为 2.10MPa·m$^{1/2}$，Thurn 等[29]得到了在 1200℃加热条件下黏结层/基底界面断裂韧性为 2.0MPa·m$^{1/2}$。因此，实验结果与上述文献测试结果基本一致。

8.3　热障涂层表界面断裂韧性的压痕法表征

8.3.1　热障涂层表面断裂韧性的压痕法表征

利用刚性压头给脆性涂层表面加载时，产生压痕的同时会在压痕周围产生裂纹，如图 8.17 所示。根据示意图，我们可以看到，裂纹形成并扩展，这意味着外加载荷所产生的应力强度因子达到或超过了裂纹形成与扩展所需的阻力，即断裂韧性。因此，根据外加载荷大小和裂纹长度的关系，我们能够得到材料的断裂韧性。在压痕过程中，涂层的应力强度因子由两部分组成：外加载荷所产生的应力强度因子 K_P 及残余应力的贡献 K_r。忽略脆性材料的塑性行为，可以将两部分应力强度因子叠加，从而得到热障涂层的断裂韧性和残余应力[30-34]：

$$K_{IC}^{sur} = K_P + K_r = \chi \frac{P}{c^{3/2}} + \frac{4}{\sqrt{\pi}} \sigma_r h_t^{1/2} - \frac{2}{\sqrt{\pi}} \sigma_r h_t / c^{1/2} \tag{8.23}$$

式中，K_{IC}^{sur} 为表面断裂韧性，σ_r 为残余应力，P 为压痕载荷，c 为裂纹半长，h_t 为涂层厚度，χ 为与压头和涂层性质相关的常数。上式变形可得

$$\frac{P}{c^{3/2}} = \frac{K_{IC}^{sur} - \frac{4}{\sqrt{\pi}} \sigma_r h_t^{1/2}}{\chi} + \frac{2}{\chi\sqrt{\pi}} \sigma_r h_t c^{-1/2} \tag{8.24}$$

把 $\dfrac{P}{c^{3/2}}$ 看成是 $c^{-1/2}$ 的函数，通过线性拟合的方法，得到直线拟合方程的斜率和截距。其中 $\chi = \delta \left(\dfrac{E}{H} \right)^{1/2}$，$\delta$ 是与压头几何形状有关的参数，对于维氏压头 $\delta=0.016$，E 和 H 分别为涂层的杨氏模量和硬度。$\left(K_{IC}^{sur} - \dfrac{4}{\sqrt{\pi}} \sigma_r h_t^{1/2} \right) / \chi$ 为线性拟合方程的截距，$\dfrac{2}{\sqrt{\pi}} \sigma_r h_t$ 为线性拟合方程的斜率。当涂层厚度已知时，则可以通过斜率得到材料的残余应力，代入截距中可以测得涂层的表面断裂韧性。

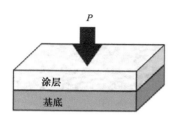 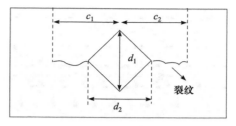

图 8.17　热障涂层表面压痕及裂纹

压痕实验的加载载荷有：29.4N、49N、98N、196N 和 294N，保载时间均为 10s，卸载时间为 15s。结果表明，对于热障涂层陶瓷层表面的压痕实验，在沿正方形塑性压痕两条对角线延长线方向，分别有两组尖锐的径向裂纹生成，并且在不同的加载载荷下，可以压制出不同长度的裂纹，载荷越大，裂纹越长。热障涂层表面维氏压痕的金相显微图片如图 8.18 所示。图 8.18(a)表示原始热障涂层陶瓷层表面压痕图形，加载载荷为 49N；图 8.18(b)表示经历 100 次热循环后热障涂层陶瓷层的表面压痕图形，加载载荷为 196N。

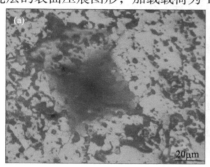 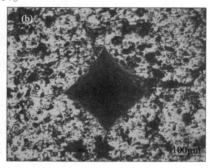

图 8.18　维氏压痕的金相显微图片

(a)原始热障涂层陶瓷层表面压痕图形，加载载荷为 49N；(b)经历 100 次热循环后的热障涂层陶瓷层表面压痕图形，加载载荷为 196N

根据考虑残余应力影响的模型式(8.24)，我们可以分别算出热障涂层的断裂韧性和残余应力。图8.19表示的是热障涂层表面断裂韧性随热循环次数变化的关系。实验结果表明，在 98N 的压制载荷下，当热循环次数从 0 次增加到 50 次时，断裂韧性的结果从 0.52MPa·m$^{1/2}$ 变化到 3.06MPa·m$^{1/2}$。经历热循环之后，热障涂层的断裂韧性呈现出先增加后减少的变化趋势，这可能是因为在早期的热循环过程中，陶瓷涂层的烧结让微裂纹愈合，从而引起断裂韧性的增加。但是在后期的热循环过程中，断裂韧性开始降低，说明热障涂层的韧性开始变差，这可能是 TGO 的增长所导致的。Qian 等[35]在室温下用拉伸实验研究了热障涂层的断裂韧性，其结果为 0.228MPa·m$^{1/2}$，这与模型式(8.24)计算的结果比较一致。

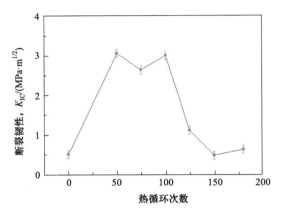

图 8.19　热障涂层表面断裂韧性随热循环次数变化的关系

8.3.2　热障涂层界面断裂韧性的压痕法表征

采用刚性压头对陶瓷层与过渡层的界面处加载时，会在界面处产生压痕，同时在界面附近形成沿界面扩展的裂纹，如图 8.20 所示。因此，我们可以根据裂纹处的应力强度因子求出界面断裂韧性。压痕处应力强度因子包括两部分：外加载荷所产生 K_P 和界面附近涂层残余应力的贡献 K_r，故界面断裂韧性可表示为[30]

$$K_{IC}^{int} = K_P + K_r = \chi \frac{P}{c^{3/2}} + \frac{2}{\sqrt{\pi}} \sigma_r c^{1/2} \tag{8.25}$$

式中，K_{IC}^{int} 为界面断裂韧性，σ_r 为残余应力，P 为压痕载荷，c 为裂纹半长，χ 为与压头和涂层性质相关的常数。上式变形可得

$$\frac{P}{c^{3/2}} = \frac{K_{IC}^{int}}{\chi} - \frac{2\sigma_r}{\sqrt{\pi}\chi} c^{1/2} \tag{8.26}$$

把 $\dfrac{P}{c^{3/2}}$ 看成是 $c^{1/2}$ 的函数，通过线性拟合的方法，得到直线拟合方程的斜率和截距。其中 $\chi = \delta \left(\dfrac{E}{H} \right)_i^{1/2} = \delta \left[\dfrac{z_1}{z_1 + z_2} \left(\dfrac{E}{H} \right)_c^{1/2} + \dfrac{z_2}{z_1 + z_2} \left(\dfrac{E}{H} \right)_s^{1/2} \right]$，$\delta$ 是与压头几何形状有关的参数，对于维氏压头 $\delta = 0.016$，E 和 H 分别为杨氏模量和硬度，下标 c 和 s 分别表示涂层和过渡层。$\dfrac{K_{IC}^{int}}{\chi}$ 为线性拟合方程的截距，$\dfrac{2\sigma_r}{\sqrt{\pi}\chi}$ 为线性拟合方程的斜率。当得到线性关系时，则可以通过斜率得到材料的残余应力，通过截距求出界面断裂韧性。

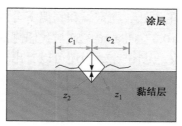

图 8.20　热障涂层界面压痕及裂纹示意图

结果表明，对于热障涂层陶瓷层/基底界面的压痕实验，裂纹只在平行于界面方向的陶瓷层内产生，在垂直于界面方向上没有裂纹产生。在不同的加载载荷下，可以压制出不同长度的裂纹，载荷越大，裂纹越长。图 8.21 表示热障涂层界面 Vickers 压痕的金相显微照片，其中图 8.21(a)表示原始热障涂层陶瓷层/基底界面压痕图形，加载载荷为 49N；图 8.21(b)表示经历 50 次热循环后的热障涂层陶瓷层/基底界面压痕图形，加载载荷为 196N。从图 8.21(b)中可以看出经历热循环之后，在陶瓷层/基底界面处有新的氧化物(TGO)生成。对于金属材料而言，热循环对其杨氏模量和硬度的影响很小，在本章中我们假设镍合金基底的杨氏模量为一定值，即 $E = 220\text{GPa}$[36]，$H = 1.67\text{GPa}$。根据传统断裂力学理论模型式(8.26)，分析热障涂层界面断裂韧性随热循环的演变趋势，图 8.22 表示热障涂层断裂韧性随热循环次数变化的关系，正方形标记表示为界面断裂韧性值，圆点标记表示为表面断裂韧性值。结果表明，在 98N 的压制载荷下，当热循环次数从 0 次增加到 70 次时，用理论模型式(8.26)计算得到界面断裂韧性值从 $0.54\text{MPa·m}^{1/2}$ 增加到 $2.8\text{MPa·m}^{1/2}$。经历热循环之后，热障涂层界面断裂韧性呈现出先增加后减少的变化趋势，这可能是因为在早期的热循环过程中，陶瓷涂层的烧结使得一些微裂纹的愈合从而引起断裂韧性的增加。但是在后期的热循环过程中，断裂韧性开始降低，说明热障涂层的韧性开始变差，这可能是 TGO 的增长所导致的。Zhou 等[27]用鼓包法测试原始热障涂层的界面断裂韧性，其结果为 $0.52\sim0.61\text{MPa·m}^{1/2}$。Choi

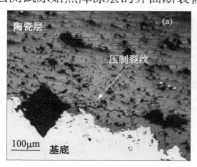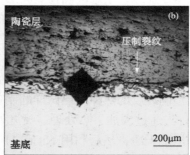

图 8.21　热障涂层界面压痕的金相显微图片

(a)原始样品，加载载荷为 49N；(b)经历 50 次热循环，加载载荷为 196N

等[28]采用四点弯曲的方法，在室温和高温下分别测试了热障涂层的断裂韧性，室温下的结果为$(1.15\pm0.07)\mathrm{MPa\cdot m^{1/2}}$。这与我们测试的原始热障涂层界面断裂韧性值$0.54\mathrm{MPa\cdot m^{1/2}}$较一致，从图 8.22 中还可以看出，热障涂层表面断裂韧性值整体比界面断裂韧性值要大。

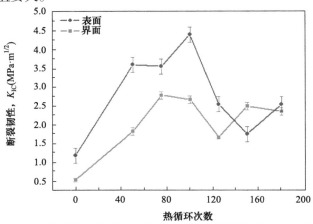

图 8.22　压痕法测得的热障涂层表面和界面断裂韧性随热循环次数变化的关系

8.4　热障涂层界面断裂韧性的屈曲法表征

8.4.1　热障涂层界面断裂韧性的屈曲实验

热障涂层基底材料选用的是 GH3030 镍基超合金基底，陶瓷涂层采用大气等离子喷涂工艺制备，热障涂层体系由陶瓷层、黏结层和超合金基底三层组成。在喷涂之前，我们首先使用电火花线切割机，将热障涂层样品切割成尺寸为 20mm×5mm×5mm 的长方体。如果不在界面处预制界面穿透裂纹，而直接对试样进行单轴压缩加载，很难准确预测涂层发生屈曲的位置和时间，而且涂层发生破坏的形式多种多样，无法总结出规律性的结果，更没有合适的理论模型来描述其失效形式。因此，本节设计制备了一种位于陶瓷层和黏结层界面之间的界面缺陷，该界面缺陷利用与基底宽度尺寸一致的 Ni 箔片置于陶瓷层和黏结层中间，我们通过这个方式将穿透型的界面缺陷近似当做一个预制的界面穿透裂纹。

含有预制裂纹的热障涂层试样的制备流程如图 8.23 所示，主要步骤分为：

(1) 首先通过去油、热处理、喷丸处理、超声波清洗等方式将基底材料待喷涂的表面清洗干净，然后利用 $\mathrm{NiCr_{22}Al_7Y_{0.2}}$ 粉末采用等离子喷涂的方式，在基底表面喷上一层黏结层；

(2) 将厚度为 40 μm 左右的 Ni 箔片放置于黏结层的上方作为预制的界面穿透裂纹；

(3) 再次采用大气等离子喷涂的方式将含 8wt% Y_2O_3-ZrO_2 的粉末喷涂于黏结层和 Ni 箔片上，形成陶瓷层。

制备完成后，热障涂层试样的尺寸如图 8.24 所示，基底、黏结层和陶瓷层的厚度分别为 5mm、100μm 和 350μm，其中界面预制裂纹的长度为 5mm，宽度为 5mm。

图 8.23　制备含有预制裂纹的热障涂层试样示意图

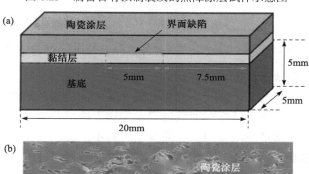

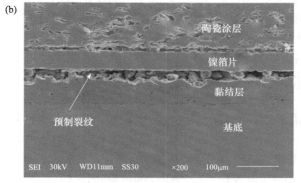

图 8.24　含有预制裂纹的热障涂层试样的示意图(a)和预制裂纹处横截面的 SEW 图(b)

屈曲法测试是在室温条件下利用万能材料试验机(型号：REGER 2000)进行的单轴压缩试验。屈曲法测试的示意图如图 8.25 所示，将长方体试样放置于万能材料试验机压头的正中心位置，圆饼状的压头从试样的一端进行单轴压缩，压缩方向平行于涂层/基底的界面方向，加载速率为 250N/min。在单轴压缩的过程中，利用声发射无损检测技术(型号：PCI-2)和 CCD 相机(型号：AVT-Manta G504)对热障涂层试样的屈曲和剥离过程进行实时同步监测。声发射系统的阈值、前置放大器和采样频率分别设置为 38 dB、40 dB 和 2 MHz，声发射传感器放置于基底的表面，用来采集涂层屈曲和剥离过程中的声发射信号。将装置有 50 mm 的聚焦镜头，分辨率为 2452×2056 像素的 CCD 相机放置于试样横截面的正前方，用于实时记录屈曲和剥离过程，其中采样频率为 1 张/s。

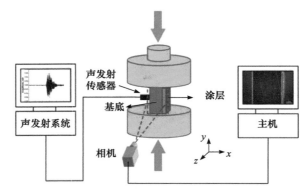

图 8.25　屈曲法结合声发射检测和 CCD 监测系统的示意图

　　图 8.26 是 TBCs 试样随着应变加载过程中的应力应变曲线，以及累积声发射事件数随着应变变化的关系曲线。从图 8.26 中可以很明显的看出，由于涂层和基底在厚度上的巨大差异，试样在加载过程中的应力应变曲线对涂层屈曲剥离过程一点也不敏感，也就是说从应力应变曲线上观察不出涂层发生屈曲以及界面剥离的产生。声发射检测技术具有独特优势，它能够在各种各样的测试环境下连续检测材料内部与形成微裂纹相关的信号。因此，基于累积声发射事件数和实时原位的 CCD 相机监测到的典型特征，我们将 TBCs 的屈曲剥离过程分为四个阶段：(Ⅰ)从累积声发射事件数与加载应变的关系上可以看到，累积声发射事件数随应变的增加而稳定增加，直到应变达到−0.17%时出现一个拐点(点 A)，但是从 CCD 相机中并未观察到屈曲和明显的宏观裂纹现象。我们把声发射事件数随着应变增加而增加的现象归结为涂层内微裂纹的产生；(Ⅱ)累积声发射事件数随着应变的增加进一步增加，直至出现另外一个拐点(点 B，$\varepsilon = -0.578\%$)，此时，可以从 CCD 相机中观察到明显的屈曲现象，随着应变的进一步增大，涂层屈曲的挠度幅值也逐步增加；(Ⅲ)当应变增加到−0.58%时(十分接近点 B)，陶瓷涂层的屈曲挠度幅值达到最大，在涂层屈曲部分与基底结合的裂纹尖端处出现了拐弯裂纹(kinked cracks)，由于陶瓷层比较脆，在出现拐弯裂纹的一瞬间，陶瓷层的屈曲部分发生断裂导致其发生剥落。此时，我们发现声发射事件数随着应变的增加基本维持在一个恒定值，直到应变到达−0.95%时，累积声发射事件数突然骤增，出现拐点 C；(Ⅳ)在Ⅲ阶段中，累积声发射事件数随着应变的增加几乎保持一个稳定值，但是随着应变的增加，陶瓷层中能量不断累积，当陶瓷层中的能量达到界面剥离所需要的能量时，界面剥离就会开始，这时拐点 C 出现累积声发射事件数突然骤增的现象，此时我们认为在拐点 C 处产生了界面裂纹，也就是界面剥离的起始。随着应变的进一步增加，累积声发射事件数也快速增加，直至出现另一个拐点(点 D，

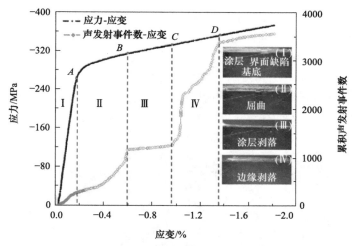

图 8.26　TBCs 试样应力应变曲线与累积声发射事件数之间的关系

$\varepsilon = -1.36\%$)。当继续增加压缩应变时，发现累积声发射事件数增长很缓慢，这也就意味着整个陶瓷涂层的剥落。

　　图 8.27 是涂层发生屈曲和屈曲部分涂层产生拐弯裂纹而发生剥落的典型照片。从图 8.27(a)中可以看出，当应变达到 $\varepsilon = -0.578\%$ 时，涂层发生了典型的屈曲现象，最大屈曲挠度幅值可达 $200\mu m$，而且在屈曲部分与基底接触的尖端位置出现了微小的拐弯裂纹。由于微裂纹的萌生，最终导致屈曲部分的陶瓷涂层发生了剥落。从图 8.27(b)中看到，当应变达到 $\varepsilon = -0.58\%$ 时，屈曲部分的涂层发生了剥落，从涂层断裂的断口分析可以看出，这是拐弯裂纹的扩展所导致的，这种现象的产生是由于涂层的断裂韧性低于涂层与基底结合的界面断裂韧性，体现出典型的界面屈曲剥离与涂层表面断裂竞争机制。当涂层本身的断裂韧性低于界面断裂韧性时，意味着界面结合要强于涂层材料，那么裂纹扩展的路径会从沿着界面方向扩展而转向涂层内部，形成所谓的拐弯裂纹[37,38]。Kim 等在类金刚石薄膜/钢基底上观测到了类似的实验现象[39]；当涂层本身的断裂韧性高于界面断裂韧性时，意味着涂层本身难于发生断裂，那么裂纹会沿着界面方向的路径进行扩展。

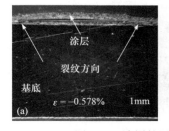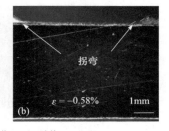

图 8.27　涂层的屈曲(a)和剥落(b)过程

如图 8.28 所示，屈曲部分的涂层发生剥落后，经过一段时间能量累积作用达到界面裂纹扩展所需要的临界能量时，界面开始剥离。当应变达到 $\varepsilon = -0.95\%$ 时，界面裂纹开始萌生。随着应变的增加，界面剥离过程突然发生，界面裂纹长度不断增加。当应变达到 $\varepsilon = -1.36\%$ 时，整个涂层发生剥离，这就是最终的失效模式。图 8.29 是界面裂纹扩展长度与外载荷压应变的曲线关系。从图 8.29 我们可以发现，随着压应变的增加，界面裂纹长度不断增加，直至整个涂层的剥落。因此，我们希望通过一个界面裂纹长度随着加载应变的变化的关系来表征 TBCs 的界面结合性能。

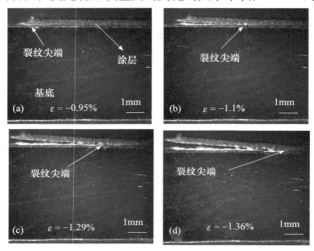

图 8.28　屈曲涂层剥落后在不同应变情况下界面裂纹扩展情况

(a) $\varepsilon = -0.95\%$；(b) $\varepsilon = -1.1\%$；(c) $\varepsilon = -1.29\%$；(d) $\varepsilon = -1.36\%$

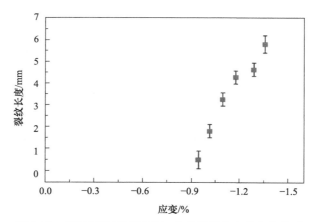

图 8.29　界面裂纹扩展长度与外载荷压应变的曲线关系

如图 8.30 所示，根据实验中观测到的现象(图 8.27 和图 8.28)，我们描绘出含预制裂纹的热障涂层试样屈曲剥离过程的失效机制图。含有预制裂纹的热障涂层试样在外加压缩载荷的作用下,当达到临界屈曲条件时,先出现屈曲现象(图 8.30(b)),随着压缩载荷的进一步增加,在屈曲部分与基底连接的地方出现拐弯裂纹的萌生(图 8.30(c))。一旦拐弯裂纹萌生后,其裂纹扩展十分迅速,当裂纹扩展到陶瓷涂层的表面时,屈曲部分的涂层发生剥落(图 8.30(d))。随着压缩应变的进一步增加,经过一段时间的能量累积后,其能量达到界面裂纹扩展所需的临界能量时,界面剥离产生(图 8.30(e))。随着压应变的增加,界面剥离扩展迅速,界面裂纹长度不断增加,最终整个陶瓷涂层发生剥落(图 8.30(f))。

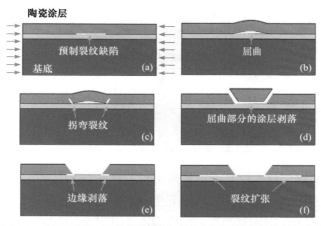

图 8.30 含预制裂纹的热障涂层试样屈曲剥离过程的失效机制图

8.4.2 热障涂层界面断裂韧性的屈曲有限元模拟

我们利用商用有限元软件 ABAQUS6.10 建立了一个二维有限元模型,建立的 ABAQUS 几何模型如图 8.31 所示。模型由陶瓷层、黏结层和基底三层组成。各层的厚度分别为 350μm、100μm 和 5mm,模型总的长度为 20mm,涂层屈曲部分剥落的尺寸为 5mm。由于模型具有对称性,我们只需要建立一半的模型即可。值得指出的是,由于受陶瓷层中孔隙率、生长取向、晶体结构的影响,等离子喷涂制备的陶瓷层的杨氏模量通常是各向异性的。但是,杨氏模量的各向异性只在热循环进行一定时间后才变得明显,对于没有经过热循环的刚喷涂好的涂层,其杨氏模量的各向异性并不明显。因此,我们对陶瓷层的杨氏模量进行简化处理,在有限元的计算中不考虑杨氏模量的各向异性对结果的影响,把各层当做是均匀的、各向同性的材料。在有限元计算中,陶瓷层为线弹性材料,而黏结层和基底材料为弹塑性材料,其本构关系为

$$\varepsilon = \begin{cases} \sigma / E, & \sigma \leqslant \sigma_y \\ (\sigma_y / E)(\sigma / \sigma_y)^{1/n}, & \sigma > \sigma_y \end{cases} \tag{8.27}$$

式中，σ_y 为屈服应力，n 为幂硬化指数，E 是杨氏模量。我们假设黏结层的材料参数和基底材料相同，具体的材料参数如表 8.3 所示[40]。

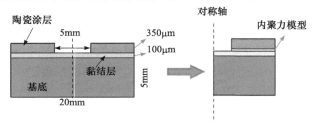

图 8.31　有限元几何模型示意图

表 8.3　有限元模型中使用的材料参数

各层	E/GPa	σ_y/MPa	ν	n
陶瓷涂层	48	—	0.22	—
黏结层	175	280	0.3	0.12
基底	175	280	0.3	0.12

有限元模型的网格划分和边界条件如图 8.32 所示。陶瓷层、黏结层和基底材料均采用四节点平面应变减缩积分单元(CPE4R)，而陶瓷层和黏结层的界面内聚力区域则采用四节点的内聚力单元(COH2D4)。网格尺寸沿着靠近界面的区域逐步细化(见图 8.32 中的内嵌图)，由于具有对称性，模型的左边施加对称边界条件，使其在水平方向不能发生移动。对基底的底边施加垂直方向的位移约束，使其在垂直方向不能发生移动。在模型的右边施加均匀的轴向位移，根据轴向位移的大小，施加的应变可以定义为 $\varepsilon = \Delta x / L$，其中 L 为几何模型的长度，Δx 为施加轴向位移的大小，它是通过屈曲法实验过程中施加的应变值得到的。

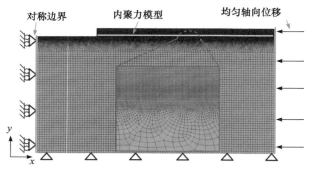

图 8.32　有限元模型的网格划分和边界条件

黄线显示的区域为内聚力单元所处的位置。内嵌图为陶瓷层和黏结层界面附近区域网格细化情况

由于内聚力模型能够模拟不同构造的界面裂纹[41-44]，因而选用其来模拟在压

缩过程中界面裂纹的萌生和扩展的过程。内聚力模型可以由在正应力或剪切应力作用下的内聚力-张开位移关系来表征,一共包含六个参数:界面拉伸强度 σ_n^0 和剪切强度 σ_s^0 ,临界张开位移 δ_n^0 和滑移位移 δ_s^0 ,以及内聚力-张开位移所围成的面积 G_{nc} 和 G_{sc} 。在本文中,内聚力单元用的失效准则是双线性的内聚力模型,如图 8.33 所示。

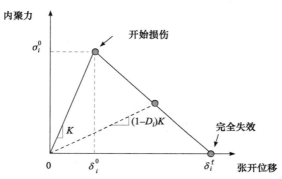

图 8.33 内聚力单元的内聚力-张开位移曲线(内聚力法则)

内聚力模型可以用如下表达式来描述:

$$\sigma_i = \begin{cases} K\delta_i, & \delta_i \leqslant \delta_i^0 \\ (1-D_i)K\delta_i, & \delta_i^0 < \delta_i < \delta_i^f \quad (i = \text{n, s}) \\ 0, & \delta_i \geqslant \delta_i^f \end{cases} \tag{8.28}$$

$$D_i = \begin{cases} 0, & \delta_i \leqslant \delta_i^0 \\ \dfrac{\delta_i^f(\delta_i - \delta_i^0)}{\delta_i(\delta_i^f - \delta_i^0)}, & \delta_i^0 < \delta_i < \delta_i^f \quad (i = \text{n, s}) \\ 1, & \delta_i \geqslant \delta_i^f \end{cases} \tag{8.29}$$

式中, σ 为应力, δ 为位移, D 为损伤变量, K 为初始界面刚度。下标 n 和 s 分别代表法向和切向,上标 0 和 f 分别指的是损伤开始时的临界位移以及单元完全失效时的位移。法向和切向的临界断裂能可表示为

$$G_{nc} = \frac{1}{2}\sigma_n^0\delta_n^f \quad \text{和} \quad G_{sc} = \frac{1}{2}\sigma_s^0\delta_s^f \tag{8.30}$$

在混合模态加载的情况下,损伤可能会在任何一个应力分量达到极限之前而发生。在本节中,我们采用二次名义应力准则(quadratic nominal stress criterion)表征界面损伤的发生[45,46]:

$$\left(\frac{\langle\sigma_n\rangle}{\sigma_n^0}\right)^2 + \left(\frac{\sigma_s}{\sigma_s^0}\right)^2 = 1 \tag{8.31}$$

式中，符号〈〉代表的是 Macaulay 括号，它的定义如下：

$$\langle \sigma_n \rangle = \begin{cases} \sigma_n, & \sigma_n \geqslant 0 \\ 0, & \sigma_n < 0 \end{cases} \tag{8.32}$$

它表示单元在受到纯压缩应力的作用下不会发生损伤。一旦损伤准则满足后，我们需要定义一个损伤演化法则来描述混合模态下的界面断裂过程。我们采用的损伤演化法则可表示为[47]

$$\left(\frac{G_n}{G_{nc}} \right)^\alpha + \left(\frac{G_s}{G_{sc}} \right)^\alpha = 1 \tag{8.33}$$

式中，G_n 和 G_s 分别是法向力和切向力所做的功，G_{nc} 和 G_{sc} 分别表示界面断裂时法向和切向的临界断裂能。这里，幂指数 α 选取为 1，那么裂纹扩展的总能量为 $G = G_n + G_s$。

根据已有的实验结果分析，发现界面拉伸强度 σ_n^0 和界面剪切强度 σ_s^0 分别在 100～350MPa 和 10～30MPa 的范围内[48-50]。在有限元模拟中，界面内聚力单元的界面拉伸强度 σ_n^0 和界面剪切强度 σ_s^0 分别选取为 200MPa 和 20MPa。假设法向和切向的临界断裂能是相同的，$G_{nc} = G_{sc}$，临界断裂能的取值在 70～150 J/m² 范围内变化[51]。内聚力模型的形状函数定义为 $\delta_{ratio} = \delta_i^0 / \delta_i^f$，选取值为 $\delta_{ratio} = 0.25$。

值得指出的是，由于内聚力模型考虑了损伤演化造成材料性能出现退化的情况，从而导致有限元计算存在严重的收敛性问题。因此，为了加强计算的收敛性，我们对界面的内聚力单元启用了 ABAQUS 中黏性调整选项(viscous regularization options)，这种方法已经得到了 Faou、Gao 和 Bower 等的验证，他们发现对黏性参数的调整能够有效地解决计算收敛性问题[52,53]。黏性参数的引入能够在时间增量步足够小的情况下，退化材料的切向刚度矩阵始终保持为正值[52]。对于黏性参数的引入也要保持慎重，不合理的黏性参数引入虽然能使计算结果收敛，但计算结果的可信度也大为下降。因此，黏性参数是一把双刃剑，一方面能够提高计算结果的收敛性，另一方面会使得计算结果不可信。因此，在选取黏性参数时，为了黏性参数取值的有效性，应基于以下几项基本原则：

(1) 黏性调整时间稍小于时间增量步的时间；

(2) 由于黏性参数的引入，会产生黏性耗散能。黏性耗散能的大小应小于总应变能的 5%；

(3) 黏性耗散能与总应变能的比值大小与所选取的黏性调整时间无关；

(4) 黏性调整时间不会随模型应力的分布而改变。

经过大量的有限元计算，我们发现当黏性调整时间选取为 0.0001～0.0005 范围时能够很好地满足上述基本原则。此外，我们选用黏性调整时间为 0.0005 进行计算时，计算过程稳定，得到了收敛于准静态的结果。

热障涂层在受到压缩载荷作用下发生界面裂纹的萌生和扩展过程，如图 8.34 所示。界面内聚力单元的退化过程是由损伤变量 SDEG 来决定的。当损伤变量 SDEG 为 0 时，意味着界面内聚力单元是完好的，没有损伤；当损伤变量 SDEG 为 1 时，表明界面内聚力单元失效，裂纹形成。值得指出的是，对于陶瓷层、黏结层和基底的损伤并没有考虑在模型内。因此，图 8.34 中所示的云图只显示了界面内聚力区域的损伤变量的大小和分布。我们发现随着压缩应变增加到一定程度时，界面初始损伤开始，一旦满足损伤演化法则，内聚力单元开始退化，直至完全失效，此时界面裂纹产生。从图 8.34 中可以看出，当压缩应变达到 $\varepsilon = -0.5\%$ 时，界面剥离开始。随着应变的增加，界面裂纹长度迅速增加，当应变增加到 $\varepsilon = -1.01\%$ 时，界面裂纹长度已经达到 2.5mm。有限元模拟的界面裂纹的萌生和扩展过程和 8.4.1 节中观察到的实验结果(图 8.28)是一致的。

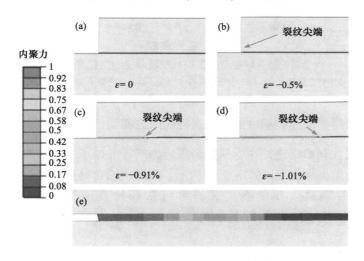

图 8.34　界面内聚力单元损伤变量 SDEG 随着压缩应变增加的云图
(a) $\varepsilon = 0$; (b) $\varepsilon = -0.5\%$; (c) $\varepsilon = -0.91\%$; (d) $\varepsilon = -1.01\%$; (e)为界面裂纹尖端区域放大的云图

为了比较实验和有限元计算的结果，将实验中观测和测量的界面裂纹长度随应变的变化关系，与有限元模拟的结果示于图 8.35 中。在有限元模拟中通过改变界面结合能的大小，进行大量的重复计算，直到出现有限元模拟结果和实验结果吻合得最好的界面结合能的值，这就是所求热障涂层体系的界面结合能的大小。从图 8.35 中可以看出，随着压缩应变的增加，界面裂纹长度不断增加，而且有限元结果的趋势和实验结果是一致的。此外，当有限元模拟采用的界面结合能的值处于 $100 \sim 130 \text{J/m}^2$ 的范围时，计算结果和实验结果十分吻合。但界面剥离时的应变值的实验结果和计算结果不同，这主要是实验中 CCD 相机的精度不够高，计算值表明微裂纹在应变为–0.58%到–0.95%的范围内已经产生(见图 8.26 的第 III 阶段)，但是从 CCD 相机中不能清楚地辨别这个应变值。此处得到的有限元和实验结果的变化趋势与 Soulignac 等[54]的结果是类似的，验证了该方法的可行性。

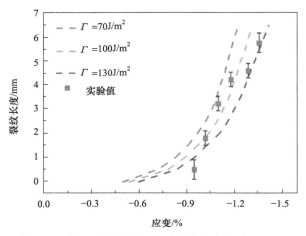

图 8.35　界面裂纹扩展长度随应变的变化关系

粉色的正方形为实验测得的结果，红、绿、蓝三条虚线分别表示界面结合能 Γ 为 70 J/m^2、100J/m^2、130 J/m^2 时的有限元计算结果

8.4.3　热障涂层界面断裂韧性的屈曲表征的理论模型

　　根据非线性剥离理论，在受到残余压应力或者外加压缩载荷的作用下，基底上的涂层会发生界面剥离。如图 8.36 所示，两种比较常见且典型的失效形式是屈曲剥离和边界剥离。屈曲剥离又通常包括三种典型的模式：直线型屈曲(straight-side buckle)、圆型屈曲(circle blister)、电话线型屈曲(telephone cord buckle)。

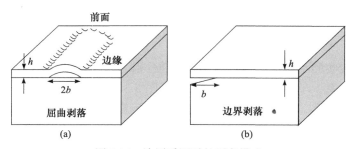

图 8.36　涂层受压时的剥离模式

(a) 屈曲剥离(直线型屈曲)；(b) 边界剥离

对于直线型屈曲剥离，界面的能量释放率 G 和混合模态相角 ψ 可根据 Hutchinson 和 Suo[37]提出的模型来计算：

$$G / G_0 = \left(1 - \frac{\sigma_c}{\sigma_0}\right)\left(1 + 3\frac{\sigma_c}{\sigma_0}\right) \tag{8.34}$$

和

$$\tan\psi = \frac{4\cos\omega + \sqrt{3}\xi\sin\omega}{-4\sin\omega + \sqrt{3}\xi\cos\omega} \tag{8.35}$$

式中，G_0 是每单位面积存储在涂层内的能量，它的表达式为

$$G_0 = \frac{\left(1 - \nu^2\right)h\sigma_0^2}{2E} \tag{8.36}$$

σ_c 是临界屈曲应力，它与涂层的弹性模量 E、泊松比 ν、厚度 h 以及界面裂纹长度 $2b$ 有关。其表达式为

$$\sigma_c = \frac{\pi^2}{12}\frac{E}{1-\nu^2}\left(\frac{h}{b}\right)^2 \tag{8.37}$$

只有涂层内的应力 σ_0 超过该临界屈曲应力 σ_c 时，涂层才会发生屈曲现象。式(8.35)中，ω 是由于涂层和基底材料的弹性失配而引起的相角转变，对于陶瓷层和黏结层的界面，这个相角值一般为 $\omega = 52°$。ξ 是一个无量纲化的屈曲幅值，将它定义为屈曲最高点的挠度与涂层厚度的比值，涂层屈曲幅值与涂层内应力的大小以及临界屈曲应力有关，其关系可表示为[37]

$$\xi = \sqrt{\frac{4}{3}\left(\frac{\sigma_0}{\sigma_c} - 1\right)} \tag{8.38}$$

根据 Moon 等[55]的研究工作，发现无量纲化的应力与界面裂纹长度存在如下的关系：

$$\frac{\sigma_0}{\sigma_c} = \left(\frac{b}{b_0}\right)^2 \tag{8.39}$$

式中，b_0 是屈曲开始时的界面裂纹半长。将式(8.39)代入到式(8.34)和式(8.35)后，可以得到界面能量释放率 G 和混合模态相角 ψ 与界面裂纹半长 b 之间的关系：

$$G = G_0\left[1 - \left(\frac{b_0}{b}\right)^2\right]\left[1 + 3\left(\frac{b_0}{b}\right)^2\right] \tag{8.40}$$

和

$$\psi = \arctan\left[\frac{2\cos52° + \sqrt{\left(\dfrac{b}{b_0}\right)^2 - 1}\,\sin52°}{-2\sin52° + \sqrt{\left(\dfrac{b}{b_0}\right)^2 - 1}\,\cos52°}\right] \tag{8.41}$$

对于边界剥离的情况，当界面裂纹长度扩展到几倍涂层厚度时，界面能量释放率 G 将与界面裂纹长度无关，会趋向于一个稳定值，该稳定值为存储在涂层内每单位面积的能量 G_0，处于稳定状态的界面剥离模态趋向于纯 II 型裂纹(Pure mode II)。

根据式(8.40)，我们能够得到界面能量释放率随着界面裂纹半长变化的关系。如图 8.37 所示，随着界面裂纹长度的增加，界面能量释放率不断增大最终趋向于稳定值。在屈曲法实验中，初始的界面裂纹半长 b_0 为 2.5mm。当界面裂纹扩展导致涂层开始剥离时，通过 CCD 相机观察到的界面裂纹半长 b =3mm，陶瓷层内的应力 $\sigma_0 = -186\,MPa$。根据式(8.36)，可以计算出界面剥离开始时临界能量释放率 $G_{cr} = 120\,J/m^2$。随着界面裂纹长度的增加，界面能量释放率会趋向于稳定值 $G_{ss} = 150\,J/m^2$。然而，值得注意的是，我们用来计算界面的能量释放率的理论模型是不考虑塑性变形的。而在 8.4.2 节中的有限元模拟考虑了塑性变形的影响，发现有限元计算出来的界面剥离时的临界界面结合能在 $100\sim130J/m^2$ 范围内。通过非线性屈曲剥离理论计算，界面剥离开始时的临界能量释放率为 $120J/m^2$。这一理论模型计算的结果与有限元模拟的结果一致，表明塑性变形的影响可以忽略不计。此外，通过对比有无塑性变形的情况下界面裂纹初始和扩展长度的有限元模拟结果，发现无明显变化，这也就意味着在本节中，塑性变形对界面裂纹的产生、裂纹扩展长度以及界面结合性能的影响可以忽略。

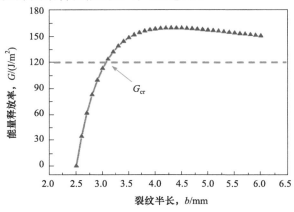

图 8.37　界面能量释放率随界面裂纹半长的变化关系

红色的虚线代表着临界的界面结合能

根据式(8.41)，我们得到了界面混合模态相角随着界面裂纹半长的关系。如图 8.38 所示，随着界面裂纹长度的增加，混合模态相角从-40°增加到-85°。当界面剥离开始时，实验观察到的界面裂纹长度 $b=3\text{mm}$，临界的混合模态相角 $\psi_{cr}=-56°$。随着界面裂纹长度的增加，相角会逐渐趋于稳定，稳定的相角接近 $-90°$，这也就意味着剥离过程接近于纯 II 型裂纹。

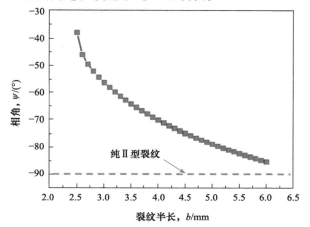

图 8.38　界面混合模态相角随着界面裂纹半长的变化关系

红色的虚线表示纯 II 型裂纹

通过非线性屈曲剥离理论，我们得到了热障涂层在压缩载荷作用下，发生界面剥离的能量释放率和对应的混合模态相角，下面将得到的结果与文献中通过不同制备工艺、处理方式、失效模态以及测试方法的结果进行对比，如表 8.4 所示。

表 8.4　不同裂纹类型、制备工艺、处理方式以及测试方法下的热障涂层界面结合能的对比

材料		制备工艺	处理方式	测试方法	$G/(\text{J/m}^2)$	裂纹类型
黏结层	基底					
NiCrAlY	镍合金	APS	沉积	压缩	120~150*	II
NiCrAl	铬合金	热喷涂	沉积	剪切	260[56]	II
PtAl	镍合金	EB-PVD	沉积	压痕	49[57]	混合式
NiCoCrAlY	镍合金	EB-PVD	沉积	剪切拉拔	60~90[58]	II
NiCoCrAlY	镍合金	EB-PVD	沉积	推出	84[59]	I
NiCoCrAlY	镍合金	EB-PVD	1150℃, 10h	推出	115[59]	混合式
NiCoCrAlY	镍合金	EB-PVD	1100℃,100h	楔形	56~80[60]	II
β-(Ni,Pt)Al /β-NiAl	镍合金	EB-PVD	沉积	四点弯曲	110[61]	混合式

*为本节得到的结果。

从表 8.4 中可以看出，在不同制备工艺、处理方式、失效模态以及测试方法下，热障涂层的界面结合能也会有所不同，其值在 49～260J/m² 的范围内变化。本节通过大气等离子喷涂制备得到的热障涂层的界面结合能的值在120～150J/m²，裂纹类型是纯 II 型占据主导地位。将本节得到的界面结合能的结果与文献中的数据比较可知，本节得到的结果比文献中报道的大部分等离子喷涂的热障涂层的界面结合能大，主要原因是受到断裂模式的影响以及没有考虑热生长氧化层。众所周知，界面结合能 G 的大小与混合模态相角 ψ 有很大的关系，Hutchinson 和 Suo[37] 提出了一个基于现象总结的经验公式来描述界面结合能的模态依赖性：

$$G(\psi) = G_1[1 + \tan^2(1-\lambda)\psi] \tag{8.42}$$

式中，$G(\psi)$ 为模态依赖的界面结合能，G_1 为纯 I 型(相角为 0°)时的界面结合能，λ 为模态敏感性因子，一般取值为 0.3[55]。从式(8.42)可以看出，界面结合能的值随着相角的增大而增加，当处于纯 II 型时(相角为±90°)，界面结合能的值大约是纯 I 型(相角为 0°)的 4～5 倍，如图 8.39 所示。此外，热生长氧化物的形成会对热障涂层的界面结合性能产生不利影响，通常会降低界面结合能。

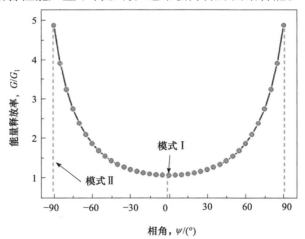

图 8.39　模态依赖的界面结合能与混合模态相角的关系

8.5　热障涂层界面断裂韧性的鼓包法表征

鼓包法表征热障涂层界面断裂韧性的原理，如图 8.40 所示。试样准备的前期，首先在平整光滑的基底上用微细加工技术加工出一个穿透孔，然后再将热障涂层沉积到平滑的基底上。实验过程中，通过小孔施加气压或者液压在厚度为 h 的涂层上，在压强 p 的作用下，涂层发生鼓包，当分离压力达到临界分离压强 p_c 时，涂层开始沿着界面发生脱黏，进而和基底发生分离。随着压力的不断增加，裂纹沿着界面不断的发生扩展，最终使得涂层逐步剥离。通过该实验，可以测得涂层/基底界面脱黏时的临界压强 p_c，孔径 $2a$ 和中心点挠度 w_0 等参数，再利用合适的力学模型，进而计算出涂层/基底的界面断裂韧性[62]。

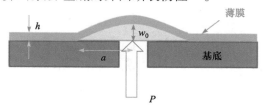

图 8.40　鼓包法示意图

假设涂层和基底脱黏区域为圆形，应用冯·卡曼(von Karman)的非线性板理论可以分析这个过程。大挠度圆板的能量表达式可以用挠度和中平面的应变来表示：

$$U_s^{\text{plate}} = \pi D \int_0^a r dr \left\{ (\nabla^2 w)^2 - \frac{2}{r}(1-\nu_1)w'w'' + \frac{12}{h^2}[\varepsilon_1^2 + 2(\nu_1-1)\varepsilon_2] - \frac{2wq}{D} \right\} \tag{8.43}$$

式中，u 和 w 分别是中平面上任意一点在 r 方向和 z 方向的位移；D 是弯曲刚度，其表达式为 $D = E_1 h^3 / 12(1-\nu_1^2)$，$\nabla^2 = \mathrm{d}^2/\mathrm{d}r^2 + 1/r(\mathrm{d}/\mathrm{d}r)$ 是 Laplace 算子；E_1、ν_1^2 和 h 分别是涂层的杨氏模量、泊松比和厚度；ε_1 和 ε_2 是第一和第二应变不变量。Zhou 等[62]消除了第二应变不变量 ε_2，将欧拉-拉格朗日变分原理应用于求最小势能，欧拉-拉格朗日微分方程变为 u 和 w 的非线性耦合控制方程，边界条件为

$$w'(0) = 0, \quad w(a) = 0, \quad w'(a) = 0, \quad u(0) = 0, \quad u(a) = 0 \tag{8.44}$$

引入无量纲参数

$$\xi = \frac{r}{a}, \quad \overline{w} = \frac{w}{h}, \quad \overline{u} = \frac{u}{h}, \quad p = c_1^0 q, \quad \eta = \frac{h}{a} \tag{8.45}$$

式中，$c_1^0 = 8(1-\nu_1^2)/E_1$。$\overline{w}$ 的解可以很容易由下式获得

$$\overline{w} = \frac{3p}{8\eta^4 k^2} \left[\frac{2[I_0(k\xi) - I_0(k)]}{I_1(k)k} + 1 - \xi^2 \right] \tag{8.46}$$

式中，$I_m(x)$ 是第 m 阶修正的 Bessel 函数，$k^2 = 12\varepsilon_1/\eta^2$ 由以下的超越方程来确定：

$$\frac{1}{3}\left(\frac{2\eta^4 k^3}{3p}\right)^2 = \left[\frac{3}{4} + \frac{4}{k^2} - \frac{1}{2}\left[\frac{I_0(k)}{I_1(k)}\right]^2 - \frac{1}{k}\frac{I_0(k)}{I_1(k)} \right] \tag{8.47}$$

涂层在边界上 $N_{r|r=a}$ 的应力可以由无量纲参数 S_r^0 表示，

$$S_r^0 = \frac{c_1^0 N_{r|r=a}}{h} = \left(\frac{3p}{2\eta^3 k^2}\right)^2 \left[\frac{8}{k^2} + \frac{3}{2} - \left[\frac{I_0(k)}{I_1(k)}\right]^2 - \frac{2}{k}\frac{I_0(k)}{I_1(k)}\right] \tag{8.48}$$

无量纲化的弯矩在边界 $r = a$ 上可表示为

$$M_r^0 = \frac{c_1^0 M_{r|r=a}}{h^2} = \frac{p}{2\eta^2 k^2}\left[k\frac{I_0(k)}{I_1(k)} - 2\right] = \frac{p}{2\eta^2}f(k) \tag{8.49}$$

式中，$f(k) = 1/k^2[kI_0(k)/I_1(k) - 2]$。由式(8.46)可以很容易得到小载荷 q 作用下中心点的挠度：

$$w(0) = q\frac{3(1 - v_1^2)a^4}{16E_1 h^3} \tag{8.50}$$

涂层和基底的界面能量释放率 G_a 由 Suo 和 Hutchinson 提出[24]，可写成无量纲化的 $\bar{G}_a$ 的形式 $\bar{G}_a = 1/3(16\eta^2/p)^2 c_1^0 G_a h$，

$$\begin{aligned}\bar{G}_a &= \frac{1}{3}\left(\frac{4\eta^2}{p}\right)^2\left[\frac{(S_r^0)^2}{A} + \frac{(M_r^0)^2}{I} - 2\frac{S_r^0 M_r^0}{\sqrt{AI}}\sin\gamma\right]\\&= \frac{4}{3}\frac{1}{I}f^2(k)(\lambda^2 + 1 - 2\lambda\sin\gamma)\end{aligned} \tag{8.51}$$

式中，参数 $\lambda = \sqrt{I/A}S_r^0/M_r^0$，无量纲参数 $A, I, \sum$ 和 $\sin\gamma$ 由下式给出：

$$A = \frac{1}{1 + \sum\left(4\eta_0 + 6\eta_0^2 + 3\eta_0^3\right)}$$

$$I = \frac{1}{12\left(1 + \sum\eta_0^3\right)} \quad \sin\gamma = 6\sum\eta_0^3(1 + \eta_0)\sqrt{AI}$$

$$\sum = \frac{c_2}{c_1} = \frac{1 + \alpha}{1 - \alpha}, \quad \eta_0 = \frac{h}{H}$$

式中，H 是基底的厚度，$c_j = (\varGamma_j + 1)/\mu_j$，$\mu_j(j = 1, 2)$ 是剪切模量，平面应变情况 $\varGamma_j = 3 - 4v_j$，平面应力情况 $\varGamma_j = (3 - v_j)/(1 + v_j)$，$v_j$ 为泊松比(下标 1 和 2 分别表示涂层和基底)。本章介绍的实验方法属于平面应变的情况，$c_1 = c_1^0$。通常，无量纲的能量释放率 $\bar{G}_a$(式(8.51))取决于四个无量纲参数 p，η，η_0 和 $\sum$。当涂层比基材薄得多时，数值计算结果表明能量释放率 $\bar{G}_a$ 几乎不依赖于参数 η_0 和 $\sum$(或 α)，其中 α 是 Dundurs 的参数。进一步考虑式(8.47)，无量纲的能量释放率

仅取决于一个组合参数 p / η^4。在求解脱黏涂层位移的过程中，不考虑基材的变形，只要获得脱黏涂层的位移，就可以获得涂层的应力和弯矩，如式(8.48)和式(8.49)所示。Suo 和 Hutchinson[24]使用复合梁理论研究了两个弹性层之间的界面裂纹问题。通过实验获得了两个弹性层之间的界面裂纹的能量释放率，能量释放率可由膜应力和弯矩表示。在本章中，式(8.51)是 Suo 和 Hutchinson 得到的能量释放率的表达式。基板的变形也包含在能量释放率表达式中。此外，通过式(8.45)定义的无量纲参数，组合参数 p / η^4 可写为

$$p / \eta^4 = \frac{8\left(1 - v_1^2\right)q}{E_1}\left(\frac{a}{h}\right)^4 \tag{8.52}$$

由式(8.52)可以看出，无量纲化的能量释放率取决于载荷 q、涂层的杨氏模量 E_1、泊松比 v_1、涂层的厚度 h 和涂层脱黏半径 a。鉴于上述情况，弹性理论的能量释放率可以拟合为

$$\bar{G}_a = \exp\left[-\sum_{i=1}^{9} a_i \left(\frac{3p}{128\eta^4} - \bar{a}\right)^{i-1}\right] \tag{8.53}$$

式中的系数由表 8.5 给出。另一方面，参数也可以拟合为

$$\lambda = \sqrt{\frac{I}{A}}\left[\sum_{i=1}^{7} b_i \left(\frac{3p}{128\eta^4} - \bar{b}\right)^{i-1}\right] \tag{8.54}$$

式中的系数也由表 8.5 给出。相角可以写成以下解析表达式的形式[24]

$$\psi = \arctan^{-1}\left[\frac{-\lambda\sin\omega - \cos(\omega + \gamma)}{-\lambda\sin\omega + \cos(\omega + \gamma)}\right] \tag{8.55}$$

式中，角量 ω 取决于几何参数 η_0 和 Dundurs 参数 α 和 β[63]。

表 8.5　拟合系数

I	a_i	b_i
1	9.2118E−1	1.0647
2	1.3584E−1	9.7895E−2
3	−1.6259E−2	−2.2795E−2
4	4.5276E−5	2.6537E−3
5	6.3145E−4	−8.1940E−4
6	4.2818E−4	1.0460E−3
7	−1.4939E−4	−2.4690E−4
8	−1.9844E−5	
9	6.6992E−6	
	$\bar{a} = 4.0150$　$\bar{b} = 3.0150$	

为了测试界面断裂韧性，在基板中心加工的钻孔处，采用手动泵向热障涂层施加油压，如图 8.40 所示。孔中的压力通过 5MPa 压力传感器进行检测。使用线性可变差动变压器(LVDT)传感器来检测涂层中心的挠度。为了测试涂层界面裂纹的长度，对样品进行了多次加载和卸载循环，加载和卸载速率均为 0.2MPa/min。宏观测试后，将每个样品沿中线切成四部分。采用扫描电镜(SEM)观察界面裂纹的特征，并测试界面裂纹的长度，如图 8.41 所示。

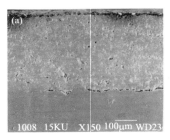

图 8.41　鼓包法测试的界面裂纹的 SEM 照片

(a) 界面裂纹的裂纹尖端；(b) 界面裂纹的全貌图

涂层脱黏半径是确定界面断裂韧性的重要参数。使用以下三种方法可以确定脱黏半径：第一种是在测试宏观参数后通过 SEM 进行微观观察；第二种是柔度法，这种方法主要通过载荷-挠度曲线的斜率来确定；第三种是超声波检测。国际岩石力学测试委员会建议将柔度的方法作为岩石的断裂韧性的测试方法[64]。柔度法的主要思想是循环加卸载曲线的线性化。图 8.42 为加、卸载过程中的"载荷-挠度"曲线。对于初始载荷曲线，当最大挠度 $w(0)$ 小于 5μm 时，加载曲线为一条直线，可以通过直线的斜率得到涂层材料的弹性参数。当最大挠度 $w(0)$ 大于 5μm 时，加载曲线不是直线，并且可以通过解析表达式(8.46)，令 $\xi = 0$ 可以

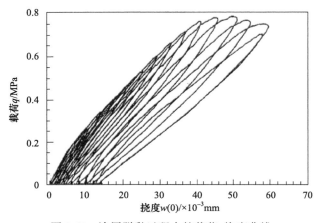

图 8.42　涂层脱黏过程中的载荷-挠度曲线

预测 $w(0)$ 与油压 q 的非线性关系。图 8.43 描述了柔度方法的基本原理：在每个加、卸载循环曲线中画一条直线；每条线定义两个点 H 和 L。最高点 H 是在循环的卸载部分挠度开始减小的位置，相应的压力用 q_H 表示。最低点 L 位于循环的重新加载部分，由压力水平 $q_L=0.5q_H$ 定义。通过连接点 H 和点 L 绘制一条直线，油压 q 与最大挠度 $w(0)$ 将满足线性关系，可以通过式(8.50)确定涂层脱黏的半径。

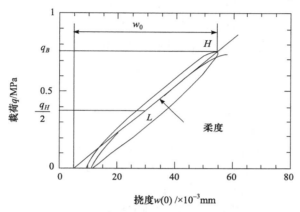

图 8.43　柔度法循环加、卸载曲线的线性化原理

超声波显微照相法是一种非破坏性的检测方法，它通过分析反射超声波来获取材料的损伤信息。在本章中，超声换能器的频率为 10MHz，聚焦距离为 10mm，传感器的半径为 6.4mm，样品和超声换能器都浸没在水槽中。三种方法测量结果的比较如图 8.44 所示。可以看出，在确定界面裂纹长度时，这三种方法的结果是一致的。因此，柔度法可以有效地确定界面裂纹长度。

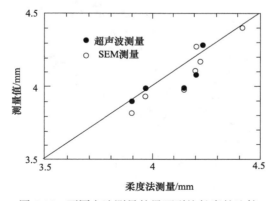

图 8.44　不同方法测量的界面裂纹长度的比较

Jensen 和 Thouless[65]研究了鼓包法测量过程中残余应力对涂层界面断裂韧性

的影响。结果表明，当残余应力 σ_{res} 远高于临界应力 σ_c 时，残余应力的影响非常重要。此处，临界应力 σ_c 是固支圆板的面内屈曲应力

$$\sigma_c = \frac{14.68D}{ha^2} \tag{8.56}$$

因此，厚度为 $h = 0.35\text{mm}$，$a = 4\text{mm}$ 的涂层，其临界屈曲应力 σ_c 为 90.9MPa。YSZ 的氧化锆陶瓷涂层通过等离子喷涂的方法沉积在 NiCrAlY 黏结层上，其残余应力测得约为 (-11 ± 10)MPa。根据 Jensen 和 Thouless[65]的研究结果，当 σ_{res}/σ_c 非常低时，残余应力对鼓包法测定界面断裂韧性的结果影响很小。

对于平面应变问题，有效的界面断裂韧性可以用以下解析表达式来描述[62]

$$K_i = \sqrt{3}\frac{\sqrt{h}}{c_1^0}\left[\frac{p\cosh(\pi\varepsilon)}{4\eta^2}\right]\left(\bar{G}_a\right)^{1/2} \tag{8.57}$$

如果材料参数和油压 q 和涂层脱黏半径 a 是已知的，有效的界面断裂韧性可以通过式(8.53)和式(8.57)来确定。

图 8.45 给出了热障涂层有效界面断裂韧性的结果。可以看出，实验数据结果相对分散，分散的原因主要是：微观结构对宏观参数有重要影响。从界面断裂的变化趋势可以看出，界面断裂阻力随着界面裂纹长度的增加而增加。当界面裂纹长度增加到极限值时，界面断裂阻力达到饱和。此时的界面断裂阻力被认为是有效的界面断裂韧性。可以看出两类热障涂层的界面断裂韧性分别为 $0.9\sim1.2\text{MPa}\cdot\text{m}^{1/2}$ 和 $0.6\sim0.7\text{MPa}\cdot\text{m}^{1/2}$，相应的能量释放率分别为 $20\sim35.6\text{J/m}^2$ 和 $15.9\sim21.7\text{J/m}^2$。

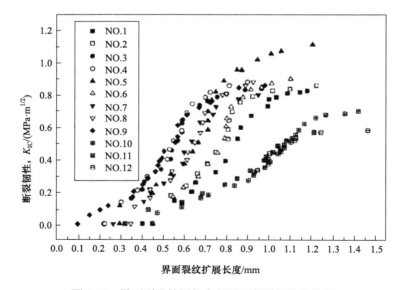

图 8.45　界面裂纹扩展长度与界面断裂韧性的关系

众所周知，多层材料体系在界面裂纹处的断裂通常是混合型的裂纹。如果材料参数、油压 q 和涂层脱黏半径 a 是已知的，相角可以通过式(8.55)确定。图 8.46 给出了热障涂层相角随着界面裂纹扩展的结果。可以看出，对于两类热障涂层，相角的最大差分别为 1.0° 和 0.5°。涂层的平均相角从 −26° 变化到 −30°。如果裂纹扩展长度为 0.3mm，有效的应力强度因子为 1.0MPa·m$^{1/2}$(图 8.45)，对应的相角为 −26.5°(图 8.46)。I 型和 II 型应力强度因子分别为 0.0915MPa·m$^{1/2}$ 和 0.0404 MPa·m$^{1/2}$，I 型和 II 型应力强度因子的关系式可写为 $K_{II} = -0.4421 K_I$。如果裂纹扩展长度为 1.2mm，有效的应力强度因子为 1.1MPa·m$^{1/2}$(图 8.45)，对应的相角为 −32°(图 8.46)。I 型和 II 型应力强度因子分别为 0.09639MPa·m$^{1/2}$ 和 0.053 MPa·m$^{1/2}$，I 型和 II 型应力强度因子的关系式可写为 $K_{II} = -0.5498K_I$。可以看出，裂纹扩展是以 II 型裂纹扩展占主导。根据 Suo 和 Hutchinson 的研究发现[24]，相角强烈依赖于加载模式。这种依赖关系从式(8.54)可以看出，相角强烈依赖于参数 $\lambda = \sqrt{I / A} S_r^0 / M_r^0$，也就是加载模式。Evans 和 Hutchinson 的研究发现[66]，能量释放率依赖于混合模态：

$$G_i = G_0(1 + \tan^2\psi) \tag{8.58}$$

式中，G_0 是相角 $\psi = 0$ 时的能量释放率，也就是 I 型裂纹的能量释放率。我们上述讨论的能量释放率是指 G_i，这意味着能量释放率取决于混合模态相角。因此，当相角 $\psi = 0$ 时，能量释放率 G_0 由式(8.58)可以得到为 11.88～25.88J/m^2，稳态相角为 −31°，相应的断裂韧性为 0.52～1.02MPa·m$^{1/2}$。

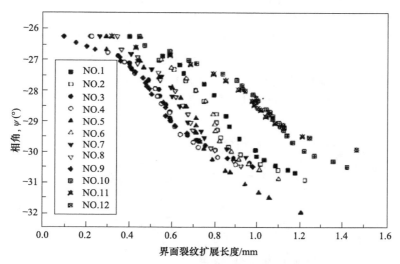

图 8.46 界面裂纹扩展长度与相角的关系

8.6　高温下热障涂层断裂韧性的原位表征

根据前面的章节不难发现，目前大部分关于热障涂层断裂韧性的表征都集中在常温阶段或者经过热处理后的条件下进行，无法得到热障涂层的高温应力状态和力学性能。然而，热障涂层通常是在高温环境下使用，高温环境下热障涂层力学性能的变化是影响热障涂层失效机理的关键因素。为此，本节主要介绍高温环境下热障涂层断裂韧性的压痕和三点弯曲的表征方法。

8.6.1　高温下热障涂层表面断裂韧性的压痕法表征

用于高温断裂韧性表征的热障涂层样品采用大气等离子喷涂方法制备，由于高温合金在高温环境下可能会发生氧化并产生蠕变，为了排除氧化对压痕结果的影响，涂层沉积在多晶氧化铝平板上而不是在高温合金上。陶瓷涂层的厚度范围是 300～400μm，样品的尺寸选取为 15mm×15mm×3mm(长×宽×厚)。在压痕测试之前，采用金刚石研磨膏将样品表面研磨并抛光至 1μm 的光洁度。然后，采用超声波振荡器对抛光后的样品进行仔细清洗，并对样品进行烘干。

高温原位压痕测试系统如图 8.47 所示，采用马弗炉对样品进行加热并保持高温环境，通过位于均匀温度区的样品台附近的热电偶对温度进行测量。在压痕测试之前，将样品放置在实验室环境中的高温炉内，然后将样品加热到目标测试温度，并保持在目标测试温度下，以达到热平衡状态。目标测试温度选择为 25℃、800℃和 1000℃。由于在给定的载荷下，立方角压头比维氏或 Berkovich 压头更容易产生裂纹，因此使用立方角压头对涂层的表面进行原位高温压痕测试。载荷控制模式用于精确控制压痕测试过程中的最大压痕负载，最大压痕载荷保持为 80N、100N 和 120N，保载时间为 20s。经过原位高温压痕测试后，通过 SEM 观察残留印痕的图像，并测量压痕裂纹的长度。值得指出的是，立方角压头用于测试热障涂层

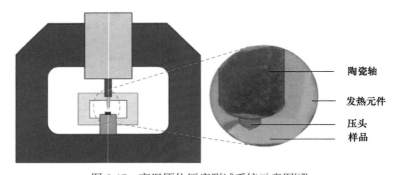

图 8.47　高温原位压痕测试系统示意图[67]

的高温断裂韧性，而杨氏模量和硬度的测量是采用 Berkovich 压头通过标准压痕技术进行的。与先前的压痕测试相对应，测试温度也设置为 25℃、800℃和 1000℃。压痕测试是在最大载荷为 3N 的情况下进行的，在加载和卸载过程中名义上的恒定加载速率为 0.1N/s，至少进行 5 次测试，以确定每个选定测试温度下的平均值[67]。

　　高温下热障涂层表面断裂韧性的压痕法表征理论模型与 8.3 节中式(8.23)和式(8.24)一致，只是将材料参数换成对应温度下的值。从式(8.24)可以看出，$\dfrac{P}{c^{3/2}}$ 与 $c^{-1/2}$ 呈线性关系，残余应力和断裂韧性可以分别由斜率和截距的值确定。为了获得更好的线性关系，应在不同的最大压痕载荷下进行一系列压痕测试，并测量相应的裂纹长度(c_1,c_2 和 c_3)。在本节中，压痕测试是在不同的载荷(80N、100N 和 120N)和温度下的热障涂层表面上进行的，通过 SEM 观察残留的压痕图像，并且测量压痕裂纹的长度。图 8.48 显示了在不同温度下典型的 SEM 残留压痕图像，可以发现，残留痕迹的形状通常为三角形。三条裂纹分别从三角形压痕的顶角产生，测量每个裂缝的长度，并依次标记为 c_1，c_2 和 c_3，平均裂纹长度通过式($c=(c_1+c_2+c_3)/3$)计算得到。根据上述压痕方法，获得了不同温度下的 $\dfrac{P}{c^{3/2}}$ 与 $c^{-1/2}$ 的关系，如图 8.49 所示。将给定温度下的所有压痕数据拟合为线性方程，确定每个方程的斜率和截距，即可得到不同温度下热障涂层的残余应力和表面断裂韧性。

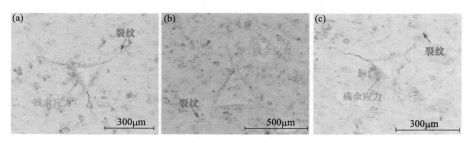

图 8.48　不同温度下典型的 SEM 残留压痕图像
(a) 25℃；(b) 800℃；(c) 1000℃

　　分析式(8.24)可知，为了得到高温下热障涂层的断裂韧性和残余应力，需要知道参数 χ 在不同温度下的值。根据 $\chi = \delta(E/H)^{1/2}$ 这个表达式，需要确定高温热障涂层在不同温度下的弹性模量和硬度才能求得参数 χ 在不同温度下的值。基于 Oliver-Pharr 的方法，热障涂层弹性模量和硬度可以由低负荷压痕实验的载荷-位移曲线确定[68]。在温度分别为 25℃、800℃ 和 1000℃下，弹性模量分别为 (58.34±4.32)GPa、(45.46±3.11)GPa 和(39.47±3.59)GPa。相应地，硬度值分别为 (1.72±0.34)GPa、(1.32±0.17)GPa 和(1.10±0.23)GPa。可以发现，热障涂层的弹性模

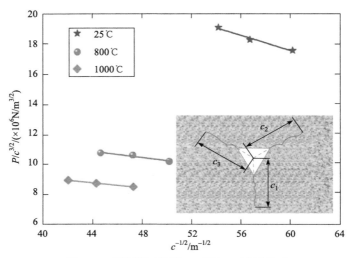

图 8.49　不同温度下的 $P/c^{3/2}$ 与 $c^{-1/2}$ 的关系

量和硬度均随测试温度的升高而降低。基于式(8.24)，可以计算出高温下热障涂层的表面断裂韧性和残余应力。图 8.50 给出了不同温度下热障涂层的表面断裂韧性和残余应力值。在温度分别为 25℃、800℃ 和 1000℃ 下，热障涂层的表面断裂韧性值分别为 1.25 $MPa·m^{1/2}$、0.91$MPa·m^{1/2}$ 和 0.75$MPa·m^{1/2}$，残余应力的值分别为 −131.3MPa、−55.5MPa 和−45.5MPa。从图 8.50 可以看出，热障涂层的表面断裂韧性和残余应力对温度非常敏感。表面断裂韧性的值随着温度的升高而降低，残余应力的负值表示残余压应力，其值随温度升高而降低。

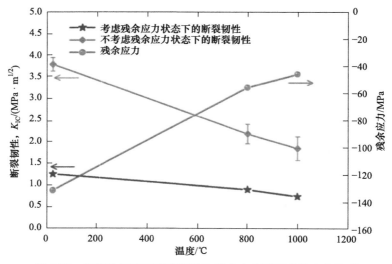

图 8.50　热障涂层表面断裂韧性和残余应力随温度的变化关系

在不考虑残余应力对断裂韧性影响的情况下，压痕法表征断裂韧性的表达式可以写为

$$K_{IC} = \chi \frac{P}{c^{3/2}} \tag{8.59}$$

在不考虑残余应力对断裂韧性影响的情况下，热障涂层表面断裂韧性随温度的变化关系如图 8.50 所示。在温度分别为 25℃、800℃和 1000℃下，热障涂层的断裂韧性分别为(3.84 ± 0.16)MPa·m$^{1/2}$、(2.21 ± 0.23)MPa·m$^{1/2}$ 和(1.87 ± 0.28)MPa·m$^{1/2}$。可以看出，这些热障涂层的断裂韧性值也随着温度的升高而降低，并且断裂韧性值要比同等温度条件下考虑残余应力情况的要大。这是因为拉应力可以促进裂纹扩展，相反，压应力可以抑制裂纹扩展[69,70]。因此，当材料中应力状态为拉应力时，不考虑残余应力的断裂韧性低于本征断裂韧性。当应力状态为压应力时，不考虑残余应力的断裂韧性高于本征断裂韧性。因此，在不考虑残余应力的情况下，断裂韧性的增加归因于热障涂层中的压应力。

8.6.2 高温下热障涂层断裂韧性的三点弯曲法表征

1. 高温下热障涂层基底弹性模量三点弯曲法表征

在三点弯曲测试过程中，基底是一种典型的梁结构，其弹性模量可以通过如下表达式确定[71]

$$E_s = \frac{FL^3}{4bh^3\delta} \tag{8.60}$$

其中，b 和 h 分别是基底的宽度和厚度，E_s 是基底的弹性模量，L 是夹具的跨度，F 和 δ 分别是载荷和挠度。基底的中心点位移可以通过 DIC 法求出(具体见第 12 章)。由式(8.60)可知，只要确定三点弯曲样品的尺寸(b 和 h)，夹具的跨度 L，再结合载荷-挠度曲线的斜率，就可以得到基底的弹性模量。

以纯基底样品为例，如图 8.51 所示。基底为镍基高温合金(GH536)，基底长度和宽度分别为 50mm 和 6mm，厚度为 2mm。三点弯曲支架的跨度为 30mm。高温三点弯曲的实验设备如图 8.52 所示，采用马弗炉对样品进行加热并保持高温环境，通过位于均匀温度区的样品台附近的热电偶对温度进行测量。在压痕测试

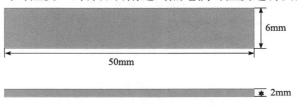

图 8.51 高温三点弯曲基底样品尺寸

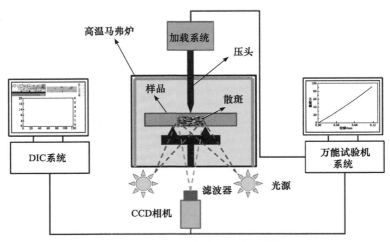

图 8.52　高温三点弯曲的实验设备

之前，将样品放置在实验室环境中的高温炉内。然后，将样品加热到目标测试温度，并保持在目标测试温度下，以达到热平衡状态。目标测试温度选择为 30℃、400℃、600℃ 和 800℃。CCD 高速相机放置于样品的横截面前方，用于记录样品弯曲过程。为了消除高温红外辐射对图像的影响，CCD 相机前方放置蓝色滤光片，图像的采样频率为 1 张/s，三点弯曲的加载速率设定为 0.4mm/min。基底在三点弯曲过程中的载荷-挠度曲线如图 8.53 所示。基底挠度随着载荷的增加而线性增加，载荷-挠度曲线的斜率随着温度的升高而减小，这说明基底随着温度的升高而呈现软化趋势。基底的弹性模量随温度的变化关系如图 8.54 所示。可以看出，基

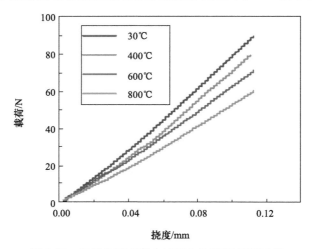

图 8.53　基底在三点弯曲过程中的载荷-挠度曲线

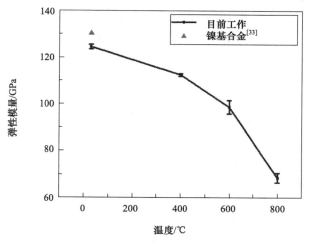

图 8.54　基底的弹性模量随温度的变化关系

底的弹性模量随着温度的升高而降低。当温度为 30℃时，基底的弹性模量值为
125GPa；当温度达到 600℃时，弹性模量值降低到 98GPa；当温度高于 600℃时，
弹性模量的值急剧下降；当温度达到 800℃时，弹性模量值降低到 68GPa[72]。

2. 高温下热障涂层陶瓷层弹性模量三点弯曲法表征

热障涂层体系可以看成双层复合梁结构，根据复合梁理论，陶瓷层的弹性模
量可以由以下表达式给出[72]

$$E_c I_c + E_s I_s = \frac{FL^3}{48\delta} \tag{8.61}$$

其中，E_c 和 E_s 分别为陶瓷层和基底的弹性模量，L 为夹具的跨度，F 和 δ 分别为
载荷和挠度，I_c 和 I_s 分别为陶瓷层和基底的横截面的惯性矩，其表达式可以写为

$$I_c = b \int_{-l-l_c}^{-l} y^2 \mathrm{d}y \tag{8.62}$$

$$I_s = b \int_{-l}^{l_s - l} y^2 \mathrm{d}y \tag{8.63}$$

其中，l_c 和 l_s 分别为陶瓷层和基底的厚度，b 为样品的宽度，l 为中性轴到陶瓷层
与黏结层界面的距离，其表达式可以写为

$$l = \frac{E_s l_s^2 - E_c l_c^2}{2E_s l_s + 2E_c l_c} \tag{8.64}$$

由式(8.61)～式(8.64)可知，只要确定三点弯曲样品的尺寸(b 和 h)、基底的弹性模
量、夹具的跨度 L，再结合载荷-挠度曲线的斜率，就可以得到陶瓷层的弹性模量。

样品的长度和宽度分别为 50mm 和 6mm。APS 热障涂层样品的基底为镍基高

温合金(GH536)，基底厚度为 2mm。NiCoCrAlY 的黏结层采用真空等离子喷涂的方法喷涂在基底表面，黏结层的厚度为 80μm。顶部陶瓷层采用大气等离子喷涂的方法喷涂在黏结层表面，厚度为 1mm。三点弯曲支架的跨度为 30mm。

高温三点弯曲的过程如图 8.52 所示，不同温度下热障涂层样品在三点弯曲过程中的载荷-挠度曲线如图 8.55 所示。热障涂层样品的载荷-挠度曲线的变化趋势与纯基底样品的结果一致。挠度随着载荷的增加而线性增加，载荷-挠度曲线的斜率随着温度的升高而减小，基于式(8.61)，不同温度下热障涂层样品的陶瓷层弹性模量可以求出。陶瓷层的弹性模量随温度的变化如图 8.56 所示。可以看出，陶瓷层的弹性模量随着温度的升高而逐渐降低，当温度从 30℃上升到 800℃，陶瓷层的弹性模量值从 21GPa 下降到 13GPa。室温(30℃)下的结果与文献中通过曲率监测方法获得的结果一致，范围为 21.3～25.5GPa[73]。

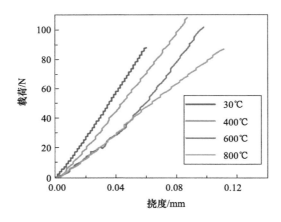

图 8.55　不同温度下热障涂层在三点弯曲过程中的载荷-挠度曲线

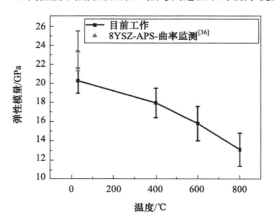

图 8.56　陶瓷层的弹性模量随温度的变化关系

3. 高温下热障涂层表面断裂韧性的三点弯曲法表征

在三点弯曲实验过程中，为了使得热障涂层样品能产生单一的表面裂纹和稳定扩展的界面裂纹，需要在热障涂层陶瓷层表面切割出来一定深度的贯穿型预制裂纹。在陶瓷层表面拉应力的作用下，陶瓷层表面垂直裂纹沿着预制裂纹开始扩展，裂纹的萌生和扩展过程可以通过 DIC 法进行检测(具体见第 12 章)，从而得到裂纹扩展时的临界应力。热障涂层表面断裂韧性可以由以下表达式得到

$$K_{TC} = Y\sigma_{cr}\sqrt{\pi a_0} \qquad (8.65)$$

其中，K_{TC} 为热障涂层的表面断裂韧性，σ_{cr} 为裂纹扩展的临界应力，a_0 为预制裂纹长度，Y 为几何因子。裂纹扩展的临界应力 σ_{cr} 可以由以下表达式给出

$$\sigma_{cr} = \frac{E_c y}{\rho} + \sigma_r \qquad (8.66)$$

其中，σ_r 为热障涂层的残余应力，E_c 为陶瓷层的弹性模量，y 为裂纹尖端到中性轴的距离，ρ 为中性轴的曲率半径。y 和 ρ 的表达式可以写为

$$y = l + \frac{l_c}{2}$$

$$\rho = \frac{[(L/2)^2 + \delta_{cr}^2]}{2\delta_{cr}}$$

通过 DIC 法得到热障涂层表面断裂的临界时间，即可以确定裂纹扩展的临界挠度 δ_{cr}。通过式(8.66)，即可以得到裂纹扩展的临界应力，从而确定热障涂层的表面断裂韧性 K_{TC}。值得指出的是，残余应力仅考虑室温(30℃)下的情况，当温度高于 400℃时，残余应力得到释放，其值趋向于零。

样品的长度和宽度分别为 50mm 和 6mm。APS 热障涂层样品的基底为镍基高温合金(GH536)，基底厚度为 2mm。NiCoCrAlY 的黏结层采用真空等离子喷涂的方法喷涂在基底表面，黏结层的厚度为 80μm。顶部陶瓷层采用大气等离子喷涂的方法喷涂在黏结层表面，厚度为 1mm。三点弯曲支架的跨度为 30mm，表面预制裂纹长度(a_0)为 0.5mm。裂纹尖端附近区域的残余应力采用拉曼光谱法进行测试，8YSZ 粉末的特征峰和陶瓷层裂纹尖端附近的拉曼频移分别为 639.46cm^{-1} 和 641.04cm^{-1}，结合拉曼压电光谱系数，可以得到陶瓷层裂纹尖端附近室温(30℃)下的残余应力为–31.2MPa。

为了获得裂纹扩展时裂纹尖端处的临界挠度，从 DIC 系统中提取了裂纹尖端处的应变和挠度随时间的变化关系，如图 8.57 所示。可以看出，应变随着时间的

增加而缓慢增加。当时间为 37s 时，裂纹尖端处的应变急剧增大，这表明裂纹尖端处的裂纹开始萌生并扩展，对应的临界挠度为 0.21mm(图 8.57(a))。根据相同的方法，温度为 400℃、600℃和 800℃时，裂纹扩展的临界挠度也可以得到，其值分别为 0.12mm、0.13mm 和 0.15mm。基于式(8.65)和式(8.66)以及临界挠度值，可以确定热障涂层的表面断裂韧性。

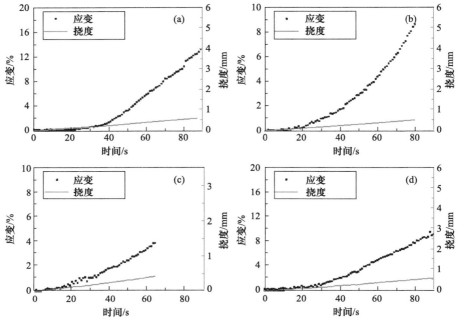

图 8.57　不同温度下陶瓷层表面裂纹尖端应变和挠度随时间的演变
(a) $T = 30℃$; (b) $T = 400℃$; (c) $T = 600℃$; (d) $T = 800℃$

　　热障涂层表面断裂韧性随温度的演变关系如果 8.58 所示。可以看出，热障涂层表面断裂韧性随温度升高而降低，在不考虑室温残余应力影响的情况下，当温度分别为 30℃、400℃、600℃和 800℃时，热障涂层表面断裂韧性的值分别为(2.54±0.04)MPa·m$^{1/2}$、(1.28±0.03)MPa·m$^{1/2}$、(1.23±0.04)MPa·m$^{1/2}$ 和(1.16±0.03)MPa·m$^{1/2}$(图 8.58(a))。当考虑残余应力的影响时，热障涂层表面断裂韧性随温度的变化趋势与未考虑残余应力时的变化趋势相似。温度为 30℃、400℃、600℃和 800℃时，热障涂层表面断裂韧性的值分别为(1.31±0.04)MPa·m$^{1/2}$、(1.28±0.03)MPa·m$^{1/2}$、(1.23±0.04)MPa·m$^{1/2}$和(1.16±0.03)MPa·m$^{1/2}$ (图 8.58(b))。考虑残余应力影响的热障涂层表面断裂韧性值低于不考虑残余应力的值，这归因于压应力可以抑制裂纹扩展的事实。当应力状态为压应力时，不考虑残余应力的断裂韧性值高于本征断裂韧性值，考虑残余应力的断裂韧性值与高温压痕获得的结果一致[67]。

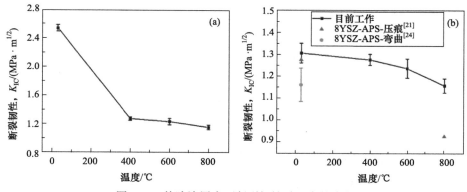

图 8.58　热障涂层表面断裂韧性随温度的演变
(a) 未考虑室温残余应力的影响；(b) 考虑室温残余应力的影响

4. 高温下热障涂层界面断裂韧性的三点弯曲法表征

在三点弯曲实验过程中，热障涂层在预制裂纹处产生表面裂纹，裂纹往界面扩展，形成界面裂纹并稳定扩展。为了确定界面裂纹形成的时间，可以从 DIC 系统中提取出裂纹扩展路径的法向应变，通过应变的突变点来判断界面裂纹的形成时间。

热障涂层界面断裂韧性可以用临界能量释放率 G_c 来表示：

$$G_c = \left(\frac{P^2}{2W} \right) \left(\frac{\partial C}{\partial l} \right) \tag{8.67}$$

其中，l 和 W 分别为界面裂纹长度和样品的宽度，P 为界面裂纹扩展时的临界载荷，C 为样品的柔度，其表达式可写为

$$C = \delta / P \tag{8.68}$$

图 8.59(a)给出了在不同温度下热障涂层界面裂纹的萌生和扩展过程中载荷与挠度之间的关系。可以看出，挠度几乎随着载荷的增加而线性增加，这表明样品加载处于弹性阶段。根据式(8.68)，热障涂层样品在不同温度下的柔度可以由载荷-挠度的斜率确定。图 8.59(b)给出了在不同温度下热障涂层界面裂纹扩展长度与挠度之间的关系，界面裂纹长度随着挠度的增加而增加。不同温度下界面裂纹长度与柔度的变化关系如图 8.60 所示，发现柔度与界面裂纹长度之间的关系遵循近似线性变化，温度越高，线性拟合程度越差。当温度分别为 30℃、400℃、600℃ 和 800℃ 时，$\partial C / \partial l$ 的值分别为 1×10^{-5} N^{-1}、2×10^{-5} N^{-1}、3.8×10^{-5} N^{-1} 和 5.8×10^{-5} N^{-1}。基于式(8.68)，结合平均载荷和 $\partial C / \partial l$ 的值，即可以求得热障涂层界面断裂韧性在不同温度下的值。

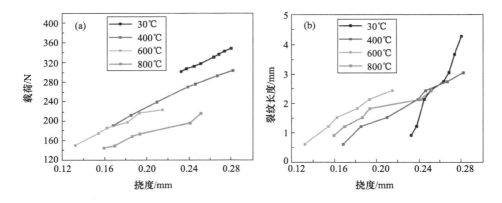

图 8.59　不同温度下载荷(a)和界面裂纹长度(b)与挠度的变化关系

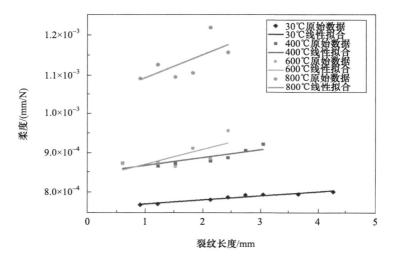

图 8.60　不同温度下界面裂纹长度与柔度的变化关系

热障涂层界面断裂韧性随温度的变化关系如图 8.61 所示。可以看出，当温度低于 600℃时，界面断裂韧性几乎随温度的升高线性增加，界面断裂韧性随温度的变化趋势与 Essa 等[74]的理论结果一致。当温度高于 600℃时，界面断裂韧性显著提高，这可能与黏结层的脆性转变韧性温度约为 650℃有关。当温度超过 650℃时，黏结层的断裂应变会随温度的升高而大大增加，这表明黏结层表现出延展性[75]，不同温度下界面裂纹长度与柔度的变化关系也证实了这一现象(图 8.60)，可以看出 800℃下热障涂层样品的柔度要远大于温度为 30℃、400℃、600℃下的柔度。当温度从室温(30℃)升高到 800℃时，热障涂层界面断裂韧性从 83.7 J/m² 增加到 156.3 J/m²。

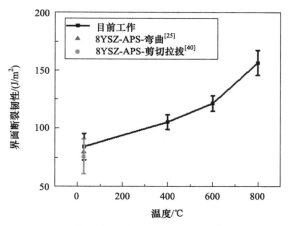

图 8.61　热障涂层界面断裂韧性随温度的变化关系

8.7　总结与展望

8.7.1　总结

本章从断裂力学的角度出发，阐述了热障涂层表面和界面断裂韧性的常温和高温表征方法，结合声发射和数字散斑等无损检测方法对陶瓷块体、热障涂层表面和界面断裂韧性的断裂韧性进行了表征。总结如下。

(1) 基于三点弯曲方法，结合声发射和数字散斑等无损检测手段，建立了热障涂层表面断裂韧性和界面断裂韧性的定量表征方法，并将其推广至高温断裂韧性的测量与表征，得到了断裂韧性随温度的演变规律，为分析热障涂层的失效机理提供实验数据的支撑。

(2) 基于断裂力学理论，建立了压痕法表征热障涂层表面断裂韧性和界面断裂韧性的定量表征方法，并运用到高温原位压痕的定量表征中。

(3) 利用屈曲法和鼓包法，从实验研究、数值模拟计算和理论分析三个角度出发，对热障涂层的界面结合性能进行了表征，得到了屈曲形貌演化与界面能量释放率和相角之间的关系。

8.7.2　展望

未来研究主要有以下几个方面。

(1) EB-PVD 热障涂层表面和界面断裂韧性的表征。本章提出的表征热障涂层表面和界面断裂韧性的压痕法只适用于具有层状堆垛结构的 APS 热障涂层，对于具有柱状晶结构的 EB-PVD 热障涂层还有待进一步研究。

(2) 高温环境下断裂韧性的原位表征。本章提到的高温断裂韧性的表征温度仅到 1000℃，这是实验仪器设备的局限性所导致的，高温断裂韧性的表征方法理论上可以应用于更高温度的断裂韧性的测试，可为 1400℃ 及以上的新型涂层的研制与应用提供有效的实验数据。

参 考 文 献

[1] Griffith A A. The phenomena of rupture and flow in solids[J]. Philosophical Transactions of the Royal Society of London, A, 1921, 221:163.

[2] Irwin G R. Fracture strength relative to onset and arrest of crack propagation[C] Proc. ASTM. 1958, 58: 640-657.

[3] 龚江宏. 陶瓷材料断裂力学[M]. 北京: 清华大学出版社, 2001.

[4] 龚江宏, 关振铎. 陶瓷材料断裂韧性测试技术在中国的研究进展[J]. 硅酸盐通报, 1996, 1:53-57.

[5] Xu S, Shen G, Tyson W R. Effect of crack-tip plasticity on crack length estimation methods for SENB sample[J]. Engineering Fracture Mechanics, 2005, 72(9):1454-1459.

[6] Xu J, Zhang Z L, Nyhus B, et al. Effects of crack depth and specimen size on ductile crack growth of SENT and SENB specimens for fracture mechanics evaluation of pipeline steels[J]. International Journal of Pressure Vessels and Piping, 2009, 86(12):787-797.

[7] Wan J, Zhou M, Yang X S, et al. Fracture characteristics of freestanding 8wt% Y_2O_3-ZrO_2 coatings by single edge notched beam and Vickers indentation tests[J]. Materials Science and Engineering: A, 2013, 581:140-144.

[8] 万杰. 热障涂层体系断裂韧性和残余应力的压痕测试研究[D]. 湘潭: 湘潭大学, 2012.

[9] Peng L M, Cao J W, Noda K, et al. Mechanical properties of ceramic-metal composites by pressure infiltration of metal into porous ceramics[J]. Materials Science and Engineering: A, 2004, 374(1-2):1-9.

[10] Roberts R J, Rowe R C, York P. The measurement of the critical stress intensity factor (KIC) of pharmaceutical powders using three point single edge notched beam (SENB) testing[J]. International Journal of Pharmaceutics, 1993, 91(2-3):173-182.

[11] Choi S R, Zhu D M, Miller R A. Effect of sintering on mechanical properties of plasma-sprayed zirconia-based thermal barrier coatings[J]. Journal of the American Ceramic Society, 2005, 88(10):2859-2867.

[12] Ray A K, Steinbrech R W. Crack propagation studies of thermal barrier coatings under bending[J]. Journal of the European Ceramic Society, 1999, 19: 2097-2109.

[13] 毛卫国. 热-力联合作用下热障涂层界面破坏分析[D]. 湘潭: 湘潭大学, 2006.

[14] Florando J N, LeBlanc M M, Lassila D H. Multiple slip in copper single crystals deformed in compression under uniaxial stress[J]. Scripta Materialia, 2007, 57(6): 537-540.

[15] Kang J, Wilkinson D S, Jain M, et al. On the sequence of inhomogeneous deformation processes occurring during tensile deformation of strip cast AA5754[J]. Acta Materialia, 2006, 54(1): 209-218.

[16] 周庆生. 等离子喷涂技术[M]. 江苏: 江苏科学出版社, 1982.

[17] 吴多锦. 热障涂层界面破坏实时测试分析及实验模拟系统的研制[D]. 湘潭: 湘潭大学, 2011.

[18] 陈强. 热循环条件下热障涂层残余应力与断裂韧性测试分析[D]. 湘潭: 湘潭大学, 2010.

[19] Choi S R. High-temperature slow crack growth, fracture toughness and room-temperature deformation behavior of plasma-sprayed ZrO_2-8 wt.% Y_2O_3[J]. Ceramic Engineering and Science Proceeding, 1998, 19: 293-301.

[20] Yamazaki Y, Schmidt A, Scholz A. The determination of the delamination resistance in thermal barrier coating system by four-point bending tests[J]. Surface and Coatings Technology, 2006, 201: 744-754.

[21] Guo S Q, Kagawa Y. Young's moduli of zirconia top-coat and thermally gorwn oxide in a plasma-sprayed thermal barrier coating system[J]. Scripta Materialia, 2004, 50: 1401-1406.

[22] Freborg A M, Ferguson B L, Brindley W J. Modeling oxidationinduced stresses in thermal barrier coatings[J]. Materials Science and Engineering: A, 1998, 245(2): 182-190.

[23] Evans A G, Mumm D R, Hutchinson J W, et al. Mechanisms controlling the durability of thermal barrier coatings[J]. Progress in Materials Science, 2001, 46: 505-553.

[24] Suo Z, Hutchinson J W. Interface crack between two elastic layers[J]. International Journal of Fractures, 1990, 43:1-18.

[25] Hutchinson J W, He M Y, Evans A G. The influence of imperfections on the nucleaton and propagation of bucking driven delaminations[J]. Journal of the Mechanics and Physics of Solids, 2000, 48: 709-743.

[26] Chen Z B, Wang Z G, Zhu S J. Tensile fracture behavior of thermal barrier coatings on superalloy[J]. Surface and Coatings Technology, 2011, 205: 3931-3938.

[27] Zhou Y C, Hashida T, Jian C Y. Determination of interface fracture toughness in thermal barrier coating system by blister tests[J]. Journal of Engineering Materials and Technology, 2003, 125: 176-183.

[28] Choi S R, Zhu D, Miller R A. Fracture behavior under mixed-mode loading of ceramic plasma-sprayed thermal barrier coatings at ambient and elevated temperatures[J]. Engineering Fracture Mechanics, 2005, 72: 2144-2158.

[29] Thurn G, Schneider G A, Bahr H A, et al. Toughness anisotropy and damage behavior of plasma sprayed ZrO_2 thermal barrier coatings[J]. Surface and Coatings Technology, 2000, 123: 147-158.

[30] Kim S S, Chae Y H, Choi S Y. Characteristics evaluation of plasma sprayed ceramic coatings by nano/micro-indentation test[J]. Tribology Letters, 2004, 17(3):663-668.

[31] Marshall D B, Lawn B R. Residual stress effects in sharp contact cracking: I, Indentation fracture mechanics[J]. Journal of Materials Science, 1979, 14: 2001-2011.

[32] Evans A G, Charles A E. Fracture toughness determination by indentation[J]. Journal of American Ceramic Society, 1976, 59: 371-372.

[33] Anstis G R, Chantikul P, Lawn B R, et al. A critical evaluation of indentation techniques for measuring fracture toughness: I, direct crack measurement[J]. Journal of American Ceramic Society, 1981, 64: 533-538.

[34] Chantikul P, Anstis G R, Lawn B R, et al. A critical evaluation of indentation techniques for measuring fracture toughness: II, strength method[J]. Journal of American Ceramic Society, 1981, 64: 539-543.

[35] Qian G, Nakamura T, Berndt C C, et al. Tensile toughness test and high temperature fracture analysis of thermal barrier coatings[J]. Acta Materialia, 1997, 45(4):1767-1784.

[36] Lawn B R, Fuller E R. Measurement of thin-layer surface stresses by indentation fracture[J]. Journal of Materials Science, 1984, 19:4061-4067.

[37] Hutchinson J W, Suo Z. Mixed mode cracking in layered materials[J]. Advances in Applied Mechanics, 1991, 29: 63-191.

[38] He M Y, Bartlett A, Evans A G. Kinking of a crack out of an interface: role of in-plane stress[J]. Journal of the American Ceramic Society, 1991, 74(4): 767-771.

[39] Kim H J, Moon M W, Kim D I, et al. Observation of the failure mechanism for diamond-like carbon film on stainless steel under tensile loading[J]. Scripta Materialia, 2007, 57(11): 1016-1019.

[40] Yang L, Zhong Z C, You J, et al. Acoustic emission evaluation of fracture characteristics in thermal barrier coatings under bending[J]. Surface and Coatings Technology, 2013, 232:710-718.

[41] Jiang L M, Zhou Y C, Hao H X, et al. Characterization of the interface adhesion of elastic-plastic thin film/rigid substrate systems using a pressurized blister test numerical model[J]. Mechanics of Materials, 2010, 42(10): 908-915.

[42] Tvergaard V, Hutchinson J W. The relation between crack growth resistance and fracture process parameters in elastic-plastic solids[J]. Journal of the Mechanics and Physics of Solids, 1992, 40(6): 1377-1397.

[43] Needleman A. An analysis of decohesion along an imperfect interface[J]. International Journal of Fracture, 1990, 42(1): 21-40.

[44] Chandra N, Li H, Shet C, et al. Some issues in the application of cohesive zone models for metal-ceramic interfaces[J]. International Journal of Solids and Structures, 2002, 39(10): 2827-2855.

[45] Camanho P P, Davila C G , De Moura M F. Numerical simulation of mixed-mode progressive delamination in composite materials[J]. Journal of Composite Materials, 2003, 37(16): 1415-1438.

[46] Xu W, Wei Y G. Strength analysis of metallic bonded joints containing defects[J]. Computational Materials Science, 2012, 53(1): 444-450.

[47] Mi Y, Crisfield M A, Davies G A O, et al. Progressive delamination using interface elements[J]. Journal of Composite Materials, 1998, 32(14): 1246-1272.

[48] Zhao P F, Sun C A, Zhu X Y, et al. Fracture toughness measurements of plasma-sprayed thermal barrier coatings using a modified four-point bending method[J]. Surface and Coatings Technology, 2010, 204(24): 4066-4074.

[49] Zhou Y C, Tonomori T, Yoshida A, et al. Fracture characteristics of thermal barrier coatings after tensile and bending tests[J]. Surface and Coatings Technology, 2002, 157(2): 118-127.

[50] Wu D J, Mao W G, Zhou Y C, et al. Digital image correlation approach to cracking and decohesion in a brittle coating/ductile substrate system[J]. Applied Surface Science, 2011,

257(14): 6040-6043.

[51] Zhu W, Yang L, Guo J W, et al. Determination of interfacial adhesion energies of thermal barrier coatings by compression test combined with a cohesive zone finite element model[J]. International Journal of Plasticity, 2015, 64: 76-87.

[52] Faou J Y, Parry G, Grachev S, et al. How does adhesion induce the formation of telephone cord buckles?[J]. Physical Review Letters, 2012, 108(11): 116102.

[53] Gao Y F, Bower A F. A simple technique for avoiding convergence problems in finite element simulations of crack nucleation and growth on cohesive interfaces[J]. Modelling and Simulation in Materials Science and Engineering, 2004, 12(3): 453.

[54] Soulignac R, Maurel V, Rémy L, et al. Cohesive zone modelling of thermal barrier coatings interfacial properties based on three-dimensional observations and mechanical testing[J]. Surface and Coatings Technology, 2013, 237: 95-104.

[55] Moon M W, Jensen H M, Hutchinson J W, et al. The characterization of telephone cord buckling of compressed thin films on substrates[J]. Journal of the Mechanics and Physics of Solids, 2002, 50(11): 2355-2377.

[56] Xu Z H, Yang Y, Huang P, et al. Determination of interfacial properties of thermal barrier coatings by shear test and inverse finite element method[J]. Acta Materialia, 2010, 58(18): 5972-5979.

[57] Vasinonta A, Beuth J L. Measurement of interfacial toughness in thermal barrier coating systems by indentation[J]. Engineering Fracture Mechanics, 2001, 68(7): 843-860.

[58] Guo S Q, Mumm D R, Karlsson A M, et al. Measurement of interfacial shear mechanical properties in thermal barrier coating systems by a barb pullout method[J]. Scripta Materialia, 2005, 53(9): 1043-1048.

[59] Kim S S, Liu Y F, Kagawa Y. Evaluation of interfacial mechanical properties under shear loading in EB-PVD TBCs by the pushout method[J]. Acta Materialia, 2007, 55(11): 3771-3781.

[60] Mumm D R, Evans A G. On the role of imperfections in the failure of a thermal barrier coating made by electron beam deposition[J]. Acta Materialia, 2000, 48(8): 1815-1827.

[61] Théry P Y, Poulain M, Dupeux M, et al. Spallation of two thermal barrier coating systems: experimental study of adhesion and energetic approach to lifetime during cyclic oxidation[J]. Journal of Materials Science, 2009, 44(7): 1726-1733.

[62] Zhou Y C, Hashida T, Jian C Y. Determination of interface fracture toughness in thermal barrier coating system by blister tests[J]. Journal of Engineering Materials and Technology, 2003, 125(2): 176-182.

[63] Dundurs J. Edge-bonded dissimilar orthogonal elastic wedges under normal and shear loading[J]. Journal of Applied Mechanics, 1996, 36: 650-652.

[64] International society for rock mechanics. Suggested methods for determining the fracture toughness of rock[J]. International Journal of Rock Mechanics and Mining Sciences, 1988, 25: 71-96.

[65] Jensen H M, Thouless M D. Effects of residual stresses in the blister test[J]. International Journal of Solids and Structures,1993, 30: 779-795.

[66] Evans A G , Hutchinson J W. Effects of non-planarity on the mixed mode fracture resistance of biomaterial interfaces[J]. Acta Metall., 1989, 37: 909-916.

[67] Qu Z L, Wei K, He Q, et al. High temperature fracture toughness and residual stress in thermal barrier coatings evaluated by an in-situ indentation method[J]. Ceramics International, 2018, 44: 7926-7929.

[68] He R J, Qu Z L, Pei Y M, et al. High temperature indentation tests of YSZ coatings in air up to 1200℃[J]. Material Letters, 2017, 209: 5-7.

[69] Taskonak B, Mecholsky J J, Anusavice K J. Residual stresses in bilayer dental ceramics[J]. Biomaterials, 2005, 26: 3235-3241.

[70] Ewart L, Suresh S. Crack propagation in ceramics under cyclic loads[J]. Journal of Materials Science & Technology, 1987, 22: 1173-1192.

[71] Hibbeler R C. Mechanics of Materials[M]. New Jersey: Prentice Hall, 2008: 254-361.

[72] Zhu W, Wu Q, Yang L, et al. In situ characterization of high temperature elastic modulus and fracture toughness in air plasma sprayed thermal barrier coatings under bending byusing digital image correlation[J]. Ceramics International, 2020, 46: 18526-18533.

[73] Okajima Y, Sakaguchi M, Inoue H. A finite element assessment of influential factors in evaluating interfacial fracture toughness of thermal barrier coating[J]. Surface & Coatings Technology, 2017, 313: 184-190.

[74] Essa S K, Liu R, Yao M X. Temperature and exposure-dependent interfacial fracture toughness model for thermal barrier coatings[J]. Surface & Coatings Technology, 2019, 358: 505-510.

[75] Ray A K, Das D K, Venkataraman B, et al. Characterization of rupture and fatigue resistance of TBCs superalloy for combustion liners[J]. Mater. Sci. Eng., A, 2005, 405: 194-200.

第 9 章 热障涂层残余应力的表征

热障涂层可以有效地降低高温耐热合金基底的使用温度，延长高温部件的使用寿命，从而广泛应用于航空、航天和大型火力发电等领域。然而，涂层内裂纹的萌生、扩展，甚至涂层过早剥落导致热障涂层的失效，也是研究人员关注的重点问题。残余应力是引起热障涂层失效的主要因素之一，因此，研究残余应力对热障涂层耐久性的影响至关重要。

本章主要就热障涂层残余应力的形成原因、模拟与预测、有损和无损的表征方法进行阐述，并说明热障涂层残余应力对失效的影响与机理。

9.1 热障涂层残余应力的产生

9.1.1 热障涂层残余应力产生的原因

在无外力作用时，以平衡状态存在于物体内部的应力称为残余应力。残余应力的理论基础由第 1 章的式(1.172)和式(1.271)描述。残余应力可能是制备过程中形成的，即服役前就存在了；也可能是服役过程中形成的，即在服役若干次后形成。热障涂层制备过程中产生残余应力的原因主要有以下三个因素。

(1) 平板状涂层快速收缩形成的淬火应力 σ_q：在等离子喷涂过程中，熔融的粒子撞击基底表面并平铺在基底表面，且会立即淬火至基底温度。喷涂的片层结构涂层从加工温度快速降温到基底温度时会迅速收缩而产生残余应力，又称为淬火应力[1-3]。其数学表达式可以写为[4]

$$\sigma_q = \alpha_c (T_m - T_s) E_c \tag{9.1}$$

其中，σ_q 为淬火应力，T_m、T_s、E_c 和 α_c 分别为喷涂材料的熔点、基底温度、涂层的弹性模量和热膨胀系数。一般而言，淬火应力的测量值要低于脆性陶瓷涂层的计算值，这是由于涂层内形成的微裂纹，释放了涂层内的残余应力。

(2) 热失配应力 σ_t：在涂层喷涂过程中，由于涂层和基底材料在热膨胀系数上的差异，在高温和冷却过程中产生的热应力[5]。热失配应力的数学表达式可以写为[4]

$$\sigma_t = E_c \Delta \alpha (T_m - T_s)(1+\nu)/(1-\nu^2) \tag{9.2}$$

其中，σ_t 为热失配应力，T_m、T_s、E_c、α 和 ν 分别为喷涂材料的熔点、基底温度、涂层的弹性模量、热膨胀系数和泊松比。$\Delta\alpha = \alpha_c - \alpha_s$ 为涂层和基底的热膨胀系数的差异，α_s 是基底的热膨胀系数。

(3) 相变应力 σ_p：在热喷涂过程中，当熔融液体颗粒凝固或发生固态相变时，在涂层中形成的应力，称为相变应力。相变应力也完全可以在服役过程中产生，如第 5 章 CMAS 造成的结构发生改变就是典型的相变应力。如果我们只考虑制备过程的相变应力，热障涂层的相变应力一般并不大，当相变应力可以忽略时[4,6-8]，热障涂层内的残余应力由淬火应力 σ_q 和热失配应力 σ_t 组成，总的残余应力可用如下表达式描述：

$$\sigma = \sigma_q + \sigma_t \tag{9.3}$$

9.1.2 热障涂层残余应力的影响因素

热障涂层的残余应力受到很多因素的影响，例如：晶粒形貌[9,10]、冷却速率[1]、液相到固相的相变和热生长氧化物(TGO)[11,12]等。

1. 晶粒形貌对热障涂层残余应力的影响

晶粒形貌对热障涂层的寿命有重要的影响。与具有等轴晶结构的大气等离子喷涂(APS)的热障涂层相比，电子束物理气相沉积(EB-PVD)工艺制备的热障涂层为柱状晶结构，具有良好的应变容限，能够抵抗涂层产生表面裂纹，延长热障涂层的服役寿命。等离子物理气相沉积(PS-PVD)方法是另一种能制备出柱状晶结构热障涂层的方法，它兼具了 APS 和 EB-PVD 技术的特点，可实现层状和柱状混合结构热障涂层的制备，且能够提高涂层的应变容限，从而提升涂层的服役寿命。

有研究表明，晶粒形貌对热障涂层残余应力有显著影响[9]。Song 等[9]采用电子背散射衍射(EBSD)技术研究晶粒形貌对 APS 热障涂层中残余应力/应变的影响。结果表明，等轴晶粒产生的应变要大于柱状晶粒的应变，且由大量等轴晶粒形成的热障涂层的残余应力要远大于柱状晶形成的热障涂层残余应力。等轴晶中较大的温度梯度是由较高的冷却速率产生的，因此，涂层中柱状晶粒的比例越高，热障涂层的寿命也就越长，这是因为柱状晶粒的残余应力较低。图 9.1 给出了喷涂涂层中两种不同的晶粒类型：柱状晶粒(标有虚线矩形并标记为 1 号)和等轴晶粒(标有虚线矩形并标记为 2 号)。N1 涂层明显具有比 N2 涂层多得多的等轴晶粒，通过统计分析每种 APS 涂层的 200 个区域确定 N1 和 N2 涂层中等轴晶粒的相对百分比(纵横比<2)分别为 80.5%和 46.4%。值得指出的是，等轴晶粒的统计含量包括未熔化的颗粒。

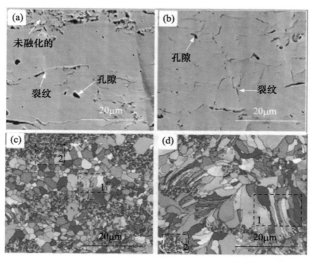

图 9.1　APS 热障涂层横截面的 SEM 图(a)(b)和 EBSD 晶粒取向图(c)(d)

(a), (c) N1 涂层；(b), (d) N2 涂层

　　为了对比喷涂的 YSZ 涂层中柱状晶粒和等轴晶粒之间的残余应变，通过 EBSD 测量和分析了 420 万个晶粒中的低角度错位密度(IMD)($\Phi < 5°$)。图 9.2 显示了典型 YSZ 涂层的取向图和相应的 IMD 分布图，在各处均显示出不相同的 IMD。晶粒的纵横比与 IMD 关联的定量数据如图 9.2(c)所示，等轴晶粒(纵横比<2) 的 IMD 值远高于柱状晶粒的 IMD 值。与柱状晶粒的涂层相比，具有等轴晶粒的 YSZ 涂层表现出更大的应变能力。为了确认这一点，采用 XRD 的方法对不同等轴晶粒含量的两种 YSZ 涂层(N1 和 N2)的残余应力进行了测试，结果如表 9.1 所示。具有更多等轴晶粒含量的 N1 涂层的残余应力明显高于 N2 涂层。

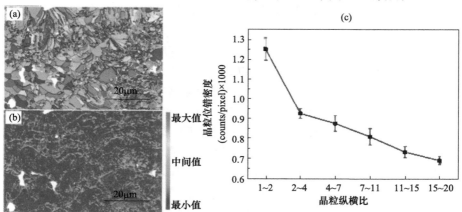

图 9.2　APS 热障涂层的(a)取向图，(b) YSZ 涂层横截面中的晶粒错位密度 IMD 分布图，以及

(c)不同纵横比的晶粒中的平均综合取向密度

表 9.1　APS 涂层喷涂参数与残余应力的大小

		N1 涂层	N2 涂层
参数	现状/A	560	680
	Ar/(L/min)	25	15
	H$_2$/(L/min)	12	14
	喷涂厚度/mm	120	120
	等轴晶含量	80.5%	46.4%
	(误差)	(3.66%)	(4.46%)
残余应力/MPa	原始样品	43.75	34.98
	热循环 30 次后的样品	−48.1	−25.4
热膨胀系数/($\times 10^{-6}$/℃)	陶瓷层 镍基合金基底	9.37 13.30	10.64 13.30

2. 冷却速率和基底温度对热障涂层残余应力的影响

制备条件对残余应力有重要影响，这里我们只讨论冷却速率和基底温度对热障涂层残余应力的影响。制备过程中的冷却速率是一个非常关键的影响因素，残余应力的大小随着冷却速率的增加而增加[1,13]。Widjaja 等[7]研究了 APS 热障涂层的冷却速率对陶瓷层/黏结层界面之间残余应力分布的影响，并通过改变样品对环境的热对流来模拟冷却速率。图 9.3 给出了冷却速率对残余应力的影响，可以看出，较大的冷却速率会导致更大的残余应力。对流系数越大，向空气散发的热量越多，冷却速率越大。图 9.4 给出了热障涂层制备过程基底的预热温度对残余应力的影响。在热喷涂过程中会产生残余应力，与基底预热温度 250℃ 的情况相比，当基底预热温度为 300℃ 时，残余应力会大大降低，基底预热温度为 627℃ 时，残余应力会进一步降低。因此，在预热过程中提高基底温度可以大大降低热障涂层制备过程产生的淬火应力[1]。

YSZ 涂层中等轴晶形成机理的相关研究表明，较高的冷却速率会抑制晶粒的生长，从而导致大量等轴晶的形成[14]。高的冷却速率意味着高的对流换热系数，它能够使更多的热量散发到周围的环境中，这意味着较少的热量通过传导传递给相邻的晶粒。因此，等轴晶粒周围的区域将具有较小的温度变化，从而导致较高的温度梯度。等轴晶粒中较大的残余应变是由于较高的冷却速率导致较高的温度梯度所致，这也解释了为什么较高的冷却速率导致较高的残余应力[11]。

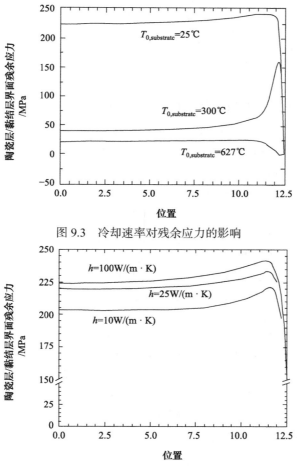

图 9.3　冷却速率对残余应力的影响

图 9.4　基底预热温度对残余应力的影响

9.2　热障涂层残余应力的模拟与预测

现在讨论服役过程中形成的残余应力。服役过程中界面氧化是形成残余应力非常重要的因素，第 3 章和第 4 章进行了详细分析；服役过程中 CMAS 腐蚀是热障涂层形成残余应力的又一重要影响因素，尤其是随着航空发动机推重比的提高，涡轮前进口温度越来越高的情况下 CMAS 腐蚀形成的残余应力越来越严重，第 5 章进行了详细阐述；热障涂层的冲蚀又是形成残余应力的一个重要因素，我国幅员辽阔，沙漠、燃油颗粒、雾霾等非常复杂的环境颗粒冲蚀对热障涂层残余应力的形成也非常复杂，第 6 章进行了详细阐述；热障涂层在高温下服役时陶瓷层还会发生烧结，晶粒大小、取向等都会发生变化，这也会形成较大的残余应力，本书没有涉及，我国科技工作者对这个方面的研究也非常少，有兴趣的读者可以参考有关文献[15,16]。这节为了分析服役过程中形成的残余应力，我们以几何形状比较复杂的实际涡轮叶片作为分析对象，由于几何形状复杂显然无法得到解析解，需进行数值模拟。

9.2.1　热障涂层涡轮叶片应力场演化及危险区域预测

热障涂层涡轮叶片的几何结构是非常复杂的，各层的本构关系也是物理非线性的。为了对热障涂层涡轮叶片的应力场有定性的认识，在进行有限元数值模拟时，我们对问题进行了简化，做出以下几点假设：①单冷却通道假设；②榫头简化为长方体形状；③各层涂层的厚度是均匀的；④不考虑对流与辐射现象；⑤不考虑相变；⑥不考虑涂层界面失效；⑦基底、过渡层、TGO 是理想的弹塑性材料，陶瓷涂层是弹性材料。

热障涂层涡轮叶片模型由 CATIA 软件与 ABAQUS 软件相互配合建立而成：陶瓷层、TGO、黏结层、基底与榫头的模型分别在 CATIA 软件中建好后，再由 ABAQUS 软件进行合并，得到整体的热障涂层涡轮叶片模型[17]。各层涂层均匀地覆盖在叶片表面(包含叶身与榫头的表面)，陶瓷层的厚度为 0.3mm，黏结层的厚度为 0.1mm，叶片基底的厚度大约为 1.0mm，叶身长为 37mm，榫头的厚度为 8mm。由于氧化层在热循环过程中，一般处于弹性状态，所以忽略 TGO 厚度对陶瓷层及黏结层应力分布的影响。因此，为了减少有限元分析的工作量，此处选择 TGO 的厚度为 20μm。TGO 厚度及其非均匀生长对 TGO 附近的应力场影响是非常巨大的，但这是局部效应。所以，这个厚度虽然和实际厚度相差比较大，但对涂层的应力分布影响不大，热障涂层涡轮叶片有限元模型如图 9.5 所示。

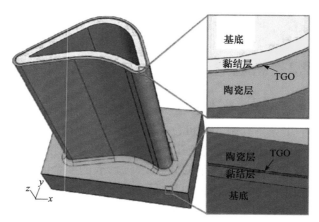

图 9.5　热障涂层涡轮叶片有限元模型

热障涂层涡轮叶片有限元模型的边界条件设置如下：限制底座下表面的轴向位移，即该面上所有点在 z 方向上的位移分量 $w = 0$；为了防止模型在计算过程中发生整体平移或转动，同时固定底座下表面的中点。

温度边界选取了第一类温度边界条件，不考虑系统与外界的对流和辐射等效应，温度边界的实现方式如图 9.6 的热循环曲线所示。考虑到制备过程中的初始残余应力，系统的热循环过程分为以下两步：首先整个系统从制备温度(我们选取为 600℃)整体冷却到室温(25℃)，然后再进行热循环。在制备完成后的时刻，我们假设系统处于无应力状态，当系统冷却到室温时，系统内由于各层热膨胀系数不匹配而产生残余应力，称之为初始残余应力。初始残余应力对系统应力的分布与演化有着重要的作用。具体热循环的方式为：陶瓷层的外表面在 2min 之内从室温升温至最高温度 1200℃后保温 5min，然后在 5min 之内冷却到室温。类似地，冷却通道内表面在 2min 之内从室温升温至最高温度 700℃后保温 5min，然后在 5min 之内冷却到室温。所用材料参数如表 9.2 所示。系统的网格划分情况如图 9.7 所示，叶身与底座的大部分区域使用了六面体单元(C3D8BT)，叶身与底座的连接区域使用四面体单元(C3D4T)，总共使用了约 21 万个单元。

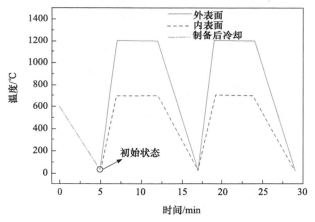

图 9.6　热障涂层涡轮叶片热循环方式

表 9.2　热障涂层各层材料参数[18-21]

参数	基底	黏结层	TGO	陶瓷层
温度范围/K	300～1500	300～1500	300～1500	300～1500
杨氏模量/GPa	220～120	200～110	400～320	48～22
泊松比	0.31～0.35	0.30～0.33	0.23～0.25	0.10～0.12
热膨胀系数/(10^{-6}/K)	14.8～18.0	13.6～17.6	8.0～9.6	9.0～12.2

参数	基底	黏结层	TGO	陶瓷层
热导率/(W/(m·K))	88~69	5.8~17.0	10~4	2.0~1.7
密度/(kg/m³)	8500	7380	3984	3610
比热/(J/(kg·K))	440	450	755	505
屈服强度/MPa	800	426~114	10000~1000	—

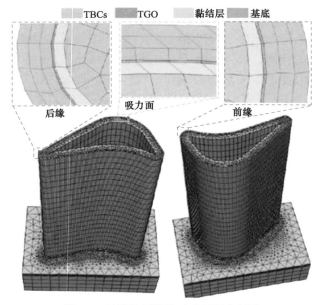

图 9.7　热障涂层涡轮叶片的网格划分

在有限元模拟中,我们忽略了涂层与涂层之间、涂层与基底之间的界面损伤及其裂纹,即认为各界面是完好结合的。考虑到陶瓷层为脆性材料,我们也选用第一强度理论来考察陶瓷层内的应力演化情况,并针对最大主应力的分布预测涂层的危险区域。

为了分析方便,我们把陶瓷层单独从热障涂层涡轮叶片系统模型中分离出来,如图 9.8 所示。图 9.8 为 50 个热循环结束时陶瓷层内最大主应力的分布云图。应力比较集中的区域已在图中用椭圆标识出来,分别用 A~H 表示。其中,A、B 区域分布在压力面上,C 区域位于后缘与底座的连接(倒角)区域,D 区域位于前缘与底座的连接(倒角)区域,E 区域位于压力面与底座的连接(倒角)区域,F 与 G 区域分布在吸力面,H 区域位于吸力面与底座的连接(倒角)区域。上述区域的应力相对比较集中,我们称之为"危险区域",陶瓷层内的失效将首先发生在这些区域,预测的结果与文献报道的结果基本一致[22]。文献[22]报道的失效区域分布在压力面与底座的连接区域，并以此为中心逐渐向四周扩展。各危险区域的残余应力随热循环次数的演化曲线如图 9.8 所示。在热循环开始时陶瓷层内的残余应力比较小，随着热循环次数的增加，各区域的残余应力逐渐累积增大，这主要是因为系统塑性变形的积累，但在约 30 次热循环之后，应力增加的幅度有所降低，这是因为随着系统内残余应力的增加，应力松弛现象越来越明显，而在初始几次热循环的过程中，系统内的应力较低，蠕变现象所起的作用不大。

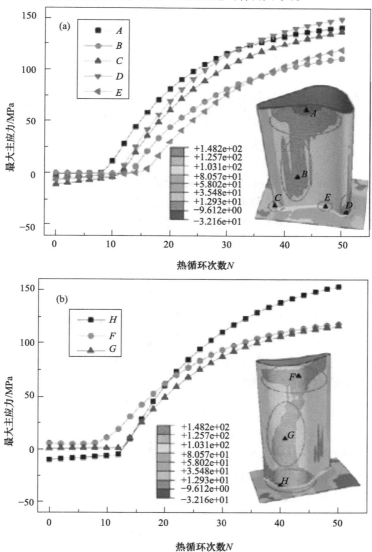

图 9.8　陶瓷层最大主应力的分布

(a)陶瓷层应力分布(正面)；(b)陶瓷层应力分布(背面)[21]

9.2.2　流固耦合的热障涂层涡轮叶片应力场

1. 流固耦合数学模型

流体域求解的控制方程主要包含连续性方程、基于 Reynolds 平均的 N-S 方程及能量方程，在笛卡儿直角坐标系下，分别如下所述。

在流动中，为保持流体质量上的守恒，需满足质量守恒方程，如下[23,24]：

$$\frac{\partial \rho_f}{\partial t} + \mathrm{div}\left(\rho_f \boldsymbol{v}\right) = 0 \tag{9.4}$$

其中，ρ_f 为流体密度，对于可压缩流体来说，在空间上和时间上都是变化的，$\boldsymbol{v}$ 为速度矢量。

N-S 方程是流体力学计算的最基本方程，几乎所有的流体流动问题都是围绕 N-S 方程进行求解的，对于可压无黏性流体，其形式为[24]

$$\frac{\mathrm{D}(\rho_f \boldsymbol{v})}{\mathrm{D}t} = -\mathrm{grad}\, p + \mathrm{div}(\mu_f\, \mathrm{grad}\, \boldsymbol{v}) + \boldsymbol{S}_{\mathrm{M}} \tag{9.5}$$

其中，μ_f 是动态黏度，p 是压力，$\boldsymbol{S}_{\mathrm{M}}$ 是动量守恒方程的源项。

在耦合过程中，固体域和流体域之间传递的耦合变量为壁面温度和热通量，因此，这是一个涉及能量运输的过程，在求解过程中必须保证能量的平衡，于是我们需要引入以下能量守恒方程[24]：

$$\frac{\partial(\rho_f T_f)}{\partial t} + \mathrm{div}(\rho_f \boldsymbol{v} T_f) = \mathrm{div}\left(\frac{k_f}{c_p}\, \mathrm{grad}\, T_f\right) + S_\phi \tag{9.6}$$

其中，k_f 为流体导热系数，T_f 为流场的温度，c_p 为气体比热，在不考虑化学反应和无内部热源的情况下，源项 $S_\phi = 0$。

当式(9.4)～式(9.6)联立求解时，方程仍是不封闭的，还需引入气体状态方程。我们假设气体为理想气体，其状态方程为[24]

$$\begin{cases} p = R\rho_f T_f \\ e_f = c_p T_f \end{cases} \tag{9.7}$$

其中，R 为理想气体常数，约为 8.31441J/(mol·K)，e_f 为单位质量流体内能。

至此，在问题的边界和进出口条件已知时，流体部分可以通过式(9.4)～式(9.7)的联立求解，得到流体域内的基本物理量：速度、压力、温度。这里，湍流模型选为理想 $k\text{-}\varepsilon$ 模型。

在一个带有热障涂层的涡轮叶片系统中，热障涂层各层之间、热障涂层与基底之间都存在热传导，同时在考虑热应力的问题中，他们存在着相同的本构关系，在整个固体域，其控制方程主要包括热传导方程和热弹塑性本构方程。

热障涂层内部以及基底之间的热传导符合傅里叶热传导定律，即

$$\rho_s c \frac{\partial T}{\partial t} = \nabla \cdot (k_s \nabla T) \tag{9.8}$$

其中，c 为固体比热，k_s 为相应热传导系数，ρ_s 为固体密度。

在分析热障涂层的失效破坏机制时，应力水平是判断失效的重要依据之一。高温环境下热障涂层涡轮叶片热应力可能导致涂层内出现局部的塑性应变，但总体不会出现大规模的塑性耗散，所以热应力采用解耦的方法计算，忽略塑性耗散对温度的影响。首先通过流固耦合的方法实现流体域和固体域共轭热传导，计算得出涡轮叶片温度场分布，然后基于温度场计算得到涡轮叶片的应力场，热应力的数值计算过程作如下假设：各层厚度均匀、连续且为各向同性材料，层与层之间连接完好。

采用解耦法计算应力场，该应力场满足力平衡方程：

$$\nabla \cdot \boldsymbol{\sigma} + \boldsymbol{F} = \boldsymbol{0} \tag{9.9}$$

不考虑体力的情况下，平衡方程可写为

$$\nabla \cdot \boldsymbol{\sigma} = \boldsymbol{0} \tag{9.10}$$

假设材料为各向同性的理想弹塑性材料，在求解过程中其热弹塑性本构关系采用率形式，则应变率可表示为

$$\dot{\boldsymbol{\varepsilon}} = \dot{\boldsymbol{\varepsilon}}^e + \dot{\boldsymbol{\varepsilon}}^p + \dot{\boldsymbol{\varepsilon}}^{\text{therm}} \tag{9.11}$$

其中弹性应变率 $\dot{\boldsymbol{\varepsilon}}^e$ 为，

$$\dot{\boldsymbol{\varepsilon}}^e = \frac{1}{E}[(1+\nu)\overline{\boldsymbol{I}} - \nu \boldsymbol{I} \otimes \boldsymbol{I}] : \dot{\boldsymbol{\sigma}} \tag{9.12}$$

温度变化引起的应变率 $\dot{\boldsymbol{\varepsilon}}^{\text{therm}}$ 为

$$\dot{\boldsymbol{\varepsilon}}^{\text{therm}} = \alpha \Delta \dot{T} \boldsymbol{I} \tag{9.13}$$

其中，E 是杨氏模量，ν 是泊松比，$\overline{\boldsymbol{I}}$ 是四阶对称单位张量，$\boldsymbol{I}$ 是二阶对称单位张量，α 是热膨胀系数，$\Delta \dot{T}$ 是温度变化率。塑性应变率 $\dot{\boldsymbol{\varepsilon}}^p$ 为

$$\dot{\boldsymbol{\varepsilon}}^p = \gamma \frac{\partial f}{\partial \boldsymbol{\sigma}} \tag{9.14}$$

式中，γ 是塑性流动因子，f 是 von-Mises 屈服函数，可以表示为

$$f = \sqrt{\boldsymbol{\sigma} : \boldsymbol{\sigma} - \frac{1}{3}(\text{tr}\boldsymbol{\sigma})^2} - \sqrt{\frac{2}{3}} Y = 0 \tag{9.15}$$

式中，Y 代表屈服强度。由于假设是理想弹塑性材料，所以 Y 是常数。这样，由流动法则，根据式(9.14)和式(9.15)可以得到塑性应变率为

$$\dot{\boldsymbol{\varepsilon}}^{\mathrm{p}} = \gamma \frac{\partial f}{\partial \boldsymbol{\sigma}} = \gamma \frac{\boldsymbol{\sigma} - \frac{1}{3}\mathrm{tr}(\boldsymbol{\sigma})\boldsymbol{I}}{\sqrt{\boldsymbol{\sigma}:\boldsymbol{\sigma} - \frac{1}{3}(\mathrm{tr}\boldsymbol{\sigma})^2}} = \gamma \frac{\boldsymbol{S}}{|\boldsymbol{\sigma}'|} \tag{9.16}$$

式中，$\boldsymbol{S} = \boldsymbol{\sigma} - 1/3(\mathrm{tr}\boldsymbol{\sigma})\boldsymbol{I}$ 代表应力偏量张量，并且定义张量 $\boldsymbol{n}$ 为

$$\frac{\boldsymbol{S}}{|\boldsymbol{S}|} = \boldsymbol{n} \tag{9.17}$$

为求解塑性流动因子 γ，根据一致性条件有

$$\dot{f} = \frac{\partial f}{\partial \boldsymbol{\sigma}}:\dot{\boldsymbol{\sigma}} = 0 \tag{9.18}$$

这里用到 Y 是常数的条件。再联合以下方程：

$$\dot{\boldsymbol{\sigma}} = \boldsymbol{C}:(\dot{\boldsymbol{\varepsilon}} - \dot{\boldsymbol{\varepsilon}}^{\mathrm{therm}} - \dot{\boldsymbol{\varepsilon}}^{\mathrm{p}}) \tag{9.19}$$

这里

$$\boldsymbol{C} = \lambda \boldsymbol{I} \otimes \boldsymbol{I} + 2\mu \overline{\boldsymbol{I}} \tag{9.20}$$

λ 是拉梅常量，μ 是剪切模量。可以得到下式：

$$0 = \frac{\partial f}{\partial \boldsymbol{\sigma}}:\boldsymbol{C}:(\dot{\boldsymbol{\varepsilon}} - \dot{\boldsymbol{\varepsilon}}^{\mathrm{therm}} - \gamma \boldsymbol{n}) \tag{9.21}$$

由上式可得到塑性流动因子 γ 的表达式为[21]

$$\gamma = \frac{\dfrac{\partial f}{\partial \boldsymbol{\sigma}}:\boldsymbol{C}:(\dot{\boldsymbol{\varepsilon}} - \dot{\boldsymbol{\varepsilon}}^{\mathrm{therm}})}{\dfrac{\partial f}{\partial \boldsymbol{\sigma}}:\boldsymbol{C}:\boldsymbol{n}} \tag{9.22}$$

联合应力率表达式：

$$\dot{\boldsymbol{\sigma}} = \boldsymbol{C}:(\dot{\boldsymbol{\varepsilon}} - \dot{\boldsymbol{\varepsilon}}^{\mathrm{therm}} - \dot{\boldsymbol{\varepsilon}}^{\mathrm{p}}) = \boldsymbol{L}:(\dot{\boldsymbol{\varepsilon}} - \dot{\boldsymbol{\varepsilon}}^{\mathrm{therm}}) \tag{9.23}$$

可以得到理想弹塑性刚度张量 $\boldsymbol{L}$ 表达式：

$$\boldsymbol{L} = \boldsymbol{C} - \frac{\boldsymbol{C}:\boldsymbol{n} \otimes \dfrac{\partial f}{\partial \boldsymbol{\sigma}}:\boldsymbol{C}}{\dfrac{\partial f}{\partial \boldsymbol{\sigma}}:\boldsymbol{C}:\boldsymbol{n}} \tag{9.24}$$

将式(9.24)进行化简，可得

$$\boldsymbol{L} = \lambda \boldsymbol{I} \otimes \boldsymbol{I} + 2\mu(\overline{\boldsymbol{I}} - \beta \boldsymbol{n} \otimes \boldsymbol{n}) \tag{9.25}$$

最后，可得到热-理想弹塑性本构关系，即[21]

$$\dot{\boldsymbol{\sigma}} = \boldsymbol{L}:(\dot{\boldsymbol{\varepsilon}} - \dot{\boldsymbol{\varepsilon}}^{\mathrm{therm}}) = \boldsymbol{L}:[\dot{\boldsymbol{\varepsilon}} - \alpha \Delta \dot{T} \boldsymbol{I}] \tag{9.26}$$

$$L = \lambda I \otimes I + 2\mu(\bar{I} - \beta n \otimes n), \quad \beta = \begin{cases} 1, & \text{当}\,\boldsymbol{\sigma}\,\text{在屈服面上时} \\ 0, & \text{当}\,\boldsymbol{\sigma}\,\text{在屈服面内时} \end{cases} \tag{9.27}$$

其中，$\lambda = \dfrac{\nu E}{(1+\nu)(1-2\nu)}$，$\mu = \dfrac{E}{2(1+\nu)}$。当采用平面应变假设时，热-理想弹塑性本构关系表述为

$$\dot{\boldsymbol{\sigma}} = \bar{L}:(\dot{\boldsymbol{\varepsilon}} - \dot{\boldsymbol{\varepsilon}}^{\text{therm}}) = \bar{L}:[\dot{\boldsymbol{\varepsilon}} - \bar{\alpha}\Delta\dot{T}I] \tag{9.28}$$

$$L = \bar{\lambda} I \otimes I + 2\mu(\bar{I} - \beta n \otimes n), \quad \beta = \begin{cases} 1, & \text{当}\,\boldsymbol{\sigma}\,\text{在屈服面上时} \\ 0, & \text{当}\,\boldsymbol{\sigma}\,\text{在屈服面内时} \end{cases} \tag{9.29}$$

其中，$\bar{\lambda} = \dfrac{(1-\nu)\nu E}{(1+\nu)(1-3\nu)}$，$\bar{\mu} = \dfrac{E}{2(1+\nu)}$，$\bar{\alpha} = (1+\nu)\alpha$。

共轭热传导(conjugate heat transfer)[25]适用于含有多种传热形式的热结构，对于需要同时考虑内部和外部温度场的涡轮叶片的传热过程适合用共轭热传导来进行分析。共轭传热在很多的解析模型和计算模型中被忽略，其中最常见的处理办法就是将流体和传热单独进行分析计算，提前给定对流换热系数，计算壁面温度，而不是通过实际气体流速、温度和压力等计算得到对流换热系数，而共轭传热则不需要预先指定对流换热系数。一般有两种方法解决多场耦合问题。第一种是直接耦合方法，该方法建立整套流体域和固体域控制方程，同时求解这些方程，实现流固的全耦合。直接耦合法主要应用于时间尺度对物理变量影响较大的物理过程，但是该方法实际应用过程中，由于多种计算手段的系数矩阵不匹配，导致计算效率很低。第二种方法为弱耦合法，该方法流体域和固体域分别建立各自的控制方程，利用不同的计算法求解，只是在耦合边界满足温度和热流连续条件，极大地提高了计算效率。于是有以下连续条件[25]：

$$T_{\text{f}} = T_S \tag{9.30}$$

$$-k_{\text{s}}\frac{\partial T_S}{\partial \boldsymbol{n}} = k_{\text{f}}\frac{\partial T_{\text{f}}}{\partial \boldsymbol{n}} \tag{9.31}$$

式中，k_{s} 和 k_{f} 分别为固体和流体的热传导系数，$\boldsymbol{n}$ 为壁面外法线方向单位向量。

由以上控制方程和界面耦合条件即可求解涡轮叶片的温度场，得到在不同阶段不同区域涡轮叶片的温度分布，然后将温度场作为温度边界，求解固体域的本构方程即得到热应力分布。

2. 流固耦合的有限元模型

在一个包含流场和多层结构的热障涂层涡轮叶片的复杂系统中，理论分析的手段不再适用，而实验的方法需要重复多次并且耗费极其巨大，于是我们采用数

值计算的方法得到涡轮叶片的温度场和应力场。基于前文提到的流固耦合数学模型，建立一个流固耦合换热的数值计算分析方案，如图 9.9 所示。在流体域部分，采用 Fluent 进行仿真，理论基础为 CFD(computational fluid dynamics)，固体域部分由大型商业软件 ABAQUS 实现，通过壁面温度和对流换热系数两个变量的互相传递实现耦合，由第三方软件 MPCCI 实现。

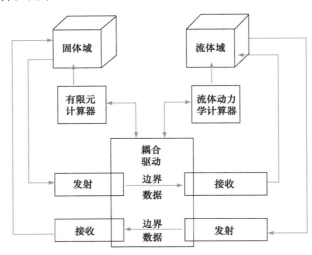

图 9.9　流固耦合数值分析方案

　　热障涂层涡轮叶片的结构非常复杂，不仅在于涡轮叶片外型的复杂，更重要的是热障涂层具有多层结构，存在一个类似于跨尺度的问题，这给有限元数值计算带来了一系列的困难：建立有限元模型极其困难，划分网格难度大，热障涂层中，TGO 层厚度比涡轮叶片要小得多，但又是最关键的一层，为保证计算的精度，需要保证其网格长宽比，因此网格数目将极其庞大，不仅计算周期长，对计算硬件的要求也非常高。

　　在本章中建立了一个包含基底、BC 层、TGO 层及 TC 层的三维热障涂层涡轮叶片，为方便研究，不考虑底座，并作以下几点假设：①内部冷却为单一冷却通道；②热障涂层厚度均匀，且为各向同性材料；③各层界面完好。图 9.10 给出所建立的几何模型，其中 BC 层厚度为 100μm，TGO 一般厚度在服役初期约为 5μm，随时间增长到最大 10μm 左右，这里 TGO 的厚度设为 10μm，TC 层厚度为 250μm，整个叶片高度为 60mm。图 9.10 显示了三维热障涂层涡轮叶片的网格划分。整个三维热障涂层涡轮叶片均采用六面体网格，在 ABAQUS 进行前处理划分网格过程中，分别对基底(SUB)、过渡层(BC)、氧化层(TGO)和陶瓷涂层(TC)进行网格划分，氧化层内的应力分布是热障涂层失效的一个重要因素，为了更好地提取氧化层内的应力信息，这一层全部采用规则的六面体网格，沿厚度方向布置六层。另外，为了保证氧化层网格纵横比大小分布在合理范围内，氧化层沿径向加密，其密度为陶瓷层径向网格密度的 1.5 倍，基底的 2 倍。整个涡轮叶片以及热障涂层系统总网格数目为 7527000，其中，热障涂层部分（BC、TGO、TC）网格数目为 5188150，约占总网格数的 68.93%，在流固耦合阶段，网格类型为 DC3D8，在热应力分析阶段，采用 C3D8R 类型网格。

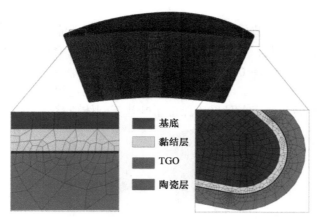

图 9.10　热障涂层涡轮叶片几何模型及网格

　　热障涂层材料高温环境下表现出非线性行为，除陶瓷层为纯弹性材料外，其他各层均考虑塑性，尤其提到的是氧化层高温条件下的应力屈服现象。常温环境下氧化层屈服强度很高，而高温环境下氧化层屈服强度明显下降，在热应力的作用下发生屈服。因此，我们需要的材料参数如表 9.2 所示，同时屈服强度在表 9.3 给出[26-28]。

表 9.3　材料屈服强度

温度/℃	基底/MPa	过渡层/MPa	氧化层/MPa
20	800	426	10000
200	800	412	10000
400	800	396	10000
600	800	362	10000
800	800	284	10000
1000	800	202	1000
1100	800	114	1000

　　在有限元分析中，载荷和边界条件的确定对于计算结果的正确性有决定性意义，在本章中，我们需要确定的是热载荷边界条件和力边界条件。通过分析可知，

热障涂层及涡轮叶片的热边界条件由外部流场高温燃气与涡轮叶片对流换热、叶片内部热传导和内部冷却通道冷却气体与涡轮叶片对流换热三部分构成，为方便分析，我们在选取热载荷边界条件时，对涡轮叶片内部冷却通道作如下简化：不考虑冷却通道流体行为，壁面对流换热系数固定为 $h_f = 300\text{W}/(\text{m}^2 \cdot \text{K})$，冷却气体温度为 873K。高温燃气与叶片的对流换热在耦合过程中为叶片提供温度边界和对流换热系数。

在热应力分析中，我们需要保证叶片在载荷作用下能自由膨胀，同时不发生刚体位移与旋转，因此，我们选取如图 9.11 所示的边界条件，其中：①A 点沿 x 和 y 方向固定，即 $u_A = v_A = 0$；②B 点沿 y 方向固定即 $v_B = 0$；③叶片底面在 z 方向上没有位移，即 $w(x,y,0)=0$。这样，通过 A、B 两点的边界选取，保证了叶片能自由膨胀且不能旋转，边界条件③则保证了叶片无刚体位移。

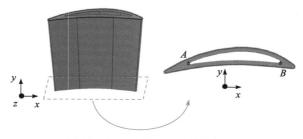

图 9.11　热障涂层涡轮叶片边界条件

在一个涡轮盘上，叶片周期性地排列，高温燃气从进口进入，在涡轮增压下从出口排出，这为简化外流场模型提供了依据，不再需要将整个发动机内部流场建立出来，而只需按照周期性条件选择其中一个周期内的流场即可，可以极大地简化建模难度及计算量。外流场有限元模型如图 9.12 所示，包含进口、出口、周期性边界和换热壁面，建模的具体过程如下：第一步，在 ABAQUS 软件中根据所建立的热障涂层涡轮叶片模型及真实外流场环境，创建一个包含叶片的三维外流场模型并拉伸为与叶片高度等高的三维外流场；第二步，对整体模型进行布尔相减运算，删除涡轮叶片部分，保留流场部分；第三步，从 ABAQUS 软件中导出三维流场部分，命名为 3D-flow-file.STP 以作为下一步网格划分文件。其中，周期性边界的确定需保证在喉道部分颈缩，并且与沿边界对应位置几何特征一致。

在叶片近壁面区域，流体温度和速度变化梯度非常大，为了更准确地模拟边界层效应，我们采用结构化分网技术来提高边界层网格质量。商用软件 ICEM CFD 具有良好的前处理功能，结构化网格划分技术是其中的一个突出特点，因此，本节采用 ICEM CFD 进行流体域的结构化网格划分，具体步骤如下：①导入从 ABAQUS 中导出的几何体，创建几何特征，包括进口、出口、周期性边界、壁面等；②几何体分块，基于已导入几何体模型，生成包含整个流场的规则块体结构，本节中为矩形体，并将块体的几何特征，如点、线等关联到几何体相对应的位置，根据几何体的特征将块体划分为较规则的分块结构，删去不包含几何体的块结构；

③块体映射，将几何体和相对应的块体一一映射对应连接；④网格划分，在块体上设置结构整体网格密度，对边界层网格进行了加密处理，地中第一层网格厚度为 0.01mm，并以 1.05 的比例布置 20 层。对块体进行网格划分并直接导出几何体的网格。根据结构化方法划分的三维涡轮叶片外流场网格如图 9.12 所示，远壁面网格相对稀疏，在近壁面，为更为精确地得到流体的传热系数、温度等信息，划分了一层如上所述的 O 型区域加密网格。

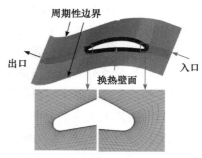

图 9.12　三维涡轮叶片外流场有限元
模型及网格划分图

　　在所建立的模型中，高温燃气从进口进入，在壁面与叶片发生对流换热并经过流场压缩，从出口排出，一般所知条件为进口处速度和总压等，在本章中，我们给出外流场边界条件如表 9.4 所示，并对流体作以下假设：①外流场为单一流场，与叶片内部冷却气流隔离开；②稳定工况下叶片工作稳定，高温燃气压力和流速均保持稳定；③计算中高温燃气符合理想气体状态方程。

表 9.4　外流场边界条件

来流总压/atm	来流静压/atm	来流总温/K	湍流强度/%
14.22	14	1350	3

3. 热障涂层涡轮叶片应力场

　　热应力是导致热障涂层失效的主要因素之一，尤其在升温和冷却的高温度梯度阶段，短时间内温度差巨大，从而产生较大的热失配应力，导致微裂纹的扩展。周益春等早在 2001 年就预测出热应力导致的热障涂层内裂纹萌生和扩展失效发生在冷却阶段[18]，加热时(即加载时)涂层不剥落而在冷却时(即在卸载时)反而剥落的现象一般很难理解。杨丽等[29,30]采用声发射无损检测方法发现热障涂层的失效确实发现在冷却阶段。这种现象的机理是：在冷却阶段由于在较短的时间内从很高温度降到室温，基底和黏结层以及陶瓷层之间的热膨胀系数在温度降低过程中变化不一致，在黏结层和陶瓷层产生较大的热失配压应力，这种压应力导致涂层屈曲，从而形成界面裂纹，界面裂纹的进一步扩展而造成涂层剥落。在研究裂纹扩展问题时，经常采用最大主应力作为裂纹发生扩展的临界值，在讨论热障涂层热应力时，为方便对热障涂层的剥落失效危险区域进行预测，主要分析热障涂层黏结层(BC)、氧化层(TGO)和陶瓷层(TC)的最大主应力。

图 9.13 是热障涂层涡轮叶片温度场，其中图(a)是热障涂层温度分布，图(b)是涡轮叶片基底温度分布。可以看到，在陶瓷层表面，前缘区域最高温度为 1296 K，但在涡轮叶片基底前缘位置，最高温度降低至 1224K，即 350μm 厚度的热障涂层使涡轮叶片前缘处表面温度降低了 72K，在其他位置，热障涂层表面温度明显高于基底的温度，热障涂层很好地降低了合金基底的表面温度。图 9.14 所示为黏结层冷却阶段最大主应力分布云图，在前缘和尾缘部分，最大主应力为负值，即为压应力，并且最大值为-88MPa，而在压力面和吸力面，都为拉应力，最大值为118MPa，在 1000℃以上时，黏结层的屈服强度仅为 110MPa，根据温度场的分布(图 9.13)可以看到，在冷却初期，前缘高温部位存在较小的塑性应变，塑性应变的存在能释放部分应力，因而虽然该部分温度较高，但是应力最大值不在前缘，而温度最高处出现在前缘和尾缘两侧附近区域，可以发现这些区域温度梯度相对较大，因而在降温过程中，材料参数所引起的不匹配表现更明显，从而导致更大的热失配应力。

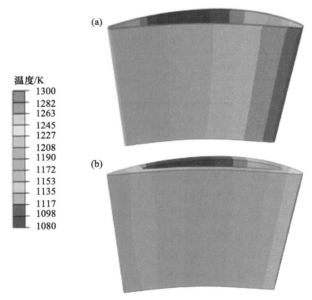

图 9.13　热障涂层涡轮叶片温度场
(a)热障涂层温度分布；(b)涡轮叶片基底温度分布

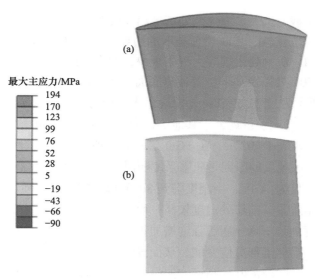

图 9.14　黏结层冷却阶段最大主应力分布云图
(a) 叶盆；(b) 叶背

图 9.15 为黏结层冷却阶段沿叶片高度方向最大主应力的分布，对应于三个截面上的应力分布曲线除 $0.3 < X/C_X < 0.42$ 和 $0.72 < X/C_X < 0.9$ 处，其他位置基本重合，这表明在叶片高度方向上应力的分布与温度分布具有直接联系，即在叶片高度方向上温度分布差异不大，因而应力也基本一致，并且在以上两处位置底面的

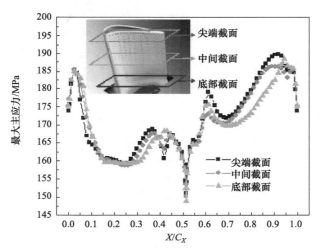

图 9.15　黏结层冷却阶段沿叶片高度方向最大主应力的分布

X 是沿热障涂层表面的坐标，C_X 是轴向弦长。无量纲长度 $X/C_X = 0$ 和 $X/C_X = 0.5$ 分别表示叶片前缘和尾缘的位置。吸力侧和压力侧的位置分别为 $0.3 < X/C_X < 0.42$ 和 $0.72 < X/C_X < 0.9$

应力相对另两个截面偏大。上述两处区域出现较明显区别，其主要原因是以上两处区域所对应的位置与图 9.11 中所选取的边界条件中 A、B 两处最接近，受边界条件影响，在 A、B 两处出现应力集中现象，而附近区域的热障涂层应力值相应偏大，而叶片 50%处以及顶部位置远离底面，影响较小。

图 9.16 所示为 TGO 层在冷却阶段最大主应力的分布云图，TGO 层材料为 α-Al_2O_3，由于其杨氏模量远大于其他层，所以在 TGO 层内的应力远高于 BC 层。并且可以看到，相较于 BC 层，在 TGO 层内应力都为正，在前缘处应力明显小于其他区域，导致该现象的原因是屈服强度随温度的变化特性。高温时，TGO 层的屈服强度较小，仅为 1GPa，当温度降到 800℃以下时，屈服强度增加到 10GPa，故在降温的开始阶段，前缘处温度较高，而应力较大，材料发生了一定的非弹性变形，随着温度继续下降，屈服强度增加不再产生塑性应力，而开始阶段的塑性变形不能恢复，存储了部分应变能，从而导致该区域应力低于其他区域。图 9.17 为 TGO 层在冷却阶段沿叶片高度方向最大主应力的分布，除前缘及其附近区域基本一致外，其他区域都具有很大的区别，这说明在热障涂层各层中，TGO 层的应力与温度分布联系相对较小，而对材料参数的变化更敏感。同时，TGO 层的应力水平明显高于与之相邻的 BC 层和 TC 层，界面裂纹通常将会在 TGO 层上表面产生，具体将在后续进行分析。

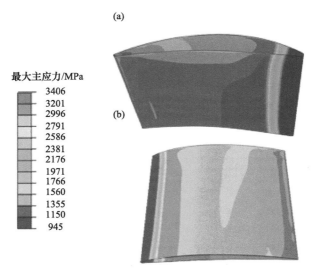

图 9.16　TGO 层冷却阶段最大主应力分布云图
(a) 叶盆；(b) 叶背

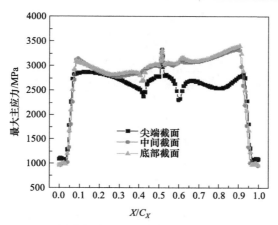

图 9.17　TGO 层冷却阶段沿叶片高度方向最大主应力的分布

图 9.18 为 TC 层在冷却阶段最大主应力的分布云图。陶瓷层的应力分布和黏结层的分布具有基本一致的规律，即在前缘和尾缘两侧达到最大值，但是在陶瓷层内无压应力，并且应力比黏结层内稍大，其中最大值为 194MPa，位于前缘靠压力面一侧。类似于黏结层和氧化层的分析，图 9.19 为 TC 层在冷却阶段最大主应力沿高度方向的分布，在 $0.3 < X/C_X < 0.42$ 和 $0.72 < X/C_X < 0.9$ 两处位置因边界条件的原因，靠近底部榫头处的截面应力稍大于中截面和叶片顶端截面处的应力，其他位置基本一致。

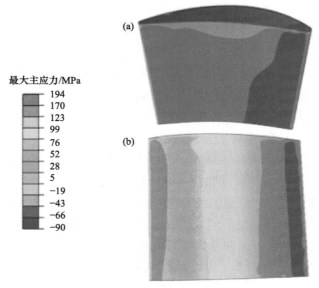

图 9.18　TC 层冷却阶段最大主应力的分布云图

(a) 叶盆；(b) 叶背

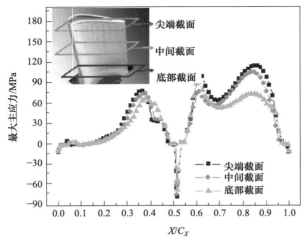

图 9.19　TC 层冷却阶段最大主应力沿高度方向的分布

4. 热障涂层涡轮叶片危险区域预测

热障涂层危险区域预测通常是以最大应力区域为依据，而在裂纹萌生扩展的研究中，多以最大主应力准则为裂纹扩展的准侧，并且最大主应力与坐标选取无关，因此本节以最大主应力为讨论对象。

大量研究表明[31]，热障涂层的剥落主要在 TC/TGO 界面和 TGO/BC 界面处，TGO 层两侧的 TC 层和 BC 层是重点分析的对象，TGO 层虽然应力非常高，但是目前的研究结果表明，在冷却阶段裂纹的扩展以界面裂纹为主，故 TGO 层内的应力在此不作详细讨论。在图 9.20 和图 9.21 中已得到了陶瓷层和黏结层的最大主应力分布云图，为分析其失效危险区域，在此将其应力最大处分别标记出来，其中 BC 层为图 9.20 所示在图中标记的 A、B 两处为压力面主应力最大的位置，分别在压力面靠近前缘和尾缘的叶根部分，下面部分为吸力面的主应力分布，标记应力较大处 C 位置位于尾缘附近叶根位置。可以看出，A、B、C 三处的位置都位于叶根位置，并且都处于温度变化较大的区域。事实上，由热应变率式(9.13)易知，ΔT 变化越大，热应力越高，同时在叶根部位，由于边界条件的存在，发生了应力集中现象。图 9.21 为 TC 层的最大主应力分布情况，同样的上部分为压力面主应力，其中 D 为标记的主应力最大的区域，位于前缘靠压力面的叶根部分，与过渡层的 B 区域相对应。下半部分为吸力面的主应力，标记的 E、F 为最大的区域，其中 F 同样可以与 C 处对应。可以看到，D、E、F 与过渡层的 A、B、C 位置的分布具有相同的规律，即位于叶根且温度梯度大的部位。

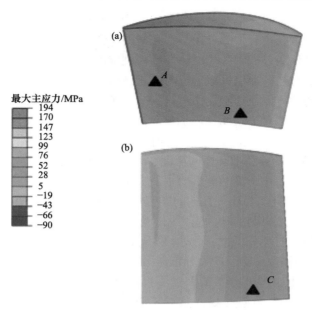

最大主应力/MPa

194
170
147
123
99
76
52
28
5
−19
−43
−66
−90

图 9.20　BC 层的最大主应力分布(A、B 和 C 为所预测的失效危险区域)

(a) 叶盆；(b) 叶背

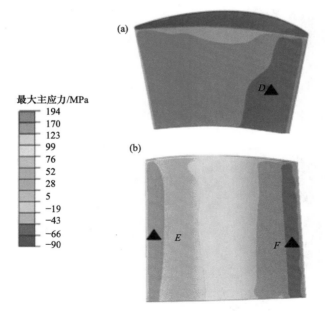

最大主应力/MPa

194
170
123
99
76
52
28
5
−19
−43
−66
−90

图 9.21　TC 层的最大主应力分布(D、E 和 F 为所预测的失效危险区域)

(a) 叶盆；(b) 叶背

在以往研究热障涂层的失效中，多考虑的为涡轮叶片某局部区域的应力分布，故其温度边界为恒定值，在刘奇星[17]的研究中，同样考虑了整体涡轮叶片上多层结构的热障涂层最大主应力的分布，但在他的工作中热障涂层的外表面温度同样选取恒定值，且仅通过涡轮叶片的热传导得到温度场，再采用所得温度场计算得到其应力场，并对热障涂层失效的危险区域进行预测。而采用流固耦合共轭传热分析得到温度场，再以此为温度边界得到应力场。为比较两种方法所得结果的区别，图 9.22 给出了两种方法所预测的危险区域。其中图 9.22(a)为采用固定温度边界所得到的陶瓷层最大主应力分布并标记的失效危险区域[31]，可以看到在压力面，A、B 分别位于叶片顶部和中间截面，而 C、D 和 E 都位于叶片与底座连接倒角处，在 F、G、H 位于吸力面上曲率最大的部位。因此分析在此三处位置都是几何形状变化较大的区域，由于几何的突变，曲率较大，导致应力值偏大。图 9.22(b)为采用流固耦合方法得到的叶片应力场，可以看出 D、E、F 三处位置都非几何变化大的位置，前面已经分析过，此处都为温度梯度较大的区域，同样在危险区域靠近底座附近，因而热障涂层应力分布是涡轮叶片的几何和温度共同影响的，在固定温度边界条件下，温度分布的因素不再具有明显的作用，故采用流固耦合方法得到更接近于真实的温度场，其对于应力场计算结果的精确性是非常有意义的。

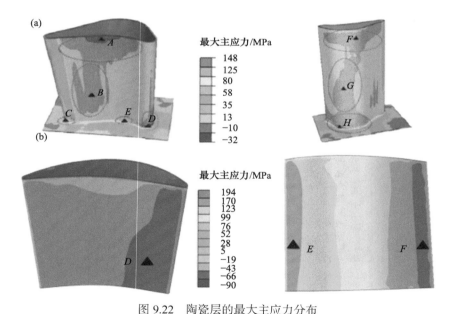

图 9.22　陶瓷层的最大主应力分布

(a) 采用固定温度边界得到的叶盆、叶背区域的应力分布；(b) 采用流固耦合真实温度边界得到的叶盆、叶背区域的应力分布

　　为验证上面数值模拟的结果，在图 9.23 中给出了涡轮叶片上热障涂层剥落的

实验结果[17,32]，可以看到，在图 9.23(a)所示的涡轮叶片吸力面上，箭头所指的位置热障涂层发生了剥离，对应于图 9.22 中的 E 位置，而在图 9.23(b)所示的压力面上。Wu 等[32]观察到在服役多个循环后涡轮叶片热障涂层的剥落区域，可以看到，在叶片的压力面中间区域，在底座附近存在两处明显的剥落区域，而在靠近前缘和尾缘两处出现了较大区域的剥落，虚线方框所示和箭头所指区域与图 9.20 和图 9.21 中的 A、B、D 三处位置吻合得非常好。

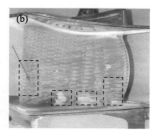

图 9.23　热障涂层剥落失效的实验结果

　　综上所述，采用流固耦合的方法，考虑高温燃气与涡轮叶片之间的传热分析得到的温度场，以其作为涡轮叶片的温度边界条件进而计算得到应力场，并以此作为依据预测热障涂层的失效危险区域，所预测的结果与实验结果吻合较好，为研究热障涂层的剥落失效提供了一种新的方向，即考虑真实温度场下热障涂层的应力分析及裂纹扩展。

9.3　热障涂层残余应力的有损表征

9.3.1　曲率法表征

　　曲率法最初是由 Hobson 和 Reiter 提出来的[33]，其优点是试验设备简单，可以直接测定涂层残余应力，其原理是在基体上生成涂层时，产生的残余应力导致曲率变化，通过曲率变化可以计算残余应力的大小。热喷涂后冷却过程中的失配变形是残余应力的主要来源。图 9.24 为热喷涂过程中热障涂层曲率变化过程示意图。由于金属基体的热膨胀系数大于陶瓷层，在喷涂后的冷却阶段基体的收缩量将比陶瓷层大，产生失配变形 ΔL，如图 9.24(a)所示。实际上，基底与陶瓷层为一体，根据变形的几何关系，基体与陶瓷层变形应协调，其内部应力状态如图 9.24(b)所示。在该应力状态的作用下，热障涂层将出现协调变形以"释放"一部分应力，如图 9.24(c)所示。若陶瓷层喷涂前的试件曲率为 κ_1，喷涂陶瓷层后的试件曲率为 κ_0，它们之间的曲率差为 $\Delta\kappa = \kappa_0 - \kappa_1$。将热障涂层试件简化为双层复合梁，在没有外力的作用下，残余应力在物体内部自相平衡。因此，满足轴力和弯矩在任

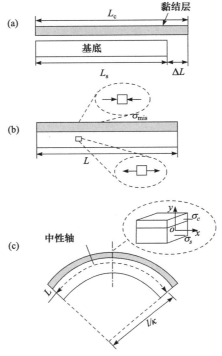

图 9.24　热喷涂过程中热障涂层曲率变化过程示意图

一截面上为零的条件。

根据轴力平衡条件：

$$\int \sigma_c \mathrm{d}A_c + \int \sigma_s \mathrm{d}A_s = 0 \qquad (9.32)$$

其中，A_c、A_s 分别为涂层和基底的梁截面面积；σ_c、σ_s 分别为涂层和基体中的残余应力。因为涂层内存在失配应变，故有如下表达式：

$$\sigma_c = -\overline{E}_c \Delta \kappa y + \sigma_{\mathrm{mis}} \qquad (9.33)$$

$$\sigma_s = -\overline{E}_s \Delta \kappa y \qquad (9.34)$$

其中，$\overline{E}_i = E_i / (1 - \nu_i)$，$E_i$ 和 ν 分别为对应材料的弹性模量和泊松比；σ_{mis} 为涂层内部的失配应力，将式(9.33)、式(9.34)代入式(9.32)，得

$$\overline{E}_c \int_{h_1}^{h_1+h_c} \left(-\Delta \kappa y + \frac{\sigma_{\mathrm{mis}}}{E_c} \right) \mathrm{d}y - \overline{E}_s \int_{-h_0}^{h_1} \Delta \kappa y \mathrm{d}y = 0 \qquad (9.35)$$

其中，h_1 为梁中性层到陶瓷层/基底界面之间的距离，h_0 为基底下表面到梁中性层之间的距离。

根据弯矩平衡条件：

$$\int_{h_1}^{h_1+h_c} \sigma_c y \mathrm{d}y + \int_{-h_0}^{h_1} \sigma_s y \mathrm{d}y = 0 \tag{9.36}$$

将式(9.33)、式(9.34)代入式(9.36)可得热喷涂前后梁弯矩平衡方程：

$$\overline{E}_c \int_{h_1}^{h_1+h_c} \left(-\Delta\kappa y + \frac{\sigma_{mis}}{\overline{E}_c}\right) y \mathrm{d}y - \overline{E}_c \int_{-h_0}^{h_1} \Delta\kappa y^2 \mathrm{d}y = 0 \tag{9.37}$$

联立式(9.35)、式(9.37)，即可得到关于涂层内失配应力的计算表达式[34,35]：

$$\sigma_{mis} = \frac{\Delta\kappa(\overline{E}_c^2 h_c^4 + 4\overline{E}_c h_c^3 \overline{E}_s h_s + 6\overline{E}_c h_c^2 \overline{E}_s h_s^2 + 4\overline{E}_c h_c \overline{E}_s h_s^3 + \overline{E}_s^2 h_s^4)}{6 h_c h_s \overline{E}_s(h_c + h_s)} \tag{9.38}$$

图 9.25(a)、(b)分别为三维数字图像相关(3D-DIC)法测试得到的热障涂层试件在陶瓷层喷涂前后的形貌图[34]，提取中心线，经拟合后得到曲线如图 9.25(c)所示。陶瓷层喷涂前曲率为 $\kappa_1 = (-0.98\pm0.1)\mathrm{m}^{-1}$，陶瓷层喷涂后曲率为 $\kappa_0 = (-1.56\pm0.2)\mathrm{m}^{-1}$；取陶瓷层和基底的弹性模量 $E_c=34\mathrm{GPa}$，$E_s=143\mathrm{GPa}$，由式(9.38)计算得到陶瓷层内部失配应力大小为 $-105.8\mathrm{MPa}$，负号代表残余应力是压应力。许多实验和理论分析都表明热障涂层内的残余应力一般为压应力，在 $20\sim200\mathrm{MPa}$[36-38]，主要是因为多孔的涂层热膨胀系数小于金属基体材料，同时，加工工艺(如喷涂火焰的温度等)的改变导致了涂层残余应力数值的差异。

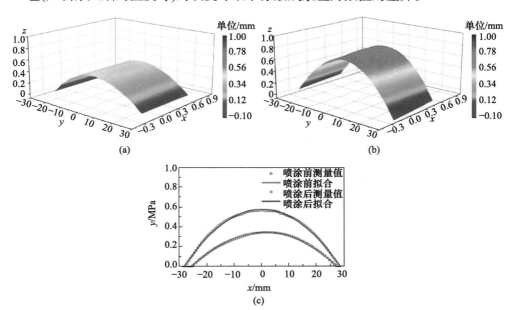

图 9.25　热障涂层试样形貌图及拟合曲线[34]

(a) 喷涂前形貌图；(b) 喷涂后形貌图；(c) 喷涂前后拟合曲线

　　涂层中的残余应力随涂层厚度变化的分布如图 9.26 中实线所示，大小为 −86～−70MPa。根据式(9.33)，残余应力由两部分组成：一是陶瓷层和金属基底失配应变导致的失配应力，二是试件弯曲变形"释放"出的一部分应力，大小为 20～35MPa。一般而言，较厚的基底易产生较小的弯曲变形，"释放"的应力较小，因而涂层中残余应力较大。

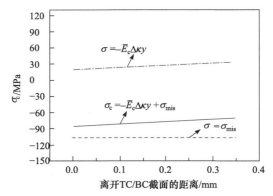

图 9.26　　涂层中残余应力随陶瓷层厚度变化的分布[34]

9.3.2　钻孔法表征

　　钻孔法又称盲孔法和套孔法，是目前广泛应用的测量涂层面内残余应力的方法。钻孔法是由德国学者 Mathar[39]在 1934 年提出的，后由 Soete 等[40]学者逐步发展完善并形成一整套系统理论的残余应力测量方法。钻孔检测的原理是将特制箔式应变花粘贴在涂层表面上，并在应变花中心钻一直径和深度接近的小孔，产生局部应力释放，释放的应变可由连接各个应变片的应变仪测读出来，通过弹性力学模型，则可得到在孔深范围内的平均主应力和主应力方向角。该技术测量手段简单、成本低、测量精度高，已成为一种标准测试方法，并在工程实际中广泛采用。美国 ASTM E 837《钻孔应变仪测量残余应力》标准规定了残余应力的测试方法、要求及其相应的钻孔程序。

　　近年来，基于数字图像相关法(光学技术)的钻孔法测试分析发展起来，利用数字图像相关技术取代应变片，结合钻孔法，可以得到材料内平面的残余应力。数字图像相关法是一种典型的非接触式光学测量方法，具有良好的精度和可靠性高的优点，使用标准化的测试程序，在实际中更为方便实用，且测试造成样品的损伤往往是可忽略或可修复的。因此，该方法有时被描述为"半破坏性"。目前，在测量残余应力领域，使用新型的逐步钻孔法和数字图像相关法结合的方法是最新的研究手段。

为了获取残余应力与竖直方向的变化关系发展了逐层钻孔法，模型如图 9.27 所示，基本思想是[41-43]：在弹性材料或者各向同性材料中，在材料的平面内任意某一位置设置一小盲孔，假设样品涂层总的深度为 H，每次钻孔的深度为 h，钻孔半径为 D_0，测量点与钻孔中心的距离为 D，钻孔周围 0°、45°和 90°方向的释放应变分别为 ε_1、ε_2 和 ε_3，我们可以通过设备测量残余应变，假设每次钻孔后钻孔周围的残余应力将被释放，这样通过本构关系获得三个主应力 σ_1，σ_2，σ_3，即残余应力。

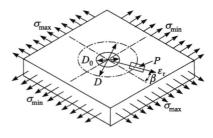

图 9.27 钻孔周围应变与残余应力的关系

逐步钻孔法假设在每微小层内残余应力是均匀分布的，由单层结构的每个孔产生径向分布的残余应变，可以表达为

$$\varepsilon_r = A(\sigma_1 + \sigma_3) + B(\sigma_1 - \sigma_3)\cos2\phi + C\tau_{13}\sin2\phi$$

$$A = -\frac{1}{2E}(1+v)\left(\frac{D_0}{D}\right)^2, \quad B = -\frac{1}{2E}\left[4\left(\frac{D_0}{D}\right)^2 - 3(1+v)\left(\frac{D_0}{D}\right)^4\right] \tag{9.39}$$

τ_{13} 是剪应力，ϕ 表示径向位置相对于主应力轴沿顺时针方向的角度，A 和 B 为校正系数。

从式(9.39)中可以看出，材料参数对表面的残余应力的影响只表现在系数 A 和 B 中。因此，在多层结构中，各层材料参数对表面残余应力的影响可以通过校正系数计算得到，而根据文献可以得到多层结构的校正系数[44]。若考虑以下情况：利用逆解法，在样品上加载一定的变形应力，在 0°，45°测量应力应变关系。其中，u^i 和 v^i 分别表示直角坐标系中第 i 个增量深度上 x 和 y 方向的位移，σ_x^{ij} 表示 x 方向的应力，即可得到样品的多层结构对钻孔深度的应力影响：

$$A_{ij} = \frac{u^i_{(\theta=45°)} + v^i_{(\theta=45°)}}{\sqrt{2}\sigma_x^{ij}}, \quad B_{ij} = \frac{\sqrt{2}u^i_{(\theta=0°)} - \left(u^i_{(\theta=45°)} + v^i_{(\theta=45°)}\right)}{\sqrt{2}\sigma_x^{ij}} \tag{9.40}$$

根据多层结构的钻孔法本构模型，考虑一个适当的参考系统，三个方向的残余应变可由以下方程得到[41]

$$\begin{cases} \varepsilon_1 = A(\sigma_1 + \sigma_3) + B(\sigma_1 - \sigma_3) \\ \varepsilon_2 = A(\sigma_1 + \sigma_3) + C\tau_{13} \\ \varepsilon_3 = A(\sigma_1 + \sigma_3) - B(\sigma_1 - \sigma_3) \end{cases} \tag{9.41}$$

整理得

$$\begin{cases} (A+B)\sigma_1 + (A-B)\sigma_3 = \varepsilon_1 \\ A\sigma_1 + C\tau_{13} + A\sigma_3 = \varepsilon_2 \\ (A-B)\sigma_1 + (A+B)\sigma_3 = \varepsilon_3 \end{cases} \tag{9.42}$$

用矩阵方式表示得

$$\begin{bmatrix} A+B & 0 & A-B \\ A & C & A \\ A-B & 0 & A+B \end{bmatrix} \begin{bmatrix} \sigma_1 \\ \tau_{13} \\ \sigma_3 \end{bmatrix} = \begin{bmatrix} \varepsilon_1 \\ \varepsilon_2 \\ \varepsilon_3 \end{bmatrix} \tag{9.43}$$

通过定义一下参数:

$$P = (\sigma_1 + \sigma_3)/2, \quad Q = (\sigma_3 - \sigma_1)/2, \quad T = \tau_{13} \tag{9.44}$$

$$p = (\varepsilon_1 + \varepsilon_3)/2, \quad q = (\varepsilon_3 - \varepsilon_1)/2, \quad t = (\varepsilon_3 + \varepsilon_1 - 2\varepsilon_2)/2 \tag{9.45}$$

可简化方程:

$$\begin{cases} AP = p \\ BQ = q \\ BT = t \end{cases} \tag{9.46}$$

　　校准系数 A 和 B 只能分析确定通孔,而不能分析沿厚度方向应力分布不均匀的情况。在这种情况下,系数 A 和 B 必须使用在实验中进行标定。积分法是在分析沿厚度方向应力分布不均匀的过程中被广泛接受的方法:假设微小层内的残余应力是均匀分布的,在钻孔深度 h 时,残余应变 $\varepsilon_i(h)$ 表示为无穷小应变分量所产生的应力在深度方向 $0 < h < H$ 的积分:

$$\begin{cases} p(h) = \int_0^h \bar{A}(H,h)P(H)\mathrm{d}H, \\ q(h) = \int_0^h \bar{B}(H,h)Q(H)\mathrm{d}H, \quad 0 \leqslant h \leqslant H \\ t(h) = \int_0^h \bar{B}(H,h)T(H)\mathrm{d}H, \end{cases} \tag{9.47}$$

其中

$$\begin{cases} P(H) = \left[\sigma_1(H) + \sigma_3(H)\right]/2 \\ Q(H) = \left[\sigma_3(H) - \sigma_1(H)\right]/2 \\ T(H) = \tau_{13}(H) \end{cases} \tag{9.48}$$

$$\begin{cases} p(h) = \left[\varepsilon_1(h) + \varepsilon_3(h)\right]/2 \\ q(h) = \left[\varepsilon_3(h) - \varepsilon_1(h)\right]/2 \\ t(h) = \left[\varepsilon_3(h) + \varepsilon_1(h) - 2\varepsilon_2(h)\right]/2 \end{cases} \tag{9.49}$$

式(9.47)中影响函数 $\overline{A}(H,h)$ 和 $\overline{B}(H,h)$ ，代表钻孔深度 h 对总深度 H 引起的单位深度释放的应力，影响函数 $\overline{A}(H,h)$ 和 $\overline{B}(H,h)$ 的具体形式不能进行确定和分析，因此，式(9.45)拆散成 i 步计算步骤进行离散计算：

$$
\begin{cases}
\displaystyle\sum_{j=1}^{j=i} \overline{A}_{ij} P_j = p_i \\[2mm]
\displaystyle\sum_{j=1}^{j=i} \overline{B}_{ij} Q_j = q_i \\[2mm]
\displaystyle\sum_{j=1}^{j=i} \overline{B}_{ij} T_j = t_i
\end{cases}
\tag{9.50}
$$

即

$$
\begin{cases}
\displaystyle\sum_{j=1}^{j=i} \overline{A}_{ij} \big[\big[\sigma_1(H)+\sigma_3(H)\big]/2\big]_j = \big[\big[\varepsilon_1(h)+\varepsilon_3(h)\big]/2\big]_i \\[3mm]
\displaystyle\sum_{j=1}^{j=i} \overline{B}_{ij} \big[\big[\sigma_3(H)-\sigma_1(H)\big]/2\big]_j = \big[\big[\varepsilon_3(h)-\varepsilon_1(h)\big]/2\big]_i \\[3mm]
\displaystyle\sum_{j=1}^{j=i} \overline{B}_{ij} \big[\tau_{13}(H)\big]_j = \big[\big[\varepsilon_3(h)+\varepsilon_1(h)-2\varepsilon_2(h)\big]/2\big]_i
\end{cases}
\tag{9.51}
$$

在相同测试条件下，分别对三种具有不同厚度陶瓷层的热障涂层样品分别进行逐步钻孔测试分析。为了消除残余应力不均匀性的影响，在每一个试样的每个径向位置选取三个采集点进行测试。每个样品钻三个小孔，得到残余应力后求平均值。其中，模型中的材料参数是源于 Mao 等[45]研究的室温条件下热障涂层的力学性能参数，其弹性模量为 $E = 48$ GPa，泊松比为 $\nu = 0.1$。逐步钻孔实验过程中使用了高速钻孔机，它能够保证孔的大小以及孔中心的精确性。为了获得准确的应力分布，每次钻孔深度为 50 μm。其中，由于钻孔机本身的震动和其他因素的影响，得到的钻孔并不是完整的圆柱形。图 9.28 表示在原始状态下[41]，即钻孔深度为 0 时的云图变化情况。由于经过热循环处理样品的原始云图都处于无应力状态，云图基本没有变化，为了方便，原始样品的云图只用一张云图表示，后面样品的云图都是从第一次钻孔开始的。图 9.29～图 9.31 分别表示 200 μm、300 μm 和 400 μm 陶瓷层厚度的原始大气等离子喷涂热障涂层(APS

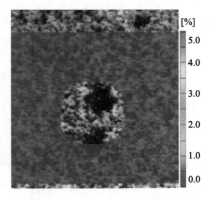

图 9.28 热障涂层残余应力原始变化云图[41]

TBCs)残余应力分布云图[41]，对应图 9.32 (a)、(b)、(c)、(d)、(e)、(f)中的每个阶段点的残余应力云图。在曲线图中，可以明显的发现，每个样品都有应力的峰值，这是因为基底在塑性变形过程中使界面附近发生应力松弛，另一原因是残余应力的非线性相互作用性质不同(温度和淬火)。

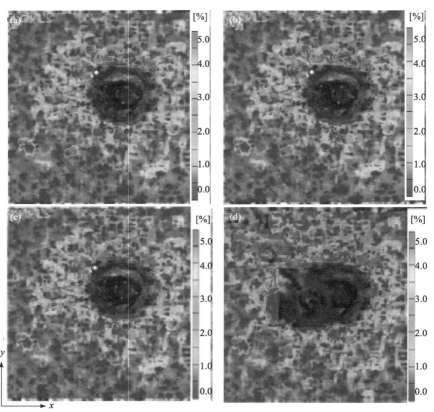

图 9.29　200μm 陶瓷层厚度原始 APS TBCs 残余应力随深度变化云图[41]

(a) 50μm；(b) 100μm；(c) 150μm；(d) 200μm

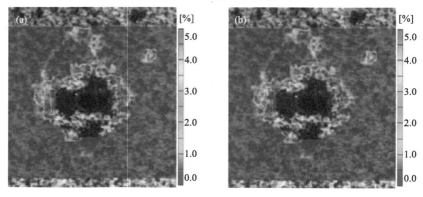

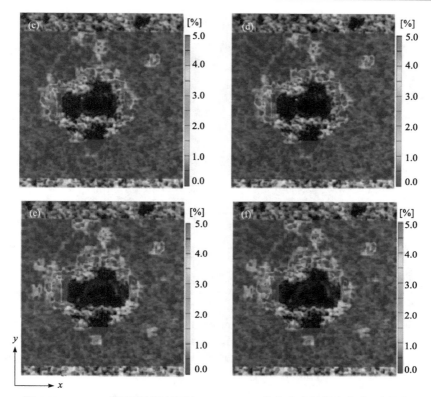

图 9.30 300 μm 陶瓷层厚度原始 APS TBCs 残余应力随深度变化云图[41]

(a) 50μm；(b) 100μm；(c) 150μm；(d) 200μm；(e) 250μm；(f) 300μm

图 9.29(a)、(b)、(c)、(d)分别表示 200 μm 陶瓷层厚度的原始 APS TBCs 样品残余应变结果云图，图中的标注与图 9.32 曲线中的点相对应。图 9.32 分别表示陶瓷层厚度为 200μm、300μm、400μm 时的原始 APS TBCs 样品和热循环样品的钻孔结果曲线，当 $N = 0$ 时，从图中可以直接看到，200μm、300μm、400μm 陶瓷层厚度的热障涂层的残余应力随着陶瓷层厚度的增加，残余应力减少。在同一样品中，残余应力随深度增加呈现先增加后减少的变化趋势，在接近界面趋于缓和，这是材料的物理参数不匹配所导致的。实验结果表明：200 μm、300 μm、400 μm 陶瓷层厚度的原始 APS TBCs 随着深度的增加，每层的残余应力分别从 230.43MPa 增大到 264.58MPa 后减小到 185.69MPa，从 163.58MPa 增大到 211.34MPa 后减小到 161.05MPa，从 150.61MPa 增大到 206.53MPa 后减小到 152.88MPa，其中的测试结果与 Liu 等[46]用曲率法得到的残余应力以及 Mao 等[45]应用新的维氏硬度模型得到的结果在数值和变化趋势上一致，即 200μm、300μm、400μm 陶瓷层厚度的原始 APS TBCs 的残余应力依次减小，这种趋势与 Clyne 等[47]用 XRD 测量不同厚度的 HVOF 金属涂层的残余应力一致。通过 Godoy 等[48]得到的数据以及目前

的调查结果来看，增大涂层的厚度与基底的比值可以有效地减小残余应力。

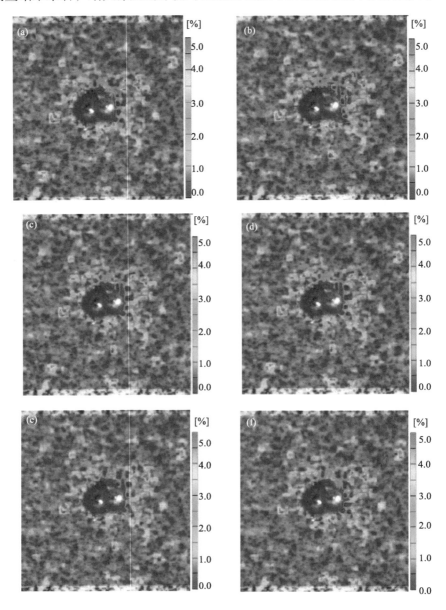

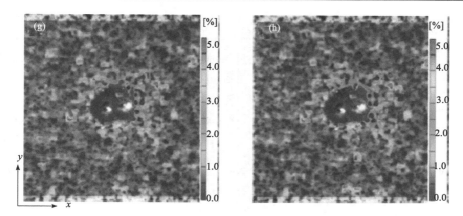

图 9.31　400 μm 陶瓷层厚度原始 APS TBCs 残余应力随深度变化云图[41]
(a) 50μm；(b) 100μm；(c) 150μm；(d) 200μm；(e) 250μm；(f) 300μm；(g) 350μm；(h) 400μm

9.3.3　环芯法表征

环芯法测试的基本原理是在涂层表面加工出一个环形槽，将其中的环芯部分从样品本体中分离出来，残留在环芯中的应力同时被释放出来。这种方法是利用材料的弹性变形即应力释放效果测量涂层内部的应力[49]。近年来，基于数字图像相关法(光学技术)的环芯法测试分析发展起来，利用数字图像相关技术取代应变片，结合环芯法，可以得到材料内平面的残余应力。该方法有时被描述为"半破坏性"。目前，在测量残余应力领域，使用新型的环芯法和数字图像相关法相结合的方法是最新的研究手段。

环形槽通常是通过机械方法进行切割或者通过聚焦离子束技术(FIB)来进行加工。但是，测量深度受到 FIB 的铣削能力(通常为数十微米)的限制，该深度远小于 APS TBCs 中典型的 YSZ 陶瓷层的厚度(250～500μm)。Zhang 等[49]利用皮秒激光器对 APS TBCs 涂层表面进行环形沟槽切割，并结合数字图像相关法对涂层的局部残余应力进行测量。

在对处于等双轴应力状态的 APS TBCs 涂层进行环芯钻孔时，环形沟槽深度为 h 处测得的松弛应变 $\varepsilon(h)$ 与涂层内残余应力满足以下关系[49]：

$$\varepsilon(h) = \int_0^h A(H,h) \cdot \sigma(H,h) \mathrm{d}H \tag{9.52}$$

式中，$\sigma(H,h)$ 为深度 H 处的应力；$A(H,h)$ 为核函数，是用来描述深度 H 处单位应力引起环形沟槽深度为 h 处的表面应变。假设应力满足逐步应力分布，式(9.52)可写为

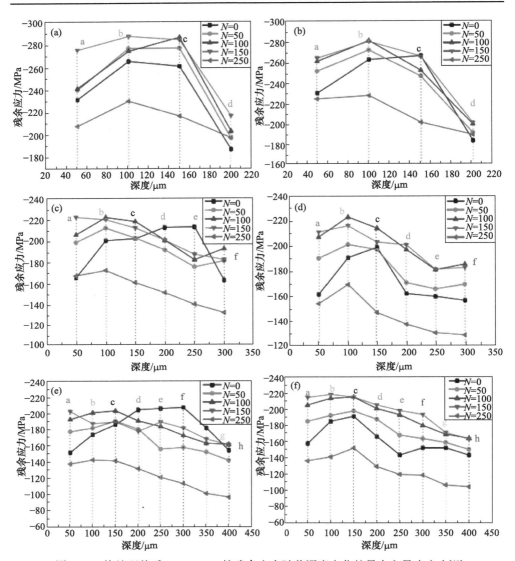

图 9.32　热处理前后 APS TBCs 的残余应力随着深度变化的最大和最小应力[41]
(a)(b) 200μm；(c)(d) 300μm；(e)(f) 400μm，这里的 N 表示不同的热循环次数

$$\boldsymbol{\varepsilon} = \begin{bmatrix} \varepsilon_1 \\ \vdots \\ \varepsilon_n \end{bmatrix} = A\boldsymbol{\sigma} = \begin{bmatrix} a_{11} & \cdots & 0 \\ \vdots & \ddots & \vdots \\ a_{n1} & \cdots & a_{nn} \end{bmatrix} \begin{bmatrix} \sigma_1 \\ \vdots \\ \sigma_n \end{bmatrix} \tag{9.53}$$

式中，A(系数矩阵)是式(9.52)中核函数 $A(H, h)$ 的离散形式。从式(9.53)可以看出，想要通过表面松弛应变来获得应力分布，需要先确定系数矩阵。

通常采用有限元建模的方法来获得系数矩阵[50]。热障涂层的陶瓷层通常具有多孔多缺陷的微观结构特征，而且涂层和基底的界面具有一定的粗糙度，这两个因素都会影响系数矩阵中元素的大小。因此，采用微 CT 的方式对 TBCs 横截面的局部微观结构进行表征，并以此为依据建立图像有限元模型来准确得到系数矩阵。

本节中提及的热障涂层[49]样品尺寸为 50mm×25mm×5.5mm，基底为 Hastelloy X 高温合金，黏结层为 NiCOCrAlY 成分，通过高速空气燃料热喷涂技术(HVAF)制备，厚度为 150μm。陶瓷层由 APS 方法制备，成分为 8YSZ，厚度为 250μm。将制备后的 APS TBCs 样品放置于 1150℃高温炉中等温热处理 190h。为了将样品放置到激光微加工机中，将热处理过的样品切成小块(5mm × 5mm)，基底减薄至 2mm。图 9.33 给出了渐进式加工直径为 500μm 环形沟槽时表面应变松弛的演变行为。从位移场的分布可以看出，陶瓷层的表面位移与涂层内的压应力保持一致。位移场呈现出轴对称分布，表面涂层内的残余应力近似为等双轴残余应力。

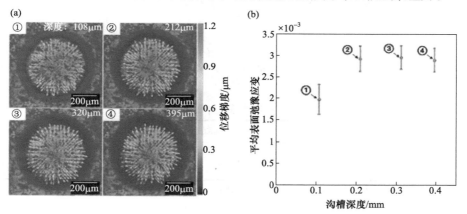

图 9.33 在 1150℃热处理 190 h 后对 APS TBCs 样品进行环芯钻孔与 DIC 相结合得到的位移和应变结果[49]

(a) 通过 DIC 对不同深度的沟槽进行测量得到的表面位移图；(b) 平均表面弛豫应变(径向)随沟槽深度的变化关系

图 9.34(a)和(b)的比较可以看出，通过激光的方式在 8YSZ 涂层表面切槽，不会对涂层产生明显的损伤。采用微 CT 的方式对 TBCs 横截面的局部微观结构进行表征后，对得到的局部微观结构显微照片进行灰度阈值分割处理，并以此为依据建立二维轴对称的图像有限元模型(图 9.34(c))。基于图像有限元划分的网格特性良好：网格包含约 110000 个三节点轴对称元素(CAX3)，通过对网格进行网格敏感性分析，确认该网格数量足够精细并能保证计算的收敛性。

在有限元计算过程中，陶瓷层的杨氏模量和热膨胀系数的值如表 9.5 所示。根据相关文献的报道[51-55]，陶瓷层杨氏模量的取值范围比较宽泛(2~190GPa)，在选择陶瓷层杨氏模量的值时需要特别小心谨慎。上述文献[51-55]中报道的杨氏模量最高值来源于压痕测试的结果，压痕得到的是涂层局部微区中的杨氏模量。因此，我们需要许多个代表 100μm 尺度上涂层微结构的杨氏模量典型值。梁弯曲测试通常用来测量样品的总体杨氏模量，文献报道梁弯曲测试 TBCs 陶瓷层的杨氏模量值在 2～30GPa 范围内[51-53]。因此，本节中使用的杨氏模量值在室温下为 17.5GPa，在 900℃下为 12.4GPa[56]。

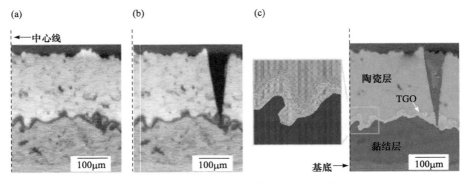

图 9.34　柱子中心线截面的微 CT 显微照片

(a) 切槽前；(b) 涂层表面切环形槽后；(c) 样品横截面不同区域的分割图像，插入图为从显微照片生成的有限元网格[49]

表 9.5　有限元模型中的材料参数

T/℃	YSZ 陶瓷层		TCO		黏结层				基底	
	E/GPa	$\alpha \times$ 10^{-6}/℃$^{-1}$	E/GPa	$\alpha \times$ 10^{-6}/℃$^{-1}$	E/GPa	$\alpha \times$ 10^{-6}/℃$^{-1}$	应力 /MPa	塑性 应变	E/GPa	$\alpha \times$ 10^{-6}/℃$^{-1}$
25	17.5	9.68	380	5.1	183		1000	0	211	12.6
100						10.34				
200		9.7				11.3			201	13.6
400					152	12.5	2500	0.23	188	
600			353				2200	0.3	173	14.0
700		9.88								
800			338		109	14.2	375	0.022	157	15.4
900	12.4					16.0	60	0.02		
1000		10.34	312	9.8			19	0.01	139	16.3

式(9.53)中的系数矩阵 A 由文献中提及的方法得到[57]。陶瓷层被均匀的分成 9 层，其中的第 i 层由于被切沟槽而去除(如图 9.34(c)中的粉色部分)。将校准压力施加在剩下的陶瓷层的各层，在第 j 层($j < i$)，压力引起的表面应变会被记录下来。开发 Python 脚本来递归去除该层，施加校准压力并记录由校准压力引起的表面应

变。通过这种方式，系数矩阵将会被重构出来。根据式(9.53)，系数矩阵和应变确定后，即可得到残余应力。通过图 9.33 中得到的位移和应变随沟槽深度的变化关系，我们可以得到陶瓷层的平均残余应力为 (-94 ± 8)MPa。残余应力随着沟槽深度(即到涂层表面距离)的演变关系如图 9.35 所示，结果表明，涂层内的残余应力存在明显的应力梯度。环芯法得到的涂层残余应力分布的结果与同步辐射 X 射线衍射得到的结果吻合很好[58]。值得指出的是，同步辐射 X 射线衍射测得的残余应力是在 X 射线路径上的平均应力值，而环芯法得到的残余应力是探测区域的局部残余应力值。

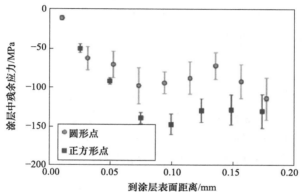

图 9.35　涂层中残余应力随着沟槽深度的变化

红色圆点为环芯法得到的残余应力，蓝色正方形为同步辐射 X 射线衍射得到的残余应力。环芯法测得结果中的误差棒是根据蒙特卡罗误差传播方法得到应变的不确定性得到的[49]

考虑到残余应力是涂层制备过程中从高温冷却到室温而产生的，将环芯法测得的松弛应变和应力与弹性热失配应力的理论预测结果进行了对比(图 9.36(a))。可以看出，残余应力是从无应力温度(970℃)冷却产生的，该温度略低于保温温度 (1150℃)。图 9.36(b)给出了残余应力的计算结果和环芯法实验结果随着沟槽深度的演变关系的对比图。结果均表明，涂层中面内残余应力仅在涂层表面以下

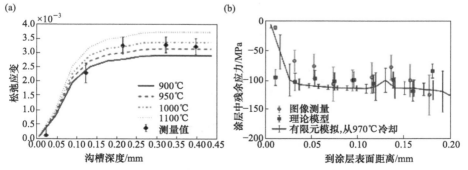

图 9.36　基于图像的有限元方法得到的 APS TBCs 中的残余应力演化与环芯法得到的结果进行验证

(a) 应变随沟槽深度的变化关系；(b) 有限元法预测的热失配残余应力曲线与环芯法确定的热失配残余应力曲线的对比[49]

约 50μm 处变得明显。这可以通过涂层表面粗糙度来解释，如图 9.34(a)所示，微 CT 得到该横截面涂层的表面粗糙度约为 45μm(波峰与波谷之间的距离)。

9.4　热障涂层残余应力的无损表征

9.4.1　X 射线衍射法表征

当一束具有一定波长的 X 射线照射到多晶体上时，会在一定的角度 2θ 上接受到反射的 X 射线衍射现象。X 射线的波长 λ，衍射晶面间距 d 和衍射角 2θ 之间遵从著名的布拉格定律[59]：

$$2d\sin\theta = n\lambda \quad (n = 1, 2, 3, \cdots) \tag{9.54}$$

在已知 X 射线波长为 λ 的条件下，布拉格定律把宏观上可以测量的衍射角 2θ 与微观晶面间距 d 建立起确定的关系。当材料中有应力 σ 存在时，其晶面间距 d 必然随晶面与应力 σ 相对取向的不同而有所变化，按照布拉格定律，衍射角 2θ 也会相应改变。因此我们有可能通过测量衍射角 2θ 随晶面取向不同而发生的变化来求得应力 σ。

X 射线的穿透深度约为 10μm，所以我们可以近似地认为用 XRD 测试的材料表面应力为二维应力状态，即法线方向的应力 $\sigma_3 = 0$。如图 9.37 所示，设平板试样的纵向和横向为其平面内残余应力的两个主方向，ϕ 和 ψ 为空间任意方向 OP 的两个方位角，σ_ϕ 为涂层内待测方向(OA)的残余应力，$\varepsilon_{\phi\psi}$ 为沿 OP 方向(OP 方向位于待测应力方向 OA 与涂层表面法线组成的垂直平面内)的正应变，σ_1 和 σ_2 分别为 x 及 y 方向的主应力。根据弹性力学原理：

$$\varepsilon_{\phi\psi} = \alpha_1^2\varepsilon_1 + \alpha_2^2\varepsilon_2 + \alpha_3^2\varepsilon_3 \tag{9.55}$$

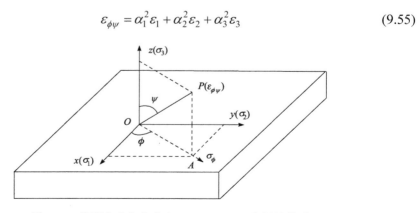

图 9.37　待测应力和主应力(σ_1、σ_2、σ_3)之间的关系

式(9.55)中 ε_1、ε_2、ε_3 为主应变，α_1、α_2、α_3 为 OP 相对于主应变方向的方向余弦，它们分别为

$$\begin{cases} \alpha_1 = \sin\psi\cos\phi \\ \alpha_2 = \sin\psi\sin\phi \\ \alpha_3 = \cos\psi = \sqrt{1-\sin^2\psi} \end{cases} \tag{9.56}$$

则有

$$\varepsilon_{\psi\phi} = (\sin\psi\cos\phi)^2\varepsilon_1 + (\sin\psi\sin\phi)^2\varepsilon_2 + (1-\sin^2\psi)\varepsilon_3 \tag{9.57}$$

根据热障涂层陶瓷层的线弹性本构关系

$$\begin{cases} \varepsilon_1 = \dfrac{1}{E}[\sigma_1 - \nu(\sigma_2 + \sigma_3)] \\ \varepsilon_2 = \dfrac{1}{E}[\sigma_2 - \nu(\sigma_1 + \sigma_3)] \\ \varepsilon_3 = \dfrac{1}{E}[\sigma_3 - \nu(\sigma_1 + \sigma_2)] \end{cases} \tag{9.58}$$

E 和 ν 分别为热障涂层陶瓷层的弹性模量和泊松比。将方程(9.58)代入式(9.57)，且 $\sigma_3 = 0$，可得

$$\varepsilon_{\psi\phi} = \frac{1+\nu}{E}(\sigma_1\cos^2\phi + \sigma_2\sin^2\phi)\sin^2\psi - \frac{\nu}{E}(\sigma_1 + \sigma_2) \tag{9.59}$$

沿着 OP 方向的应力 $\sigma_{\phi\psi}$ 与主应力 σ_1、σ_2、σ_3 之间的关系为

$$\sigma_{\phi\psi} = (\sin\psi\cos\phi)^2\sigma_1 + (\sin\psi\sin\phi)^2\sigma_2 + (1-\sin^2\psi)\sigma_3 \tag{9.60}$$

考虑 $\sigma_3 = 0$，且当 $\psi = 90°$，则有

$$\sigma_{\phi\psi} = \sigma_\phi = \sigma_1\cos^2\phi + \sigma_2\sin^2\phi \tag{9.61}$$

把式(9.61)代入式(9.59)，则有

$$\varepsilon_{\psi\phi} = \frac{1+\nu}{E}\sigma_\phi\sin^2\psi - \frac{\nu}{E}(\sigma_1 + \sigma_2) \tag{9.62}$$

式(9.62)表示的是试样表面特定方向上的应力测定的基本关系，它表明在 OP 方向上的应变量是由 OA 方向上的应力 σ_ϕ 与平面内主应力 $(\sigma_1 + \sigma_2)$ 两个部分组成的；当改变衍射晶面法线方向与试样表面法线之间的夹角 ψ 时，主应力 $(\sigma_1 + \sigma_2)$ 对 σ_ϕ

的贡献是恒定不变的。应变量只与$\sin^2\psi$呈线性关系。为此，对式(9.62)求偏导，有

$$\frac{\partial \varepsilon_{\phi\psi}}{\partial \sin^2\psi} = \frac{1+\nu}{E}\sigma_\phi \tag{9.63}$$

则

$$\sigma_\phi = \frac{E}{1+\nu}\frac{\partial \varepsilon_{\phi\psi}}{\partial \sin^2\psi} \tag{9.64}$$

根据布拉格关系，应变量还可以用衍射晶面间距的相对变化来表示，且与衍射峰位移联系起来，即

$$\varepsilon_{\phi\psi} = \frac{\Delta d}{d} = \frac{d_\psi - d_0}{d_0} = -\frac{\cot\theta_\psi}{2}\Delta 2\theta_\psi \tag{9.65}$$

因为$\theta_\psi \approx \theta_0$，所以

$$\varepsilon_{\phi\psi} = -\frac{\cot\theta_0}{2}(2\theta_\psi - 2\theta_0) \tag{9.66}$$

其中，θ_0为无应力状态下衍射峰位的布拉格角；θ_ψ为有应力状态下衍射峰位的布拉格角。将式(9.66)代入式(9.64)，并且2θ以度作为计算单位时，则有

$$\sigma_\phi = -\frac{E}{2(1+\nu)}\cot\theta_0\frac{\pi}{180}\left(\frac{\partial 2\theta}{\partial \sin^2\psi}\right) \tag{9.67}$$

这就是我们通常所说的基于 X 射线衍射的$\sin^2\psi$法[59]，$-\dfrac{E}{2(1+\nu)}\cot\theta_0\dfrac{\pi}{180}$定义为$\sin^2\psi$法的应力常数，我们可以看到这个应力常数与热障涂层陶瓷层的弹性模量和泊松比相关。测量残余应力时采用结构测角仪或带有应力附件的 X 射线衍射仪，用一定波长的 X 射线先后从几个不同的ψ角入射，扫描试样特定晶面，如图 9.38 所示，并分别测取各自的$2\theta_\psi$角。因每次反射都是由与试样表面呈不同取向的同种(hkl)所产生的，$2\theta_\psi$的变化反映了与试样表面处于不同方位上的同种(hkl)晶面间距的改变。为了获得$2\theta_\psi - \sin^2\psi$的关系图，通常情况下取$\psi$分别为$0°,15°,30°,45°$四点进行测量，然后用洛伦兹法或高斯法拟合定峰，从而得到斜率$\partial 2\theta / \partial \sin^2\psi$，$2\theta_0$取$\psi = 0$时的$2\theta$值。只要知道应力常数，由式(9.65)就可以测量出试样中的残余应力。

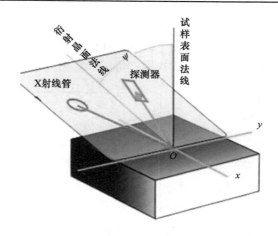

图 9.38　X 射线衍射示意图

　　根据上述介绍的 X 射线测量残余应力的原理，采用四点法测试热循环之后热障涂层表面陶瓷层的残余应力。为减小测量误差，选择扫描晶面时，一般选择高角度的衍射峰[60]。8YSZ 热障涂层陶瓷层的 X 射线衍射图谱如图 9.39 所示，从图中可以看出(312)晶面的衍射峰为单峰且衍射角大于 90°，因此选择(312)作为 X 射线的扫描晶面。其中，X 射线衍射仪的型号为 D-max2500X，入射角的四个角度为 $\psi = 0°, 15°, 30°, 45°$，扫描速度为 0.2°/min，阶梯扫描步进角为 0.02°，扫描范围为 93.5°～96.5°。X 射线管电压 40kV，管电流 250mA。

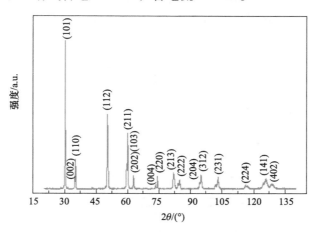

图 9.39　8YSZ 热障涂层陶瓷层的 X 射线衍射图谱

　　图 9.40 表示在不同入射角 $\psi = 0°, 15°, 30°, 45°$ 的条件下，经历不同热循环次数的 8YSZ 热障涂层表面(312)晶面的衍射峰图谱。运用高斯法拟合的方法，可以得出各个峰的 2θ 值；再用最小二乘法进行线性拟合，就可以得到 $\partial 2\theta / \partial \sin^2 \psi$ 的值，

如表 9.6 所示。将表中的结果代入到式(9.67)，再结合弹性模量的结果。假设 8YSZ 材料的泊松比不随热循环的变化而发生改变，且有 $\nu=0.1$[45]。假设热障涂层陶瓷层表面残余应力为等轴的二维应力，这样就可以计算出残余应力 σ_ϕ。

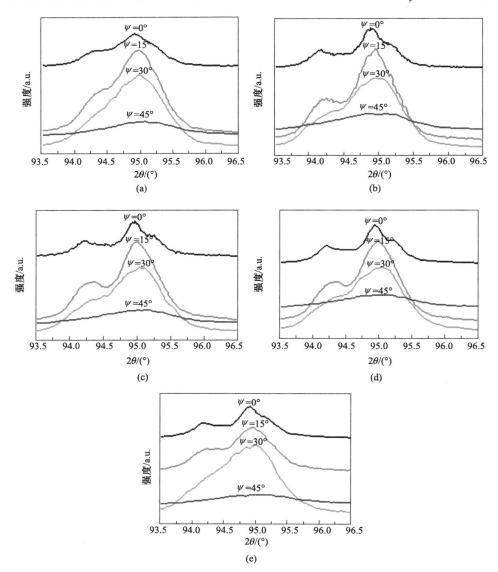

图 9.40　在不同入射角 $\psi=0°,15°,30°,45°$ 的条件下，8YSZ 热障涂层陶瓷层(312)晶面的衍射峰[60]
(a) 原始样品；(b) 经历 50 次热循环；(c) 经历 100 次热循环；(d) 经历 180 次热循环；(e) 经历 250 次热循环

表 9.6　不同热循环次数下，8YSZ 热障涂层陶瓷层表面 X 射线衍射实验结果[60]

	ψ	0°	15°	30°	45°	$\dfrac{\partial 2\theta}{\partial \sin^2 \psi}$
	$\sin^2 \psi$	0	0.067	0.250	0.500	
$2\theta_\psi$	0 次	94.886°	94.933°	94.978°	95.022°	0.225
	50 次	94.893°	94.909°	94.986°	95.026°	0.247
	100 次	94.916°	94.951°	95.011°	95.063°	0.256
	180 次	94.873°	94.901°	94.960°	95.046°	0.342
	250 次	94.951°	94.975°	94.997°	95.034°	0.156

　　图 9.41 表示 8YSZ 热障涂层陶瓷层表面残余应力随热循环次数变化的关系。假设在热循环过程中，陶瓷层表面的杨氏模量不变且取 $E = 50\text{GPa}$，计算出的残余应力先从 –82MPa 增加到 –124MPa，然后再减少至 –57MPa，这一结果在图中以实心圆点为标记；在实际的应用过程中，杨氏模量是随热循环次数的变化而变化的，如表 9.7 所示，将这一结果代入到式 (9.67)，得到残余应力随热循环变化的关系为：先从 –82MPa 增加到 –212MPa，然后再减少至 –72MPa，这一结果在图中以实心方块为标记。实验结果表明，在经历热循环之后，热障涂层陶瓷层内的残余应力为压应力，且在 180 次热循环之前，残余应力随着热循环次数的增加而增加。残余应力在数值上和变化趋势上与 Teixeira、Hamacha 和 Jordan 等[61-63]用 XRD 测试的结果比较一致。残余应力值的增加主要是由于陶瓷层和金属基底热膨胀系数的不匹配，从而导致热循环之后残余应力的积累。除此之外，在热循环过程中，热障涂层的弹/塑性变形、高温蠕变、界面氧化、烧结等也会对残余应力的变化产生影响[64]。在接下来的热循环过程中，残余应力值开始减小。通过对这些样品表

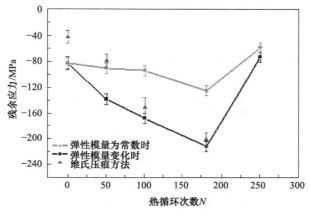

图 9.41　8YSZ 热障涂层陶瓷层表面残余应力随热循环次数变化的关系[60]

面进行了 SEM 观察，发现在涂层表面出现了许多的微裂纹，正是因为这些微裂纹的产生造成了残余应力的释放[63;64]。比较图 9.41 中的两个结果可以看出，在考虑杨氏模量变化的前提下，得到的残余应力值要比不考虑其变化得到的结果大，且两者相差最大值达到 90MPa。所以在用 X 射线测试热障涂层残余应力时，为了获得更加准确的结果，必须考虑杨氏模量的变化。将 Vickers 压痕法测得的热障涂层表面残余应力与 XRD 的测试结果进行比较，在图 9.41 中以三角形标记表示，其结果在数值上和变化趋势上与 XRD 的测试结果比较一致，这也说明了 Vickers 压痕法对于测试涂层表面残余应力也是有效的。

表 9.7　热障涂层陶瓷层表面的杨氏模量[60]

热循环次数/次	杨氏模量 E/GPa			Weibull 参数	
	最大值	最小值	平均值	m	E_0
0	52.94	38.12	47.99	13.52	49.81
30	82.06	46.39	62.03	8.12	65.76
50	95.53	57.27	73.15	8.69	77.29
100	107.87	45.72	80.28	5.01	89.93
150	111.89	62.68	88.29	9.08	93.29
180	102.64	51.56	78.42	6.33	84.58

9.4.2　拉曼光谱法表征

印度物理学家拉曼于 1928 年研究苯的光散射时发现，在散射光中除了与入射光频率相同的瑞利散射光之外，还有与入射光频率不同(频率增加或减少)且强度极弱的谱线。频率减少的谱线称为斯托克斯(Stokes)线，频率增加的谱线称为反斯托克斯(anti-Stokes)线，这种现象就称之为拉曼散射效应[65]，如图 9.42 所示。

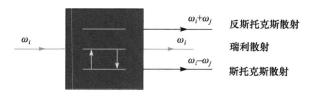

图 9.42　拉曼散射过程示意图

根据拉曼散射效应，当一单色光束入射物体时，光子与物质分子会发生相互碰撞，并引起光的散射，其中非弹性散射的光束经分光后形成拉曼谱。拉曼散射光谱与物体分子的振动强弱有关，并且只有当分子的振动伴有极化率变化时才能与激发光相互作用，产生拉曼散射。如果物体内部存在应力时，某些对应力敏感的特征谱会发生移动或变形。拉曼峰频移的改变可简单地说明如下：当物体受压应力作用时，分子的键长通常要缩短。依据力常数和键长的关系，力常数就要增加，从而振动频率增加，谱带向高频方向移动。相反地，当固体受拉应力作用时，谱带则向低频方向移动，如图 9.43 所示。

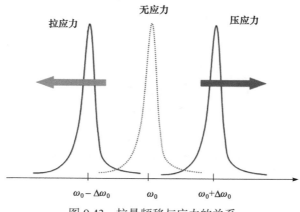

图 9.43　拉曼频移与应力的关系

对于 8YSZ 材料，其 640cm^{-1} 附近的拉曼特征峰的偏移量与所受应力成正比，我们假设陶瓷层内的应力为等轴的平面应力，残余应力和拉曼频移之间的关系可以写为

$$\sigma_{xx} = \sigma_{yy} = \Delta\omega / (2\Pi_u) \tag{9.68}$$

其中，$\Delta\omega$ 为拉曼频移(单位 cm^{-1})，Π_u 是压电光谱系数(piezo-spectroscopic coefficient，PSC)，$\Pi_u = 25$cm^{-1}/GPa，通过拉曼光谱仪就能测试出热障涂层陶瓷层的拉曼频移，即可计算出其残余应力。

根据陶瓷粉末颗粒激光拉曼峰位 ω_0 为 635.56cm^{-1}，图 9.44(a)、(b)、(c)分别表示陶瓷层厚度为 200μm、300μm 和 400μm 的大气等离子喷涂热障涂层试样微拉曼频移图，依据式(9.68)可计算出热障涂层试样表面的残余应力。陶瓷层厚度为 200μm、300μm 和 400μm 的大气等离子喷涂热障涂层材料的残余应力如表 9.8 所示。结果表明：随着陶瓷层厚度的增加，陶瓷层表面的残余应力逐渐减小。采用大气等离子喷涂工艺制备热障涂层，率先沉积在基底上的陶瓷颗粒粉末与基底金属直接接触，热膨胀系数引起的热失配效应比较明显。随着喷涂厚度的不断增加，后续喷涂的陶瓷粉末直接沉积在喷涂后的陶瓷层上，在这种情形下，由基底材料热膨胀系数引起的热失配效应逐渐减弱。将拉曼光谱法测试的残余应力和 XRD 法的测试结果进行比较，两种方法测试的结果基本一致，数据比较可靠[41]。此外，从表 9.8 中可以看出随着陶瓷层厚度的增加，材料表面的残余应力逐渐减小，这是由于涂层越厚，每层之间匹配的程度越好，残余应力随之减小。通过 XRD

法得到的对应厚度的样品表面的残余应力分别为 60MPa、44MPa，通过拉曼光谱得到对应厚度的残余应力分别为 79MPa、64MPa、33MPa。采用 XRD 法与微拉曼光谱法得到的原始样品涂层表面 10μm 以内的残余应力测试结果基本一致。

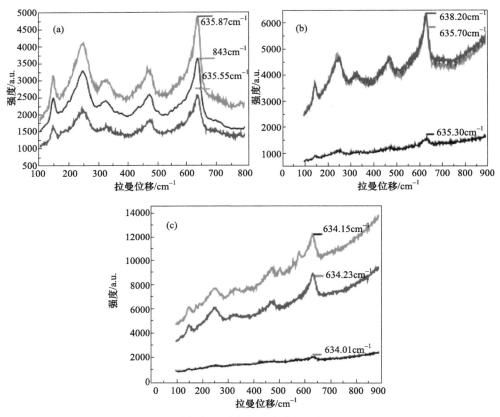

图 9.44　不同陶瓷层厚度的热障涂层试样拉曼频移图
(a) 200 μm；(b) 300 μm；(c) 400 μm[41]

表 9.8　不同厚度陶瓷层热障涂层试样表面残余应力[41]

	200μm	300μm	400μm
$\Delta\omega$/cm^{-1}	3.74 ± 0.2	2.93 ± 0.2	2.19 ± 0.2
	5.29 ± 0.2	2.93 ± 0.2	2.19 ± 0.2
	2.93 ± 0.2	3.74 ± 0.2	0.64 ± 0.2
σ_{xx}/MPa	74.8 ± 4	58.60 ± 4	43.80 ± 4
	105.8 ± 4	58.60 ± 4	43.80 ± 4
$\bar{\sigma}_{xx}$ / MPa	58.60 ± 4	74.80 ± 4	12.80 ± 4
	79.73 ± 4	64.00 ± 4	33.47 ± 4

9.4.3　TGO 层内残余应力的 PLPS 法表征

表征 TGO 层内残余应力较为成熟的方法是光激发荧光压电光谱(photolumine-scence piezospectroscopy, PLPS)法，PLPS 法是拉曼光谱方法的一种。材料的某些特征拉曼峰或荧光峰的频率特征对材料的应变(应力)比较敏感，并且两者之间存在相对应的关系，而且一般是线性的。根据这一特点，拉曼光谱法可以很方便地测量出材料内部的残余应力。近 10 多年来拉曼光谱方法已经发展成了材料微观力学检测的一个重要研究领域。PLPS 法主要是根据 TGO 层中 Cr^{3+} 在透过陶瓷层的激光源照射下所发射出的荧光光谱特征峰的偏移来确定 TGO 层中的残余应力。

热障涂层发生界面氧化时，最主要的氧化产物是过渡层中的 Al 和 O 发生反应生成 $\alpha\text{-}Al_2O_3$，在氧化层内、黏结层和基底中 Cr^{3+} 常以杂质的形式扩散存在于 Al_2O_3 中，同时由于 Cr^{3+} 和 Al^{3+} 的半径非常相似而形成了固溶体，使得 TGO 中将含有 Cr^{3+}。通过测量 Cr^{3+} 引起的荧光谱线频率的偏移量就可以知道 Al_2O_3 所受的应力。采用 PLPS 法测量样品 TGO 层内残余应力的基本原理如图 9.45 所示，可以看出 PLPS 法在测量样品 TGO 应力时完全不会破坏涂层的结构。YSZ 的光谱禁带宽度是 12eV，远高于 Ar^+ 激光源（514nm，2.41eV）和 PLPS 的特征 Cr^{3+} 荧光（693nm，1.78eV）的能量，除了陶瓷层内部的孔洞等缺陷以及晶界面对激光散射外，陶瓷层对照射的 Ar^+ 激光和激发出的荧光是部分透明的[66]。因此，选择合适的激光照射 YSZ 涂层表面，就可以检测到被激发的 Cr^{3+} 特征荧光，它是由黏结层

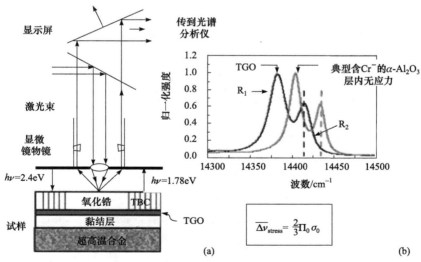

图 9.45　(a) 光激发荧光压电光谱法原理示意图; (b) 典型含 Cr^+ 的 $\alpha\text{-}Al_2O_3$ 层内无应力和有应力 R_1/R_2 荧光光谱图[67]

高温氧化所形成的 TGO 在激光激励下产生的荧光，它是双线光谱，双峰分别被称为 R_1 峰和 R_2 峰，主要谱线在 $14300 \sim 14500 \mathrm{cm}^{-1}$ 处，与 TGO 层应力水平有关，其中，R_2 峰波数的偏移与 TGO 内残余应力存在比较好的线性关系：

$$\Delta v = \frac{1}{3} \Pi_{ii} \sigma_{jj} \tag{9.69}$$

式中，v 为指 R_2 荧光峰频率位移，单位为 cm^{-1}；Π_{ii} 为 $\alpha\text{-}Al_2O_3$ 的应力系数，单位为 $\mathrm{cm}^{-1}/\mathrm{GPa}$；$\sigma_{jj}$ 为参考标准某方向上的应力，单位为 GPa。假定 TGO 是各向同性的，频率偏移可以用下式表示：

$$\Delta v = \frac{1}{3} \left(\Pi_{11} + \Pi_{22} + \Pi_{33} \right) \left(\sigma_{11} + \sigma_{22} + \sigma_{33} \right) \tag{9.70}$$

设涂层为平面应力状态，且假定 $\sigma_{xx} = \sigma_{yy} = \sigma$；$\sigma_{zz} = 0$。则

$$\Delta v_{\mathrm{stress}} = \frac{2}{3} \Pi_{ij} \sigma \tag{9.71}$$

通过测试可以得到 R_2 峰波数的精确位置，从而求得涂层中的应力，其中，$\Delta v_{\mathrm{stress}}$ 指 R_2 峰波数的偏移量，$\sigma = \sigma_{xx} = \sigma_{yy}$ 为 $\alpha\text{-}Al_2O_3$ 层的残余应力，应力系数 Π_{ij} 的值为 $7.61 \mathrm{cm}^{-1}/\mathrm{GPa}$[68]。无应力时，荧光光谱为 R_1 和 R_2 的波数分别为 $14402 \mathrm{cm}^{-1}$ 和 $14432 \mathrm{cm}^{-1}$，特征峰值右移(波数增大)时，残余应力为压应力；左移时，残余应力为拉应力。

　　图 9.46 给出了经历了 1 次、10 次、100 次热循环后实验样品的拉曼频移图，可以看出，随着热循环次数的增加，由 Cr^{3+} 产生的荧光，两个特征峰所对应的波数都位于无应力状态的波数 $14432 \mathrm{cm}^{-1}$ 的左侧，说明此时 TGO 层内的残余应力为压应力。随着循环次数的增加，10 次循环样品峰波数位置明显继续左偏，说明从 1 次循环到 10 次循环的过程中，随着热循环次数的增加，TGO 层内的残余应力会持续增大。但在 100 次循环测得的 R_2 峰位置向右偏移，涂层应力状态发生变化，残余应力减小。

　　根据 R_2 峰与 TGO 层内残余应力呈正比关系，我们对每个样品选用 5 个不同的位置进行了测量，得到 TGO 层中平面等双轴残余应力的平均值和偏差。图 9.47 给出了样品中 TGO 层内残余应力随热循环次数的演变关系：样品的应力演变过程可以分为四个阶段：①快速增加、平稳增加、急剧下降以及缓慢下降，如图 9.47 所示，热障涂层在经历一个循环的高温氧化后(氧化时间约为 50min)，TGO 层内残余应力为 2.35GPa，并在接下来的 10 次循环氧化后快速增加到 2.65GPa；②随后应力增加速度变慢，在 20 次循环处应力达到最大值，约为 2.8GPa，此时，TGO 层内的残余应力出现了一个下降的拐点；③随后的循环氧化(20～50 个周期)使得 TGO 层内的残余应力急剧减小到 0.6GPa。④在之后的循环中，应力开始缓慢下

降，在 260 次循环时应力已接近为零。

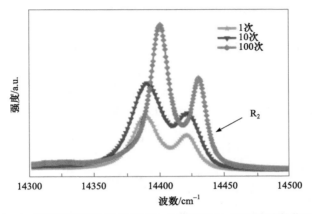

图 9.46　不同热循环次数下 PLPS 法测得的 R_2 荧光峰波数位置[67]

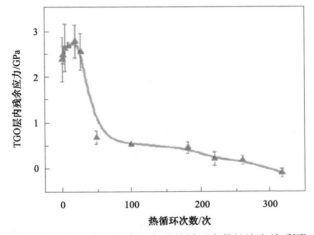

图 9.47　TGO 层内残余应力随热循环次数的演变关系[67]

　　图 9.48 是热障涂层试样在 1150℃的环境下，热循环 1 次、24 次、28 次、50 次、180 次、260 次后的扫描电镜照片。可以看出，通过物理气相沉积法制备的热障涂层，其陶瓷层呈现柱状晶结构，随着氧化的进行，陶瓷层中的晶界处也形成了黑色的产物，说明高温氧化也会在陶瓷层中进行。在图中我们还可以看到，热障涂层在氧化前陶瓷层、中间过渡层及基底之间存在清晰的分界面。氧化 1 次循环后，在陶瓷层与中间过渡层之间生成了连续的 TGO，其厚度大约为 1μm，能谱分析表明，TGO 基本由 Al_2O_3 组成。这是因为 Al 氧化能力比较强，容易发生 Al 的选择性氧化。一般来说，这种氧化膜非常致密，能降低热障涂层的氧化速率，而且 Al_2O_3 在高温下非常的稳定，能阻止黏结层氧化的进一步进行。经历 24 次循

环后，TGO 的厚度大约为 4μm 且沿界面连续分布，此时在黏结层中分布有一些灰色的氧化物颗粒。28 次循环时，TGO 内开始有裂纹产生，经历 50 次循环后，TGO 的厚度达到 5.6μm，但同时 TGO 变得疏松，并有裂纹生成。这说明随着 TGO 厚度的增长，热障涂层将发生界面损伤，并随着 TGO 的进一步增长而逐步扩大，直到涂层发生剥落失效，该现象与文献中的研究结果一致[69]，进一步证实了 TGO 的生长是导致热障涂层失效的关键因素。在经历 180 次、260 次循环后 TGO 层中出现了明显的裂纹，此时 TGO 的厚度约为 8μm。

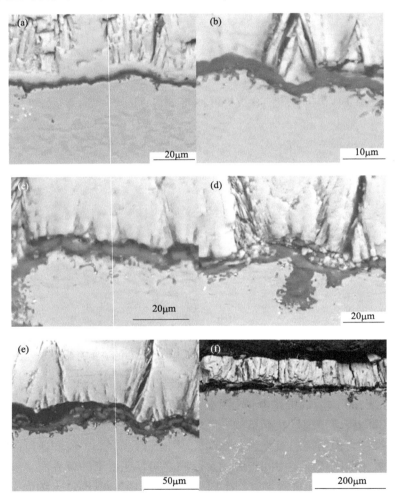

图 9.48　物理气相沉积制备的热障涂层试样的高温氧化不同循环次数后的微观结构
(a) 1 次；(b) 24 次；(c) 28 次；(d) 50 次；(e) 180 次；(f) 260 次[67]

由 PLPS 对 TGO 层残余应力进行测量的结果说明热障涂层循环氧化到某一阶

段后(28 次热循环以后)会伴随着有应力的释放。我们知道，当有裂纹形成或扩展时，材料中的应力会释放。因此，从 TGO 层内残余应力的减小可以推测是涂层内有裂纹的形成或是扩展，而其应力出现的拐点则可能是裂纹形成的初始时刻。为了分析热障涂层应力演变与界面失效之间的关联，我们将 TGO 内残余应力的演变与界面微观结构的演化情况进行了分析。由图 9.47 和图 9.48 可知，热障涂层样品在经历 1 次热循环后形成了一层完整、致密的 TGO，看不到明显的缺陷。经历 24 次热循环后，TGO 厚度有较大程度的增加，但 TGO 层依然没有看到明显的裂纹以及其他缺陷。在这个阶段，TGO 内的残余应力随着厚度的增加而明显增加。当 TGO 中的残余应力积聚到一定程度，大于自身的断裂强度或者界面结合强度时，裂纹将会形成。由此可以推测，TGO 残余应力在之后的循环中急剧下降是裂纹的形成与扩展所致。这一推测可以通过热障涂层微观结构证明：经历 50 次热循环后，TGO 形貌发生明显的变化，TGO 发生了碎裂，在氧化层中间产生了平行界面的裂纹，而且陶瓷层和 TGO 层之间也存在界面裂纹，同时在 TGO 层发现有长入黏结层内的嵌入式氧化物。样品的应力急剧下降到 0.6GPa，说明裂纹的形成及 TGO 的碎裂使得 TGO 层内的残余应力大幅度的下降。在 180 次热循环后的样品表面，不仅有陶瓷层剥离，而且 SEM 照片显示，在陶瓷层和氧化层之间存在有较大的界面裂纹，甚至发生界面开裂。260 次热循环后的样品，陶瓷层发生大面积的剥落，SEM 照片显示 TGO 内 Al_2O_3 单独成块或者由于打磨抛光过程而掉落，陶瓷层与黏结层之间有明显的间隙，此时残余应力下降到零，说明整个 TGO 层处于自由无约束状态。这一结论说明，我们可以根据 TGO 层内残余应力的演变情况来判断裂纹的萌生时间，这一时间对应 TGO 层内残余应力演变曲线中最大值急剧下降的拐点处所对应的循环次数；同时可以判断裂纹扩展直至剥落的时间，对应于 TGO 层残余应力衰减到零时所经历的循环次数，如图 9.47 所示。因此，可以根据这两个时间来估算热障涂层的服役寿命，为其应用与优化提供指导。

PLPS 法检测热障涂层 TGO 层残余应力，激光束需要穿透陶瓷层并激发 TGO 层中的 Cr^{3+} 产生荧光信号。由于陶瓷层制备原理的不同，陶瓷层形貌也有很大区别。喷涂法制备的陶瓷层具有堆叠层状结构，沉积法制备的陶瓷层则是柱状晶结构，PS-PVD 制备的涂层呈现树枝状或羽毛状[70]。不同形貌的陶瓷层与激光束之间的光电效应各不相同，PLPS 法检测热障涂层 TGO 层内残余应力时，陶瓷层制备工艺会对检测结果产生极大的影响。

Liu 等[71]研究了 PLPS 法检测 APS 和 EB-PVD 热障涂层 TGO 层内残余应力时的可行性。PLPS 法通过激光穿透热障涂层陶瓷层，激发 TGO 处 Cr^{3+} 的荧光光谱，根据 Cr³⁺荧光光谱的谱峰偏移量计算热障涂层 TGO 的残余应力。PLPS 法无损检测技术应用于 APS 制备的热障涂层时，APS 陶瓷层独特的鳞片状结构会导致激光束的扩散，减小激光在 TGO 处强度的同时，还使得测量范围增大（TGO 处激光束直径横向扩展），造成荧光信号强度减弱的同时，还降低了空间分辨率，如图 9.49(a)[71]所示。目前 PLPS 法只能适用于 20～50μm 的 APS 热障涂层 TGO 残余应力的检测[72]。EB-PVD 制备的陶瓷层具有特殊的柱状晶结构，能够对激光束的传播起到引导作用，不会导致很严重的激光束扩散现象[73]，如图 9.49(b)[71]所示。因此，PLPS 法可以较好地应用于 EB-PVD 热障涂层 TGO 残余应力的检测。

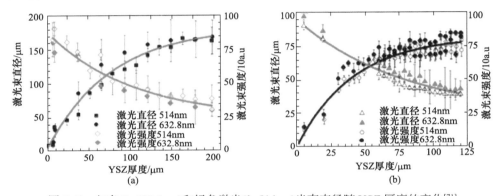

图 9.49　红色(k=632.8nm)和绿色激光(k=514nm)光束直径随 YSZ 厚度的变化[71]
(a)为 APS-YSZ；(b)为 EB-PVD-YSZ

虽然 APS 制备的陶瓷层会极大地减弱激光束的信号强度，但是不会改变激光束荧光光谱的检测结果(峰值位移)，如图 9.49(a)[71]所示。因此，我们有望通过适当的设备校准和设置，将强度更高的激光束照射 APS 热障涂层，激发足量的荧光信号并进行收集，实现 TGO 残余应力计算。该方法需要调整的主要参数是激光功率、曝光时间和累积数的组合，但绝不会影响峰值位移评估。Lima 等[74]开展了相关的研究，并成功测量出 APS 热障涂层 TGO 处残余应力数值（陶瓷层厚度达250μm）。表明了 PLPS 法检测 APS 热障涂层 TGO 残余应力的可行性。

Rossmann 等[75]和 Tao 等[76]通过 PLPS 设备开展了 PS-PVD 热障涂层 TGO 残余应力无损检测的研究，并取得了良好的试验结果。试验结果表明，PLPS 检测 PS-PVD 热障涂层 TGO 残余应力是完全可行的。目前虽然已经通过试验证明了 PLPS 对于 PS-PVD 法制备的热障涂层 TGO 残余应力检测的适用性，但是对于检测过程中，激光束与涂层微结构之间的光电效应仍然有待进一步探究。由于 PS-PVD 制备的热障涂层微结构与 EB-PVD 法制备的涂层具有相似之处，可以初步推断，其陶瓷层树枝状或羽毛状的微结构[77]之间的空隙，可能会对激光束的传播起到引导作用，具有与 EB-PVD 涂层相似的光电效应和良好的普适性。

9.5　总结与展望

9.5.1　总结

本章阐述了热障涂层残余应力的形成原因及影响因素、残余应力的模拟与预测、有损和无损的表征方法，并说明热障涂层残余应力对失效的影响与机理。总结如下：

(1) 热障涂层残余应力主要由淬火应力、热失配应力和相变应力产生，晶粒形貌、冷却速率以及 TGO 的形成均对热障涂层残余应力有着重要的影响；

(2) 通过第一类边界条件(温度边界)和流固耦合两种方法对涡轮叶片热障涂层的残余应力进行了模拟与预测，与固定温度相比，流固耦合方法得到的残余应力更加符合应力场分布情况；

(3) 基于曲率法、钻孔法和环芯法这三种有损的检测方法，建立了表征热障涂层残余应力的定量表征方法，得到了残余应力的演变规律；

(4) 基于 X 射线衍射法和拉曼光谱法等无损的检测方法，建立了表征热障涂层残余应力的定量表征方法，得到了热障涂层残余应力对失效的影响与机理。

9.5.2　展望

目前有损和无损的残余应力表征方法仅适用于试片热障涂层的测试，涡轮叶片全域热障涂层残余应力的检测面临着巨大的挑战，叶片的曲率对热障涂层残余应力的测量精度有巨大的影响，因此，开展涡轮叶片热障涂层残余应力的光激发荧光压电光谱全域检测的研究，通过光学对焦与四轴机械载台的联动配合，完成大面积曲面试样的应力测试和云图成像，实现热障涂层的质量无损检测与寿命预测是未来发展的重要方向。

参 考 文 献

[1] Das B, Gopinath M, Nath A K, et al. Effect of cooling rate on residual stress and mechanical properties of laser remelted ceramic coating[J]. Journal of the European Ceramic Society, 2018, 38: 3932-3944.

[2] Li G R, Lei J, Yang G J, et al. Substrate-constrained effect on the stiffening behavior of lamellar thermal barrier coatings[J]. Journal of the European Ceramic Society, 2018, 38: 2579-2587.

[3] Zhang X, Watanabe M, Kuroda S. Effects of processing conditions on the mechanical properties and deformation behaviors of plasma-sprayed thermal barrier coatings: evaluation of residual stresses and mechanical properties of thermal barrier coatings on the basis of in situ curvature measurement under a wide range of spray parameters[J]. Acta Materialia, 2013, 61: 1037-1047.

[4] Lee M J, Lee B C, Lim J G, et al. Residual stress analysis of the thermal barrier coating system by considering the plasma spraying process[J]. Journal of Materials Science & Technology, 2014, 28: 2161-2168.

[5] Keyvani A, Bahamirian M, Kobayashi A. Effect of sintering rate on the porous microstructural, mechanical and thermomechanical properties of YSZ and CSZ TBCS coatings undergoing thermal cycling[J]. Journal of Alloys and Compounds, 2017, 727: 1057-1066.

[6] Wang Y, Tian W, Yang Y, et al. Investigation of stress field and failure mode of plasma sprayed Al_2O_3–13%TiO_2 coatings under thermal shock[J]. Materials Science and Engineering: A, 2009, 516: 103-110.

[7] Widjaja S, Limarga A M, Yip T H. Modeling of residual stresses in a plasma sprayed zirconia/alumina functionally graded-thermal barrier coating[J]. Thin Solid Films, 2003, 434: 216-227.

[8] Boley B A, Weiner J H. Theory of Thermal Stresses[M]. New York: John Wiley Courier Corporation, 2012.

[9] Song X, Zhang J, Lin C, et al. Microstructures and residual strain/stresses of YSZ coatings prepared by plasma spraying[J]. Materials Letters, 2019, 240: 217-220.

[10] Nicholls J R, Lawson K J, Johnstone A, et al. Methods to reduce the thermal conductivity of EB-PVD TBCSs [J]. Surface and Coatings Technology, 2002, 151: 383-391.

[11] Zhang X C, Xu B S, Wang H D, et al. Modeling of the residual stresses in plasma-spraying functionally graded ZrO_2/NiCoCrAlY coatings using finite element method[J]. Materials & Design, 2006, 27: 308-315.

[12] Lima C R C, Cinca N, Guilemany J M. Study of the high temperature oxidation performance of thermal barrier coatings with HVOF sprayed bond coat and incorporating a PVD ceramic interlayer[J]. Ceramics International, 2012, 38: 6423-6429.

[13] Mehboob G, Liu M J, Xu T, et al. A review on failure mechanism of thermal barrier coatings and strategies to extend their lifetime[J]. Ceramics International, 2020, 46: 8497-8521.

[14] Jung I H, Bae K K, Song K C, et al. Columnar grain growth of yttria-stabilized-zirconia in inductively coupled plasma spraying[J]. Journal of Thermal Spray Technology, 2004, 13: 544-553.

[15] Hutchinson R G, Fleck N A, Cocks A C F. A sintering model for thermal barrier coatings[J]. Acta Materialia, 2006, 54: 1297-1306.

[16] Kumar S, Cocks A C F. Sintering and mud cracking in EB-PVD thermal barrier coatings[J]. Journal of the Mechanics and Physics of Solids, 2012, 60: 723-749.

[17] 刘奇星. 热障涂层涡轮叶片失效的有限元模拟[D]. 湘潭: 湘潭大学, 2012.

[18] Zhou Y C, Hashida T. Coupled effects of temperature gradient and oxidation on thermal stress in thermal barrier coating system[J]. International Journal of Solids and Structures, 2001, 38(24): 4235-4264.

[19] Mao W G, Zhou Y C, Yang L, et al. Modeling of residual stresses variation with thermal cycling in thermal barrier coatings[J]. Mechanics of Materials, 2006, 38(12): 1118-1127.

[20] Xu Z H, Yang Y, Huang P, et al. Determination of interfacial properties of thermal barrier

coatings by shear test and inverse finite element method[J]. Acta Materialia, 2010, 58(18): 5972-5979.

[21] Busso E P, Qian Z Q, Taylor M P, et al. The influence of bondcoat and topcoat mechanical properties on stress development in thermal barrier coating systems[J]. Acta Materialia, 2009, 57(8): 2349-2361.

[22] Tamarin Y. Protective Coatings for Turbine Blades[M]. ohio: ASM International, 2002.

[23] Yang L, Liu Q X, Zhou Y C, et al. Finite element simulation on thermal fatigue of a turbine blade with thermal barrier coatings[J]. Journal of Materials Science & Technology, 2014, 30: 371- 380.

[24] 王福军. 计算流体动力学分析—CFD 软件原理与应用[M]. 北京: 清华大学出版社, 2004.

[25] Zhu W, Wang J W, Yang L, et al. Modeling and simulation of the temperature and stress fields in a 3D turbine blade coated with thermal barrier coatings[J]. Surface and Coatings Technology, 2017, 315: 443-453.

[26] Bai Y, Ding C, Li H. Isothermal oxidation behavior of supersonic atmospheric plasma-sprayed thermal barrier coating system[J]. Journal of Thermal Spray Technology, 2013, 22(7): 1201-1209.

[27] Moridi A, Azadi M, Farrahi G H. Numerical simulation of thermal barrier coating system under thermo-mechanical loadings[C]. Proceedings of the World Congress on Engineering, 2011, 3: 1959-1964.

[28] Busso E P, Evans H E, Qian Z Q, et al. Effects of breakaway oxidation on local stresses in thermal barrier coatings[J]. Acta Materialia, 2010, 58(4): 1242-1251.

[29] Yang L, Zhou Y C, Lu C. Damage evolution and rupture time prediction in thermal barrier coatings subjected to cyclic heating and cooling: an acoustic emission method[J]. Acta Materialia, 2011, 59: 6519-6529.

[30] Yang L, Zhou Y C, Mao W G, et al. Real-time acoustic emission testing based on wavelet transform for the failure process of thermal barrier coatings[J]. Applied Physics Letters, 2008, 93: 231906.

[31] 周益春, 刘奇星, 杨丽, 等. 热障涂层的破坏机理与寿命预测[J]. 固体力学学报, 2010, 31(5): 504-531.

[32] Wu R T, Osawa M, Yokokawa T, et al. Degradation mechanisms of an advanced jet engine service-retired TBCs component[J]. Journal of Solid Mechanics and Materials Engineering, 2010, 4(2): 119-130.

[33] Hobson M K, Reiter H. Residual stress in ZrO₂-8% Y₂O₃ plasma-sprayed thermal barrier coatings[J]. Surface and Coatings Technology, 1988, 33: 33-42.

[34] 曾宇春. 热障涂层弹性模量和残余应力测试研究[D]. 镇江: 江苏大学, 2019.

[35] Forschelen P J J, Suiker A S J, Sluis O V D. Effect of residual stress on the delamination response of film-substrate systems under bending[J]. International Journal of Solids and Structures, 2016, 97-98: 284-299.

[36] Khan A N, Lu J, Liao H. Effect of residual stresses on air plasma sprayed thermal barrier coatings[J]. Surface and Coatings Technology, 2003, 168: 291-299.

[37] Limarga A M, Vaßen R, Clarke D R. Stress distributions in plasma-sprayed thermal barrier coatings under thermal cycling in a temperature gradient[J]. Journal of Applied Mechanics, 2011, 78(1): 011003.

[38] Yang L X, Yang F, Long Y, et al. Evolution of residual stress in air plasma sprayed yttria stabilised zirconia thermal barrier coatings after isothermal treatment[J]. Surface and Coatings Technology, 2014, 251: 98-105.

[39] Mathar J. Determination of initial stresses by measuring the deformation around drilled holes[J]. Trans ASME, 1934,56(4): 249-254.

[40] Soete W, Vancrombrugge R. An industrial method for the determination of residual stresses[J]. Proc SESA, 1950,8(1): 17-28.

[41] 迟光芳. 基于钻孔法和数字图像相关法热障涂层材料残余应力测试[D]. 湘潭: 湘潭大学, 2015.

[42] Wu Z, Lu J, Han B. Study of residual stress distribution by a combined method of Moire interferometry and incremental hole drilling, part II: implementation[J]. Journal of applied Mechanics, 1998,65(4): 844-850.

[43] Woo W, An G B, Kingston E J, et al. Through-thickness distributions of residual stresses in two extreme heat-input thick welds: a neutron diffraction, contour method and deep hole drilling study[J]. Acta Materialia, 2013,61(10): 3564-3574.

[44] Chen Y H, Chen X, Xu N, et al. The digital image correlation technique applied to hole drilling residual stress measurement[R]. SAE Technical Paper, 2014-01-0825, 2014.

[45] Mao W G, Wan J, Dai C Y, et al. Evaluation of microhardness, fracture toughness and residual stress in a thermal barrier coating system: a modified Vickers indentation technique[J]. Surface and Coatings Technology, 2012,206(21): 4455-4461.

[46] Liu D, Seraffon M, Flewitt P E J, et al. Effect of substrate curvature on residual stresses and failure modes of an air plasma sprayed thermal barrier coating system[J]. Journal of the European Ceramic Society, 2013,33(15-16): 3345-3357.

[47] Clyne T, Gill S. Residual stresses in thermal spray coatings and their effect on interfacial adhesion: a review of recent work[J]. Journal of Thermal Spray Technology, 1996,5(4): 401-418.

[48] Godoy C, Souza E, Lima M, et al. Correlation between residual stresses and adhesion of plasma sprayed coatings: effects of a post-annealing treatment[J]. Thin Solid Films, 2002,420: 438-445.

[49] Zhang X, Li C, Withers P J, et al. Determination of local residual stress in an air plasma spray thermal barrier coating (APS-TBCs) by microscale ring coring using a picosecond laser [J]. Scripta Materialia, 2019, 167: 126-130.

[50] Sebastiani M, Eberl C, Bemporad E, et al. Depth-resolved residual stress analysis of thin coatings by a new FIB-DIC method[J]. Materials Science and Engineering: A, 2011, 528: 7901-7908.

[51] Wakui T, Malzbender J, Steinbrech R W. Strain analysis of plasma sprayed thermal barrier coatings under mechanical stress[J]. Journal of Thermal Spray Technology, 2004, 13: 390-395.

[52] Tang F, Schoenung J M. Evolution of Young's modulus of air plasma sprayed yttria-stabilized zirconia in thermally cycled thermal barrier coatings[J]. Scripta Materialia, 2006, 54: 1587-1592.

[53] Harok V, Neufuss K. Elastic and inelastic effects in compression in plasma-sprayed ceramic coatings[J]. Journal of Thermal Spray Technology, 2001, 10: 126-132.

[54] Thompson J A, Clyne T W. The effect of heat treatment on the stiffness of zirconia top coats in plasma-sprayed TBCs[J]. Acta Materialia, 2001, 49: 1565-1575.

[55] Zhu J G, Xie H M, Hu Z X, et al. Cross-sectional residual stresses in thermal spray coatings measured by moire´ interferometry and nanoindentation technique[J]. Journal of Thermal Spray Technology, 2012, 21: 810-817.

[56] Ranjbar-Far M, Absi J, Mariaux G, et al. Simulation of the effect of material properties and interface roughness on the stress distribution in thermal barrier coatings using finite element method[J]. Materials & Design, 2010, 31: 772-781.

[57] Korsunsky A M, Sebastiani M, Bemporad E. Residual stress evaluation at the micrometer scale: analysis of thin coatings by FIB milling and digital image correlation[J]. Surface and Coatings Technology, 2010, 205: 2393-2403.

[58] Li C, Jacques S D M, Chen Y, et al. Precise strain profile measurement as a function of depth in thermal barrier coatings using high energy synchrotron X-rays[J]. Scripta Materialia, 2016, 113: 122-126.

[59] 周上祺. X 射线衍射分析原理、方法、应用 [M]. 重庆: 重庆大学出版社, 1991: 29-55.

[60] 陈强. 热循环条件下热障涂层断裂韧性和残余应力的测试分析[D]. 湘潭: 湘潭大学, 2010.

[61] Teixeira V, Andritschky M, Fischer W, et al. Analysis of residual stress in thermal barrier coatings[J]. Journal of Materials Processing Technology, 1999, 92-93:209-216.

[62] Hamacha R, Dionnet B, Grimaud A, et al. Residual stress evolution during the thermal cycling of plasma-sprayed zirconia coatings[J]. Surface and Coatings Technology, 1996, 80: 295-303.

[63] Jordan D W, Faber K T. X-ray residual stress analysis of a ceramic thermal barrier coating undergoing thermal cycling[J]. Thin Solid Films, 1993, 235:137-141.

[64] Dong Z L, Khor K A. Microstructure formation in plasma sprayed functionally graded NiCoCrAlY/Yttria-stabilized Zirconia coatings[J]. Surface and Coatings Technology, 1999, 11:181-186.

[65] 王丹, 徐滨士, 董世运. 涂层残余应力实用检测技术的研究进展[J]. 金属热处理, 2006, 31(5):48-53.

[66] Gell M, Sridharan S, Wen M, et al. Photoluminescence Piezospectroscopy: a multi-purpose quality control and NDI technique for thermal barrier coatings[J]. International Journal of Applied Ceramic Technology, 2004, 1(4): 316-329.

[67] 周长春. 热障涂层界面失效与氧化层应力演变的关联研究[D]. 湘潭: 湘潭大学, 2014.

[68] Wu F, Jordan E H, Ma X, et al. Thermally grown oxide growth behavior and spallation lives of solution precursor plasma spray thermal barrier coatings[J]. Surface and Coatings Technology, 2008, 202:1628-1635.

[69] 徐惠彬, 宫声凯, 刘福顺. 航空发动机热障涂层材料体系的研究[J]. 航空学报, 2000, 1:7-12.

[70] Niessen K V, Gindrat M, Refke A. Vapor phase deposition using plasma spray-PVD[J]. Journal of Thermal Spray Technology, 2010, 19(1-2):502-509.

[71] Liu D, Lord O, Stevens O, et al. The role of beam dispersion in Raman and photo-stimulated

luminescence piezo-spectroscopy of yttria-stabilized zirconia in multi-layered coatings[J]. Acta Materialia, 2013, 61(1):12-21.

[72] Schlichting K W , Vaidyanathan K , Sohn Y H , et al. Application of Cr^{3+} photoluminescence piezo-spectroscopy to plasma-sprayed thermal barrier coatings for residual stress measurement [J]. Materials Science & Engineering A, 2000, 291(1-2):68-77.

[73] Tolpygo V K , Clarke D R , Murphy K S . Evaluation of interface degradation during cyclic oxidation of EB-PVD thermal barrier coatings and correlation with TGO luminescence[J]. Surface & Coatings Technology, 2004, 188:62-70.

[74] Lima C R C, Dosta S , Guilemany J M, et al. The application of photoluminescence piezospectoscopy for residual stresses measurement in thermally sprayed TBCs[J]. Surface and Coatings Technology, 2017, 318:147-156.

[75] Rossmann L, Northam M, Sarley B, et al. Investigation of TGO stress in thermally cycled plasma-spray physical vapor deposition and electron-beam physical vapor deposition thermal barrier coatings via photoluminescence spectroscopy[J]. Surface and Coatings Technology, 2019, 378: 125047.

[76] Yang J, Zhao H, Zhong X, et al. Evolution of residual stresses in PS-PVD thermal barrier coatings on thermal cycling[J]. Journal of Thermal Spray Technology, 2018, 27: 914-923.

[77] Niessen K V, Gindrat M , Refke A. Vapor phase deposition using plasma spray-PVD[J]. Journal of Thermal Spray Technology, 2010, 19(1-2):502-509.

第 10 章　热障涂层裂纹的声发射实时表征

应用在航空发动机涡轮叶片上的热障涂层体系，在长时间燃气热冲击、气膜冷却、离心力、颗粒冲蚀、CMAS 腐蚀、疲劳、蠕变、温度梯度并伴有化学反应等极端环境下服役时，会因为热失配、界面氧化、腐蚀渗透、相变等各种机制而形成各种损伤，如涂层内垂直裂纹、水平裂纹、斜裂纹、界面张开型裂纹、错开型裂纹等，这些裂纹是涂层最终剥落的起源，但对剥落的权重截然不同，产生的机制也不相同。要弄清楚各种环境下涂层剥落的机制，实时无损检测裂纹萌生与演化的过程是有效的手段。

声发射(acoustic emission，AE)检测是根据损伤形成时必然伴随应变能释放的物理现象，从而可以通过应变能(应力波)信号来检测损伤过程的无损手段。而且，声发射信号会因为材料性质、损伤形式、外载荷等的不同而表现出差异。因此，声发射技术成为裂纹萌生与演化的一种重要检测手段。然而，对热障涂层而言，存在三个巨大的挑战：①高温燃气等复杂环境下裂纹信号的检测；②如何识别复杂多样的裂纹模式；③损伤程度的定量评估。

本章主要就高温复杂环境下的声发射检测、模式识别、定量评估方法进行阐述，并阐述基于声发射实时表征所揭示的热障涂层重要失效机理。

10.1　高温声发射检测方法

10.1.1　声发射检测基本原理

声发射技术源于 20 世纪 50 年代 Kaiser 在德国的研究工作[1]，随后在美国、日本等工业国家进行了大量的研究并逐步应用到多个领域[2-4]。声发射是指材料受外界因素作用局部因能量瞬间释放而发出瞬态弹性波的现象，因此声发射也被称为应力波发射。声发射是一种非常常见的物理现象，大多数材料发生变形和断裂时都会有声发射现象，如果释放能量足够大就可以产生听得见的声音。但对多数材料而言，变形或断裂产生的声发射信号都非常弱，人耳无法直接听到，因此需要借助一些灵敏的电子仪器来检测。用仪器探测、记录并分析声发射信号，利用声发射信号推断声发射源的技术称为声发射技术。声发射技术是一种动态无损检测技术，涉及声发射源、波的传播、声电转换、信号处理、数据显示与记录、分析与评定等基本概念，基本原理如图 10.1 所示。

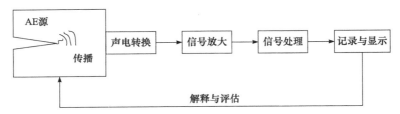

图 10.1　声发射技术基本原理示意图

10.1.2　高温复杂环境的波导丝传输技术

高温热循环、燃气热冲击、高温氧化、高温 CMAS 腐蚀、热力联合、热力化耦合等高温复杂环境，是热障涂层不可避免的服役载荷[5]，因而实现这些复杂环境下的信号检测，是理解其失效过程与机制的必然要求[6, 7]。然而，目前的声发射传感器只能应用在常温下。因此，需要利用波导杆、无线声发射传感器等方式，来实现高温复杂环境下热障涂层裂纹信号的实时检测[8-10]。然而，目前无线声发射传感器技术还并不成熟，其对信号的敏感性、有效性等还需要进一步研究。为此，本节主要阐述基于波导杆技术的声发射信号检测方法。

采用波导杆传输时，是波导杆的一端与样品通过密封剂和机械装置紧密连接，保证样品与波导杆的良好接触，另一端与声发射传感器耦合。采用波导杆连接实验样品和传感器，避免了传感器与高温样品直接接触。一般来说，波导杆为声阻抗小、耐高温的金属棒，如直径为 5mm 的不锈钢管。对热障涂层，尤其是涡轮叶片热障涂层复杂的曲面结构，直径大的波导杆难以与样品连接。因此，对热障涂层而言理想的波导杆应该满足：①有较好的柔软性，能跟随热障涂层样品的移动而方便的移动，自身不产生振动或应力波而形成多余的声发射源；②能快速、低衰减的传递应力波，避免丢失微弱的声发射信号；③尽可能小的波形失真，实际上由于波导丝的材料与几何尺寸与样品不同，会使得声发射信号在波导杆的传播过程中发生波型转变，这将给声发射源的模式识别带来不便，所以应尽可能的选择波形失真小的波导杆；④有较高的熔点，能保证波导丝在高温炉中不被熔化。基于此，针对涡轮叶片热障涂层高温、燃气热冲击等复杂环境、复杂曲面结构，我们提出了波导丝传输技术[10, 11]，即采用可自由移动且声波传输性能好的金属丝进行信号采集。

基于此，我们对柔软性较好的几种波导丝包括钢丝、铁丝、铝丝以及铂丝的声波传播特性进行了分析，同时也采用铝棒传输来比较波导丝和波导杆的差异。采用波导丝技术后，超声波仪通过一传感器发射幅值、频率与能量相同的超声波在波导丝中传播后，被另一传感器接收并存储波形。除了铝棒外，所有波导杆的直径均为 0.5mm，长度为 1m。从图 10.2 可以看到，铂丝接收到超声波信号的时间最早，即声速最快，幅值最大说明超声衰减最小。因而可以采用铂丝作波导杆材料。选用熔点较低的铝丝和铝棒做实验，是为了比较波导杆直径对声波传播特性的影响，图 10.2 中，铝棒相对于铝丝来说，接收到超声信号的时间要早且衰减要小，这说明波导丝的直径越大，越有利于超声的传播。

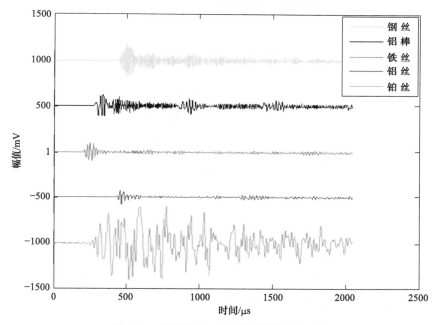

图 10.2　不同波导丝的声波传输特性比较

例题 10.1　设计并阐述热障涂层高温热循环的声发射信号实时检测方法。

高温热循环是模拟发动机起飞、降落时热障涂层升温、降温服役环境的常见实验方法，升温、降温时热障涂层会因为热失配、氧化等产生缺陷，对这一过程进行无损检测则可为涂层剥落机理(如裂纹发生于加热还是冷却阶段)，提供直接的依据。

为实现这一过程中热障涂层损伤的实时检测，基本的步骤是：

(1) 基于 10.1.2 节或者读者根据自身实验条件选择合适的铂丝波导丝；

(2) 将波导丝的一端点焊在热障涂层基底面，另一端通过机械力结合方式与声发射传感器连接，进行主动超声实验，根据信号波形、能量与幅值来确定波导丝的连接程度；

(3) 按照图 10.3 的示意图，将电阻炉升温至实验温度，将炉门快速打开，将放有热障涂层样品的夹具快速放入炉中进行加热，由于铂丝柔软性很好因而能随样品方便的移动且不产生振动，此时样品中损伤活动(声发射源)发出的声发射波经过波导丝传输后被传感器接收，然后到达声发射仪放大、记录和存储；

(4) 冷却时，将样品快速从炉中取出，在空气中冷却，此阶段波导丝还是和样品焊接在一起因而也能实现声发射检测；

(5) 实验结束后，可对整个声发射信号进行分析和评定，方法将在本节之后进行阐述。

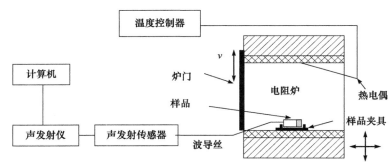

图 10.3　热障涂层的热疲劳与声发射检测实验装置

10.1.3　基于区域信号选择的声发射信号检测方法

复杂环境下的噪声问题一直是困扰声发射检测的难题。在此提出一种基于区域信号选择的除噪方法[11]，基本的思想是根据声波在样品中的传输速度来设置声发射信号的最长和最短响应时间，以此来获得所感兴趣区域的声发射信号，从而将其他区域如加载设备、环境中来的噪声排除。

以一维热障涂层杆件为例，如图 10.4 所示，长度为 L 的热障涂层试样，则传感器 A 接收的损伤声发射源信号如裂纹最远距离为 L，即此时裂纹在试样末端(传感器 B 的位置)；同理，传感器 B 接收损伤声发射源信号的最远距离也为 L，即此时裂纹在试样末端(传感器 A 的位置)。假设声波在热障涂层样品中的传输速度为 v，则传感器 A 和 B 接收的损伤声发射源信号的最大响应时间均为

$$t_{\max} = \frac{L}{v} \tag{10.1}$$

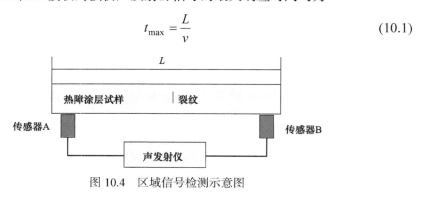

图 10.4　区域信号检测示意图

因此，可以设置信号到达传感器 A、B 的时间都不大于 t_{max} 时为有效信号，否则为噪声信号。

区域信号检测法在排除噪声方面有很大的优势。以一维热障涂层试样拉伸实验为例，除了热障涂层的损伤声发射信号即有效信号，实际上还有拉伸夹具噪声、夹具移动时传动装置的机械声、实验室噪声以及电噪声等，这些噪声也可能被声发射传感器采集并接收。但是，如果以拉伸试样的标距(即有效实验长度)设置有效声发射信号的最大响应时间，则可屏蔽夹头、机械传动等噪声。如夹头，与它不相邻的传感器之间的距离一定大于标距，因此夹头的移动或是夹头本身的损伤声发射信号，到达两个传感器的时间一定有一个大于最大响应时间。因而，可以被列为噪声信号屏蔽掉。

作为练习，读者也可以自行设计二维平面试样，如平板状实验样品的最大响应时间。提示：平面样品至少需要三个传感器。

需要说明的是，对涡轮叶片结构这样复杂的部件，虽然不能简化成一维或者二维构件，也很难设计探头并准确计算最大响应时间，但实际检测时，依然可以根据叶片三维方向的最大尺寸来设置最大响应时间，从而屏蔽样品区域以外的大部分噪声。而因为响应时间不准确导致采集的机械噪声、电磁干扰等声发射信号，可以通过声发射信号特性如频率、能量等信号分析手段来进一步排除，将在 10.3 节予以阐述。

10.2　裂纹模式识别的关键参数分析

10.2.1　热障涂层关键失效模式及其声发射信号时域特征

大量研究表明[9-16]，热障涂层在热、机械载荷及其联合作用下会出现四种失效模式，即表面裂纹、剪切型界面裂纹、张开型界面裂纹、基底塑性变形。如图 10.5 所示，表面裂纹指陶瓷涂层中垂直于界面的裂纹，通常由各层之间热失配引起的陶瓷层内拉应力 σ_{11} 所致；剪切型界面裂纹指陶瓷层/黏结层界面处由剪应力 σ_{21} 所致的裂纹形式；陶瓷层/黏结层界面处拉应力 σ_{22} 是导致陶瓷层剥离即产生张开型界面裂纹的主要机制，通常 σ_{22} 是由于在粗糙界面处生长不均匀热生长的氧化物所致；在热应力、拉应力与压应力下都可以产生基底塑性变形。

然而，热障涂层各种失效模式的声发射信号在时域上却无法区分。如图 10.6 所示，表面垂直裂纹和张开型界面裂纹的波形图，在上升时间、持续时间、能量、幅值、振铃数等参数(各参数的物理意义可参见图 10.6(c))上并没有显著的差异。

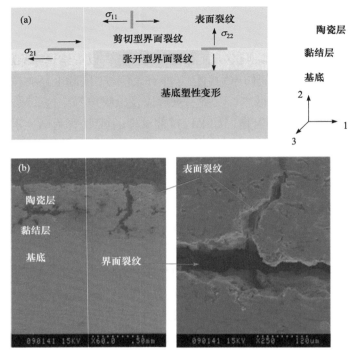

图 10.5 四类损伤机制：表面裂纹、剪切型界面裂纹、张开型界面裂纹、基底塑性变形(a)和表面裂纹与界面裂纹 SEM 图片(b)

尽管 Ma 等[17]指出表面垂直裂纹与界面裂纹在波形上会显示出纵波、横波先后顺序的不同，但这些差异在实际分析中极难分辨。用声发射信号的时域波形进行模式识别十分困难，这主要是因为信号会随传播距离、环境噪声以及测量系统的改变而变化，甚至发生波型转变。因此，基于声发射信号波形(即时域信息)来进行模式识别是不可行的。

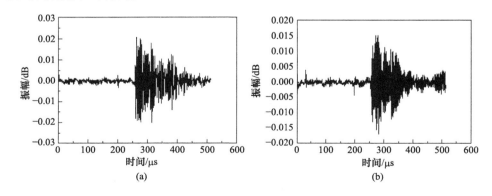

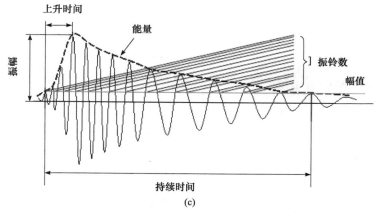

图 10.6 表面垂直裂纹声发射信号波形图(a)、张开型界面裂纹声发射信号波形图(b)和声发射信号简化波形参数的定义(c)

10.2.2 基于特征频率的热障涂层失效模式识别

既然声发射信号在时域空间即物理空间无法分辨出损伤模式，我们是否可以换一个空间即在像空间来进行分析呢？在像空间是否可以找到模式识别的关键参数呢？

傅里叶变换(Fourier transformation)表明：任何连续测量的时序或信号，都可以表示为不同频率的正弦波信号的无限叠加，即利用直接测量到的原始信号，以积分方式来计算该信号中不同正弦波信号的频率、振幅和相位。从物理角度理解傅里叶变换是以一组特殊的函数(三角函数)为正交基，对原函数进行线性变换，物理意义便是原函数在各组基函数的投影。其基本的变换公式为

$$F(\omega) = F\big[f(t)\big] = \int_{-\infty}^{\infty} f(t)\mathrm{e}^{-\mathrm{i}\omega t}\mathrm{d}t \tag{10.2}$$

式中，ω 代表频率，t 代表时间，$\mathrm{e}^{-\mathrm{i}\omega t}$ 为复变函数。

为了分析热障涂层各种裂纹模式声发射的频率特征，可以对热障涂层试样开展简单的拉伸、压缩实验。通过失效过程不同阶段涂层微结构的扫描电镜观察，可以发现，拉伸载荷作用下，早期的裂纹来源于涂层的表面裂纹，随后在界面处形成错开型界面裂纹。当拉应力达到基体材料屈服强度时，基体出现大量塑性变形。压缩实验时，根据泊松比效应，界面会出现张开型界面裂纹。为此，对各阶段的声发射信号进行大量统计分析，发现了一个极为重要的现象：拉伸实验过程中早期的声发射信号(图 10.7(a))，其频率集中在 0.21MHz(图 10.7(b))。当表面裂纹饱和，出现大量界面裂纹时，大量声发射信号(图 10.7(c))的频率在 0.29MHz(图 10.7(d))，而基体塑性变形声发射信号(图 10.7(e))的频率为 0.14MHz(图10.7(f))。压缩实验时，除了拉伸载荷下的三种频率，还出现第四种频

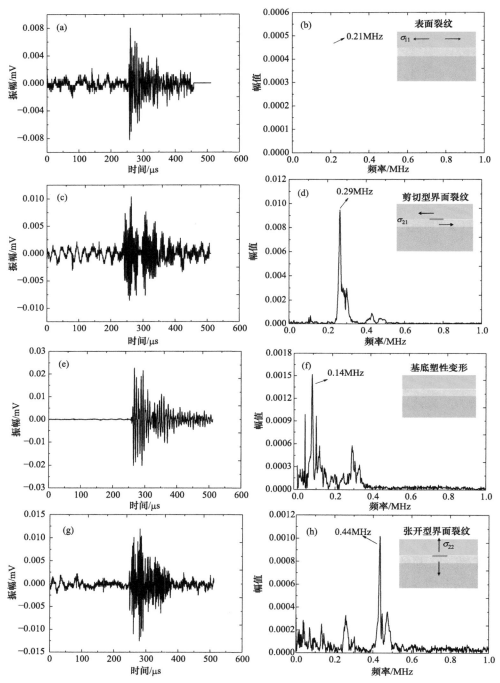

图 10.7 热障涂层破坏典型声发射信号

(a), (c), (e), (g)为波形图；(b), (d), (f), (h)为相应波形对应的傅里叶变换频谱图

率的声发射信号(图 10.7(g))，即 0.44MHz(图 10.7(h))。尽管各种模式声发射信号的频率会在各自的集中频率附近波动，但各种模式之间显示出显著差异。为此，我们得出结论："热障涂层不同类型裂纹或者变形的声发射信号与频率之间有对应的关系"，这一结果投到 *Appl. Phys. Lett.* 上后很快就接受发表[18]。同年，英国伦敦大学的 Benson 等在 *Science* 上指出：火山结构中的地震活动所发出的声发射信号会因震源模式的不同而出现不同的频谱特征[19]，这与我们的研究结果惊人的相似。此外，关于颗粒增强金属基复合材料的声发射检测也发现：声发射信号频谱只与材料的破坏形式有关，而与裂纹的尺寸以及施加载荷的大小无关[20]。因此，我们认为在对热障涂层的失效模式进行识别时，声发射信号的频谱是关键的参数，但这一参数是否唯一，机理是什么，需要进一步的分析和证明。

10.2.3　基于聚类分析的模式识别特征参数提取

聚类分析是无监督模式识别(unsupervised pattern recognition，UPR)最常用的方法之一。聚类分析的目的是根据分类对象的特征按一定的规则将其分成若干类，这些类不需要事先给定，对类的数目与类的结构不需要作任何的假设，而是根据分类对象的自身特征来决定。具体到声发射信号的聚类分析[21-23]，其过程可以概述为图 10.8，首先通过声发射仪采集试样损伤声发射信号；然后提取声发射信号波形简化的特征参数；随后根据一定的相似性测度、聚类方法以及准则对各种特征参数进行聚类分析，把类别相同或相似的声发射信号分成一类；最后，根据聚类分析结果，建立损伤类别与声发射信号特征参数之间的关系，找出最能表征不同损伤模式的声发射信号。

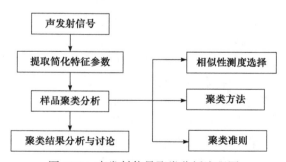

图 10.8　声发射信号聚类分析流程图

其中，相似性测度即为两个信号之间相似性的度量，如欧式距离等。聚类方法(也称聚类算法)有划分法、层次法、密度算法、网格算法、模型算法等。针对热障涂层声发射信号的模式识别，可采用层次法中的 k 均值聚类方法，现在对这一算法的主要思想进行阐述。

k 均值算法是一种动态聚类算法，基本原理如下[24]：首先预定义分类数 k，并随机或按一定的原则选取 k 个样品作为初始聚类中心；然后按照就近的原则将其余的样品进行归类，得出一个初始的分类方案，并计算各类别的均值来更新聚类中心；再根据新的聚类中心对样品进行重新分类，反复循环此过程，直到聚类中心收敛为止，聚类结束。其基本步骤如下：

(1) 对于具有 n 个信号的聚类样本，根据信号的某一或者某些参数的值来选取 k 个初始聚类中心 C_i；

(2) 对剩余的每一个信号，按照其参数值计算这一信号与每一个聚类中心的距离，然后将这一信号分配给与其聚类中心距离最小的一类；

(3) 所有信号聚类完成后，根据各类别的均值再重新计算聚类中心；

(4) 重复步骤(2)与(3)，直到聚类中的位置收敛为止，即两次聚类中心的误差达到要求，则聚类结束。

显然，上述过程是在信号分类数 k 确定或者事先选定的情况下，对信号进行分类的结果。这里还存在两个关键的问题：一是如何确定分类的类别数，即模式的种类 k；二是如何选择和确定信号分类的特征参数。

对于模式种类 k 的确定，一般根据轮廓值(silhouette value)来分析，其计算公式为[23-25]

$$s(k) = \frac{1}{n} \sum_{1}^{n} \frac{[\min(b(i,k) - a(i))]}{\max[a(i), \min(b(i,k))]} \tag{10.3}$$

其中，n 为声发射信号的总数，$b(i,k)$ 表示第 i 个信号点与 k 个聚类中心的平均距离，$a(i)$ 是第 i 个信号点与同类信号其他点之间的平均距离。不同的 k，s 将不同，s 值越大说明类与类之间分的越开，即聚类效果越好。一般认为 s 大于 0.6 聚类非常有效，此时所对应的 k 也被认为是合理的类别数。

对于参数的选择和确定，一般而言信号参数越多，所包含的损伤模式信息量也越多，故在不明确特征参数的情况下应尽可能全面的提取出信号的参数值。但如果信号参数之间的相关性高，即模式识别时彼此反映的信息相似，则作为无效参数反而会增加计算和分析的工作量[50]。因此，对声发射信号而言，我们选取了5 个最具代表性的声发射信号波形简化特征参数：幅值、峰频、能量、上升时间、持续时间作为聚类变量，即用于模式识别的参数。

可以看出，这 5 个参数的量纲均不相同，数值之间也无从比较。为此，需对聚类变量进行归一化，即把所有的参数都转化为[0,1]范围内的数。平均数方差标准化是最常用的数据标准化方法之一，其原理是将数据变换到均值为 0，标准差为 1 的标准正态分布变换。具体到某一参数，如幅值，假设有 n 个声发射信号，可求出这 n 个信号幅值的平均值和标准差，则第 i 个信号归一化的幅值为[26, 27]

$$\overline{A_i} = \frac{A_i - A_\mu}{A_\sigma} \tag{10.4}$$

式中，A_i 与 $\overline{A_i}$ 分别为信号的幅值及其标准化后的幅值；A_μ 与 A_σ 分别为 n 个信号的幅值均值与标准差。

具体分析时，可选择这 5 个参数的某一个、多个或全部来聚类，根据轮廓值的变化来确定最佳的种类数 k。随后将聚类结果按照不同的参数进行展示，提炼出能区分不同类别信号的参数即为模式识别的特征参数。

1. 拉伸时热障涂层失效模式识别与特征参数提取

利用这一方法，我们对热障涂层拉伸过程中的 1457 个声发射信号，采用幅值、峰频、能量、上升时间、持续时间作为聚类变量对其进行聚类分析[23]。首先根据轮廓值 s 确定模式类别数 k，如图 10.9 所示的 s-k 曲线，当将声发射信号分为 4 类时其 s 最大，且大于 0.6，说明拉伸时热障涂层损伤声发射信号可分为 4 类。

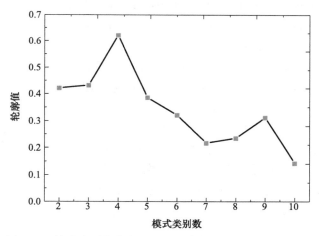

图 10.9　热障涂层拉伸失效过程损伤声发射信号的 s-k 曲线

图 10.10 为拉伸试样损伤声发射信号聚类后幅值与峰频分布情况。从图可知 A、B、C 三类信号幅值分布基本相同，都在 38~65dB 之间。但是 A、B、C 三类信号在频率分布上存在三个明显不同的频率段，分别为 250~350kHz，170~250kHz，40~150kHz。这说明，频率是区分 A、B、C 三类信号的有效参数，即特征参数。对 D 类信号而言，出现幅值较 A、B、C 三类较大，但频率较为分散，可认为 D 类是区别于 A、B、C 的其他信号，可结合失效特征进一步分析。

图 10.11(a)、(b)分别表示聚类数据分析后峰频与持续时间、幅值与持续时间的分布关系。从图 10.11(a)峰频与持续时间分布关系可以看出，除了 D 类信号，

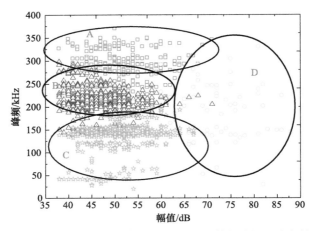

图 10.10　拉伸试样声发射信号聚类结果(幅值与峰频的分布结果)

A、B、C 三类信号在持续时间上分布基本重叠，都在 0~500μs 以内，但频率上是可分的。这也再一次说明了频率为识别裂纹模式的特征参数。从图 10.11(b)幅值与持续时间分布中，可以明显的看出 A、B、C 三类信号在幅值与持续时间分布上存在相当大的重叠，根本无法将声发射信号划分开来。这说明，热障涂层声发射信号分析时，如果不选择频率特征参数，是很难将模式识别的。

　　图 10.12 为拉伸过程中声发射信号的类型与拉伸时间的演变关系。从图可知拉伸失效过程中最先出现的为 B 类信号，其后主要为 A 类信号，C 类与 D 类型信号为相对较少的信号类型。研究表明[10,11, 13]，在拉伸加载过程中，由于陶瓷层的应变容限差，在早期阶段主要产生表面裂纹。由于陶瓷层较低的抗拉伸变形能力，使得表面裂纹向陶瓷层/黏结层的界面处迅速扩展。当表面裂纹达到界面处时，裂纹将会沿着陶瓷层/黏结层的界面生长与扩张。A 类信号频率范围为 0.26~

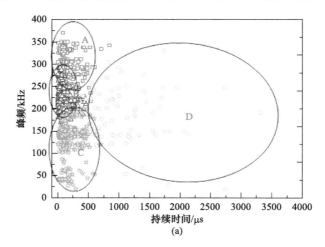

(a)

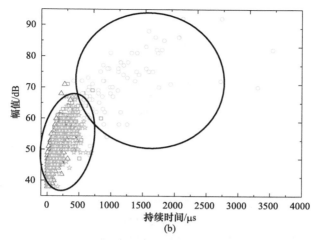

图 10.11　拉伸试样声发射信号聚类结果(幅值与持续时间的分布)

0.30MHz，B 类信号频率范围为 0.20～0.23MHz，由此可以判断 B 类信号为表面裂纹信号，A 类信号为剪切型界面裂纹信号。C 类信号频率范围为 0.13～0.16MHz，其主要为基底塑性变形信号与一些噪声信号。D 类信号为幅值与能量都相当高的信号，一般认为是高能量的宏观裂纹[14]。

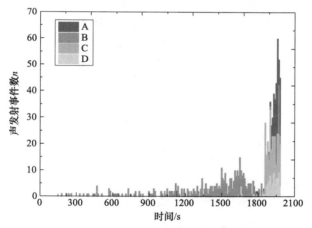

图 10.12　热障涂层拉伸各种失效模式与时间的分布

2. 压缩时热障涂层失效模式识别与特征参数提取

为进一步明确失效模式识别及其频率特征参数的有效性，我们对热障涂层压缩载荷作用下失效过程中的 3122 个声发射信号用同样的方法进行聚类分析[23]。图 10.13 为压缩载荷下声发射信号聚类 s-k 曲线，当损伤声发射信号分成 5 类时，s 取最大值 0.6512。这说明热障涂层在压缩载荷下，其损伤声发射信号可以分为 5 类。

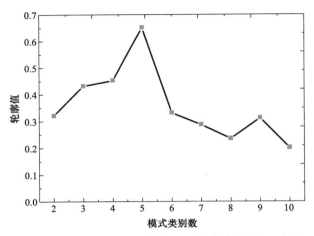

图 10.13　热障涂层压缩失效过程声发射信号的 *s-k* 曲线

图 10.14 为压缩试样损伤声发射信号聚类后峰频与幅值的分布情况。从图可以看出 A′、B′、C′与 E′四类信号在幅值上基本上是完全相同的，其分布范围都为 38~55dB，说明从幅值上不能将这四类信号分开。但是在频率上存在四个明显的频段，A′类信号频率段为 250~350kHz，B′类信号频率段为 170~250kHz，C′类信号频率段为 0~150kHz，E′信号频率段为 400~450kHz，在频率上可以将信号进行很好的分类。D′类信号为幅值较大的信号，其频率分别范围宽，基本涵盖了这四个频段。基于这一结果，可以发现 A′、B′、C′与拉伸失效过程的 A、B、C 信号的频率分布是相同的。说明他们的损伤模式相同，也说明裂纹声发射信号的模式与加载方式无关。

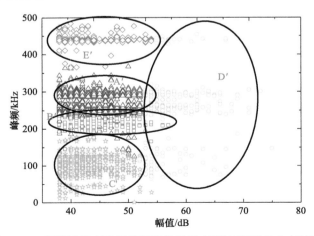

图 10.14　压缩试样声发射信号聚类结果(峰频与幅值的分布结果)

　　图10.15与图10.16分别表示压缩时热障涂层损伤声发射信号聚类后峰频与持续时间、幅值与持续时间的分布关系。从图可以得出，A′、B′、C′与 E′四类信号在幅值与持续时间分布上都存在很大的重叠，从幅值与持续时间上对信号很难进行分类。D′类信号为幅值与持续时间相对较大的信号。

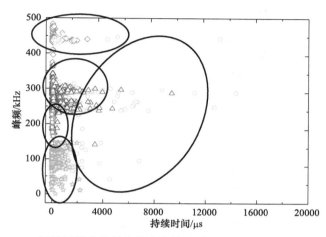

图 10.15　压缩试样声发射信号聚类结果(峰频与持续时间的分布结果)

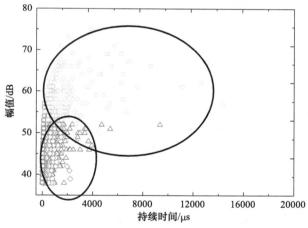

图 10.16　压缩试样声发射信号聚类结果(幅值与持续时间的分布结果)

　　图 10.17 为压缩失效过程的声发射信号的类型随着拉伸时间的分布结果。从图可知压缩失效过程中最先出现的为 E′类信号，其后主要为 A′与 C′类信号，B′与 D′类为相对较少的信号类型。研究表明[28]，在压缩载荷下涂层在压应变小于0.37%时，界面开裂以张开型界面裂纹为主，而在涂层内压应变大于0.37%时，界面开裂以剪切型界面裂纹为主。E′类信号频率范围为 0.4～0.5MkHz，A′类信号

频率范围为 0.26～0.30MHz，C′类信号频率范围为 0.13～0.16MHz。由此可以判断 E′类信号为张开型界面裂纹信号；A′类为剪切型界面裂纹信号；C′类为基底塑性变形信号以及一些低频噪声信号；B′类信号频率范围为 0.20～0.23MHz，所以 B′类信号为表面裂纹信号；D′类信号为幅值与能量都相当高的信号，即高能量的宏观裂纹引起的声发射信号。

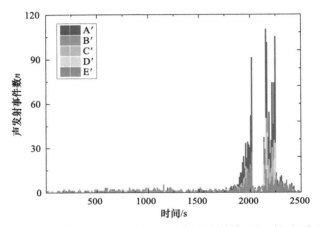

图 10.17　热障涂层压缩失效过程中各种失效模式与时间的分布

　　由上述聚类分析可以得出声发射信号峰频最能表征热障涂层损伤声发射信号模式类别，而其他参数间在分类上存在很大的重叠，无法对声发射信号进行分类。因此，频率是识别热障涂层裂纹模式的关键参数。与此同时，通过对声发射信号频谱分析表明，结合图 10.7、图 10.9 和图 10.14，表面裂纹信号频率范围为 0.20～0.23MHz，主频为 0.21MHz，剪切型界面裂纹信号频率范围为 0.26～0.30MHz，主频为 0.29MHz，张开型界面裂纹信号频率范围为 0.42～0.46MHz，主频为 0.44MHz，基底塑性变形信号频率范围为 0.13～0.16MHz，主频为 0.15MHz。

10.3　基于小波与神经网络的裂纹模式智能识别方法

　　由 10.2 节的分析可知，频率是裂纹模式识别的特征参数，但也看出每一种失效模式的频率并不是固定的，而是在一定范围内变化。同时，热障涂层失效过程中会产生成千上万的声发射信号，对每一个信号进行频谱分析来手动识别，工作量巨大。如能有效提取声发射信号的特征频段，并实现智能模式识别，则可大大提高效率。小波变换是一种信号的时间-尺度(频率)分析方法，在时频两域都具有表现局部特征的能力[29-32]；神经网络是从信息处理角度模拟生物神经网络建立的一种数学方法，通过已知模式的信号训练，形成算法，并以此为依据识别其他未知信号，是大数据智能分析的一种有效手段[33,34]。如果利用小波变换提取出模式识别的关键参数(如特征频段信息)，以此建立神经网络训练算法，则有可能实现声发射信号的智能模式识别。为此，本节提出基于小波变换与神经网络结合的裂纹模式智能识别方法[35]。

10.3.1　小波变换的基本原理与方法

1. 小波变换

设函数 $\psi(t) \in L^2(R)$（$L^2(R)$ 表示平方可积的实数空间，即能量有限的信号空间)，其傅里叶变换为 $\hat{\psi}(\omega)$，当 $\hat{\psi}(\omega)$ 满足允许条件[29-32]：

$$C_\omega = \int_{-\infty}^{+\infty} \frac{\left|\hat{\psi}(\omega)\right|^2}{|\omega|} \mathrm{d}\omega < \infty \tag{10.5}$$

称 $\psi(t)$ 为一个小波函数或母小波。

$\psi(t)$ 经过伸缩和平移有

$$\psi_{a,b}(t) = \frac{1}{\sqrt{a}} \psi\left(\frac{t-b}{a}\right) \tag{10.6}$$

其中，a 为伸缩因子(或尺度因子)，b 为平移因子，a 和 b 均为实数，且 $a>0$。$\psi_{a,b}(t)$ 称为依赖于 a，b 的连续小波基函数。

假设小波基函数 $\psi(t)$ 的时域中心和半径分别为 t^* 和 $\Delta\psi$，$\hat{\psi}(\omega)$ 的频率中心和半径分别为 ω^* 和 $\Delta\hat{\psi}$，那么小波伸缩函数 $\psi_{a,b}(t)$ 就是一个时域中心在 $b+at^*$ 且半径等于 $a\Delta\psi$ 的窗函数，这个窗为

$$[b+at^*-a\Delta\psi, b+at^*+a\Delta\psi]$$

相应的频域窗为

$$\left[\frac{\omega^*}{a} - \frac{\Delta\hat{\psi}}{a}, \frac{\omega^*}{a} + \frac{\Delta\hat{\psi}}{a}\right]$$

因而，小波变换反映了信号在一个时间——频率窗口内的信息，这个窗为

$$[b+at^*-a\Delta\psi, b+at^*+a\Delta\psi] \times \left[\frac{\omega^*}{a} - \frac{\Delta\hat{\psi}}{a}, \frac{\omega^*}{a} + \frac{\Delta\hat{\psi}}{a}\right] \tag{10.7}$$

因此，小波变换对信号的分析可以理解为：通过变换平移因子 b 使小波窗口在整个时间轴上移动，对时域局部信号逐步进行分析，通过改变尺度因子 a 可在

不同的频域区间对时间窗内的局部时域信号进行分析。由此看来，小波变换也可以理解为是一系列的滤波函数，在不同的频率范围内对信号进行分析。式(10.7)这个时频窗的重要特性是：当 a 减小时，时窗宽度减小，频窗宽度增大，此时时域分辨率很高，但是频域分辨率要降低，反之亦然。频率-时域窗口可调，是小波变换与傅里叶变换的本质区别。

对于一个给定的平方可积信号 $f(t)$，即 $f(t) \in L^2(R)$，$f(t)$ 的连续小波变换为

$$W_f(a,b) = \langle f, \psi_{a,b} \rangle = \frac{1}{\sqrt{a}} \int_{-\infty}^{\infty} f(t) \overline{\psi\left(\frac{t-b}{a}\right)} \mathrm{d}t \tag{10.8}$$

其中，$\overline{\psi\left(\dfrac{t-b}{a}\right)}$ 为 $\psi\left(\dfrac{t-b}{a}\right)$ 的共轭。

小波变换的逆变换定义为

$$f(t) = \frac{1}{C_\omega} \int_0^\infty a^{-2} \int_{-\infty}^{\infty} W_f(a,b) \mathrm{d}a\mathrm{d}b \tag{10.9}$$

在实际应用中，声发射信号一般都是离散化的数据，时间间隔不可能是连续的，故需要将连续小波及其变换离散化，将尺度因子 a 和平移因子 b 离散化为

$$\begin{cases} a = a_0^j, & a_0 > 0 \\ b = ka_0^j b_0, & b_0 > 0 \end{cases} \quad j,k \text{为整数} \tag{10.10}$$

则可定义离散的小波基：

$$\psi_{j,k}(t) = a_0^{-j/2} \psi\left(a_0^{-j} t - kb_0\right) \tag{10.11}$$

离散小波变换为

$$W_f(j,k) = \langle f(t), \psi_{j,k}(t) \rangle = \int f(t) \overline{\psi_{j,k}(t)} \mathrm{d}t \tag{10.12}$$

则对于任意平方可积的信号 $f(t)$，有

$$f(t) = \sum_{-\infty}^{\infty} \sum_{-\infty}^{\infty} W_f(j,k) \psi_{j,k}(t) \tag{10.13}$$

为了方便计算，通常将离散小波基中的常数取为：$a_0 = 2$，$b_0 = 1$，构成二进小波和二进小波变换。本章中的小波变换均指二进小波变换，其离散小波序列为

$$\psi_{j,k}(t) = 2^{-j/2} \psi\left(2^{-j} t - k\right) \tag{10.14}$$

其中，j，k 为整数，也称为尺度因子和平移因子。

2. 多分辨率分析

小波变换中的伸缩参数实质上描述了观测信号的范围，也就是尺度，在信号处理中也通常称为分辨率。所以小波变换也可以理解为信号的多尺度分析，即一种由粗到精对信号的逐级分析方法[29-32]。其思想可以用照相机焦距与景物的局部与全局的关系来解释。用镜头观察目标 $f(t)$，小波的基函数 $\psi_{a,b}(t)$ 代表了镜头所起的作用。其中，b 相当于镜头从左到右进行平移扫描，尺度因子 a 的作用相当于镜头向目标推进或远离。当尺度因子 a 较大时，视野宽，可以观察到信号的概貌；反之，当 a 较小时，视野窄，可以观察到信号的细节。以二进小波变换为例，我们说尺度为 a^j（为简便，一般直接称 j 为尺度），在时域上的分辨率为 a^j，在频率空间的分辨率为 $f_s / 2^j$（f_s 为有效采样频率）。

如图 10.18 所示，形象的说，多分辨率分析就是构造嵌套的闭子空间序列 $\left\{W_j\right\}_{j \in Z}$，而所有空间的闭包则逼近 $L_2(R)$。其中，j 表示不同尺度，V_j 是在分辨率为 $f_s / 2^j$ 时对 $L_2(R)$ 的逼近，分辨率越高，逼近程度越高。在多分辨分析中，将引出与小波函数 $\psi(t)$ 紧密相连的另一个分析函数——尺度函数 $\phi(t)$，并构造出 $L_2(R)$ 的标准正交小波子空间序列 $\left\{W_j\right\}_{j \in Z}$。

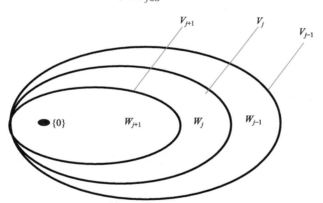

图 10.18　$L_2(R)$ 空间的线性函数空间序列 $\left\{V_j\right\}_{j \in Z}$ 逼近

多分辨率分析的子空间序列 $\left\{V_j\right\}_{j \in Z}$ 满足：

(1) 嵌套性：$V_{j+1} \subset V_j$，$(j \in Z)$；

(2) 逼近与隔离性：$\bigcup_{j \in Z} V_j = L^2(R)$，$\bigcap_{j \notin Z} V_j = \{0\}$；

(3) 伸缩性：$f(t) \in V_0 \Leftrightarrow f\left(2^{-j} t\right) \in V_j$；

(4) 平移不变性：对于任意整数 k，有 $f(t) \in V_0 \Leftrightarrow f(t-k) \in V_0$；

(5) 正交性：存在函数 $\phi(t) \in V_0$，使得 $\{\phi(t-k), k \in Z\}$ 是 V_0 的标准正交基，则函数系 $\left\{\phi_{j,k}(t) = 2^{-j/2}\phi(2^{-j}t - k), j, k \in Z\right\}$，$(j, k \in Z)$ 构成子空间 V_j 的标准正交基。$\phi(t)$ 称为多分辨分析的尺度函数，V_j 称为尺度空间。

由上面的分析可知，多分辨分析的一系列尺度空间是由同一尺度函数在不同尺度下伸缩平移而成的，也即一个多分辨分析 $\{V_j\}_{j \in Z}$ 对应一个尺度函数。所以，有时也称 $\{V_j\}_{j \in Z}$ 是由尺度函数 $\phi(t)$ 生成的多分辨率分析，而称 $\phi(t)$ 是 $\{V_j\}_{j \in Z}$ 的生成元。对于固定的 j，函数系 $\{\phi_{j,k}(t),\ k \in Z\}$ 是 V_j 的一个标准正交基。但因为 $\{V_j\}_{j \in Z}$ 彼此之间的嵌套关系，使其在空间上存在重叠，故 $\{V_j\}_{j \in Z}$ 并不是 $L_2(R)$ 的正交分解。为此，需构建 V_j 的正交补空间 W_j，如图 10.18 所示，有

$$V_j \perp W_j, \quad V_{j-1} = V_j \oplus W_j \tag{10.15}$$

对于子空间列 $\{W_j\}_{j \in Z}$，有

(1) 对于任意的 j 和 j'，子空间 W_j 和 $W_{j'}$ 相互正交；

(2) $\cdots, V_0 = V_1 \oplus W_1 = (V_2 \oplus W_2) \oplus W_1 = \cdots = V_j \oplus W_1 \oplus W_2 \oplus \cdots \oplus W_j$，当 $j \to +\infty$ 时，即得到 $L^2(R)$ 的一个正交分解，

$$L^2(R) = \underset{j \in Z}{\oplus} W_j \tag{10.16}$$

图 10.18 所描述的多分辨分析，可以进一步通过小波分解树结构来形象地描述，如图 10.19 所述的三层小波分解树结构图。其中 S 代表原始信号，可认为是未经过小波分解或者说分解尺度为 0 级的子空间，即 V_0；一级分解时可分为低频 C1 和高频 D1 两部分分别代表 V_1 子空间及其正交补 W_1；二级分解时，进一步对 V_1 子空间的 C1 部分进行低频和高频分解，得到 C2 和 D2，以此类推。从图中可以再次得出：V_j 空间彼此是相互包含的关系，即 C3 $\in$ C2 $\in$ C1；对每一尺度，都有 $V_{j-1} = V_j + W_j$，如 C1= C2 + D2；V_j 的正交补空间即小波空间 W_j 在频率上是互补的、且没有相互包含关系，即 D1、D2、D3 分别代表不同频段的细节信号。同时也可以看出，原始信号 S = C3+D1+D2+D3。由此得出，多分变率分析是构造一个起带通滤波器作用的正交小波基，其正交小波基在频率上高度逼近 $L^2(R)$ 空间[36,37]。

若 $f(t) \in W_0$，则 $f(t) \in V_{-1} - V_0$，由多分辨分析的伸缩性可得 $f(2^{-j}t) \in V_{j-1} - V_j$，

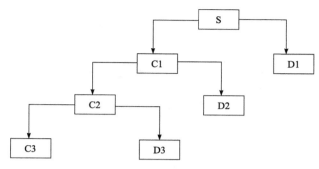

图 10.19 三层小波分解树结构图

即 $f\left(2^{-j}t\right) \in W_j$。若设函数 $\psi(t)$ 的整数平移 $\{\psi(t-k)\}_{k \in Z}$ 构成 W_0 的标准正交基，则对所有尺度 $j \in Z$，$\psi_{j,k}(t) = 2^{-j/2}\psi(2^{-j}t-k), k \in Z$ 必为子空间 W_j 的标准正交基。根据 $\{W_j\}_{j \in Z}$ 的正交性，可推断 $\{\psi_{j,k}(t) = 2^{-j/2}\psi(2^{-j}t-k), k \in Z\}$ 构成空间 $L_2(R)$ 的标准正交基。

根据离散小波基的定义，此处的 $\psi_{j,k}(t)$ 正是由同一母函数伸缩平移得到的正交小波基。因此，称 $\psi(t)$ 为小波函数，相应地称 W_j 为尺度为 j 的小波空间。

对于任何一个信号 $f(t) \in L^2(R)$，在某一有限尺度 j 下，分别往 W_j 空间投影得到平滑近似为 $C_j f(t)$，细节信息 $D_j f(t)$，由于 W_j 空间之间是正交关系，因此某一特定尺度，如 j 尺度下，可以将信号表示为

$$f(t) = C_j f(t) + \sum_{i=0}^{j} D_i f(t) \tag{10.17}$$

3. 二尺度方程与正交小波变换

多尺度分析，实际上是构造了一个空间逐级做二剖分的框架来做多分辨分析。不难发现其核心是找到 V_0、W_0 空间的正交归一化基尺度函数 $\phi(t)$ 和小波函数 $\psi(t)$。只要他们已知，分析就可以逐步进行。因此，讨论尺度函数 $\phi(t)$ 和小波函数 $\psi(t)$ 的基本性质是非常重要的。

二尺度方程是多尺度分析赋予尺度函数 $\phi(t)$ 和小波函数 $\psi(t)$ 的基本性质，描述的是两个相邻尺度 V_j 和 V_{j-1} 的基函数之间的内在联系。设 $\phi(t)$ 和 $\psi(t)$ 分别为尺度空间 V_0 和小波空间 W_0 的一个规范正交基函数。由于 $V_0 \subset V_{-1}$ 且 $W_0 \subset V_{-1}$，故 $\phi(t)$ 和 $\psi(t)$ 必属于 V_{-1} 空间，则 $\phi(t)$ 和 $\psi(t)$ 可以用 V_{-1} 空间的规范基展开[29, 37]，

$$\begin{cases} \phi(t) = \sum_{l \in Z} h(l) \phi_{-1,l}(t) = \sqrt{2} \sum_{l \in Z} h(l) \phi(2t - l) \\ \psi(t) = \sum_{l \in Z} g(l) \phi_{-1,l}(t) = \sqrt{2} \sum_{l \in Z} g(l) \phi(2t - l) \end{cases} \tag{10.18}$$

其中的系数 $h(l)$ 与 $g(l)$ 很容易根据内积运算得到，即

$$\begin{cases} h(l) = \left\langle \phi(t), \phi_{-1,l}(t) \right\rangle \\ g(l) = \left\langle \psi(t), \phi_{-1,l}(t) \right\rangle \end{cases} \tag{10.19}$$

式(10.18)描述的是相邻尺度的基函数之间的关系，称为二尺度方程。通过式(10.18)和式(10.19)可发现，当小波函数 $\psi(t)$ 和尺度函数 $\phi(t)$ 给定(具体将在 10.3.2 节中进行确定)，$h(l)$ 与 $g(l)$ 即可确定。此外，根据 $W_0 \perp V_0$，说明 $h(l)$ 与 $g(l)$ 需正交，可推导出 $g(l) = (-1)^l h(1-l)$[29]。

实际上，二尺度方程存在于任意相邻的尺度空间，即

$$\begin{cases} \phi_{j,k}(t) = \sum_{l \in Z} h(l - 2k) \phi_{j-1,l}(t) \\ \psi_{j,k}(t) = \sum_{l \in Z} g(l - 2k) \phi_{j-1,l}(t) \end{cases} \tag{10.20}$$

二尺度系数 $h(l)$ 与 $g(l)$ 由尺度函数 $\phi(t)$ 和小波函数 $\psi(t)$ 决定，而与具体的尺度 j 无关。将 $\phi_{j-1,l}(t)$ 通过 $h(l)$ 得到低频平滑近似 $\phi_{j,k}(t)$，因此 $h(l)$ 也被称为低通滤波器系数；同理，$\phi_{j-1,l}(t)$ 通过 $g(l)$ 将得到高频细节 $\psi_{j,k}(t)$，因此 $g(l)$ 被称为高通滤波器系数。通常称 $h(l)$ 与 $g(l)$ 为滤波器系数。$h(l)$ 与 $g(l)$ 的傅里叶变换分别称为低通小波滤波器和高通滤波器。

定义 j 尺度下的尺度系数与小波系数：

$$\begin{aligned} c_{j,k} &= \left\langle f(t), \phi_{j,k} \right\rangle = \int_{-\infty}^{\infty} f(t) \phi_{j,k} \mathrm{d}t \\ d_{j,k} &= \left\langle f(t), \psi_{j,k} \right\rangle = \int_{-\infty}^{\infty} f(t) \psi_{j,k} \mathrm{d}t \end{aligned} \tag{10.21}$$

可以构造平方可积的函数或信号 $f(t)$ 由 $L^2(R)$ 分别得到 V_j 和 W_j 的平滑近似与细节分解 $D_j f(t)$ (符号标记，代表高频近似信号)：

$$\begin{aligned} C_j f(t) &= \sum_{k \in Z} c_{j,k} \phi_{j,k}(t) \\ D_j f(t) &= \sum_{k \in Z} d_{j,k} \psi_{j,k}(t) \end{aligned} \tag{10.22}$$

其中，$C_j f(t)$ 和 $D_j f(t)$ 均为符号标记，分别代表低频部分逼近和高频近似信号。

小波分解后的重构信号 $f(t)$ 可描述为

$$f(t) = C_j f(t) + \sum_{i=1}^{j} D_i f(t) = \sum_{k \in Z} c_{j,k} \psi_{j,k}(t) + \sum_{i=1}^{j} \sum_{k \in Z} d_{i,k} \psi_{j,k}(t) \tag{10.23}$$

为了方便，将 $C_j f(t)$、$D_j f(t)$ 分别记为 $f_0(t)$、$f_j(t)$，则小波分解后的重构信号 $f(t)$ 可描述为

$$f(t) = \sum_{i=1}^{j} f_i(t) \tag{10.24}$$

需注意的是，在式(10.21)～式(10.23)中，j 为特定的尺度，k、i 为整数，不写求和符号时尽管出现两次也不代表求和。这种把信号分解成不同频率范围成分的多分辨分析思想，是声发射信号模式识别的基础，只有各种损伤模式能在频率区间分开，才能达到识别的目的。

4. 小波包变换

小波包分析是比小波分析更加精细的信号分析方法，小波分析仅仅是对尺度空间 V_j 即低频部分进行分解，而小波包分析在对尺度空间 V_j 进行分解的同时，也对小波空间 W_j 即高频部分进行进一步的分解[38]，使得信号能够获得更高频谱分辨率，具有更好的频谱特性。

用一个四层的分解为例，对小波包进行说明，其小波包分解树如图 10.20 所示。图中，$h(l)$ 与 $g(l)$ 分别为低通与高通滤波系数，每一层分解时，都同时对低频与高频部分进一步分解。四层分解，即分解尺度 $j=4$ 时，频率空间被分为 16 个频段。

为了对小波子空间 W_j 按照二进制进行频率的细分，自然的做法是将尺度子空间 V_j 和小波子空间 W_j 用一个新的子空间 U_j^n 统一起来，若令

$$U_j^1 = V_j, \quad U_j^2 = W_j, \quad j \in Z \tag{10.25}$$

则尺度空间 $V_j = V_{j+1} + W_{j+1}$ 的正交分解可用 U_j^n 的分解统一为

$$U_j^1 = U_{j+1}^1 + U_{j+1}^2 \tag{10.26}$$

定义子空间 U_j^n 是函数 $u_{j,k}^n(t)$ 的小波包空间，而 U_j^{2n} 是函数 $u_{j,k}^{2n}(t)$ 的小波包空间，并令 $u_{j,k}^n(t)$ 满足下面的二尺度方程：

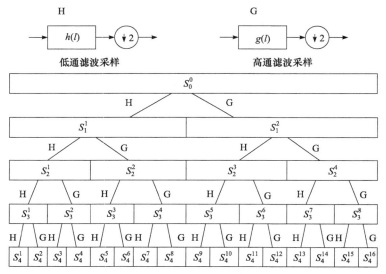

图 10.20 四层小波包分解树结构图

$$\begin{cases} u_{j,k}^{2n-1}(t) = \sqrt{2} \sum_{l \in Z} h(l-2k) u_{j,l}^{n}(2t-l) \\ u_{j,k}^{2n}(t) = \sqrt{2} \sum_{l \in Z} g(l-2k) u_{j,l}^{n}(2t-l) \end{cases} \tag{10.27}$$

式中，$g(l) = (-1)^l h(1-l)$，即两系数也具有正交关系。当 $n=1$ 时，以上两式直接给出，

$$\begin{cases} u_{j,k}^{1}(t) = \sqrt{2} \sum_{l \in Z} h(l-2k) u_{j,l}^{1}(2t-l) \\ u_{j,k}^{2}(t) = \sqrt{2} \sum_{k \in Z} g(l-2k) u_{j,l}^{1}(2t-l) \end{cases} \tag{10.28}$$

与多分辨分析中尺度函数 $\phi(t)$ 和小波函数 $\psi(t)$ 的双尺度方程比较，可知 $u_{j,k}^{1}(t)$ 和 $u_{j,k}^{2}(t)$ 即为小波包变换的尺度函数和小波基函数。式(10.28)是式(10.26)的等价。把这种等价表示推广到 n 为非负整数的情况，即得到式(10.27)的等价表示为

$$U_j^n = U_{j+1}^{2n-1} + U_{j+1}^{2n} \tag{10.29}$$

将信号 $f(t)$ 在子空间 U_j^n 分别做低通 $h(k)$ 与高通 $g(k)$ 滤波，可得出下一级分解时的近似信号 $d_{j,k}^{2n}(t)$ 与细节信号 $d_{j,k}^{2n+1}(t)$ [36,38]：

$$
\begin{cases}
d_{j,k}^{2n-1}(t) = \sum_k h(l-2k)d_{j-1,l}^n(t) \\
d_{j,k}^{2n}(t) = \sum_k g(l-2k)d_{j-1,l}^n(t)
\end{cases} \tag{10.30}
$$

对于一给定声发射信号 $f(t)$ 其小波包变换系数 $d_{j,k}^n$ 可以通过下式得到

$$
d_{j,k}^n = \left\langle f(t), u_{j,k}^n \right\rangle = \int_{-\infty}^{\infty} f(t)u_{j,k}^n \mathrm{d}t \tag{10.31}
$$

则信号在每一节点上的小波包成分可以通过下式重构：

$$
f_j^n(t) = \sum_{k=-\infty}^{\infty} d_{j,k}^n u_{j,k}^n(t) \tag{10.32}
$$

再次说明，上式中尺度 j、序号 n 只是整数，尽管出现两次但不做求和运算。

回到图 10.20 的四层小波包分解即 $j=4$，一个有效采样频率为 f_s（一般为信号采样频率的 1/2）的信号 $f(t)$（用 S 表示），被分解成 $2^j=16$ 个不同频率段的子信号，其每一段的频率范围为

$$
\left[\frac{(n-1)f_s}{2^j}, \frac{nf_s}{2^j} \right], \quad n=1,2,\cdots,2^j \tag{10.33}
$$

5. 小波能谱系数

根据前面的分析可知，信号经过尺度为 j 的小波或小波包变换后，信号的重构可以描述为这一尺度下各个子空间内信号的和，以小波包为例，可表示为

$$
f(t) = \sum_{n=1}^{2^j} f_j^n(t) \tag{10.34}
$$

其每一尺度下节点能量计算公式为

$$
E_j^n(t) = \sum_{\tau=t_0}^{t} (f_j^n(\tau))^2 \tag{10.35}
$$

式中，t_0 与 t 分别为信号起始与持续时间。

信号的总能量计算公式为[35, 38]

$$
E(t) = \sum_{n=1}^{2^j} E_j^n(t) \tag{10.36}
$$

定义各小波尺度下声发射信号的节点能量与总能量的比值为小波能谱系数，其计算式为

$$
R_n = \frac{E_j^n}{E(t)}, \quad n=1,2,\cdots,2^j \tag{10.37}
$$

小波能谱系数最大值的小波尺度为信号特征尺度，相应频段为信号的特征频段。

其相应的特征向量 $\boldsymbol{R}$ 可表示为

$$\boldsymbol{R} = \left[R_1, R_2, \cdots, R_n \right], \quad n = 1, 2, \cdots, 2^j \tag{10.38}$$

其特征向量将作为后述神经网络模式识别的特征向量。

10.3.2　热障涂层损伤声发射信号小波分析

1. 小波基的选择

小波基的种类繁多，凡是满足允许条件即式(10.5)的函数都可以构成小波基。对于同一声发射信号，不同的小波基对其进行分析，得到的结果会存在一定的差异性。许多研究者对声发射信号分析的小波基函数选取问题进行了讨论，认为应该选取与声发射信号相似，在时域具有紧支性、在频域具有快速衰减以及具有一定阶次消失矩的离散小波基[37, 39, 40]。常用的小波基函数有 Daubechies 小波、Symlets 小波与 Coiflets 小波。经过反复的实验与分析，热障涂层损伤声发射适合采用 Daubechies 小波(简称 db 小波)，其小波基的消失矩为 4～8。考虑低的消失矩无法突出信号奇异特征，太高的消失矩会增加小波分析计算量，建议采用"db8"小波[23,35]。

2. 基于小波包变换的声发射信号时域分析

采用 db8 小波对声发射信号进行四层小波包分解，信号被分解成 16 个节点子信号，每一节点信号的频率宽度为 0.0625MHz。其具体每一节点频率范围可由式(10.33)得出。图 10.21～图 10.28 分别给出了表面裂纹信号、剪切型界面裂纹信号、张开型界面裂纹信号和基底塑性变形信号的频谱图与时频重构图。由于热障涂层损伤声发射信号频谱基本上分布于 0～0.5MHz，故只画出前 8 个节点信号波形及频谱。可以看出，表面裂纹信号能量主要集中在 S_4^4，对应频率段为 0.1875～0.25MHz；剪切型界面裂纹信号能量主要集中在 S_4^5，对应频率段为 0.25～0.3125MHz；张开型界面裂纹信号能量主要集中在 S_4^8，对应频率段为 0.4375～0.5MHz；基底塑性变形信号能量主要集中在 S_4^3 节点上，对应频率段为 0.125～0.1875MHz，与图 10.10 及图 10.14 所给出的表面裂纹 0.20～0.23MHz、剪切型界面裂纹 0.26～0.30MHz、张开型界面裂纹 0.4～0.5MkHz、基底塑性变形 0.13～0.16MHz 结果一致。

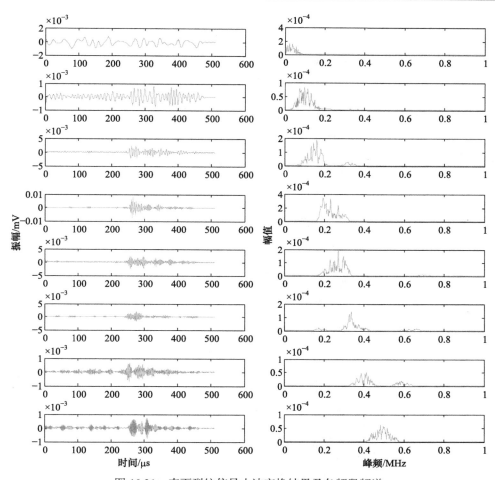

图 10.21　表面裂纹信号小波变换结果及各频段频谱

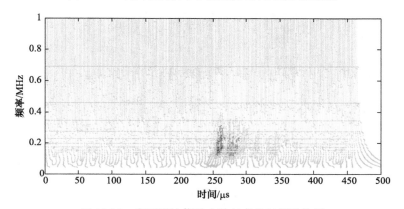

图 10.22　表面裂纹信号小波包变换时频重构图

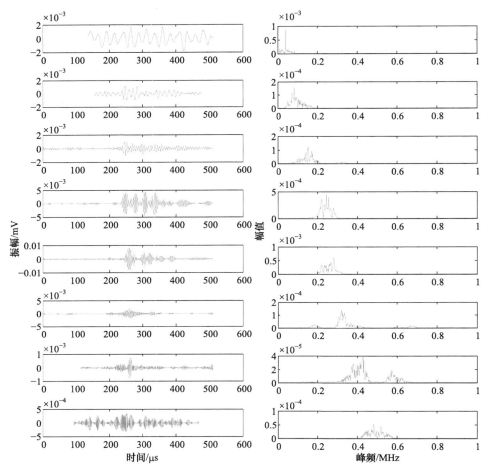

图 10.23 剪切型界面裂纹信号小波变换结果及各频段频谱

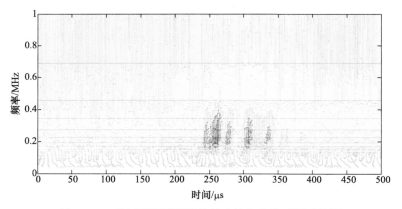

图 10.24 剪切型界面裂纹信号小波包变换时频重构图

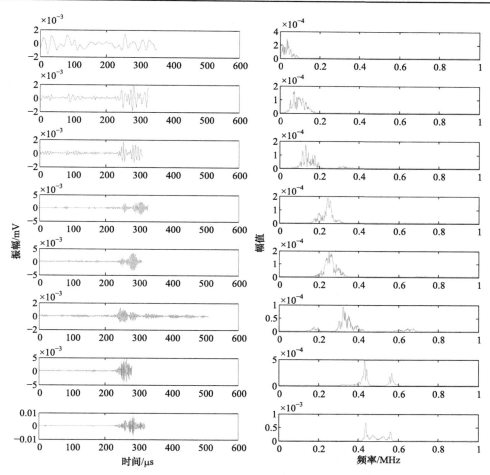

图 10.25　张开型界面裂纹信号小波变换结果及各频段频谱

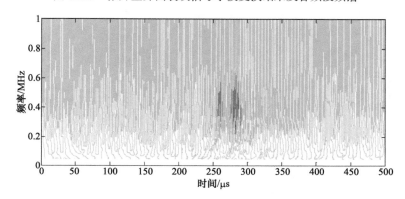

图 10.26　张开型界面裂纹信号小波包变换时频重构图

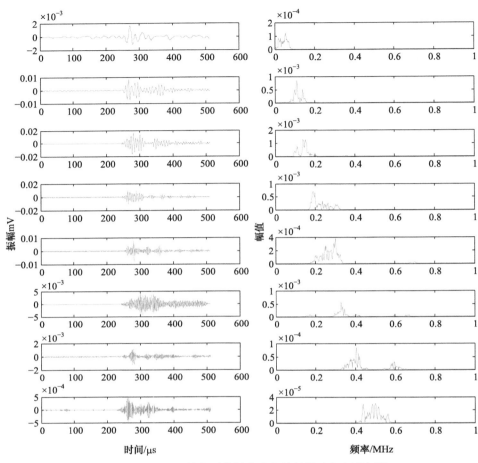

图 10.27　基底塑性变形信号小波变换结果及各频段频谱

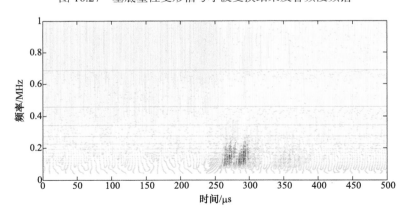

图 10.28　基底塑性变形信号小波包变换时频重构图

3. 声发射信号小波能谱系数特征提取

根据式(10.37)提取热障涂层表面裂纹信号、剪切型界面裂纹信号、张开型界面裂纹信号及基底塑性变形信号小波能谱系数，获得其相应特征向量为 $\boldsymbol{R}$，如图 10.29(a)、(b)、(c)、(d)所示，能量分别集中在 $4(S_4^4)$、$5(S_4^5)$、$8(S_4^8)$、$3(S_4^3)$ 频段，与图 10.21～图 10.28 完全相同。图 10.29 能够非常直观地说明信号在不同频率段上的分布情况，意味着将小波能谱系数作为声发射信号的特征向量，能够很好地对声发射信号进行模式分类与识别。

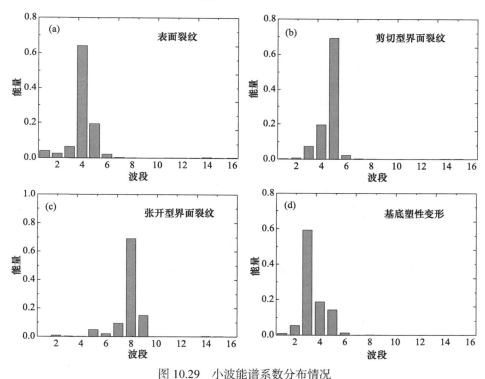

图 10.29　小波能谱系数分布情况
(a) 表面裂纹；(b) 剪切型界面裂纹；(c) 张开型界面裂纹；(d) 基底塑性变形

10.3.3　基于神经网络的声发射信号模式智能识别方法

1. BP 人工神经网络

人工神经网络是以数学与物理的方法从信息处理角度模拟生物神经网络建立的一种数学模型[33,34]，以其自学习、自组织和自适应性等能力，广泛应用于模式识别、图像处理、智能控制等领域。BP 意为误差反向传播，是目前使用最广泛的一种神经网络，它是一种典型的多层前向网络，层与层之间多采用全互联，同层之间无连接。一个三层 BP 网络的结构如图 10.30 所示,含一个输入层(input layer)、一个隐含层(hide layer)与一个输出层(output layer)。

以三层 BP 网络为例来讨论 BP 算法的基本原理,为便于分析,先定义如图 10.30 中的三层 BP 网络。输入神经元 R_n,也称为输入向量,n 为输入层神经元节点数,取决于模式识别输入向量的维数;隐含层单元 p_i,其中 i 为隐含层神经元节点数;输出层神经元 q_l,其中 l 为输出层神经元节点数,取决于模式识别的结果类别数。BP 算法过程可以分为两个部分:一为信号的正向传递过程,二为误差的反向传播过程[33, 34]。

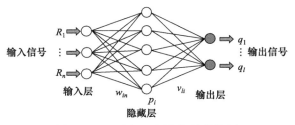

图 10.30　三层 BP 网络拓扑结构图

1) 信息的正向传递过程

正向传递,信号从输入传递到隐含层、并进一步传递到输出层的过程。隐含层第 i 个神经元的输出 p_i 与输入神经元 R_n 的关系为

$$p_i = g(\sum_{n=1}^{N} w_{in} R_n) \tag{10.39}$$

输出层第 l(与 $h(l)$ 中的 l 无关)个神经元的输出 q_l 与隐含层神经元 p_i 的传递关系为

$$q_l = g(\sum_{i=1}^{I} v_{li} p_i) \tag{10.40}$$

其中,w_{in} 与 v_{li} 分别为隐含层与输入层、输出层与隐含层之间的权值矩阵,N 为输入层节点数,I 为隐含层节点数。$g(x)$ 为传递函数,通常采用 S 型的正切函数、对数函数或线性函数,又以对数函数最为常见[41,42],即

$$g(x) = \frac{1}{1 + \exp(-x)} \tag{10.41}$$

2) 误差反向传播过程

首先定义传递误差,即理想输出向量 Q_l 与网络训练输出神经元 q_l 的误差平方和:

$$e = \frac{1}{2} \sum_{l=1}^{L} (Q_l - q_l)^2 \tag{10.42}$$

其中,L 为输出神经元节点数。

对输出层权值进行修正[33,41]：

$$\Delta v_{li} = -\eta \frac{\partial e}{\partial v_{li}} = -\eta \frac{\partial e}{\partial q_l} \cdot \frac{\partial q_l}{\partial v_{li}} \tag{10.43}$$

结合式(10.40)、式(10.41)和式(10.42)，可得出

$$\Delta v_{li} = \eta q_l (1 - q_l)(Q_l - q_l) p_i \tag{10.44}$$

同理，可修正输入层权值：

$$\Delta w_{in} = -\eta \frac{\partial e}{\partial w_{in}} = -\eta \frac{\partial e}{\partial p_i} \cdot \frac{\partial p_i}{\partial w_{in}} = -\eta \frac{\partial e}{\partial q_l} \cdot \frac{\partial q_l}{\partial p_i} \cdot \frac{\partial p_i}{\partial w_{in}} \tag{10.45}$$

结合式(10.39)、式(10.40)、式(10.41)和式(10.42)，可得出

$$\Delta w_{in} = \eta p_i (1 - p_i) \sum_l q_l (1 - q_l)(Q_l - q_l) v_{li} R_n \tag{10.46}$$

式(10.43)～式(10.46)中，η 为学习因子。BP 网络就是通过不断的调整输入层、输出层的网络权值，直到误差达到标准或是达到迭代终止条件，网络训练结束。

为了使得学习效率加快，学习因子 η 应该取得大些，但过大又容易引起振荡。为此，为了使 η 取得足够大，同时又不引起振荡，通常再进行权值修正时，可以再引入一个惯性项即前次权值的贡献量。考虑惯性项后输出层与输入层的权值修正为[33,41]

$$\Delta w'_{in}(m) = \Delta w_{in}(m) + \beta[w_{in}(m) - w_{in}(m-1)] \tag{10.47}$$

$$\Delta v'_{li}(m) = \Delta v_{li}(m) + \beta[v_{li}(m) - v_{li}(m-1)] \tag{10.48}$$

其中，β 为动量因子，$\Delta v_{li}(m)$、$\Delta w_{in}(m)$ 分别由式(10.44)和式(10.46)确定。

2. 热障涂层损伤声发射信号的 BP 神经网络模式识别

BP 神经网络方法具体应用到热障涂层，还需从以下几个方面来考虑。

(1) 输入层、输出层和隐含层的节点数。对热障涂层而言，小波能谱系数含 16 个分量，故输入层节点数 N=16；有 4 种失效模式，即输出层节点数 L=4。设定[1 0 0 0]、[0 1 0 0]、[0 0 1 0]、[0 0 0 1]分别代表表面裂纹、剪切型界面裂纹、张开型界面裂纹和基底塑性变形。隐含层的节点数通过下式来确定[33,35,36]：

$$I = \sqrt{N + L} + a \tag{10.49}$$

a 为 1～10 之间的常数。已确定输入层节点数为 16，输出层节点数为 4，则可以初步判定隐含层可取 5～14 之间的数，并通过试凑法确定，且根据网络误差最小时所对应的隐含层节点数来确定。对热障涂层而言，隐含层节点数为 10。

(2) 初始权值 w_{in} 与 v_{li} 的选择。BP 算法属于梯度算法，初始权值选得太大，则极易使得加权后落在饱和区，使得式(10.44)和式(10.46)非常小，即网络权值调节过程停滞。基于长期的经验，初始权值 w_{in} 与 v_{li} 一般选择(−1,1)的随机数[33,36]。

(3) 学习因子、惯性因子、最大循环次数以及期望误差的确定。学习因子决定着每一次循环训练中网络权值变化的大小。大的学习速率可能会导致网络训练的不稳定，小的学习速率则可能使得系统训练过程中权值调节太小，收敛速度太慢。一般取 0.01～1 之间的值[36]，对热障涂层而言，选取 η=0.8，β=0.95，网络最大循环迭代次数 5000 次，期望误差值为 0.001[35]。

对已知信号模式的 400 个声发射信号，其中表面裂纹信号、剪切型界面裂纹信号、张开型界面裂纹信号及基底塑性变形信号各 100 个，作为样本进行网络训练与识别。按照 60%、20%和 20%的比例随机分成训练集、测试集与验证集，训练集负责对神经网络的训练并调整网络的权值。测试集不参与训练，用来考察神经网络对未知声发射信号的识别效果[43]。验证集参与网络训练，监控网络误差。图 10.31 为 BP 网络训练过程中误差变化曲线图，训练集、测试集与验证集的误差曲线趋势基本一致，均随训练次数增加误差逐渐减小，175 次后达到最小值，代表网络已达到设定要求。表 10.1 为训练后 BP 网络对热障涂层损伤声发射信号的识别结果。从表可以看出网络对四种声发射信号的识别率高达98%以上。由此可得，该神经网络能够达到自动识别热障涂层损伤声发射信号的目标。

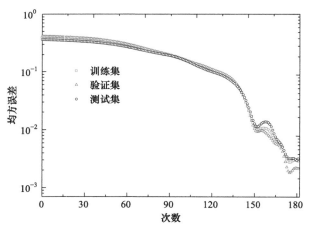

图 10.31　BP 网络训练过程中误差变化曲线图

表 10.1　BP 网络对热障涂层损伤声发射信号的识别结果

裂纹模式	信号样本	识别数	识别率
表面裂纹	100	98	98%
剪切型界面裂纹	100	99	99%
张开型界面裂纹	100	99	99%
基底塑性变形	100	100	100%

进一步，应用 BP 网络对拉伸与压缩载荷下热障涂层损伤过程进行模式识别。图 10.32 为拉伸载荷下不同裂纹模式声发射信号的演变曲线，早期阶段即加载 100s 之前对应基底屈服，热障涂层损伤裂纹模式主要为表面裂纹[23]。然而，在 1600～1800s 时表面裂纹趋于饱和。在 1850s 时，剪切型界面裂纹开始出现并迅速增长，陶瓷层表面出现明显的散裂。与表面裂纹和界面裂纹相比，基底塑性变形信号非常少可以忽略不计，说明了涂层抗拉变形能力较差。同时也看到，张开型界面裂纹信号较少，说明拉伸时涂层剥落是界面剪应力引起的。

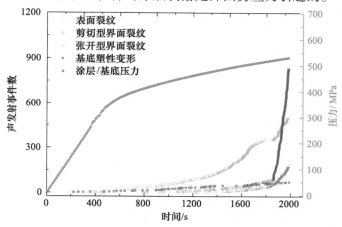

图 10.32　拉伸载荷下不同裂纹模式声发射信号的演变曲线

如图 10.33 所示，压缩载荷下主要的三种损伤模式是表面裂纹、剪切型界面裂纹与张开型界面裂纹，基底塑性变形信号基本可以忽略。压缩加载 2000s 前，主要声发射信号模式为张开型界面裂纹。2000s 后剪切型界面裂纹信号迅速曾加，远远大于张开型界面裂纹信号，表明在压缩载荷下剪切型界面裂纹是涂层剥落的主要形式失效。

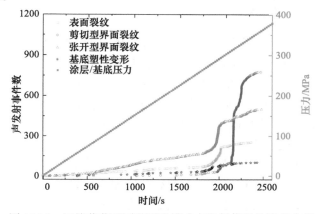

图 10.33　压缩载荷不同种裂纹模式声发射信号的演变曲线

　　通过上述分析，可以总结出基于小波包变换与神经网络技术的热障涂层损伤声发射信号模式智能识别方法，其流程图如图 10.34 所示。采集损伤声发射信号；通过采用小波函数"db8"对声发射信号进行四层小波包分解，提取其每一节点上小波能谱系数作为声发射信号的特征参数，并以此作为 BP 神经网络的输入向量；根据 BP 网络输出向量确定声发射信号损伤模式类别。因此，通过热障涂层不同损伤模式声发射信号的分布特征确定其失效形式。需指出的是，如果在涂层失效过程中出现新的裂纹模式，则可以通过上述的方法重新确定小波能谱系数与神经网络的结构来实现声发射信号模式的智能识别。

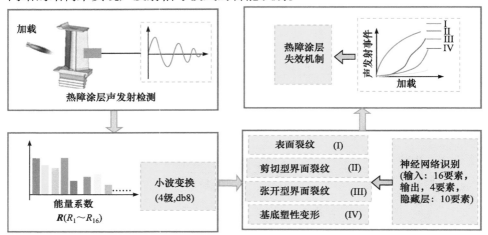

图 10.34　热障涂层声发射信号裂纹模式识别流程图

10.4　热障涂层关键损伤的定量评价

10.4.1　损伤定量的基本思路

　　热障涂层损伤过程的声发射定量表征需要解决两个问题：首先是描述热障涂层损伤的参数以及表征损伤的声发射参数，其次是建立声发射参数和热障涂层损伤参数的定量关系。上面的分析中已知，表面裂纹、界面裂纹(包括剪切型和张开型)是热障涂层的关键裂纹模式。如果能通过简单载荷建立各种裂纹模式与声发射信号参数的定量关系，则可利用这种关系以及复杂环境下的声发射信号特征，去预测复杂环境下的损伤演变。

　　如 10.3 节的分析，轴向拉伸载荷作用下，热障涂层失效经历三个过程：①表面裂纹在陶瓷层内萌生、扩展，并随着载荷增加裂纹数量迅速增加直至达到一个饱和裂纹密度；②表面裂纹延伸至陶瓷/黏结层界面并沿界面扩展形成界面裂纹，在这一过程中少数表面裂纹甚至延伸到黏结层/基底界面；③界面裂纹连结最终导致涂层剥落。因此，在热障涂层拉伸失效过程中表面裂纹密度是定量表征热障涂层损伤的一个重要参数。轴向压缩载荷作用下，陶瓷层容易发生屈曲。陶瓷层从基底上屈曲导致界面开裂，开裂行为首先出现在 TC/BC 界面结合力相对较弱的位置[28]。其失效主要经历三个宏观过程：①陶瓷层开始屈曲，界面裂纹起始；②屈曲界面裂纹扩展，屈曲涂层里面位移增加；③屈曲涂层断裂与边界分层剥落。因此，界面裂纹长度是表征热障涂层屈曲损伤的一个重要参数。

不管是表面裂纹，还是界面裂纹，其声发射信号的能量都来源于裂纹形成或扩展时的能量释放，故必然有

$$E_{el} = \alpha E_{AE} \tag{10.50}$$

式中，E_{el} 为裂纹扩展释放的应变能，E_{AE} 为声发射信号的能量，α 为与声发射仪器相关的比例系数。因而，建立 E_{el} 与表面裂纹、界面裂纹定量参数之间的关联，则可以建立表面裂纹、界面裂纹定量参数与声发射信号能量之间的关联，即实现定量评价[28,45]。

10.4.2　表面裂纹密度定量分析

脆性涂层/韧性基底在拉伸载荷作用下，会在脆性涂层逐步形成表面裂纹，并最终达到饱和。假设两条裂纹之间的距离为 $2a$，则可以定义裂纹密度 $\rho = 1/(2a)$。基于 McGuigan 等[45]脆性薄膜裂纹密度的剪滞模型，考虑热障涂层内应力沿厚度分布不均匀的特性，提出了拉伸载荷作用下热障涂层表面裂纹密度的分析模型。

如图 10.35 所示，将黏结层和基底看作一层，将陶瓷层分为 d_1 层和应力沿厚度线性分布的 d_2 层以及界面层 d_3 层[44]。图中 $u_1(x)$、$u_2(x)$ 和 $u_3(x)$ 分别为 d_1、d_2 和 d_3 层的位移，$\tau_c(x)$ 和 $\tau_s(x)$ 为 d_2 和 d_3 层剪应力。将陶瓷涂层和基底分别视作理想弹性材料和理想弹塑性材料。此处 d_1 层较薄，可以认为该层的正应力均匀分布。在断开的小涂层块内的 d_1 层正应力 $\sigma(x)$ 和界面层内剪应力 $\tau_s(x)$ 满足以下平衡关系：

$$\frac{d\sigma(x)}{dx} + \frac{\tau_c(x)}{d_1} = 0 \tag{10.51}$$

$$\tau_c(x) = -\tau_s(x) \tag{10.52}$$

涂层内应变几何方程如下：

$$\varepsilon_c = \frac{du_1(x)}{dx} + \varepsilon_r \tag{10.53}$$

$$\varepsilon_s = \frac{du_3(x)}{dx} \tag{10.54}$$

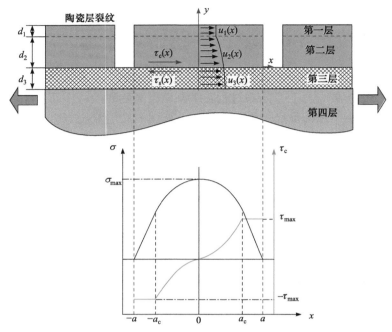

图 10.35   热障涂层表面裂纹密度的剪滞模型与应力分布曲线

其中，ε_s 和 ε_c 分别为 d_3 层(即基底)和 d_1 层应变，ε_r 为陶瓷层内残余应变。据此可以得到三个平衡方程：

$$\sigma(x) = E_c\left[\frac{\mathrm{d}u_1(x)}{\mathrm{d}x} + \varepsilon_r\right] \tag{10.55}$$

$$\tau_c(x) = \frac{G_c[u_2(x) - u_1(x)]}{d_2} \tag{10.56}$$

$$\tau_s(x) = \frac{G_s[u_3(x) - u_2(x)]}{d_3} \tag{10.57}$$

其中，E_c 和 G_c 分别为陶瓷层弹性模量和剪切模量，G_s 为基底剪切模量。将式(10.55)和式(10.56)分别代入式(10.51)得

$$\frac{\mathrm{d}^2\sigma(x)}{\mathrm{d}x^2} + \frac{G_c}{d_1 d_2}\left[\frac{\mathrm{d}u_2(x)}{\mathrm{d}x} - \frac{\mathrm{d}u_1(x)}{\mathrm{d}x}\right] = 0 \tag{10.58}$$

$$\frac{\mathrm{d}^2\sigma(x)}{\mathrm{d}x^2} + \frac{G_s}{d_1 d_3}\left[\frac{\mathrm{d}u_2(x)}{\mathrm{d}x} - \frac{\mathrm{d}u_3(x)}{\mathrm{d}x}\right] = 0 \tag{10.59}$$

将式(10.53)和式(10.55)代入式(10.58)，式(10.54)代入式(10.59)，分别得

$$\frac{\mathrm{d}^2\sigma(x)}{\mathrm{d}x^2} + \frac{G_c}{d_1 d_2}\left[\frac{\mathrm{d}u_2(x)}{\mathrm{d}x} + \frac{\sigma(x)}{E_c} - \varepsilon_r\right] = 0 \tag{10.60}$$

$$\frac{\mathrm{d}^2\sigma(x)}{\mathrm{d}x^2} + \frac{G_s}{d_1 d_3}\left[\frac{\mathrm{d}u_2(x)}{\mathrm{d}x} - \varepsilon_s\right] = 0 \tag{10.61}$$

联立式(10.60)和式(10.61)可得

$$\frac{\mathrm{d}^2\sigma(x)}{\mathrm{d}x^2} - K^2\sigma(x) = -K^2 E_c(\varepsilon_s + \varepsilon_r) \tag{10.62}$$

其中，$K = \sqrt{\dfrac{G_s G_c}{d_1 E_c(G_s d_2 - G_c d_3)}}$。该方程通解为

$$\sigma(x) = c_1 \mathrm{e}^{Kx} + c_2 \mathrm{e}^{-Kx} + E_c(\varepsilon_s + \varepsilon_r) \tag{10.63}$$

将式(10.63)代入式(10.51)得

$$\tau_c(x) = -d_1 K(c_1 \mathrm{e}^{Kx} - c_2 \mathrm{e}^{Kx}) \tag{10.64}$$

在式(10.63)和式(10.64)中，c_1 和 c_2 均为待定系数。基底发生塑性变形时，d_1 层内正应力 $\sigma(x)$ 和 d_3 层内剪应力服从图 10.36 所示曲线分布，根据其边界条件可以确定待定系数 c_1 和 c_2。

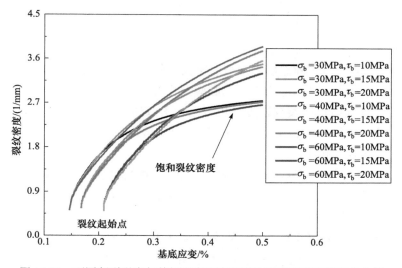

图 10.36　不同断裂强度与剪切强度下表面裂纹密度随应变的变化曲线

当 $x < a_c$ 时，断裂涂层块中心位置正应力最大，对应界面层中心位置剪应力为零，即 $\sigma(0) = \sigma_b$，$\tau_s(0) = 0$。将这两个已知条件代入式(10.63)和式(10.64)，求解出待定系数 c_1 和 c_2，涂层内正应力和界面层内剪应力表达式为

$$\sigma(x) = [\sigma_b - E_c(\varepsilon_s + \varepsilon_r)]\cosh(Kx) + E_c(\varepsilon_s + \varepsilon_r) \tag{10.65}$$

$$\tau_c(x) = d_1 K[E_c(\varepsilon_s + \varepsilon_r) - \sigma_b]\sinh(Kx) \tag{10.66}$$

当 $a_c \leqslant x \leqslant a$ 时，断裂涂层块自由边界上正应力为零，界面层内剪应力达到最大值并且不随位置变化，即 $\sigma(a) = 0$，$\tau_s(x) = \tau_b$。根据该已知条件，求解涂层内正应力表达式为

$$\sigma(x) = \frac{\tau_b}{d_1}(a - x) \tag{10.67}$$

$$\tau_c(x) = \tau_b \tag{10.68}$$

涂层内最大正应力 σ_b 与剪应力 $\tau_c(x)$ 满足以下平衡关系：

$$\sigma_b = \frac{1}{d_1}\int_0^a \tau_c(x)\mathrm{d}x \tag{10.69}$$

图 10.35 应力分布曲线表明，在 $x = a_c$ 处函数连续，即

$$\tau_b = d_1 K[E_c(\varepsilon_s + \varepsilon_r) - \sigma_b]\sinh(Ka_c) \tag{10.70}$$

将式(10.66)和式(10.68)代入式(10.69)，联立式(10.70)，结合 $\cosh^2(Ka_c) - \sinh^2(Ka_c) = 1$ 可求解出涂层表面裂纹密度解析表达式：

$$\rho = \frac{1}{2a} = \frac{\tau_b K}{2}\left[\sigma_b K d_1 - M + \sqrt{M^2 + \tau_b^2} + \tau_b \operatorname{arcsin} h\frac{\tau_b}{M}\right]^{-1} \tag{10.71}$$

其中，$M = d_1 K[E_c(\varepsilon_s + \varepsilon_r) - \sigma_b]$。

式(10.71)表明，热障涂层表面裂纹密度与陶瓷层断裂强度、界面剪切强度、涂层制备过程产生的残余应力以及基底应变相关。图 10.36 为不同断裂强度 σ_b 和剪切强度 τ_b 计算所得的裂纹密度，可以看出裂纹密度 ρ 随基底应变 ε_s 增加而增加，ε_s 达到一定值时 ρ 趋于饱和；σ_b 越大裂纹起始点所对应的 ε_s 越大；τ_b 越小饱和裂纹密度 ρ_{satu} 越小。

为了验证涂层表面裂纹密度模型的正确性，我们通过工艺的调节制备了三组试样，其陶瓷层杨氏模量 E_s 都为 48GPa、基底杨氏模量 E_c 均为 165GPa，陶瓷层和基底的泊松比分别取为 0.22[46] 和 0.3。三组试样的陶瓷层残余应力、陶瓷层断裂强度和界面剪切强度不同，分别如表 10.2 所示，具体测试方法请参考文献[44]。

表 10.2　三种不同热障涂层试样的力学性能参数

	残余应力 σ_r /MPa	断裂强度 σ_b /MPa	剪切强度 τ_b /MPa
1 组	−510.8±1.7	123.3±10.9	23.8±2.4
2 组	−48.0±4.5	107.0±10.9	15.4±1.3
3 组	−74.7±3.1	94.3± 5.7	10.2±1.6

图 10.37 给出了三组等离子喷涂热障涂层表面裂纹密度的理论分析与实验结果。可以看出，基底应变达到一定值时，陶瓷层内的表面裂纹开始产生，且随应变的增加而增加，最后达到一个饱和的裂纹密度。三类热障涂层试样表面裂纹起始时对应的基底应变在 0.3%～0.375% 范围内，与实验测试的表面裂纹起始时对应的基底应变较一致；裂纹饱和时对应基底应变分别约为 0.5%、0.75% 和 0.90%，与实验结果较吻合。分析三类试样的实验和计算结果都可以发现，陶瓷层断裂强度 σ_b 越大，涂层的抗拉伸断裂的性能越好，起始表面裂纹所对应的基底应变 ε_s 越大；剪切强度 τ_b 越大，涂层内的拉应力传递效果更明显，饱和裂纹密度越大。

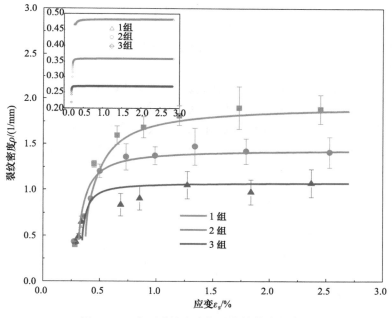

图 10.37　表面裂纹密度与基底拉伸应变曲线

至此，可以建立表面裂纹密度与累计表面裂纹声发射信号能量之间的定量关系。假定陶瓷层内表面裂纹在厚度和宽度方向贯穿，表面裂纹均匀分布。在该假设下，表面裂纹总面积 S 为

$$S = 2whL\rho \tag{10.72}$$

其中，L 为信号采集有效距离(图 10.2)，w 为陶瓷层的宽度，h 为陶瓷层的厚度。拉伸载荷作用下，涂层表面裂纹为可以看作平面应力状态的 I 型裂纹，其能量释放率为

$$G_s = \frac{K_{IC}^2}{E_c} \tag{10.73}$$

其中，K_{IC} 为陶瓷层断裂韧性。则陶瓷层内表面裂纹释放出的总能量 E_{total}^{s} 为

$$E_{\text{total}}^{s} = G_s \cdot S = 2whL\rho \frac{K_{IC}^{2}}{E_c} \tag{10.74}$$

表面裂纹释放的总能量与声发射的能量最终可以表示为

$$E_{AE}^{s} = 2whL\rho \frac{K_{IC}^{2}}{\alpha E_c} \tag{10.75}$$

其中，单个声发射信号的能量按照下式计算[44]：

$$E_{AE} = \int_{0}^{T} \frac{U^{2}(t)}{R} dt \tag{10.76}$$

式中，T 为信号持续时间，$U(t)$为信号的电压幅值，R 为声发射仪的内部电阻，此处等于 1×10^{21} Ω。

　　图 10.38 给出了三组热障涂层表面裂纹密度与声发射信号能量之间的定量关系，可以看出声发射能量与裂纹密度呈现明显的线性关系。据式(10.75)的分析，线性关系的斜率取决于陶瓷层断裂韧性 K_{IC} 和转换系数 α，均与陶瓷层工艺及其涂层微结构如孔洞、缺陷分布有关。此外，转换系数 α 与声发射仪也有关。

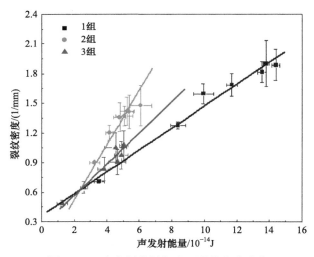

图 10.38　声发射能量与表面裂纹密度曲线

10.4.3　界面裂纹的定量分析

　　考虑到涂层厚度远远小于基底厚度，故在压缩载荷下会发生屈曲剥落失效。基于压缩载荷作用下热障涂层变形的 CCD、数字散斑等实时检测，可记录屈曲失效的全过程，从而分析其界面裂纹的形成与涂层剥落过程，与此同时，记录失效

过程中的声发射信号，利用前面所述的模式识别方法，则可建立界面裂纹长度与声发射能量的定量关系。此时，为准确捕捉陶瓷层的屈曲开裂现象，可在界面处预制一定长度的界面裂纹，具体制备方法请参考文献[28]。图 10.39 给出了热障涂层压缩载荷作用下的屈曲失效过程，首先对含有界面预支裂纹的热障涂层施加压缩载荷(图 10.39(a)和(f))，当压力超过涂层屈曲的临界载荷时，界面缺陷上的涂层发生屈曲(图 10.39(b)和(g))，在泊松比效应作用下产生张开型界面裂纹，带动附近的涂层内形成部分表面裂纹；屈曲的脆性涂层，如图 10.39(c)和(h)所示，两端沿偏离涂层垂直方向一定角度方向突然发生断裂，涂层剥落，表明该界面裂纹出现了 Kinking 现象，如 Wright 等[47]发现的氧化屈曲现象；进一步，在临近的界面处，因为受到剪应力的作用，形成剪切型界面裂纹，即形成分层，如图 10.39(d)和(i)所示；在外加载荷的作用下，界面裂纹逐步扩展，并最终导致涂层的剥落。

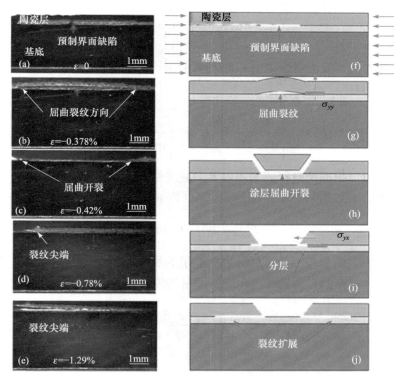

图 10.39　热障涂层无缩载荷作用下的屈曲失效过程示意图

将热障涂层轴向压缩看成平面应力状态，并假设在压应力 σ 作用下涂层处于弹性阶段，则厚度为 h 的陶瓷层内储存的弹性能 G_0 表示为

$$G_0 = \frac{1-\nu_c^2}{2E_c}\sigma^2 h \tag{10.77}$$

其中，E_c 和 ν_c 分别为陶瓷层弹性模量和泊松比。考虑陶瓷层制备过程中带来的残余压应力 σ_0，故涂层内的应力可表示为

$$\sigma = \sigma_0 + E_c\varepsilon \tag{10.78}$$

其中，ε 为外加的陶瓷层应变。

将陶瓷层屈曲问题简化成一个两端固定的压杆稳定问题，则含有长度为 $2b$ 界面缺陷的涂层临界屈曲应力为

$$\sigma_{cr} = \frac{\pi^2}{12}\frac{E_c}{1-\nu_c^2}\left(\frac{h}{b}\right)^2 \tag{10.79}$$

其应变能释放率 G 是与屈曲界面半裂纹长度 b 有关的函数，表达式为[48, 49]

$$G(b) = G_0\left(1 - \frac{\sigma_{cr}}{\sigma}\right)\left(1 + 3\frac{\sigma_{cr}}{\sigma}\right) \tag{10.80}$$

显然，屈曲界面裂纹能量释放率 G 是与界面裂纹半长度有关的函数。将式(10.79)代入式(10.80)有

$$G(b) = G_0\left[1 + \frac{\pi^2 E_c h^2}{6\left(1-\nu_c^2\right)\sigma}b^{-2} - \frac{\pi^4 E_c^4 h^4}{48\left(1-\nu_c^2\right)^2\sigma^2}b^{-4}\right] \tag{10.81}$$

因此，可以根据能量释放率获得界面裂纹扩展时所释放的能量。对有预制裂纹长度为 b_0，裂纹扩展后半长度为 b，宽度为 w 的界面裂纹，其放总能量为

$$E_{total}^{I} = 2w\int_{b_0}^{b} G(b)\mathrm{d}b \tag{10.82}$$

根据声发射能量与界面扩展释放总能量的线性关系，结合式(10.77)、式(10.81)和式(10.82)，可得到界面裂纹与声发射能量的关联：

$$E_{AE}^{I} = \frac{1}{\alpha}E_{total}^{I} = \frac{2w}{\alpha}\left[\frac{\left(1-\nu_c^2\right)\sigma^2 h}{2E_c}(b-b_0) + \frac{\pi^4 E_c h^5}{288(1-\nu_c^2)}\left(\frac{1}{b^3} - \frac{1}{b_0^3}\right) - \frac{\pi^2 h^3\sigma}{12}\left(\frac{1}{b} - \frac{1}{b_0}\right)\right]$$

$$\tag{10.83}$$

图10.40给出了热障涂层压缩载荷作用下裂纹半长与声发射能量之间的关系，可以看出裂纹半长增加，所对应的声发射能量也增加，并且整体趋势也呈现线性。实验和计算结果比较发现，理论的计算结果和实验结果较吻合。

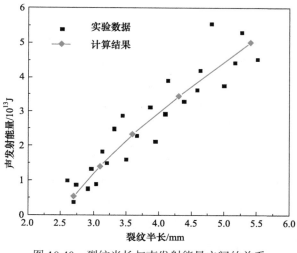

图 10.40 裂纹半长与声发射能量之间的关系

10.5 基于声发射检测的热障涂层失效机理

10.5.1 热循环失效机理

热循环是模拟热障涂层起飞、飞行与降落服役状态的最简单、最有效的实验手段，但人们对热障涂层的热循环失效机理理解并不透彻，剥落出现于起飞、飞行还是降落阶段并不清楚，因而对该过程进行实时检测尤为关键和重要。用于声发射检测的传感器不能在高温下使用，使得声发射检测一般也只能在常温下进行。对热障涂层而言，Ma 等[17]最早利用声发射方法对热障涂层在常温下的四点弯曲、三点弯曲等破坏过程进行了检测；Fu、Ma 等[8,50]用声发射方法对热障涂层热冲击或热疲劳的冷却过程进行了检测。利用本章的波导丝传输技术、模式识别方法以及定量评估方法，我们对热障涂层的高温热疲劳过程实现声发射检测，对其失效机理进行了分析[10]。

实验采用的物理气相沉积热障涂层样品，基底为 40mm×6mm×3mm 的 DZ125 合金，过渡层为 50μm 的 NiCrAlY，陶瓷层是 100μm 的 YSZ。热循环实验在高温电阻炉中进行的，首先将电阻炉升温到所需的温度(如 800℃)，随后将热障涂层放入炉子加热 5min，然后放入空气中自然冷却 10min，整个热循环过程在静止的空气介质中完成。加热和冷却过程中的声发射信号都通过波导丝技术进行检测，此处采用的铂丝，将其一端点焊在热障涂层基底上，另一侧通过机械装置连接于声发射传感器。声发射信号的采样频率设置为 1MHz。

下面是基于声发射信号对热障涂层的热循环损伤过程与机理进行的分析。

1. 热障涂层热循环裂纹演化与模式识别

利用如前所述的声发射信号小波分析方法，选用 db8 小波对声发射信号进行四阶分解，对应频段分别是，D1：0.25～0.50MHz，D2：0.125～0.25MHz，D3：0.0625～0.125MHz，D4：0.03125～0.0625MHz，C4：0～0.03125MHz。根据前面10.2 节的分析可知，表面裂纹的频率为 0.23MHz，故在 D2 频段，张开型界面裂纹的主频在 0.29MHz，剪切型界面裂纹的主频在 0.43MHz，均在 D1 频段。对热障涂层热循环过程中损伤信号进行分析，发现了大部分都为 D1 或 D2 频段的信号，即表面裂纹和界面裂纹。

进一步，并用小波特征能谱系数分析方法对每一个热循环中加热阶段与冷却阶段的声发射信号进行模式识别，结果如图 10.41 所示，可以很明确地看到，加热过程中出现的声发射信号大多是表面裂纹，冷却过程中，占主导的是界面裂纹。这说明热障涂层在热循环的加热阶段的损伤主要表现为陶瓷层内的垂直裂纹，冷却阶段主要表现为陶瓷层与中间过渡层界面处的界面裂纹。实际上，早在 2002年，本书作者就从冷却时涂层受压应力而屈曲的理论分析，预测出涂层的剥落发生于冷却阶段[51]。但这一结果一直没有得到实验验证，基于热循环失效全过程的声发射实时检测与裂纹模式识别，验证了这一结果。

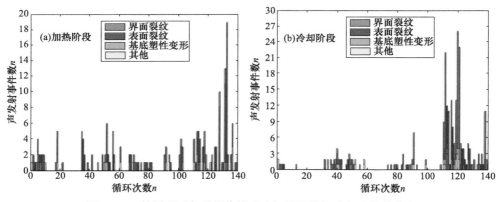

图 10.41　热循环时各种损伤模式在加热阶段与冷却阶段的分布

2. 涂层表面裂纹的定量表征

将热障涂层体系看成弹性涂层，且将过渡层与基底看成同一层，考虑制备过程中的残余压应力、热失配应力，其陶瓷层内的热应力可表示为[52-53]

$$\sigma = \frac{E_t^* \left[E_s^* h_s (\alpha_s - \alpha_t)(T - T_r) \right]}{E_s^* h_s + E_t^* h_t} + \sigma_r \tag{10.84}$$

而陶瓷层中的热应变可表示为[52, 53]

$$\varepsilon = \frac{E_s^* h_s (\alpha_s - \alpha_t)(T - T_r)}{E_s^* h_s + E_t^* h_t} + \frac{\sigma_r}{E_t^*} \tag{10.85}$$

其中，$E_i^* = \dfrac{E_i}{1 - \nu_i}$（$i = \mathrm{t}$ 或 s）；E、ν、α 和 h 分别代表杨氏模量、泊松比、热膨胀系数和厚度；下标 t 和 s 代表涂层和基底。陶瓷的杨氏模量、泊松比和热膨胀系数分别取 48GPa、0.1 和 9×10^{-6}，过渡层的杨氏模量、泊松比和热膨胀系数取为 200GPa、0.3 和 14.8×10^{-6} [54-57]；T 是温度；T_r 为室温；$\sigma_r = -70\mathrm{MPa}$ 是涂层中的初始残余应力[57]。依据上式在 T 为 800℃时涂层内应力为 155.9MPa。完全冷却后涂层中的应力恢复到初始残余应力。

显然，热循环过程中陶瓷层中的应力由加热过程中的拉应力转变为冷却过程中的压应力。可以看出，加热过程中的拉应力对涂层失效也是至关重要的，它能诱发涂层产生表面裂纹。尽管压应力可以使得涂层中的裂纹闭合，但它可以促进涂层发生屈曲失效从而引起界面分层即界面裂纹。这一分析与声发射检测结果十分一致，加热过程中涂层内形成表面裂纹，而冷却时形成界面裂纹。

基于传统剪滞模型，当基底处于弹性变形阶段时，涂层内的裂纹密度 ρ 可表示为[10]

$$\rho = \frac{k}{2} \mathrm{arccosh} \left(\frac{-G\varepsilon}{\sigma_b d_1 d_2 k^2 - G\varepsilon} \right)^{-1} \tag{10.86}$$

当基底处于塑性变形阶段时，涂层内的裂纹密度可表示为

$$\rho = \frac{\tau_b k^2 d_2}{2G} (A + B + C)^{-1} \tag{10.87}$$

其中，

$$A = \frac{\sigma_b k^2 d_1 d_2 - G\varepsilon}{G} \cosh \left(\mathrm{arcsinh} \left(\frac{\tau_b k d_2}{G\varepsilon - \sigma_b k^2 d_1 d_2} \right) \right)$$

$$B = \frac{\tau_b k d_2}{G} \mathrm{arcsinh} \left(\frac{\tau_b k d_2}{G\varepsilon - \sigma_b k^2 d_1 d_2} \right)$$

$$C = \varepsilon$$

在式(10.86)和式(10.87)中，$k = \sqrt{\dfrac{G}{d_1 d_2 E}}$，$G$ 为界面层的剪切模量，E 为涂层的弹性模量，d_1 和 d_2 分别为涂层和界面层的厚度，σ_b 为涂层的断裂强度。显然，当基底的应变已知，裂纹密度则可以通过式(10.86)或式(10.87)确定。

加热过程中，陶瓷层拉应力逐渐增加并在炉温时达到最大值，根据应变协调原理，基底的应变可认为与式(10.85)相同。假设热循环过程中损伤是随着循环次数简单线性增加，最终裂纹密度可由式(10.86)或式(10.87)确定。假设初始残余应力为$\sigma_r=-70\text{MPa}$，通过式(10.85)得出基底应变为0.29%，即基底发生了塑性变形，故由式(10.87)来计算裂纹密度，选择陶瓷层的断裂强度变化范围为40~80MPa[51,58]，界面层的剪切强度为6~20MPa[59,60]，所得到的表面裂纹密度与声发射之间的关联如图10.42所示。显然，基于损伤线性累积假设，由剪滞模型计算的裂纹密度随着热循环次数线性增加。当涂层断裂强度和界面剪切强度分别选为80MPa和12MPa时，裂纹密度的理论计算结果与实验较为一致，且所有的实验点都位于断裂和剪切强度为80MPa和12MPa以及60MPa和12MPa的区间，这说明基于剪滞模型获得的如图10.42所示的裂纹密度与声发射信号的线性定量关系是可信的。

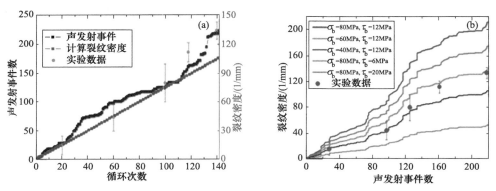

图10.42 热循环载荷下热障涂层表面裂纹密度与声发射事件数随循环次数的演变规律(a)和表面裂纹密度与累积声发射事件数的关系(b)

3. 界面裂纹的定量表征

热循环载荷作用下，界面裂纹的扩展可按经典的疲劳裂纹扩展模型：

$$\mathrm{d}a/\mathrm{d}N = C\Delta K^m \tag{10.88}$$

其中，C和m为常数，ΔK是冷却时压应力所产生的应力强度因子的变化幅值，可表示为[61]

$$\Delta K = F\left(\frac{a}{W}\right)\Delta\sigma\sqrt{\pi a} = \frac{a/W}{\sqrt{\pi(1-a/W)}}\left[7.264 - 9.37\left(\frac{a}{W}\right) + 2.74\left(\frac{a}{W}\right)^2 + \cdots\right]\Delta\sigma\sqrt{\pi a}$$

$$\tag{10.89}$$

其中，$\Delta\sigma$是冷却时压应力的幅值，本实验中取初始残余应力，a为界面裂纹长度，

W 是样品的宽度而且满足 $0 \leqslant \dfrac{a}{W} \leqslant 1$，$F\left(\dfrac{a}{W}\right)$ 是几何因子。本例中 $W = 3\text{mm}$，a 在微米量级，故 a/W 接近于 0，故几何因子可选取 $F(a/W) = 7.264\dfrac{a/W}{\sqrt{\pi}}$。

引入无量纲的裂纹长度 $\bar{a} = a/a_0$ 和应力强度因子 $\overline{\Delta K}_{\mathrm{II}} = \dfrac{\Delta K}{K_{\mathrm{IIC}}}$，代入式(10.88) 和式(10.89)，界面裂纹长度可表示为

$$a = a_0\left[\left(1 - \frac{3}{2}m\right)D\left(\frac{7.264 a_0^{3/2}\Delta\sigma}{K_{\mathrm{IIC}}W}\right)^m N + 1\right]^{\frac{2}{2-3m}} \tag{10.90}$$

其中，a_0 为初始裂纹长度，D 为常数，K_{IIC} 为界面断裂韧性，N 为循环次数。

基于实验观察，选取 140 次循环后界面裂纹的长度 a 以及初始 a_0 分别为 18μm 和 1μm，指数 m 的范围为 0～2，界面断裂韧性为 0.73MPa[61]。当 m 和 σ_{r} 分别取为 0.6 和–70MPa 时，界面裂纹与声发射事件数随热循环次数的演变关系如图 10.43(a)所示。虽然实验所得到的裂纹长度与理论计算有一定的分散性，但总体的上升趋势是一致的。此外，尽管声发射事件数随热循环次数也是逐渐增加的，但从图 10.43(a)中看不出直线关系。为此，将裂纹长度与声发射信号之间的关联描述于图 10.43(b)，可以看出，其演变关系可分为两个阶段：约前 70 次循环，由于界面裂纹萌生的随机性，而基于疲劳裂纹扩展模型的简单计算使得声发射信号与裂纹之间无显著的规律关系。随着裂纹的扩展，二者呈现出较为理想的线性增加关系。从图 10.43(b)也可以看出，界面裂纹扩展受 m 的影响较为显著，较大 m 值使得裂纹扩展速率更大，更容易导致界面裂纹的非平稳扩展，如宏观上的涂层剥落。

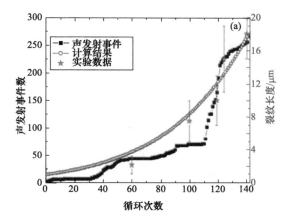

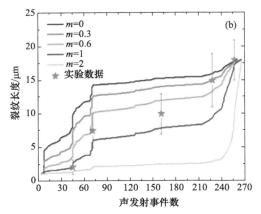

图 10.43　界面裂纹与声发射事件数随循环次数的演变(a)和界面裂纹与声发射事件数的关联(b)

4. 临界破坏事件的预测

涂层剥落是由表面裂纹、界面裂纹等微观损伤逐步演化而导致的，是否可以根据前期的损伤信号来预测最终的剥落，是工程上极为关心的问题。此处，我们基于重整化理论提出了一种基于前期损伤信号统计规律的临界破坏点预测模型。临界点，可以是破坏时间、临界载荷、循环次数等广义载荷。具体的物理思想是：宏观失效是由损伤的逐渐演变而形成，且各种损伤会彼此表现出关联性，因而前期的发展趋势可以用来预测临界的突变点。具体的数学表达式为

$$f(N) = A + B\left(N_f - N\right)^m \left[1 + C \cos\left(2\pi \frac{\log\left(N_f - N\right)}{\log \lambda} + \varphi \right) \right] \tag{10.91}$$

此处，$f(N)$ 为累积声发射事件数，N 为循环次数，A、B 和 C 均为无量纲的拟合参数，m 为幂指数，λ 为尺度参数，φ 为转换参数。式(10.91)及 7 个拟合参数的意义请参见文献[62, 63]。

利用式(10.91)，分别对热循环时加热、冷却以及所有信号的声发射信号进行了统计分析，结果如图 10.44 所示。可以看出，所有的拟合曲线与实验结果都吻合，冷却阶段信号在接近破坏时出现较为分散的点，意味着裂纹扩展的突变特性。基于加热、冷却和所有信号的统计分析，预测出的临界循环次数分别是 221、151、和 164。可以看出，加热阶段预测的循环次数比冷却阶段要高，但后者更接近实验结果，如图 10.44 的插图中 170 次循环后的微观形貌，已出现了大量的界面裂纹和涂层裂纹。这一结果说明了两个重要的现象：一是对热障涂层而言界面裂纹是比表面裂纹更危险的损伤形式；二是实时检测和预测界面裂纹的演化能更准确预测涂层剥落寿命。

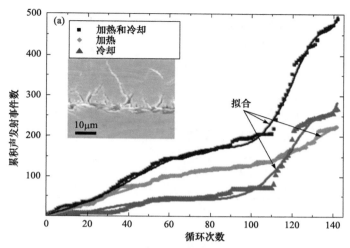

图 10.44　基于累积声发射事件数统计分析的临界循环次数预测

10.5.2　高温 CMAS 腐蚀失效机理

CMAS 腐蚀被认为是热障涂层最危险的服役环境，CMAS 腐蚀下涂层剥落过程的实时检测与定量分析，是理解其失效机理的关键数据与直接依据。为此，基于高温波导丝技术以及自主研制的温度梯度高温炉，对热障涂层高温 CMAS 腐蚀过程进行了声发射实时检测，并采用小波分析、定量分析等方法对其失效机理与失效程度进行了分析[64]。

实验采用的大气等离子喷涂热障涂层样品，基底为 15mm×10mm×3mm 的 DZ125 合金，过渡层为 100μm 的 NiCrAlY，陶瓷层约为 200μm 的 YSZ。其于火山灰等沉积物的主要化学成分分析，CMAS 选为 48.5SiO$_2$-11.8Al$_2$O$_3$-33.2CaO-6.5MgO(wt.%)的粉末，其制备方法请参见文献[64]。如图 10.45 所示，热障涂层 CMAS 腐蚀实验在高温梯度炉中进行，30min 内随炉升温至 1250℃，保温 120min，然后随炉冷却至 100℃。在此过程中，热障涂层损伤声发射信号通过波导丝技术进行实时检测。基底面通过冷却气流冷却，整个过程在静止的空气介质中完成。损伤声发射信号通过波导丝技术进行检测，此处采用的镍丝，将其一端点焊在热障涂层基底上，另一侧通过机械装置连接于声发射传感器。声发射信号的采样频率设置为 2MHz，前置放大器设置为 40dB，Hit 长度设置为 2k，频率范围设置为 0.1～1MHz，采样门槛值设置为 40dB。

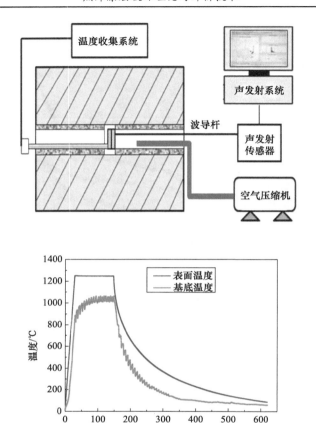

图 10.45　热障涂层高温 CMAS 腐蚀声发射检测及样品温度分布图

1. 热障涂层高温 CMAS 腐蚀失效声发射特征与模式识别

图 10.46 给出了涂覆 CMAS 涂层、未涂覆 CMAS 涂层和纯基底的声发射事件数随腐蚀时间的变化关系。发现在升温阶段(Ⅰ)三组样品声发射信号均随温度的上升逐渐增多。实验温度达到 1250℃，保温(Ⅱ)时声发射信号增长速度变慢，甚至不增长。但温度开始下降时(Ⅲ)，声发射信号明显增多。尽管三种试样的声发射事件数变化趋势相似，但未涂覆 CMAS 的涂层与纯金属基底样品在升温和保温阶段变化基本保持一致，降温阶段未涂覆 CMAS 的热障涂层事件数明显较多。这说明升温阶段(Ⅰ)和保温阶段(Ⅱ)产生的声发射信号只与基底有关，而降温阶段(Ⅲ)涂层发生损伤产生声发射信号使 AE 事件的数量比金属基底样品的产生的多。另外，在整个实验过程中涂覆 CMAS 的涂层产生声发射信号的数量明显比其他样品多，意味着 CMAS 腐蚀导致涂层中产生更多的损伤。图 10.46 同时也给出，CMAS 腐蚀过程中声发射信号的幅值除了升温阶段幅值相对较低外，保温和降温过程中

幅值的分布区间是一致的，从幅值很难识别出涂层的裂纹模式。

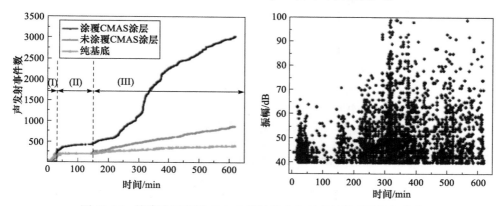

图 10.46 热障涂层高温 CMAS 腐蚀的声发射事件数以及振幅分布

采用 10.3 节所述的聚类分析方法，选取 6 个声发射信号的特征参量作为聚类分析参量，分别是幅值、峰频、持续时间、上升时间、计数和能量。对高温 CMAS 腐蚀时的声发射信号进行了聚类分析，结果如图 10.47 所示，损伤模型有 5 类。与 10.3 节的结果极为类似，只有频率上才能将这 5 类信号分开。因而，也再一次证明了特征频率是识别热障涂层失效模式的关键参数。如图 10.48 所示，A、B、C 和 D 四类信号在峰频上很少有重叠，但其幅值分布都在 40~75dB 之间。选择幅值作为特征量基本不能对声发射信号进行分类，而选择频率的分类效果最好。图中还能发现 4 个典型的频率段，A、B、C 和 D 类信号所在的频率段分别为：90~180kHz、200~250kHz、250~350kHz 和 350~500kHz，分别对应前面已识别出的基底塑性变形、剪切型界面裂纹、表面裂纹和张开型界面裂纹。另外，E 类信号具有较大幅值，并且存在于各个频率段。

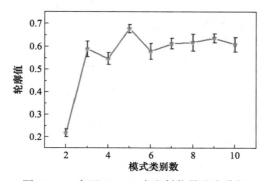

图 10.47 高温 CMAS 声发射信号聚类分析

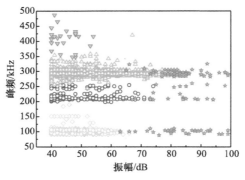

图 10.48　声发射信号聚类结果

　　为了分析热障涂层高温 CMAS 腐蚀过程中产生的失效模式,我们分别对涂覆 CMAS 的涂层和未涂覆 CMAS 的涂层样品进行电镜扫描来观察其微观形貌。如图 10.49(a)所示,等离子喷涂热障涂层包括金属基底、黏结层、陶瓷层和未渗透的 CMAS 层。经 CMAS 腐蚀后,陶瓷层中出现如图 10.49(b)所示的表面垂直裂纹,以及如图 10.49(c)所示的界面裂纹。而同样的实验条件下,没有涂覆 CMAS 的涂层仅有表面裂纹,未发现明显的界面裂纹。

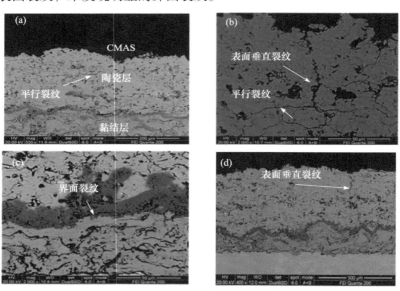

图 10.49　热障涂层横截面的 SEM 照片

(a) 涂覆 CMAS 的涂层;(b) 表面垂直裂纹和水平裂纹;(c) 界面裂纹;(d) 未涂覆 CMAS 的涂层

　　进一步,将声发射信号进行小波分解,将能谱系数作为特征参量对 CMAS 腐蚀升温(Ⅰ)、保温(Ⅱ)和降温(Ⅲ)过程中的声发射信号进行了模式识别,结果如图 10.50 所示。可以看出,升温和保温阶段,声发射信号较少且都表现为基底塑性变形，降温阶段则有大量的剪切型界面裂纹、少量的张开型界面裂纹以及表面垂直裂纹。剪切型界面裂纹明显比张开型界面裂纹多，这与 Fan 等[65]利用有限元分析得到的陶瓷层/黏结层界面裂纹相角大于 45°，即剪切型界面裂纹占主导的结果一致。

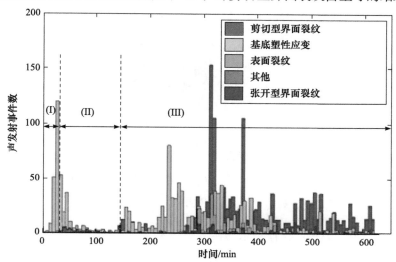

图 10.50　热障涂层 CMAS 腐蚀不同失效模式随时间的分布

2. CMAS 腐蚀热力学分析与分层机制图

Evans 和 Hutchinson(E-H)提出了温度梯度下热障涂层高温 CMAS 腐蚀分层裂纹的理论模型[66]。Krause 等[67]修改 E-H 模型，考虑降温过程中 ZrO_2 从 $t \rightarrow m$ 相转变应变(ε_{transf})的影响。利用改进的分层模型，我们对热障涂层高温 CMAS 腐蚀的分层裂纹进行分析[64]。如图 10.51 所示，受高温 CMAS 腐蚀的热障涂层，黏结层和基底因为热膨胀系数相近简化为一层，厚度为 H 的涂层中渗透厚度为 h 的 CMAS，假设裂纹在 d 处形成，CMAS 渗透层和未渗透层的弹性模量分别为 E_1 和 E_2，泊松比为 v。

相变应变 $\varepsilon_{transf} = p\Delta / 3V$，$\Delta V / V$ 代表体积变化量，取值为 0.03[67]，p 代表 ZrO_2 从 t 相转变为 m 相时的体积系数。假设 CMAS 渗透后改变了涂层的杨氏模量(E)，但热膨胀系数不变。仅考虑涂层和金属基底热失配，并基于线弹性各向同性假设，可得出在降温过程中热障涂层内 y 处应力 $\sigma(y)$ 的表达式为[64, 66, 67]

$$\sigma(y) = \begin{cases} \dfrac{E_1\alpha_{TBC}\Delta T_{surf/sub}}{(1-v)}\left\{1+\dfrac{y}{H}-\dfrac{\Delta\alpha\Delta T_{sub}+\varepsilon_{transf}}{\alpha_{TBC}\Delta T_{surf/sub}}\right\}, & 0 > y > -h \\[4mm] \dfrac{E_2\alpha_{TBC}\Delta T_{surf/sub}}{(1-v)}\left\{1+\dfrac{y}{H}-\dfrac{\Delta\alpha\Delta T_{sub}}{\alpha_{TBC}\Delta T_{surf/sub}}\right\}, & -h > y > -H \end{cases} \tag{10.92}$$

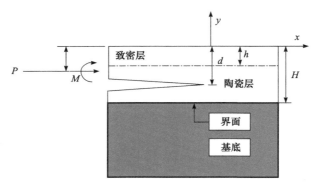

图 10.51　双层涂层示意图及分析 CMAS 腐蚀不同失效模式随时间的分布

其中，在降温时样品表面和基底背面的初始温度分别为 T_{sur}^{i} 和 T_{sub}^{i}，则样品的表面温差为 $\Delta T_{\text{sur}} = T_{\text{sur}}^{i} - T_{\text{sur}}$，基底温差为 $\Delta T_{\text{sub}} = T_{\text{sub}}^{i} - T_{\text{sub}}$，表面温差和基底温差的瞬时差值为 $\Delta T_{\text{sur/sub}} = T_{\text{sur}} - T_{\text{sub}}$；$\alpha_{\text{TBC}}$ 和 α_{sub} 分别是陶瓷层和金属基底的热膨胀系数，两者的差值为 $\Delta\alpha = \alpha_{\text{sub}} - \alpha_{\text{TBC}}$。

力 P 和力矩 M 可由应力 $\sigma(y)$ 确定：

$$P = \int_{-H}^{0} \sigma(y)\ \mathrm{d}y \tag{10.93}$$

$$M = \int_{-H}^{0} \sigma(y)(D+y)\mathrm{d}y \tag{10.94}$$

其中，D 为弯曲时涂层表面到中性轴的距离[66]。Ⅰ型和Ⅱ型裂纹尖端应力强度因子 K_{I} 和 K_{II} 的表达式分别为[66]

$$K_{\text{I}} = \frac{P}{\sqrt{2AH}}\cos\omega + \frac{M}{\sqrt{2Ih^3}}\sin\omega \tag{10.95}$$

$$K_{\text{II}} = \frac{P}{\sqrt{2AH}}\sin\omega + \frac{M}{\sqrt{2Ih^3}}\cos\omega \tag{10.96}$$

应变能释放率 G 为

$$G = \frac{1}{2\overline{E}_2}\left(\frac{P^2}{Ah} + \frac{M^2}{Ih^3}\right) \tag{10.97}$$

其中，A 为无量纲有效横截面积，I 为惯性矩，ω 取为 $52.1°$，$\overline{E}_2 = E_2/(1-\nu^2)$ [66]。

由于界面或靠近界面处的分层裂纹为混合型的，其相角 ψ 和混合断裂韧性 Γ_{C}^{i} 的表达式为[66]

$$\psi = \arctan\left(\frac{K_{\text{II}}}{K_{\text{I}}}\right) \tag{10.98}$$

$$\Gamma_{\mathrm{C}}^{i} = \Gamma_{\mathrm{IC}}^{i}\left[1 + \tan^{2}\left(1-\lambda\right)\psi\right] \tag{10.99}$$

其中，λ 是模态混合系数，Γ_{IC}^{i} 是 I 型裂纹断裂韧性。根据 $G = \Gamma_{\mathrm{C}}^{i}$ 可以绘制出分层开裂的边界。

图 10.52(a)给出了分层开裂边界与 p 之间的关系。其中，$H = 200\mu\mathrm{m}$，$d = 200\mu\mathrm{m}$，渗透深度 $h = 40\mu\mathrm{m}$[67, 68]。红色虚线为实验过程中获得的降温拟合曲线，从 $T_{\mathrm{sur}}^{i} = 1250\ ^{\circ}\mathrm{C}$ 和 $T_{\mathrm{sur}}^{i} = 1050\ ^{\circ}\mathrm{C}$ 降温到 $T_{\mathrm{sur}} = 79\ ^{\circ}\mathrm{C}$ 和 $T_{\mathrm{sur}} = 61\ ^{\circ}\mathrm{C}$。同种颜色的直线之间的区域为未分层区，其余为分层区域，不同颜色的直线代表不同 p 值的分层边界。从图中可以发现刚开始降温时曲线处于未分层区域，降到某个温度时开始进入分层区域。在降温过程中 p 值越大，进入分层区时的温度越高，涂层更早的

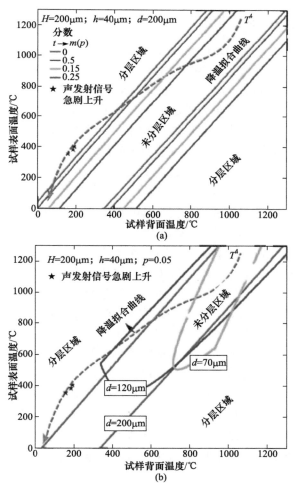

图 10.52　取 $p = 0 \sim 0.25$ 的热障涂层分层机制图(a)和取 $p = 0.05$ 时热障涂层的分层机制图(b)

进入分层区。因为 p 值越大，由相变引起的应变越大，涂层更容易分层失效。当涂层表面温度降到大约 400℃ 时，温度曲线处于分层区域，距离分层边界最远，表明此时涂层最可能产生分层裂纹。在分层区域的黑色五角星为实验中声发射信号最强烈时，此时的表面温度刚好为 400℃ 左右，与模型中的结果完全一致。考虑实验时间较短，则选取 $p = 0.05$，取不同裂纹深度 d，绘制热障涂层的分层机制图，如图 10.52(b) 所示。从图中发现在降温过程中，裂纹最先在靠近 CMAS 渗透层和 CMAS 未渗透层之间的界面处产生，其次是陶瓷层和金属基底界面处。这些结果表明具有温度梯度受 CMAS 腐蚀的热障涂层在降温过程中，涂层的剥落失效主要发生在降温至 400℃ 左右。分层裂纹主要产生在靠近 CMAS 渗透层边界的地方，或者接近黏结层与陶瓷层的界面处。

10.5.3　燃气热冲击失效机理

燃气热冲击是发动机涡轮叶片热障涂层不可避免的服役环境，目前的失效机理较多关注静态高温环境，对燃气冲击下的失效机理因为试验模拟装置以及复杂环境下实时检测的限制而关注较少。此外，涡轮叶片结构热障涂层因为结构的复杂性，其机理的理论分析也更为困难。燃气冲击环境下涡轮叶片结构热障涂层的声发射实时检测，可为其失效机理的理解提供关键依据。为此，基于高温波导丝技术以及自主研制的涡轮叶片热障涂层静态服役环境试验装置[69,70]，开展了涡轮叶片热障涂层燃气热冲击失效过程的声发射检测，并采用小波分析、定量分析等方法对其失效机理与失效程度进行了分析[71]。

实验采用的是物理气相沉积工艺制备的某型三联涡轮叶片热障涂层，其基底材料为 CMSX-4，过渡层为厚度约 80μm 的 NiCoCrAlY，陶瓷层为 150μm 的 YSZ。热冲击实验通过自主研制的涡轮叶片热障涂层静态服役环境试验装置完成，其示意图如图 10.53 所示，氧气与助燃气体混合在超音速燃气喷枪内燃烧后高速冲击在涡轮叶片热障涂层上，同时冷却气体流过涡轮叶片冷却通道，以模拟涡轮叶片温度梯度的服役环境。其中，燃气速度可以在 0.3~1 马赫之间调节。热冲击参数为：10s 内升至 1100℃，保温 30s，随后在空气中冷却 40s。当裂纹长度达到 10mm、或者涂层剥落面积达到 10% 时，认为热障涂层失效从而停止实验。

加热、保温以及冷却的整个实验过程，采用声发射技术对裂纹萌生与演化进行实时检测，波导丝材料为镍丝，将其一端点焊在热障涂层基底上，另一侧通过机械装置连接于声发射传感器。声发射信号的采样频率设置为 2MHz，前置放大器设置为 40dB，Hit 长度设置为 2k，频率范围设置为 0.1~1MHz，采样门槛值设置为 40dB。与此同时，结合温度场的红外实时检测其温度场分布来共同分析涡轮叶片热障涂层的失效机理。

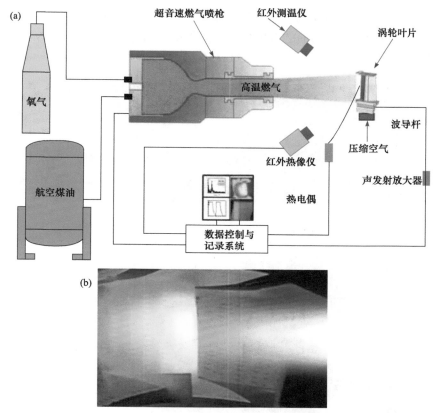

图 10.53　涡轮叶片燃气热冲击实验及实时检测示意图(a)和热冲击中的涡轮叶片热障涂层(b)

1. 涡轮叶片热障涂层温度场分布

图 10.54 为热冲击保持阶段热障涂层表面的温度场分布。可以看出，前沿的温度高于其他位置的温度。此外，压力面的温度高于吸入面的温度。这是因为高温高速气体被喷射到前沿使其冷却效果差，从而使得此处温度高。沿涡轮叶片高度方向的温度分布如图 10.55 所示。温度从前缘到后缘逐渐降低。与吸力面(点 5 到点 9)相比，压力面(点 1 到点 4)的温度明显更高，说明热图像序列检测结果的可信性。中段(横截面 B)的温度高于其他段(横截面 A 和 B)的温度，中段前端的温度比横截面 A 和 B 的温度高约 80℃。这归因于：直径为 30 mm 的火焰斑集中在中间部分。

热冲击循环中 B 截面的温度随时间的变化如图 10.56 所示。可以看出，前沿(点 1)的温度在 10s 内从室温上升到 1100℃，加热速率达到 100℃/s。然后将温度在 1100℃保持 30s，最后在 40s 内冷却至室温。这证明满足了热冲击循环。获得了点 2 处温度的相似趋势，最高温度约为 1000℃。压力面的其他位置(点 3 和点 4)无法达到热平衡状态，并且点 3 和点 4 的温度分别从室温升高到 900℃ 和 883℃。

此外，吸气面(点 5～点 9)的加热速率明显低于压力侧的加热速率。吸力面没有位置达到热平衡状态。吸力面的温度随着时间的增加而升高。点 5～点 9 的最高温度分别为 755℃、790℃、791℃、825℃和 896℃。

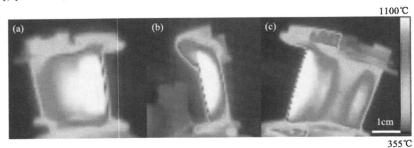

图 10.54　热冲击保温阶段热障涂层表面的温度分布
(a) 压力面；(b) 前缘；(c) 吸力面

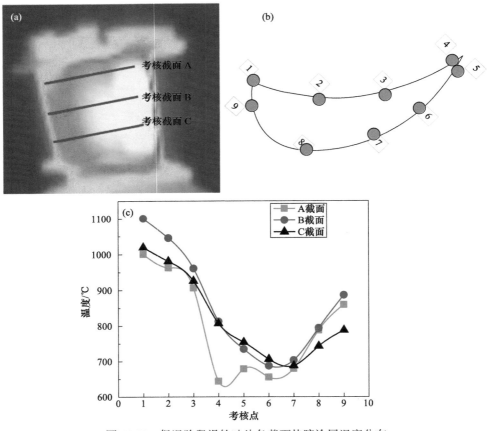

图 10.55　保温阶段涡轮叶片各截面热障涂层温度分布
(a) 沿高度方向的三个截面；(b) 截面上的取点分布；(c) 不同界面考核点的温度情况

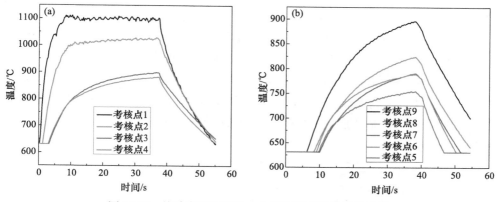

图 10.56　热冲击循环过程中 B 截面各考核点温度变化

(a) 压力面 1～4 号点；(b) 吸力面的 5～9 号点

2. 涡轮叶片热障涂层损伤演变

采用如前所述的聚类分析及小波频谱分析，对涡轮叶片燃气热冲击作用下的声发射信号进行了分析。图 10.57 给出了声发射信号的聚类分析结果，(a)图显示当 $k=5$ 时轮廓值达到最大，意味着存在 5 类声发射信号。根据(b)图所示的峰频特征，这类损伤模式分别对应基底变形(90～110kHz)，表面裂纹(200～220kHz)，剪切型界面裂纹(280～325kHz)和张开型界面裂纹(400～450kHz)。噪声信号的频带在 20～60kHz 的范围内。

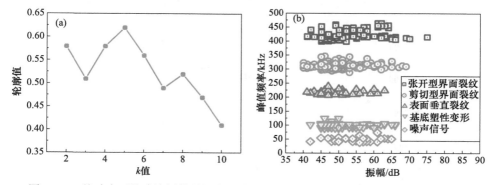

图 10.57　热冲击下热障涂层信号的聚类分析(a)和 5 类信号的振幅和峰值频率分布(b)

值得注意的是，与热循环实验结果相同，加热和保温阶段声发射信号数量很少，大多为表面垂直裂纹，冷却时为界面裂纹[10]，此处不再给出结果。图 10.58 给出了各个循环次数下各种损伤模式的声发射事件数(a)与累积声发射事件数(b)演变规律，可以看出，声发射事件数随着热冲击次数的增加而增加。当热冲击次数为 100 次时，主要破坏方式为表面裂纹和剪切型界面裂纹。当热冲击达到 300 次循环时，张开型界面裂纹快速增加。这说明了热冲击环境下涂层的失效机理，在热失配应力的作用下，涂层加热时因为拉应力出现表面裂纹，并逐步沿着界面扩展，到达界面时因为冷却时涂层内压应力而屈曲的界面拉应力，以及界面处的剪切应力，使得裂纹沿着界面扩展，并逐步导致涂层剥落。这一机制从热障涂层的宏观剥落、尤其是微观结构的演变可以得到验证。具体的结果如图 10.59 和图 10.60 所示。

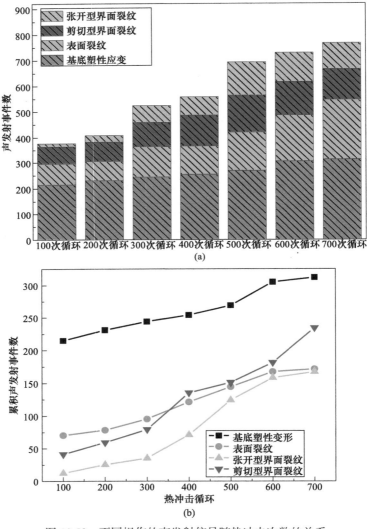

图 10.58　不同损伤的声发射信号随热冲击次数的关系

(a)声发射事件数；(b)累积声发射事件数

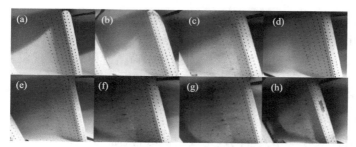

图 10.59　不同热冲击循环次数后的热障涂层表面形貌

(a) 0 次；(b) 100 次；(c) 200 次；(d) 300 次；(e) 400 次；(f) 500 次；(g) 600 次；(h) 710 次

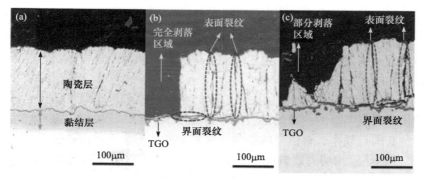

图 10.60　热障涂层微观结构观察

(a) 前沿未剥落区域；(b) 完全剥落区；(c) 部分剥落区

10.6　总结与展望

10.6.1　总结

本章阐述了热障涂层裂纹演化的声发射实时检测、模式识别与定量评价方法，以及基于声发射方法获得的涂层失效机理，总结如下。

(1) 在高温、燃气热冲击、高温 CMAS 腐蚀等环境下，采用波导丝技术以及信号区域检测法可有效实现热障涂层裂纹演化的声发射信号检测。

(2) 声发射信号的频率，是热障涂层裂纹模式识别的关键参数，这一发现可以应用于热障涂层各种载荷条件下的机理分析，也可推广至其他材料或结构领域。

(3) 基于频率这一关键的模式识别参数，发挥小波变换在频谱特征窗口并同时保有时域信息的优势，结合 BP 神经网络训练方法，建立了热障涂层裂纹模式的智能识别方法。

(4) 基于拉伸、压缩单一载荷下热障涂层裂纹萌生与扩展的力学分析，建立了表面裂纹密度、界面裂纹长度与声发射信号之间的定量关系，并运用到高温热循环、高温 CMAS 腐蚀等失效机制的定量表征中。

(5) 利用声发射方法得到了热障涂层热循环、高温 CMAS、高温燃气热冲击等载荷作用下的失效机理，发现了涂层剥落于降温过程的重要现象。

10.6.2 展望

未来研究主要有以下几个方面。

(1) 失效模式频率相关性的理论证明。尽管各种实验结果、信号分析等都证明了频率是识别热障涂层失效模式的关键参数，但如何从理论上予以证明还需进一步研究。

(2) 高温高速旋转下热障涂层失效过程的声发射检测。高速旋转是工作叶片热障涂层的主要载荷，但目前的检测还局限于静态高温环境，发展高速旋转下的声发射信号检测与分析方法，揭示高温高速旋转下热障涂层失效机理是重要的发展趋势。

(3) 高温振动下的热障涂层失效过程的声发射检测。高温振动，也可能是涡轮叶片热障涂层剥落的一种关键载荷，目前还未得到广泛关注。振动环境下试样的振动及其固有频率，对信号的检测、模式识别都带来新的困难。

(4) 新型热障涂层失效机理的声发射表征。目前 YSZ 涂层只能服役在 1200℃下，满足不了发动机发展需求，利用声发射表征方法开展下一代新型热障涂层失效机理的研究，可为新型涂层的研制与应用提供有效数据。

参 考 文 献

[1] 袁振明, 马羽宽, 何泽云. 声发射技术及其应用[M]. 北京: 机械工业出版社, 1985.

[2] Ying S P. The use of acoustic emission for assessing the integrity of a nuclear reactor pressure vessel[J]. NDT International, 1979, 12: 175-1710.

[3] Hamstad M A, Bianchetti R, Mukherjee A K. A correlation between acoustic emission and the fracture toughness of 2124-T851 aluminum[J]. Engineering Fracture Mechanics, 1977, 9: 663-674.

[4] Nomura H, Takahisa K, Koyama K, et al. Acoustic emission from superconducting magnets[J]. Cryogenics, 1977, 17: 471-481.

[5] Miller R A. Thermal barrier coatings for aircraft engines-history and directions[J]. Proceedings of Thermal Barrier Coating Workshop, NASA Conference Publication, 1995, 3312: 17-34.

[6] Padture N P, Gell M, Jordan E H. Thermal barrier coatings for gas-turbine engine applications[J]. Science, 2002, 296(5566): 280-284.

[7] Hutchinson J W. The role of mechanics in advancing thermal barrier coatings[C]. The 22th International Congress of Theoretical and Applied Mechanics, August, 2008: 24-29.

[8] Fu L, Khor K A, Ng H W, et al. Non-destructive evaluation of interface failure of functionally graded thermal barrier coatings[J]. Surf. Coat. Tech., 2000, 130(2-3):233-239.

[9] Wang L, Ming C, Zhong X H, et al. Prediction of critical rupture of plasma-sprayed yttria

stabilized zirconia thermal barrier coatings under burner rig test via finite element simulation and in-situ acoustic emission technique[J]. Surf. Coat. Tech., 2019, 367: 58-74.

[10] Yang L, Zhou Y C, Lu C. Damage evolution and rupture time prediction in thermal barrier coatings subjected to cyclic heating and cooling: an acoustic emission method[J]. Acta Mater., 2011, 59: 6519-65210.

[11] 杨丽. 热障涂层氧化、损伤与断裂的无损评价研究[D]. 湘潭: 湘潭大学, 2007 年.

[12] Sun Y L, Li J G, Zhang W X, et al. Local stress evolution in thermal barrier coating system during isothermal growth of irregular oxide layer[J]. Surf. Coat. Tech., 2013, 216: 237-250.

[13] Kumar V, Balasubramanian K. Progress update on failure mechanisms of advanced thermal barrier coatings: a review[J]. Progress in Organic Coatings, 2016, 90: 54-82.

[14] Liang L H, Li X N, Liu H Y, et al. Power-law characteristics of damage and failure of ceramic coating systems under three-point bending[J]. Surf. Coat. Tech., 2016, 285:113-1110.

[15] Shan X, Chen W F, Yang L X, et al. Pore filling behavior of air plasma spray thermal barrier coatings under CMAS attack[J]. Corros. Sci., 2020, 167: 108478.

[16] Guo H B, Gong S K, Zhou C G, et al. Investigation on hot-fatigue behaviors of gradient thermal barrier coatings by EB-PVD[J]. Surf. Coat. Tech., 2001, 148: 110-116.

[17] Ma X Q, Cho S, Takemoto M. Acoustic emission source analysis of plasma sprayed thermal barrier coatings during four-point bend tests[J]. Surf. Coat. Tech., 2001, 139: 55-62.

[18] Yang L, Zhou Y C, Mao W G, et al. Real-time acoustic emission testing based on wavelet transform for the failure process of thermal barrier coatings[J]. Appl. Phys. Lett., 2008, 93: 231906.

[19] Benson P M, Vinciguerra S, Meredith P G, et al. Laboratory simulation of volcano seismicity[J]. Science, 2008, 322: 248-252.

[20] Woo S C, Goo N S. Analysis of the bending fracture process for piezoelectric composite actuators using dominant frequency bands by acoustic emission[J]. Compos. Sci. Tech., 2007, 67(7-8): 1499-1508.

[21] Marec A, Thomas J. H, Guerjouma R. Damage characterization of polymer-based composite materials: multivariable analysis and wavelet transform for clustering acoustic emission data[J]. Mechanical Systems and Signal Processing, 2008, 22 (6): 1441-1464.

[22] Refahi O A, Heidary H, Ahmad M. Unsupervised acoustic emission data clustering for the analysis of damage mechanisms in glass/polyester composites[J]. Materials & Design, 2012, 37: 416-422.

[23] Yang L, Kang H S, Zhou Y C, et al . Frequency as a key parameter in discriminating the crack modes of thermal barrier coatings: cluster analysis of acoustic emission signals[J]. Surf. Coat. Technol., 2015, 264: 97-104.

[24] 谢中华. Matlab 统计分析与应用: 40 个案例分析[M]. 北京: 北京航空航天大学出版社, 2010.

[25] Gutkin R, Green C, Vangrattanachai S, et al. On acoustic emission for failure investigation in CFRP: pattern recognition and peak frequency analyses[J]. Mechanical Systems and Signal Processing, 2011, 25 (4): 1393-1407.

[26] Sause M, Gribov A, Unwin A. Pattern recognition approach to identify natural clusters of acoustic emission signals [J]. Pattern Recognition Letters, 2012, 33 (1): 17-23.

[27] Moevus M, Godin N, Mili M R, et al. Analysis of damage mechanisms and associated acoustic emission in two SiC/[Si–B–C] composites exhibiting different tensile behaviours. Part Ⅱ: unsupervised acoustic emission data clustering[J]. Composites Science and Technology, 2008, 68 (6): 1258-1265.

[28] Yang L, Zhong Z C, Zhou Y C, et al. Acoustic emission assessment of interface cracking in thermal barrier coatings[J]. Acta Mech. Sin., 2016, 32: 342-348.

[29] 樊启斌. 小波分析[M]. 武汉: 武汉大学出版社, 2008.

[30] Chui C K. An Introduction to Wavelets[M]. Amsterdam: Elsevier, 1992.

[31] Newland D E. An Introduction to Random Vibrations, Spectral and Wavelet Analysis[M]. Essex: Longman Scientific & Technical, 1994.

[32] Daubechies I. The wavelet transform, time frequency localization and signal analysis[J]. IEEE T Inform Theory, 1990, 36(5): 961-1005.

[33] 田雨波. 混合神经网络技术[M]. 北京: 科学出版社, 2009.

[34] 张德丰. MATLAB 神经网络应用设计[M]. 北京: 机械工业出版社, 2009.

[35] Yang L, Kang H S, Zhou Y C, et al. Intelligent discrimination of failure modes in thermal barrier coatings: wavelet transform and neural network analysis of acoustic emission signals[J]. Exp. Mech., 2015, 55: 321-330.

[36] 冯玲玲. 基于小波分析及神经网络识别的电磁声发射信号处理平台的研究[D]. 天津: 河北工业大学, 2010.

[37] 陈志奎. 工程信号处理中的小波基和小波变换分析仪系统的研究[D]. 重庆: 重庆大学, 1998.

[38] Khamedi R, Fallahi O A R. Effect of martensite phase volume fraction on acoustic emission signals using wavelet packet analysis during tensile loading of dual phase steels[J]. Mater. Des., 2010, 31(6):2752-27510.

[39] Wu J D, Wang Y H, Chiang P H, et al. A study of fault diagnosis in a scooter using adaptive order tracking technique and neural network[J]. Expert. Syst. Appl., 2009, 36(1): 49-56.

[40] 张平. 集成化声发射信号处理平台的研究[M]. 北京: 清华大学出版社, 2002.

[41] Kim E Y, Lee Y J, Lee S K. Heath monitoring of a glass transfer robot in the mass production line of liquid crystal display using abnormal operating sounds based on wavelet packet transform and artificial neural network[J]. J. Sound Vib., 2012, 331(14): 3412-3427.

[42] Kuo C C. Artificial recognition system for defective types of transformers by acoustic emission[J]. Expert Systems with Applications, 2009, 36 (7): 10304-10311.

[43] Kandaswamy A, Kumar C S, Ramanathan R P. Neural classification of lung sounds using wavelet coefficients[J]. Computers in Biology and Medicine, 2004, 34 (6): 523-537.

[44] Yang L, Zhong Z C, Zhou Y C, et al. Quantitative assessment of the surface crack density in thermal barrier coatings[J]. Acta. Mech. Sin., 2014, 30: 167- 174.

[45] McGuigan A P, Briggs G A D, Burlakov V M, et al. An elastic-plastic shear lag model for fracture of layered coatings[J]. Thin Solid Films, 2003, 424(2): 219-223.

[46] Cao X Q, Vassen R, Stoever D. Ceramic materials for thermal barrier coatings[J]. J. Eur. Ceram. Soc., 2004, 24(0): 1-10.

[47] Wright P K, Evans A G. Mechanisms governing the performance of thermal barrier coatings [J]. Current Opinion in Solid State and Materials Science, 1999, 4(3): 255-265.

[48] Choi S R, Hutchionson J W, Evans A G. Delamination of multilayer thermal barrier coatings[J]. Mech. Mater., 1999, 31(7): 431-447.

[49] Hutchionson J W, Suo Z. Mixed mode cracking in layered[J]. Advances in Applied Mechanics, 1992, 29(0): 63-163.

[50] Ma X Q, Cho S, Takemoto M. Acoustic emission source analysis of plasma sprayed thermal barrier coatings during four-point bend tests[J]. Surf. Coat. Tech., 2001, 139: 55-62.

[51] Zhou Y C, Hashida T. Thermal fatigue failure induced by delamination in thermal barrier coating[J]. International Journal of Fatigue, 2002, 24: 407-417.

[52] Zhang X C, Xu B S, Wang H D, et al. Residual stress relaxation in the film substrate system due to creep deformation[J]. Appl Phys., 2007, 101: 083530.

[53] Hsueh C H. Thermal stresses in elastic multilayer systems[J]. Thin Solid Films, 2002, 418: 182.

[54] Mao W G, Chen Q, Dai C Y, et al. Effects of piezo-spectroscopic coefficients of 8 wt.% Y_2O_3 stabilized ZrO_2 on residual stress measurement of thermal barrier coatings by Raman spectroscopy[J]. Surf. Coat. Technol., 2010, 204: 3573-3577.

[55] Teixeira V, Andritschky M, Fischer W, et al. Surf Coat Technol., 1999, 120-121: 103.

[56] Suzuki K, Shobu T. Internal stress in EB-PVD thermal barrier coating under heat cycle[J]. Mater Sci Forum 2010, 638-642:906.

[57] Vasinonta A, Beuth J L. Measurement of interfacial toughness in thermal barrier cooting-systems by indentation[J]. Eng Fract Mech, 2001, 68:843.

[58] Schwingel D, Taylor R, Haubold T, et al. Mechanical and thermophysical properties of thick PYSZ thermal barrier coatings: cprrelation with microstruetare and spraying parameters[J]. Surf Coat Technol, 1998, 108-109:910.

[59] Xu Z H, Yang Y C, Huang P, et al. Determination of interfacial properties of thermal barrier coatings by sheartest inverse finite element method[J]. Acta Mater, 2010, 58:5972.

[60] Cruse T A, Dommarco R C, Bastias P C. Shear strength of a thermal barrier coating parallel to the bond coat[J]. J Eng Mater Technol, 1998, 120:26.

[61] Choi S R, Zhu D, Miller R A. Fracture behaviov under mixed-mode loading of ceramic plasma-sprayed thermal barrior coatings at ambient and elevated temperatures[J]. Eng Fract Mech, 2005, 72:2144

[62] Bufe C G, Varnes D J. Predictive modeling of the seismic cycle of the greater san francisco bay region[J]. J. Geophys. Res, 1993, 98: 9871-9883.

[63] Sornette D, Sammis C G. Complex critical exponents from renormalization group theory of earthquakes: implications for earthquake predictions[J]. J. Phy. I. France, 1995,5: 607-611.

[64] Yang L, Yang T T, Zhou Y C, et al. Acoustic emission monitoring and damage mode discrimination of APS thermal barrier coatings under high temperature CMAS corrosion[J]. Surf. Coat. Technol., 2016, 304: 272-282.

[65] Fan X, Xu R, Wang T J. Interfacial delamination of double-ceramic-layer thermal barrier coating system[J]. Ceramics International, 2014, 40(9): 13793-13802.

[66] Evans A G, Hutchinson J W. The mechanics of coating delamination in thermal gradients[J]. Surface and Coatings Technology, 2007, 201(18): 7905-7916.

[67] Krause A R, Garces H F, Dwivedi G. Calcia-magnesia-alumino-silicate (CMAS) induced degradation and failure of air plasma sprayed yttria-stabilized zirconia thermal barrier coatings[J]. Acta Mater., 2016, 105: 355-366.

[68] Pujol G, Ansart F, Bonino J P. Step-by-step investigation of degradation mechanisms induced by CMAS attack on YSZ materials for TBCS applications[J]. Surf. Coat. Tech., 2013, 237: 71-78.

[69] Zhou Y C, Yang L, Zhong Z C, et al. Type of testing equipment for detecting the failure process of thermal barrier coating in a simulated working environment[P]. U. S. Patent 9, 939, 364, 2018-04-10.

[70] 周益春, 杨丽, 钟志春, 等. 一种模拟热障涂层服役环境并实时检测其失效的试验装置[P]. 国家发明专利, ZL201310009293.5, 2014-09-24.

[71] Zhu W, Zhang X C, Yang L, et al. Real-time detection of damage evolution and fracture of EB-PVD thermal barrier coatings under thermal shock: An acoustic emission combined with digital image correlation method[J]. Surf. Coat. Tech., 2020, 399: 126151.

第 11 章 热障涂层微结构演变的复阻抗谱表征

在燃气热冲击、氧化、CMAS 腐蚀作用下，热障涂层在产生宏观剥落甚至裂纹之前，会发生复杂的微结构演变，如涂层内孔隙因为烧结、CMAS 渗透而缩小或填充，界面因为氧化生成界面氧化层。目前关于微结构的演变都基于 SEM、TEM 等有损和非实时表征方法来评价，费时且需要破坏样品。如果能对微结构的演变进行实时检测，则是理解热障涂层失效机理尤其是建立关键微结构判据的重要参考。

在描述热障涂层微结构的参数中，孔隙率、界面氧化层尤为重要。这是因为孔隙是热障涂层隔热的关键微结构特征，烧结尤其 CMAS 渗透填充孔隙时，会降低热障涂层的隔热效果，是热障涂层设计与应用部门十分关注的问题。界面氧化一直以来都被列为造成涂层剥落的第一关键因素，很多研究表明，在没有 CMAS 的作用下，界面氧化层达到某一临界厚度时涂层会剥落。因此，如果能实时检测氧化层的厚度、孔隙的变化，对热障涂层应用效果的评估极为有效。

本章主要介绍热障涂层界面氧化、孔隙等微结构演变的复阻抗谱检测方法，包括检测原理、适用于热障涂层的检测条件及微结构的定量评估等。

11.1 复阻抗谱表征的基本原理

11.1.1 复阻抗原理

复阻抗谱是基于测量对体系施加小幅度微扰时的电化学响应[1,2]。如对体系施加一小幅度交流信号电压(电流)，通过对被测体系的电流(电压)响应来测量交流阻抗，用一复数来表示该阻抗，该阻抗称为复阻抗。阻抗参数间具有如下关系：

$$|Z| = \sqrt{\mathrm{Re}(Z)^2 + \mathrm{Im}(Z)^2}, \quad \phi = \arctan\frac{\mathrm{Im}[Z]}{\mathrm{Re}[Z]} \tag{11.1}$$

其中，$|Z|$、ϕ、$\mathrm{Re}(Z)$、$\mathrm{Im}(Z)$ 分别为阻抗的模、相位角、实部和虚部。

复阻抗谱可用两种形式的图形来表示：一种用实部和虚部来表示，即 Nyquist 图；另一种用相角、阻抗模与频率来表示，即 Bode 图。例如，一个 RC 并联电路的 Nyquist 图和 Bode 图如图 11.1 所示。

对于一 RC 并联电路，阻抗为

$$\frac{1}{Z} = \frac{1}{R} + \mathrm{j}\omega C \tag{11.2}$$

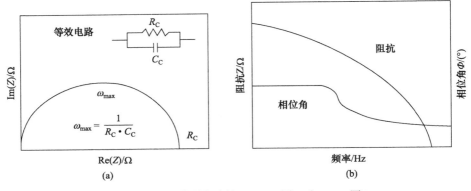

图 11.1　RC 并联电路的 Nyquist 图(a)和 Bode 图(b)

这里，电阻 R 和电容 C 分别为

$$R = \frac{\rho h}{A}, \quad C = \frac{\varepsilon_0 \varepsilon A}{h} \tag{11.3}$$

其中，j 是虚数单位$\left(j^2 = -1 \right)$，ω (rad/s)是角速度($\omega = 2\pi f$，f 是频率(Hz))，ρ 是电阻率，ε 是相对介电系数，ε_0 是真空介电常数，A 和 h 分别是电极面积(mm^2)和样品厚度(mm)。显然，当试样厚度或面积变化而引起电阻 R 和电容 C 变化时，Z 也会变化；同样我们也可以通过 Z 的变化来分析这些元件参数值的变化，从而分析试样微观结构的变化，因此复阻抗谱检测时需要建立被测体系的等效电路。

对于多层系统，其阻抗可表示为

$$Z = Z_1 + Z_2 + \cdots + Z_n \tag{11.4}$$

其中，$Z_1, Z_2, \cdots, Z_n$ 分别为每层的复阻抗。

11.1.2　热障涂层的复阻抗谱响应分析

对热障涂层而言，基底和中间过渡层的导电性能很好，因而其复阻抗可忽略不计。故未氧化的热障涂层系统的阻抗谱主要表现为陶瓷层的阻抗，经过一段时间的氧化后，过渡层中的铝离子与陶瓷层中的氧离子发生反应生成热生长氧化物(TGO)，其主要成分是 Al$_2$O$_3$ [3-5]。这时，复阻抗谱主要表现为陶瓷层与 TGO 双层的阻抗特性；在进行较长时间的氧化后，铝离子不足以发生氧化，此时过渡层中的钴、铬、镍等也会氧化生成混合氧化物(mixed oxide)[6,7]，因而阻抗谱表现为陶瓷层、TGO 层与混合氧化层三层的阻抗特性。

将每一层简化成一个简单的 RC 并联电路，则可得到热障涂层体系的等效电路，如图 11.2 所示。图中 R_S 为电极接触电阻，下标 C、T 和 M 分别代表陶瓷层、TGO 层和混合氧化层。对于一个理想的 RC 并联电路，其复阻抗谱的 Nyquist 图是一个标准的半圆，但在热障涂层复阻抗谱的实际测量中得到的 Nyquist 图并不是一个或多个标准的半圆，这是由于材料的各相异性引起的，通常也称为弥散效应，可用一常相角元件(CPE)代替理想的电容来反映材料的弥散效应[2, 6-8]。

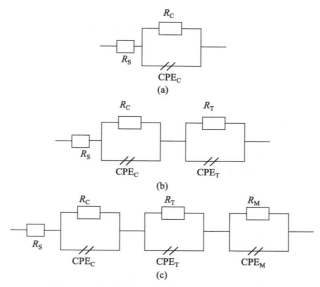

图 11.2　热障涂层不同氧化阶段的等效电路

(a)未氧化；(b)氧化较短时间；(c)氧化较长时间

CPE 的复阻抗定义为[2, 6-8]

$$Z_{CPE} = \frac{1}{Q(j\omega)^{\beta}} \tag{11.5}$$

式中，$Q\left(\Omega^{-1}(rad/s)^{-\beta}\right)$ 是常数，β 是介于 –1 与 1 之间的拟合常数，β 反映了材料的各向异性，也称弥散效应系数。当 $\beta = -1$ 时，CPE 代表纯电感元件；当 $\beta = 0$ 时，CPE 代表纯电阻元件，Q 的值是电阻的倒数；当 $\beta = 1$ 时，CPE 代表纯电容元件，此时 Q 的值为电容。

从式(11.2)～式(11.4)可以看出，体系的复阻抗与每层的电阻、电容有关，而电阻、电容的变化与材料的微观结构、厚度以及电极面积密切相关。如果能检测出热障涂层等效电路中元件参数即各层电阻 R 以及 CPE 的两个参数的变化，则可分析热障涂层微观结构(如厚度)的变化。因此，准确求解这些参数至关重要。下面以图 11.2 为例来分析阻抗谱与电路元件参数的关系。

1. 单层体系等效电路

计入弥散效应的热障涂层单层阻抗谱等效电路如图 11.2(a)所示。相应的复阻抗为

$$Z = R_S + \frac{R_C}{1 + Q_C(j\omega)^{\beta_C} R_C} \tag{11.6}$$

令 $\tau_C = (R_C Q_C)^{\frac{1}{\beta_C}}$ 得

$$\frac{R_C}{Z - R_S} = 1 + (\omega\tau_C)^{\beta_C}\left(\cos\frac{\pi}{2}\beta_C + j\sin\frac{\pi}{2}\beta_C\right) \tag{11.7}$$

令 $D = \mathrm{Re}[Z]$, $B = -\mathrm{Im}[Z]$, 则有

$$\frac{R_C(D - R_S)}{(D - R_S)^2 + B^2} = 1 + (\omega\tau_C)^{\beta_C}\cos\frac{\pi}{2}\beta_C$$

$$\frac{R_C B}{(D - R_S)^2 + B^2} = (\omega\tau_C)^{\beta_C}\sin\frac{\pi}{2}\beta_C \tag{11.8}$$

可得到

$$(\omega\tau_C)^{\beta_C} = \frac{B}{(D - R_S)\sin\frac{\pi}{2}\beta_C - B\cdot\cos\frac{\pi}{2}\beta_C} \tag{11.9}$$

由式(11.8)、式(11.9)得

$$(D - R_S)^2 + B^2 = (D - R_S)\cdot R_C - R_C B\cdot\cot\frac{\pi}{2}\beta_C \tag{11.10}$$

$$\left(D - R_S - \frac{R_C}{2}\right)^2 + \left(B + \frac{R_C}{2}\cdot\cot\frac{\pi}{2}\beta_C\right)^2 = \frac{R_C^2}{4\sin^2\frac{\pi}{2}\beta_C} \tag{11.11}$$

由式(11.11)可知，复阻抗的实部与虚部构成一直径为 $R_C\Big/\left(\sin\frac{\pi}{2}\beta_C\right)$ 的圆弧曲线，这个圆弧与实部坐标轴的两个交点为($R_S,0$)和($R_S + R_C,0$)；当 $\beta_C = 1$，即无弥散效应时，式(11.11)简化为

$$\left(D - R_S - \frac{R_C}{2}\right)^2 + B^2 = \frac{R_C^2}{4} \tag{11.12}$$

上式表示复阻抗的实部与虚部构成一直径为 R_C 的圆弧，这个圆弧与实部坐标轴的两个交点为($R_S,0$)和($R_S + R_C,0$)。图 11.3 所示为式(11.11)和式(11.12)的物理意义，

$-B$ 和 D 分别为阻抗的虚部和实部。可以看到，两圆弧与实部坐标轴的两个交点位置相同，只是具有弥散效应的圆弧 2 的半径比无弥散效应的圆弧 1 要大。

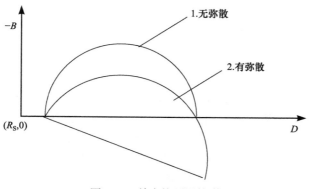

图 11.3　单容抗弧阻抗谱

2. 双层体系等效电路

为简单起见，将陶瓷层和 TGO 层都看成简单的 RC 并联电路，不计弥散效应以及接触电阻 R_S。则图 11.2(b) 所示的等效电路变为图 11.4，下标 1 和 2 分别代表陶瓷层的 C 和 TGO 层的 T。这时，体系的复阻抗为

$$Z = \frac{R_1}{1+j\omega R_1 C_1} + \frac{R_2}{1+j\omega R_2 C_2}$$
$$= \frac{R_1 + j\omega R_2 R_1 C_1 + R_2 + j\omega R_1 R_2 \cdot C_2}{1 + j\omega R_1 C_1 + j\omega R_2 C_2 + (j\omega)^2 \cdot R_1 R_2 \cdot C_1 \cdot C_2} \tag{11.13}$$

令 $\tau_1 = R_1 C_1 = \rho_1 \varepsilon_1, \tau_2 = R_2 C_2 = \rho_2 \varepsilon_2$，对热障涂层来说有[6]

$$\rho_C = 1\times10^9 \Omega/m, \quad \rho_T = 1\times10^{12}\Omega/m, \quad \varepsilon_C = 35, \quad \varepsilon_T = 6 \tag{11.14}$$

故 $\tau_2 \gg \tau_1$，则式(11.13)简化为

$$Z = \frac{R_1 + R_2 + j\omega R_1 R_2 \cdot C_2}{1 + j\omega R_2 C_2 + (j\omega)^2 \cdot R_1 R_2 C_1 C_2} \tag{11.15}$$

在高频条件下即 $\omega \gg 1$，忽略不含 ω 的项后上式 Z 用 Z_{Hf} 表示有

$$Z_{Hf} = \frac{R_1}{1+j\omega R_1 C_1} \tag{11.16}$$

在低频条件下，忽略含 ω^2 项后上式 Z 用 Z_{Lf} 表示有

$$Z_{Lf} = R_1 + \frac{R_2}{1+j\omega R_2 C_2} \tag{11.17}$$

图 11.4 简化了的热障涂层双容抗等效电路

当式(11.6)中 $\beta_C = 1$ 时，式(11.16)、式(11.17)与式(11.6)具有相同的形式，由前面的讨论可知，双层模型的复阻抗谱对应两个半圆弧，式(11.16)中复阻抗实部与虚部构成了高频段圆弧，该圆弧与实轴的交点为 $(0,0)$，$(R_1, 0)$；式(11.17)中复阻抗的实部与虚部构成了低频段圆弧，该圆弧与实轴的交点为 $(R_1, 0)$，$(R_1 + R_2, 0)$。如图 11.5 所示为式(11.16)和式(11.17)的物理意义，$-B$ 和 D 分别为阻抗的虚部和实部。在图 11.3 中我们已经发现，有弥散效应和无弥散效应的单层复阻抗与实轴的交点位置相同，只是半径大小不同。对热障涂层而言，根据式(11.14)有 $\tau_T \gg \tau_C$，我们有理由认为在计入弥散效应时，高频段的阻抗由第 1 层即陶瓷层决定，低频段的阻抗仍由第 2 层即 TGO 层决定，即左边的高频段圆弧代表陶瓷层，右边的低频段圆弧代表 TGO 层。由图 11.5 可知，热障涂层双层系统的复阻抗谱可以简单的视作各层阻抗特性的线性叠加。其复阻抗在不同频段时有

$$Z_{\mathrm{Hf}} = \frac{R_{\mathrm{C}}}{1 + R_{\mathrm{C}} Q_{\mathrm{C}} (\mathrm{j}\omega)^{\beta_{\mathrm{C}}}} \tag{11.18}$$

$$Z_{\mathrm{Lf}} = R_{\mathrm{S}} + R_{\mathrm{C}} + \frac{R_{\mathrm{T}}}{1 + R_{\mathrm{T}} Q_{\mathrm{T}} (\mathrm{j}\omega)^{\beta_{\mathrm{T}}}} \tag{11.19}$$

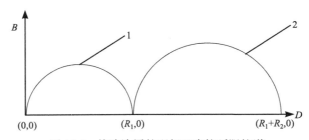

图 11.5 热障涂层的理想双容抗弧阻抗谱

3. 三层体系等效电路

在不计弥散效应和接触电阻的影响时，用图 11.6 对热障涂层的三层阻抗体系进行分析，图中下标 1，2，3 分别代表陶瓷层 C、TGO 层 T、混合氧化层 M。图 11.6 所示等效电路的复阻抗为

$$Z = Z_1 + Z_2 + Z_3$$

$$= \frac{R_1}{1 + j\omega R_1 C_1} + \frac{R_2}{1 + j\omega R_2 C_2} + \frac{R_3}{1 + j\omega R_3 C_3} \tag{11.20}$$

令 $\tau_1 = R_1 C_1 = \rho_1 \varepsilon_1, \tau_2 = R_2 C_2 = \rho_2 \varepsilon, \tau_3 = R_3 C_3$，对热障涂层而言有[6]

$$\rho_C = 1 \times 10^9 \Omega/m, \rho_T = 1 \times 10^{12} \Omega/m, \rho_M = 1 \times 10^{11} \Omega/m$$
$$\varepsilon_C = 35, \varepsilon_T = 6, \varepsilon_M = 0.9 \tag{11.21}$$

故 $\tau_2 \gg \tau_3 \gg \tau_1$，则式(11.20)可简化为

$$Z = \frac{R_1 + R_2 + R_3 + j\omega R_2 R_3 C_3 + j\omega R_1 R_3 C_3 + (j\omega)^2 R_1 R_2 R_3 C_2 C_3}{1 + j\omega R_3 C_3 + (j\omega)^2 R_2 R_3 C_2 C_3 + (j\omega)^3 R_1 R_2 R_3 C_1 C_2 C_3} \tag{11.22}$$

在高频条件下，忽略 ω 的零次和一次项，上式 Z 用 Z_{Hf} 表示有

$$Z_{Hf} = \frac{R_1}{1 + j\omega R_1 C_1} \tag{11.23}$$

在中频条件下，忽略 ω 的零次和二次以上的项，式(11.22)Z 用 Z_{Mf} 表示有

$$Z_{Mf} = R_1 + \frac{R_2}{1 + j\omega R_2 C_2} \tag{11.24}$$

在低频条件下，忽略 ω 的二次及二次以上的项，式(11.22)Z 用 Z_{Lf} 表示有

$$Z_{Lf} = R_1 + R_2 + \frac{R_3}{1 + j\omega R_3 C_3} \tag{11.25}$$

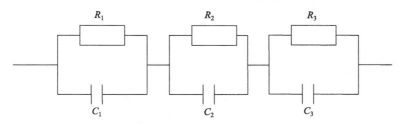

图 11.6　简化了的热障涂层的三容抗等效电路

同理，式(11.23)～式(11.25)在阻抗谱图上体现为三个半圆弧，如图 11.7 所示，对热障涂层而言，根据式(11.21)，有 $\tau_T \gg \tau_M \gg \tau_C$，因而图中左边的高频段圆弧代表第 1 层即陶瓷层的复阻抗谱，中间的中频段圆弧代表第 2 层即混合氧化层的复阻抗谱，右边的低频段圆弧代表第 3 层即 TGO 层的复阻抗谱。

与双层系统的推导类似，计入弥散效应时有

$$Z_{Hf} = R_S + \frac{R_C}{1 + R_C Q_C (j\omega)^{\beta_C}} \tag{11.26}$$

$$Z_{\text{Mf}} = R_{\text{S}} + R_{\text{C}} + \frac{R_{\text{M}}}{1 + R_{\text{M}} Q_{\text{M}} (\text{j}\omega)^{\beta_{\text{M}}}} \tag{11.27}$$

$$Z_{\text{Lf}} = R_{\text{S}} + R_{\text{C}} + R_{\text{M}} + \frac{R_{\text{T}}}{1 + R_{\text{T}} Q_{\text{T}} (\text{j}\omega)^{\beta_{\text{T}}}} \tag{11.28}$$

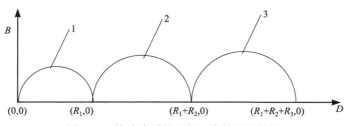

图 11.7　热障涂层的理想三容抗弧阻抗谱

经过以上分析可知，热障涂层的复阻抗谱响应可以分为高频、中频和低频三个区域。其中，高频区表现为电阻率最小的陶瓷层，中频区表现为混合氧化层，低频区表现为 TGO 层。需要注意的是，实际氧化过程中，混合氧化层较少出现，而且往往没有连续的一层，一般会与 TGO 层混合为一层。此外，陶瓷层是多间隙或空隙的结构，有可能在陶瓷层的响应中带来更低频的响应。

11.2　热障涂层复阻抗谱特性的数值模拟

11.2.1　复阻抗谱的有限元原理

有限元法首先是由 Fleig 等[9]引入到材料的复阻抗谱分析当中的，被用于分析两相互接触的固体电解质界面处的电势和复阻抗分布。之后，Deng 等[10]结合有限元法和实验，研究了 EB-PVD 热障涂层在烧结过程中 TGO 厚度和微观结构的变化，得到如下结论：TGO 厚度增加使热障涂层 Bode 图的 TGO 峰向高频移动，波峰变高；TGO 电导率增加使 TGO 峰频向高频移动，并且 TGO 电导率随着烧结时间和温度的增加而增大。在热障涂层微结构演变的复阻抗谱表征中，之所以要用到有限元，是因为实验上和理论上都难以获得电场在极高阻抗的陶瓷层和 TGO 层中的传播过程。尽管 11.1.2 节给出了热障涂层微结构测试的基本原理，但一般都基于理想的元件假设。因此，需要借助有限元来获得热障涂层复阻抗谱的特性与表征方法。

复阻抗的有限元模拟主要是求解考虑传导电流和位移电流的频域动态方程，其理论基础概述如下。

一般而言，电流密度 J、电位移 D，以及磁场强度 H 满足麦克斯韦-安培定律：

$$\nabla \times \boldsymbol{H} = \boldsymbol{J} + \mathrm{j}\omega\boldsymbol{D} \tag{11.29}$$

式中，j 为虚数单位，ω 为角频率，$\omega = 2\pi f$（f 为频率）。由于磁场为无源场，对方程等号左右求散度有[11]

$$\nabla \cdot (\nabla \times \boldsymbol{H}) = \nabla \cdot (\boldsymbol{J} + \mathrm{j}\omega\boldsymbol{D}) = 0 \tag{11.30}$$

均匀介质下电位移可描述为

$$\boldsymbol{D} = \varepsilon_{\mathrm{r}}\varepsilon_0\boldsymbol{E} \tag{11.31}$$

其中，ε_{r} 和 ε_0 分别为相对介电常数和真空介电常数，$\boldsymbol{E}$ 为电场强度。电流密度 $\boldsymbol{J}$ 根据欧姆定律有

$$\boldsymbol{J} = \sigma\boldsymbol{E} \tag{11.32}$$

其中，σ 为电导率。将式(11.32)和式(11.31)代入式(11.30)，可得到

$$\nabla\left[\sigma E + \mathrm{j}\omega\varepsilon_{\mathrm{r}}\varepsilon_0 E\right] = 0 \tag{11.33}$$

因为电场无旋度，故电场强度 $\boldsymbol{E}$ 与电势 V 的关系有

$$\boldsymbol{E} = -\nabla V \tag{11.34}$$

故式(11.33)可表示为

$$\nabla\left[(\sigma + \mathrm{j}\omega\varepsilon_{\mathrm{r}}\varepsilon_0)\nabla V\right] = 0 \tag{11.35}$$

上式即为有限元计算热障涂层复阻抗谱的控制方程。由式(11.33)可知式(11.35)中小括号内的表达式是一个常数，故式(11.35)为

$$\nabla^2 V = 0 \tag{11.36}$$

对一个三维模型，控制方程为

$$\frac{\partial^2 V}{\partial X^2} + \frac{\partial^2 V}{\partial Y^2} + \frac{\partial^2 V}{\partial Z^2} = 0 \tag{11.37}$$

当边界条件确定后，电势 V 的分布可通过式(11.37)确定，从而可以根据式(11.34)和式(11.32)来确定复电流密度 $\boldsymbol{J}$，根据式(11.31)确定电位移 $\boldsymbol{D}$。从而复电流密度 $\hat{J}$ 可写为

$$\hat{\boldsymbol{J}} = \boldsymbol{J} + \mathrm{j}\omega\boldsymbol{D} \tag{11.38}$$

复形式的电流 $\hat{I}$ 可通过复电流密度 $\hat{J}$ 的积分所获得

$$\hat{I} = \int(\boldsymbol{J} + \mathrm{j}\omega\boldsymbol{D}) \cdot \mathrm{d}\boldsymbol{n} \tag{11.39}$$

其中，$\boldsymbol{n}$ 为热障涂层表面的垂直方向，Ω 为电极面积。因此，复阻抗 Z 可通过交流电压 U 与复形式电流 $\hat{I}$ 的比值所获得，即

$$Z = U / \hat{I} = U / \int (\boldsymbol{J} + j\omega \boldsymbol{D}) \cdot d\boldsymbol{n} \qquad (11.40)$$

11.2.2 热障涂层复阻抗谱的有限元模型

如图 11.8 所示,测试或是计算的热障涂层样品是一个 10cm × 10cm 的正方形,陶瓷层表面沉积有铂电极。热障涂层实际上包含了 YSZ 层、TGO 层、黏结层以及基底(图 11.8(b))。根据热障涂层的几何尺寸,有限元模型如图 11.9(a)所示,由于黏结层和基底都是导体,因此复阻抗谱有限元计算的三维模型可只考虑 YSZ 层和 TGO 层。其中,铂电极位于试样的中心点,直径为 D(计算时为变化的参数,分析范围为 1～9mm,注意这里的 D 和电位移 $\boldsymbol{D}$ 不是一回事)。为保持数值模拟与实验的可比性,实际测量时 TGO 层与黏结层完全结合,故整个 TGO 底面作为另外一个电极。YSZ 层厚度(h_{YSZ})为 150～300μm,TGO 层厚度(h_{TGO})为 1～3μm。

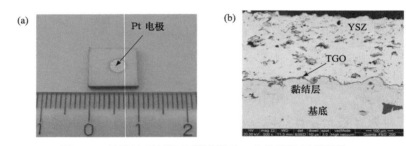

图 11.8　热障涂层复阻抗测试样品(a)和热障涂层微结构(b)

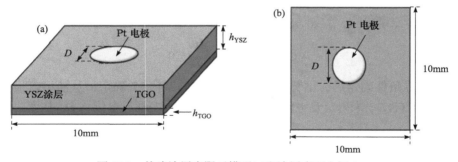

图 11.9　热障涂层有限元模型(a)和涂层表面电极(b)

假设 YSZ 层是均匀介质并忽略边界效应的影响[12-14],选择阻抗响应温度为 400℃,此时 YSZ 的电导率为 $\sigma_{YSZ} = 1 \times 10^{-3}$ S/m[15],相对介电常数为 $\varepsilon_{rYSZ} = 28$ [10, 16]。在 TGO 厚度较薄的情况下,不考虑混合氧化层的影响,此时 TGO 的电导率和相对介电常数分别是 $\sigma_{TGO} = 3 \times 10^{-7}$ S/m[17],$\varepsilon_{rTGO} = 10$ [10]。

有限元计算中三个边界条件分别描述为:①Pt/YSZ 和 YSZ/TGO 界面没有任

何电势降，Pt 电极施加 1V 的交流电压，TGO 底面接地；②热障涂层与外界绝缘，意味着热障涂层外表面与外界环境不存在电流，即 $(J+j\omega D)\cdot n=0$；③YSZ 和 TGO 内没有任何的电荷积累，也就是说电流密度在 Pt/YSZ 和 YSZ/TGO 界面都是连续的。

11.2.3　热障涂层复阻抗谱特性

1. 电场发散现象与影响因素

图 11.10 给出了电极对称性对电场线分布的影响，这里的对称指的是陶瓷层表面的铂电极尺寸与 TGO 面的电极尺寸一致，否则为非对称电极。从图中可以看出，当铂电极尺寸与 TGO 面的电极尺寸相同时，所有的电场线都是均匀分布且彼此平行，如图 11.10(a)和(b)所示。当两面的电极尺寸不一致时，电场线是发散的，从陶瓷面的电极尺寸发散至 TGO 面的尺寸，如图 11.10(c)和(d)所示。非对称电极引起的电场发散现象，将导致复阻抗谱测试的误差从而影响微结构演变分析的准确性。

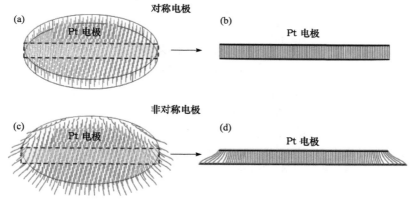

图 11.10　电极对称性对电场线分布的影响

(a)和(b)对称电极的电场线分布；(c)和(d)为非对称电极的电场线分布

电场线随频率发散的变化如图 11.11 所示，可以看出，对于对称电极(图 11.11(a))的热障涂层复阻抗谱，电场线在各种频率(0.1Hz～100kHz)下都是均匀而不发散的。但是对于非对称电极来说，电场线会发散且在低频会更严重，如图 11.11(b)所示。根据热障涂层频率响应特点，可将频率分为三个频段：涂层孔隙响应的低频区，即 100Hz 以下；TGO 响应的中频区，即 100Hz～100kHz；涂层响应的高频区，即 100kHz 以上。从图中可以看出，低频时电场线发散现象是最严重的(图 11.11(b))。中频区的电场线发散明显减小，但依然明显(图 11.11(c))。到高频区发散现象很小(图 11.11(d))，且随着频率的进一步增加，发散现象变化不大。这也说明非对称电极引起的误差主要是 TGO 层和涂层的孔隙。

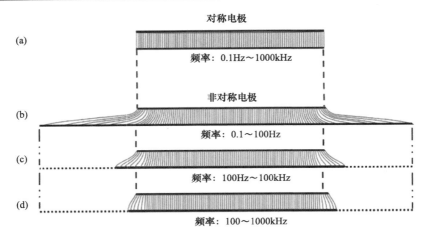

图 11.11　电场线随频率发散的变化

(a) 对称电极；(b) 非对称电极的低频区；(c) 非对称电极的中频区；(d) 非对称电极的高频区

图 11.12 给出了采用直径为 3mm 的铂电极进行模拟的热障涂层复阻抗谱的 Nyquist 图(阻抗的实部和虚部)和 Bode 图。Nyquist 显示了两个典型的半圆，对应着 Bode 图上的两个特征频谱区间，分别是 100～10kHz，以及 100kHz 以上。在 11.1 节已分析，低频来源于 TGO 的响应，高频来源于 YSZ 的响应[18, 19]。图 11.12 还表明非对称电极的阻抗频率响应与对称电极是相同的，但阻抗的幅值(半圆直径)远远小于对称电极的值。而且，因为 TGO 的响应频率在 100Hz～100kHz 之间，非对称电极对 TGO 阻抗幅值的影响远远大于对 YSZ 的影响。根据图 11.12(b)的 Bode 图上显示有两个特征峰，分别位于 10^3～10^4Hz 和 10^7Hz，即 TGO 和 YSZ 的特征频率。非对称电极对 Bode 图的影响主要是降低中频区即 TGO 特征频率的相角，但对 YSZ 的峰值无影响，与图 11.11 的结果一致。

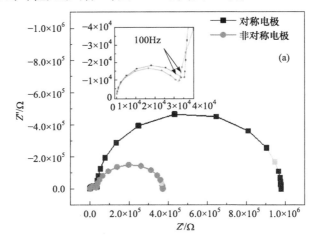

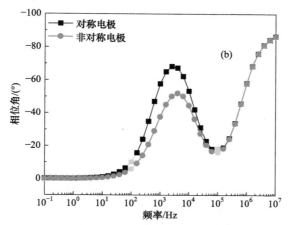

图 11.12 采用 3mm 铂电极的热障涂层复阻抗谱的 Nyquist 图(a)和 Bode 图(b)

采用 ZView 阻抗分析软件,利用双层的电阻和电容并联的等效电路(图 11.4),对图 11.12 所得到的阻抗谱进行拟合,可求得 YSZ 和 TGO 的电阻值 R。根据电阻 R 与材料厚度 h、电导率 σ、电极面积 A 之间的关系:

$$R = h / (\sigma A) \tag{11.41}$$

且当 R 得出,电导率 ρ 和面积 A 已知时,则可求出 YSZ 和 TGO 的厚度。由于非对称电极电场线发散的影响,电场线流过热障涂层的面积比实际电极面积要大。如果此时用电极面积进行计算将带来厚度的误差。如表 11.1 所示,基于 ZView 软件利用图 11.4 所示的等效电路对有限元模拟的复阻抗谱拟合得到的涂层厚度 h_{YSZ} 和 TGO 厚度 h_{TGO},分别与有限元模型设置的涂层厚度 h_{YSZ} 和 TGO 厚度 h_{TGO} 相比较。当电极对称时,模拟得到的厚度与模型设置厚度相同。电极不对称时,YSZ 和 TGO 厚度都存在误差。由于电场线发散会随着频率的降低而增加,而 TGO 的频率响应区间要低于 YSZ,故 TGO 的误差(63.8%)要大于 YSZ(11.9%)。

表 11.1 在 3mm 电极尺寸下 YSZ 和 TGO 厚度的误差

电极类型	模型 h_{YSZ}/μm	IS 得到的 h_{YSZ}/μm	Error$_{YSZ}$	模型 h_{TGO}/μm	IS 得到的 h_{TGO}/μm	Error$_{TGO}$
对称电极	250	250	0.00%	2.00	2.00	0.00%
非对称电极	250	222	11.9%	2.00	0.725	63.8%

图 11.13 给出了电场线发散效应随着电极尺寸的变化规律,可以看到电场线发散的程度,即 d 与电极尺寸几乎无关,铂电极尺寸从 1mm 增加到 9mm 时,电场线发散尺寸(用 d 描述)几乎一样。图 11.14 的 Nyquist 图中,TGO 和 YSZ 的半圆随着电极尺寸的增大而减小。其原因是因为电场线发散而使得式(11.41)中的面积 A 增加,从而使得电阻变小。在 Bode 图中,铂电极尺寸的增加,会使得 TGO

峰值明显增加，但对 YSZ 峰的影响不大。非对称电极的电极发散效应在实验中也被证明对结果有影响[14, 20]，图 11.15 的实验结果[20]可以看出，与有限元分析结果相似，TGO 峰值随着电极尺寸的增大而更明显，而 YSZ 峰值变化不明显。

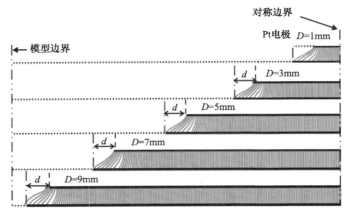

图 11.13 电极尺寸对电场发散的影响

2. 电极发散对 YSZ 和 TGO 厚度的影响

为了研究电极发散现象对 YSZ 微结构以及 TGO 厚度测试结果的影响，现对不同厚度的 YSZ 和 TGO 进行复阻抗谱模拟。由前面的阻抗分析可知，如式(11.13)可知，无论是 YSZ 还是 TGO，其厚度的增加都将引起阻抗的增加。具体到 Nyquist 图，由式(11.16)、式(11.17)可知，TGO 和 YSZ 构成的两个半圆与实部的交点为 $(0,0)$，$(R_1,0)$，$(R_1+R_2,0)$。因此，当 YSZ 厚度增加后 R_1 增加，不仅改变 YSZ 的半圆大小，同时也会改变 TGO 半圆的大小。但如果 YSZ 厚度不变，仅改变 TGO 厚度，因为 R_1 不变，而不影响 YSZ 的响应。

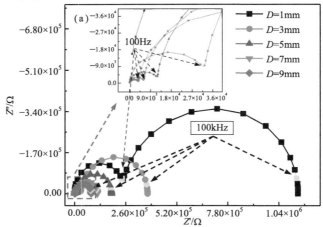

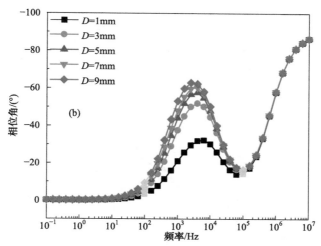

图 11.14 不同电极尺寸下热障涂层复阻抗谱的有限元结果

(a) Nyquist 图；(b)Bode 图

为分析电场发散对厚度表征的影响，选定电极尺寸不变，且 TGO 厚度一定，先分析 YSZ 厚度的影响。在电极发散有影响的频率段选择某一频率，如 10^4 Hz，结果如图 11.16 所示，可发现电场线发散程度随着 YSZ 厚度的增加而增加。Nyquist 图如预期的一样，如图 11.17(a)所示，YSZ 半圆直径、TGO 半圆直径都相应的增加。11.17(b)所示 Bode 图上的特征峰除了峰值随着厚度的增加而增加外，峰值频率并未发生改变。这说明电极发散本质上不改变材料阻抗响应特性，但因为电场传播面积的增大而影响电阻或者厚度测试精度。

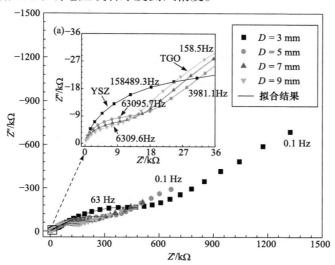

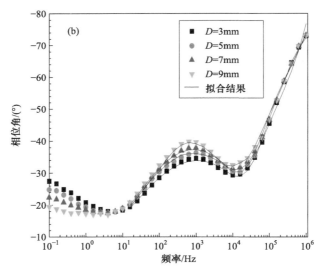

图 11.15　不同电极尺寸下热障涂层复阻抗谱的实验结果

(a) Nyquist 图；(b)Bode 图[20]

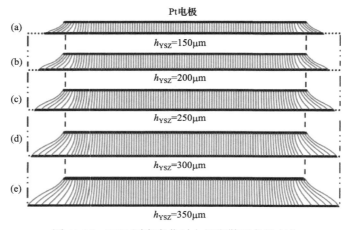

图 11.16　YSZ 厚度变化时电极发散现象的变化

　　基于 ZView 软件利用图 11.4 所示的等效电路对有限元模拟的复阻抗谱拟合得到涂层厚度 h_{YSZ} 和 TGO 厚度 h_{TGO}，分别与有限元模型设置的涂层厚度 h_{YSZ} 和 TGO 厚度 h_{TGO} 相比较，结果如表 11.2 所示，尽管只有 YSZ 的厚度在变化，但此时通过复阻抗谱拟合反推得到的 YSZ 厚度和 TGO 厚度都存在较大的误差，且误差都随着 YSZ 厚度的增加而增大。其中 YSZ 厚度的误差可达到 8.65%～14.5%，TGO 厚度的误差达到 54.2%～69.6%。因此，采用非对称电极进行热障涂层陶瓷层或是 TGO 厚度的复阻抗谱表征时，需要进行误差修正[21]。

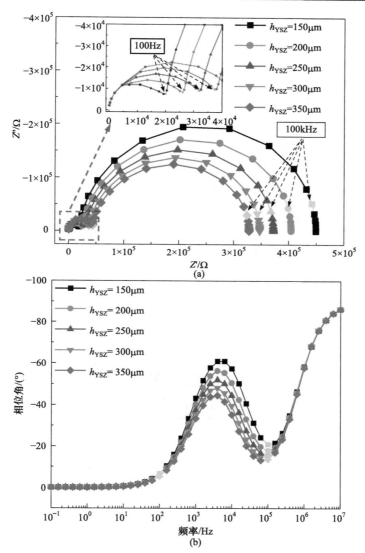

图 11.17　不同 YSZ 厚度下热障涂层的阻抗谱

(a) Nyquist 图；(b) Bode 图

表 11.2　不同 YSZ 厚度下 YSZ 和 TGO 厚度的复阻抗谱表征误差

实际的 h_{YSZ}/μm	表征的 h_{YSZ}/μm	Error$_{YSZ}$	实际的 h_{TGO}/μm	表征的 h_{TGO}/μm	Error$_{TGO}$
150	137	8.65%	2	0.916	54.20%
200	182	9.21%	2	0.806	59.70%
250	222	11.90%	2	0.725	63.80%
300	261	12.80%	2	0.661	66.90%
350	299	14.50%	2	0.608	69.60%

　　不同 TGO 厚度下，也采用有限元模拟的方法对 TGO 电场线的发散现象进行分析，结果如图 11.18 所示。电场线发散也随着 TGO 厚度的增加而增加，采用复阻抗谱表征 YSZ 和 TGO 厚度的分析结果与 YSZ 类似，如图 11.18(a)所示，电极发散随着 TGO 厚度的增加而增加。阻抗在图 11.8(b)所示的 Nyquist 图上 YSZ 半圆直径不变，但 TGO 直径随着 TGO 厚度的增加而增加。图 11.18(c)所示 Bode 图与图 11.17(b)相似，特征峰除了峰值随着厚度的增加而增加外，峰值频率并未发生改变。再次说明了电极发散本质上不改变材料阻抗响应特性，但因为电场传播面积的增大而影响电阻或者厚度的测试精度。

　　基于图 11.4 所示的等效电路对有限元模拟的复阻抗谱进行拟合，不同 TGO 厚度下，YSZ 和 TGO 厚度的复阻抗谱表征误差如表 11.3 所示，当 TGO 厚度从

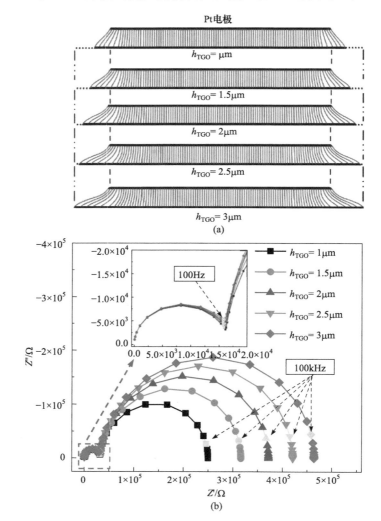

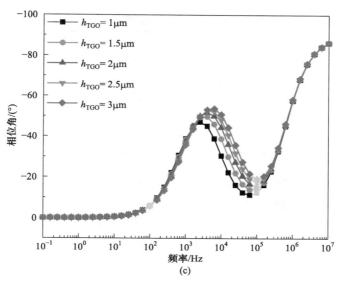

图 11.18　TGO 厚度变化时热障涂层的复阻抗特性有限元模拟结果
(a)电场线分布；(b)Nyquist 图；(c) Bode 图

表 11.3　不同 TGO 厚度下，YSZ 和 TGO 厚度的复阻抗谱表征误差

实际的 h_{TGO}/μm	表征的 h_{TGO}/μm	Error$_{TGO}$	实际的 h_{YSZ}/μm	表征的 h_{YSZ}/μm	Error$_{YSZ}$
1	0.463	53.70%	250	226	9.35%
1.5	0.605	59.70%	250	224	11.10%
2	0.725	63.80%	250	222	11.90%
2.5	0.828	66.90%	250	221	11.70%
3	0.922	69.30%	250	218	12.60%

1μm 增加到 3μm 时，YSZ 厚度的表征误差从 9.35%增加到 12.6%，TGO 厚度误差从 53.70%增加到 63.90%。说明两者的误差都会随着 TGO 厚度的增加而增加。由于 TGO 响应的频率相对于 YSZ 更低，故与表 11.2 相比，也可以看出，TGO 厚度对 YSZ 厚度的误差影响相对要比 TGO 小，对 TGO 本身的厚度要大。因此，复阻抗谱表征时电极发散对 TGO 厚度的影响相对于 YSZ 而言更大。

11.2.4　非对称电极误差修正模型

不同电极尺寸下 YSZ 和 TGO 厚度的复阻抗谱表征误差如表 11.4 所示，可以看出，YSZ 和 TGO 厚度误差均随着铂电极直径的增大而减小。当铂电极尺寸从 1mm 变化到 9mm 时，YSZ 厚度的表征误差从 26.2%下降到 1.52%，TGO 厚度的表征误差从 89.3%下降为 23.6%。因此，电极尺寸在热障涂层复阻抗谱表征中极为重要，这一结果将在 11.3.4 节进行详细的讨论。

表 11.4　不同电极尺寸下 YSZ 和 TGO 厚度的复阻抗谱表征误差

D/mm	实际的 h_{YSZ}/μm	表征的 h_{YSZ}/μm	Error$_{YSZ}$	实际的 h_{TGO}/μm	表征的 h_{TGO}/μm	Error$_{TGO}$
1	250	184	26.20%	2	0.214	89.30%
3	250	222	11.90%	2	0.725	63.80%
5	250	232	7.15%	2	1.04	47.80%
7	250	236	5.73%	2	1.27	36.30%
9	250	246	1.52%	2	1.53	23.60%

　　现在先进行厚度测试误差的分析，因为非对称电极而引起电流流过的面积大于实际的电极面积，故采用式(11.41)所描述的厚度 h、电阻 R、电导率 σ 和电场面积 A 的关系所计算的电阻会偏小。考虑电场发散效应的影响，式(11.41)可写为

$$h^* = R^* \sigma A \tag{11.42}$$

式中，$R^* = h/(\sigma A^*)$，$A^* = \pi(D/2+d)^2$，d 是电极发散长度(图 11.13)。根据相对误差的定义，则厚度的相对误差可描述为

$$\Delta = \frac{h-h^*}{h} = \frac{4}{\dfrac{D^2}{Dd+d^2}+4} \tag{11.43}$$

　　根据式(11.43)可以得出，在已证明电场发散直径都为 d(图 11.13)的情况下，厚度相对误差会随着电极直径 D 的增加而减小。需注意的是，TGO 电场发散直径要大于 YSZ，导致 TGO 厚度的表征误差要高于 YSZ 的误差。

　　由于在复阻抗谱测试尤其是热障涂层的复阻抗谱测试中，一般都采用非对称电极，电场发散现象将导致不可避免的存在厚度表征误差，故基于表 11.4 和图 11.19 的有限元和实验结果，建立了 YSZ 和 TGO 厚度的误差修正经验模型[22]

$$\Delta_{h_{YSZ}} = -0.089 + \frac{0.111}{\sqrt{D/L}} \tag{11.44}$$

$$\Delta_{h_{TGO}} = 1.21 - 1.026\sqrt{D/L}$$

式中，D 为电极的尺寸，L 为热障涂层试样的尺寸参数。如是正方形，L 取边长；如是圆形，L 取直径。

　　修正后的 YSZ 和 TGO 厚度(h^{**})可表示为[22]

$$h_{YSZ}^{**} = \frac{h_{YSZ}^*}{1-\Delta_{h_{YSZ}}} = \frac{h_{YSZ}^*}{1-\left(-0.089+\dfrac{0.111}{\sqrt{D/L}}\right)} \tag{11.45}$$

$$h_{TGO}^{**} = \frac{h_{TGO}^*}{1-\Delta_{h_{TGO}}} = \frac{h_{TGO}^*}{1-(1.21-1.026\sqrt{D/L})}$$

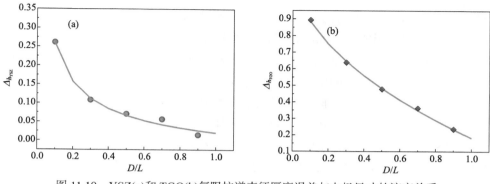

图 11.19 YSZ(a)和 TGO(b)复阻抗谱表征厚度误差与电极尺寸的演变关系

其中点为实验数据，曲线为根据式(11.43)拟合的结果

综上所述，通过热障涂层复阻抗谱的有限元模拟可以发现，采用非对称电极进行复阻抗谱表征时，会存在电极发散现象，使得电场线在热障涂层中的传播面积会大于实际电极面积，进一步会引起厚度或微结构的表征误差。模拟发现，电极发散会随着频率的降低而增加，对热障涂层而言，意味着在较低频率的 TGO 响应区会更严重。而且，电极发散会随着电极尺寸的减小而更严重，同时因为陶瓷层、TGO 层厚度的增加而增加。对热障涂层而言，TGO 层厚度的表征是复阻抗谱测试的主要目标。为此，本节提出了考虑电极发散的陶瓷层与 TGO 层厚度修正模型。

11.3 热障涂层复阻抗谱测试参数优化

经过 11.2 节的分析，已经知道在热障涂层复阻抗谱测试中，会存在电场发散现象，并了解到电场发散与频率、电极尺寸、厚度等因素有关。除此之外，热障涂层微结构演变的复阻抗谱测试时，是否还与其他因素有关呢？答案是肯定的。如电阻率会随着温度的变化而变化；对于阻抗已达 $10^6\Omega$ 的情况下，一定电压下电流的响应是否超过了可测试的范围呢？电极面积应该选多少合适呢？带着这些疑问，本节采用有限元结合实验的方式，就热障涂层复阻抗谱测试的参数进行讨论和优化[20]。

11.3.1 有限元模拟与阻抗测试

本节所采用的样品与 11.2 节的完全相同，即 10mm × 10mm 的 APS YSZ 热障涂层，陶瓷层厚度为 250μm、TGO 层厚度 1μm、黏结层厚度 90μm。陶瓷层的外表面中心，采用真空溅射的方式沉积了一层银电极(尺寸随实验要求变化)，而后在 300℃的高温炉中焙烧 30min，以增强电极与陶瓷层的结合力。

　　如图 11.20 所示，复阻抗测试采用英国输力强公司的高阻抗界面 1296+频响分析仪 1260 组成的阻抗测试系统，在真空电阻炉中进行。此时考虑的测试参数包括：交流电压(0.1～1V)、样品测试温度(250～450℃)、电极尺寸(3～7mm)，频率测量范围为 0.1～10^6Hz。测试的阻抗谱都采用 ZView 软件进行模拟，ZView 软件是美国 Scribner Associates Inc 公司开发的一款小巧而又强大的阻抗谱拟合软件。该软件具有如下功能与特点：①强大的等效电路建模；②常见电路即时拟合；③数据处理与绘图；④批量处理数据；⑤分析和拟合数据；⑥兼容 Windows7/8/10。有限元模拟的方法与 11.2 节介绍的完全一致，此处不再重述。

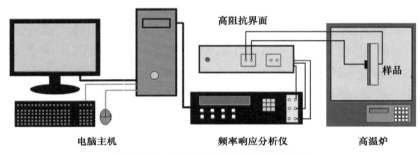

图 11.20　热障涂层复阻抗测试示意图

11.3.2　交流电压幅值的优化值

　　根据复阻抗为交流电压与电流比值的定义可以得知，只要能准确地测量出交流电流，阻抗谱应与所加电压的幅值无关。一般而言，阻抗测试系统电压的施加范围在 1～2V 左右，考虑含 YSZ 和 TGO 层的热障涂层体系其阻抗可以达到 10^5Ω 甚至 10^6Ω，故此时的电流在 10^{-2}mA 甚至 10^{-3}mA 量级，而且阻抗会随着频率的减小而增大(读者请自行根据 11.2 节的推导进行分析)，对测试仪器的精度要求极高。因此，建议将复阻抗谱测试的电压选择在保证电流为 10^{-2}mA 以上，或是接近阻抗测试系统的电压上限值。

　　考虑电压对测试结果的影响时，先将其他测量参数如温度、电极尺寸固定。复阻抗测试时样品温度为 400℃(放置在恒温炉中，待样品温度稳定)，电极的直径为 3mm。对输力强 1296+1260 阻抗测试系统，交流电压幅值为 2V，故选择了三个电压幅值 0.1V、0.5V 和 1.0V 来分析对复阻抗谱测试结果的影响，实验结果如图 11.21 所示。与预期的一样，复阻抗谱在高频(YSZ 响应区)和中频(TGO 响应区)对测试结果几乎没有影响，但低频区时，阻抗会随着电压的减小而增大，意味着此时电流值有可能已接近或超出仪器的量程，或者电流测试精度降低。在有限元计算中，因为没有考虑陶瓷层孔隙、电极效应的影响，因而呈现出两个完整的半圆，如图 11.22(a)所示。此外，也不存在仪器测试受电流精度的测试限制，故无论图 11.22(a)的 Nyquist 图还是图 11.22(b)的 Bode 图，都不随电压的变化而变化。基于此，可以总结得出，在仪器测量范围允许的情况下，交流电压的幅值不影响测试精度，可以任意选择。但考虑热障涂层高阻抗的特性，建议电压值选为 0.5V以上，以保证测试结果的可信性与精度。

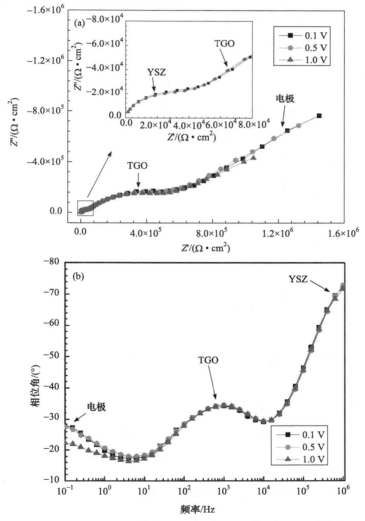

图 11.21　不同电压幅值下热障涂层复阻抗谱的实验测试结果

(a) Nyquist 图；(b) Bode 图

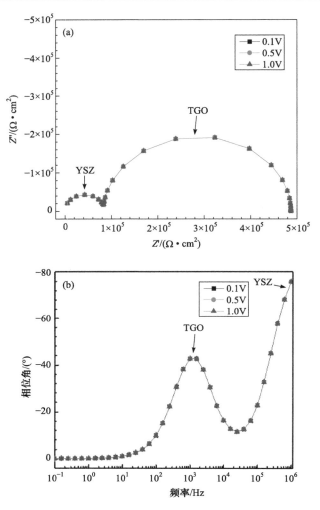

图 11.22　不同电压幅值下热障涂层复阻抗谱的有限元计算结果
(a) Nyquist 图；(b) Bode 图

11.3.3　测试温度的影响与优化值

　　材料的电学性能一般都与温度有关，但材料不同，电学性能与温度的演变规律也不同。以电导率为例，一般而言，金属材料随着温度的增加电导率下降，半导体材料则与之相反，也有对温度并不敏感的材料。对热障涂层而言，陶瓷层、TGO 层更接近半导体性质，电导率随着温度的递增关系可用经典的 Arrhenius 方程来描述[13]：

$$\sigma = A\exp\left(-\frac{E}{kT}\right) \tag{11.46}$$

其中，k 和 T 分别是玻尔兹曼常量和绝对温度，E 表示活化能，A 表示常温下的电导率。因此，提高测量温度有助于电导率的提高，从而引起 YSZ 和 TGO 电阻及其阻抗响应半圆的直径的减小。该结果表明，与交流电压相比，温度对热障涂层的阻抗响应具有更重要的影响。图 11.23 给出了不同测试温度下热障涂层的复阻抗，从 Nyquist 图可以看出随着温度的增高，YSZ(a)图中左边的半圆和 TGO 半圆都在减小，同时 Bode 图 TGO、YSZ 的峰值频率都向高频移动，且 YSZ 峰值处相角减小，这都说明热障涂层阻抗会随着温度的增高而减小。同时，也可以看到，当温度位于 350～450℃时，无论是 YSZ 还是 TGO 的阻抗响应，都趋近于稳定。

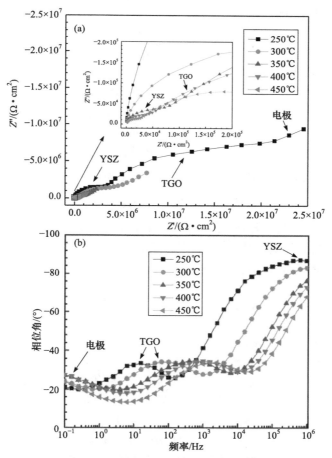

图 11.23　不同温度下热障涂层复阻抗谱的实验测试结果

(a) Nyquist 图；(b) Bode 图

因此，为保证热障涂层阻抗谱的可比性，建议试样测试温度选择在 350℃以上。同时，考虑热障涂层界面氧化、基底层氧化，以及金属基底电阻率随温度增加等因素，建议热障涂层复阻抗谱测试的温度选为 350～400℃。

　　下面，简单分析一下阻抗以及峰值频率变化的趋势，以 YSZ 为例(响应在高频区)，根据式(11.16)可看出高频区主要是 YSZ 的效应且 TGO 可忽略，进一步将式(11.16)YSZ 的阻抗分解为实部和虚部，可分别得到

$$Z'_{YSZ} = \frac{R_{YSZ}}{1 + \omega^2 R_{YSZ}^2 C_{YSZ}^2} \tag{11.47}$$

$$Z''_{YSZ} = -\frac{\omega R_{YSZ}^2 C_{YSZ}}{1 + \omega^2 R_{YSZ}^2 C_{YSZ}^2} \tag{11.48}$$

相角(θ)的切线由下式计算：

$$\tan\theta = \frac{Z''}{Z'} \tag{11.49}$$

YSZ(θ_{YSZ})的相角可以写为

$$\theta_{YSZ} = \arctan\left(\frac{-\dfrac{\omega R_{YSZ}^2 C_{YSZ}}{1 + \omega^2 R_{YSZ}^2 C_{YSZ}^2}}{\dfrac{R_{YSZ}}{1 + \omega^2 R_{YSZ}^2 C_{YSZ}^2}}\right) \tag{11.50}$$

将 $R = \rho l / A, C = \varepsilon_r \varepsilon_0 A / h$ 代入后，上式可以简化为

$$\theta_{YSZ} = \arctan(-\omega \rho_{YSZ} \varepsilon_{YSZ}) \tag{11.51}$$

　　式(11.46)表明，温度升高导致 YSZ 电导率(σ_{YSZ})增大；因此，其电阻率(ρ_{YSZ})随着温度的升高而降低。因此，YSZ 峰的高度随温度升高而降低。Anderson 等[23]提出，TGO 峰的角频率(ω_p)可以表示为

$$\omega_p \approx \frac{1}{R_{TGO}C_{TGO}}\sqrt{\left(\frac{R_{YSZ} + R_{TGO}}{R_{YSZ}}\right)} \tag{11.52}$$

将各层的 R 和 C 的表达式代入，可以进一步简化为

$$\omega_p \approx \frac{1}{\rho_{TGO}\varepsilon_{TGO}}\sqrt{\left(1 + \frac{\rho_{TGO}\delta_{TGO}}{\rho_{YSZ}\delta_{YSZ}}\right)} \tag{11.53}$$

　　温度升高会降低 ρ_{YSZ} 和 ρ_{TGO} 的值，从而增加 ω_p 的值并将 TGO 峰移至高频。此外，温度还会影响电极的复阻抗谱响应(约 0.1Hz 附近)，并且随着温度从 250℃升高到 350℃，电极响应的峰强会增加，而温度的进一步升高(350～450℃)会导致峰高降低。

通过有限元从理论上分析了温度对热障涂层复阻抗谱的影响。此时电压幅度为 1V，电极直径为 3mm，TGO 和 YSZ 的电导率随温度的变化如表 11.5 所示。图 11.24 给出了不同温度下的 Nyquist 图和 Bode 图，表明 YSZ 和 TGO 的阻抗响应半圆都随着温度的增高而减小，Bode 图上 TGO 的峰值频率右移，YSZ 峰值对应的相角减小，且在 250～300℃ 温度区间时，这种现象更加明显，与实验结果吻合。这也再次说明，测试温度对热障涂层微结构的复阻抗谱表征至关重要。

表 11.5　不同温度下 YSZ 和 TGO 的电导率[24]

温度/℃	250	300	350	400	450
$\sigma_{YSZ}/(S \cdot m^{-1})$	7×10^{-6}	5×10^{-5}	1×10^{-4}	4×10^{-4}	1×10^{-3}
$\sigma_{TGO}/(S \cdot m^{-1})$	3×10^{-9}	2×10^{-8}	6×10^{-8}	2×10^{-7}	1×10^{-6}

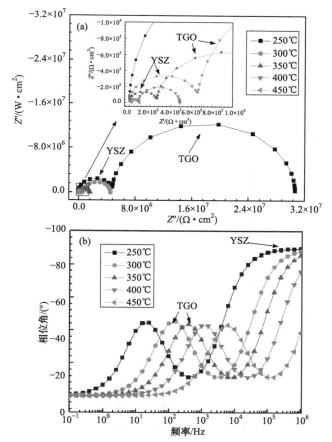

图 11.24　不同温度下热障涂层复阻抗谱的有限元计算结果

(a) Nyquist 图；(b) Bode 图

利用 ZView 软件分别对热障涂层不同温度下复阻抗谱的测试结果进行拟合，结果如图 11.25 所示，当测试温度从 250℃升高到 300℃，YSZ 和 TGO 电阻下降十分显著，但 350℃后结果趋于稳定。这也再次说明，测试温度达到 350℃后，热障涂层微结构的表征基本不随温度的变化而变化。这也是众多热障涂层复阻抗谱测试时温度选为 350℃的原因。

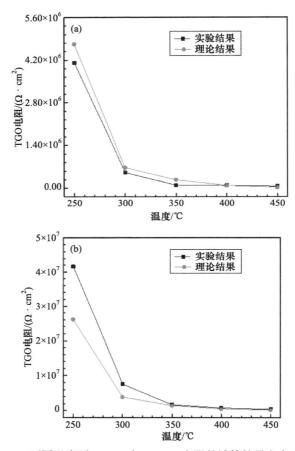

图 11.25   不同温度下(a)YSZ 和(b)TGO 电阻的计算结果和实验结果

11.3.4   电极尺寸的影响

如前所述，热障涂层复阻抗谱测试时，需要在非导电陶瓷层表面制备银或铂电极，金属基底因为是导电体可直接作为另一个电极。因此，热障涂层复阻抗谱表征时多为非对称电极。11.2 节已详细阐述非对称电极会带来电场发散效应，从而影响 YSZ 和 TGO 厚度的测试结果。本节中，基于 11.2 节中的有限元模拟，并结合实验测试来进一步分析电极尺寸对热障涂层复阻抗谱测试的影响。复阻抗谱测试选择在 400℃且电压幅度为 1V 的条件下进行。

　　图 11.13 给出了电场线发散效应随着电极尺寸的变化规律，可以看到电场线发散的程度即 d 与电极尺寸几乎无关，铂电极直径从 1mm 增加到 9mm 时，发散尺寸 d 都几乎一样。图 11.14 的有限元结果以及图 11.26 的实验测试结果，都显示阻抗谱随着电极尺寸的增加而减小，特别是当直径小于 5mm 时，随电极尺寸的影响非常大。根据电阻以及阻抗的定义，如式(11.16)，增加电极尺寸会减小 YSZ

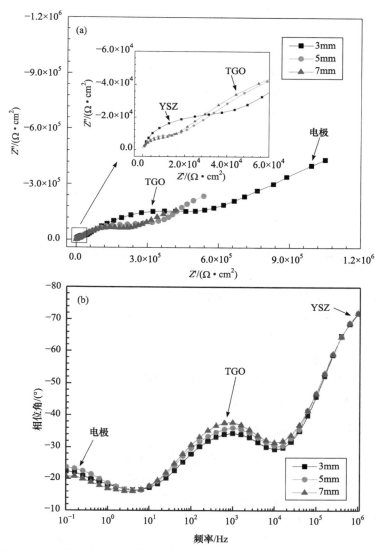

图 11.26　不同电极尺寸下热障涂层复阻抗谱的 Nyquist 图(a)和 Bode 图(b)

和 TGO 的电阻,同时降低电极复阻抗谱响应(约 0.1Hz)在整个阻抗响应中的比例。有限元和实验结果都显示,电极尺寸对 YSZ 频谱没有影响,如图 11.26(b)所示,峰值频率未移动,相角也没有变化。类似地,TGO 峰值频率也未移动,但相角随着电极尺寸的增加而少许增加。

尽管电极尺寸对频率特性影响不大,但随着 YSZ 和 TGO 电阻的减小,会影响涂层厚度及微结构测试的精度,详细的分析请参见 11.2 节中极发散对 YSZ 和 TGO 厚度的影响。因此,建议电极直径为 5 mm 及以上。

11.3.5　小结

基于有限元模拟与实验测试,研究了交流电压幅度、温度和电极尺寸对热障涂层复阻抗谱的影响,优化了测试参数。结果表明:

(1) 交流电压幅值对测试结果无影响,但为了保证电流的测试精度,建议电压幅度为 1V;

(2) 测量温度是影响热障涂层复阻抗谱表征的重要参数,合适温度为 350～400℃;

(3) 增大电极尺寸会减小阻抗,但不影响频谱特性,考虑非对称电极对厚度测量精度的影响,建议电极直径大于等于 5mm。

11.4　热障涂层界面氧化的复阻抗谱表征

复阻抗谱用于热障涂层界面氧化层厚度的表征已应用十分广泛[8, 18, 25-31],基本方法是:首先基于微结构特征建立合适的等效电路,然后根据演变规律的需要开展各种条件下的复阻抗谱测试,进一步利用等效电路对阻抗谱进行模拟获得各元件参数值,最终根据元件参数值来求得微结构(如厚度)及其演变规律。为此,本节按照等效电路、复阻抗谱测试、阻抗谱模拟、微结构演变的基本思路来介绍热障涂层复阻抗谱表征的方法。

11.4.1　热障涂层界面氧化的等效电路

电子束物理气相沉积(EB-PVD)和大气等离子喷涂(APS)两种典型工艺制备的热障涂层,其微结构与氧化特征表现出一定的差异性,故等效电路也不同。采用 EB-PVD 工艺制备的热障涂层,如图 11.27(a)所示,陶瓷层呈现为多间隙的柱状晶,陶瓷层/过渡层界面平整,氧化后如图 11.27(b)所示,在陶瓷层/过渡层界面处生长一层连续、致密的氧化物,即 TGO。由于过渡层与基底均为导电的金属,其阻抗相对于陶瓷层和 TGO 层而言,可忽略不计。故 EB-PVD 热障涂层的等效电路如

图 11.27(c)所示[10, 23, 32]，表现为 TGO 层和陶瓷层两个 RC 并联电路的串联，其中 R_1 和 C_1 代表陶瓷层的电阻和电容，R_2 和 C_2 代表 TGO 层的电阻和电容。需注意的是，在制备陶瓷层之前，现在过渡层表面预氧化生成致密的 TGO，可以减缓服役过程中 TGO 的生长速率。因此，制备态和氧化后的热障涂层体系，微结构上都表现出两层，响应的等效电路也为两层。此外，由于柱状晶结构陶瓷层含有间隙，但因为间隙并非与陶瓷层晶体完全的隔离，故电流可以在间隙处的涂层中传递。因此，含间隙的陶瓷层也表现为 RC 并联，这也间接说明，对 EB-PVD 工艺的热障涂层而言，涂层中的表面垂直裂纹、间隙等难以直接通过复阻抗谱特性来表征。

采用 APS 工艺制备的热障涂层，如图 11.28(a)所示，陶瓷层为多孔、多裂纹的片层状结构，陶瓷层/过渡层界面粗糙度也远高于 EB-PVD 涂层。氧化后，如图 11.28(b)所示，界面处形成连续 TGO 层，并可能伴随着微观裂纹，而且陶瓷层因为烧结，小尺寸的孔减小，但随着时间的进一步延长，大尺寸孔洞、裂纹开始逐步在陶瓷中形成。需特别注意的是，在 APS 工艺制备的热障涂层中，还可能出现如图 11.28(d)中的氧化现象，氧化层并不只在陶瓷层/过渡层界面处生长，而是在陶瓷层/过渡层界面、整个过渡层、过渡层/基底界面都生成。这种氧化现象主要与过渡层的制备工艺有关，其机理及其对热障涂层性能的影响请参加文献 [33]。APS 热障涂层复阻抗谱的等效电路，如图 11.28(e)所示[24, 30, 31, 34-36]，其中 C_{YSZ} 和 R_{YSZ} 分别代表陶瓷层中晶粒的常相角元件和电阻，C_P 和 R_P 代表陶瓷中孔洞的常相角元件和电阻，C_{TT} 和 R_{TT} 代表 TGO 的常相角元件和电阻。尽管过渡层整体氧化，但因为过渡层本身是导体，TGO 层依然可以看成是一个并联电路。

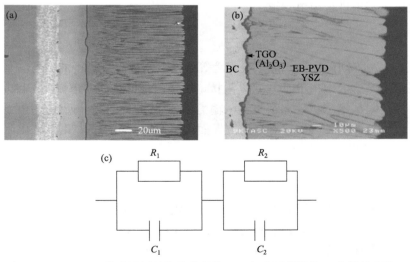

图 11.27　EB-PVD 热障涂层的柱状晶结构(a)、氧化后微结构(b)和等效电路(c)

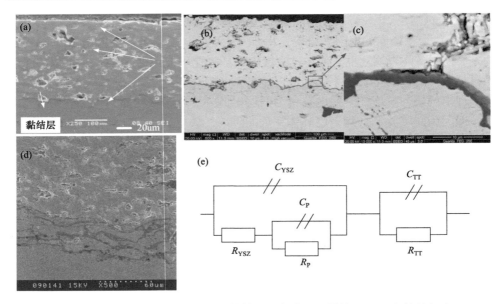

图 11.28　APS 热障涂层的多孔涂层结构(a)、氧化后微结构(b)～(d)和等效电路(e)

11.4.2　热障涂层复阻抗谱测试

热障涂层的复阻抗谱测试，如图 11.20 所示，将制备有非对称电极的样品，放置在高温炉中，待温度达到设定温度并稳定后进行复阻抗谱测试，记录其阻抗谱数据，最后利用阻抗分析软件进行数据拟合，获得等效电路中各个元件参数值，并进行微结构的分析。下面就阻抗测试系统、电极制备、试样温度控制与电极连接和阻抗谱模拟进行简单介绍。

1. 阻抗测试系统

从上文，不同温度、不同电极尺寸等条件下所计算或测得的阻抗谱来看，热障涂层阻抗已达到 $10^6 \Omega$ 以上，对复阻抗谱测试仪器的性能要求较高。目前，一般热障涂层复阻抗谱测试仪器都是英国输力强(现已被美国普林斯顿公司收购)的频响分析仪，如 1260，且配置有高阻抗界面，如 1296。具体选择时，要求阻抗系统能够测试 $10^8 \Omega$ 以上的阻抗。

2. 电极制备

由于热障涂层的陶瓷面不导电，进行复阻抗谱测试时，需在陶瓷层外表面喷涂银或者铂电极。可采用真空溅射方法沉积金(铂、Ag)，也可以直接将液体形式的银钯浆涂覆在陶瓷层表面，而后在 300℃ 的高温炉中焙烧 30min，以增强电极与陶瓷层的结合力。电极尺寸的选择已在 11.3 节中予以了详细介绍，建议选取直径为 5 mm 以上的尺寸，但为了反映局部特征，也不建议涂覆整个样品。

3. 试样温度控制与电极连接

热障涂层的阻抗会随着温度的增加而减小，为了提升阻抗测试精度，也为了减少对仪器高阻抗测试要求的限制，一般热障涂层的复阻抗谱测试都在一定的温度下进行。11.3 节中，已详细地分析了测试温度对阻抗谱的影响，温度在室温至300℃时，对阻抗测试结果的影响很大，而更高的温度下，热障涂层可能会发生进一步的氧化。因此，热障涂层的复阻抗谱测试一般在 350～400℃的真空炉中进行。如图 11.20 所示，此时需在样品和复阻抗谱测试系统的电极之间再接入可以耐高温的碳棒电极。需特别注意的是，炉中测量时要保证样品与炉子、样品与试验台、电极与炉子的绝缘，以保证电流绝对的在样品中传输。

4. 阻抗谱模拟

通过 Nyquist 图和 Bode 图所表示的阻抗谱，反映的是整个样品的复阻抗谱信息，无法确定每一层、每一种特征结构的信息与演变情况。因此，复阻抗谱测量中通过等效电路来模拟阻抗谱，从而获得等效电路元件参数中各元件参数的值，这是至关重要的一步。读者可根据 11.2 节的复阻抗谱基本测试原理来推导热障涂层等效电路与复阻抗谱之间的关联，也可以通过 ZVeiw、EQU 等阻抗模拟软件进行拟合。相对来说，美国 Scribner Associates Inc 公司开发的 ZView 软件更为方便，它具有强大的等效电路建模功能，并通过分频段、分区域的方式获得关键模块的元件参数范围，将其作为初始值，并通过多次拟合逐步修正，同时通过误差分析来获得准确的结果。也可以同时对多个复阻抗谱数据进行模拟，以分析数据的演变，在热障涂层复阻抗谱分析中具有显著优势。

11.4.3　界面氧化的复阻抗谱表征

下面以 APS 热障涂层为例，介绍 TGO 生长以及陶瓷层微结构演变的复阻抗谱表征方法。

1. 阻抗谱测试与等效电路模拟

图 11.29(a)和(b)分别给出了 APS 热障涂层在 800℃下氧化 0、50h、100h、200h、400h、500h、1000h 和 2000h 后阻抗模与相角随频率变化的关系曲线图。显然，氧化后热障涂层体系的阻抗有明显的增加。从图 11.29(b)所示的相角图上可以将热障涂层体系的频响特征分为三个区域，分别是：①高频区，频率范围为 $10^4 \sim 5 \times 10^6 Hz$，且在 1MHz 附近出现相角峰值；②中频区，频率范围为 $10 \sim 10^3 Hz$，其相角峰值出现在 10Hz 附近；③低频区，频率范围为 $0.01 \sim 10 Hz$。高频区的相角

峰值(1MHz 附近)来源于 YSZ，无论氧化与否都非常清晰且不发生显著变化。中频区即 TGO 的相角峰值随着氧化的进行而增大。由于陶瓷层中存在大量的孔洞和裂纹，显然裂纹与孔洞的阻抗是最大的，故其阻抗响应的特征频率最低[39, 40]；而且等离子喷涂热障涂层孔洞和裂纹会随着氧化的进行而变化，因而低频段内的阻抗相角也会因为是否发生高温氧化以及氧化时间的长短存在很大的差异，如图 11.29(b)所示。

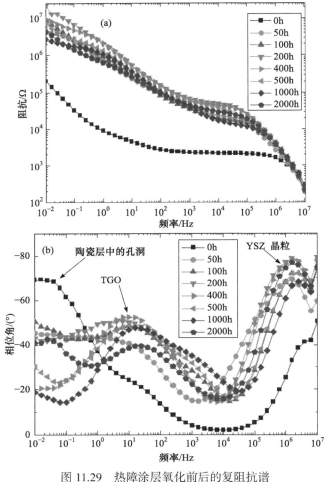

图 11.29　热障涂层氧化前后的复阻抗谱
(a)阻抗；(b)相角

　　根据图 11.29 中的阻抗谱，可以清晰地看到 YSZ、TGO 以及各种特征微结构的阻抗响应，但并不清楚每一层阻抗的电阻等参数值。图 11.30 给出了利用 ZView 软件并用图 11.28(e)所示等效电路对热障涂层未氧化以及氧化 400h 后的阻抗谱模拟结果，可以看出，实验测得的阻抗谱曲线与用等效电路模拟的曲线吻合得很好，说明等效电路是正确的，同时也说明通过模拟所得到的等效电路中元件的参数值可以用来表征实验测得的数据，且是可信的。需说明的是，此处只给出了等效电路的模拟阻抗谱，实际上，电路元件的参数值会基于模拟结果同步给出，这里只介绍方法，故数据将通过后面的分析在图中给出。

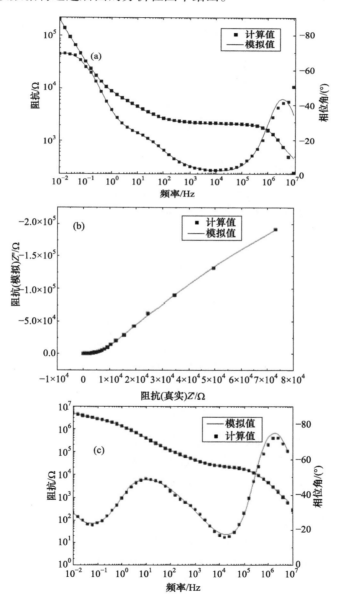

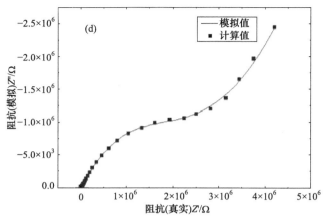

图 11.30　等离子喷涂热障涂层复阻抗谱模拟结果

(a)、(b)未氧化；(c)、(d) 氧化 400h

2. 氧化层厚度或含量的确定

　　对一连续、成分均一的 TGO 层(如 Al_2O_3)，其厚度 h 能很容易地根据电阻值 R、电阻率 ρ 以及电极面积 A 的关系来确定：

$$R = \rho h / A \tag{11.54}$$

其中，R 已通过阻抗谱的等效电路模拟给出，电阻率 ρ 以及电极面积 A 已知，故可获得 h 并得到 h 随氧化时间的演变规律。

　　如果 TGO 不连续，出现如图 11.28(d)所示的过渡层整体氧化，可通过求出 TGO 体积含量的方式来进行定量分析。当复阻抗测量时的镀金电极面积 A 一定时，TGO 的厚度正比于 TGO 的体积。假定中间过渡层的体积不变，热障涂层的氧化程度可以用氧化物体积与中间过渡层体积的比值，即 TGO 的体积分数来表示。于是有

$$V_{TGO}\% = kR_{TGO} \tag{11.55}$$

其中，k 为常数。要用复阻抗谱方法来测定热障涂层的氧化程度，只需对所测得的复阻抗谱进行等效电路模拟得到 TGO 层的电阻值 R_{TGO}，然后根据式(11.54)或式(11.55)即可求解出 TGO 的厚度或 TGO 的体积含量。

　　TGO 的体积含量可基于图像识别来分析，下面举例说明 MATLAB 图像处理计算 TGO 的体积含量的基本思路和步骤：①用 imrad 函数读入一张 SEM 图像(图 11.31(a))；②用 imcrop 函数截取出过渡层区域的图像(图 11.31(b))；③按照 TGO 和 NiCrAlY 颜色的不同设置阈值，检测出 TGO 区域(图 11.31(c))，并标记颜色为 0，计算出颜色为 0 的区域即 TGO 的面积 S_{TGO}；④提取 NiCrAlY 区域(图

11.31(d))，并标记颜色为 1，计算出颜色为 1 的区域即 NiCrAlY 区域的面积 S_{NiCrAlY}；⑤算出 TGO 的含量 TGO% $= S_{\text{TGO}} / \left(S_{\text{TGO}} + S_{\text{NiCrAlY}} \right) \times 100\%$。具体的计算方法请参考文献[33]。

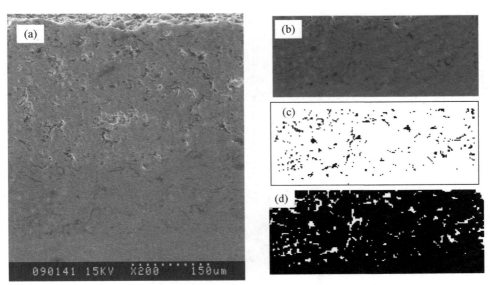

图 11.31 等离子喷涂热障涂层中 TGO 含量的计算过程

(a)热障涂层的截面 SEM 图像；(b)截取出来的中间过渡层；(c) TGO 区域；(d) NiCrAlY 区域

图 11.32(a)给出了由等效电路模拟所得到的 TGO 电阻值与用 MATLAB 计算出来的 TGO 的体积含量之间的关系曲线，显然，TGO 的电阻值与其 TGO 的含量成正比。曲线未过原点是因为在中频区的复阻抗谱是 TGO 和陶瓷层/中间过渡层界面的共同作用，因而模拟得到的电阻值是二者的和，比 TGO 要大。氧化过程中，陶瓷层/中间过渡层的界面并没有形成明显的裂纹和分层，界面的电阻或常相角元件的参数值也将不发生明显的变化，因而电阻值的变化趋势代表了 TGO 的生长及其微观结构的变化趋势。图中最后一个点也落在直线外，可能是由于 TGO 中形成了微裂纹或 TGO 的电阻率下将所致[7]。图 11.32(b)是 TGO 体积含量随氧化时间平方根的演变曲线。可以看出，TGO 体积含量与氧化时间的平方根成正比，图中直线的斜率反映了热障涂层的氧化速度，可以明显地看到在氧化进行 500h 后，直线的斜率下降，说明氧化速度降低。一方面，Al 和 O 反应生成 Al_2O_3 后，致密而热稳定的 Al_2O_3 将抑制 TGO 的生长；另一方面，由于 TGO 的主要成分是 Al_2O_3，随着氧化的进行必然使得 Al 的浓度减少，从而降低了 Al 的扩散使得 TGO 的生长速度变慢。这一结果与邹金龙[37]的理论计算结果吻合，Song[7]等在

研究 APS 热障涂层 950℃下的氧化动力学时，也得到了氧化速度与氧化时间的平方根成正比而且直线的斜率分为两部分的氧化特征。图中第一个点不在直线上，是因为此时 TGO 含量是由制备过程中的氧化程度决定，而与高温氧化时间无关。

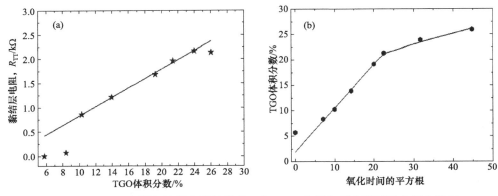

图 11.32　　TGO 电阻与体积含量的关系(a)和 TGO 含量与氧化时间平方根曲线(b)

3. 热障涂层微观结构随高温氧化而变化的评价

再来回忆常相角元件(CPE)的物理意义，即由热障涂层材料非均一性引起的复阻抗谱图上的弥散效应。在 CPE 的复阻抗定义式 $Z_{CPE} = 1/Q(j\omega)^{\beta}$ 中，β 反映了材料的各向异性，CPE 的复阻抗定义式表明 β 的变化反映了材料的组成成分或微观结构的变化，当 β 接近于 1 时，可以近似认为 Q 是电容值。基于此，可以根据氧化过程中等效电路元件参数值 β 和 Q 的变化来分析和评价热障涂层微观结构的变化。

图 11.33 给出了 TGO 的 CPE 参数值 A_{TT} 和 n_{TT}(即 Q 和 β)与氧化时间的关系曲线，指数 n_{TT} 在氧化进行到 200~2000h 之间基本保持不变，说明这一阶段中 TGO 的成分没有明显的变化；而 A_{TT} 随氧化时间的增大而减小则归因于 TGO 体积含量等同于厚度的增加。

图 11.34 给出了热障涂层 YSZ 晶粒的电阻值 R_{YSZ}，CPE 参数值 A_{YSZ} 和 n_{YSZ} 随着氧化时间变化的关系。可以看出 n_{YSZ} 的值接近于 1，而且在氧化的过程中基本不变，说明 YSZ 层在氧化过程中没有发生明显的结构变化，也是一个接近于纯电容的电介质材料。YSZ 晶粒的电阻值 R_{YSZ} 与 CPE 参数值 A_{YSZ} 在氧化时间超过 400h 后没有明显的变化。而在氧化时间小于 200h 的阶段中，电阻值 R_{YSZ} 显著增大而 CPE 参数值 A_{YSZ} 明显减小，一方面在此阶段中，YSZ 层中因为含有丰富的氧离子会和陶瓷层中与中间过渡层中扩散来的金属离子快速反应生成黑色氧化

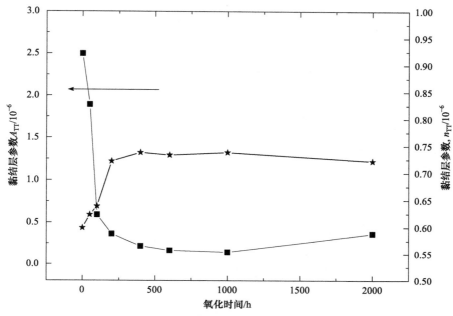

图 11.33　TGO 的 CPE 参数值随氧化时间变化的关系曲线

物，增大 YSZ 晶粒的体积从而增大其电阻 R_{YSZ}，降低基本反映电容值的 CPE 参数值 A_{YSZ}；另一方面，陶瓷层在高温下也会发生烧结作用，引起陶瓷层中的孔洞变小或变少，从而增大 YSZ 晶粒的体积，同样引起 R_{YSZ} 的增大和 A_{YSZ} 的减少。类似的结论在 Byeon 等[30]、Desai[38]的研究中也被证实。因此，复阻抗谱表征方法是界面氧化、也是涂层孔隙演变的有效表征手段。

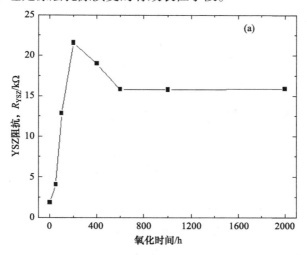

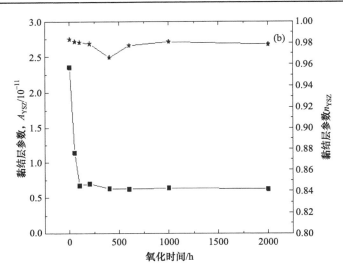

图 11.34　热障涂层 YSZ 晶粒的电阻值 R_{YSZ} (a)，CPE 参数值(b) A_{YSZ} 和 n_{YSZ} 随着氧化时间变化的关系

11.5　热障涂层 CMAS 腐蚀的复阻抗谱表征

　　CMAS 腐蚀是目前热障涂层面临的最危险服役环境，涂层被熔融的 CMAS 填充后，不仅涂层内孔隙会被填充，同时还诱发相变、化学反应、失配应力并导致裂纹、剥落等缺陷。目前对于 CMAS 腐蚀热障涂层的检测主要是依靠有损检测，如 SEM、XRD 等，分析涂层腐蚀前后微结构的演变与失效机理。如能利用复阻抗谱等无损检测的方法实现 CMAS 腐蚀热障涂层时微结构演变的分析，对 CMAS 腐蚀机理的揭示与工程指导具有重要意义。国内外已开展了相关方面的研究[18, 40-43]。本节主要介绍 CMAS 熔融物以及涂层 CMAS 腐蚀后的复阻抗谱表征方法。

11.5.1　CMAS、热障涂层及其 CMAS 腐蚀的复阻抗谱测试

　　为了实现热障涂层 CMAS 腐蚀后微结构演变的复阻抗谱表征，需首先明确 CMAS 的阻抗特性。为此，需首先制备 CMAS 的复阻抗谱测试样品。可根据实际发动机服役后、环境中灰尘、雾霾等来确定 CMAS 的成分配比，本例选择原子比为 $33CaO\text{-}9MgO\text{-}13Al_2O_3\text{-}45SiO_2$ 的粉末。制备时，将四种氧化物按成分混合、搅拌均匀，然后将混合后的粉末放置在坩埚中，在高温炉内由室温加热至 1300℃，保温 8h 使其充分融化混合均匀，随炉冷却至常温，最后将凝结成块状 CMAS，

表面打磨后可用于 CMAS 熔融物阻抗谱特性的测试。也可进一步将其粉碎、研磨，并经过一定尺寸的筛网过滤，制成用于热障涂层 CMAS 腐蚀实验与复阻抗谱表征的 CMAS 粉末。

本例中用于 CMAS 阻抗性能测试的样品，如图 11.35(a)所示，其直径为 5mm，厚度为 500μm，呈薄片状，并在样品上下表面中心制备了尺寸为 3mm 的银电极。为便于与热障涂层、CMAS 腐蚀的热障涂层阻抗性能的比较，也制备了纯 YSZ 样品。由于 CMAS 的熔点较高，超过了实验中所用样品的基底所能承受的温度，因此当镍基合金基底的热障涂层与 CMAS 在高温炉内进行高温腐蚀，金属基底首先会发生严重变形，导致涂层剥落，无法进行复阻抗谱测量，因此实验中需使用独立的陶瓷层，即将陶瓷层从金属基底上分离开来。实验中使用的热障涂层是 APS 法制备的，为了便于得到独立的陶瓷层，我们在铝板表面直接喷涂陶瓷层，喷涂厚度为 250 μm，然后将喷涂了陶瓷层的铝板切割成 10mm×10mm 的正方形，放置在稀盐酸中进行一段时间的腐蚀后，陶瓷层与铝板分离完全，就得到了实验所需的独立的陶瓷层[42]，如图 11.35(b)所示。复阻抗谱测量体系采用英国输力强公司生产的 1260 频响分析仪与 1296 高阻抗接口构成，测量过程在室温下进行，测量电压选择 500mV，频率范围为 $1\sim10^6$Hz。

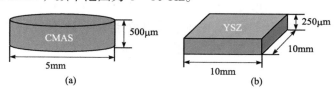

图 11.35　用于复阻抗谱测试的 CMAS 样品(a)和 YSZ 样品(b)

在进行高温腐蚀实验时，首先将 CMAS 粉末按照每平方厘米热障涂层需 5mg CMAS 粉末进行称重，将称量后的 CMAS 均匀涂覆在陶瓷层表面，然后将涂覆了 CMAS 粉末的样品和未涂覆 CMAS 的样品同时放置在高温炉内分别氧化 0h，2h，4h，8h，16h。由于实验中使用的 CMAS 粉末的熔点约为 1240℃，为了使 CMAS 能充分融化，实验中腐蚀温度选择 1250℃。高温腐蚀完成后首先要在陶瓷样品表面制备电极，制备方法已在前面阐述，不同的是由于没有黏结层和基底，陶瓷层两面都要制备电极，电极直径均为 5mm。同时，也借助扫描电镜来观察涂层微结构的演变，用以复阻抗谱测试结果的分析。

11.5.2　CMAS 的复阻抗谱特性

为便于比较，图 11.36 给出了 YSZ 层与纯 CMAS 样品的复阻抗谱，从(a)图中可以看出 CMAS 样品与 YSZ 层在高频都有一个半圆，在低频有一段尾弧。显然，CMAS 样品在高频区的半圆代表其自身的阻抗响应，YSZ 层在高频区的半圆代表 YSZ 晶粒与内部孔隙的阻抗响应；从(b)图中可以看出 CMAS 样品与 YSZ 层的波峰都出现在高频，峰值频率在 10^6Hz 附近，CMAS 样品的峰值高于 YSZ 层，说明 CMAS 与 YSZ 的电阻率不同。

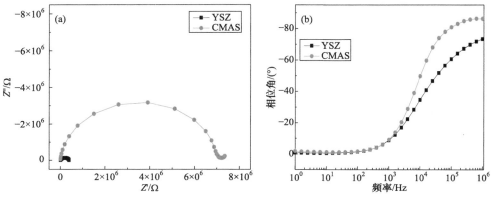

图 11.36　YSZ 和 CMAS 复阻抗谱的 Nyquist 图(a)和 Bode 图(b)

为了分别得到 YSZ 与 CMAS 的电阻率，实验中利用 ZView 软件对测得的复阻抗谱进行电路拟合，即可近似得到 YSZ 与 CMAS 的阻抗值，如图 11.37 所示为拟合曲线与拟合电路，从 Nyquist 图中可看出拟合曲线与实验测得曲线吻合较好，说明拟合电路的选择是可信的；在电路图中，下标 YSZ、CMAS、pores 和 electrode 分别代表陶瓷层、CMAS 层、孔隙和电极响应。由于电阻 R 与电阻率 ρ 有如下关系：

$$R = \frac{\rho h}{A} \tag{11.56}$$

其中，h 为被测样品厚度，A 为电极的面积。通过计算得到 YSZ 的电阻率约为 $7.0 \times 10^5 \Omega \cdot m$，CMAS 的电阻率约为 $2.7 \times 10^6 \Omega \cdot m$，这为 CMAS 腐蚀热障涂层复阻抗谱检测提供了数据支持，为其等效电路的建立奠定了基础。

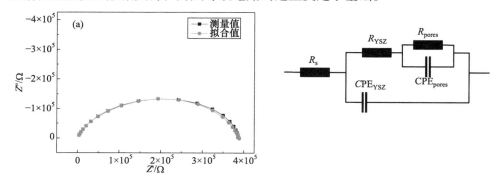

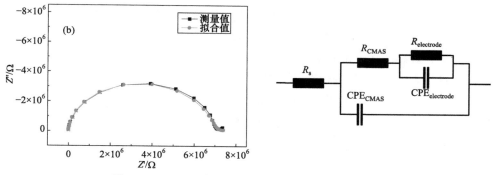

图 11.37　YSZ(a)和 CMAS(b)的拟合曲线与等效电路

11.5.3　热障涂层 CMAS 腐蚀的复阻抗谱响应

　　YSZ 涂层即使没有 CMAS 腐蚀，在高温下也因为烧结发生微结构的变化，为了分析 CMAS 腐蚀的影响，先对热障涂层 1250℃下烧结的复阻抗谱响应进行表征。图 11.38 给出了无 CMAS 腐蚀情况下独立陶瓷层在 1250℃保温不同时间的

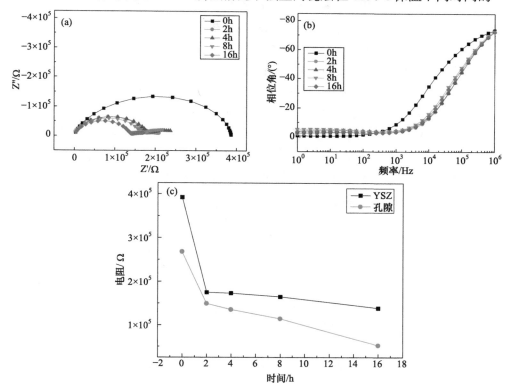

图 11.38　YSZ 涂层不同烧结时间下的阻抗 Nyquist 图(a)、阻抗 Bode 图(b)和 YSZ 与孔隙电阻的变化(c)

Nyquist 图(a)和 Bode 图(b)。从图(a)中可看出保温 0h 的陶瓷层只有一个半圆，在 1250℃保温 2～16h 后在低频区还有一段尾弧，并且高频区的半圆直径明显减小。这是因为，烧结时大量的孔洞、裂纹因为烧结而变小甚至消失，致使陶瓷层阻抗减小，这也表明高频区的阻抗也有涂层内部孔隙的影响。等效电路模拟后发现，如图 11.38(c)所示，烧结初期(如前 2h)涂层电阻急剧减小，随着 YSZ 烧结时间增加，孔隙进一步减小但速率下降。这是因为大量孔隙已在短时间高温内熔融烧结，而且因为没有过渡层和基底的热失配效应，YSZ 涂层不因为失配应力而产生裂纹或孔洞。

　　CMAS 会熔融并渗入、填充陶瓷层的孔隙，与 YSZ 发生化学反应，引起 YSZ 阻抗性能的变化。图 11.39 为 YSZ 涂层 1250℃腐蚀不同时间后的阻抗谱，(a)为 Nyquist 图，(b)为 Bode 图。从(a)图中可看出未氧化陶瓷层的阻抗响应是一个半圆，CMAS 腐蚀后陶瓷层的阻抗响也应是一个半圆，而被 CMAS 腐蚀后，样品的阻抗响应对应的半圆直径有大幅度的增加；保温时间从 2h 增加到 16h，陶瓷层的阻抗响应也随之增加，半圆直径逐步增大。在图 11.38 中我们得知，仅仅烧结时，YSZ 涂层阻抗是逐步减小的。这说明 CMAS 腐蚀极大增大了 YSZ 的阻抗，且只要 CMAS 量足够，就可不断地在涂层中熔融渗入。从(b)图中可发现腐蚀后样品在高频处的波峰明显高于未氧化样品的峰值，换言之 YSZ 样品被 CMAS 腐蚀后其波峰相角值由 70°增加到了 80°，与图 11.38(b)相比较之后发现，CMAS 腐蚀后样品的 CMAS 峰值一致。因此可推断 CMAS 腐蚀对 YSZ 电学性能有重要的影响。从图中还发现在 10^3Hz 附近出现了新的波峰，说明在 YSZ 层内部有新的物质生成，并且随着氧化时间的增加，峰值频率向低频移动。Deng 等[10]的研究发现，波峰左侧向低频移动是由微观结构变化引起的，其电导率改变；右侧向高频移动只是

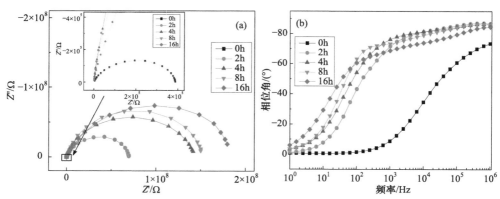

图 11.39　YSZ 涂层 CMAS 腐蚀后的阻抗谱响应

(a) Nyquist 图；(b) Bode 图

由厚度影响造成的,电导率不变。因此可推断 CMAS 腐蚀样品在 10^3Hz 出现的波峰是由于 CMAS 渗入 YSZ 内部,并与之发生化学反应生成新物质而引起的,而新生成的物质其电阻率与 CMAS 和 YSZ 都不相同。

图 11.40 给出了 CMAS 腐蚀热障涂层的微结构照片。0.5h 后,如图(a)所示,CMAS 已渗透至涂层 70μm,且非常明显地看到被 CMAS 渗透的涂层孔隙减少变得密实,渗透的过程中熔融的 CMAS 与 YSZ 在高温环境下发生化学反应,形成阻抗性能不同于 YSZ 与 CMAS 的混合层。图(b)和(c)是 CMAS 腐蚀 2h 和 16h 后的微结构图,左边为涂层上表面,可以看出,涂层已看不出明显的 CMAS 渗透的分界线,说明整个涂层都已渗透 CMAS,这在图(d)~(f)的能谱分析图予以了验证,尽管上表面元素聚集更为显著,但整个涂层内已有元素分布,随着腐蚀时间的增加浓度不断增加,这也再次说明 CMAS 足够多的情况下可不断的渗入至涂层。图 11.40 也发现,2h 和 16h 的腐蚀后涂层内均已形成显著的裂纹。这说明,尽管没有过渡层与基底的热失配,但因为 CMAS 渗透有无及其浓度的差异,都可能造成涂层内的失配应力,从而造成涂层剥落。

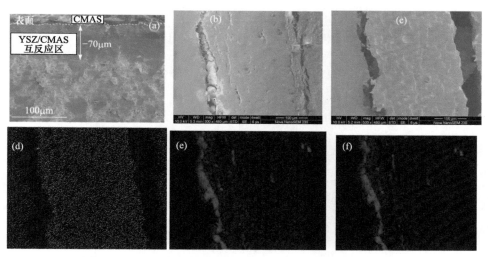

图 11.40　YSZ 涂层高温 CMAS 腐蚀的微结构演变与成分分布
(a) 0.5h; (b) 2h; (c) 16h; (d) 16h 后 Ca 元素的分布; (e) 2h 后 Si 元素的分布; (f) 16 h 后 Si 元素的分布

为了得到 CMAS 腐蚀后 YSZ 层与混合层的阻抗值,使用 ZView 软件对其复阻抗谱进行电路拟合,由于阻抗谱主要表现为陶瓷层与混合层的阻抗特性,因此 CMAS 腐蚀热障涂层的等效电路如图 11.41 所示,其中下标 YSZ 和 mix 分别代表 YSZ 层与混合层。

拟合结果如图 11.42 所示，从图中可见，腐蚀时间从 0h 到 4h 时，YSZ 与混合层的阻抗值都随腐蚀时间增加而迅速增大，4h 之后阻抗值趋于稳定。出现这样的现象是由于氧化初始阶段，陶瓷层孔隙率相对较大，CMAS 通过孔隙可迅速渗入陶瓷层内部，并且与 YSZ 发生反应，阻抗值迅速增加；4h 之后，陶瓷层孔隙率进一步减小，CMAS 渗透的量也随之减小，YSZ 相变，与 CMAS 的化学反应减缓，因此阻抗值趋于稳定。

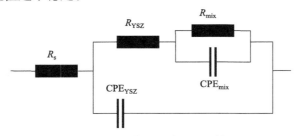

图 11.41　CMAS 腐蚀热障涂层的等效电路

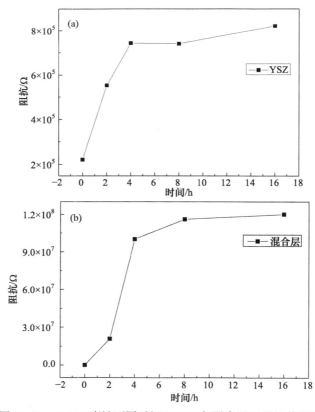

图 11.42　CMAS 腐蚀不同时间 YSZ(a)与混合层(b)阻抗值变化

此外，复阻抗谱还用于了 Gd_2O_3-Yb_2O_3[44]、$Sm_2SrAl_2O_7$[45]等新型热障涂层氧化性能的表征，热障涂层力学性能[46, 47]以及损伤[48, 49]的检测中，读者可自行阅读文献。

11.6　总结与展望

11.6.1　总结

本章阐述了热障涂层界面氧化、涂层微结构演变的复阻抗谱实时表征方法，总结如下：

(1) 对热障涂层而言，界面氧化层与陶瓷层阻抗响应频率可以明确分开，因此复阻抗谱是表征热障涂层界面氧化与微结构演变的有效手段。

(2) 从理论上推导了热障涂层界面氧化前后微结构的复阻抗谱响应特征，其中陶瓷层微结构演变的响应主要在高频区，氧化层厚度的演变响应集中在中频区，低频主要来源于孔洞、电极等因素。

(3) 基于有限元与实验测试发现，非对称电极(热障涂层复阻抗谱测试用)对热障涂层微结构如氧化层厚度、涂层孔隙的复阻抗谱表征会带来误差，需要予以误差修正。

(4) 详细分析了复阻抗谱测试参数对热障涂层微结构表征的影响，发现样品测试温度、电极尺寸是影响表征结果的关键参数。

(5) 基于复阻抗谱方法，表征了 EB-PVD 和 APS 涂层界面氧化、孔隙以及 CMAS 腐蚀后微结构的演变规律。

11.6.2　展望

未来研究主要有以下几个方面：

(1) 目前热障涂层界面氧化与微结构演变的复阻抗谱表征主要是非实时的，燃气热冲击等服役环境模拟条件下热障涂层微结构演变的复阻抗谱实时表征，是今后发展的研究方向之一。

(2) 涡轮叶片结构是热障涂层界面氧化以及微结构演变表征需要考虑的关键因素，目前的研究主要在于试样级涂层的表征，考虑涡轮叶片结构的复阻抗谱表征方法、曲率对表征结果的影响与修正是重要的发展趋势。

(3) 新型热障涂层界面氧化与微结构演变的复阻抗谱表征。目前 YSZ 涂层只能服役在 1200℃下，满足不了发动机发展需求，利用复阻抗谱表征方法开展下一代新型热障涂层氧化、CMAS 腐蚀性能的研究，可为新型涂层的研制与应用提供有效数据。

参 考 文 献

[1] 史美伦. 交流阻抗谱原理及应用[M]. 北京: 国防工业出版社, 2001.

[2] Ali M S, Song S H, Xiao P. Evaluation of degradation of thermal barrier coatings using impedance spectroscopy[J]. Journal of the European Ceramic Society, 2002, 22: 101-107.

[3] Nitin P P, Gell M, Jordan E H. Thermal barrier coatings for gas-turbine engine applications[J]. Science, 2002, 296(5566): 280-284.

[4] Quadakkers W J, Shemet V, Sebold D, et al. Oxidation characteristics of a platinized MCrAlY bond coat for TBC systems during cyclic oxidation at 1000 ℃[J]. Surface and Coatings Technology, 2005, 199(1): 77- 82.

[5] Czech N, Fietzek H, Juez-Lorenzo M, et al. Studies of the bond-coat oxidation and phase structure of TBCs[J]. Surface and Coatings Technology, 1999, 113(1-2): 157-164.

[6] Ogawa K, Minkov D, Shoji T, et al. NDE of degradation of thermal barrier coating by means of impedance spectroscopy[J]. NDE and E International, 1999, 32(3): 177-185.

[7] Song S H, Xiao P. An impedance spectroscopy study of high-temperature oxidation of thermal barrier coatings[J]. Material Science and Engineering: B, 2003, 97(1): 46-53.

[8] Wang X, Mei J F, Xiao P. Non-destructive evaluation of thermal barrier coatings using impedance spectroscopy[J]. Journal of European Ceramic Society, 2001, 21(7): 855-859.

[9] Fleig J, Rodewald S, Maier J. Microcontact impedance measurements of individual highly resistive grain boundaries: general aspects and application to acceptor-doped SrTiO₃[J]. Physical Chemistry Chemical Physics, 2000, 87(5): 2372-2381.

[10] Deng L F, Xiong Y S, Xiao P. Modelling and experimental study of impedance spectra of electron beam physical vapour deposition thermal barrier coatings[J]. Surface and Coatings Technology, 2007, 201(18): 7755-7763.

[11] COMSOL. COMSOL Multiphysics 4.3b, User's Guide[J]. stockholm, Sweden, 2012.

[12] Joo J H, Choi G M. Electrical conductivity of YSZ film grown by pulsed laser deposition[J]. Solid State Ionics, 2006, 177(11-12): 1053-1057.

[13] Zhao W, Kim I J, Gong J H. Influence of thickness on the electrical conductivity of YSZ electrolytes[J]. Journal-Ceramic Society Japan, 2010, 118(1378): 550-554.

[14] Tanno M, Ogawa K, Shoji T. Influence of asymmetric electrode geometry on an impedance spectrum of a plasma-sprayed thermal barrier coating system[J]. Surface and Coatings Technology, 2010, 204(15): 2504-2509.

[15] Henn F E G, Buchanan R M, Jiang N, et al. Permittivity and AC conductivity in yttria-stabilized zirconia[J]. Applied Physics A, 1995, 60: 515-519.

[16] Fleig J, Rodewald S, Maier J. Microcontact impedance measurements of individual highly

resistive grain boundaries: general aspects and application to acceptor-doped SrTiO₃[J]. Physical Chemistry Chemical Physics, 2000, 87(5): 2372-2381.

[17] Yang F, Shinmi A, Xiao P. Electrical and dielectric properties of thermally grown oxide (TGO) on fecralloy substrate studied by impedance spectroscopy[J]. Ceramic Engineering and Science Proceedings, 2010, 30(3): 87-95.

[18] 李郴飞. 热障涂层复阻抗谱影响参数的有限元模拟[D]. 湘潭：湘潭大学, 2015.

[19] Wang X, Mei J F, Xiao P. Determining oxide growth in thermal barrier coatings (TBCs) non-destructively using impedance spectroscopy[J]. Journal of Materials Science Letters, 2001, 20(1): 47-49.

[20] Wang N G, Li C F, Yang L, et al. Experimental testing and FEM calculation of impedance spectra of thermal barrier coatings: effect of measuring conditions[J]. Corrosion Science, 2016, 107: 155-171.

[21] Wang Z Y, Zhao M, Wu R F, et al. Non-destructive evaluation of thermally grown oxides in thermal barrier coatings using impedance spectroscopy[J]. Journal of the European Ceramic Society, 2019, 39 (15): 5048-5058.

[22] Yang L, Zhu W, Li C F, et al. Error and modification in thermal barrier coatings measurement using impedance spectroscopy[J]. Ceramics International, 2017, 43(6): 4976-4983.

[23] Anderson P S, Wang X, Xiao P. Impedance spectroscopy study of plasma sprayed and EB-PVD thermal barrier coatings[J]. Surface and Coatings Technology, 2004, 185(1): 106-119.

[24] 陈巍峰. 热障涂层高温性能评价的复阻抗谱测量技术与应用[D]. 湘潭: 湘潭大学, 2014.

[25] Yang X L, Wei L L, Li J M, et al. Microstructural evolution of plasma spray physical vapor deposited thermal barrier coatings at 1150℃ studied by impedance spectroscopy[J]. Ceramics International, 2018, 44(9): 10797-10805.

[26] Chen W L, Liu M, Zhang J F, et al. High-temperature oxidation behavior and analysis of impedance spectroscopy of 7YSZ thermal barrier coating prepared by plasma spray-physical vapor deposition[J]. Chinese Journal of Aeronautics, 2018, 31(8): 1764-1773.

[27] Heung R, Wang X, Xiao P. Characterisation of PSZ/Al₂O₃ composite coatings using electrochemical impedance spectroscopy[J]. Electrochimica Acta, 2006, 51 (8-9): 1789-1796.

[28] Song S H, Xiao P, Weng L Q. Evaluation of microstructural evolution in thermal barrier coatings during thermal cycling using impedance spectroscopy[J]. Journal of the European Ceramic Society, 2005, 25 (7): 1167-1173.

[29] Jayaraj B, Desai V H, Lee C K, et al. Electrochemical impedance spectroscopy of porous ZrO2–8 wt.% Y₂O₃ and thermally grown oxide on nickel aluminide[J]. Materials Science and Engineering: A, 2004, 372: 278-286.

[30] Byeon J W, Jayaraj B, Vishweswaraiah S. Non-destructive evaluation of degradation in multi-layered thermal barrier coatings by electrochemical impedance spectroscopy[J]. Materials Science and Engineering: A, 2005, 407 (1-2): 213-225.

[31] Steil M C, Thevenot F, Kleitz M. Densification of yttria-stabilized zirconia impedance

specfroscopy analysis[J]. Journal of Electrochemical Society, 1997, 144(1): 390-398.

[32] Zhang C X, Zhou C G, Gong S K, et al. Evaluation of thermal barrier coating exposed to different oxygen partial pressure environments by impedance spectroscopy[J]. Surface and Coatings Technology, 2006, 201 (1-2): 446-451.

[33] Younshonics T M. Overview of thermal barrier coatings in diesel engines[J]. Journal of Thermal Spray Technology, 1997, 6(1): 50-56.

[34] Yang F, Xiao P. Nondestructive evaluation of thermal barrier coatings using impedance spectroscopy[J]. International Journal of Applied Ceramic Technology, 2008, 6(3): 381-399.

[35] Anderson P, Wang X, Xiao P. Effect of isothermal heat treatment on plasma-sprayed yttria-stabilized zirconia studied by impedance spectroscopy[J]. Journal of theAmerican Ceramic Society, 2005, 88 (2) 324-330.

[36] 杨丽. 热障涂层氧化、损伤与断裂的无损评价研究[D]. 湘潭: 湘潭大学, 2007.

[37] 邹金龙. 热障涂层界面氧化的热力学理论分析[D]. 湘潭: 湘潭大学, 2004.

[38] Zhan J, Desai V. Evaluation of thickness, porosity and pore shape of plasma sprayed TBC by electrochemical impedance spectroscopy[J]. Surface and Coatings Technology, 2005, 190(1): 98-109.

[39] Huang H, Liu C, Ni L Y, et al. Evaluation of TGO growth in thermal barrier coatings using impedance spectroscopy[J]. Rare Metals, 2011, 30: 643-646.

[40] Zhang J, Desai V. Determining thermal conductivity of plasma sprayed TBC by electrochemical impedance spectroscopy[J]. Surface and Coatings Technology, 2005, 190(1): 90- 97.

[41] Liu C, Huang H, Ni L Y, et al. Evaluation of thermal barrier coatings exposed to hot corrosion environment by impedance spectroscopy[J]. Chinese Journal of Aeronautics, 2011, 24(4): 514-519.

[42] Huang H, Liu C, Ni L Y, et al. Evaluation of microstructural evolution of thermal barrier coatings exposed to Na_2SO_4 using impedance spectroscopy[J]. Corrosion Science, 2011, 53(4): 1369-1374.

[43] Wu J, Guo H B, Abbas M, et al. Evaluation of plasma sprayed YSZ thermal barrier coatings with the CMAS deposits infiltration using impedance spectroscopy[J]. Progress in Natural Science: Materials International, 2012, 22(1): 40-47.

[44] Zhang D H, Guo H B, Gong S K. Impedance spectroscopy study of high-temperature oxidation of Gd_2O_3-Yb_2O_3 codoped zirconia thermal barrier coatings[J]. Transactions of Nonferrous Metals Society China, 2011, 21(5): 1061-1067.

[45] Baskaran T, Arya S B. Influence of ceramic top coat and thermally grown oxide microstructures of air plasma sprayed $Sm_2SrAl_2O_7$ thermal barrier coatings on the electrochemical impedance behavior[J]. Surface and Coatings Technology, 2018, 344: 601-613.

[46] Gómez-García J, Rico A, Garrido-Maneiro M A, et al. Correlation of mechanical properties and electrochemical impedance spectroscopy analysis of thermal barrier coatings[J]. Surface and Coatings Technology, 2009, 204 (6-7): 812-815.

[47] Hilpert T, Ivers-Tiffe´e E. Correlation of electrical and mechanical properties of zirconia based thermal barrier coatings[J]. Solid State Ionics, 2004, 175(1-4): 471-476.

[48] Jayaraj B, Vishweswaraiah S, Desai V H, et al. Electrochemical impedance spectroscopy of thermal barrier coatings as a function of isothermal and cyclic thermal exposure[J]. Surface and Coatings Technology, 2004, 177-178: 140-151.

[49] Wu N Q, Ogawa K, Chyu M. Failure detection of thermal barrier coatings using impedance spectroscopy[J]. Thin Solid Films, 2004, 457(2): 301-306.

第 12 章 热障涂层表界面损伤与内部孔隙的无损检测

热障涂层的界面缺陷、应变场及孔隙率是关乎涂层隔热性能及寿命的关键参数，在服役过程中界面缺陷不断扩展、孔隙率的骤变及应力的增加都将导致涂层剥落失效。为避免由热障涂层突然剥落失效导致的事故损失，寻找一种有效的方法检测热障涂层内部状态至关重要。传统的涂层质量评价和性能表征多依靠破坏式检测且对测试环境要求较高，人们一直致力于找到一种在制备态涂层质量控制及服役阶段状态诊断方面简单、经济和快捷的无损检测方法，为正确地理解其失效机理、准确预测使用寿命提供直接的依据。目前，多种先进的检测技术，如声发射、X 射线衍射、热成像技术、交流复阻抗谱、Cr^{3+} 压电光谱、红外光谱、同步辐射扫描等也都已经成功应用在了热障涂层损伤定位、界面氧化性能判定、界面脱层、应力演变的检测研究工作中[1-6]。但是热障涂层失效机理复杂、寿命预测困难，加上其越来越广泛的应用，使得无损检测技术依旧是未来热障涂层研究领域中的重要课题。热障涂层的可靠性评估极大程度上依赖于无损检测数据的种类和可信度。因此，发展经济、便利、有效和高可靠性的检测方案是热障涂层研究中的关键环节。

本章将重点分析数字图像相关(digital image correlation，DIC)法、CT(X-Ray computed tomography，CT)、红外热成像技术(infrared thermography)在热障涂层失效监测中的应用，对热障涂层试样在实验过程中的变形场、孔隙率、界面缺陷和涂层厚度进行表征分析，为分析热障涂层的失效机理提供实验手段。

12.1 热障涂层应变场的数字图像相关法表征

本节将重点分析 DIC 法在热障涂层失效监测中的应用。通过对热障涂层试样在拉伸、三点弯曲过程中的变形场进行表征分析，结合声发射等无损检测方法，建立数字散斑与声发射结合的热障涂层失效判据分析方法，得到常温、高温以及高温 CMAS 腐蚀过程中热障涂层试样的变形场和应变场的演变情况，为分析热障涂层的失效机理提供实验手段。

12.1.1 数字图像相关法表征应变场的基本原理

DIC 法的测试原理是将不同状况下采集到的相邻阶段的被测物体表面的数字

图像进行处理，从而获取像素点的变形信息，是一种建立在处理数字图像和数值计算基础上的光学测试方法[7-12]。在 DIC 法中，图像的灰度分布是该物体位移和变形信息的载体。在计算机领域中，灰度(gray scale)数字图像是每个像素只有一个采样颜色的图像。这类图像通常显示为从最暗的黑色到最亮的白色的灰度，尽管理论上这个采样可以是任何颜色的不同深浅程度，甚至可以是不同亮度上的不同颜色，由于彩色图像包含信息量大，计算机处理速度较慢，而灰度图就一个通道，在提高处理速度时也能完整地提取目标图像的特征信息。通常，把被测物体变形前后的数字图像分别称为参考图像与目标图像。测试原理是在参考图像中任取一待求像素点 $P(x_0, y_0)$ 为中心的正方形区域作为参考图像子区，为了计算点 P 的位移，从参考图像中选取以点 $P(x_0, y_0)$ 为中心的 $(2M+1)\times(2M+1)$ 像素的平方参考子集，用于跟踪其在变形图像中的对应位置，然后在目标图像中根据预定义的相关函数进行计算，通过一定的搜索方法找寻与参考图像子区相关系数最大或最小的子区。该区域以 $P'(x_0', y_0')$ 为中心，从而可以确定参考子区中的点 $P(x_0, y_0)$ 在 x 方向和 y 方向上的位移分量 u 和 v。计算时一般将参考图像中的待计算区域划分为许许多多虚拟网格，通过每个网格节点的位移量得到整个区域的位移[13]。如果参考子集和变形子集中只存在刚体平移，即子集中每个点的位移相同，则可以使用零阶函数[7]。从图 12.1 可以得知，目标图像子区与源图像子区相比，不仅中心位置发生位移，而且其形状也发生了改变。在目标图像子区有拉伸、压缩变形、剪切变形及刚体转动时，采用一阶函数进行运算，参考图像子区中的点 $Q(x, y)$ 与目标图像子区中的相对应的点 $Q'(x', y')$ 存在以下的一一对应的函数关系[14,15]：

$$x' = x_0 + \Delta x + u + u_x \Delta x + u_y \Delta y$$
$$y' = y_0 + \Delta y + v + v_x \Delta x + v_y \Delta y \tag{12.1}$$

式中，Δx 和 Δy 为点 $Q(x, y)$ 到参考图像子区中心 $P(x_0, y_0)$ 的距离；u 是参考图像子区中心在 x 方向上的位移，v 是 y 方向上的位移；u_x、u_y 和 v_x、v_y 为图像子区的位

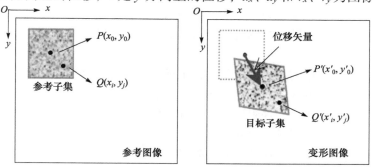

图 12.1　DIC 法的基本原理示意图[14]

移梯度。

为了评估参考子集和变形子集之间的相似度，必须预先定义一个互相关联(CC)准则或平方差相关(SSD)准则，通过搜索相关系数来完成匹配过程。有文献的研究显示[7,16]，零均值归一化最小平方距离相关函数(ZNSSD)与常用的零均值归一化相关(ZNCC)函数等价，但 ZNSSD 受目标图像子区灰度线性变化影响小，具有较强的抗干扰能力，而且优化较简便，因此 ZNSSD 常被作为评价图像子区变形前后相似度的相关函数。它的具体形式为

$$C_{\mathrm{ZNSSD}}(\boldsymbol{p}) = \sum_{x=-M}^{M} \sum_{y=-M}^{M} \left[\frac{f(x,y)-f_m}{\sqrt{\sum\limits_{x=-M}^{M} \sum\limits_{y=-M}^{M} \left[f(x,y)-f_m\right]^2}} - \frac{g(x',y')-g_m}{\sqrt{\sum\limits_{x=-M}^{M} \sum\limits_{y=-M}^{M} \left[g(x',y')-g_m\right]^2}} \right]^2$$

$$(12.2)$$

式中，$\boldsymbol{p}=[u, u_x, u_y, v, v_x, v_y]^{\mathrm{T}}$ 为描述图像子区变形状态的参数矢量；$f(x,y)$ 和 $g(x',y')$ 分别表示参考图像子区和目标图像子区像素的灰度值；f_m 和 g_m 分别为参考图像子区和目标图像子区的灰度平均值，且

$$f_m = \frac{1}{(2M+1)^2} \sum_{x=-M}^{M} \sum_{y=-M}^{M} \left[f(x,y)\right]^2, \quad g_m = \frac{1}{(2M+1)^2} \sum_{x=-M}^{M} \sum_{y=-M}^{M} \left[g(x',y')\right]^2 \quad (12.3)$$

最终根据计算获得图像子区域的位移场，并依次得到全场位移场及应变场。

12.1.2 数字散斑的制作

散斑作为物体表面变形信息的载体，一般有以下三种方式生成散斑：激光散斑、人工散斑、自然散斑，如图 12.2 所示。激光散斑是指激光光束照射到粗糙的物体表面，由于漫反射干涉而形成的随机亮度不同的散斑，这种制斑方式适用于小变形测量，但是成本较高。自然散斑顾名思义将物体表面本身具有的一些纹理作为随机散斑，这种散斑当然省时省力，但只有某些特定物体才具备，如木材的纹理。

鉴于此，最常用的是人工散斑。人工散斑可以分为常温和高温两种类型。常温散斑有两种制作方式：一种是用笔在物体表面人为地随机点涂黑点从而得到散斑，这种方法比较粗糙，局限性大，不推荐使用；另一种方法是喷漆制斑，只需将试件用 1000# 砂纸磨平，超声清洗后，将白色亚光漆或者黑色哑光漆喷在试样表面即可，这种制斑方式快捷方便且效果好。但对于超过 200℃的实验，喷漆易出现脱色、脱层、剥落的现象，因此常温制斑方式不再适合，需采用高温制斑的方式。

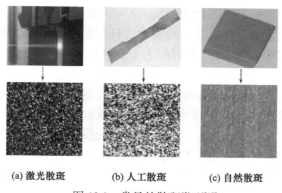

(a) 激光散斑　　　　　(b) 人工散斑　　　　　(c) 自然散斑

图 12.2　常见的散斑类型[17]

高温散斑的制作形式没有明确的分类，人们使用的方法五花八门，如物体表面打磨[16]、材料表面镀银[16]、耐火涂料[18]、耐高温胶[19]等。打磨物体表面即用砂布、磨刀石、锉刀对试件表面打磨后再制斑得到随机散斑灰度分布，操作简单，但控制难度大；镀银是通过硝酸银、浓氨水、葡萄糖和纯净水之间的反应生成单质银，操作简单，散斑效果好。但银的熔点只有 950℃，无法承受更高的温度；耐火涂料是一种以氧化铝为集料的可耐 1730℃高温的材料，但由于 CMAS 中含有氧化铝，且其材质比较黏稠只能通过毛刷飞溅得到散斑，这样的做法会导致散斑颗粒太大且不均匀，因此不适合采用；而另一种方法是通过耐高温胶喷制散斑，操作简便，稳定性好，本章将采用这种方法制备高温散斑。

选取适用高温环境不低于 1700℃的耐高温无机胶(DB5012)的液体组分用酒精按一定比例在器皿或容器里稀释并搅拌均匀，然后按 10%的重量比称量氧化钴粉末(CoO)，并加入稀释后的高温无机胶的液体组分，将加入氧化钴粉末的溶液装入岩田 W71 喷枪，溶液在高压空气的作用下喷溅到样品的表面，在室温环境中静置 12～24h。为了增加散斑的结合力，最后把制备好的散斑样品放入真空干燥箱，在 150℃的温度环境下放置 2h，取出自然冷却即可完成高温散斑的制作。

12.1.3　数字图像相关法与声发射结合的失效判据分析方法

利用声发射和 DIC 法可以对加载过程中热障涂层失效模式、临界断裂时间和断裂位置进行分析。为了准确获得这些关键的临界参数，以 APS 涂层三点弯曲为例，重点关注图 12.3 中插图的区域 A 和 B 两个断裂位置的局部应变演变数据。应用 ARAMIS 系统的应变处理软件分别将区域 A 和 B 的横向和纵向应变随时间的演变关系提取，并利用小波分析的方法将整个加载过程中不同裂纹模式的声发射事件数随着加载时间的变化关系列出，如图 12.3 所示(关于声发射参考本书的第 10 章)。A 区域的纵向应变在整个加载过程中变化相对较小，而横向应变呈现规律性变化趋势。弯曲加载的初始阶段，A 区域的横向应变随着挠度的增加线性增大。陶瓷材料在室温下作为典型的脆性材料，加载过程中呈现出明显的弹性特性；然而当 $\varepsilon_{xx} = 0.75\%$ 时，即加载时间为 152s 时，A 区域的横向应变出现明显的转折点；通过与图像观察对比发现，此时 A 区域出现了一条明显的裂纹；B 区域在加载的初始阶段受压缩应力影响，且随着加载的进行线性增加。陶瓷内表面裂纹萌生后，B 区域则受到纵向拉伸应力；这也反映出表面裂纹的出现对界面裂纹的萌生有促进作用；当 $t = 312s$ 时，表面垂直裂纹到达界面后开始沿界面方向扩展。对应的 B 区域的纵向应变出现较明显的转折点。我们对声发射信号进行小波分解变换后，根据信号小波特征能谱系数最大值的分布尺度、能谱系数数值是否大于 0.4 最终判定弯曲破坏过程中热障涂层的损伤类型。最终获得弯曲载荷下热障深层局部应变和声发射事件数随加载时间的变化情况，如图 12.3 所示。当 A 区域的 ε_{xx} 出现应变的转折点时($t = 152s$)，表面垂直裂纹的声发射事件数急剧增大，证明此时 A 区域产生了表面裂纹；当 B 区域的 ε_{zz} 出现应变的转折点时($t = 312s$)，界面裂纹的声发射事件数急剧增大，证明此时 B 区域产生了界面裂纹，表面及界面临界断裂时间与利用 DIC 法测试获得的数值相吻合。因此可以通过应变转折点准确获得弯曲破坏过程中不同裂纹类型的萌生时间、临界断裂应变、系统应变场演变等关键参数。

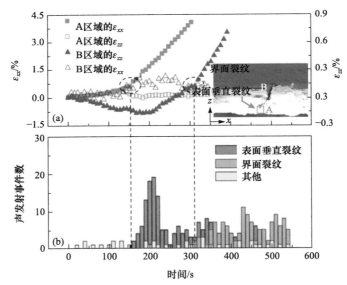

图 12.3　弯曲载荷下热障涂层局部应变演变(a)和声发射事件数(b)随加载时间的变化情况

12.1.4　热障涂层高温应变场的数字图像相关法表征

1. 高温拉伸过程中热障涂层表面应变场的演变

采用 12.1.2 节中介绍的高温散斑的制作方法对热障涂层工字型样品进行表面散斑的喷涂制备，将制作好的高温散斑的热障涂层的样品通过设计特殊的耐高温夹具将其固定于高温炉内。通过拉伸试验机对样品进行加载，在高温炉的侧端开设小孔，用于 DIC 法实时同步测量样品表面的变形场，如图 12.4 所示[20]。高温拉伸实验选择在 800℃、900℃、1000℃三个温度下进行，样品按照每个实验温度分配三个试样来进行实验，共计四组十二个试样。实验开始前，调整实验参数，设定好实验温度，设置万能试验机拉伸方式为位置拉伸，拉伸速率为 0.3mm/min，高温炉升温速率设定在平均 20℃/min，DIC 系统取照频率设置为 1 张/s。将 DIC设备调节好高度放置于高温炉的侧端，并在 CCD 相机前加蓝光滤镜，滤除高温产生的红外热辐射对成像的干扰，将镜头对准热障涂层待测的表面，采用了单色LED 蓝色光源进行光线补偿，设定高温炉的温度和升温速率，待温度稳定时，设定 CCD 相机的拍照频率，启动 DIC 系统记录高温拉伸过程中被测试样表面的数字图像，采用以 ZNSSD 作为评价变形前后图像子区的相似程度的相关函数来减小由于热扰动引起的测量误差，最终得到热障涂层在高温拉伸过程中应变的演化情况。

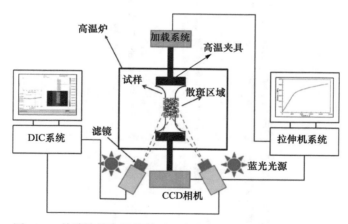

图 12.4　热障涂层高温拉伸过程应变实时原位测量装置示意图

从图 12.5 中我们可以明显地看出陶瓷层表面的应变场由最初的轻微压应变逐渐转变为拉应变，随着拉伸实验的不断进行，陶瓷层逐渐地产生了应变集中的区域，最终开始萌生裂纹并扩展长大[21]。可以明显地看出图中红色圆圈内的应变场已经发生了明显的应变集中现象，此时裂纹已经开始萌生，随后可以看到，随着实验的进行这条裂纹不断的长大和扩展并伴随着新的裂纹的萌生和长大，因此我们可以认为此条裂纹为此试样实验过程中的初始裂纹。从而在初始裂纹的应变集中区域选择三个参考点，提取出这三个参考点的时间和应变的数据，然后就可以求出初始裂纹的时间和平均应变的数据，通过拟合即可得到初始裂纹的"时间-应变"曲线，如图12.6所示[21]。通过图12.6中初始裂纹的"时间-应变"曲线可以明显地看到一个应变的突变点，即 A 点，随着载荷的增加，陶瓷层为了释放内部的应力而萌生了裂纹，所以点 A 即为初始裂纹开始萌生时刻，此时所对应的应变数据即是初始裂纹开始萌生的临界断裂应变，可以得出在 800℃下，EB-PVD热障涂层样品陶瓷层的临界断裂应变为0.40%；900℃下，EB-PVD热障涂层样品陶瓷层的临界断裂应变为0.33%；1000℃下，EB-PVD热障涂层样品陶瓷层的临

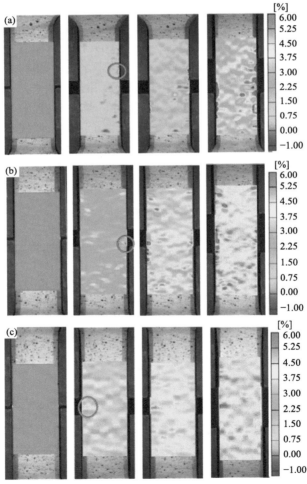

图 12.5　EB-PVD 热障涂层样品应变云图演化过程

(a) 800℃；(b)900℃；(c)1000℃

界断裂应变为 0.12%。

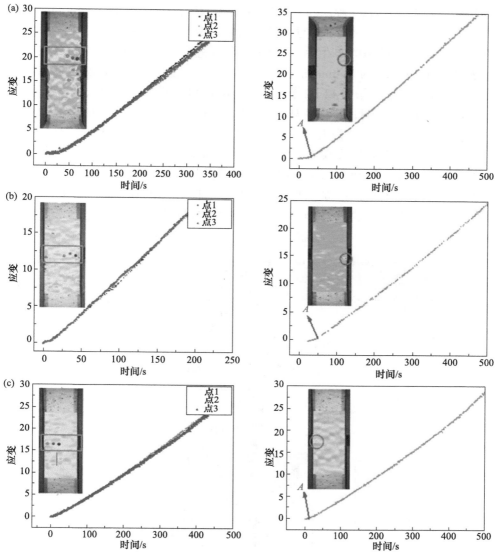

图 12.6　EB-PVD 热障涂层高温下初始裂纹"时间-应变"曲线

(a) 800℃；(b) 900℃；(c) 1000℃

2. 高温三点弯曲过程中热障涂层应变场的演变

本节将介绍高温三点弯曲结合 DIC 法对大气等离子喷涂(APS)的热障涂层样品在高温三点弯曲过程中横截面的变形场和应变场进行表征，并通过横截面的应变云图对涂层样品的表面裂纹和界面裂纹的萌生和扩展进行分析[20]。大气等离子

喷涂的热障涂层样品的基底为镍基高温合金(GH536)，基底厚度为 2mm。NiCoCrAlY
的黏结层采用真空等离子喷涂的方法喷涂在基底表面，黏结层的厚度为 80μm。顶部
陶瓷层采用大气等离子喷涂的方法喷涂在黏结层表面，厚度为 1mm。为了使得涂层
样品在三点弯曲过程中能产生单一的表面裂纹和稳定扩展的界面裂纹，在涂层样品
的表面切割出来深度为 0.5mm 的贯穿型预制裂纹。样品的尺寸和横截面的高温散斑
形貌如图 12.7 所示。采用 12.1.2 节中介绍的高温散斑的制作方法对大气等离子喷涂
的热障涂层样品的横截面进行高温散斑的喷涂制备，将制作好高温散斑的热障涂层
样品通过设计特殊的耐高温夹具固定于高温炉内，通过万能材料试验机对样品进行
三点弯曲加载，在高温炉的侧端开设小孔，用于 DIC 实时同步测量样品横截面的变
形场，如图 12.8 所示[20]。高温三点弯曲实验选择在 30℃、400℃、600℃、800℃四
种温度下进行。设置万能试验机加载方式为位置加载，拉伸速率为 0.4mm/min，高
温炉升温速率设定在平均 20℃/min，DIC 取照频率设置为 1 张/s。

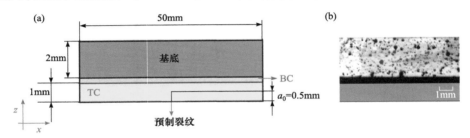

图 12.7　热障涂层高温三点弯曲样品的尺寸(a)和横截面高温散斑图(b)

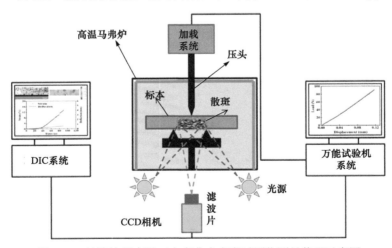

图 12.8　热障涂层高温三点弯曲应变实时原位测量装置示意图

　　图 12.9 中我们可以看到热障涂层样品横截面应变场随着三点弯曲过程的演变
情况[20]。裂纹尖端的拉应变 ε_{xx} 随着加载时间的增大不断增加。当温度为室温($T =$

30℃),加载时间为 37s 时,预制裂纹尖端的应变不断出现应变集中现象,应变ε_{xx}增加到 0.89%(图 12.9(a))。超过这个时间点后,预制裂纹尖端裂纹萌生并沿着预制裂纹的方向不断扩展。当温度为 400℃、600℃和 800℃时,应变的演化也有类似的过程。当温度为 400℃,加载时间为 20s 时,预制裂纹尖端的应变不断出现应变集中现象,裂纹萌生的应变ε_{xx}为 0.62%(图 12.9(b));当温度为 600℃,加载时间为 19s 时,预制裂纹尖端的应变不断出现应变集中现象,裂纹萌生的应变ε_{xx}为 0.62%(图 12.9(c));当温度为 800℃,加载时间为 27s 时,预制裂纹尖端的应变不断出现应变集中现象,裂纹萌生的应变ε_{xx}为 0.99%(图 12.9(d))。

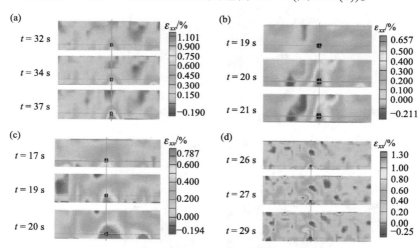

图 12.9　热障涂层高温三点弯曲过程中横截面应变云图演变
(a) $T = 30$℃; (b) $T = 400$℃; (c) $T = 600$℃; (d) $T = 800$℃

　　图 12.10 给出了热障涂层在室温下三点弯曲过程中表面裂纹和界面裂纹的萌生及扩展过程[20]。含有预制裂纹的热障涂层试样在外加载荷的作用下达到涂层的断裂韧性后,在预制裂纹的裂纹尖端产生表面裂纹($t = 90$s),随着载荷的增加,表面裂纹从预裂纹的裂纹尖端开始并传播到界面。随着外加载荷的进一步增大,界面裂纹形成($t = 240$s),并沿着陶瓷层/黏结层界面不断扩展($t = 390$s)。图 12.11 给出了三点弯曲过程中主应变演变过程的应变云图[20]。可以看出主应变$\varepsilon_{principal}$随载荷时间的增加而增加。当裂纹出现或扩展时,该位置处的应变会比无裂纹时的应变大。当表面裂纹从裂纹尖端开始时,裂纹的张开位移随着挠度的增加而增加,这导致主应变$\varepsilon_{principal}$值的增加(图 12.11(b))。当表面裂纹扩展到陶瓷层/黏结层界面时,界面裂纹形成并随着挠度的增加而扩展。陶瓷层/黏结层界面的主应变$\varepsilon_{principal}$值急剧增加(图 12.11(b)和(c))。为了确定界面裂纹的位置和时间,可以从DIC 系统中提取沿界面裂纹扩展路径沿 z 方向(ε_{zz})的法向应变随加载时间的变化。

如图 12.12 所示，ε_{zz} 首先缓慢增加，然后随着加载时间急剧增加[20]。可以将应变的拐点视为界面裂纹的断裂应变，并可以确定界面裂纹的对应位置和加载时间。值得注意的是，在 400℃、600℃ 和 800℃ 的温度下界面裂纹的断裂应变和时间的确定方式与在室温情况下(30℃)的相同。

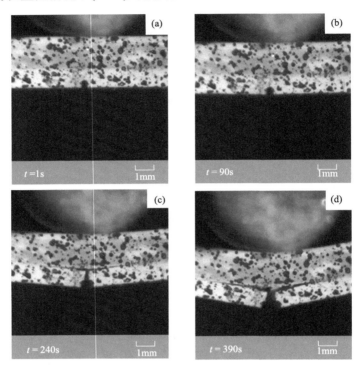

图 12.10　热障涂层室温三点弯曲过程中表面裂纹和界面裂纹的萌生及扩展过程

(a) 初始状态；(b) 表面裂纹萌生；(c) 界面裂纹萌生；(d) 界面裂纹扩展

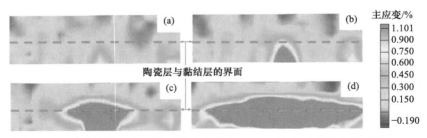

图 12.11　热障涂层三点弯曲过程中主应变 $\varepsilon_{principal}$ 演变过程的应变云图

(a) $t = 32s$；(b) $t = 40s$；(c) $t = 47s$；(d) $t = 55s$

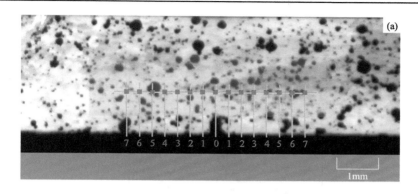

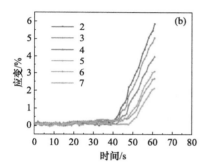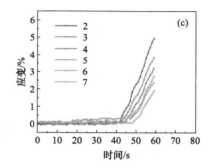

图 12.12　界面裂纹扩展路径不同位置应变 ε_{zz} 随加载时间的演变

(a) 沿界面裂纹扩展路径的位置编号；(b) 沿界面裂纹扩展路径左侧的应变 ε_{zz} 的演变；(c) 沿界面裂纹扩展路径右侧的应变 ε_{zz} 的演变，其中数字"1～7"表示沿界面裂纹扩展路径的不同位置

12.1.5　热障涂层高温 CMAS 腐蚀应变场的数字图像相关法表征

本节将介绍高温 CMAS 腐蚀过程中大气等离子喷涂(APS)的热障涂层样品的变形场和应变场的演变情况，并通过应变云图对涂层样品的表面裂纹和界面裂纹的萌生和扩展进行分析[22],关于 CMAS 的热力化耦合实验和理论研究参考本书的第 5 章。预先将人工喷制高温散斑的样品放入高温炉炉腔内的样品台上,调节 DIC 设备的 CCD 摄像头直至计算机屏幕上显示的图像最为清晰为止，放大倍数为 200X，像素为 1624×1236，聚焦长度约为 80～400mm，高温炉温度设为 1250℃,保温时间 0.5h。测试实验示意图如图 12.13 所示，设置采集图像的频率为 40s/张,利用 ARAMIS 软件对采集到的数字图像进行分析运算与后处理，该软件生产于德国的 GOM 公司，在"参考图像"中选取一个矩形作为感兴趣的计算区域，计算时所用图像子区大小为 29×29 像素，相邻计算点之间的距离为 7×7 像素，比例系数为 0.1mm/像素，应变测试误差为 0.05%。

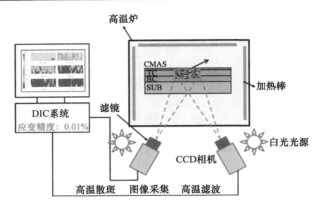

图 12.13　热障涂层高温 CMAS 腐蚀应变场测试实验装置示意图

　　物体处于不同的温度时，对周围环境发射出的电磁波的波长与电磁波的能量也不同，即所谓的热辐射。物体不仅可以发射电磁波，还能吸收电磁波，辐射强度越高，吸收强度也就越高。因此当高温炉的温度不断升高，试样的温度也在升高，试样会随着温度越来越高辐射出越来越多的电磁波，使得摄像机对试样表面越来越难分辨。在 1996 年时，Lyons 等提出在采集数字图像时，若温度超过 750℃就须采用滤光的方法[23]。由于 CMAS 腐蚀实验温度为 1250℃，因此必须进行滤光。但是加了滤光片后，会严重削弱光强，因此需要有光源来加强光线。实验中的光源是由两个卤素白色灯(图 12.13)提供的，卤素灯寿命长，光线充足，可以在较高的温度环境中工作。为了全面的测量 CMAS 腐蚀对热障涂层应变的影响，本节还测试了 CMAS 涂覆量为 10mg/cm²时热障涂层截面与表面的应变演变过程。若测截面应变场，则 CMAS 涂在涂层表面、截面制斑互不影响，且可以进行实时监测，实验流程如图 12.14 所示。若测表面的应变场，则出现 CMAS 涂覆表面，散斑也需在涂层表面标记，因此需要先对 CMAS 进行预先加热渗透，再在样品表面制斑，用 DIC 法测应变，实验流程见图 12.15。

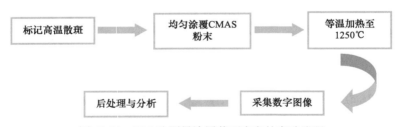

图 12.14　DIC 法测量涂层截面应变的实验流程

1. 无 CMAS 腐蚀情况下热障涂层横截面应变场的演变

为了分析 CMAS 腐蚀对热障涂层应变产生的影响有多大，我们首先研究分析了无 CMAS 腐蚀情况下热障涂层截面应变场[22]。从样品的宏观结构变化来看，无 CMAS 腐蚀的试样在 1250℃高温时，陶瓷层与基底结合完好无损，而且可以看到此时由于高温氧化，基底的颜色已经变黑，但涂层截面上的散斑都还在，如图 12.16(a)所示；当温度降到约 100℃时，陶瓷层与基底的界面处出现开裂现象，散斑场没有太大变化，如图 12.16(b)所示；当冷却至室温时，从图 12.16(c)可以看出，陶瓷层已经从基底上完全剥落下来。造成热障涂层失效的原因可能有两个：一是在冷却过程中，由于陶瓷材料与基底材料热膨胀系数存在差异，产生了热失配作用；二是实验所用的样品，可能存在制备工艺质量的缺陷，导致了陶瓷层与黏结层的结合性能变差，使涂层提前剥落失效。

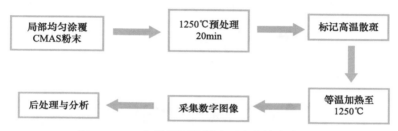

图 12.15　DIC 法测量涂层表面应变的实验流程

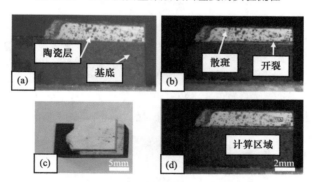

图 12.16　无 CMAS 腐蚀的试样在不同温度下的形貌
(a) 1250℃；(b) 100℃；(c)室温 (25℃)；(d)计算区域

　　为了进一步分析热障涂层在冷却过程中应变场变化的趋势，我们通过 ARAMIS 软件对无 CMAS 腐蚀热障涂层在实验中采集的数字图像进行后处理[22]。在采集的数字图像中，选取降温开始时采集到的最后一张数字图像作为"参考图像"，然后在"参考图像"中选取一个矩形 (大小为 8mm×1.8mm) 作为感兴趣的计算区域 (图 12.16(d))。计算时所用图像子区大小为 29×29 像素，相邻计算点之间的距离为 7×7 像素，比例系数为 0.1mm/像素，计算误差为 0.05%，从而计算得到热障涂层在各个方向的应变场。热失配作用主要体现在 x 方向的应变演化过程中，所以首

先分析 x 方向的应变 ε_{xx} 的变化情况。图 12.17 为无 CMAS 腐蚀情况下热障涂层的 ε_{xx} 应变场随温度的演变情况，可以看出随着温度的降低，ε_{xx} 由开始的 0 逐渐变为压应变，并且压应变值在不断增大，压应变区域在不断扩展。在 800℃ 以上时，涂层整体呈现较小的压应变，上侧部分也并没有明显的拉应变；在 400℃ 以下时，整个涂层呈现出较大而均匀的压应变；当温度降到 100℃ 时，涂层与基底的界面处出现了明显的拉应变，即此时陶瓷层与基底的热失配作用开始变得剧烈，涂层可能开裂。由图 12.16(c)可知，涂层失效形式最终表现为界面裂纹的形式，因此很有必要对不同 CMAS 涂覆量下 y 方向应变的演变情况进行分析。图 12.18 是在冷却过程中无 CMAS 腐蚀时涂层 y 方向应变云图的变化情况。可以看出，随着温度的降低，涂层的 ε_{yy} 逐渐呈现为压应变，压应变的区域在不断扩展，压应变在

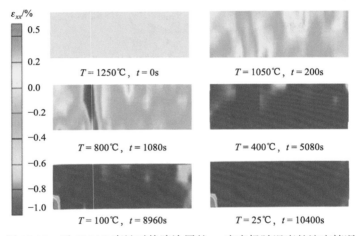

图 12.17　无 CMAS 腐蚀时热障涂层的 ε_{xx} 应变场随温度的演变情况

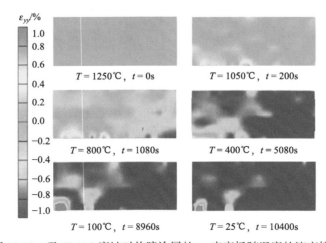

图 12.18　无 CMAS 腐蚀时热障涂层的 ε_{yy} 应变场随温度的演变情况

数值上不断增大，而且可以看到在涂层的下侧边界，即与基底的界面处的应变 ε_{yy} 在渐渐增大，拉应变区域也在扩展。大约在降到 100℃ 时，界面处的拉应变变得十分明显，说明涂层与基底之间已经出现了开裂，涂层离开了基底，即在涂层与基底结合处产生裂纹，进而导致涂层剥落失效，变化趋势与 ε_{xx} 变化相一致。

2. CMAS 腐蚀下裸陶瓷层横截面应变场的演变

为了便于进一步研究 CMAS 腐蚀热障涂层体系的应变场演变规律，需要了解 CMAS 腐蚀独立陶瓷层的应变演变过程[22]。所以本节采用了不带基底的热障涂层作为试样，CMAS 涂覆量为 10mg/cm²，用前述方法进行 DIC 测试实验，采集在冷却过程中试样的数字图像。用 ARAMIS 软件对采集的数字图像进行后处理，x 方向的应变 ε_{xx} 演变过程如图 12.19 所示，从图中可以看出，试样在冷却到 1050℃ 时，涂层大部分区域呈现为压应变，且随着温度进一步降低，压应变区域渐渐扩大，当试样继续冷却至 800℃ 时，涂层均匀呈现压应变，温度降到 25℃ 的过程中，涂层截面上的压应变区域在不断扩展，压应变的值在增大，在整个变化过程中，没有出现明显的拉应变区域。这是由于该样品是独立的陶瓷层，所以并不存在与基底产生热失配作用，也就不会在下侧部分出现拉应变；而 CMAS 层厚度比陶瓷层厚度小很多，所以 CMAS 层与陶瓷层的热失配也不明显。图 12.19 是从 ε_{xx} 的演变云图定性分析了涂层应变的变化趋势，这对我们分析 CMAS 腐蚀热障涂层需要引起的应变还远远不够。因此需要进行定量分析应变的变化趋势，在涂层截面随机选取 15 个点提取他们的应变值，并且求取平均值，作对应的应变-时间

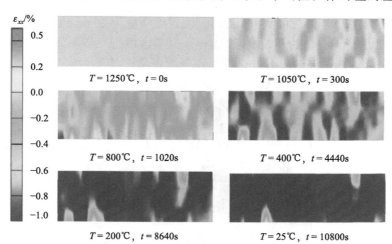

图 12.19　涂覆量为 10mg/cm²时的 CMAS 腐蚀不带基底的热障涂层的 ε_{xx} 应变场随温度的演变情况

曲线图(图 12.20)。从图中可以看出，在冷却过程中，涂层的 ε_{xx} 在不断增大，但变化趋势比较平缓，最大值只有−0.75%，本实验误差为 0.05%。

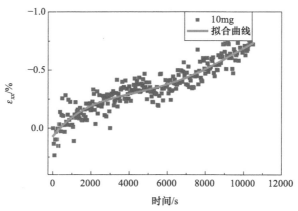

图 12.20 涂覆量为 10mg/cm²时 CMAS 腐蚀不带基底涂层的 ε_{xx} 应变-时间曲线图

12.1.6 不同涂覆量下 CMAS 腐蚀热障涂层横截面应变场的演变

在同样的实验条件：1250℃保温半小时后，冷却到室温的过程中，分别完成了 CMAS 涂覆量为 5mg/cm²、10mg/cm²、20mg/cm²的腐蚀实验，实验结果如图 12.21、图 12.22 所示[23]。首先从采集到的不同 CMAS 涂覆量下腐蚀 APS-TBCs 的数字图像中(图 12.21)宏观的分析变化情况分析，图 12.21(a)表示的是在 1250℃ 时，20mg/cm² CMAS 腐蚀涂层的形貌时，涂层与基底之间界面结合处完好无损；而在冷却过程中，当温度降到 400℃时，发现涂覆量为 20mg/cm²的试样在涂层与基底界面处出现了明显的开裂(图 12.21(b))；随着温度进一步下降到 300℃左右时，涂覆量为 10mg/cm²、5mg/cm²的试样出现开裂现象；当样品冷却到室温 25℃时发现所有样品的涂层都已从基底上剥落下来(图 12.21(c))。与前面无 CMAS 腐蚀情

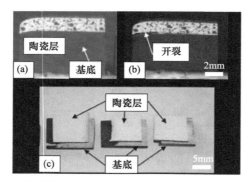

图 12.21 APS 热障涂层试样在不同温度和不同 CMAS 涂覆量下的形貌
(a) 1250℃，20mg/cm²；(b) 400℃，20mg/cm²；(c) 室温(25℃)，5mg/cm²，10mg/cm²，20mg/cm²

况时相比，可以说明 CMAS 腐蚀热障涂层在冷却过程中，当样品冷却到 300～400℃之间时，涂层在与基底之间的界面结合处易产生裂纹，进而开裂，最终剥落失效；无 CMAS 腐蚀时是在冷却到大约 100℃时开裂的，最终剥落失效，这表明有 CMAS 腐蚀时涂层剥落的更早。

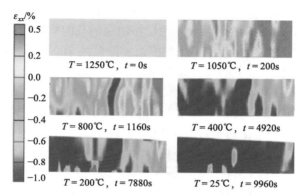

图 12.22　涂覆量为 5mg/cm²时 CMAS 腐蚀热障涂层的 ε_{xx} 应变场随温度的演变情况

CMAS 高温腐蚀 TBCs 是一个复杂的过程。在高温下，CMAS 会熔融渗透到热障涂层内部，并且会与涂层发生化学反应，还会引起涂层发生相变，而没参加反应的 CMAS 粉填充了涂层的孔隙；在冷却阶段，CMAS 凝固从而改变了涂层的结构，大大降低了涂层的应变容限，造成更严重的热失配效应，结合对无 CMAS 腐蚀时涂层应变场的研究分析，可以发现涂层的应变在冷却阶段有较大的变化，这也正是热失配引起的，因此认为涂层在冷却过程中的热失配对涂层的影响极大，极易引起涂层剥落失效。为了测量热失配产生的应变，不同涂覆量的实验在后处理中同样是以冷却阶段开始时的第一张数字图像作为参考图像，选取与无 CMAS 腐蚀时一样大小的矩形作为计算区域，计算 TBCs 在冷却过程中的应变变化情况。热失配作用主要体现在 x 方向的应变演化过程中，所以首先分析不同涂覆量下 x 方向的应变 ε_{xx} 的变化情况。

CMAS 高温腐蚀热障涂层在冷却阶段出现开裂、剥落现象的驱动力是涂层与基底之间的热失配。图 12.22 是涂覆量为 5mg/cm²时 CMAS 腐蚀热障涂层的 ε_{xx} 应变场随温度的演变情况，可以看出在冷却过程中，压应变在不断增大，区域在逐渐扩大，在 200℃时，涂层在与基底的界面处出现了拉应变，但在涂层冷却到室温时拉应变几乎不再存在，整个涂层截面都呈现出压应变。当增加 CMAS 量为 10 mg/cm²、20 mg/cm²时热障涂层 ε_{xx} 演变过程与图 12.22 有着一样的变化趋势，但不同的是大概在 400℃时涂层与基底界面处就出现了拉应变，同样在冷却到室温时，拉应变渐渐减小，整个涂层表面呈现出压应变。可见 CMAS 不同涂覆量 5mg/cm²、10mg/cm²、20mg/cm²腐蚀热障涂层的 ε_{xx} 在冷却过程中应变云图呈现出基本相同的规律，主要的不同是界面处出现拉应变的温度与时间不同。

由图 12.21 可知，涂层失效形式最终表现为界面裂纹的形式，因此很有必要对不同 CMAS 涂覆量下热障涂层 y 方向应变的演变情况进行分析。图 12.23 是 CMAS 涂覆量为 10mg/cm²腐蚀热障涂层的 ε_{yy} 应变场随温度的演变情况，从图中可以看出，当温度从 1250℃降低到 1050℃时，涂层的应变 ε_{yy} 呈现出数值较小的拉应变，这是由于 CMAS 的熔融渗入涂层将涂层的孔隙率填充满，导致涂层原有的结构与热力学性质发生了改变；当温度继续降低到 400℃时，涂层的应变 ε_{yy} 已经呈现出明显的压应变，并且在涂层与基底的界面处产生了拉应变，这是由于涂层与基底的热膨胀系数导致的热失配，拉应变的存在使得涂层在与基底的界面处萌生裂纹；随着温度继续降低，涂层的压应变区域不断扩展，而且界面处的拉应变也在不断增大，就是在这个过程中裂纹不断扩展，最终使得涂层剥落失效。CMAS 涂覆量为 5mg/cm²、20mg/cm²热障涂层 y 方向应变的演变与 5mg/cm²涂覆量下涂层趋势一致。通过比较不同涂覆量下涂层的 ε_{xx} 与 ε_{yy} 应变云图的演变过程，可以发现，在冷却过程中，涂层的 ε_{xx} 与 ε_{yy} 应变都呈现出越来越大的压应变，且在一定的阶段涂层与界面处出现了拉应变，但不同的是涂覆量不同时，界面处产生拉应变的时间与温度不同。不难发现涂覆量越大时，界面处出现拉应变的时间越短，温度降越小。大约在降到 400℃时界面处就出现了拉应变，即热失配作用先变得激烈。而无 CMAS 腐蚀的样品(图 12.18)则要晚些，大约在降到 100℃时才产生拉应变。所以 CMAS 加剧了涂层与基底的热失配，会使涂层提前剥落失效。

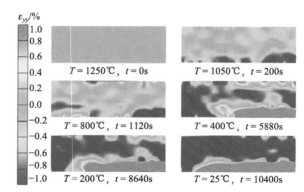

图 12.23　涂覆量为 10 mg/cm²时 CMAS 腐蚀热障涂层的 ε_{yy} 应变场随温度的演变情况

由于 CMAS 腐蚀热障涂层失效最终体现在界面裂纹上，界面裂纹的产生则是剪应变引起的，为探究失效时涂层应变的大小与剥落的时间，因此有必要分析 y 方向与 x 方向应变曲线。首先在不同 CMAS 涂覆量下 ε_{yy} 应变云图上底端的红色拉应变区域分别随机选取 5 个点，求取 ε_{yy} 平均值，随冷却时间变化的曲线如图 12.24 所示。可以发现，涂覆量 0～20mg/cm² 的 ε_{yy} 变化趋势的共同点：这些应变在冷却过程中都有一个突变值，且发生突变后应变值都较大，说明此时涂层已经开裂。而且可以明显地看出，不同涂覆量下，应变发生突变的时间不同，涂覆量为 10mg/cm²、20mg/cm² 的样品 ε_{yy} 在 $t=5000s$ 发生了突变，是所有样品中最早发生的，也就是涂层最早在与金属界面处开裂失效的。随着进一步冷却降温，在 $t=7000s$ 时，涂覆量为 5mg/cm² 的样品 ε_{yy} 突变，即涂层失效；而无 CMAS 腐蚀的样品在 $t=9000s$ 时 ε_{yy} 发生突变，在涂层与金属基底界面处开裂。由此可见，CMAS 的高温腐蚀加剧了陶瓷层的剥落，使之提前失效。当大量 CMAS 粉渗入陶瓷层，充满了陶瓷层的多孔结构后，涂层的失效不再受 CMAS 涂覆量大小的影响。

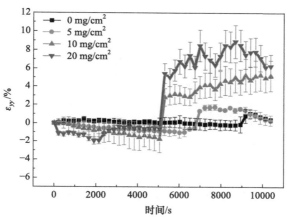

图 12.24　不同 CMAS 涂覆量下 ε_{yy} 应变在冷却过程中应变-时间曲线图

为了分析热障涂层体系在冷却过程中失效时的临界应变 ε_{xx}，我们从不同涂覆量下的数字图像中随机提取了 15 个点的应变数据，并求取平均值，得到不同涂覆量下涂层应变在冷却过程中的变化情况，如图 12.25 所示该应变-时间曲线图表示了不同涂覆量下涂层在整个冷却过程中 ε_{xx} 随降温时间的变化分布。比较不同涂覆量下 ε_{xx} 的大小可以看出，在同一时刻下，有 CMAS 腐蚀的涂层的 ε_{xx} 比无 CMAS 腐蚀涂层的 ε_{xx} 要小很多，而随着涂覆量增大，ε_{xx} 有减小的趋势，但并不明显。找出图 12.24 中 ε_{yy} 发生突变时相应的冷却时间作为横坐标，在图 12.25 中作相应的纵坐标 ε_{xx} 即为涂层在与基底界面处发生开裂时的临界应变。从图 12.25 中可以明显地看出，随着 CMAS 涂覆量增大，涂层开裂时的临界应变在逐渐减小，无 CMAS 腐蚀时涂层开裂的临界应变(图中 A 点)为 -1.6%，而不同涂覆量 5mg/cm²、10mg/cm²、20mg/cm² 的 CMAS 腐蚀时涂层的开裂临界应变分别约为 -1.0%、-0.7%、-0.55%(图中 B、C、D 点)。这一结果与文献中的热障涂层在热冲击作用下失效的临界应变为 0.7% 左右的实验结果相一致[19,24,25]，即有 CMAS 腐蚀时的涂层开裂临界应变要比无 CMAS 腐蚀时小很多，CMAS 腐蚀加快了热障涂层的剥落失效，缩短了涂层的寿命，改变了涂层的结构，从而使涂层的应变发生很大的变化。而 CMAS 涂覆量的改变实验表明临界应变的变化较小，但随着 CMAS 涂覆量的增加，临界应变依然呈现出减小的趋势，说明 CMAS 粉腐蚀对涂层的寿命的影响是比较严重的。避免 CMAS 腐蚀问题带来的危害的确是重中之重，迫在眉睫。

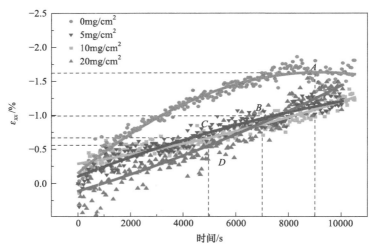

图 12.25   不同 CMAS 涂覆量下 ε_{xx} 应变在冷却过程中的应变-时间曲线图

12.1.7   CMAS 腐蚀下热障涂层表面应变场的演变

由于 CMAS 腐蚀热障涂层是高温实验，在现有设备条件下，无法完成高温三维 DIC 法测试实验，因此有必要单独测试 CMAS 腐蚀热障涂层表面应变的演变过程。CMAS 的熔点约为 1230℃，因此对于表面应变场，主要测试在保温阶段的变化情况，其他实验条件相同[22]。完成实验后，将试样从炉内取出，发现涂层已经从基底上剥落下来，为了分析热障涂层失效的原因，对应变场进行了分析。我们应用前文提到的 ARAMIS 应变分析软件，计算分析了 10mg/cm² CMAS 高温腐蚀热障涂层的截面与表面的应变演变数据。CMAS 高温腐蚀热障涂层的截面的主应变场演变情况如图 12.26 所示，可以看出 CMAS 腐蚀热障涂层的过程中，在保温阶段涂层的大部分区域存在的是拉应变，在涂层上侧一层出现较小的压应变，这是 CMAS 粉末在高温下熔融后向涂层内部渗透所导致的。在高温下，样品受热膨胀，但由于陶瓷材料与金属基底材料的热膨胀系数有较大的差异，所以陶瓷层会受到金属基底对它的拉力，因此陶瓷层底部会呈现较大的拉应变。而当进入冷却阶段时，涂层整个截面区域出现了压应变，且随着温度的降低，拉应变减小，压应变区域变大，这就是所谓的热胀冷缩导致涂层冷却过程中收缩受压。但因为陶瓷层的热膨胀系数较小，收缩速度较慢，金属基底的热膨胀系数较大，收缩速度大，使得基底变形比陶瓷快，从而对陶瓷层产生一个拉应力，这就是在陶瓷层底部出现拉应变的缘由。

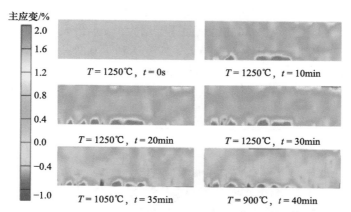

图 12.26　涂覆量为 10mg/cm²时 CMAS 腐蚀热障涂层表面的主应变场随温度的演变情况

为了研究 CMAS 粉末腐蚀热障涂层表面的应变场的演变情况，我们采取了只在涂层表面中间 5mm 的区域涂覆 CMAS 粉末，进行了 DIC 法测试，通过软件 ARAMIS 分析计算软件得到 TBCs 表面主应变的变化情况，如图 12.27 所示。从主应变云图可以直观地看出，在保温阶段，随着时间的延长，涂层表面的主应变现为拉应变的值在增大，且在涂粉与不涂粉的区域边界上有最大的拉应变，拉应变集中区域在不断扩展；在降温阶段，涂层表面的拉应变在逐渐减小，尤其是在不涂粉的区域出现了压应变，这是涂层热胀冷缩造成的。为了准确得到涂层表面

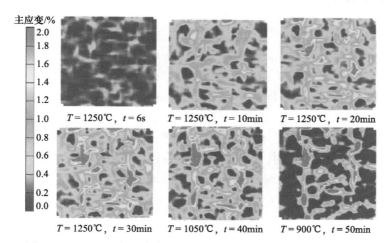

图 12.27　CMAS 腐蚀热障涂层表面的主应变场随时间的演变情况

局部区域的应变演化规律，我们在涂层表面提取了局部应变随时间变化的演变曲线，如图 12.28 所示，分别取了涂粉与不涂粉的交界处一点 a，不涂粉区域的一点 b，涂粉区域的一点 c，图中表示了他们的主应变的值随时间的变化关系，从各自的拟合曲线可以看出，a 点的主应变最大，c 点次之，b 点最小。在前 2000s 的阶段里，三点的主应变都随时间的延长而逐渐增大，a 点最大的主应变达到了 1%，c 点最大主应变达到了 0.5%，b 点最大主应变达到了 0.3%；在 2000s 之后，也就是涂层进入了冷却阶段时，三点的主应变都因为热胀冷缩呈现出较快减小的趋势，逐渐出现了压应变。c 点应变比 b 点的大，而 a 点的比 c 点的大，原因是 CMAS 粉末在 1250℃下会变为熔融态，具有流动性。

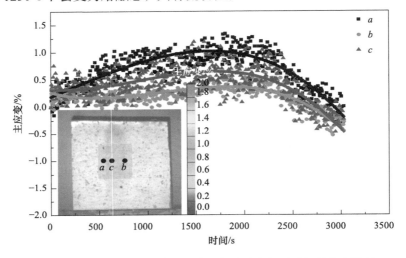

图 12.28　CMAS 腐蚀热障涂层表面的主应变场随时间的演变情况

综上所述，我们把高温 CMAS 腐蚀热障涂层分为三个过程(图 12.29)：首先高温下熔融的 CMAS 会填满热障涂层的孔隙，涂层的孔隙与微晶结构会发生烧结作用，使得涂层变为致密结构，慢慢地在涂层表面以及内部产生横向裂纹；然后高温下熔融的 CMAS 会在毛细作用下向涂层厚度方向渗透[26]，涂层结构中的钇溶于 CMAS 形成 $Ca_2Y_8(SiO_4)6O_2$[27]，熔融 CMAS 的存在会使涂层内部出现液相烧结导致涂层致密化，改变了涂层的热导率、热膨胀系数、断裂韧性等物理性能；最后 CMAS 腐蚀使涂层发生由非平衡稳定的四方相转变为单斜相，产生 3%～5% 的体积收缩，涂层与基底产生热失配，在不断的冷热、拉压应变的交替中裂纹扩展，导致涂层失效。

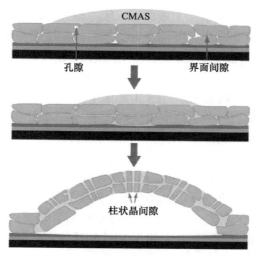

图 12.29　CMAS 腐蚀热障涂层示意图

12.2　基于 X 射线 CT 法的火山灰腐蚀热障涂层内部孔隙表征

　　热障涂层内部孔隙和缺陷的表征可以帮助我们进一步理解涂层内的微观结构以及随服役环境的演化情况，为研究热障涂层的性能提供重要的依据。传统的微观结构表征方法如扫描电镜和光学显微镜已经展现出了强大的功能，然而这些方法都有一个共同的缺点，即表征之前需要对样品进行切割打磨等处理。这些制备过程会对样品内部的原始结构造成破坏，带入人为缺陷，从而对材料的观察和表征带来误差。因此我们迫切需要一种能够无损地对材料内部结构进行观察和分析的表征方法。作为近些年发展起来的无损检测技术，CT 表征法展示出了其强大的对材料内部三维结构进行表征的能力。该项技术能无损地检测材料内部结构，得到带有不同灰度值的数字化图像，给出材料内部各个区域的密度分布，然后将得到的二维重建图像进行三维重组，从而得到材料内部的三维空间结构。因此，将 CT 表征技术应用到热障涂层领域具有非常重要的意义。

12.2.1　CT 法表征内部结构的原理

　　CT 是 X 射线计算机断层扫描(X-ray computed tomography)的简称，由于其具有无损、高分辨率、可实现三维可视化等优点，被应用在许多材料领域[28-32]。X 射线是一种高能射线，具有很强的穿透力，它在穿透物体的过程中会有部分能量被物体吸收。这主要是由于 X 射线与物质原子核外电子发生碰撞，产生了光电效应、康普顿效应等。这样的碰撞会导致能量损失，通过检测 X 射线贯穿物体前后能量的差异可以求出物体对 X 射线的吸收能力的大小，也就是衰减系数。CT 检测是基于 X 射线的穿透作用原理，当 X 射线对一定厚度物体的层面进行扫描时，计算机把 X 射线束穿过的物体分成若干个体积相同的长方体，称之为体积元素(体素)，且每个体素的厚度都相等，体素会吸收部分的 X 射线能量，而剩下的会通过材料内部的原子间隙透射出来。在 CT 成像中物体对 X 射线的吸收起主要作用，在一均质物体中，X 射线的衰减服从指数规律，在 X 射线穿透非均质物体(即由多种成分和不同密度构成)时，各点对 X 射线的吸收系数是不同的。CT 图像的本质是衰减系数 μ 成像，通过计算机对获取的投影值计算每一个体素的 X 射线衰减系数或吸收系数，再排列成矩阵，即数字矩阵(digital matrix)，经数字/模拟转换器把数字矩阵中的每个数字变为由黑到白不等灰度的小方块，即像素，这些像素按矩阵排列，即构成 CT 图像。求解衰减系数过程如下[33]。

假设体素厚度为 d，强度为 I_0 的 X 射线穿透体素后衰减为 I，衰减规律遵循朗伯定律，投影值 P 为

$$\mu d = \ln\left(\frac{I_0}{I}\right) = P \tag{12.4}$$

若在 X 射线束扫描通过的路径上介质不均匀，则可将沿路径分布的介质分成 n 个小块，每一小块为一个体素，厚度为 d，投影值 P 为

$$d \cdot \sum_{i=1}^{n} \mu_i = \ln\left(\frac{I_0}{I}\right) = P \tag{12.5}$$

如果在 X 线束扫描通过的路径上，介质不均匀，而且衰减系数连续变化，即衰减系数 μ 是路径 l 的函数，投影值 P 表示为

$$P = \int_{-\infty}^{\infty} \mu(l)\mathrm{d}l = \ln\left(\frac{I_0}{I}\right) \tag{12.6}$$

计算出的衰减系数再按 CT 值的定义，把各个体素的衰减系数值转换为对应像素的 CT 值，得到 CT 值的分布。然后将图像面上各像素的 CT 值转换为灰度，就得到图像面上的灰度分布，此灰度分布就是 CT 影像。

X 射线的穿透能力与其能量成正比，与穿透材料的密度成反比，利用这种性质可以分辨出不同原子序数的材料、同种材料内部的不同密度、同种材料的不同厚度等结构，从而形成不同灰度值的图像。而三维成像则是用一把"虚拟的刀"将样品切割为虚拟切片进行观察，然后将这些灰度不同的图像重构起来，得到整个样品的三维结构信息。采用 CT 法对样品进行检测时，无需对样品进行特殊处理，无需真空环境，即可得到样品内部的三维结构，如孔洞、裂缝、不同组分的分布等。此外，CT 法检测分辨率高，可以提供高质量的内部成像能力[28]。同时，

CT 法是无损检测方法，能有效避免样品在进行表面和截面处理时的未知损伤。

　　CT 工作系统主要包括射线源、探测器、探测器图像控制系统、扫描运动 CNC(computer numerical control)系统、计算机系统等，具体组成如图 12.30 所示。

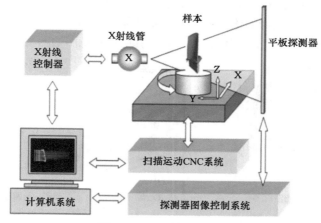

图 12.30　CT 的系统组成

　　射线源系统：用来发射和控制 X 射线。阴极的钨丝被管电压加热至白热状态后会产生许多电子，经电场加速后高速撞击到阳极上。阳极材料一般是金属，在与阳极撞击的过程中，电子会慢慢减速直至静止，所以 X 射线波谱呈连续分布[28]。X 射线的能量是由管电压决定的，在高速电子与靶材撞击的过程中，一小半转换为 X 射线向外辐射，大部分动能都转化为热能，所以靶材的材料一般选用熔点高的金属钨。

　　探测器系统：探测器的主要作用是接收穿透试样后的 X 射线，然后将这些衰减程度不一样的信号转化成电信号[28,30]。CT 探测器包括线、面阵型。线阵型探测器的探测单元有相互独立的处理电路，所以成像质量高，但其结构复杂，制作成本大。面阵型探测器具有更高的射线利用率，接收和转化 X 射线信号的速度更快，造价更低，是我们首选的探测器类型。

12.2.2　热障涂层孔隙提取与 CT 图像的三维重建

　　1. 基于图像形态学方法的孔隙提取

　　图像形态学是一种可用于图像处理的计算手段，来自生物学中探索动植物的形貌与结构的一个旁支。图像形态学通过将特定形状的结构元素作用于输入图像来产生输出结果[34]。

　　图像形态学最基本的两个运算是腐蚀和膨胀[34]。腐蚀是用大小为 3×3 的结构元素逼近原始图像并进行"与"运算，如果都为 1，则结构图像的该像素为 1，否则为 0。经过腐蚀运算后，对象边界的某些像素被删除，导致二值图像减小一圈，其操作示意图如图 12.31(a)所示。膨胀算法与腐蚀算法相反，它是采用 3×3 的结构元素，扫描二值图像的每一个像素，用结构元素与其覆盖的二值图像做"与"运算，如果都为 0，则结构图像的该像素为 0，否则为 1。经过膨胀运算后图像中的对象边界像素被添加，导致二值图像扩大一圈，其操作示意图如图 12.31(b)所示。

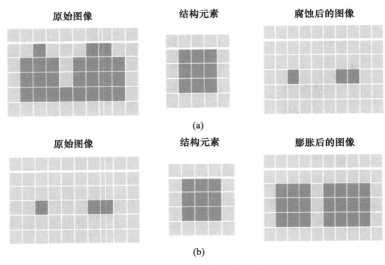

图 12.31   图像运算操作示意图

(a) 腐蚀示意图；(b) 膨胀示意图

顶帽法(top-hat)是以膨胀和腐蚀这两个基本形态学操作为基础的较高级的形态学变换，是原图与开运算图之差。开运算是指原始图像先被进行腐蚀操作，再利用结构元素进行膨胀。闭运算的运算过程与开运算相反，即先膨胀后腐蚀。图 12.32 可视为开运算的计算图，由图可知，原始图像与经过开运算的图像相减后，图像中的细节还是被保留了。因此，顶帽运算在图像分割中对检测背景图像中的细节效果是比较好的，适用于对热障涂层中微小孔隙的提取[35]。

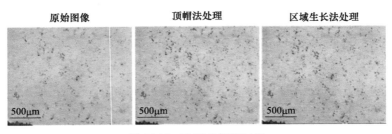

图 12.32   孔隙的提取过程

区域生长法是一种"点辐射"式的目标识别方法。首先找出一个区域(像素点)作为识别的起始点，然后将附近所有满足用户自定义灰度范围的归并到一起，新识别的区域作为新的识别起始点继续生长，按照这种方式可以生成一个区域[36]。由于这种方法选取微小孔隙大部分是通过手动识别，因此它通常是图像分割中的一种补充方法。

图 12.32 展示了提取热障涂层中孔隙的过程，综合使用了顶帽法与区域生长法。由图可知，采用顶帽法这种图像形态学处理方法能识别出绝大部分孔隙，对于个别遗漏识别的则采用区域生长法补全，两者结合能识别和提取热障涂层样品中的绝大部分孔隙。

2. 图像的三维重建

在获得 CT 扫描切片图后，样品的三维图像可以通过 Avizo 软件重构得到。在 Avizo 软件中，对切片图进行去噪等处理后，可通过体绘制模块将这些不同位置的切片图重构起来，形成样品的三维结构图。图 12.33 展示了 xy 方向、yz 方向、xz 方向样品某一位置的截面信息，把不同位置、不同方向的所有切片图堆摞起来可以得到热障涂层样品的体视图，这是分析内部孔隙的基础。由图可知涂层表面粗糙，厚度约为 250μm。

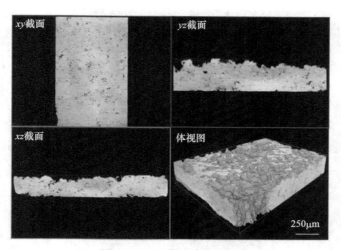

图 12.33　三维重建示意图

12.2.3　基于 CT 法的火山灰腐蚀热障涂层内部孔隙演化规律表征

CT 技术是与一般辐射完全不同的成像方法，该方法把被测物体进行分割片层扫描，并独立成像，避免了各自断层的干扰。CT 法具有成像质量高，能清晰、准确地测出被测物体内部的结构关系、物质组成、缺陷状况以及较高的检测灵敏度和空间分辨率的优势，能够对缺陷进行定位和测量，在无损检测中起着很重要的作用。下面以 APS 热障涂层为例[37]，采用 CT 法研究火山灰高温腐蚀对涂层内部孔隙尺寸、孔隙形状及孔隙率的影响。

1. 火山灰高温腐蚀对热障涂层内部孔隙尺寸的影响

采用顶帽法和区域生长法相结合的图像形态学处理方法从样品中分割出孔隙后，在 Avizo 软件中这些被分割出来的孔隙形成了一个新的标记，对它进行分析和运算后可以得到每个孔隙的体积，体积单位在导入图片时设置，这里单位为 μm。在得到孔隙的体积后，孔隙半径为

$$r = \frac{1}{2}\sqrt[3]{\frac{6V}{\pi}} \tag{12.7}$$

其中，r 和 V 分别表示孔隙的半径和体积。

为实现三维可视化，图 12.34 中展示了整个陶瓷涂层内孔隙的三维分布，根据相邻的孔隙分配不同颜色的原则生成图片。通过 Avizo 软件里一些标准化的程序，包括重建、分割、标记和筛选，得到了不同半径范围孔隙的三维分布和占总体积比例的定量统计，半径通过式(12.7)计算。

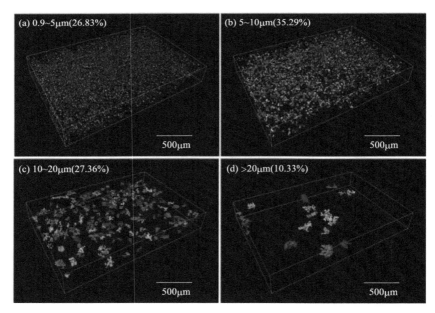

图 12.34　原始涂层样品中不同半径范围孔隙的三维分布图

(a) 0.9～5μm；(b) 5～10μm；(c) 10～20μm；(d) >20μm

从热障涂层样品中分割孔隙采取的是基于图像形态学处理的顶帽法和区域生长法相结合的方法[36]。由于本次扫描的最小尺寸为 0.89μm，因此在孔隙半径分段时将最小值设定为 0.89μm，而将识别到的半径小于该值的孔隙认为是噪声。孔隙半径被分为四段，分别是 0.9～5μm、5～10μm、10～20μm 和大于 20μm。在原始的 APS 热障涂层中，这四个半径范围的孔隙分别占总孔隙体积 26.83%、35.29%、27.36%和 10.33%，由此可知在 APS 热障涂层中主要存在的是半径在 20μm 以下的孔隙。通过孔隙的三维提取，不仅可以知道所有孔隙的尺寸，且每个孔隙都有对应的 x、y、z 坐标，通过坐标位置可以确定每个孔隙在样品中的具体位置。此外，我们还能获得孔隙的一些体积信息，如表面积、体积等，这是其他表征方法做不到的。

图 12.35 是原始的 APS 热障涂层陶瓷层样品中孔隙的相对频率随相对半径的变化关系。这里的 x、y 值都换算成了相对值是为了无量纲化。相对半径是指某孔隙半径除以识别的最大孔隙半径的值，相对频率是指某孔隙半径对应的孔隙数量除以识别的所有孔隙数量。图中黑色的数据点是由 CT 探测到的每个孔隙的半径与数量统计，而红色的曲线表示根据孔隙统计结果拟合出来的相对频率与相对半径的函数关系。

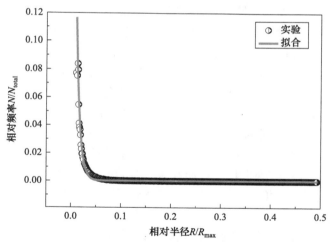

图 12.35　原始涂层样品中孔隙的相对频率随相对半径的变化关系

从图 12.35 不难看出，原始的 APS 热障涂层陶瓷层内的孔隙随着相对半径的增大，相应的数量减少，即小孔数量多，大孔数量少，这可能是由等离子喷涂的制备方法所导致的。孔隙的相对频率与相对半径服从 $y = 0.45\mathrm{e}^{-135.13x}$ 的指数分布，曲线拟合度为 91%。孔隙尺寸与数量的定量分析结果可作为日后分析热障涂层内部微观结构的依据。将火山灰腐蚀样品按同样的方法进行分割提取孔隙，可以得到腐蚀后样品的孔隙三维分布图，见图 12.36。

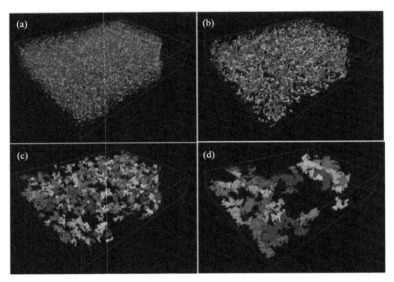

图 12.36　火山灰高温腐蚀涂层样品中不同半径范围孔隙的三维分布图
(a) 0.9~5μm；(b) 5~10μm；(c) 10~20μm；(d) >20μm

热障涂层在经过 1250℃，保温 24h 的火山灰(涂覆量 20mg/cm²)腐蚀后半径在 0.9~5μm、5~10μm、10~20μm 及大于 20μm 范围内的孔隙分别占孔隙体积的 17.05%、27.4%、26.97%和 27.83%。对比原始 APS 的孔隙不同半径范围的体积占比可以看出，腐蚀后半径在 0.9~5μm 范围内的孔隙下降了 9.78%，半径在 5~10μm 范围内的孔隙下降了 7.89%，半径在 10~20μm 范围内的孔隙下降了 0.39%，也就是说火山灰高温腐蚀对孔隙的影响主要在半径小于 20μm 的小孔上。这是由于火山灰在高温下变成熔融状态，渗透进陶瓷层并填充了涂层内的小孔隙，而部分相邻或相近的大孔隙则生长、连通起来，导致孔隙变大，这与文献[38]研究的结果是一致的。由前面的分析得知火山灰高温腐蚀对孔隙的影响主要在半径小于 20μm 的小孔上，但具体是怎么分布的并不清楚。为了详细地分析火山灰高温腐蚀对热障涂层内部孔隙尺寸的影响，我们统计了 APS 热障涂层原始样品和火山灰高温腐蚀(温度 1250℃，保温 24h，火山灰涂覆量为 20mg/cm²)后样品内部孔隙的半径与数量分布，得到图 12.37[37]。

在图 12.37 中，横坐标表示孔隙半径，纵坐标表示该半径对应的孔隙的相对频率。相对频率是指该孔隙半径对应的孔隙数量除以识别的所有孔隙数量的比值。因为两条曲线往后会慢慢重合，因此只截取了孔隙半径小于 12μm 的部分。黑色虚线代表原始 APS 热障涂层中的孔隙半径与相对频率分布，而红色实线代表火山灰高温腐蚀涂层样品中孔隙的半径与相对频率分布,由图可知,在横坐标为 0.89～3 的范围内对应的红色实线在黑色虚线的下方, 而在横坐标大于 3 以后的区域红色实线略高于黑色虚线,这说明在火山灰高温腐蚀样品中半径小于 3μm 的孔隙相对数量比原始 APS 热障涂层样品中的孔隙数量少, 而大于 3μm 的孔隙数量则比原始样品略多。火山灰熔融后快速填充小孔会使陶瓷层变得更加致密, 导致涂层更容易发生剥落失效, 这个结果与 Pelissari 等学者得到的结论一致[38]。

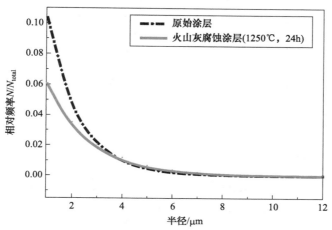

图 12.37 原始热障涂层和火山灰腐蚀涂层样品中孔隙的半径与相对频率的分布

2. 火山灰高温腐蚀对热障涂层内部孔隙形状的影响

球形度是体现孔隙形状的一个重要参数, 表示的是孔隙的形状与球体的接近程度, 接近程度越大, 即越接近球形, 球体的球形度为 1。从热障涂层中分割出孔隙后, Avizo 软件可以识别出组成孔隙的每一个像素的位置坐标, 在这个基础上可以得到孔隙的三维信息, 如空间位置、体积、形状等。在 Avizo 软件中, 形状主要是通过计算形状因子, 然后得到孔隙的球形度来体现的。形状因子 S_f 直接由软件计算得到, 计算公式为[39]

$$S_f = \frac{A^3}{36\pi V^2} \tag{12.8}$$

式中, A 是孔隙的表面积, 单位是 μm^2; V 是孔隙的体积, 单位是 μm^3。孔隙球形度 ψ 与形状因子之间的换算关系为

$$\psi = \sqrt[3]{\frac{1}{S_f}} \tag{12.9}$$

将式(12.8)代入式(12.9)中可以得到孔隙球形度 ψ 的表达式为

$$\psi = \frac{\pi^{1/3}\left(6V\right)^{2/3}}{A} \tag{12.10}$$

式中，A 是孔隙的表面积，V 是孔隙的体积。

在提取出原始 APS 热障涂层样品中的所有孔隙后，对每一个孔隙按照式(12.10)进行计算，统计出原始 APS 热障涂层样品中的所有孔隙的球形度分布，如图 12.38 所示[37]。

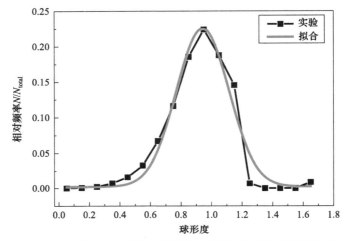

图 12.38　原始 APS 热障涂层样品中的所有孔隙的球形度分布

图 12.38 中，横坐标为通过 Avizo 软件计算的球形度的值，纵坐标为该球形度对应的相对频率，相对频率是指该球形度的孔隙数量除以识别的所有孔隙数量的比值。黑色曲线是把样品中的所有孔隙的球形度的值导入 Origin 软件后统计计算得到的，红色的曲线是基于统计结果得到的拟合函数分布。根据拟合结果可知，原始 APS 热障涂层中孔隙的球形度与相对频率服从以 0.94 为中心的正态分布，表达式为 $y = 0.22\mathrm{e}^{-16.69(x-0.94)^2}$，曲线拟合度为 95%。

根据文献报道对球形度范围的分类可知，球形度在 0.8～1 范围内的孔隙被称为球状孔隙或者类球状孔隙，球形度在 0.4～0.6 范围内的孔隙被称为中等球状孔隙，球形度在 0～0.2 范围内的孔隙被称为扁平状孔隙[29]。根据这个标准，可以发现原始 APS 热障涂层中大部分的孔隙都是球状孔隙或者类球状孔隙，形状较为规则。孔隙形状规则使涂层各部分的结构、热学性能、力学性能呈现大致相同的状态，这有利于提高热障涂层的工作性能，并且延长使用寿命和稳定性。

孔隙形状是影响热障涂层性能的因素之一，为了分析火山灰高温腐蚀对热障涂层孔隙形状造成的影响，将原始 APS 热障涂层在不同火山灰腐蚀条件下的热障涂层内部孔隙的球形度放在一起进行分析，如图 12.39 所示[37]。

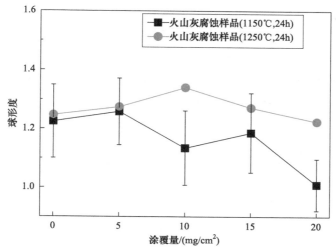

图 12.39　不同火山灰腐蚀条件下热障涂层内部孔隙的形状变化

在图 12.39 中，横坐标表示的是火山灰的涂覆量，取 0mg/cm²、5mg/cm²、10mg/cm²、15mg/cm²、20mg/cm² 五个不同的值，纵坐标为该涂覆量的样品对应的球形度的值，红色圆点曲线表示热障涂层样品在 1250℃火山灰腐蚀后的球形度变化趋势，黑色方框曲线表示热障涂层样品在 1150℃火山灰腐蚀后的球形度变化情况。图中的数据点是通过计算某一样品中所有孔隙的球形度然后取平均值得到的，误差棒是所有孔隙球形度的标准差。由于热障涂层中孔隙半径在 0.89μm 到 100μm 的范围内分布，所以孔隙球形度的波动也比较大，导致数据点误差棒较大。

由图 12.39 可知，火山灰腐蚀温度对孔隙球形度有显著的影响。火山灰腐蚀温度越高，孔隙球形度的值越大，即孔隙形状的不规则性越大。孔隙形状的这种不规则性会导致热传导在涂层内部不一致，甚至引起涂层内各部分之间的热失配，最终威胁热障涂层在发动机上的工作性能和使用寿命。孔隙形状对热传导性能造成的影响在文献中也有过分析[40]。与腐蚀温度对球形度的影响比，火山灰涂覆量对孔隙球形度造成的影响较小。在 1250℃的腐蚀温度下孔隙球形度随火山灰涂覆量的变化波动较小，这是因为在这个温度下火山灰熔融程度很高，对热障涂层的渗透腐蚀程度也很高。

3. 火山灰高温腐蚀对热障涂层孔隙率的影响

热障涂层孔隙率是对 CT 扫描得到的孔隙数据进行处理得到的。具体方法是：用每一个"切片"中孔隙的体积除以该"切片"样品的体积得到比值作为这一层的面孔隙率，取所有面孔隙率的平均值作为该样品的孔隙率，取所有面孔隙率的标准差作为误差棒。这里所说的"切片"指的是沿厚度方向的厚度为 0.89μm 的热障涂层样品的一层。

为了分析不同温度、不同火山灰涂覆量下的火山灰高温腐蚀对热障涂层孔隙率造成的影响，将原始 APS 热障涂层样品，腐蚀温度分别为 1150℃、1250℃，涂覆量分别为 0mg/cm²、5mg/cm²、10mg/cm²、15mg/cm²、20mg/cm² 的火山灰腐蚀样品的孔隙率进行对比，如图 12.40 所示[37]。

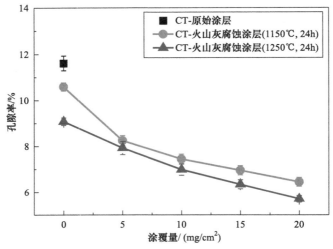

图 12.40　不同火山灰腐蚀条件下热障涂层孔隙率的变化

在图 12.40 中，横坐标表示的是火山灰的涂覆量，取 0mg/cm²、5mg/cm²、10mg/cm²、15mg/cm²、20mg/cm² 五个不同的值，纵坐标为该涂覆量的样品对应的孔隙率的值，红色圆点曲线表示热障涂层样品在 1150℃火山灰腐蚀后的孔隙率变化趋势，蓝色三角形曲线表示热障涂层样品在 1250℃火山灰腐蚀后的孔隙率变化情况，独立的黑色方框数据点表示原始 APS 热障涂层样品中的孔隙率。由曲线的变化趋势可以看出，火山灰涂覆量对热障涂层孔隙率有很大的影响。热障涂层内部的孔隙率随着涂覆量的增加而降低，这是由于火山灰通过相邻或互通的孔隙、裂纹渗透进了涂层内部，填充了涂层内的微缺陷，在长期的高温服役环境下加速了涂层的烧结。此外，经过火山灰腐蚀后的所有样品孔隙率都比原始 APS 热障涂层样品低，这与郭洪波等学者[41]得出的结论一致。孔隙率随着腐蚀温度的升高而降低，但是相较于涂覆量，火山灰腐蚀温度对孔隙率的影响要小一些，这是由于在 1150℃下，火山灰处于熔融的玻璃态，已经大部分渗透进陶瓷层(厚度约为250μm)[42]。孔隙率降低会引起热障涂层热导率升高，从而降低热障涂层的隔热性能，影响涡轮叶片的使用寿命[43]。

12.3　红外热成像无损检测技术及其应用现状

多年以来，人们发展了许多用于表征材料内部缺陷状态的方法。有损式的检测方法，如扫描电镜(scanning electron microscope，SEM)和金相显微镜[44]等，但是有损检测方法仅能检测局部平面内的缺陷，该类方法会对试样造成不可逆转的伤害，且试样无法二次应用。超声检测法[45](ultrasonic，UT)、涡流检测、X 射线CT 法作为最常用的无损检测手段，可实现材料内部缺陷的检测。然而对于具有复杂几何形状的部件，如燃气涡轮叶片，检测探头的覆盖范围存在不足[39]，且检测过程中常需要耦合剂，耦合剂会填充涡轮叶片涂层表面孔隙，破坏涂层起隔热作用的关键特征结构，因此这些检测方法并不适用于热障涂层内部缺陷的表征。近年来，红外热成像(IRT)无损检测方法成为表征材料内部缺陷状态的重要方法。IRT 技术是一种基于瞬态热传导的无损检测方法。样品内部缺陷会影响热量传递，导致表面温度分布不均，IRT 技术通过红外热像仪记录表面的热像图，识别出样品界面损伤[46]。IRT 技术具有单次检测面积大、检测结果直观、检测效率高和非接触等优点。通过红外热像仪采集试样表面的温度分布数据，对温度序列图进行处理，提取缺陷处的温度变化特征，分析材料内部状态，能够实现材料内部裂纹、孔洞等缺陷的检测。

12.3.1　红外热成像技术的原理

任何温度高于 0K 的物体，都会向周围发射电磁波形式的能量(辐射能)，该过程称为热辐射[47]。物体表面的温度越高，其辐射出的能量越多。物体表面辐射能量的同时也一定会吸收其他物体辐射的能量。物体表面接收到的激励源辐射热能可分为三部分：吸收、反射和透射。这三部分能量被耗散的部分所占比重分别称为吸收率 α_λ、反射率 ρ_λ、透射率 τ_λ，三者之间的关系如下：

$$\alpha_\lambda + \rho_\lambda + \tau_\lambda = 1 \tag{12.11}$$

对于透射率极低的材料，到达物体表面的辐射能仅被反射或吸收，材料的透射率为 $\tau_\lambda = 0$，上式可以写成：

$$\alpha_\lambda = 1 - \rho_\lambda \tag{12.12}$$

无法在表面透射或反射辐射能的物体称为黑体，即 $\alpha_\lambda = 1$。实际物体向周围发射的辐射能总是低于黑体。

实际物体辐射出的能量与其温度之间的关系可表示如下：

$$Q = \varepsilon \sigma A T^4 \tag{12.13}$$

其中，Q 是实际物体的辐射量，单位为 W；A 是辐射面积，单位为 m^2；σ 是黑体辐射常数，或称为斯特藩-玻尔兹曼常数，其值为 5.67×10^{-8} W/(m² · K⁴)；ε 是物体表面的发射率，其定义是相同温度下实际物体与黑体辐射量的比值。

　　发射率与波长无关的物体称为灰体[47]，一般物体的发射率是与波长有关的变量。固体的发射率是一个随着波长缓慢变化的值，在波段变化范围较小时通常可以认为固体的发射率是一个常数。

　　红外热像仪通过接收物体表面发射的红外辐射能量换算成温度的原理进行测温，如图 12.41 所示。测温过程中，为精准测量物体表面的温度，通过补偿去除热像仪接收到的周围环境或大气中的红外辐射能量[48]。

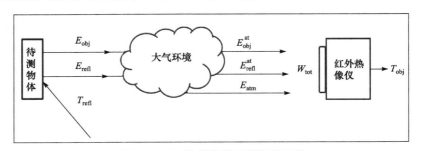

图 12.41　红外热像仪的测温原理图

其中 E_{obj} 和 E_{refl} 分别表示物体的辐射能量和反射辐射能量

　　红外热像仪接收的总红外辐射能量 W_{tot} 包括三个部分[48]：待测物体气发射的辐射能量 E_{obj}^{at}，物体反射的辐射能量 E_{refl}^{at}，大气的辐射能量 E_{atm}，即

$$W_{tot} = E_{obj}^{at} + E_{refl}^{at} + E_{atm} \tag{12.14}$$

目标物体向周围发射的红外辐射能量可由下式计算：

$$E_{obj}^{at} = \varepsilon_{obj} \cdot \tau_{atm} \cdot \sigma \cdot \left(T_{obj}\right)^4 \tag{12.15}$$

其中，T_{obj} 是待测物体表面的温度，单位是 K；ε_{obj} 是待测物体的发射率。

　　目标物体反射的红外辐射能量可由下式计算：

$$E_{refl}^{at} = \left(1 - \varepsilon_{obj}\right) \cdot \tau_{atm} \cdot \sigma \cdot \left(T_{refl}\right)^4 \tag{12.16}$$

大气的辐射能量可表示如下：

$$E_{atm} = \left(1 - \tau_{atm}\right) \cdot \sigma \cdot \left(T_{atm}\right)^4 \tag{12.17}$$

通过式(12.15)～式(12.17)，式(12.14)可整理如下：

$$W_{tot} = \varepsilon_{obj} \cdot \tau_{atm} \cdot \sigma \cdot \left(T_{obj}\right)^4 + \left(1 - \varepsilon_{obj}\right) \cdot \tau_{atm} \cdot \sigma \cdot \left(T_{refl}\right)^4 + \left(1 - \tau_{atm}\right) \cdot \sigma \cdot \left(T_{atm}\right)^4$$

$$T_{obj} = \sqrt[4]{\frac{W_{tot} - \left(1 - \varepsilon_{obj}\right) \cdot \tau_{atm} \cdot \sigma \cdot \left(T_{refl}\right)^4 - \left(1 - \tau_{atm}\right) \cdot \sigma \cdot \left(T_{atm}\right)^4}{\varepsilon_{obj} \cdot \tau_{atm} \cdot \sigma}} \tag{12.18}$$

其中，T_{refl} 是目标物体表面的反射温度；ε_{obj} 是发射率；τ_{atm} 是大气透射率；T_{atm} 是大气温度。

12.3.2　基于红外热成像技术的损伤检测

红外热成像检测技术分为主动式红外检测与被动式红外检测，他们主要区别是是否采用主动控制的热激励方式。热激励目的是将能量注入到检测对象，使得检测对象缺陷处与无缺陷位置产生温差，并反映到材料表面。主动红外热成像无损检测技术研究的一个核心问题是如何高效地对被测材料进行热激励。经过近些年的发展，人们根据不同材料和零件的特点先后将太阳光、卤素灯、脉冲光、激光、超声波、电磁感应、微波等一些方法[49,50]作为主动式热激励源进行研究。热成像中最常用的方法是脉冲热成像、锁相红外热成像、调制热成像及激光热成像等[51-54]，本节将针对脉冲热成像、锁相红外热成像进行详细阐述。

在光激励加热系统中，红外摄像机获取的数据常常受到外部反射等不同噪声源的污染，如试样不同区域的光学性质差异及激励源的不均匀加热，这些噪声在热成像中产生异常的热模式，使损伤检测更加复杂。为解决受噪声、加热不均匀等情况影响下导致的红外图像中所含缺陷信息较少、可信度低、部分细微缺陷信息被噪声覆盖的情况，有必要进行红外序列图像处理，这也是红外热成像无损检测领域中消除不利因素干扰、提高红外图像信噪比、增强缺陷可示性的一项关键技术。常见的红外图像序列处理技术有以下几种[55]：①热信号重建，通过对红外序列图像取双对数，再对其进行多项式拟合，重建图像序列，进而对时间求导得到一、二阶图像；②主成分分析法，利用降维的思想，将图像序列分解为少数几个信号空间变化的正交本征函数和时间变化的主成分分量，其中每个主成分能够反映原始图像序列的大部分信息，且所含信息互不重复；③锁相法，通过锁定被测件周期红外辐射相位角来采集图像序列，依此来提高红外图像的信噪比；④脉冲相位法，对取得的红外图像序列进行傅里叶变换，得到反映不同深度的热学信息的幅值与相位图像，克服了锁相红外热成像无损检测技术时间较长的问题。

1. 脉冲热成像

脉冲热成像(pulsed thermography，PT)是一种快速的无损检测技术，利用高强度的光脉冲通过光热效应加热测试样的表面，若试样内部存在缺陷，那么此部位的热能传播形式就会变化，导致试样表面温度场的改变[49]。利用红外摄像机和计算机系统对样品表面的温度的变化情况进行监测，从而量化材料的损伤程度。具体原理如下：用一束脉冲强热流照射试样，试样表面单位面积接收热能可用一维热传导方程表示为[56]

$$\frac{\partial^2 T(x,t)}{\partial x^2} - \frac{1}{\alpha}\frac{\partial T(x,t)}{\partial t} = -\frac{q(t)\delta(x)}{k} \tag{12.19}$$

式中，k 是试样的热导率；$\alpha = k/\rho c$ 是热扩散率；ρ 是密度；c 是比热；T 是温度；t 是加热时间；$\delta(x)$ 函数表示热源只在表面。假设是一维半无限长的杆，受到脉冲加热后，很容易得到没有损伤时的温度为

$$T_{\mathrm{n}}(x,t) = \frac{J_0}{\sqrt{\pi \rho c k t}}\exp\left(-\frac{x^2}{4\alpha t}\right) \tag{12.20}$$

当试件内部存在缺陷时，试件表面温度 $T_{\mathrm{d}}(0,t)$ 随着表面下方的缺陷而改变，其表达式可写为

$$T_{\mathrm{d}}(0,t) = \frac{J_0}{\sqrt{\pi \rho c k t}}\left[1 + 2\sum_{n=1}^{\infty}R^n\exp\left(-\frac{n^2 d^2}{\alpha t}\right)\right] \tag{12.21}$$

式中，J_0 是脉冲能量大小；d 是缺陷的深度；R 是缺陷处固体-空气界面的有效热反射系数，通常近似为 1，R 与热阻系数 Z 的关系是 $R + Z = 1$。

进而得到缺陷处和完好处表面温度差：

$$\Delta T = T_{\mathrm{d}}(0,t) - T_{\mathrm{n}}(0,t) = \frac{2J_0}{\sqrt{\pi \rho c k t}}\exp\left(-\frac{d^2}{\alpha t}\right) \tag{12.22}$$

所以对试样进行脉冲加热后，只需要红外热成像监测表面温度场即可判断试件中有无缺陷，并通过试样表面温度达到峰值的时间差计算出缺陷距表面的深度。

由于热传导方程是抛物型方程，所以如果把温度的传播当作波来看待，则其热传播速度是无限大的。事实上，在热脉冲作用下热传导在一定距离后其温升非常少。所以在工程上近似认为温升到某个值，如脉冲热源造成温升的 $1/e$ 处，即为热脉冲传导的距离。特别注意这不是热波，很多文献或者教材上把脉冲热源传导的过程称为热波是不合适的，有兴趣的读者可以参考有关文献[57, 58]。

Tang 等[59]利用脉冲红外热成像技术，并通过主成分分析(principal component analysis，PCA)与神经网络理论相结合(图 12.42)，对热障涂层中脱黏缺陷的直径和深度进行了定量检测，对径深比为 1.2～4.0、深度为 1.0～2.5mm 的缺陷，深度和直径预测误差约为 4%～10%，证明了该方法对缺陷定量检测的有效性。检测过程中脉冲能量、采样频率和采样时间设置为 2280J、90Hz 和 1s，对具有 28 个平底孔缺陷的 TBCs 样品进行了脉冲红外热成像实验测试，以模拟剥离缺陷。用红外摄像机 SC7000 捕获 $320 \times 256 \times 90$ 的热成像序列。因此，图像中的每个像素应以 90 个量(/分量)来描述，并且数据量非常大。图像中每个像素的贡献率和累积贡献率可通过式(12.23)和式(12.24)计算得到

$$y_k = \lambda_k / \sum_{i=1}^{n}\lambda_i \tag{12.23}$$

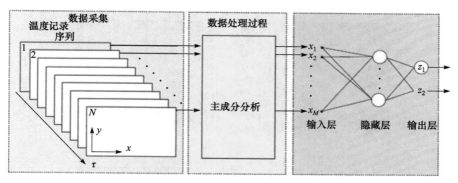

图 12.42 红外热像仪对航天飞机的碳纤维增强塑料部件进行检查时获得的结果[59]

$$\sum_{k=1}^{m} y_k = \sum_{k=1}^{m} \lambda_k / \sum_{i=1}^{n} \lambda_i \tag{12.24}$$

式中，y_k 表示的是第 k 个成分的贡献率 Z_k，$\sum_{k=1}^{m} y_k$ 表示的是 $Z_1, Z_2, \cdots, Z_m$ 的累积贡献率。基于数据降维重构的原理，通过奇异值分解(singular value decomposition, SVD)，主成分分析法从繁冗的多帧红外热图序列中提取了包含缺陷特征的数据信息。奇异值分解的原理表示为 $[A] = [U][R][V]^{\mathrm{T}}$，矩阵 $[A]$ 中列向量记录了红外热图中各像素点的空间位置，行向量记录了热图某一位置或像素点处温度值随时间的变化。$[R]$ 是一个 90×90 的对角方阵，该矩阵的非对角线位置上的元素均为零，对角线位置上的元素为矩阵 $[A]$ 对应奇异特征值。矩阵 $[U]$ 是矩阵 $[A]$ 的左奇异矩阵。矩阵 $[U]$ 的列向量是矩阵 $[A]$ 的奇异特征向量，矩阵 $[U]$ 的第 1，2，3，$\cdots$列向量对应于矩阵 $[A]$ 的第 1，2，3，$\cdots$主成分。其中，前几个主成分包含了矩阵 $[A]$ 的绝大部分信息。通过对前几个主成分单独提取分析，繁冗的数据可以在不删除热图中缺陷特征信息的前提下被极大化简。过滤掉多余和不重要的信息，描述主要信息特征的主成分量就可以提取出来。图 12.43 显示了主成分 PC1～PC9 的特征图。

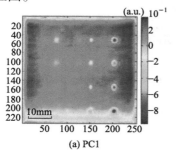

(a) PC1

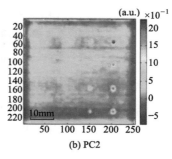

(b) PC2

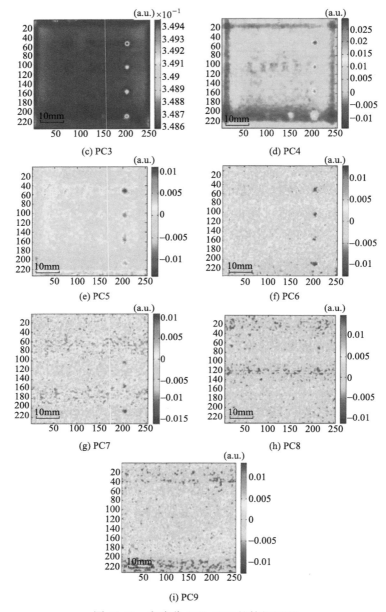

图 12.43　主成分 PC1~PC9 的特征图[59]

　　图 12.44 显示了主成分 PC1～PC9 的贡献率。可以看出，主成分 PC1～PC5 的累积贡献率已达到 97.4%，可以代表绝大多数的热成像序列，因此可以将前 5 个主成分用于后续热障涂层中脱黏缺陷的直径和深度分析。在建立神经网络模型的过程

中,总共 100 个点的对应主成分 PC1～PC5(包括缺陷的所有中心点和选择区域中没有缺陷的一些圆点)(图 12.45)为样本数据收集起来进行分析。选择"预测区域"的样本#S4 的(图 12.46)作为分析对象,并使用已建立的神经网络模型预测缺陷的深度和直径,预测结果如图 12.46 所示。从图 12.46(a)中可以看出,识别出 4 个缺陷,分别是缺陷#2、#4、#5 和#7,最小缺陷的直径与深度之比为 1.2(#4)。图 12.46(b)显示了与图 12.46(a)中每个缺陷中心交叉的横向"线"上的缺陷尺寸分布。

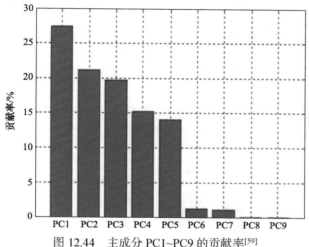

图 12.44　主成分 PC1~PC9 的贡献率[59]

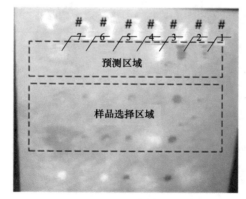

图 12.45　样品的选择区域和样品的预测区域[59]

我们在金属基底上喷涂不同厚度的热障涂层[60],并在热障涂层陶瓷层和黏结层界面处预制尺寸不同的界面缺陷,利用长脉冲红外热成像技术来研究涂层厚度和缺陷横向尺寸与试件表面温度分布的关联,界面预制缺陷如图 12.47 所示。通过美国 FLIR 公司的制冷型焦平面阵列式红外热像仪采集不同缺陷尺寸的表面温度信号(图 12.48)，由红外热图可知，缺陷区域的温度明显高于非缺陷区域的温度，当界面缺陷尺寸增大，红外热图中缺陷的边界更清晰，当缺陷横向尺寸较小时，缺陷轮廓变得模糊不清。

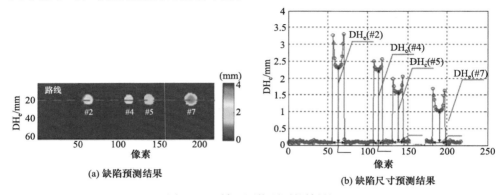

(a) 缺陷预测结果　　　　　　　　　(b) 缺陷尺寸预测结果

图 12.46　神经网络预测的结果[59]

(a) 缺陷位置预测结果；(b) 缺陷尺寸预测结果

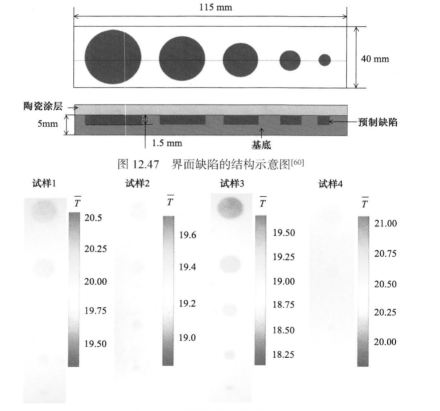

图 12.47　界面缺陷的结构示意图[60]

图 12.48　某帧原始热图序列[60]

PCA 法通常被用于对多张存在不均匀加热噪声的热图序列进行降噪处理，突出缺陷处温度数据的差异，提高红外热图识别缺陷的能力[60,61]。通过将红外热成像仪采集冷却阶段试件表面的红外热图序列，将热图序列的温度数据 T 进行无量纲化处理，并通过 PCA 算法处理后得到重构的红外热图，如图 12.49 所示。重构的红外热图序列中缺陷显现清晰，且缺陷形状较完整。

如果激励源在试样表面产生的瞬时光照不均匀会导致红外热图温度不均匀，通过减拟合背景处理可以消除背景热噪声的影响。图 12.50(a)是任一缺陷原始温度的三维分布，其中 x 轴和 y 轴表示空间坐标位置，纵坐标表示缺陷的温度值。由图可知，非缺陷区域的温度分布不均，整体温度分布左高右低。缺陷区域温度高于其周边非缺陷区域。缺陷经过减拟合背景处理后的温度三

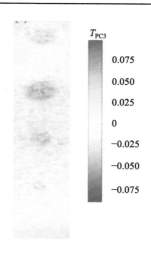

图 12.49　试样经 PCA 算法处理后得到的重构红外热图序列[60]

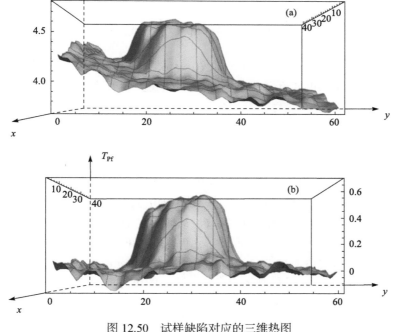

图 12.50　试样缺陷对应的三维热图

(a) 缺陷原始温度的三维分布；(b) 缺陷经过减拟合背景处理后的温度三维分布[60]

维分布如图 12.50(b)所示，减拟合背景处理后的非缺陷区域温度分布均匀，且温度分布特征被保留了下来，消除了红外热图中不均匀背景温度对缺陷识别的影响。

Shrestha 和 Kim[62,63]从有限元计算和实验两个角度出发，采用热波成像技术对热障涂层陶瓷层的厚度进行了无损评价，并对比了脉冲热成像、锁相热成像对结果表征的差异。为了模拟脉冲加热的特性，在涂层样品表面施加一个方形的热流，其表达式可写为

$$Q = \frac{Q_{\max}}{2}\left(1 - \text{sign}\left(t - t_{\text{p}}\right)\right) \tag{12.25}$$

$$\text{sign}\left(t - t_{\text{p}}\right) = \begin{cases} -1, & 0 < t \leqslant t_{\text{p}} \\ 0, & t = t_{\text{p}} \\ 1, & t > t_{\text{p}} \end{cases} \tag{12.26}$$

式中，Q 为入射的热流，$Q_{\max}$ 为脉冲峰值热流，t_{p} 为脉冲加热时间，t 为总的时间。傅里叶变换是一种有趣的数据处理方法，它能将数据从时域空间转换到频域空间。利用傅里叶变换，可以从脉冲热成像和锁相热成像试验得到的红外热图序列中提取出相角。

一维离散的傅里叶变换表达式可写为

$$F_n = \Delta t \sum_{k=0}^{N-1} T(k\Delta t)\exp^{\frac{\text{j}2\pi nk}{N}} = \text{Re}_n + \text{Im}_n \tag{12.27}$$

式中，j 是虚数($\text{j}^2 = -1$)，n 是频率的增量($n = 0, 1, \cdots, N$)，Δt 是采样的时间间隔，Re 和 Im 分别是变换的实部和虚部。相角可以通过复杂变换的实部和虚部来得到，表达式可以写为

$$\phi_n = \arctan\left(\frac{\text{Im}_n}{\text{Re}_n}\right) \tag{12.28}$$

图 12.51 给出了热成像评估涂层厚度的基本原理。当将热能施加到涂层表面时，涂层厚度差异会中断热的传导，从而影响物体温度分布随时间的变化。温度分布的差异是评估涂层厚度的关键参数，这些定量信息可通过红外热图进行数据处理获得。图 12.52 为样品的几何尺寸分布，样品的尺寸为 180mm×180mm，陶瓷层的厚度在面内呈现阶梯式分布，厚度分别为 0.6mm、0.5mm、0.4mm、0.3mm、0.2mm 和 0.1mm。在进行有限元计算时，选取的单脉冲热流的能量为 9kJ，持续时间 10ms，时间步长设置为 0.01s，持续 5s。

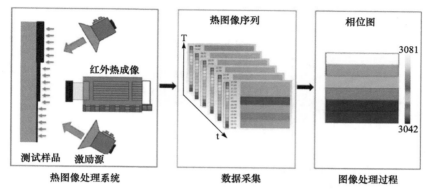

图 12.51　热成像评估涂层厚度的基本原理[62]

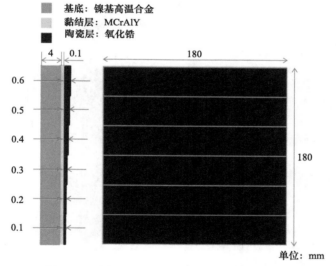

图 12.52　样品的尺寸以及陶瓷层的厚度分布[62]

通过瞬态分析的方法从计算和实验角度得到了在 5s 的时间内涂层表面对施加热流后的响应。图 12.53 为不同厚度涂层表面的温度衰减曲线，图 12.54 和图 12.55 为有限元计算和实验得到的在不同时间间隔获取的脉冲热成像图像。从图 12.53～图 12.55 可以看出，由于脉冲时间很短，所以温度上升快于其衰减。随着时间的增加，由于在各个方向上的热扩散，表面上的温度在 3s 内达到平衡。此外，当涂层厚度较厚时，涂层表面的温度相对较高，涂层表面分布的变化足以对涂层进行定性的评价。通过将得到的温度分布的红外热图进行傅里叶变换，可以计算出对应的相角，通过相角可以对涂层的厚度进行定量的评价。

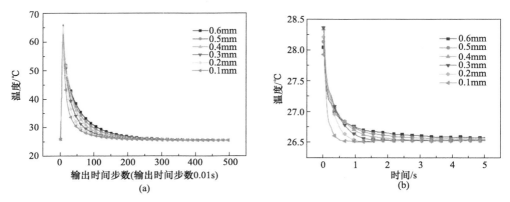

图 12.53　不同厚度涂层表面的温度衰减曲线[63]

(a) 有限元计算结果[62]；(b) 实验结果

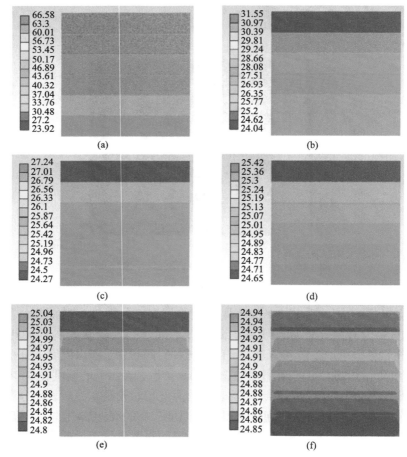

图 12.54　有限元计算得到的不同时间间隔的脉冲热成像图像[62]

(a) 0.01s；(b) 1s；(c) 2s；(d) 3s；(e) 4s；(f) 5s

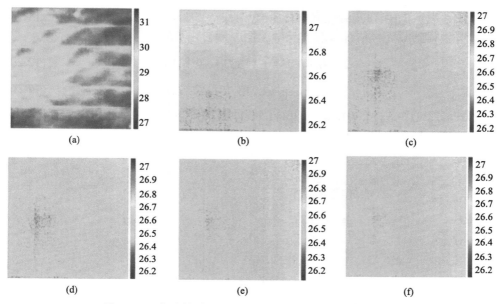

图 12.55　实验得到的不同时间间隔的脉冲热成像图像[63]

(a) 0.01s；(b) 1s；(c) 2s；(d) 3s；(e) 4s；(f) 5s

图 12.56 为通过脉冲热成像得到的不同涂层厚度的有限元和实验获取的相角图，图 12.57 是通过有限元计算和实验得到的不同涂层厚度与相角的关系。可以看到，有限元计算得到的相角随着涂层厚度的增大而增大，而实验得到的相角随着涂层厚度的增大而减小。这是因为采用傅里叶变换得到的相角很大程度上取决于处理过程中所考虑的热图序列的数量(谐波数量)。在有限元计算过程中，考虑

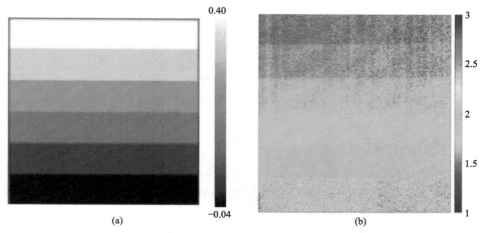

图 12.56　脉冲热成像得到的不同涂层厚度的相角图

(a)有限元计算结果[62]；(b) 实验结果[63]

的谐波数量为 2，而在实验过程中将所有热图序列的数量都考虑进去了。通过拟合可以分别得到限元数值计算和实验中涂层厚度与相角的关系为

$$T = 0.14295 + 1.11883\phi + 0.1415\phi^2 \tag{12.29}$$

$$T = 5.5418 - 3.2137\phi + 0.4522\phi^2 \tag{12.30}$$

通过式(12.29)和式(12.30)，在已知样品表面温度分布的情况下，可以反推出未知涂层厚度，具体结果如表 12.1 所列。

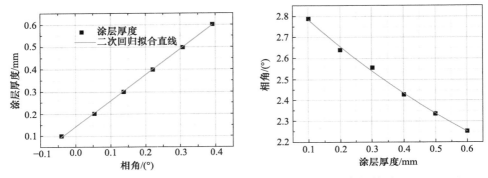

图 12.57 脉冲热成像得到的不同涂层厚度与相角的关系

表 12.1 脉冲热成像和锁相热成像预测的涂层厚度和预测误差[62]

实际厚度 T/mm	脉冲热成像			锁相热成像		
	计算 T/mm	预测 T/mm	误差/%	计算 T/mm	预测 T/mm	误差/%
0.1	−0.0407	0.0977	2.35	3.081	0.1067	6.73
0.2	0.0546	0.2045	2.23	3.076	0.1911	4.43
0.3	0.1382	0.3003	0.09	3.069	0.2988	0.39
0.4	0.2212	0.3974	0.66	3.061	0.4069	1.74
0.5	0.3061	0.4987	0.26	3.053	0.4991	0.19
0.6	0.3906	0.6016	0.26	3.042	0.5997	0.06

2. 锁相热成像

锁相热成像(lock-in thermography，LIT)技术是由德国斯图加特大学的 Wu 等提出的[64]，其检测的基本原理是采用调制信号发生器来控制光源的强度，光源的强度按正弦规律变化，光的热辐射将对被测物体加热，此时热图像的采集与加热在构件的同一侧，当被测物体材料表面或内部存在缺陷时，外激励热源在材料内部产生的热流的扩散过程出现不均匀性，在缺陷处与无缺陷处之间形成温度差，

由红外热像仪对被测物体的热辐射进行探测，采用数字锁相技术在加热周期的特定时刻采集多幅热图像并对热图像信号进行重构，得到被测物体表面和内部的温度变化信号，并提取被测物体表面各点温度变化的相位图和幅值图，然后由相位图和幅值图判定缺陷是否存在及其特征。

在调制频率为 ω 的均匀热源激励下，各向同性、均匀介质中一维热响应可以表示为[56]

$$T(x,t) = T_0 e^{-x/\mu} \cos\left(\frac{2\pi x}{\lambda} - \omega t\right) \tag{12.31}$$

式中，$\mu = \sqrt{2a/\omega}$ 为热扩散长度。缺陷的深度与 μ 成正比，可见调制加热的频率越低，可以检测的缺陷深度越大。在检测时通常先取较高频率以便能检测更深的区域，再逐渐降低调制频率。LIT 技术与常规的脉冲热成像方法相比有以下优点：①相位图与表面发射率无关；②不受加热不均匀的影响；③加热温度低，对材料表面不构成损伤。相位检测相比幅值检测而言，可以在热像仪精度确定的条件下提高测量精度，为精确测量缺陷信息提供可能性。

Tang 等[65]采用 LIT 技术对热障涂层的界面缺陷进行了表征，并分析了光源输出功率、分析周期数和调制频率对检测结果的影响。他们采用的热障涂层样品的尺寸为 140mm×100mm×5mm，并包括 24 个使用电火花加工的人造平底孔缺陷，缺陷的直径从 10mm 变化到 2mm，缺陷的深度为 0.3mm。为了分析光源输出功率、分析周期数和调制频率对缺陷分辨精度的影响，对得到的红外相位图像进行归一化处理，并利用式(12.32)计算缺陷区域和完好区域之间的相位对比。

$$C_{\text{Ph}} = \left| \frac{\overline{\text{Ph}_{\text{d}}} - \overline{\text{Ph}_{\text{s}}}}{\overline{\text{Ph}_{\text{s}}}} \right| \tag{12.32}$$

式中，C_{Ph} 是总相位对比度，$\overline{\text{Ph}_{\text{d}}}$ 和 $\overline{\text{Ph}_{\text{s}}}$ 分别是有缺陷区域和完好区域的平均相位。

首先分析光源输出功率对红外热图相位差的影响，设置调制频率 f_{e} 为 0.2Hz，采样频率 f_{s} 为 30Hz，分析周期数 N 为 4，光源输出功率 P 分别为 800W、1000W、1400W 和 1800W。图 12.58 给出了不同光源输出功率缺陷的红外相图。可以看出，对于给定尺寸的样品缺陷，光源输出功率小的时候，被测样品的热激励能量较小，缺陷区域和完好区域之间的相位差很小；当光源输出功率设置为 1000W 时，可以获得更大的相位差。

在此基础上分析周期数对红外热图相位差的影响，设置调制频率 f_{e} 为 0.2Hz，采样频率 f_{s} 为 30Hz，光源输出功率 P 为 1000W，分析周期数 N 分别为 1、2、3、4、5 和 6。图 12.59 和图 12.60 分别给出了分析周期数对红外总相位对比度和红外热图相位差的影响，可以看出，总相位对比度随着分析周期数先增大后减小。这是因为，当分析周期数很少时，样品中的导热过程还没有完成，缺陷区域和完好区域之间的热信号差不显著；当分析周期数较多时，稳态下的信息采集过多，在一定程度上淹没了缺陷区域和完好区域之间的信号差；当分析周期数为 4 时，缺陷区域和完好区域之间的相位差最大，能很好地分辨出缺陷区域。

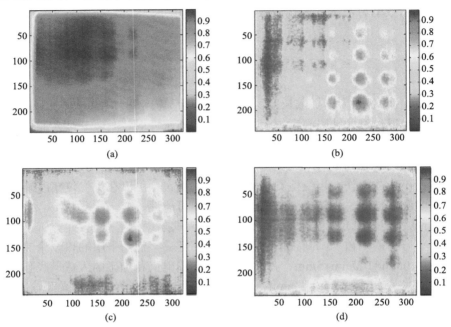

图 12.58　不同光源输出功率缺陷的红外相图[65]

(a) 800W-30Hz-0.2Hz-4; (b) 1000W-30Hz-0.2Hz-4; (c) 1400W-30Hz-0.2Hz-4; (d) 1800W-30Hz-0.2Hz-4

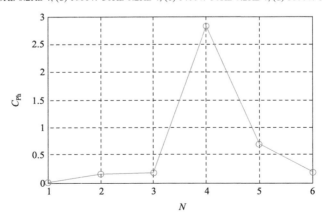

图 12.59　分析周期数对红外总相位对比度的影响[65]

最后分析调制频率对红外热图相位差的影响，设置采样频率 f_{S} 为 30Hz，光源

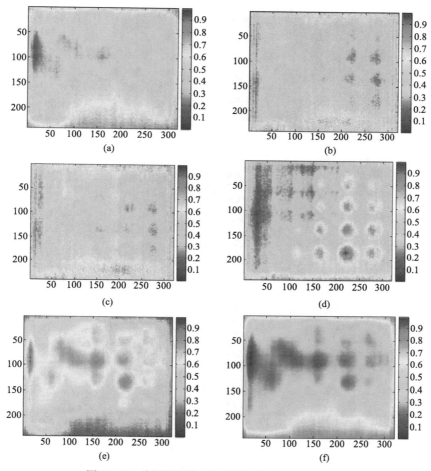

图 12.60　分析周期数对红外热图相位差的影响[65]
(a) 1000W-30Hz-0.2Hz-1; (b) 1000W-30Hz-0.2Hz-2; (c) 1000W-30Hz-0.2Hz-3; (d) 1000W-30Hz-0.2Hz-4;
(e) 1000W-30Hz-0.2Hz-5; (f) 1000W-30Hz-0.2Hz-6

输出功率 P 为 1000W，分析周期数 N 为 4，调制频率 f_e 分别为 0.1Hz、0.16Hz、0.18Hz、0.2Hz、0.22Hz 和 0.32Hz。图 12.61 和图 12.62 分别给出了调制频率对红外热图相位差和红外总相位对比度的影响，可以看出，调制频率对检测的结果有很大的影响。这是因为调制频率直接影响热扩散长度，如式(12.33)所示：

$$\Lambda = \sqrt{\alpha / (\pi f_e)} \tag{12.33}$$

式中，Λ 为热扩散距离，α 为热扩散系数，f_e 为调制频率。随着调制频率 f_e 的增加，总相位对比度 C_{Ph} 首先增大，然后减小。对于给定的样品缺陷尺寸范围，当 f_e 约为 0.2Hz 时，可以获得更大的总相位对比度 C_{Ph}。

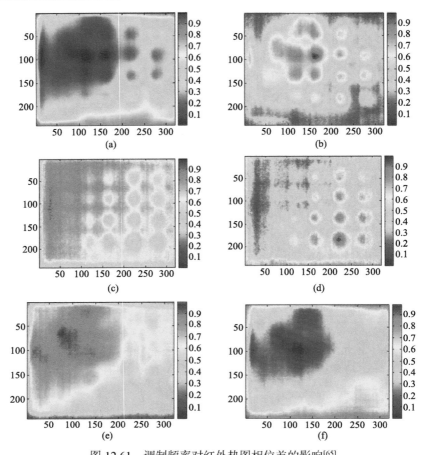

图 12.61　调制频率对红外热图相位差的影响[65]

(a) 1000W-30Hz-0.1Hz-4; (b) 1000W-30Hz-0.16Hz-4; (c) 1000W-30Hz-0.18Hz-4; (d) 1000W-30Hz-0.2Hz-4;
(e) 1000W-30Hz-0.22Hz-4; (f) 1000W-30Hz-0.32Hz-4

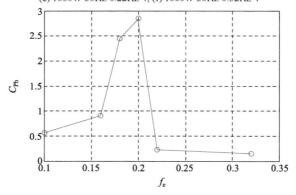

图 12.62　调制频率对红外总相位对比度的影响[65]

Shrestha 和 Kim[62,63]从有限元计算和实验两个角度出发，采用热成像技术对热障涂层陶瓷层的厚度进行了无损评价，并对比了脉冲热成像、锁相热成像对结果表征的差异。在锁相热成像过程中，样品表面会被周期性的加热，热成像系统收集一系列样品表面的红外图像，并将调制的加热与在图像的每个点提取正弦波模式测量的温度进行比较。为了模拟正弦热流加热的特性，热激励源激发的热流表达式可写为

$$Q = \frac{Q_0}{2}\big(1 + \cos(2\pi f t)\big) \tag{12.34}$$

式中，Q 为热流功率密度，Q_0 为热源强度，f 为调制频率，t 为时间。

在 1Hz、0.5Hz、0.2Hz、0.1Hz、0.05Hz、0.02Hz 和 0.01Hz 的调制频率下，采用有限元模拟了涂层表面对施加 15 个完整激发周期热流后的响应。图 12.63 给出了不同激励周期和时间间隔下的锁相红外图像，图 12.64 为 0.2Hz 调制频率下锁相热红外表面温度分布。从图 12.63 和图 12.64 可以看出，如果有足够的时间进行周期性加热，则表面温度会以正弦曲线的形式从瞬态到稳态周期性的演化。当达到 12 个周期时，表面温度从瞬态到达稳定状态。图 12.65 为实验得到的不同调制频率的锁相红外图像相位图，可以看出，当调制频率为 0.02Hz 时，可以得到合适的可辨别的相位差。图 12.66 给出了在不同的调制频率下，有限元计算和实验得到的涂层厚度与相角的关系。可以看出，相角随涂层厚度的增加而减小。调制频率降低会导致厚涂层和薄涂层之间的相角差减小。在一定频率下，涂层之间几乎没有相角差。因此，与较低调制频率相比，较高的调制频率对相角差更加敏感。

表 12.1 列出了脉冲热成像和锁相热成像预测的涂层厚度和预测误差。可以看出，脉冲热成像得到的相角随涂层厚度的增加而增加，锁相热成像得到的相角随涂层厚度的增加而减小。这是因为傅里叶变换得到的相角取决于加热方法和分析的红外热图序列的数量(谐波数量)。脉冲热成像中的红外热图图像是非周期性且衰减的热数据，而锁相热成像中的红外热图图像是周期性和调制后的热数据。有用的信息包含在脉冲热成像和锁相热成像的 2～5 谐波之内，这取决于调制频率。

采用脉冲热成像得到的式(12.29)和锁相热成像得到的式(12.30)来预测涂层的

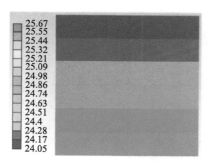
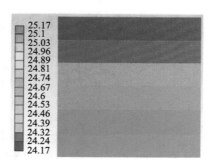

(a)   (b)

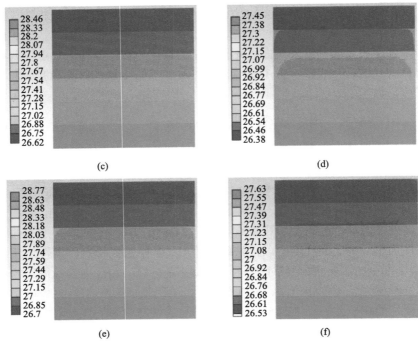

图 12.63 有限元计算得到的不同激励周期和时间间隔下的锁相红外图像

(a) 第 1 个周期, 2.5s; (b) 第 1 个周期, 4.9s; (c) 第 8 个周期, 37.5s; (d) 第 8 个周期, 39.3s; (e) 第 15 个周期, 72.5s; (f) 第 15 个周期, 75s [62]

厚度。通过预测值和计算值的对比，得到了评估厚度的百分比误差，发现通过脉冲热成像和锁相热成像预测的涂层厚度百分比误差均随涂层厚度的增加而减小。通过脉冲热成像预测的薄涂层厚度误差最低，通过锁相热成像预测的厚涂层厚度误差最低，两种方法预测得到的误差均令人满意，并且均在可接受的范围内。

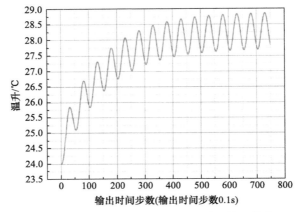

图 12.64 有限元计算得到的 0.2Hz 调制频率下锁相热红外表面温度分布[62]

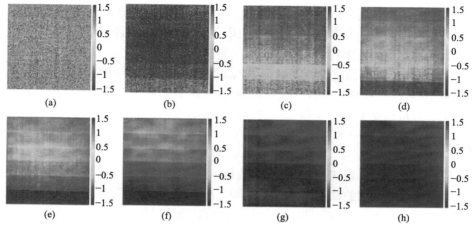

图 12.65 实验得到的不同调制频率的锁相红外图像相位图[63]

(a) 2Hz; (b) 1Hz; (c) 0.5Hz; (d) 0.2Hz; (e) 0.1Hz; (f) 0.05Hz; (g) 0.02Hz; (h) 0.01Hz

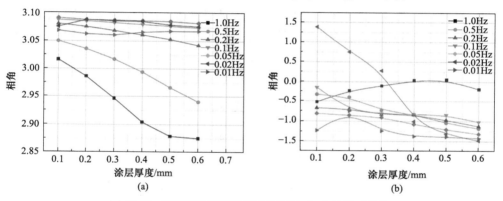

图 12.66 不同调制频率下涂层厚度与相角的关系曲线

(a) 有限元计算结果[62]; (b) 实验结果[63]

12.4 总结与展望

12.4.1 总结

本章阐述了 DIC 法、X 射线 CT、红外热成像技术在热障涂层失效监测中的应用，对热障涂层试样在实验过程中的变形场、孔隙率、界面缺陷进行表征分析，为分析热障涂层的失效机理提供实验手段。总结如下：

(1) 基于 DIC 法，得到了高温拉伸、高温三点屈曲和高温 CMAS 腐蚀过程中热障涂层表面和横截面的应变场随时间的演变规律，根据应变随时间的突变点能够很好地得到涂层产生裂纹的临界时间和开裂位置；

(2) 基于 X 射线 CT 表征手段,提出了一种图像分割处理的方法,得到了 APS 热障涂层内部孔隙的分布特征,分析了火山灰腐蚀对内部孔隙的演变规律的影响,并结合几种常用的孔隙检测手段对实验结果进行了验证;

(3) 阐述了红外热成像检测缺陷的基本原理,并利用脉冲红外热像法和锁相热成像法结合图像处理算法对涂层的界面和表面缺陷进行了检测,分析了光源输出功率、分析周期数和调制频率等对测试结果的影响。

12.4.2　展望

目前 DIC 法、X 射线 CT 和红外热成像方法对热障涂层应变、孔隙和缺陷表征时,都是针对平板状的试片样品,更高温度下 DIC 应变的表征受到热辐射、热扰动和氧化烧蚀的干扰,高温散斑会发生严重的退相关现象,导致测量的精度下降,而使得高温下的应变测量极具挑战性,开展高温环境下应变的抗干扰算法和高温散斑的研究是未来的发展方向。X 射线 CT 对涂层孔隙和缺陷进行表征时,热障涂层基底材料对 X 射线吸收很大,且最小像素尺寸只能达到 $0.89\mu m$,该方法目前还无法用于涡轮叶片热障涂层内孔隙和缺陷的三维重构,提高 X 射线 CT 的技术参数、增大 X 射线的穿透能力、提高 CT 检测的分辨率是未来发展的方向。消除不利因素干扰、提高红外图像信噪比、增强缺陷可示性是红外热成像技术未来的发展方向。

参 考 文 献

[1] Yang L, Zhou Y C, Mao W G, et al. Real-time acoustic emission testing based on wavelet transform for the failure process of thermal barrier coatings[J]. Applied Physics Letters, 2008, 93(23): 231906.

[2] Veal B W, Paulikas A P, Hou P Y. Tensile stress and creep in thermally grown oxide[J]. Nature Materials, 2006, 5(5): 349-351.

[3] Zhang C X, Zhou C G, Gong S K, et al. Evaluation of thermal barrier coating exposed to different oxygen partial pressure environments by impedance spectroscopy[J]. Surface and Coatings Technology, 2006, 201(1-2): 446-451.

[4] Christensen R, Lipkin D M, Clarke D R, et al. Non-destructive evaluation of the oxidation stresses through thermal barrier coatings using Cr^{3+} piezospectroscopy[J]. Applied Physics Letters, 1996, 69(24): 3754-3756.

[5] Yu F L, Bennett T D. Phase of thermal emission spectroscopy for properties measurements of delaminating thermal barrier coatings[J]. Journal of Applied Physics, 2005, 98(10): 103501.

[6] Thornton J, Cookson D, Pescott E. The measurement of strains within the bulk of aged and as-sprayed thermal barrier coatings using synchrotron radiation[J]. Surface and Coatings Technology, 1999, 120-121(10): 96-102.

[7] Pan B, Qian K M, Xie H M, et al. Two-dimensional digital image correlation for in-plane displacement and strain measurement: a review[J]. Measurement Science and Technology, 2009,

20(6): 062001.

[8] 潘兵, 谢惠民, 续伯钦, 等. 数字图像相关中的亚像素位移定位算法进展[J]. 力学进展, 2005, 35(3): 345-352.

[9] Pan B, Xie H M, Xu B Q, et al. Performance of sub-pixel registration algorithms in digital image correlation[J]. Measurement Science and Technology, 2006, 17(6): 1615-1621.

[10] 潘兵, 谢惠民. 数字图像相关中基于位移场局部最小二乘拟合的全场应变测量[J]. 光学学报, 2007, 27(11): 1980-1986.

[11] 潘兵, 谢惠民, 夏勇, 等. 数字图像相关中基于可靠变形初值估计的大变形测量[J]. 光学学报, 2009, 29(2): 400-406.

[12] 吴大方, 房元鹏, 张敏. 高速飞行器瞬态气动热试验模拟系统[J]. 航空计测技术, 2003, 23(1): 9-11, 14.

[13] Pan B, Wu D F, Xia Y. High-temperature deformation field measurement by combining transient aerodynamic heating simulation system and reliability-guided digital image correlation[J]. Optics and Lasers in Engineering, 2010, 48(9): 841-848.

[14] 潘兵, 吴大方, 高镇同. 基于数字图像相关方法的非接触高温热变形测量系统[J]. 航空学报, 2010, 31(10): 1960-1967.

[15] Zhang D, Zhang X, Cheng G. Compression strain measurement by digital speckle correlation [J]. Experimental Mechanics, 1999, 39(1): 62-65.

[16] Pan B, Xie H M, Guo Z Q, et al. Full-field strain measurement using a two-dimensional Savitzky-Golay digital differentiator in digital image correlation[J]. Optical Engineering, 2007, 46(3): 033601.

[17] 高红俐, 刘欢, 齐子诚, 等. 基于高速数字图像相关法的疲劳裂纹尖端位移应变场变化规律研究[J]. 兵工学报, 2015, 36(9): 1772-1781.

[18] 王伟. 数字图像相关方法在热结构材料高温变形测试中的应用[D]. 哈尔滨: 哈尔滨工业大学, 2014.

[19] 吴多锦. 热障涂层界面破坏实时测试分析及实验模拟系统的研制[D]. 湘潭: 湘潭大学, 2011.

[20] Zhu W, Wu Q, Yang L, et al. In situ characterization of high temperature elastic modulus and fracture toughness in air plasma sprayed thermal barrier coatings under bending by using digital image correlation[J]. Ceramics International, 2020, 46(11): 18526-18533.

[21] 侣明森. 基于数字图像相关法的 EB-PVD 热障涂层体系拉伸失效分析[D]. 湘潭: 湘潭大学, 2016.

[22] 杨娇. 热障涂层高温 CMAS 腐蚀应变场的 DIC 表征与分析[D]. 湘潭: 湘潭大学, 2016.

[23] Lyons J S, Liu J, Sutton M A. High-temperature deformation measurements using digital-image correlation[J]. Experimental Mechanics, 1996, 36: 64-70.

[24] Yang L, Yang J, Xia J, et al. Characterization of the strain in the thermal barrier coatings caused by molten $CaO-MgO-Al_2O_3-SiO_2$ using a digital image correlation technique[J]. Surface and Coatings Technology, 2017, 322: 1-9.

[25] Maurel V, de Bodman P, Rémy L. Influence of substrate strain anisotropy in TBC system failure[J]. Surface and Coatings Technology, 2011, 206(7): 1634-1639.

[26] Mercer C, Faulhaber S, Evans A G , et al. A delamination mechanism for thermal barrier coatings subject to calcium-magnesium-alumino-silicate (CMAS) infiltration[J]. Acta Materialia, 2005, 53(4): 1029-1039.

[27] He Q, Liu X J, Liu B, et al. Influence of CMAS infiltration on microstructure of plasma-sprayed YSZ thermal barrier coating[J]. China Surface Engineering, 2012, 25(4): 42-47.

[28] Mathews J P, Campbell Q P, Xu H, et al. A review of the application of X-ray computed tomography to the study of coal[J]. Fuel, 2017, 209: 10-24.

[29] Vagnon A, Lame O, Bouvard D, et al. Deformation of steel powder compacts during sintering: correlation between macroscopic measurement and in situ microtomography analysis[J]. Acta Materialia, 2006, 54(2): 513-522.

[30] Scheck C, Zupan M. Ductile fracture evaluated through micro-computed X-ray tomography[J]. Scripta Materialia, 2011, 65(12): 1041-1044.

[31] Kurumlu D, Payton E J, Young M L, et al. High-temperature strength and damage evolution in short fiber reinforced aluminum alloys studied by miniature creep testing and synchrotron microtomography[J]. Acta Materialia, 2012, 60(1): 67-78.

[32] Amanat N, Tsafnat N, Loo B C E, et al. Metallurgical coke: an investigation into compression properties and microstructure using X-ray microtomography[J]. Scripta Materialia, 2009, 60(2): 92-95.

[33] 张学松. CT 图像射束硬化伪影校正方法研究[D]. 沈阳: 沈阳工业大学, 2017.

[34] Wirjadi O. Survey of 3d Image Segmentation Methods[R]. Technical Report, Fraunhofer ITWM, Kaiserslautern, 2007.

[35] Soille P. Morphological image analysis: principles and applications[M]. Berlin: Springer Science & Business Media, 2013.

[36] Iassonov P, Gebrenegus T, Tuller M. Segmentation of X-ray computed tomography images of porous materials: A crucial step for characterization and quantitative analysis of pore structures[J]. Water resources research, 2009, 45: W09415.

[37] 蔡新妮. 基于 CT 法的火山灰腐蚀 APS 热障涂层内部孔隙演化规律表征[D]. 湘潭: 湘潭大学, 2018.

[38] Pelissari P I B G B, Angélico R A, Salvini V R, et al. Analysis and modeling of the pore size effect on the thermal conductivity of alumina foams for high temperature applications[J]. Ceramics International, 2017, 43(16): 13356-13363.

[39] Zhu W, Cai X N, Yang L, et al. The evolution of pores in thermal barrier coatings under volcanic ash corrosion using X-ray computed tomography[J]. Surface and Coatings Technology, 2019, 357: 372-378.

[40] Li H D, Zeng Q, Xu S L. Effect of pore shape on the thermal conductivity of partially saturated cement-based porous composites[J]. Cement Concrete Composites, 2017, 81: 87-96.

[41] Wu J, Guo H B, Gao Y Z, et al. Microstructure and thermo-physical properties of yttria stabilized zirconia coatings with CMAS deposits[J]. Journal of the European Ceramic Society, 2011, 31(10): 1881-1888.

[42] Xia J, Yang L, Wu R T, et al. On the resistance of rare earth oxide-doped YSZ to high

temperature volcanic ash attack[J]. Surface and Coating Technology, 2016, 307: 534-541.

[43] Pia G, Casnedi L, Sanna U. Porosity and pore size distribution influence on thermal conductivity of yttria-stabilized zirconia: experimental findings and model predictions[J]. Ceramics International, 2016, 42(5): 5802-5809.

[44] Goldstein J I, Newbury D E, Echlin P, et al. Scanning Electron Microscopy and X-ray Microanalysis[M]. Birlin: Springer, 2017.

[45] Heida J H. Nondestructive evaluation of superalloy specimens with a thermal barrier coating [C]. 16th World Conference on Nondestructive Testing, Montreal, August 30-September 3, 2004.

[46] Montesano J, Fawaz Z, Bougherara H. Use of infrared thermography to investigate the fatigue behavior of a carbon fiber reinforced polymer composite[J]. Composite Structures, 2013, 97: 76-83.

[47] Mollmann K, Karstadt D, Pinno F, et al. Selected critical applications forthermography: convections in fluids, selective emitters and highly reflecting materials[C]. Proceedings of the Infrared Camera Calibration Conference, USA (Las Vegas, NV), 2005: 161-173.

[48] Michalski L, Eckersdorf K, Kucharski J, et al. Temperature Measurement[M]. UK: Wiley West Sussex, 2001.

[49] Bates D, Smith G, Lu D, et al. Rapid thermal non-destructive testing of aircraft components[J]. Composites Part B: Engineering, 2000, 31(3): 175-185.

[50] Vavilov V P, Pawar S S. A novel approach for one-sided thermal nondestructive testing of composites by using infrared thermography[J]. Polymer Testing, 2015, 44: 224-233.

[51] Czichos H. Handbook of Technical Diagnostics: Fundamentals and Application to Structures and Systems[M]. Berlin: Springer Science & Business Media, 2013.

[52] Fazeli H, Mirzaei M. Shape identification problems on detecting of defects in a solid body using inverse heat conduction approach[J]. Journal of Mechanical Science and Technology, 2012, 26(11): 3681-3690.

[53] Liu J Y, Liu L Q, Wang Y. Experimental study on active infrared thermography as a NDI tool for carbon–carbon composites[J]. Composites Part B: Engineering, 2013, 45(1): 138-147.

[54] Li Y, Yang Z W, Zhu J T, et al. Investigation on the damage evolution in the impacted composite material based on active infrared thermography[J]. NDT and E International, 2016, 83: 114-122.

[55] Vavilov V P, Burleigh D D. Review of pulsed thermal NDT: physical principles, theory and data processing[J]. NDT and E International, 2015, 73: 28-52.

[56] Almond D P, Pickering S G. An analytical study of the pulsed thermography defect detection limit [J]. Journal of Applied Physics, 2012, 111: 093510.

[57] 周益春. 材料固体力学(下册) [M]. 北京: 科学出版社, 2005.

[58] 段祝平, 周益春, 傅裕寿, 等. 关于热波理论的研究 [J]. 力学进展, 1992, 22(4): 433-448.

[59] Tang Q J, Dai J M, Liu J Y, et al. Quantitative detection of defects based on Markov–PCA–BP algorithm using pulsed infrared thermography technology[J]. Infrared Physics and Technology, 2016, 77: 144-148.

[60] 韦金凤. 热障涂层界面缺陷的红外热成像无损检测与定量表征研究[D]. 湘潭: 湘潭大学, 2020.

[61] Rajic N. Principal component thermography for flaw contrast enhancement and flaw depth characterization in composite structures[J]. Composite Structures, 2002, 58(4): 521-528.

[62] Shrestha R, Kim W. Evaluation of coating thickness by thermal wave imaging: acomparative study of pulsed and lock-in infrared thermography – Part I: Simulation[J]. Infrared Physics and Technology, 2017, 83: 124-131.

[63] Shrestha R, Kim W. Evaluation of coating thickness by thermal wave imaging: acomparative study of pulsed and lock-in infrared thermography – Part II: Experimental investigation[J]. Infrared Physics and Technology, 2018, 92: 24-29.

[64] Wu D T, Salerno A, Schoenbach B, et al. Phase-sensitive modulation thermography and its applications for NDE[C]//Thermosense XIX: An International Conference on Thermal Sensing and Imaging Diagnostic Applications. International Society for Optics and Photonics, 1997, 3056: 176-183.

[65] Tang Q J, Dai J M, Bu C W, et al. Experimental study on debonding defects detection in thermal barrier coating structure using infrared lock-in thermographic technique[J]. Applied Thermal Engineering, 2016, 107: 463-468.

第三篇　热障涂层评价技术

第13章　涡轮叶片热障涂层隔热效果

先进航空发动机涡轮叶片的设计必须考虑气动、结构、强度、冷却等方面的综合因素，热障涂层作为涡轮叶片热防护的关键技术，对于涡轮叶片的优化设计至关重要。热障涂层隔热效果如何、影响因素有哪些、是否有成熟的评价方式，无一不制约着航空发动机的发展。掌握涡轮叶片热障涂层隔热效果评价与测试技术是提升先进航空发动机性能的迫切需求。

本章结合近些年国内外涡轮叶片热障涂层隔热效果的研究进展，详细阐述了涡轮叶片热障涂层隔热效果的理论分析方法和实验测试技术，并进一步阐述了热障涂层隔热效果的关键影响因素。

13.1　隔热效果理论分析

20 世纪 50 年代中期，涡轮前进口温度最高不超过 1200K，低于叶片材料的熔点温度，涡轮叶片可不采用冷却技术而直接暴露在高温燃气中；60 年代以后，随着涡轮叶片前缘温度提升，涡轮叶片开始被铸成空心，并在内部通入冷气进行冷却，即内部冷却技术；到了 70～80 年代，涡轮前进口温度已经达到 1600～1700K，为了提高涡轮叶片承温能力，以便满足高性能发动机的需求，单晶高温合金、热障涂层和气膜冷却热防护技术相继应用；90 年代至今，先进的发动机涡轮前进口温度已普遍超过 2000K[1]，三大热防护技术在涡轮叶片上得到进一步集成应用，以此保证发动机的安全运行。因此，热障涂层涡轮叶片的传热过程极其复杂，众多因素相互影响。热障涂层技术在前面章节已经详细介绍，下面对另外两种热防护技术进行简单介绍。

1. 单晶高温合金技术

单晶高温合金最早成功研制并应用于 20 世纪 80 年代，目前已经从第一代发展到第四代。该技术主要通过增加合金中贵金属元素 Re、Ru 的质量分数来提高合金温度，因此合金成本越来越高。如第二代单晶合金含 3%Re，第三代单晶合金 Re 含量达到 6%，而第四代单晶合金中除了 6%Re 外，同时添加了 3%Ru。GE 公司为了降低第二代单晶合金中的 Re 含量，发展了性能接近 René N5 的 1.5%Re 的 René N515 合金，并逐渐替代 René N5 应用于航空发动机涡轮叶片[2]。同样地，

Cannon-Muskegon 公司也发展了 1.5%Re 含量的 CMSX-8 单晶合金，该合金在 1300K 以下的蠕变寿命与 CMSX-4 合金相当，合金组织稳定性好，具有优异的抗疲劳、抗氧化和铸造性能，但 CMSX-8 合金超高温蠕变寿命(1094℃以上)明显低于 CMSX-4 合金[3]。此外，钴基单晶高温合金由于熔点高，具有与镍基合金类似的γ/γ'双相结构，因此可能发展成为工作温度更高的新一代单晶高温合金[4]。目前公开报道的性能数据中，钴基合金的蠕变性能已经与第一代镍基单晶高温合金水平相当[5]。然而，Co-Al-W 系合金仍存在许多挑战，例如，γ'相溶解温度较低且γ/γ'两相组织区很窄[6]，合金经高温热暴露后主要形成 CoO、Co$_3$O$_4$ 以及混合氧化物，因此高温抗氧化性能较差[7]。总体来看，国内外在相关领域的研发投入也逐年增加，近年来国内启动的多项重点研发计划均安排了单晶高温合金高通量设计、制备与表征的相关工作。但合金承温能力仅仅以 20～30℃/代的速率缓慢提升，单独依赖单晶合金还是难以满足先进航空发动机的发展需求。

2. 冷却技术

冷却技术的研究起步较早，经过近几十年的发展，已经取得了巨大的进步。该技术按冷却的方式可以分为内部冷却技术和外部气膜冷却技术。内部冷却即把冷却气流引入叶片内部的冷却通道中，对涡轮叶片进行强化对流换热，进而吸收叶片内壁的热量；外部气膜冷却则是通过叶片壁面上的冷气气膜孔喷出冷却气体，在高温燃气的压力和摩擦力的共同作用下，在叶片的表面处形成一层均匀的低温冷气气膜，把高温燃气和叶片的表面分隔开来，以此降低叶片表面的温度，达到冷却效果。

为了加强内部换热强度，提高冷却效率，冷却通道内还布置扰流肋或尾缘扰流柱等来增大流动的湍流度。Webb 等和 Jubran 等[8,9]的研究发现，对流换热系数随肋片高度和间距的增大而提高，肋片交错布置的换热效率往往高于直列布置的换热效率。贴壁流动的冷气在流过扰流肋柱时会出现流动分离和再附着，流动状态发生了改变，使得局部换热系数增加，进而强化对流换热效果。肋片和扰流柱的使用可以增加 6%～10%的换热面积，换热系数也可增加一倍以上。

气膜冷却的研究起源于 20 世纪 70 年代，经过四十多年的研究发展已经取得了巨大的进展。Bogard 等[10]综述了燃气轮机气膜冷却，指出气膜效率性能主要受吹风比、孔几何形状和结构、湍流度等因素的影响。国内的戴萍等[11]也对气膜冷却研究进行了比较详尽的综述，指出影响气膜冷却效果的因素有：①气膜孔的几何参数，包括气膜孔的喷射角度、孔径大小、孔长与孔径比、孔的间距和孔出口的形状等；②叶片的几何参数，包括叶片前缘形状、流向表面曲率、冷却工质输送通道几何结构和表面粗糙度等；③孔的气动参数，包括主流速度、吹风比、冷气流与主流的动量比、密度比、主流湍流度、气膜孔前边界层发展情况、压力梯度和不稳定尾流等；④其他因素，包括气膜孔下游间隙的存在、间隙泄漏等。随着涡轮叶片制备工艺的发展，当今涡轮叶片的冷却技术可提升叶片承温能力 400K 左右，但由于压气机的气体被大量的提取，会导致发动机热效率降低，同时复杂的结构降低叶片强度、增加加工难度。因此，该技术的发展空间已经比较小了。

13.1.1 涡轮叶片传热方式

当前，热障涂层、单晶合金叶片、气膜冷却三大热防护技术共同应用于先进航空发动机涡轮叶片，以保证发动机的安全运行。因此，涡轮叶片服役过程的传热过程极其复杂、涉及多种换热方式，热障涂层的隔热效果研究和分析必须同时考虑到以上因素。图 13.1 给出了高温燃气环境下带热障涂层涡轮叶片的冷却示意图，空心曲面结构的涡轮叶片热障涂层表面承受高温、高速燃气冲击，热流通过对流和辐射传入叶片表面，与此同时，叶片上开有多列孔径大小为几百微米的气膜孔，内部的低温冷却气体通过气膜孔在涂层表面形成一层冷气膜，使得涂层外表面与高温燃气隔开，在涡轮叶片热障涂层内部，热流从高温区域传导到低温区域。整个传热过程涉及热传导、热对流、热辐射三种基本方式。

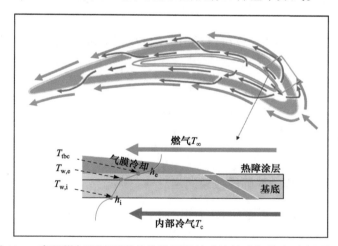

图 13.1 高温燃气环境下带热障涂层涡轮叶片的冷却技术示意图[10, 12]

热传导 热传导是指物体各部分不发生相对位移，依靠分子、原子及自由电子等微观粒子热运动的热能传递方式。固体内的热传导由傅里叶定律描述，即在单位时间内通过热传导方式传递的热量与温度梯度大小成正比，热传导方向和温度梯度的方向相反，

$$q = -k\nabla T$$

(13.1)

式中，q 是热流向量，T 是温度，k 是材料的热导率。

热对流　　热对流是指由于流体的宏观运动而引起的流体各部分之间发生的相对位移，冷热流体相互掺混所导致的热量传导。工程上广泛关注和应用的是流体流过一个物体表面时流体与物体表面间的热量传递，并称之为对流换热。从引起流动的原因而论，对流换热可以分为自然对流和强制对流两大类。自然对流是由于流体冷、热各部分的密度不均匀引起的。强制对流是由如水泵、风机或其他压差作用引起的。对流换热的基本计算公式是牛顿冷却定律：

$$-k\frac{\partial T}{\partial \boldsymbol{n}}\bigg|_{\mathrm{w}} = h(T_{\mathrm{w}} - T_{\mathrm{f}}) \tag{13.2}$$

式中，$\boldsymbol{n}$ 表示物体的外法线方向，下标 w 表示壁面，T_{w}、T_{f} 分别为壁面温度和环境流体温度，h 是界面对流换热系数，它不仅取决于流体的物性以及换热表面的形状、大小，还与流速有密切关系。该公式表达了流体和固体界面的换热流量与界面对流换热系数和流/固界面温差成正比。研究对流换热的重点是通过理论和实验测定给定工况下的对流换热系数。

热辐射　　热辐射是指物体因热的原因发出辐射能，自然界中各个物体之间都在不停地向空间发射出热辐射和吸收热辐射，通过这种方式进行热量传递就是辐射传热。相比于热传导和热对流，热辐射不需要传热介质，可以在真空中传递。实际物体的辐射热流量的计算可以采用玻尔兹曼定律的经验修正形式：

$$-k\frac{\partial T}{\partial \boldsymbol{n}}\bigg|_{\mathrm{w}} = \varepsilon A\sigma T^4 \tag{13.3}$$

式中，A 是辐射物体的表面面积，ε 是物体的发射率，σ 是玻尔兹曼常量，即黑体辐射常数，这里是指物体自身向外辐射热量，实际物体的辐射传热流是物体吸收与辐射的总值。

13.1.2　涡轮叶片热障涂层隔热效果的定义

如前所述，热障涂层隔热效果是叶片结构、涂层、冷却气膜与燃气综合作用的效果。由于叶片结构的复杂性，以及燃气、冷却气膜、涂层之间传热的复杂性，在建立热障涂层的隔热效果模型时很难将各种因素都考虑进来。目前最普遍也最直接的是将热障涂层隔热效果定义为涂层外表面、涂层与金属结合界面的温度之差。由于金属热传导系数大、传热快，研究者认为界面与基底自由面温度接近。更重要的是，界面温度极难测量。因此，通常将热障涂层隔热效果定义为涂层和基底自由表面的温差，根据傅里叶热传导方程，这个温差为

$$\Delta T = T_{\mathrm{TBC}} - T_{\mathrm{w,e}} = \frac{q}{k} \tag{13.4}$$

式中，ΔT 是热障涂层隔热效果，T_{TBC} 是涂层表面温度，$T_{\mathrm{w,e}}$ 是基底表面温度，q

是通过涂层的热流，k 是涂层热导率。基于这一定义，热障涂层隔热效果完全由材料本身决定，即取决于涂层的热导率，其值越小，隔热效果越好。因此，基于热导率的成分与工艺设计一直是热障涂层领域的研究重点与热点[13-17]。

然而实际上，发动机的设计师和工程师们发现：使用了热障涂层后隔热效果并不好，还出现热障涂层的剥落和堵塞气膜孔，也就是说热障涂层不仅不是"正能量"，反而是"负能量"。如 Maikell 等[18]在带热障涂层涡轮叶片前缘气膜冷却效率的实验研究中发现，同样的冷气环境下，应用热障涂层后基底温度显著降低，但涂层表面温度较没有涂层时叶片表面温度高了 3℃，此时热障涂层的贡献如何计入陷入困境。Harrison[19]报道基于式(13.4)定义的叶片设计，可能造成涡轮叶片寿命高估约 10%～15%，从而极大程度上增大了发动机的不可靠性。

这主要是因为陶瓷涂层和金属基底的热物理性能相差巨大，薄薄的一层陶瓷热障涂层极大地改变了叶片表面附近的流场和温度场。式(13.4)没有考虑气膜、燃气的贡献，即没有考虑环境的影响。事实上，隔热效果极易受到这些环境的影响，这使得各种结构、燃气、冷气环境下所获得的热障涂层隔热效果差异显著，从而无法真正认识到热障涂层的贡献。因此，基于试片的隔热效果测试结果不能反映实际燃烧室涡轮叶片的真实情况，工程师们如果仅仅基于式(13.4)设计的叶片可能会出问题甚至是严重的问题。

基于此，Dees 等[20]提出了基于热障涂层应用前后叶片基底表面温差定义隔热效果为

$$\Delta T = T_{\mathrm{w,e,noTBC}} - T_{\mathrm{w,e}} \tag{13.5}$$

式中，$T_{\mathrm{w,e,noTBC}}$ 是无涂层时基底表面温度(与燃气接触的表面)，$T_{\mathrm{w,e}}$ 是带涂层基底表面(涂层/基底结合的界面)温度。这种定义直观地反映了热障涂层应用前后涡轮叶片基底表面的综合影响，包括涂层本身带来的温度梯度、涂层对热流的影响与扰动等。

13.1.3　隔热效果无量纲化

尽管式(13.5)给出了应用热障涂层后涡轮叶片温度场变化的综合值，但这一隔热效果依然受涡轮叶片结构、燃气、冷气、气膜孔等众多因素的影响，进行热障涂层隔热效果分析与设计时需要考虑的因素依然错综复杂。为此，Davidson 等[21]提出无量纲化的综合冷却效率ϕ：

$$\phi = \frac{T_{\infty} - T_{\mathrm{w,e}}}{T_{\infty} - T_{\mathrm{c}}} \tag{13.6}$$

式中，T_{∞} 和 T_{c} 是燃气入口温度和冷气入口温度，$T_{\mathrm{w,e}}$ 是叶片外表面的壁温。当加入热障涂层技术，整体冷却效率变为 ϕ'：

$$\phi' = \frac{T_\infty - T'_{\mathrm{w,e}}}{T_\infty - T_{\mathrm{c}}} \tag{13.7}$$

式中，$T'_{\mathrm{w,e}}$ 是带热障涂层时涂层外表面的壁温。

比较式(13.6)和式(13.7)，可以得到无量纲化热障涂层的隔热效果，

$$\Delta\phi = \phi' - \phi \tag{13.8}$$

从式(13.6)和式(13.7)可以看出，要从理论上获得 $\Delta\phi$，需要从理论上预测出 $T'_{\mathrm{w,e}}$、$T_{\mathrm{w,e}}$。它们决定于燃气、冷气、涂层和基底之间的热交换过程。影响这一过程的主要因素有：燃气入口温度 T_∞、冷气入口温度 T_{c}、涂层和基底自由面的对流换热系数 h_{e} 与 h_{i}、涂层和基底的热导率 k_{TBC} 和 k、涂层和基底的厚度 d_{TBC} 与 d。考虑到复杂曲面结构叶片对高速燃气和冷气的作用，会使得涂层和基底自由面气流的速度、压力、温度、方向等发生变化，这些参数与输入的燃气、冷气都不同且都不均匀。为此，我们假设流场域(燃气、冷气)与固体域(涂层、基底)之间换热发生在热边界层，并定义燃气、冷气的热边界层温度分别为 $T_{\mathrm{e,conv}}$、$T_{\mathrm{i,conv}}$。基于此，我们建立了热障涂层隔热效果 $\Delta\phi$ 与这 9 个参数的函数关系为[12]

$$\Delta\phi = f(k, d, k_{\mathrm{TBC}}, d_{\mathrm{TBC}}, h_{\mathrm{e}}, h_{\mathrm{i}}, T_\infty - T_{\mathrm{c}}, T_\infty - T_{\mathrm{e,conv}}, T_\infty - T_{\mathrm{i,conv}}) \tag{13.9}$$

进一步，基于无量纲分析的π定理理论，对这 9 个影响参数进行了分析，获得相互独立的 5 个无量纲化参数为

$$Bi = \frac{d \cdot h_{\mathrm{e}}}{k} \tag{13.10}$$

$$Bi_{\mathrm{TBC}} = \frac{d_{\mathrm{TBC}} \cdot h_{\mathrm{e}}}{k_{\mathrm{TBC}}} \tag{13.11}$$

$$\alpha = \frac{T_\infty - T_{\mathrm{i,conv}}}{T_\infty - T_{\mathrm{c}}} \tag{13.12}$$

$$\eta = \frac{T_\infty - T_{\mathrm{e,conv}}}{T_\infty - T_{\mathrm{c}}} \tag{13.13}$$

$$R = \frac{h_{\mathrm{e}}}{h_{\mathrm{i}}} \tag{13.14}$$

故可将式(13.9)表述为无量纲的函数关系式：

$$\Delta\phi = f(Bi, Bi_{\mathrm{TBC}}, \alpha, \eta, R) \tag{13.15}$$

式中，Bi 是基底面的毕渥数，即对流换热边界层热阻与叶片基底材料热阻的比值；Bi_{TBC} 是热障涂层的毕渥数，即对流换热边界层热阻与热障涂层热阻的比值；R 是外部对流换热系数与内部对流换热系数的比值；α 和 η 是燃气、冷气的热边界层的

无量纲化温度。

π 定理理论已经证明：只要式(13.15)中的无量纲参数是一样的，组成无量纲参数的物理量无论怎么变化，其结果都一样。例如式(13.10)毕渥数 Bi 一定后，无论 d、h_e 和 k 怎么变化其隔热效果 $\Delta\phi$ 都一样。在做实验时，假设 d、h_e 和 k 各取三组数据，但假设毕渥数 Bi 一样，这样如果按照式(13.9)就需要做 3×3×3=27 个实验，假设 d、h_e 和 k 各取 50 组数据进行实验就需要做 125000 次。按照 π 定理理论(即式(13.15))，只需要做一个实验即可，大大地减少了实验次数。实验次数的大幅度增加不仅浪费巨大的人力和物力，而且给实验带来巨大的误差。所以通过 π 定理理论即式(13.15)将影响因素数量降低，在隔热效果的研究方面具有非常重要的意义。

为确定热障涂层隔热效果与 5 个无量纲化参数的具体函数关系式，基于傅里叶热传导定律和牛顿冷却定律，我们详细分析了有冷却气膜的涡轮叶片(包括有涂层和没有涂层)沿厚度方向的传热，得到了应用热障涂层前后涡轮叶片的整体冷却效率：

$$\phi = \frac{1}{1 + Bi + R}(\alpha - \eta) + \eta \tag{13.16}$$

$$\phi' = \frac{1 + Bi_{\text{TBC}}}{1 + Bi + Bi_{\text{TBC}} + R}(\alpha' - \eta') + \eta' \tag{13.17}$$

其中，$\alpha' = \alpha + \Delta\alpha$，$\eta' = \eta + \Delta\eta$，$\Delta\alpha$ 和 $\Delta\eta$ 分别是热障涂层对 α 和 η 的影响量。

基于式(13.8)、式(13.16)和式(13.17)，得出热障涂层隔热效果：

$$\Delta\phi = (a - b)(\alpha - \eta) + a\Delta\alpha \tag{13.18}$$

其中，

$$a = \frac{1 + Bi_{\text{TBC}}}{1 + Bi + Bi_{\text{TBC}} + R}, \qquad b = \frac{1}{1 + Bi + R} \tag{13.19}$$

式(3.18)中，$a - b$ 表示热障涂层对叶片热阻比的影响，$\alpha - \eta$ 表示叶片内外热边界层的温度差，热障涂层是通过改变热阻比来隔热，$a\Delta\alpha$ 表示热障涂层影响冷气温度导致叶片冷却效率的变化。

图 13.2 给出了热障涂层隔热效果 $\Delta\phi$ 随 $a - b$、$\alpha - \eta$ 的演变关系，可以发现 $\Delta\phi$ 随 $a - b$、$\alpha - \eta$ 的增大而增大。其中 $\alpha - \eta$ 表示叶片内外热边界层的温度差，可以看出 $\Delta\phi$ 随 η 的增大而减少，这说明热障涂层在气膜孔、尾缘槽等 η 较大的区域隔热效果不明显。从图 13.3 可以发现 $a - b$ 随着 $d_{\text{TBC}}/k_{\text{TBC}}$ 增加而增加，这说明增加热障涂层厚度或降低热导率有利于增强热障涂层隔热效果；$a - b$ 随着 h_e 和 h_i 的增加而增加，说明高速和高湍流强度的区域热障涂层隔热效果更好，通过提高内部冷却速度、增加内部湍流强度等因素有利于增强热障涂层隔热效果。

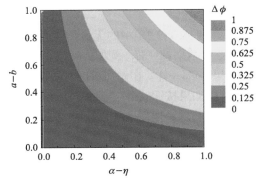

图 13.2　热障涂层隔热效果随无量纲参数的演变关系[12]

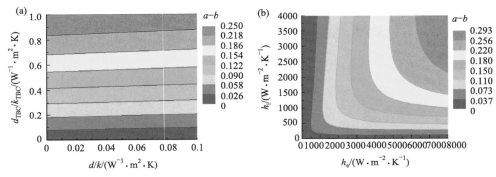

图 13.3　$a - b$ 值随不同参数的变化

(a) 随 d/k 和 d_{TBC}/k_{TBC}, (b) 随 h_e 和 h_i

13.2　隔热效果数值模拟

　　上面介绍的隔热效果理论模型重点考虑了热障涂层、冷却气膜共同作用下涡轮叶片沿厚度方向的传热。当分析对象为平板状、圆柱状等简单试样时，理论求解相对容易，但针对涡轮叶片的复杂结构，解析求解将极为困难。而且，燃气和冷气也会因为涡轮叶片曲面、气膜孔等结构的不同而出现换热、对流、传热不同，导致三维涡轮叶片温度场的分布不均匀，热流不仅仅沿厚度方向传导，还从高温区域向低温区域传导。因此，难以获得涡轮叶片温度场以及热障涂层隔热效果的解析解。随着涡轮叶片等复杂结构的数值建模、流体与固体传热及其耦合计算方法、固体变形等数值方法的发展，数值模拟成为涡轮叶片热障涂层隔热效果分析的重要手段。

　　由理论模型可知，整体冷却效率与隔热效果强烈依赖于涡轮叶片热障涂层与燃气、冷气之间的热交换，这些影响都需要通过温度场的具体形式进行体现，从而反映出隔热效果。涡轮叶片热障涂层的温度场由高温燃气/冷气温度、流速等决定，反过来，涡轮叶片温度场又会影响燃气/冷气的温度和换热，将燃气和冷气统称为流场，涡轮叶片称为固体，可得出流场和固体之间相互影响，即耦合换热。早期因为耦合换热的计算方法、计算能力的限制，流场和固体之间换热一般通过解耦来获得。随着涡轮叶片冷却设计要求进一步提升，以及叶片曲面、气膜冷却以及涂层技术的应用，流场与固体耦合程度更高，解耦计算方式获得的温度场与实际相差较大。为此，研究者们提出了耦合换热的各种实现方法，下面按照非耦合、弱耦合与强耦合三个层次逐一阐述。

13.2.1　耦合换热

非耦合　指求解涡轮叶片热障涂层温度场和隔热效率时，忽略燃气和冷却气体的流场的变化，用流体到固体的热流作为流固界面的边界条件，基于傅里叶热传导方程求解涡轮叶片热障涂层的温度场。其中固体域热传导方程如下：

$$\rho c \frac{\partial T}{\partial t} = \nabla \cdot (k \nabla T) \tag{13.20}$$

这里 c 是比热。对于流固界面上给定流体流入叶片的热流，由于热流难以测量，往往用流体热边界层温度和对流换热系数表示

$$-k \frac{\partial T}{\partial n}\bigg|_{\mathrm{w}} = h_{\mathrm{e}}(T_{\mathrm{e,conv}} - T_{\mathrm{w,e}}) \tag{13.21}$$

这一类方法具有求解速度快，收敛好等优势。Ziaei-Asl 等[22]基于非耦合方法研究了带气膜冷却与热障涂层的涡轮叶片温度场，发现涂层最高可以降低基底表面温度约 100℃，且隔热效果随着涂层厚度的增加而增加。运用非耦合方法求解热障涂层隔热效果，其计算结果的精度依赖于涂层表面流体温度和对流换热系数的准确值。然而，在发动机涡轮叶片工作环境下测量各个位置的燃气温度和对流换热系数是极其困难的。该方法对于带有气膜冷却和热障涂层的复杂涡轮叶片，难以分析气膜冷却结构、非常温冷气、辐射尤其是不均匀气流温度场对热障涂层隔热效果的影响。

弱耦合　即基于 N-S 方程(Navier-Stokes equations)求解流体流动和温度场，并将计算出的流体域界面温度作为固体域边界条件计算界面热流，再将热流作为流体域边界求解流体温度场，如此反复迭代，保证界面上的温度连续和热流守恒，其求解过程如图 13.4 所示[23]。固体域温度场是基于式(13.20)求解，流体域温度场基于 Stoke 假设下的 N-S 方程[24]求解：

$$\frac{\partial \rho}{\partial t} + \nabla \cdot (\rho \boldsymbol{v}) = 0 \tag{13.22}$$

$$\frac{\partial(\rho \boldsymbol{v})}{\partial t} + \nabla \cdot (\rho \boldsymbol{v}\boldsymbol{v}) = -\nabla p + \nabla \cdot \boldsymbol{\tau} + \boldsymbol{f} \tag{13.23}$$

$$\frac{\partial(\rho h)}{\partial t} - \frac{\partial p}{\partial t} + \nabla \cdot (\rho \boldsymbol{v} h) = \nabla \cdot (\lambda \nabla T) + \mu \boldsymbol{I} \cdot \nabla p + \boldsymbol{\tau} : \nabla \boldsymbol{v} + \dot{Q} \tag{13.24}$$

其中，ρ 是流体密度，t 是时间，$\boldsymbol{v}$ 是速度，p 是压力，μ 是黏度，h 是单位质量的总熵，λ 是流体热导率，T 是温度，$\boldsymbol{f}$ 和 $\dot{Q}$ 分别是体力和热源，$\boldsymbol{\tau}$ 是黏性应力张量，它可以表示为

$$\tau_{ij} = 2\mu \left(s_{ij} - \frac{1}{3} \frac{\partial \nu_k}{\partial x_k} \delta_{ij} \right) \tag{13.25}$$

这里 s_{ij} 是变形速度张量分量，ν_k 是流体湍流运动黏度，Δ_{ij} 是 Kronecker delta 函数。此外，理想气体状态方程如下：

$$p = \rho RT \tag{13.26}$$

这里 R 是阿伏伽德罗常量。

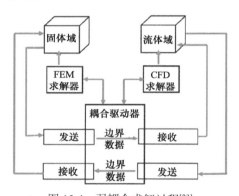

图 13.4 弱耦合求解过程[23]

在流固界面上，满足基本耦合换热条件是在流固界面上温度和热流都连续：

$$T_s = T_1 \tag{13.27}$$

$$k \frac{\partial T}{\partial \boldsymbol{n}}\bigg|_s = \lambda \frac{\partial T}{\partial \boldsymbol{n}}\bigg|_1 \tag{13.28}$$

这里，$\boldsymbol{n}$ 代表法向方向，下标 s 和 1 分别代表固体和流体。Heselhaus 等[25]分别采用非耦合和耦合的数值模拟方法，分析了带有冷却结构的涡轮叶片温度分布，如图 13.5 所示，发现耦合和非耦合的叶片表面温度最大相差 73℃。与此同时，Heselhaus 等[25]和 Sondak 等[26]各自独立地采用弱耦合的方法，即在流固界面上满足式(13.27)和式(13.28)的边界条件，研究了涡轮转子和三维叶片的换热问题。通过与叶片绝热条件下模拟的温度场进行对比，验证了流固耦合对求解精度的必要

性。Zhu 等[23]基于流固弱耦合的数值模拟方法研究带多层热障涂层的涡轮叶片温度分布，发现热障涂层在叶片前缘和尾缘位置有很好的隔热效果，与实验结果吻合。基于弱耦合方法的数值模拟需要在界面反复迭代，计算速度慢、收敛性差。然而，由于弱耦合方法中的流体和固体计算域是基于不同求解器求解，可以根据区域特性灵活的编辑求解方法计算，因而在研究多层结构、孔隙率等微观结构的热障涂层传热问题上具有一定优势。

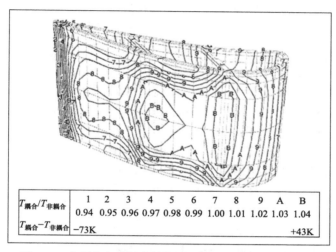

$T_{耦合}/T_{非耦合}$	1	2	3	4	5	6	7	8	9	A	B
	0.94	0.95	0.96	0.97	0.98	0.99	1.00	1.01	1.02	1.03	1.04
$T_{耦合}-T_{非耦合}$	−73K										+43K

图 13.5　非耦合和弱耦合数值计算涡轮叶片温度的差异[25]

强耦合　将流体域控制方程扩展到固体域中，采用退化的能量方程计算固体域传热，对两个区域进行统一求解。在流体域中，传热满足式(13.24)，当热流运动到固体域，其控制方程为退化的能量方程：

$$\frac{\partial(\rho h)}{\partial t} + \nabla \cdot (\rho v h) = \nabla \cdot (k \nabla T) + \dot{Q} \tag{13.29}$$

这里的 h 和式(13.24)中的一样是单位质量的熵。由于流体域和固体域统一求解，在界面处自动满足式(13.27)和式(13.28)的条件。Eifel 等[27]结合了实验和强耦合的数值计算方法，分析了叶片冷却结构对冷却效果的影响，并采用商业软件 CFX 对叶片内流道换热问题进行计算。其结果表明，扰流肋片交错排布比平行排布有更好的冷却效果，这一变化使叶片冷却效率提高了 12.5%，而叶片表面最高温度下降了 33.5%。Moritz 等[28]利用商业软件 CHTflow 对前缘有内部冷却通道和气膜孔的叶片热负荷进行了计算，其结果与实验吻合较好。总的来说，强耦合和弱耦合两种方法各有优势，弱耦合可以依据区域特性进行灵活的计算，但收敛性差，特别是对含有气膜孔、扰流柱等和热障涂层的涡轮叶片，其耦合界面多而复杂，在两个计算域进行数据传递和程序实现上难度巨大，计算结果难以收敛。强耦合对流体和固体一起计算，耦合性好，对于数值模拟热障涂层更加方便，但计算计时巨大。

13.2.2　湍流模型

在涡轮叶片环境下的流场，由于燃气速度非常快，流体层流状态被破坏、出现小旋涡、流动紊乱，这种现象叫湍流。在流固边界层的湍流会直接影响流固换热的强弱，湍流的模拟是提高数值模拟求解精度的关键，但湍流的研究是世界性难题，已经困扰数学家、力学家 200 多年了，至今无解。在工程界，目前湍流数值模拟通用的方法主要有三大类：分别是 DNS(直接数值模拟)，LES(大涡模拟)和 RANS(Reynolds 平均 Navier-Stokes 方程)。DNS 和 LES 由于计算量巨大，在工程上的应用很少，特别是对于带气膜结构和多层热障涂层体系的涡轮叶片这两种方法难以应用。RANS 方法是将 N-S 方程中的变量分解为时均量和脉动量两部分，方程中引入了雷诺应力项和湍动能，再假设雷诺应力与应变成比例，比例系数为湍流黏性系数，通过新的方程来求解湍流黏性系数。由于求解的是平均运动，不需要非常小的计算步长和网格尺寸就可以反映湍流的运动，因此计算量与另两种方法相比大为减少，并且在精度上能够满足工程要求，具有较高的计算性价比，因此该方法在工程上得到了广泛的应用。

RANS 方法中为了求解流场中的湍流动力黏度，研究者们提出了各种湍流模型，其中 $k\text{-}\varepsilon$ 模型、$k\text{-}\omega$ 模型和 SST 模型被广泛采用。相比于前两种模型，SST 模型[29]综合了前两种模型的优点，将 $k\text{-}\varepsilon$ 模型中关于耗散率 ε 的输运方程写成 ω 的形式，然后 $k\text{-}\omega$ 模型和变换后的 $k\text{-}\varepsilon$ 模型分别根据混合函数 $\phi_3 = F_1\phi_1 + (1-F_1)\phi_2$ 加权相加即可得到 SST 模型的表达式，其具体形式为

$$\frac{\partial}{\partial t}(\rho k') + \frac{\partial}{\partial x_j}(\rho k' v_j) = \frac{\partial}{\partial x_j}\left[\left(\mu + \frac{\mu_t}{\sigma_{k3}}\right)\frac{\partial k'}{\partial x_j}\right] + P_k - \beta'\rho k'\omega \tag{13.30}$$

$$\frac{\partial}{\partial t}(\rho\omega) + \frac{\partial}{\partial x_j}(\rho\omega v_j) = \frac{\partial}{\partial x_j}\left[\left(\mu + \frac{\mu_t}{\sigma_{\omega 3}}\right)\frac{\partial \omega}{\partial x_j}\right] + (1-F_1)\frac{2\rho}{\sigma_{w2}\omega}\frac{\partial k'}{\partial x_j}\frac{\partial \omega}{\partial x_j} + \alpha_3\frac{\omega}{k'}P_k - \beta_3\rho\omega^2$$

$$\tag{13.31}$$

式中，ρ 是密度，k' 是湍流动能，ω 是比耗散率，v_j 是速度，μ 是流体黏度，湍流黏度 $\mu_t = \rho\dfrac{k'}{w}$，其中 $\sigma_{k3}, \sigma_{\omega 2}, \sigma_{\omega 3}, \alpha_3, \beta_3, F_1, \beta'$ 为常系数，P_k 是湍流黏性项，其具体形式为

$$P_k = \mu_t\left(\frac{\partial u_i}{\partial x_j} + \frac{\partial u_j}{\partial x_i}\right)\frac{\partial u_i}{\partial x_j} - \frac{2}{3}\frac{\partial u_k}{\partial x_k}\left(3\mu_t\frac{\partial u_k}{\partial x_k} + \rho k'\right) \tag{13.32}$$

Yoshiara 等[30]使用非结构网格求解器 TAS-code 研究了 Mark II 和 C3X 型叶片的换热问题，并对三种湍流模型进行对比计算，发现 SST 湍流模型在计算压强分布方面有微小误差，但是捕捉转捩点位置最准确。国内董平[31]研究了气冷涡轮叶片边界层转捩的流动特性和其对温度的影响，对常见的多种湍流模型（切应力传输模型）识别转捩流动的能力进行了对比。其采用了商业软件 FLUENT 和 CFX 对多个算例进行流热耦合计算，如图 13.6 所示，可以发现对涡轮叶片复杂流场和传热进行模拟时，采用不同湍流模型对数值结果影响非常大，其中基于 CFX 的 SST 模型数值结果与实验结果更为吻合，证明了 SST 湍流模型在求解涡轮叶片流动和换热上具有更好的计算精度，SST 湍流模型也在涡轮叶片冷却效率的研究中被多次验证[32-35]。

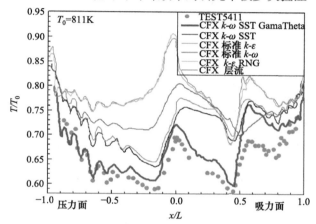

图 13.6　不同湍流模型叶片中截面温度分布

T_0 是燃气入口温度，x 是沿叶片弦长的位置，L 是弦长。叶片的压力面区域($-1<x/L<0$)，吸力面区域($0<x/L<1$)，前缘($x/L=0$)，尾缘($x/L=-1$，$x/L=1$)

13.2.3　热障涂层隔热效果数值模拟

基于以上强耦合的数值仿真方法，本节以 NASA 的某一三维导向叶片热障涂层为例研究其隔热效果。

1. 模型的建立

几何模型可以由常用的几何建模软件如 UG、Solidworks、PEOE 等建立。几何模型由固体和流体两部分组成，如图 13.7 所示，在流体通道中有导向叶片，叶片由冷却前腔和冷却后腔组成，叶片表面涂有单层热障涂层，其厚度为 300μm，叶片上有 14 排气膜孔，由尾缘槽(H_{14})和 13 排(H_1～H_{13})气膜孔组成。叶片和陶瓷层的材料参数如表 13.1 所列。

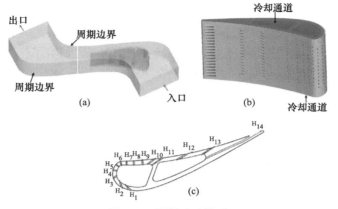

图 13.7　涡轮叶片模型

(a) 流体域模型；(b) 固体域模型；(c) 叶片截面

表 13.1　叶片和陶瓷层的材料参数

材料参数	叶片	陶瓷层
密度/(kg·m⁻³)	8700	4930
比热容/(J·g⁻¹·K⁻¹)	434	418
热导率/(W·m⁻¹·K⁻¹)	60.5	1.02

2. 网格的划分

计算网格是由 ANSYS ICEM16.0 划分的非结构四面体网格，如图 13.8 所示。网格在气膜孔和尾缘位置进行细化，并在流固计算域划分多层边界层来提高界面耦合换热的计算精度，网格总数量为 921 个万。进一步进行了网格稳定性验证，

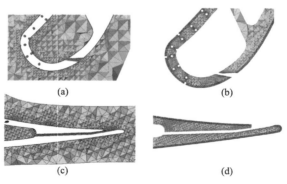

图 13.8　计算网格

(a) 流体域前缘；(b) 固体域前缘；(c) 固体域尾缘；(d) 固体域尾缘

将计算结果和实验数据进行对比，如图 13.9 所示，可以发现数值计算结果和实验测量的马赫数基本一致，验证了该计算结果的正确性。

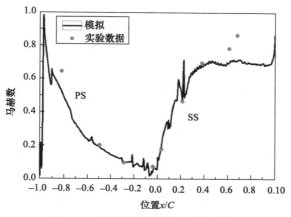

图 13.9　计算马赫数与实验结果对比

x 是沿弦线的位置，C 是弦长，PS 是叶片压力面($-1<x/C<0$)，SS 是叶片吸力面($0<x/C<1$)，前缘($x/C=0$)，尾缘($x/C=-1$，$x/C=1$)。这里的 x/C 与图 13.6 中的 x/L 都是表示沿叶片弦长的相对位置

3. 材料参数与边界条件

在流体域，我们假设燃气为理想气体，而且不考虑固体的变形。流体入口边界设为总温度($T_{t, inlet}$，入口)、总压力($P_{t, inlet}$，入口)，出口边界设为平均静压力($P_{s, outlet}$，出口)，冷却气体进口边界设置为总温度($T_{t, inlet, coolant}$，进口，冷却气体)和总压力($P_{t, inlet, coolant}$，进口，冷却气体)。耦合换热模拟的流体边界条件详见表 13.2。对于流域的周期边界，设置边界上的变量是等价的。在主流和冷却气体进口处，流体的湍流强度设置为 0.05，它是湍流速度与平均速度的比值，可以换算出式 (13.30)中湍流动能 k' 在边界上的取值。此外，固体壁面的速度边界条件为无滑移边界条件，流固界面的热边界条件为温度和热流连续。

表 13.2　流体边界条件

$P_{t, inlet}$/atm	$P_{t, inlet, coolant}$/atm	$T_{t, inlet}$/K	$T_{t, inlet, coolant}$/K	$P_{s, outlet}$/atm
3.447	3.509	709	339	2.064

4. 结果分析

三维叶片的整体冷却效率如图 13.10 所示，在不考虑热障涂层影响的情况下的结果如图 13.10(a)和(b)所示。可以看出叶片中截面的冷却效率高于叶顶部和底部，这是因为冷气膜主要覆盖在叶片的中部。与不考虑热障涂层相比，带热障涂层涡轮叶片表面整体冷却效率更高，如图 13.10(c)和(d)所示。此外，涂覆热障涂层的叶片的整体冷却效率更加均匀，表明叶片的温度梯度相对较小，有利于在更长的使用时间内降低热应力。

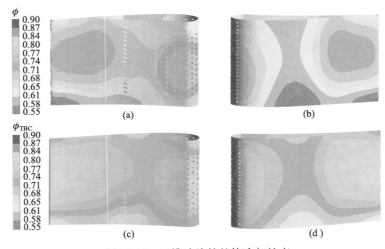

图 13.10 三维叶片的整体冷却效率

(a) 无 TBCs 压力面；(b) 无 TBCs 吸力面；(c) 带 TBCs 压力面；(d) 带 TBCs 吸力面

图 13.11 显示了叶片不同高度的整体冷却效果。可以看出不带热障涂层和带热障涂层的冷却效率 ϕ 和 ϕ_{TBC} 在叶片中截面(Mid,50%)区域高于在叶片底部(Hub,5%)和顶部(Tip,95%)。ϕ 和 ϕ_{TBC} 在后缘区域的顶部低于底部，这是由于冷却气体从顶部到尾部温度逐渐升高，内部对流换热效率随着内部冷却温度的升高而降低。如图 13.11(b)所示热障涂层隔热效率 $\Delta\phi$ 在前缘较差而在后缘更好，这是由于压力侧从前缘到尾缘的流速都是增大的，根据式(13.18)分析可知，对流换热系数 h_e 随着流速的增大而增大。由于吸力面气膜冷却不足，后缘的热边界层无量纲温

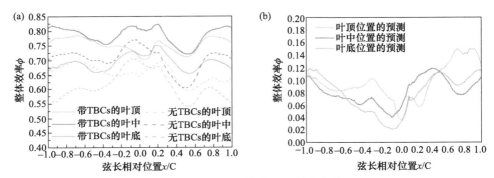

图 13.11 叶片不同高度的整体冷却效果

(a) 整体冷却效率；(b) TBCs 隔热效率

度 η 减少，这是导致 $\Delta\phi$ 增加的一个原因。在前冷却通道($x/C = -0.3$)和后冷却通道($x/C = 0.4$)区域 $\Delta\phi$ 有两个峰值，说明内冷效率好，有利于提高热障涂层隔热效率。这一结果与 Davidson 等[21]的结果一致，他们发现通过增加雷诺数，TBCs 的效率随着内部冷却效率的增加而增加。因此，较好的内部换热系数可以有效提高冷却系统中 TBCs 的隔热效率。

13.3 隔热效果实验方法

运用数值模拟求解对流换热问题采用的是半经验公式，其数值精度依赖于数值网格的质量和湍流模型的准确性。对于高速燃气作用下的复杂叶片，存在湍流转捩、脉动等复杂流动特性，热边界层的对流换热难以在数值模拟得到真实解，隔热效果的数值误差较大。为了弥补这方面的不足，可以进行相应的实验研究。然而整机试验存在成本过高、难度较高、研究针对性差等问题，很难为热障涂层隔热性能的改进和设计提供准确信息。基于此，针对涡轮叶片热障涂层隔热效果的实验极其必要，这不仅可以大大降低试验成本，更有助于深入研究服役环境下涡轮叶片热障涂层的隔热效果。试验研究主要包含两个方面：①涡轮叶片热障涂层服役环境模拟装置（冷效实验）；②涡轮叶片实时测温技术。

13.3.1 涡轮叶片服役环境模拟装置

涡轮叶片服役环境模拟，是指模拟涡轮叶片流动和传热工况。因此要求服役环境模拟装置满足以下条件：①高温高速燃气；②高压冷气；③高速旋转；④动力学、热力学相似；⑤数据的可测性。这些严格的要求加大了服役模拟装置的研制难度，对材料和测试技术都是巨大的挑战。早期 Gladden 等[36]为了研究涡轮叶片冷却效率，发展了基于相似条件的低温低压实验，试验条件满足了几何相似性、运动学相似性、动力学相似性和热相似性，其还推导要满足压力系数 P、雷诺数 Re 和普朗特数 Pr 相似：

$$\frac{p}{\rho v^2} = P \tag{13.33}$$

$$\frac{\rho v l}{\mu} = Re \tag{13.34}$$

$$\frac{c_p \mu}{k} = Pr \tag{13.35}$$

这是 π 定理理论在隔热效果试验模拟中流场模拟的具体应用。与分析式(13.15)一样，只要压力系数 P、雷诺数 Re 和普朗特数 Pr 一样，流速、压力等物理量无论怎么变化其结果都一样。

　　基于此原理, 美国 Hylton 等[37]搭建了导叶测试装置, 通过风洞和压缩空气实现导向叶片低温低压下等效的燃气和冷气环境的模拟, 进一步研究涡轮叶片冷却效果, 验证了基于 π 定理理论, 即物理相似原理试验的可信度、可行性和优越性。德克萨斯大学湍流与涡轮冷却实验室也研制了冷却模拟装置, Dees 等[20]和 Davidson 等[21]基于这台装置研究内部冷却、气膜冷却和热障涂层的隔热效果。其装置的基本结构如图 13.12, 装置由电阻加热的方式产生一定温度的燃气, 并由高压压缩机产生冷却气体通过叶片内部; 为了满足叶片的流动近似, 模拟段是风洞的一小段, 测试段是一个环形, 将环形风洞的拐弯角处修改为涡轮叶片的模拟段, 这样可以容纳三个叶片形成两个流道; 三个模拟叶片放置在风洞的测试段形成两个流道, 为了满足叶片的流动近似, 调整参数使得模拟风洞与服役环境的压力系数 P、雷诺数 Re、毕渥数 Bi、普朗特数 Pr 相似, 为了方便安装热电偶和测量数据, 模拟叶片的尺寸放大了 10 倍。同样, 宾夕法尼亚州立大学的 Lynch 等[38]建立了包含 7 个基于低压涡轮 Pack-B 叶型几何放大尺寸的涡轮叶片的冷效实验段。

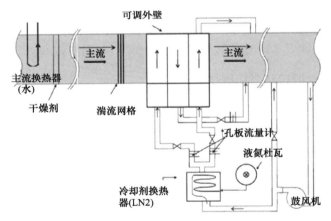

图 13.12　涡轮冷却模拟实验装置

　　国内华北电力大学张立栋等[39]基于静叶栅风洞试验装置, 对叶片前缘区域的气膜冷却效率进行了试验研究, 分析了不同吹风比、不同主流雷诺数对叶片前缘区域冷却效率的影响。Lu 等[40]用加热网加热气体和冷却空气搭建了小型冷却效果低速模拟装置, 研究了圆柱形气膜孔结构嵌入横向沟槽下的冷却效率。西安交通大学李继宸等[41]基于如图 13.13 所示的冷效实验台, 研究了在尾迹影响下有复合角扇形孔涡轮叶片表面的气膜冷却效率, 发现尾迹会使叶片表面气膜冷却效率显著降低, 在尾迹斯特劳哈尔数(表征流动非定常性的无量纲参数, 文中定义为

$Sr = \dfrac{2\pi NnD}{60u}$，$N$ 是转速，n 是湍流发生器扰流棒数目，D 是扰流棒直径，u 表示流体速度)为 0.36 的条件下，小质量流量比时叶片表面气膜冷却效率的平均降幅为 35%，大质量流量比时平均降幅为 26%，气膜冷却效率的下降幅度减小。这些实验模拟装置为涡轮叶片的气膜冷却设计提供了重要的基础。

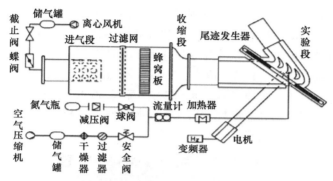

图 13.13　涡轮冷却模拟实验装置

随着服役温度的不断提升，湍流、热斑、辐射、旋转等对涡轮叶片热障涂层传热的影响在低温低压下难以模拟，发展高温、高压、高速旋转服役环境模拟装置，进行动/静叶热障涂层的冷却和隔热研究，是高性能航空发动机的必然需求。高温高速燃气、高速旋转和一定温度冷气是极端服役环境模拟的三大难题。国际上美国 NASA 的高压燃气模拟与测试装置(HPBR)[42]，能够模拟航空发动机内实际燃气的高温高压环境，研究人员能通过石英观察口和图像采集系统观测试样的形貌变化。美国 NASA[43]研究中心的马赫数为 0.3~1 的高速燃气模拟装置，能够模拟超音速高温燃气，如图 13.14 所示。

图 13.14　美国 NASA 马赫数为 0.3~1.0 的高速燃气模拟装置

我们为了研究热障涂层极端服役环境下的失效机制和可靠性，研制了涡轮导向叶片热障涂层服役环境实验模拟与测试装置[44]，详细介绍见第 15 章，这里只针对隔热效果进行简单的描述。该装置由能够形成高温高速燃气并同时可以携带冲蚀颗粒、CMAS 腐蚀颗粒物的超音速燃气喷枪，数字散斑(DIC)、声发射(AE)和红外(IR)等无损检测系统，数据采集与控制系统和辅助模块组成，如图 13.15 所示。该装置实现了高温、冲蚀、CMAS 腐蚀服役环境的一体化模拟，可实现

1700℃高温、1.0 马赫焰流、300m/s 冲蚀等环境的参数可控、可调，同时还实现了带热障涂层涡轮叶片内部冷却和气膜冷却条件。在此基础上，进一步设计高速旋转转子系统和涡轮模型件，研制出了高速旋转工作叶片实验模拟装置[45]，如图 13.16 所示，该装置通过高功率变频电机带动工作叶片的涡轮模型件，以一定转速高速旋转，同时服役环境模拟燃气喷枪产生带有冲蚀颗粒，与腐蚀颗粒的高温高速燃气加载在涡轮叶片热障涂层表面，模拟工作叶片热障涂层高速旋转和燃气交互的服役环境；加热器将高压冷却气体加热到目标温度后，分别经涡轮盘前端进气道与导流板进入工作叶片冷却通道，实现工作叶片热障涂层温度梯度模拟。可实现 1500℃高温、1 马赫速度、250m/s 冲蚀的燃气环境以及 20000r/min 的转速的模拟，工作叶片冷却气体温度 500℃、流量 500L/min 的可控工况。这些装置为我国热障涂层高温高速燃气、高速旋转等航空发动机涡轮工作环境下的隔热效果的研究提供了重要的研究手段。

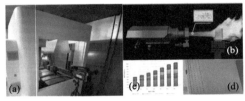

图 13.15　热障涂层静态实验模拟装置

(a) 装置整体；(b) 超音速喷枪；(c) 声发射检测；(d) 试验后剥落叶片

图 13.16　热障涂层动态实验模拟装置

(a) 装置整体；(b) 涡轮模型件；(c) 超音速喷枪；(d) 试验过程；(e) 高速转子系统；(f) 控制与显示系统

13.3.2　涡轮叶片实时测温技术

温度的实时测量是分析涡轮叶片热障涂层隔热效果的重要依据。高温、高压、高速旋转等服役环境给温度实时测量带来了巨大的困难，因此要求测温方式具有精度高、量程大、测温实时性、响应速度快、空间尺度小、稳定性好的特点。目前用于涡轮叶片热障涂层的测温技术主要有薄膜热电偶、磷光热成像、红外热成像等。下面分别介绍这几种测温技术的进展及其在涡轮叶片热障涂层上的应用。

1. 薄膜热电偶测温技术

薄膜热电偶相比于普通热电偶，具有与曲面黏附性好、对气流干扰小、抗振动和冲击等优势，其基本结构如图 13.17 所示，工艺上先在金属基底沉积过渡层，再制备电化学绝缘层，其常用材料是 Al₂O₃，接着沉积测温功能层，最后在顶层沉积保护层，起着抗腐蚀和冲击的作用。功能层是两种不同材料连接成闭合回路，当两种金属连接点存在温差时会产生相应的热电势，即所谓的塞贝克效应。由于涡轮叶片高温环境，早期铜、镍铬合金(K 型)等廉价金属热电偶难以满足需求，美国罗罗公司[46]研制出了测温上限达 1100℃，精度±0.3℃的温度应力测量 Pt13%Rh/Pt(R 型)薄膜传感器。美国 Grant 等[47]运用 Pt/Pt-10%Rh(S 型)薄膜热电偶在燃烧室废气测试条件下，实现 1250K 的涡轮叶片温度分布。英国罗罗公司[46]将研制成功的铂铑薄膜热电偶应用于燃气涡轮发动机，测量了导向叶片高达 1200℃的温度分布，其不确定度为±2%。

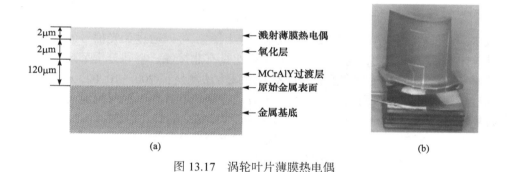

图 13.17　涡轮叶片薄膜热电偶

相对来说，国内将薄膜热电偶应用于航空发动机的研究较晚，安保合[48]运用真空镀膜的方法实现了铂铑 10-铂热电偶与叶片基底一体化结构，然而测量过程中发生薄膜热电偶断裂、膜与细丝引线开焊、测量膜与基底短路等问题，热电偶的损坏率达到 40%，性能上测量误差达到±3%，累积使用寿命不超过 10h 等。为了解决这些问题，Zhang 等[49]研究了 W:Re 薄膜热电偶不同薄膜厚度和基底厚度对附着性的影响，发现改变基底的厚度对其影响不大，薄膜适当增加厚度提高附着性，继续增加会降低薄膜热电偶的塞贝克系数。

赵晓辉等[50]研制了 NiCr/NiSi、PtRh/Pt、ITO/In₂O₃ 及 Pt/ITO 等多种薄膜传感器，所研制的 PtRh/Pt 薄膜热电偶实现了 1000℃高温的测试，在 1100℃下仍具有较好的重复性和稳定性。这些研究进一步和中国燃气涡轮研究院合作[51]，Pt/ITO: N 薄膜热电偶被制备在涡轮叶片上，当测试温度高于 900℃时，Pt/ITO: N 薄膜热电偶能存活 20h 以上，测量误差小于±1.5%，已经成功应用到了发动机涡轮转子叶片表面温度测量。总体来说，涡轮叶片表面温度的薄膜热电偶测温技术已基本实现与应用。然而对于隔热效果的研究，由于涡轮叶片服役环境更加恶劣，未来的薄膜热电偶面临着燃气热冲击、冲蚀、腐蚀下的加速剥落，高速旋转叶片的测温误差与引线困难、热障涂层与薄膜热电偶多层体系的匹配复杂等挑战。

2. 磷光测温技术

磷光测温技术最初产生于 20 世纪 80 年代，目前的测量技术主要分为光谱法、强度法与寿命法三大类，其中磷光寿命法测温效果最佳，应用最广泛。其测温原理是基于光致发光：敏感材料受到激励光的照射使电子跃迁到高能级，当电子从高能级回到基态时，会产生荧光辐射，当达到平衡状态时荧光放射稳定后，激励光消失后的荧光辐射衰减时间与荧光寿命（激发态的寿命）有关。由于荧光寿命与温度关系为

$$\tau(T) = \frac{1 + e^{-\Delta E/kT}}{R_s + R_T e^{-\Delta E/kT}} \tag{13.36}$$

式中，R_s、R_T、k、ΔE 是常数，T 是温度。因此，可以通过荧光信号的衰减时间计算出表面实际温度，与传统测量方法相比具有非接触、空间分辨率高等优势。美国橡树岭(Oak Ridge)[52]国家实验室通过该方法测量了 700～1000℃火焰中静态和旋转涡轮叶片的表面温度，证明了该方法在涡轮叶片热障涂层测温的可行性。姚艳玲等[53]报道英国罗·罗公司研制了一套采用 266nm(Uv)工作的 Nd：YAG 脉冲激光器的测温系统，可以更精确地测量旋转涡轮叶片的温度。

近年来磷光热像技术在国内逐渐得到关注，中北大学的李彦等[54]采用 Cr3+:YAG 晶体作为荧光材料，蓝色发光二极管激励光源，经光纤将荧光信号输出，测得了 10～450℃的温度，误差小于±5℃。中国航天空气动力技术研究院与中科院应用化学所[55]联合研发了磷光热像测量系统，温度测量范围最高约 500℃，该系统成功应用于高超声速模型表面温度与热流的测量。上海交通大学彭迪等[56-59]开展针对燃机透平叶片的高温测试技术的研究，在 1000℃以上高温测量方面已取得一定进展，原理上实现了热障涂层表面和底层温度测量，是未来热障涂层隔热效果研究的测温技术之一。

3. 红外辐射测温

红外辐射测温的原理是基于普朗克黑体辐射定律，通过物体发出的红外辐射的能量大小来确定物体的温度：

$$M(\lambda, T) = \varepsilon(\lambda) \cdot \frac{C_1}{\lambda^5} [e^{\frac{C_2}{\lambda T}} - 1]^{-1} \tag{13.37}$$

其中，$\varepsilon(\lambda)$ 为被测物体在温度为 T 时波长 λ 处的发射率，C_1、C_2 为第一、二辐射常数，λ 为物体的辐射波长，T 为物体的绝对温度。红外测温具有非接触、测温范围广、响应快等优点，已广泛应用于航空发动机高温部件。

Skouroliakou 等[60]利用 Flir T440 型号红外热像仪测温研究，指出发射率、环境背景温度、大气湿度是影响相对温度测量准确性的关键因素。在涡轮叶片的服役环境中使用红外辐射测温，不仅水汽、灰尘会影响精度，过高的背景温度会带来更大的误差。美国 UTC 公司[61,62]相继研究出了利用双波段、三波段测温原理的测温系统，即单色测温仪、双色测温仪、多色测温仪。相比于单色测温仪，双色测温仪是通过邻近通道两个波段红外辐射能量的比值来决定温度的大小，双色测温仪能消除环境中灰尘、水汽对辐射的吸收和反射导致测温不准确的影响。Li 等[63]对单色测温仪、双色测温仪和多色测温仪在 1.2～2.5μm 波长时测量涡轮叶片温度时的误差进行了计算和比较，并采用 CFD 软件对动叶和导叶的温度分布进行了模拟。他发现从叶片压力面前缘到后缘，三种测温仪误差的变化趋势是相同的，先减小，后增大，再减小。双色测温仪的误差小于其他两种测温仪，且随着波长增加误差逐渐减小。

对于热障涂层，波长是影响其发射率和红外测温的重要因素。Manara 等[64]对燃气轮机中长波长红外测温方法进行了探究，发现对于不透明的表面在近或短波长下测温是合适的，但是对于热障涂层陶瓷材料，在近或短波区域存在半透性，测温仪接收到的辐射有一部分来自合金基底，带来较大的误差，而在长波长区域(>10μm)陶瓷材料不是透明的，并且在这个波长区域表现出较高的发射率，使得长波长测温变为可能。欧盟和美国联合课题组的专家 Hiernaut 等[65]结合辐射测温原理与光纤传感器的优点，研制了一种基于多波长辐射测温的亚毫米级高温仪，测量温度范围为 727～1327℃，精度为 1%。Bird[66]早在 20 世纪为了提高测温精度研究发射率修正、信号处理方法，发展生产了 ROTAMAPII 型测温仪，实现了 550～1400℃测温，分辨率为±1℃。

基于此，发射率的标定方法、误差消除和补偿算法是当前国内提高涡轮叶片热障涂层测温精度的研究重点。哈尔滨工程大学的冯驰等[67]基于离散不规则曲面的精确反射模型，计算了用高温计测量转子叶片温度时的反射辐射误差。上海技术物理研究所王跃明等[68]提出了短波红外辐射测温的信号采集以及消除背景辐射的方法。贵州航空发动机研究所、中国燃气涡轮研究院等分别实现了燃气轮机、航空发动机叶片温度的测量。我们模拟了带热障涂层涡轮叶片在热冲击下的工况，并用 Flir309 测量得到涂层表面温度场，如图 13.18 所示[69]。总体来说，由于涡轮叶片热障涂层复杂的服役环境，红外辐射测温是当前测量涡轮叶片表面温度最重要的方法，然而，用于涡轮叶片热障涂层研究、特别是工作叶片热障涂层的研究还需要针对具体工况来消除误差和提高测量精度。

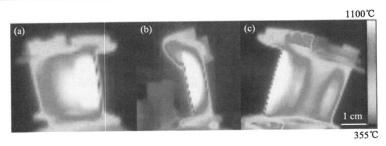

图 13.18　涡轮叶片热障涂层保温阶段表面红外温度云图

(a) 压力面；(b) 前缘；(c) 吸力面

国外研究热障涂层隔热效果的常用测温技术是红外测温技术，结合薄膜热电偶测量涡轮叶片与涂层基底界面温度，以实现涡轮叶片热障涂层隔热效果的测量。发展高测量精度、高稳定性的薄膜热电偶技术和改善复杂环境下发射率的校准、消除测量误差是当前涡轮叶片热障涂层隔热效果研究的关键。

13.3.3　涡轮叶片热障涂层隔热效果实验研究

Davidson 等[21]基于相似原理的实验环境模拟，结合温度测量技术开展了热障涂层与气膜冷却交互作用下的综合冷却效果研究，进一步分析热障涂层的隔热效果对整体冷却效率的影响，为涡轮叶片冷却效率的优化设计提供研究基础，其过程如下。

1. 实验模拟参数设计

实验模拟装置的整体构造如上述的图 13.12 所示。装置主体是一个由 50 马力变速风扇驱动的闭环风洞系统，装置由电阻加热方式产生一定温度的燃气，并由高压压缩机产生冷却气体通过叶片内部，为了满足叶片的流动近似，风洞测试段修改为可以容纳三个叶片的流道，如图 13.19 所示，测试段为了布置热电偶将 C3X 中心模拟叶片放大 12 倍。并通过调节壁面流道使得测试段满足服役过程中的压力系数 P。

为了满足 C3X 叶片服役过程中的雷诺数 Re 相似，湍流发生器被放置在测试段上游 0.50m 处。发生器是由 12 根直径 38mm、间隔 85mm 的垂直棒组成的网格，该湍流发生器可以在涡轮叶片前缘产生特征长度为 3cm、湍流强度为 20%的流体。当去除湍流网时，湍流强度变为 5%。

同时，将主流风洞的高压低温段气体抽出，并通过加热器和液氮冷却共同控制温度，以一定的流量供应给涡轮叶片，形成另一个冷气回路，如图 13.12 所示。为了满足燃气冷气密度比为 1.2，将冷气和氮气以一定比例进行混合后导出。

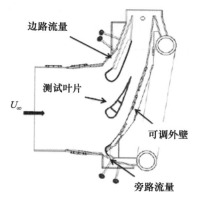

图 13.19　涡轮叶片热障涂层实验模拟测试段[21]

2. 实验模拟件与材料参数

实验模拟的叶片如图 13.20 所示。模拟叶片前端带有一个 U 型的内冷通道，后端带有一个径向直通道，测试叶片在吸力侧有一排 24 个冷却孔，沿弦长相对位置为 $x/C = 0.23$。这些孔与流动方向角度为 42°，孔径为 4.1mm，孔间距 $p/d =3$。

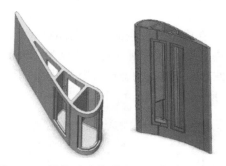

图 13.20　涡轮叶片热障涂层实验模拟叶片[21]

如前所述，对涡轮叶片热障涂层进行实验研究，还需满足热相似性，即实验环境与真实涡轮叶片服役环境毕渥数 Bi 相似。由于本次实验涡轮叶片尺寸为真实叶片的 12 倍，其涡轮叶片弦长和热障涂层厚度变化了，根据式(13.10)和式(13.11)，为了满足 Bi 相似，中心测试叶片由环氧树脂制成导热系数 $k = 1.02W/(m·K)$，模拟 TBCs 选用的材料是软木，其导热系数被测量为 0.065W/(m·K)。基于此，涡轮叶片热障涂层实验模拟的参数与真实服役环境下涡轮叶片热障涂层几何和材料参数进行对比，如表 13.3。可以发现，虽然尺寸发生了变化，但其叶片的 Bi 基本相等，说明了该模拟工况下的实验结果与真实服役环境下的结果是相似的。

表 13.3　涡轮叶片热障涂层实验模拟与真实工况参数对比[21]

参数	真实叶片	模拟叶片
叶片基底厚度/cm	0.13～0.3	1.27
TBCs 厚度/cm	0.025	0.23
叶片基底热导率/(W/(m·K))	20	1.02
TBCs 热导率/(W/(m·K))	1.5	0.065
对流换热系数/(W/(m²·K))	1500～5000	25～90
基底与 TBCs 厚度比	5.2	5.52
基底与 TBCs 热导率比	13.3	15.7
叶片毕渥数	0.3～0.6	0.3～1.1

3. 实验测温技术

该实验运用了红外测温和热电偶测温相结合的测温技术，其中红外测温是运用 FLIR 系统 ThermaCAM®P20 和 P25 红外相机，实验过程中通过 NaCl 或 ZnSe 窗口得到实验段叶片表面温度，分辨率为 1.5 像素/mm，像素为 260×240，为了提高测量精度,运用安装在模拟叶片表面的热电偶对红外测温的发射率进行校准。采用的热电偶为 E 型热电偶，每个测点的尺寸仅为 $1.5\text{mm} \times 1.5\text{mm} \times 0.1\text{mm}$，以便于尽可能减小热电偶对流场的扰动、红外测温视野的干扰和气膜孔效率的影响。热电偶布置如图 13.21 所示。

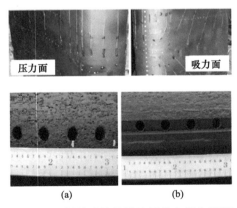

图 13.21　涡轮叶片热障涂层热电偶布置[21]

4. 隔热效果分析

图 13.22 为无气膜冷却时内部冷气取不同雷诺数下有无热障涂层叶片表面的

冷却效率。这里的内部冷却是冷气只在叶片内部流过，从尾缘槽流出带走叶片热量，但没有气膜孔的冷却技术。其中横坐标是叶片沿弦的位置百分比，密度比为1.2，湍流强度为 5%，可以看出，雷诺数增加和添加热障涂层可以显著地提升涡轮叶片的冷却效率。因此，提高内部冷却气体的湍流度和增加热障涂层厚度是提高叶片冷却效率的重要途径。

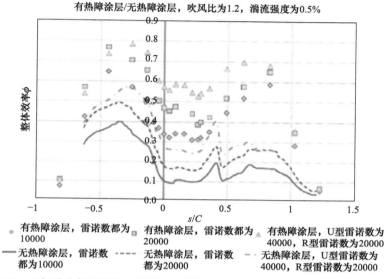

图 13.22 无气膜冷却时不同内部冷气雷诺数下有无热障涂层叶片表面的冷却效率[21]
即前文中的综合冷却效率ϕ，s 是沿弦长的位置，C 是弦长，s/C 表示沿弦长的相对位置

图 13.23 为不同吹风比下圆孔气膜孔有无热障涂层叶片表面的冷却效率。可以很明显看出，在无热障涂层时，随着吹风比的提高，冷却效率明显提高。当考虑热障涂层时，涡轮叶片整体气膜冷却效率总体提高。对比分析有无热障涂层，可以发现当热障涂层存在时，通过增大吹风比来提高涡轮叶片冷却效率的效果越来越不明显了，总体冷却效果仍然保持在吹风比 $M = 0.64$ 时的冷却效果。

图 13.24 为不同内部冷气雷诺数时热障涂层隔热效率，这里既有内部冷却即冷气在叶片内部流过从尾缘槽流出带走叶片热量，又有气膜孔的冷却技术即气膜孔在叶片表面形成一层冷气膜的冷却技术。图中纵坐标代表热障涂层的相对效率，其与前文中热障涂层隔热效果，即式(13.8)的含义是一样的，但表达式不同。在研究中，TBCs 的相对效率随着内孔雷诺数的增加而增加，这与前文中热障涂层隔热效果的分析结论是一致的。在 $s/C=0.30$ 的位置上，通过内部雷诺数的增加，热障涂层相对效率的提高幅度约为 0.20～0.25。

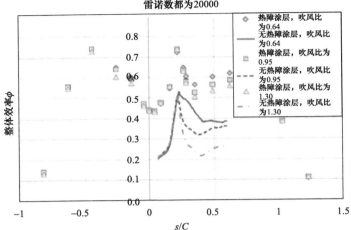

图 13.23　不同吹风比下，圆孔气膜孔有无热障涂层叶片表面冷却效率[21]
即前文中的综合冷却效率 ϕ，s 是沿弦长的位置，C 是弦长，s/C 表示沿弦长的相对位置

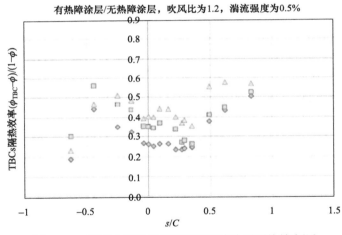

图 13.24　不同内部冷气雷诺数时热障涂层隔热效率[21]

13.4　隔热效果影响因素

提炼热障涂层隔热效果的关键参数、明确关键参数对隔热效果的影响规律是进行高性能航空发动机涡轮叶片热障涂层优化设计的必然途径。由于高温测温技术的限制，尤其是高温燃气、冷气 CMAS 腐蚀、旋转等复杂服役环境的实验模拟技术匮乏，高温燃气、冷气、气膜孔结构材料参数等影响因素众多，规律不一，使得带热障涂层涡轮叶片的隔热效果及其影响因素研究进展较为缓慢。本节将涡

轮叶片热障涂层隔热效果影响因素的研究现状分为气膜冷却和热障涂层隔热两个
部分。每个部分又分为涂层材料参数、服役环境、冷却结构三个方面进行概述。

13.4.1　材料参数影响因素

影响热障涂层隔热效果的材料参数主要有材料成分、微观结构、孔隙率和
涂层厚度等，其中材料成分、微观结构、孔隙率是通过涂层热导率的参数来影
响热障涂层隔热效果的。容易理解的是，越低的热导率和高的厚度有利于增强
热障涂层隔热效果。基于此，通过改变制备工艺、微观结构和材料成分来降低
涂层关键参数热导率、提高热障涂层隔热效果，是当前热障涂层隔热效果研究
的关注点。

Ren 等[13]制备了 YSZ 和双层 YSZ/Al$_2$O$_3$ 两种涂层，通过如图 13.25 所示恒温炉
进行隔热性能实验。在测试中，衬底无 TBCs 试样和 TBCs 试样固定在氧化铝管的
一端，采用三个 K 型热电偶作为传感器，分别安置在炉子里测量炉温(T_0)、无涂层
背面基材(T_1)、单 YSZ 涂层(T_2)、双层涂层(T_{20}))监测温度。用流量 50ml/min 的氩气
冷却基底。电阻炉平均升温速率为 20℃/min，炉内平均升温速率为 20℃/min，温
度(T_0, T_1, T_2, T_{20})开始记录时，T_0 达到 450℃时记录温度数据，直到 T_0 达到 1150℃。
通过 $\Delta T = T_2 - T_1$ 得到热障涂层隔热性能。结果发现在 1150℃时，双层 YSZ/Al$_2$O$_3$
涂层两端的温度差比 YSZ 两端的增加了 6.9%，如图 13.26 所示。

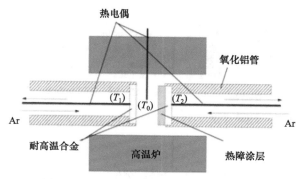

图 13.25　单层和双层热障涂层的隔热效果

Wang 等[14]基于有限元法模拟了具有不同孔隙空间和几何特征的 TBCs 的传
热行为。模拟结果表明，热障涂层的隔热效果随着孔隙的尺寸、体积分数和垂直
于涂层厚度方向的孔隙层数的增加而提高。计算结果还表明，表面存在的气孔对
增强隔热效果没有任何帮助，反而将有助于从外部到基板的热传递。事实上，表
面孔隙的存在会降低陶瓷涂层的有效厚度，从而降低保温效果，但涂层内部的孔
隙有助于提高 TBCs 的保温效果，如图 13.27 所示。这些研究说明一定量的空隙

和裂纹有利于提高热障涂层的隔热性能。

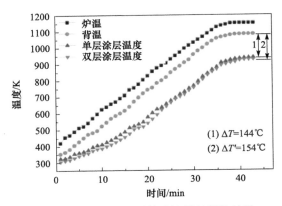

图 13.26　单层和双层热障涂层的隔热效果

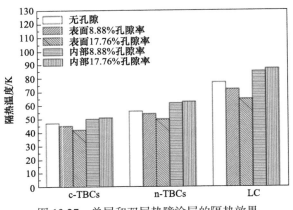

图 13.27　单层和双层热障涂层的隔热效果

清华大学郑艺欣[70]针对热障涂层的微观形貌建立了热导率 k_c 和孔隙率 φ 的关系：

$$k_c = k_m(1-\varphi)^{3/2} \qquad (13.38)$$

式中，k_m 是致密固相的热导率。因此，大气等离子喷涂制备的涂层，内部存在大量气孔，降低了涂层的密度，保证了较低的热导率，常用于服役温度更高的导向叶片，而物理气相沉积的热障涂层由于结构更紧密、热导率更高。此外，由于材料内部传热是基于声子传热，其声子热导 k_{ph} 可以表示为

$$k_{ph} = \frac{1}{3}C_V v_m l \qquad (13.39)$$

这里，C_V 代表等容热容，v_m 是声子传播的平均声速，l 是声子在材料中的平均自

由程。因此，降低声子自由程、增加声子散射是近年来降低材料热导率的主要研究方向。Clarke[15]综合涂层各种因素推导出在选择低热导率热障涂层材料时如果满足$\rho^{1/6}E^{1/2}/(M/m)^{2/3}$取最小值（$\rho$是密度，$E$是弹性模量，$M$是分子质量，$m$是一个分子中所含的原子数），即材料满足大的分子量、复杂的晶体结构、无方向性的键合且每个分子中有许多不同原子这几个条件时，其倾向于拥有更低的热导率。近年来，各种掺杂的稀土锆酸盐提高晶格畸变增加声子散射的方式被广泛研究。Xiang 等[16]研究发现 $La_2Zr_2O_7$ 以及 $La_2Zr_2O_7$ 添加 Yb_2O_3 和 CeO_2 后涂层的萤石结构带有缺陷，导致比 $La_2Zr_2O_7$ 拥有更低的热导率和更高的热膨胀系数。Vasen 等[17]总结了目前研究的主要相关材料，如图 13.28 所示，从图可以看出如果只是单独考虑热传导系数的话具有烧绿石结构的材料有望成为 YSZ 最适合的替代品。

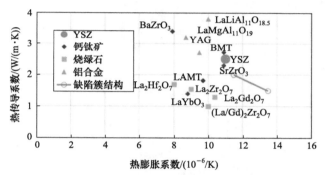

图 13.28　先进新型热障涂层的热导率和热膨胀系数

13.4.2　服役环境影响因素

服役环境是影响热障涂层隔热效果的重要因素，主要包括燃气和冷气的温度、速度、湍流度等参数。这些参数不仅影响涡轮叶片热障涂层温度场，并且参数之间相互影响改变了叶片表面温度场，这导致影响因素的实验研究周期长、成本高，当前的研究主要集中在数值模拟。王应龙等[71]通过流固耦合数值模拟研究涡轮叶片温度场，发现热障涂层的隔热效果对涡轮入口温度较敏感，在低温段，随着入口温度的升高而增大，但隔热效率会因温度过高而达到极限，隔热效率保持在 24%左右；叶片表面最大换热系数与外流场入口速度成正相关，比例约为 8.57，隔热效果随着外流场速度增高而降低。Prapamonthon 等[72]通过数值模拟方法研究带热障涂层的导向叶片冷却效率对主流湍流度的影响，发现热障涂层在压力面比吸力面有更好的隔热效果，并发现随着湍流度增大，TBCs 对总体冷却效率的影响更明显。通过提高雷诺数，TBCs 的有效性随着内部冷却效率的提高而提高，如图 13.29 所示。实验上，Davidson 等[21]通过等效毕渥数低温(400℃)实验，运用红外热成像和薄膜热电偶技术测量叶片温度，研究了不同内部冷却气体湍流度时热障涂层的隔热性能，发现其显著提高了整体冷却效率，且涂层效率(如图 13.24 纵坐标)会随着内部冷却效率的增加而增加。当前服役环境对热障涂层隔热效果影响的报道还非常有限，没有形成系统。相对来说，我国关于隔热效果的定量分析的实验数据还不够多，尽管通过简单试样开展了部分测试，但数据的可靠性还不够，尤其只是在高温炉上测试的数据基本不可信。

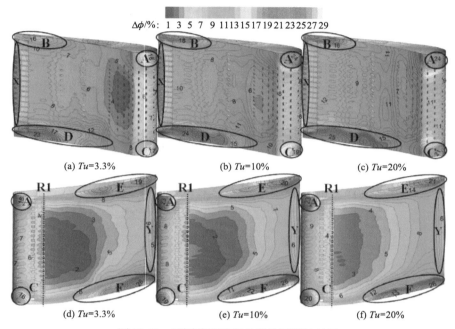

图 13.29　不同湍流强度热障涂层隔热效果

(a) 湍流度为 3.3%的压力面；(b) 湍流度为 10%的压力面；(c) 湍流度为 20%的压力面；(d) 湍流度为 3.3%的吸力面；(e) 湍流度为 10%的吸力面；(f) 湍流度为 20%的吸力面

13.4.3　冷却结构影响因素

　　冷却结构是通过改变气膜冷却、流场结构等影响叶片内部热流来改变热障涂层的隔热效果，是涡轮叶片热障涂层冷却设计的关键。微小的结构参数差异在高压高速环境下，会显著影响涡轮叶片整体的冷却效果。一般包含内部冷却结构、气膜孔结构、数量等参数。如 Mensch 等[73]建立了叶片壁面的耦合传热模型，基于流固耦合方法研究发现热障涂层可以显著地降低叶片基底温度，且随着吹风比增大，热障涂层减少壁面的热传导使得冷却效率更大。Webb 等[8]运用壁面相似法则、结合实验建立了传热和壁面摩擦的关联性，基于这一关联研究扰流柱和扰流肋对壁面换热的影响，发现扰流柱和扰流肋可以强化内部冷却效率，降低涡轮叶片温度，并可根据肋片的高度和间距来优化内部冷却效率。Bogard 等[10]总结了冷却性能的主要影响因素如表 13.4，发现吹风比，湍流度、气膜孔形状和角度是影响冷却性能的重要参数，冷却效率随着冷却射流分离从而降低，表面曲率、高自由湍流度以及孔出口的形状对冷却射流分离时的吹风比有显著影响，从而大大改变了气膜冷却性能。尽管已经有大量冷却结构参数对冷却效率的研究，然而气膜孔结构参数对热障涂层隔热效果的影响还非常少。Davidson 等[21]在这方面做了一些研究，在不同气膜孔形状等因素对综合冷却效率的影响下，发现热障涂层可以显著提高综合冷却效率，但设计更复杂气膜孔形状在提高冷却效率上意义不大，在设计的同时更应该考虑热障涂层的服役寿命。综上可知，涡轮叶片热障涂层的影响因素很多，影响规律复杂，实际工作环境的实验研究需加强，只有可靠的数据才能用于先进航空发动机涡轮叶片热障涂层的设计和优化。

表 13.4　气膜冷却影响因素[10]

冷却/燃气条件	气膜孔几何	叶片几何
吹风比	气膜孔形状	叶片表面曲率
主流湍流度	气膜孔角度	表面粗糙度
冷气密度比	气膜孔数量、间距	气膜孔位置
燃气马赫数	气膜孔长度	（前缘、尾缘、叶尖、…）
旋转	气膜孔排间距	

13.5　总结与展望

本章总结了热障涂层隔热效果的理论分析、实验测试技术和影响因素，阐述了热障涂层隔热效果数值模拟和实验研究方法，以及影响热障涂层隔热效果的关键参数，为优化先进航空发动机涡轮叶片热障涂层制备工艺和结构设计提供了基础。但当前还存在以下几个方面需要研究人员进一步深入探索。

(1) 优化热障涂层与气膜冷却相互影响的评价模型，建立各个参数与隔热效果的关联，发展基于涂层内部微观结构的数值模拟方法，发展结构优化的数值方法，为热障涂层隔热效果的预测和优化设计提供理论基础。

(2) 开发针对涡轮叶片环境下热障涂层表面和界面温度测量技术。突破高速旋转下、高温火焰中叶片表面的红外测温技术和测量界面温度的薄膜热电偶技术。

(3) 研制高速旋转、热力化耦合环境模拟装置，研究高速旋转下燃气、冷气等参数对隔热效果的影响，与数值模拟相互验证，促进工作叶片热障涂层隔热效果的优化和提升。

参 考 文 献

[1] Wang Y Z, Liu H Z, Ling X X, et al. Effects of pore microstructure on the effective thermal conductivity of thermal barrier coatings[J]. Applied Thermal Engineering, 2016, 102: 234-242.

[2] Fink P J, Miller J L, Konitzer D G. Rhenium reduction-alloy design using an economically strategic element[J]. JOM, 2010, 62(1): 55-57.

[3] Wahl J B, Harris K. New Single Crystal Superalloys, CMSX®-7 and CMSX-8[J]. Superalloys, 2012, TMS: 179-188.

[4] Sato J, Omori T, Oikawa K, et al. Cobalt-base high-temperature alloys[J]. Science, 2006, 312(5770): 90-91.

[5] Lu Y Z, Xie G, Wang D, et al. Anisotropy of high temperature creep properties of a Co-base single crystal superalloy[J]. Materials Science and Engineering: A, 2018, 720: 69-74.

[6] Walston W S, O'Hara K S, Ross E W, et al. René N6: Third Generation Single Crystal Superalloy[J]. Superalloys, 1996, TMS: 27-34.

[7] Pollock T M, Dibbern J, Tsunekane M, et al. New Co-based γ-γ' high-temperature alloys[J]. JOM, 2010, 62(1): 58-63.

[8] Webb R L, Eckert E R G, Goldstein R J. Heat transfer and friction in tubes with repeated-rib roughness[J]. International Journal of Heat and Mass Transfer, 1971, 14(4): 601-617.

[9] Jubran B A, Hamdan M A, Abdualh R M. Enhanced heat transfer, missing pin, and optimization for cylindrical pin fin arrays[J]. Journal of Heat Transfer, 1993, 115(3): 577-583.

[10] Bogard D, Thole K A. Gas turbine film cooling[J]. Journal of Propulsion and Power, 2006, 22(2): 249-270.

[11] 戴萍, 林枫. 燃气轮机叶片气膜冷却研究进展[J]. 热能动力工程, 2009, 24(1): 1-6.

[12] Liu Z Y, Zhu W, Yang L, et al. Numerical prediction of thermal insulation performance and stress distribution of thermal barrier coatings coated on a turbine vane[J]. International Journal of Thermal Sciences, 2020, 158: 106552.

[13] Ren C, He Y, Wang D, et al. Fabrication and characteristics of YSZ–YSZ/Al₂O₃ double-layer TBC[J]. Oxidation of Metals, 2011, 75(5): 325-335.

[14] Wang L, Wang Y, Sun X G, et al. Influence of pores on the thermal insulation behavior of thermal barrier coatings prepared by atmospheric plasma spray[J]. Materials and Design, 2011, 32(1): 36-47.

[15] Clarke D R. Materials selection guidelines for low thermal conductivity thermal barrier coatings[J]. Surface and Coatings Technology, 2003, 163-164: 67-74.

[16] Xiang J Y, Chen S H, Huang J H, et al. Phase structure and thermophysical properties of co-doped La₂Zr₂O₇ ceramics for thermal barrier coatings[J]. Ceramics International, 2012, 38(5): 3607-3612.

[17] Vasen R, Jarligo M O, Steinke T, et al. Overview on advanced thermal barrier coatings[J]. Surface and Coatings Technology, 2010, 205(4): 938-942.

[18] Maikell J, Bogard D, Piggush J, et al. Experimental simulation of a film cooled turbine blade leading edge including thermal barrier coating effects[J]. Journal of Turbomachinery, 2009, 133(1): 121003.

[19] Harrison G F. The Influence of new materials and manufactuding processes on the design of future aero engines[J]. European Propulsion Forum, 1993, ISBN 1857681258.

[20] Dees J E, Bogard D, Ledezma G A, et al. Experimental measurements and computational predictions for an internally cooled simulated turbine vane with 90 degree ridturbulators[J]. Journal of Turbomachinery, 2012, 134(6): 061003.

[21] Davidson T, Dees J E, Bogard D. An experimental study of thermal barrier coatings and film cooling on an internally cooled simulated turbine vane[J]. Proceedings of ASME Turbo Expo, 2011: 559-570.

[22] Ziaei-Asl A, Ramezanlou M T. Thermo-mechanical behavior of gas turbine blade equipped with cooling ducts and protective coating with different thicknesses[J]. International Journal of Mechanical Sciences, 2019, 150: 656-664.

[23] Zhu W, Wang J W, Yang L, et al. Modeling and simulation of the temperature and stress fields in a 3D turbine blade coated with thermal barrier coatings[J]. Surface and Coatings Technology, 2017, 315: 443-453.

[24] Wilcox D C. Turbulence Modeling for CFD[C]. La Canada, CA: DCW Industries, 1998.

[25] Heselhaus A, Vogel D. Numerical Simulation of Turbine Blade Cooling with Respect to Blade Heat Conduction and Inlet Temperature Profiles[C]. 31st Joint Propulsion Conference and Exhibit, 1995: 3041.

[26] Sondak D, Dorney D. Simulation of Coupled Unsteady Fluid Dynamics and Conduction Heat Transfer in a Turbine Stage[C]. 35th Joint Propulsion Conference and Exhibit, 1999: 2521.

[27] Eifel M, Caspary V, Honen H, et al. Experimental and numerical analysis of gas turbine blades with different internal cooling geometries[J]. Journal of Turbomachinery, 2009, 133(1): 011018.

[28] Moritz N, Kusterer K, Bohn D, et al. Conjugate calculation of a film-cooled blade for improvement of the leading edge cooling configuration[J]. Propulsion and Power Research, 2013, 2(1):1-9.

[29] Menter F R. Two-equation eddy-viscosity turbulence models for engineering application[J]. AIAA Journal, 1994, 32(8): 1598-1605.

[30] Yoshiara T, Sasaki D, Nakahashi K. Conjugate heat transfer simulation of cooled turbine blades using unstructured-mesh CFD solver[C]. 49th AIAA Aerospace Sciences Meeting including the New Horizons Forum and Aerospace Exposition, 2011: 498.

[31] 董平. 航空发动机气冷涡轮叶片的气热耦合数值研究[D]. 哈尔滨：哈尔滨工业大学, 2009.

[32] Du K, Li J. Numerical study on the effects of slot injection configuration and endwall alignment mode on the film cooling performance of vane endwall[J]. International Journal of Heat and Mass Transfer, 2016, 98: 768-777.

[33] Zhang K Y, Li J, Li Z G, et al. Effects of simulated swirl purge flow and mid-passage gap leakage on turbine blade platform cooling and suction surface phantom cooling performance[J]. International Journal of Heat and Mass Transfer, 2019, 129: 618-634.

[34] Alizadeh M, Izadi A, Fathi A. Sensitivity analysis on turbine blade temperature distribution using conjugate heat transfer simulation[J]. Journal of Turbomachinery, 2014, 136(1): 011001.

[35] Ke Z Q, Wang J H. Numerical investigations of pulsed film cooling on an entire turbine vane[J].

Applied Thermal Engineering, 2015, 87: 117-126.

[36] Gladden H J, Livingood J N B. Procedure for Scaling of Experimental Turbine Vane Airfoil Temperatures from Low to High Gas Temperatures[M]. National Aeronautics and Space Administration, 1971: D-6510.

[37] Hylton L D, Mihelc M S, Turner E R, et al. Analytical and experimental evaluation of the heat transfer distribution over the surfaces of turbine vanes[J]. NASA Technical Memorandum, 1983, 133(1): 011019.

[38] Lynch S P, Sundaram N, Thole K A, et al. Heat transfer for a turbine blade with non-axisymmetric endwall contouring[J]. Journal of Turbomachinery, 2011, 133(1): 01083.

[39] 张立栋, 杜利梅, 王梅丽, 等. 燃气透平叶片前缘气膜冷却效率的试验研究[J]. 动力工程学报, 2011, 31(11): 835-839.

[40] Lu Y P, Dhungel A, Ekkad S V, et al. Effect of trench width and depth on film cooling from cylindrical holes embedded in trenches[J]. Journal of Turbomachinery, 2009, 131(1): 011003.

[41] 李继宸, 朱惠人, 陈大为, 等. 尾迹影响下有复合角扇形孔涡轮叶片表面的气膜冷却效率实验研究[J]. 西安交通大学学报, 2019, 53(9): 167-175.

[42] Robinson R C. NASA GRC's high pressure burner rig facility and materials test capabilities[C]. NASA Technical Memorandum, 1999: 209411.

[43] Zhu J D, Miller R A, Kuczmarski M A. Development and life prediction of erosion resistant turbine low conductivity thermal barrier coatings[C]. NASA Technical Memorandum, 2010: 215669.

[44] Zhou Y C, Yang L, Zhong Z C, et al. Type of testing equipment for detecting the failure process of thermal barrier coating in a simulated working environment[P]. U.S. Patent , 14760444. 2018-04-10.

[45] 杨丽, 周益春, 刘志远, 等. 一种涡轮叶片热障涂层工况模拟实验测试系统[P]. 中国专利, CN109682702B. 2020-03-20.

[46] Lepicovsky J, Bruckner R, Smith F. Application of thinfilm thermocouples to localized heat transfer measurements[J]. Joint Propulsion Conference and Exhibit, 1995, AIAA-95-2834.

[47] Grant H P, Przybyszewski J S, Claing R G. Turbine blade temperature measurements using thin film temperature sensors[J]. Turbine Blades, 1981, NASA, TMX-71844.

[48] 安保合. 薄膜温度传感器的研制及应用[J]. 推进技术, 1992, 1: 63-67.

[49] Zhang Y, Cheng P, Yu K Q, et al. ITO film prepared by ion beam sputtering and its application in high-temperature thermocouple[J]. Vacuum, 2017, 146: 31-34.

[50] Zhao X H, Wang Y R, Chen Y Z, et al. Enhanced thermoelectric property and stability of NiCr-NiSi thin film thermocouple on superalloy substrate[J]. Rare Metals, 2017, 36(6): 512-516.

[51] 赵文雅, 蒋洪川, 陈寅之, 等. 金属基Pt/ITO薄膜热电偶的制备[J]. 测控技术, 2013, 32(4): 23-25.

[52] Tobin K W, Allison S W, Cates M R, et al. High-temperature phosphor thermometry of rotating turbine blades[J]. Aiaa Journal, 2012, 28(8): 1485-1490.

[53] 姚艳玲, 代军, 黄春峰. 现代航空发动机温度测试技术发展综述[J]. 航空制造技术, 2015, (12): 103-107.

[54] 李彦, 王艳红, 魏艳龙. 一种光纤荧光光谱测温方法的研究[J]. 传感器世界, 2014, 20(11): 23-26.

[55] 毕志献, 韩曙光, 伍超华, 等. 磷光热图测热技术研究[J]. 实验流体力学, 2013, 27(3): 87-92.

[56] Cai T, Guo S T, Li Y Z, et al. Ultra-sensitive mechanoluminescent ceramic sensor based on air-plasma-sprayed $SrAl_2O_4:Eu^{2+}$, Dy^{3+} coating[J]. Sensors and Actuators A: Physical, 2020, 315: 112246.

[57] Li Y Z, Peng D, Zhou W W, et al. Comparison of PSP and TSP Measurement Techniques for Fast Rotating Blades[J]. AIAA Aviation, 2018: 3317.

[58] Cai T, Peng D, Liu Y Z, et al. A correction method of thermal radiation errors for high-temperature measurement using thermographic phosphors[J]. Journal of Visualization, 2016, 19(3): 383-392.

[59] Peng D, Liu Y Z. A grid-pattern PSP/TSP system for simultaneous pressure and temperature measurements[J]. Sensors and Actuators B: Chemical, 2016, 222: 141-150.

[60] Skouroliakou A S, Seferis I E, Sianoudis I A, et al. Infrared thermography imaging: evaluating surface emissivity and skin thermal response to IR heating[J]. e-Journal of Science and Technology, 2014, 3: 9-14.

[61] Gebhart J R, Kinchen B E, Strange R R. Optical pyrometer and technique for temperature measurement[P]. U. S. Patent, 4222663. 1980-09-16.

[62] Gonzalez E S, Oqlukian R L. Triple spectral area pyrometer[P]. U.S. Patent, 5125739. 1992-06-30.

[63] Li D, Feng C, Gao S, et al. Effect of pyrometer type and wavelength selection on temperature measurement errors for turbine blades[J]. Infrared Physics and Technology, 2018, 94: 255-262.

[64] Manara J, Zipf M, Stark T, et al. Long wavelength infrared radiation thermometry for non-contact temperature measurements in gas turbines[J]. Infrared Physics and Technology, 2017, 80: 120-130.

[65] Hiernaut J P, Beukers R, Heinz W, et al. Submillisecond six-wavelength pyrometer for high-temperature measurements in the range 2000 to 5000K[J]. High Temperature High Press, 1986, 18: 617-625.

[66] Bird C, Parrish C J. Component temperature measuring method[P]. U. S. Patent, 7003425. 2006-02-21.

[67] Gao S, Wang L X, Feng C, et al. Analysis and improvement of gas turbine blade temperature measurement error[J]. Measurement Science and Technology, 2015, 26(10): 105203.

[68] 王跃明, 祝倩, 王建宇, 等. 短波红外高光谱成像仪背景辐射特征研究[J]. 红外与毫米波学报, 2011, 30(3): 279-283.

[69] Zhu W, Zhang C X, Yang L, et al. Real-time detection of damage evolution and fracture of EB-PVD thermal barrier coatings under thermal shock: an acoustic emission combined with digital image correlation method[J]. Surface and Coatings Technology, 2020, 399: 126151.

[70] 郑艺欣. 热障涂层材料显微结构分析与热导率估算的研究[D]. 北京：清华大学, 2017

[71] 王应龙, 杨晶晶. 带热障涂层发动机气冷涡轮叶片温度场研究[J]. 机械科学与技术, 2020,

1: 1-7.

[72] Prapamonthon P, Xu H Z, Yang W S, et al. Numerical study of the effects of thermal barrier coating and turbulence intensity on cooling performances of a nozzle guide vane[J]. Energies, 2017, 10(3): 362.

[73] Mensch A, Thole K A, Craven B A. Conjugate heat transfer measurements and predictions of a blade endwall with a thermal barrier coating[J]. Journal of Turbomachinery, 2014, 136(12): 121003.

第 14 章　热障涂层可靠性评价

在热障涂层剥落瓶颈还十分突出的情况下，无论是材料研制部门，还是应用部门，都迫切需要了解服役环境下涂层什么时候、在什么位置、以什么形式剥落，并从机理上找出关键的影响因素与安全的服役条件，指导工艺优化与安全应用。从 20 世纪 80 年代开始，国际上就从强度、损伤、界面裂纹扩展等不同角度对涂层的服役寿命评价进行了研究，如 Busso 等基于 TGO 残余应力[1]、Liu 等基于热循环应力[2]、Jordan 等基于残余应力阈值[3]等从强度出发的寿命模型，又如 He 等基于界面裂纹扩展[4]、Renusch 等基于裂纹声发射信号[5]等从断裂理论出发的寿命模型。虽然这些模型对推动热障涂层的应用发挥了一定的作用，但因为预测结果与工程实际相差较远，从而还无法得到工程应用。

热障涂层各层与界面性能如模量、强度、断裂韧性等是分散的；结构如孔隙、裂纹、界面形貌等也是分散的；服役环境如燃气温度、速度、腐蚀介质等都不是确定的值。因此，热障涂层服役寿命也一定不是确定的值。这样，企图用单一损伤参数来预测服役寿命显然会与实际情况存在很大的误差。为此，我们提出基于失效概率的可靠性评估方法，能综合考虑热障涂层性能、结构、环境的分散性，分析热障涂层各种服役载荷下的失效位置、概率与影响因素。

本章主要介绍热障涂层可靠性评价理论与数值计算方法，并围绕热循环、界面氧化、高温冲蚀等关键环境下涂层可靠性进行具体阐述。

14.1　热障涂层可靠性基本理论

在热障涂层性能、结构、环境都在某一范围以某种规律变化的情况下，某种失效如界面氧化、涂层剥落等也必然是概率事件。热障涂层可靠性分析指涂层在不确定性基本变量(性能、结构、环境)情况下保证完好的概率分析；从另一个角度也可描述为，涂层各种失效行为发生的概率分析，故也称为失效概率分析，而基本变量对可靠性或者失效概率的影响程度即灵敏度。本节就可靠性、可靠度、灵敏度等基本概念及其数学描述进行简要介绍。

14.1.1　性能、结构与环境参数的随机性及其分布规律

可靠性理论是基于结构在设计、制造和使用过程中存在的不确定性而建立和

发展起来的。具体到热障涂层时，影响可靠性的不确定性主要体现在性能、几何结构与服役环境等参数具有随机性，体现形式是他们的观测值(或测量值)有分散性，所以要把他们看作随机变量且一般为连续型随机变量。连续型随机变量的分布规律可以用概率密度函数或累积概率分布函数和数字特征参数(期望和方差)来描述。常见的连续型随机变量类型有正态分布、均匀分布和威布尔分布等。

(1) 正态分布。正态分布是最常见的分布，实际的生产与科学实验中很多随机变量的概率密度分布都可以近似地用正态分布来描述。判断随机变量服从或近似服从正态分布的方法：有若干个相互独立的随机因素影响某一随机变量，但是其中的任意单个因素对其影响都不能起决定作用。影响热障涂层可靠性的几何结构(如涂层厚度等)和部分材料参数(杨氏模量、热膨胀系数等)都可认为服从正态分布。

如果连续型随机变量 X 的概率密度函数为[6]

$$f_X(X) = \frac{1}{\sqrt{2\pi}\sigma_X} \exp\left[-\frac{(X-\mu_X)^2}{\sigma_X^2}\right], \quad -\infty < X < +\infty \tag{14.1}$$

则称随机变量 X 服从正态分布，记为 $X \sim N(\mu_X, \sigma_X^2)$，其中 μ_X 为平均值，σ_X 为标准差。

其累积概率分布函数为

$$F_X(X) = \frac{1}{\sqrt{2\pi}\sigma_X} \int_{-\infty}^{X} \exp\left[-\frac{(t-\mu_X)^2}{\sigma_X^2}\right] dt \tag{14.2}$$

当 $\mu_X = 0$，$\sigma_X = 1$ 时，称 $X \sim N(0,1)$ 为标准正态分布，如果随机变量 X 服从非标准正态分布，可以将其转化为服从标准正态分布的随机变量 Y，具体的转换关系为

$$Y = \frac{X - \mu_X}{\sigma_X} \tag{14.3}$$

根据这个关系式，可以将任意的非标准正态分布转化为标准正态分布。

(2) 威布尔分布。威布尔分布是 20 世纪 30 年代瑞典工程师威布尔在研究轴承等结构的强度和疲劳寿命问题时提出来的，他解释这些强度和寿命问题依靠的是"链式"模型，即整个"链条"的强度是由最薄弱的"环节"的强度决定的。设各"环节"的强度或寿命相互独立，则求链条的强度或寿命的概率分布只需求其极小值的分布，在此基础上产生了威布尔分布函数。威布尔分布能充分反映材料缺陷或应力集中源对其强度或寿命的影响，因此，威布尔分布已经广泛应用于可靠性工程中[7-9]。国内外许多研究人员都开展了威布尔参数描述热障涂层材料的

随机特性，得出热障涂层的断裂韧性、界面结合能服从威布尔分布[11-15]。

如果随机变量 X 服从三参数威布尔分布，则其概率密度函数为

$$f_X(X) = \begin{cases} \dfrac{m}{\eta}\left(\dfrac{X-\gamma}{\eta}\right)^{m-1}\exp\left[-\left(\dfrac{X-\gamma}{\eta}\right)^m\right], & X \geqslant \gamma \\ 0, & X < \gamma \end{cases} \tag{14.4}$$

其累积概率分布函数为

$$F_X(X) = P(t \leqslant X) = \begin{cases} 1-\exp\left[-\left(\dfrac{X-\gamma}{\eta}\right)^m\right], & X \geqslant \gamma \\ 0, & X < \gamma \end{cases} \tag{14.5}$$

其中，$\gamma \geqslant 0$ 为位置参数，即最低寿命；$\eta > 0$ 为特征寿命或尺度参数；$m > 0$ 为形状参数；m 为描述 X 分散度的关键参数，m 越大，说明分散性越小。当 $m=1$ 时，曲线接近指数分布；当 $m=2$ 时，曲线接近瑞利分布；当 $m=3\sim4$ 时，曲线接近正态分布。当 $\gamma = 0$ 时，三参数威布尔分布就变成了二参数威布尔分布，主要用于高应力水平下的材料疲劳实验，热障涂层界面压缩失效的临界应力值和剪切失效的剪切强度值等主要服从二参数的威布尔分布。

此外，热障涂层服役环境中的温度等载荷一般服从贝塔分布[16]，影响冲蚀载荷的冲蚀颗粒粒径服从 Rosin Rammler 分布[17]。

14.1.2　可靠性定义

热障涂层可靠性，是指规定条件(服役环境、结构、性能)和规定时间内(广义时间，如寿命、载荷)，涂层不发生剥落失效的概率；反过来，涂层发生剥落的概率称为失效概率。失效与可靠的边界，就是常说的临界状态，可靠性评价也称为极限状态，其数学描述的表达式称为功能函数，可用最简单的二参数的 R-S 模型来描述[15]：

$$Z = R - S = 0 \tag{14.6}$$

其中，R 为热障涂层承受载荷的能力，即抗力；S 为引起热障涂层内力、变形等广义的载荷。当 $Z > 0$ 时，涂层处于安全状态；当 $Z < 0$ 时，涂层处于失效状态；当 $Z = 0$ 时，涂层处于临界失效状态。因此，方程 $Z = 0$ 也称为极限状态方程。

用图 14.1 来说明描述抗力和/或载荷变化时可靠性/失效概率的物理意义。其中 R、S 是随机变量，Z 也是随机变量。将 R 和 S 的分布规律用概率密度函数 $f_R(R)$、$f_S(S)$ 来描述，其中 μ_R 和 μ_S 分别为 R 和 S 的均值，图中阴影部分有 $R < S$，即 $Z < 0$，故可用阴影部分的面积表示失效概率 p_f，其他区域则为可靠度 p_r，均为

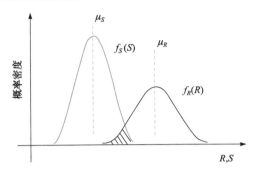

图 14.1　R 和 S 的概率密度曲线以及失效概率

随机变量 Z 的概率密度函数 $f_Z(Z)$。

可靠度 p_r 可表述为处于可靠状态的概率：

$$p_r = \int_0^\infty f_Z(Z)\mathrm{d}Z \tag{14.7}$$

积分域为可靠性区域，即 $Z > 0$。

相应地，可得到失效概率 p_f

$$p_f = \int_{-\infty}^0 f_Z(Z)\mathrm{d}Z \tag{14.8}$$

积分域为可靠性区域，即 $Z \leqslant 0$。

考虑到概率密度在整个积分域积分等于 1，则有

$$p_r + p_f = 1 \tag{14.9}$$

一般情况下，热障涂层抗力和载荷并不能用简单的二参数来描述，假设影响抗力 R、载荷 S 的基本变量用 X_i 表示，如与载荷有关的燃气温度、速度、粒子冲蚀速度、角度，与抗力相关的涂层杨氏模量、断裂韧性等。此时，极限状态方程可描述为基本变量 X_i 的函数：

$$Z(X_1, X_2, X_3, \cdots, X_n) = 0 \tag{14.10}$$

此时，Z 可看作是由 n 个变量所构成 n 维空间的超曲面，也称为极限状态面，如图 14.2 所示。

可靠度 p_r 可表述为

$$p_r = \int_0^\infty f_Z(Z)\mathrm{d}Z = \int \cdots \int_\Omega f_X(X_1, X_2, X_3, \cdots, X_n)\mathrm{d}X_1\mathrm{d}X_2\cdots\mathrm{d}X_n \tag{14.11}$$

其积分域为可靠性区域 $Z > 0$。其中，随机变量 $\boldsymbol{X} = (X_1, X_2, \cdots, X_n)^{\mathrm{T}}$ 是影响热障涂层失效的参数，$f_X(X_1, X_2, X_3, \cdots, X_n)$ 是随机变量 $\boldsymbol{X} = (X_1, X_2, \cdots, X_n)^{\mathrm{T}}$ 的联合概率密度函数。

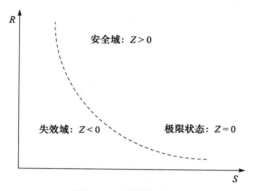

图 14.2　极限状态面

失效概率或不可靠度 p_f 为

$$p_f = \int_{-\infty}^{0} f_Z(Z)\mathrm{d}Z = \int \cdots \int_{\Omega} f_X(X_1, X_2, X_3, \cdots, X_n)\mathrm{d}X_1\mathrm{d}X_2 \cdots \mathrm{d}X_n \qquad (14.12)$$

其积分域为可靠性区域 $Z < 0$。

如果 $X_1, X_2, \cdots, X_n$ 相互独立，则失效概率 p_f 可以表示为

$$p_f = \int \cdots \int_{\Omega} f_{X_1}(X_1) f_{X_2}(X_2) \cdots f_{X_n}(X_n)\mathrm{d}X_1\mathrm{d}X_2 \cdots \mathrm{d}X_n \qquad (14.13)$$

当失效准则即极限状态方程较简单，包含的随机变量只有少数几个时，获得各随机变量的概率密度函数后，通过式(14.13)的积分计算可求得失效概率，或者通过式(14.11)得到可靠度。

当热障涂层有 m 种失效模式时，假设各失效模式相互独立且出现任何一种失效模式将导致整个热障涂层系统失效，则整个热障涂层系统的失效概率：

$$p_f = 1 - \prod_{i=1}^{m}(1 - p_{fi}) \qquad (14.14)$$

其中，$p_{fi}(i = 1, 2, \cdots, m)$ 为单种热障涂层失效模式的失效概率。

14.1.3　可靠度指标及其几何意义

假设功能函数对应的随机量 Z 的概率密度函数服从正态分布，其均值和标准差分别为 μ_Z 和 σ_Z，则概率密度函数可描述为

$$f_Z(Z) = \frac{1}{\sqrt{2\pi}\sigma_Z} \exp\left[-\frac{(Z - \mu_Z)^2}{2\sigma_Z^2}\right] \qquad (14.15)$$

定义 Z 的标准正态分布形式 $Z' = \dfrac{Z - \mu_Z}{\sigma_Z}$（平均值为 0，标准差为 1），则失效概率为

$$p_f = \int_{-\infty}^{0} f_Z(Z)\, dZ = \int_{-\infty}^{-\frac{\mu_Z}{\sigma_Z}} \frac{1}{\sqrt{2\pi}} \exp\left[-\frac{Z'^2}{2}\right] dZ'$$

$$= \int_{-\infty}^{-\frac{\mu_Z}{\sigma_Z}} \varphi(Z')\, dZ' = \Phi\left(-\frac{\mu_Z}{\sigma_Z}\right) = \Phi(-\beta) \tag{14.16}$$

其中，$\varphi(\ )$ 和 $\Phi(\ )$ 分别为标准正态分布的概率密度函数和概率累积分布函数。$\beta = \mu_Z / \sigma_Z$，称为结构的可靠性指标或者可靠度，其值越大表明失效概率越小，即可靠性越好。只要求出可靠指标 β，由其标准正态累积分布函数值就可以直接得到失效概率 p_f。因此，可靠指标 β 解决了数值积分计算失效概率的困难。

现以式(14.6)来说明 β 的物理意义。假设随机变量只有 R 和 S，都服从正态分布，故有 $\mu_Z = \mu_R - \mu_S$，$\sigma_Z = \sqrt{\sigma_R^2 + \sigma_S^2}$，则可靠度 β 为[16]

$$\beta = \frac{\mu_Z}{\sigma_Z} = \frac{\mu_R - \mu_S}{\sqrt{\sigma_R^2 + \sigma_S^2}} \tag{14.17}$$

如果将变量 R 和 S 转化为标准正态分布，定义

$$R' = \frac{R - \mu_R}{\sigma_R} \tag{14.18}$$

$$S' = \frac{S - \mu_S}{\sigma_S} \tag{14.19}$$

把式(14.18)和式(14.19)代入式(14.6)则有

$$\sigma_R R' - \sigma_S S' + \mu_R - \mu_S = 0 \tag{14.20}$$

它是标准正态空间中的极限状态方程。两边同时除以 $-\sqrt{\sigma_R^2 + \sigma_S^2}$ 得该极限状态方程的法线方程为

$$-\frac{\sigma_R}{\sqrt{\sigma_R^2 + \sigma_S^2}} R' + \frac{\sigma_S}{\sqrt{\sigma_R^2 + \sigma_S^2}} S' - \frac{\mu_R - \mu_S}{\sqrt{\sigma_R^2 + \sigma_S^2}} = 0$$

其几何关系如图 14.3(a)所示，

$$\overline{O'P^*} = \frac{\mu_R - \mu_S}{\sqrt{\sigma_R^2 + \sigma_S^2}} = \beta$$

其中，P^* 为设计验算点，表示在标准正态坐标系中，原点 O' 到极限状态方程距离最近的点，其间的距离 $\overline{O'P^*}$ 为可靠指标，即可靠指标的几何意义为标准正态坐标系中原点 O' 到线性失效线的最短距离。如果是 n 个变量构成的 n 维标准正态功能函数空间，如图 14.3(b)所示，原点代表了功能函数 Z 的平均值，β 为从原点到极限状态曲面的最短距离，也可以理解为热障涂层服役状态偏离平均值的最大

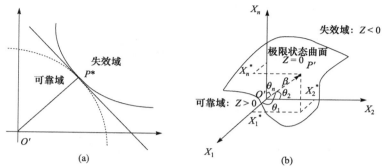

图 14.3 可靠性指标示意图(a)和 n 个变量构成的 n 维标准正态空间及 β 的几何意义(b)

安全距离。以平均值为原点、β 为安全距离来设计极限状态面(失效临界面)及其对应的随机变量 $\boldsymbol{X}$,是实现可靠性或者安全设计的关键与重点。

14.1.4 可靠性灵敏度

可靠性灵敏度定义为基本变量分布参数(包括均值 μ_{X_i}、标准差 σ_{X_i})引起失效概率变化的程度,数学上描述为失效概率 p_f 对基本变量分布参数的偏导数[15]。无量纲正则化的可靠性灵敏度可以给出基本变量分布参数对可靠度的重要性排序。由失效概率 p_f 与可靠度指标 β 的关系,以及可靠度指标 β 与基本变量分布参数之间的关系,可利用复合函数求导法则,求得可靠度灵敏度,即

$$\frac{\partial p_f}{\partial \mu_{X_i}} = \frac{\partial p_f}{\partial \beta} \frac{\partial \beta}{\partial \mu_{X_i}} \tag{14.21}$$

$$\frac{\partial p_f}{\partial \sigma_{X_i}} = \frac{\partial p_f}{\partial \beta} \frac{\partial \beta}{\partial \sigma_{X_i}} \tag{14.22}$$

根据失效概率计算公式

$$p_f = \Phi(-\beta) = \int_{-\infty}^{-\frac{\mu_Z}{\sigma_Z}} \frac{1}{\sqrt{2\pi}} \exp\left(-\frac{\beta^2}{2}\right) d\beta \tag{14.23}$$

从而可得

$$\frac{\partial p_f}{\partial \beta} = -\frac{1}{\sqrt{2\pi}} \exp\left(-\frac{\mu_Z^2}{2\sigma_Z^2}\right) \tag{14.24}$$

进一步根据 $\beta = \mu_Z / \sigma_Z$,以及功能 Z 与基本变量 X_i 之间的关系,可确定可靠度灵敏度的表达式:

$$\frac{\partial p_f}{\partial \mu_{X_i}} = \frac{\partial p_f}{\partial \beta} \frac{\partial \beta}{\partial \mu_{X_i}} = \frac{1}{\sqrt{2\pi}} \exp\left(-\frac{\mu_Z^2}{2\sigma_Z^2}\right) \frac{\partial\left(\frac{\mu_Z}{\sigma_Z}\right)}{\partial \mu_{X_i}} = -\frac{\left(\frac{\partial Z}{\partial X_i}\right)}{\sqrt{2\pi}\sigma_Z} \exp\left(-\frac{\mu_Z^2}{2\sigma_Z^2}\right) \tag{14.25}$$

$$\frac{\partial p_{\mathrm{f}}}{\partial \sigma_{X_i}} = \frac{\partial p_{\mathrm{f}}}{\partial \beta} \frac{\partial \beta}{\partial \sigma_{X_i}} = -\frac{1}{\sqrt{2\pi}} \exp\left(-\frac{\mu_Z^2}{2\sigma_Z^2}\right) \frac{\partial\left(\dfrac{\mu_Z}{\sigma_Z}\right)}{\partial \sigma_{X_i}}$$

$$= -\frac{\left(\dfrac{\partial Z}{\partial X_i}\right)_{\mu_X}^2 \sigma_{X_i}\mu_Z}{\sqrt{2\pi}\sigma_Z^3} \exp\left(-\frac{\mu_Z^2}{2\sigma_Z^2}\right) \tag{14.26}$$

可以看出，对于每一个参数 X_i，都可以求出它取任意值其平均值 μ_{X_i} 和标准差 σ_{X_i} 所对应的可靠性灵敏度，即局部可靠性灵敏度；也可以求出这一参数连续变化即其平均值 μ_{X_i} 和标准差 σ_{X_i} 连续变化时，局部可靠性灵敏度的变化曲线，或者说函数关系，即全局可靠性灵敏度。开展热障涂层可靠性灵敏度分析，可找出所有影响涂层失效概率的变量(即功能函数中的影响参数)，分析其失效概率，并进一步分析参数变化时局部和全局可靠性灵敏度，并提炼出关键的影响参数，以此为依据指导应用与优化设计。

14.2　热障涂层可靠性计算方法

14.1 节利用可靠度指标求解失效概率、可靠性及其灵敏度时，必须要满足两个条件，一是影响热障涂层失效的功能函数 Z 的各个变量服从正态分布；另一个是功能函数是这些影响参数的线性函数。但实际情况下，这些参数变量不一定服从正态分布，功能函数也不一定是各个参数的线性函数，因而，无法精确求解功能函数的平均值和标准差，也无法精确计算其可靠指标。为此，工程上发展了系列可靠性求解方法。本节主要介绍用于热障涂层可靠性的几种计算方法。

14.2.1　二阶矩法

包含一次二阶矩法和二次二阶矩法，后者是在前者的基础上发展的。一次二阶矩的基本思路[15, 16, 18]是将各个不服从标准正态分布的变量转为标准正态分布函数，然后将功能函数近似为各随机变量都服从正态分布的线性函数，进而求得可靠指标的近似值。

基于概率累积函数相等准则，即各个变量转化前后概率密度函数不同，但累计概率相等。以此为依据，将各个变量 X_i 转为标准正态分布变量 X_i' [19]：

$$X_i' = \begin{cases} \dfrac{X_i - \mu_{X_i}}{\sigma_{X_i}}, & X_i \text{为正态分布变量} \\[3mm] \varPhi^{-1}\left[F_{X_i}(X_i)\right], & X_i \text{为非正态分布变量} \end{cases} \tag{14.27}$$

其中，$F_{X_i}(\ )$ 为 X_i 的累计分布规律函数，$\varPhi(\ )$ 为标准正态分布的概率密度函数，$\varPhi^{-1}(\ )$ 为其反函数。

采用标准正态化后的随机变量，极限状态方程也相应地转化为标准正态变量的函数形式：

$$Z\left(X_1, X_2, X_3, \cdots, X_n\right) = G\left(X_1', X_2', X_3', \cdots, X_n'\right) = 0 \tag{14.28}$$

选定一个初始的试验点 $\boldsymbol{X}'^0$，一般可取 $\boldsymbol{X}'^0 = \left(\mu_{X_1}, \mu_{X_2}, \mu_{X_3}, \ldots, \mu_{X_n}\right)$。在初始试验点 $\boldsymbol{X}'^0$ 处对非线性功能函数 G 做泰勒级数展开并保留至一次项：

$$G(\boldsymbol{X}') = G(\boldsymbol{X}')\Big|_{X'=X'^0} + \sum_{i=1}^{n} \frac{\partial G(\boldsymbol{X}')}{\partial X_i'}\Big|_{X'=X'^0} \left(X_i' - X_i'^0\right) \tag{14.29}$$

进一步可求出功能函数 G 的平均值 μ_{G_0} 和标准差 σ_{G_0}：

$$\mu_{G_0} = G(\boldsymbol{X}')\Big|_{X'=X'^0} - \sum_{i=1}^{n} \frac{\partial G(\boldsymbol{X}')}{\partial X_i'}\Big|_{X'=X'^0} X_i'^0 \tag{14.30}$$

$$\sigma_{G_0} = \sqrt{\sum_{i=1}^{n}\left[\frac{\partial G(\boldsymbol{X}')}{\partial X_i'}\Big|_{X'=X'^0}\right]^2} \tag{14.31}$$

相应地可靠性指标为

$$\beta_0 = \frac{\mu_{G_0}}{\sigma_{G_0}} \tag{14.32}$$

在标准正态坐标系中，$G = 0$ 代表了与试验点 $\boldsymbol{X}'^0$ 相切的超平面，而根据可靠指标 β 的几何意义，即标准正态坐标系中原点 O' 到失效曲面的最短距离，则可以求出 β 即为最小的 $\beta_0 = \left(\boldsymbol{X}'^{\mathrm{T}} \boldsymbol{X}'\right)^{1/2}$ 的值，且满足约束条件。

定义随机变量 X_i' 的方向余弦：

$$\cos\theta_{X_i'} = -\frac{\dfrac{\partial G(\boldsymbol{X}')}{\partial X_i'}}{\sqrt{\sum_{i=1}^{n}\left[\dfrac{\partial G(\boldsymbol{X}')}{\partial X_i'}\right]^2}} \tag{14.33}$$

$\cos\theta_{X_i'}$ 表示第 i 个参数对整个标准差的相对影响。新的试验点可表示为

$$X_i' = \beta_0 \cos\theta_{X_i'} \tag{14.34}$$

如此循环，直到两次的误差满足要求。

一次二阶矩法通过迭代算法求解最终设计验算点 $\boldsymbol{X}^*$ 和可靠性指标 β 的步

骤，总结如下：

(1) 根据结构(涂层)的失效机理，建立功能函数或极限状态方程；

(2) 确定极限状态方程中的影响变量 $X_i(i=1,2,\cdots,n)$，分析这些变量的分布规律，并根据式(14.27)对变量进行当量正态化；

(3) 设定初始试验点 $X_i'^0$，一般取各随机变量的均值；

(4) 在试验点附近对功能函数进行泰勒级数展开并保留至一次项，根据式(14.32)和式(14.33)分别求出可靠性指标 β 和方向余弦 $\cos\theta_{X_i'}$；

(5) 根据式(14.34)计算新的试验点 $\boldsymbol{X}'$，用新的试验点计算可靠性指标和方向余弦；

(6) 重复步骤(4)和(5)直到前后两次试验点的误差小于设定值 $\|\boldsymbol{X}\|<\varepsilon$，获得最终试验点以及可靠性指标。

一次二阶矩法中，功能函数的泰勒级数展开只到一次项，这对功能函数非线性程度不高的情况下是适用的。但对热障涂层而言，涉及的变量多，功能函数往往非线性程度较高，泰勒级数的高阶项不能忽略。

为此，Breitung[20, 21]进一步提出了二次二阶矩法，即将功能函数泰勒级数展开时取到二次：

$$G(\boldsymbol{X}') = Z(\boldsymbol{X}'^*) + \nabla G(\boldsymbol{X}'^*)^{\mathrm{T}}(\boldsymbol{X}' - \boldsymbol{X}'^*) + \frac{1}{2}\nabla^2 G(\boldsymbol{X}'^*)^{\mathrm{T}}(\boldsymbol{X}' - \boldsymbol{X}'^*) \quad (14.35)$$

其中，

$$\nabla G(\boldsymbol{X}'^*) = \frac{\partial G(\boldsymbol{X}'^*)}{\partial \boldsymbol{X}'}$$

定义单位矢量和矩阵：

$$\boldsymbol{a}_{X'^*} = -\frac{\nabla G(\boldsymbol{X}'^*)}{\left\|\nabla G(\boldsymbol{X}'^*)\right\|} \quad (14.36)$$

$$\boldsymbol{Q}_{X'^*} = -\frac{\nabla^2 G(\boldsymbol{X}'^*)}{\left\|\nabla G(\boldsymbol{X}'^*)\right\|} \quad (14.37)$$

其中，

$$\left\|\nabla G(\boldsymbol{X}'^*)\right\| = \sqrt{\sum_{i=1}^{n}\left[\frac{\partial G(\boldsymbol{X}'^*)}{\partial X_i'}\right]^2}$$

基于正交标准化处理技术，可根据单位矢量 $\boldsymbol{a}_{X'^*}$ 在 n 维矩阵中的排列，构成一个

正交矩阵 $\boldsymbol{H}$：

$$\boldsymbol{H} = \left(\boldsymbol{H}_1 \boldsymbol{H}_2 \cdots \boldsymbol{H}_n \boldsymbol{\alpha}\right) \tag{14.38}$$

其基础解系为

$$\boldsymbol{H}_1 = \begin{bmatrix} 1 \\ -\dfrac{\alpha_1}{\alpha_2} \\ 0 \\ \vdots \\ 0 \end{bmatrix}, \quad \boldsymbol{H}_2 = \begin{bmatrix} 0 \\ 1 \\ -\dfrac{\alpha_2}{\alpha_3} \\ \vdots \\ 0 \end{bmatrix}, \cdots, \quad \boldsymbol{H}_{n-1} = \begin{bmatrix} 0 \\ \vdots \\ 0 \\ 1 \\ -\dfrac{\alpha_{n-1}}{\alpha_n} \end{bmatrix}$$

将 $\boldsymbol{H}$ 单位正交化即得所求的正交矩阵，进一步获得二次二阶失效概率[20]，

$$p_f = \frac{\Phi(-\beta)}{\sqrt{\det\left(\boldsymbol{I} - \beta\left(\boldsymbol{H}^{\mathrm{T}}\boldsymbol{Q}\boldsymbol{H}\right)_{n-1}\right)}} \tag{14.39}$$

其中，β 为通过一次二阶矩中所确定的可靠度。

但即使展开到二次，依然不能处理非线性程度高的问题。总的来说，二阶矩法对于功能函数非线性程度很高的问题精度较低。

14.2.2　Monte-Carlo 法

Monte-Carlo 法又称为随机抽样法[15]、概率模拟法或统计试验法，是一种通过随机模拟和统计试验来求解结构可靠性的近似数值方法，其基本思路是：以概率论和数理统计理论为基础，将求解可靠性和可靠性灵敏度的多维积分问题转化为数学期望的形式，然后由样本均值来估计数学期望。

Monte-Carlo 法的基本概念是抽样，即产生服从各种概率分布的随机变量的样本。其中最基本的是[0，1]区间抽取均匀分布的随机变量样本 $(r_1, r_2, \cdots, r_n)$，而其中的每一个个体称为随机数。服从其他分布的随机变量样本一般通过变换，使其成为[0，1]区间的均匀独立随机数来实现。

产生随机数的方法有很多，如随机数表法、物理方法、数学方法等[22,23]。目前产生随机数最常用的是数学方法，其原理是利用数学递推公式来产生随机数，因为算法是确定性的，所以只能近似地具备随机性质。通常把这样得到的随机数也称为伪随机数。但只要产生随机数的递推公式和参数选择合适，由此产生的随机数也可以具有较好的随机性。

目前广泛应用的一种产生伪随机数的方法是同余法，其递推公式为[15]

$$\begin{cases} x_i = \left(\lambda x_{i-1} + c\right)(\bmod M), \\ r_i = x_i / M, \end{cases} \quad i = 1, 2, \cdots \tag{14.40}$$

其中，第一个表达式表示 $(\lambda x_{i-1}+c)$ 除以 M 得到的余数为 x_i。式中，乘子 λ、模数 M、增量 c 和随机源 x_1 都是预先选定的非负整数。

分析式(14.40)可知，由于 x_i 是除数为 M 的除法中的余数，所以必有 $0 \leqslant x_i < M$，$0 \leqslant r_i < 1$，从而保证了 r_i 位于[0, 1)区间。此外，从式(14.40)可知，不同的 x_i 最多只能有 M 个，因而不同的 r_i 最多也只有 M 个。所产生的序列 $\{x_i\}$ 和 $\{r_i\}$ 是有周期 $L \leqslant M$ 的。产生 L 个数之后就开始出现循环，这样同余法只能产生 L 个随机数。但只要 L 充分大，则在一个周期内的数有可能经受得住数理统计中独立性和均匀性的检验，这完全取决于参数 λ、M、c 和 x_0 的选择。

实际应用中，同余法有两种形式，即混合乘同余$(c > 0)$ 及乘同余$(c = 0)$。对于混合乘同余法，一般推荐 $M = 2^k$，c 为奇数，λ 可以被 4 整除，x_0 取 0 到 M 之间的任意整数。为了提供乘同余的可用性，发展了素数取模乘同余法。在素数取模乘同余法中，M 是小于 2^k 的最大素数。下面给出两个经过检验且性能较好的素数取模乘同余发生器[23]：

$$x_i = 5^5 x_{i-1}\left(\mathrm{mod}\left(2^{35} - 31\right)\right) \tag{14.41}$$

$$x_i = 7^5 x_{i-1}\left(\mathrm{mod}\left(2^{31} - 1\right)\right) \tag{14.42}$$

实际上，可靠性中基本变量 $\boldsymbol{X} = (X_1, X_2, \cdots, X_n)^{\mathrm{T}}$ 中 X_i 的分布形式是千差万别的，并不是均匀分布，但其概率密度 $f_{X_i}(\boldsymbol{X})$ 为[0, 1]区间的数，故可将其与式(14.40)产生的随机数对应，即令 $f_{X_i}(\boldsymbol{X}) = r_i$。这样便可以得到[24]

$$\boldsymbol{X} = f_{X_i}^{-1}\left(r_i\right), \quad i = 1, 2, \cdots, n \tag{14.43}$$

对于每个 r_i，都可以得到一组对应的基本变量的值 $\boldsymbol{X} = (X_1, X_2, \cdots, X_n)^{\mathrm{T}}$。将这组值代入功能函数 $Z(X_1, X_2, X_3, \cdots, X_n)$，便可得到功能函数的一个取值。将该值与 0 比较，若小于 0，则失效次数 N_{f} 增加 1；若大于 0，则不记入。注意，这里所定的循环步骤数不能超过所产生的伪随机数。假设计算机所进行的总的循环次数为 N。由大数定律中的伯努利定理，事件 $Z < 0$ 在 N 次独立重复试验中的频率 $\dfrac{N_{\mathrm{f}}}{N}$ 收敛于事件发生的概率 p_{f}。因此，失效概率的估计值为

$$\hat{p}_{\mathrm{f}} = \frac{N_{\mathrm{f}}}{N} \tag{14.44}$$

式中，$\hat{p}_{\mathrm{f}}$ 为失效概率的估算值。在计算中，也根据计算精度的要求，规定必须实现的 $Z \leqslant 0$ 的次数为 N_{f}。

在热障涂层可靠性分析中，一般功能函数的非线性程度较高。Monte-Carlo

抽样法较二阶矩法更具有优势。但如果某种情况下，涂层失效概率较低，即 p_f 值很小，为了保证计算精度，要求计算次数取得很大，甚至达到万次或数十万次，因而计算量巨大。因此，这种方法适用于涂层失效概率较大、或是破坏实验情况下可靠性的预测与灵敏度分析。

14.2.3　均值法与改进均值法

可靠性分析很多情况下只能分析出某一失效模式与哪些因素有关，但并不能写出具体的函数关系，即不能建立失效准则或是功能函数的具体方程。这种可以确定因素但不能确定具体方程的失效准则，通常也称为隐形式功能函数。显然，当功能函数都不能确定时，一次二阶、Monte-Carlo 等方法不再适用。为此，提出均值与改进均值法[25]。

均值法基本的思路是[25]：尽管功能函数 Z 的形式未知，但仍然认为 Z 是基本变量处处连续的函数，故可在均值处做泰勒级数展开：

$$
\begin{aligned}
Z(\boldsymbol{X}) &= Z(\boldsymbol{\mu}) + \sum_{i=1}^{n}\left(\frac{\partial Z}{\partial X_i}\right)\cdot(X_i - \mu_i) + H(\boldsymbol{X}) \\
&= \left[Z(\boldsymbol{\mu}) - \sum_{i=1}^{n}\left(\frac{\partial Z}{\partial X_i}\right)\mu_i\right] + \sum_{i=1}^{n}\left(\frac{\partial Z}{\partial X_i}\right)X_i + H(\boldsymbol{X}) \\
&= a_0 + \sum_{i=1}^{n}a_i X_i + H(\boldsymbol{X}) \\
&= Z_{MV}(\boldsymbol{X}) + H(\boldsymbol{X})
\end{aligned}
\tag{14.45}
$$

其中，μ_i 是各随机变量的平均值，a_0 是泰勒展开式的常数项，$\sum_{i=1}^{n}a_i X_i$ 是一次项，Z_{MV} 是泰勒展开式的常数项与一次项之和，也是一个随机变量，$H(\boldsymbol{X})$ 代表着高阶项。系数 a_i 可以用数值微分法或最小二乘法来求得。如果只考虑到一次项而忽略后面的高阶项即为均值(MV)法，则

$$
Z_{MV} = Z_{MV}(\boldsymbol{X})
\tag{14.46}
$$

此时，如果各随机变量 $\boldsymbol{X}$ 的均值和标准差已知，那么有

$$
\mu_Z \approx a_0 + \sum_{i=1}^{n}a_i \mu_{X_i}
\tag{14.47a}
$$

$$
\sigma_Z^2 \approx \sum_{i=1}^{n}a_i^2 \sigma_{X_i}^2
\tag{14.47b}
$$

其中，μ_Z 和 σ_Z 分别为 Z 的均值和方差，μ_{X_i} 和 σ_{X_i} 分别为随机变量 X_i 的均值和方差，对于概率密度函数为 $f(x)$ 的连续分布随机变量，$\mu = \int_{-\infty}^{+\infty} f(x)x\mathrm{d}x$，

$\sigma^2 = \int_{-\infty}^{+\infty} f(x)[x-\mu]^2 \mathrm{d}x$，那么在转换到标准正态空间后，函数 $Z_{\mathrm{MV}} = Z_{\mathrm{MV}}(\boldsymbol{X})$ 上离原点最近的点(最大可能点，MPP)$\boldsymbol{x}^*$ 到原点的距离为

$$L = \left| \frac{\mu_z}{\sigma_z} \right| = \left| \frac{a_0 + \sum\limits_{i=1}^{n} a_i \mu_{x_i}}{\sqrt{\sum\limits_{i=1}^{n} \left[a_i \sigma_{x_i} \right]^2}} \right| \tag{14.48}$$

不同的功能水平，比如，$Z = 0$ 和 $Z = 1$ 可能拥有不同的最大可能点，功能水平变化时，最大可能点扫过的轨迹称为最大可能点轨迹(most probable point locus, MPPL)。由可靠性指标的几何意义可知，找到 Z 函数上的最大可能点即可求得 $Z < 0$ 的概率，而均值法忽略了高阶项，用近似函数上的最大可能点来代替真实的点求解相应的概率。显然，当 Z 函数非线性程度比较高时，均值法的误差较大。基于此，对均值法进行改进，发展出了改进均值(AMV)法[15]。

在均值法的基础上，改进均值法修正了前者因忽略高阶项而产生的误差，如下式：

$$Z_{\mathrm{AMV}} = Z_{\mathrm{MV}}(\boldsymbol{X}) + H_{\mathrm{AMV}} \tag{14.49}$$

其中，H_{AMV} 定义为 Z_{MV} 值与在 Z_{MV} 最大可能点 $\boldsymbol{x}^*$ 上计算得到的 Z 值之差，即 $H_{\mathrm{AMV}} = Z(\boldsymbol{x}^*) - Z_{\mathrm{MV}}(\boldsymbol{x}^*)$，它为简单函数不再是随机变量。AMV 法的关键在于通过用简单线性函数 H_{AMV} 来代替高阶项 $H(\boldsymbol{X})$，从而减小截断误差。理想状态下，H_{AMV} 函数应该基于 Z 函数的最大可能点来优化截断误差。AMV 法通过使用 $Z_{\mathrm{MV}}(\boldsymbol{X})$ 的设计验算点的轨迹来简化计算程序。这种近似结果的截断误差并不是最优的；但是由于 Z 函数的修正点通常都很靠近设计验算点，所以 AMV 法对于大多数工程问题都能得到较合理的累积分布函数估计。

概括起来，AMV 法的计算步骤如下：

(1) 在均值点处对 Z 函数进行泰勒展开求得线性近似 $Z_{\mathrm{MV}}(\boldsymbol{X})$；

(2) 计算 Z 函数线性近似 $Z_{\mathrm{MV}}(\boldsymbol{X})$ 的最大可能点 $\boldsymbol{x}^*$；

(3) 计算 $Z(\boldsymbol{x}^*)$ 值并用 H_{AMV} 来修正误差。

当 Z 函数只有 2 个随机变量时，均值法与改进均值法计算的示意图如图 14.4 所示，图中的平面和曲面分别是 $Z_{\mathrm{MV}}(\boldsymbol{X})$ 和 $Z(\boldsymbol{X})$ 表示的面，$Z(\boldsymbol{X})$ 是真实的失效面，$Z_{\mathrm{MV}}(\boldsymbol{X})$ 是近似后的失效面，点 P' 和 Q 分别是 Z_{MV} 和 Z 失效面的最大可能点，线段 $\overline{PP'}$ 表示 H_{AMV}，直线 l_1、l_2、l_3 分别表示 $Z_{\mathrm{MV}}(\boldsymbol{X})$、$Z_{\mathrm{AMV}}(\boldsymbol{X})$、$Z(\boldsymbol{X})$ 的最大可能点轨迹。

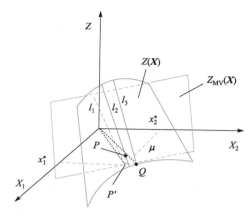

图 14.4　均值法与改进均值法求解原理示意图

14.2.4　基于软件实现的可靠性数值求解

对于热障涂层而言，复杂环境、结构与失效准则使得可靠性计算非常困难，类似于一次二阶的近似解析法，在试样形状简单、失效准则非线性不高时，有一定的适应性。更多时，需要采用类似 Monte-Carlo 的抽样方法，并通过计算机统计的方式来完成。更重要的是，功能函数中的载荷，如粒子速度、角度、温度场、应力场、应力强度因子等，已在第一篇中热障涂层氧化、冲蚀、CMAS 腐蚀等失效分析时得出，这些载荷的分析与求解极为困难，往往需要借助 ABAQUS、COMSOL 等有限元软件或编程求解。因此，在热障涂层可靠性数值求解时，不仅要求可靠性软件本身的计算能力强大如并行计算，要求其算法丰富，同时还要求具备 ABAQUS、ANSYS、COMSOL 有限元的软件接口。

国际对可靠性分析软件的开发较早，美国、德国、法国、奥地利等国都已开发出商业化的可靠性分析软件。在可靠性软件评价中，最重要的一条是是否与确定性软件(如有限元软件)相连接，从而使得可靠性软件真正能够对一般的工程和学术问题进行可靠性分析。表 14.1 对国际上所开发的几种常用的可靠性分析软件根据其是否具备有限元接口进行了总结。此外，可靠性软件本身的计算能力(如并行计算方式、集成的可靠性计算方法)也是重要指标。

表 14.1　几种可靠性软件及其有限元软件接口[15]

软件	开发机构	有限元软件接口
UNIPASS	美国 UNIPASS 公司	NASTRAN
NESSUS	美国西南研究院	NASTRAN、ABAQUS、ANSYS
PROFES	美国应用研究联营公司	NASTRAN、ANSYS

续表

软件	开发机构	有限元软件接口
COSSAN	奥地利 Leopold Franzens 大学	FE -RV
PERMAS-PA/STRUCTURE	德国慕尼黑大学	/
PHIMECA	法国 LaMI/Blaise Pascal 大学	FE Code
CalREL/FERUM/Opensees	美国 California 大学	FEAP
PROBAN	挪威 DNV 软件公司	FE Code
ANSYS	美国 ANSYS 公司	/

其中，NESSUS 是由美国西南研究院为 NASA 航天飞机主推进系统的概率设计而开发的可靠性分析软件工具。NESSUS 可靠性软件与常用的有限元软件如 ANSYS、ABAQUS、NASTRAN 等都有对接接口。此外，NESSUS 集成了如 14.1 节中所介绍的一阶二次矩，以及 Monte Carlo 法等多种可靠性算法，为涡轮叶片热障涂层等复杂结构与失效模式的可靠性数值求解提供了极大的方便。

NESSUS 进行可靠性及可靠性灵敏度分析的基本思路如图 14.5 所示。

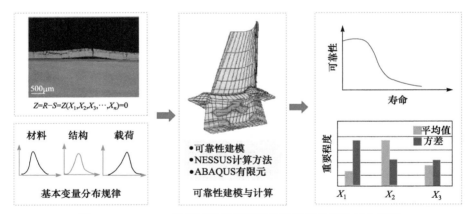

图 14.5　NESSUS 进行可靠性及可靠性灵敏度分析的基本思路

(1) 建立失效准则。针对关键服役环境如氧化、冲蚀、CMAS 腐蚀等，结合实验与理论研究，确定其关键的失效模式，并建立其失效准则，即功能函数，可以是显式功能函数也可以是隐式功能函数。

(2) 分析功能函数中的基本变量及其分布规律。包括性能、结构与载荷，其中，性能(如断裂韧性、强度等)可通过实验表征而确定；结构(如孔隙、柱子间隙等)可通过显微结构观察确定；载荷(如温度场、应力场等)可通过解析或是数值求解的方法确定。

(3) 可靠性数值建模。包括涡轮叶片热障涂层几何建模与网格划分、可靠性软件与有限元数据接口实现。

(4) 关键损伤参量计算。基于有限元，分析热障涂层关键失效模式中的损伤参量，如应力应变场、能量释放率、冲蚀粒子速度、裂纹等。

(5) 可靠性计算。包括基本变量的抽样组别确定(如通过乘同法确定的基本变量)，将其作为边界条件、材料与结构参数输入给有限元单元，计算出该条件下功能函数是否小于 0，并反馈给 NESSUS 统计。

(6) 统计失效模型占比，计算出可靠性，并进一步进行可靠性灵敏度分析。

14.3　热障涂层热循环应力作用下的可靠性预测

热循环，是模拟热障涂层经受发动机起飞(升温)、飞行(保温)、降落(降温)等服役环境的最常见方式。开展热障涂层热循环加速实验，高温氧化、陶瓷层与过渡层/基底之间的热失配应力起关键作用，第 10 章热障涂层热循环条件下的声发射实时表征以及热应力分析的结果都已证明，这种载荷作用下热障涂层的主要破坏形式为冷却时的涂层剥落。为此，本节以等离子喷涂热障涂层热循环载荷为例来介绍热障涂层可靠性评价的基本过程。

14.3.1　失效准则及极限状态方程

热循环条件下，等离子喷涂热障涂层的失效模式如图 14.6 所示，表现为界面处裂纹的萌生与扩展，其形成条件即失效准则可描述为界面处的能量释放率达到界面断裂韧性。故极限状态方程可表示为[26]

$$Z = \Gamma_{\text{TBC}} - G = \Gamma_{\text{TBC}} - E_{\text{TBC}} L (\Delta\alpha\Delta T)^2 k (N - N_0) \tag{14.50}$$

其中，E_{TBC} 为热障涂层陶瓷层的杨氏模量，如图 14.6 所示，L 为描述界面粗糙度正弦曲线的半波长，$\Delta\alpha$ 为涂层和基底的热膨胀系数之差，ΔT 为每次热循环的

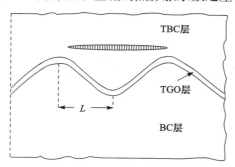

图 14.6　热障涂层界面处裂纹萌生与扩展示意图

高低温度差，k 为依赖于界面氧化层增长的系数，N 为热障涂层失效时的热循环次数，N_0 为初始热循环次数，Γ_{TBC} 为热障涂层断裂韧性。当 $Z > 0$ 时，热障涂层处于安全可靠状态的安全域；当 $Z < 0$ 时，热障涂层处于失效状态的失效域；当 $Z = 0$ 时，热障涂层处于临界失效状态。

14.3.2　基本变量分布规律

分析式(14.50)中各个基本变量的分布规律，包括其平均值、标准差与统计分布函数。材料参数如界面断裂韧性 Γ_{int}、杨氏模量 E_{TBC} 等，可通过实验测量，也可以基于文献结果进行统计分析。根据文献报道，界面断裂韧性 Γ_{int}[27-29]、杨氏模量 E_{TBC}[30,31]等都服从威布尔分布。为方便起见，设置初始热循环次数 N_0 为 0。假设其他变量均服从正态分布，其平均值与标准差取值如表 14.2 所示[32-35]。

表 14.2　基本变量的分布规律[27-35]

参数	平均值	标准差	分布类型
Γ_{TBC} /(J/m²)	50	10	威布尔分布
E_{TBC} /GPa	40	8	威布尔分布
L / μm	20	4	正态分布
$\Delta\alpha$ /(10⁻⁶/℃)	4	0.2	正态分布
ΔT /℃	1000	12	正态分布
k	0.009	0.002	正态分布
N	400	20	正态分布

14.3.3　涂层热循环剥落失效概率预测

从式(14.50)可以看出，功能函数非线性较强，需要计算其二阶失效概率，即采用二次二阶矩法进行计算。采用二次二阶矩法的计算步骤，用 MATLAB 编程实现失效概率的求解，同时也可以预测不同杨氏模量 E_{TBC}、热膨胀系数之差 $\Delta\alpha$、TGO 增长应变的系数 k、热循环次数 N、温度差 ΔT、界面粗糙度半波长 L 的失效概率，见表 14.3～表 14.8。

14.3　杨氏模量 E_{TBC} 不同取值的失效概率预测

E_{TBC} /GPa		分布类型	失效概率
平均值	标准差		
40	8	正态分布	40.64%
30	6	正态分布	17.71%
20	4	正态分布	3.23%

表 14.4　涂层和基底热膨胀系数之差 $\Delta\alpha$ 不同取值的失效概率预测

$\Delta\alpha$ /(10^{-6}/℃)		分布类型	失效概率
平均值	标准差		
5	0.25	正态分布	84.74%
4	0.2	正态分布	40.64%
3	0.15	正态分布	5.61%
2	0.1	正态分布	0.07%

表 14.5　TGO 增长应变系数 k 不同取值的失效概率预测

k		分布类型	失效概率
平均值	标准差		
0.01	0.002	正态分布	51.03%
0.009	0.002	正态分布	40.64%
0.008	0.002	正态分布	30.55%
0.006	0.002	正态分布	13.92%
0.004	0.001	正态分布	1.96%

表 14.6　热循环次数 N 不同的失效概率预测

N		分布类型	失效概率
平均值	标准差		
400	20	正态分布	40.64%
350	17.5	正态分布	28.76%
300	15	正态分布	17.72%
200	10	正态分布	3.23%
150	7.5	正态分布	0.72%
100	5	正态分布	0.07%

表 14.7　不同温度差 ΔT 取值下的失效概率预测

ΔT /℃		分布类型	失效概率
平均值	标准差		
1000	12	正态分布	40.64%
900	10	正态分布	22.82%
800	10	正态分布	9.77%
700	10	正态分布	2.93%
500	10	正态分布	0.07%

表 14.8　界面粗糙度半波长 L 不同取值的失效概率预测

$L/\mu m$		分布类型	失效概率
平均值	标准差		
20	4	正态分布	40.64%
15	3	正态分布	17.72%
10	2	正态分布	3.23%
5	1	正态分布	7.27e−4

14.3.4　可靠性灵敏度分析

通过表 14.3~表 14.8，可以得到热循环过程中材料性能、结构与载荷等变量变换下的失效概率，发现随着热循环次数的增加、温度差的增大、界面粗糙度的增加、氧化速率的增加，涂层剥落失效的概率增大，但各个参数对失效概率的影响还不能定量。为此，需要进一步开展可靠性灵敏度分析。

根据可靠性灵敏度的定义，以及式(14.21)~式(14.26)的计算过程，可得到基本变量的可靠性敏感度。以热障涂层断裂韧性这一参数为例，可分别令其平均值和标准差变化，并计算各个取值下热障涂层发生剥落失效的概率，得到失效概率随参数的演变规律，如图 14.7 所示。

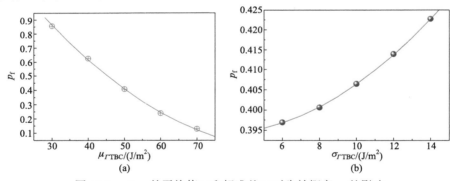

图 14.7　Γ_{TBC} 的平均值(a)和标准差(b)对失效概率 p_f 的影响

通过图 14.7，可以求出失效概率在热障涂层断裂韧性各个平均值与标准差的导数，选取表 14.2 中断裂韧性的参考平均值与标准差，即可得到 Γ_{TBC} 的平均值和标准差的可靠性灵敏度，分别为−1.1411(图中忽略符号)和 0.0401。

按照完全相同的方法，可分别求得其他各影响参量的敏感度因子的相对大小，结果如图 14.8 所示。对比发现，温度差和热膨胀系数的平均值对涂层失效的影响最大，即热应力是引起涂层失效的重要因素。其次，热循环次数、界面断裂韧性、氧化速率、杨氏模量和界面粗糙度的平均值变化对热障涂层热循环剥落失效[36,37]的影响较大，各参数的标准差变化对涂层失效的影响都很小。

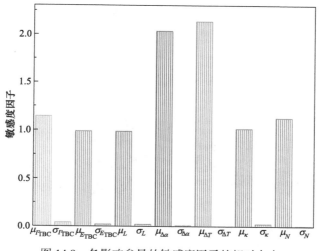

图 14.8　各影响参量的敏感度因子的相对大小

14.4　热障涂层界面氧化的可靠性评价

界面氧化，是指陶瓷层及外界的氧在高温下扩散至界面，与过渡层中扩散而来的金属元素发生化学反应，生成氧化层。氧化层会增加热障涂层各层的热失配，导致涂层剥落。Miller[38]和 Demasi[39]分别基于氧化层重量和厚度建立了界面氧化的寿命预测模型，其思想都是界面氧化程度达到某一临界值时涂层会剥落。界面氧化也被认为是涂层剥落的第一关键因素。本节以物理气相沉积热障涂层为例，分析其界面氧化可靠性及其影响因素。

14.4.1　失效准则

界面氧化层的热膨胀系数相比于陶瓷层更低，更是远低于过渡层与基底。故在冷却过程中，如图 14.9(a)所示，氧化层及其界面附近会形成很大的压应力，诱导涂层沿着氧化层及其附近的界面处剥落。

不考虑热障涂层体系在涂层厚度方向的变形，即将其看作平面应变状态。假设热障涂层各层都为线弹性体，界面氧化层(后简称为 TGO)内积聚的应变能达到界面开裂所需能量释放率时，界面开裂失效，那么界面氧化的失效准则可以写作为[40, 41]

$$Z = \Gamma_{\text{int}} - G = \Gamma_{\text{int}} - E_{\text{TGO}} h_{\text{TGO}} \left(\Delta \alpha \Delta T \right)^2 / \left(1 - \nu_{\text{TGO}} \right) \tag{14.51}$$

其中，Γ_{int} 为 TGO/过渡层的界面断裂韧性，E_{TGO} 为 TGO 的杨氏模量，h_{TGO} 为 TGO 的厚度，$\Delta \alpha$ 为 TGO 和基底的热膨胀系数之差，ΔT 为氧化温度与室温之差，

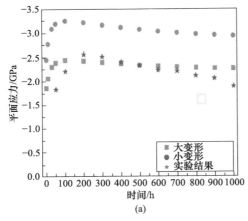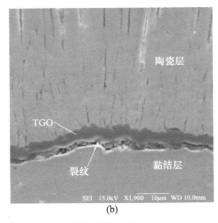

图 14.9　界面氧化层中的压应力及其诱导(a)和涂层剥落失效(b)

ν_{TGO} 为 TGO 的泊松比。当 $Z > 0$ 时,热障涂层处于安全可靠状态的安全域;当 $Z < 0$ 时,热障涂层处于失效状态的失效域;当 $Z = 0$ 时,热障涂层处于临界失效状态。

当热障涂层氧化温度(如涡轮叶片热障涂层表面温度)不均匀时,TGO 厚度 h_{TGO} 也将生长不均匀,故可将其描述为[32]

$$h_{TGO} = C \exp\left(-\frac{Q}{RT}\right) t^n \tag{14.52}$$

其中,C、n、Q 为通过实验结果拟合的常数,对热障涂层而言,$C = 289\,\mathrm{m/s^{0.5}}$、$Q = 60210\,\mathrm{J/mol}$[32]、$n = 0.5$[32];$R$ 为气体常数,$R = 8.31\,\mathrm{J/(mol \cdot K)}$。故式(14.51) 的失效准则可写为

$$Z = \Gamma_{int} - \left[E_{TGO}\left(\Delta\alpha\Delta T\right)^2 / \left(1 - \nu_{TGO}\right)\right] C e^{(-Q/(RT))} t^n \tag{14.53}$$

14.4.2　界面氧化影响参数的随机统计特征分析

界面氧化的可靠性分析,需要获取失效准则中包含随机变量的统计特征。为了检验可靠性评价方法的准确性,可通过高温氧化实验并通过剥落失效比值(剥落失效的面积与总面积的比值)来从实验上获得涂层氧化失效的概率,从而与理论预测结果比较。氧化实验在有氧的高温炉中进行,氧化温度设置为 1100℃,氧化后冷却温度约 20℃,即温差为 1080℃,标准差为 5℃。根据大量的文献分析发现,TGO 和过渡层结合界面的断裂韧性 Γ_{int} 服从威布尔分布[29],TGO 的泊松比取为常数值 0.23。为方便起见,假定其他参数大约以正态分布的形式在平均值附近变化,根据杨氏模量 E_{TGO}[42]、热膨胀系数差 $\Delta\alpha$[43]、TGO 厚度 h_{TGO}[32-35]、温度差 ΔT 及 Jackson[44]的实验数据获得各参数标准差和平均值,具体可参见表 14.9。

表 14.9　影响参数的随机统计特征

参数	平均值	标准差	分布类型
Γ_{int} /(J/m²)	50	5	威布尔分布
E_{TGO} /GPa	380	100	正态分布
h/μm	2.85	0.81	正态分布
$\Delta\alpha$ /(10⁻⁶/℃)	7.3	0.37	正态分布
ΔT /℃	1080	5	贝塔分布

14.4.3　基于二次二阶矩的界面氧化可靠性与灵敏度分析

采用可靠性的二次二阶矩计算方法[45]，预测界面氧化失效概率，结果如表 14.10～表 14.13 所示，随着杨氏模量、热膨胀系数差、温度差、TGO 厚度的增加，界面氧化失效的概率也随之增大，这些结论与文献[36,37,46]的结论基本一致。但可靠性分析能给出各种参数演化情况下可靠性的变化趋势，对工程应用更有指导意义。

表 14.10　不同 TGO 杨氏模量 E_{TGO} 下的失效概率

E_{TGO} /GPa		分布类型	失效概率
平均值	标准差		
390	102	正态分布	49.65%
380	100	正态分布	46.92%
370	98	正态分布	44.16%
360	94	正态分布	41.30%
350	92	正态分布	38.46%

表 14.11　不同热障涂层系数差 $\Delta\alpha$ 下的失效概率

$\Delta\alpha$ /(10⁻⁶/℃)		分布类型	失效概率
平均值	标准差		
8	0.4	正态分布	66.10%
7.3	0.37	正态分布	46.92%
6	0.3	正态分布	12.92%
5	0.25	正态分布	1.44%
4	0.2	正态分布	2.06×10^{-4}

表 14.12　不同温度差 ΔT 下的失效概率

ΔT /℃		分布类型	失效概率
平均值	标准差		
1200	10.8	正态分布	68.90%
1080	9.61	正态分布	46.92%
900	8.1	正态分布	14.62%
800	7.2	正态分布	4.26%
600	5.4	正态分布	2.84×10^{-4}

表 14.13　不同 TGO 厚度 h_{TGO} 下的失效概率

h_{TGO} /μm		分布类型	失效概率
平均值	标准差		
3	0.86	正态分布	52.31%
2.85	0.81	正态分布	46.92%
2.4	0.69	正态分布	29.88%
2	0.57	正态分布	14.32%
1.5	0.5	正态分布	4.2%

　　上述影响界面氧化失效的参数中，究竟哪些参数是最重要的，进一步通过敏感度因子分析来获得。根据 14.1.3 节的方法以及 14.3.4 节完全相同的思路，可得到界面氧化时各参数的可靠性灵敏度，结果如图 14.10 所示。可以看出，温度差和热膨胀系数差的平均值对涂层氧化失效的影响最大，即热应力是引起高温氧化失效的重要因素。其次，界面断裂韧性临界应变能、杨氏模量和 TGO 厚度的平均值变化对热障涂层高温氧化失效的影响也是较大的，各参数的标准差变化对涂层失效的影响都很小。

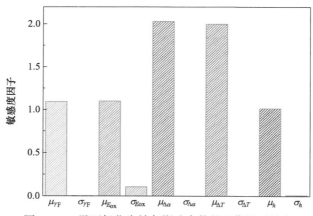

图 14.10　界面氧化失效各影响参数的可靠性灵敏度

14.5　热障涂层冲蚀失效的可靠性评价

14.5.1　涡轮叶片热障涂层冲蚀率模型与可靠性分析准则

冲蚀率的定义为单位质量的粒子冲击到涂层后涂层脱落的质量，单位一般为 mg/g。李长久教授[47]建立了热障涂层冲蚀的冲蚀率模型，如图 14.11 所示，假设粒子冲击角度对冲蚀率的影响与其他因素的影响相互独立，则涂层冲蚀率模型可描述如下：

$$E_m = g(\alpha) E_{90} \tag{14.54}$$

其中，E_m 为冲蚀率，$g(\alpha)$ 为角度对冲蚀率的影响，E_{90} 为冲蚀角等于 90° 时的冲蚀率。当粒子以某一速度垂直冲击涂层并反弹后，假设粒子的动能中有比例为 K_e 的量被涂层吸收，那么 N_p 个粒子冲击涂层后被涂层吸收的总动能为

$$E_n = \frac{1}{2} k_e N_p m v_0^2 \tag{14.55}$$

式中，m 是冲蚀粒子的质量，v_0 是冲蚀粒子的速度。

假设陶瓷层中微小片层的平均厚度为 h，单面面积为 S_0，假设 N_p 个冲击粒子损失的动能全部用来使涂层中 N_c 片层脱离涂层，没有其他耗散，根据能量守恒定律，则有

$$E_n = 2\lambda \gamma_c N_c S_0 \tag{14.56}$$

式中，γ_c 为层状单元的表面能，λ 为薄层间的黏结率，且有 $\Gamma = 2\lambda\gamma_c$，$\Gamma$ 为陶瓷层的断裂韧性[47]。由式(14.55)和式(14.56)联立可以得到

$$\frac{N_p m}{N_c} = \frac{4\lambda \gamma_c S_0}{k_e v_0^2} \tag{14.57}$$

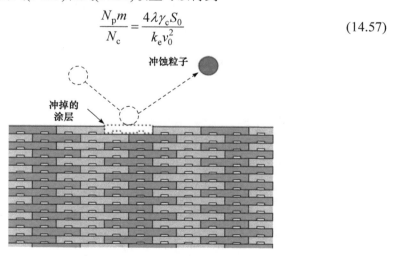

图 14.11　冲蚀导致热障涂层质量损失示意图

实验发现冲蚀涂层失去的质量 W_c 与冲蚀粒子的总质量 W_p 成正比，且有

$$W_c = N_c S_0 h \rho_c \tag{14.58}$$

$$W_p = N_p m \tag{14.59}$$

由于此时 $E_{90} = W_c / W_p$，那么联立式(14.55)~式(14.59)可得

$$E_{90} = \frac{k_e v_0^2 h \rho_c}{2\Gamma} \tag{14.60}$$

而冲蚀角对冲蚀率的影响可用如下函数描述：

$$g(\alpha) = (\sin\alpha)^{n_1} \left(1 + \left(H_c / H_p\right)(1 - \sin\alpha)\right)^{n_2} \tag{14.61}$$

其中，α 为冲蚀角度，n_1 和 n_2 为通过拟合实验数据来确定的指数项，H_c 和 H_p 分别为涂层硬度和粒子硬度，图 14.12 为 Tabakoff 和 Nicholls 等[48,49]在高温风洞中对热障涂层进行冲蚀试验得到的实验数据与式(14.61)的拟合结果，拟合得到 $n_1=2.246$ 和 $n_2=0.688$，那么热障涂层冲蚀率模型可表示为

$$E_m = (\sin\alpha)^{2.246} \left(1 + \frac{H_p}{H_c}(1 - \sin\alpha)\right)^{0.688} \frac{k_e v_0^2 h \rho_c}{2\Gamma} \tag{14.62}$$

假设局部区域热障涂层的厚度减为零时涂层失效，那么局部区域热障涂层的失效准则为

$$Z = \rho_c H - M_p E_m \tag{14.63}$$

其中，ρ_c 为陶瓷层密度，H 为陶瓷层厚度，M_p 为冲击到此区域的粒子的总质量，E_m 为冲蚀率。将式(14.62)建立的冲蚀率模型代入到式(14.63)，可得局部区域冲蚀

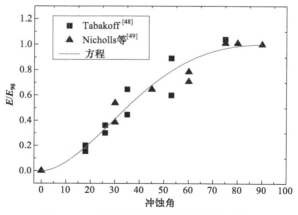

图 14.12　不同冲蚀角下热障涂层的冲蚀率

失效准则为

$$Z = H - M_p \left(\sin \alpha \right)^{2.246} \left(1 + \frac{H_p}{H_c} \left(1 - \sin \alpha \right) \right)^{0.688} \frac{k_e v_0^2 h \rho_c}{2\Gamma} \qquad (14.64)$$

当 $Z > 0$ 时，热障涂层处于安全可靠状态的安全域；当 $Z < 0$ 时，热障涂层处于失效状态的失效域；当 $Z = 0$ 时，热障涂层处于临界失效状态。

14.5.2　涡轮叶片热障涂层冲蚀可靠性计算方法

通过式(14.64)来计算涡轮叶片热障涂层的可靠性，有两个重要的条件：一是公式中的每一个参数都能已知；二是通过可靠性计算方法来获得每一种参数情况的可靠性。然而，在实际发动机中，冲蚀粒子是随着高温燃气以不同的速度、角度、大小随机冲蚀在涂层表面的，燃气、粒子参数包括其温度、速度等，都是随着发动机涡轮叶片的服役状态变化而变化，无法直接给定。因此，涡轮叶片热障涂层冲蚀可靠性的计算，应包含冲蚀过程与可靠性两个步骤。下面逐一进行说明。

1. 涡轮叶片热障涂层冲蚀过程的数值模拟与计算

这一过程主要采用 CFX 流体计算软件以及 ANSYS 有限元来完成。首先利用 ANSYS 软件 BladeGen 子模块的 Angle/Thichness 方法，根据叶片中线方向角和叶厚沿中线的变化关系来构建燃气作用下导向叶片、工作叶片的三维几何模型，具体的建模方法可参见文献[50]。涡轮叶片热障涂层冲蚀的流体域和固体域几何模型如图 14.13 所示，其中网格部分为流体，中间的空缺部分为固体叶片，左边为导向叶片，右边为工作叶片，箭头代表了气体运动的方向。流体域元网格为 H-Grid，一种带有 8 个节点的六面体单元。叶片内通道处是燃气(流体域)与涡轮叶片(固体域)进行热交换、粒子冲蚀的关键部位，故网格密度要远高于其他位置。

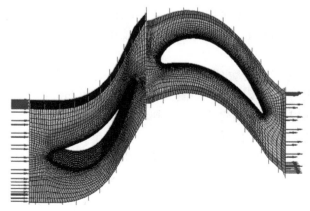

图 14.13　涡轮叶片热障涂层冲蚀的流体域和固体域几何模型

基于可压缩的雷诺平均纳维-斯托克斯(Reynolds-averaged-Navier-Stokes)方程以及 $k\text{-}\omega$ 振荡模型，忽略振荡随机性，来计算三维的流体场。定义气体进口总温和总压分别为 1678K 和 1303kPa，出口静压为 571kPa，并赋予导叶和动叶周期性边界条件[51,52]。

图 14.14 给出了流场中间截面处的马赫数分布情况，一般其值越大表面流速越大。从图可得左侧入口处马赫数较低，大约只有 0.1 马赫，由于导向叶片前缘对燃气的阻挡作用，在导向叶片前缘出现了马赫数接近 0 的区域，随后，马赫数逐渐增大，在旋转叶片的吸力面即叶背靠近前缘区域达到最大值约 1.2 马赫，最后逐渐减少，到出口处时变为 0.5 马赫左右。实际情况是燃气从燃烧室流出时流速只有大约 50 m/s，涡轮叶栅通道内马赫数设计值最高一般为 1.2 马赫，所以此次模拟结果是可以接受的。

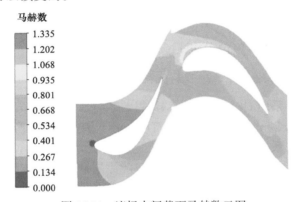

图 14.14　流场中间截面马赫数云图

图 14.15 和图 14.16 分别是流场中间截面温度分布云图和压强分布云图，它们的值都是入口处最大，沿出口方向逐渐减小，最小值出现在导向叶片叶背面尾缘附近区域。总体来看，不论是导向叶片还是旋转叶片，叶盆面附近的压强和温度值都大于叶背面附近的值，这也是叶片的叶盆和叶背又分别称为压力面和吸力面的原由。

粒子在流道内高速运动时很可能会与覆有热障涂层的叶片表面发生多次碰撞，每碰撞一次后都会反弹，再碰撞在叶片表面其他部位。所以还需要获得粒子与热障涂层表面以不同角度碰撞后，反弹时的速度大小和方向。Swar[53]通过在高温风洞内，用高分辨高速摄像技术，获得了小尺寸颗粒以不同角度冲击热障涂层表面前后，入射角与反弹角以及入射速度大小与反弹速度大小的经验关系：

$$e_v = v / v_{re} = 0.963 + 0.3957\alpha - 2.2994\alpha^2 + 1.4276\alpha^3 \qquad (14.65a)$$

$$e_\alpha = \alpha / \alpha_{re} = 0.2204 + 3.7169\alpha - 6.6829\alpha^2 + 3.5283\alpha^3 \qquad (14.65b)$$

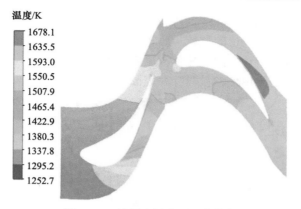

图 14.15　流场中间截面温度分布

图 14.16　流场中间截面压强分布

其中，α 和 v 分别为入射角和入射速度大小，α_{re} 是反弹角，v_{re} 是反弹速度大小，e_v 速度系数，e_α 角度系数。式(14.65)的两个式子可以通过用户自定义程序写入粒子运动轨迹程序中。进一步，便可通过粒子运动轨迹模拟来获得冲蚀粒子的速度、角度、位置等信息。假设粒子的气动力主要来源于粒子相对于流体的滑动速度，初始速度是进口气体速度的 50%，方向与燃气方向相同，燃气进口处颗粒流量持续。

　　图 14.17 中的(a)、(b)、(c)、(d)分别为粒径是 2.5μm、10μm、25μm、60μm 时运动轨迹的模拟结果。从图中可以得出，粒径越小的颗粒的运动轨迹与流体的流线越相似，流线与涡轮叶片的外表面平行，则粒径越小的轨迹线与叶片表面相交时的夹角越小，即粒子冲击叶片表面时的冲击角越小，分析其原因，颗粒尺寸越小，拥有的惯性相对越小，越不容易脱离流体流动而冲击到叶片表面。如图 14.17(a)中 2.5μm 的颗粒几乎不与导向叶片表面相碰撞，即使后面与旋转叶片的叶盆面碰撞时，也是以很小的角度碰撞，反弹后也在叶片表面附近运动。粒

径较大时，颗粒会与叶片以较大角度碰撞，反弹后还可能冲击到相邻叶片，甚至图 14.17(d)中粒径 60μm 的颗粒与旋转叶片叶背前缘以接近垂直角度碰撞时，反弹后还可能逆流冲击到导向叶片叶背尾缘部位，这样对叶片发生了多次冲击作用，可以预见这种情况单个颗粒对叶片表面热障涂层的冲蚀作用最为明显。

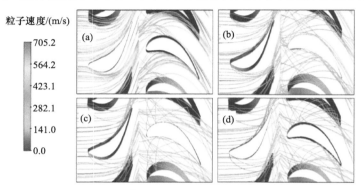

图 14.17　不同粒径颗粒的运动轨迹

(a) 2.5μm；(b) 10μm；(c) 25μm；(d) 60μm

　　进一步，将粒子的速度、大小等参数代入式(14.62)，可模拟得出叶片热障涂层的冲蚀率。图 14.18 是颗粒粒径平均值为 40μm，标准差为 18μm，且数量上服

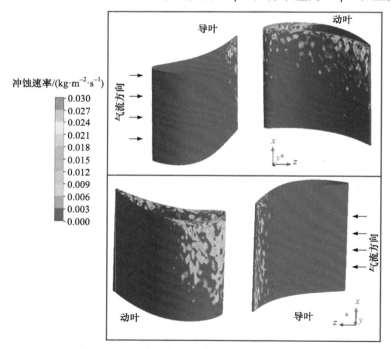

图 14.18　叶片表面热障涂层冲蚀速率云图

从 Rosin Rammler 随机分布的颗粒，对发动机导向叶片和旋转叶片的冲蚀破坏模拟结果。从图中可以看出，冲蚀最为严重的区域是旋转叶片的叶背前部靠近机匣的区域；其次是旋转叶片的叶盆尾缘和导向叶片的叶背尾缘靠近机匣的区域；再次是导向叶片的叶盆面靠近尾缘的区域，沿叶片高度方向均匀分布而不是集中于靠近机匣的区域。其原因是旋转叶片绕涡轮轴高速旋转，必然使得流经的流体和夹带的颗粒也会拥有越来越大的周向旋转速度，颗粒所受的离心力也随之增大，开始往远离轴心的机匣方向汇集，冲击到靠近机匣的叶片表面。而导向叶片的叶背面也是靠近机匣区域的冲蚀严重，这是由冲击到动叶片的叶背面前缘部位的大尺寸粒子逆流冲击到导向叶片造成的。图 14.19 是整机冲蚀实验后叶片表面热障涂层的冲蚀情况[54]，可以发现真实的涂层冲蚀破坏严重的区域也是旋转叶片叶背前部靠近机匣的区域，其次是旋转叶片叶盆尾缘靠近机匣的区域，与模拟结果吻合得很好。

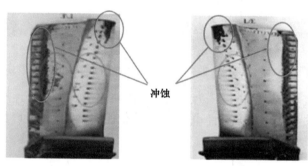

图 14.19　整机冲蚀实验后叶片表面热障涂层的冲蚀情况

为了进一步研究颗粒尺寸对叶片表面热障涂层冲蚀破坏的影响，分别模拟了不同尺寸颗粒对热障涂层的冲蚀作用，结果表明颗粒尺寸小于一定值时，对涂层的冲蚀作用明显减小，见图 14.20 左上部颗粒 $d=2.5\mu m$，它的冲蚀区域还呈有规则的放射状，这是粒子在离心力和气流曳力的作用下，往叶片尾缘和机匣方向运动并多次以小角度冲击叶片表面造成的，由于冲蚀角小，冲蚀作用相对较弱。而后面的颗粒尺寸为 $10\mu m$、$25\mu m$、$60\mu m$ 时冲蚀严重区域却没有明显的差别。

2. 涡轮叶片热障涂层冲蚀过程的数值模拟与计算

通过图 14.18～图 14.20 可知，涡轮叶片热障涂层冲蚀失效的位置与冲蚀率分布是不均匀的，涂层局部的冲蚀并不代表涡轮叶片热障涂层失效。因此，需要从整体角度考虑来定义涡轮叶片表面的可靠性。一般情况下，定义涂层剥落的面积达到整体 10%时认为涂层失去保护作用。既然将涡轮叶片热障涂层作为整体来考虑，则可以将单个粒子作用的冲蚀可靠性转变为角度、速度、位置变化的多个冲蚀粒子反复作用的可靠性，而将本节第一部分单个粒子冲蚀过程作为子单元进行

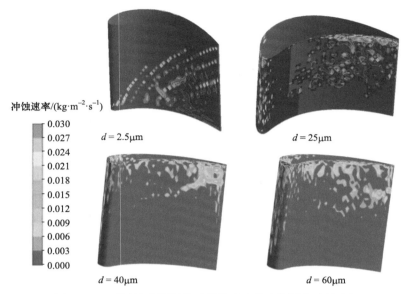

图 14.20　不同尺寸的颗粒对涡轮叶片热障涂层的冲蚀破坏

考虑。因为冲蚀率与燃气进口压力、温度、出口压力、工作叶片旋转速度、粒子直径等因素有关，故冲蚀可靠性也与这些因素有关。因此，可以将式(14.64)的失效准则写为隐式形式[55]：

$$Z = H - M_p f(P_{in}, P_{out}, T_{in}, R_{PM}, D) \frac{K_e h}{2\Gamma} \tag{14.66}$$

其中，H 为陶瓷层厚度，M_p 为冲蚀颗粒质量，P_{in} 为进口总压，P_{out} 为出口静压，T_{in} 为进口总温，R_{PM} 为叶片转速，K_e 为能量比例系数，h 为陶瓷层内片层厚度，Γ 为陶瓷层断裂韧性。从 14.5.1 节的分析可知，冲蚀率与这些参数的关系均是隐式的，因而与失效准则的关系也是隐式的，用函数 f 描述，但可以通过 14.5.1 节 1. 中的冲蚀过程数值计算来得到这些隐式关系下的具体数值。

如 14.2.3 节中所述，失效准则只能分析出影响因素但没有具体的方程时，二阶矩法、Monte-Carlo 等方法不再适用，可采用 14.2.3 节中的均值法与改进均值法来进行可靠性分析。对涡轮叶片热障涂层冲蚀失效而言，由于几何结构复杂，影响参数多，还需要借助 NESSUS 软件来计算可靠性。主要的步骤包括[56]：

(1) 基于式(14.66)的失效准则，分析其中各个基本变量的分布规律；

(2) 建立涡轮叶片热障涂层冲蚀的几何模型与网格，对各个基本变量进行抽样，将其作为边界条件、材料与结构参数输入给有限元单元，利用改进均值法计算出该条件下功能函数是否小于 0，并反馈给 NESSUS 统计；

(3) 统计失效模型占比，计算出可靠性；

(4) 分析可靠性与基本变量的演变关系，即可靠性灵敏度。

14.5.3　影响冲蚀失效各参数的统计分析

从式(14.66)可以看出，热障涂层冲蚀失效主要取决于粒子参数、涂层参数和环境参数。因此，可靠性基本变量也包含三类参数：①涂层参数，包括涂层断裂韧性、弹性模量、涂层总厚度以及每一层片层的厚度；②粒子参数，包括粒子的直径或重量；③燃气参数，包括燃气进口温度、压力、工作叶片旋转速度(影响粒子冲蚀角度、速度和位置)。

图 14.21 给出了涂层总厚度的取样位置，以及对其厚度测量值采用正态分布回归分析的结果，图中每一个数据点对应一项涂层厚度的取样测量值，该点的横坐标值即为此次测量得到的涂层厚度。把所有的测量结果从小到大依次标记编号 i。由数理统计知识可得每一样本对应的标准正态分布分位数为

$$Q_i = \Phi^{-1}\left(\frac{i-0.5}{N}\right) \tag{14.67}$$

式中，$\Phi^{-1}(\cdot)$ 为标准正态分布概率累积函数的反函数，N 为抽样测量的总次数，图 14.21 在统计学中又称为 Q-Q(Quantiles-Quantiles)图，图中数据点的线性程度越强则说明随机变量越趋近于服从正态分布，拟合直线的斜率即为该随机量的标准差，拟合直线上横坐标为 0 的点对应的纵坐标值为该随机量的均值。由图 14.21 可得涂层厚的均值为 268μm，标准差为 11.46μm。

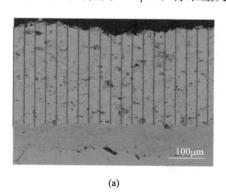
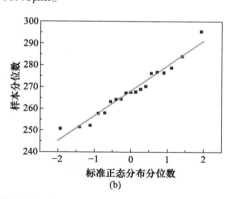

图 14.21　陶瓷层厚度规律分析

(a) 厚度取样；(b) 正态分布回归分析

按照同样的正态分布回归分析方法对热障涂层片层状结构的片层厚度进行了分析，图 14.22 给出了取样示意图及其厚度的测试分析结果。可以看出，涂层片层状的厚度也符合正态分布规律，其厚度的均值为 5.2μm，标准差为 0.25μm。

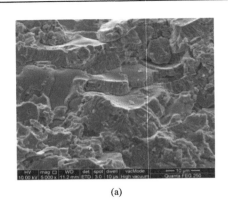
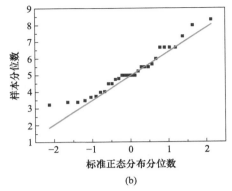

(a)　　　　　　　　　　　　　　　　　　(b)

图 14.22　陶瓷层片层厚度规律分析

(a) 厚度取样；(b) 正态分布回归分析

　　基于热障涂层脆性涂层属性以及界面氧化、热循环可靠性的分析经验，可知断裂韧性、杨氏模量符合威布尔分布规律。基于大量的文献查阅，进口总温、进口总压、出口静压、工作叶片转速以及冲蚀粒子参数的统计特征如表 14.14 所示。

表 14.14　冲蚀失效准则中相关随机量数字特征选取

名称	单位	均值	标准差	分布类型
TC 层厚度	μm	268	11.46	正态分布
片层厚度	μm	5.2	0.25	正态分布
比例系数[57]	1	0.026	0.01	正态分布
断裂韧性[58]	J/m²	50	10	威布尔分布
冲蚀颗粒质量	g	90	5	正态分布
进口总压[59-61]	kPa	1303	100	贝塔分布
进口总温[59-61]	K	1613	39.5	贝塔分布
出口静压[59-61]	kPa	578	20	贝塔分布
动叶转速[59-61]	r/min	11710	249.5	贝塔分布
粒子直径[62]	D	40	18	对数正态分布

14.5.4　涡轮叶片热障涂层冲蚀失效概率预测与灵敏度分析

　　针对表 14.14 中的每一个变量及其在均值附近围绕标准差范围内的每一个取值，都可以利用 14.5.2 节中所描述的方法计算冲蚀过程及冲蚀可靠性。计算结果可以描述为某一参数情况下涡轮叶片热障涂层冲蚀失效概率的分布，如图 14.23(a) 所示，直观地展现出在这一组参数下涡轮叶片热障涂层容易剥落失效的位置，也可以算出每一参数情况下功能函数即失效准则 Z 的值，并描述出可靠性随着功能函数的演变关系，如图 14.23(b) 所示的概率累计分布。回顾 Z 的含义，当 $Z \leqslant 0$ 时，

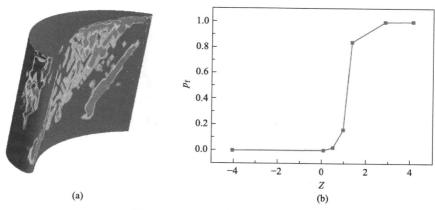

(a)   (b)

图 14.23 热障涂层冲蚀失效概率
(a) 失效概率分布；(b) 累计分布

涂层失效；当 $Z=0$ 时，处于临界状态。因此，可直接根据图中 $Z=0$ 的位置找出此工况下涂层失效的概率为 0.67%，也即此工况下涂层剥落 10% 的概率。

与此同时，可以分析各个基本变量变化时，失效概率的演变情况，如图 14.24 所示。其中，各变量的均值 μ 和标准差 σ 如表 14.14 所示。可以看出，涂层冲蚀失效概率随着片层厚度 h、粒子质量 M、比例系数 K_e 的增加而增加；随着涂层断裂韧性 Γ、涂层总厚度 H、燃气进口总压 P_{in}，出口静压 P_{out}，进口总温 T_{in}，叶片转速 ω 的增加而降低，粒子直径对可靠性影响较小。

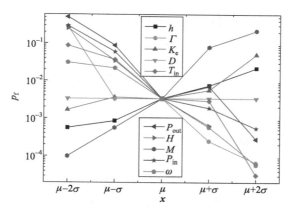

图 14.24 热障涂层冲蚀失效概率随基本变量的演变关系

按照可靠性敏感度的定义，可进一步分析基本变量均值与标准差对可靠性的影响程度，结果如图 14.25 所示。可以看出，对失效概率影响最显著的是出口压强和转子转速，其次是陶瓷层厚度、陶瓷层中薄层的厚度、冲蚀颗粒质量，而进口处总温、陶瓷层断裂韧性等参数值的改变对失效概率影响不明显，粒子尺寸对

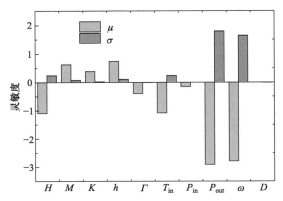

图 14.25　各基本变量均值与标准差的可靠性灵敏度

整个叶片表面冲蚀剥落几乎没有影响。由于服役过程中，发动机的某级涡轮出口压强和转子转速是不能调控的，因此为了提高涂层的抗冲蚀能力或冲蚀环境下的可靠性，可以通过改进涂层制备工艺，在不影响涂层其他性能的前提下，适当增加涂层的厚度或者适当减小大气等离子喷涂法制备涂层的每一片层厚度。

14.6　总结与展望

14.6.1　总结

本章阐述了热障涂层服役可靠性的评价模型与计算方法，并就热障涂层热循环、界面氧化、高温冲蚀等关键失效模式的可靠性与关键影响因素进行了分析，总结如下。

(1) 建立了一种考虑环境、结构、性能分散性的热障涂层可靠性预测模型，提出了相应的计算方法。

(2) 建立了热障涂层热循环、界面氧化、高温冲蚀等关键失效模式的可靠性分析准则，提炼出了关键的影响参数。

(3) 基于氧化、高温冲蚀、热循环的可靠性分析，发现增强涂层和界面断裂韧性可以提升涂层服役的可靠性。此外，在涂层总厚度不变的情况下，适当减小片层厚度等也可以提升涂层服役的可靠性。

14.6.2　展望

未来研究主要有以下几个方面。

(1) 热障涂层 CMAS 腐蚀可靠性评价。由于 CMAS 腐蚀破坏机制研究还不深入，关键失效模式及其准则还不成熟，目前热障涂层高温 CMAS 的可靠性及其关键影响因素分析还有待研究。

(2) 热障涂层多失效模式下的可靠性评价。热障涂层实际服役过程中，同时伴有燃气热冲击、界面氧化、CMAS 腐蚀、冲蚀等多种失效模式，目前的可靠性评价还主要针对单一模式，尽管给出了多模式下的分析思路，但具体的可靠性预测与分析还有待研究。

(3) 可靠性与隔热效果的协同评价。可靠性是保证热障涂层安全服役的基础和必要条件，隔热是热障涂层必然的要求。但二者又往往不可兼得，如增大孔隙率可增加隔热效果，但可能减小可靠性。为此，开展热障涂层可靠性与隔热效果的协同评价，是重要的发展趋势。

参 考 文 献

[1] Busso E P, Lin J, Sakurai S. A mechanistic study of oxidation-induced degradation in a plasma-sprayed thermal barrier coating system. Part II: life prediction model[J]. Acta Mater, 2001, 49(9): 1529-1536.

[2] Liu Y, Persson C, Wigren J. Experimental and numerical life prediction of thermally cycled thermal barrier coatings[J]. Journal of Thermal Spray Technology, 2004, 13(3): 415-424.

[3] Wen M, Jordon E H, Gell M. Remaining life prediction of thermal barrier coatings based on photoluminescence piezospectroscopy measurements[J]. Journal of Engineering for Gas Turbines and Power, 2006, 128(3): 610-616.

[4] He M Y, Hutchinson J W, Evans A G. Simulation of stresses and delamination in a plasma-sprayed thermal barrier system upon thermal cycling[J]. Materials Science and Engineering: A, 2003, 345(1): 172-178.

[5] Renusch D, Schütze M. Measuring and modeling the TBC damage kinetics by using acoustic emission analysis[J]. Surface and Coatings Technology, 2007, 202(4-7): 740-744.

[6] 茆诗松, 汤银才, 王玲玲. 现代数学基础 7: 可靠性统计[M]. 北京: 高等教育出版社, 2008.

[7] Shen W, Wang F C, Fan Q B, et al. Finite element simulation of tensile bond strength of atmospheric plasma spraying thermal barrier coatings[J]. Surface and Coatings Technology, 2011, 205(8-9): 2964-2969.

[8] Ren F, Case E D, Timm E J, et al. Weibull analysis of the biaxial fracture strength of a cast p-type LAST-T thermoelectric material[J]. Philosophical Magazine Letters, 2006, 86(10): 673-682.

[9] Cattell M J, Clarke R L, Lynch E J R. The transverse strength, reliability and microstructural features of four dental ceramics-Part I[J]. Journal of Dentistry, 1997, 25(5): 399-407.

[10] Darija M, Dragan J, Mirta B. Nonlinear weighted least squares estimation of a three-parameter Weibull density with a nonparametric start[J]. Journal of Computational and Applied Mathematics, 2009, 228(1): 304-312.

[11] Wang L, Wang Y, Sun X G, et al. Microstructure and indentation mechanical properties of plasma sprayed nano-bimod al and conventional ZrO_2-8wt%Y_2O_3 thermal barrier coatings[J]. Vacuum, 2012, 86(8): 1174-1185.

[12] Lugscheider E, Bobzin K, Barwulf S, et al. Mechanical properties of EB-PVD-thermal barrier

coatings by nanoindentation[J]. Surface and Coatings Technology, 2001, 138(1): 9-13.

[13] Holland F A. A simple method for estimating the parameters of the Beta distribution applied to modeling uncertainty in gas turbine inlet temperature[C]. ASME Turbo Expo: Power for Land, Sea, and Air, 2002: 627-633.

[14] Macias-Garcia A, Cuerda-Correa E M, Diaz-Diez M. Application of the Rosin-Rammler and Gates-Gaudin-Schuhmann models to the particle size distribution analysis of agglomerated cork[J]. Materials Characterization, 2004, 52(2): 159-164.

[15] 吕震宙, 宋述芳, 李洪双, 等. 结构机构可靠性及可靠性灵敏度分析[M]. 北京: 科学出版社, 2009.

[16] 贡金鑫. 工程结构可靠度计算方法[M]. 大连: 大连理工大学出版社, 2003.

[17] 胡鸣. 结构可靠度计算方法研究[D]. 广州: 华南理工大学, 2010.

[18] 赵国藩, 金伟良, 贡金鑫. 结构可靠度理论[M]. 北京: 中国建筑工业出版社, 2000.

[19] Rackwitz R, Fiessler B. Structural reliability under combined random load sequences[J]. Computers and Structures, 1978, 9(5): 489-494.

[20] Breitung K. Asymptotic approxiamation for multinormal integrals[J]. Journal of Engineering Mechanics, 1984, 110(3): 357-366.

[21] Breitung K. Asymptotic approxiamation for probability integrals[J]. Probabilistic Engineering Mechanics, 1989, 4(4): 187-190.

[22] 金勇进, 杜子芳, 蒋研. 抽样技术[M]. 北京: 中国人民大学出版社, 2002.

[23] 熊光楞, 肖田元, 张燕云. 连续系统仿真与离散事件系统仿真[M]. 北京: 清华大学出版社, 1991.

[24] Lohr S L. Sampling: Design and Analysis[M]. Pacific Grove: Duxbury Press, 1999.

[25] Thoft-Cristensen P, Baker M J. Structural Reliability Theory and its Applications[M] Springer Science and Business Media, 2012.

[26] Tilmann B, Roland H, Trunova O. Damage mechanisms and lifetime behavior of plasma-sprayed thermal barrier coating systems for gas turbines-part II: modeling[J]. Surface and Coatings Technology, 2008, 202(24): 5901-5908.

[27] Sfar K, Aktaa J, Munz D. Numerical investigation of residual stress fields and crack behavior in TBC systems[J]. Materials Science and Engineering: A, 2002, 333(1-2): 351-360.

[28] Thurna G, Schneider G A, Bahr H A, et al. Toughness anisotropy and damage behavior of plasma sprayed ZrO_2 thermal barrier coatings[J]. Surface and Coatings Technology, 2000, 123(s2-3): 147-158.

[29] Wang X, Wang C J, Atkinson A. Interface fracture toughness in thermal barrier coatings by cross-sectional indentation[J]. Acta Materialia, 2012, 60(17): 6152-6163.

[30] Mao W G, Chen Q, Dai C Y, et al. Effects of piezo-spectroscopic coefficients of 8 wt % Y_2O_3 stabilized ZrO_2 on residual stress measurement of thermal barrier coatings by Raman spectroscopy[J]. Surface and Coatings Technology, 2010, 204(21-22): 3573-3577.

[31] Guo S Q, Kagawa Y. Effect of thermal exposure on hardness and Young's modulus of EB-PVD yttria-partially-stabilized zirconia thermal barrier coatings[J]. Ceramics International, 2006, 32(3): 263-270.

[32] Ma K, Schoenung J M. Isothermal oxidation behavior of cryomilled NiCrAlY bond coat: homogeneity and growth rate of TGO[J]. Surface and Coatings Technology, 2011, 205(21-22): 5178-5185.

[33] Che C, Wu G Q, Qi H Y, et al. Uneven growth of thermally grown oxide and stress distribution in plasma-sprayed thermal barrier coatings[J]. Surface and Coatings Technology, 2009, 203(20-21): 3088-3091.

[34] Shen W, Wang F C, Fan Q B, et al. Lifetime prediction of plasma-sprayed thermal barrier coating systems[J]. Surface and Coatings Technology, 2013, 217: 39-45.

[35] Tomimatsu T, Zhu S, Kagawa K. Effect of thermal exposure on stress distribution in TGO layer of EB-PVD TBC[J]. Acta Materialia, 2003, 51(8): 2397-2405.

[36] Busso E P, Wright L, Evans H E, et al. A physics-based life prediction methodology for thermal barrier coating systems[J]. Acta Materialia, 2007, 55(5): 1491-1503.

[37] Wu F, Jordan E H, Ma X, et al. Thermally grown oxide growth behavior and spallation lives of solution precursor plasma spray thermal barrier coatings[J]. Surface and Coatings Technology, 2008, 202(9): 1628-1635.

[38] Miller R A. Oxidation-based model for thermal barrier coating life[J]. Journal of the American Ceramic Society, 1984, 67(8): 517-521.

[39] Demasi J T, Sheffler K D, Ortiz M. Thermal barrier coating life prediction model development phase I final report [J]. NASA Technical Memorandum, 1989: 182230.

[40] Evans H E. Oxidation failure of TBC systems: an assessment of mechanisms[J]. Surface and Coatings Technology, 2011, 206(7): 1512-1521.

[41] Guo J W, Yang L, Zhou Y C, et al. Reliability assessment on interfacial failure of thermal barrier coatings[J]. Acta Mechanica Sinica, 2016, 32(5): 915-924.

[42] Guo S Q, Kagawa Y. Effect of thermal exposure on hardness and Young's(modulus)of EB-PVD yttria-partially-stabilized zirconia thermal barrier coatings[J]. Ceramics International, 2006, 32(3): 263-270.

[43] Zhou C G, Wang N, Wang Z B, et al. Thermal cycling life and thermal diffusivity of a plasma-sprayed nanostructured thermal barrier coating[J]. Scripta Materialia, 2004, 51(10): 945-948.

[44] Jackson R D. The effect of bond coat oxidation on the microstructure and endurance of two thermal barrier coaings[D]. Birmingham: The University of Birmingham, 2010.

[45] 杨丽, 郭进伟, 朱旺, 等. 一种基于 JC 算法的热障涂层界面氧化失效可靠性评估方法[P]. 中国专利号, (ZL2013101429344. 2016-12-28).

[46] Martena M, Botto D, Fino P, et al. Modelling of TBC system failure: Stress distribution as a function of TGO thickness and thermal expansion mismatch[J]. Engineering Failure Analysis, 2006, 13(3): 409-426.

[47] Li C J, Yang G J, Ohmori A. Relationship between particle erosion and lamellar microstructure for plasma-sprayed alumina coatings[J]. Wear, 2006, 260(11-12): 1166-1172.

[48] Tabakoff W. High-temperature erosion resistance of coatings for use in turbomachinery[J]. Wear, 1995, 186-187: 224-229.

[49] Nicholls J R, Deakin M J, Rickerby D S. A comparison between the erosion behaviour of thermal spray and electron beam physical vapour deposition thermal barrier coatings[J]. Wear, 1999, 233-235: 352-361.

[50] 肖逸奇. 涡轮叶片热障涂层服役可靠性评价及其应用研究[D]. 湘潭: 湘潭大学, 2019.

[51] Timko L P. Energy efficient engine high pressure turbine component test performance report [J]. Aircraft Propulsion and Power, 1984, 199(19): 237

[52] 曾军, 王彬, 卿雄杰. 某双级高压涡轮全三维计算[J]. 航空动力学报, 2012, 27(11): 2553-2561.

[53] Swar R. Particle erosion of gas turbine thermal barrier coating[D]. Clifton Ave, Cincimmati: University of Cincinnati, 2009.

[54] Darolia R. Thermal barrier coatings technology: critical review, progress update, remaining challenges and prospects[J]. International Materials Reviews, 2013, 58(6): 315-348.

[55] Xiao Y Q, Yang L, Zhou Y C, et al. Dominant parameters affecting the reliability of TBCs with turbine blade substrate during the erosion of hot gas stream[J]. Wear, 2017, 390-391: 166-175.

[56] 杨丽, 肖逸奇, 周益春, 等. 热障涂层冲蚀率模型及含涂层涡轮叶片冲蚀工况模拟方法[P]. 中国专利, ZL2016102569533. 2016-04-21.

[57] Cernuschi F, Lorenzoni L, Capelli S, et al. Solid particle erosion of thermal spray and physical vapour deposition thermal barrier coatings[J]. Wear, 2011, 271(11-12): 2909-2918.

[58] Thurn G, Schneider G A, Bahr H A, et al. Toughness anisotropy and damage behavior of plasma sprayed ZrO$_2$ thermal barrier coatings[J]. Surface and Coatings Technology, 2000, 123(s2-3): 147-158.

[59] Holland F A. A simple method for estimating the parameters of the beta distribution applied to modeling uncertainty in gas turbine inlet temperature[C]. Proceedings of the ASME Turbo Expo 2002: Power for Land, Sea, and Air, F, 2002, 36096: 627-633.

[60] Timko L P. Energy efficient engine high pressure turbine component test performance report [J]. Aircraft Propulsion and Power, 1984, 199(19): 237.

[61] Pech K H, Downing N L. Development of a retracting vane/centrifugal main fuel pump for gas turbine engines[J]. Journal of Fluids Engineering, 1976, 98(4): 619-625.

[62] Kirschner M, Wobst T, Rittmeister B, et al. Erosion testing of thermal barrier coatings in a high enthalpy wind tunnel[J]. Journal of Engineering for Gas Turbines and Power, 2015, 137(3): 032101.

第15章　热障涂层服役环境试验模拟装置

热障涂层关键服役环境的试验模拟与测试装置，是破坏机理与可靠性研究的必要条件。但燃气热冲击、冲蚀、CMAS 腐蚀、高速旋转等极端环境，无法依靠传统拉压弯以及高温炉加热等加载方法有效模拟。早在 20 世纪 70 年代，NASA 就已利用 J-75 涡轮发动机试车验证热障涂层应用效果，并以此为依据进行涂层成分与结构设计优化[1]。但发动机上试车耗费巨大，也失去了失效过程损伤参量演变的实验数据。因此，服役环境试验模拟装置研制是世界各国热障涂层研究的重点与热点，也是核心封锁点。

热障涂层服役的极端环境可提炼成热、力、化及三者耦合的载荷。包括：①温度场。燃气冲击、气膜冷却，以及二者共同作用产生温度梯度、极冷极热等，引起的都是温度场的变化，即热载荷。②应力场。高速旋转离心力、冲蚀颗粒撞击，是机械载荷。③化学场。界面氧化、CMAS 腐蚀，是化学反应，即化学载荷。④三者的耦合效应。如温度场带来的热失配应力、化学反应带来的生长应力，旋转(机械载荷)和燃气(温度)交互作用带来的热斑、湍流、尾迹，又产生新的热载荷和机械载荷。因此，热障涂层服役环境的试验模拟，实际上是对热、力、化及三者耦合载荷的分解和耦合模拟与调控。此外，服役环境下涂层失效过程的实时检测，是理解涂层破坏机制与可靠性的直接实验数据，也是试验模拟装置研制需考虑的重点与难点。

基于此，本章按照热障涂层热(温度场)、热力(应力场)、热力化(化学场)、考虑高速旋转的热力化耦合递进层次，结合服役环境下涂层失效过程实时检测方法的实现，详细介绍热障涂层服役环境的试验模拟装置的设计思想与进展。

15.1　热障涂层热载荷的试验模拟装置

高温是热障涂层最基本的服役环境，高温可促进热障涂层热循环、热失配应力、蠕变、热疲劳等失效形式，高温也可以诱导热障涂层发生界面氧化，通过在涂层表面涂覆 CMAS 也可以产生腐蚀失效。因此，高温是热障涂层实验的最基本、也最简单的模拟形式。本节围绕热障涂层高温热循环、高温 CMAS 腐蚀测试装置进行介绍。

15.1.1 高温自动热循环的实验模拟装置

高温炉,是模拟热障涂层高温环境最简单、也最常用的实验装置。在高温炉内,通过控制氧气的含量(如加氧、惰性气体排氧),可以分析热障涂层界面氧化规律与机理。通过高温炉中加热、保温、炉外冷却(自然空冷、冷气骤冷、水冷)等方式,模拟热障涂层交替热冷的服役环境,从而模拟热障涂层在飞机起飞、飞行与降落状态下的热载荷,但对热障涂层而言,需要考虑热循环的自动运行方式。这是因为,热障涂层一般需上千、甚至上万次热循环才剥落,手动炉内加热、炉外冷却与计数极为费时,如能实现加热、保温、冷却的全自动操作和计数则可极大提升实验效率。此外,长时间稳定、可靠的工作,也是热障涂层高温实验必须考虑的重要因素。

下面结合我们自行研制的自动高温热循环炉(图 15.1),介绍其基本组成部分与实现方式,主要包括高温加热系统、炉门自动闭合传动系统和自动控制系统三大模块。

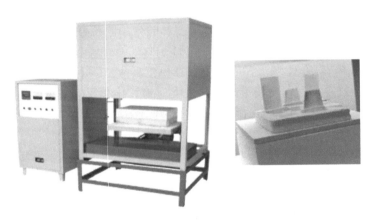

图 15.1　自动高温热循环炉

(1) 高温加热系统,即高温炉体。炉体与传统电阻炉相同,可根据实验温度的需求选择不同的加热棒,如长期稳定运行在 1600℃的硅钼棒,通过硅钼棒数量的设置、热电偶测温方式来保证腔体温度达到实验需求。

(2) 炉门自动闭合传动系统。可通过机械升降系统实现,其升降的时间、距离、速度等,都通过控制系统来调控。

(3) 自动控制系统。通过可编程逻辑控制器(PLC)来实现,通过定时控制的内部存储程序,执行炉门开、闭的逻辑运算、顺序控制、计时、计数与算术操作等指令,并通过时间、循环次数等数字输入/输出来控制炉门的闭合、保持与打开过程。此外,腔体温度也通过热电偶测温、加热功率调控来实现自动控制。

该高温炉可进行高温热循环、高温氧化、高温 CMAS 腐蚀等实验,这些实验都是以加热到高温、保温一段时间后冷却等以单一的温度变化作为载荷的模拟实验。以高温热循环为例来说明实验方式，根据实验要求设定实验温度，加热、保温以及冷却时间；开启高温炉，使得炉内温度达到实验要求，随即启动自动循环系统；载样台下降将试样放入载样台，随着传动系统自动送入、炉门自动闭合，加热、保温；到达设定时间炉门自动打开、载样台下降随后样品进行冷却；如此反复，直到达到设定循环数或是样品失效终止实验。

15.1.2　CMAS 腐蚀高温接触角测量装置

如前所述，高温 CMAS 腐蚀是导致热障涂层剥落的最危险因素。热障涂层 CMAS 腐蚀失效的过程实际上是 CMAS 吸附、熔融、渗透而后腐蚀并产生微结构变化、相变、变形与损伤累积的过程[2-5]。CMAS 吸附、熔融、渗透得越少，涂层越安全。除了控制服役环境如 CMAS 含量(可供吸附的总量)、温度(决定是否熔融)外，还有一个重要的控制方式是让涂层本身防止吸附、防止渗透，如利用荷叶防水现象优化涂层表面形貌，降低 CMAS 浸润能力，即增大接触角，但要实现涂层防吸附，需要首先对涂层 CMAS 的接触角进行定量表征。

1. 接触角测试基本原理

接触角测试采用的是小液滴法[6]，其原理图如图 15.2 所示，R 为液滴半径，H 为液滴高度，θ 为液滴接触角，$A(x_a, y_a)$、$B(x_b, y_b)$、$C(x_c, y_c)$ 三点分别为液滴的最高点以及固体(涂层)接触面两端的端点，接触角可描述为液滴轮廓与固体表面的最大夹角。当固体表面水平、液滴平衡状态时，则接触面的左右两个端点的纵坐标相等，即 $y_b = y_c$。假设液滴与基板相重合的直径为 $2R$，液滴与基底之间的接触角 θ 为

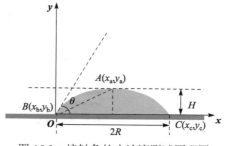

图 15.2　接触角的小液滴测试原理图

$$\frac{\theta}{2} = \arctan\left(\frac{H}{R}\right) \tag{15.1}$$

2. CMAS 高温接触角测试装置设计思路与实现方式

对热障涂层表面熔融 CMAS 渗透而言，要实现接触角需要解决三个核心问题：①CMAS 熔融。如前所述，CMAS 是钙镁铝硅的固体混合物，需要在 1250℃以上的温度下将其熔融变为液滴。②CMAS 滴落。CMAS 即使熔融后，依然是一种黏性极高的熔融介质，无法通过常规的液体容器滴落，而且涡轮叶片并不是平板状的，熔融 CMAS 可能从不同角落滴落在涂层表面，因此还需实现 CMAS 与

涂层表面不同角度的滴落。③高温成像。通过式(15.1)可知，要得到接触角，需要测试液体和涂层表面接触的宽度和高度，这需要实现高温下滴落过程尤其是在涂层表面扩展过程的形貌，以得到接触宽度和高度。

然而，现有的接触角设备主要针对常温，不满足 CMAS 接触角测试要求。为解决上述三个核心问题，我们研制了一套热障涂层 CMAS 腐蚀高温接触角测量装置[6]，原理如图 15.3 所示。装置由高温加热系统、CMAS 承载模块、样品测试平台和成像系统构成。通过 CMAS 承载模块将固体 CMAS 固定于涂层上方，将热障涂层放置于样品测试台，调整 CMAS 和涂层的位置、高度和角度。CMAS 承载模块和测试台同时通过高温加热系统加热，使 CMAS 熔融并沿承载模块的铂丝滴落于涂层表面。高温加热系统的腔体通过透明石英玻璃开有测试窗口，通过窗口 CCD 成像系统可对熔融 CMAS 润湿涂层表面的过程进行实时观察和测试，记录 CMAS 扩展的过程。通过 MATLAB 软件编程，计算 CMAS 在涂层表面扩展后的宽度和高度，而后通过式(15.1)计算出接触角。

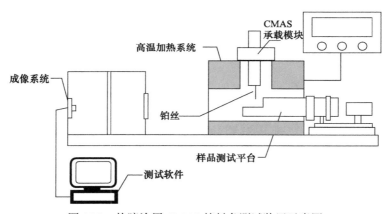

图 15.3　热障涂层 CMAS 接触角测试装置示意图

下面简要介绍关键模块的实现方式。

高温加热系统：管式电阻炉，最高温度 1300℃，能精确控制温度与升温速率，以满足因成分不同而导致不同熔点 CMAS 的熔融需求。在炉腔上端开设有块体 CMAS 承载模块的入口孔，右侧开设有样品测试平台的接入口，在实验过程中，可通过承载模块和测试平台上的密封盖，使得炉腔内处于封闭环境；CMAS 与涂层距离应尽可能小，以减小重力加速度影响。炉腔左端设置有用石英玻璃制备的图像观察与采集窗口，玻璃具有滤光作用，可滤去多余光噪，便于观察 CMAS 液滴变化。

样品测试平台：如图 15.4 所示，包括底座、带有 U 型槽的样品承载台、热电偶等。真实服役环境中 CMAS 不一定以垂直角度滴落在涂层的表面，所以样品承载台设计为 U 型，使涂层样品可与 U 型槽成一定的角度放置，从而实现液滴与样品表面接触角度的调节。在基底下方放置有铂铑热电偶进行测温。

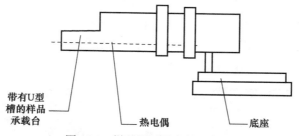

图 15.4　样品测试平台的示意图

带有U型槽的样品承载台　热电偶　底座

　　CMAS 承载模块：如图 15.5 所示，包括固定铂丝的端盖、固定 CMAS 的铂丝、高度调节模块以及用于保护铂丝的刚玉管。通过高度调节模块上的螺母来调节 CMAS 的悬挂高度，进而调节 CMAS 的滴落高度；利用铂丝高温下的稳定性，以及其高温下不与 CMAS 反应的特性，用铂丝缠绕 CMAS 固体，减小铂丝与 CMAS 的接触面积，使得两者之间的黏附力变小，使之固定于涂层上方；通过刚玉管来对铂丝进行固定与保护；从而解决熔融后的 CMAS 难以滴落的问题。

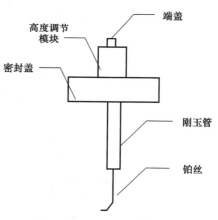

端盖　高度调节模块　密封盖　刚玉管　铂丝

图 15.5　CMAS 承载模块示意图

　　成像系统：包括平行光源、样品箱、凸透镜、成像屏、CCD 摄像机等。通过小孔成像原理，由凸透镜放大后反向成像并投影在成像屏上，再通过 500 万像素的 CCD 摄像机采集，其光路图如图 15.6 所示，成像屏上设置有网格，通过网格可定量观察 CMAS 液滴的体积与形貌。

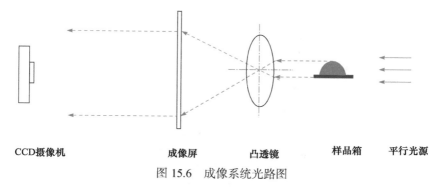

CCD摄像机　　　　成像屏　　凸透镜　　　样品箱　平行光源

图 15.6　成像系统光路图

　　接触角分析软件：根据式(15.1)来计算接触角，需要准确获得扩展宽度和高度，因为高温热辐射等原因如果所获图像界面模糊，可采用二值化处理方式[33]来提取轮廓，如图 15.7 所示，具体方法可参见第 2 章 2.4 节。轮廓提取后，量出 CMAS 扩展面的宽度与高度，代入式(15.1)即可获得接触角。实时记录 CMAS 扩展的过程，则可获得接触角随时间的演化曲线，并最终获得稳定的接触角值。

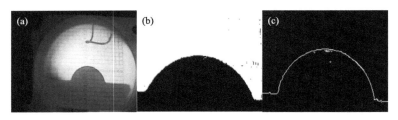

图 15.7　实验拍摄的图片(a)、二值化处理后的图片(b)和边缘检测结果示意图(c)

3. 热障涂层 CMAS 接触角测试效果

　　利用该装置，我们对热障涂层高温 CMAS 润湿实验进行了测试。通过静压成型法将 CMAS 压缩成固体块体，并缠绕在由刚玉管保护与固定的铂丝上，将等离子喷涂热障涂层放置在 U 型测试台上；随后将测试台、CMAS 均放入炉中加热至 1250℃、保温，直到 CMAS 熔融滴落；利用成像系统对这一过程进行实时测试，如图 15.8 所示，并测量扩展宽度与高度，获得接触角随时间的演化[7]。

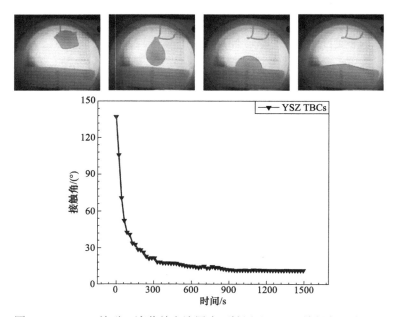

图 15.8　CMAS 熔融、滴落并在涂层表面铺展过程以及接触角的演变[7]

15.2　热障涂层热力联合加载装置与热力屈曲失效机理

热障涂层服役过程中，因为陶瓷层、氧化层与基底热膨胀系数不同而产生热失配应力，氧化层的生长、CMAS 腐蚀、相变等也会产生应力，尤其是高速旋转离心力会在体系内产生较大的拉应力。在高温环境下施加拉、压、弯等机械载荷，可模拟和加速模拟热障涂层的热失配应力、离心力，也是早期热障涂层破坏机理研究的重要手段。此外，通过高温下的拉压弯实验，可定量表征涂层及界面的力学性能。因此，热力联合加载设备是热障涂层研究的有效手段，本节就高温与机械载荷联合加载的实验方法与重要结论予以介绍。

15.2.1　热力联合加载实验装置

1. 材料试验机+燃气加热+实时测试

这种加载方式的基本原理是：通过材料试验机，可对热障涂层进行拉伸、压缩、弯曲加载。在材料试验机的基础上，通过乙炔与氧气的快速燃烧产生高温火焰，作用在热障涂层表面，此时通过热电偶测温来控制燃气流量进而控制温度。

如图 15.9 所示[8]，利用万能材料试验机对热障涂层施加压缩载荷(也可以实验需求施加拉伸、压缩等载荷)，氧乙炔火焰(由氧气、乙炔及二者混合管道，通过阀门调整二者比例而后点燃即可)作用在涂层表面，通过热电偶测试涂层表面温度、基底后表面温度以及截面温度，用以调节和控制温度场。

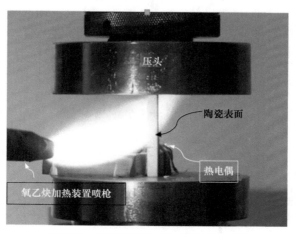

图 15.9　热障涂层热力加载实现方式[8]

实验过程中，除了通过热电偶测试温度，也可以利用第 10 章所述的声发射、

第 12 章所述的高温数字散斑、红外热成像等实时检测方法对热障涂层失效过程进行实时定量表征。

　　2. 材料试验机+高温炉+实时测试[9]

　　通过燃气对涂层表面进行加热，最大的不足在于涂层表面温度不均匀，燃气流量的极小差异也会引起涂层表面温度几十度甚至上百度的变化。更重要的是，简易的燃气喷枪往往存在温度不可控、自动化程度低、安全可靠性低等不足。基于此，可在材料试验机上的夹具处加装高温炉，实现样品载荷与温度的精准控制。为实现热障涂层失效过程的实时检测，此时需在高温炉炉体上设计检测窗口，如通过石英玻璃窗口来实现涂层变形的高温数字散斑测试，通过波导丝技术(见第 10 章)来实现裂纹萌生与扩展的声发射实时检测。

　　图 15.10 以高温三点弯曲载荷为例[9]，给出了高温炉加热方式下的热力联合加载与实时测试示意图。装置包括万能试验机加载系统、高温马弗炉、ARAMIS数字图像相关(DIC)系统、高温压杆与夹具、观测区域。实验时，采用高温马弗炉加热涂有高温散斑的热障涂层样品，同时施加压缩载荷，使得涂层发生剥落失效，并利用数字散斑对这一过程进行实时测量，也可以利用声发射等检测方法对涂层失效过程的裂纹进行实时检测。

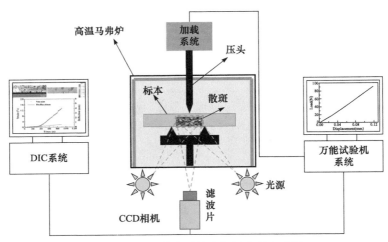

图 15.10　热障涂层热力加载实现方式[9]

　　采用这一方式进行热力联合加载时，材料试验机可采用标准的试验机，只需满足热障涂层载荷要求即可。加热炉一般是高温电阻炉，受高温夹具、温度漂移等因素的影响，目前国内外能实现的最高温度约 1500℃，升温速率、温度稳定性依赖高温马弗炉的发展水平。高温马弗炉腔体的观察口需通过石英或其他透明高温材料进行设计。高温压杆与夹具根据高温马弗炉温度要求来选择，常见的是高温陶瓷材料(如 SiC)。DIC 系统、声发射系统，无特殊要求，按照第 12 章和第 10 章所述的测试方法进行即可。

利用热力联合加载装置，可以开展热力载荷共同作用下涂层的失效机理分析，也可以开展高温力学性能表征的实验研究，下面分别予以简要介绍。

15.2.2　热力载荷作用下热障涂层屈曲失效模式

热障涂层在压应力作用下涂层发生失稳而与基底分离、剥落的现象，叫做热力屈曲。造成这种失效的涂层压应力可来源于冷却阶段的热失配应力、CMAS 腐蚀应力、TGO 生长后产生的进一步热失配应力等，对热障涂层而言是极其危险的。本书第一作者早在 1999 年就从理论分析出涂层剥落主要由压应力而引发的屈曲失效[10]。Choi 等[11]、Hutchinson 等[12]以及我们前期[8]都从理论上分析了热障涂层屈曲失效的条件是界面缺陷达到或超过涂层厚度的 10～16 倍。我们以等离子喷涂热障涂层为例，采用高温压缩试验方法，系统研究了热障涂层热力屈曲的模式与机理[8]。

1. 含界面脱层的热障涂层样品制备

热障涂层基底为 40mm×5mm×5mm 的 SUS304 不锈钢，过渡层为等离子喷涂的 100μm 厚的 NiCrAlY，陶瓷层为等离子喷涂约 300μm 厚的 8wt%Y_2O_3-ZrO_2。为控制屈曲破坏的位置，喷涂陶瓷层前可在过渡层表面喷涂一层长度为 a 的缺陷，缺陷预制的方式有多种，如喷涂 Al_2O_3 层[8]、制备镍膜[13]等。下面以 Al_2O_3 层为例，给出缺陷热障涂层的制备过程：首先通过去油、热处理、喷丸处理、超声波清洗等方式将基底材料待喷涂的表面清洗干净，然后采用等离子喷涂的方式在基底表面喷上一层 NiCrAlY 黏结层；将过渡层表面毛化，用软材质耐高温金属薄片或高温胶带紧紧遮住样品两端，仅露出宽度为 a 的过渡层，然后喷涂一层很薄的 Al_2O_3 粉末，其厚度就代表了界面缺陷的厚度；去掉遮盖物，再喷涂陶瓷层。由于 Al_2O_3 层很脆，可认为是陶瓷层与过渡层结合很薄弱的区域，容易发生破坏。实际上，这种制备界面缺陷的思想，在热障涂层界面断裂韧性及其他涂层薄膜体系中也有应用[8,13]。

2. 热力加载下涂层的剥落模式

采用图 15.9 所示的热力加载方式，对带有长度为 a 的界面缺陷的热障涂层，在 2000N 压缩载荷下保载，喷枪以 2cm/s 的速度沿样品长度方向来回移动，以使得陶瓷表面均匀受热，这种方式下涂层表面温度大约控制在 1000～1500℃。基于涂层屈曲时界面裂纹长度与涂层厚度比值大于 10 的条件，在涂层厚度为 300μm

的情况下，发生屈曲的最小界面裂纹值是 3mm。实验结果发现：如果当设计的界面脱层长度($a \leqslant 3.0\mathrm{mm}$)太小，很难让热障陶瓷涂层产生屈曲破坏，必须要使得设计的界面脱层长度达到一定程度($a \geqslant 5.0\mathrm{mm}$)，才能观察到屈曲破坏现象，当热障涂层界面本身缺陷较多时，会出现整体脱层。下面对这三种情况予以说明。

1) 热力屈曲失效

图 15.11 给出了热障涂层的典型屈曲失效模式，此时 $a = 10\mathrm{mm}$ (裂纹长度与涂层厚度比约 30)，涂层表面和基底面的温度分别为 1370℃和 985℃。Hutchinson等[12]研究发现对于涂层/薄膜系统，临界界面脱层长度(L_b)大约是涂层厚度的 20倍以上。从图上可以看出，屈曲破坏区域长度大约为 14.0mm，与涂层厚度(300μm)的比值约 40，与理论结果相符合。图 15.11(b)和(c)表示样品屈曲破坏后的抛光截面形貌，能够更加清楚地观察屈曲破坏形貌。剥落后过渡层上表面仍旧黏附着一层非常薄的陶瓷涂层，表明屈曲位置位于陶瓷涂层内，而不是界面。

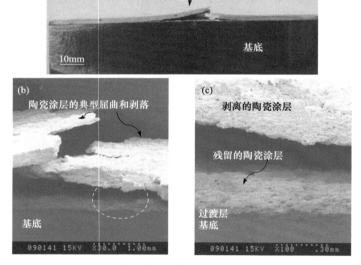

图 15.11　热障涂层热力联合作用下的屈曲失效模式
(a) 照片；(b) SEM 图片；(c) 图(b)中虚线区域的放大

热障涂层屈曲破坏也可出现在低温，如热力加载过程中涂层的冷却阶段，图 15.12 所示的屈曲破坏涂层，其界面裂纹长度 $a = 8\mathrm{mm}$ ，涂层和基底表面温度分别为 277℃和 214℃。这也说明，经氧化、CMAS 腐蚀甚至只是热循环，涂层冷却的压缩应力达到某一阈值，有可能导致含已有界面裂纹的热障陶瓷涂层屈曲破坏[14,15]。

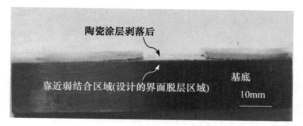

图 15.12　低温下出现的热障涂层屈曲失效

实验还发现陶瓷涂层屈曲破坏和扩展过程非常快，只要达到屈曲破坏阈值，界面裂纹迅速扩展、联接、并迅速与基底剥离，很难观察到陶瓷涂层的后屈曲行为。

2) 边界脱层失效模式

如果热障涂层边界存在某些缺陷，有可能先发生边界脱层破坏，而不是屈曲脱层破坏。边界脱层表示从边界某处缺陷开始剥离，其产生的条件是界面能量释放率达到界面断裂韧性[16]。图 15.13(a)和(b)给出了典型的涂层边界脱层破坏形貌，其中(a)图中的界面裂纹长度 $a = 5$mm，涂层和基底表面的温度分别为 1420℃和 1015℃，边界脱层长度和挠度大约为 30mm 和 3mm；(b)图中的界面裂纹长度 $a = 8$mm，涂层和基底表面的温度分别为 1290℃和 992℃。边界脱层长度和挠度大约为 22mm 和 5mm。

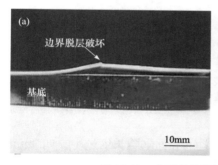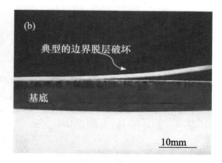

图 15.13　典型的热障涂层边界脱层破坏形貌图

为了清楚地观察热障涂层边界脱层的破坏形貌，对 15.13(b)的截面进行了 SEM 观察，如图 15.14 所示，沿边界脱层扩展方向，有几条横向裂纹分叉直接从界面向涂层表面穿透陶瓷涂层，如果某分叉横向裂纹进一步扩展或扩大，则会导致陶瓷涂层断裂而脱落。在右端部，开裂的陶瓷涂层距离基底上表面大约接近 1mm。

为了确定边界脱层破坏位置，对剥落后两个相反断裂表面进行 SEM 观察和 EDX 分析。图 15.15(a)表示陶瓷涂层剥落后其表面的 SEM 图，可以看出在剥落过程中产生的许多微小裂纹，以及典型的不规则的层状结构；图 15.15(b)表示陶瓷涂层剥落后暴露的过渡层表面形貌，除了表现出大的裂纹，还有一层很薄的陶瓷涂层残留在过渡层表面，这说明断裂位置也是靠近界面的陶瓷涂层内。

图 15.14　热障涂层热力联合作用下边界脱层破坏后的 SEM 图

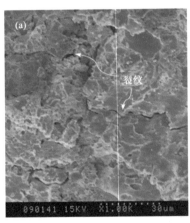
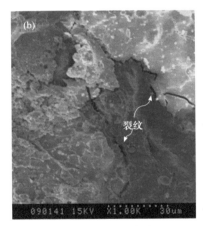

图 15.15　热障涂层边界脱层破坏后两个断裂表面的形貌图
(a) 剥落掉的陶瓷涂层底表面；(b) 暴露的过渡层表面

3) 热障涂层整体屈曲破坏模式

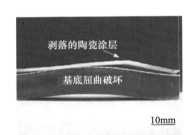

图 15.16　热障涂层系统热力联合作用整体屈曲破坏

如果设计的界面缺陷长度过小，如 3mm 或更小，很难得到屈曲破坏或边界脱层破坏，而继续加载或提高温度梯度，则可能发生整体屈曲，如图 15.16 所示。此时，涂层剥落是由于外加载荷超过了基底承载范围，或者说超过了基底材料的临界屈曲载荷，这样就容易导致基底先发生屈曲，进而促使陶瓷涂层与基底相剥离。

3. 热障涂层高温力学性能表征

采用如图 15.10 的高温三点弯曲加载与实时测

试方法，对热障涂层高温加载，并利用数字图像相关法实时测试涂层变形的过程，可对热障涂层高温下的弹性模量、涂层断裂韧性、界面断裂韧性等关键力学性能参数进行表征[9]。虽然在第 8 章已描述，但下面以涂层断裂韧性为例，简要说明测试方法与结果。

实验所采用的样品为等离子喷涂热障涂层，长 50mm、宽 6mm，三点弯曲支架的跨度为 30mm。镍基高温合金(GH536)基底厚 2mm、NiCoCrAlY 黏结层厚 80μm、YSZ 陶瓷层厚度为 1mm。为使热障涂层能产生单一的表面裂纹和稳定扩展的界面裂纹，需在陶瓷层表面切割一定深度的贯穿型预制裂纹。

热障涂层表面断裂韧性 K_{TC} 可以由以下表达式得到

$$K_{TC} = Y\sigma_{cr}\sqrt{\pi a_0} \tag{15.2}$$

其中，σ_{cr} 为裂纹扩展的临界应力，a_0 为预制裂纹长度，Y 为几何因子。裂纹扩展的临界应力 σ_{cr} 可以由以下表达式给出：

$$\sigma_{cr} = \frac{E_c y}{\rho} + \sigma_r \tag{15.3}$$

其中，σ_r 为热障涂层的残余应力，E_c 为陶瓷层的弹性模量，y 为裂纹尖端到中性轴的距离，ρ 为中性轴的曲率半径。y 和 ρ 的表达式可以写为

$$y = l + \frac{l_c}{2} \tag{15.4}$$

$$\rho = \frac{[(L/2)^2 + \delta_{cr}^2]}{2\delta_{cr}} \tag{15.5}$$

图 15.17 给出了不同温度下热障涂层三点弯曲变形过程中变形场的数字散斑实时测试结果，进一步可提取裂纹尖端处的应变和挠度随时间的变化关系，如图 15.18 所示，应变随着时间的增加而缓慢增加。当时间为 37s 时，裂纹尖端处的应变急剧增大，表明裂纹开始萌生并扩展，对应的临界挠度为 0.21mm(图 15.18(a))。根据相同的方法，温度为 400℃、600℃和 800℃时，裂纹扩展的临界挠度 δ_{cr} 也可以得到，其值分别为 0.12mm、0.13mm 和 0.15mm。基于式(15.3)和式(15.2)以及临界挠度值，可以确定热障涂层的表面断裂韧性 K_{TC}。当温度高于 400℃时，残余应力释放。

热障涂层表面断裂韧性随温度的演变关系如图 15.19 所示。可以看出，热障涂层表面断裂韧性随温度升高而降低，在不考虑室温残余应力影响的情况下，当温度分别为 30℃、400℃、600℃和 800℃时，热障涂层表面断裂韧性的值分别为 (2.54±0.04)MPa·m$^{1/2}$、(1.28±0.03)MPa·m$^{1/2}$、(1.23±0.04)MPa·m$^{1/2}$ 和(1.16±0.03)MPa·m$^{1/2}$ (图 15.19(a))。当考虑残余应力的影响时，热障涂层表面断裂韧性随温度的变化趋

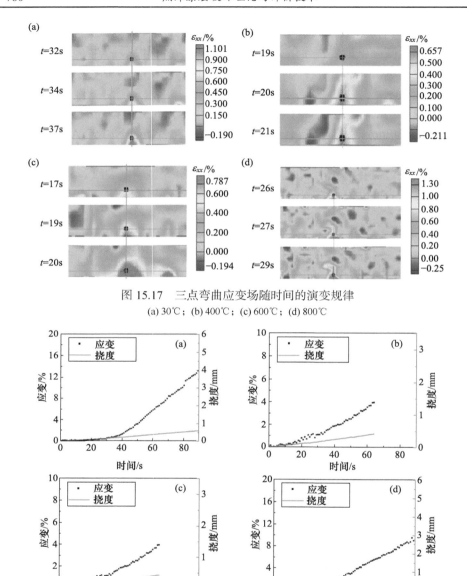

图 15.17　三点弯曲应变场随时间的演变规律

(a) 30℃；(b) 400℃；(c) 600℃；(d) 800℃

图 15.18　陶瓷层表面裂纹尖端应变和挠度随时间的演变

(a) $T = 30℃$；(b) $T = 400℃$；(c) $T = 600℃$；(d) $T = 800℃$

势与未考虑残余应力时的变化趋势相似。温度分别为 30℃、400℃、600℃和 800℃时，热障涂层表面断裂韧性的值分别为(1.31±0.04)MPa·m$^{1/2}$、(1.28±0.03)MPa·m$^{1/2}$、(1.23±0.04) MPa·m$^{1/2}$ 和 1.16±0.03 MPa·m$^{1/2}$(图 15.19(b))。

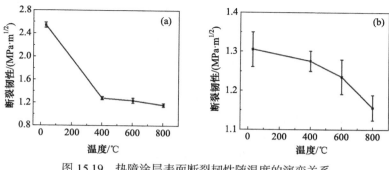

图 15.19　热障涂层表面断裂韧性随温度的演变关系

(a) 不考虑残余应力；(b) 考虑残余应力

15.3　涡轮叶片热障涂层热力化耦合静态试验模拟装置

对涡轮叶片热障涂层而言，高温、机械力只是其最基本载荷，比这二者更重要的是作用在涡轮叶片热障涂层上带冲蚀、腐蚀颗粒的燃气、叶片内部通道的冷气，以及二者产生的急热急冷等载荷，这些环境与载荷通过热、热力联合是无法实现的。此外，在这样复杂的环境下，涂层失效过程是否有新的模式、新的机制，需要通过实时检测技术获取相关信息。基于此，本节针对导向叶片热障涂层介绍其热力化耦合环境的试验模拟与测试装置。

15.3.1　涡轮叶片热障涂层热力化耦合试验模拟与测试装置总体设计

1. 热力化耦合试验与测试装置要求

结合导向叶片(静止状态，即不高速旋转)热障涂层的服役环境，对其破坏机理进行分析的数据要求，试验模拟与测试装置应做到以下几个方面。

(1) 热力化耦合环境的解耦与耦合。发动机燃烧室产生的高温高速燃气，以及燃气中携带的硬质冲蚀颗粒、CMAS 腐蚀介质，都是模拟热障涂层燃气热冲击时需要考虑的因素，而且三者之间能做到解耦与耦合。

(2) 气膜冷却温度梯度载荷的模拟。实际发动机中，涡轮叶片热障涂层内部冷却通道，是通入有 300～500℃ 的冷却气流，以形成涂层与基底之间的温度梯度，这也是保障热障涂层隔热效果的必然要求。因此，涡轮叶片热障涂层环境试验模拟，需同时模拟燃气、冷气的共同作用。

(3) 失效过程的实时检测技术集成。涂层剥落只是最终结果，高温、冲蚀、CMAS 腐蚀等服役环境作用下，热障涂层会发生界面氧化、烧结、相变、腐蚀、成分与微结构演变及裂纹等多种失效形式。这些失效都将逐渐在涂层、界面处产生裂纹，扩展并彼此连接，最终导致涂层剥落。显然，涂层与界面结构的演变、裂纹萌生与扩展、界面脱层的发生等损伤过程是理解破坏机制的关键。

2. 热力化耦合试验与测试装置设计思路与工作原理

基于以上要求，装置的设计思想与实现原理如图 15.20 所示[17]：以航空煤油、丙烷、甲烷等能产生高热流密度的燃烧介质，并以氧气、压缩空气作为辅助氧化剂，充分燃烧以产生高温气流，最终实现高温高速燃气的模拟。基于拉瓦尔喷管设计的喷枪来实现燃气的超音速冲击。在此基础上，在喷枪内设计 CMAS 颗粒、冲蚀颗粒输入管道，由氮气或是助燃气体送入喷枪，产生带有冲蚀、腐蚀颗粒的高温气流，实现高温、冲蚀、CMAS 腐蚀服役环境的模拟。通过加热装置对压缩空气进行瞬时加热以产生一定温度的气体，对涡轮叶片内部(或试样的基底面)进行非常温冷却。此时，通过无损检测系统如声发射、数字图像相关法、红外热成像、CCD 摄像系统等对热障涂层失效过程进行实时检测。

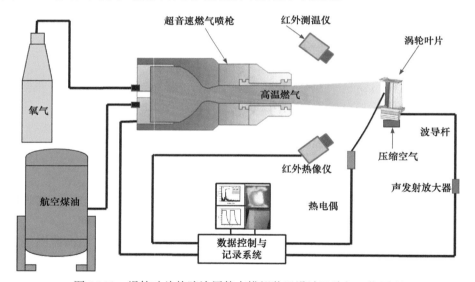

图 15.20　涡轮叶片热障涂层静态模拟装置设计思路与工作原理

3. 热力化耦合试验与测试装置硬件组成

基于以上设计思想与工作原理，涡轮叶片热障涂层热力化试验与测试装置的主要结构如图 15.21 所示，主要包括以下几个组成部分。

模拟高温、冲蚀、CMAS 腐蚀的超音速燃气喷枪(硬件)：高温燃气模块由航空煤油存储罐、助燃气体(氧气)罐、空压机、调压阀、流量阀、喷枪、燃烧室等组成。冲蚀、CMAS 腐蚀颗粒由螺旋式送粉器送入喷枪，由压缩气体、精密送粉

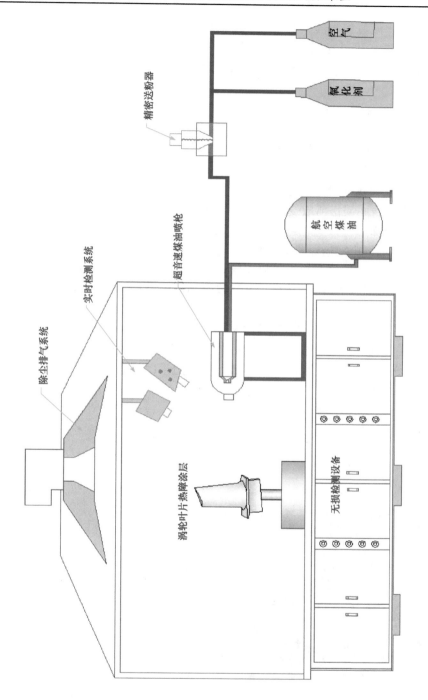

图 15.21　涡轮叶片热障涂层静态模拟试验装置整体结构图

机、伺服电机、流量控制器、调压阀、输送管道等组成。

试验操作平台(硬件):承载超音速燃气喷枪、涡轮叶片热障涂层(也可以是其他简单形状)样品测试工位、无损检测装置等硬件模块的试验操作台以及观察、检测窗口。

冷却系统(硬件):包括喷枪以及试验平台的水冷系统,涡轮叶片内部冷却通道用的气冷系统。

辅助系统(硬件):用于辅助模拟装置润滑系统、超转保护系统、排气系统、消音系统、冲蚀颗粒回收系统等。

实时检测模块(硬件和软件):包括裂纹演化的声发射仪、温度场与界面脱层的红外热像仪、表面损伤与应变场的数字图像相关法、CCD 摄像系统等无损检测系统等,对热障涂层失效过程进行实时检测。

数据采集和控制系统(硬件和软件):包括温度、压力、流量、粒子速度等各种实验参数的测试传感器与自动控制系统;实验参数与无损检测系统之间的数据传输;装置各种运行状态的计算机控制、设置与图像处理。

15.3.2　几种典型的实验装置功能介绍

基于这一设计思路与实现方式,国内外众多航空研究机构,如美国 NASA、荷兰 NLR、德国的国家能源研究中心、加拿大的 NRC 航空研究中心,国内的中国科学院农业机械研究所、中国科学院长春应用化学研究所、北京航空航天大学、湘潭大学、上海交通大学等单位都开展了热障涂层服役环境模拟装置的研究。下面介绍几种代表性的模拟装置及其功能。

1. 燃气热冲击装置

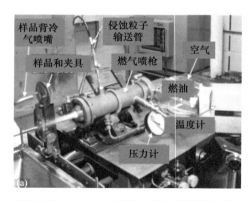

图 15.22　0.3～1 马赫高速燃气模拟装置[18]

燃气热冲击试验模拟装置是目前国内外最成熟的实现方式。美国 NASA 研制的高压燃气模拟与测试装置[18](HPBR)、马赫数为 0.3～0.7 的高速燃气模拟装置[19],中国科学院长春应用化学研究所[20]、中国科学院农业机械研究所[21]、北京航空航天大学[22]等国内研制的实验装置,大多都是以丙烷、甲烷、乙炔、天然气等各种气体作为燃烧介质。

以美国 NASA 研制的马赫数为 0.3～1 的高速燃气模拟装置为例,如图 15.22 所示[18],其加热方式为气体枪方式,主要组成部分包括燃烧室、冲蚀颗粒、腐蚀气流添加系统、冷却系统、温度测试系统等。装置能够模拟热障涂层实际燃气流速和工作压力，以此实现热冲击、温度梯度、热疲劳等环境的模拟。通过石英观察口和图像采集系统观测试样的形貌变化，结合实验后样品重量、表面形貌、微观结构的观察评估热障涂层的热冲击与氧化性能。

2. 高温冲蚀装置

热障涂层高温冲蚀的试验模拟系统主要完成高温状态的模拟、冲蚀粒子的进料以及可控速撞击、试样重量、厚度、温度等损伤参数的监测等功能。一般都是在热冲击装置的基础上加入冲蚀颗粒。如英国 Cranfield 大学的热冲击设备，温度达 1400℃，可以在实验中加入冲蚀粉末和腐蚀盐溶液。美国 NASA 的 0.3～1 马赫高速燃气模拟装置[18]等。以德国 Juelich 研究中心研制的热障涂层冲蚀装置[23]为例，如图 15.23 所示，装置通过燃气气体加热的方式将带有冲蚀颗粒(Al_2O_3 或

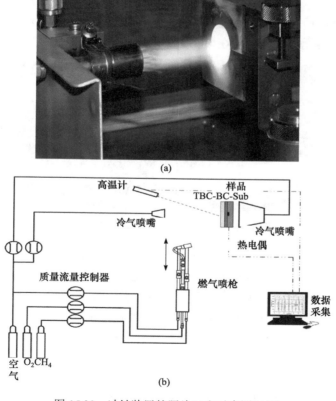

图 15.23　冲蚀装置的照片(a)和示意图(b)[23]

是其他硬质颗粒)的高速气流喷射在热障涂层的表面,模拟热障涂层的冲蚀失效,这一装置能使得热障涂层表面的温度达到 1500℃,而基底通过冷却系统可以与陶瓷层表面有 400℃左右的温差,因而能模拟热障涂层冲蚀、高温热冲击、温度梯度等服役环境。通过石英观察口和图像采集系统观测试样的形貌变化,也可以通过实验后的重量、厚度、裂纹、微结构观测来实现冲蚀失效形式与机理的分析。

　　3. 燃气冲击、冲蚀与 CMAS 腐蚀一体化模拟与实时测试装置

　　上述装置在环境上未能实现 CMAS 腐蚀的加载,燃烧介质一般也是易燃气体,与航空煤油燃烧环境存在差异,更重要的是,涂层失效过程很难实时检测和定量分析。为此,我们研制出涡轮导向叶片热障涂层服役环境试验模拟与测试装置[17, 24-31],如图 15.24 所示。装置实现了高温、冲蚀、CMAS 腐蚀服役环境的一体化模拟,可实现 1700℃高温、马赫数达 2.0 的焰流、300m/s 冲蚀等环境可控与可调的模拟;也可实现热障涂层基底面的气冷;同时,装置集成了红外热成像、CCD 摄像、数字散斑、声发射仪等无损检测系统,可以对样品的形貌与损伤演变过程进行检测。本装置能够模拟航空发动机内部温度的交变循环、硬质颗粒的冲击、腐蚀气体的侵蚀等单一、任意两种或三种服役环境;可以进行高度自动化控制,并实现各种无损检测设备在该装置中的集成。

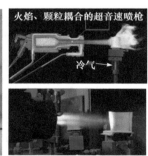

图 15.24　静态模拟装置的整体设计效果

　　该装置的核心部件与特色有以下几点。

　　(1) 高温、冲蚀、CMAS 腐蚀环境一体化模拟的超音速燃气喷枪:采用航空煤油与助燃气体氧气、压缩空气反应,生成高温、高速的高温气流,然后通过送粉系统把冲蚀、CMAS 腐蚀颗粒送入喷枪内预留的管道内,加热、加速,随高温火焰喷射在叶片上。调节燃烧气体的流量改变燃烧室的压力,从而调节火焰流速。喷枪口处的喷嘴设计有各种不同的尺寸,以调节火焰的大小满足各种试件尺寸的要求。

　　(2) 关键实验参数的测试与控制系统:试验装置关键的参数包括模拟服役环

境温度、冲蚀粒子、CMAS 粒子速度等参数的测试与自动控制。温度是一个关键参量，而且涉及火焰的温度、热障涂层温度、冷却气体温度等，主要采用热电偶、红外测温、红外热成像和薄膜热电偶相结合的方式实现温度场的测量。冲蚀粒子的测试与控制参数主要有流量、速度，其中流量根据送粉气体的压力来设定与调节，速度通过粒子测速仪进行标定，CMAS 通过控制流量来进行。温度、粒子流量及所涉及的气体压力、流量等参数都采用 PLC 控制的方式来设定和控制，将这些关键参数的测试数据作为 PLC 控制器的输入信号，由 PLC 程序分析信号所对应的参数状态、运算并通过 PLC 的输出接口输出信号来控制压力、流量的调节阀、喷枪与涡轮叶片的距离等参数，达到对试验参数的设定、测试与控制。

(3) 实时检测模块的集成技术：装置集成了声发射、数字图像相关法、CCD 摄像、复阻抗谱、红外热成像等无损检测技术。硬件上，在试验操作平台上设置各个无损检测设备的存放与检测窗口，构成装置结构上的整体；软件上，通过在装置中研制同步控制系统来实现同时启动；信号采集与分析，则利用已积累的方法(详见第二篇第 10～12 章无损检测部分)实现了失效过程的检测与定量表征。基于无损检测技术的集成，可实现涡轮叶片热障涂层模拟实验过程中裂纹扩展、氧化层生长、变形与表面损伤、界面脱层以及形貌演化的实时检测，为失效形式与机理分析提供了直接的基础实验数据。

4. 小型风洞装置

在风洞中模拟涡轮叶片热障涂层，研究气体流动与涂层的相互作用，以了解其空气动力学特性，也可以用来模拟热障涂层服役环境。西安交通大学设计了风洞试验平台[32]，可实现高温高速气流状态的模拟，同时可在风洞内加入固相粒子。上海工程技术大学研制了一套叶片冲蚀实验风洞系统[33]，可实现最高温 750℃、马赫数低于 0.3 的气流模拟。中国科学院力学研究所研制了一台小型电弧等离子体风洞[34]，其功率高达 150 kW，如图 15.25 所示，主要用于高超音速飞行器发

图 15.25　小型等离子体风洞平台

动机热防护材料的抗烧蚀性能评估。美国 Cincinnati 大学的冲蚀风洞装置[35]，通过高焓风洞携带冲蚀颗粒可实现常温与高温下冲蚀模拟实验。

15.3.3　热力化耦合模拟实验与实时测试方法

我们研制的试验模拟与测试装置，可对片状、条状、圆柱状以及涡轮叶片等各种结构热障涂层，开展燃气热冲击、冲蚀、CMAS 腐蚀及两两或三者共同作用的模拟实验[25-27]。如图 15.26 所示，其中图(a)是试片热障涂层燃气与 CMAS 腐蚀结合的实验，图(b)为涡轮叶片结构热障涂层热冲击实验。通过急冷急热、热循环、长时间持续作用等方式实现各种加载方式，可通过无损检测系统对关键损伤进行实时检测与分析[28, 30, 31]。下面对热力化耦合实验与实时测试装置的实验方法及其所得到的重要结论做简单介绍。

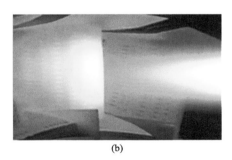

(a)　　　　　　　　　　　　　　　　　　(b)

图 15.26　热冲击工况试验

(a) 试片热冲击；(b) 叶片热冲击

1. 模拟实验与测试方法

以涡轮叶片热障涂层为例，开展高温燃气冲击实验，利用 ARAMIS 非接触式三维变形测试系统、声发射无损检测系统、红外热成像系统对其失效过程进行实时检测[36]。具体步骤包括：将 DB5012 高温胶和氧化亚钴喷涂涂层表面，形成有较高反光性能的高温散斑，用以 ARAMIS 非接触式三维变形测试系统实时检测散斑图像；用点焊机波导丝焊接在基底自由面，另一端连接至声发射无损检测系统；然后把被测试样固定在夹具上，调节试样与竖直轴之间的夹角，调节红外热成像探头、CCD、数字散斑探头与样品的距离。

设置实验参数，如涂层表面温度 1100℃、保温时间 30s、冷却时间 40s、冷气流量 60L/min 等。设置无损检测系统的各个检测参数，如声发射信号频率采集范围、采样率、阈值，ARAMIS 检测精度、采集速度，CCD 帧数、速度等。

完成上述设置，即可启动模拟装置及其辅助系统，启动所有无损检测系统，开始热冲击实验。

2. 失效过程数据检测

本实验用样品为采用物理气相沉积工艺制备的某型涡轮叶片热障涂层，其基底材料为 CMSX-4，过渡层为厚度约 80 μm 的 NiCoCrAlY，陶瓷层为 150μm 的 YSZ。热冲击参数为：10s 内升至 1100℃，保温 30s，随后在空气中冷却 40s。当裂纹长度达到 10 mm 或者涂层剥落面积达到 10%时，认为热障涂层失效，从而停止实验。

1) 涡轮叶片热障涂层温度场的实时测试

采用红外热成像，对涡轮叶片热障涂层燃气热冲击过程中的温度场进行了实时测量，具体的测试位置如图 15.27 所示，从涡轮叶片顶部到底部分别选取三个截面作为考核截面，从上到下分别为考核截面 A、B、C，其中考核截面 B 为高温燃气正对冲击截面。每个考核截面都选择 9 个考核点，在压力面从涡轮叶片前缘到尾缘分别为 1～4 点，在吸力面从涡轮叶片尾缘至前缘分别为 5～9 点。采用红外测温方法进行测试时，具体方法请参见文献[37, 38]。

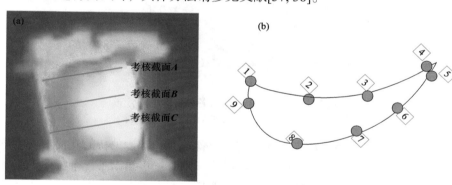

图 15.27　涡轮叶片的考核
(a) 考核截面；(b) 考核点

图 15.28 给出了热冲击循环过程中考核截面 B 的温度随热冲击时间的变化，可以看出，前缘(点 1)的加热速率达到 100℃/s，当温度从室温上升至 1100℃后保温 30s，最后冷却 40s 至室温。点 2 处温度变化趋势相似，最高温度约为 1000℃。压力面的其他位置如点 3 和 4 的温度分别从室温升高至 900℃和 883℃。此外，吸力面(点 5～9)的加热速率明显低于压力面的加热速率。吸力面的温度随着时间的增加而升高，点 5～9 的最高温度分别为 755℃、790℃、791℃、825℃和 896℃。这与导向涡轮叶片对燃气的分流功能有直接的关系。

由于红外热像仪只能拍一个平面的热像图，将涡轮叶片分为压力面、叶片前缘、吸力面三部分，得到如图 15.29 所示的三张图。可以看出，高温区域主要分布在叶片前缘和吸力面前端，在叶片前缘，高温区域成半椭圆形，在压力面，高

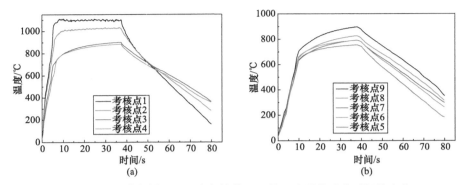

图 15.28　热冲击循环过程中考核截面 B 的温度随热冲击时间的变化

(a) 压力面；(b) 吸力面

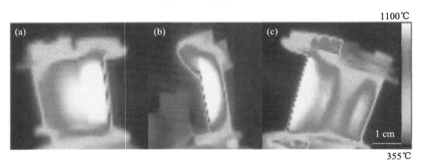

图 15.29　热冲击保温阶段各位置的温度分布

(a) 压力面；(b) 叶片前缘；(c) 吸力面

温区域成矩形。高温燃气冲击在叶片前缘位置，通过叶片独特的几何形状将燃气进行分流。压力面的温度高于吸力面的温度。图 15.30 给出了三个截面上同一时刻不同位置的温度曲线，总体上来说三个考核截面上各点的温度变换趋势基本相

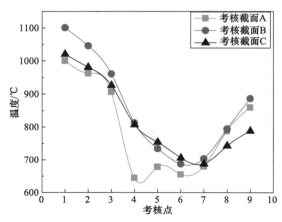

图 15.30　热冲击保温阶段沿涡轮叶片高度方向的温度分布

同。三个考核截面点 1～4 的温度有着明显的下降，且下降速度较快，考核截面 *B* 的温度下降最为明显。就吸力面而言，三个考核截面的温度变化不如压力面位置剧烈。与吸力面(点 5～9)相比，压力面(点 1～4)的温度明显更高。燃气作用位置(考核截面 *B*)的温度高于其他段(考核截面 *A* 和 *B*)的温度约 80℃。

2) 裂纹演化过程的声发射检测结果

采用第 10 章所述的高温声发射检测与信号分析方法，对涡轮叶片热障涂层热冲击失效全过程进行了实时检测与分析。虽然这些结果在第 10 章已给出，但此处因为目的不同，再阐述一次。

首先，采用聚类分析及小波频谱分析，对涡轮叶片热障涂层燃气热冲击作用下的声发射信号进行了分析。图 15.31 给出了声发射信号的聚类分析结果，(a)图显示当 *k*=5 时轮廓值达到最大，意味着存在五类损伤模式。根据(b)图所示的峰频特征，这五类损伤模式分别对应基底塑性变形(90～110kHz)，表面裂纹(200～220kHz)，剪切型界面裂纹(280～325kHz)和张开型界面裂纹(400～450kHz)。噪声信号的频带在 20～60kHz 的范围内。

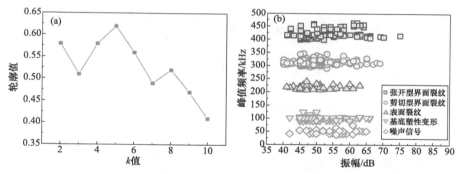

图 15.31　热冲击下热障涂层信号的聚类分析(a)和五类信号的振幅和峰值频率分布(b)

失效全过程中，加热和保温阶段声发射信号数量较少，大多为表面裂纹，冷却时为界面裂纹。图 15.32 给出了各个循环次数下各种损伤模式的声发射事件数(a)与累积事件数(b)的演变规律，可以看出，声发射事件数随着热冲击次数的增加而增加。当热冲击次数为 100 次时，主要破坏方式为表面裂纹和剪切型界面裂纹。当热冲击达到 300 个循环时，张开型界面裂纹快速增加。这说明在热失配应力作用下，涂层加热时因为拉应力出现表面裂纹，并逐步沿着界面扩展，到达界面时因为冷却时涂层内压应力而屈曲的界面拉应力，以及界面处的剪切应力，使得裂纹沿着界面扩展，并逐步导致涂层剥落。这一机制从热障涂层的宏观剥落(图 15.33)、尤其是微观结构的演变(图 15.34)可以得到验证。

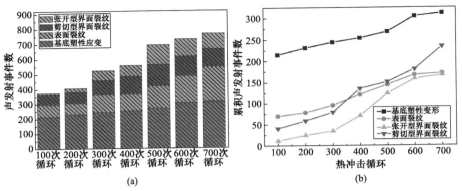

图 15.32　不同损伤的声发射信号随热冲击次数的关系

(a) 声发射事件数；(b) 累积事件数

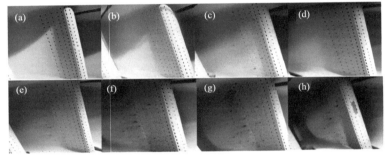

图 15.33　不同热冲击循环次数后的热障涂层表面形貌

(a) 0 次；(b) 100 次；(c) 200 次；(d) 300 次；(e) 400 次；(f) 500 次；(g) 600 次；(h) 710 次

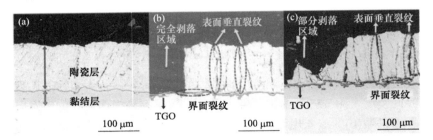

图 15.34　热障涂层微观结构

(a) 前沿未剥落区域；(b) 完全剥落区；(c) 部分剥落区

3) 变形与表面损伤的数字散斑测试

采用数字散斑实时检测方法，可以获得涡轮叶片热障涂层表面主应变随热冲击循环次数的变化，如图 15.35 所示。总体上说，随着热冲击循环次数的增加，压力面和吸力面的应变逐渐增大，涂层表面的应变从压应变向拉应变逐渐转变，最终由于拉应变的增大和应力集中的出现，导致热障涂层的剥落失效。

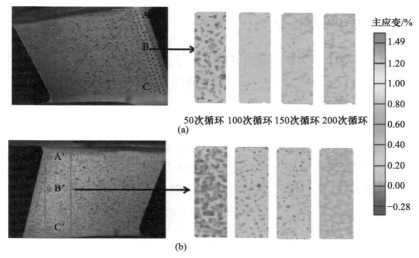

图 15.35　涡轮叶片热障涂层表面主应变随热冲击循环次数的变化
(a) 压力面；(b) 吸力面

在压力面和吸力面的顶部、中部、底部取三个考核点，如图 15.36 所示，压力面分别为 A、B、C 点，吸力面的分别为 A'、B'、C'点，获取其主应变随热冲击次数的演变曲线，如图 15.33 所示。可以看出，中部(B 和 B'点)的主应变明显高于其余位置。这主要是因为处于中部位置的热障涂层温度变化速率快，且存在巨大的温度梯度。随着热冲击循环次数从 20 增加到 200，B 点的主应变从-0.18%增加到 0.68%。此外，由于压力面的温度梯度较大，压力面的应变略大于吸力面。一般而言，压应力可以抑制裂纹萌生，拉应力可以促进裂纹萌生。当拉应变增加到临界断裂应变时，裂纹在陶瓷层中萌生并扩展，导致热障涂层体系出现分层。

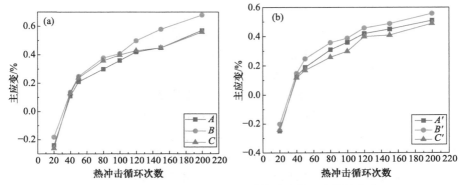

图 15.36　不同高度下主应变随着热冲击循环次数的变化
(a) 压力面；(b) 吸力面

此外，装置也可以实现高温冲蚀[39]、高温 CMAS 腐蚀[40]以及与燃气冲击作用的模拟实验与实时检测，此处不再重述。

15.4 涡轮叶片热障涂层热力化耦合动态试验模拟与测试装置

对工作叶片热障涂层而言，除了与导向叶片等静止部件类似的高温、冲蚀和CMAS 腐蚀服役环境，还有高达 1 万～5 万转/分钟的旋转状态。叶片高速旋转所产生的离心力与气动力，使得其表面的热障涂层体系内产生复杂的应力场。与此同时，高速旋转叶片将与燃气(高温、冲蚀、CMAS 腐蚀环境)产生复杂的交互作用，比如：产生速度、压力、温度等随机变化的湍流；产生局部超高温区即热斑[41]，致使涂层因局部过热而损伤甚至脱落；等等。这些复杂的交互作用仅仅通过燃气与静止件的模拟是不会出现的，因此，研制涡轮叶片热障涂层热力化耦合动态模拟与测试装置，同时实现高温燃气(冲蚀、高温 CMAS 腐蚀)与高速旋转状态的模拟，是理解热障涂层破坏机制的有效途径，也是这一研究领域的巨大挑战。

15.4.1 涡轮叶片热障涂层热力化耦合动态试验模拟与测试装置总体设计

1. 热力化耦合动态试验装置研制要求与难点

对于工作叶片而言，实现与导向叶片相同的燃气热冲击、冲蚀、高温 CMAS 腐蚀是基本要求，同时模拟工作叶片高速旋转的工作状态。后者的目的在于模拟这一状态下热障涂层的环境载荷，即离心力、气动力、热斑、湍流等，且对这些载荷做到可控、可调，以厘清这些载荷诱导涂层剥落的机制。有了静态模拟装置的研制基础，携带冲蚀、CMAS 腐蚀的燃气热冲击实现已不难。难点在于以下几点。

(1) 高速转子系统的设计与动平衡。作为试验平台，转子系统所产生的载荷如离心力、线速度等应尽可能满足各种型号工作叶片热障涂层的研究需求，但实验模型件尽量规范、简单且成本低。为此，对转速及其调控范围要求极高，并对稳定性、安全性、平衡性要求极为苛刻，是巨大挑战。

(2) 转子叶片模型件与高温燃气模块的配合。为模拟高速旋转与燃气的交互作用，需要燃气模块与转子叶片在角度、速度等与发动机实际情况相似且可调，以产生与实际工作叶片热障涂层类似的效果，如热斑、气动力、尾迹等。因此，转子叶片模型件与高温燃气模块的硬件与参数配合都是关键，也是难点。

(3) 热障涂层失效过程的实时检测。试样高速旋转状态下，如何实现信号的检测、传输，如何实现高速旋转、近马赫数燃气冲击所产生噪声的屏蔽，如何实现信号模式识别与定量分析等，都是巨大的难题。

2. 热力化耦合试验与测试装置设计要求与工作原理

由于热力化耦合动态试验装置研制难度极大,各国对其设计思想、核心技术甚至参数都是核心封锁的。

下面给出我们研制的动态装置[42-47]的结构设计图,如图 15.37 所示,包括:①超音速燃气喷枪。主要产生高温高速、带冲蚀、CMAS 腐蚀的高温燃气。②高速旋转系统。带有高功率电机、旋转轴与涡轮模型件的旋转系统,以实现涡轮叶片的高速旋转,同时形成与发动机叶片相似的气流环境。③试验操作台。承载转子系统、涡轮模型件、超音速燃气喷枪、各种辅助模块的试验操作台,并设计有观察、检测窗口。④实时检测系统。能对涂层失效过程进行检测,如声发射、数字散斑、CCD 高速摄像等。⑤数据采集与控制系统。能对燃气温度、压力、粒子速度、样品表面温度、冷却气体温度、压力等进行测试、控制与存储。此外,还需设计对叶片内部进行冷却的气膜冷却系统和对喷枪、旋转轴及试验平台进行冷却的水冷或气冷系统,防震、润滑、超载、排气、消音、颗粒回收等辅助系统。

装置的工作原理如图 15.38 所示,采用大功率电机输出动力通过多级齿轮增速箱的旋转轴,带动设计有导向叶片、工作叶片及带有无损检测窗口的涡轮模型件高速旋转。另一端带动负载压气机吸收涡轮输出载荷,传输给压缩机产生压缩空气,通过缓冲、过滤、干燥后对导向叶片、工作叶片及喷枪等高温部件进行冷却。呈圆周方向均匀布置的超音速燃气喷枪,喷出来带颗粒的高速燃气,通过连接件作用在涡轮模型件的导向叶片,由导向叶片加速和方向改变后加载至旋转叶片上。压缩的冷却空气经涡轮盘进气道、一部分进入导向叶片,另一部分经导流板进入旋转叶片。此时,可利用 CCD 摄像系统通过涡轮封闭室上的石英玻璃窗口记录实验过程及样品形貌,利用声发射仪、红外热像仪、数字散斑等检测设备对裂纹、界面脱层以及变形等损伤信号进行检测。需注意的是,一般只能实现静止部件即导向叶片热障涂层的实时检测。如要对工作叶片热障涂层实时检测,可通过涡轮模型件的方式,设计工作叶片静止并施加拉应力,导向叶片反转的形式来实现。缺陷是工作叶片的拉力是均匀的,无法模拟不均匀的离心力,但作为破坏机制的研究,可以详细分析各种拉力(不同离心力)作用下涂层的破坏机理。

为实现高速旋转、高温、冲击、腐蚀四大环境的精确模拟和控制,装置还包括高温部件的冷却系统(水冷、气冷)、旋转轴的润滑系统、超转保护系统、排气系统、消音系统、测试系统、监视系统、操控系统以及数据处理与显示系统。

15.4.2　热力化耦合动态试验模拟与测试装置主要进展

国内外关于热障涂层高温高速旋转的动态模拟装置还比较少,目前仅有美国、

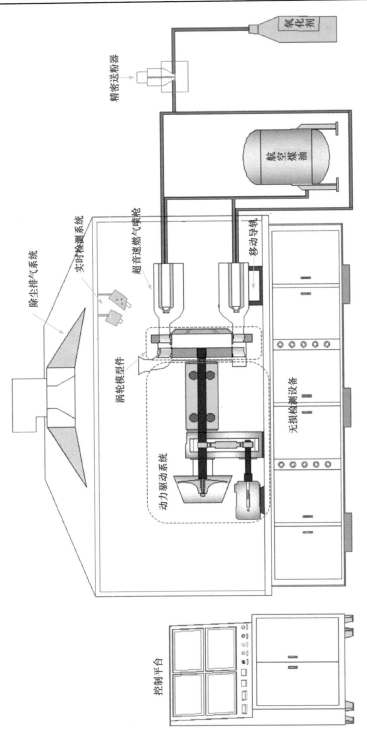

图 15.37　装置整体结构示意图

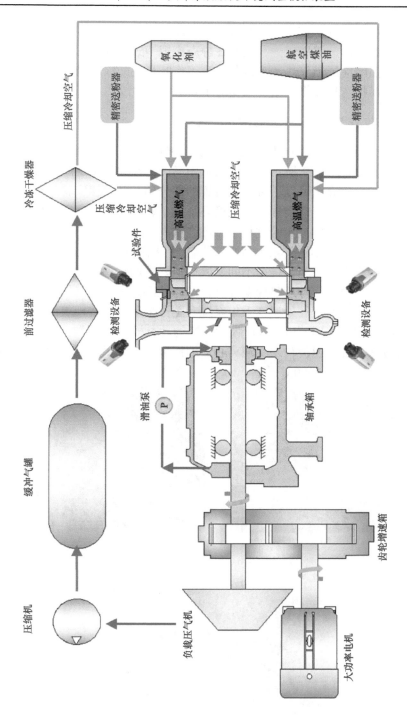

图 15.38　装置的工作原理示意图

德国、加拿大、荷兰等少数几个国家有相关方面的进展，但核心技术与参数都对外封锁。国内这方面的进展较少，我们在静态模拟装置的基础上，研制出了高速旋转涡轮叶片热障涂层燃气热冲击设备，为工作叶片热障涂层破坏机理、隔热效果、可靠性与模拟考核提供了重要的实验平台。

1. 国际在动态模拟装置方面的主要进展

荷兰的 NLR 和加拿大的 NRC 航空研究中心分别研制了 LCS-4B、LCS-4C 高速燃气装置[48]，如图 15.39 所示。目前文献中尚无工作原理示意图及具体结构报道，通过文字的简要介绍可以了解一些装置的部分功能及模拟实验过程。装置将特制的旋转装置、机械传动装置、气流循环系统、燃烧室等组合用来模拟热障涂层动态的工作环境。在模拟实验过程中，燃烧室内点燃的喷气燃料或柴油提供热源，能够提供 0.8 马赫以上的高速、高压气流，模拟温度达 1300℃以上；将多个热障涂层试样固定于夹具上，根据不同实验模拟要求调整夹具的转速；并在试样内部通冷却气体，模拟动叶片热梯度环境，试样外部添加腐蚀气体模拟航空发动机内化学腐蚀氛围；通过红外温度采集系统和图像采集系统实现表面温度场、表面形貌的实时监测。美国 Cincinnati 大学研制的动态模拟装置[49]，如图 15.40 所示，可以通过样品的高速旋转来实现离心力的模拟。也有报道说德国申科公司的高温超速转台可以实现 1000℃以下、10 万转/分钟的高速旋转状态模拟[50]。

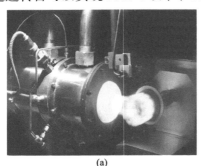

(a)

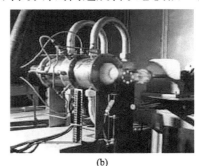

(b)

图 15.39　LCS-4B、LCS-4C 高速燃气装置

(a)

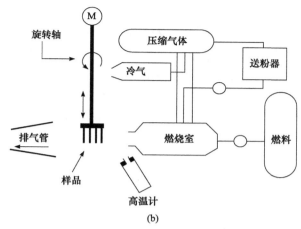

图 15.40　离心力作用下热障涂层环境模拟装置

(a) 照片；(b) 示意图

2. 涡轮叶片热障涂层高温高速旋转试验模拟与测试装置

我们在静态模拟装置的研制基础上，进一步突破了高温高速旋转设计与动平衡技术，研制出高温高速旋转涡轮叶片热力化耦合动态模拟与测试装置[42-47]，如图 15.41 所示。装置分为可实现 1500℃高温、1 马赫燃气冲击、300m/s 冲蚀、10mg/min 的 CMAS 腐蚀、20000 转/分钟旋转、300～500℃气膜冷却等环境的可控可调；可对静止状态的叶片热障涂层进行实时检测。装置所有实验均自动化程序操作和显示。

图 15.41　高温高速旋转涡轮叶片热力化耦合动态模拟与测试装置

下面对其核心部件进行简要的介绍。

(1) 超音速燃气喷枪。如图 15.42 所示，采用煤油和氧气燃烧，压缩空气作为助燃气体，在喷枪的燃烧室内采用自动点火装置将煤油与氧气混合、点燃，燃烧产物剧烈膨胀，经过较长距离的传输后在喷枪口的喷嘴喷出，形成高速火焰，喷射至试件表面。其中，火焰速度可以通过自动感应与调节的气压阀来调节。冲蚀与 CMAS 颗粒通过压缩气体从料仓中由送粉器送入颗粒通道中，在喷枪中设置连接口并通过机械调节装置将颗粒通道连接，喷枪内高速、高温气流将颗粒加速、加热后随火焰从喷嘴处喷出。为了保证喷枪工作在允许温度范围内，采用水冷的方式对燃气喷枪进行冷却。

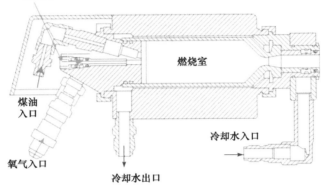

图 15.42　超音速燃气喷枪示意图

(2) 高速转子系统。如图 15.43 所示，由大功率电机、负载压气机、齿轮系统、动力保护的轴承箱、涡轮模型件等组成。超音速燃气喷枪产生带粒子的高温高速燃气，经燃气引流腔喷射至导向叶片，经过导向叶片增速、变角后再作用在高速

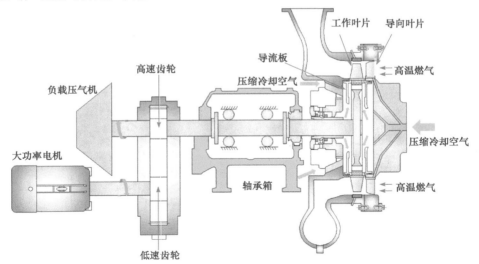

图 15.43　高速旋转涡轮叶片工作状态模拟的转子系统

旋转的工作叶片热障涂层上。此时，冷却空气经冷却通道、导流板等部件引导进入导向叶片、涡轮盘榫槽对工作叶片进行冷却，实现高温、冲蚀、CMAS 腐蚀与旋转状态的模拟。具体的连接方式与工作原理：装载有工作叶片的涡轮盘与涡轮动力轴连接，整个涡轮盘及涡轮动力轴由电机驱动高速旋转，高速转动所输出的气动载荷由负载压气机吸收，以保证涡轮高速旋转的动态平衡。负载压气机吸收的载荷将驱使空气压缩机工作，经过一系列过滤干燥产生洁净的压缩空气，用于涡轮模型件中导向叶片、工作叶片及喷枪等高温部件的冷却。为防止转子系统因为重心不稳、叶片或是碎片飞出，将转子系统密封并通过石英玻璃留出实验观察口；旋转轴与模型件连接处，设置有转动动力核心部件的保护模块即轴承箱，以防止飞出的残骸损害动力与轴。此外，整个转子系统固定在试验平台的支撑板上，且试验平台通过固定桩、防震台与地面固定，以保证足够的稳定性。

(3) 涡轮模型件。图 15.44 给出了两种模型件的旋转方式与结构示意图，在导

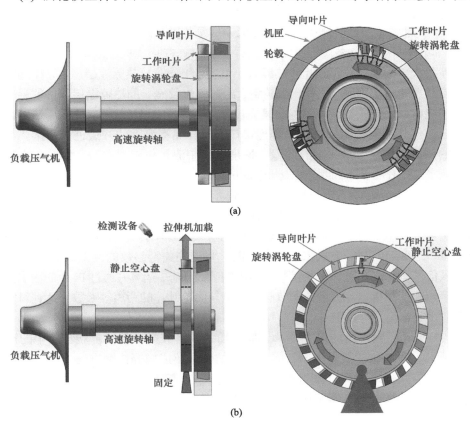

图 15.44 两种旋转方式及涡轮模型件

(a) 工作叶片高速旋转模式下模型件安装方式与结构设计；(b) 导向叶片高速旋转模式下模型件安装方式与结构设计

叶静止工作叶片旋转模式下，涡轮模型件结构与实际发动机涡轮盘相同，包括旋转涡轮盘、导向叶片、工作叶片、机匣等。旋转涡轮盘与叶片均采用精密铸造工艺加工，整体结构与发动机实际情况相同，尺寸可等比例缩小或放大，根据实际叶片的离心力、切线速度及转子系统的安全运行转速来设计具体的尺寸，以保证与实际发动机的工作状态相同。为节省成本，导向与工作叶片的数量可在保证气流速度、角度与实际发动机相同的情况下等比例减少。叶片可与盘铸造成为一个整体，也可以根据需要加工成连接件，后者需要注重连接部位的精密装载。加工好的叶片随后采用等离子喷涂、物理气相沉积或新型的涂层制备工艺技术制备热障涂层，包括过渡层和陶瓷涂层，完成涡轮模型件的制备。工作叶片静止、导向叶片旋转模式下，模型件空心涡轮盘、工作叶片、导向叶片及带动导叶旋转的涡轮盘构成。此时装有工作叶片的空心涡轮盘固定在试验台上，且不与旋转轴接触，导向叶片则通过另一个盘安装在旋转轴上高速旋转，产生尾迹。两种模型件中，材料可选择耐高温合金，可与实际型号的盘、叶片相同，也可考虑成本和实际需要选用普通的材料。

(4) 关键实验参数的测试与控制技术。试验装置关键的参数包括模拟服役环境温度、冲蚀粒子、CMAS 粒子速度等参数的测试与自动控制。温度是一个关键参量，而且涉及火焰的温度、导向叶片热障涂层温度、工作叶片热障涂层温度、冷却气体温度以及涡轮室温度等。火焰、涡轮室、冷却气流及静止的热障涂层部件的温度主要采用热电偶的方式进行测试；高速旋转时，样品温度很难检测，故采用热电偶测试火焰、红外测温仪定期透过火焰连接口测试样品室温度的方式进行测试。冲蚀粒子的测试与控制参数主要有流量、速度，其中流量将根据送粉气体的压力来设定与调节，采用粒子图像测速法(particle image velocimetry, PIV)测试系统来测试和标定粒子速度。因为 CMAS 造成涂层的破坏形式是腐蚀而非撞击失效，故 CMAS 的关键参数为流量，所以通过流量来控制 CMAS 的多少。转速、温度、粒子流量以及所涉及的气体压力、流量等参数都采用可编程逻辑控制器(programmable logic controller, PLC)控制的方式来设定和控制，将这些关键参数的测试数据作为 PLC 的输入信号，由 PLC 程序分析信号所对应的参数状态、运算并通过 PLC 的输出接口输出信号来控制压力、流量的调节阀、喷枪与涡轮叶片的距离等参数，达到对实验参数的设定、测试与控制。

(5) 实时检测模块的集成技术。变形场的数字散斑、裂纹扩展与萌生的声发射表征、界面氧化的复阻抗谱、界面脱层的红外热成像等检测方法，可以通过石英窗口对静止件进行实时检测。实时检测系统的硬件和软件都是独立的，信号采集与分析方法在前述的章节中已阐述。

15.4.3　热力化耦合动态实验模拟与测试方法与效果

采用动态模拟装置开展热障涂层模拟试验，如果通过只开启高速旋转、只开启燃气(冲蚀、CMAS 腐蚀)或者同时开启进行各种实验，也可以在轴上安全仅安装旋转工作叶片或是同时安装导向和工作叶片开展模拟实验。下面以同时装有导向和工作叶片热障涂层为例，介绍其高速旋转下的燃气热冲击实验与检测方法。

1. 模拟实验与测试方法

开展涡轮叶片热障涂层高速旋转下的燃气热冲击(冲蚀、CMAS 腐蚀)实验，需首先根据实验要求设计涡轮模型件，其主要的依据是保持和发动机涡轮叶片热障涂层相似的气体流动特性，具体的设计方法可参见文献[45,46]。更重要的是，保证旋转系统的动平衡，这要求叶片的数量、尺寸、重量等，要严格对称，并且实验前一定要做动平衡测试，以保证实验安全。

根据实验需求对关键试验参数与涂层失效进行检测，如果对静止件进行检测，方法与静态装置相同，此处不再重述。考虑高温燃气与高速旋转叶片可能产生热斑、尾迹，故此时采用红外热成像对温度场进行实时测试。

设置实验转速 19700r/min、煤油流量 15L/h、氧气压力 1.55MPa、氧气流量 700L/min、冷气压力 0.8MPa、冷气流量 400L/min、冷气温度 500℃等，设置红外热成像的发射率等参数。

完成上述设置，即可启动模拟装置及其辅助系统，开始实验。

2. 部分测试效果

图 15.45 给出了涡轮叶片热障涂层高速旋转热冲击实验的部分结果，其中图(a)为超音速燃气喷枪产生的高温燃气火焰，可以发现有 3~4 个马赫节，说明该燃气速度已经达到超音速；图(b)给出了此时的转速为 19704r/min，与设定值接近。图(c)和(d)给出了热冲击实验时冷气通道处、样品表面的温度场，可以看出样品表面最高温度为 1236℃，冷气管道处温度约为 126℃。

3. 高速旋转状态下失效过程的实时检测方法

基于实时检测技术的深入积累，我们除了对静止件实现实时检测外，还开展了高速旋转状态下涂层失效过程的实时检测方法研究。定制了一套微小型多通道高转速长寿命帽式法兰滑环，其检测原理是将导电滑环的"转子"与旋转涂层接触的应变片、热电偶、声发射传感器连接，接收损伤信号并将其转换为电流/差分电压信号，利用导电滑环"转子"与"定子"的接触，将不同类型的电流/查分信号传输给远端连接的动态电阻应变仪、声发射等信号采集平台，从而实现对高速旋转工作叶片热障涂层应变场、温度场、裂纹扩展信号的无损检测。

如图 15.46 所示，高速旋转时涂层失效过程的导电滑环检测系统主要包括：导电滑环、热电偶、声发射传感器、声发射仪、动态电阻应变仪等。检测时，涡轮叶片热障涂层、旋转主轴、导电滑环、声发射传感器等需同轴。将声发射信号传输的波导丝焊于工作叶片榫头，从榫头延长至轴心与传感器固定耦合；电阻应变片、热电偶粘贴在热障涂层表面，经引线延长至轴心接线端子；涡轮盘紧固拉杆与滑环夹具连接，滑环夹具驱动导电滑环高速旋转，各类旋转信号线经高速滑环引出，连接相应检测装置。完成上述连接后，即可采集到涂层失效过程中的损伤信号。

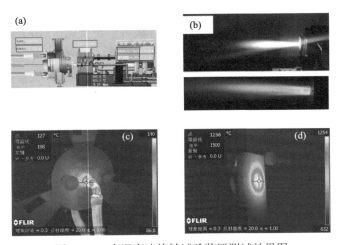

图 15.45　高温高速旋转试验装置测试效果图

(a) 转速；(b) 带有马赫锥的高温燃气火焰；(c) 冷气通道处温度场的红外检测结果；(d) 叶片表面温度的红外检测结果

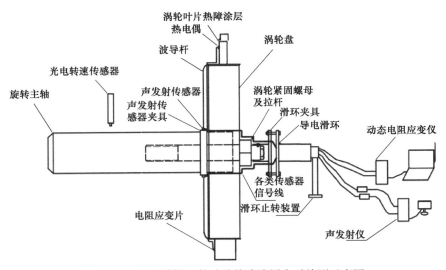

图 15.46　高速旋转涡轮叶片热障涂层实时检测示意图

15.5　涡轮叶片热障涂层高温振动试验模拟装置

除了高温燃气冲击、气膜冷却、高速旋转等恶劣环境，涡轮叶片还面临另一种载荷，即振动。据统计，航空发动机中振动故障占发动机总故障的 60%以上，而叶片的振动故障占振动故障的 70%以上，我国现役的发动机大都出现过由于振动产生叶片断裂的故障[51]。由此可见，振动引起的叶片故障问题非常严重。振动对热障涂层影响有多大，还不清楚，也不够重视。实际上，涡轮叶片热障涂层极有可能因为啮合不稳定、气动载荷不稳定等因素发生低频或高频振动[52]。因此，高温振动载荷的试验模拟也是热障涂层试验模拟装置的要求。

15.5.1　高温振动装置

高温振动试验模拟装置，顾名思义，即高温和振动的共同作用。通过高温炉与振动载荷的方式实现起来也较为方便，但国内外对热障涂层高温振动的研究都不多，关于热障涂层高温振动设备报道几乎没有。美国加州大学建设有高温振动炉，温度约 1200℃，最高振动频率为 12000Hz，但推力只有 6N，不满足涡轮叶片热障涂层的振动需求。

为此，我们研制了一台热障涂层高温振动设备[53]，装置如图 15.47 所示，基于硅碳棒高温电阻炉加热，最高温度为 1400℃；在高温炉中设计振动台，最大推力 6000N，频率能达到 5000Hz；振动加载台设计有条状、柱状、叶片状热障涂层的夹具，可满足各种试样的实验需求。

图 15.47　热障涂层高温振动装置示意图和实物图

15.5.2　热障涂层高温振动实验

采用高温振动实验设备，我们对等离子喷涂热障涂层的高温振动失效进行了

初步的研究,振动频率为 3000Hz、实验温度为 900℃,结果如图 15.48 所示,900℃
无振动情况下氧化 150h 陶瓷层区域无裂纹产生,但同时施加振动载荷后陶瓷层出
现大量裂纹,不仅表层已出现大量剥落,且整个涂层出现了整体疏松、并产生大
量横向裂纹,涂层极易剥落。

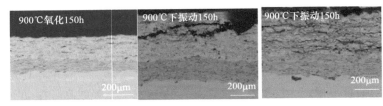

图 15.48   高温振动对等离子喷涂热障涂层的影响

按照相同的实验条件,我们对物理气相沉积热障涂层也进行分析,结果如
图 15.49 所示,与等离子喷涂热障涂层类似,振动载荷会诱导涂层更早出现剥落,
并导致涂层疏松、裂纹。

图 15.49   高温振动对物理气相沉积热障涂层的影响

因此,振动载荷极易导致热障涂层剥落,但振动条件下涂层的失效机理尤其
是调控机制,还需要进一步深入研究,也是热障涂层研究领域未来需要关注的方
向之一。

15.6　总结与展望

15.6.1　总结

本章阐述了热障涂层服役环境试验模拟与测试装置的主要研究成果,包括热
载荷、热力载荷、热力化耦合静态、热力化耦合静态和高温振动,以及利用这些
装置获得的热障涂层典型失效形式。总结如下:

(1) 以自动热循环、高温 CMAS 接触角为代表的热载荷实验设备,是热障涂
层高温氧化、热循环、高温 CMAS 腐蚀机理研究的简单而又重要的平台;

(2) 基于材料试验机联合高温(高温炉、燃气)的试验模拟装置,发现并阐明了

热障涂层热力屈曲失效机理，同时可为热障涂层高温力学性能的表征提供条件；

(3) 涡轮叶片热障涂层热力化耦合静态模拟装置，是目前国内外广泛研制与应用的设备，可为热障涂层失效机理、隔热效果及模拟考核提供条件；

(4) 高温高速旋转涡轮叶片热障涂层模拟装置，是热障涂层研究领域的难点，但我国目前在这一领域已取得了重要进展。

15.6.2 展望

未来研究主要有以下几个方面。

(1) 基于热障涂层热力化耦合静态、动态试验模拟装置，开展涡轮叶片隔热效果及其与可靠性协同评价技术研究。

(2) 高温高速旋转下热障涂层失效过程的实时检测方法。高速旋转是工作叶片热障涂层的主要载荷，目前高速旋转下的实时检测与分析方法还有待进一步的研究。

(3) 高温振动下的热障涂层失效机理。高温振动，从目前的初步结果来看，也是涡轮叶片热障涂层剥落的一种关键载荷，目前还未得到广泛关注。

(4) 新型热障涂层的失效机理。目前 YSZ 涂层只能服役在 1200℃ 下，满足不了发动机发展需求，利用模拟装置开展下一代新型热障涂层失效机理的研究，可为新型涂层的研制与应用提供有效数据。

参 考 文 献

[1] 周益春, 刘奇星, 杨丽, 等. 热障涂层的破坏机理与寿命预测[J]. 固体力学学报, 2010, 31(5): 504-531.

[2] Wu R T, Osawa M, Yokokawa T, et al. Degradation mechanisms of an advanced jet engine service-retired TBC component[J]. Journal of Solid Mechanics and Materials Engineering, 2010, 4(2): 119-130.

[3] Drexler J M, Gledhill A D, Shinoda K, et al. Jet engine coatings for resisting volcanic ash damage[J]. Advanced Materials, 2011, 23(21): 2419-2424.

[4] Krause A R, Garces H F, Dwivedi G D, et al. Calcia-magnesia-alumino-silicate(CMAS)-induced degradation and failure of air plasma sprayed yttria-stabilized zirconia thermal barrier coatings[J]. Acta Materialia, 2016, 105: 355-366.

[5] Xu G N, Yang L, Zhou Y C, et al. A chemo-thermo-mechanically constitutive theory for thermal barrier coatings under CMAS infiltration and corrosion[J]. Journal of the Mechanics and Physics of Solids, 2019, 133: 103710.

[6] 杨丽, 尹冰冰, 周益春, 等. 一种熔融 CMAS 侵蚀热障涂层润湿性能的测试装置及测试方法[P]. 中国专利, ZL2015105514129, 2018-3-13.

[7] Yin B B, Liu Z Y, Yang L, et al. Factors influencing the penetration depth of molten volcanic ash in thermal barrier coatings: theoretical calculation and experimental testing[J]. Results in Physics,

2019, 13: 102169.

[8] 毛卫国. 热-力联合作用下热障涂层界面破坏分析[D]. 湘潭: 湘潭大学, 2006.

[9] Zhu W, Wu Q, Yang L, et al. In situ characterization of high temperature elastic modulus and fracture toughness in air plasma sprayed thermal barrier coatings under bending by using digital image correlation[J]. Ceramics International, 2020, 46: 18526-18533.

[10] Zhou Y C, Hashida T. Thermal fatigue failure induced by delamination in thermal barrier coating[J]. International Journal of Fatigue, 2002, 24(2-4): 407-417.

[11] Choi S R, Hutchinson J W, Evans A G. Delamination of multilayer thermal barrier coatings[J]. Mechanics of Materials, 1999, 31(7): 431-447.

[12] Hutchinson J W, He M Y, Evans A G. The influence of imperfections on the nucleation and propagation of buckling driven delaminations[J]. Journal of the Mechanics and Physics of Solids, 2000, 48(4): 709-734.

[13] Zhu W, Yang L, Guo J W, et al. Determination of interfacial adhesion energies of thermal barrier coatings by compression test combined with a cohesive zone finite element model[J]. International Journal of Plasticity, 2015, 64: 76-87.

[14] Zhou Y C, Hashida T. Coupled effects of temperature gradient and oxidation on thermal stress in thermal barrier coating system[J]. International Journal of Solids and Structures, 2001, 38(24-25): 4235-4264.

[15] Yang L, Yang T T, Zhou Y C, et al. Acoustic emission monitoring and damage mode discrimination of APS thermal barrier coatings under high temperature CMAS corrosion[J]. Surface and Coatings Technology, 2016, 304: 272-282.

[16] Evans A G, Mumm D R, Hutchinson J W. Mechanisms controlling the durability of thermal barrier coatings[J]. Progress in Materials Science, 2001, 46(5): 505-553.

[17] 周益春, 杨丽, 钟志春, 等. 一种模拟热障涂层服役环境并实时检测其失效的试验装置[P]. 中国专利, ZL201310009293.5, 2014-9-24.

[18] Robinson R C. NASA GRC's high pressure burner rig facility and materials test capabilities[R]. 1999, 1-20: 209411.

[19] Zhu J D, Miller R A, Kuczmarski M A. Development and life prediction of erosion resistant turbine low conductivity thermal barrier coatings[R]. NASA Glenn Research Ceuter, Cleveland, Ohio Report. No. NASA/TM-2010-215669.

[20] 曹学强. 可控温热障涂层自动热循环仪[J]. 光学精密机械, 2004, 2: 20.

[21] 汪瑞军, 张天剑, 刘毅, 等. 热障涂层热冲击寿命评价试验装置[P]. 中国专利, CN105865961A, 2016-08-17.

[22] 宫声凯, 张春霞, 徐惠彬. 热障涂层服役环境模拟装置及模拟环境控制方法[P]. 中国专利, ZL200510085467.1, 2009-5-20.

[23] Vassen R, Kagawa Y, Subramanian R, et al. Testing and evaluation of thermal-barrier coatings[J]. MRS Bulletin, 2012, 37(10): 911-916.

[24] 周益春, 杨丽, 昌盛, 等. 一种模拟和实时测试热障涂层高温沉积物腐蚀的试验装置[P]. 中国专利, ZL201310009223.X, 2015-01-07.

[25] 杨丽, 王俊俊, 周益春, 等. 一种模拟热障涂层高温、冲蚀、腐蚀服役环境的喷枪装置[P].

中国专利, ZL201310009155.7, 2014-09-03.

[26] 杨丽, 周长春, 周益春, 等. 一种热障涂层涡轮叶片动静态服役环境一体化的试验平台[P]. 中国专利, ZL201310009178.8, 2014-11-05.

[27] 杨丽, 齐莎莎, 周益春, 等. 一种模拟和实时测试涡轮叶片热障涂层冲蚀的试验装置[P]. 中国专利, ZL201310009271.9, 2015-03-11.

[28] 杨丽, 王俊俊, 周益春, 等. 一种同步采集数据和多画面显示的控制与显示装置[P]. 中国专利, ZL201310009258.3, 2015-03-11.

[29] 杨丽, 谭明, 周益春, 等. 模拟热障涂层服役环境的火焰喷射装置及火焰喷射方法[P]. 中国专利, ZL201810008840.0, 2019-08-09.

[30] 杨丽, 周文峰, 周益春, 等. 热障涂层工况模拟与实时监测装置[P]. 中国专利, CN108254275A. 2018-07-06.

[31] Zhou Y C, Yang L, Zhong Z C, et al. Type of testing equipment for detecting the failure process of thermal barrier coating in a simulated working environment[P]. U. S. Patent 9, 939, 364[P], 2018-4-10.

[32] 王顺森, 刘观伟, 毛靖儒, 等. 汽轮机喷嘴固粒冲蚀模化试验系统及测试方法[J]. 中国电机工程学报, 2007, 27(11): 103-108.

[33] 郑凌翔. 透平叶片热态冲蚀风洞设计与实验研究[D]. 上海: 上海工程技术大学, 2015.

[34] 黄河激, 潘文霞, 付志强, 等. 用于发动机热防护材料烧蚀实验的小型等离子体风洞[C]. 第一届全国高超声速科技学术会议, 2010.

[35] Tabakoff W, Shanov V. Erosion rate testing at high temperature for turbomachinery use[J]. Surface and Coatings Technology, 1995, 76-77: 75-80.

[36] Zhu W, Zhang C X, Yang L, et al. Real-time detection of damage evolution and fracture of EB-PVD thermal barrier coatings under thermal shock: an acoustic emission combined with digital image correlation method[J]. Surface and Coatings Technology, 2020, 399: 126151.

[37] 张春兴. 高温燃气热冲击下涡轮叶片热障涂层失效过程的实时检测与分析[D]. 湘潭: 湘潭大学, 2020.

[38] 杨丽, 张春兴, 李朝阳, 等. 一种涡轮叶片热障涂层模拟试验过程中损伤实时检测方法[P]. 中国专利, CN109459286B. 2020-07-31.

[39] 朱旺, 谭振宇, 杨丽, 等. 一种热障涂层高温冲蚀的检测方法[P]. 中国专利, ZL201910219258.3, 2020-03-20.

[40] 朱旺, 李朝阳, 杨丽, 等. 一种热障涂层 CMAS 高温腐蚀的检测方法[P]. 中国专利, CN109883938A. 2019-06-14.

[41] Povey T, Qureshi I. A hot-streak (combustor) simulator suited to aerodynamic performance measurements[J]. Aerospace Engineering, 2008, 222(6): 705-720.

[42] 杨丽, 周益春, 刘志远, 等. 一种涡轮叶片热障涂层工况模拟实验测试系统[P]. 中国专利, ZL201811505735.4, 2020-03-20.

[43] 杨丽, 石黎, 刘志远, 等. 一种涡轮叶片热障涂层服役载荷的等效加载装置及方法[P]. 中国专利, ZL201811505740.5, 2020-01-03.

[44] 杨丽, 刘志远, 朱旺, 等. 一种涡轮叶片热障涂层的冷却工况加载设备[P]. 中国专利, ZL201811505711.9, 2020-01-03.

[45] 朱旺, 罗毅, 杨丽, 等. 一种热障涂层服役工况模拟试验用涡轮模型[P]. 中国专利,

ZL201811505725.0, 2020-05-05.

[46] 杨丽，罗毅，朱旺，等. 一种热障涂层服役工况模拟试验用涡轮模型[P]. 中国专利，ZL201811506732.2, 2020-02-07.

[47] 朱旺，石黎，杨丽，等. 一种工作叶片热障涂层服役载荷的等效加载装置及方法[P]. 中国专利，ZL201811506720.X, 2020-02-07.

[48] Wanhill R, Mom A, Hersbach H. NLR experience with high velocity burner rig testing, 1979-1989[J]. High Temperature Technology, 1989, 7(4): 202-211.

[49] Bruce R W. Development of 1232℃(2250 F) erosion and impact tests for thermal barrier coatings[J]. Tribology Transactions, 1998, 41(4): 399-410.

[50] High speed balancing and ovespeed test facility. https://schenck rotec.com/services/balancing-and-spinning-service/high-speed-balancing.html

[51] 黄庆南. 航空发动机设计手册[M]. 北京: 航空工业出版社, 2001

[52] Razaaly N, Persico G, Gori G, et al. Quantile-based robust optimization of a supersonic nozzle for organic rankine cycle turbines[J]. Applied Mathematical Modelling, 2020, 82: 802-824.

[53] 杨丽，刘志远，严刚，等. 一种高温振动模拟设备[P]. 中国专利，ZL201910263228.2, 2020-11-06.